2021 개정신법

건축관계법규

The Building Code · The Building Code · The Building Code

이재국 · 이원근 · 이용재
정광호 · 민영기 공저

예문사

머리말

새천년을 맞아 많은 분야가 빠르게 변화하고 있고 건축 분야의 패러다임도 변화되어 가고 있다. 이러한 변화 속에서 건축의 질서를 유지하기 위한 최소한의 규범인 건축법규 역시 변화가 불가피하다.

2000년 1월 28일 도시계획법 개정으로 2000년 7월 1일부터는 「건축법」의 집단규정(건폐율, 용적률, 용도지역의 건축물 제한 등)들이 「도시계획법」으로 옮겨가고 「건축법」에서는 개체규정들을 다루게 되었다. 또한 국토의 난개발을 방지하기 위해서 「국토이용관리법」과 「도시계획법」을 통폐합하여 「국토의 계획 및 이용에 관한 법률」로 2003년 1월 1일부터 시행하게 되었으며, 최근에도 국토의 지속가능한 발전과 부동산 정책의 변화에 따라 많은 변화가 진행되고 있다.

2021년 7월 13일 시행기준으로 작성하였다.

이러한 시대적 변화에 따라 본 교재는 경제적 · 사회적 · 정치적 요인 등의 변화에 따라 건축법규가 어떻게 제정 · 개정되어 가고 있으며 법률개정의 취지, 법률의 해석을 어떻게 할 것인가에 관해서 쉽게 접근할 수 있도록 하였다. 법 · 시행령 · 시행규칙을 함께 살펴보면서 각 조문마다 자세한 해설과 그림을 수록하였으며, 질의 · 회신 · 판례를 통해서 본문의 내용을 정확히 파악할 수 있도록 하였다. 본 교재는 건축법규에 대한 올바른 이해와 법해석을 통하여 실무에 즉시 적용할 수 있는 교재가 될 것이다.

최선을 다하였으나 미진한 부분은 계속 수정 · 보완하여 더 나은 책이 되도록 노력할 것이며 끝으로 본 교재가 출판되기까지 많은 가르침을 주신 이문보 교수님, 여러 번의 수정작업의 어려움 속에서도 좋은 책을 만들고자 애써주신 정용수 사장님과 편집 및 교정에 노고를 아끼지 않으신 편집실 직원들께 깊은 감사의 마음을 표한다.

저자 일동

목 차

건축관련 법규의 이해

■■■ 제1편 건축법

■■■ 제2편 주차장법

■■■ 제3편 국토의 계획 및 이용에 관한 법률(해설)

■■■ 제4편 주택법

주택건설기준 등에 관한 규정 및 규칙 해설

■■■ 부록

■ 건축관련 법규의 이해

1 법률의 체계

- 헌 법
- 국회 → 법 률 — 건축법
- 대통령 → 대통령령 — 건축법 시행령
- 각부의 장관 → 부 령 —
  - 건축법시행규칙
  - 건축물의 설비기준 등에 관한 규칙
  - 건축물의 피난 및 방화구조기준에 관한 규칙
  - 건축물의 구조기준 등에 관한 규칙
  - 건축물의 구조내력에 관한 기준
  - 건축물대장의 기재 및 관리 등에 관한 규칙
  - 표준설계도서 등의 운영에 관한 규칙 등
- 시, 군, 구의 장 → 조 례

2 건축법의 변천

시가지건축 취체규칙
조선총독부령 제11호(1913)

구한말 경무청령 중 가로취체규칙 · 가로관리규칙 및 도로 취체규칙과 일본인 거류민단이 시행해 오던 준칙을 일원화

- 건폐율, 건축선, 건축물의 재료, 부대설비, 건축미관, 재해방지에 관한 사항을 규정
- 준공업지역, 방화지구, 미관지구 등 도시건축물이 지녀야 할 최소한의 요구를 규정

↓

조선시가지계획령(1934)
도시계획법 및 시가지건축물법(일본, 1934)

일본과 만주의 중간거점을 위한 도시개발촉진목적

- 시가지계획구역의 지정
- 가로망의 결정, 지역 · 지구의 지정, 건축물제한
- 제헌헌법 제100조(1948)

↓

건축법(1962) | **도시계획법(1962)**

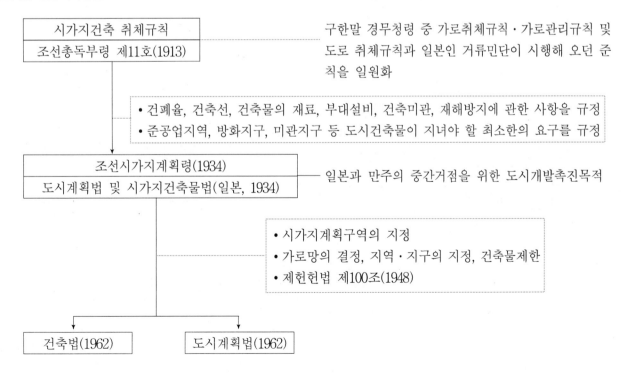

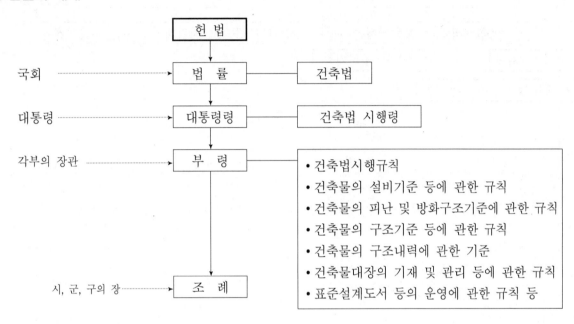

3 건축법의 위치

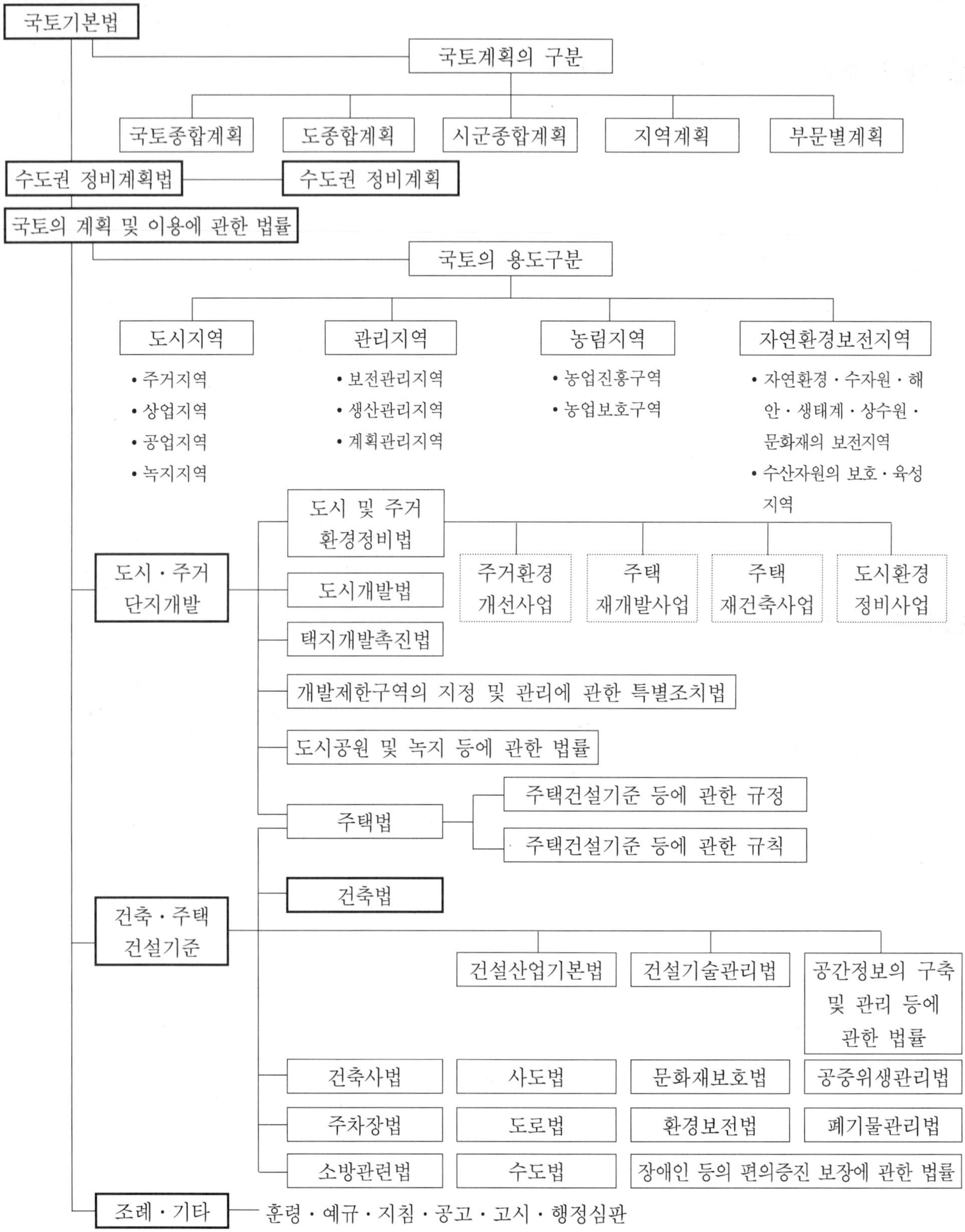
국토기본법
국토계획의 구분
국토종합계획
도종합계획
시군종합계획
지역계획
부문별계획
수도권 정비계획법
수도권 정비계획
국토의 계획 및 이용에 관한 법률
국토의 용도구분
도시지역
• 주거지역
• 상업지역
• 공업지역
• 녹지지역
관리지역
• 보전관리지역
• 생산관리지역
• 계획관리지역
농림지역
• 농업진흥구역
• 농업보호구역
자연환경보전지역
• 자연환경 · 수자원 · 해안 · 생태계 · 상수원 · 문화재의 보전지역
• 수산자원의 보호 · 육성지역
도시 · 주거 단지개발
도시 및 주거 환경정비법
주거환경 개선사업
주택 재개발사업
주택 재건축사업
도시환경 정비사업
도시개발법
택지개발촉진법
개발제한구역의 지정 및 관리에 관한 특별조치법
도시공원 및 녹지 등에 관한 법률
주택법
주택건설기준 등에 관한 규정
주택건설기준 등에 관한 규칙
건축 · 주택 건설기준
건축법
건설산업기본법
건설기술관리법
공간정보의 구축 및 관리 등에 관한 법률
건축사법
사도법
문화재보호법
공중위생관리법
주차장법
도로법
환경보전법
폐기물관리법
소방관련법
수도법
장애인 등의 편의증진 보장에 관한 법률
조례 · 기타
훈령 · 예규 · 지침 · 공고 · 고시 · 행정심판

4 법령의 형식

법령은 일반적으로 제명(題名), 본칙(本則), 부칙(附則)으로 구성되며 형식은 다음과 같다.

제명 및 법령번호

- 제명(題名) : 법령의 종류를 표시
- 법령번호 : 법령을 공포한 날짜와 법령번호를 표시

건축법 [법률 제9594호, 2017.1.20, 일부개정]

- 건축법 – 제명(題名)
- [법률 제9594호, 2017.1.20, 일부개정] – 법령번호

본 칙

본칙은 편(編)·장(章)·절(節)의 순으로 묶는다.

- 조(條) : 법령내용의 기본적인 사항을 구분하여 규정하고 있으며 괄호 안에 표제가 표시
- 항(項) : 조에 있어서 규정되는 사항을 항으로 구분하여 표시
- 호(號) : 조 또는 항에 있어서 어떤 사항의 명칭 등을 열기할 때 구분하여 표시
- 목(目) : 호를 구분할 때 다시 목으로 나누어 표시

제1장 총칙

제1조 (목적) 이 법은 건축물의 대지·구조·설비 기준 및 용도 등을 정하여 건축물의 안전·기능·환경 및 미관을 향상시킴으로써 공공복리의 증진에 이바지하는 것을 목적으로 한다.

제○조(○○○) ① ______ <중략> ______

- 제○조 – 조(條)
- ① – 항(項)

② ______ ______

1. ______ – 호(號)

2. ______

가. ______ – 목(目)

나. ______

3. ______ · ______

- 조, 항, 호에 있어서 전자의 규정을 전단, 후자의 규정을 후단

③ ______ · 다만, ______

- 다만 – 단서

부 칙

- 법령의 시행일을 규정하고 법령의 제정·개정에 따른 신·구법의 관계를 규정한 경과규정이 표시
- 법령의 제정·개정에 따른 다른 관련 법령의 관련조항을 부칙에서 개정

부칙 <제9594호, 2017.1.20>

① (시행일) 이 법은 공포 후 6개월이 경과한 날부터 시행한다.

<이하생략>

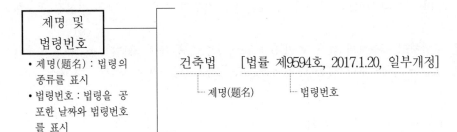

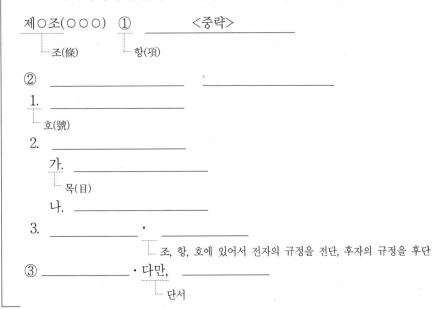

5 법령에서 자주 사용하는 용어의 의미

(1) 이상·이하·이전·이후·이내

수량적 또는 시간적으로 비교할 때 "이(以)"자를 붙여 제한하는 경우가 많은데 이것은 기산점이 포함되는 용어로 사용된다.

(예) 5층 이상 : 5층을 포함하고, 5층보다 높은 층인 5층, 6층, 7층,......등을 나타낸다.
4층 이하 : 4층을 포함하고, 4층보다 낮은 층인 4층, 3층, 2층,......등을 나타낸다.

(2) 초과·넘는·미만

이상·이하와는 달리 기산점이 포함되지 않는다.

(예) 7 초과 : 7을 포함하지 않는 7보다 큰 수치인 8, 9, 10,......등을 나타낸다.
7 미만 : 7을 포함하지 않는 7보다 작은 수치인 6, 5, 4, 3,...... 등을 나타낸다.

(3) 또는·이거나

둘 다 선택적으로 연결할 때 쓰이는데 3 이상을 연결할 때에는 쉼표(,) 또는 중간점으로 연결하되 마지막 어구 앞에 "또는"으로 연결한다. "이거나"는 "또는"의 선택적 조건보다 큰 뜻에 쓰인다.

(예) 5층 이상의 층이 문화 및 집회시설(전시장 및 동·식물원을 제외한다), 종교시설, 판매시설, 의료시설 중 장례식장 또는 위락시설 중 주점영업의 용도에 쓰이는 경우에는 피난의 용도에 쓸 수 있는 광장을 옥상에 설치하여야 한다.

(4) 및·그리고

"및"은 2 이상의 용어를 병합(倂合)적으로 연결하여 나타내고자 할 때 사용하며 3이상을 나타내고자 할 때 같은 내용 등을 서술하는 경우 이면 쉼표(,) 또는 중간점(·)으로 연결하되 마지막 어구 앞에 "및"으로 연결한다.

"그리고"는 단계를 짓는 구문끼리 연결하는 병합(倂合)적 연결로서 사용하며 "및"의 병합(倂合)적 조건보다는 큰 뜻(문장)에 쓰인다.

(예) [a+b+c] 는 a, b 및 c
[(a+b+c) + (d+e+f)] 는 a, b, c 그리고 d, e, f

(5) "다음 각 호에 해당하는 경우"와 "다음 각 호의 어느 하나에 해당하는 경우"

"다음 각 호에 해당하는 경우"는 다음 각 호에서 정하는 모든 요건을 갖추어야 함을 의미하며, "다음 각 호의 어느 하나에 해당하는 경우"는 다음 각 호 중 어느 하나의 요건만을 갖추면 성립됨을 의미한다.

(6) "전2항", "제2항"

"전2항"은 해당 항이 전(前)의 2개의 항을, "제2항"은 제1항 다음의 제2항을 가리킨다.

(7) 준용(準用)한다

유사 내용의 조문을 되풀이하지 않고 그 조문에 필요한 사항만을 변경하여 적용한다는 뜻으로 사용된다.

(8) "~하여야 한다", "~할 수 있다."

두 문구 모두 법조문의 종결부에 많이 사용되는 말로 " ~하여야 한다."는 것은 필연성을 내포하는 말로 지켜져야 하거나 이행되어야 한다는 기속적(羈束的)인 경우에 사용하며, " ~할 수 있다."는 것은 제반 사회·경제·행정적 여건 등을 고려하여 적용할 수도 있고 안 할 수도 있는 재량적(裁量的)인 경우에 사용한다.

(예) 허가권자는 제1항에 따른 허가를 받은 자가 허가를 받은 날부터 1년 이내에 공사에 착수하지 아니하거나 공사를 착수하였으나 공사의 완료가 불가능하다고 인정하는 경우에는 그 허가를 최소하여야 한다. 다만, 허가권자는 정당한 이유가 있다고 인정하는 경우에는 1년의 범위 안에서 그 공사의 착수기간을 연장할 수 있다.

(9) 제척(除斥)

- 배척하여 물리침
- 특정 사건에 대하여 법률에서 정한 특수한 관계가 있을 때에 법률상 그 사건에 관한 직무 집행을 행할 수 없게 함. 재판, 조정 등의 공정성을 위한 제도이다.

(10) 촉탁(囑託)

어떤 일을 부탁하거나 맡기는 것

(예) 등기촉탁

(11) 허가(許可)

- 자연인(개인)이나 법인이 일반적으로 자유롭게 활동할 수 있는 기본 권리를 국가목적 또는 행적목적 달성의 필요에 따라 그 권리를 제한하고 일정한 요건을 갖춘 자에게만 그 권리를 행사할 수 있도록 허락하여 주는 것(일)
- 무허가(無許可) 행위는 처벌 대상이 되지만 행위 자체는 무효(無效)가 되는 것은 아니다.

  (예) 건축허가, 개발행위의 허가 등

(12) 인가(認可)

- 제3자의 법률행위를 보충하여 그 법률상 효력을 완성시켜 주는 행정행위
- 인가는 법률적 행위의 효력요건이기 때문에 무인가(無認可) 행위는 무효가 되지만 일반적으로 처벌의 대상은 되지 아니한다.

  (예) 재개발사업의 '관리처분계획 인가' 등

(13) 승인(承認) 및 협의(協議)

① 공법(公法)상 승인 및 협의

- 국가 또는 지방자치단체 등의 기관이 다른 기관이나 개인의 특정한 행위에 대하여 부여하는 동의(同意)의 뜻으로 사용되는 것으로 상·하(上·下)의 구별이 있는 경우에는 '승인(承認)'을 상하의 구분이 없는 경우나 모호한 경우에는 '협의(協議)'를 사용한다.
- 승인 및 협의는 단순한 행정기관 내부의 관계로서 행하여지는 것과 법령에 따라 필요적 행정절차로서 요구되는 것이 있다.

  (예) 재건축 조합(組合)에 대한 '정관의 승인' 등

② 사법(司法)상 승인

일반적으로 타인의 행위에 대하여 긍정의 의사를 표시하는 것

(예) 채무의 승인 등

(14) 고시(告示)와 공고(公告)

① 고시와 공고의 공통점

• 행정기관이 공개적으로 일반 국민에게 글(문서)로써 널리 알리는 것이다.
• 형식상 행정기관명, 연도표시와 일련번호를 사용한다.
(예) 행정안전부고시 제2006-20호, 행정안전부공고 제2006-20호

② 고시와 공고의 차이점

• 고시는 법령에 근거가 있어야 하나, 공고는 반드시 법령에 근거를 둘 필요가 없다.
• 고시는 일단 고시된 사항은 개정이나 폐지가 없는 한 효력이 지속되나, 공고는 효력이 단기적이거나 일시적인 경우가 많다.
• 고시는 원칙적으로는 법규성은 없으나 보충적으로 법규성을 가지는 일이 있으며, 일반 처분성을 가지는 경우도 있다. 필요한 공시(公示; 일정한 내용을 공개적으로 게시하여 일반 국민에게 알리는 것)를 하지 않으면 권리의 변동은 완전한 효력을 나타내지 못한다.
• 공고에 의하여 법률상 효과가 생기는 것은 법률에 규정이 있는 경우에 한하며, 공고된 사항에 대하여 일정한 절차를 밟지 않으면 권리를 상실하는 등의 불리한 효과가 발생하는 경우가 많다. 공고는 이해관계인으로 하여금 신청의 기회를 갖게 하기 위해서, 또는 소재지가 불명한 사람에 대한 통지의 수단으로 쓰이는 경우도 있다.

(15) 결정(決定)

국가기관이 그 권한에 속하는 사항에 관하여 확정한 의사 또는 그 의사를 확정하는 것
(예) 도로구역의 결정 등

(16) 의제(擬制)

성질이 다른 것을 같은 것으로 보고 법률상 같은 효과를 주는 것(일)

(17) 최고(催告)

상대편에게 일정한 행위를 하도록 독촉하는 통지를 하는 것

(18) 대위(代位)

제3자가 다른 사람의 법률적 지위를 대신하여 그가 가진 권리를 얻거나 행사하는 것

(19) 실효(失效)

효력을 상실하는 것

(20) 갈음하다

다른 것으로 바꾸어 대신하다.(갈음한다. ≒ 대신한다.)

1편 건축법

- 건축법, 2021.6.9. 시행기준
- 건축법시행령, 2021.4.9. 시행기준

제 1 장 총 칙

1 건축법의 목적

건축법	건축법 시행령	건축법 시행규칙
제1조【목적】 이 법은 건축물의 대지·구조·설비 기준 및 용도 등을 정하여 건축물의 안전·기능·환경 및 미관을 향상시킴으로써 공공복리의 증진에 이바지하는 것을 목적으로 한다.<개정 2008.6.5>	**제1조【목적】** 이 영은 「건축법」에서 위임된 사항과 그 시행에 필요한 사항을 규정함을 목적으로 한다. [전문개정 2008.10.29]	**제1조【목적】** 이 규칙은 「건축법」 및 「건축법 시행령」에서 위임된 사항과 그 시행에 관하여 필요한 사항을 규정함을 목적으로 한다.<개정 2005.7.18>

법해설 Explanation

건축법의 목적

규제수단	목적수단	목적
• 대지 • 구조 • 설비 • 용도	• 건축물의 안전·기능·환경 및 미관 향상	공공복리의 증진

참고

① 규정목적 : 공공복리의 증진
② 목적수단 : 건축물의 안전·기능·환경 및 미관 향상
③ 규정내용 : 대지, 구조, 설비, 용도

2 대지

건축법	건축법 시행령
제2조 【정의】 ① 이 법에서 사용하는 용어의 뜻은 다음과 같다.<개정 2008.6.5, 2012.1.17> 1. "대지(垈地)"란 「공간정보의 구축 및 관리 등에 관한 법률」에 따라 각 필지(筆地)로 나눈 토지를 말한다. 다만, 대통령령으로 정하는 토지는 둘 이상의 필지를 하나의 대지로 하거나 하나 이상의 필지의 일부를 하나의 대지로 할 수 있다.<개정 2009.6.9>	**제3조 【대지의 범위】** ① 법 제2조제1항제1호 단서에 따라 둘 이상의 필지를 하나의 대지로 할 수 있는 토지는 다음 각 호와 같다.<2012.4.10> 1. 하나의 건축물을 두 필지 이상에 걸쳐 건축하는 경우 : 그 건축물이 건축되는 각 필지의 토지를 합한 토지 2. 「공간정보의 구축 및 관리 등에 관한 법률」 제80조제3항에 따라 합병이 불가능한 경우 중 다음 각 목의 어느 하나에 해당하는 경우 : 그 합병이 불가능한 필지의 토지를 합한 토지. 다만, 토지의 소유자가 서로 다르거나 소유권 외의 권리관계가 서로 다른 경우는 제외한다. 가. 각 필지의 지번부여지역(地番附與地域)이 서로 다른 경우 나. 각 필지의 도면의 축척이 다른 경우 다. 서로 인접하고 있는 필지로서 각 필지의 지반(地盤)이 연속되지 아니한 경우 3. 「국토의 계획 및 이용에 관한 법률」 제2조제7호에 따른 도시·군계획시설에 해당하는 건축물을 건축하는 경우 : 그 도시·군계획시설이 설치되는 일단(一團)의 토지 4. 「주택법」 제16조에 따른 사업계획승인을 받아 주택과 그 부대시설 및 복리시설을 건축하는 경우 : 같은 법 제2조제6호에 따른 주택단지 5. 도로의 지표 아래에 건축하는 건축물의 경우 : 특별시장·광역시장·특별자치도지사·시장·군수 또는 구청장(자치구의 구청장을 말한다. 이하 같다)이 그 건축물이 건축되는 토지로 정하는 토지 6. 법 제22조에 따른 사용승인을 신청할 때 둘 이상의 필지를 하나의 필지로 합칠 것을 조건으로 건축허가를 하는 경우 : 그 필지가 합쳐지는 토지 ② 법 제2조제1항제1호 단서에 따라 하나 이상의 필지의 일부를 하나의 대지로 할 수 있는 토지는 다음 각 호와 같다.<개정 2012.4.10> 1. 하나 이상의 필지의 일부에 대하여 도시·군계획시설이 결정·고시된 경우 : 그 결정·고시된 부분의 토지 2. 하나 이상의 필지의 일부에 대하여 「농지법」 제34조에 따른 농지전용허가를 받은 경우 : 그 허가받은 부분의 토지 3. 하나 이상의 필지의 일부에 대하여 「산지관리법」 제14조에 따른 산지전용허가를 받은 경우 : 그 허가받은 부분의 토지 4. 하나 이상의 필지의 일부에 대하여 「국토의 계획 및 이용에 관한 법률」 제56조에 따른 개발행위허가를 받은 경우 : 그 허가받은 부분의 토지 5. 법 제22조에 따른 사용승인을 신청할 때 필지를 나눌 것을 조건으로 건축허가를 하는 경우 : 그 필지가 나누어지는 토지[전문개정 2008.10.29]

법해설 Explanation

용어의 정의

(1) 대지의 정의

건축물의 건축이 가능한 대지는 「공간정보의 구축 및 관리 등에 관한 법률」에 따라 각 필지로 구획된 토지를 기본단위로 한다.

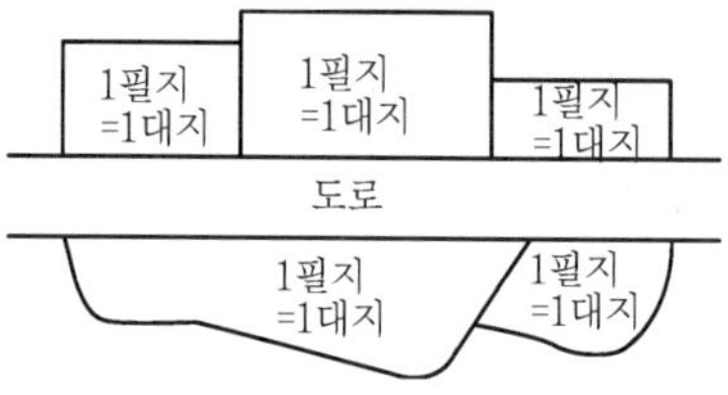

예외 ① 둘 이상의 필지를 하나의 대지로 보는 경우

<table>
<tr><th>관계법</th><th colspan="3">내용</th></tr>
<tr><td rowspan="3">「건축법」</td><td colspan="3">하나의 건축물을 두 필지 이상에 걸쳐 건축하는 경우에는 그 건축물이 건축되는 각 필지의 토지를 합한 토지</td></tr>
<tr><td colspan="3">도로의 지표하에 건축하는 건축물의 경우에는 시장·군수·구청장이 해당 건축물이 건축되는 토지로 정하는 토지</td></tr>
<tr><td colspan="3">사용승인을 신청하는 때에는 둘 이상의 필지를 하나의 필지로 합필할 조건으로 건축허가를 하는 경우 그 필지가 합쳐지는 토지</td></tr>
<tr><td rowspan="3">「공간정보의 구축 및 관리 등에 관한 법률」</td><td rowspan="3">그 합병이 불가능한 필지의 토지를 합한 토지</td><td>1. 각 필지의 지번지역이 서로 다른 경우</td><td rowspan="3">예외 토지의 소유자가 서로 다르거나 소유권 외의 권리관계가 서로 다른 경우에는 제외</td></tr>
<tr><td>2. 각 필지의 도면의 축척이 다른 경우</td></tr>
<tr><td>3. 상호 인접하고 있는 필지로서 <u>각 필지의 지반이 연속되지 아니한 경우</u></td></tr>
<tr><td>「국토의 계획 및 이용에 관한 법률」</td><td colspan="3">도시·군계획시설에 해당하는 건축물을 건축하는 경우에는 해당 도시·군계획시설이 설치되는 일단의 토지</td></tr>
<tr><td>「주택법」</td><td colspan="3">사업계획의 승인을 얻어 주택과 그 부대시설 및 복리시설을 건축하는 경우에는 주택건설기준 등에 관한 규정이 정하는 일단의 토지</td></tr>
</table>

② 하나 이상의 필지 일부분을 하나의 대지로 보는 경우

<table>
<tr><th colspan="2">하나 이상의 필지의 일부에 대하여</th><th>관계법</th></tr>
<tr><td>도시·군계획시설이 결정·고시된 경우</td><td>그 결정·고시가 있는 부분의 토지</td><td rowspan="2">「국토의 계획 및 이용에 관한 법률」</td></tr>
<tr><td>개발행위허가를 받은 경우</td><td>그 허가 받은 부분의 토지</td></tr>
<tr><td>농지전용허가를 받은 경우</td><td>그 허가 받은 부분의 토지</td><td>「농지법」</td></tr>
<tr><td>산지전용허가를 받은 경우</td><td>그 허가 받은 부분의 토지</td><td>「산지관리법」</td></tr>
<tr><td>사용승인신청시 분필할 것을 조건으로 하여 건축허가를 하는 경우</td><td>그 분필 대상이 되는 부분의 토지</td><td>「건축법」</td></tr>
</table>

참고

① 대지
- ㉠ 「건축법」에 따른 대지란 「건축법」에서 기준으로 한 조건을 충족시켰을 경우에 한하여 인정되며, 대지로 인정되어야만 건축적 행위(건축, 대수선, 용도변경)를 할 수 있다.
- ㉡ 「공간정보의 구축 및 관리 등에 관한 법률」에 따른 대(垈)는 토지의 지목 개념인데 비하여 「건축법」에 따른 대지는 건축적 행위가 이루어질 수 있는 한계범위

② 필지

하나의 지번이 붙은 토지의 등록단위

③ 지번

토지에 붙이는 번호

④ 지번지역

리·동 또는 이에 준하는 지역으로서 지번을 설정하는 단위지역

참고 각 필지의 지반이 연속되지 아니한 경우

도로나 하천·구거·제방·철도용지·수도용지 등에 의하여 토지의 표면이 단절된 경우에는 하나의 필지가 될 수 없으므로 별개의 필지로 확정하여야 한다.

■ 2 이상의 필지를 하나의 대지로 인정하는 경우

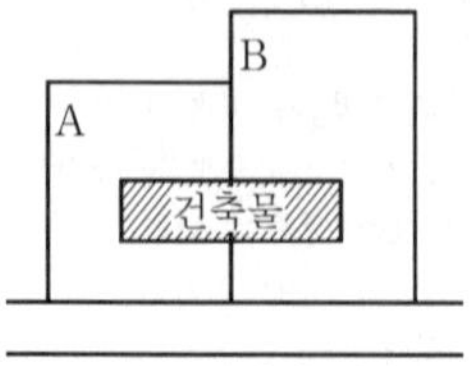

·(A+B)를 하나의 대지로

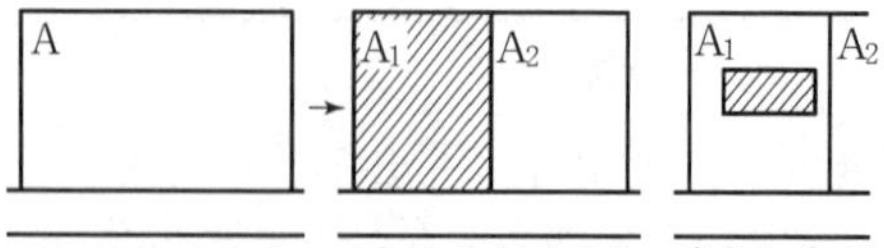

건축허가 신청전 A는 하나의 토지

건축허가시(사용승인 신청시 분필조건)
·A1은 A의 일부이나 하나의 대지로

사용승인 신청시
·A1, A2는 별개의 대지

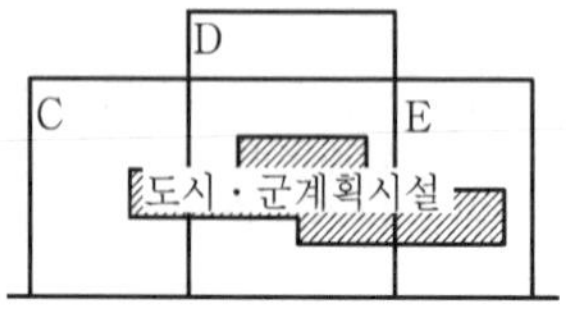

·(C+D+E)를 하나의 대지로

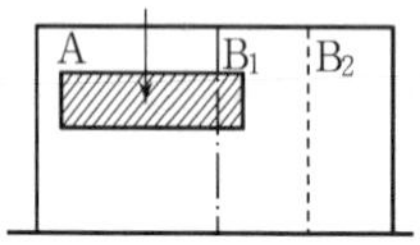

[A+B1]을 하나의 대지로

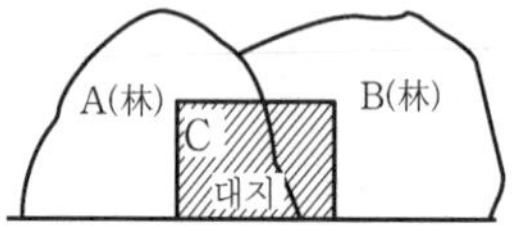

'산지전용허가를 받은 C부분'을 하나의 대지로

3 건축물 등

건축법	건축법 시행령
제2조【정의】 2. "건축물"이란 토지에 정착(定着)하는 공작물 중 지붕과 기둥 또는 벽이 있는 것과 이에 딸린 시설물, 지하나 고가(高架)의 공작물에 설치하는 사무소·공연장·점포·차고·창고, 그 밖에 대통령령으로 정하는 것을 말한다.	**제2조【정의】** 12. "부속건축물"이란 같은 대지에서 주된 건축물과 분리된 부속용도의 건축물로서 주된 건축물을 이용 또는 관리하는 데에 필요한 건축물을 말한다. 13. "부속용도"란 건축물의 주된 용도의 기능에 필수적인 용도로서 다음 각 목의 어느 하나에 해당하는 용도를 말한다. 가. 건축물의 설비, 대피, 위생, 그 밖에 이와 비슷한 시설의 용도 나. 사무, 작업, 집회, 물품저장, 주차, 그 밖에 이와 비슷한 시설의 용도 다. 구내식당·직장어린이집·구내운동시설 등 종업원 후생복리시설, 구내소각시설, 그 밖에 이와 비슷한 시설의 용도. 이 경우 다음의 요건을 모두 갖춘 휴게음식점(별표 1 제3호의 제1종 근린생활시설 중 같은 호 나목에 따른 휴게음식점을 말한다)은 구내식당에 포함되는 것으로 본다. 1) 구내식당 내부에 설치할 것 2) 설치 면적이 구내식당 전체 면적의 3분의 1 이하로서 50제곱미터 이하일 것 3) 다류(茶類)를 조리·판매하는 휴게음식점일 것 라. 관계 법령에서 주된 용도의 부수시설로 설치할 수 있게 규정하고 있는 시설의 용도 14. "발코니"란 건축물의 내부와 외부를 연결하는 완충공간으로서 전망이나 휴식 등의 목적으로 건축물 외벽에 접하여 부가적(附加的)으로 설치되는 공간을 말한다. 이 경우 주택에 설치되는 발코니로서 국토교통부장관이 정하는 기준에 적합한 발코니는 필요에 따 라 거실·침실·창고 등의 용도로 사용할 수 있다. 15. "초고층 건축물"이란 층수가 50층 이상이거나 높이가 200미터 이상인 건축물을 말한다. 15의2. 준 초고층 건축물이란 고층건축물 중 초고층 건축물이 아닌 것을 말한다. 16. "한옥"이란 기둥 및 보가 목구조방식이고 한식지붕틀로 된 구조로서 한식기와, 볏짚, 목재, 흙 등 자연재료로 마감된 우리나라 전통양식이 반영된 건축물 및 그 부속건축물을 말한다. 17. "다중이용 건축물"이란 다음 각 목의 어느 하나에 해당하는 건축물을 말한다. 가. 다음의 어느 하나에 해당하는 용도로 쓰는 바닥면적의 합계가 5천제곱미터 이상인 건축물 1) 문화 및 집회시설(동물원·식물원은 제외한다) 2) 종교시설　3) 판매시설 4) 운수시설 중 여객용 시설　5) 의료시설 중 종합병원 6) 숙박시설 중 관광숙박시설 나. 16층 이상인 건축물 17의2. "준다중이용 건축물"이란 다중이용 건축물 외의 건축물로서 다음 각 목의 어느 하나에 해당하는 용도로 쓰는 바닥면적의 합계가 1천 제곱미터 이상인 건축물을 말한다. 가. 문화 및 집회시설(동물원 및 식물원은 제외한다) 나. 종교시설　다. 판매시설 라. 운수시설 중 여객용 시설　마. 의료시설 중 종합병원 바. 교육연구시설

건축법	건축법 시행령
	사. 노유자시설 아. 운동시설 자. 숙박시설 중 관광숙박시설 차. 위락시설 카. 관광 휴게시설 타. 장례시설 18. "특수구조 건축물"이란 다음 각 목의 어느 하나에 해당하는 건축물을 말한다. 가. 한쪽 끝은 고정되고 다른 끝은 지지(支持)되지 아니한 구조로 된 보·차양 등이 외벽(외벽이 없는 경우에는 외곽기둥을 말한다)의 중심선으로부터 3미터 이상 돌출된 건축물<개정 2018.9.4> 나. 기둥과 기둥 사이의 거리(기둥의 중심선 사이의 거리를 말하며, 기둥이 없는 경우에는 내력벽과 내력벽의 중심선 사이의 거리를 말한다. 이하 같다)가 20미터 이상인 건축물 다. 특수한 설계·시공·공법 등이 필요한 건축물로서 국토교통부장관이 정하여 고시하는 구조로 된 건축물 19. 법 제2조 제1항 제21호에서 "환기시설물 등 대통령령으로 정하는 구조물"이란 급기(給氣) 및 배기(排氣)를 위한 건축 구조물의 개구부(開口部)인 환기구를 말한다.[전문개정 2008.10.29]

법해설 Explanation

건축물

① 토지에 정착하는 것으로서 다음의 조건이 충족되는 것
- ㉠ 지붕과 기둥 또는 지붕과 벽이 있는 것
- ㉡ 위의 ㉠에 부수되는 시설물(건축물에 부수되는 대문, 담장 등)

② 지하 또는 고가의 공작물에 설치하는 사무소, 공연장, 점포, 차고, 창고

부속건축물

동일한 대지 안에서 주된 건축물과 분리된 부속용도의 건축물로서 주된 건축물의 이용 또는 관리에 필요한 건축물을 말한다.

부속용도

건축물의 주된 용도의 기능에 필수적인 용도

① 건축물의 설비·대피 및 위생 기타 이와 유사한 시설의 용도

② 사무·작업·집회·물품저장·주차·기타 이와 유사한 시설의 용도

③ 구내식당·직장어린이집·구내운동시설 등 종업원 후생복리시설, 구내소각시설, 그 밖에 이와 비슷한 시설의 용도. 이 경우 다음의 요건을 모두 갖춘 휴게음식점(별표 1 제3호의 제1종 근린생활시설 중 같은 호 나목에 따른 휴게음식점을 말한다)은 구내식당에 포함되는 것으로 본다.
- ㉠ 구내식당 내부에 설치할 것
- ㉡ 설치면적이 구내식당 전체 면적의 3분의 1 이하로서 50제곱미터 이하일 것
- ㉢ 다류(茶類)를 조리·판매하는 휴게음식점일 것

발코니(balcony, 露臺)

① 건축물의 내부와 외부를 연결하는 완충공간으로서 전망·휴식 등의 목적으로 건축물 외벽에 접하여 부가적으로 설치되는 공간을 말한다.

② 주택에 설치되는 발코니로서 국토교통부장관이 정하는 기준에 적합한 발코니는 필요에 따라 거실·침실·창고 등 다양한 용도로 사용할 수 있다.

참고 기본적인 용어

① 이상, 이하, 이내
기산점을 포함시킬 때 사용하는 용어

10m 이상	10m를 포함해서 그보다 높은 값
10m 이하	10m를 포함해서 그보다 낮은 값

② 초과(넘는), 미만
가산점을 포함시키지 않은 용어

2m 초과	2m를 포함하지 않고, 그보다 높은 값
4m 미만	4m를 포함하지 않고, 그보다 낮은 값

초고층 건축물

층수가 50층 이상이거나 높이가 200m 이상인 건축물을 말한다.

한옥

기둥 및 보가 목구조방식이고 한식지붕틀로 된 구조로서 한식기와, 볏짚, 목재, 흙 등 자연재료로 마감된 우리나라 전통양식이 반영된 건축물 및 그 부속건축물을 말한다.

다중이용건축물

"다중이용 건축물"이란 다음의 어느 하나에 해당하는 건축물을 말한다.

① 다음의 어느 하나에 해당하는 용도로 쓰는 바닥면적의 합계가 5천 제곱미터 이상인 건축물
   1) 문화 및 집회시설(동물원·식물원은 제외한다)
   2) 종교시설
   3) 판매시설
   4) 운수시설 중 여객용 시설
   5) 의료시설 중 종합병원
   6) 숙박시설 중 관광숙박시설

② 16층 이상인 건축물

준 다중이용 건축물

다중이용 건축물 외의 건축물로서 다음 각 목의 어느 하나에 해당하는 용도로 쓰는 바닥면적의 합계가 1천 제곱미터 이상인 건축물을 말한다.

가. 문화 및 집회시설(동물원 및 식물원은 제외한다)
나. 종교시설
다. 판매시설
라. 운수시설 중 여객용 시설
마. 의료시설 중 종합병원
바. 교육연구시설
사. 노유자시설
아. 운동시설
자. 숙박시설 중 관광숙박시설
차. 위락시설
카. 관광 휴게시설
타. 장례시설

특수구조 건축물

"특수구조 건축물"이란 다음 각 목의 어느 하나에 해당하는 건축물을 말한다.

① 한쪽 끝은 고정되고 다른 끝은 지지(支持)되지 아니한 구조로 된 보·차양 등이 외벽(외벽이 없는 경우는 외곽기둥)의 중심선으로부터 3미터 이상 돌출된 건축물

② 기둥과 기둥 사이의 거리(기둥의 중심선 사이의 거리를 말하며, 기둥이 없는 경우에는 내력벽과 내력벽의 중심선 사이의 거리를 말한다. 이하 같다)가 20미터 이상인 건축물

③ 특수한 설계·시공·공법 등이 필요한 건축물로서 국토교통부장관이 정하여 고시하는 구조로 된 건축물

4 건축물의 용도 <2021.6.16 시행기준>

건축법	건축법 시행령
제2조 【정의】 ① 3. "건축물의 용도"란 건축물의 종류를 유사한 구조, 이용 목적 및 형태별로 묶어 분류한 것을 말한다. ② 건축물의 용도는 다음과 같이 구분하되, 각 용도에 속하는 건축물의 세부 용도는 대통령령으로 정한다. 1. 단독주택 2. 공동주택 3. 제1종 근린생활시설 4. 제2종 근린생활시설 5. 문화 및 집회시설 6. 종교시설 7. 판매시설 8. 운수시설 9. 의료시설 10. 교육연구시설 11. 노유자(老幼者 : 노인 및 어린이) 시설 12. 수련시설 13. 운동시설 14. 업무시설 15. 숙박시설 16. 위락(慰樂)시설 17. 공장 18. 창고시설 19. 위험물 저장 및 처리 시설 20. 자동차 관련 시설 21. 동물 및 식물 관련 시설 22. 자원순환 관련 시설 23. 교정(矯正) 및 군사 시설 24. 방송통신시설 25. 발전시설 26. 묘지 관련 시설 27. 관광 휴게시설 28. 그 밖에 대통령령으로 정하는 시설	**제3조의5 【용도별 건축물의 종류】** 법 제2조제2항 각 호의 용도에 속하는 건축물의 종류는 별표 1과 같다.[전문개정 2008.10.29] **【별표 1】** 용도별 건축물의 종류(제3조의 5 관련)<개정 2020.12.15> 1. 단독주택(가정어린이집 · 공동생활가정 · 지역아동센터 및 노인복지시설(노인복지주택은 제외)을 포함한다) 가. 단독주택 나. 다중주택 : 다음의 요건 모두를 갖춘 주택을 말한다. (1) 학생 또는 직장인 등 다수인이 장기간 거주할 수 있는 구조로 되어 있을 것 (2) 독립된 주거의 형태를 갖추지 않은 것(각 실별로 욕실은 설치할 수 있으나, 취사시설은 설치하지 않은 것을 말한다. 이하 같다) (3) 1개 동의 주택으로 쓰이는 바닥면적(부설 주차장 면적은 제외한다)의 합계가 660제곱미터 이하이고 주택으로 쓰는 층수(지하층은 제외한다)가 3개 층 이하일 것. 다만, 1층의 전부 또는 일부를 필로티 구조로 하여 주차장으로 사용하고 나머지 부분을 주택 외의 용도로 쓰는 경우에는 해당 층을 주택의 층수에서 제외한다. (4) 적정한 주거환경을 조성하기 위하여 건축조례로 정하는 실별 최소 면적, 창문의 설치 및 크기 등의 기준에 적합할 것 다. 다가구주택 : 다음의 요건 모두를 갖춘 주택으로서 공동주택에 해당하지 아니하는 것을 말한다. (1) 주택으로 쓰이는 층수(지하층을 제외한다)가 3개층 이하일 것. 다만, 1층 바닥면적의 2분의 1 이상을 피로티 구조로 하여 주차장으로 사용하고 나머지 부분을 주택 외의 용도로 사용하는 경우에는 해당 층을 주택의 층수에서 제외한다. (2) 1개동의 주택으로 쓰이는 바닥면적의 합계가 660m^2 이하일 것 (3) 19세대 이하가 거주할 수 있을 것 라. 공관 2. 공동주택(가정어린이집 · 공동생활가정 · 지역아동센터 및 노인복지시설(노인복지주택은 제외)을 포함한다). 다만, 가목 또는 나목의 경우 층수를 산정함에 있어서 1층 전부를 피로티 구조로 하여 주차장으로 사용하는 경우에는 피로티 부분을 층수에서 제외하고, 다목의 경우 층수를 산정함에 있어서 1층 바닥면적의 2분의 1 이상을 피로티 구조로 하여 주차장으로 사용하고 나머지 부분을 주택 외의 용도로 사용하는 경우에는 해당 층을 주택의 층수에서 제외한다.<개정 2007.2.28> 가. 아파트 : 주택으로 쓰이는 층수가 5개층 이상인 주택 나. 연립주택 : 주택으로 쓰이는 1개동의 바닥면적(2개 이상의 동을 지하주차장으로 연결하는 경우에는 각각의 동으로 본다)의 합계가 660m^2를 초과하고, 층수가 4개층 이하인 주택 다. 다세대주택 : 주택으로 쓰이는 1개동의 바닥면적의 합계가 660m^2 이하이고, 층수가 4개층 이하인 주택(2개 이상의 동을 지하주차장으로 연결하는 경우에는 각각의 동으로 본다. 라. 기숙사 : 학교 또는 공장 등의 학생 또는 종업원 등을 위하여 쓰는 것으로서 1개 동의 공동취사시설 이용 세대 수가 전체의 50퍼센트 이상인 것(「교육기본법」 제27조제2항에 따른 학생복지주택을 포함한다) 3. 제1종 근린생활시설 가. 식품 · 잡화 · 의류 · 완구 · 서적 · 건축자재 · 의약품 · 의료기기 등 일용품을 판매하는 소매점으로서 같은 건축물(하나의 대지에 두 동 이상의 건축물이 있는 경우에는 이를 같은 건축물로 본다. 이하 같다)에 해당 용도로 쓰는 바닥면적의 합계가 1천 제곱미터 미만인 것 나. 휴게음식점, 제과점 등 음료 · 차(茶) · 음식 · 빵 · 떡 · 과자 등을 조리하거나 제조하여 판매하는 시설(제4호너목 또는 제17호에 해당하는 것은 제외한다)로서 같은 건축물에 해당 용도로 쓰는 바닥면적의 합계가 300제곱미터 미만인 것 다. 이용원, 미용원, 목욕장, 세탁소 등 사람의 위생관리나 의류 등을 세탁 · 수선하는 시설(세탁소의 경우 공장에 부설되는 것과 「대기환경보전법」, 「수질 및 수생태계 보전에 관한 법률」 또는 「소음 · 진동관리법」에 따른 배출시설의 설치 허가 또는 신고의 대상인 것은 제외한다) 라. 의원, 치과의원, 한의원, 침술원, 접골원(接骨院), 조산원, 안마원, 산후조리원 등 주민의 진료 · 치료 등을 위한 시설

건축법	건축법 시행령
	마. 탁구장, 체육도장으로서 같은 건축물에 해당 용도로 쓰는 바닥면적의 합계가 500제곱미터 미만인 것 바. 지역자치센터, 파출소, 지구대, 소방서, 우체국, 방송국, 보건소, 공공도서관, 건강보험공단 사무소 등 공공업무시설로서 같은 건축물에 해당 용도로 쓰는 바닥면적의 합계가 1천 제곱미터 미만인 것 사. 마을회관, 마을공동작업소, 마을공동구판장, 공중화장실, 대피소, 지역아동센터(단독주택과 공동주택에 해당하는 것은 제외한다) 등 주민이 공동으로 이용하는 시설 아. 변전소, 도시가스배관시설, 통신용 시설(해당 용도로 쓰는 바닥면적의 합계가 1천제곱미터 미만인 것에 한정한다), 정수장, 양수장 등 주민의 생활에 필요한 에너지공급·통신서비스제공이나 급수·배수와 관련된 시설 자. 금융업소, 사무소, 부동산중개사무소, 결혼상담소 등 소개업소, 출판사 등 일반업무시설로서 같은 건축물에 해당 용도로 쓰는 바닥면적의 합계가 30제곱미터 미만인 것 4. 제2종 근린생활시설 가. 공연장(극장, 영화관, 연예장, 음악당, 서커스장, 비디오물감상실, 비디오물소극장, 그 밖에 이와 비슷한 것을 말한다. 이하 같다)으로서 같은 건축물에 해당 용도로 쓰는 바닥면적의 합계가 500제곱미터 미만인 것 나. 종교집회장[교회, 성당, 사찰, 기도원, 수도원, 수녀원, 제실(祭室), 사당, 그 밖에 이와 비슷한 것을 말한다. 이하 같다]으로서 같은 건축물에 해당 용도로 쓰는 바닥면적의 합계가 500제곱미터 미만인 것 다. 자동차영업소로서 같은 건축물에 해당 용도로 쓰는 바닥면적의 합계가 1천제곱미터 미만인 것 라. 서점(제1종 근린생활시설에 해당하지 않는 것) 마. 총포판매소 바. 사진관, 표구점 사. 청소년게임제공업소, 복합유통게임제공업소, 인터넷컴퓨터게임시설제공업소, 그 밖에 이와 비슷한 게임 관련 시설로서 같은 건축물에 해당 용도로 쓰는 바닥면적의 합계가 500제곱미터 미만인 것 아. 휴게음식점, 제과점 등 음료·차(茶)·음식·빵·떡·과자 등을 조리하거나 제조하여 판매하는 시설(너목 또는 제17호에 해당하는 것은 제외한다)로서 같은 건축물에 해당 용도로 쓰는 바닥면적의 합계가 300제곱미터 이상인 것 자. 일반음식점 차. 장의사, 동물병원, 동물미용실, 그 밖에 이와 유사한 것 카. 학원(자동차학원·무도학원 및 정보통신기술을 활용하여 원격으로 교습하는 것은 제외한다), 교습소(자동차교습·무도교습 및 정보통신기술을 활용하여 원격으로 교습하는 것은 제외한다), 직업훈련소(운전·정비 관련 직업훈련소는 제외한다)로서 같은 건축물에 해당 용도로 쓰는 바닥면적의 합계가 500제곱미터 미만인 것 타. 독서실, 기원 파. 테니스장, 체력단련장, 에어로빅장, 볼링장, 당구장, 실내낚시터, 골프연습장, 놀이형시설(「관광진흥법」에 따른 기타유원시설업의 시설을 말한다. 이하 같다) 등 주민의 체육 활동을 위한 시설(제3호마목의 시설은 제외한다)로서 같은 건축물에 해당 용도로 쓰는 바닥면적의 합계가 500제곱미터 미만인 것 하. 금융업소, 사무소, 부동산중개사무소, 결혼상담소 등 소개업소, 출판사 등 일반업무시설로서 같은 건축물에 해당 용도로 쓰는 바닥면적의 합계가 500제곱미터 미만인 것 거. 다중생활시설(「다중이용업소의 안전관리에 관한 특별법」에 따른 다중이용업 중 고시원업의 시설로서 국토교통부장관이 고시하는 기준과 그 기준에 위배되지 않는 범위에서 적정한 주거환경을 조성하기 위하여 건축조례로 정하는 실별 최소 면적, 창문의 설치 및 크기 등의 기준에 적합한 것을 말한다. 이하 같다)로서 같은 건축물에 해당 용도로 쓰는 바닥면적의 합계가 500제곱미터 미만인 것 너. 제조업소, 수리점 등 물품의 제조·가공·수리 등을 위한 시설로서 같은 건축물에 해당 용도로 쓰는 바닥면적의 합계가 500제곱미터 미만이고, 다음 요건 중 어느 하나에 해당하는 것 1) 「대기환경보전법」, 「수질 및 수생태계 보전에 관한 법률」 또는 「소음·진동관리법」에 따른 배출시설의 설치 허가 또는 신고의 대상이 아닌 것 2) 「대기환경보전법」, 「수질 및 수생태계 보전에 관한 법률」 또는 「소음·진동관리법」에 따른 배출시설의 설치 허가 또는 신고의 대상 시설이나 귀금속·장신구 및 관련 제품 제조시설로서 발생되는 폐수를 전량 위탁처리하는 것

건축법	건축법 시행령
	더. 단란주점으로서 같은 건축물에 해당 용도로 쓰는 바닥면적의 합계가 150제곱미터 미만인 것 러. 안마시술소, 노래연습장 5. 문화 및 집회시설 가. 공연장으로서 제2종 근린생활시설에 해당하지 아니하는 것 나. 집회장(예식장ㆍ공회당ㆍ회의장ㆍ마권장외발매소ㆍ마권전화투표소 기타 이와 유사한 것을 말한다)으로서 제2종 근린생활시설에 해당하지 아니하는 것 다. 관람장(경마장, 경륜장, 경정장, 자동차경기장, 그 밖에 이와 유사한 것 및 체육관ㆍ운동장으로서 관람석의 바닥면적의 합계가 1,000m^2 이상인 것을 말한다) 라. 전시장(박물관ㆍ미술관, 과학관, 문화관, 체험관, 기념관, 산업전시장, 박람회장 그 밖에 이와 유사한 것을 말한다) 마. 동ㆍ식물원(동물원ㆍ식물원ㆍ수족관, 그 밖에 이와 유사한 것을 말한다) 6. 종교시설 가. 종교집회장으로서 제2종 근린생활시설에 해당하지 아니하는 것 나. 종교집회장(제2종 근린생활시설에 해당하지 아니하는 것을 말한다)에 설치하는 봉안당(奉安堂) 7. 판매시설 가. 도매시장(「농수산물유통 및 가격안정에 관한 법률」에 따른 농수산물도매시장, 농수산물공판장, 그 밖에 이와 비슷한 것을 말하며, 그 안에 있는 근린생활시설을 포함한다) 나. 소매시장(「유통산업발전법」에 따른 시장ㆍ대형점ㆍ백화점 및 쇼핑센터 그 밖에 이와 유사한 것을 말하며 소매시장 안에 있는 근린생활시설을 포함한다) 다. 상점(상점 안에 있는 근린생활시설을 포함한다) 1) 제3호가목에 해당하는 용도(서점은 제외한다)로서 제1종 근린생활시설에 해당하지 아니하는 것 2) 「게임산업진흥에 관한 법률」 제2조제6호의2가목에 따른 청소년게임제공업의 시설, 같은 호 나목에 따른 일반게임제공업의 시설, 같은 조 제7호에 따른 인터넷컴퓨터게임시설 제공업의 시설 및 같은 조 제8호에 따른 복합유통게임제공업의 시설로서 제2종 근린생활시설에 해당하지 아니하는 것 라. 삭제(2006. 5. 8) 마. 삭제(2006. 5. 8) 바. 삭제(2006. 5. 8) 사. 삭제(2006. 5. 8) 8. 운수시설 가. 여객자동차터미널 나. 철도시설 다. 공항시설 라. 항만시설 마. <삭제 2009.7.16> 9. 의료시설 가. 병원(종합병원ㆍ병원ㆍ치과병원ㆍ한방병원ㆍ정신병원 및 요양소를 말한다) 나. 격리병원(전염병원ㆍ마약진료소 기타 이와 유사한 것을 말한다) 10. 교육연구시설(제2종 근린생활시설에 해당하는 것을 제외한다) 가. 학교(유치원ㆍ초등학교ㆍ중학교ㆍ고등학교ㆍ전문대학ㆍ대학ㆍ대학교, 그 밖에 이에 준하는 각종 학교를 말한다) 나. 교육원(연수원, 그 밖에 이와 유사한 것을 포함한다) 다. 직업훈련소(운전 및 정비 관련 직업훈련소를 제외한다) 라. 학원(자동차학원 및 무도학원을 제외한다) 마. 연구소(연구소에 준하는 시험소와 계측계량소를 포함한다) 바. 도서관 사. 삭제(2006. 5. 8) 아. 삭제(2006. 5. 8)

건축법	건축법 시행령
	11. 노유자시설 가. 아동 관련 시설(어린이집, 아동복지시설, 그 밖에 이와 유사한 것으로서 단독주택, 공동주택 및 제1종 근린생활시설에 해당하지 아니하는 것을 말한다) 나. 노인복지시설(단독주택과 공동주택에 해당하지 아니하는 것을 말한다) 다. 그 밖에 다른 용도로 분류되지 아니한 사회복지시설 및 근로복지시설 12. 수련시설 가. 생활권 수련시설(「청소년활동진흥법」에 따른 청소년수련관, 청소년문화의집, 청소년특화시설, 그 밖에 이와 유사한 것을 말한다) 나. 자연권 수련시설「청소년활동진흥법」에 따른(청소년수련원, 청소년야영장, 그 밖에 이와 유사한 것을 말한다) 다. 「청소년활동진흥법」에 따른 유스호스텔 13. 운동시설 가. 탁구장·체육도장·테니스장·체력단련장·에어로빅장·볼링장·당구장·실내낚시터·골프연습장·물놀이형 시설, 그 밖에 이와 유사한 것으로서 제1종 근린생활시설 및 제2종 근린생활시설에 해당하지 아니하는 것 나. 체육관(관람석이 없거나 관람석의 바닥면적이 1,000m² 미만인 것) 다. 운동장(육상장·구기장·볼링장·수영장·스케이트장·롤러스케이트장·승마장·사격장·궁도장·골프장 등과 이에 부수되는 건축물로서 관람석이 없거나 관람석의 바닥면적이 1,000m² 미만인 것) 14. 업무시설 가. 공공업무시설 : 국가 또는 지방자치단체의 청사와 외국공관의 건축물로서 제1종 근린생활시설에 해당하지 아니하는 것 나. 일반업무시설 : 다음 요건을 갖춘 업무시설을 말한다. 1) 금융업소, 사무소, 결혼상담소 등 소개업소, 출판사, 신문사, 그 밖에 이와 비슷한 것으로서 제2종 근린생활시설에 해당하지 않는 것 2) 오피스텔(업무를 주로 하며, 분양하거나 임대하는 구획 중 일부 구획에서 숙식을 할 수 있도록 한 건축물로서 국토교통부장관이 고시하는 기준에 적합한 것을 말한다) 15. 숙박시설 <2013.11.29 개정> 가. 일반숙박시설 및 생활숙박시설 나. 관광숙박시설(관광호텔·수상관광호텔·한국전통호텔·가족호텔, 호스텔, 소형호텔, 의료관광호텔 및 휴양콘도미니엄) 다. 다중생활시설(제2종 근린생활시설에 해당하지 아니하는 것을 말한다) 라. 그 밖에 가목부터 다목까지의 시설과 비슷한 것 16. 위락시설 가. 단란주점으로서 제2종 근린생활시설에 해당하지 아니하는 것 나. 유흥주점이나 그 밖에 이와 비슷한 것 다. 「관광진흥법」에 따른 유원시설업의 시설 그 밖에 이와 유사한 것(제2종 근린생활시설과 운동시설에 해당하는 것을 제외한다) 라. 삭제 <2010.2.18> 마. 무도장, 무도학원 바. 카지노 영업소<신설 2009.7.16> 17. 공장 물품의 제조·가공(염색·도장·표백·재봉·건조·인쇄 등을 포함한다) 또는 수리에 계속적으로 이용되는 건축물로서 제1종 근린생활시설, 제2종 근린생활시설, 위험물저장 및 처리시설, 자동차관련시설, 자원순환 관련 시설 등으로 따로 분류되지 아니한 것 18. 창고시설(위험물저장 및 처리시설 또는 그 부속용도에 해당하는 것을 제외한다) 가. 창고(물품저장시설로서 「물류정책기본법」에 따른 일반창고와 냉장 및 냉동 창고를 포함한다) 나. 하역장 다. 「물류시설의 개발 및 운영에 관한 법률」에 따른 물류터미널 라. 집배송시설

건축법	건축법 시행령
	19. 위험물저장 및 처리시설 「위험물안전관리법」, 「석유 및 석유대체연료 사업법」, 「도시가스사업법」, 「고압가스 안전관리법」, 「액화석유가스의 안전관리 및 사업관리법」, 「총포·도검·화약류 등 단속법」, 「유해화학물질 관리법」에 따라 설치 또는 영업의 허가를 받아야 하는 건축물로서 다음 각 목의 어느 하나에 해당하는 것. 다만, 자가난방·자가발전과 이와 유사한 목적에 쓰이는 저장시설을 제외한다. 가. 주유소(기계식 세차설비를 포함한다) 및 석유판매소 나. 액화석유가스충전소·판매소·저장소(기계식 세차설비를 포함한다) 다. 위험물제조소·저장소·취급소 라. 액화가스 취급소·판매소 마. 유독물 보관·저장·판매시설 바. 고압가스 충전소·판매소·저장소 사. 도료류 판매소 아. 도시가스 제조시설 자. 화약류 저장소 차. 그 밖에 가목부터 자목까지의 시설과 비슷한 것 20. 자동차관련시설(건설기계관련시설을 포함한다) 가. 주차장 나. 세차장 다. 폐차장 라. 검사장 마. 매매장 바. 정비공장 사. 운전학원 및 정비학원(운전 및 정비 관련 직업훈련시설을 포함한다) 아. 「여객자동차 운수사업법」·「화물자동차 운수사업법」 및 「건설기계관리법」에 따른 차고 및 주기장 21. 동물 및 식물관련시설<개정 2018.9.4> 가. 축사(양잠·양봉·양어·양돈·양계·곤충사육시설 및 부화장 등을 포함한다) 나. 가축시설(가축용운동시설, 인공수정센터, 관리사, 가축용창고, 가축시장, 동물검역소, 실험동물사육시설 그 밖에 이와 비슷한 것을 말한다) 다. 도축장 라. 도계장 마. 작물재배사 바. 종묘배양시설 사. 화초 및 분재 등의 온실 아. 동물 또는 식물과 관련된 가목 내지 사목까지의 시설과 비슷한 것(동·식물원을 제외한다) 22. 자원순환관련시설 가. 하수 등 처리시설 나. 고물상 다. 폐기물재활용시설 라. 폐기물 처분시설 마. 폐기물감량화시설 23. 교정 및 군사시설(제1종 근린생활시설에 해당하는 것을 제외한다) 가. 교정시설(보호감호소, 구치소 및 교도소를 말한다) 나. 갱생보호시설, 그 밖에 범죄자의 갱생·보육·교육·보건 등의 용도로 쓰는 시설 다. 소년원 및 소년분류심사원 라. 국방·군사시설 24. 방송통신시설(제1종 근린생활시설에 해당하는 것을 제외한다)<개정 2018.9.4> 가. 방송국(방송프로그램 제작시설 및 송신·수신·중계시설을 포함한다) 나. 전신전화국 다. 촬영소

건축법	건축법 시행령
	라. 통신용시설 마. 데이터 센터 바. 그 밖에 가목부터 마목까지의 시설과 비슷한 것 25. 발전시설 발전소(집단에너지 공급시설을 포함한다)로 사용되는 건축물로서 제1종 근린생활시설로 분류되지 아니한 것 26. 묘지관련시설 가. 화장시설 나. 봉안당(종교시설에 해당하는 것을 제외한다) 다. 묘지와 자연장지에 부수되는 건축물 27. 관광휴게시설 가. 야외음악당 나. 야외극장 다. 어린이회관 라. 관망탑 마. 휴게소 바. 공원·유원지 또는 관광지에 부수되는 시설 28. 장례시설 가. 의료시설의 부수시설(「의료법」 제36조제1호에 따른 의료기관의 종류에 따른 시설을 말한다)에 해당하는 것은 제외한다] 나. 동물 전용의 장례식장 29. 야영장시설 「관광진흥법」에 따른 야영장시설로서 관리동, 화장실, 샤워실, 대피소, 취사시설 등의 용도로 쓰는 바닥면적의 합계가 300m² 미만인 것

법해설 Explanation

건축물의 용도

건축물의 종류를 유사한 구조·이용목적 및 형태별로 묶어 다음과 같이 분류한 것을 말한다.

* 해당용도로 쓰는 바닥면적의 합계

분류	건축물의 종류	
① 단독주택 (어린이집·공동생활가정·노인복지시설 포함)	가. 단독주택	
	나. 다중주택	(1) 학생, 직장인 등 다수인이 장기간 거주할 수 있는 구조로 되어 있을 것 (2) 독립된 주거형태를 갖추지 않은 것(각 실별로 욕실은 설치할 수 있으나, 취사시설은 설치하지 않은 것을 말함) (3) 1개 동의 주택으로 쓰이는 바닥면적(부설 주차장 면적은 제외한다)의 합계가 660제곱미터 이하이고 주택으로 쓰는 층수(지하층은 제외한다)가 3개 층 이하일 것. 다만, 1층의 전부 또는 일부를 필로티 구조로 하여 주차장으로 사용하고 나머지 부분을 주택 외의 용도로 쓰는 경우에는 해당 층을 주택의 층수에서 제외한다. (4) 적정한 주거환경을 조성하기 위하여 건축조례로 정하는 실별 최소 면적, 창문의 설치 및 크기 등의 기준에 적합할 것
	다. 다가구주택	(1) 주택으로 쓰이는 층수(지하층 제외)가 3개층 이하일 것(1층 바닥면적의 1/2 이상을 피로티 구조로 하여 주차장으로 사용하고 나머지 부분을 주택 외의 용도로 사용하는 경우에는 해당 층을 주택의 층수에서 제외) (2) 1개동의 주택으로 쓰이는 바닥면적의 합계가 660m² 이하일 것 (3) 19세대 이하가 거주할 수 있을 것
	라. 공관	
② 공동주택 (어린이집·공동생활가정·지역아동센터·노인복지시설 포함)	아파트 또는 연립주택의 경우 층수를 산정함에 있어서 1층 전부를 피로티 구조로 하여 주차장으로 사용하는 경우에는 피로티 부분을 층수에서 제외하고, 다세대주택의 경우 층수를 산정함에 있어서 1층 바닥면적의 1/2 이상을 피로티 구조로 하여 주차장으로 사용하고 나머지 부분을 주택 외의 용도로 사용하는 경우에는 해당 층을 주택의 층수에서 제외함	
	가. 아파트	주택으로 쓰이는 층수가 5개층 이상인 주택
	나. 연립주택	주택으로 쓰이는 1개동 바닥면적의 합계가 660m²를 초과하고, 층수가 4개층 이하인 주택
	다. 다세대주택	주택으로 쓰이는 1개동 바닥면적의 합계가 660m² 이하이고, 층수가 4개층 이하인 주택(2개 이상의 동을 지하주차장으로 연결하는 경우에는 각각의 동으로 보며, 지하주차장 면적은 바닥면적에서 제외함)
	라. 기숙사	학교 또는 공장 등의 학생 또는 종업원 등을 위하여 쓰는 것으로서 1개 동의 공동취사시설 이용 세대 수가 전체의 50퍼센트 이상인 것(「교육기본법」 제27조제2항에 따른 학생복지주택을 포함한다)
③ 제1종 근린생활시설	가. 식품·잡화·의류·완구·서적·건축자재·의약품·의료기기 등 일용품을 판매하는 소매점으로서 같은 건축물(하나의 대지에	

◆공동주택이 4개층(660m²) 미만인 경우 용도

(건교건축 58070-287, 1997. 1. 28)

질의 5층 건축물의 1층 부분을 피로티로 하고 2~5층(660m² 미만)을 주택으로 사용하고자 하는 경우 건축법상 용도는?

회신 건축법령을 적용함에 있어서 공동주택으로 사용되는 부분(그 층의 전부 또는 일부를 주택의 부속용도로 사용되는 층을 포함)이 4개층 이하로서 바닥면적의 합계가 660m²를 초과하는 경우에는 연립주택으로, 그 이하인 경우에는 다세대주택으로 보아야 할 것이며, 5개층 이상인 경우(1층 전부를 피로티구조로하여 주차장으로 사용하는 경우 피로티부분을 층수에서 제외함)에는 아파트에 해당하는 것임

참고

◆다가구주택과 다세대주택의 주요 특징

① 다가구주택
- ㉠ 독립된 주거생활 가능
- ㉡ 구분소유 불가
- ㉢ 3개층 이하, 19새대 이하
- ㉣ 단독주택으로 구분됨

② 다세대주택
- ㉠ 독립된 주거생활 가능
- ㉡ 구분소유 가능
- ㉢ 4개층 이하, 세대제한 없음
- ㉣ 공동주택으로 구분됨

참고 휴게음식점

음식류를 조리·판매하는 영업으로서 음주행위가 허용되지 아니하는 영업

분류	건축물의 종류
③ 제1종 근린 생활시설	두 동 이상의 건축물이 있는 경우에는 이를 같은 건축물로 본다.)* 1천 제곱미터 미만인 것 나. 휴게음식점, 제과점 등 음료·차(茶)·음식·빵·떡·과자 등을 조리하거나 제조하여 판매하는 시설(제4호너목 또는 제17호에 해당하는 것은 제외한다)로서 같은 건축물 *300제곱미터 미만인 것 다. 이용원, 미용원, 목욕장, 세탁소 등 사람의 위생관리나 의류 등을 세탁·수선하는 시설(세탁소의 경우 공장에 부설되는 것과 「대기환경보전법」, 「수질 및 수생태계 보전에 관한 법률」 또는 「소음·진동관리법」에 따른 배출시설의 설치 허가 또는 신고의 대상인 것은 제외한다) 라. 의원, 치과의원, 한의원, 침술원, 접골원(接骨院), 조산원, 안마원, 산후조리원 등 주민의 진료·치료 등을 위한 시설 마. 탁구장, 체육도장으로서 같은 건축물 *500제곱미터 미만인 것 바. 지역자치센터, 파출소, 지구대, 소방서, 우체국, 방송국, 보건소, 공공도서관, 건강보험공단 사무소 등 공공업무시설로서 같은 건축물 *1천 제곱미터 미만인 것 사. 마을회관, 마을공동작업소, 마을공동구판장, 공중화장실, 대피소, 지역아동센터(단독주택과 공동주택에 해당하는 것은 제외한다) 등 주민이 공동으로 이용하는 시설 아. 변전소, 도시가스배관시설, 통신용 시설(*1천제곱미터 미만인 것에 한정한다), 정수장, 양수장 등 주민의 생활에 필요한 에너지공급·통신서비스제공이나 급수·배수와 관련된 시설
④ 제2종근린 생활시설	가. 공연장(극장, 영화관, 연예장, 음악당, 서커스장, 비디오물감상실, 비디오물소극장, 그 밖에 이와 비슷한 것을 말한다. 이하 같다)으로서 같은 건축물 * 500제곱미터 미만인 것 나. 종교집회장[교회, 성당, 사찰, 기도원, 수도원, 수녀원, 제실(祭室), 사당, 그 밖에 이와 비슷한 것을 말한다. 이하 같다]으로서 같은 건축물 * 500제곱미터 미만인 것 다. 자동차영업소로서 같은 건축물 * 1천제곱미터 미만인 것 라. 서점(제1종 근린생활시설에 해당하지 않는 것) 마. 총포판매소 바. 사진관, 표구점 사. 청소년게임제공업소, 복합유통게임제공업소, 인터넷컴퓨터게임시설제공업소, 그 밖에 이와 비슷한 게임 관련 시설로서 같은 건축물 *500제곱미터 미만인 것 아. 휴게음식점, 제과점 등 음료·차(茶)·음식·빵·떡·과자 등을 조리하거나 제조하여 판매하는 시설(너목 또는 제17호에 해당하는 것은 제외한다)로서 같은 건축물 *300제곱미터 이상인 것 자. 일반음식점 차. 장의사, 동물병원, 동물미용실, 그 밖에 이와 유사한 것 카. 학원(자동차학원·무도학원 및 정보통신기술을 활용하여 원격으로 교습하는 것은 제외한다), 교습소(자동차교습·무도교습 및 정보통신기술을 활용하여 원격으로 교습하는 것은 제외한다), 직업훈련소(운전·정비 관련 직업훈련소는 제외한다)로서 같은 건축물 *500제곱미터 미만인 것

참고 일반음식점
음식류를 조리·판매하는 영업으로서 식사와 함께 부수적으로 음주행위가 허용되는 영업

◆ 카센타의 용도
(건교건축 58070-263, 1997. 1. 27)

질의 대기환경보전법, 「수질 및 생태계 보전에 관한 법률」 또는 소음·진동규제법에 따른 배출시설의 설치허가를 요하지 아니하는 200m² 미만인 카센타의 용도는?

회신 동일한 건축물 안에서 해당용도에 사용되는 바닥면적의 합계가 200m² 미만이고, 대기환경보전법. 「수질 및 생태계 보전에 관한 법률」 또는 소음·진동규제법에 따른 배출시설의 설치허가를 요하지 아니하는 카센타는 건축법시행령 【별표 1】 제4호 사목의 수리점 기타 이와 유사한 것으로 보아야 할 것임

◆ 독서실의 용도
(건교건축 58070-182, 1997. 1. 20)

질의 예능계학원이나 독서실의 용도는?

회신 예능계학원과 독서실이 동일한 건축물안에서 해당용도에 사용되는 바닥면적의 합계가 500m² 미만인 것이라면 이는 건축법시행령 【별표 1】 제4호(제2종 근린생활시설) 자목의 학원에 포함되는 것임

분류	건축물의 종류	
④ 제2종근린 생활 시설	타. 독서실, 기원 파. 테니스장, 체력단련장, 에어로빅장, 볼링장, 당구장, 실내 낚시터, 골프연습장, 놀이형시설(「관광진흥법」에 따른 기타유원시설업의 시설을 말한다. 이하 같다) 등 주민의 체육 활동을 위한 시설(제3호마목의 시설은 제외한다)로서 같은 건축물 *500제곱미터 미만인 것 하. 금융업소, 사무소, 부동산중개사무소, 결혼상담소 등 소개업소, 출판사 등 일반업무시설로서 같은 건축물 *500제곱미터 미만인 것 거. 다중생활시설(「다중이용업소의 안전관리에 관한 특별법」에 따른 다중이용업 중 고시원업의 시설로서 국토교통부장관이 고시하는 기준과 그 기준에 위배되지 않는 범위에서 적정한 주거환경을 조성하기 위하여 건축조례로 정하는 실별 최소 면적, 창문의 설치 및 크기 등의 기준에 적합한 것을 말한다. 이하 같다)로서 같은 건축물에 해당 용도로 쓰는 바닥면적의 합계가 *500제곱미터 미만인 것 너. 제조업소, 수리점 등 물품의 제조·가공·수리 등을 위한 시설로서 같은 건축물 *500제곱미터 미만이고, 다음 요건 중 어느 하나에 해당하는 것 1) 「대기환경보전법」, 「수질 및 수생태계 보전에 관한 법률」 또는 「소음·진동관리법」에 따른 배출시설의 설치 허가 또는 신고의 대상이 아닌 것 2) 「대기환경보전법」, 「수질 및 수생태계 보전에 관한 법률」 또는 「소음·진동관리법」에 따른 배출시설의 설치 허가 또는 신고의 대상 시설이나 귀금속·장신구 및 관련 제품 제조시설로서 발생되는 폐수를 전량 위탁처리하는 것 더. 단란주점으로서 같은 건축물 *150제곱미터 미만인 것 러. 안마시술소, 노래연습장	
⑤ 문화 및 집회시설	가. 공연장	제2종 근린생활시설에 해당하지 아니하는 것
	나. 집회장	예식장, 회의장, 공회당, 마권장외 발매소, 마권전화투표소, 그 밖에 이와 유사한 것으로서 제2종 근린생활시설에 해당하지 아니하는 것
	다. 관람장	경마장, 경륜장, 경정장, 자동차경기장, 그 밖에 이와 유사한 것 및 체육관·운동장으로서 관람석의 바닥면적의 합계가 1,000m² 이상인 것
	라. 전시장	박물관, 미술관, 과학관, 문화관, 체험관, 기념관, 산업전시장, 박람회장 등
	마. 동·식물원	동물원·식물원·수족관 등
⑥ 종교시설	가. 종교집회장	제2종 근린생활시설에 해당하지 아니하는 것
	나. 종교집회장(제2종 근린생활시설에 해당하지 아니하는 것을 말함)에 설치하는 봉안당	
⑦ 판매시설	가. 도매시장	도매시장(농수산물도매시장, 농수산물공판장, 그 밖에 이와 비슷한 것을 말하며, 그 안에 있는 근린생활시설을 포함)

◆공공도서관의 용도
(건축 58070-143, 1997. 1. 15)

질의 군청에서 연면적 2,000m²의 도서관을 건축할 경우 용도는?

회신 공공도서관으로서 동일한 건축물 안에서 해당 용도에 쓰이는 바닥면적의 합계가 1,000m² 미만인 것은 건축법시행령 【별표 1】 제3호에 따른 제1종 근린생활시설로 분류되는 것이며, 동 규모 이상인 경우에는 동표 제10호에 따른 교육연구시설로 분류 됨

용도분류	건축물의 종류	
	나. 소매시장	「유통산업발전법」에 따른 시장, 대형점, 백화점, 쇼핑센터, 그 밖에 이와 유사한 것(그에 소재한 근린생활시설 포함)
⑦ 판매시설	다. 상점 (상점 안에 있는 근린생활시설 포함)	1) 식품・잡화・의류・완구・건축자재・의약품・의료기기 등 일용품을 판매하는 소매점으로서 같은 건축물(하나의 대지에 두 동 이상의 건축물이 있는 경우에는 이를 같은 건축물로 본다. 이하 같다)에 해당 용도로 쓰는 바닥면적의 합계가 1천제곱미터 미만에 해당되지 아니하는 것 2) 「게임산업진흥에 관한 법률」에 따른 청소년게임제공업의 시설, 일반게임제공업의 시설, 인터넷컴퓨터게임시설제공업의 시설 및 복합유통게임제공업의 시설로서 제2종 근린생활시설에 해당하지 아니하는 것
⑧ 운수시설	가. 여객자동차터미널　나. 철도시설 다. 공항시설　라. 항만시설	
⑨ 의료시설	가. 병원	종합병원, 병원, 치과병원, 한방병원, 정신병원, 요양소
	나. 격리병원	전염병원, 마약진료소 등
⑩ 교육연구시설(제2종 근린생활시설에 해당하는 것을 제외)	가. 학교	유치원, 초등학교, 중학교, 고등학교, 전문대학, 대학, 대학교 등
	나. 교육원	연수원 등을 포함
	다. 직업훈련소	운전・정비관련 직업훈련소 제외
	라. 학원	자동차학원, 무도학원은 제외
	마. 연구소	연구소에 준하는 시험소, 계량계측소를 포함
	바. 도서관	
⑪ 노유자(노유자 : 노인 및 어린이)시설	가. 아동관련 시설	어린이집, 아동복지시설, 그 밖에 이와 유사한 것으로서 단독주택, 공동주택 및 제1종 근린생활시설에 해당하지 아니하는 것
	나. 노인복지시설(단독주택과 공동주택에 해당하지 아니하는 것을 말함)	
	다. 다른 용도로 분류되지 아니한 사회복지시설 및 근로복지시설	
⑫ 수련시설	가. 생활권 수련시설	청소년수련관, 청소년문화의집, 청소년 특화시설 등
	나. 자연권 수련시설	청소년수련원, 청소년야영장 등
	다. 유스호스텔	
⑬ 운동시설	가. 탁구장, 체육도장, 테니스장, 체력단련장, 에어로빅장, 볼링장, 당구장, 실내낚시터, 골프연습장, 놀이형 시설, 그	

용도분류	건축물의 종류	
	밖에 이와 유사한 것으로서 제1종 및 제2종 근린생활시설에 해당하지 아니하는 것	
⑬ 운동시설	나. 체육관	관람석이 없거나 관람석의 바닥면적이 1,000m^2 미만인 것
	다. 운동장	육상장 · 구기장 · 볼링장 · 수영장 · 스케이트장 · 로울러스케이트장 · 승마장 · 사격장 · 궁도장 · 골프장 등과 이에 부수되는 건축물로서 관람석이 없거나 관람석의 바닥면적이 1,000m^2 미만인 것
⑭ 업무시설	가. 공공업무시설	국가 또는 지방자치단체의 청사와 외국공관의 건축물로서 제1종 근린생활시설에 해당하지 아니하는 것
	나. 일반업무시설	다음 요건을 갖춘 업무시설을 말한다. 1) 금융업소, 사무소, 결혼상담소 등 소개업소, 출판사, 신문사, 그 밖에 이와 비슷한 것으로서 제2종 근린생활시설에 해당하지 않는 것 2) 오피스텔(업무를 주로 하며, 분양하거나 임대하는 구획 중 일부 구획에서 숙식을 할 수 있도록 한 건축물로서 국토교통부장관이 고시하는 기준에 적합한 것을 말한다)
⑮ 숙박시설	가. 일반숙박시설 및 생활숙박시설	
	나. 관광숙박시설	관광호텔, 수상관광호텔, 한국전통호텔, 가족호텔, 호스텔, 소형호텔, 의료관광호텔 및 휴양콘도미니엄
	다. 다중생활시설(제2종 근린생활시설에 해당하지 아니하는 것을 말한다)의 시설과 유사한 것	
	라. 그 밖에 가목부터 다목까지의 시설과 유사한 것	
⑯ 위락시설	가. 단란주점	제2종 근린생활시설에 해당하는 것 제외
	나. 유흥주점이나 그 밖에 이와 비슷한 것	
	다. 유원시설업의 시설, 그 밖에 이와 유사한 것	제2종 근린생활시설에 해당하는 것과 운동시설을 제외
	라. 무도장, 무도학원	
	마. 카지노 영업소	
⑰ 공장	물품의 제조, 가공(염색, 도장, 표백, 재봉, 건조, 인쇄 등을 포함) 또는 수리에 계속적으로 이용되는 건축물로서 제1종 근린생활시설, 제2종 근린생활시설, 위험물저장 및 처리시설, 자동차관련시설, 자원순환 관련 시설 등 따로 분류되지 아니한 시설	

◆ 관람석이 없는 야외골프연습장의 용도

(건교건축 58550－1483, 1999. 4. 46)

질의 관람석이 없는 야외골프연습장의 용도는?

회신 관람석이 없는 야외골프연습장은 건축법시행령 【별표 1】 제13호 가목에 따라 "운동시설"에 해당됨.

◆ 오피스텔 업무부분 구획여부

(건교건축 58070－1571, 1999. 4. 30)

질의 ① 오피스텔의 업무부분에 벽체를 구획 · 설치할 수 있는지?
② 화장실 · 보일러실 등은 주거부분인지 또는 업무부분인지?

회신 ① 오피스텔이라 함은 업무를 주로 하는 각 개별실에 일부 숙식을 할 수 있게 한 건축물로서 건축법령상 업무시설로 분류되는 것인 바, 오피스텔건축기준에는 간막이벽의 설치를 제한하는 규정이 없으며, 사용승인을 받은 후라도 실제적으로 업무시설로 사용하는 부분에 단순히 비내력 · 간막이벽 등을 설치한다고 하여 위법행위가 되는 것은 아님
② 오피스텔의 구획 안에 설치하는 화장실 · 보일러실 등은 주거부분으로 보아야 하는 것임

<table>
<tr><th>용도분류</th><th colspan="2">건축물의 종류</th></tr>
<tr><td rowspan="5">⑱ 창고시설</td><td colspan="2">위험물저장 및 처리시설 또는 그 부속용도에 해당하는 것 제외</td></tr>
<tr><td>가. 창고</td><td>물품저장시설로서 일반창고와 냉장 및 냉동창고를 포함</td></tr>
<tr><td colspan="2">나. 하역장</td></tr>
<tr><td colspan="2">다. 물류터미널</td></tr>
<tr><td colspan="2">라. 집배송시설</td></tr>
<tr><td rowspan="11">⑲ 위험물저장 및 처리시설</td><td colspan="2">「위험물안전관리법」, 「도시가스사업법」, 「석유사업법」, 「고압가스안전관리법」, 「액화석유가스의안전관리및사업법」, 「총포, 화약류 등 단속법」, 「유해화학물질관리법」에 의하여 설치 또는 영업의 허가를 받아야 하는 건축물로서 다음에 해당하는 것(자가난방, 자기발전과 이와 유사한 목적에 쓰이는 저장시설은 제외)</td></tr>
<tr><td colspan="2">가. 주유소(기계식세차설비 포함) 및 석유판매소</td></tr>
<tr><td colspan="2">나. 액화석유가스충전소・판매소・저장소(기계식세차설비 포함)</td></tr>
<tr><td colspan="2">다. 위험물제조소・저장소・취급소</td></tr>
<tr><td colspan="2">라. 액화가스 취급소・판매소</td></tr>
<tr><td colspan="2">마. 유독물 보관・저장・판매시설</td></tr>
<tr><td colspan="2">바. 고압가스 충전소・저장소・판매소</td></tr>
<tr><td colspan="2">사. 도료류 판매소</td></tr>
<tr><td colspan="2">아. 도시가스 제조시설</td></tr>
<tr><td colspan="2">자. 화학류 저장소</td></tr>
<tr><td colspan="2">차. 그 밖에 '가~자'의 시설과 유사한 것</td></tr>
<tr><td>⑳ 자동차관련시설(건설기계관련 시설을 포함)</td><td colspan="2">가. 주차장 나. 세차장
다. 폐차장 라. 검사장
마. 매매장 바. 정비공장
사. 운전학원 및 정비학원(운전 및 정비관련 직업훈련시설을 포함)
아. 여객자동차 운수사업법, 「화물자동차 운수사업법」 및 「건설기계관리법」에 따른 차고 및 주기장(駐機場)</td></tr>
<tr><td rowspan="3">㉑ 동물 및 식물 관련시설</td><td>가. 축사</td><td>양잠, 양봉, 양어, 양돈, 양계, 곤충사육시설 및 부화장 등을 포함</td></tr>
<tr><td>나. 가축시설</td><td>가축용운동시설, 인공수정센터, 관리사, 가축용창고, 가축시장, 동물검역소, 실험동물사육시설을 포함</td></tr>
<tr><td colspan="2">다. 도축장 라. 도계장
마. 작물재배사 바. 종묘배양시설
사. 화초 및 분재 등의 온실
아. 동물 또는 식물과 관련된 '가~사'까지와 비슷한 시설(동・식물원 제외)</td></tr>
<tr><td>㉒ 자원순환 관련시설</td><td colspan="2">가. 하수 등 처리시설
나. 고물상
다. 폐기물재활용시설
라. 폐기물 처분시설
마. 폐기물감량화시설</td></tr>
</table>

◆ 낚시터 관리사의 용도
(건교건축 58070-3289, 1998. 8. 20)

질의 저수지 잔여토지에 낚시터 관리사로 건축하고자 하는 경우 용도?

회신 관리사를 낚시터의 부속용도로 사용하고자 하는 경우에는 건축법시행령 【별표 1】 제21호의 동물 및 식물관련시설에 해당하는 것으로 같은 법 제8조에 따른 허가(신고)를 받아 건축하여야 하는 것임

용도분류	건축물의 종류	
㉓ 교정 및 군사시설(제1종 근린생활시설에 해당하는 것 제외)	가. 교정시설(보호감호소, 구치소 및 교도소를 말함) 나. 갱생보호시설, 그 밖에 범죄자의 갱생·보육·교육·보건 등의 용도로 쓰는 시설 다. 소년원 및 소년분류심사원　　라. 국방·군사시설	
㉔ 방송통신시설(제1종 근린생활시설에 해당하는 것 제외)	가. 방송국	방송프로그램 제작시설 및 송신·수신·중계시설 포함
	나. 전신전화국　다. 촬영소　라. 통신용시설 마. 데이터 센터 바. 그 밖에 가목부터 마목까지의 시설과 비슷한 것	
㉕ 발전시설	발전소(집단에너지 공급시설 포함)로 사용되는 건축물로서 제1종 근린생활시설로 분류되지 아니한 것	
㉖ 묘지관련시설	가. 화장시설 나. 봉안당(종교시설에 해당하는 것 제외) 다. 묘지와 자연장지에 부수되는 건축물	
㉗ 관광휴게시설	가. 야외음악당　나. 야외극장　다. 어린이회관 라. 관망탑　마. 휴게소 바. 공원, 유원지 또는 관광지에 부수되는 시설	
㉘ 장례시설	가. 장례식장(의료시설의 부수시설에 해당하는 것은 제외) 나. 동물 전용의 장례식장	
㉙ 야영장시설	「관광진흥법」에 따른 야영장시설로서 관리동, 화장실, 샤워실, 대피소, 취사시설 등의 용도로 쓰는 바닥면적의 합계가 300m² 미만인 것	

비고

1. 제3호 및 제4호에서 "해당 용도로 쓰는 바닥면적"이란 부설 주차장 면적을 제외한 실(實) 사용면적에 공용부분 면적(복도, 계단, 화장실 등의 면적을 말한다)을 비례 배분한 면적을 합한 면적을 말한다.
2. 비고 제1호에 따라 "해당 용도로 쓰는 바닥면적"을 산정할 때 건축물의 내부를 여러 개의 부분으로 구분하여 독립한 건축물로 사용하는 경우에는 그 구분된 면적 단위로 바닥면적을 산정한다. 다만, 다음 각 목에 해당하는 경우에는 각 목에서 정한 기준에 따른다.
   가. 제4호 더목에 해당하는 건축물의 경우에는 내부가 여러 개의 부분으로 구분되어 있더라도 해당 용도로 쓰는 바닥면적을 모두 합산하여 산정한다.
   나. 동일인이 둘 이상의 구분된 건축물을 같은 세부 용도로 사용하는 경우에는 연접되어 있지 않더라도 이를 모두 합산하여 산정한다.
   다. 구분 소유자(임차인을 포함한다)가 다른 경우에도 구분된 건축물을 같은 세부 용도로 연계하여 함께 사용하는 경우(통로, 창고 등을 공동으로 활용하는 경우 또는 명칭의 일부를 동일하게 사용하여 홍보하거나 관리하는 경우 등을 말한다)에는 연접되어 있지 않더라도 연계하여 함께 사용하는 바닥면적을 모두 합산하여 산정한다.
3. 「청소년 보호법」 제2조제5호 가목8) 및 9)에 따라 여성가족부장관이 고시하는 청소년 출입·고용금지업의 영업을 위한 시설은 제1종 근린생활시설 및 제2종 근린생활시설에서 제외한다.
4. 국토교통부장관은 별표 1 각 호의 용도별 건축물의 종류에 관한 구체적 범위를 정하여 고시할 수 있다

◆ 건축물의 용도분류시 지하주차장 면적 포함여부

(건교건축 58550-1828, 1999. 5. 20)

질의 건축물의 용도를 분류함에 있어 "해당 용도에 쓰이는 바닥면적의 합계"에 지하주차장 면적이 포함되는지?

회신 건축물의 용도를 분류함에 있어 "해당 용도에 쓰이는 바닥면적의 합계"라 함은 주된 용도에 부수되는 공용부분(복도·계단·화장실 등)의 면적이 포함되는 것입니다. 다만, 지하주차장의 면적은 바닥면적의 산정에는 포함되는 것이나 건축법령상 "해당 용도에 쓰이는 바닥면적의 합계" 산정에서는 제외되는 것임

5 건축설비 · 지하층 · 거실 · 주요구조부

건축법	건축법 시행령
제2조【정의】 ① 4. "건축설비"란 건축물에 설치하는 전기 · 전화 설비, 초고속 정보통신 설비, 지능형 홈네트워크 설비, 가스 · 급수 · 배수(配水) · 배수(排水) · 환기 · 난방 · 냉방 · 소화(消火) · 배연(排煙) 및 오물처리의 설비, 굴뚝, 승강기, 피뢰침, 국기 게양대, 공동시청 안테나, 유선방송 수신시설, 우편함, 저수조(貯水槽), 방범시설 그 밖에 국토교통부령으로 정하는 설비를 말한다. 5. "지하층"이란 건축물의 바닥이 지표면 아래에 있는 층으로서 바닥에서 지표면까지 평균높이가 해당 층 높이의 2분의 1 이상인 것을 말한다. 6. "거실"이란 건축물 안에서 거주, 집무, 작업, 집회, 오락, 그 밖에 이와 유사한 목적을 위하여 사용되는 방을 말한다. 7. "주요구조부"란 내력벽(耐力壁), 기둥, 바닥, 보, 지붕틀 및 주계단(主階段)을 말한다. 다만, 사이 기둥, 최하층 바닥, 작은 보, 차양, 옥외 계단, 그 밖에 이와 유사한 것으로 건축물의 구조상 중요하지 아니한 부분은 제외한다.	

법해설 Explanation

건축설비

① 건축물에 설치하는 전기, 전화, 초고속 정보통신, 지능형 홈네트워크, 가스, 급수, 배수(配水), 배수(排水), 환기, 난방, 냉방, 소화, 배연설비

② 오물처리의 설비

③ 굴뚝, 승강기, 피뢰침, 국기게양대, 공동시청안테나, 유선방송수신시설, 우편함, 저수조, 방범시설

④「건축물의 설비기준 등에 관한 규칙」에서 정하는 설비

지하층

① 건축물의 바닥이 지표면 아래에 있는 층으로서 그 바닥으로부터 지표면까지의 평균높이가 해당 층 높이의 1/2 이상인 것

$$h \geq \frac{1}{2} H$$

여기서, h : 바닥으로부터 지표면까지의 높이
H : 해당 층높이

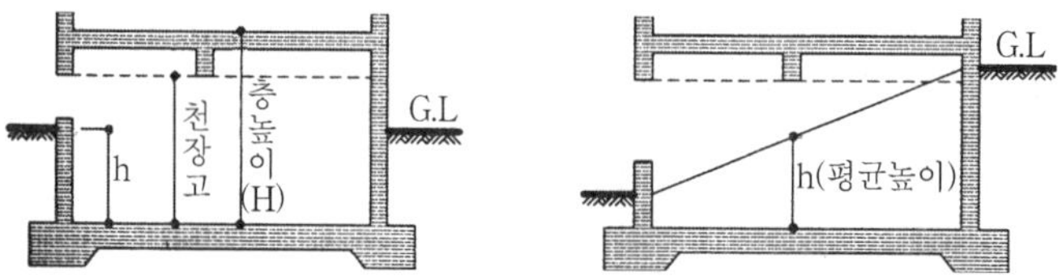

◆ 지하층의 인정여부

질의 3면이 지표하에 있는 경우로서 어느 한 부분으로 직접통행이 가능한 경우에는 1층으로 본다는 설과 최소한의 개구부만 있는 경우에는 지하층으로 본다는 해석이 있어 지하층의 개념상 혼란이 있음

회신 바닥으로부터 지표면까지의 평균높이가 2분의 1 이상이면 출입구와 관계없이 지하층으로 인정

② 지하층의 지표면 산정

지하층의 지표면 산정방법은 건축물 주위에 접하는 각 지표면 부분의 높이를 해당지표면 부분의 수평거리에 따라 가중평균한 높이의 수평면을 지표면으로 본다.

※ **가중평균 지표면(h)**

$$\text{가중평균 지표면}(h) = \frac{\text{건축물에 접한부분의 면적}(m^2)}{\text{건축물 둘레길이}(m)}$$

거실

건축물 안에서 거주・집무・작업・집회・오락・기타 유사한 목적을 위하여 사용되는 방

- 「건축법」에 따른 거실 : 주택의 침실뿐만 아니라 사무소의 사무실, 병원의 병실, 공장의 작업장 등을 말함

예외 현관, 복도, 욕실, 변소, 창고 등

주요구조부

화재나 자연재해 등에 대하여 안전을 확보하기 위한 것으로 건축물의 구조상 주요골격부분인 내력벽・기둥・바닥・보・지붕틀・주계단을 말한다.

예외 사잇기둥・최하층 바닥・작은 보・차양・옥외계단, 그 밖에 이와 유사한 것으로 건축물의 구조상 중요하지 않은 부분

■ 익힘문제 ■

다음과 같은 건축물의 가중평균에 의한 지표면 높이(h)를 산정하고 이 건축물이 지하층에 해당하는지, 지상층에 해당하는지 판정하시오!

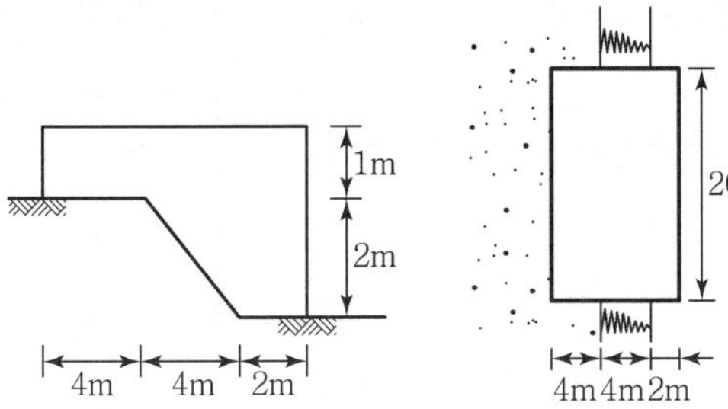

◆ 지하층 설치의무 준수여부

질의 지하층설치의무 규정이 건축법에서는 폐지되었으나, 자치단체의 조례가 개정되지 아니한 경우 동 규정의 적용여부

회신 건축법에서 폐지된 규정은 대통령령이나 자치단체조례 등 하위법령의 정비와는 관계없이 시행되는 것이며, 하위법령은 자동적으로 효력이 상실되는 것임

◆ 지하층기준 위반으로 인한 이행강제금

질의 지하층 인정기준의 위반으로 이행강제금이 부과된 경우 이미 부과된 이행강제금을 납부하여야 하는지 및 계속 부과하여야 하는지 여부

회신 지하층 인정기준의 위반으로 이미 부과된 이행강제금은 납부하여야 하는 것이나, 새로운 이행강제금의 부과는 할 수 없는 것이며, 이번 시행이후 부과된 것은 잘못 부과된 것으로 취소되어야 함

참고 건축법에 따른 거실

건축법에 따른 거실 개념은 거실의 반자높이, 채광・환기에 필요한 면적, 승용승강기 설치대수 등에 관한 규정에 적용

해설

① 건물의 층높이 $H = 3m$

② 흙에 접한 벽면적

$$A = (2\times20) + \left(\frac{8+4}{2}\times2\right)\times2$$

$$= 64m^2$$

③ 건축물의 둘레길이

$$L = (4+4+2)\times2 + 20\times2 = 60m$$

④ 가중평균 지표면

$$h = \frac{A}{L} = \frac{64m^2}{60m} = 1.06m$$

정답

바닥면으로부터 지표면까지의 높이(h)가 층높이(H)의 1/2 미만이므로 건축물은 지상층에 해당한다.

6 건축

건축법	건축법 시행령
제2조 【정의】 ① 8. "건축"이란 건축물을 신축 · 증축 · 개축 · 재축(再築)하거나 건축물을 이전하는 것을 말한다.	**제2조 【정의】** 이 영에서 사용하는 용어의 뜻은 다음과 같다. 1. "신축"이란 건축물이 없는 대지(기존 건축물이 철거되거나 멸실된 대지를 포함한다)에 새로 건축물을 축조(築造)하는 것[부속건축물만 있는 대지에 새로 주된 건축물을 축조하는 것을 포함하되, 개축(改築) 또는 재축(再築)하는 것은 제외한다]을 말한다. 2. "증축"이란 기존 건축물이 있는 대지에서 건축물의 건축면적, 연면적, 층수 또는 높이를 늘리는 것을 말한다. 3. "개축"이란 기존 건축물의 전부 또는 일부[내력벽 · 기둥 · 보 · 지붕틀(제16호에 따른 한옥의 경우에는 지붕틀의 범위에서 서까래는 제외한다) 중 셋 이상이 포함되는 경우를 말한다]를 철거하고 그 대지에 종전과 같은 규모의 범위에서 건축물을 다시 축조하는 것을 말한다. 4. "재축"이란 건축물이 천재지변이나 그 밖의 재해(災害)로 멸실된 경우 그 대지에 다음 각 목의 요건을 모두 갖추어 다시 축조하는 것을 말한다. 가. 연면적 합계는 종전 규모 이하로 할 것 나. 동(棟)수, 층수 및 높이는 다음의 어느 하나에 해당할 것 1) 동수, 층수 및 높이가 모두 종전 규모 이하일 것 2) 동수, 층수 또는 높이의 어느 하나가 종전 규모를 초과하는 경우에는 해당 동수, 층수 및 높이가 「건축법」(이하 "법"이라 한다), 이 영 또는 건축조례(이하 "법령등"이라 한다)에 모두 적합할 것 5. "이전"이란 건축물의 주요구조부를 해체하지 아니하고 같은 대지의 다른 위치로 옮기는 것을 말한다.

법해설 Explanation

건축

(1) 신축

① 건축물이 없는 대지에 새로이 건축물을 축조하는 행위

② 기존건축물이 철거 또는 멸실된 대지에 새로이 건축물을 축조하는 행위

③ 부속건축물만 있는 대지에 새로이 주된 건축물을 축조하는 행위

예외 개축 또는 재축에 해당하는 경우

(2) 증축

① 기존건축물이 있는 대지에 건축물의 건축면적 · 연면적 · 층수 · 높이를 증가시키는 행위

② 기존건축물이 있는 대지에 일정 규모가 넘는 공작물(대문 · 담장 및 대통령령으로 정하는 공작물)의 축조행위

짚어보기

① 신축과 증축의 차이점
㉠ 신축 : 건축물이 없는 대지에 건축물을 축조하는 것(부속건축물이 있는 경우도 포함)
㉡ 증축 : 기존건축물이 있는 대지에 건축물을 축조하는 것

② 개축과 재축의 차이점
㉠ 개축 : 인위적으로 철거하고 다시 축조하는 것
㉡ 재축 : 천재지변으로 멸실되어 다시 축조하는 것
* 단, 규모를 초과하면 신축행위로 본다.

(3) 개축

기존건축물의 전부 또는 일부[내력벽・기둥・보・지붕틀(한옥의 경우에는 지붕틀의 범위에서 서까래는 제외) 중 3 이상이 포함되는 경우에 한함]를 철거하고 해당 대지안에 종전과 동일한 규모의 범위 안에서 건축물을 다시 축조하는 행위

(4) 재축

건축물이 천재지변 그 밖의 재해에 의하여 멸실된 경우에 그 대지 안에 다음의 요건을 모두 갖추어 다시 축조하는 행위

① 연면적 합계는 종전 규모 이하로 할 것

② 동(棟)수, 층수 및 높이는 다음의 어느 하나에 해당할 것

1) 동수, 층수 및 높이가 모두 종전 규모 이하일 것

2) 동수, 층수 또는 높이의 어느 하나가 종전 규모를 초과하는 경우에는 해당 동수, 층수 및 높이가 「건축법」(이하 "법"이라 한다), 이 영 또는 건축조례(이하 "법령등"이라 한다)에 모두 적합할 것

(5) 이전

건축물의 주요구조부를 해체하지 않고 동일한 대지안에서 다른 위치로 옮기는 행위

그림설명 건축행위의 구분

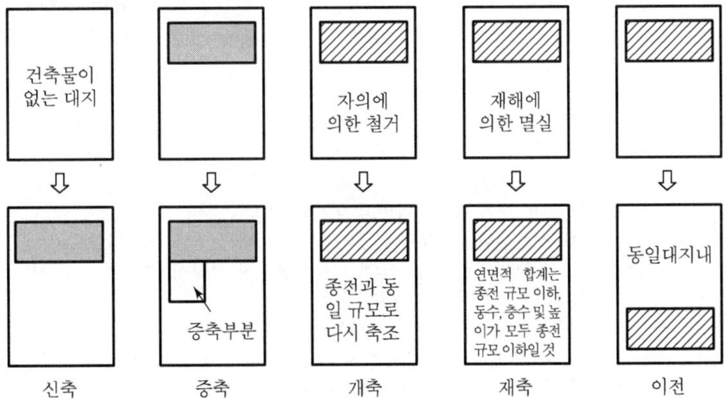

◆기존건축물 증축시 건축주 일치 여부
(건축 58070-3113, 96. 8. 8)

질의 건축물 1동이 있는 대지의 일부 자투리에 사용 승낙을 얻어 다른 건축주 명의로 별도의 1동을 증축할 수 있는지 여부?

회신 하나의 대지안에서 기존 건축물에 별동으로 증축코자 하는 경우에도 그 건축주는 둘이 될 수 없는 것이므로, 이의 증축은 공동 건축주가 되거나 해당 대지 및 건축물의 소유자가 해야 하는 것임

짚어보기

대수선은 「건축법」에 따른 건축에 해당하지 않는다.

7 내화구조

건축법 시행령	건축물의 피난 · 방화구조 등의 기준에 관한 규칙
7. "내화구조(耐火構造)"란 화재에 견딜 수 있는 성능을 가진 구조로서 국토교통부령으로 정하는 기준에 적합한 구조를 말한다.	**제3조【내화구조】** 영 제2조제1항제7호에서 "국토교통부령이 정하는 기준에 적합한 구조"란 다음 각 호의 어느 하나에 해당하는 것을 말한다.<개정 2000.6.3, 2005.7.22, 2006.6.29, 2008.3.14, 2008.7.21> 1. 벽의 경우에는 다음 각목의 어느 하나에 해당하는 것 가. 철근콘크리트조 또는 철골철근콘크리트조로서 두께가 10센티미터 이상인 것 나. 골구를 철골조로 하고 그 양면을 두께 4센티미터 이상의 철망모르타르(그 바름바탕을 불연재료로 한 것에 한한다. 이하 이 조에서 같다) 또는 두께 5센티미터 이상의 콘크리트블록·벽돌 또는 석재로 덮은 것 다. 철재로 보강된 콘크리트블록조·벽돌조 또는 석조로서 철재에 덮은 콘크리트블록등의 두께가 5센티미터 이상인 것 라. 벽돌조로서 두께가 19센티미터 이상인 것 마. 고온·고압의 증기로 양생된 경량기포 콘크리트패널 또는 경량기포 콘크리트블록조로서 두께가 10센티미터 이상인 것 2. 외벽중 비내력벽의 경우에는 제1호의 규정에 불구하고 다음 각목의 어느 하나에 해당하는 것 가. 철근콘크리트조 또는 철골철근콘크리트조로서 두께가 7센티미터 이상인 것 나. 골구를 철골조로 하고 그 양면을 두께 3센티미터 이상의 철망모르타르 또는 두께 4센티미터 이상의 콘크리트블록·벽돌 또는 석재로 덮은 것 다. 철재로 보강된 콘크리트블록조·벽돌조 또는 석조로서 철재에 덮은 콘크리트블록등의 두께가 4센티미터 이상인 것 라. 무근콘크리트조·콘크리트블록조·벽돌조 또는 석조로서 그 두께가 7센티미터 이상인 것 3. 기둥의 경우에는 그 작은 지름이 25센티미터 이상인 것으로서 다음 각목의 어느 하나에 해당하는 것. 다만, 고강도 콘크리트(설계기준강도가 50MPa 이상인 콘크리트를 말한다. 이하 이 조에서 같다)를 사용하는 경우에는 국토교통부장관이 정하여 고시하는 고강도 콘크리트 내화성능 관리기준에 적합하여야 한다. 가. 철근콘크리트조 또는 철골철근콘크리트조 나. 철골을 두께 6센티미터(경량골재를 사용하는 경우에는 5센티미터)이상의 철망모르타르 또는 두께 7센티미터 이상의 콘크리트블록·벽돌 또는 석재로 덮은 것 다. 철골을 두께 5센티미터 이상의 콘크리트로 덮은 것 4. 바닥의 경우에는 다음 각목의 어느 하나에 해당하는 것 가. 철근콘크리트조 또는 철골철근콘크리트조로서 두께가 10센티미터 이상인 것 나. 철재로 보강된 콘크리트블록조·벽돌조 또는 석조로서 철재에 덮은 콘크리트블록등의 두께가 5센티미터 이상인 것 다. 철재의 양면을 두께 5센티미터 이상의 철망모르타르 또는 콘크리트로 덮은 것 5. 보(지붕틀을 포함한다)의 경우에는 다음 각목의 어느 하나에 해당하는 것. 다만, 고강도 콘크리트를 사용하는 경우에는 국토교통부장관이 정하여 고시하는 고강도 콘크리트내화성능 관리기준에 적합하여야 한다. 가. 철근콘크리트조 또는 철골철근콘크리트조 나. 철골을 두께 6센티미터(경량골재를 사용하는 경우에는 5센티미터)이상의 철망모르타르 또는 두께 5센티미터 이상의 콘크리트로 덮은 것 다. 철골조의 지붕틀(바닥으로부터 그 아랫부분까지의 높이가 4미터 이상인 것에 한한다)로서 바로 아래에 반자가 없거나 불연재료로 된 반자가 있는 것 6. 지붕의 경우에는 다음 각목의 어느 하나에 해당하는 것 가. 철근콘크리트조 또는 철골철근콘크리트조 나. 철재로 보강된 콘크리트블록조·벽돌조 또는 석조 다. 철재로 보강된 유리블록 또는 망입유리로 된 것 7. 계단의 경우에는 다음 각목의 어느 하나에 해당하는 것 가. 철근콘크리트조 또는 철골철근콘크리트조 나. 무근콘크리트조·콘크리트블록조·벽돌조 또는 석조 다. 철재로 보강된 콘크리트블록조·벽돌조 또는 석조 라. 철골조

법해설 Explanation

내화구조

화재에 견딜 수 있는 성능을 가진 구조로서 다음의 내화성능을 가진 구조를 말한다.

구분	• 철근콘크리트조 • 철골철근콘크리트조	• 철 골 조	• 무근콘크리트조 • 콘크리트블록조 • 벽돌조 • 석조	• 철재로 보강된 콘크리트블록조 • 벽돌조 • 석조	기타
벽 ( )속은 외벽 중 비내력벽의 경우	두께 10cm (7cm) 이상일 것	양쪽을 두께 4cm (3cm) 이상의 철망모르타르 또는 두께 5cm (4cm) 이상의 콘크리트블록, 벽돌, 석재로 덮은 것	두께 19cm (7cm) 이상인 것	철재에 덮은 두께 5cm (4cm) 이상인 것	• 벽돌조로서 두께가 19cm 이상인 것 • 고온 · 고압증기양생 된 경량 기포 콘크리트패널 또는 경량기포콘크리트 블록조로서 두께가 10cm 이상
기둥 (작은 지름 25cm 이상인 것) ( )속은 경량골재 사용의 경우	모든 것	• 두께 6cm(5cm) 이상의 철망모르타르 또는 두께 7cm 이상의 콘크리트블록, 벽돌, 석재로 덮은 것 • 두께 5cm 이상의 콘크리트로 덮은 것	×	×	×
바닥	두께 10cm 이상인 것	×	×	철재의 덮은 두께가 5cm 이상인 것	철재의 양면을 두께 5cm 이상의 철망모르타르 또는 콘크리트로 덮은 것
보 ( )속은 경량골재 사용의 경우	모든 것	• 두께 6cm (5cm) 이상의 철망모르타르로 덮은 것 • 두께 5cm 이상의 콘크리트로 덮은 것	×	×	철골조의 지붕틀로서 그 바로 아래에 반자가 없거나 불연재료로 된 반자가 있는 것
지붕	모든 것	×	×	모든 것	철골조로 보강된 유리블록 또는 망입유리로 된 것
계단	모든 것	모든 것	모든 것	모든 것	×

8 방화구조

건축법 시행령	건축물의 피난·방화구조 등의 기준에 관한 규칙
제2조 【정의】 8. "방화구조(防火構造)"란 화염의 확산을 막을 수 있는 성능을 가진 구조로서 국토교통부 령으로 정하는 기준에 적합한 구조를 말한다.	**제4조 【방화구조】** 영 제2조제1항제8호에서 "국토교통부령이 정하는 기준에 적합한 구조"라 함은 다음 각호의 어느 하나에 해당하는 것을 말한다.<개정 2005.7.22, 2008.3.14> 1. 철망모르타르로서 그 바름두께가 2센티미터 이상인 것 2. 석면시멘트판 또는 석고판위에 시멘트모르타르 또는 회반죽을 바른 것으로서 그 두께의 합계가 2.5센티미터 이상인 것 3. 시멘트모르타르위에 타일을 붙인 것으로서 그 두께의 합계가 2.5센티미터 이상인 것 4. 삭제 <2010.4.7> 5. 삭제 <2010.4.7> 6. 심벽에 흙으로 맞벽치기한 것 7. 「산업표준화법」에 따른 한국산업표준이 정하는 바에 따라 시험한 결과 방화 2급 이상에 해당하는 것

법해설 Explanation

방화구조

화염의 확산을 막을 수 있는 성능을 가진 구조로서 다음의 방화성능을 가지는 구조를 말한다.

<table>
<tr><th>구조</th><th>두께</th></tr>
<tr><td>철망모르타르 바르기</td><td>바름두께가 2cm 이상인 것</td></tr>
<tr><td>석면시멘트판 또는 석고판 위에 시멘트모르타르 또는 회반죽을 바른 것</td><td rowspan="2">두께의 합계가 2.5cm 이상인 것</td></tr>
<tr><td>시멘트 모르타르 위에 타일을 붙인 것</td></tr>
<tr><td>심벽에 흙으로 맞벽치기한 것</td><td>모두 인정</td></tr>
<tr><td colspan="2">「산업표준화법」에 따른 한국산업표준이 정하는 바에 따라 시험한 결과 방화 2급 이상에 해당하는 것</td></tr>
</table>

9 내수재료 · 난연재료 · 불연재료 · 준불연재료

건축법 시행령	건축물의 피난 · 방화구조 등의 기준에 관한 규칙
제2조 정의 6. "내수재료(耐水材料)"란 인조석 · 콘크리트 등 내수성을 가진 재료로서 국토교통부령으로 정하는 재료를 말한다. 9. "난연재료(難燃材料)"란 불에 잘 타지 아니하는 성능을 가진 재료로서 국토교통부령으로 정하는 기준에 적합한 재료를 말한다. 10. "불연재료(不燃材料)"란 불에 타지 아니하는 성질을 가진 재료로서 국토교통부령으로 정하는 기준에 적합한 재료를 말한다. 11. "준불연재료"란 불연재료에 준하는 성질을 가진 재료로서 국토교통부령으로 정하는 기준에 적합한 재료를 말한다.	**제2조 【내수재료】** 「건축법 시행령」(이하 "영"이라 한다) 제2조제1항제7호에서 "국토교통부령이 정하는 재료"라 함은 벽돌 · 자연석 · 인조석 · 콘크리트 · 아스팔트 · 도자기질재료 · 유리, 그 밖에 이와 유사한 내수성 건축재료를 말한다.<개정 2005.7.22, 2008.3.14> **제5조 【난연재료】** 영 제2조제1항제9호에서 "국토교통부령이 정하는 기준에 적합한 재료"라 함은 「산업표준화법」에 따른 한국산업표준이 정하는 바에 따라 시험한 결과 가스 유해성, 열방출량 등이 국토교통부장관이 정하여 고시하는 난연재료의 성능기준을 충족하는 것을 말한다.<개정 2005.7.22, 2006.6.29, 2008.3.14> **제6조 【불연재료】** 영 제2조제1항제10호에서 "국토교통부령이 정하는 기준에 적합한 재료"라 함은 다음 각 호의 어느 하나에 해당하는 것을 말한다.<개정 2000.6.3, 2004.10.4, 2005.7.22, 2006.6.29, 2008.3.14> 1. 콘크리트 · 석재 · 벽돌 · 기와 · 철강 · 알루미늄 · 유리 · 시멘트모르타르 및 회. 이 경우 시멘트모르타르 또는 회 등 미장재료를 사용하는 경우에는 「건설기술진흥법」 제44조제1항제2호에 따라 제정된 건축공사표준시방서에서 정한 두께 이상인 것에 한한다. 2. 「산업표준화법」에 따른 한국산업표준이 정하는 바에 따라 시험한 결과 질량감소율 등이 국토교통부장관이 정하여 고시하는 불연재료의 성능기준을 충족하는 것 3. 그 밖에 제1호와 유사한 불연성의 재료로서 국토교통부장관이 인정하는 재료. 다만, 제1호의 재료와 불연성재료가 아닌 재료가 복합으로 구성된 경우를 제외한다. **제7조 【준불연재료】** 영 제2조제1항제11호에서 "국토교통부령이 정하는 기준에 적합한 재료"라 함은 「산업표준화법」에 따른 한국산업표준이 정하는 바에 따라 시험한 결과 가스 유해성, 열방출량 등이 국토교통부장관이 정하여 고시하는 준불연재료의 성능기준을 충족하는 것을 말한다.<개정 2005.7.22, 2006.6.29, 2008.3.14>

법해설 Explanation

내수재료 · 불연 · 준불연 · 난연재료

(1) 내수재료

벽돌 · 자연석 · 인조석 · 콘크리트 · 아스팔트 · 도자기질 재료 · 유리, 그 밖에 이와 유사한 내수성의 건축재료를 말한다.

(2) 불연 · 준불연 · 난연재료

구분	설치규정
① 불연재료	㉠ 콘크리트 · 석재 · 벽돌 · 기와 · 석면판 · 철강 · 알루미늄 · 유리 · 시멘트모르타르 · 회, 그 밖에 이와 유사한 불연성의 재료 **단서** 시멘트모르타르 · 회 등 미장재료를 사용하는 경우에는 「건설기술진흥법」에 따라 제정된 건축공사표준시방서에서 정한 두께 이상인 경우에 한함 ㉡ 「산업표준화법」에 따른 한국산업표준이 정하는 바에 따라 시험한 결과 질량감소율 등이 국토교통부장관이 정하여 고시하는 불연재료의 성능기준을 충족하는 것

구분	설치규정
① 불연재료	㉢ 그 밖에 위의 ㉠과 유사한 불연성의 재료로서 국토교통부장관이 인정하는 재료 **예외** 위의 ㉠의 재료와 불연성재료가 아닌 재료가 복합으로 구성된 것
② 준불연재료	「산업표준화법」에 따른 한국산업표준이 정하는 바에 따라 시험한 결과 가스 유해성, 열방출량 등이 국토교통부장관이 정하여 고시하는 준불연재료의 성능기준을 충족하는 것을 말한다.
③ 난연재료	「산업표준화법」에 따른 한국산업표준이 정하는 바에 따라 시험한 결과 가스 유해성, 열방출량 등이 국토교통부장관이 정하여 고시하는 난연재료의 성능기준을 충족하는 것

10 대수선

건축법	건축법 시행령
제2조 【정의】 ① 9. "대수선"이란 건축물의 기둥, 보, 내력벽, 주계단 등의 구조나 외부 형태를 수선·변경하거나 증설하는 것으로서 대통령령으로 정하는 것을 말한다. 10. "리모델링"이란 건축물의 노후화를 억제하거나 기능 향상 등을 위하여 대수선하거나 일부 증축하는 행위를 말한다.	**제3조의2 【대수선의 범위】** 법 제2조제1항제9호에서 "대통령령으로 정하는 것"이란 다음 각 호의 어느 하나에 해당하는 것으로서 증축·개축 또는 재축에 해당하지 아니하는 것을 말한다. 1. 내력벽을 증설 또는 해체하거나 그 벽면적을 30m² 이상 수선 또는 변경하는 것 2. 기둥을 증설 또는 해체하거나 세 개 이상 수선 또는 변경하는 것 3. 보를 증설 또는 해체하거나 세 개 이상 수선 또는 변경하는 것 4. 지붕틀(한옥의 경우에는 지붕틀의 범위에서 서까래는 제외)을 증설 또는 해체하거나 세 개 이상 수선 또는 변경하는 것 5. 방화벽 또는 방화구획을 위한 바닥 또는 벽을 증설 또는 해체하거나 수선 또는 변경하는 것 6. 주계단·피난계단 또는 특별피난계단을 증설 또는 해체하거나 수선 또는 변경하는 것 7. <삭제> 8. 다가구주택의 가구 간 경계벽 또는 다세대주택의 세대 간 경계벽을 증설 또는 해체하거나 수선 또는 변경하는 것[전문개정 2008.10.29] 9. 건축물의 외벽에 사용하는 마감재료(법 제52조제2항에 따른 마감재료를 말한다)를 증설 또는 해체하거나 벽면적 30제곱미터 이상 수선 또는 변경하는 것

법해설 Explanation

대수선

(1) 정의

① 건축물의 기둥·보·내력벽·주계단 등의 구조 수선·변경

② 건축물의 외부형태 수선·변경

(2) 대수선의 범위

건축물의 부분(주요구조부)	대수선에 해당하는 내용
내력벽	증설·해체하거나 벽면적 30m² 이상 수선·변경하는 것
기둥·보·지붕틀(한옥의 경우에는 지붕틀의 범위에서 서까래는 제외)	증설·해체하거나 각각 3개 이상 수선·변경하는 것
방화벽·방화구획을 위한 바닥 및 벽	증설·해체하거나 수선·변경하는 것
주계단·피난계단·특별피난계단	증설·해체하거나 수선·변경하는 것
다가구주택 및 다세대주택의 가구 및 세대 간 경계벽	증설·해체하거나 수선·변경하는 것
건축물의 외벽에 사용하는 마감재료	증설·해체하거나 벽면적 30㎡ 이상 수선 또는 변경하는 것

리모델링(Remodeling)

리모델링이란 건축물의 노후화를 억제하거나 기능향상 등을 위하여 대수선하거나 일부 증축하는 행위를 말한다.

참고

① 대수선

대수선 공사는 원칙적으로 해당 건축물에 대한 방재적 기능을 유지하기 위함이다.

② 벽체에 대한 대수선의 인정여부

구분	공사범위	판정
내력벽	30m² 이상	대수선
방화벽	무조건	대수선
방화구획	무조건	대수선
비내력벽	무조건	대수선 아님

11 도로

건축법	건축법 시행령
제2조【정의】 ① 11. "도로"란 보행과 자동차 통행이 가능한 너비 4미터 이상의 도로(지형적으로 자동차 통행이 불가능한 경우와 막다른 도로의 경우에는 대통령령으로 정하는 구조와 너비의 도로)로서 다음 각 목의 어느 하나에 해당하는 도로나 그 예정도로를 말한다. 가. 「국토의 계획 및 이용에 관한 법률」, 「도로법」, 「사도법」, 그 밖의 관계 법령에 따라 신설 또는 변경에 관한 고시가 된 도로 나. 건축허가 또는 신고 시에 특별시장·광역시장·특별자치시장·도지사·특별자치도지사(이하 "시·도지사"라 한다) 또는 시장·군수·구청장(자치구의 구청장을 말한다. 이하 같다)이 위치를 지정하여 공고한 도로	**제3조의 3【지형적 조건 등에 따른 도로의 구조 및 너비】** 법 제2조제1항제11호 각 목 외의 부분에서 "대통령령으로 정하는 구조와 너비의 도로"란 다음 각 호의 어느 하나에 해당하는 도로를 말한다. 1 특별자치시장·특별자치도지사 또는 시장·군수·구청장이 지형적 조건으로 인하여 차량 통행을 위한 도로의 설치가 곤란하다고 인정하여 그 위치를 지정·공고하는 구간의 너비 3미터 이상 (길이가 10미터 미만인 막다른 도로인 경우에는 너비 2미터 이상)인 도로 2. 제1호에 해당하지 아니하는 막다른 도로로서 그 도로의 너비가 그 길이에 따라 각각 다음 표에 정하는 기준 이상인 도로 <table><tr><th>막다른 도로의 길이</th><th>도로의 너비</th></tr><tr><td>10미터 미만</td><td>2미터</td></tr><tr><td>10미터 이상 35m 미만</td><td>3미터</td></tr><tr><td>35미터 이상</td><td>6미터(도시지역이 아닌 읍·면 지역에서는 4미터)</td></tr></table>[전문개정 2008.10.29]

법해설 Explanation

도로

(1) 원칙

보행과 자동차 통행이 가능한 너비 4m 이상의 도로 또는 그 예정도로

「국토의 계획 및 이용에 관한 법률」·「도로법」·「사도법」, 그 밖의 기타 관계 법령에 따라	신설 또는 변경에 관한 고시가 된 도로
건축허가 또는 신고시	시·도지사 또는 시장·군수·구청장이 그 위치를 지정·공고한 도로

(2) 지형적 조건에 따른 도로의 구조 및 너비

① 차량통행을 위한 도로의 설치가 곤란한 경우

지형적 조건으로 차량통행을 위한 도로의 설치가 곤란하다고 인정하여 특별자치시장·특별자치도지사 또는 시장·군수·구청장이 그 위치를 지정·공고하는 구간 안의 너비 3m 이상(길이 10m 미만인 막다른 도로의 경우에는 너비 2m 이상)인 도로

② 막다른 도로의 경우

막다른 도로의 길이	도로의 너비
10m 미만	2m 이상
10m 이상 35m 미만	3m 이상
35m 이상	6m 이상 (도시지역이 아닌 읍·면지역에서는 4m 이상)

◆ 지적도상 도로폭이 고시된 것과 다를 때 건축기준 도로폭

(건교건축 58070-4062, 1996. 10. 22)

질의 건축하고자 하는 대지에 접한 도로폭 산정시 고시된 도로폭과 지적도상의 도로폭이 서로 상이한 경우 어느 도로폭을 기준으로 하여 건축하여야 하는지?

회신 건축법상 도로라 함은 건축법 제2조 제11호에 따른 국토의 계획 및 이용에 관한 법률·도로법·사도법·기타 관계법령에 의하여 신설 또는 고시가 된 도로나 건축허가 또는 신고시 시장·군수·구청장이 그 위치를 지정한 도로를 말하는 것인 바, 고시된 도로가 국토의 계획 및 이용에 관한 법률·도로법·사도법 등 관계법령에 의하여 적법하게 고시되었다면 고시된 도로 폭을 적용하여 제반 건축기준을 적용하여야 할 것임

참고 막다른 도로

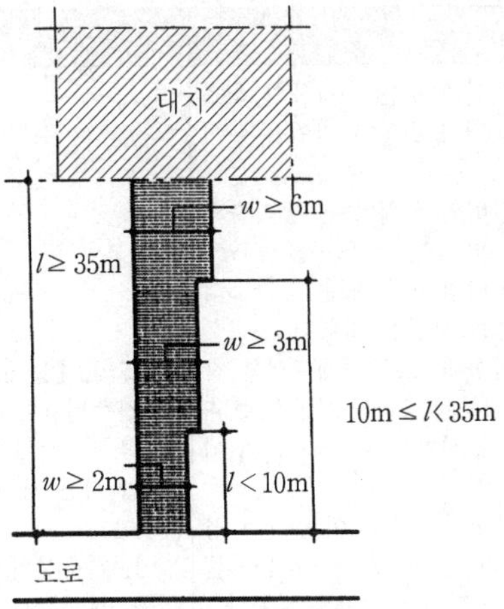

◆ 교통광장이 도로인지의 여부
(건교건축 58070－2782, 1995. 7. 5)

질의 교통광장이 건축법 제2조 제11호에 따른 도로로 볼 수 있는지 여부?

회신 도로라 함은 건축법 제2조제11호에 따른 국토의 계획 및 이용에 관한 법률·도로법·사도법 기타 관계법령에 의하여 신설 또는 변경에 관한 고시가 된 것과 시장 등이 건축허가시 위치를 지정한 도로를 말하는 것이므로 교통광장은 위에 따른 도로로 볼 수 없는 것임

12 건축주·설계자·설계도서·공사감리자 등

건축법	건축법 시행규칙
12. "건축주"란 건축물의 건축·대수선·용도변경, 건축설비의 설치 또는 공작물의 축조(이하 "건축물의 건축 등"이라 한다)에 관한 공사를 발주하거나 현장 관리인을 두어 스스로 그 공사를 하는 자를 말한다. 12의2. "제조업자"란 건축물의 건축·대수선·용도변경, 건축설비의 설치 또는 공작물의 축조 등에 필요한 건축자재를 제조하는 사람을 말한다. 12의3. "유통업자"란 건축물의 건축·대수선·용도변경, 건축설비의 설치 또는 공작물의 축조에 필요한 건축자재를 판매하거나 공사현장에 납품하는 사람을 말한다. 13. "설계자"란 자기의 책임(보조자의 도움을 받는 경우를 포함한다)으로 설계도서를 작성하고 그 설계도서에서 의도하는 바를 해설하며, 지도하고 자문에 응하는 자를 말한다. 14. "설계도서"란 건축물의 건축등에 관한 공사용 도면, 구조 계산서, 시방서(示方書), 그 밖에 국토교통부령으로 정하는 공사에 필요한 서류를 말한다. 15. "공사감리자"란 자기의 책임(보조자의 도움을 받는 경우를 포함한다)으로 이 법으로 정하는 바에 따라 건축물, 건축설비 또는 공작물이 설계도서의 내용대로 시공되는지를 확인하고, 품질관리·공사관리·안전관리 등에 대하여 지도·감독하는 자를 말한다. 16. "공사시공자"란 「건설산업기본법」 제2조제4호에 따른 건설공사를 하는 자를 말한다. 16의2. "건축물의 유지·관리"란 건축물의 소유자나 관리자가 사용 승인된 건축물의 대지·구조·설비 및 용도 등을 지속적으로 유지하기 위하여 건축물이 멸실될 때까지 관리하는 행위를 말한다. 17. "관계전문기술자"란 건축물의 구조·설비 등 건축물과 관련된 전문기술자격을 보유하고 설계와 공사감리에 참여하여 설계자 및 공사감리자와 협력하는 자를 말한다. 18. "특별건축구역"이란 조화롭고 창의적인 건축물의 건축을 통하여 도시경관의 창출, 건설기술 수준향상 및 건축 관련 제도개선을 도모하기 위하여 이 법 또는 관계 법령에 따라 일부 규정을 적용하지 아니하거나 완화 또는 통합하여 적용할 수 있도록 특별히 지정하는 구역을 말한다. 19. 고층건축물이란 층수가 30층 이상이거나 높이가 120미터 이상인 건축물을 말한다. 20. "실내건축"이란 건축물의 실내를 안전하고 쾌적하며 효율적으로 사용하기 위하여 내부 공간을 칸막이로 구획하거나 벽지, 천장재, 바닥재, 유리 등 대통령령으로 정하는 재료 또는 장식물을 설치하는 것을 말한다. 21. "부속구조물"이란 건축물의 안전·기능·환경 등을 향상시키기 위하여 건축물에 추가적으로 설치하는 환기시설물 등 대통령령으로 정하는 구조물을 말한다.	**제1조의2 【설계도서의 범위】** 「건축법」(이하 "법"이라 한다) 제2조제14호에서 "그 밖에 국토교통부령으로 정하는 공사에 필요한 서류"란 다음 각 호의 서류를 말한다.<개정 2008.3.14, 2008.12.11> 1. 건축설비계산 관계서류 2. 토질 및 지질 관계서류 3. 그 밖에 공사에 필요한 서류

법해설 Explanation

건축주, 설계자 등

건축주	건축물의 건축·대수선·용도변경·건축설비의 설치 또는 공작물 등의 축조에 관한 공사를 발주하거나 현장관리인을 두어 스스로 공사를 행하는 자
설계자	자기책임하에(보조자의 조력을 받는 경우 포함)설계도서를 작성하고 그 설계도서에 의도한 바를 해설하며 지도·자문하는 자
공사감리자	자기책임하에(보조자의 조력을 받는 경우 포함) 「건축법」이 정하는 바에 따라 건축물·건축설비 또는 공작물이 설계도서의 내용대로 시공되고 있는 여부를 확인하고 품질관리·공사관리·안전관리 등에 대하여 감독하는 자
공사시공자	「건설산업기본법」에 따른 건설공사를 행하는 자
관계전문 기술자	건축물의 구조·설비 등 건축물과 관련된 전문기술자격을 보유하고 설계 및 공사감리에 참여하여 설계자 및 공사감리자와 협력하는 자

◆공사시공자의 변경

질의 공사시공자를 변경하는 경우 전 시공자의 포기각서나 동의서 없이도 변경이 가능한 지 여부

회신 건축법령에서 공사시공자를 허가권자에게 신고토록 하고 있는 취지는 부실 또는 위법시공에 대한 책임을 묻기 위한 것으로서 공사시공자와 건축주의 계약에 있어서 공사시공자의 권익을 보호하기 위한 것이 아니므로 건축주가 공사시공자 변경신고를 허가권자에게 하면 되는 것임

설계도서

설계도서	관계법령
• 공사용 도면 • 구조계산서 • 시방서	「건축법」에서 정하는 서류
• 건축설비 계산관계서류 • 토질 및 지질관계서류 • 그 밖의 공사에 필요한 서류	「건축법 시행규칙」에서 정하는 서류

특별건축구역

조화롭고 창의적인 건축물의 건축을 통하여 도시경관의 창출, 건설기술 수준향상 및 건축 관련 제도개선을 도모하기 위하여 「건축법」 또는 관계 법령에 따라 일부 규정을 적용하지 아니하거나 완화 또는 통합하여 적용할 수 있도록 특별히 지정하는 구역을 말한다.

고층건축물

층수가 30층 이상이거나 높이가 120미터 이상인 건축물을 말한다.

참고 초고층건축물
① 50층 이상
② 200m 이상

실내건축

"실내건축"이란 건축물의 실내를 안전하고 쾌적하며 효율적으로 사용하기 위하여 내부 공간을 칸막이로 구획하거나 벽지, 천장재, 바닥재, 유리 등 다음 아래에 정하는 재료 또는 장식물을 설치하는 것을 말한다.

1. 벽, 천장, 바닥 및 반자틀의 재료
2. 실내에 설치하는 난간, 창호 및 출입문의 재료
3. 실내에 설치하는 전기・가스・급수(給水), 배수(排水)・환기시설의 재료
4. 실내에 설치하는 충돌・끼임 등 사용자의 안전사고 방지를 위한 시설의 재료

13 건축법 적용제외

건축법	건축법 시행령
제3조 【적용제외】 ① 다음 각 호의 어느 하나에 해당하는 건축물에는 이 법을 적용하지 아니한다.<개정 2016.1.19> 1. 「문화재보호법」에 따른 지정문화재나 임시지정문화재 2. 철도나 궤도의 선로 부지(부지)에 있는 다음 각 목의 시설 가. 운전보안시설 나. 철도 선로의 위나 아래를 가로지르는 보행시설 다. 플랫폼 라. 해당 철도 또는 궤도사업용 급수(給水)·급탄(給炭) 및 급유(給油) 시설 3. 고속도로 통행료 징수시설 4. 컨테이너를 이용한 간이창고(「산업집적활성화 및 공장설립에 관한 법률」 제2조제1호에 따른 공장의 용도로만 사용되는 건축물의 대지에 설치하는 것으로서 이동이 쉬운 것만 해당된다) 5. 「하천법」에 따른 하천구역 내의 수문조작실 ② 「국토의 계획 및 이용에 관한 법률」에 따른 도시지역 및 지구단위계획구역 외의 지역으로서 동이나 읍(동이나 읍에 속하는 섬의 경우에는 인구가 500명 이상인 경우만 해당된다)이 아닌 지역은 제44조부터 제47조까지, 제51조 및 제57조를 적용하지 아니 한다. ③ 「국토의 계획 및 이용에 관한 법률」 제47조제7항에 따른 건축물이나 공작물을 도시·군계획시설로 결정된 도로의 예정지에 건축하는 경우에는 제45조부터 제47조까지의 규정을 적용하지 아니한다.	**제4조 【적용제외】** 삭제(2005. 7. 18)

법해설 Explanation

건축법의 적용지역

구분	대상지역	일부적용제외 규정
「건축법」의 전면적인 적용지역	• 도시지역, 지구단위계획구역 • 동 또는 읍의 지역 • 인구 500인 이상인 동·읍 지역에 속하는 섬의 지역	–
적용제외 대상지역	• 농림지역 • 자연환경보전지역 • 인구 500인 미만인 동·읍 지역에 속하는 섬의 지역	• 대지와 도로와의 관계 • 도로의 지정·폐지 또는 변경 • 건축선의 지정 • 건축선에 따른 건축제한 • 방화지구 안의 건축물 • 대지의 분할제한

◆ 사적지내 건축물의 복원시 건축법 적용여부
(건교건축 58550-38186, 1993. 7. 31)

질의 문화재로 지정된 사적지내 고증에 따른 건축물의 복원시 건축법령의 적용 여부?

회신 동건과 관련하여 문화재관리청과 협의·검토한 결과 문화재로 지정된 사적지내 고증에 의하여 복원하고자 하는 건축물이 동 사적지의 일부로 포함되고 동 문화재로 동등하게 관리·보존되는 것이라 한다면 건축법 제3조 제1항 제1호의 규정에서 정하는 바에 따라 동 법령의 적용이 배제될 수 있는 것으로 사료됨

건축법을 적용하지 않는 건축물

「문화재보호법」에 따른	• 지정 · 임시지정 문화재
철도 · 궤도의 선로 부지내 시설	• 운전보안시설 • 철도선로의 상하를 횡단하는 보행시설 • 플랫트 홈 • 해당 철도 또는 궤도 사업용 급수 · 급탄 · 급유시설
그 밖의 시설물	• 고속도로 통행료 징수시설 • 컨테이너를 이용한 간이창고(공장의 용도로만 사용되는 건축물의 대지안에 설치하는 것으로서 이동이 용이한 것에 한함) • 하천구역 내의 수문조작실

참고 용도지역

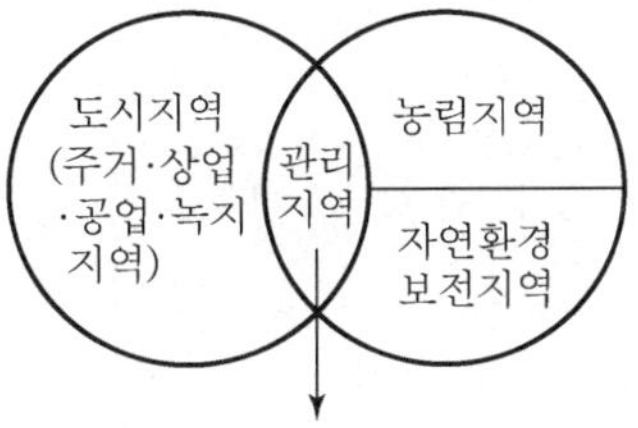

◆ 역사의 건축법 적용여부
(건교건축 58550 2563, 1995. 6. 20)

질의 고속철도 건설에 따른 건물(역사, 종합사령실, 신호실, 통신실, 기지, 변전소)이 건축법 적용이 제외되는 건축법 제3조 제1항 제4호에 따른 운전보안시설에 포함되는지 여부?

회신 건축법 제3조 제1항 제4호의 규정에 의하면 철도 또는 궤도의 선로부지안에 있는 운전보안시설과 해당 철도 또는 궤도사업용 급수 · 급탄 및 급유시설은 건축법 적용대상이 아닌 것이나, 질의의 경우와 같이 고속철도건설에 따른 역사 등의 건축물과 그 건축물 내에 설치하는 시설(종합사령실, 신호실, 통신실 등)은 건축법령을 적용하여야 하는 것임

14 적용의 완화

건축법	건축법 시행령	건축법 시행규칙
제5조【적용의 완화】 ① 건축주, 설계자, 공사시공자 또는 공사감리자(이하 "건축관계자"라 한다)는 업무를 수행 할 때 이 법을 적용하는 것이 매우 불합리하다고 인정되는 대지나 건축물로서 대통령령으로 정하는 것에 대하여는 이 법의 기준을 완화하여 적용할 것을 허가권자에게 요청할 수 있다. ② 제1항에 따른 요청을 받은 허가권자는 건축위원회의 심의를 거쳐 완화 여부와 적용 범위를 결정하고 그 결과를 신청인에게 알려야 한다. ③ 제1항과 제2항에 따른 요청 및 결정의 절차와 그 밖에 필요한 사항은 해당 지방자치단체의 조례로 정한다.	**제6조【적용의 완화】** ① 법 제5조제1항에 따라 완화하여 적용하는 건축물 및 기준은 다음 각 호와 같다. 1. 수면 위에 건축하는 건축물 등 대지의 범위를 설정하기 곤란한 경우 : 법 제40조부터 제47조까지, 법 제55조부터 제57조까지, 법 제60조 및 법 제61조에 따른 기준 2. 거실이 없는 통신시설 및 기계·설비시설인 경우 : 법 제44조부터 법 제46조까지의 규정에 따른 기준 3. 31층 이상인 건축물(건축물 전부가 공동주택의 용도로 쓰이는 경우는 제외한다)과 발전소, 제철소, 「산업집적활성화 및 공장설립에 관한 법률 시행령」 별표 1 제2호 마목에 따른 첨단업종의 제조시설, 운동시설 등 특수용도의 건축물인 경우 : 법 제43조, 법 제49조부터 제52조까지, 법 제62조, 법 제64조, 법 제67조 및 법 제68조에 따른 기준 4. 전통사찰, 전통한옥 등 전통문화의 보존을 위하여 시·도의 건축조례로 정하는 지역의 건축물인 경우 : 법 제2조제1항제11호 제44조 및 법 제46조에 따른 기준 5. 경사진 대지에 계단식으로 건축하는 공동주택으로서 지면에서 직접 각 세대가 있는 층으로의 출입이 가능하고, 위층 세대가 아래층 세대의 지붕을 정원 등으로 활용하는 것 이 가능한 형태의 건축물과 초고층 건축물인 경우 : 법 제55조에 따른 기준 6. 다음 각 목의 어느 하나에 해당하는 건축물인 경우 : 법 제42조, 제43조, 제46조, 제55조, 제56조, 제58조, 제60조, 제61조 제2항에 따른 기준 가. 허가권자가 리모델링 활성화가 필요하다고 인정하여 지정·공고한 구역(이하 "리모델링 활성화 구역"이라 한다) 안의 건축물 나. 사용승인을 받은 후 15년 이상이 되어 리모델링이 필요한 건축물 다. 기존 건축물을 건축(증축, 일부 개축 또는 일부 재축으로 한정한다. 이하 이 목 및 제32조제3항에서 같다)하거나 대수선하는 경우로서 다음의 요건을 모두 갖춘 건축물 1) 기존 건축물이 건축 또는 대수선 당시의 법령상 건축물 전체에 대하여 다음의 구분에 따른 확인 또는 확인 서류 제출을 하여야 하는 건축물에 해당하지 아니할 것 가) 2009년 7월 16일 대통령령 제21629호 건축법 시행령 일부개정령으로 개정되기 전의 제32조에 따른 지진에 대한 안전여부의 확인 나) 2009년 7월 16일 대통령령 제21629호 건축법 시행령 일부개정령으로 개정된 이후부터 2014년 11월 28일 대통령령 제25786호 건축법 시행령 일부개정령으로 개정되기 전까지의 제32조에 따른 구조 안전의 확인 다) 2014년 11월 28일 대통령령 제25786호 건축법 시행령 일부개정령으로 개정된 이후의 제32조에 따른 구조 안전의 확인 서류 제출 2) 제32조제3항에 따라 기존 건축물을 건축 또는 대수선하기 전과 후의 건축물 전체에 대한 구조 안전의 확인 서류를 제출할 것. 다만, 기존 건축물을 일부 재축하는 경우에는 재축 후의 건축물에 대한 구조 안전의 확인 서류만 제출한다. 7. 기존 건축물에 「장애인·노인·임산부 등의 편의증진 보장에 관한 법률」 제8조에 따른 편의시설을 설치하면 법 제55조 또는 법 제56조에 따른 기준에 적합하지 아니하게 되는 경우 : 법 제55조 및 법 제56조에 따른 기준	**제2조의4【적용의 완화】** 영 제6조제2항제2호나목에서 "국토교통부령으로 정하는 규모 및 범위"란 다음 각 호의 구분에 따른 증축을 말한다. <개정 2012.12.12, 2013.3.23, 2013.11.28> 1. 증축의 규모는 다음 각 목의 기준에 따라야 한다. 가. 연면적의 증가 1) 공동주택이 아닌 건축물로서 「주택법 시행령」 제3조제1항제2호에 따른 원룸형 주택으로의 용도변경을 위하여 증축되는 건축물 및 공동주택 : 건축위원회의 심의에서 정한 범위 이내일 것 2) 그 외의 건축물 : 기존 건축물 연면적 합계의 10분의 1의 범위에서 건축위원회의 심의에서 정한 범위 이내일 것. 다만, 법 제5조에 따른 허가권자[허가권자가 구청장(자치구의 구청장을 말한다. 이하 같다)인 경우에는 특별시장이나 광역시장을 말한다]가 리모델링 활성화가 필요하다고 인정하여 지정·공고한 지역은 기존 건축물의 연면적 합계의 10분의 3의 범위에서 건축위원회 심의에서 정한 범위 이내일 것 나. 건축물의 층수 및 높이의 증가 : 건축위원회 심의에서 정한 범위 이내일 것 다. 「주택법」 제16조에 따른 사업계획승인 대상인 공동주택 세대수의 증가 : 가목에 따라 증축 가능한 연면적의 범위에서 기존 세대수의 10분의 1을 상한으로 건축위원회 심의에서 정한 범위 이내일 것 2. 증축할 수 있는 범위는 다음 각 목의 구분에 따른다. 가. 공동주택 1) 승강기·계단 및 복도 2) 각 세대 내의 노대·화장실·창고 및 거실 3) 「주택법」에 따른 부대시설 4) 「주택법」에 따른 복리시설 5) 기존 공동주택의 높이·층수 또는 세대수 나. 가목 외의 건축물

건축법	건축법 시행령	건축법 시행규칙
	7의2.「국토의 계획 및 이용에 관한 법률」에 따른 도시지역 및 지구단위계획구역 외의 지역 중 동이나 읍에 해당하는 지역에 건축하는 건축물로서 건축조례로 정하는 건축물인 경우 : 법 제2조제1항제11호 및 제44조에 따른 기준 8. 다음 각 목의 어느 하나에 해당하는 대지에 건축하는 건축물로서 재해예방을 위한 조치가 필요한 경우 : 법 제55조, 법 제56조, 법 제60조 및 법 제61조에 따른 기준 가.「국토의 계획 및 이용에 관한 법률」제37조에 따라 지정 된 방재지구(防災地區) 나.「급경사지 재해예방에 관한 법률」제6조에 따라 지정된 붕괴위험지역 9. 조화롭고 창의적인 건축을 통하여 아름다운 도시경관을 창출한다고 법 제11조에 따른 특별시장·광역시장·특별자치도지사 또는 시장·군수·구청장(이하 허가권자라 한다.)이 인정하는 건축물과「주택법 시행령」제3조제1항에 따른 도시형 생활주택(아파트 및 연립주택은 제외한다)인 경우 : 법 제60조 및 제61조에 따른 기준 10.「공공주택특별법」제2조제1호에 따른 공공주택인 경우 : 법 제61조제2항에 따른 기준 11. 다음 각 목의 어느 하나에 해당하는 공동주택에「주택건설 기준 등에 관한 규정」제2조제3호에 따른 주민공동시설(주택소유자가 공유하는 시설로서 영리를 목적으로 하지 아니하고 주택의 부속용도로 사용하는 시설만 해당하며, 이하 "주민공동시설"이라 한다)을 설치하는 경우 : 법 제56조에 따른 기준 가.「주택법」제16조에 따라 사업계획 승인을 받아 건축하는 공동주택 나. 상업지역 또는 준주거지역에서 법 제11조에 따라 건축허가를 받아 건축하는 200세대 이상 300세대 미만인 공동주택 다. 법 제11조에 따라 건축허가를 받아 건축하는「주택법 시행령」제3조에 따른 도시형 생활주택 12. 법 제77조의4 제1항에 따라 건축협정을 체결하여 건축물의 건축·대수선 또는 리모델링을 하려는 경우 : 법 제55조 및 제56조에 따른 기준 ② 허가권자는 법 제5조제2항에 따라 완화 여부 및 적용 범위를 결정할 때에는 다음 각 호의 기준을 지켜야 한다. 1. 제1항제1호부터 제5호까지, 제7호, 제7호의2 및 제9호의 경우 가. 공공의 이익을 해치지 아니하고, 주변의 대지 및 건축물에 지나친 불이익을 주지 아니할 것 나. 도시의 미관이나 환경을 지나치게 해치지 아니할 것 2. 제1항제6호의 경우 가. 제1호 각 목의 기준에 적합할 것 나. 증축은 기능향상 등을 고려하여 국토교통부령으로 정하는 규모와 범위에서 할 것 다.「주택법」제16조에 따른 사업계획승인 대상인 공동주택의 리모델링은 복리시설을 분양하기 위한 것이 아닐 것 3. 제1항제8호의 경우 가. 제1호 각 목의 기준에 적합할 것 나. 해당 지역에 적용되는 법 제55조, 법 제56조, 법 제60조 및 법 제61조에 따른 기준을 100분의 140 이하의 범위에서 건축조례로 정하는 비율을 적용할 것 4. 제1항제10호의 경우 가. 제1호 각 목의 기준에 적합할 것 나. 기준이 완화되는 범위는 외벽의 중심선에서 발코니 끝부분까지의 길이 중 1.5미터를 초과하는 발코니 부분에 한정될 것. 이 경우 완화되는 범위는 최대 1미터로 제한하며, 완화되는 부분에 창호를 설치해서는 아니 된다. 5. 제1항제11호의 경우 가. 제1호 각 목의 기준에 적합할 것 나. 법 제56조에 따른 용적률의 기준은 해당 지역에 적용되는 용적률에 주민공동시설에 해당하는 용적률을 가산한 범위에서 건축조례로 정하는 용적률을 적용할 것	1) 승강기·계단 및 주차시설 2) 노인 및 장애인 등을 위한 편의시설 3) 외부벽체 4) 통신시설·기계설비·화장실·정화조 및 오수처리시설 5) 기존 건축물의 높이 및 층수 6) 법 제2조제1항제6호에 따른 거실 [전문개정 2010.8.5]

법해설 Explanation

적용 완화 요청

건축관계자(건축주 · 설계자 · 공사 시공자 · 공사감리자)가 그 업무를 수행함에 있어서 건축법을 적용하는 것이 매우 불합리하다고 인정되는 대지 또는 건축물에 대하여는 건축법의 기준을 완화하여 적용할 것을 허가권자(특별시장 · 광역시장 · 특별자치도지사 · 시장 · 군수 · 구청장)에게 요청할 수 있다.

적용의 완화대상 및 규정

<table>
<tr><th>완화대상</th><th>완화규정</th></tr>
<tr><td>1. 수면 위에 건축하는 건축물 등 대지의 범위를 설정하기 곤란한 경우</td><td>– 대지의 안전 등(법 제40조)
– 토지 굴착부분에 대한 조치 등(법 제41조)
– 대지의 조경(법 제42조)
– 공개공지 등의 확보(법 제43조)
– 대지와 도로의 관계(법 제44조)
– 도로의 지정 · 폐지 또는 변경(법 제45조)
– 건축선의 지정(법 제46조)
– 건축선에 따른 건축제한(법 제47조)
– 건물의 건폐율(법 제55조)
– 건물의 용적률(법 제56조)
– 대지의 분할제한(법 제57조)
– 건축물 높이제한(법 제60조)
– 일조 등의 확보를 위한 건축물의 높이제한(법 제61조)</td></tr>
<tr><td>2. 거실이 없는 통신시설 및 기계 · 설비 시설인 경우</td><td>– 대지와 도로의 관계(법 제44조)
– 도로의 지정 · 폐지 또는 변경(법 제45조)
– 건축선의 지정(법 제46조)</td></tr>
<tr><td>3. 31층 이상인 건축물
(건축물의 전부가 공동주택의 용도로 쓰는 경우는 제외)</td><td rowspan="2">– 공개공지 등의 확보(법 제43조)
– 건축물의 피난시설 · 용도제한 등(법 제49조)
– 건축물의 내화구조 및 방화벽(법 제50조)
– 방화지구 안의 건축물(법 제51조)
– 건축물의 내부마감재료(법 제52조)
– 건축설비 기준 등(법 제62조)
– 승강기(법 제64조)
– 건축물의 에너지 이용 및 폐자재 활용(법 제66조)
– 관계전문기술자(법 제67조)
– 기술적 기준(법 제68조)</td></tr>
<tr><td>4. 발전소 · 제철소 · 첨단업종의 제조시설 · 운동시설 등 특수용도의 건축물인 경우</td></tr>
<tr><td>5. 전통사찰, 전통한옥 등 전통문화의 보존을 위하여 특별시 · 광역시 · 도의 조례로 정하는 지역의 건축물인 경우</td><td>– 도로(법 제2조 제1항 제11호)
– 대지와 도로의 관계(법 제44조)
– 건축선의 지정(법 제46조)</td></tr>
<tr><td>6. 경사대지의 계단식 공동주택으로 지면에서 직접 각 세대층의 출입이 가능하고 위층세대가 아래층세대의 지붕을 정원 등으로 활용 가능한 형태의 건축물과 초고층 건축물인 경우</td><td>– 건축물의 건폐율(법 제55조)</td></tr>
</table>

참고

◆ [개정취지]<2008.10.29>

가. 공동주택의 리모델링 가능 연한 완화(영 제6조제1항제6호)

(1) 사용승인을 받은 후 20년 이상 지난 건축물에 대하여 리모델링에 따른 건축기준을 완화하여 적용할 수 있으나, 공동주택의 경우 「주택법」에 따른 리모델링 가능 연한이 20년 미만임에도 20년이 지나야 리모델링에 따른 건축기준의 완화 적용을 받게 되어 공동 주택 리모델링 활성화에 지장을 초래함.

(2) 공동주택의 경우에는 사용승인을 받은 후 「주택법」에 따른 리모델링 가능 연한에 도달하면 20년 미만인 경우에도 리모델링에 따른 건축기준을 완화하여 적용할 수 있도록 함.

나. 장애인 편의시설 등 설치 시 건축법령 적용 완화(영 제6조제1항제7호 및 제8호 신설)

(1) 기존 건축물에 장애인 · 노인 · 임산부를 위한 편의시설을 설치하거나 방재지구에서 재해 예방조치가 필요한 경우에도 건폐율 · 용적률 등의 제한으로 건축이 불가능한 사례가 발생함.

(2) 기존 건축물에 장애인 편의시설을 설치하거나, 방재지구에 재해예방 조치가 필요한 건축물을 건축하는 경우에는 건축위원회 심의를 거쳐 건폐율 · 용적률 등의 규정을 일부 완화하여 적용할 수 있도록 함.

완화대상	완화규정
7. 사용승인을 받은 후 15년 이상되어 리모델링이 필요한 건축물인 경우	– 대지의 조경(법 제42조) – 공개공지 등의 확보(법 제43조) – 건축물의 건축선의 지정(법 제 46조) – 건축물의 건폐율(법 제55조) – 건축물의 용적률(법 제56조) – 대지 안의 공지(법 제58조) – 건축물의 높이 제한(법 제60조) – 일조 등의 확보를 위한 건축물의 높이 제한(법 제61조)
8. 기존 건축물에 「장애인·노인·임산부 등의 편의증진 보장에 관한 법률」에 따른 편의시설을 설치하면 건축물의 건폐율, 건축물의 용적률에 따른 기준에 적합하지 아니하게 되는 경우	– 건축물의 건폐율(법 제55조) – 건축물의 용적률(법 제56조)
9. 도시지역 및 지구단위계획구역 외의 지역 중 동이나 읍에 해당하는 지역에 건축하는 건축물로서 건축조례로 정하는 건축물인 경우	– 도로의 정의에 관한 규정(법 제2조제1항제11호) – 대지와 도로의 관계(법 제44조)
10. 「국토의 계획 및 이용에 관한 법률」에 따라 지정된 방재지구(防災地區)의 대지에 건축하는 건축물로서 재해예방을 위한 조치가 필요한 경우	– 건축물의 건폐율(법 제55조) – 건축물의 용적률(법 제56조) – 건축물의 높이 제한(법 제60조) – 건축물의 일조 등의 확보를 위한 건축물의 높이 제한(법 제61조)
11. 조화롭고 창의적인 건축을 통하여 아름다운 도시경관을 창출한다고 허가권자가 인정하는 건축물과 「주택법 시행령」에 따른 도시형 생활주택(아파트 및 연립주택은 제외)인 경우	– 건축물의 높이 제한(법 제60조) – 일조 등의 확보를 위한 건축물의 높이 제한(법 제61조)
12. 공공주택	– 공동주택의 높이제한(법 제61조제2항)

적용완화절차

① 요청을 받은 허가권자는 건축위원회의 심의를 거쳐 완화 여부 및 적용범위를 결정하고 그 결과를 신청인에게 통지해야 한다.

② 적용의 완화 요청 및 결정의 절차, 그 밖에 필요한 사항은 해당 지방자치단체의 조례로 정한다.

적용의 완화 제한기준

① 공공의 이익을 저해하지 아니할 것

② 주변의 대지 및 건축물에 지나친 불이익을 주지 아니할 것

③ 도시미관이나 환경을 현저히 저해하지 않을 것

리모델링을 실시하는 건축물인 경우

■ 리모델링을 위한 증축의 규모 및 범위

공동주택	그 밖의 건축물 (기존 건축물 연면적 합계의 1/10 이내)
㉠ 승강기 · 계단 · 복도 ㉡ 각 세대내의 노대 · 화장실 · 창고 · 거실 ㉢ 「주택법」에 따른 부대시설 · 복리시설 ㉣ 기존 공동주택의 높이 · 층수 · 세대수	㉠ 승강기 · 계단 · 주차시설 ㉡ 노인 · 장애인 등의 편의시설 ㉢ 외부 벽체 ㉣ 통신시설 · 기계설비 · 화장실 · 정화조 · 오수처리시설 ㉤ 기존 건축물의 높이 및 층수 ㉥ 거실

사업계획 승인 대상인 공동주택의 리모델링은 복리시설을 분양하기 위한 것이 아닐 것

15 건축위원회

건축법

제4조【건축위원회】

① 국토교통부장관, 시·도지사 및 시장·군수·구청장은 다음 각 호의 사항을 조사·심의·조정 또는 재정(이하 이 조에서 "심의등"이라 한다)하기 위하여 각각 건축위원회를 두어야 한다.
<개정 2009.4.1., 2013.3.23., 2014.5.28.>
1. 이 법과 조례의 제정·개정 및 시행에 관한 중요 사항
2. 건축물의 건축등과 관련된 분쟁의 조정 또는 재정에 관한 사항. 다만, 시·도지사 및 시장·군수·구청장이 두는 건축위원회는 제외한다.
3. 건축물의 건축등과 관련된 민원에 관한 사항. 다만, 국토교통부장관이 두는 건축위원회는 제외한다.
4. 건축물의 건축 또는 대수선에 관한 사항
5. 다른 법령에서 건축위원회의 심의를 받도록 규정한 사항

② 국토교통부장관, 시·도지사 및 시장·군수·구청장은 건축위원회의 심의등을 효율적으로 수행하기 위하여 필요하면 자신이 설치하는 건축위원회에 다음 각 호의 전문위원회를 두어 운영할 수 있다. <개정 2009.4.1., 2013.3.23., 2014.5.28.>
1. 건축분쟁전문위원회(국토교통부에 설치하는 건축위원회에 한정한다)
2. 건축민원전문위원회(시·도 및 시·군·구에 설치하는 건축위원회에 한정한다)
3. 건축계획·건축구조·건축설비 등 분야별 전문위원회

③ 제2항에 따른 전문위원회는 건축위원회가 정하는 사항에 대하여 심의등을 한다. <개정 2009.4.1., 2014.5.28.>

④ 제3항에 따라 전문위원회의 심의등을 거친 사항은 건축위원회의 심의등을 거친 것으로 본다. <개정 2009.4.1., 2014.5.28.>

⑤ 제1항에 따른 각 건축위원회의 조직·운영, 그 밖에 필요한 사항은 대통령령으로 정하는 바에 따라 국토교통부령이나 해당 지방자치단체의 조례(자치구의 경우에는 특별시나 광역시의 조례를 말한다. 이하 같다)로 정한다. <개정 2013.3.23.>

제4조의2【건축위원회의 건축 심의 등】

① 대통령령으로 정하는 건축물을 건축하거나 대수선하려는 자는 국토교통부령으로 정하는 바에 따라 시·도지사 또는 시장·군수·구청장에게 제4조에 따른 건축위원회(이하 "건축위원회"라 한다)의 심의를 신청하여야 한다.

건축법 시행령

제5조【중앙건축위원회의 설치 등】

① 법 제4조제1항에 따라 국토교통부에 두는 건축위원회(이하 "중앙건축위원회"라 한다)는 다음 각 호의 사항을 조사·심의·조정 또는 재정(이하 "심의등"이라 한다)한다.
1. 법 제23조제4항에 따른 표준설계도서의 인정에 관한 사항
2. 건축물의 건축·대수선·용도변경, 건축설비의 설치 또는 공작물의 축조(이하 "건축물의 건축등"이라 한다)와 관련된 분쟁의 조정 또는 재정에 관한 사항
3. 법 및 이 영의 제정·개정 및 시행에 관한 중요사항
4. 다른 법령에서 중앙건축위원회의 심의를 받도록 한 경우 해당 법령에서 규정한 심의사항
5. 그 밖에 국토교통부장관이 중앙건축위원회의 심의가 필요하다고 인정하여 회의에 부치는 사항

② 제1항에 따라 심의 등을 받은 건축물이 다음 각 호의 어느 하나에 해당하는 경우에는 해당 건축물의 건축 등에 관한 중앙건축위원회의 심의 등을 생략할 수 있다.
1. 건축물의 규모를 변경하는 것으로서 다음 각 목의 요건을 모두 갖춘 경우
 가. 건축위원회의 심의등의 결과에 위반되지 아니할 것
 나. 심의등을 받은 건축물의 건축면적, 연면적, 층수 또는 높이 중 어느 하나도 10분의 1을 넘지 아니하는 범위에서 변경할 것
2. 중앙건축위원회의 심의등의 결과를 반영하기 위하여 건축물의 건축등에 관한 사항을 변경하는 경우

③ 중앙건축위원회는 위원장 및 부위원장 각 1명을 포함하여 70명 이내의 위원으로 구성한다.

④ 중앙건축위원회의 위원은 관계 공무원과 건축에 관한 학식 또는 경험이 풍부한 사람 중에서 국토교통부장관이 임명하거나 위촉한다.

⑤ 중앙건축위원회의 위원장과 부위원장은 제4항에 따라 임명 또는 위촉된 위원 중에서 국토교통부장관이 임명하거나 위촉한다.

⑥ 공무원이 아닌 위원의 임기는 2년으로 하며, 한 차례만 연임할 수 있다. [전문개정 2012. 12.12.]

제5조의5【지방건축위원회】

① 법 제4조제1항에 따라 특별시·광역시·특별자치시도·특별자치도(이하 "시·도"라 한다) 및 시·군·구(자치구를 말한다. 이하 같다)에 두는 건축위원회(이하 "지방건축위원회"라 한다)는 다음 각 호의 사항에 대한 심의등을 한다.
1. 법 제46조제2항에 따른 건축선(建築線)의 지정에 관한 사항
2. 법 또는 이 영에 따른 조례(해당 지방자치단체의 장이 발의하는 조례만 해당한다)의 제정·개정 및 시행에 관한 중요 사항

건축법 시행규칙

제2조【중앙건축위원회의 운영 등】

① 법 제4조제1항 및 「건축법 시행령」(이하 "영"이라 한다) 제5조의4에 따라 국토교통부에 두는 건축위원회(이하 "중앙건축위원회"라 한다)의 회의는 다음 각 호에 따라 운영한다.
1. 중앙건축위원회의 위원장은 중앙건축위원회의 회의를 소집하고, 그 의장이 된다.
2. 중앙건축위원회의 회의는 구성위원(위원장과 위원장이 회의 시마다 확정하는 위원을 말한다) 과반수의 출석으로 개의(開議)하고, 출석위원 과반수의 찬성으로 조사·심의·조정 또는 재정(이하 "심의등"이라 한다)을 의결한다.
3. 중앙건축위원회의 위원장은 업무수행을 위하여 필요하다고 인정하는 경우에는 관계 전문가를 중앙건축위원회의 회의에 출석하게 하여 발언하게 하거나 관계 기관·단체에 대하여 자료를 요구할 수 있다.

② 중앙건축위원회의 회의에 출석한 위원에 대하여는 예산의 범위에서 수당 및 여비를 지급할 수 있다. 다만, 공무원인 위원이 그의 소관 업무와 직접적으로 관련하여 출석하는 경우에는 그러하지 아니하다.

③ 이 규칙에서 규정한 사항 외에 중앙건축위원회의 운영에 필요한 사항은 중앙건축위원회의 의결을 거쳐 위원장이 정한다.
[전문개정 2012.12.12]

제2조의3【전문위원회의 구성등】

① 삭제<1999.5.11>

② 법 제4조제2항에 따라 중앙건축위원회에 구성되는 전문위원회(이하 이 조에서 "전문위원회"라 한다)는 중앙건축위원회의 위원 중 5인 이상 15인 이하의 위원으로 구성한다.<개정 1999.5.11, 2006.5.12>

건축법	건축법 시행령	건축법 시행규칙
② 제1항에 따라 심의 신청을 받은 시·도지사 또는 시장·군수·구청장은 대통령령으로 정하는 바에 따라 건축위원회에 심의 안건을 상정하고, 심의 결과를 국토교통부령으로 정하는 바에 따라 심의를 신청한 자에게 통보하여야 한다. ③ 제2항에 따른 건축위원회의 심의 결과에 이의가 있는 자는 심의 결과를 통보받은 날부터 1개월 이내에 시·도지사 또는 시장·군수·구청장에게 건축위원회의 재심의를 신청할 수 있다. ④ 제3항에 따른 재심의 신청을 받은 시·도지사 또는 시장·군수·구청장은 그 신청을 받은 날부터 15일 이내에 대통령령으로 정하는 바에 따라 건축위원회에 재심의 안건을 상정하고, 재심의 결과를 국토교통부령으로 정하는 바에 따라 재심의를 신청한 자에게 통보하여야 한다. [본조신설 2014.5.28.] **제4조의3【건축위원회 회의록의 공개】** 시·도지사 또는 시장·군수·구청장은 제4조의2제1항에 따른 심의(같은 조 제3항에 따른 재심의를 포함한다. 이하 이 조에서 같다)를 신청한 자가 요청하는 경우에는 대통령령으로 정하는 바에 따라 건축위원회 심의의 일시·장소·안건·내용·결과 등이 기록된 회의록을 공개하여야 한다. 다만, 심의의 공정성을 침해할 우려가 있다고 인정되는 이름, 주민등록번호 등 대통령령으로 정하는 개인 식별 정보에 관한 부분의 경우에는 그러하지 아니하다. [본조신설 2014.5.28.] **제4조의4【건축민원전문위원회】** ① 제4조제2항에 따른 건축민원전문위원회는 건축물의 건축등과 관련된 다음 각 호의 민원[특별시장·광역시장·특별자치시장·특별자치도지사 또는 시장·군수·구청장(이하 "허가권자"라 한다)의 처분이 완료되기 전의 것으로 한정하며, 이하 "질의민원"이라 한다]를 심의하며, 시·도지사가 설치하는 건축민원전문위원회(이하 "광역지방건축민원전문위원회"라 한다)와 시장·군수·구청장이 설치하는 건축민원전문위원회(이하 "기초지방건축민원전문위원회"라 한다)로 구분한다. 1. 건축법령의 운영 및 집행에 관한 민원 2. 건축물의 건축등과 복합된 사항으로서 제11조제5항 각 호에 해당하는 법률 규정의 운영 및 집행에 관한 민원 3. 그 밖에 대통령령으로 정하는 민원 ② 광역지방건축민원전문위원회는 허가권자나 도지사(이하 "허가권자등"이라 한다)의 제11조에 따른 건축허가나 사전승인에 대한 질의	3. <삭제> 4. 다중이용건축물 및 특수구조건축물의 구조안전에 관한 사항 5. 미관지구 내의 건축물로서 해당 지방자치단체의 건축물에 관한 조례(이하 "건축조례"라 하며, 자치구의 경우에는 특별시나 광역시의 건축조례를 말한다. 이와 같다.)로 정하는 용도 및 규모에 해당하는 건축물의 건축 및 대수선(제3조의2제7호에 따른 대수선에 한정한다)에 관한 사항 6. 분양을 목적으로 하는 건축물로서 건축조례로 정하는 용도 및 규모에 해당하는 건축물의 건축에 관한 사항 7. 다른 법령에서 지방건축위원회의 심의를 받도록 한 경우 해당 법령에서 규정한 심의사항 8. 건축조례로 정하는 건축물의 건축등에 관한 것으로서 특별시장·광역시장·도지사 또는 특별자치도지사(이하 "시·도지사"라 한다) 및 시장·군수·구청장이 지방건축위원회의 심의가 필요하다고 인정한 사항 ② 제1항에 따라 심의등을 받은 건축물이 제5조제2항 각 호의 어느 하나에 해당하는 경우에는 해당 건축물의 건축등에 관한 지방건축위원회의 심의등을 생략할 수 있다. ③ 제1항에 따른 지방건축위원회는 위원장 및 부위원장 각 1명을 포함하여 25명 이상 100명 이하의 위원으로 구성한다. ④ 지방건축위원회의 위원은 다음 각 호의 어느 하나에 해당하는 사람 중에서 시·도지사 및 시장·군수·구청장이 임명하거나 위촉한다. 1. 도시계획 및 건축 관계 공무원 2. 도시계획 및 건축 등에서 학식과 경험이 풍부한 사람 ⑤ 지방건축위원회의 위원장과 부위원장은 제4항에 따라 임명 또는 위촉된 위원 중에서 시·도지사 및 시장·군수·구청장이 임명하거나 위촉한다. ⑥ 지방건축위원회 위원의 임명·위촉·제척·기피·회피·해촉·임기 등에 관한 사항, 회의 및 소위원회의 구성·운영 및 심의 등에 관한 사항, 위원의 수당 및 여비 등에 관한 사항은 조례로 정하되, 다음 각 호의 기준에 따라야 한다. 1. 위원의 임명·위촉 기준 및 제척·기피·회피·해촉·임기 가. 공무원을 위원으로 임명하는 경우에는 그 수를 전체 위원 수의 4분의 1 이하로 할 것 나. 공무원이 아닌 위원은 건축 관련 학회 및 협회 등 관련 단체나 기관의 추천 또는 공모절차를 거쳐 위촉할 것 다. 다른 법령에 따라 지방건축위원회의 심의를 하는 경우에는 해당 분야의 관계 전문가가 그 심의에 위원으로 참석하는 심의위원 수의 4분의 1 이상이 되게 할 것. 이 경우 필요하면 해당 심의에만 위원으로 참석하는 관계 전문가를 임명하거나 위촉할 수 있다. 라. 위원의 제척·기피·회피·해촉에 관하여는 제5조의2 및 제5조의3을 준용할 것	③ 전문위원회의 위원장은 전문위원회의 위원 중에서 국토교통부장관이 임명 또는 위촉하는 자가 된다.<개정 1999.5.11, 2008. 3.14> ④ 전문위원회의 운영에 관하여는 제2조제1항 및 제2항을 준용한다. 이 경우 "중앙건축위원회"는 각각 "전문위원회"로 본다. <개정 2012.12.12> [본조신설 1998.9.29][제목개정 1999.5.11][제2조의2에서 이동, 종전 제2조의3은 삭제 <2012.12.12.>]

건축법	건축법 시행령	건축법 시행규칙
민원을 심의하고, 기초지방건축민원전문위원회는 시장(행정시의 시장을 포함한다)·군수·구청장의 제11조 및 제14조에 따른 건축허가 또는 건축신고와 관련한 질의민원을 심의한다. ③ 건축민원전문위원회의 구성·회의·운영, 그 밖에 필요한 사항은 해당 지방자치단체의 조례로 정한다. [본조신설 2014.5.28.] **제4조의5【질의민원 심의의 신청】** ① 건축물의 건축등과 관련된 질의민원의 심의를 신청하려는 자는 제4조의4제2항에 따른 관할 건축민원전문위원회에 심의 신청서를 제출하여야 한다. ② 제1항에 따른 심의를 신청하고자 하는 자는 다음 각 호의 사항을 기재하여 문서로 신청하여야 한다. 다만, 문서에 의할 수 없는 특별한 사정이 있는 경우에는 구술로 신청할 수 있다. 1. 신청인의 이름과 주소 2. 신청의 취지·이유와 민원신청의 원인이 된 사실내용 3. 그 밖에 행정기관의 명칭 등 대통령령으로 정하는 사항 ③ 건축민원전문위원회는 신청인의 질의민원을 받으면 15일 이내에 심의절차를 마쳐야 한다. 다만, 사정이 있으면 건축민원전문위원회의 의결로 15일 이내의 범위에서 기간을 연장할 수 있다. [본조신설 2014.5.28.] **제4조의6【심의를 위한 조사 및 의견 청취】** ① 건축민원전문위원회는 심의에 필요하다고 인정하면 위원 또는 사무국의 소속 공무원에게 관계 서류를 열람하게 하거나 관계 사업장에 출입하여 조사하게 할 수 있다. ② 건축민원전문위원회는 필요하다고 인정하면 신청인, 허가권자의 업무담당자, 이해관계자 또는 참고인을 위원회에 출석하게 하여 의견을 들을 수 있다. ③ 민원의 심의신청을 받은 건축민원전문위원회는 심의기간 내에 심의하여 심의결정서를 작성하여야 한다. **제4조의7【의견의 제시 등】** ① 건축민원전문위원회는 질의민원에 대하여 관계 법령, 관계 행정기관의 유권해석, 유사판례와 현장여건 등을 충분히 검토하여 심의의견을 제시할 수 있다. ② 건축민원전문위원회는 민원심의의 결정내용을 지체 없이 신청인 및 해당 허가권자등에게 통지하여야 한다.	마. 공무원이 아닌 위원의 임기는 3년 이내로 하며, 필요한 경우에는 한 차례만 연임할 수 있게 할 것 2. 심의등에 관한 기준 가. 「국토의 계획 및 이용에 관한 법률」 제30조제3항 단서에 따라 건축위원회와 도시계획위원회가 공동으로 심의한 사항에 대해서는 심의를 생략할 것 나. <삭제> 다. 지방건축위원회의 위원장은 회의 개최 10일 전까지 회의 안건과 심의에 참여할 위원을 확정하고, 회의 개최 7일 전까지 회의에 부치는 안건을 각 위원에게 알릴 것. 다만, 대외적으로 기밀 유지가 필요한 사항이나 그 밖에 부득이한 사유가 있는 경우에는 그러하지 아니하다. 라. 지방건축위원회의 위원장은 다목에 따라 심의에 참여할 위원을 확정하면 심의등을 신청한 자에게 위원 명단을 알릴 것 마. <삭제> 바. 지방건축위원회의 회의는 구성위원(위원장과 위원장이 다목에 따라 회의 참여를 확정한 위원을 말한다) 과반수의 출석으로 개의(開議)하고, 출석위원 과반수 찬성으로 심의등을 의결하며, 심의등을 신청한 자에게 심의등의 결과를 알릴 것 사. 지방건축위원회의 위원장은 업무 수행을 위하여 필요하다고 인정하는 경우에는 관계 전문가를 지방건축위원회의 회의에 출석하게 하여 발언하게 하거나 관계 기관·단체에 자료를 요구할 것 아. 건축주·설계자 및 심의등을 신청한 자가 희망하는 경우에는 회의에 참여하여 해당 안건 등에 대하여 설명할 수 있도록 할 것 자. 제1항제5호부터 제8호까지의 규정에 따른 사항을 심의하는 경우 심의등을 신청한 자에게 지방건축위원회에 간략설계도서(배치도·평면도·입면도·주단면도 및 국토교통부장관이 정하여 고시하는 도서로 한정하며, 전자문서로 된 도서를 포함한다)를 제출하도록 할 것[본조신설 2012.12.12.] 차. 건축구조 분야 등 전문분야에 대해서는 분야별 해당 전문위원회에서 심의하도록 할 것(제5조의6제1항에 따라 분야별 전문위원회를 구성한 경우만 해당한다) 카. 지방건축위원회 심의 절차 및 방법 등에 관하여 국토교통부장관이 정하여 고시하는 기준에 따를 것 **제5조의6 【전문위원회의 구성 등】** ① 국토교통부장관, 시·도지사 또는 시장·군수·구청장은 법 제4조제2항에 따라 다음 각 호의 분야별로 전문위원회를 구성·운영할 수 있다. 1. 건축계획 분야 2. 건축구조 분야 3. 건축설비 분야	

건축법	건축법 시행령	건축법 시행규칙
③ 제2항에 따라 심의 결정내용을 통지받은 허가권자등은 이를 존중하여야 하며, 통지받은 날부터 10일 이내에 그 처리결과를 해당 건축민원전문위원회에 통보하여야 한다. ④ 제2항에 따른 심의 결정내용을 시장·군수·구청장이 이행하지 아니하는 경우에는 제4조의4제2항에도 불구하고 해당 민원인은 시장·군수·구청장이 통보한 처리결과를 첨부하여 광역지방건축민원전문위원회에 심의를 신청할 수 있다. ⑤ 제3항에 따라 처리결과를 통보받은 건축민원전문위원회는 신청인에게 그 내용을 지체 없이 통보하여야 한다. [본조신설 2014.5.28.]	4. 건축방재 분야 5. 에너지관리 등 건축환경 분야 6. 건축물 경관(景觀) 분야(공간환경 분야를 포함한다) 7. 조경 분야 8. 도시계획 및 단지계획 분야 9. 교통 및 정보기술 분야 10. 사회 및 경제 분야 11. 그 밖의 분야 ② 제1항에 따른 전문위원회의 구성·운영에 관한 사항, 수당 및 여비 지급에 관한 사항은 국토교통부령 또는 건축조례로 정한다. [본조신설 2012.12.12]	

법해설 Explanation

중앙건축위원회

(1) 구성

국토교통부에 위원장 및 부위원장을 포함한 70인 이내의 위원으로 구성한다.

(2) 위원장 등의 자격·임기

위원장	• 위원 중에서 국토교통부장관이 임명 또는 위촉한다.
위원	• 관계공무원과 건축에 관한 학식 또는 경험이 풍부한 사람 중 국토교통부장관이 임명 또는 위촉한다.
임기	• 2년으로 하되 연임이 가능하다. (공무원 제외, 필요한 경우에는 한 차례만 연임) • 위원회의 회의를 소집하고 그 의장이 된다.
위원장의 의무	• 업무수행을 위하여 필요하다고 인정하는 경우에는 관계전문 가를 위원회에 출석하게 하여 발언하게 하거나 관계기관·단체에 대하여 자료의 제출을 요구할 수 있다.
위원회의 회의	• 재적위원 과반수의 출석으로 개의하고, 출석위원 과반수의 찬성으로 의결한다.
수당 및 여비	• 위원회에 출석한 위원에 대하여는 예산의 범위안에서 수당 및 여비를 지급할 수 있다. 예외 공무원인 위원이 그의 소관업무와 직접적으로 관련하여 출석하는 경우

(3) 심의사항

① 법 제23조제4항에 따른 표준설계도서의 인정에 관한 사항

② 건축물의 건축·대수선·용도변경, 건축설비의 설치 또는 공작물의 축조(이하 “건축물의 건축등”이라 한다)와 관련된 분쟁의 조정 또는 재정에 관한 사항

③ 법 및 이 영의 제정·개정 및 시행에 관한 중요사항
④ 다른 법령에서 중앙건축위원회의 심의를 받도록 한 경우 해당 법령에서 규정한 심의사항
⑤ 그 밖에 국토교통부장관이 중앙건축위원회의 심의가 필요하다고 인정하여 회의에 부치는 사항

(4) 심의사항 생략

심의등을 받은 건축물이 다음의 어느 하나에 해당하는 경우에는 해당 건축물의 건축 등에 관한 중앙건축위원회의 심의등을 생략할 수 있다.

① 건축물의 규모를 변경하는 것으로서 다음의 요건을 모두 갖춘 경우
㉠ 건축위원회의 심의등의 결과에 위반되지 아니할 것
㉡ 심의등을 받은 건축물의 건축면적, 연면적, 층수 또는 높이 중 어느 하나도 10분의 1을 넘지 아니하는 범위에서 변경할 것
② 중앙건축위원회의 심의등의 결과를 반영하기 위하여 건축물의 건축등에 관한 사항을 변경하는 경우

(5) 전문위원회

① 분야별 구성 및 심의사항
㉠ 분야별 구성
㉮ 건축계획분야
㉯ 건축구조분야
㉰ 건축설비분야
㉱ 건축방재분야
㉲ 에너지관리 등 건축환경분야
㉳ 건축물설치 광고·경관분야(공간환경분야를 포함)
㉴ 조경분야
㉵ 도시계획 및 단지계획분야
㉶ 교통 및 정보기술분야
㉷ 사회 및 경제분야
㉸ 그 밖의 분야
㉡ 중앙건축위원회의 위원 중 5인 이상 15인 이하의 위원으로 구성한다.
㉢ 위원장은 전문위원 중에서 국토교통부장관이 임명 또는 위촉한다.
② 심의사항
㉠ 중앙건축위원회가 정하는 사항을 심의 한다.
㉡ 전문위원회의 심의를 거친 사항은 중앙건축위원회의 심의를 거친 것으로 본다.

지방건축위원회

(1) 구성

특별시・광역시・특별자치시・도・특별자치도・시・군 및 구(자치구를 말함)에 지방건축위원회를 둔다.

(2) 심의사항

① 건축선(建築線)의 지정에 관한 사항
② 법 또는 이 영에 따른 조례(해당 지방자치단체의 장이 발의하는 조례만 해당한다)의 제정・개정 및 시행에 관한 중요 사항
③ 다중이용 건축물 및 특수구조건축물의 구조안전에 관한 사항
④ 미관지구 내의 건축물로서 해당 지방자치단체의 건축물에 관한 조례(이하 "건축조례"라고 하며, 자치구의 경우에는 특별시나 광역시의 건축조례를 말한다.)로 정하는 용도 및 규모에 해당하는 건축물의 건축 및 대수선(제3조의2제7호에 따른 대수선에 한정한다)에 관한 사항
⑤ 분양을 목적으로 하는 건축물로서 건축조례로 정하는 용도 및 규모에 해당하는 건축물의 건축에 관한 사항
⑥ 다른 법령에서 지방건축위원회의 심의를 받도록 한 경우 해당 법령에서 규정한 심의사항
⑦ 건축조례로 정하는 건축물의 건축등에 관한 것으로서 특별시장・광역시장・도지사 또는 특별자치도지사(이하 "시・도지사"라 한다) 및 시장・군수・구청장이 지방건축위원회의 심의가 필요하다고 인정한 사항

16 기존의 건축물 등에 대한 특례

건축법	건축법 시행령	건축법 시행규칙
제6조【기존의 건축물 등에 관한 특례】 허가권자는 법령의 제정·개정이나 그 밖에 대통령령으로 정하는 사유로 대지나 건축물이 이 법에 맞지 아니하게 된 경우에는 대통령령으로 정하는 범위에서 해당 지방자치단체의 조례로 정하는 바에 따라 건축을 허가할 수 있다. **제6조의2【특수구조 건축물의 특례】** 건축물의 구조, 재료, 형식, 공법 등이 특수한 대통령령으로 정하는 건축물(이하 "특수구조 건축물"이라 한다)은 제4조, 제4조의2부터 제4조의8까지, 제5조부터 제9조까지, 제11조, 제14조, 제19조, 제21조부터 제25조까지, 제40조, 제41조, 제48조, 제48조의2, 제49조, 제50조, 제50조의2, 제51조, 제52조, 제52조의2, 제52조의4, 제53조, 제62조부터 제64조까지, 제65조의2, 제67조, 제68조 및 제84조를 적용할 때 대통령령으로 정하는 바에 따라 강화 또는 변경하여 적용할 수 있다. <개정 2019. 4. 30.> [시행일 : 2020. 5. 1.] 제6조의2 **제6조의3【부유식 건축물의 특례】** ① 법 제6조의3제1항에 따라 같은 항에 따른 부유식 건축물(이하 "부유식 건축물"이라 한다)에 대해서는 다음 각 호의 구분기준에 따라 법 제40조부터 제44조까지, 제46조 및 제47조를 적용한다. 1. 법 제40조에 따른 대지의 안전 기준의 경우 : 같은 조 제3항에 따른 오수의 배출 및 처리에 관한 부분만 적용 2. 법 제41조부터 제44조까지, 제46조 및 제47조의 경우 : 미적용. 다만, 법 제44조는 부유식 건축물의 출입에 지장이 없다고 인정하는 경우에만 적용하지 아니한다.	**제6조의2【기존의 건축물 등에 대한 특례】** ① 법 제6조에서 "그 밖에 대통령령으로 정하는 사유"란 다음 각 호의 어느 하나에 해당하는 경우를 말한다. 1. 도시·군관리계획의 결정·변경 또는 행정구역의 변경이 있는 경우 2. 도시·군계획시설의 설치, 도시개발사업의 시행 또는 「도로법」에 따른 도로의 설치가 있는 경우 3. 그 밖에 제1호 및 제2호와 비슷한 경우로서 국토교통부령으로 정하는 경우 ② 허가권자는 기존 건축물 및 대지가 법령의 제정·개정이나 제1항 각 호의 사유로 법, 이 영 또는 건축조례(이하 "법령등"이라 한다)에 부적합하더라도 다음 각 호의 어느 하나에 해당하는 경우에는 건축을 허가할 수 있다. 1. 기존 건축물을 재축하는 경우 2. 증축하거나 개축하려는 부분이 법령등에 적합한 경우 3. 기존 건축물의 대지가 도시·군계획시설의 설치 또는 「도로법」에 따른 도로의 설치로 법 제57조에 따라 해당 지방자치단체가 정하는 면적에 미달되는 경우로서 그 기존 건축물을 연면적 합계의 범위에서 증축하거나 개축하는 경우 4. 기존 건축물이 도시·군계획시설 또는 「도로법」에 따른 도로의 설치로 법 제55조 또는 법 제56조에 부적합하게 된 경우로서 화장실·계단·승강기의 설치 등 그 건축물의 기능을 유지하기 위하여 그 기존 건축물의 연면적 합계의 범위에서 증축하는 경우 5. 법률 제7696호 건축법 일부개정법률 제50조의 개정규정에 따라 최초로 개정한 해당 지방자치단체의 조례 시행일 이전에 건축된 기존 건축물의 건축선 및 인접 대지경계선으로부터의 거리가 그 조례로 정하는 거리에 미달되는 경우로서 그 기존 건축물을 건축 당시의 법령에 위반하지 아니하는 범위에서 증축하는 경우 6. 기존 한옥을 개축 또는 대수선하는 경우 [전문개정 2008.10.29]	**제3조【기존건축물에 대한 특례】** 영 제6조의2제1항제4호에서 "국토교통부령이 정하는 경우"라 함은 다음 각 호의 어느 하나에 해당하는 경우를 말한다.<개정 2006.5.12, 2008.3.14> 1. 법률 제3259호 「준공미필건축물 정리에 관한 특별조치법」, 법률 제3533호 「특정건축물 정리에 관한 특별조치법」, 법률 제6253호 「특정건축물 정리에 관한 특별조치법」 및 법률 제7698호 「특정건축물 정리에 관한 특별조치법」에 따라 준공검사필증 또는 사용승인서를 교부받은 사실이 건축물대장에 기재된 경우 2. 「도시 및 주거환경정비법」에 따른 주거환경개선사업의 준공인가증을 교부받은 경우 3. 「공유토지분할에 관한 특례법」에 의하여 분할된 경우 4. 대지의 일부 토지소유권에 대하여 「민법」 제245조에 따라 소유권이전등기가 완료된 경우

건축법	건축법 시행령	건축법 시행규칙
② 제1항에도 불구하고 건축조례에서 지역별 특성 등을 고려하여 그 기준을 달리 정한 경우에는 그 기준에 따른다. 이 경우 그 기준은 법 제40조부터 제44조까지, 제46조 및 제47조에 따른 기준의 범위에서 정하여야 한다. [본조신설 2016.7.19.] [종전 제6조의4는 제6조의5로 이동 <2016.7.19.>]		

법해설 Explanation

기존 건축물에 대한 특례

(1) 특례사유

① 법령의 제정·개정
② 도시·군관리계획의 결정·변경 또는 행정구역의 변경이 있는 경우
③ 도시·군계획시설의 설치·도시개발사업의 시행 또는 「도로법」에 따른 도로의 설치가 있는 경우
④ 다음의 법규에 따라 준공검사필증 또는 사용승인서를 교부받은 사실이 건축물대장에 기재된 경우
㉠ 「준공미필건축물 정리에 관한 특별조치법」
㉡ 「특정건축물 정리에 관한 특별조치법」
⑤ 「도시 및 주거환경 정비법」에 따른 주거환경개선사업의 준공인가증을 교부받은 경우
⑥ 「공유토지분할에 관한 특례법」에 따라 분할된 경우
⑦ 대지의 일부 토지소유권에 대하여 점유로 인한 부동산 소유권의 취득기간(「민법」 제245조)에 따라 소유권이전등기가 완료된 경우

(2) 특례범위

① 기존 건축물을 재축하는 경우
② 증축 또는 개축하고자 하는 부분이 법령 등의 규정에 적합한 경우
③ 기존건축물의 대지가 도시·군계획시설의 설치 또는 「도로법」에 따른 도로의 설치로 인하여 대지의 분할제한(법 제57조)에 따른 해당 지방자치단체가 정하는 면적에 미달되는 경우로서 해당 기존 건축물의 연면적의 합계의 범위 내에서 증축하거나 개축하는 경우
④ 기존 건축물이 도시·군계획시설 또는 「도로법」에 따른 도로의 설치로 건축물의 건폐율, 건축물의 용적률에 부적합하게 된 경우로서 화장실·계단·승강기의 설치 등 그 건축물의 기능을 유지하기 위하여 그 기존 건축물의 연면적 합계의 범위에서 증축하는 경우
⑤ 법률 제7696호 건축법 일부개정법률 제50조의 개정규정에 따라 최초로 개정한 해당 지방자치단체의 조례 시행일 이전에 건축된 기존 건축물의 건축선 및 인접 대지경계선으로부터의 거리가 그 조례로 정하는 거리에 미달되는 경우로서 그 기존 건축물을 건축 당시의 법령에 위반하지 아니하는 범위에서 증축하는 경우
⑥ 기존 한옥을 개축 또는 대수선하는 경우

참고 민법 제245조 (점유로 인한 부동산 소유권의 취득기간)
① 20년간 소유의 의사로 평온, 공연하게 부동산을 점유하는 자는 등기함으로써 그 소유권을 취득한다.
② 부동산의 소유자로 등기한 자가 10년간 소유의 의사로 평온, 공연하게 선의이며 과실 없이 그 부동산을 점유한 때에는 소유권을 취득한다.

17 통일성의 유지를 위한 도의 조례 등

건축법	건축법 시행령
제7조【통일성을 유지하기 위한 도의 조례】 도(道) 단위로 통일성을 유지할 필요가 있으면 제5조제3항, 제6조, 제17조제2항, 제20조제1항, 제27조제3항, 제42조, 제57조제1항, 제58조, 제60조제3항 및 제61조에 따라 시·군의 조례로 정하여야 할 사항을 도의 조례로 정할 수 있다.	
제8조【리모델링에 대비한 특례 등】 리모델링이 쉬운 구조의 공동주택의 건축을 촉진하기 위하여 공동주택을 대통령령으로 정하는 구조로 하여 건축허가를 신청하면 제56조, 제60조 및 제61조에 따른 기준을 100분의 120의 범위에서 대통령령으로 정하는 비율로 완화하여 적용할 수 있다. **제9조【다른 법령의 배제】** ① 건축물의 건축등을 위하여 지하를 굴착하는 경우에는 「민법」 제244조제1항을 적용하지 아니한다. 다만, 필요한 안전조치를 하여 위해(危害)를 방지하여야 한다. ② 건축물에 딸린 개인하수처리시설에 관한 설계의 경우에는 「하수도법」 제38조를 적용하지 아니한다.	**제6조의5【리모델링이 쉬운 구조 등】** ① 법 제8조에서 "대통령령으로 정하는 구조"란 다음 각 호의 요건에 적합한 구조를 말한 다. 이 경우 다음 각 호의 요건에 적합한지에 관한 세부적인 판단 기준은 국토교통부장관 이 정하여 고시한다. 1. 각 세대는 인접한 세대와 수직 또는 수평방향으로 통합하거나 분리할 수 있을 것 2. 구조체에서 건축설비, 내부 마감재료 및 외부 마감재료를 분리할 수 있을 것 3. 개별 세대 안에서 구획된 실(室)의 크기, 개수, 위치 등을 변경할 수 있을 것 ② 법 제8조에서 "대통령령으로 정하는 비율"이란 100분의 120을 말한다. 다만, 건축조례에서 지역별 특성 등을 고려하여 그 비율을 강화한 경우에는 건축조례로 정하는 기준에 따른다. [전문개정 2008.10.29]

법해설 Explanation

통일성의 유지를 위한 도의 조례

도 단위로 통일성을 유지할 필요가 있는 때에는 시·군의 조례로 정하지 않고 도의 조례로 정할 수 있다.

내용	법조문	내용	법조문
• 적용의 완화	제5조 ③	• 대지의 조경	제42조
• 기존의 건축물 등에 대한 특례	제6조	• 대지의 분할제한	제57조 ①
		• 건축물의 높이제한	제60조 ③
• 건축허가 등의 수수료	제17조 ②		
• 가설건축물	제20조 ①	• 일조 등의 확보를 위한 건축물의 높이제한	제61조
• 현장조사·검사 및 확인 업무의 대행	제27조 ③		

공동주택의 리모델링 특례

공동주택의 건축에 있어 리모델링이 용이한 주택구조를 촉진하기 위하여 다음과 같은 구조로 건축허가를 신청하는 경우 건축기준을 완화하여 적용할 수 있다.

(1) 리모델링이 용이한 주택구조

① 각 세대는 인접한 세대와 수직·수평방향으로 통합하거나 분할할 수 있을 것

② 구조체에서 건축설비, 내부·외부 마감재료를 분리할 수 있을 것

③ 개별 세대 안에서 구획된 실의 크기, 개수, 위치 등을 변경할 수 있을 것

(2) 완화적용 범위

완화규정	완화기준
㉠ 건축물의 용적률 ㉡ 건축물의 높이 제한 ㉢ 일조 등의 확보를 위한 건축물의 높이 제한	㉠~㉢ 기준의 120/100을 적용함

비고 건축조례에서 지역별 특성을 고려하여 그 비율을 강화한 경우 조례가 정하는 기준에 따른다.

다른 법령의 배제

(1) 지하시설 등에 대한 제한 배제

건축물의 건축과 건축설비의 설치를 위하여 지하를 굴착하는 경우에는 지하시설 등에 대한 제한(「민법」 제244조제1항)의 규정을 적용하지 아니한다.

예외 지하를 굴착하는 경우에는 필요한 안전조치를 하여 위해를 방지하여야 한다.

(2) 개인하수처리시설에 관한 설계의 배제

건축물에 딸린 개인하수처리시설에 관한 설계의 경우에는 개인하수처리시설의 설계·시공(「하수도법」 제38조)의 규정을 적용하지 아니한다.

참고

민법 제244조(지하시설등에 대한 제한)

① 우물을 파거나 용수, 하수 또는 오물 등을 처치할 지하시설을 설치하는 때에는 경계도로부터 2m 이상의 거리를 두어야 하며 저수지, 구거 또는 지하실 공사에는 경계도로부터 그 깊이의 반 이상의 거리를 두어야 한다.

◆ 하수도법 제38조(개인하수처리시설의 설계·시공)

개인하수처리시설을 설치 또는 변경하고자 하는 자는 제51조의 규정에 따른 처리시설설계·시공업자(같은 조 제1항 단서의 규정에 따른 건설업자를 포함한다)로 하여금 설계·시공하도록 하여야 한다.

제 2 장 건축물의 건축

1 건축 관련 입지와 규모의 사전결정

건축법	건축법 시행령	건축법 시행규칙
제10조【건축 관련 입지와 규모의 사전결정】 ① 제11조에 따른 건축허가 대상 건축물을 건축하려는 자는 건축허가를 신청하기 전에 허가권자에게 그 건축물을 해당 대지에 건축하는 것이 이 법이나 다른 법령에서 허용되는지에 대한 사전결정을 신청할 수 있다. ② 제1항에 따른 사전결정을 신청하는 자(이하 "사전결정신청자"라 한다)는 건축위원회 심의와 「도시교통정비 촉진법」에 따른 교통영향분석·개선대책의 검토를 동시에 신청할 수 있다. ③ 허가권자는 제1항에 따라 사전결정이 신청된 건축물의 대지면적이 「환경영향평가법」 제43조에 따른 소규모 환경영향평가 대상사업인 경우 환경부장관이나 지방환경관서의 장과 소규모 환경영향평가에 관한 협의를 하여야 한다.<개정 2011.7.21.> ④ 허가권자는 제1항과 제2항에 따른 신청을 받으면 입지, 건축물의 규모, 용도 등을 사전 결정한 후 사전결정 신청자에게 알려야 한다. ⑤ 제1항과 제2항에 따른 신청 절차, 신청 서류, 통지 등에 필요한 사항은 국토교통부령으로 정한다.		**제4조【건축에 관한 입지 및 규모의 사전결정 신청시 제출서류】** 법 제10조제1항 및 제2항에 따른 사전결정을 신청하는 자는 별지 제1호서식의 사전결정신청서에 다음 각 호의 도서를 첨부하여 법 제11조제1항에 따른 허가권자(이하 "허가권자"라 한다)에게 제출하여야 한다.<개정 2008.12.11, 2008.12.31, 2012.12.12> 1. 영 제5조의5 제6항 제2호 자목에 따라 제출되어야 하는 간략설계도서(법 제10조제2항에 따라 사전결정신청과 동시에 건축위원회의 심의를 신청하는 경우만 해당한다) 2. 「도시교통정비 촉진법」에 따른 교통영향분석·개선대책의 검토를 위하여 같은 법에서 제출하도록 한 서류(법 제10조제2항에 따라 사전결정신청과 동시에 교통영향분석·개선대책의 검토를 신청하는 경우만 해당한다) 3. 「환경정책기본법」에 따른 사전환경성검토를 위하여 같은 법에서 제출하도록 한 서류(법 제10조제1항에 따라 사전결정이 신청된 건축물의 대지면적 등이 「환경정책기본 법」에 따른 사전환경성검토 협의대상인 경우만 해당한다)

건축법	건축법 시행령	건축법 시행규칙
⑥ 제4항에 따른 사전결정 통지를 받은 경우에는 다음 각 호의 허가를 받거나 신고 또는 협의를 한 것으로 본다. 1. 「국토의 계획 및 이용에 관한 법률」 제56조에 따른 개발행위허가 2. 「산지관리법」 제14조와 제15조에 따른 산지전용허가와 산지전용신고, 같은 법제 15조의 2에 따른 산지일시 사용허가·신고. 다만, 보전산지인 경우에는 도시지역만 해당된다. 3. 「농지법」 제34조, 제35조 및 제43조에 따른 농지전용허가·신고 및 협의 4. 「하천법」 제33조에 따른 하천점용허가 ⑦ 허가권자는 제6항 각 호의 어느 하나에 해당되는 내용이 포함된 사전결정을 하려면 미리 관계 행정기관의장과 협의하여야 하며, 협의를 요청받은 관계 행정기관의 장은 요청 받은 날부터 15일 이내에 의견을 제출하여야 한다. ⑧ 관계행정기관의 장이 제7항에서 정한 기간(「민원처리에 관한 법률」 제20조제2항에 따라 회신기간을 연장한 경우에는 그 연장한 기간을 말한다) 내에 의견을 제출하지 아니하면 협의가 이루어진 것으로 본다.<신설 2018.12.18> ⑨ 사전결정신청자는 제4항에 따른 사전결정을 통지받은 날부터 2년 이내에 제11조에 따른 건축허가를 신청하여야 하며, 이 기간에 건축허가를 신청하지 아니하면 사전결정의 효력이 상실된다.		4. 법 제10조제6항 각 호의 허가를 받거나 신고 또는 협의를 하기 위하여 해당법령에서 제출하도록 한 서류(해당사항이 있는 경우만 해당한다) 5. 별표 2 중 건축계획서 및 배치도 [본조신설 2006.5.12] **제5조【건축에 관한 입지 및 규모의 사전결정서 등】** ① 허가권자는 법 제10조제4항에 따라 사전결정을 한 후 별지 제1호의2서식의 사전결정서를 사전결정일부터 7일 이내에 사전결정을 신청한 자에게 송부하여야 한다.<개정 2012.12.12> ② 제1항에 따른 사전결정서에는 법·영 또는 해당지방자치단체의 건축에 관한 조례(이하 "건축조례"라 한다) 등(이하 "법령등"이라 한다)에의 적합 여부와 법 제10조제6항에 따른 관계법률의 허가·신고 또는 협의 여부를 표시하여야 한다.<개정 2012.12.12> [본조신설 2006.5.12.]

법해설 Explanation

건축 관련 입지와 규모의 사전결정

건축허가 대상 건축물을 건축하고자 하는 자는 건축허가 신청전에 해당 건축물의 건축이 허용되는지의 여부에 대해서 다음과 같이 건축관련입지와 규모의 사전결정을 신청할 수 있다.

(1) 건축 관련 입지와 규모의 사전결정 신청

절차	내용
심의신청	• 건축위원회 심의 • 교통영향분석·개선 대책의 검토
↓	
환경성검토 협의	대지면적이 사전환경성 검토 대상인 경우 환경부장관·지방환경관서의 장과 사전협의
↓	
사전결정서 송부	입지·규모·용도 등 사전결정서를 결정일부터 15일 이내에 신청자에 통지

◆ 건축허가의 사전결정제도

건축주가 건축허가 대상 건축물을 건축하고자 하는 경우 건축허가를 신청하기 전에 해당 건축물을 해당 대지에 건축하는 것이 「건축법」 및 다른 법령에 의하여 허용되는지 여부를 사전에 결정 받을 수 있도록 함으로써 건축행정의 신뢰성을 높이고자 2006. 5. 9부터 이 제도를 도입·시행하게 되었다.

참고

교통영향분석·개선대책의 제출·검토 등 (도시교통정비 촉진법 제3조, 제16조 ①)

국토교통부장관은 도시교통의 원활한 소통과 교통편의의 증진을 위하여 인구 10만명 이상의 도시와 관계 시장·군수의 요청에 따라 도시교통을 개선하기 위하여 필요하다고 인정하는 지역을 도시교통정비구역 또는 교통권역으로 지

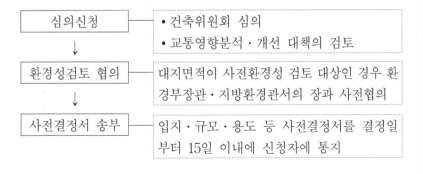

(2) 사전결정을 통지받은 경우의 의제처리 사항

허가 · 신고 의제	관련규정
㉠ 개발행위 허가	「국토의 계획 및 이용에 관한 법률」 제46조
㉡ 산지전용허가와 산지전용신고, 산지일시사용허가 · 신고 (보전산지-도시지역에 한함)	「산지관리법」 제14조 · 제15조
㉢ 농지전용허가 · 신고 및 협의	「농지법」 제34조 · 제35조 · 제43조
㉣ 하천점용허가	「하천법」 제33조

비고 허가권자는 미리 관계행정기관의 장과 협의하여야하며 관계행정기관의 장은 15일 이내에 의견을 제출하여야 한다.

(3) 사전결정의 효력 상실

사전결정을 통지받은 날부터 2년 이내에 건축허가를 신청하지 않는 경우 사전결정의 효력은 없어진다.

(4) 사전결정시 제출서류

① 간략설계도서(사전결정시 건축위원회 심의 신청인 경우)
② 교통영향분석 · 개선 대책의 검토를 위한 설계도서(사전결정시 교통영향분석 · 개선 대책의 검토를 신청하는 경우)
③ 의제처리를 위하여 해당 법령에서 제출하도록 한 서류
④ 건축계획서 및 배치도

정 · 고시할 수 있으며, 부지면적 5만 m^2 이상의 사업 등※ 을 시행하는 사업자는 대상사업 또는 그 사업계획에 대한 승인 · 인가 · 허가 또는 결정 등("승인 등"이라 함)을 받아야 하는 경우에는 그 승인 등을 하는 기관의 장("승인관청"이라 함)에게 교통영향분석 · 개선대책을 제출하여야 한다.
※ 다른 사업 등에 관한 것은 도시교통정비 촉진법 시행령 [별표1] 참조 바람

2 건축허가

건축법

제11조【건축허가】

① 건축물을 건축하거나 대수선하려는 자는 특별자치시장·특별자치도지사 또는 시장·군수·구청장의 허가를 받아야 한다. 다만, 21층 이상의 건축물 등 대통령령으로 정하는 용도 및 규모의 건축물을 특별시나 광역시에 건축하려면 특별시장이나 광역시장의 허가를 받아야 한다.

② 시장·군수는 제1항에 따라 다음 각 호의 어느 하나에 해당하는 건축물의 건축을 허가하려면 미리 건축계획서와 국토교통부령으로 정하는 건축물의 용도, 규모 및 형태가 표시된 기본설계도서를 첨부하여 도지사의 승인을 받아야 한다.

1. 제1항 단서에 해당하는 건축물 다만 도시환경, 광역교통 등을 고려하여 해당 도의 조례로 정하는 건축물은 제외한다.
2. 자연환경이나 수질을 보호하기 위하여 도지사가 지정·공고한 구역에 건축하는 3층 이상 또는 연면적의 합계가 1천m^2 이상인 건축물로서 위락시설과 숙박시설 등 대통령령으로 정하는 용도에 해당하는 건축물
3. 주거환경이나 교육환경 등 주변 환경을 보호하기 위하여 필요하다고 인정하여 도지사가 지정·공고한 구역에 건축하는 위락시설 및 숙박시설에 해당하는 건축물

③ 제1항에 따라 허가를 받으려는 자는 허가신청서에 국토교통부령으로 정하는 설계도서를 첨부하여 허가권자에게 제출하여야 한다.

④ 허가권자는 위락시설이나 숙박시설에 해당하는 건축물의 건축을 허가하는 경우 해당 대지에 건축하려는 건축물의 용도·규모 또는 형태가 주거환경이나 교육환경 등 주변 환경을 고려할 때 부적합하다고 인정하면 이 법이나 다른 법률에도 불구하고 건축위원회의 심의를 거쳐 건축허가를 하지 아니할 수 있다.

⑤ 제1항에 따른 건축허가를 받으면 다음 각 호의 허가 등을 받거나 신고를 한 것으로 보며, 공장건축물의 경우에는 「산업집적활성화 및 공장설립에 관한 법률」 제13조의2와 제14조에 따라 관련 법률의 인·허가등이나 허가등을 받은 것으로 본다.

1. 제20조제2항에 따른 공사용 가설건축물의 축조신고
2. 제83조에 따른 공작물의 축조신고
3. 「국토의 계획 및 이용에 관한 법률」 제56조에 따른 개발행위허가
4. 「국토의 계획 및 이용에 관한 법률」 제86조제5항에 따른 시행자의 지정과 같은 법 제88조제2항에 따른 실시계획의 인가

건축법 시행령

제7조 삭제(1995. 12. 30)

제8조【건축허가】

① 법 제11조제1항 단서에 따라 특별시장 또는 광역시장의 허가를 받아야 하는 건축물의 건축은 층수가 21층 이상이거나 연면적의 합계가 10만 제곱미터 이상인 건축물의 건축(연면적의 10분의 3 이상을 증축하여 층수가 21층 이상으로 되거나 연면적의 합계가 10만 제곱미터 이상으로 되는 경우를 포함한다)을 말한다. 다만, 다음 각 호의 어느 하나에 해당하는 건축물의 건축은 제외한다.<개정 2008.10.29, 2009.7.16, 2010.12.13>

1. 공장
2. 창고
3. 지방건축위원회의 심의를 거친 건축물(특별시 또는 광역시의 건축조례로 정하는 바에 따라 해당 지방건축위원회의 심의사항으로 할 수 있는 건축물에 한정하며, 초고층 건축물은 제외한다)

② 삭제 <2006.5.8>

③ 법 제11조제2항제2호에서 "위락시설과 숙박시설 등 대통령령으로 정하는 용도에 해당하는 건축물"이란 다음 각 호의 건축물을 말한다.<개정 2008.10.29>

1. 공동주택
2. 제2종 근린생활시설(일반음식점만 해당한다)
3. 업무시설(일반 업무시설만 해당한다)
4. 숙박시설
5. 위락시설

④ 삭제 <2006.5.8>

⑤ 삭제 <2006.5.8>

⑥ 법 제11조제2항에 따른 승인신청에 필요한 신청서류 및 절차 등에 관하여 필요한 사항은 국토교통부령으로 정한다.<개정 2008.10.29>

[전문개정 1999.4.30]

제9조【건축허가 등의 신청】

① 법 제11조제1항에 따라 건축물의 건축 또는 대수선의 허가를 받으려는 자는 국토교통부령으로 정하는 바에 따라 허가신청서에 관계 서류를 첨부하여 허가권자에게 제출하여야 한다. 다만, 「방위사업법」에 따른 방위산업시설의 건축 또는 대수선 허가를 받으려는 경우에는 건축 관계 법령에 적합한지 여부에 관한 설계자의 확인으로 관계 서류를 갈음할 수 있다.<개정 2013.3.23, 2018.9.4>

② 허가권자는 법 제11조제1항에 따라 허가를 하였으면 국토교통부령으로 정하는 바에 따라 허가서를 신청인에게 발급하여야 한다.<개정 2013.3.23, 2018.9.4>

[전문개정 2008.10.29]

건축법 시행규칙

제6조【건축허가신청등】

① 법 제11조 제1항·제3항 및 영 제9조 제1항에 따라 건축물(법 제20조 제1항에 따른 가설건축물을 포함한다)의 건축허가를 받으려는 자는 별지 제1호의4서식의 건축·대수선·용도변경허가신청서에 다음 각 호의 도서를 첨부하여 허가권자에게 제출(전자문서로 제출하는 것을 포함한다)하여야 한다. 다만, 제1호의2의 서류 중 토지 등기사항증명서는 제출하지 아니하며, 이 경우 허가권자는 「전자정부법」 제36조 제1항에 따른 행정정보의 공동이용을 통하여 해당 토지 등기사항증명서를 확인하여야 한다. <개정 1996.1.18., 1999.5.11., 2005.7.18., 2006.5.12., 2007.12.13., 2008.12.11., 2011.1.6., 2011.6.29., 2012.12.12., 2014.11.28., 2015.10.5., 2016.7.20., 2016.8.12., 2017.1.19.>

1. 건축할 대지의 범위에 관한 서류

1의2. 건축할 대지의 소유에 관한 권리를 증명하는 서류. 다만, 다음 각 목의 경우에는 그에 따른 서류로 갈음할 수 있다.

가. 건축할 대지에 포함된 국유지 또는 공유지에 대해서는 허가권자가 해당 토지의 관리청과 협의하여 그 관리청이 해당 토지를 건축주에게 매각하거나 양여할 것을 확인한 서류

나. 집합건물의 공용부분을 변경하는 경우에는 「집합건물의 소유 및 관리에 관한 법률」 제15조 제1항에 따른 결의가 있었음을 증명하는 서류

다. 분양을 목적으로 하는 공동주택을 건축하는 경우에는 그 대지의 소유에 관한 권리를 증명하는 서류. 다만, 법 제11조에 따라 주택과 주택 외의 시설을 동일 건축물로 건축하는 건축허가를 받아 「주택법 시행령」 제27조 제1항에 따른 호수 또는 세대수 이상으로 건설·공급하는 경우 대지의 소유권에 관한 사항은 「주택법」 제21조를 준용한다.

1의3. 법 제11조 제11항 제1호에 해당하는 경우에는 건축할 대지를 사용할 수 있는 권원을 확보하였음을 증명하는 서류

1의4. 법 제11조 제11항 제2호 및 영 제9조의2 제1항 각 호의 사유에 해당하는 경우에는 다음 각 목의 서류

가. 건축물 및 해당 대지의 공유자 수의 100분의 80 이상의 서면동의서 : 공유자가 지장(指章)을 날인하고 자필로 서명하는 서면동의의 방법으로 하며, 주민등록증, 여권 등 신원을 확인할 수 있는 신분증명서의 사본

건축법	건축법 시행령	건축법 시행규칙
5. 「산지관리법」 제14조와 제15조에 따른 산지전용허가와 산지전용신고, 같은 법 제15조의 2에 따른 산지일시 사용허가·신고. 다만, 보전산지인 경우에는 도시지역만 해당된다. 6. 「사도법」 제4조에 따른 사도(私道)개설허가 7. 「농지법」 제34조, 제35조 및 제43조에 따른 농지전용허가·신고 및 협의 8. 「도로법」 제38조에 따른 도로의 점용허가 9. 「도로법」 제34조와 제64조제2항에 따른 비관리청 공사시행 허가와 도로의 연결허가 10. 「하천법」 제33조에 따른 하천점용 등의 허가 11. 「하수도법」 제27조에 따른 배수설비(排水設備)의 설치신고 12. 「하수도법」 제34조제2항에 따른 개인하수처리시설의 설치신고 13. 「수도법」 제38조에 따라 수도사업자가 지방자치단체인 경우 그 지방자치단체가 정 한 조례에 따른 상수도 공급신청 14. 「전기사업법」 제62조에 따른 자가용전기설비 공사계획의 인가 또는 신고 15. 「물 환경보전법」 제33조에 따른 수질오염물질 배출시설 설치의 허가나 신고<시행 2018.1.18> 16. 「대기환경보전법」 제23조에 따른 대기오염물질 배출시설설치의 허가나 신고 17. 「소음·진동관리법」 제8조에 따른 소음·진동 배출시설 설치의 허가나 신고 <개정 2009. 6.9/시행 2010.7.1> 18. 「가축분뇨의 관리 및 이용에 관한 법률」 제11조에 따른 배출시설 설치허가나 신고 19. 「자연공원법」 제23조에 따른 행위 허가 20. 「도시 공원 및 녹지 등에 관한 법률」 제24조에 따른 도시공원의 점용 허가 21. 「토양 환경보전법」 제12조에 따른 특정토양오염관리 대상 시설의 신고 22. 「수산자원관리법」 제52조제2항에 따른 행위의 허가 23. 「초지법」 제23조에 따른 초지전용의 허가 및 신고 ⑥ 허가권자는 제5항 각 호의 어느 하나에 해당하는 사항이 다른 행정기관의 권한에 속하면 그 행정기관의 장과 미리 협의하여야 하며, 협의 요청을 받은 관계 행정기관의 장은 요청을 받은 날부터 15일 이내에 의견을 제출하여야 한다. 이 경우 관계 행정기관의 장은 제8항에 따른 처리기준이 아닌 사유를 이유로 협의를 거부할 수 없고, 협의 요청을 받은 날부터 15일 이내에 의견을 제출하지 아니하면 협의가 이루어진 것으로 본다.		을 첨부하여야 한다. 다만, 공유자가 해외에 장기체류하거나 법인인 경우 등 불가피한 사유가 있다고 허가권자가 인정하는 경우에는 공유자의 인감도장을 날인한 서면동의서에 해당 인감증명서를 첨부하는 방법으로 할 수 있다. 나. 가목에 따라 동의한 공유자의 지분 합계가 전체 지분의 100분의 80 이상임을 증명하는 서류 다. 영 제9조의2 제1항 각 호의 어느 하나에 해당함을 증명하는 서류 라. 해당 건축물의 개요 1의5. 제5조에 따른 사전결정서(법 제10조에 따라 건축에 관한 입지 및 규모의 사전결정서를 받은 경우만 해당한다) 2. 별표 2의 설계도서(실내마감도는 제외하고, 법 제10조에 따른 사전결정을 받은 경우에는 건축계획서 및 배치도를 제외한다). 다만, 법 제23조 제4항에 따른 표준설계도서에 따라 건축하는 경우에는 건축계획서 및 배치도만 해당한다. 3. 법 제11조 제5항 각 호에 따른 허가등을 받거나 신고를 하기 위하여 해당 법령에서 제출하도록 의무화하고 있는 신청서 및 구비서류(해당 사항이 있는 경우로 한정한다) ② 삭제 <1996.1.18.> ③ 삭제 <1999.5.11.> ④ 삭제 <1999.5.11.> **제7조【건축허가의 사전승인】** ① 법 제11조제2항에 따라 건축허가사전승인 대상건축물의 건축허가에 관한 승인을 받으려는 시장·군수는 다음 각 호의 구분에 따른 도서를 도지사에게 제출(전자문서로 제출하는 것을 포함한다)하여야 한다.<개정 2007.12.13, 2008.12.11> 1. 법 제11조제2항제1호의 경우 : 【별표 3】의 도서 2. 법 제11조제2항제2호 및 제3호의 경우 : 【별표 3의2】 의 도서 ② 제1항에 따라 사전승인의 신청을 받은 도지사는 승인요청을 받은 날부터 50일 이내에 승인여부를 시장·군수에게 통보(전자문서에 따른 통보를 포함한다)하여야 한다. 다만, 건축물의 규모가 큰 경우등 불가피한 경우에는 30일의 범위내에서 그 기간을 연장할 수 있다.<개정 2007.12.13> **제8조【건축허가서】** ① 법 제11조에 따른 건축허가서는 별지 제2호 서식과 같다.<개정 2008.12.11>

건축법	건축법 시행령	건축법 시행규칙
⑦ 허가권자는 제1항에 따른 허가를 받은 자가 다음 각 호의 어느 하나에 해당하면 허가를 취소하여야 한다. 다만, 제1호에 해당하는 경우로서 정당한 사유가 있다고 인정되면 1년의 범위에서 공사의 착수기간을 연장할 수 있다.<개정 2017.1.17> 1. 허가를 받은 날부터 2년(「산업집적활성화 및 공장설립에 관한 법률」 제13조에 따라 공장의 신설·증설 또는 업종변경의 승인을 받은 공장은 3년) 이내에 공사에 착수하지 아니한 경우 2. 제1호의 기간 이내에 공사에 착수하였으나 공사의 완료가 불가능하다고 인정되는 경우 3. 제21조에 따른 착공신고 전에 경매 또는 공매 등으로 건축주가 대지의 소유권을 상실한 때부터 6개월이 경과한 이후 공사의 착수가 불가능하다고 판단되는 경우 ⑧ 제5항 각 호의 어느 하나에 해당하는 사항과 제12조제1항의 관계 법령을 관장하는 중앙 행정기관의 장은 그 처리기준을 국토교통부장관에게 통보하여야 한다. 처리기준을 변경한 경우에도 또한 같다. ⑨ 국토교통부장관은 제8항에 따라 처리기준을 통보받은 때에는 이를 통합하여 고시하여야 한다. ⑩ 제4조 제1항에 따른 건축위원회의 심의를 받은 자가 심의 결과를 통지받은 날부터 2년 이내에 건축허가를 신청하지 아니하면 건축위원회 심의의 효력이 상실된다. ⑪ 제1항에 따라 건축허가를 받으려는 자는 해당 대지의 소유권을 확보하여야 한다. 다만, 다음 각 호의 어느 하나에 해당하는 경우에는 그러하지 아니하다. 1. 건축주가 대지의 소유권을 확보하지 못하였으나 그 대지를 사용할 수 있는 권원을 확보한 경우. 다만, 분양을 목적으로 하는 공동주택은 제외한다. 2. 건축주가 건축물의 노후화 또는 구조안전 문제 등 대통령령으로 정하는 사유로 건축물을 신축·개축·재축 및 리모델링을 하기 위하여 건축물 및 해당 대지의 공유자 수의 100분의 80 이상의 동의를 얻고 동의한 공유자의 지분 합계가 전체 지분의 100분의 80 이상인 경우 3. 건축주가 제1항에 따른 건축허가를 받아 주택과 주택 외의 시설을 동일 건축물로 건축하기 위하여 「주택법」 제21조를 준용한 대지 소유 등의 권리 관계를 증명한 경우. 다만, 「주택법」 제15조제1항 각 호 외의 부분 본문에 따른 대통령령으로 정하는 호수 이상으로 건설·공급하는 경우에 한정한다.		② 허가권자는 제1항에 따라 건축허가서를 교부하는 때에는 별지 제3호서식의 건축허가(신고)대장을 건축물의 용도별 및 월별로 작성·관리하여야 한다. ③ 제2항에 따른 건축허가(신고)대장은 전자적 처리가 불가능한 특별한 사유가 없으면 전자적 처리가 가능한 방법으로 작성·관리하여야 한다.<신설 2007.12.13>

건축법	건축법 시행령	건축법 시행규칙
4. 건축하려는 대지에 포함된 국유지 또는 공유지에 대하여 허가권자가 해당 토지의 관리청이 해당 토지를 건축주에게 매각하거나 양여할 것을 확인한 경우 5. 건축주가 집합건물의 공용부분을 변경하기 위하여 「집합건물의 소유 및 관리에 관한 법률」 제15조제1항에 따른 결의가 있었음을 증명한 경우		

■건축법 시행규칙 [별지 제1호의4서식] <개정 2018.11.29.> 세움터(www.eais.go.kr)에서도 신청할 수 있습니다.

건축 · 대수선 · 용도변경 (변경)허가 신청서

• 어두운 난( )은 신청인이 작성하지 않으며, [ ]에는 해당하는 곳에 √ 표시를 합니다. (6쪽 중 제1쪽)

허가번호(연도-기관코드-업무구분-허가일련번호)	접수일자	처리일자

건축구분	[ ] 신축 [ ] 증축 [ ] 개축 [ ] 재축 [ ] 이전 [ ] 대수선 [ ] 허가사항 변경 [ ] 용도변경 [ ] 가설건축물 건축

① 건축주	성명(법인명)		생년월일(사업자 또는 법인등록번호)
	주소 (전화번호:)		
	전자우편 송달동의	「행정절차법」 제14조에 따라 정보통신망을 이용한 각종 부담금 부과 사전통지 등의 문서 송달에 동의합니다.	
		[ ] 동의함 [ ] 동의하지 않음	
		건축주 (서명 또는 인)	
		전자우편 주소 @	

② 설계자	성명(법인명) (서명 또는 인)	자격번호
	사무소명	신고번호
	사무소 주소 (전화번호:)	

③ 대지조건	대지위치	
	지번	관련지번
	지목	용도지역
	용도지구 /	용도구역 /

• 대수선의 경우에는 대수선 개요(Ⅳ)만 적되, 대수선으로 인하여 층별 개요와 동별 개요의 (주)구조가 변경되는 경우에는 변경되는 (주)구조를 동별 개요와 층별 개요에 적습니다.
• 건축구분에 관계없이 전체 건축물에 대한 개요를 적습니다.

Ⅰ. 전체 개요

대지면적 ㎡	건축면적 ㎡
건폐율 %	연면적 합계 ㎡
연면적 합계(용적률 산정용) ㎡	용적률 %

④ 건축물 명칭	주 건축물 수 동	부속 건축물 동 ㎡
⑤ 주용도	세대/호/가구수 세대 호 가구	총 주차대수 대
주택을 포함하는 경우 세대/가구/호별 평균 전용면적 ㎡		

210㎜×297㎜ [보존용지(2종) 70g/㎡]

■ 건축법 시행규칙 [별지 제1호의4서식]

(6쪽 중 제2쪽)

⑥ 하수처리시설	형식				용량 (인용)					
주차장	구분	옥내		옥외		인근		전기자동차	면제
	자주식	대	㎡	대	㎡	대	㎡	옥내: 대 옥외: 대 인근: 대	대
	기계식	대	㎡	대	㎡	대	㎡		

공개 공지 면적	조경 면적	건축선 후퇴 면적	건축선 후퇴 거리
㎡	㎡	㎡	m
[ ] 건축협정을 체결한 건축물		[ ] 결합건축협정을 체결한 건축물	

변경사항	※ 유의사항: 허가사항을 변경하려는 경우에만 그 내용을 간략하게 적습니다.

일괄처리 사항	
	[ ] 공사용 가설건축물 축조신고 [ ] 공작물 축조신고 [ ] 개발행위허가
	[ ] 도시·군계획시설사업 시행자의 지정 및 실시계획인가 [ ] 산지전용허가·신고, 산지일시사용 허가신고
	[ ] 농지전용허가·신고 및 협의 [ ] 사도개설허가 [ ] 도로점용허가
	[ ] 비관리청 도로공사 시행 허가 및 도로의 연결허가 [ ] 하천점용허가
	[ ] 개인하수처리시설 설치신고 [ ] 배수설비 설치신고 [ ] 상수도 공급신청
	[ ] 자가용전기설비 공사계획 인가·신고 [ ] 수질오염물질 배출시설 설치 허가·신고
	[ ] 대기오염물질 배출시설 설치 허가·신고 [ ] 소음·진동 배출시설 설치 허가·신고
	[ ] 가축분뇨 배출시설 설치 허가·신고 [ ] 공원구역 행위허가
	[ ] 도시공원 점용허가 [ ] 특정토양오염관리대상시설 신고
	[ ] 수산자원보호구역 행위허가 [ ] 초지전용 허가·신고
	※ 유의사항: 「건축법」 제11조에 따라 다른 법률의 허가를 받거나 신고를 한 것으로 보는 사항에 √ 표시합니다.

존치기간	년 월 일 까지 (가설건축물 건축허가인 경우만 적습니다)
시공기간	착공일부터 년

「건축법」 제11조·제16조·제19조 및 제20조 제1항에 따라 위와 같이 (변경)허가를 신청합니다.

년 월 일

건축주 (서명 또는 인)

특별시장·광역시장·특별자치시장·특별자치도지사, 시장·군수·구청장 귀하

【별표 2】

건축허가신청에 필요한 설계도서(제6조 제1항 관련)〈개정 2018.11.29〉

<table>
<tr><th>도서의 종류</th><th>도서의 축척</th><th>표시하여야 할 사항</th></tr>
<tr><td rowspan="7">건축계획서</td><td rowspan="7">임의</td><td>1. 개요(위치·대지면적 등)</td></tr>
<tr><td>2. 지역·지구 및 도시·군계획사항</td></tr>
<tr><td>3. 건축물의 규모(건축면적·연면적·높이·층수 등)</td></tr>
<tr><td>4. 건축물의 용도별 면적</td></tr>
<tr><td>5. 주차장규모</td></tr>
<tr><td>6. 에너지절약계획서(해당건축물에 한한다)</td></tr>
<tr><td>7. 노인 및 장애인 등을 위한 편의시설 설치계획서(관계법령에 의하여 설치의무가 있는 경우에 한한다)</td></tr>
<tr><td rowspan="6">배치도</td><td rowspan="6">임의</td><td>1. 축척 및 방위</td></tr>
<tr><td>2. 대지에 접한 도로의 길이 및 너비</td></tr>
<tr><td>3. 대지의 종·횡단면도</td></tr>
<tr><td>4. 건축선 및 대지경계선으로부터 건축물까지의 거리</td></tr>
<tr><td>5. 주차동선 및 옥외주차계획</td></tr>
<tr><td>6. 공개공지 및 조경계획</td></tr>
<tr><td rowspan="5">평면도</td><td rowspan="5">임의</td><td>1. 1층 및 기준층 평면도</td></tr>
<tr><td>2. 기둥·벽·창문 등의 위치</td></tr>
<tr><td>3. 방화구획 및 방화문의 위치</td></tr>
<tr><td>4. 복도 및 계단의 위치</td></tr>
<tr><td>5. 승강기의 위치</td></tr>
<tr><td rowspan="3">입면도</td><td rowspan="3">임의</td><td>1. 2면 이상의 입면계획</td></tr>
<tr><td>2. 외부마감재료</td></tr>
<tr><td>3. 간판의 설치계획(크기·위치)</td></tr>
<tr><td rowspan="2">단면도</td><td rowspan="2">임의</td><td>1. 종·횡단면도</td></tr>
<tr><td>2. 건축물의 높이, 각층의 높이 및 반자높이</td></tr>
<tr><td rowspan="2">구조도(구조안전확인 또는 내진설계 대상건축물)</td><td rowspan="2">임의</td><td>1. 구조내력상 주요한 부분의 평면 및 단면</td></tr>
<tr><td>2. 주요부분의 상세도면</td></tr>
<tr><td rowspan="3">구조계산서(구조안전확인 또는 내진설계 대상건축물)</td><td rowspan="3">임의</td><td>1. 구조계산서 목록표(총괄표, 구조계획서, 설계하중, 주요구조도, 배근도 등)</td></tr>
<tr><td>2. 구조내력상 주요한 부분의 응력 및 단면 산정 과정</td></tr>
<tr><td>3. 내진설계 내용(지진에 대한 안전여부확인 대상건축물)</td></tr>
<tr><td rowspan="2">시방서</td><td rowspan="2">임의</td><td>1. 시방내용(국토교통부장관이 작성한 표준시방서에 없는 공법인 경우에 한한다)</td></tr>
<tr><td>2. 흙막이공법 및 도면</td></tr>
<tr><td>실내마감도</td><td>임의</td><td>벽 및 반자의 마감의 종류</td></tr>
<tr><td>소방설비도</td><td>임의</td><td>「소방시설설치유지 및 안전관리에 관한 법률」에 따라 소방관서의 장의 동의를 얻어야 하는 건축물의 해당소방 관련 설비</td></tr>
<tr><td>건축설비도</td><td>임의</td><td>냉·난방설비, 위생설비, 환경설비, 전기설비, 통신설비, 승강설비 등 건축설비</td></tr>
<tr><td rowspan="4">토지굴착 및 옹벽도</td><td rowspan="4">임의</td><td>1. 지하매설구조물 현황</td></tr>
<tr><td>2. 흙막이 구조(지하 2층 이상의 지하층을 설치하는 경우에 한한다)</td></tr>
<tr><td>3. 단면상세</td></tr>
<tr><td>4. 옹벽구조</td></tr>
</table>

【별표 3】

대형건축물의 건축허가 사전승인신청시 제출도서의 종류(제7조 제1항 제1호 관련)

① 건축계획서

분야	도서 종류	표시하여야 할 사항
건축	설계설명서	－공사개요 : 위치・대지면적・공사기간・공사금액 등 －사전조사 사항 : 지반고・기후・동결심도・수용인원・상하수와 주변지역을 포함한 지질 및 지형, 인구, 교통, 지역, 지구, 토지이용 현황, 시설물현황 등 －건축계획 : 배치・평면・입면계획・동선계획・개략조경계획・주차계획 및 교통처리계획 등 －시공방법 －개략공정계획 －주요설비계획 －주요자재 사용계획 －그 밖의 필요한 사항
	구조계획서	－설계근거 기준 －구조재료의 성질 및 특성 －하중조건분석 적용 －구조의 형식선정계획 －각부 구조계획 －건축구조성능(단열・내화・차음・진동장애 등) －구조안전검토
	지질조사서	－토질개황 －각종 토질시험내용 －지내력 산출근거 －지하수위면 －기초에 대한 의견
	시방서	－시방내용(국토교통부장관이 작성한 표준시방서에 없는 공법인 경우에 한한다)

② 기본설계도서

분야	도서 종류	표시하여야 할 사항
건축	투시도 또는 투시도 사진	색채사용
	평면도(주요층, 기준층)	1. 각 실의 용도 및 면적 2. 기둥・벽・창문 등의 위치 3. 방화구획 및 방화문의 위치 4. 복도・직통계단・피난계단 또는 특별 피난계단의 위치 및 치수 5. 비상용승강기・승용승강기의 위치 및 치수 6. 가설건축물의 규모
	2면 이상의 입면도	1. 축척 2. 외벽의 마감재료
	2면 이상의 단면도	1. 축척 2. 건축물의 높이, 각층의 높이 및 반자높이
	내외마감표	벽 및 반자의 마감재의 종류
	주차장 평면도	1. 축척 및 방위 2. 주차장면적 3. 도로・통로 및 출입구의 위치
설비	건축설비도	1. 비상용승강기・승용승강기・에스컬레이터・난방설비・환기설비 기타 건축설비의 설비계획 2. 비상조명장치・통신설비 기타 전기설비설치계획
	소방설비도	옥내소화전설비・스프링클러설비・각종 소화설비・옥외소화전설비・동력소방펌프설비・자동화재탐지설비・전기화재경보기・화재속보설비와 유도 등 기타 유도표시 소화용수의 위치 및 수량배연설비・연결살수설비・비상콘센트설비의 설치계획
	상・하수도 계통도	상・하수도의 연결관계, 수조의 위치, 급・배수 등

【별표 3의2】

수질환경 등의 보호관련 건축허가 사전승인신청시 제출도서의 종류 (제7조제1항제2호 관련)

① 건축계획서

분야	도서 종류	표시하여야 할 사항
건축	설계 설명서	–공사개요 위치·대지면적·공사기간·착공예정일 –사전조사 사항 지역·지구, 지반높이, 상·하수도, 토지이용현황, 주변현황 –건축계획 배치·평면·입면·주차계획 –개략공정계획 –주요설비계획

② 기본설계도서

분야	도서 종류	표시하여야 할 사항
건축	투시도 또는 투시도 사진	색채사용
	평면도(주요층, 기준층)	1. 각실의 용도 및 면적 2. 기둥·벽·창문 등의 위치
	2면 이상의 입면도	1. 축척 2. 외벽의 마감재료
	2면 이상의 단면도	1. 축척 2. 건축물의 높이, 각층의 높이 및 반자높이
	내외마감표	벽 및 반자의 마감재의 종류
	주차장평면도	1. 주차장면적 2. 도로·통로 및 출입구의 위치
설비	건축설비도	1. 난방설비·환기설비 그 밖의 건축설비의 설비계획 2. 비상조명장치·통신설비 설치계획
	상·하수도계통도	상·하수도의 연결관계, 저수조의 위치, 급·배수 등

법해설 Explanation

건축허가

(1) 허가 대상 및 허가권자

건축물을 건축 또는 대수선을 하고자 하는 자는 특별자치시장·특별자치도지사 또는 시장·군수·구청장의 허가를 받아야 한다.

참고

특별자치도지사
특별자치도는 제주도를 말하고 특별자치도지사는 제주도지사를 말한다.

◆공동주택의 허가

질의 공동주택의 경우에도 특별시장·광역시장의 허가대상이 되는 경우에는 특별시장·광역시장의 허가를 받아야 하는지?

회신 20세대 이상인 공동주택은 「주택법」 제16조에 따라 사업승인을 받아야 하며 주상복합건축물로서 「건축법」에 의하여 건축허가를 받아야 하는 것으로서 특별시장·광역시장의 허가대상이 되는 경우에는 특별시장·광역시장의 허가를 받아야 함

(2) 특별시장·광역시장의 허가대상(특별시·광역시에 건축하는 경우)

대상지역	허가권자	규모	예외
• 특별시 • 광역시	• 특별시장 • 광역시장	• 21층 이상 건축물 • 연면적의 합계가 $100,000m^2$ 이상인 건축물 • 연면적의 3/10 이상의 증축으로 인하여 층수가 21층 이상으로 되거나 연면적의 합계가 $100,000m^2$ 이상으로 되는 건축물의 증축을 포함	• 공장 • 창고 • 지방건축위원회의 심의를 거친 건축물(초고층 건축물은 제외)

◆ 특별시장 · 광역시장의 건축허가
① 대형건축물과 문화재보호구역 경계에서 100m 이내의 건축물은 허가 전에 시 · 도지사의 사전승인절차를 거쳐야 하므로 시 · 군 · 구와 시 · 도의 이중 검토과정을 거치게 되어 허가처리기간이 지연되었음
② 행정절차 중복으로 인한 건축주의 시간적 · 경제적 부담을 줄이기 위하여 특별시나 광역시의 경우에는 시장이 직접 허가토록 함

허가의 절차 등

(1) 허가신청시 필요한 서류 및 도서

① 건축물(가설건축물 포함)의 건축 또는 대수선의 허가를 받고자 하는 자는 건축 · 대수선 · 용도변경 신청서에 다음의 서류 및 도서를 첨부하여 허가권자에게 제출(전자문서에 따른 제출을 포함)하여야 한다.

㉠ 건축할 대지의 범위와 그 대지의 소유 또는 그 사용에 관한 권리를 증명하는 서류(분양을 목적으로 공동주택을 건축하는 경우에는 건축할 대지의 범위와 소유에 관한 권리를 증명하는 서류)

㉡ 사전결정서(건축에 관한 입지 및 규모의 사전결정서를 송부받은 경우)

㉢ 설계도서(표준설계도서에 의하여 건축하는 경우에는 건축계획서 및 배치도에 한함)

㉣ 허가 등을 받거나 신고를 하기 위하여 해당 법령에서 제출하도록 의무화하고 있는 신청서 및 구비서류(해당 사항이 있는 것에 한함)

② 방위산업시설의 건축허가를 받고자 하는 경우에는 설계자의 확인으로 관계서류에 갈음할 수 있다.

참고
건축허가신청에 필요한 설계도서
• 건축계획서
• 배치도
• 평면도
• 입면도
• 단면도
• 구조도
• 시방서
• 실내마감
• 소방설비도
• 토지굴착 및 옹벽도
(사전결정을 받은 경우 건축계획서 및 배치도 제외)

(2) 건축허가의 도지사 사전승인

① 시장 · 군수는 다음의 건축물(특별시 · 광역시가 아닌 경우)을 허가하고자 하는 경우에는 허가 전에 건축계획서와 기본설계도서를 첨부하여 도지사의 승인을 받아야 한다.

승인권자	용도 및 규모
도지사	㉠ 21층 이상인 건축물의 건축이거나 연면적의 합계가 100,000m² 이상인 건축물의 건축(공장 제외) ㉡ 연면적 3/10 이상의 증축으로 인하여 위 ㉠의 대상이 되는 경우 예외 도시환경, 광역교통 등을 고려하여 해당 도의 조례로 정하는 건축물 제외 ㉢ 자연환경 또는 수질보호를 위하여 도지사가 지정, 공고한 구역에 건축하는 3층 이상 또는 연면적합계 1,000m² 이상의 건축물로서 위락시설 · 숙박시설 · 공동주택 · 제2종 근린생활시설(일반음식점에 한함)에 해당하는 건축물 · 업무시설(일반업무시설에 한함)에 해당하는 건축물 ㉣ 주거환경 또는 교육환경 등 주변환경의 보호상 필요하다고 인정하여 도지사가 지정, 공고한 구역에 건축하는 위락시설 및 숙박시설

② 사전승인의 신청을 받은 건축허가 승인권자는 승인요청을 받은 날부터 50일 이내에 승인여부를 시장 · 군수에게 통보하여야 한다.

예외 건축물의 규모가 큰 경우 등 불가피한 경우에는 30일의 범위내에서 그 기간을 연장할 수 있다.

(3) 위락시설, 숙박시설에 대한 허가 제한

허가권자는 위락시설 또는 숙박시설에 해당하는 건축물의 건축을 허가하는 경우 해당 지역에 건축하고자 하는 건축물의 용도 · 규모 또는 형태가 주거환경 또는 교육 환경 등 주변환경을 감안할 때 부적합하다고 인정하는 경우 건축위원회의 심의를 거쳐 건축허가를 제한할 수 있다.

(4) 건축허가시 일괄처리대상 및 방법

① 일괄처리규정의 범위

건축허가를 받는 경우에는 다음의 법령에 따른 허가를 받거나 신고를 한 것으로 본다.

관련법	허가 · 신고내용	법 조항
「건축법」	공사용 가설건축물의 축조신고	제20조 ②
	공작물의 축조신고	제83조
「국토의 계획 및 이용에 관한 법률」	개발행위허가	제46조
	도시 · 군계획시설사업의 시행자의 지정	제86조 ⑤
	실시계획의 작성 및 인가	제88조 ②
「산지관리법」	산지 전용허가와 산지 전용신고	제14조와 제15조
	산지 일시 사용허가 · 신고	제15조의 2
「사도법」	사도개설허가	제4조

관련법	허가 · 신고내용	법 조항
「농지법」	농지전용 허가 · 신고 및 협의	제34조, 제35조, 제43조
「도로법」	도로의 점용허가	제38조
	• 비관리청 공사시행 허가 • 도로의 연결허가	제34조, 제64조 ②
「하천법」	하천점용 등의 허가	제33조
「하수도법」	배수설비의 설치신고	제27조
	개인하수처리시설의 설치신고	제34조 ②
「수도법」	수도사업자가 지방자치단체인 경우 해당지방자치 단체가 정한 조례에 따른 상수도 공급신청	제38조
「전기사업법」	자가용 전기설비 공사계획의 인가 또는 신고	제62조
「물 환경보전법」	수질오염물질 배출시설 설치의 허가 또는 신고	제33조
「대기환경보전법」	대기오염물질 배출시설 설치의 허가 또는 신고	제23조
「소음 · 진동관리법」	소음 · 진동 배출시설 설치의 허가 또는 신고	제8조

※ 공장의 경우에는 건축허가를 받게 되면 「산업집적 활성화 및 공장설립에 관한 법률」에 따라 관계법률의 인 · 허가 받은 것으로 본다.

② 일괄처리 절차

㉠ 허가권자는 일괄처리에 해당하는 사항이 다른 행정기관의 권한에 속하는 경우에는 미리 해당 행정기관의 장과 협의하여야 한다.

㉡ 협의를 요청받은 관계행정기관의 장은 요청받은 날부터 15일 이내에 의견을 제출하여야 한다.

㉢ 의견제출시 관계행정기관의 장은 처리기준이 아닌 사유를 이유로 협의를 거부할 수 없다.

(5) 처리기준의 통보 및 고시

① 처리기준의 통보

건축허가시 확인대상 법령과 관계법령의 일괄처리 대상에 해당하는 사항을 관장하는 중앙행정기관의 장은 그 처리기준을 국토교통부장관에게 통보해야 하며, 이를 변경한 때에도 같다.

② 처리기준의 고시

처리기준을 통보받은 국토교통부장관은 이를 통합하여 고시하여야 한다.

(6) 건축허가의 취소사유

허가권자는 허가를 받은 자가 다음의 어느 하나에 해당하면 허가를 취소하여야 한다. 다만, 아래 ①에 해당하는 경우로서 정당한 사유가 있다고 인정되면 1년의 범위에서 공사의 착수기간을 연장할 수 있다. <개정 2017.1.17.>

① 허가를 받은 날부터 2년(「산업집적활성화 및 공장설립에 관한 법률」에 따라 공장의 신설·증설 또는 업종변경의 승인을 받은 공장은 3년) 이내에 공사에 착수하지 아니한 경우

② 위 ① 기간 이내에 공사에 착수하였으나 공사의 완료가 불가능하다고 인정되는 경우

③ 착공신고 전에 경매 또는 공매 등으로 건축주가 대지의 소유권을 상실한 때부터 6개월이 경과한 이후 공사의 착수가 불가능하다고 판단되는 경우

(7) 심의 효력 상실

건축위원회의 심의를 받은 자가 심의 결과를 통지받은 날부터 2년 이내에 건축허가를 신청하지 아니하면 건축위원회 심의의 효력이 상실된다.

(8) 건축허가 시 대지의 소유권 확보

건축허가를 받으려는 자는 해당 대지의 소유권을 확보하여야 한다. 다만, 다음 각 호의 어느 하나에 해당하는 경우에는 그러하지 아니하다.

① 건축주가 대지의 소유권을 확보하지 못하였으나 그 대지를 사용할 수 있는 권원을 확보한 경우. 다만, 분양을 목적으로 하는 공동주택은 제외한다.

② 건축주가 건축물의 노후화 또는 구조안전 문제 등 대통령령으로 정하는 사유로 건축물을 신축·개축·재축 및 리모델링을 하기 위하여 건축물 및 해당 대지의 공유자 수의 100분의 80 이상의 동의를 얻고 동의한 공유자의 지분 합계가 전체 지분의 100분의 80 이상인 경우

③ 건축주가 제1항에 따른 건축허가를 받아 주택과 주택 외의 시설을 동일 건축물로 건축하기 위하여 「주택법」 제21조를 준용한 대지 소유 등의 권리 관계를 증명한 경우. 다만, 「주택법」 제15조제1항 각 호 외의 부분 본문에 따른 대통령령으로 정하는 호수 이상으로 건설·공급하는 경우에 한정한다.

④ 건축하려는 대지에 포함된 국유지 또는 공유지에 대하여 허가권자가 해당 토지의 관리청이 해당 토지를 건축주에게 매각하거나 양여할 것을 확인한 경우

⑤ 건축주가 집합건물의 공용부분을 변경하기 위하여 「집합건물의 소유 및 관리에 관한 법률」 제15조제1항에 따른 결의가 있었음을 증명한 경우

◆ 공사의 완료가 불가능하다고 인정하는 경우

질의 법 제11조제7항의 건축허가 취소사항중 공사의 완료가 불가능하다고 인정하는 경우라 함은 어떤 경우인지 구체적 내용은?

회신 허가를 받아 착공하였으나 공사가 중단되어 무기한 방치한 경우로서 허가권자가 판단할 사항임

[개정취지]

◆ 건축허가 유효기간 연장

건축허가 후 1년 이내에 공사를 착수하지 않은 경우 허가를 취소하되, 부득이한 경우 3월의 범위 안에서 1회에 한하여 유효기간을 연장하였으나 지금은 여력이 없어 착공이 지연되는 사례가 급증하고 있어 유효기간을 1년까지 연장하되, 횟수제한 폐지

3 건축신고

건축법	건축법 시행령	건축법 시행규칙
제14조【건축신고】 ① 제11조에 해당하는 허가 대상 건축물이라 하더라도 다음 각 호의 어느 하나에 해당하는 경우에는 미리 특별자치시장·특별자치도지사 또는 시장·군수·구청장에게 국토교통부령으로 정하는 바에 따라 신고를 하면 건축허가를 받은 것으로 본다.<2011.4.14> 1. 바닥면적의 합계가 85제곱미터 이내의 증축·개축 또는 재축. 다만, 3층 이상 건축물인 경우에는 증축·개축 또는 재축하려는 부분의 바닥면적의 합계가 건축물 연면적의 10분의 1 이내인 경우로 한정한다. 2. 「국토의 계획 및 이용에 관한 법률」에 따른 관리지역, 농림지역 또는 자연환경보전지역에서 연면적이 200제곱미터 미만이고 3층 미만인 건축물의 건축. 다만, 다음 각 목의 어느 하나에 해당하는 구역에서의 건축은 제외한다. 가. 지구단위계획구역 나. 방재지구 등 재해취약지역으로서 대통령령으로 정하는 구역 3. 연면적이 200제곱미터 미만이고 3층 미만인 건축물의 대수선 4. 주요구조부의 해체가 없는 등 대통령령으로 정하는 대수선 5. 그 밖에 소규모 건축물로서 대통령령으로 정하는 건축물의 건축 ② 제1항에 따른 건축신고에 관하여는 제11조제5항 및 제6항을 준용한다. ③ 제1항에 따라 신고를 한 자가 신고일부터 1년 이내에 공사에 착수하지 아니하면 그 신고의 효력은 없어진다. 다만, 건축주의 요청에 따라 허가권자가 정당한 사유가 있다고 인정하면 1년의 범위에서 착수기한을 연장할 수 있다. <개정 2016.1.19.>	**제11조【건축신고】** ① 법 제14조제1항제2호나목에서 "방재지구 등 재해취약지역으로서 대통령령으로 정하는 구역"이란 다음 각 호의 어느 하나에 해당하는 지구 또는 지역을 말한다. <신설 2014.10.14> 1. 「국토의 계획 및 이용에 관한 법률」 제37조에 따라 지정된 방재지구(防災地區) 2. 「급경사지 재해예방에 관한 법률」 제6조에 따라 지정된 붕괴위험지역. ② 법 제14조제1항제4호에서 "주요구조부의 해체가 없는 등 대통령령으로 정하는 대수선"이란 다음 각 호의 어느 하나에 해당하는 대수선을 말한다. 1. 내력벽의 면적을 30제곱미터 이상 수선하는 것 2. 기둥을 세 개 이상 수선하는 것 3. 보를 세 개 이상 수선하는 것 4. 지붕틀을 세 개 이상 수선하는 것 5. 방화벽 또는 방화구획을 위한 바닥 또는 벽을 수선하는 것 6. 주계단·피난계단 또는 특별피난계단을 수선하는 것 ③ 법 제14조제1항제5호에서 "대통령령으로 정하는 건축물"이란 다음 각 호의 어느 하나에 해당하는 건축물을 말한다. 1. 연면적의 합계가 100m^2 이하인 건축물 2. 건축물의 높이를 3미터 이하의 범위에서 증축하는 건축물 3. 법 제23조제4항에 따른 표준설계도서(이하 "표준설계도서"라 한다)에 따라 건축하는 건축물로서 그 용도 및 규모가 주위환경이나 미관에 지장이 없다고 인정하여 건축조례로 정하는 건축물 4. 「국토의 계획 및 이용에 관한 법률」 제36조제1항제1호다목에 따른 공업지역, 같은 법 제51조제3항에 따른 지구단위계획구역(같은 법 시행령 제48조제10호에 따른 산업·유통형만 해당한다) 및 「산업입지 및 개발에 관한 법률」에 따른 산업단지에서 건축하는 2층 이하인 건축물로서 연면적 합계 500제곱미터 이하인 공장(별표 1 제4호너목에 따른 제조업소 등 물품의 제조·가공을 위한 시설을 포함한다) 5. 농업이나 수산업을 경영하기 위하여 읍·면지역(특별자치도지사·시장·군수가 지역계획 또는 도시·군계획에 지장이 있다고 지정·공고한 구역은 제외한다)에서 건축하는 연면적 200m^2 이하의 창고 및 연면적 400m^2 이하의 축사·작물재배사(作物栽培舍), 종묘배양시설, 화초 및 분재 등의 온실 ③ 법 제14조에 따른 건축신고에 관하여는 제9조제1항을 준용한다.	**제12조【건축신고】** ① 법 제14조제1항 및 제16조제1항에 따라 건축물의 건축·대수선 또는 설계변경의 신고를 하려는 자는 별지 제6호서식의 건축·대수선·용도변경 (변경)신고서에 다음 각 호의 서류를 첨부하여 특별자치시장·특별자치도지사 또는 시장·군수·구청장에게 제출(전자문서로 제출하는 것을 포함한다)하여야 한다. 이 경우 특별자치시장·특별자치도지사 또는 시장·군수·구청장은 행정정보의 공동이용을 통해 제1호의2의 서류 중 토지등기사항증명서를 확인해야 하며, 신청인이 확인에 동의하지 않은 경우에는 해당 서류를 제출하도록 해야 한다.<개정 2018.11.29.> 1. 【별표 2】 중 배치도·평면도(층별로 작성된 것만 해당한다)·입면도 및 단면도. 다만, 다음 각 목의 경우에는 각 목의 구분에 따른 도서를 말한다. 가. 연면적의 합계가 100제곱미터를 초과하는 영 【별표 1】 제1호의 단독주택을 건축하는 경우 : 【별표 2】의 설계도서 중 건축계획서·배치도·평면도·입면도·단면도 및 구조도(구조내력상 주요한 부분의 평면 및 단면을 표시한 것만 해당한다) 나. 법 제23조제4항에 따른 표준설계도서에 따라 건축하는 경우 : 건축계획서 및 배치도 다. 법 제10조에 따른 사전결정을 받은 경우 : 평면도 2. 법 제11조제5항 각 호에 따른 허가 등을 받거나 신고를 하기 위하여 해당법령에서 제출하도록 의무화하고 있는 신청서 및 구비서류(해당사항이 있는 경우로 한정한다) 3. 건축할 대지의 범위에 관한 서류 4. 건축할 대지의 소유 또는 사용에 관한 권리를 증명하는 서류. 다만, 건축할 대지에 포함된 국유지·공유지에 대해서는 특별자치시장·특별자치도지사 또는 시장·군수·구청장이 해당 토지의 관리청과 협의하여 그 관리청이 해당 토지를 건축주에게 매각하거나 양여할 것을 확인한 서류로 그 토지의 소유에 관한 권리를 증명하는 서류를 갈음할 수 있으며, 집합건물의 공용부분을 변경하는 경우에는 「집합건물의 소유 및 관리에 관한 법률」 제15조제1항에 따른 결의가 있었음을 증명하는 서류로 갈음할 수 있다.

건축법	건축법 시행령	건축법 시행규칙
		5. 법 제48조제2항에 따라 구조안전을 확인해야 하는 건축·대수선의 경우 : 【별표 2】에 따른 구조도 및 구조계산서. 다만, 「건축물의 구조기준 등에 관한 규칙」에 따른 소규모건축물로서 국토교통부장관이 고시하는 소규모건축구조기준에 따라 설계한 경우에는 구조도만 해당한다. ② 법 제14조제1항에 따른 신고를 받은 특별자치시장·특별자치도지사 또는 시장·군수·구청장은 해당 건축물을 건축하려는 대지에 재해의 위험이 있다고 인정하는 경우에는 지방건축위원회의 심의를 거쳐 【별표 2】의 서류 중 이미 제출된 서류를 제외한 나머지 서류를 추가로 제출하도록 요구할 수 있다.<개정 2014.10.15.> ③ 특별자치시장·특별자치도지사 또는 시장·군수·구청장은 제1항에 따른 건축·대수선·용도변경신고서를 받은 때에는 그 기재내용을 확인한 후 그 신고의 내용에 따라 별지 제7호서식의 건축·대수선·용도변경 신고필증을 신고인에게 교부하여야 한다.<개정 2018.11.29.> ④ 제3항에 따라 건축·대수선·용도변경 신고필증을 발급하는 경우에 관하여는 제8조제3항 및 제4항을 준용한다.<개정 2018.11.29.> ⑤ 특별자치시장·특별자치도지사·시장·군수 또는 구청장은 제1항에 따른 신고를 하려는 자에게 같은 항 각 호의 서류를 제출하는데 도움을 줄 수 있는 건축사사무소, 건축지도원 및 건축기술자 등에 대한 정보를 충분히 제공하여야 한다.<개정 2014.10.15.> [전문개정 1999.5.11.]

법해설 Explanation

건축신고

(1) 신고대상 건축물

허가대상 건축물이라 하더라도 다음의 어느 하나에 해당하는 경우에는 미리 특별자치시장·특별자치도지사 또는 시장·군수·구청장에게 국토교통부령으로 정하는 바에 따라 신고를 하면 건축허가를 받은 것으로 본다.

① 바닥면적 합계가 85m² 이내의 증축·개축·재축 다만, 3층 이상 건축물인 경우에는 증축·개축 또는 재축하려는 부분의 바닥면적의 합계가 건축물 연면적의 10분의 1 이내인 경우로 한정한다.

② 관리지역·농림지역·자연환경보전지역 안에서 연면적 200m² 미만이고 3층 미만인 건축물의 건축

예외 1. 지구단위계획구역 안의 건축
2. 방재지구, 붕괴위험지역 안의 건축

③ 대수선(연면적 200m² 미만이고 3층 미만인 대수선에 한함)

④ 주요구조부의 해체가 없는 다음의 어느 하나에 해당하는 대수선
㉠ 내력벽의 면적을 30m² 이상 수선하는 것
㉡ 기둥을 세 개 이상 수선하는 것
㉢ 보를 세 개 이상 수선하는 것
㉣ 지붕틀을 세 개 이상 수선하는 것
㉤ 방화벽 또는 방화구획을 위한 바닥 또는 벽을 수선하는 것
㉥ 주계단·피난계단 또는 특별피난계단을 수선하는 것

⑤ 그 밖에 다음에 해당하는 소규모 건축물의 건축

구분	소규모 건축물	
연면적	연면적의 합계가 100m² 이하인 건축물	
높이	건축물의 높이 3m 이하의 범위에서 증축하는 건축물	
표준설계도서에 의하여 건축하는 건축물	그 용도·규모가 주위환경·미관상 지장이 없다고 인정하여 건축 조례가 정하는 건축물	
지역	공업지역	2층 이하인 건축물로서 연면적합계가 500m² 이하인 공장(제조업소 등 물품의 제조·가공을 위한 시설을 포함)
	산업단지	
	지구단위계획구역(산업·유통형에 한함)	
	읍·면지역(도시·군계획에 지장이 있다고 지정·공고한 구역은 제외)	• 연면적 200m² 이하의 농업·수산업용 창고 • 연면적 400m² 이하의 축사·작물재배사, 종묘배양시설, 화초 및 분재 등의 온실

◆ 신고대상건축물의 복합건축

주택과 복합으로 건축하는 경우에는 연면적의 합계가 100m²를 초과하는 경우 허가를 받아야 하며, 그 후 증축하는 경우에도 증축하고자 하는 부분의 바닥면적 합계가 85m² 이내인 경우에는 신고하고, 85m²를 초과하는 경우에는 허가를 받아야 한다.

◆ 기존건축물에 단독주택의 수직증축시 허가·신고 여부

(건교건축 58070-597, 1996. 2. 14)

질의 일반주거지역내에서 기존건축물(2층 노유자시설)에 95m²의 단독주택을 3층으로 증축할 경우 신고대상인지의 여부?

회신 건축법 제14조 제1항에 따라 바닥면적 합계가 85m² 이내의 증축·개축·재축 또는 대수선의 경우에 신고로서 가능한 것이나 질의의 경우에는 허가를 받아야 하는 것임

◆ 건축신고 면적 및 증축회수의 제한

질의 건축법 제14조 제1항 제1호의 규정에 의해 건축신고를 하여 사용검사를 완료하고 다시 같은 기존건축물에 바닥면적 합계 85m² 이내로 증축하고자할 때 신고만으로 가능한지 여부와 증축횟수 제한이 있는지 여부?

회신 건축법 제14조 제1항 제1호에 따라 바닥면적 합계 85m² 이내의 증축은 신고로써 건축이 가능한 것이며, 증축회수의 제한은 없으나 증축부분을 포함한 전체건물이 구조 및 기타 건축기준에 적합하여야 하므로 무한정 증축이 가능한 것은 아닌 것임

(2) 효력의 상실

건축신고를 한 자가 신고일로부터 1년 이내에 공사에 착수하지 아니한 경우에는 그 신고의 효력은 없어진다. 다만, 건축주의 요청에 따라 허가권자가 정당한 사유가 있다고 인정하면 1년의 범위에서 착수기한을 연장할 수 있다. <개정 2016.1.19.>

참고

「국토의 계획 및 이용에 관한 법률」에 따른 용도지역

대분류	중분류	소분류
도시지역	주거지역	제1·2종 전용주거, 제1·2·3종 일반주거, 준주거
	상업지역	중심, 일반, 근린, 유통
	공업지역	전용, 일반, 준주거
	녹지지역	보전, 생산, 자연
관리지역	보전관리지역	–
	생산관리지역	–
	계획관리지역	–
농림지역	농림지역	–
자연환경보전지역	자연환경보전지역	–

◆ 신고대상 가설건축물

질의 신고대상 가설건축물을 기타 지역 에서 200m² 미만으로 축조할 경우 신고하여야 하는지?

회신 신고대상 가설건축물의 경우라도 기타 지역에서 법 제11조에 따른 허가대상이 아닌 규모로 축조하는 경우에는 신고없이도 축조할 수 있는 것임

4 건축주와의 계약 등

건축법	건축법 시행령
제15조【건축주와의 계약 등】 ① 건축관계자는 건축물이 설계도서에 따라 이 법과 이 법에 따른 명령이나 처분, 그 밖의 관계 법령에 맞게 건축되도록 업무를 성실히 수행하여야 하며, 서로 위법하거나 부당한 일을 하도록 강요하거나 이와 관련하여 어떠한 불이익도 주어서는 아니 된다. ② 건축관계자 간의 책임에 관한 내용과 그 범위는 이 법에서 규정한 것 외에는 건축주와 설계자, 건축주와 공사시공자, 건축주와 공사감리자 간의 계약으로 정한다. ③ 국토교통부장관은 제2항에 따른 계약의 체결에 필요한 표준계약서를 작성하여 보급하고 활용하게 하거나 「건축사법」 제31조에 따른 건축사협회(이하 "건축사협회"라 한다), 「건설산업기본법」 제50조에 따른 건설사업자단체로 하여금 표준계약서를 작성하여 보급하고 활용하게 할 수 있다.	

법해설 Explanation

건축주와의 계약 등

(1) 건축관계자의 업무태도

건축관계자는 건축물이 설계도서에 따라 「건축법」과 「건축법」에 따른 명령이나 처분 그 밖의 관계법령에 맞게 건축되도록 그 업무를 성실히 수행하여야 하며 서로 위법·부당한 일을 하도록 강요하거나 이와 관련하여 어떠한 불이익도 주어서는 안 된다.

(2) 건축주와의 계약

건축관계자 상호간의 책임에 관한 내용 및 범위는 「건축법」에서 규정한 것 외에는 건축주와 설계자, 건축주와 공사시공자, 건축주와 공사감리자 사이의 계약으로 정한다.

(3) 표준계약서보급

국토교통부장관은 계약의 체결에 필요한 표준계약서를 작성하여 보급, 활용하게 하거나 건축사협회, 건설사업자단체로 하여금 이를 작성하여 보급·활용하게 할 수 있다.

5 허가와 신고사항의 변경

건축법	건축법 시행령
제16조【허가와 신고사항의 변경】 ① 건축주가 제11조나 제14조에 따라 허가를 받았거나 신고한 사항을 변경하려면 변경하기 전에 대통령령으로 정하는 바에 따라 허가권자의 허가를 받거나 특별자치시장·특별자치도지사 또는 시장·군수·구청장에게 신고하여야 한다. 다만, 대통령령으로 정하는 경미한 사항의 변경은 그러하지 아니하다. ② 제1항 본문에 따른 허가나 신고사항 중 대통령령으로 정하는 사항의 변경은 제22조에 따른 사용승인을 신청할 때 허가권자에게 일괄하여 신고할 수 있다. ③ 제1항에 따른 허가 또는 신고사항의 변경허가 또는 변경신고에 관하여는 제11조 제5항 제6항을 준용한다.	**제12조【허가·신고사항의 변경 등】** ① 법 제16조제1항에 따라 허가를 받았거나 신고한 사항을 변경하려면 다음 각 호의 구분에 따라 허가권자의 허가를 받거나 특별자치시장·특별자치도지사 또는 시장·군수·구청장에게 신고하여야 한다.<개정 2018.9.4> 1. 바닥면적의 합계가 85m²를 초과하는 부분에 대한 신축·증축·개축에 해당하는 변경인 경우에는 허가를 받고, 그 밖의 경우에는 신고할 것 2. 법 제14조제1항제2호 또는 제4호에 따라 신고로써 허가를 갈음하는 건축물에 대하여는 변경 후 건축물의 연면적을 각각 신고로써 허가를 갈음할 수 있는 규모에서 변경하는 경우에는 제1호에도 불구하고 신고할 것 3. 건축주·설계자·공사시공자 또는 공사감리자(이하 "건축관계자"라 한다)를 변경하는 경우에는 신고할 것 ② 법 제16조제1항 단서에서 "대통령령으로 정하는 경미한 사항의 변경"이란 신축·증축·개축·재축·이전 또는 대수선 또는 용도변경에 해당하지 아니하는 변경을 말한다. ③ 법 제16조제2항에서 "대통령령으로 정하는 사항"이란 다음 각 호의 어느 하나에 해당하는 사항을 말한다. 1. 건축물의 동수나 층수를 변경하지 아니하면서 변경되는 부분의 바닥면적의 합계가 50 m² 이하인 경우. 다만, 변경되는 부분이 제4호 본문 및 제5호 본문에 따른 범위의 변경인 경우만 해당한다. 2. 건축물의 동수나 층수를 변경하지 아니하면서 변경되는 부분이 연면적 합계의 10분의 1 이하인 경우(연면적이 5천m² 이상인 건축물은 각 층의 바닥면적이 50m² 이하의 범위에서 변경되는 경우만 해당한다). 다만, 제4호 본문 및 제5호 본문에 따른 범위의 변경인 경우만 해당한다. 3. 대수선에 해당하는 경우 4. 건축물의 층수를 변경하지 아니하면서 변경되는 부분의 높이가 1미터 이하이거나 전체 높이의 10분의 1 이하인 경우. 다만, 변경되는 부분이 제1호 본문, 제2호 본문 및 제5 호 본문에 따른 범위의 변경인 경우만 해당한다. 5. 허가를 받거나 신고를 하고 건축 중인 부분의 위치가 1미터 이내에서 변경되는 경우. 다만, 변경되는 부분이 제1호 본문, 제2호 본문 및 제4호 본문에 따른 범위의 변경인 경우만 해당한다. ④ 제1항에 따른 허가나 신고사항의 변경에 관하여는 제9조제1항을 준용한다. [전문개정 2008.10.29]

법해설 Explanation

허가·신고사항의 변경 등

(1) 허가·신고사항의 변경시 다시 허가·신고를 해야 할 사항

건축주는 허가를 받았거나 신고를 한 사항을 변경하고자 하는 경우에는 이를 변경하기 전에 허가권자의 허가를 받거나, 특별자치시장·특별자치도지사 또는 시장·군수·구청장에게 신고하여야 한다.

재허가·신고대상행위	허가·신고 구분
① 바닥면적의 합계가 85m²를 초과하는 부분에 대한 신축·증축·개축에 해당하는 변경	재허가대상
② 상기 ①에 해당하지 않는 경우	재신고대상
③ 신고로서 허가를 갈음한 건축물 중 변경후의 건축물의 연면적이 신고로서 허가에 갈음할 수 있는 규모 안에서의 변경	
④ 건축주·공사시공자 또는 공사감리자를 변경하는 경우	

(2) 사용승인 신청시 일괄 신고의 범위

허가 또는 신고사항 중 다음의 변경에 대하여는 사용승인을 신청하는 경우에 허가권자에게 일괄 신고할 수 있다.

대상	조건
① 변경부분 • 바닥면적의 합계가 $50m^2$ 이하 • 연면적 합계가 1/10 이하(연면적이 $5,000m^2$ 이상인 건축물은 각 층의 바닥면적이 $50m^2$ 이하의 범위)	건축물의 동수나 층수를 변경하지 아니하는 경우에 한함
② 대수선에 해당하는 경우	–
③ 변경되는 부분 • 높이가 1m 이하이거나 • 전체높이의 1/10 이하인 경우	건축물의 층수를 변경하지 아니하는 경우에 한함
④ 변경되는 부분의 위치가 1m 이하	–

※ 변경되는 부분이 위 조건에 따른 범위내의 변경인 경우에 한한다.

6 건축허가 등의 수수료 등

건축법	건축법 시행규칙
제17조【건축허가 등의 수수료】 ① 제11조, 제14조, 제16조, 제19조, 제20조 및 제83조에 따라 허가를 신청하거나 신고를 하는 자는 허가권자나 신고수리자에게 수수료를 납부하여야 한다. ② 제1항에 따른 수수료는 국토교통부령으로 정하는 범위에서 해당 지방자치단체의 조례로 정한다. **제17조의2【매도청구 등】** ① 제11조제11항 제2호에 따라 건축허가를 받은 건축주는 해당 건축물 또는 대지의 공유자 중 동의하지 아니한 공유자에게 그 공유지분을 시가(市價)로 매도할 것을 청구할 수 있다. 이 경우 매도청구를 하기 전에 매도청구 대상이 되는 공유자와 3개월 이상 협의를 하여야 한다. ② 제1항에 따른 매도청구에 관하여는 「집합건물의 소유 및 관리에 관한 법률」 제48조를 준용한다. 이 경우 구분소유권 및 대지사용권은 매도청구의 대상이 되는 대지 또는 건축물의 공유지분으로 본다.	**제10조【건축허가 등의 수수료】<개정 2006.5.12>** ① 법 제11조 · 제14조 · 제16조 · 제19조 · 제20조 및 제83조에 따라 건축허가를 신청하거나 건축 신고를 하는 자는 법 제17조제2항에 따라 별표 4에 따른 금액의 범위에서 건축조례로 정하는 수수료를 납부하여야 한다. 다만, 재해복구를 위한 건축물의 건축 또는 대수선에 있어서는 그러하지 아니하다.<개정 2006.5.12, 2008.12.11> ② 제1항 본문에도 불구하고 건축물을 대수선하거나 바닥면적을 산정할 수 없는 공작물을 축조하기 위하여 허가 신청 또는 신고를 하는 경우의 수수료는 대수선의 범위 또는 공작물의 높이 등을 고려하여 건축조례로 따로 정한다.<신설 2008.12.11> ③ 제1항에 따른 수수료는 해당 지방자치단체의 수입증지 또는 전자결제나 전자화폐로 납부하여야 하며, 납부한 수수료는 반환하지 아니한다.<개정 2007.12.13> **제11조【건축관계자 변경신고】<개정 2006.5.12>** ① 법 제11조 및 제14조에 따라 건축 또는 대수선에 관한 허가를 받거나 신고를 한 자가 다음 각 호의 어느 하나에 해당하게 된 경우에는 그 양수인 · 상속인 또는 합병후 존속하거나 합병에 의하여 설립되는 법인은 그 사실이 발생한 날부터 7일 이내에 별지 제4호서식의 건축관계자변경신고서에 변경 전 건축주의 명의변경동의서 또는 권리관계의 변경사실을 증명할 수 있는 서류를 첨부하여 허가권자에게 제출(전자문서로 제출하는 것을 포함한다)하여야 한다.<개정 2006.5.12, 2007.12.13, 2008.12.11, 2012.12.12> 1. 허가를 받거나 신고를 한 건축주가 허가 또는 신고대상 건축물을 양도한 경우 2. 허가를 받거나 신고를 한 건축주가 사망한 경우 3. 허가를 받거나 신고를 한 법인이 다른 법인과 합병을 한 경우 ② 건축주는 설계자, 공사시공자 또는 공사감리자를 변경한 때에는 그 변경한 날부터 7일 이내에 별지 제4호서식의 건축관계자변경신고서를 허가권자에게 제출(전자문서에 따른 제출을 포함한다)하여야 한다.<개정 2017.1.20> ③ 허가권자는 제1항 및 제2항에 따른 건축관계자변경신고서를 받은 때에는 그 기재내용을 확인한 후 별지 제5호서식의 건축관계자변경신고필증을 신고인에게 내주어야 한다.

법해설 Explanation

건축허가 등의 수수료

(1) 수수료 납부 대상자

① 건축허가를 신청하거나 신고를 하는 자

② 허가받은 사항을 변경하고자 하는 자

(2) 수수료 납부

건축물의 면적에 따라 허가 수수료 범위 안에서 해당 지방자치단체의 조례가 정한 수수료를 납부하여야 한다.

예외 재해복구를 위한 건축물의 건축

> ◆ 면적증감에 따른 수수료 적용 여부
>
> **질의** 건축법시행규칙 제10조에 따른 건축허가시 납부하는 수수료의 산정에 관하여 면적증감에 따른 수수료의 적용 여부?
>
> **회신** 면적증감이 있는 설계변경 또는 용도변경은 증감의 면적을 기준으로 산정한 수수료를 납부하여야 하는 것이며, 면적증감이 없는 설계변경인 경우에는 수수료를 납부하지 않아도 되는 것임

건축관계자 변경신고

(1) 명의변경

건축 또는 대수선에 관한 허가를 받거나 신고를 한 자가 다음에 해당하게 된 경우에는 그 양수인 · 상속인 또는 합병 후 존속하거나 합병에 의

하여 설립되는 법인은 그 사실이 발생한 날부터 7일 이내에 건축관계자 변경신고서(변경 전 건축주에 명의변경동의서 또는 권리관계 변경사실을 증명할 수 있는 서류를 첨부)를 허가권자에게 제출(전자문서에 따른 제출을 포함)하여야 한다.

① 건축 또는 대수선중인 건축물을 양수한 경우
② 허가를 받거나 신고를 한 건축주가 사망한 경우
③ 허가를 받거나 신고를 한 법인이 다른 법인과 합병을 한 경우

(2) 건축주는 공사시공자 또는 공사감리자를 변경할 때에는 변경한 날부터 7일 이내에 건축관계자 변경신고서를 허가권자에게 제출(전자문서에 따른 제출을 포함)하여야 한다.
(3) 허가권자는 건축관계자 변경신고서를 받을 때에는 건축관계자 변경신고필증을 신고인에게 내주어야 한다.

매도청구 등

건축허가를 받은 건축주는 해당 건축물 또는 대지의 공유자 중 동의하지 아니한 공유자에게 그 공유지분을 시가(市價)로 매도할 것을 청구할 수 있다. 이 경우 매도청구를 하기 전에 매도청구 대상이 되는 공유자와 3개월 이상 협의를 하여야 한다.
매도청구에 관하여는 「집합건물의 소유 및 관리에 관한 법률」 제48조를 준용한다. 이 경우 구분소유권 및 대지사용권은 매도청구의 대상이 되는 대지 또는 건축물의 공유지분으로 본다.

◆ 허가면적보다 감소된 설계변경시 허가수수료 납부여부

질의 당초 허가면적보다 감소하여 설계변경을 하는 경우 건축법 제17조에 따른 허가수수료를 납부하여야 하는지 여부?

회신 건축법시행규칙 제10조 제1항에 따라 허가받은 사항을 변경하는 경우 수수료의 납부대상은 그 변경으로 인하여 면적이 증가되는 경우에 한하는 것임

7 건축복합민원 일괄협의회 및 안전관리 예치금

건축법	건축법 시행령	건축법 시행규칙
제12조【건축복합민원 일괄협의회】 ① 허가권자는 제11조에 따라 허가를 하려면 해당용도·규모 또는 형태의 건축물을 건축하려는 대지에 건축하는 것이 「국토의 계획 및 이용에 관한 법률」 제54조, 제56조부터 제62조까지 및 제76조부터 제82조까지의 규정과 그 밖에 대통령령으로 정하는 관계 법 령의 규정에 맞는지를 확인하고, 제10조제6항 각 호와 같은 조 제7항 또는 제11조제5항 각 호와 같은 조 제6항의 사항을 처리하기 위하여 대통령령으로 정하는 바에 따라 건축 복합민원 일괄협의회를 개최하여야 한다. ② 제1항에 따라 확인이 요구되는 법령의 관계 행정기관의장과 제10조제7항 및 제11조제 6항에 따른 관계 행정기관의 장은 소속 공무원을 제1항에 따른 건축복합민원 일괄협의회에 참석하게 하여야 한다. **제13조【건축 공사현장 안전관리예치금 등】** ① 제11조에 따라 건축허가를 받은 자는 건축물의 건축공사를 중단하고 장기간 공사현장을 방치할 경우 공사현장의 미관 개선과 안전관리 등 필요한 조치를 하여야 한다. ② 허가권자는 연면적이 1천제곱미터 이상인 건축물(「주택법」 제77조제1항제1호에 따라 주택도시보증공사가 분양보증을 한 건축물, 「건축물의 분양에 관한 법률」 제4조제1항제1호에 따른 분양보증이나 신탁계약을 체결한 건축물은 제외한다)로서 해당 지방자치단체의 조례로 정하는 건축물에 대하여는 제21조에 따른 착공신고를 하는 건축주(「한국토지주택공사법」에 따른 한국토지주택공사 또는 「지방공기업법」에 따라 건축사업을 수행하기 위하여 설립된 지방공사는 제외한다)에게 장기간 건축물의 공사현장이 방치되는 것에 대비하여 미리 미관 개선과 안전관리에 필요한 비용(대통령령으로 정하는 보증서를 포함하며, 이하 "예치금"이라 한다)을 건축공사비의 1퍼센트의 범위에서 예치하게 할 수 있다. <개정 2012.12.18., 2014.5.28.>	**제10조【건축복합민원 일괄협의회】** ① 법 제12조제1항에서 "그 밖에 대통령령이 정하는 관계법령의 규정"이라 함은 다음 각 호의 것을 말한다.<개정 2017.3.29> 1. 「군사기지 및 군사시설 보호법」 제13조 2. 「자연공원법」 제23조 3. 「수도권정비계획법」 제7조부터 제9조까지 4. 「택지개발촉진법」 제6조 5. 「도시공원 및 녹지 등에 관한 법률」 제24조 및 제38조 6. 「공항시설법」 제34조 7. 「교육환경 보호에 관한 법률」 제9조 8. 「산지관리법」 제8조, 제10조, 제12조, 제14조 및 제18조 9. 「산림자원의 조성 및 관리에 관한 법률」 제36조 및 「산림보호법」 제9조 10. 「도로법」 제40조 및 제61조 11. 「주차장법」 제19조, 제19조의2 및 제19조의4 12. 「환경정책기본법」 제22조 13. 「자연환경보전법」 제15조 14. 「수도법」 제7조 및 제15조 15. 「도시교통정비 촉진법」 제34조 및 제36조 16. 「문화재보호법」 제35조 17. 「전통사찰의 보존 및 지원에 관한 법률」 제10조 18. 「개발제한구역의 지정 및 관리에 관한 특별조치법」 제12조제1항, 제13조 및 제15조 19. 「농지법」 제32조 및 제34조 20. 「고도 보존 및 육성에 관한 특별법」 제11조 21. 화재예방, 소방시설 설치·유지 및 안전관리에 관한 법률 제7조 ② 허가권자는 법 제12조에 따른 건축복합민원 일괄협의회(이하 "협의회"라 한다)의 회의를 법 제10조제1항에 따른 사전결정 신청일 또는 법 제11조제1항에 따른 건축허가 신청일부터 10일 이내에 개최하여야 한다. ③ 허가권자는 협의회의 회의를 개최하기 3일 전까지 회의 개최 사실을 관계 행정기관 및 관계 부서에 통보하여야 한다. ④ 협의회의 회의에 참석하는 관계 공무원은 회의에서 관계 법령에 관한 의견을 발표하여야 한다. ⑤ 사전결정 또는 건축허가를 하는 관계 행정기관 및 관계 부서는 그 협의회의 회의를 개최한 날부터 5일 이내에 동의 또는 부동의 의견을 허가권자에게 제출하여야 한다. ⑥ 이 영에서 규정한 사항 외에 협의회의 운영 등에 필요한 사항은 건축조례로 정한다.	

건축법	건축법 시행령	건축법 시행규칙
③ 허가권자가 예치금을 반환할 때에는 대통령령으로 정하는 이율로 산정한 이자를 포함하여 반환하여야 한다. 다만, 보증서를 예치한 경우에는 그러하지 아니하다. ④ 제2항에 따른 예치금의 산정·예치 방법, 반환 등에 관하여 필요한 사항은 해당 지방자치 단체의 조례로 정한다. ⑤ 허가권자는 공사현장이 방치되어 도시미관을 저해하고 안전을 위해한다고 판단되면 건축 허가를 받은 자에게 건축물 공사현장의 미관과 안전관리를 위한 개선을 명할 수 있다. ⑥ 허가권자는 제5항에 따른 개선명령을 받은 자가 개선을 하지 아니하면 「행정대집행 법」으로 정하는 바에 따라 대집행을 할 수 있다. 이 경우 제2항에 따라 건축주가 예치한 예치금을 행정대집행에 필요한 비용에 사용할 수 있으며, 행정대집행에 필요한 비용이 이미 납부한 예치금보다 많을 때에는 「행정대집행법」 제6조에 따라 그 차액을 추가로 징수할 수 있다. **제13조의2【건축물 안전영향평가】** ① 허가권자는 초고층 건축물 등 대통령령으로 정하는 주요 건축물에 대하여 제11조에 따른 건축허가를 하기 전에 건축물의 구조안전과 인접 대지의 안전에 미치는 영향 등을 평가하는 건축물 안전영향평가(이하 "안전영향평가"라 한다)를 안전영향평가기관에 의뢰하여 실시하여야 한다. ② 안전영향평가기관은 국토교통부장관이 「공공기관의 운영에 관한 법률」 제4조에 따른 공공기관으로서 건축 관련 업무를 수행하는 기관 중에서 지정하여 고시한다. ③ 안전영향평가 결과는 건축위원회의 심의를 거쳐 확정한다. 이 경우 제4조의2에 따라 건축위원회의 심의를 받아야 하는 건축물은 건축위원회 심의에 안전영향평가 결과를 포함하여 심의할 수 있다. ④ 안전영향평가 대상 건축물의 건축주는 건축허가 신청 시 제출하여야 하는 도서에 안전영향평가 결과를 반영하여야 하며, 건축물의 계획상 반영이 곤란하다고 판단되는 경우에는 그 근거 자료를 첨부하여 허가권자에게 건축위원회의 재심의를 요청할 수 있다. ⑤ 안전영향평가의 검토 항목과 건축주의 안전영향평가 의뢰, 평가 비용 납부 및 처리 절차 등 그 밖에 필요한 사항은 대통령령으로 정한다.	**제10조의2【건축공사현장 안전관리예치금】** ① 법 제13조제2항에서 "대통령령으로 정하는 보증서"란 다음 각 호의 어느 하나에 해당하는 보증서를 말한다. 1. 「보험업법」에 따른 보험회사가 발행한 보증보험증권 2. 「은행법」에 따른 은행이 발행한 지급보증서 3. 「건설산업기본법」에 따른 공제조합이 발행한 채무액 등의 지급을 보증하는 보증서 4. 「자본시장과 금융투자업에 관한 법률시행령」 제192조제2항에 따른 상장증권 5. 그 밖에 국토교통부령으로 정하는 보증서 ② 법 제13조제3항 본문에서 "대통령령으로 정하는 이율"이란 법 제13조제2항에 따른 안전관리예치금을 「국고금관리법시행령」 제11조에서 정한 금융기관에 예치한 경우의 안전관리예치금에 대하여 적용하는 이자율을 말한다. [전문개정 2008.10.29] **제10조의3【건축물 안전영향평가】** ① 법 제13조의2제1항에서 "초고층 건축물 등 대통령령으로 정하는 주요 건축물"이란 다음 각 호의 어느 하나에 해당하는 건축물을 말한다. 1. 초고층 건축물 2. 다음 각 목의 요건을 모두 충족하는 건축물 가. 연면적(하나의 대지에 둘 이상의 건축물을 건축하는 경우에는 각각의 건축물의 연면적을 말한다)이 10만 제곱미터 이상일 것 나. 16층 이상일 것 ② 제1항 각 호의 건축물을 건축하려는 자는 법 제11조에 따른 건축허가를 신청하기 전에 다음 각 호의 자료를 첨부하여 허가권자에게 법 제13조의2제1항에 따른 건축물 안전영향평가(이하 "안전영향평가"라 한다)를 의뢰하여야 한다. 1. 건축계획서 및 기본설계도서 등 국토교통부령으로 정하는 도서 2. 인접 대지에 설치된 상수도·하수도 등 국토교통부장관이 정하여 고시하는 지하시설물의 현황도 3. 그 밖에 국토교통부장관이 정하여 고시하는 자료 ③ 법 제13조의2제1항에 따라 허가권자로부터 안전영향평가를 의뢰받은 기관(같은 조 제2항에 따라 지정·고시된 기관을 말하며, 이하 "안전영향평가기관"이라 한다)은 다음 각 호의 항목을 검토하여야 한다. 1. 해당 건축물에 적용된 설계 기준 및 하중의 적정성 2. 해당 건축물의 하중저항시스템의 해석 및 설계의 적정성 3. 지반조사 방법 및 지내력(地耐力) 산정결과의 적정성 4. 굴착공사에 따른 지하수위 변화 및 지반 안전성에 관한 사항 5. 그 밖에 건축물의 안전영향평가를 위하여 국토교통부장관이 필요하다고 인정하는 사항 ④ 안전영향평가기관은 안전영향평가를 의뢰받은 날부터 30일 이내에 안전영향평가 결과를 허가권자에게 제출하여야 한다. 다만, 부득이한 경우에는 20일의 범위에서 그 기간을 한 차례만 연장할 수 있다. ⑤ 제2항에 따라 안전영향평가를 의뢰한 자가 보완하는 기간 및 공휴일·토요일은 제4항에 따른 기간의 산정에서 제외한다.	**제9조【건축공사현장 안전관리예치금】** 영 제10조의2제1항제5호에서 "국토교통부령이 정하는 보증서"라 함은 「주택법」 제76조에 따라 설립된 주택도시보증공사가 발행하는 보증서를 말한다.<개정 2008.3.14> [본조신설 2006.5.12]

건축법	건축법 시행령	건축법 시행규칙
⑥ 허가권자는 제3항 및 제4항의 심의 결과 및 안전영향평가 내용을 국토교통부령으로 정하는 방법에 따라 즉시 공개하여야 한다. ⑦ 안전영향평가를 실시하여야 하는 건축물이 다른 법률에 따라 구조안전과 인접 대지의 안전에 미치는 영향 등을 평가 받은 경우에는 안전영향평가의 해당 항목을 평가 받은 것으로 본다. [본조신설 2016.2.3]	⑥ 허가권자는 제4항에 따라 안전영향평가 결과를 제출받은 경우에는 지체 없이 제2항에 따라 안전영향평가를 의뢰한 자에게 그 내용을 통보하여야 한다. ⑦ 안전영향평가에 드는 비용은 제2항에 따라 안전영향평가를 의뢰한 자가 부담한다. ⑧ 제1항부터 제7항까지에서 규정한 사항 외에 안전영향평가에 관하여 필요한 사항은 국토교통부장관이 정하여 고시한다. [본조신설 2017.2.3]	

법해설 Explanation

건축복합민원 일괄협의회

허가권자는 건축허가의 경우 다음과 같은 관계법령의 규정에 적합한지의 여부를 확인하고, 건축에 관한 입지·규모의 사전결정의 경우 그 의제처리 사항과 건축허가시 검토사항을 처리하기 위하여 건축복합민원 일괄협의회를 개최하여야 한다.

(1) 관계법령의 규정에 적합한지의 여부 확인

① 「국토의 계획 및 이용에 관한 법률」에 따른 다음의 사항

법 조항	규 정	법 조항	규 정
제54조	지구단위계획구역안의 건축	제76조	용도지역·지구의 건축제한
제56조	개발행위의 허가	제77조	용도지역 안에서의 건폐율
제57조	개발행위의 허가의 절차	제78조	용도지역 안에서의 용적률
제58조	개발행위의 허가의 기준	제79조	용도지역 미지정 또는 미세분
제59조	개발행위에 대한 도시계획위원회 심의	제80조	개발제한구역에서의 행위 제한
제60조	개발행위의 이행 보증	제80조의2	도시자연공원구역에서의 행위 제한
제61조	개발행위의 관련 인·허가	제80조의3	입지규제최소구역에서의 행위 제한
제62조	개발행위에 따른 준공검사	제81조	시가화조정구역에서의 행위 제한

② 관계법령의 규정 및 허가처리 검토사항

㉠ 대통령령이 정하는 관계법령의 규정에 적합한지의 여부를 확인

㉡ 사전결정을 통지받은 경우의 관계법령 의제처리 사항

㉢ 관계행정기관의 장과 협의하여야 하는 일정 등

㉣ 건축허가를 받거나 신고한 것으로 볼 수 있는 관계법령의 검토사항

(2) 건축복합민원 일괄협의회의 개최

관계법령 행정기관의 장은 소속 공무원을 일괄협의회에 참석하게 하여야 한다.

① 일괄협의회의 개최

㉠ 건축에 관한 입지·규모의 사전결정신청일 또는 건축허가신청일로부터 10일 이내에 개최하여야 한다.

㉡ 허가권자는 협의회 개최 3일전까지 관계행정기관의 장 또는 관계부서에 통보하여야 한다.

② 일괄협의회에 의견 제출

관계행정기관 및 관계부서는 회의개최 후 5일 이내에 동의여부를 허가권자에게 제출하여야 한다.

건축공사현장 안전관리예치금

허가권자는 착공신고를 하는 건축주에게 장기간 공사현장이 방치되는 것에 대하여 미리 미관개선 및 안전관리에 필요한 조치를 하여야 한다.

(1) 예치금 대상 건축물의 규모

① 연면적 1,000m^2 이상으로서 건축조례가 정하는 건축물

② 예치금은 보증서를 포함하며 건축공사비의 1% 범위 안에서 정한다.

(2) 예치금 제외 대상 건축물 및 건축주

① 제외 대상 건축물

㉠ 주택도시보증공사 분양보증 건축물

㉡ 분양보증 또는 신탁계약을 체결한 건축물

② 제외 대상

㉠ 한국토지주택공사

㉡ 건축사업을 수행하기 위하여 설립된 지방공사

건축물 안전영향평가

① 허가권자는 다음 어느 하나의 주요 건축물에 대하여 건축허가를 하기 전에 건축물의 구조안전과 인접 대지의 안전에 미치는 영향 등을 평가하는 건축물 안전영향평가("안전영향평가")를 안전영향평가기관에 의뢰하여 실시하여야 한다.

1. 초고층 건축물
2. 다음의 요건을 모두 충족하는 건축물

가. 연면적(하나의 대지에 둘 이상의 건축물을 건축하는 경우에는 각각의 건축물의 연면적을 말한다)이 10만 제곱미터 이상일 것

나. 16층 이상일 것

② 안전영향평가기관은 국토교통부장관이 「공공기관의 운영에 관한 법률」 제4조에 따른 공공기관으로서 건축 관련 업무를 수행하는 기관 중에서 지정하여 고시한다.

③ 안전영향평가 결과는 건축위원회의 심의를 거쳐 확정한다. 이 경우 제4조의2에 따라 건축위원회의 심의를 받아야 하는 건축물은 건축위원회 심의에 안전영향평가 결과를 포함하여 심의할 수 있다.

④ 안전영향평가 대상 건축물의 건축주는 건축허가 신청 시 제출하여야 하는 도서에 안전영향평가 결과를 반영하여야 하며, 건축물의 계획상 반영이 곤란하다고 판단되는 경우에는 그 근거 자료를 첨부하여 허가권자에게 건축위원회의 재심의를 요청할 수 있다.

8 건축허가 제한 등

건축법	건축법 시행령
제18조【건축허가 제한 등】 ① 국토교통부장관은 국토관리를 위하여 특히 필요하다고 인정하거나 주무부장관이 국방, 문화재보존, 환경보전 또는 국민경제를 위하여 특히 필요하다고 인정하여 요청하면 허가권자의 건축허가나 허가를 받은 건축물의 착공을 제한할 수 있다. ② 특별시장·광역시장·도지사는 지역계획이나 도시·군계획에 특히 필요하다고 인정하면 시장·군수·구청장의 건축허가나 허가를 받은 건축물의 착공을 제한할 수 있다. ③ 국토교통부장관이나 시·도지사는 제1항이나 제2항에 따라 건축허가나 건축허가를 받은 건축물의 착공을 제한하려는 경우에는 「토지이용규제 기본법」 제8조에 따라 주민의견을 청취한 후 건축위원회의 심의를 거쳐야 한다. <신설 2014.5.28> ④ 제1항이나 제2항에 따라 건축허가나 건축물의 착공을 제한하는 경우 제한기간은 2년 이내로 한다. 다만, 1회에 한하여 1년 이내의 범위에서 제한기간을 연장할 수 있다. ⑤ 국토교통부장관이나 특별시장·광역시장·도지사는 제1항이나 제2항에 따라 건축허가나 건축물의 착공을 제한하는 경우 제한 목적·기간, 대상 건축물의 용도와 대상 구역의 위치·면적·경계 등을 상세하게 정하여 허가권자에게 통보하여야 하며, 통보를 받은 허가권자는 지체 없이 이를 공고하여야 한다. ⑥ 특별시장·광역시장·도지사는 제1항이나 제2항에 따라 시장·군수·구청장의 건축허가나 건축물의 착공을 제한한 경우 즉시 국토교통부장관에게 보고하여야 하며, 보고를 받은 국토교통부장관은 제한 내용이 지나치다고 인정하면 해제를 명할 수 있다.	**제13조【건축허가의 제한】** (2005. 7. 18 삭제)

법해설 Explanation

건축허가 제한 등

(1) 제한의 요건 및 제한권자

제한권자	제한의 요건	제한사항
국토교통부장관	• 국토관리상 특히 필요하다고 인정하는 경우 • 주무부장관이 국방·문화재 보전·환경보전·국민경제상 특히 필요하다고 요청한 경우	허가권자의 건축허가
특별시장·광역시장·도지사	• 지역계획 또는 도시·군계획상 특히 필요하다고 인정한 경우	시장·군수·구청장의 건축허가

(2) 제한규정

① 제한기준

제한기간을 2년 이내로 하되, 제한기간의 연장은 1회에 한하여 1년 이내의 범위에서 그 제한기간을 연장할 수 있다.

◆ 도시기본계획 수립 용역 지역내 건축허가 제한여부

(건교부건축 58070-2072, 1995. 5. 22)

질의 건축예정지가 농지로서 농지전용허가를 받은 후 전용목적에 부합되는 건축물을 건축코자 제출한 건축허가신청서에 대하여 농지전용허가 처분 이후에 온천지구로 지정되어 도시기본계획 수립을 위한 용역을 시행중이라는 이유로 건축허가를 제한할 수 있는지 여부?

회신 건축법령상 건축허가를 제한하고자 할 경우에는 건축법 제18조 및 같은 법 시행령 제13조에 따라 건축허가를 제한하거나 타법령의 근거에 의거 건축행위를 제한하여야 하는 것이지 법령의 근거없이 임의로 건축행위를 제한할 수 없는 것임.

② 통보 및 공고

건축허가 또는 건축물의 착공을 제한하는 경우에는 그 목적・기간 및 대상을 정하여 허가권자에게 통보하여야 하며, 통보를 받은 허가권자는 지체 없이 이를 공고하여야 한다.

③ 제한이 과도한 경우의 조치

특별시장・광역시장・도지사는 시장・군수・구청장의 건축허가 또는 건축물의 착공을 제한한 경우에는 즉시 국토교통부장관에게 보고하여야 하며, 보고를 받은 국토교통부장관은 제한 내용이 과도하다고 인정하는 경우 그 해제를 명할 수 있다.

9 용도변경

건축법	건축법 시행령	건축법 시행규칙
제19조【용도변경】 ① 건축물의 용도변경은 변경하려는 용도의 건축기준에 맞게 하여야 한다. ② 제22조에 따라 사용승인을 받은 건축물의 용도를 변경하려는 자는 다음 각 호의 구분에 따라 국토교통부령으로 정하는 바에 따라 특별자치시장·특별자치도지사 또는 시장·군수·구청장의 허가를 받거나 신고를 하여야 한다. 1. 허가 대상 : 제4항 각 호의 어느 하나에 해당하는 시설군(施設群)에 속하는 건축물의 용도를 상위군(제4항 각 호의 번호가 용도변경하려는 건축물이 속하는 시설군보다 작은 시설군을 말한다)에 해당하는 용도로 변경하는 경우 2. 신고 대상 : 제4항 각 호의 어느 하나에 해당하는 시설군에 속하는 건축물의 용도를 하위군(제4항 각 호의 번호가 용도변경하려는 건축물이 속하는 시설군보다 큰 시설군을 말한다)에 해당하는 용도로 변경하는 경우 ③ 제4항에 따른 시설군 중 같은 시설군 안에서 용도를 변경하려는 자는 국토교통부령으로 정하는 바에 따라 특별자치시장·특별자치도지사 또는 시장·군수·구청장에게 건축물대장 기재내용의 변경을 신청하여야 한다. 다만, 대통령령으로 정하는 변경의 경우에는 그러하지 아니하다. ④ 시설군은 다음 각 호와 같고 각 시설군에 속하는 건축물의 세부 용도는 대통령령으로 정한다. 1. 자동차 관련 시설군 2. 산업 등의 시설군 3. 전기통신시설군 4. 문화 및 집회시설군 5. 영업시설군 6. 교육 및 복지시설군 7. 근린생활시설군 8. 주거업무시설군 9. 그 밖의 시설군 ⑤ 제2항에 따른 허가나 신고 대상인 경우로서 용도변경하려는 부분의 바닥면적의 합계가 100m² 이상인 경우의 사용승인에 관하여는 제22조를 준용한다. 다만, 용도변경하려는 부분의 바닥면적의 합계가 500m² 미만으로서 대수선에 해당되는 공사를 수반하지 아니하는 경우에는 그러하지 아니하다.	**제14조【용도변경】** ① 삭제 <2006.5.8> ② 삭제 <2006.5.8> ③ 국토교통부장관은 법 제19조제1항에 따른 용도변경을 할 때 적용되는 건축기준을 고시 할 수 있다. 이 경우 다른 행정기관의 권한에 속하는 건축기준에 대하여는 미리 관계 행정기관의 장과 협의하여야 한다.<개정 2008.10.29> ④ 법 제19조제3항 단서에서 "대통령령으로 정하는 변경"이란 다음 각 호의 어느 하나에 해당하는 건축물 상호 간의 용도변경을 말한다. 다만, 별표 1 제3호다목(목욕장만 해당한다)·라목, 같은 표 제4호가목·사목·카목·파목(골프연습장, 놀이형시설만 해당한다)·더목·러목, 같은 표 제7호다목2) 및 같은 표 제16호가목·나목에 해당하는 용도로 변경하는 경우는 제외한다. 1. 별표 1의 같은 호에 속하는 건축물 상호 간의 용도변경. 다만, 다음의 각 목의 어느 하나에 해당하는 경우는 제외한다. 가. 별표 1의 제3호에 속하는 건축물을 같은 호 가목·나목·마목 또는 바목의 용도로 변경하거나 같은 호 가목·나목·마목 또는 바목의 용도에 해당하는 건축물의 용도를 해당 목의 용도가 아닌 다른 목의 용도로 변경(가목·나목·마목 및 바목의 용도 상호 간의 변경을 포함한다)하는 경우 나. 별표 1의 제4호에 속하는 건축물을 같은 호 라목부터 파목까지의 용도로 변경하거나 같은 호 라목부터 파목까지의 용도에 해당하는 건축물의 용도를 해당 목의 용도가 아닌 다른 목의 용도로 변경(라목부터 파목까지의 용도 상호 간의 변경을 포함한다)하는 경우 2. 「국토의 계획 및 이용에 관한 법률」이나 그 밖의 관계 법령에서 정하는 용도제한에 적합한 범위에서 제1종 근린생활시설과 제2종 근린생활시설 상호 간의 용도변경. 다만, 제1종 근린생활시설을 별표 1 제4호 차목·타목 또는 파목까지의 용도로 변경하거나 제2종 근린생활시설을 별표1 제3호 가목·나목·마목 또는 바목의 용도로 변경하는 경우는 제외한다. ⑤ 법 제19조제4항 각 호의 시설군에 속하는 건축물의 용도는 다음 각 호와 같다.<개정 2012.12.12> 1. 자동차 관련 시설군 자동차 관련 시설 2. 산업 등 시설군 가. 운수시설 나. 창고시설 다. 공장 라. 위험물저장 및 처리시설 마. 자원순환 관련 시설 바. 묘지관련시설 사. 장례시설 3. 전기통신시설군 가. 방송통신시설 나. 발전시설 4. 문화집회시설군 가. 문화 및 집회시설 나. 종교시설 다. 위락시설	**제12조의2【용도변경】** ① 법 제19조제2항에 따라 용도변경의 허가를 받으려는 자는 별지 제1호의4서식의 건축·대수선·용도변경 (변경)허가 신청서에, 용도변경의 신고를 하려는 자는 별지 제6호서식의 건축·대수선·용도변경 (변경) 신고서에 다음 각 호의 서류를 첨부하여 특별자치시장·특별자치도지사 또는 시장·군수·구청장에게 제출(전자문서로 제출하는 것을 포함한다)하여야 한다.<개정 2018.11.29.> 1. 용도를 변경하려는 층의 변경 후의 평면도 2. 용도변경에 따라 변경되는 내화·방화·피난 또는 건축설비에 관한 사항을 표시한 도서 ② 허가권자는 제1항에 따른 신청을 받은 경우 용도를 변경하려는 층의 변경 전의 평면도를 확인하기 위해 행정정보의 공동이용을 통해 건축물대장을 확인하거나 법 제32조제1항에 따른 전산자료를 확인해야 한다. 다만, 신청인이 행정정보의 공동이용의 확인에 동의하지 않거나 행정정보의 공동이용 또는 전산자료를 통해 평면도를 확인할 수 없는 경우에는 해당 서류를 제출하도록 해야 한다. <신설 2018. 11.29.> ③ 법 제16조 및 제19조제7항에 따라 용도변경의 변경허가를 받으려는 자는 별지 제1호의4서식의 건축·대수선·용도변경 (변경)허가 신청서에, 용도변경의 변경신고를 하려는 자는 별지 제6호서식의 건축·대수선·용도변경 (변경)신고서에 변경하려는 부분에 대한 변경 전·후의 설계도서를 첨부하여 특별자치시장·특별자치도지사 또는 시장·군수·구청장에게 제출(전자문서로 제출하는 것을 포함한다)해야 한다.<신설 2018.11.29.> ④ 특별자치시장·특별자치도지사 또는 시장·군수·구청장은 제

건축법	건축법 시행령	건축법 시행규칙
⑥ 제2항에 따른 허가 대상인 경우로서 용도변경하려는 부분의 바닥면적의 합계가 500 m^2 이상인 용도변경(대통령령으로 정하는 경우는 제외한다)의 설계에 관하여는 제23조를 준용한다. ⑦ 제1항과 제2항에 따른 건축물의 용도변경에 관하여는 제3조, 제5조, 제6조, 제7조, 제11 조제2항부터 제9항까지, 제12조, 제14조부터 제16조까지, 제18조, 제20조, 제27조, 제35조, 제38조, 제42조부터 제44조까지, 제48조부터 제56조까지, 제58조, 제60조부터 제64조까지, 제64조의 2, 제66조부터 제68조까지, 제78조부터 제87조까지의 규정과 「국토의 계획 및 이용에 관한 법률」 제54조를 준용한다. <시행 2011.12.1>	라. 관광휴게시설 5. 영업시설군 가. 판매시설 나. 운동시설 다. 숙박시설 라. 제2종 근린생활시설 중 다중생활시설 6. 교육 및 복지시설군 가. 의료시설 나. 교육연구시설 다. 노유자시설(老幼者施設) 라. 수련시설 마. 야영장시설 7. 근린생활시설군 가. 제1종 근린생활시설 나. 제2종 근린생활시설(다중생활시설은 제외) 8. 주거업무시설군 가. 단독주택 나. 공동주택 다. 업무시설 라. 교정 및 군사시설 9. 그 밖의 시설군 가. 동물 및 식물 관련 시설 나. 삭제<2010.12.13> ⑥ 기존의 건축물 또는 대지가 법령의 제정·개정이나 제6조의2제1항 각 호의 사유로 법령 등에 부적합하게 된 경우에는 건축조례로 정하는 바에 따라 용도변경을 할 수 있다.<개정 2008.10.29> ⑦ 법 제19조제6항에서 "대통령령으로 정하는 경우"란 1층인 축사를 공장으로 용도변경하는 경우로서 증축·개축 또는 대수선이 수반되지 아니하고 구조 안전이나 피난 등에 지장이 없는 경우를 말한다.<개정 2008.10.29>	1항 및 제3항에 따른 건축·대수선·용도변경 (변경)허가 신청서를 받은 경우에는 법 제12조제1항 및 영 제10조제1항에 따른 관계 법령에 적합한지를 확인한 후 별지 제2호서식의 건축·대수선·용도변경 허가서를 용도변경의 허가 또는 변경허가를 신청한 자에게 발급하여야 한다.<개정 2018.11.29.> ⑤ 특별자치시장·특별자치도지사 또는 시장·군수·구청장은 제1항 또는 제3항에 따른 건축·대수선·용도변경 (변경)신고서를 받은 때에는 그 기재내용을 확인한 후 별지 제7호서식의 건축·대수선·용도변경 신고필증을 신고인에게 발급하여야 한다.<개정 2018.11.29.> ⑥ 제8조제3항 및 제4항은 제4항 및 제5항에 따라 건축·대수선·용도변경 허가서 또는 건축·대수선·용도변경 신고필증을 발급하는 경우에 준용한다.<개정 2018.11.29.> [본조신설 1999.5.11.]

법해설 Explanation

용도변경

(1) 용도변경의 허가 또는 신고

① 사용승인을 얻은 건축물의 용도를 변경하고자 하는 자는 특별자치시장·특별자치도지사 또는 시장·군수·구청장의 허가를 받거나 신고를 하여야 한다.

② 건축물의 용도 변경은 변경하고자 하는 용도의 건축기준에 적합하게 하여야 한다.

③ 허가 대상과 신고 대상의 구분

허가 대상	건축물의 용도를 하위시설군 9에서 1의 상위시설군 방향으로 용도를 변경하는 경우
신고 대상	건축물의 용도를 상위시설군 1에서 9의 하위시설군 방향으로 용도를 변경하는 경우

◆ 용도변경 허가 및 신고

법률에서 용도의 유사성 및 하중정도에 따라 2006년.9.5부터 건축물의 용도를 22개에서 28개로 다시 분류한 것을 토대로 하여 상호연계성이 있는 기존 6개의 시설군을 9개의 시설군으로 다시 분류하여 건축의 기능에 맞는 구조안전의 확보 등 합리적인 건축기준의 적용이 가능하도록 개정되었다.

■ 용도변경 시설군의 분류

시 설 군		건축물의 세부용도
1	자동차관련시설군	• 자동차관련시설
2	산업등시설군	• 운수시설 • 창고시설 • 공장 • 장례시설 • 위험물저장 및 처리시설 • 자원순환 관련 시설 • 묘지관련시설
3	전기통신시설군	• 방송통신시설 • 발전시설
4	문화및집회시설군	• 문화 및 집회시설 • 종교시설 • 위락시설 • 관광휴게시설
5	영업시설군	• 판매시설 • 운동시설 • 숙박시설 • 제2종근린생활시설 중 다중생활시설
6	교육및복지시설군	• 의료시설 • 교육연구시설 • 야영장시설 • 수련시설
7	근린생활시설군	• 제1종근린생활시설 • 제2종근린생활시설(다중생활시설 제외)
8	주거업무시설군	• 단독주택 • 공동주택 • 업무시설 • 교정 및 군사시설
9	그 밖의 시설군	• 동물 및 식물관련시설

(2) 특례적용 용도변경

기존의 건축물 또는 대지가 다음의 사유(기존 건축물 등에 대한 특례)로 인하여 법령 등의 규제에 부적합하게 된 경우에는 해당 지방자치단체의 조례로 정하는 바에 따라 용도변경하고자 하는 부분이 법령 등의 규정에 적합한 범위 안에서 용도변경을 할 수 있다.

① 법령의 제정·개정으로 부적합하게 된 경우
② 도시·군관리계획의 결정·변경 또는 행정구역의 변경이 있는 경우
③ 도시·군계획시설의 설치, 도시개발사업의 시행 또는 「도로법」에 따른 도로의 설치가 있는 경우
④ 「준공미필 건축물 정리에 관한 특별조치법」 및 종전의 「특정건축물정리에 관한 특별법」에 따라 준공검사필증 또는 사용승인서를 교부받는 경우
⑤ 종전의 「도시저소득주민의 주거환경 개선을 위한 임시조치법」에 따라 사용검사필증을 교부받은 경우
⑥ 「공유토지분할에 관한 특별법」에 의하여 분할된 경우
⑦ 대지의 일부 토지 소유권에 대한 「민법」에 따른 소유권 이전 등기가 완료된 경우

용도변경 시설군			
건축허가 ↑	1	자동차관련시설군	↓ 건축신고
	2	산업등시설군	
	3	전기통신시설군	
	4	문화및집회시설군	
	5	영업시설군	
	6	교육및복지시설군	
	7	근린생활시설군	
	8	주거업무시설군	
	9	그밖의 시설군	

(3) 용도변경 신고시 제출서류

용도변경 신고를 하고자 하는 자는 용도변경 신고서에 다음의 서류를 특별자치시장・특별자치도지사 또는 시장・군수・구청장에게 제출(전자문서에 따른 제출을 포함)하여야 한다.

제출서류	첨부서류
용도변경신고서	• 용도를 변경하고자 하는 층의 변경 전・후 평면도 • 용도 변경에 따라 변경되는 내화・방화・피난 또는 건축설비에 관한 사항을 표시한 도서

(4) 건축물대장의 변경신청

원칙	① 시설군 중 동일한 시설군 내에서 건축물의 용도를 변경하고자 하는 자는 특별자치시장・특별자치도지사 또는 시장・군수・구청장에게 건축물 대장의 기재내용 변경신청을 하여야 한다. ② 제1종 근린생활시설을 다음에 해당하는 제2종 근린생활시설의 용도로 변경하는 경우에도 건축물대장의 기재내용 변경신청을 하여야 한다. ㉠ 단란주점으로서 같은 건축물에 해당 용도로 쓰는 바닥면적의 합계가 150m^2 미만인 것 ㉡ 안마시술소, 안마원 및 노래연습장 ㉢ 고시원으로서 같은 건축물에 해당 용도로 쓰는 바닥면적의 합계가 1,000m^2 미만인 것
예외	① 용도별 건축물의 세부종류에서 동일한 호【별표 1】의 각 호별 용도에 속하는 건축물 상호간의 변경의 경우 ② 「국토의 계획 및 이용에 관한 법률」이나 그 밖의 관계법령에서 정하는 용도제한에 적합한 범위에서 제1종 근린생활시설과 제2종 근린생활시설 상호 간의 용도변경

(5) 용도변경시 법의 준용

① 사용승인 및 설계

준용법령	용도변경 적용범위
허가 및 신고대상 건축물의 사용 승인	용도변경 부분의 바닥면적의 합계가 100m^2 이상인 경우 건축물의 사용승인을 신청하여야 한다. **예외** 용도변경하려는 부분의 바닥면적의 합계가 500제곱미터 미만으로서 대수선에 해당되는 공사를 수반하지 아니하는 경우에는 그러하지 아니하다.
허가대상 건축물의 설계	용도변경 부분의 바닥면적 합계가 500m^2 이상인 용도 변경의 설계는 건축사가 아니면 할 수 없다. **예외** 1층인 축사를 공장으로 용도변경하는 경우로서 증축・개축・대수선 등을 수반하지 아니하고 구조 안전・피난 등에 지장이 없을 경우

◆ 용도변경신고시 건축물대장의 작성

질의 면적이 100m^2 미만인 용도변경의 경우라도 건축공사를 수반하는 변경이 있는 경우가 많은데 법 제22조의 규정을 준용하지 않고 있기 때문에 용도변경후의 상태를 확인할 수 없는 바, 용도변경신고만으로 건축물 대장까지 모두 정리하라는 의미인지?

회신 건축법 제19조 제6항에 따라 신고대상 용도변경인 경우로서 용도변경하고자 하는 부분의 바닥면적의 합계가 100m^2 이상인 경우에만 법 제22조에 따른 사용승인을 받도록 하고 있는 것으로, 이는 면적 100m^2 미만의 소규모 용도변경은 구조안전에 큰 지장이 없을 것으로 보아 사용승인을 배제한 것임
건축물의 용도변경 신고시에는 용도변경 전・후의 도면을 첨부하도록 하고 있으므로 이를 근거로 현장확인 등의 절차를 거쳐 건축물대장을 작성하여야 할 것임

◆ 용도변경신고절차 등

질의 용도변경 신고대상인 경우 구조안전의 확인없이 신고서만 제출하고, 용도변경하면 되는지 및 사용승인 여부

회신 법 제14조 제6항에 따라 바닥면적의 합계가 100m^2 이상인 경우에는 사용승인을 받아야 하며, 바닥면적의 합계가 500m^2 이상인 경우에는 건축사가 설계한 설계도서를 첨부하여 신고하여야 함

② 건축물의 용도변경에 관한 「건축법」 등 준용규정

관련법	법 조항	규정	법 조항	규정
「건축법」	제3조	적용 제외	제48조~제51조	구조내력 등~방화지구안의 건축물
	제5조	적용의 완화	제52조	건축물의 내부마감재료
	제6조	기존 건축물 등에 대한 특례	제53조	지하층
	제7조	통일성 유지를 위한 도의 조례	제54조	지역·지구·구역에 걸치는 경우
	제11조	건축허가	제55조	건축물의 건폐율
	제12조	건축복합민원 일괄협의회	제56조	건축물의 용적률
	제14조	건축신고	제60조	건축설비
	제15조	건축주와의 계약 등	제78조	감독
	제16조	허가와 신고사항의 변경	제79조	위반건축물에 대한 조치
	제18조	건축허가 제한 등	제81조	기존 건축물의 안전점검 등
	제20조	가설건축물	제82조	권한의 위임과 위탁
	제27조	현장조사·검사 및 확인업무의 대행	제83조	옹벽등 공작물에의 준용
	제35조	건축물의 유지관리	제84조	면적·높이 및 층수의 산정
	제38조	건축물대장	제85조	「해정대집행법」의 특례
	제42조	대지의 조경	제86조	청문
	제43조	공개공지 등의 확보	제87조	보고와 검사 등
	제44조	대지와 도로의 관계		
「국토의 계획 및 이용에 관한 법률」	제54조	지구단위계획구역 안의 건축		

10 가설건축물

건축법	건축법 시행령	건축법 시행규칙
제20조【가설건축물】 ① 도시·군계획시설 및 도시·군계획시설예정지에서 가설건축물을 건축하려는 자는 특별자치시장·특별자치도지사 또는 시장·군수·구청장의 허가를 받아야한다. <개정 2011.4.14, 2014.1.14> ② 특별자치시장·특별자치도지사 또는 시장·군수·구청장은 해당 가설건축물의 건축이 다음 각 호의 어느 하나에 해당하는 경우가 아니면 제1항에 따른 허가를 하여야 한다. <신설 2014.1.14> 1. 「국토의 계획 및 이용에 관한 법률」 제64조에 위배되는 경우 2. 4층 이상인 경우 3. 구조, 존치기간, 설치목적 및 다른 시설 설치 필요성 등에 관하여 대통령령으로 정하는 기준의 범위에서 조례로 정하는 바에 따르지 아니한 경우 4. 그 밖에 이 법 또는 다른 법령에 따른 제한규정을 위반하는 경우 ③ 제1항에도 불구하고 재해복구, 흥행, 전람회, 공사용 가설건축물 등 대통령령으로 정하는 용도의 가설건축물을 축조하려는 자는 대통령령으로 정하는 존치 기간, 설치 기준 및 절차에 따라 특별자치시장·특별자치도지사 또는 시장·군수·구청장에게 신고한 후 착공하여야 한다. <개정 2014.1.14> ④ 제1항과 제3항에 따른 가설건축물을 건축하거나 축조할 때에는 대통령령으로 정하는 바에 따라 제25조, 제38조부터 제42조까지, 제44조부터 제50조까지, 제50조의2, 제51조부터 제64조까지, 제67조, 제68조와 「녹색건축물 조성 지원법」 제15조 및 「국토의 계획 및 이용에 관한 법률」 제76조 중 일부 규정을 적용하지 아니한다. <개정 2014.1.14> ⑤ 특별자치시장·특별자치도지사 또는 시장·군수·구청장은 제1항부터 제3항까지의 규정에 따라 가설건축물의 건축을 허가하거나 축조신고를 받은 경우 국토교통부령으로 정하는 바에 따라 가설건축물대장에 이를 기재하여 관리하여야 한다. <개정 2013.3.23, 2014.1.14>	**제15조【가설건축물】** ① 법 제20조제2항제3호에서 "대통령령으로 정하는 기준"이란 다음 각 호의 기준을 말한다.<개정 2012.4.10> 1. 철근콘크리트조 또는 철골철근콘크리트조가 아닐 것 2. 존치기간은 3년 이내일 것. 다만, 도시·군계획사업이 시행될 때까지 그 기간을 연장할 수 있다. 3. 전기·수도·가스 등 새로운 간선 공급설비의 설치를 필요로 하지 아니할 것 4. 공동주택·판매시설·운수시설 등으로서 분양을 목적으로 건축하는 건축물이 아닐 것 ② 제1항에 따른 가설건축물에 대하여는 법 제38조를 적용하지 아니한다. ③ 제1항에 따른 가설건축물 중 시장의 공지 또는 도로에 설치하는 차양시설에 대하여는 법 제46조 및 법 제55조를 적용하지 아니한다. ④ 제1항에 따른 가설건축물을 도시·군계획 예정 도로에 건축하는 경우에는 법 제45조부터 제 47조를 적용하지 아니한다. ⑤ 법 제20조제2항에서 재해복구, 흥행, 전람회, 공사용 가설건축물 등 "대통령령으로 정하는 용도의 가설건축물"이란 다음 각 호의 어느 하나에 해당하는 것을 말한다. 1. 재해가 발생한 구역 또는 그 인접구역으로서 특별자치시장·특별자치도지사 또는 시장·군수·구청장이 지정하는 구역에서 일시사용을 위하여 건축하는 것 2. 특별자치시장·특별자치도지사 또는 시장·군수·구청장이 도시미관이나 교통소통에 지장이 없다고 인정하는 가설전람회장, 농·수·축산물 직거래용 가설점포, 그 밖에 이와 비슷한 것 3. 공사에 필요한 규모의 공사용 가설건축물 및 공작물 4. 전시를 위한 견본주택이나 그 밖에 이와 비슷한 것 5. 특별자치시장·특별자치도지사 또는 시장·군수·구청장이 도로변 등의 미관정비를 위하여 지정·공고하는 구역에서 건축하는 가설점포(물건 등의 판매를 목적으로 하는 것을 말한다)로서 안전·방화 및 위생에 지장이 없는 것 6. 조립식 구조로 된 경비용으로 쓰는 가설건축물로서 연면적이 $10m^2$ 이하인 것 7. 조립식 경량구조로 된 외벽이 없는 임시 자동차 차고 8. 컨테이너 또는 이와 비슷한 것으로 된 가설건축물로서 임시사무실·임시창고 또는 임시 숙소로 사용되는 것(건축물의 옥상에 건축하는 것은 제외한다. 다만, 2009년 7월 1일부터 2015년 6월 30일까지 및 2016년 7월 1일부터 2019년 6월 30일까지 공장의 옥상에 축조하는 것은 포함한다) 9. 도시지역 중 주거지역·상업지역 또는 공업지역에 설치하는 농업·어업용 비닐하우스로서 연면적이 $100m^2$ 이상인 것 10. 연면적이 $100m^2$ 이상인 간이축사용, 가축분뇨처리용, 가축운동용, 가축의 비가림용 비닐하우스 또는 천막(벽 또는 지붕이 합성수지재질로 된 것을 포함)구조 건축물 11. 농업·어업용 고정식 온실 및 간이작업장, 가축양육실 12. 물품저장용, 간이포장용, 간이수선작업용 등으로 쓰기 위하여 공장 또는 창고시설에 설치하거나 인접대지에 설치하는 천막(벽 또는 지붕이 합성수지재질로 된 것을 포함), 그 밖에 이와 비슷한 것 13. 유원지, 종합휴양업 사업지역 등에서 한시적인 관광·문화행사 등을 목적으로 천막 또는 경량구조로 설치하는 것	**제13조【가설건축물】** ① 법 제20조제2항에 따라 신고하여야 하는 가설건축물을 축조하려는 자는 영 제15조제8 항에 따라 별지 제8호서식의 가설건축물축조신고서(전자문서로 된 신고서를 포함한다)에 배치도·평면도 및 대지사용승낙서(다른 사람이 소유한 대지인 경우만 해당한다)를 첨부하여 시장·군수·구청장에게 제출하여야 한다.<개정 2006.5.12, 2008.12.11> ② 영 제15조제9항에 따른 가설건축물 축조신고필증은 별지 제9호서식에 따른다.<개정 2006.5.12> ③ 시장·군수·구청장은 법 제20조제1항 또는 제2항에 따라 가설건축물의 건축 허가신청 또는 축조신고를 접수한 경우에는 별지 제10호서식의 가설건축물 관리대장에 이를 기재하고 관리하여야 한다.<개정 2006.5.12, 2008.12.11> ④ 가설건축물의 소유자나 가설건축물에 대한 이해관계자는 제3항에 따른 가설건축물관리 대장을 열람할 수 있다. ⑤ 영 제15조제7항에 따라 가설건축물의 존치기간을 연장하고자 하는 자는 별지 제11호서 식의 가설건축물존치기간연장신고서(전자문서로 된 신고서를 포함한다)를 시장·군수·구청장에게 제출하여야 한다.<개정 2005.7.18> ⑥ 시장·군수·구청장은 제5항에 따른 가설건축물존치기간 연장신고서를 받은 때에는 그 기재내용을 확인한 후 별지 제12호서식의 가설건축물존치기간 연장신고필증을 신고인에게 내주어야 한다.

건축법	건축법 시행령	건축법 시행규칙
⑥ 제2항 또는 제3항에 따라 가설건축물의 건축허가 신청 또는 축조신고를 받은 때에는 다른 법령에 따른 제한 규정에 대하여 확인이 필요한 경우 관계 행정기관의 장과 미리 협의하여야 하고, 협의 요청을 받은 관계 행정기관의 장은 요청을 받은 날부터 15일 이내에 의견을 제출하여야 한다. 이 경우 관계 행정기관의 장이 협의 요청을 받은 날부터 15일 이내에 의견을 제출하지 아니하면 협의가 이루어진 것으로 본다.<시행 2017.7.18>	14. 야외전시시설 및 촬영시설 15. 야외흡연실 용도로 쓰는 가설건축물로서 연면적이 50m² 이하인 것 16. 그 밖에 제1호부터 제14호까지의 규정에 해당하는 것과 비슷한 것으로서 건축조례로 정하는 건축물 ⑥ 법 제20조제5항에 따라 가설건축물을 축조하는 경우에는 다음 각 호의 구분에 따라 관련 규정을 적용하지 않는다. 1. 제5항 각 호(제4호는 제외한다)의 가설건축물을 축조하는 경우에는 법 제25조, 제38조부터 제42조까지, 제44조부터 제47조까지, 제48조, 제48조의2, 제49조, 제50조, 제50조의2, 제51조, 제52조, 제52조의2, 제52조의4, 제53조, 제53조의2, 제54조부터 제58조까지, 제60조부터 제62조까지, 제64조, 제67조 및 제68조와 「국토의 계획 및 이용에 관한 법률」 제76조를 적용하지 않는다. 다만, 법 제48조, 제49조 및 제61조는 다음 각 목에 따른 경우에만 적용하지 않는다. 가. 법 제48조 및 제49조를 적용하지 않는 경우 : 다음의 어느 하나에 해당하는 경우 (1) 1층 또는 2층인 가설건축물(제5항제2호 및 제14호의 경우에는 1층인 가설건축물만 해당한다)을 건축하는 경우 (2) 3층 이상인 가설건축물(제5항제2호 및 제14호의 경우에는 2층 이상인 가설건축물을 말한다)을 건축하는 경우로서 지방건축위원회의 심의 결과 구조 및 피난에 관한 안전성이 인정된 경우 나. 법 제61조를 적용하지 아니하는 경우 : 정북방향으로 접하고 있는 대지의 소유자와 합의한 경우 2. 제5항제4호의 가설건축물을 축조하는 경우에는 법 제25조, 제38조, 제39조, 제42조, 제45조, 제50조의2, 제53조, 제54조부터 제57조까지, 제60조, 제61조 및 제68조와 「국토의 계획 및 이용에 관한 법률」 제76조만을 적용하지 아니한다. ⑦ 법 제20조제3항에 따라 신고하여야 하는 가설건축물의 존치기간은 3년 이내로 한다. 다만, 제5항제3호의 공사용 가설건축물 및 공작물의 경우에는 해당 공사의 완료일까지의 기간을 말한다. ⑧ 법 제20조제1항 또는 제3항에 따라 가설건축물의 건축허가를 받거나 축조신고를 하려는 자는 국토교통부령으로 정하는 가설건축물 건축허가신청서 또는 가설건축물 축조신고서에 관계 서류를 첨부하여 특별자치시장·특별자치도지사 또는 시장·군수·구청장에게 제출하여야 한다. 다만, 건축물의 건축허가를 신청할 때 건축물의 건축에 관한 사항과 함께 공사용 가설건축물의 건축에 관한 사항을 제출한 경우에는 가설건축물 축조신고서의 제출을 생략한다. ⑨ 제8항 본문에 따라 가설건축물 건축허가신청서 또는 가설건축물 축조신고서를 제출받은 특별자치시장·특별자치도지사 또는 시장·군수·구청장은 그 내용을 확인한 후 신청인 또는 신고인에게 국토교통부령으로 정하는 바에 따라 가설건축물 건축허가서 또는 가설건축물 축조신고필증을 주어야 한다. <개정 2018. 9. 4.> [전문개정 2008.10.29] **제15조의2 【가설건축물의 존치기간 연장】** ① 특별자치시장·특별자치도지사 또는 시장·군수·구청장은 법 제20조에 따른 가설건축물의 존치기간 만료일 30일 전까지 해당 가설건축물의 건축주에게 다음 각 호의 사항을 알려야 한다. 1. 존치기간 만료일 2. 존치기간 연장 가능 여부 3. 제15조의3에 따라 존치기간이 연장될 수 있다는 사실(같은 조 제1호 각 목의 어느 하나에 해당하는 가설건축물에 한정한다)	

건축법	건축법 시행령	건축법 시행규칙
	② 존치기간을 연장하려는 가설건축물의 건축주는 다음 각 호의 구분에 따라 특별자치도지사 또는 시장·군수·구청장에게 허가를 신청하거나 신고하여야 한다. 1. 허가 대상 가설건축물: 존치기간 만료일 14일 전까지 허가 신청 2. 신고 대상 가설건축물: 존치기간 만료일 7일 전까지 신고 **제15조의3【공장에 설치한 가설건축물의 존치기간 연장】** 제15조의2제2항에도 불구하고 다음 각 호의 요건을 모두 충족하는 가설건축물로서 건축주가 같은 항의 구분에 따른 기간까지 특별자치도지사 또는 시장·군수·구청장에게 그 존치기간의 연장을 원하지 않는다는 사실을 통지하지 않는 경우에는 기존 가설건축물과 동일한 기간(제1호다목의 경우에는 「국토의 계획 및 이용에 관한 법률」 제2조제10호의 도시·군계획시설사업이 시행되기 전까지의 기간으로 한정한다)으로 존치기간을 연장한 것으로 본다. 1. 다음 각 목의 어느 하나에 해당하는 가설건축물일 것 가. 공장에 설치한 가설건축물 나. 제15조 제5항 제11호에 따른 가설건축물(「국토의 계획 및 이용에 관한 법률」 제36조 제1항 제3호에 따른 농림지역에 설치한 것만 해당한다) 다. 도시·군계획시설 예정지에 설치한 가설건축물 2. 존치기간 연장이 가능한 가설건축물일 것	

법해설 Explanation

가설건축물

(1) 가설건축물의 건축허가

① 설치대상 및 허가

도시·군계획시설 또는 도시·군계획시설예정지에서 가설건축물을 건축하는 경우에는 특별자치시장·특별자치도지사 또는 시장·군수·구청장의 허가를 받아야 한다.

② 설치기준

구분	내용
구조	철근콘크리트조 또는 철골·철근콘크리트조가 아닐 것
기간	존치기간은 3년 이내(도시·군계획사업이 시행될 때까지 기간 연장 가능)
층수	3층 이하
설비	전기·수도·가스 등 새로운 간선공급설비의 설치를 요하지 아니할 것
분양목적	공동주택·판매시설·운수시설 등으로서 분양을 목적으로 건축하는 건축물이 아닐 것
「국토의 계획 및 이용에 관한 법률」	도시·군계획시설부지에서의 개발행위에 적합할 것

◆ 가설건축물

질의 가설건축물인 콘테이너에서 자동차부분정비업을 위한 임시사무실 및 창고의 용도로 사용할 수 있는지 여부

회신

① 건축법 제15조 제2항 및 같은 법시행령 제15조 제4항 제8호의 규정에 의하면 콘테이너 기타 이와 유사한 구조로 된 임시사무실·창고·숙소로서 존치기간 2년 이하인 것은 가설건축물 축조신고를 하도록 하고 있는 바, 동 가설건축물에서는 자동차 정비행위를 수반하지 아니한 임시사무실(집무·경리)·창고로 한시적으로 사용할 수 있는 것이며,

② 건축법령상 용도지역내 건축기준을 회피할 목적으로 자동차부분정비업을 위하여 지속적으로 사용하고자 하는 경우에는 가설건축물로 보기 곤란한 것이니 허가권자가 사안에 따라 검토하시기 바랍니다.

③「건축법」 적용의 제외

가설건축물이 ①, ②의 기준에 적합한 경우로서 다음의 지역적 범위에 위치할 경우에는「건축법」의 일부규정을 적용하지 않는다.

제외 대상		적용되지 않는 규정
도시·군계획시설 또는 도시·군계획시설 예정지에 건축하는 가설 건축물 중	–	건축물대장(법 제38조)
	시장의 공지 또는 도로에 설치하는 차양시설	• 건축선의 지정(법 제46조) • 건축물의 건폐율(법 제55조)
	도시·군계획 예정도로 안에 건축하는 경우	• 도로의 지정·폐지 또는 변경(법 제45조) • 건축선의 지정(법 제46조) • 건축선에 따른 건축제한(법 제47조)

[개정취지]

◆ 가설건축물 범위의 확대

가설건축물에 대하여 축조신고 후 바로 착공신고를 하고, 사용승인까지 받아야 하는 불편함을 없애고, 존치기간의 제한이 연장규정에 의하여 유명무실하여 착공신고, 사용승인절차 규정을 폐지한 것이며, 축사 내에 설치된 가축운동시설이 일반건축물로 되어 재산세가 중과되는 등의 문제를 해소하여 축산농가의 부담을 줄이고자 동시설을 가설건축물에 포함하여 개정

(2) 가설건축물의 축조 신고(일시 사용하는 가설건축물)

① 신고대상

다음의 가설건축물을 축조하고자 하는 자는 존치기간, 설치기준 및 절차에 따라 특별자치시장·특별자치도지사 또는 시장·군수·구청장에게 신고한 후 착공하여야 한다.

㉠ 재해가 발생한 구역 또는 그 인접구역으로서 특별자치도지사 또는 시장·군수·구청장이 지정하는 구역안에서 일시 사용을 위하여 건축하는 것

㉡ 특별자치도지사 또는 시장·군수·구청장이 도시미관이나 교통소통에 지장이 없다고 인정하는 가설전람회장 농·수·축산물 직거래용 가설점포, 그 밖에 이와 유사한 것

㉢ 공사에 필요한 규모의 범위 안의 공사용 가설건축물 및 공작물

㉣ 전시를 위한 견본주택 그 밖에 이와 유사한 것

㉤ 특별자치도지사 또는 시장·군수·구청장의 도로변 등의 미관정비를 위하여 필요하다고 인정하는 가설점포(물건 등의 판매를 목적으로 하는 것)로서 안전·방화 및 위생에 지장이 없는 것

㉥ 조립식구조로 된 경비용에 쓰이는 가설건축물로서 연면적이 10m² 이하인 것

㉦ 조립식 구조로 된 외벽이 없는 자동차 차고로서 높이 8m 이하인 것

㉧ 컨테이너 또는 이와 유사한 된 가설건축물로서 임시사무실·창고·숙소로 사용되는 것(건축물의 옥상에 건축하는 것을 제외한다. 다만, 2009년 7월 1일부터 2015년 6월 30일까지 및 2016년 7월 1일부터 2019년 6월 30일까지 공장의 옥상에 축조하는 것은 포함한다.)

㉨ 도시지역 중 주거지역·상업지역·공업지역에 건축하는 농·어업용 비닐하우스로서 연면적 100m² 이상인 것

㉫ 연면적 100m^2 이상인 간이축사용 · 가축운동용 · 가축의 비가림용 비닐하우스 · 천막(벽 또는 지붕이 합성수지재질로 된 것을 포함한다)구조의 건축

㉬ 농업 · 어업용 고정식 온실 및 간이작업장, 가축양육실

㉭ 물품저장용, 간이포장용, 간이수선작업용 등으로 쓰기 위하여 공장 또는 창고시설에 설치하거나 인접대지에 설치하는 천막(벽 또는 지붕이 합성수지재질로 된 것을 포함한다), 그 밖에 이와 유사한 것

㉮ 유원지 · 종합휴양업사업지역 등에서 한시적인 관광 · 문화행사 등을 목적으로 천막 또는 경량구조로 설치하는 것

㉯ 관광특구에 설치하는 야외전시시설 및 촬영시설

② 가설건축물의 축조 신고시 제출서류

가설건축물을 축소하고자 하는 자는 다음의 서류를 시장 · 군수 · 구청장에게 제출하여야 한다.

신고서류	첨부서류
가설건축물 축조 신고서	• 배치도 • 평면도

예외 건축허가 신청시 건축물의 건축에 관한 사항과 함께 공사용 가설건축물의 건축에 관한 사항을 제출한 경우

(3) 신고대상 가설건축물의 존치기간

신고대상 가설건축물의 존치기간은 3년 이내로 한다.

(4) 가설건축물의 존치기간 연장

① 특별자치도지사 또는 시장 · 군수 · 구청장은 법 제20조에 따른 가설건축물의 존치기간 만료일 30일 전까지 해당 가설건축물의 건축주에게 다음의 사항을 알려야 한다.

㉠ 존치기간 만료일

㉡ 존치기간 연장 가능 여부

㉢ 존치기간이 연장될 수 있다는 사실(공장에 설치한 가설건축물에 한정한다)

② 존치기간을 연장하려는 가설건축물의 건축주는 다음의 구분에 따라 특별자치도지사 또는 시장 · 군수 · 구청장에게 허가를 신청하거나 신고하여야 한다.

㉠ 허가 대상 가설건축물: 존치기간 만료일 14일 전까지 허가 신청

㉡ 신고 대상 가설건축물: 존치기간 만료일 7일 전까지 신고

⑸ 공장에 설치한 가설건축물의 존치기간 연장

제15조의2제2항에도 불구하고 다음 각 호의 요건을 모두 충족하는 가설건축물로서 건축주가 같은 항의 구분에 따른 기간까지 특별자치시장·특별자치도지사 또는 시장·군수·구청장에게 그 존치기간의 연장을 원하지 않는다는 사실을 통지하지 않는 경우에는 기존 가설건축물과 동일한 기간(제1호다목의 경우에는 「국토의 계획 및 이용에 관한 법률」 제2조제10호의 도시·군계획시설사업이 시행되기 전까지의 기간으로 한정한다)으로 존치기간을 연장한 것으로 본다.

① 다음 각 목의 어느 하나에 해당하는 가설건축물일 것

㉠ 공장에 설치한 가설건축물

㉡ 제15조제5항제11호에 따른 가설건축물(「국토의 계획 및 이용에 관한 법률」 제36조제1항제3호에 따른 농림지역에 설치한 것만 해당한다)

㉢ 도시·군계획시설 예정지에 설치한 가설건축물

② 존치기간 연장이 가능한 가설건축물일 것

■ 건축법 시행규칙 [별지 제8호서식] <개정 2018.11.29.> 세움터(www.eais.go.kr)에서도 신청할 수 있습니다.

가설건축물 축조신고서

• 어두운 난( )은 신고인이 작성하지 않으며, [ ]에는 해당하는 곳에 √ 표시를 합니다. (앞쪽)

신고번호(연도-기관코드-업무구분-신고일련번호)	접수일자	처리일자	처리기간 3일
건축주	성명		
	생년월일(사업자 또는 법인등록번호)	전화번호	
	주소		
대지현황	대지위치	지번	
	대지소유구분 [ ] 본인소유 [ ] 타인소유	면적 ㎡	

※ "지번"은 「공간정보의 구축 및 관리 등에 관한 법률」에 따른 지번을 적으며, 「공유수면의 관리 및 매립에 관한 법률」 제8조에 따라 공유수면의 점용·사용 허가를 받은 경우 그 장소가 지번이 없으면 그 점용·사용 허가를 받은 장소를 적습니다.

I. 전체 개요

건축면적	㎡	연면적 합계	㎡
존치기간	년	월	일까지

II. 동별 개요

동별	구조	용도	건축면적(㎡)	연면적(㎡)	지상층수

「건축법」 제20조 제3항 및 같은 법 시행규칙 제13조에 따라 위와 같이 가설건축물 축조신고서를 제출합니다.

년 월 일

건축주 (서명 또는 인)

특별자치시장 · 특별자치도지사, 시장 · 군수 · 구청장 귀하

210㎜×297㎜[보존용지(2종) 70g/㎡]

11 착공신고 등

건축법	건축법 시행규칙
제21조【착공신고 등】 ① 제11조·제14조 또는 제20조제1항에 따라 허가를 받거나 신고를 한 건축물의 공사를 착수하려는 건축주는 국토교통부령으로 정하는 바에 따라 허가권자에게 공사계획을 신고하여야 한다. 다만, 「건축물관리법」 제30조에 따라 건축물의 해체 허가를 받거나 신고할 때 착공 예정일을 기재한 경우에는 그러하지 아니하다. ② 제1항에 따라 공사계획을 신고하거나 변경신고를 하는 경우 해당 공사감리자(제25조제1항에 따른 공사감리자를 지정한 경우만 해당된다)와 공사시공자가 신고서에 함께 서명하 여야 한다. ③ 건축주는 「건설산업기본법」 제41조를 위반하여 건축물의 공사를 하거나 하게 할 수 없다. ④ 제11조에 따라 허가를 받은 건축물의 건축주는 제1항에 따른 신고를 할 때에는 제15조 제2항에 따른 각 계약서의 사본을 첨부하여야 한다.	**제14조【착공신고 등】** ① 법 제21조제1항에 따른 건축공사의 착공신고를 하려는 자는 별지 제13호서식의 착공신고서(전자문서로 된 신고서를 포함한다)에 다음 각 호의 서류 및 도서를 첨부하여 허가권자에게 제출하여야 한다.<개정 2006.5.12, 2008.12.11> 1. 법 제15조에 따른 건축관계자 상호간의 계약서 사본(해당사항이 있는 경우로 한정한다) 2. 별표 2의 설계도서 중 다음 각 목의 도서 가. 삭제<2011.6.29> 나. 시방서, 실내마감도, 건축설비도, 토지굴착 및 옹벽도(공장인 경우만 해당한다) 다. 토지굴착 및 옹벽도 중 흙막이 구조도면(법 제14조제1항에 따라 신고를 하여야 하는 건축물로서 지하 2층 이상의 지하층을 설치하는 경우만 해당한다) ② 건축주는 법 제11조제7항 각 호 외의 부분단서에 따라 공사착수시기를 연기하려는 경우에는 별지 제14호서식의 착공연기신청서(전자문서로 된 신청서를 포함한다)를 허가권자에게 제출하여야 한다.<개정 2008.12.11> ③ 허가권자는 토지굴착공사를 수반하는 건축물로서 가스, 전기·통신, 상·하수도등 지하매설물에 영향을 줄 우려가 있는 건축물의 착공신고가 있는 경우에는 해당 지하매설물의 관리 기관에 토지굴착공사에 관한 사항을 통보하여야 한다. ④ 허가권자는 제1항 및 제2항에 따른 착공신고서 또는 착공연기신청서를 받은 때에는 별 지 제15호서식의 착공신고필증 또는 별지 제16호서식의 착공연기확인서를 신고인 또는 신청인에게 내주어야 한다. ⑤ 법 제21조제1항에 따른 착공신고 대상 건축물 중 「산업안전보건법」 제38조의2제2항에 따른 기관석면조사 대상 건축물의 경우에는 제1항 각 호에 따른 서류 이외에 「산업안전보건법」 제38조의2제2항에 따른 기관석면조사결과 사본을 첨부하여야 한다. 이 경우, 특별자치도지사 또는 시장·군수·구청장은 제출된 서류를 검토하여 석면이 함유된 것으로 확인된 때에는 지체 없이 「산업안전보건법」 제38조의2제4항에 따른 권한을 같은 법 시행령 제46조제1항에 따라 위임받은 지방고용노동관서의 장 및 「폐기물관리법」 제17조제3항에 따른 권한을 같은 법 시행령 제37조에 따라 위임받은 특별시장·광역시장·도지사 또는 유역환경청장·지방환경청장에게 해당 사실을 통보하여야 한다.<개정 2010.8.5, 2011.6.29, 2012.12.12.>

법해설 Explanation

착공신고

(1) 착공신고

건축물의 건축허가를 받거나 신고를 한 건축물의 공사를 착수하고자 하는 건축주는 허가권자에게 그 공사계획을 신고하여야 한다.

예외 건축물의 철거를 신고한 때에 착공예정일을 기재한 경우

(2) 착공신고 절차

① 공사계획을 신고하거나 변경신고를 하는 경우 해당 공사감리자 및 공사시공자가 그 신고서에 함께 서명해야 한다.

② 허가를 받은 건축물의 건축주는 착공신고를 하는 때에 착공신고서에 건축관계자 상호간의 계약서 사본을 첨부하여야 한다.

③ 건축허가 후 1년 이내에 공사를 착수하지 않을 때 공사착수시기를 연기하고자 하는 경우에는 착공연기신청서를 허가권자에게 제출하여야 한다.

[개정취지]

◆ 착공신고·철거신고 통합

종전에는 기존 건축물을 철거하고 다시 건축하는 경우에는

철거신고 → 건축허가 → 착공신고

의 절차를 거쳐야 하므로 절차가 복잡하여 건축주의 시간적·경제적 부담을 덜어 주고자 기존 건축물을 그대로 두는 상태에서 허가를 받아 철거와 동시에 착공을 하는 경우에는 건축물의 철거신고시에 착공신고를 동시에 하도록 하였음

참고

◆ 건축관계자 상호간의 계약서

사본 건축주와 설계자·건축주와 공사시공자·건축주와 공사감리자와의 각 계약서 사본을 말한다.

④ 허가권자는 착공신고서 또는 착공연기신청서를 접수한 때에는 착공신고필증 또는 착공연기확인서를 내주어야 한다.

⑤ 허가권자는 토지 굴착공사를 수반하는 건축물로서 가스, 전기, 통신, 상·하수도 등 지하매설물에 영향을 줄 우려가 있는 건축물의 착공신고가 있는 경우에는 해당 지하매설물의 관리기관에 토지 굴착공사에 관한사항을 통보하여야 한다.

(3) 착공신고시 제출서류

① 착공신고서(전자문서신고서 포함)

② 건축관계자 상호간의 계약서 사본(해당 사항이 있는 경우)

③ 흙막이 구조도면(건축신고 대상 건축물로서 지하 2층 이상의 지하층을 설치하는 경우)

■ 건축법 시행규칙 [별지 제13호서식] <개정 2018.11.29.> 세움터(www.eais.go.kr)에서도 신청할 수 있습니다.

착 공 신 고 서

• 어두운 난(   )은 신고인이 작성하지 않으며, [ ]에는 해당하는 곳에 √ 표시를 합니다. (앞쪽)

접수번호	접수일자	처리일자	처리기간 3일

신고인	건축주	
	전화번호	
	주소	

대지위치	① 지번
허가(신고)번호	허가(신고)일자
착공예정일자	준공예정일자

② 설계자	성명(법인명) (서명 또는 인)	자격번호
	사무소명	신고번호
	사무소 주소 (전화번호:)	
	도급계약일자	도급금액 원

③ 공사시공자	성명 (서명 또는 인)		도급계약일자
	회사명		도급금액 원
	생년월일(법인등록번호)		등록번호
	주소 (전화번호:)		
	현장 배치 건설기술자	성명	
		자격증	자격번호

④ 공사감리자	성명 (서명 또는 인)	자격번호
	사무소명	신고번호
	사무소 주소 (전화번호:)	
	도급계약일자	도급금액 원

⑤ 현장관리인	성명 (서명 또는 인)	자격번호
	주소 (전화번호:)	

건축물 석면 함유 유무	[ ] 천장재	[ ] 단열재	[ ] 지붕재
	[ ] 보온재	[ ] 기타	[ ] 해당 없음

	분야	자격증	자격번호	주소
⑥ 관계 전문기술자	( ) (서명 또는 인)			
	( ) (서명 또는 인)			
	( ) (서명 또는 인)			
	( ) (서명 또는 인)			

210㎜×297㎜[백상지(80g/㎡) 또는 중질지(80g/㎡)]

12 건축물의 사용승인

건축법	건축법 시행령	건축법 시행규칙
제22조【건축물의 사용승인】 ① 건축주가 제11조·제14조 또는 제20조제1항에 따라 허가를 받았거나 신고를 한 건축물의 건축공사를 완료[하나의 대지에 둘 이상의 건축물을 건축하는 경우 동(棟)별 공사를 완료 한 경우를 포함한다]한 후 그 건축물을 사용하려면 제25조제6항에 따라 공사감리자가 작성한 감리완료보고서(같은 조 제1항에 따른 공사감리자를 지정한 경우만 해당된다)와 국토교통부령으로 정하는 공사완료도서를 첨부하여 허가권자에게 사용승인을 신청하여야 한다. ② 허가권자는 제1항에 따른 사용승인신청을 받은 경우 국토교통부령으로 정하는 기간에 다음 각 호의 사항에 대한 검사를 실시하고, 검사에 합격된 건축물에 대하여는 사용승인서를 내주어야 한다. 다만, 해당 지방자치단체의 조례로 정하는 건축물은 사용승인을 위한 검사를 실시하지 아니하고 사용승인서를 내줄 수 있다. 1. 사용승인을 신청한 건축물이 이 법에 따라 허가 또는 신고한 설계도서대로 시공되었는지의 여부 2. 감리완료보고서, 공사완료도서 등의 서류 및 도서가 적합하게 작성되었는지의 여부 ③ 건축주는 제2항에 따라 사용승인을 받은 후가 아니면 건축물을 사용하거나 사용하게 할 수 없다. 다만, 다음 각 호의 어느 하나에 해당하는 경우에는 그러하지 아니하다. 1. 허가권자가 제2항에 따른 기간 내에 사용승인서를 교부하지 아니한 경우 2. 사용승인서를 교부받기 전에 공사가 완료된 부분이 건폐율, 용적률, 설비, 피난·방화 등 국토교통부령으로 정하는 기준에 적합한 경우로서 기간을 정하여 대통령령으로 정하는 바에 따라 임시로 사용의 승인을 한 경우 ④ 건축주가 제2항에 따른 사용승인을 받은 경우에는 다음 각 호에 따른 사용승인·준공검사 또는 등록신청 등을 받거나 한 것으로 보며, 공장건축물의 경우에는 「산업집적활성화 및 공장설립에 관한 법률」 제14조의2에 따라 관련 법률의 검사 등을 받은 것으로 본다. 1. 「하수도법」 제27조에 따른 배수설비(排水設備)의 준공검사 및 같은 법 제37조에 따른 개인하수처리시설의 준공검사 2. 「공간정보의 구축 및 관리 등에 관한 법률」 제64조에 따른 지적공부(地籍公簿)의 변동사항 등록신청<개정 2009.6.9> 3. 「승강기시설 안전관리법」 제28조에 따른 승강기 설치검사<개정 2018.3.27, 시행 2019.3.28> 4. 「에너지이용 합리화법」 제39조에 따른 보일러 설치검사	**제17조【건축물의 사용승인】** ① 삭제 <2006.5.8> ② 건축주는 법 제22조 제3항 제2호에 따라 사용승인서를 받기 전에 공사가 완료된 부분에 대한 임시사용의 승인을 받으려는 경우에는 국토교통부령으로 정하는 바에 따라 임시사용 승인신청서를 허가권자에게 제출(전자문서에 따른 제출을 포함한다)하여야 한다.<개정 2008.10.29> ③ 허가권자는 제2항의 신청서를 접수한 경우에는 공사가 완료된 부분이 법 제22조 제3항 제2호에 따른 기준에 적합한 경우에만 임시사용을 승인할 수 있으며, 식수 등 조경에 필요한 조치를 하기에 부적합한 시기에 건축공사가 완료된 건축물은 허가권자가 지정하는 시기까지 식수(植樹) 등 조경에 필요한 조치를 할 것을 조건으로 임시사용을 승인할 수 있다.<개정 2008.10.29> ④ 임시사용승인의 기간은 2년 이내로 한다. 다만, 허가권자는 대형 건축물 또는 암반공사 등으로 인하여 공사기간이 긴 건축물에 대하여는 그 기간을 연장할 수 있다.<개정 2008.10.29> ⑤ 법 제22조제6항 후단에서 "대통령령으로 정하는 주요 공사의 시공자"란 다음 각 호의 어느 하나에 해당하는 자를 말한다.<개정 2008.10.29> 1. 「건설산업기본법」 제9조에 따라 종합공사를 시공하는 업종을 등록한 자로서 발주자로부터 건설공사를 도급받은 건설사업자 2. 「전기공사업법」·「소방시설공사업법」 또는 「정보통신공사업법」에 따라 공사를 수행하는 시공자	**제16조【사용승인신청】** ① 법 제22조제1항(법 제19조제5항에 따라 준용되는 경우를 포함한다)에 따라 건축물의 사용승인을 받으려는 자는 별지 제17호서식의 (임시)사용승인 신청서에 다음 각 호의 구분에 따른 도서를 첨부하여 허가권자에게 제출하여야 한다.<개정 2006.5.12, 2008.12.11, 2010.8.5, 2012.5.23.> 1. 법 제25조제1항에 따른 공사감리자를 지정한 경우 : 공사감리완료보고서 2. 법 제11조제1항에 따라 허가를 받아 건축한 건축물의 건축허가도서에 변경이 있는 경우 : 설계변경사항이 반영된 최종 공사완료도서 3. 법 제14조제1항에 따른 신고를 하여 건축한 건축물 : 배치 및 평면이 표시된 현황도면 4. 「액화석유가스의 안전관리 및 사업법」 제29조제2항 본문에 따라 액화석유가스의 사용시설에 대한 완성검사를 받아야 할 건축물인 경우 : 액화석유가스 완성검사증명서 5. 법 제22조제4항 각 호에 따른 사용승인·준공검사 또는 등록신청 등을 받거나 하기 위하여 해당 법령에서 제출하도록 의무화하고 있는 신청서 및 첨부서류(해당 사항이 있는 경우로 한정한다) 6. 법 제25조 제11항에 따라 감리비용을 지불하였음을 증명하는 서류(해당 사항이 있는 경우로 한정한다) 7. 법 제48조의3제1항에 따라 내진능력을 공개하여야 하는 건축물인 경우 : 건축구조기술사가 날인한 근거자료(「건축물의 구조기준 등에 관한 규칙」 제60조의2 제2항 후단에 해당하는 경우로 한정한다) ② 허가권자는 제1항에 따른 사용승인신청을 받은 경우에는 법 제22조제2항에 따라 그 신청서를 받은 날부터 7일 이내에 사용승인을 위한 현장검사를 실시하여야 하며, 현장검사에 합격된 건축물에 대하여는 별지 제18호서식의 사용승인서를 신청인에게 발급하여야 한다.<개정 2006.5.12, 2008.12.11> **제17조【임시사용승인신청등】** ① 영 제17조제2항에 따른 임시사용승인신청서는 별지 제17호서식에 따른다. ② 영 제17조제3항에 따라 허가권자는 건축물 및 대지의 일부가 법 제40조부터 제58조까지, 법 제60조부터 제62조까지, 법 제64조, 법 제66조부터 제68조까지 및 법 제77조를 위반하여 건축된 경우에는 해당건축물의 임시사용을 승인하여서는 아니된다.<개정 2006.5.12, 2008.12.11>

건축법	건축법 시행령	건축법 시행규칙
5. 「전기사업법」 제63조에 따른 전기설비의 사용전검사 6. 「정보통신공사업법」 제36조에 따른 정보통신공사의 사용전검사 7. 「도로법」 제38조제3항에 따른 도로점용공사 완료확인 8. 「국토의 계획 및 이용에 관한 법률」 제62조에 따른 개발 행위의 준공검사 9. 「국토의 계획 및 이용에 관한 법률」 제98조에 따른 도시·군계획시설사업의 준공검사 10. 「물 환경보전법」 제37조에 따른 수질오염물질 배출시설의 가동개시의 신고 11. 「대기환경보전법」 제30조에 따른 대기오염물질 배출시설의 가동개시의 신고 12. <삭제 2009.6.9> ⑤ 허가권자는 제2항에 따른 사용승인을 하는 경우 제4항 각 호의 어느 하나에 해당하는 내용이 포함되어 있으면 관계 행정기관의 장과 미리 협의하여야 한다. ⑥ 특별시장 또는 광역시장은 제2항에 따라 사용승인을 한 경우 지체 없이 그 사실을 군수 또는 구청장에게 알려서 건축물대장에 적게 하여야 한다. 이 경우 건축물대장에는 설계자, 대통령령으로 정하는 주요 공사의 시공자, 공사감리자를 적어야 한다.		③ 허가권자는 제1항에 따른 임시사용승인신청을 받은 경우에는 해당신청서를 받은 날부터 7일 이내에 별지 제19호서식의 임시사용승인서를 신청인에게 내주어야 한다.

법해설 Explanation

건축물의 사용승인 신청

(1) 건축물의 사용승인 신청

① 대상 건축물

㉠ 건축허가를 받은 건축물의 건축공사를 완료한 후

㉡ 건축신고를 한 건축물의 건축공사를 완료한 후

단서 하나의 대지에 2이상의 건축물을 건축하는 경우 동별 공사를 완료한 경우를 포함한다.

② 사용승인 신청

㉠ 건축주는 공사감리자가 작성한 감리완료보고서(공사감리자를 지정한 경우에 한함) 및 공사완료도서를 첨부하여 허가권자에게 사용승인을 신청해야 한다.

㉡ 신고대상 건축물의 사용승인 신청서에는 배치 및 평면이 표시된 현황도면을 첨부해야 한다.

참고 용어의 변천

준공검사 ……1992. 5. 31까지 사용
↓
사용검사 ……1995. 1. 5까지 사용
↓
사용승인

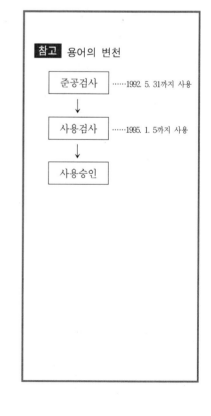

③ 사용승인서 교부

허가권자는 사용승인신청서를 받은날부터 7일 이내에 사용승인을 위한 다음 사항에 대한 검사를 한 후 합격된 건축물에 대하여 사용승인서를 내주어야 한다.

㉠ 사용승인을 신청한 건축물이 이 법에 따라 허가 또는 신고한 설계도서대로 시공되었는지의 여부

㉡ 감리완료보고서, 공사완료도서 등의 서류 및 도서가 적합하게 작성되었는지의 여부

④ 건축물대장의 기재

특별시장 또는 광역시장은 건축물의 사용승인을 한 때에는 지체없이 그 사실을 군수 또는 구청장에게 통지하여 건축물대장에 기재하게 하여야 한다.

(2) 사용승인 효력

① 건축물의 사용

원칙	건축주는 사용승인을 얻은 후가 아니면 그 건축물을 사용하거나 사용하게 할 수 없다.
예외	• 허가권자가 사용승인 신청접수 후 7일 내에 사용승인서를 내주지 아니한 경우 • 임시로 사용승인을 한 경우

② 타법의 의제

㉠ 건축주가 사용승인을 얻은 경우에는 다음의 검사 등을 받거나 등록신청을 한 것으로 본다.

검사내용	관련법규
배수설비의 준공검사	「하수도법」 제27조
지적공부 변동사항의 등록신청	「공간정보의 구축 및 관리 등에 관한 법률」 제64조
승강기 설치검사	「승강기시설 안전관리법」 제28조
보일러 설치검사	「에너지이용 합리화법」 제39조
전기설비 사용 전 검사	「전기사업법」 제63조
정보통신공사 사용 전 검사	「정보통신공사업법」 제36조
도로점용공사 완료확인	「도로법」 제38조
개발행위의 준공검사	「국토의 계획 및 이용에 관한 법률」 제62조
도시·군계획시설사업의 준공검사	「국토의 계획 및 이용에 관한 법률」 제98조
수질오염물질 배출시설의 가동개시의 신고	「물 환경보전법」 제37조
대기오염물질 배출시설의 가동개시의 신고	「대기환경보전법」 제30조

참고 건축허가 및 건축공사의 절차

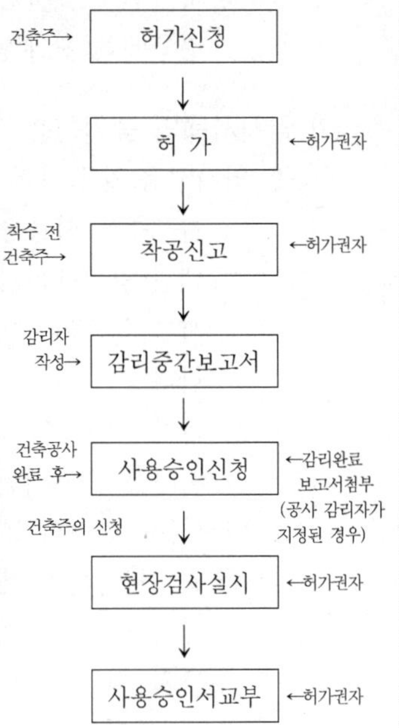

◆ 대형건축물의 임시사용승인기간의 연장

질의 대형건축물의 공사 등으로 인하여 공사기간이 장기간인 건축물에 대하여는 임시사용승인 기간을 연장할 수 있도록 하였는데, 대형건축물의 범위는?

회신 허가권자가 장기간 소요되는 공사규모라고 인정하면 임시사용승인 기간연장이 가능함

ⓛ 공장건축물은 관련 법률의 검사 등을 받은 것으로 본다.
ⓒ 허가권자는 사용승인을 하고자 하는 위 표의 내용이 포함되는 경우에는 관계행정기관의 장과 미리 협의해야 한다.

(3) 임시사용의 승인신청

① 임시사용 승인신청

㉠ 건축주는 사용승인서를 교부 받기 전에 공사가 완료된 부분에 대한 임시사용의 승인을 받으려는 경우에는 임시사용 승인신청서를 허가권자에게 제출(전자문서에 따른 제출을 포함)하여야 한다.

㉡ 허가권자는 임시사용 승인신청을 받은 날로부터 7일 이내에 임시사용 승인서를 신청인에게 내주어야 한다.

② 임시사용 승인의 조건

㉠ 허가권자는 임시사용 승인신청서를 접수한 경우에는 건축물 및 대지가 기준에 적합한 경우에 한하여 임시사용을 승인할 수 있다.

예외 법령에 위반하여 건축된 경우

㉡ 식수 등 조경에 필요한 조치를 하기에 부적합한 시기에 건축공사가 완료된 건축물에 대하여는 허가권자가 지정하는 시기까지 식수 등 조경에 필요한 조치를 할 것을 조건으로 하여 임시사용을 승인할 수 있다.

③ 임시사용 승인기간

임시사용 승인기간을 2년 이내로 한다.

예외 대형건축물 또는 암반공사 등으로 인하여 공사기간이 장기간인 건축물에 대하여는 그 기간을 연장할 수 있다.

13 건축물의 설계

건축법	건축법 시행령	건축법 시행규칙
제23조 【건축물의 설계】 ① 제11조제1항에 따라 건축허가를 받아야 하거나 제14조제1항에 따라 건축신고를 하여야 하는 건축물 또는 제22조에 따른 사용승인을 받은 후 20년 이상이 지난 건축물로서 「주택법」 제42조제2항 또는 제3항에 따른 리모델링을 하는 건축물의 건축등을 위한 설계는 건축사가 아니면 할 수 없다. 다만, 다음 각 호의 어느 하나에 해당하는 경우에는 그러하지 아니하다. 1. 바닥면적의 합계가 85m² 미만인 증축·개축 또는 재축 2. 연면적이 200m² 미만이고 층수가 3층 미만인 건축물의 대수선 3. 그 밖에 건축물의 특수성과 용도 등을 고려하여 대통령령으로 정하는 건축물의 건축등 ② 설계자는 건축물이 이 법과 이 법에 따른 명령이나 처분, 그 밖의 관계 법령에 맞고 안전·기능 및 미관에 지장이 없도록 설계하여야 하며, 국토교통부장관이 정하여 고시하는 설계도서 작성기준에 따라 설계도서를 작성하여야 한다. 다만, 해당 건축물의 공법(工法) 등이 특수한 경우로서 국토교통부령으로 정하는 바에 따라 건축위원회의 심의를 거친 때에는 그러하지 아니하다. ③ 제2항에 따라 설계도서를 작성한 설계자는 설계가 이 법과 이 법에 따른 명령이나 처분, 그 밖의 관계 법령에 맞게 작성되었는지를 확인한 후 설계도서에 서명날인하여야 한다. ④ 국토교통부장관이 국토교통부령으로 정하는 바에 따라 작성하거나 인정하는 표준설계도서나 특수한 공법을 적용한 설계도서에 따라 건축물을 건축하는 경우에는 제1항을 적용하지 아니한다.	**제18조 【설계도서의 작성】** 법 제23조제1항제3호에서 "대통령령으로 정하는 건축물"이란 다음 각 호의 어느 하나에 해당하는 건축물을 말한다.<개정 2012.4.10> 1. 읍·면지역(시장 또는 군수가 지역계획 또는 도시·군계획에 지장이 있다고 인정하여 지정·공고한 구역은 제외한다)에서 건축하는 건축물 중 연면적이 200제곱미터 이하인 창고 및 농막(농지법에 따른 농막을 말한다)과 연면적 400제곱미터 이하인 축사 및 작물 재배사, 종묘배양시설, 화초 및 분재 등의 온실 2. 제15조제5항 각 호의 어느 하나에 해당하는 가설건축물로서 건축조례로 정하는 가설건축물 [전문개정 2008.10.29]	제17조의2 삭제(2006. 5. 12)

법해설 Explanation

건축물의 설계

(1) 건축사에 따른 설계

다음에 해당하는 건축물의 건축 등을 위한 설계는 건축사가 아니면 할 수 없다.

① 건축허가를 받아야 하는 건축물

② 건축신고를 하여야 하는 건축물

③ 사용승인 후 20년 이상 경과된 건축물로서 리모델링을 하는 공동주택의 건축물

참고 건축사

(1) "건축사"라 함은 국토교통부장관이 시행하는 자격시험에 합격한 자로서 건축물의 설계 또는 공사감리의 업무를 행하는 자를 말한다.

(2) 다음의 어느 하나에 해당하는 자가 아니면 건축사자격시험에 응시할 수 없다.

① 건축사예비시험에 합격한 자로서 건축사예비시험 응시자격 취득일부터 5년 이상 건축에 관한 실무경력(연구경력을 포함한다)이 있는 자

④ 바닥면적의 합계가 500m² 이상인 용도변경의 설계
⑤ 다음에 해당하는 가설건축물로서 건축조례로 정하는 가설건축물
㉠ 가설전람회장·농·수·축산물 직거래용 가설점포, 그 밖에 이와 유사한 것
㉡ 전시를 위한 견본주택, 그 밖에 이와 유사한 것
㉢ 농업용 고정식 온실
㉣ 유원지·종합휴양업사업지역 등에서 한시적인 관광·문화행사 등을 목적으로 천막 또는 경량구조로 설치하는 것

예외
- 바닥면적의 합계가 85m² 미만의 증축·개축 또는 재축의 경우
- 연면적이 200m² 미만이고 층수가 3층 미만인 건축물의 대수선의 경우
- 읍·면지역(시장 또는 군수가 지역계획 또는 도시·군계획에 지장이 있다고 인정하여 지정·공고한 구역은 제외)에서 건축하는 건축물 중 연면적이 200m² 이하인 창고 및 농막과 연면적 400m² 이하인 축사 및 작물 재배사, 종묘배양시설, 화초 및 분재 등의 온실
- 그 밖에 위 ⑤ 이외의 가설건축물

(2) 설계기준

① 설계자는 건축법령 및 관계법령에 맞고 안전·기능·미관에 지장이 없도록 설계할 것
② 설계도서작성기준(국토교통부장관이 고시한 것)에 따라 작성할 것

예외 특수한 공법으로 건축위원회의 심의를 거친 경우

(3) 서명날인

설계도서를 작성한 설계자는 해당 설계가 「건축법」 또는 「건축법」에 따른 명령이나 처분, 그 밖의 관계법령에 맞게 작성되었는지를 확인한 후 그 설계도서에 서명·날인하여야 한다.

② 외국에서 건축사면허를 받거나 자격을 취득한 자로서 통산하여 5년 이상 건축에 관한 실무경력이 있는 자
※ 위 ②에 해당하는 자에 대하여는 대통령령이 정하는 바에 의하여 건축사자격시험의 일부를 면제할 수 있다.

◆ 표준설계도서 변경시 신고여부
(건교건축 58070 2979, 1996. 10. 16)

질의 국토교통부 고시 제1993 200호(1993. 12. 6) 표준설계도서에 따른 축사(92 1000 파) 건축시 건축물 주요구조부인 기둥 및 트러스를 변경코자할 때 신고로서 신축이 가능한지 여부

회신 건축법 제23조 제4항에 따라 국토교통부장관이 인정한 표준설계도서에 따라 건축하는 축사는 같은 법시행령 제11조 제2항 제3호에 따라 해당 건축조례가 정하는 바에 따라 허가 또는 신고로 건축이 가능한 것이나 귀 질의와 같이 주요구조부인 기둥의 크기를 변경하고자 할 때에는 국토교통부 공고 제1993 200호(1993. 12. 6) 표준설계도서에 따른 축사(92 10000 파) 시방서 부분 2. 나. 2)에 의해 허가기관에 신고 후 변경하여야 할 것임

14 건축시공

건축법	건축법 시행령	건축법 시행규칙
제24조【건축시공】 ① 공사시공자는 제15조제2항에 따른 계약대로 성실하게 공사를 수행하여야 하며, 이 법과 이 법에 따른 명령이나 처분, 그 밖의 관계 법령에 맞게 건축물을 건축하여 건축주에게 인도하여야 한다. ② 공사시공자는 건축물(건축허가나 용도변경허가 대상인 것만 해당된다)의 공사현장에 설계도서를 갖추어 두어야 한다. ③ 공사시공자는 설계도서가 이 법과 이 법에 따른 명령이나 처분, 그 밖의 관계 법령에 맞지 아니하거나 공사의 여건상 불합리하다고 인정되면 건축주와 공사감리자의 동의를 받아 서면으로 설계자에게 설계를 변경하도록 요청할 수 있다. 이 경우 설계자는 정당한 사유가 없으면 요청에 따라야 한다. ④ 공사시공자는 공사를 하는 데에 필요하다고 인정하거나 제25조제5항에 따라 공사감리자로부터 상세시공도면을 작성하도록 요청을 받으면 상세시공도면을 작성하여 공사감리자의 확인을 받아야 하며, 이에 따라 공사를 하여야 한다. ⑤ 공사시공자는 건축허가나 용도변경허가가 필요한 건축물의 건축공사를 착수한 경우에는 해당 건축공사의 현장에 국토교통부령으로 정하는 바에 따라 건축허가 표지판을 설치하여야 한다. ⑥ 「건설산업기본법」 제41조 제1항 각 호에 해당하지 아니하는 건축물의 건축주는 공사 현장의 공정 및 안전을 관리하기 위하여 같은 법 제2조 제15호에 따른 건설기술인 1명을 현장관리인으로 지정하여야 한다. 이 경우 현장관리인은 국토교통부령으로 정하는 바에 따라 공정 및 안전관리업무를 수행하여야 하며 건축주의 승낙을 받지 아니하고는 정당한 사유 없이 그 공사 현장을 이탈하여서는 아니 된다. <개정 2018.8.14., 시행 2020.8.15.>		**제18조【건축허가표지판】** 법 제24조제5항에 따라 공사시공자는 건축물의 규모·용도·설계자·시공자 및 감리자 등을 표시한 건축허가표지판을 주민이 보기 쉽도록 해당건축공사 현장의 주요 출입구에 설치하여야 한다.<개정 2008.12.11> [본조신설 2006.5.12]
⑦ 공동주택, 종합병원, 관광숙박시설 등 대통령령으로 정하는 용도 및 규모의 건축물의 공사시공자는 건축주, 공사감리자 및 허가권자가 설계도서에 따라 적정하게 공사되었는지를 확인할 수 있도록 공사의 공정이 대통령령으로 정하는 진도에 다다른 때마다 사진 및 동영상을 촬영하고 보관하여야 한다. 이 경우 촬영 및 보관 등 그 밖에 필요한 사항은 국토교통부령으로 정한다. **제24조의2【건축자재의 제조 및 유통 관리】** ① 제조업자 및 유통업자는 건축물의 안전과 기능 등에 지장을 주지 아니하도록 건축자재를 제조·보관 및 유통하여야 한다. ② 국토교통부장관, 시·도지사 및 시장·군수·구청장은 건축물의 구조 및 재료의 기준 등이 공사현장에서 준수되고 있는지를 확인하기 위	**제18조의2【사진 및 동영상 촬영 대상 건축물 등】** ① 법 제24조제7항 전단에서 "공동주택, 종합병원, 관광숙박시설 등 대통령령으로 정하는 용도 및 규모의 건축물"이란 다음 각 호의 어느 하나에 해당하는 건축물을 말한다.<개정 2018.12.4.> 1. 다중이용 건축물 2. 특수구조 건축물 3. 건축물의 하층부가 필로티나 그 밖에 이와 비슷한 구조(벽면적의 2분의 1 이상이 그 층의 바닥면에서 위층 바닥 아래면까지 공간으로 된 것만 해당한다)로서 상층부와 다른 구조형식으로 설계된 건축물(이하 "필로티형식 건축물"이라 한다) 중 3층 이상인 건축물 ② 법 제24조제7항 전단에서 "대통령령으로 정하는 진도에 다다른 때"란 다음 각 호의 구분에 따른	

하여 제조업자 및 유통업자에게 필요한 자료의 제출을 요구하거나 건축공사장, 제조업자의 제조현장 및 유통업자의 유통장소 등을 점검할 수 있으며 필요한 경우에는 시료를 채취하여 성능 확인을 위한 시험을 할 수 있다. ③ 국토교통부장관, 시·도지사 및 시장·군수·구청장은 제2항의 점검을 통하여 위법 사실을 확인한 경우 대통령령으로 정하는 바에 따라 공사 중단, 사용 중단 등의 조치를 하거나 관계 기관에 대하여 관계 법률에 따른 영업정지 등의 요청을 할 수 있다. ④ 국토교통부장관, 시·도지사, 시장·군수·구청장은 제2항의 점검업무를 대통령령으로 정하는 전문기관으로 하여금 대행하게 할 수 있다. ⑤ 제2항에 따른 점검에 관한 절차 등에 관하여 필요한 사항은 국토교통부령으로 정한다. [본조신설 2016.2.3]	단계에 다다른 경우를 말한다.<개정 2018.12.4., 2019.8.6.> 1. 다중이용 건축물: 제19조제3항제1호부터 제3호까지의 구분에 따른 단계 2. 특수구조 건축물: 다음 각 목의 어느 하나에 해당하는 단계 가. 매 층마다 상부 슬래브배근을 완료한 경우 나. 매 층마다 주요구조부의 조립을 완료한 경우 3. 3층 이상의 필로티형식 건축물: 다음 각 목의 어느 하나에 해당하는 단계 가. 기초공사 시 철근배치를 완료한 경우 나. 건축물 상층부의 하중이 상층부와 다른 구조형식의 하층부로 전달되는 다음의 어느 하나에 해당하는 부재(部材)의 철근배치를 완료한 경우 1) 기둥 또는 벽체 중 하나 2) 보 또는 슬래브 중 하나	

법해설 Explanation

건축시공

(1) 공사시공자의 의무

① 계약에 따라 성실하게 공사를 수행해야 한다.

② 적법하게 건축하여 건축주에게 인도하여야 한다.

(2) 설계변경 요청

공사시공자는 다음의 사유에 해당하는 경우 건축주 및 공사감리자의 동의를 얻어 서면으로 설계자에게 설계변경을 요청할 수 있다.

① 건축법과 관계법령의 규정에 적합하지 않을 때

② 공사의 여건상 불합리하다고 인정되는 경우

※ 설계변경 요청을 받은 설계자는 정당한 사유가 없으면 요청에 따라야 한다.

(3) 상세시공 도면작성

공사시공자는 상세시공도면을 작성하여 공사감리자의 확인을 받은 후 이에 따라 공사를 해야 한다.

① 공사시공자가 해당 공사를 함에 있어 필요하다고 인정한 경우

② 공사감리자로부터 상세시공도면을 작성하도록 요청받은 경우

(4) 설계도서의 비치 및 허가표지판 부착

① 설계도서의 현장비치

공사시공자는 건축허가 또는 용도변경허가 대상건축물의 공사현장에 설계도서를 비치하여야 한다.

◆행위자 변경신고의 위반

질의 건설산업기본법 제41조에 따른 건설업자가 시공중에 시공자가 변경된 경우로서 건축주가 행위자 변경신고를 하지 아니한 경우 변경된 시공자를 처벌할 수 있는지

회신 건축주와 시공자 상호간의 책임에 관한 내용 및 범위는 건축법 제15조 제2항에 따라 서로 계약으로 정하도록 하고 있고, 시공자가 변경된 경우 신고의무는 건축주에게 있으므로 신고없이 시공하였다 하여 변경된 시공자의 처벌은 곤란하며, 공사 시공자는 건축법 제24조에 따라 계약에 따라 성실하게 공사를 수행하여야 하며, 이 법 및 이 법에 따른 명령이나 처분 기타 관계법령의 규정에 적합하게 건축물을 건축하여 건축주에게 인도할 의무가 있음

② 건축허가표지판 부착

㉠ 공사시공자는 건축허가 또는 용도변경허가 대상건축물의 공사 현장에 건축물의 규모・용도・설계자・시공자・감리자 등을 표시한 건축허가표지판을 부착하여야 한다.

㉡ 주민이 보기 쉽도록 현장의 주요출입구에 설치하여야 한다.

(5) 현장관리인지정

「건설산업기본법」 제41조 제1항 각 호에 해당하지 아니하는 건축물의 건축주는 공사 현장의 공정 및 안전을 관리하기 위하여 같은 법 제2조 제15호에 따른 건설기술자 1명을 현장관리인으로 지정하여야 한다. 이 경우 현장관리인은 공정 및 안전관리업무를 수행하여야 하며 건축주의 승낙을 받지 아니하고는 정당한 사유 없이 그 공사 현장을 이탈하여서는 아니 된다.

(6) 공사시공자의사진 및 동영상촬영보관 의무

공동주택, 종합병원, 관광숙박시설 등 대통령령으로 정하는 용도 및 규모의 건축물의 공사시공자는 건축주, 공사감리자 및 허가권자가 설계도서에 따라 적정하게 공사되었는지를 확인할 수 있도록 공사의 공정이 대통령령으로 정하는 진도에 다다른 때마다 사진 및 동영상을 촬영하고 보관하여야 한다. 이 경우 촬영 및 보관 등 그 밖에 필요한 사항은 국토교통부령으로 정한다.

15 건축물의 공사감리

건축법	건축법 시행령	건축법 시행규칙
제25조【건축물의 공사감리】 ① 건축주는 대통령령으로 정하는 용도·규모 및 구조의 건축물을 건축하는 경우 건축사나 대통령령으로 정하는 자를 공사감리자(공사시공자 본인 및 「독점규제 및 공정거래에 관한 법률」 제2조에 따른 계열회사는 제외한다)로 지정하여 공사감리를 하게 하여야 한다. ② 제1항에도 불구하고 「건설산업기본법」 제41조제1항 각 호에 해당하지 아니하는 소규모 건축물로서 건축주가 직접 시공하는 건축물 및 주택으로 사용하는 건축물 중 대통령령으로 정하는 건축물의 경우에는 대통령령으로 정하는 바에 따라 허가권자가 해당 건축물의 설계에 참여하지 아니한 자 중에서 공사감리자를 지정하여야 한다. 다만, 다음 각 호의 어느 하나에 해당하는 건축물의 건축주가 국토교통부령으로 정하는 바에 따라 허가권자에게 신청하는 경우에는 해당 건축물을 설계한 자를 공사감리자로 지정할 수 있다. <개정 2018.8.14> <시행일 : 2020.8.15.> 1. 「건설기술 진흥법」 제14조에 따른 신기술을 적용하여 설계한 건축물 2. 「건축서비스산업 진흥법」 제13조 제4항에 따른 역량 있는 건축사가 설계한 건축물 3. 설계공모를 통하여 설계한 건축물 ③ 공사감리자는 공사감리를 할 때 이 법과 이 법에 따른 명령이나 처분, 그 밖의 관계 법령에 위반된 사항을 발견하거나 공사시공자가 설계도서대로 공사를 하지 아니하면 이를 건축주에게 알린 후 공사시공자에게 시정하거나 재시공하도록 요청하여야 하며, 공사시공자가 시정이나 재시공 요청에 따르지 아니하면 서면으로 그 건축공사를 중지하도록 요청할 수 있다. 이 경우 공사중지를 요청받은 공사시공자는 정당한 사유가 없으면 즉시 공사를 중지하여야 한다. <개정 2016.2.3.> ④ 공사감리자는 제3항에 따라 공사시공자가 시정이나 재시공 요청을 받은 후 이에 따르지 아니하거나 공사중지 요청을 받고도 공사를 계속하면 국토교통부령으로 정하는 바에 따라 이를 허가권자에게 보고하여야 한다. <개정 2013.3.23., 2016.2.3.> ⑤ 대통령령으로 정하는 용도 또는 규모의 공사의 공사감리자는 필요하다고 인정하면 공사시공자에게 상세시공도면을 작성하도록 요청할 수 있다. <개정 2016.2.3.> ⑥ 공사감리자는 국토교통부령으로 정하는 바에 따라 감리일지를 기록·유지하여야 하고, 공사의 공정(工程)이 대통령령으로 정하는 진도에 다다른 경우에는 감리중간보고서를, 공사를 완료한 경우에는 감리완료보고서를 국토교통부령으로	**제19조【공사감리】** ① 법 제25조제1항에 따라 공사감리자를 지정하여 공사감리를 하게 하는 경우에는 다음 각 호의 구분에 따른 자를 공사감리자로 지정하여야 한다. 1. 다음 각 목의 어느 하나에 해당하는 경우 : 건축사 가. 법 제11조에 따라 건축허가를 받아야 하는 건축물(법 제14조에 따른 건축신고 대상 건축물은 제외한다)을 건축하는 경우 나. 제6조제1항제6호에 따른 건축물을 리모델링하는 경우 2. 다중이용 건축물을 건축하는 경우 : 「건설기술 진흥법」에 따른 건설기술용역업자(공사시공자 본인이거나 「독점규제 및 공정거래에 관한 법률」 제2조에 따른 계열회사인 건설기술용역업자는 제외한다) 또는 건축사(「건설기술 진흥법 시행령」 제60조에 따라 건설사업관리기술자를 배치하는 경우만 해당한다) ② 제1항에 따라 다중이용 건축물의 공사감리자를 지정하는 경우 감리원의 배치기준 및 감리대가는 「건설기술진흥법」에서 정하는 바에 따른다. ③ 법 제25조제5항에서 "공사의 공정이 대통령령으로 정하는 진도에 다다른 경우"란 공사(하나의 대지에 둘 이상의 건축물을 건축하는 경우에는 각각의 건축물에 대한 공사를 말한다)의 공정이 다음 각 호의 구분에 따른 단계에 다다른 경우를 말한다.<2017.2.3> 1. 해당 건축물의 구조가 철근콘크리트조·철골철근콘크리트조·조적조 또는 보강콘크리트블럭조인 경우 : 다음 각 목의 어느 하나에 해당하는 단계 가. 기초공사 시 철근배치를 완료한 경우 나. 지붕슬래브배근을 완료한 경우 다. 지상 5개 층마다 상부 슬래브배근을 완료한 경우. 2. 해당 건축물의 구조가 철골조인 경우 : 다음 각 목의 어느 하나에 해당하는 단계 가. 기초공사 시 철근배치를 완료한 경우 나. 지붕철골 조립을 완료한 경우 다. 지상 3개 층마다 또는 높이 20미터마다 주요구조부의 조립을 완료한 경우 3. 해당 건축물의 구조가 제1호 또는 제2호 외의 구조인 경우 기초공사에서 거푸집 또는 주춧돌의 설치를 완료한 단계 4. 제1호부터 제3호까지에 해당하는 건축물이 3층 이상의 필로티형식 건축물인 경우 : 다음 각 목의 어느 하나에 해당하는 단계	**제19조【감리보고서등】** ① 법 제25조제3항에 따라 공사감리자는 건축공사기간중 발견한 위법사항에 관하여 시정·재시공 또는 공사중지의 요청을 하였음에도 불구하고 공사시공자가 이에 따르지 아니하는 경우에는 시정등을 요청할 때에 명시한 기간이 만료되는 날부터 7일 이내에 별지 제20호서식의 위법건축공사보고서를 허가권자에게 제출(전자문서로 제출하는 것을 포함한다)하여야 한다.<개정 2007.12.13, 2008.12.11> ② 삭제<1999.5.11> ③ 법 제25조제5항에 따른 감리중간보고서·감리완료보고서 및 공사감리일지는 각각 별지 제21호서식 및 별지 제22호서식에 따른다.<개정 2008.12.11>

건축법	건축법 시행령	건축법 시행규칙
정하는 바에 따라 각각 작성하여 건축주에게 제출하여야 하며, 건축주는 제22조에 따른 건축물의 사용승인을 신청할 때 중간감리보고서와 감리완료보고서를 첨부하여 허가권자에게 제출하여야 한다. <개정 2013.3.23., 2016.2.3.> ⑦ 건축주나 공사시공자는 제3항과 제4항에 따라 위반사항에 대한 시정이나 재시공을 요청하거나 위반사항을 허가권자에게 보고한 공사감리자에게 이를 이유로 공사감리자의 지정을 취소하거나 보수의 지급을 거부하거나 지연시키는 등 불이익을 주어서는 아니 된다. <개정 2016.2.3.> ⑧ 제1항에 따른 공사감리의 방법 및 범위 등은 건축물의 용도·규모 등에 따라 대통령령으로 정하되, 이에 따른 세부기준이 필요한 경우에는 국토교통부장관이 정하거나 건축사협회로 하여금 국토교통부장관의 승인을 받아 정하도록 할 수 있다. <개정 2013.3.23., 2016.2.3.> ⑨ 국토교통부장관은 제8항에 따라 세부기준을 정하거나 승인을 한 경우 이를 고시하여야 한다. <개정 2013.3.23., 2016.2.3.> ⑩ 「주택법」 제15조에 따른 사업계획 승인 대상과 「건설기술 진흥법」 제39조 제2항에 따라 건설사업관리를 하게 하는 건축물의 공사감리는 제1항부터 제9항까지 및 제11항부터 제14항까지의 규정에도 불구하고 각각 해당 법령으로 정하는 바에 따른다. <개정 2013.5.22., 2016.1.19., 2016.2.3., 2018.8.14.> ⑪ 제1항에 따라 건축주가 공사감리자를 지정하거나 제2항에 따라 허가권자가 공사감리자를 지정하는 건축물의 건축주는 제21조에 따른 착공신고를 하는 때에 감리비용이 명시된 감리 계약서를 허가권자에게 제출하여야 하고, 제22조에 따른 사용승인을 신청하는 때에는 감리용역 계약내용에 따라 감리비용을 지불하여야 한다. 이 경우 허가권자는 감리 계약서에 따라 감리비용이 지불되었는지를 확인한 후 사용승인을 하여야 한다. <신설 2016.2.3., 2020.12.22.> ⑫ 제2항에 따라 허가권자가 공사감리자를 지정하는 건축물의 건축주는 설계자의 설계의도가 구현되도록 해당 건축물의 설계자를 건축과정에 참여시켜야 한다. 이 경우 「건축서비스산업 진흥법」 제22조를 준용한다. <신설 2018.8.14.> ⑬ 제12항에 따라 설계자를 건축과정에 참여시켜야 하는 건축주는 제21조에 따른 착공신고를 하는 때에 해당 계약서 등 대통령령으로 정하는 서류를 허가권자에게 제출하여야 한다. <신설 2018.8.14.> ⑭ 허가권자는 제2항에 따라 허가권자가 공사감리자를 지정하는 경우의 감리비용에 관한 기준을 해당 지방자치단체의 조례로 정할 수 있다. <신설 2016.2.3., 2018.8.14., 2020.12.22.>	가. 해당 건축물의 구조에 따라 제1호부터 제3호까지의 어느 하나에 해당하는 경우 나. 제18조의2제2항제3호나목에 해당하는 경우 ④ 법 제25조제5항에서 "대통령령으로 정하는 용도 또는 규모의 공사"란 연면적의 합계가 5천 m^2 이상인 건축공사를 말한다. ⑤ 공사감리자는 수시로 또는 필요할 때 공사현장에서 감리업무를 수행하여야 하며, 다음 각 호의 건축공사를 감리하는 경우에는 「건축사법」 제2조제2호에 따른 건축사보(기술사법 제6조에 따른 기술사사무소 또는 「건축사법」 제23조 제8항 각 호의 건설기술용역업자 등에 소속되어 있는 자로서 「국가기술자격 법」에 따른 해당 분야 기술계 자격을 취득한 자와 「건설기술진흥법 시행령」 제14조에 따른 건설사업관리를 수행할 자격이 있는 자를 포함한다) 중 건축 분야의 건축사보 한 명 이상을 전체 공사기간동안, 토목·전기 또는 기계분야의 건축사보 한 명 이상을 각 분야별 해당 공사기간 동안 각각 공사현장에서 감리업무를 수행하게 하여야 한다. 이 경우 건축사보는 해당 분야의 건축공사의 설계·시공·시험·검사·공사감독 또는 감리업무 등에 2년 이상 종사한 경력이 있는 자이어야 한다.<개정 2018.9.14> 1. 바닥면적의 합계가 5천 m^2 이상인 건축공사. 다만, 축사 또는 작물재배사의 건축공사는 제외한다. 2. 연속된 5개 층(지하층을 포함한다) 이상으로서 바닥면적의 합계가 3천 m^2 이상인 건축공사 3. 아파트 건축공사 ⑥ 공사감리자가 수행하여야 하는 감리업무는 다음과 같다. 1. 공사시공자가 설계도서에 따라 적합하게 시공하는지 여부의 확인 2. 공사시공자가 사용하는 건축자재가 관계 법령에 따른 기준에 적합한 건축자재인지 여부의 확인 3. 그 밖에 공사감리에 관한 사항으로서 국토교통부령으로 정하는 사항 ⑦ 제5항에 따라 공사현장에 건축사보를 두는 공사감리자는 다음 각 호의 구분에 따른 기간에 국토교통부령으로 정하는 바에 따라 건축사보의 배치현황을 허가권자에게 제출하여야 한다. 1. 최초로 건축사보를 배치하는 경우에는 착공 예정일부터 7일 2. 건축사보의 배치가 변경된 경우에는 변경된 날부터 7일 3. 건축사보가 철수한 경우에는 철수한 날부터 7일 ⑧ 허가권자는 제7항에 따라 공사감리자로부터 건축사보의 배치현황을 받으면 지체없이 그 배치현황을 「건축사법」에 따른 건축사협회 중에서 국토교통부장관이 지정하는 건축사협회에 보내야 한다.	**제19조의2 【공사감리업무 등】** ① 영 제19조제6항제3호에 따라 공사감리자는 다음 각호의 업무를 수행한다. 1. 건축물 및 대지가 관계법령에 적합하도록 공사시공자 및 건축주를 지도 2. 시공계획 및 공사관리의 적정여부의 확인 3. 공사현장에서의 안전관리의 지도 4. 공정표의 검토 5. 상세시공도면의 검토·확인 6. 구조물의 위치와 규격의 적정여부의 검토·확인 7. 품질시험의 실시여부 및 시험성과의 검토·확인 8. 설계변경의 적정여부의 검토·확인 9. 그 밖에 공사감리계약으로 정하는 사항 ② 영 제19조제7항에 따라 공사감리자의 건축사보 배치현황의 제출은 별지 제22호의2서식에 따른다.<신설 2005.7.18>

건축법	건축법 시행령	건축법 시행규칙
	⑨ 제8항에 따라 건축사보의 배치현황을 받은 건축사협회는 이를 관리하여야 하며, 건축사 보가 이중으로 배치된 사실 등을 발견한 경우에는 지체 없이 그 사실 등을 관계 시·도지사에게 알려야 한다. **제19조의2【허가권자가 공사감리자를 지정하는 건축물 등】** ① 법 제25조제2항 각 호 외의 부분 본문에서 "대통령령으로 정하는 건축물"이란 다음 각 호의 건축물을 말한다.<개정 2017.10.24.> 1.「건설산업기본법」 제41조제1항 각 호에 해당하지 아니하는 건축물 중 다음 각 목의 어느 하나에 해당하지 아니하는 건축물 가. 별표 1 제1호가목의 단독주택 나. 농업·임업·축산업 또는 어업용으로 설치하는 창고·저장고·작업장·퇴비사·축사·양어장 및 그 밖에 이와 유사한 용도의 건축물 다. 해당 건축물의 건설공사가「건설산업기본법 시행령」 제8조제1항 각 호의 어느 하나에 해당하는 경미한 건설공사인 경우 2. 주택으로 사용하는 다음 각 목의 어느 하나에 해당하는 건축물(각 목에 해당하는 건축물과 그 외의 건축물이 하나의 건축물로 복합된 경우를 포함)<개정 2019.2.12> 가. 아파트 나. 연립주택 다. 다세대주택 라. 다중주택 마. 다가구주택 ② 시·도지사는 법 제25조제2항 본문에 따라 공사감리자를 지정하기 위하여 모집공고를 거쳐 「건축사법」 제23조제1항에 따라 건축사사무소의 개설신고를 한 건축사의 명부를 작성하고 관리하여야 한다. 이 경우 시·도지사는 미리 관할 시장·군수·구청장과 협의하여야 한다. ③ 제1항 각 호의 어느 하나에 해당하는 건축물의 건축주는 법 제21조에 따른 착공신고를 하기 전에 국토교통부령으로 정하는 바에 따라 허가권자에게 공사감리자의 지정을 신청하여야 한다. ④ 허가권자는 제2항에 따른 명부에서 공사감리자를 지정하여야 한다. ⑤ 제3항 및 제4항에서 규정한 사항 외에 공사감리자 모집공고, 명부작성 방법 및 공사감리자 지정 방법 등에 관한 세부적인 사항은 시·도의 조례로 정한다. ⑥ 법 제25조제13항에서 "해당 계약서 등 대통령령으로 정하는 서류"란 다음 각 호의 서류를 말한다.<신설 2019.2.12>	

건축법	건축법 시행령	건축법 시행규칙
	1. 설계자의 건축과정 참여에 관한 계획서 2. 건축주와 설계자와의 계약서 **제19조의3【업무제한 대상 건축물 등】** ① 법 제25조의2제1항에서 "대통령령으로 정하는 주요 건축물"이란 다음 각 호의 건축물을 말한다. 1. 다중이용 건축물 2. 준다중이용 건축물 ② 법 제25조의2제2항 각 호 외의 부분에서 "대통령령으로 정하는 규모 이상의 재산상의 피해"란 도급 또는 하도급받은 금액의 100분의 10 이상으로서 그 금액이 1억원 이상인 재산상의 피해를 말한다. ③ 법 제25조의2제2항 각 호 외의 부분에서 "다중이용건축물 등 대통령령으로 정하는 주요 건축물"이란 다음 각 호의 건축물을 말한다. 1. 다중이용 건축물 2. 준다중이용 건축물 [본조신설 2017.2.3]	

법해설 Explanation

건축물의 공사감리

(1) 공사감리자의 지정

① 건축주는 다음에 해당하는 건축물을 건축하는 경우에는 건축사 또는 건설기술용역업자를 공사감리자로 지정해야 한다.

감리자	해당 건축물의 용도 · 규모 · 구조
건축사	㉠ 건축허가를 받아야 하는 다음의 건축물(건축신고 대상 건축물은 제외)을 건축하는 경우 • 연면적 200m² 이상 또는 3층 이상인 건축물을 건축하거나 대수선하는 경우 • 건축물의 용도를 상위시설군으로 변경하는 경우 ㉡ 사용승인 후 15년 이상 경과되어 리모델링이 필요한 건축물
건설기술용역업자 또는 건축사 (건설사업관리기술자 배치하는 경우)	다중이용건축물을 건축하는 경우

※ 시공에 관한 감리에 대하여 건설기술용역업자를 공사감리자로 지정하는 때에는 공사시공자 본인이거나 계열회사(「독점규제 및 공정거래에 관한 법률」 제2조)를 공사감리자로 지정하여서는 아니 된다.

※ 다중이용건축물의 공사 감리자를 지정하는 경우 감리원의 배치기준 및 감리대가는 「건설기술 관리법」이 정하는 바에 따른다.

◆ 중간감리

질의 하나의 대지에 여러 동이 있는 경우 중간감리는 동마다 하는지 아니면 주공정에 따라 한번만 하면 되는지 여부

회신 여러 동의 공정이 다른 경우 각 동마다 감리를 하여야 하며 감리를 한 시점에서 보고서를 작성하여 사용승인 신청시 제출하는 것임

◆ 상주공사감리의 위반

질의 300세대이하의 아파트공사에서 건축법에 따른 감리중 상주감리자를 건축기사 자격을 갖추지 아니한 건설기술 관리법상의 특급감리원을 상주시킨 경우 건축법 또는 건축사법 위반 여부

회신 건축사법에서 건축법에 따른 감리시 상주감리자는 건축기사 자격을 갖춘 건축사보를 말하고 있으므로 이에 해당하지 아니한 자를 상주시킬 수 없는 것이나 전기, 토목공사 등에 있어서는 건설기술관리법령에 의하여 자격이 있는 감리원을 배치할 수 있음

② 소규모 건축물로서 건축주가 직접 시공하는 건축물 및 주택으로 사용하는 건축물감리지정

「건설산업기본법」 제41조 제1항 각 호에 해당하지 아니하는 소규모 건축물로서 건축주가 직접 시공하는 건축물 및 주택으로 사용하는 건축물 중 대통령령으로 정하는 건축물의 경우에는 대통령령으로 정하는 바에 따라 허가권자가 해당 건축물의 설계에 참여하지 아니한 자 중에서 공사감리자를 지정하여야 한다. 다만, 다음 각 호의 어느 하나에 해당하는 건축물의 건축주가 국토교통부령으로 정하는 바에 따라 허가권자에게 신청하는 경우에는 해당 건축물을 설계한 자를 공사감리자로 지정할 수 있다.

1. 「건설기술 진흥법」 제14조에 따른 신기술을 적용하여 설계한 건축물
2. 「건축서비스산업 진흥법」 제13조 제4항에 따른 역량 있는 건축사가 설계한 건축물
3. 설계공모를 통하여 설계한 건축물
4. 「건설산업기본법」 제41조제1항 각 호에 해당하지 아니하는 건축물 중 다음 각 목의 어느 하나에 해당하지 아니하는 건축물
   가. 별표 1 제1호가목의 단독주택
   나. 농업 · 임업 · 축산업 또는 어업용으로 설치하는 창고 · 저장고 · 작업장 · 퇴비사 · 축사 · 양어장 및 그 밖에 이와 유사한 용도의 건축물
   다. 해당 건축물의 건설공사가 「건설산업기본법 시행령」 제8조 제1항 각 호의 어느 하나에 해당하는 경미한 건설공사인 경우
5. 주택으로 사용하는 다음 각 목의 어느 하나에 해당하는 건축물(각 목에 해당하는 건축물과 그 외의 건축물이 하나의 건축물로 복합된 경우를 포함)<개정 2019.2.12>
   가. 아파트
   나. 연립주택
   다. 다세대주택
   라. 다중주택
   마. 다가구주택

(2) 감리중간보고서의 제출

건축주는 공사(하나의 대지에 2이상의 건축물이 있는 경우 각각의 건축물)의 공정이 다음에 정하는 진도에 다다른 때에는 감리중간보고서를 공사감리자로부터 제출받아 건축물의 사용승인신청시 허가권자에게 제출해야 한다.

◆ 중간감리보고서의 일괄제출

질의 개정 건축법 시행당시 건축중인 건축물의 경우에 중간감리보고서를 사용승인 신청시에 일괄하여 제출할 수 있는지?

회신 개정 건축법 부칙 제3조에 따라 건축주가 감리중간보고서를 사용승인 신청시에 일괄하여 제출할 수 있음

[개정취지]

◆ 감리중간보고서 제출 생략

하나의 대지에 여러 동의 건축물을 건축물을 건축하는 경우 공정이 동마다 달라 중간감리보고가 지연되어 본의 아니게 건축주 또는 감리자가 처벌되는 사례가 있고, 현실적으로도 위법사항 발견시 공사가 진행되어 시정이 불가능 해지는 점이 있으므로 사용승인시 일괄 제출토록하여 건축주의 편의를 도모

건축물의 구조	공사의 공정	진행과정
• 철근콘크리트조 • 철골철근콘크리트조 • 조적조 • 보강콘크리트 블록조	기초공사시	철근배치를 완료한 경우
	지붕공사시	지붕슬래브배근을 완료한 경우
	상부 슬래브 배근완료	지상 5개층마다 상부슬래브배근을 완료한 경우
• 철골조	기초공사시	철근배치를 완료한 경우
	지붕공사시	지붕철골조립을 완료한 경우
	주요 구조부의 조립	지상 3개층마다 또는 높이 20m마다 완료한 경우
• 그 밖의 구조	기초공사시	거푸집 또는 주춧돌의 설치를 완료한 경우
• 건축물이 3층 이상의 필로티형식	–위의 공사공정 진행과정에 해당하는 경우 –건축물 상층부의 하중이 상층부와 다른 구조형식의 하층부로 전달되는 다음의 어느 하나에 해당하는 부재의 철근배치를 완료한 경우 1) 기둥 또는 벽체 중 하나 2) 보 또는 슬래브 중 하나	

(3) 공사감리의 방법 및 범위 결정

① 건축물의 용도·규모 등에 따라 정하되 이에 따른 세부기준이 필요한 경우에는 국토교통부장관이 정하거나 건축사협회로 하여금 국토교통부장관의 승인을 얻어 이를 정하도록 할 수 있다.

② 국토교통부장관은 공사감리의 방법 및 범위에 관한 세부기준을 정하거나 승인을 한 경우에는 이를 고시하여야 한다.

(4) 공사감리의 구분

① 일반공사감리

수시 또는 필요한 때 공사현장에서 감리업무를 수행한다.

② 상주공사감리

공사감리자는 수시 또는 필요한 때 공사현장에서 감리업무를 수행하여야 하지만, 다음에 해당하는 공사감리는 건축사보를 해당공사기간동안 각각 공사현장에서 감리업무를 수행하게 해야 한다.

상주 공사감리대상 건축물	감리인원	감리기간
• 바닥면적의 합계가 5,000m² 이상인 건축공사(축사 또는 작물재배사의 건축공사는 제외) • 연속된 5개층 이상으로서 바닥면적의 합계가 3,000m² 이상인 건축공사 • 아파트의 건축공사 • 준다중이용건축물 건축공사	건축분야 건축사보 1인 이상	전체공사기간 동안 상주
	토목, 전기, 기계분야의 건축사보 1인 이상	각 분야별 해당 공사기간동안 상주

참고 건축사보

"건축사보"란 제23조에 따른 건축사사무소에 소속되어 제19조에 따른 업무를 보조하는 사람 중 다음 각 목의 어느 하나에 해당하는 사람으로서 국토교통부장관에게 신고한 사람을 말한다.

가. 제13조에 따른 실무수련을 받고 있거나 받은 사람

나. 「국가기술자격법」에 따라 건설, 전기·전자, 기계, 화학, 재료, 정보통신, 환경·에너지, 안전관리, 그 밖에 대통령령으로 정하는 분야의 기사(技士) 또는 산업기사 자격을 취득한 사람

다. 4년제 이상 대학 건축 관련 학과 졸업 또는 이와 동등한 자격으로서 대통령령으로 정하는 학력 및 경력을 가진 사람

(5) 공사감리자의 임무

① 시정 또는 재시공 요청

공사감리자는 다음의 경우 건축주에게 통지한 후 공사시공자로 하여금 시정 또는 재시공하도록 요청해야 한다.

㉠ 건축법 또는 관계법령에 위반된 사항을 발견한 때

㉡ 공사시공자가 설계도서 대로 공사를 하지 아니한 때

② 공사중지 요청

㉠ 공사감리자는 공사시공자가 시공 또는 재시공을 하지 않는 경우에 해당 공사를 중지하도록 요청할 수 있다.

㉡ 공사중지 요청을 받은 공사시공자는 정당한 사유가 없는 한 즉시 공사를 중지해야 한다.

③ 위법사항의 보고

공사감리자는 공사시공자가 시정 또는 재시공 요청을 받은 후 이에 따르지 아니하거나 공사중지 요청을 받은 후 공사를 계속하는 경우에는 시정 등을 요청할 때에 명시한 기간이 만료되는 날로부터 7일 이내에 위법 건축보고서를 허가권자에게 제출(전자문서에 따른 제출을 포함)하여야 한다.

④ 상세시공도면 작성요청

공사감리자는 연면적 합계가 5,000m^2 이상인 건축공사에 필요하다고 인정하는 경우 공사시공자로 하여금 상세시공도면을 작성하도록 요청할 수 있다.

⑤ 감리일지의 기록·유지 등

㉠ 공사감리자는 감리일지를 기록·유지하여야 한다.

㉡ 공사감리자는 공사의 공정이 위 (2)의 진도에 다다른 때에는 중간감리보고서를, 공사를 완료한 때에는 감리완료보고서를 건축주에게 제출해야 한다.

⑥ 공사감리업무

㉠ 공사시공자가 설계도서에 따라 적합하게 시공하는지 여부의 확인

㉡ 공사시공자가 사용하는 건축자재가 관계법령에 따른 기준에 적합한 건축자재인지 여부의 확인

㉢ 건축물 및 대지가 관계법령에 적합하도록 공사시공자 및 건축주를 지도

㉣ 시공계획 및 공사관리의 적정여부의 확인

㉤ 공사현장에서의 안전관리의 지도

㉥ 공정표의 검토

㉦ 상세시공도면의 검토·확인

㉧ 구조물의 위치와 규격의 적정여부의 검토·확인

㉨ 품질시험의 실시 여부 및 시험성과의 검토·확인

ⓧ 설계변경의 적정여부의 검토 · 확인

ⓚ 그 밖에 공사감리계약으로 정하는 사항

(6) 기타 건축관계자의 임무

① 건축주는 공사감리자로부터 감리중간보고서와 감리완료보고서를 제출받아 건축물의 사용승인 신청시 허가권자에게 제출해야 한다.

② 건축주는 공사감리자 · 공사시공자를 변경한 때에는 변경한 날부터 7일 이내에 시장 · 군수 · 구청장에게 신고해야 한다.

③ 건축주 또는 공사시공자는 위반사항에 대한 시정 · 재시공을 요청하거나 위반사항을 허가권자에게 보호한 공사감리자에 대하여 이를 이유로 공사감리자의 지정을 취소하거나, 보수의 지급을 거부 또는 지연시키는 등 불이익을 주어서는 안 된다.

16 건축관계자등에 대한 업무제한

건축법	건축법 시행규칙
제25조의2【건축관계자등에 대한 업무제한】 ① 허가권자는 설계자, 공사시공자, 공사감리자 및 관계전문기술자(이하 "건축관계자등"이라 한다)가 대통령령으로 정하는 주요 건축물에 대하여 제21조에 따른 착공신고 시부터 「건설산업기본법」 제28조에 따른 하자담보책임 기간에 제40조, 제41조, 제48조, 제50조 및 제51조를 위반하거나 중대한 과실로 건축물의 기초 및 주요구조부에 중대한 손괴를 일으켜 사람을 사망하게 한 경우에는 1년 이내의 기간을 정하여 이 법에 의한 업무를 수행할 수 없도록 업무정지를 명할 수 있다. ② 허가권자는 건축관계자등이 제40조, 제41조, 제48조, 제49조, 제50조, 제50조의2, 제51조, 제52조 및 제52조의3을 위반하여 건축물의 기초 및 주요구조부에 중대한 손괴를 일으켜 대통령령으로 정하는 규모 이상의 재산상의 피해가 발생한 경우(제1항에 해당하는 위반행위는 제외한다)에는 다음 각 호에서 정하는 기간 이내의 범위에서 다중이용건축물 등 대통령령으로 정하는 주요 건축물에 대하여 이 법에 의한 업무를 수행할 수 없도록 업무정지를 명할 수 있다. 1. 최초로 위반행위가 발생한 경우 : 업무정지일부터 6개월 2. 2년 이내에 동일한 현장에서 위반행위가 다시 발생한 경우 : 다시 업무정지를 받는 날부터 1년 ③ 허가권자는 건축관계자등이 제40조, 제41조, 제48조, 제49조, 제50조, 제50조의2, 제51조, 제52조 및 제52조의3을 위반한 경우(제1항 및 제2항에 해당하는 위반행위는 제외한다)와 제28조를 위반하여 가설시설물이 붕괴된 경우에는 기간을 정하여 시정을 명하거나 필요한 지시를 할 수 있다. ④ 허가권자는 제3항에 따른 시정명령 등에도 불구하고 특별한 이유 없이 이를 이행하지 아니한 경우에는 다음 각 호에서 정하는 기간 이내의 범위에서 이 법에 의한 업무를 수행할 수 없도록 업무정지를 명할 수 있다. 1. 최초의 위반행위가 발생하여 허가권자가 지정한 시정기간 동안 특별한 사유 없이 시정하지 아니하는 경우 : 업무정지일부터 3개월 2. 2년 이내에 제3항에 따른 위반행위가 동일한 현장에서 2차례 발생한 경우 : 업무정지일부터 3개월 3. 2년 이내에 제3항에 따른 위반행위가 동일한 현장에서 3차례 발생한 경우 : 업무정지일부터 1년 ⑤ 허가권자는 제4항에 따른 업무정지처분을 갈음하여 다음 각 호의 구분에 따라 건축관계자등에게 과징금을 부과할 수 있다. 1. 제4항 제1호 또는 제2호에 해당하는 경우 : 3억원 이하 2. 제4항 제3호에 해당하는 경우 : 10억원 이하 ⑥ 건축관계자등은 제1항, 제2항 또는 제4항에 따른 업무정지처분에도 불구하고 그 처분을 받기 전에 계약을 체결하였거나 관계 법령에 따라 허가, 인가 등을 받아 착수한 업무는 제22조에 따른 사용승인을 받은 때까지 계속 수행할 수 있다. ⑦ 제1항부터 제5항까지에 해당하는 조치는 그 소속 법인 또는 단체에게도 동일하게 적용한다. 다만, 소속 법인 또는 단체가 위반행위를 방지하기 위하여 해당 업무에 관하여 상당한 주의와 감독을 게을리하지 아니한 경우에는 그러하지 아니하다. ⑧ 제1항부터 제5항까지의 조치는 관계 법률에 따라 건축허가를 의제하는 경우의 건축관계자등에게 동일하게 적용한다. ⑨ 허가권자는 제1항부터 제5항까지의 조치를 한 경우 그 내용을 국토교통부장관에게 통보하여야 한다. ⑩ 국토교통부장관은 제9항에 따라 통보된 사항을 종합관리하고, 허가권자가 해당 건축관계자등과 그 소속 법인 또는 단체를 알 수 있도록 국토교통부령으로 정하는 바에 따라 공개하여야 한다. ⑪ 건축관계자등, 소속 법인 또는 단체에 대한 업무정지처분을 하려는 경우에는 청문을 하여야 한다. [본조신설 2016.2.3.] [시행일 : 2017.2.4.] 제25조의2	

법해설 Explanation

건축관계자등에 대한 업무제한

① 허가권자는 설계자, 공사시공자, 공사감리자 및 관계전문기술자(이하 "건축관계자등"이라 한다)가 대통령령으로 정하는 주요 건축물에 대하여 제21조에 따른 착공신고 시부터 「건설산업기본법」 제28조에 따른 하자담보책임 기간에 제40조, 제41조, 제48조, 제50조 및 제51조를

위반하거나 중대한 과실로 건축물의 기초 및 주요 구조부에 중대한 손괴를 일으켜 사람을 사망하게 한 경우에는 1년 이내의 기간을 정하여 이 법에 의한 업무를 수행할 수 없도록 업무정지를 명할 수 있다.

② 허가권자는 건축관계자등이 제40조, 제41조, 제48조, 제49조, 제50조, 제50조의2, 제51조, 제52조 및 제52조의3을 위반하여 건축물의 기초 및 주요 구조부에 중대한 손괴를 일으켜 대통령령으로 정하는 규모 이상의 재산상의 피해가 발생한 경우(제1항에 해당하는 위반행위는 제외한다)에는 다음 각 호에서 정하는 기간 이내의 범위에서 다중이용건축물 등 대통령령으로 정하는 주요 건축물에 대하여 이 법에 의한 업무를 수행할 수 없도록 업무정지를 명할 수 있다.

1. 최초로 위반행위가 발생한 경우 : 업무정지일부터 6개월
2. 2년 이내에 동일한 현장에서 위반행위가 다시 발생한 경우 : 다시 업무정지를 받는 날부터 1년

③ 허가권자는 건축관계자등이 제40조, 제41조, 제48조, 제49조, 제50조, 제50조의2, 제51조, 제52조 및 제52조의3을 위반한 경우(제1항 및 제2항에 해당하는 위반행위는 제외한다)와 제28조를 위반하여 가설시설물이 붕괴된 경우에는 기간을 정하여 시정을 명하거나 필요한 지시를 할 수 있다.

④ 허가권자는 제3항에 따른 시정명령 등에도 불구하고 특별한 이유 없이 이를 이행하지 아니한 경우에는 다음 각 호에서 정하는 기간 이내의 범위에서 이 법에 의한 업무를 수행할 수 없도록 업무정지를 명할 수 있다.

1. 최초의 위반행위가 발생하여 허가권자가 지정한 시정기간 동안 특별한 사유 없이 시정하지 아니하는 경우 : 업무정지일부터 3개월
2. 2년 이내에 제3항에 따른 위반행위가 동일한 현장에서 2차례 발생한 경우 : 업무정지일부터 3개월
3. 2년 이내에 제3항에 따른 위반행위가 동일한 현장에서 3차례 발생한 경우 : 업무정지일부터 1년

⑤ 허가권자는 제4항에 따른 업무정지처분을 갈음하여 다음 각 호의 구분에 따라 건축관계자등에게 과징금을 부과할 수 있다.

1. 제4항 제1호 또는 제2호에 해당하는 경우 : 3억원 이하
2. 제4항 제3호에 해당하는 경우 : 10억원 이하

⑥ 건축관계자등은 제1항, 제2항 또는 제4항에 따른 업무정지처분에도 불구하고 그 처분을 받기 전에 계약을 체결하였거나 관계 법령에 따라 허가, 인가 등을 받아 착수한 업무는 제22조에 따른 사용승인을 받은 때까지 계속 수행할 수 있다.

⑦ 제1항부터 제5항까지에 해당하는 조치는 그 소속 법인 또는 단체에게도 동일하게 적용한다. 다만, 소속 법인 또는 단체가 위반행위를 방지하기 위하여 해당 업무에 관하여 상당한 주의와 감독을 게을리하지 아니한 경우에는 그러하지 아니하다.

17 허용오차

건축법	건축법 시행규칙
제26조【허용 오차】 대지의 측량(「공간정보의 구축 및 관리 등에 관한 법률」에 따른 지적측량은 제외한다)이나 건축물의 건축 과정에서 부득이하게 발생하는 오차는 이 법을 적용할 때 국토교통부령으로 정하는 범위에서 허용한다.<개정 2009.6.9>	**제20조【허용오차】** 법 제26조에 따른 허용오차의 범위는 별표 5와 같다.<개정 2008.12.11> **【별표 5】** 건축허용오차(제20조 관련) 1. 대지관련 건축기준의 허용오차

항목	허용되는 오차의 범위
건축선의 후퇴거리	3% 이내
인접건축물과의 거리	3% 이내
건폐율	0.5% 이내(건축면적 $5m^2$를 초과할 수 없다)
용적률	1% 이내 (연면적 $30m^2$를 초과할 수 없다)

2. 건축물 관련 건축기준의 허용오차【별표 5】

항목	허용되는 오차의 범위
건축물 높이	2% 이내(1m를 초과할 수 없다)
평면길이	2% 이내(건축물 전체길이는 1m를 초과할 수 없고 벽으로 구획된 각 실의 경우에는 10cm를 초과할 수 없다)
출구너비	2% 이내
반자높이	2% 이내
벽체두께	3% 이내
바닥판 두께	3% 이내

법해설 Explanation

허용오차

「건축법」을 적용함에 있어서 대지의 측량(「공간정보의 구축 및 관리 등에 관한 법률」에 따른 지적측량을 제외)과 건축물의 건축 과정에서 부득이하게 발생하는 오차는 다음의 범위에서 허용한다.

(1) 대지관련 건축기준의 허용오차

항목	허용되는 오차의 범위
• 건폐율	0.5% 이내(건축면적 $5m^2$를 초과할 수 없다)
• 용적률	1% 이내(연면적 $30m^2$를 초과할 수 없다)
• 건축선의 후퇴거리	3% 이내
• 인접건축물과의 거리	

◆ 허용오차 범위
(건교건축 58501 2418, 1993. 6. 22)

질의

① 건축법 제26조 및 같은 법시행규칙 제20조 관련 【별표 5】에서의 건폐율 및 용적률의 허용오차 범위가 각각 건폐율 0.5%, 용적률 1%로 규정되는 바, 여기에서 0.5%, 1%가 의미하는 것은?

② 건축면적·연면적 등이 그 지역·지구에서의 건축법 제26조 및 같은 법시행규칙 제20조에 따른 허용오차 범위내에서 시공됐을 경우 사용검사필증 및 건축물대장등에서의 건축면적·연면적·건폐율·용적률 등의 표기방법은?

(2) 건축물관련 건축기준의 허용오차

항목		허용되는 오차의 범위
• 건축물 높이	2% 이내	1m를 초과할 수 없다.
• 출구너비		–
• 반자높이		–
• 평면길이		• 건축물 전체길이는 1m를 초과할 수 없다. • 벽으로 구획된 각 실은 10cm를 초과할 수 없다.
• 벽체두께	3% 이내	–
• 바닥판 두께		

참고 허용오차

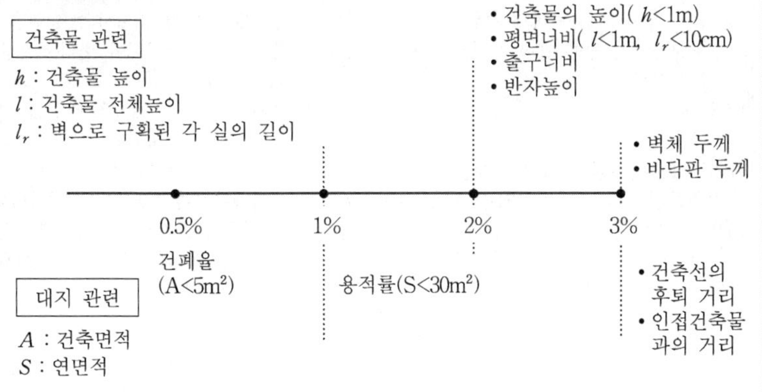

회신

① 이 경우 해당 건폐율·용적률에 대한 0.5%, 1%를 의미하는 것임. 예를 들면 일반주거지역에서 건축법상 건폐율 60%, 용적률 400%이므로 최대허용 범위는 각 건폐율 60.3%, 용적률 404%까지 되는 것임

② 건폐율 및 용적률 등이 그 지역·지구에서의 최대허용치로 건축허가된 값으로 표기한다. (예 : 일반주거지역에서 용적률 등 400%를 초과할 수 없다)

18 현장조사·검사 및 확인업무의 대행 등

건축법	건축법 시행령	건축법 시행규칙
제27조【현장조사·검사 및 확인업무의 대행】 ① 허가권자는 이 법에 따른 현장조사·검사 및 확인업무(신고 대상 건축물에 대한 현장조사·검사 및 확인업무는 제외한다)를 대통령령으로 정하는 바에 따라 「건축사법」에 따라 건축사 업무신고를 한 자에게 대행하게 할 수 있다. ② 제1항에 따라 업무를 대행하는 자는 현장조사·검사 또는 확인결과를 국토교통부령으로 정하는 바에 따라 허가권자에게 서면으로 보고하여야 한다. ③ 허가권자는 제1항에 따른 자에게 업무를 대행하게 한 경우 국토교통부령으로 정하는 범위에서 해당 지방자치단체의 조례로 정하는 수수료를 지급하여야 한다. **제28조【공사현장의 위해 방지 등】** ① 건축물의 공사시공자는 대통령령으로 정하는 바에 따라 공사현장의 위해를 방지하기 위하여 필요한 조치를 하여야 한다. ② 허가권자는 건축물의 공사와 관련하여 건축관계자 간 분쟁상담 등의 필요한 조치를 하여야 한다.	**제20조【현장조사·검사 및 확인업무의 대행】** ① 허가권자는 법 제27조제1항에 따라 건축조례로 정하는 건축물의 건축허가, 사용승인 및 임시사용승인과 관련되는 현장조사·검사 및 확인업무를 건축사로 하여금 대행하게 할 수 있다. 이 경우 허가권자는 건축물의 사용승인 및 임시사용승인과 관련된 현장조사·검사 및 확인업무를 대행할 건축사를 다음 각 호의 기준에 따라 선정하여야 한다. 1. 해당 건축물의 설계자 또는 공사감리자가 아닐 것 2. 건축주의 추천을 받지 아니하고 직접 선정할 것 ② 제1항에 따른 업무대행자의 업무범위와 업무대행절차 등에 관하여 필요한 사항은 건축조례로 정한다. [전문개정 2008.10.29] **제21조【공사현장의 위해 방지】** 건축물의 시공 또는 철거에 따른 유해·위험의 방지에 관한 사항은 산업안전보건에 관한 법령에서 정하는 바에 따른다. [전문개정 2008.10.29]	**제21조【현장조사·검사업무의 대행】** ① 법 제27조제2항에 따라 현장조사·검사 또는 확인업무를 대행하는 자는 허가권자에게 별지 제23호서식의 건축허가조사 및 검사조서 또는 별지 제24호서식의 사용승인조사 및 검사조서를 제출하여야 한다.<개정 2006.5.12, 2008.12.11> ② 허가권자는 제1항에 따라 건축허가 또는 사용승인을 하는 것이 적합한 것으로 표시된 건축허가조사 및 검사조서 또는 사용승인조사 및 검사조서를 받은 때에는 지체 없이 건축 허가서 또는 사용승인서를 내주어야 한다. 다만, 법 제11조제2항에 따라 건축허가를 할 때 도지사의 승인이 필요한 건축물인 경우에는 미리 도지사의 승인을 받아 건축허가서를 발급하여야 한다.<개정 2006.5.12, 2008.12.11> ③ 허가권자는 법 제27조제3항에 따라 현장조사·검사 및 확인업무를 대행하는 자에게 「엔지니어링산업 진흥법」 제31조에 따라 지식경제부장관이 공고하는 엔지니어링사업 대가 기준의 범위에서 건축조례로 정하는 수수료를 지급하여야 한다.<개정 2006.5.12, 2008.12.11, 2012.12.12>

법해설 Explanation

현장조사·검사 및 확인사무의 대행

(1) 업무대행자의 지정 등

① 허가권자는 건축조례가 정하는 건축물의 건축허가·사용승인 및 임시사용승인과 관련된 현장조사·검사 및 확인업무를 건축사로 하여금 대행하게 할 수 있다. 이 경우 허가권자는 건축물의 사용승인 및 임시사용승인과 관련되는 현장조사·검사 및 확인업무를 대행할 건축사를 다음의 기준에 따라 선정하여야 한다.

1. 해당 건축물의 설계자 또는 공사감리자가 아닐 것
2. 건축주의 추천을 받지 아니하고 직접 선정할 것

예외 신고대상 건축물에 대한 현장조사·검사 및 확인업무

② 업무대행자의 업무범위, 업무대행절차 등에 관하여 필요한 사항은 건축조례로 정한다.

[개정취지]
◆ 현장조사·검사 및 확인업무의 대행
위법 건축물의 발생을 방지하기 위하여 허가권자가 건축물의 허가 또는 사용승인시 건축사로 하여금 현장조사·검사·확인업무를 대행할 경우 자기가 설계하고 공사감리한 건축물에 대하여 형식적인 검사·확인이 될 수 있어 해당 건축물의 공사감리자나 설계자가 아닌 건축사로 하여금 동 업무를 대행토록 한 것임

③ 결과보고

업무를 대행하는 자는 현장조사·검사 또는 확인결과에 대한 다음의 사항을 시장·군수·구청장에게 제출하여야 한다.

㉠ 건축허가조사 및 검사조서

㉡ 사용승인조사 및 검사조서

(2) 건축허가서 등의 교부

허가권자는 건축허가조사 및 검사조사 등을 첨부한 허가신청서 또는 사용승인신청서를 접수한 때에는 지체없이 건축허가서 또는 사용승인서를 내주어야 한다.

단서 건축허가의 사전승인 대상건축물인 경우에는 도지사의 승인을 얻어 건축허가서를 내주어야 한다.

(3) 수수료의 지급

허가권자는 현장조사, 검사 및 확인업무를 대행하는 자에게 지식경제부장관이 공고하는 엔지니어링사업 대가기준 범위안에서 건축조례가 정하는 수수료를 지급하여야 한다.

공사현장의 위해 방지 등

① 공사시공자는 건축물의 시공 또는 철거에 따른 유해, 위험방지를 위하여 「산업안전보건법」에 관한 법령에 따른 필요한 조치를 하여야 한다.

② 허가권자는 건축물의 공사와 관련하여 건축관계자간 분쟁상담 등의 필요한 조치를 하여야 한다.

19 공용건축물에 대한 특례

건축법	건축법 시행령	건축법 시행규칙
제29조【공용건축물에 대한 특례】 ① 국가나 지방자치단체는 제11조나 제14조, 제19조, 제20조 및 제83조에 따른 건축물을 건축·대수선·용도변경하거나 가설건축물을 건축하거나 공작물을 축조하려는 경우에는 대통령령으로 정하는 바에 따라 미리 건축물의 소재지를 관할하는 허가권자와 협의하여야 한다. ② 국가나 지방자치단체가 제1항에 따라 건축물의 소재지를 관할하는 허가권자와 협의한 경우에는 제11조나 제14조, 제19조, 제20조 및 제83조에 따른 건축허가를 받았거나 신고한 것으로 본다. ③ 제1항에 따라 협의한 건축물에는 제22조제1항부터 제3항까지의 규정을 적용하지 아니한다. 다만, 건축물의 공사가 끝난 경우에는 지체 없이 허가권자에게 통보하여야 한다. ④ 국가나 지방자치단체가 소유한 대지의 지상 또는 지하 여유공간에 구분지상권을 설정하여 주민편의시설 등 대통령령으로 정하는 시설을 설치하고자 하는 경우 허가권자는 구분지상권자를 건축주로 보고 구분지상권이 설정된 부분을 제2조 제1항 제1호의 대지로 보아 건축허가를 할 수 있다. 이 경우 구분지상권 설정의 대상 및 범위, 기간 등은 「국유재산법」 및 「공유재산 및 물품 관리법」에 적합하여야 한다. <신설 2016.1.19.>	**제22조【공용건축물에 대한 특례】** ① 국가 또는 지방자치단체가 법 제29조에 따라 건축물을 건축하려면 해당 건축공사를 시행하는 행정기관의 장 또는 그 위임을 받은 자는 건축공사에 착수하기 전에 그 공사에 관한 설계도서와 국토교통부령으로 정하는 관계 서류를 허가권자에게 제출(전자문서에 따른 제출을 포함한다)하여야 한다. 다만, 국가안보상 중요하거나 국가기밀에 속하는 건축물을 건축하는 경우에는 설계도서의 제출을 생략할 수 있다. ② 허가권자는 제1항 본문에 따라 제출된 설계도서와 관계 서류를 심사한 후 그 결과를 해당 행정기관의 장 또는 그 위임을 받은 자에게 통지(해당 행정기관의 장 또는 그 위임을 받은 자가 원하거나 전자문서로 제1항에 따른 설계도서 등을 제출한 경우에는 전자문서로 알리는 것을 포함한다)하여야 한다. ③ 국가 또는 지방자치단체는 법 제29조제3항 단서에 따라 건축물의 공사가 완료되었음을 허가권자에게 통보하는 경우에는 국토교통부령으로 정하는 관계서류를 첨부하여야 한다. ④ 법 제29조 제4항 전단에서 "주민편의시설 등 대통령령으로 정하는 시설"이란 다음 각 호의 시설을 말한다. 1. 제1종 근린생활시설 2. 제2종 근린생활시설(총포판매소, 장의사, 다중생활시설, 제조업소, 단란주점, 안마시술소 및 노래연습장은 제외한다) 3. 문화 및 집회시설(공연장 및 전시장으로 한정한다) 4. 의료시설 5. 교육연구시설 6. 노유자시설 7. 운동시설 8. 업무시설(오피스텔은 제외한다) [전문개정 2008.10.29]	**제22조【공용건축물의 건축에 있어서의 제출서류】** ① 영 제22조제1항에서 "국토교통부령이 정하는 관계서류"라 함은 제6조·제12조·제12조의2에 따른 관계도서 및 서류(전자문서를 포함한다)를 말한다.<개정 2006.5.12, 2007.12.13, 2008.3.14> ② 영 제22조제3항에서 "국토교통부령이 정하는 관계 서류"라 함은 다음 각 호의 서류(전자문서를 포함한다)를 말한다.<신설 2006.5.12, 2007.12.13, 2008.3.14> 1. 별지 제17호서식의 사용승인신청서. 이 경우 구비서류는 현황도면에 한한다. 2. 별지 제24호서식의 사용승인조사 및 검사조서

법해설 Explanation

공용건축물에 대한 특례

(1) 적용의 기준

① 국가 또는 지방자치단체가 건축물을 건축·대수선하고자 하는 경우에는 미리 건축물의 소재지를 관할하는 허가권자와 협의하여야 한다.

> **참고** 적용의 특례
> 적용의 특례 대상이 되는 국가 또는 지방자치단체가 건축물을 건축·대수선시 건축법상 특례규정이 적용되어 허가절차 없이 협의만으로 대신하고 있는 것은 적용의 특례대상자가 허가권자보다 상부기관이므로 행정의 편의를 위한 것이다.

② 국가 또는 지방자치단체가 건축을 하고자 하는 경우에 건축물의 건축공사를 시행하는 행정기관의 장 또는 그 위임을 받은 자는 건축의 공사에 착수하기 전에 설계도서와 관계서류를 허가권자에게 제출(전자문서에 따른 제출을 포함)해야 한다.

예외 국가보안상 중요하거나 국가기밀에 속하는 건축물을 건축하는 경우에는 설계도서의 제출을 생략할 수 있다.

③ 허가권자는 제출된 설계도서와 관계서류를 심사한 후 그 결과를 해당 행정기관의 장 또는 그 위임을 받은 자에게 통지(전자문서에 따른 제출을 포함)하여야 한다.

(2) 적용의 특례

① 건축허가 및 신고의 특례

국가 또는 지방자치단체가 건축물의 소재지를 관할하는 허가권자와 협의한 경우에는 건축허가를 받았거나 건축신고를 한 것으로 본다.

② 사용승인의 생략

국가 또는 지방자치단체가 관할 허가권자와 협의한 건축물에 대해서는 사용승인의 규정을 적용하지 않는다.(건축물의 공사가 완료된 경우에는 지체없이 허가권자에게 통보해야 한다.)

20 건축통계 등

건축법	건축법 시행령	건축법 시행규칙
제30조【건축통계 등】 ① 허가권자는 다음 각 호의 사항(이하 "건축통계"라 한다)을 국토교통부령으로 정하는 바에 따라 국토교통부장관이나 시·도지사에게 보고하여야 한다. 1. 제11조에 따른 건축허가 현황 2. 제14조에 따른 건축신고 현황 3. 제19조에 따른 용도변경허가 및 신고 현황 4. 제21조에 따른 착공신고 현황 5. 제22조에 따른 사용승인 현황 6. 그 밖에 대통령령으로 정하는 사항 ② 건축통계의 작성 등에 필요한 사항은 국토교통부령으로 정한다. **제31조【건축행정 전산화】** ① 국토교통부장관은 이 법에 따른 건축행정 관련 업무를 전산처리하기 위하여 종합적인 계획을 수립·시행할 수 있다. ② 허가권자는 제10조, 제11조, 제14조, 제16조, 제19조부터 제22조까지, 제25조, 제29조, 제30조, 제38조, 제83조 및 제92조에 따른 신청서, 신고서, 첨부서류, 통지, 보고 등을 디스켓, 디스크 또는 정보통신망 등으로 제출하게 할 수 있다. **제32조【건축허가 업무 등의 전산처리 등】** ① 허가권자는 건축허가 업무 등의 효율적인 처리를 위하여 국토교통부령으로 정하는 바에 따라 전자정보처리 시스템을 이용하여 이 법에 규정된 업무를 처리할 수 있다. ② 제1항에 따른 전자정보처리 시스템에 따라 처리된 자료(이하 "전산자료"라 한다)를 이용하려는 자는 대통령령으로 정하는 바에 따라 관계 중앙행정기관의 장의 심사를 거쳐 다음 각 호의 구분에 따라 국토교통부장관, 시·도지사 또는 시장·군수·구청장의 승인을 받아야 한다. 다만, 지방자치단체의 장이 승인을 신청하는 경우에는 관계 중앙행정기관의 장의 심사를 받지 아니한다. 1. 전국 단위의 전산자료 : 국토교통부장관 2. 시·도·특별자치도 단위의 전산자료 : 시·도지사 3. 시·군 또는 구(자치구를 말한다) 단위의 전산자료 : 시장·군수·구청장	**제22조의2【건축 허가업무 등의 전산처리 등】** ① 법 제32조제2항 각 호 외의 부분 본문에 따라 같은 조 제1항에 따른 전자정보처리 시스템으로 처리된 자료(이하 "전산자료"라 한다)를 이용하려는 자는 관계 중앙행정기관의 장의 심사를 받기 위하여 다음 각 호의 사항을 적은 신청서를 관계 중앙행정기관의 장에게 제출하여야 한다. 1. 전산자료의 이용 목적 및 근거 2. 전산자료의 범위 및 내용 3. 전산자료를 제공받는 방식 4. 전산자료의 보관방법 및 안전관리대책 등 ② 제1항에 따라 전산자료를 이용하려는 자는 전산자료의 이용목적에 맞는 최소한의 범위에서 신청하여야 한다. ③ 제1항에 따른 신청을 받은 관계 중앙행정기관의 장은 다음 각 호의 사항을 심사한 후 신청받은 날부터 15일 이내에 그 심사결과를 신청인에게 알려야 한다. 1. 제1항 각 호의 사항에 대한 타당성·적합성 및 공익성 2. 법 제32조제3항에 따른 개인정보보호기준에의 적합 여부 3. 전산자료의 이용목적 외 사용방지 대책의 수립 여부 ④ 법 제32조제2항에 따라 전산자료 이용의 승인을 받으려는 자는 국토교통부령으로 정하는 건축행정 전산자료 이용승인 신청서에 제3항에 따른 심사결과를 첨부하여 국토교통부 장관, 시·도지사 또는 시장·군수·구청장에게 제출하여야 한다. 다만, 중앙행정기관의 장 또는 지방자치단체의 장이 전산자료를 이용하려는 경우에는 전산자료 이용의 근거·목적 및 안전관리대책 등을 적은 문서로 승인을 신청할 수 있다. ⑤ 법 제32조제3항 전단에서 "대통령령으로 정하는 건축주 등의 개인정보보호기준"이란 다음 각 호의 기준을 말한다. 1. 신청한 전산자료는 그 자료에 포함되어 있는 성명·주민등록번호 등의 사항에 따라 특정 개인임을 알 수 있는 정보(해당 정보만으로는 특정개인을 식별할 수 없더라도 다른 정보와 쉽게 결합하여 식별할 수 있는 정보를 포함한다), 그 밖에 개인의 사생활을 침해할 우려가 있는 정보가 아닐 것. 다만, 개인의 동의가 있거나 다른 법률에 근거가 있는 경우에는 이용하게 할 수 있다.	**제22조의2【건축 허가업무 등의 전산처리 등】** 영 제22조의2제4항에 따라 전산자료 이용의 승인을 얻으려는 자는 별지 제24호의2서식의 건축행정전산자료 이용승인신청서를 국토교통부장관, 특별시장·광역시장·도지사(이하 "시·도지사"라 한다) 또는 시장·군수·구청장에게 제출하여야 한다.<개정 2008.3.14> [본조신설 2006.5.12]

건축법	건축법 시행령	건축법 시행규칙
③ 국토교통부장관, 시·도지사 또는 시장·군수·구청장이 제2항에 따른 승인신청을 받은 경우에는 건축허가 업무 등의 효율적인 처리에 지장이 없고 대통령령으로 정하는 건축주 등의 개인정보보호기준을 위반하지 아니한다고 인정되는 경우에만 승인할 수 있다. 이 경우 용도를 한정하여 승인할 수 있다. ④ 제2항 및 제3항에도 불구하고 건축물의 소유자가 본인 소유의 건축물에 대한 소유 정보를 신청하거나 건축물의 소유자가 사망하여 그 상속인이 피상속인의 건축물에 대한 소유 정보를 신청하는 경우에는 승인 및 심사를 받지 아니할 수 있다. ⑤ 제2항에 따른 승인을 받아 전산자료를 이용하려는 자는 사용료를 내야 한다. ⑥ 제1항부터 제5항까지의 규정에 따른 전자정보처리 시스템의 운영에 관한 사항, 전산자료의 이용 대상 범위와 심사기준, 승인절차, 사용료 등에 관하여 필요한 사항은 대통령령으로 정한다. <시행 2018.4.25.> **제33조【전산자료의 이용자에 대한 지도·감독】** ① 국토교통부장관, 시·도지사 또는 시장·군수·구청장은 필요하다고 인정되면 전산자료의 보유 또는 관리 등에 관한 사항에 관하여 제32조에 따라 전산자료를 이용하는 자를 지도·감독할 수 있다. ② 제1항에 따른 지도·감독의 대상 및 절차 등에 관하여 필요한 사항은 대통령령으로 정한다. **제34조【건축종합민원실의 설치】** 특별자치도지사 또는 시장·군수·구청장은 대통령령으로 정하는 바에 따라 건축허가, 건축신고, 사용승인 등 건축과 관련된 민원을 종합적으로 접수하여 처리할 수 있는 민원실을 설치·운영하여야 한다.	2. 제1호 단서에 따라 개인정보가 포함된 전산자료를 이용하는 경우에는 전산자료의 이용 목적 외의 사용 또는 외부로의 누출·분실·도난 등을 방지할 수 있는 안전관리대책이 마련되어 있을 것 ⑥ 국토교통부장관, 시·도지사 또는 시장·군수·구청장은 법 제32조제3항에 따라 전산자료의 이용을 승인하였으면 그 승인한 내용을 기록·관리하여야 한다. [전문개정 2008.10.29] **제22조의3【전산자료의 이용자에 대한 지도·감독의 대상 등】** ① 법 제33조제1항에 따라 전산자료를 이용하는 자에 대하여 그 보유 또는 관리 등에 관한 사항을 지도·감독하는 대상은 다음 각 호의 구분에 따른 전산자료(다른 법령에 따라 제공받은 전산자료를 포함한다)를 이용하는 자로 한다. 다만, 국가 및 지방자치단체는 제외한다. 1. 국토교통부장관 : 연간 50만 건 이상 전국 단위의 전산자료를 이용하는 자 2. 시·도지사 : 연간 10만 건 이상 시·도 단위의 전산자료를 이용하는 자 3. 시장·군수·구청장 : 연간 5만 건 이상 시·군·구 단위의 전산자료를 이용하는 자 ② 국토교통부장관, 시·도지사 또는 시장·군수·구청장은 법 제33조제1항에 따른 지도·감독을 위하여 필요한 경우에는 제1항에 따른 지도·감독 대상에 해당하는 자에 대하여 다음 각 호의 자료를 제출하도록 요구할 수 있다. 1. 전산자료의 이용실태에 관한 자료 2. 전산자료의 이용에 따른 안전관리대책에 관한 자료 ③ 제2항에 따라 자료제출을 요구받은 자는 정당한 사유가 있는 경우를 제외하고는 15일 이내에 관련 자료를 제출하여야 한다. ④ 국토교통부장관, 시·도지사 또는 시장·군수·구청장은 법 제33조제1항에 따라 전산자료의 이용실태에 관한 현지조사를 하려면 조사대상자에게 조사 목적·내용, 조사자의 인적사항, 조사 일시 등을 3일 전까지 알려야 한다. ⑤ 국토교통부장관, 시·도지사 또는 시장·군수·구청장은 제4항에 따른 현지조사 결과를 조사 대상자에게 알려야 하며, 조사 결과 필요한 경우에는 시정을 요구할 수 있다. [전문개정 2008.10.29]	

건축법	건축법 시행령	건축법 시행규칙
	제22조의4【건축에 관한 종합민원실】 ① 법 제34조에 따라 특별자치도 또는 시·군·구에 설치하는 민원실은 다음 각 호의 업무를 처리한다. 1. 법 제22조에 따른 사용승인에 관한 업무 2. 법 제27조제1항에 따라 건축사가 현장조사·검사 및 확인업무를 대행하는 건축물의 건축허가와 사용승인 및 임시사용승인에 관한 업무 3. 건축물대장의 작성 및 관리에 관한 업무 4. 복합민원의 처리에 관한 업무 5. 건축허가·건축신고 또는 용도변경에 관한 상담 업무 6. 건축관계자 사이의 분쟁에 대한 상담 7. 그 밖에 특별자치도지사 또는 시장·군수·구청장이 주민의 편익을 위하여 필요하다고 인정하는 업무 ② 제1항에 따른 민원실은 민원인의 이용에 편리한 곳에 설치하고, 그 조직 및 기능에 관하여는 특별자치도 또는 시·군·구의 규칙으로 정한다. [전문개정 2008.10.29]	

법해설 Explanation

건축통계 등

허가권자는 다음의 사항을 국토교통부장관 또는 시·도지사에게 보고하여야 한다.

① 건축허가 현황 ② 건축신고 현황
③ 용도변경허가 및 신고 현황 ④ 착공신고 현황
⑤ 사용승인 현황
⑥ 그 밖에 대통령령이 정하는 사항

건축행정 전산화

① 국토교통부장관은 건축행정관련업무를 전산처리하기 위하여 종합적인 계획을 수립·시행할 수 있다.

② 허가권자는 다음에 해당하는 사항의 신청서·신고서·첨부서류 등을 디스켓·디스크·정보통신망 등으로 제출하게 할 수 있다.

㉠ 건축허가에 관한 사항
㉡ 건축신고에 관한 사항
㉢ 용도변경에 관한 사항
㉣ 건축물의 사용 승인에 관한 사항
㉤ 건축물 대장에 관한 사항

◆건축통계의 작성에 관한 부령

질의 건축법 제30조제2항의 규정에 의하면 건축통계의 작성 등에 필요한 사항을 국토교통부령으로 정하도록 하고 있는바, 별도의 부령으로 정할 것인지?

회신 별도의 부령을 제정할 계획이며, 부령이 제정될 때까지는 현재 통계법 제2조 제2호 및 제3조에 따른 [건축물 착공 통계조사시행규칙]에 의하여 행정처리를 하여야 함

◆건축행정 전산화

질의 설계사무소에서 컴퓨터가 준비되지 아니하였으나, 허가기관에서 전산프로그램을 사용하는 경우 허가 신청이 불가능하게 되는지 여부

회신 전산시스템이 정착되는 때까지는 수작업과 전산시스템을 같이 운영하는 것이며, 수작업에 따른 도서 등은 허가청에서 스캐너 등을 활용하여 자료를 입력하여 활용할 계획임

■ 신청서 등의 전산제출 사항

법 조항	규 정	법 조항	규 정
제10조	건축 관련입지·규모의 사전결정	제22조	건축물의 사용승인
제11조	건축허가	제25조	건축물의 공사감리
제14조	건축신고	제29조	공용건축물에 대한 특례
제16조	허가·신고 사항의 변경	제30조	건축통계 등
제19조	용도변경	제83조	옹벽 등 공작물에의 준용
제20조	가설건축물	제92조	조정 등의 신청
제21조	착공신고		

건축허가 업무 등의 전산처리

(1) 전자정보처리시스템의 이용

① 허가권자는 건축업무 등에 대하여 전자정보처리시스템을 이용하여 업무를 처리할 수 있다.

② 전자정보처리시스템에 따른 전산자료를 이용하려는 자는 관계중앙행정기관의 장의 심사를 거쳐 다음 구분에 따른 승인을 얻어야 한다.

㉠ 전국단위의 전산자료 : 국토교통부장관의 승인

㉡ 시도단위의 전산자료 : 시·도지사의 승인

㉢ 시·군·구단위의 전산자료 : 시장·군수·구청장의 승인

③ 관계중앙행정기관의 장은 다음 사항을 심사한 후 15일 이내에 신청인에게 통보하여야 한다.

㉠ 전산자료의 이용 목적, 범위·내용, 제공받는 방식, 보관방법 및 안전관리대책 등의 타당성·적합성·공익성

㉡ 개인정보보호 기준에의 적합여부

㉢ 전산자료 이용목적외의 사용방지 대책의 수립

(2) 전산자료 이용자의 지도·감독

① 국토교통부장관, 시·도지사, 시장·군수·구청장은 다음에 해당하는 전산자료 이용자에게 대하여 그 보유·관리사항을 지도·감독할 수 있다.

지도·감독 기관	전산자료 이용자
국토교통부장관	연간 50만건 이상 전국단위의 이용자
시·도지사	연간 10만건 이상 시·도단위의 이용자
시장·군수·구청장	연간 5만건 이상 시·군·구단위의 이용자

② 국토교통부장관, 시 · 도지사, 시장 · 군수 · 구청장은 지도 · 감독에 필요한 다음의 자료제출을 전산자료 이용자에게 요구할 수 있다.
㉠ 전산자료의 이용실태에 관한 자료
㉡ 전산자료의 이용에 따른 안전관리대책에 관한 자료

건축종합민원실의 설치

특별자치시 · 특별자치도지사 또는 시장 · 군수 · 구청장은 건축허가 · 건축신고 · 사용승인 등 건축과 관련된 민원을 종합적으로 접수하여 처리할 수 있는 민원실을 설치 · 운영하여야 한다.

(1) 종합민원실의 업무

① 사용승인에 관한 업무
② 건축사가 현장조사 · 검사 및 확인업무를 대행하는 건축물의 건축허가 · 사용승인 및 임시사용승인에 관한 업무
③ 건축물 대장의 작성 및 관리에 관한 업무
④ 복합민원의 처리에 관한 업무
⑤ 그 밖에 시장 · 군수 · 구청장이 주민의 편익을 위하여 필요하다고 인정하는 업무

(2) 설치위치

민원실은 민원인의 이용에 편리한 곳에 설치하고, 그 조직 및 기능에 관하여는 시 · 군 · 구의 규칙으로 정한다.

제 3 장

건축물의 유지·관리

1 건축물의 유지·관리

건축법	건축법 시행령
제35조【건축물의 유지·관리】 ① 삭제 <2019.4.30.> [시행일 : 2020.5.1] ② 건축물의 소유자나 관리자는 건축물의 유지·관리를 위하여 대통령령으로 정하는 바에 따라 정기점검 및 수시점검을 실시하고 그 결과를 허가권자에게 보고하여야 한다.<신설 2012.1.17> ③ 제1항 및 제2항에 따른 건축물 유지·관리의 기준 및 절차 등에 관하여 필요한 사항은 대통령령으로 정한다.<개정 2012.1.17>	**제23조【건축물의 유지·관리】** 건축물의 소유자나 관리자는 건축물·대지 및 건축설비를 법 제35조제1항에 따라 유지·관리하여야 한다.<전문개정 2012.7.19> **제23조의2【정기점검 및 수시점검 실시】** ① 법 제35조제2항에 따라 다음 각 호의 어느 하나에 해당하는 건축물의 소유자나 관리자는 해당 건축물의 사용승인일을 기준으로 10년이 지난 날(사용승인일을 기준으로 10년이 지난 날 이후 정기점검과 같은 항목과 기준으로 제5항에 따른 수시점검을 실시한 경우에는 그 수시점검을 완료한 날을 말하며, 이하 이 조에서 "기준일"이라 한다)부터 2년마다 한 번 정기점검을 실시하여야 한다. 다만, 공동주택관리법 제34조제2호에 따라 안전점검을 실시한 경우에는 해당 주기의 정기점검을 생략할 수 있다. 1. 다중이용 건축물 2.「집합건물의 소유 및 관리에 관한 법률」의 적용을 받는 집합건축물로서 연면적의 합계가 3천제곱미터 이상인 건축물. 다만,「주택법」제43조에 따른 관리주체 등이 관리하는 공동주택은 제외한다. 3.「다중이용업소의 안전관리에 관한 특별법」제2조제1항제1호에 따른 다중이용업의 용도로 쓰는 건축물로서 해당 지방자치단체의 건축조례로 정하는 건축물 ② 특별자치시장·특별자치도지사 또는 시장·군수·구청장은 제1항에 따른 정기점검(이하 "정기점검"이라 한다)을 실시하여야 하는 건축물의 소유자나 관리자에게 정기점검 대상 건축물이라는 사실과 정기점검 실시 절차를 기준일부터 2년이 되는 날의 3개월 전까지 미리 알려야 한다. ③ 제2항에 따른 통지는 문서, 팩스, 전자우편, 휴대전화에 의한 문자메시지 등으로 할 수 있다. ④ 특별자치시장·특별자치도지사 또는 시장·군수·구청장은 정기점검 결과 위법사항이 없고, 제23조의3제1항제2호부터 제4호까지 및 제6호에 따른 항목의 점검 결과가 제23조의6제1항에 따른 건축물의 유지·관리의 세부기준에 따라 우수하다고 인정되는 건축물에 대해서는 정기점검을 다음 한 차례에 한정하여 면제할 수 있다. ⑤ 법 제35조제2항에 따라 제1항 각 호의 어느 하나에 해당하는 건축물의 소유자나 관리자는 화재, 침수 등 재해나 재난으로부터 건축물의 안전을 확보하기 위하여 필요한 경우에는 해당 지방자치단체의 건축조례로 정하는 바에 따라 수시점검을 실시하여야 한다.

건축법	건축법 시행령
제35조의2【주택의 유지 · 관리 지원】 ① 삭제 <2019.4.30.> [시행일 : 2020.5.1] ② 삭제 <2017.4.18.> ③ 삭제 <2017.4.18.> [시행일 : 2018.4.19.]	⑥ 건축물의 소유자나 관리자가 정기점검이나 제5항에 따른 수시점검(이하 "수시점검"이라 한다)을 실시하는 경우에는 다음 각 호의 어느 하나에 해당하는 자(이하 "유지 · 관리 점검자"라 한다)로 하여금 정기점검 또는 수시점검 업무를 수행하도록 하여야 한다. 1.「건축사법」 제23조제1항에 따라 건축사 사무소개설신고를 한 자 2.「건설기술관리법」 제28조제1항에 따라 등록한 건축감리전문회사 및 종합감리전문회사 3.「시설물의 안전관리에 관한 특별법」 제9조제1항에 따라 등록한 건축 분야 안전진단전문기관 [본조신설 2012.7.19.] **제23조의3【정기점검 및 수시점검 사항】** ① 정기점검 및 수시점검의 항목은 다음 각 호와 같다. 다만,「시설물의 안전관리에 관한 특별법」 제2조제2호 또는 제3호에 따른 1종시설물 또는 2종시설물인 건축물에 대해서는 제3호에 따른 구조안전 항목의 점검을 생략하여야 한다. 1. 대지 : 법 제40조, 제42조부터 제44조까지 및 제47조에 적합한지 여부 2. 높이 및 형태 : 법 제55조, 제56조, 제58조, 제60조 및 제61조에 적합한지 여부 3. 구조안전 : 법 제48조에 적합한지 여부 4. 화재안전 : 법 제49조부터 제53조까지의 규정에 적합한지 여부 5. 건축설비 : 법 제62조부터 제64조까지의 규정에 적합한지 여부 6. 에너지 및 친환경 관리 등 : 법 제64조의2, 제65조, 제65조의2, 제66조제2항 및 제66조의2에 적합한지 여부 ② 유지 · 관리 점검자는 정기점검 및 수시점검 업무를 수행하는 경우 제1항 각 호의 항목 외에 건축물의 안전 강화 방안 및 에너지 절감 방안 등에 관한 의견을 제시하여야 한다. [본조신설 2012.7.19] **제23조의4【건축물 점검 관련 정보의 제공】** 건축물의 소유자나 관리자는 정기점검이나 수시점검을 실시하는 데 필요한 경우에는 특별자치도지사 또는 시장 · 군수 · 구청장에게 해당 건축물의 설계도서 등 관련 정보의 제공을 요청할 수 있다. 이 경우 해당 특별자치도지사 또는 시장 · 군수 · 구청장은 특별한 사유가 없으면 관련 정보를 제공하여야 한다. [본조신설 2012.7.19] **제23조의5【건축물의 점검 결과 보고 등】** ① 건축물의 소유자나 관리자는 정기점검이나 수시점검을 실시하였을 때에는 그 점검을 마친 날부터 30일 이내에 해당 특별자치도지사 또는 시장 · 군수 · 구청장에게 결과를 보고하여야 한다. ② <삭제 2013.11.20> **제23조의6【유지 · 관리의 세부기준 등】** ① 국토교통부장관은 다음 각 호의 사항을 포함한 건축물의 유지 · 관리 및 정기점검 · 수시점검 실시에 관한 세부기준을 정하여 고시하여야 한다. 1. 유지 · 관리 점검자의 선정 2. 정기점검 및 수시점검 대가(代價)의 기준 3. 정기점검 및 수시점검의 항목별 점검방법 4. 정기점검 및 수시점검에 필요한 설계도서 등 점검 관련 자료의 수집 범위 및 검토 방법 5. 그 밖에 건축물의 유지 · 관리 등과 관련하여 국토교통부장관이 필요하다고 인정하는 사항 ② 국토교통부장관은 건축물의 소유자나 관리자와 유지 · 관리 점검자가 공정하게 계약을 체결하도록 하기 위하여 정기점검 및 수시점검에 관한 표준계약서를 정하여 보급할 수 있다. [본조신설 2012.7.19]

법해설 Explanation

건축물의 유지·관리

(1) 건축물의 유지·관리

구분	내용
유지·관리자	• 건축물의 소유자 • 건축물의 관리자
점검	• 정기점검 및 수시점검을 실시하고 허가권자에게 보고
유지·관리대상	• 건축물·대지·건축설비
유지·관리시 「건축법」 적용 규정	• 법 제40조~44조 : 대지의 안정 등, 토지굴착 부분에 대한 조치 등, 대지의 조경, 공개공지 등의 확보, 대지와 도로의 관계 • 법 제45조~51조 : 도로의 지정·폐지 또는 변경, 건축선의 지정, 건축선에 따른 건축제한, 구조내력 등, 건축물의 피난시설 및 용도제한, 건축물의 내화구조와 방화벽, 방화지구안의 건축물 • 법 제52조 : 건축물의 내부마감 • 법 제53조 : 지하층 • 법 제54조~제58조 : 건축물의 대지가 지역·지구 또는 구역에 걸치는 경우의 조치, 건축물의 건폐율, 건축물의 용적률 대지의 분할제한, 대지 안의 공저 • 법 제60조 : 건축물의 높이제한 • 법 제61조 : 일조 등의 확보를 위한 건축물의 높이제한 • 법 제62조~제64조 : 건축설비 기준 등, 온돌 및 난방설비 등의 시공, 승강기 • 법 제66조 : 건축물의 에너지 이용 및 폐자재활용 • 법 제67조 : 관계전문기술자 • 법 제68조 : 기술적 기준
유지·관리기준	• 국토교통부장관은 건축물의 소유자 또는 관리자가 그 건축물·대지 및 건축설비를 적합하게 유지·관리할 수 있도록 유지·관리 지침 및 필요한 사항을 정할 수 있다.

(2) 정기점검 및 수시점검 실시

① 다음의 어느 하나에 해당하는 건축물의 소유자나 관리자는 해당 건축물의 사용승인일을 기준으로 10년이 지난 날(사용승인일을 기준으로 10년이 지난 날 이후 정기점검과 같은 항목과 기준으로 수시점검을 실시한 경우에는 그 수시점검을 완료한 날을 말하며, 이하 이 조에서 "기준일"이라 한다)부터 2년마다 한 번 정기점검을 실시하여야 한다. 다만, 「공동주택관리법」 제34조 제2호에 따라 안전점검을 실시한 경우에는 해당 주기의 정기점검을 생략할 수 있다.

1. 다중이용 건축물
2. 「집합건물의 소유 및 관리에 관한 법률」의 적용을 받는 집합건

축물로서 연면적의 합계가 3천제곱미터 이상인 건축물. 다만, 「주택법」 제43조에 따른 관리주체 등이 관리하는 공동주택은 제외한다.

3. 「다중이용업소의 안전관리에 관한 특별법」에 따른 다중이용업의 용도로 쓰는 건축물로서 특별자치도 또는 시・군・구의 건축조례로 정하는 건축물

② 특별자치시장・특별자치도지사 또는 시장・군수・구청장은 정기점검을 실시하여야 하는 건축물의 소유자나 관리자에게 정기점검 대상 건축물이라는 사실과 정기점검 실시 절차를 기준일부터 2년이 되는 날의 3개월 전까지 미리 알려야 한다.

③ 건축물의 소유자나 관리자가 정기점검이나 수시점검을 실시하는 경우에는 다음 각 호의 어느 하나에 해당하는 자(이하 "유지・관리 점검자"라 한다)로 하여금 정기점검 또는 수시점검 업무를 수행하도록 하여야 한다.

1. 「건축사법」에 따라 건축사사무소개설신고를 한 자
2. 「건설기술관리법」에 따라 등록한 건축감리전문회사 및 종합감리전문회사
3. 「시설물의 안전관리에 관한 특별법」에 따라 등록한 건축 분야 안전진단전문기관

2 건축물의 철거 등의 신고

건축법	건축법 시행령	건축법 시행규칙
제36조【건축물의 철거 등의 신고】 ① 삭제 <2019.4.30.> [시행일 : 2020.5.1.] ② 건축물의 소유자나 관리자는 건축물이 재해로 멸실된 경우 멸실 후 30일 이내에 신고하여야 한다. ③ 제1항과 제2항에 따른 신고의 대상이 되는 건축물과 신고절차 등에 관하여는 국토교통부령으로 정한다. **제37조【건축지도원】** ① 특별자치시장·특별자치도지사 또는 시장·군수·구청장은 이 법 또는 이 법에 따른 명령이나 처분에 위반되는 건축물의 발생을 예방하고 건축물을 적법하게 유지·관리하도록 지도하기 위하여 대통령령으로 정하는 바에 따라 건축지도원을 지정할 수 있다. ② 제1항에 따른 건축지도원의 자격과 업무 범위 등은 대통령령으로 정한다.	**제24조【건축지도원】** ① 법 제37조에 따른 건축지도원(이하 "건축지도원"이라 한다)은 특별자치도지사 또는 시장·군수·구청장이 특별자치도 또는 시·군·구에 근무하는 건축직렬의 공무원과 건축에 관한 학식이 풍부한 자로서 건축조례로 정하는 자격을 갖춘 자 중에서 지정한다.<개정 2012.7.19.> ② 건축지도원의 업무는 다음 각 호와 같다. 1. 건축신고를 하고 건축 중에 있는 건축물의 시공 지도와 위법 시공 여부의 확인·지도 및 단속 2. 건축물의 대지, 높이 및 형태, 구조 안전 및 화재 안전, 건축설비 등이 법령등에 적합하게 유지·관리되고 있는지의 확인·지도 및 단속 3. 허가를 받지 아니하거나 신고를 하지 아니하고 건축하거나 용도변경한 건축물의 단속 ③ 건축지도원은 제2항의 업무를 수행할 때에는 권한을 나타내는 증표를 지니고 관계인에게 내보여야 한다. ④ 건축지도원의 지정 절차, 보수 기준 등에 관하여 필요한 사항은 건축조례로 정한다. [전문개정 2008.10.29]	**제24조【건축물 철거·멸실의 신고】** ① 법 제36조제1항에 따라 법 제11조 및 제14조에 따른 허가를 받았거나 신고를 한 건축물을 철거하려는 자는 철거예정일 3일 전까지 별지 제25호서식의 건축물철거·멸실신고서(전자문서로 된 신고서를 포함한다. 이하 이 조에서 같다)에 다음 각 호의 사항을 규정한 해체공사계획서를 첨부하여 특별자치도지사 또는 시장·군수·구청장에게 제출하여야 한다. 이 경우 철거대상건축물이「산업안전보건법」제38조의2 제2항에 따른 기관석면조사대상건축물에 해당하는 때에는「산업안전보건법」제38조의2 제2항에 따른 기관석면조사결과 사본을 추가로 첨부하여야 한다. <시행 2016.1.13> 1. 층별·위치별 해체작업의 방법 및 순서 2. 건설폐기물의 적치 및 반출계획 3. 공사현장 안전조치계획 ② 법 제11조에 따른 허가대상 건축물이 멸실된 경우에는 법 제36조제2항에 따라 별지 제25호서식의 건축물 철거·멸실신고서를 시장·군수·구청장에게 제출(전자문서로 제출하는 것을 포함한다)하여야 한다. <개정 2007.12.13, 2008.12.11, 2012.12.12> ③ 특별자치시장·특별자치도지사 또는 시장·군수·구청장은 제1항에 따라 제출된 건축물철거·멸실신고서를 검토하여 석면이 함유된 것으로 확인된 경우에는 지체 없이「산업안전보건법」제38조의2 제4항에 따른 권한을 동법 시행령 제46조제1항에 따라 위임받은 지방고용노동관서의 장 및「폐기물관리법」제17조제3항에 따른 권한을 동법 시행령 제37조에 따라 위임받은 특별광역시장·도지사 또는 유역환경청장·지방환경청장에게 해당 사실을 통보하여야 한다. <신설 2005.10.20, 2006.5.12, 2012.12.12> ④ 특별자치시장·특별자치도지사 또는 시장·군수·구청장은 제1항 및 제2항에 따라 건축물철거·멸실신고서를 제출받은 때에는 별지 제25호의2 서식의 건축물의 철거·멸실 여부를 확인한 후 건축물대장에서 철거·멸실된 건축물의 내용을 말소하여야 한다. <신설 2006.5.12, 2010.8.5>

법해설 Explanation

건축물의 철거 등의 신고

(1) 건축물의 철거·멸실 신고

신고자	건축물의 소유자 또는 관리자	
대상건축물	허가대상 건축물	
신고기간	철거하는 경우	철거예정일 3일 전까지
	재해로 인하여 멸실된 경우	멸실 후 30일 이내
신고권자	특별자치도지사 · 시장 · 군수 · 구청장	

(2) 석면이 함유된 경우에 통보

시장 · 군수 · 구청장은 제출된 건축물철거 · 멸실신고서를 검토하여 다음의 경우에는 지체 없이 해당 사실을 관련기관장에게 통보하여야 한다.

신고서의 확인	관련 법률	관련 기관장
천장재 · 단열재 · 지붕재 등에 석면이 함유된 경우	「산업안전보건법」	지방노동관서의 장
	「폐기물관리법」	특별시장 · 광역시장 · 도지사 또는 유역환경청장 · 지방환경청장

(3) 건축물 대장의 말소

시장 · 군수 · 구청장은 건축물철거 · 멸실신고서를 제출받은 때에는 건축물의 철거 · 멸실 여부를 확인한 후 건축물대장에서 철거 · 멸실된 건축물의 내용을 말소하여야 한다.

건축지도원

(1) 건축지도원의 지정

건축지도원(이하 "건축지도원"이라 한다)은 특별자치시장 · 특별자치도지사 또는 시장 · 군수 · 구청장이 특별자치시 · 특별자치도 또는 시 · 군 · 구에 근무하는 건축직렬의 공무원과 건축에 관한 학식이 풍부한 자로서 건축조례로 정하는 자격을 갖춘 자 중에서 지정한다.

(2) 건축지도원의 자격

① 시 · 군 · 구에 근무하는 건축직렬공무원

② 건축에 관한 학식이 풍부한 자로서 건축조례가 정하는 자격을 갖춘 자

(3) 건축지도원의 업무

① 건축신고를 하고 건축 중에 있는 건축물의 시공지도와 위법시공 여

부의 확인 · 지도 및 단속

② 건축물의 대지, 높이 및 형태, 구조안전 및 화재안전, 건축설비 등이 법령 등에 적합하게 유지 · 관리되고 있는지의 확인 · 지도 및 단속

③ 허가를 받지 아니하거나 신고를 하지 아니하고 건축하거나 용도 변경한 건축물의 단속

(4) 건축지도원의 지정 절차·보수기준

건축지도원의 지정 절차 · 보수기준 등에 관하여 필요한 사항은 건축조례로 정한다.

3 건축물대장

건축법	건축법 시행령	건축물대장의 기재 및 관리 등에 관한 규칙
제38조【건축물대장】 ① 특별자치시장·특별자치도지사 또는 시장·군수·구청장은 건축물의 소유·이용 및 유지·관리 상태를 확인하거나 건축정책의 기초 자료로 활용하기 위하여 다음 각 호의 어느 하나에 해당하면 건축물대장에 건축물과 그 대지의 현황 및 국토교통부령으로 정하는 건축물의 구조내력(構造耐力)에 관한 정보를 적어서 보관하고 이를 지속적으로 정비하여야 한다. <개정 2017.10.24.> 1. 제22조제2항에 따라 사용승인서를 내준 경우 2. 제11조에 따른 건축허가 대상 건축물(제14조에 따른 신고 대상 건축물을 포함한다) 외의 건축물의 공사를 끝낸 후 기재를 요청한 경우 3. 삭제 <2019.4.30.> 4. 그 밖에 대통령령으로 정하는 경우 ② 특별자치시장·특별자치도지사 또는 시장·군수·구청장은 건축물대장의 작성·보관 및 정비를 위하여 필요한 자료나 정보의 제공을 중앙행정기관의 장 또는 지방자치단체의 장에게 요청할 수 있다. 이 경우 자료나 정보의 제공을 요청받은 기관의 장은 특별한 사유가 없으면 그 요청에 따라야 한다. <시행 2018.4.25.> ③ 제1항 및 제2항에 따른 건축물대장의 서식, 기재 내용, 기재 절차, 그 밖에 필요한 사항은 국토교통부령으로 정한다. <시행 2018.4.25.> **제39조【등기촉탁】** ① 특별자치시장·특별자치도지사 또는 시장·군수·구청장은 다음 각 호의 어느 하나에 해당하는 사유로 건축물대장의 기재 내용이 변경되는 경우(제2호의 경우 신규 등록은 제외한다) 관할 등기소에 그 등기를 촉탁하여야 한다. 이 경우 제1호와 제4호의 등기촉탁은 지방자치단체가 자기를 위하여 하는 등기로 본다. 1. 지번이나 행정구역의 명칭이 변경된 경우 2. 제22조에 따른 사용승인을 받은 건축물로서 사용승인 내용 중 건축물의 면적·구조·용도 및 층수가 변경된 경우 3. 「건축물관리법」 제30조에 따라 건축물을 해체한 경우 4. 「건축물관리법」 제34조에 따른 건축물의 멸실 후 멸실신고를 한 경우 ② 제1항에 따른 등기촉탁의 절차에 관하여 필요한 사항은 국토교통부령으로 정한다.	**제25조【건축물대장】** 법 제38조제1항제4호에서 "대통령령으로 정하는 경우"란 다음 각 호의 어느 하나에 해당하는 경우를 말한다.<개정 2012.7.19> 1. 「집합건물의 소유 및 관리에 관한 법률」 제56조 및 제57조에 따른 건축물대장의 신규등록 및 변경등록의 신청이 있는 경우 2. 법 시행일 전에 법령등에 적합하게 건축되고 유지·관리된 건축물의 소유자가 그 건축물의 건축물관리대장이나 그 밖에 이와 비슷한 공부(公簿)를 법 제38조에 따른 건축물대장에 옮겨 적을 것을 신청한 경우 3. 그 밖에 기재내용의 변경 등이 필요한 경우로서 국토교통부령으로 정하는 경우 [전문개정 2008.10.29] **제26조 삭제(1999. 4. 30)**	**제3조【건축물대장의 기재】** 「건축법 시행령」(이하 "영"이라 한다) 제25조제3호에서 "국토교통부령이 정하는 경우"라 함은 다음 각 호의 어느 하나에 해당하는 경우를 말한다.<개정 2008.3.14> 1. 건축물의 증축·개축·재축·이전·대수선 및 용도변경에 의하여 건축물의 표시에 관한 사항이 변경된 경우 2. 건축물의 소유권에 관한 사항이 변경된 경우

법해설 Explanation

건축물대장

(1) 건축물대장의 기재 및 보관

특별자치시장·특별자치도지사 또는 시장·군수·구청장은 건축물의 소유·이용 및 유지·관리 상태를 확인하거나 건축정책의 기초자료로 활용하기 위하여 다음 해당하는 경우에는 건축물 대장에 건축물과 그 대지의 현황을 기록하여 보관하여야 한다.

① 사용승인서를 교부한 경우
② 건축허가 대상건축물(신고대상건축물 포함)외의 건축물의 공사를 완료한 후 그 건축물에 대하여 기재의 요청이 있는 경우
③ 건축물의 유지·관리에 관한 사항
④「집합건물의 소유 및 관리에 관한 법률」에 따른 가옥대장의 신규등록 및 변경등록의 신청이 있는 경우
⑤ 법 시행일 전에 법령 등의 규정에 적합하게 건축되고 유지·관리된 건축물의 소유자가 해당 건축물의 건축물관리대장 기타 이와 유사한 공부를 법에 따른 건축물대장으로서의 이기신청이 있는 경우
⑥기재내용의 변경의 필요한 경우로서 다음에 해당하는 경우
㉠ 건축물의 증축·개축·재축·이전·대수선 및 용도변경에 따른 표시사항이 변경된 경우
㉡ 건축물의 소유권에 관한 사항이 변경된 경우

(2) 건축물대장의 종류 등

① 건축물대장은 건축물 1동을 단위로 하여 각 건축물마다 작성하고, 부속건축물은 주된 건축물에 포함하여 작성한다.
② 건축물대장의 종류

일반건축물대장	「집합건축물의 소유 및 관리에 관한 법률」의 적용을 받는 건축물(집합건축물) 외의 건축물 및 대지에 관한 현황을 기재한 건축물 대장
집합건축물대장	집합건축물에 해당하는 건축물 및 대지에 관한 현황을 기재한 건축물대장

등기 촉탁

특별자치시장·특별자치도지사 또는 시장·군수·구청장은 다음의 어느 하나에 해당하는 사유로 건축물대장의 기재 내용이 변경되는 경우 관할 등기소에 그 등기를 촉탁할 수 있다. 이 경우 ①과 ④의 등기촉탁은 지방자치단체가 자기를 위하여 하는 등기로 본다.

① 지번이나 행정구역의 명칭이 변경된 경우
② 사용승인을 받은 건축물로서 사용승인 내용 중 건축물의 면적·구조·용도 및 층수가 변 경 된 경우(신규 등록은 제외)
③ 건축물을 해체하는 경우
④ 건축물의 멸실 후 멸실신고를 한 경우

◆건축물대장의 기재

질의 기타지역에서 허가대상이 아닌 건축물은 준공 후 건축물대장의 기재신청서류(평면도·배치도)만으로 건축 기준을 확인하여야 하는지 이에 대한 대책과 동지역에서 준공된 건축물이 조사결과 허가대상이 되어 있는 경우 처리대책은?

회신 건축물대장의 기재 및 관리 등에 관한 규칙 제5조 제1항에 따라 건축주는 건축물대장 작성 신청시 건축물의 현황도(건축물의 배치도, 각층의 평면도, 부선주차장의 도면 등 건축물 및 그 대지의 현황을 표시하는 도면)을 제출하도록 하고 있는바, 허가권자는 이를 근거로 현지확인과 합치되는지를 확인한 후 대장을 작성하여야 하는 것임
확인결과 허가대상 건축물이 되는 경우에는 그 건축물은 무허가 건축물로서 건축법 제108조에 따라 고발 및 이행강제금을 부과할 수 있는 것임

[개정취지]
◆등기 촉탁
지번·행정구역의 변경으로 인하여 건축물대장 및 등기사항전부증명서의 지번 등의 변경이 필요한 경우에는 민원인이 직접 건축물대장과 등기사항전부증명서를 변경하여야 하였으나, 해당 지방자치단체가 건축물대장의 기재내용을 변경하고 관할 등기소에 등기촉탁을 하여 민원인의 시간적·경제적 불편과 부담을 해소할 수 있도록 함

■ 건축행정 업무의 흐름도

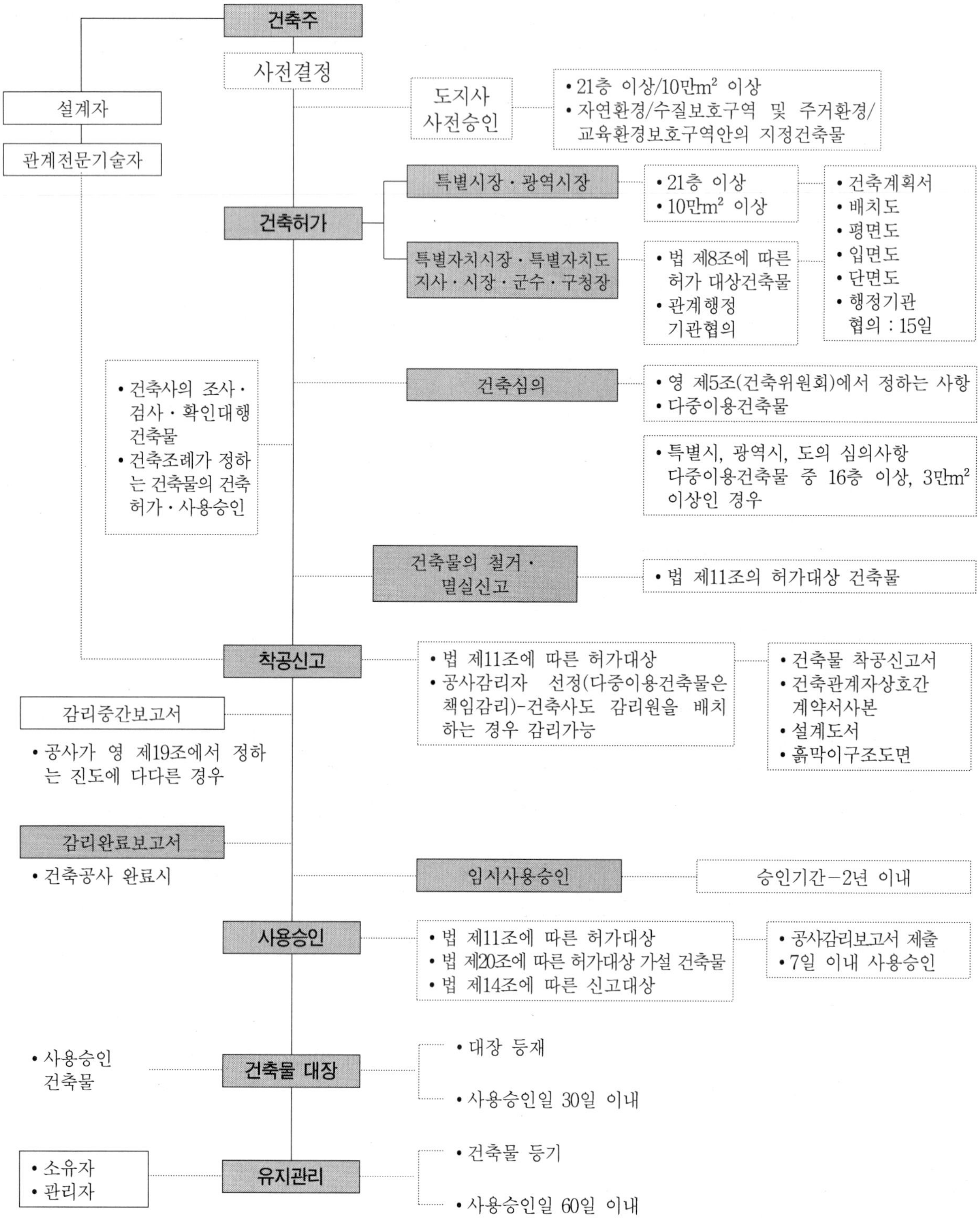
건축주
사전결정
설계자
관계전문기술자
도지사
사전승인
• 21층 이상/10만m² 이상
• 자연환경/수질보호구역 및 주거환경/교육환경보호구역안의 지정건축물
건축허가
특별시장 · 광역시장
• 21층 이상
• 10만m² 이상
특별자치시장 · 특별자치도지사 · 시장 · 군수 · 구청장
• 법 제8조에 따른 허가 대상건축물
• 관계행정 기관협의
• 건축계획서
• 배치도
• 평면도
• 입면도
• 단면도
• 행정기관 협의 : 15일
• 건축사의 조사 · 검사 · 확인대행 건축물
• 건축조례가 정하는 건축물의 건축허가 · 사용승인
건축심의
• 영 제5조(건축위원회)에서 정하는 사항
• 다중이용건축물
• 특별시, 광역시, 도의 심의사항 다중이용건축물 중 16층 이상, 3만m² 이상인 경우
건축물의 철거 · 멸실신고
• 법 제11조의 허가대상 건축물
착공신고
• 법 제11조에 따른 허가대상
• 공사감리자 선정(다중이용건축물은 책임감리)-건축사도 감리원을 배치하는 경우 감리가능
• 건축물 착공신고서
• 건축관계자상호간 계약서사본
• 설계도서
• 흙막이구조도면
감리중간보고서
• 공사가 영 제19조에서 정하는 진도에 다다른 경우
감리완료보고서
• 건축공사 완료시
임시사용승인
승인기간-2년 이내
사용승인
• 법 제11조에 따른 허가대상
• 법 제20조에 따른 허가대상 가설 건축물
• 법 제14조에 따른 신고대상
• 공사감리보고서 제출
• 7일 이내 사용승인
• 사용승인 건축물
건축물 대장
• 대장 등재
• 사용승인일 30일 이내
• 소유자
• 관리자
유지관리
• 건축물 등기
• 사용승인일 60일 이내

제 4 장 건축물의 대지 및 도로

1 대지의 안전 등

건축법	건축법 시행규칙
제40조 【대지의 안전 등】 ① 대지는 인접한 도로면보다 낮아서는 아니 된다. 다만, 대지의 배수에 지장이 없거나 건축물의 용도상 방습(防濕)의 필요가 없는 경우에는 인접한 도로면보다 낮아도 된다. ② 습한 토지, 물이 나올 우려가 많은 토지, 쓰레기, 그 밖에 이와 유사한 것으로 매립된 토지에 건축물을 건축하는 경우에는 성토(盛土), 지반 개량 등 필요한 조치를 하여야 한다. ③ 대지에는 빗물과 오수를 배출하거나 처리하기 위하여 필요한 하수관, 하수구, 저수탱크, 그 밖에 이와 유사한 시설을 하여야 한다. ④ 손궤(損潰 : 무너져 내림)의 우려가 있는 토지에 대지를 조성하려면 국토교통부령으로 정하는 바에 따라 옹벽을 설치하거나 그 밖에 필요한 조치를 하여야 한다.	**제25조 【대지의 조성】** 법 제40조제4항에 따라 손궤의 우려가 있는 토지에 대지를 조성하는 경우에는 다음 각 호의 조치를 하여야 한다. 다만, 건축사 또는 「국가기술자격법」에 따른 건축구조기술사에 의하여 해당 토지의 구조안전이 확인된 경우는 그러하지 아니하다.<개정 2008.12.11, 2012.12.12> 1. 성토 또는 절토하는 부분의 경사도가 1:1.5이상으로서 높이가 1미터이상인 부분에는 옹벽을 설치할 것 2. 옹벽의 높이가 2미터 이상인 경우에는 이를 콘크리트구조로 할 것. 다만, 별표 6의 옹벽에 관한 기술적 기준에 적합한 경우에는 그러하지 아니하다. 3. 옹벽의 외벽면에는 이의 지지 또는 배수를 위한 시설외의 구조물이 밖으로 튀어 나오지 아니하게 할 것 **【별표 6】** 옹벽에 관한 기술적 기준(제25조 관련) 1. 석축인 옹벽의 경사도는 그 높이에 따라 다음표에 정하는 기준 이하일 것

구분	1.5m까지	3m까지	5m까지
멧쌓기	1 : 0.30	1 : 0.35	1 : 0.40
찰쌓기	1 : 0.25	1 : 0.30	1 : 0.35

건축법	건축법 시행규칙
	2. 석축인 옹벽의 석축용 돌의 뒷길이 및 뒷채움돌의 두께는 그 높이에 따라 다음 표에 정하는 기준 이상일 것

구분/높이		1.5m까지	3m까지	5m까지
석축용 돌의 뒷길이(cm)		30	40	50
뒷채움돌의 두께(cm)	상부	30	30	30
	하부	40	50	50

3. 석축인 옹벽의 윗가장자리로부터 건축물의 외벽면까지 띄어야 하는 거리는 다음 표에 정하는 기준이상일 것
다만, 건축물의 기초가 석축의 기초이하에 있는 경우에는 그러하지 아니하다.

건축물의 층수	1층	2층	3층 이상
띄우는 거리(m)	1.5	2	3

4. 옹벽의 윗가장자리로부터 안쪽으로 2m 이내에 묻는 배수관은 주철관, 강관 또는 흄관으로 하고, 이음부분은 물이 새지 아니하도록 할 것
5. 옹벽에는 $3m^2$ 마다 하나이상의 배수구멍을 설치하여야 하고, 옹벽의 윗가장자리로부터 2m 이내에서의 지표수는 지상으로 또는 배수관으로 배수하여 옹벽의 구조상 지장이 없도록 할 것
6. 성토부분의 높이는 법 제30조에 따른 대지의 안전등에 지장이 없는 한 인접대지의 지표면보다 0.5m 이상 높게 하지 아니할 것. 다만, 절토에 의하여 조성된 대지 등 시장·군수·구청장이 지형조건상 부득이하다고 인정하는 경우에는 그러하지 아니하다.

법해설 Explanation

대지의 안전기준

(1) 대지와 도로면

대지는 인접한 도로면보다 낮아서는 아니 된다.

예외 대지의 배수에 지장이 없거나 용도상 방습의 필요가 없는 경우

(2) 성토·지반개량 등의 조치

습한 토지, 물이 나올 우려가 많은 토지, 쓰레기, 그 밖에 이와 유사한 것으로 매립된 토지에 건축물을 건축하는 경우 성토·지반개량 등 필요한 조치를 하여야 한다.

(3) 하수시설의 설치

대지에는 빗물과 오수를 배출하거나 처리하기 위하여 필요한 하수관·하수구·저수탱크 등의 시설을 하여야 한다.

(4) 옹벽의 설치 등

① 손괴의 우려가 있는 토지에 대지를 조성하려면 다음에 따른 옹벽을 설치하거나 필요한 조치를 하여야 한다.

옹벽의 설치	성토 또는 절토하는 부분의 경사도가 1 : 1.5 이상으로서 높이 1m 이상인 부분
옹벽의 구조	옹벽의 높이가 2m 이상인 경우에는 콘크리트구조로 할 것 **예외** 국토교통부장관이 정하는 기술적 기준에 적합한 석축인 경우
옹벽의 외벽면	외벽면의 지지 또는 배수를 위한 시설외의 구조물이 밖으로 튀어 나오지 않게 할 것

예외 건축사 또는 건축구조기술에 의하여 해당 토지의 구조안전이 확인된 경우

② 옹벽의 경사도·구조·시공방법 및 성토부분의 높이 등에 관한 기술적 기준은 다음 사항에 적합하여야 한다.

㉠ 석축인 옹벽의 경사도는 높이에 따라 다음 표에 정하는 기준이하일 것

구분	1.5m까지	3m까지	5m까지
멧쌓기	1 : 0.30	1 : 0.35	1 : 0.40
찰쌓기	1 : 0.25	1 : 0.30	1 : 0.35

㉡ 석축인 옹벽의 석축용 돌의 뒷길이 및 뒤채움 돌의 두께는 높이에 따라 다음 표에 정하는 기준이상일 것

구분/높이		1.5m까지	3m까지	5m까지
석축용 돌의 뒷길이(cm)		30	40	50
뒷채움돌의 두께(cm)	상부	30	30	30
	하부	40	50	50

㉢ 석축인 옹벽의 윗 가장자리로부터 건축물의 외벽면까지 띄어야 할 거리는 다음 표에 정하는 기준이상일 것

건축물의 층수	1층	2층	3층 이상
띄는 거리(m)	1.5	2	3

예외 건축물의 기초가 석축의 기초 이하에 있는 경우

옹벽의 구조, 시공방법, 성토부분의 높이

① 옹벽의 윗가장자리로부터 안쪽으로 2m 이내에 묻는 배수관은 주철관, 강관 또는 흄관으로 하고 이음부분은 물이 새지 않도록 할 것

참고 옹벽의 설치

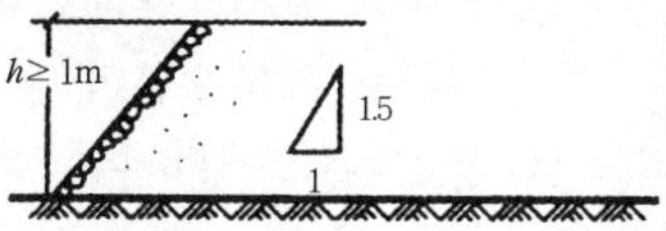

◆ $h \geq 2$m인 경우 콘크리트 옹벽설치

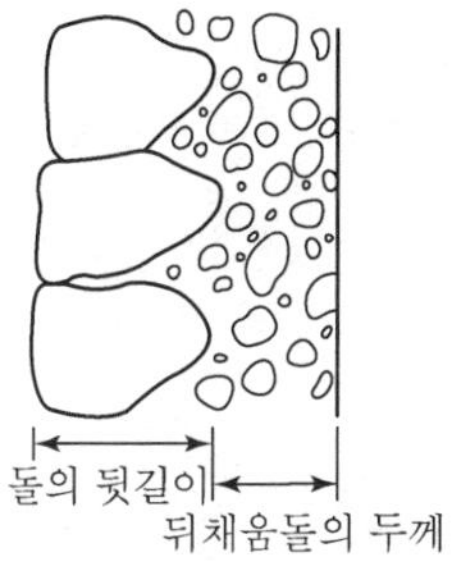

돌의 뒷길이 및 뒤채움돌의 두께

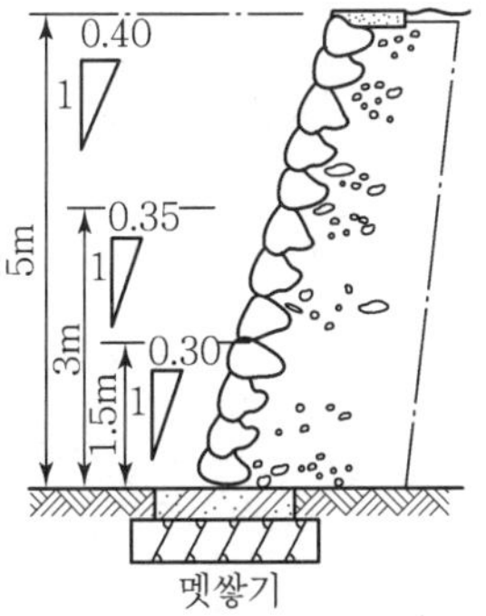

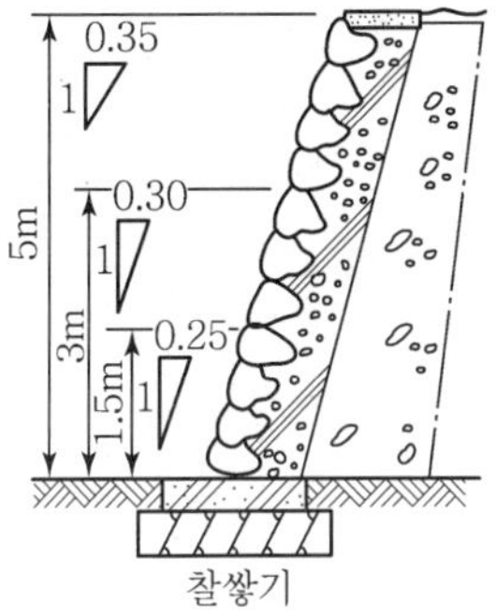

석축 옹벽의 경사도

② 옹벽에는 $3m^2$ 마다 하나이상의 배수구멍을 설치할 것
③ 옹벽의 윗가장자리로부터 2m 이내에서의 지표수는 지상으로 또는 배수관으로 배수하여 옹벽의 구조상 지장이 없도록 할 것
④ 성토부분의 높이는 대지의 안정 등에 지장이 없는 한 인접대지의 지표면보다 0.5m 이상 높지 않게 할 것

예외 절토에 의하여 조성된 대지 등 시장·군수·구청장이 지형조건상 부득이 하다고 인정하는 경우

◆ 석축인 옹벽의 적용내용
① 경사도
② 돌의 뒷길이 및 뒷채움 두께
③ 윗가장자리로부터 건축물의 외벽면까지 띄어야 할 것

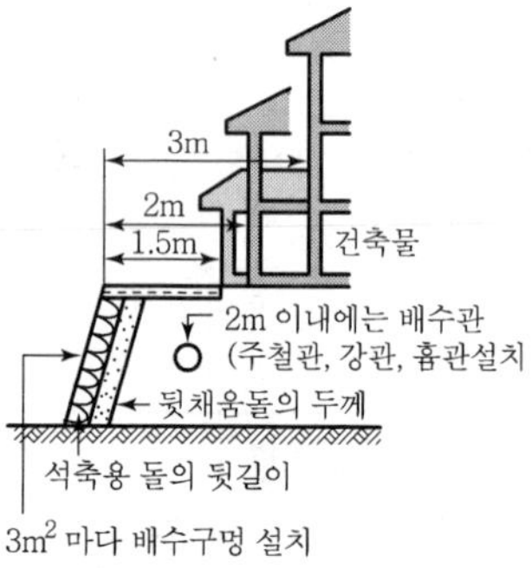

2 토지굴착부분에 대한 조치 등

건축법

제41조【토지굴착부분에 대한 조치 등】

① 공사시공자는 대지를 조성하거나 건축공사를 하기 위하여 토지를 굴착하는 경우 그 굴착 부분에는 국토교통부령으로 정하는 바에 따라 위험 발생의 방지, 환경 보존, 그 밖에 필요한 조치를 한 후 해당 공사현장에 그 사실을 게시하여야 한다.

② 허가권자는 제1항을 위반한 자에게 의무이행에 필요한 조치를 명할 수 있다.

건축법 시행규칙

제26조【토지의 굴착부분에 대한 조치】

① 법 제41조제1항에 따라 대지를 조성하거나 건축공사에 수반하는 토지를 굴착하는 경우에는 다음 각 호에 따른 위험발생의 방지조치를 하여야 한다.<개정 2008.12.11>

1. 지하에 묻은 수도관·하수도관·가스관 또는 케이블 등이 토지굴착으로 인하여 파손되지 아니하도록 할 것
2. 건축물 및 공작물에 근접하여 토지를 굴착하는 경우에는 그 건축물 및 공작물의 기초 또는 지반의 구조내력의 약화를 방지하고 급격한 배수를 피하는 등 토지의 붕괴에 따른 위해를 방지하도록 할 것
3. 토지를 깊이 1.5미터 이상 굴착하는 경우에는 그 경사도가 별표 7에 따른 비율 이하이거나 주변상황에 비추어 위해방지에 지장이 없다고 인정되는 경우를 제외하고는 토압에 대하여 안전한 구조의 흙막이를 설치할 것

【별표 7】 토질에 따른 경사도(제26조 제1항 관련)

토질	경사도
• 경암	1 : 0.5
• 연암	1 : 1.0
• 모래	1 : 1.8
• 모래질흙 • 사력질흙 • 암괴 또는 호박돌이 섞인 모래질흙 • 점토, 점성토	1 : 1.2
• 암괴 또는 호박돌이 섞인 점성토	1 : 1.5

4. 굴착공사 및 흙막이 공사의 시공 중에는 항상 점검을 하여 흙막이의 보강, 적절한 배수조치등 안전상태를 유지하도록 하고, 흙막이판을 제거하는 경우에는 주변지반의 내려앉음을 방지하도록 할 것

② 성토부분·절토부분 또는 되메우기를 하지 아니하는 굴착부분의 비탈면으로서 제25조에 따른 옹벽을 설치하지 아니하는 부분에 대하여는 법 제41조제1항에 따라 다음 각 호에 따른 환경의 보전을 위한 조치를 하여야 한다.<개정 2008.12.11>

1. 배수를 위한 수로는 돌 또는 콘크리트를 사용하여 토양의 유실을 막을 수 있도록 할 것
2. 높이가 3미터를 넘는 경우에는 높이 3미터 이내마다 그 비탈면적의 5분의 1 이상에 해당하는 면적의 단을 만들 것. 다만, 허가권자가 그 비탈면의 토질·경사도등을 고려하여 붕괴의 우려가 없다고 인정하는 경우에는 그러하지 아니하다.
3. 비탈면에는 토양의 유실방지와 미관의 유지를 위하여 나무 또는 잔디를 심을 것. 다만, 나무 또는 잔디를 심는 것으로는 비탈면의 안전을 유지할 수 없는 경우에는 돌붙이기를 하거나 콘크리트블록격자등의 구조물을 설치하여야 한다.

법해설 Explanation

토지굴착부분에 대한 조치 등

(1) 의무부과

① 공사시공자는 대지를 조성하거나 건축공사를 하기 위하여 토지를 굴착하는 경우에는 그 굴착부분에 대하여 위험발생의 방지, 환경보존 등의 조치를 한 후 해당 공사현장에 그 사실을 게시하여야 한다.

② 허가권자는 위 ①을 위반한 자에게 의무이행에 필요한 조치를 명할 수 있다.

(2) 위험발생의 방지조치

대지를 조성하거나 건축공사에 수반하는 토지를 굴착하는 경우에는 다음과 같은 위험발생 방지조치를 하여야 한다.

① 지하에 묻은 수도관·하수도관·가스관 또는 케이블 등이 토지굴착으로 인하여 파손되지 않도록 할 것

② 건축물 및 공작물에 근접하여 굴착하는 경우에는 지반의 구조내력 약화를 방지하고 급격한 배수를 피하는 등 토지의 붕괴에 따른 위해를 방지할 것

③ 토지를 깊이 1.5m 이상 굴착하는 경우에는 경사도가 일정 비율 이하이거나 토압에 대하여 안전한 구조의 흙막이를 설치할 것

예외 주변상황에 비추어 위해방지에 지장이 없다고 인정되는 경우

④ 굴착공사 및 흙막이 공사의 시공 중에는 항상 점검을 하여 흙막이의 보강, 적절한 배수조치 등 안전상태를 유지하도록 할 것

⑤ 흙막이판을 제거할 때에는 주변의 지반이 내려 앉음을 방지하도록 할 것

환경보존을 위한 필요조치

성토·절토 또는 되메우기를 하지 않는 굴착부분의 비탈면으로서 옹벽을 설치하지 않은 부분에 대하여는 다음에 따른 환경보전을 위한 조치를 해야 한다.

① 배수를 위한 수로는 돌 또는 콘크리트를 사용하여 토양의 유실을 막을 수 있도록 할 것

② 높이가 3m를 넘는 경우에는 3m 이내마다 비탈면적의 1/5 이상에 해당하는 면적의 단을 만들 것

예외 허가권가 그 비탈면의 토질, 경사도 등을 고려하여 붕괴의 우려가 없다고 인정하는 경우

③ 비탈면에는 토양의 유실방지와 미관의 유지를 위하여 나무 또는 잔디를 심을 것

예외 나무 또는 잔디를 심는 것으로서 비탈면의 안전을 유지할 수 없는 경우는 돌붙이기를 하거나 콘크리트 블록격자 등의 구조물을 설치할 것

참고

◆ 토질의 경사도

토질	경사도
• 경암	1 : 0.5
• 연암	1 : 1.0
• 모래	1 : 1.8
• 모래질흙 • 사력질흙 • 암괴 또는 호박돌이 섞인 모래질흙 • 점토, 점성토	1 : 1.2
• 암괴 또는 호박돌이 섞인 점성토	1 : 1.5

참고

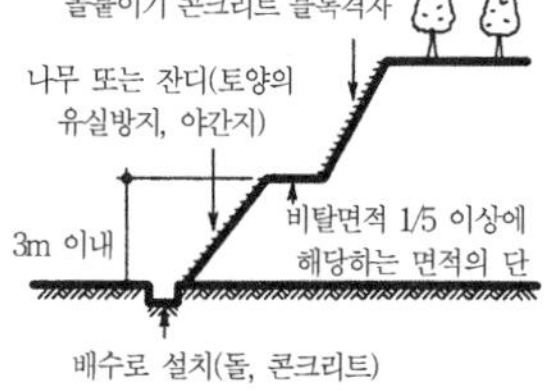

(비탈면)

3 대지의 조경

건축법	건축법 시행령	건축법 시행규칙
제42조【대지의 조경】 ① 면적이 200m² 이상인 대지에 건축을 하는 건축주는 용도지역 및 건축물의 규모에 따라 해당 지방자치단체의 조례로 정하는 기준에 따라 대지에 조경이나 그 밖에 필요한 조치를 하여야 한다. 다만, 조경이 필요하지 아니한 건축물로서 대통령령으로 정하는 건축물에 대하여는 조경 등의 조치를 하지 아니할 수 있으며, 옥상 조경 등 대통령령으로 따로 기준을 정하는 경우에는 그 기준에 따른다. ② 국토교통부장관은 식재(植栽) 기준, 조경 시설물의 종류 및 설치방법, 옥상 조경의 방법 등 조경에 필요한 사항을 정하여 고시할 수 있다.	**제27조【대지의 조경】** ① 법 제42조제1항 단서에 따라 다음 각 호의 어느 하나에 해당하는 건축물에 대하여는 조경 등의 조치를 하지 아니할 수 있다.<개정 2009.7.16, 2012.12.12> 1. 녹지지역에 건축하는 건축물 2. 면적 5천 m² 미만인 대지에 건축하는 공장 3. 연면적의 합계가 1천500m² 미만인 공장 4.「산업집적활성화 및 공장설립에 관한 법률」제2조제14호에 따른 산업단지의 공장 5. 대지에 염분이 함유되어 있는 경우 또는 건축물 용도의 특성상 조경 등의 조치를 하기가 곤란하거나 조경 등의 조치를 하는 것이 불합리한 경우로서 건축조례로 정하는 건축물 6. 축사 7. 법 제20조제1항에 따른 가설건축물 8. 연면적의 합계가 1천500m² 미만인 물류시설(주거지역 또는 상업지역에 건축하는 것은 제외한다)로서 국토교통부령으로 정하는 것 9.「국토의 계획 및 이용에 관한 법률」에 따라 지정된 자연환경보전지역·농림지역 또는 관리지역(지구단위계획구역으로 지정된 지역은 제외한다)의 건축물 10. 다음 각 목의 어느 하나에 해당하는 건축물 중 건축조례로 정하는 건축물 가.「관광진흥법」제2조제6호에 따른 관광지 또는 같은 조 제7호에 따른 관광단지에 설치하는 관광시설 나.「관광진흥법 시행령」제2조제1항제3호 가목에 따른 전문휴양업의 시설 또는 같은 호 나목에 따른 종합휴양업의 시설 다.「국토의 계획 및 이용에 관한 법률 시행령」제48조제10호에 따른 관광·휴양형 지구단위계획구역에 설치하는 관광시설 라.「체육시설의 설치·이용에 관한 법률 시행령」별표 1에 따른 골프장 ② 법 제42조제1항 단서에 따른 조경 등의 조치에 관한 기준은 다음 각 호와 같다. 다만, 건축조례로 다음 각 호의 기준보다 더 완화된 기준을 정한 경우에는 그 기준에 따른다. 1. 공장(제1항제2호부터 제4호까지의 규정에 해당하는 공장은 제외한다) 및 물류시설(제1항제8호에 해당하는 물류시설과 주거지역 또는 상업지역에 건축하는 물류시설은 제외 한다) 가. 연면적의 합계가 2천m² 이상인 경우 : 대지면적의 10퍼센트 이상 나. 연면적의 합계가 1천500m² 이상 2천m² 미만인 경우 : 대지면적의 5퍼센트 이상 2.「공항시설법」제2조제7호에 따른 공항시설 : 대지면적(활주로·유도로·계류장·착륙대 등 항공기의 이륙 및 착륙시설로 쓰는 면적은 제외한다)의 10퍼센트 이상 3.「철도건설법」제2조제1호에 따른 철도 중 역시설 : 대지면적(선로·승강장 등 철도운행에 이용되는 시설의 면적은 제외한다)의 10퍼센트 이상	**제26조의2【대지의 조경】** 영 제27조제1항제8호에서 "국토교통부령으로 정하는 것"이란「물류정책기본법」제2조제4호에 따른 물류시설을 말한다.<개정 2008.3.14, 2012.12.12>

건축법	건축법 시행령	건축법 시행규칙
	4. 그 밖에 면적 200m² 이상 300m² 미만인 대지에 건축하는 건축물 : 대지면 적의 10퍼센트 이상 ③ 건축물의 옥상에 법 제42조제2항에 따라 국토교통부장관이 고시하는 기준에 따라 조경이나 그 밖에 필요한 조치를 하는 경우에는 옥상부분 조경면적의 3분의 2에 해당하는 면적을 법 제42조제1항에 따른 대지의 조경면적으로 산정할 수 있다. 이 경우 조경면적으로 산정하는 면적은 법 제42조제1항에 따른 조경면적의 100분의 50을 초과할 수 없다. [전문개정 2008.10.29]	

법해설 Explanation

대지의 조경대상

구분	기준	
원칙	적용면적	대지면적이 200m² 이상인 경우
	적용기준	• 용도지역 및 건축물의 규모에 따라 해당 지방자치단체의 조례가 정하는 기준에 의함 • 국토교통부장관은 식재기준 · 조경시설물의 종류 · 설치 방법 · 옥상조경 등 필요한 사항을 정하여 고시할 수 있다.
조경제외 대상	• 녹지지역에 건축하는 건축물 • 면적 5,000m² 미만인 대지에 건축하는 공장 • 연면적의 합계가 1,500m² 미만인 공장 • 산업단지안에 건축하는 공장 • 대지에 염분이 함유되어 있는 경우 • 건축물용도의 특성상 조경 등의 조치를 하기가 곤란하거나 불합리한 경우로서 해당 지방자치단체의 조례가 정하는 건축물 • 축사 • 가설건축물(「건축법」) • 연면적의 합계가 1,500m² 미만인 물류시설 예외 주거지역 또는 상업지역에 건축하는 것 • 자연환경보전지역 · 농림지역 · 관리지역(지구단위계획구역으로 지정된 지역을 제외) 안의 건축물 • 다음의 어느 하나에 해당하는 건축물 중 건축조례로 정하는 건축물 ㉠ 「관광진흥법」에 따른 관광지 또는 관광단지에 설치하는 관광시설 ㉡ 「관광진흥법 시행령」에 따른 전문휴양업의 시설 또는 종합휴양업의 시설 ㉢ 「국토의 계획 및 이용에 관한 법률 시행령」에 따른 관광 · 휴양형 지구단위계획구역에 설치하는 관광시설 ㉣ 「체육시설의 설치 · 이용에 관한 법률 시행령」에 따른 골프장	

◆ 개발제한구역이면서 자연녹지지역인 경우

(건교건축 58430-708, 1995. 3. 21)

질의 개발제한구역이면서 자연녹지지역 내 건축을 위한 토지형질변경 면적이 200m²를 초과하는 경우 조경면적 산출기준을 개발제한구역관리규정 제30조[허가권자의 의무] 제3항의 "조경면적은 토지형질변경허가 면적의 5% 이상"을 적용하여야 할지 또는 건축법시행령 제27조 제1항에 의거 자치구로 위임되어 건축조례로 정한 "자연녹지지역 내 조경면적은 대지면적은 30% 이상(은평구의 경우)"을 적용하여야 하는지 여부

회신

① 개발제한구역 내 토지형질변경 면적이 200m²를 초과하는 경우 조경면적을 토지형질변경 허가 면적의 100분의 5에 해당하는 면적이상으로 조경을 실시하도록 한 취지는 개발제한구역 내 토지형질변경은 설치할 건축물 및 공작물 바닥면적의 2배 이내로 제한함으로써 건축법상의 건축선 등 제반규정에 더하여 과다한 조경으로 인한 문제점을 해결하기 위해 주민편의 향상의 차원에서 제도개선한 것인바,

② 건축법시행령 제76조 제2항의 규정에 의거 자연녹지지역이라 하더라도 개발제한구역이라면 개발제한구역관리규정 제30조 제3항의 규정을 준용하여 합목적적으로 처리하시기 바랍니다.

대지의 조경기준

대상건축물	조경 설치 기준	
	연면적 합계	대지면적
① 공장 예외 조경제외 대상에 해당하는 공장 • 면적 5,000m² 미만인 대지에 건축하는 공장 • 연면적의 합계가 1,500m² 미만인 공장 • 산업단지안에 건축하는 공장 ② 물류시설	2,000m² 이상	10% 이상
예외 조경제외 대상에 해당하는 물류시설 • 연면적의 합계가 1,500m² 미만인 물류시설 • 주거지역 또는 상업지역에 건축하는 물류 시설	1,500m² 이상 ~2,000m² 미만	5% 이상
③ 공항시설	대지면적의 10% 이상 예외 활주로·유도로·계류장·착륙대 등 항공기의 이·착륙시설에 이용하는 면적은 대지면적에서 제외	
④ 철도 중 역시설(「철도건설법」)	대지면적의 10% 이상 예외 선로·승강장 등 철도운행에 이용되는 시설의 면적은 대지면적에서 제외	
⑤ 대지면적 200m² 이상 300m² 미만인 대지에 건축하는 건축물	대지면적의 10% 이상	

옥상조경의 기준

건축물의 옥상에 조경을 한 경우	옥상 조경면적의 2/3를 대지안의 조경면적으로 산정할 수 있다.
대지의 조경면적으로 산정하는 옥상 조경면적	전체 조경면적의 50%를 초과할 수 없다.

■ 익힘문제 ■

대지면적이 1,500m²이고, 조경면적이 대지면적의 10%로 정해진 지역에 건축물을 신축할 때 옥상에 조경을 150m² 시공했다. 이런 경우 지표면의 조경면적은 최소 얼마로 해야 하는가? (산업 기출)

㉮ 안 해도 됨 ㉯ 50m²

㉰ 75m² ㉱ 100m²

참고

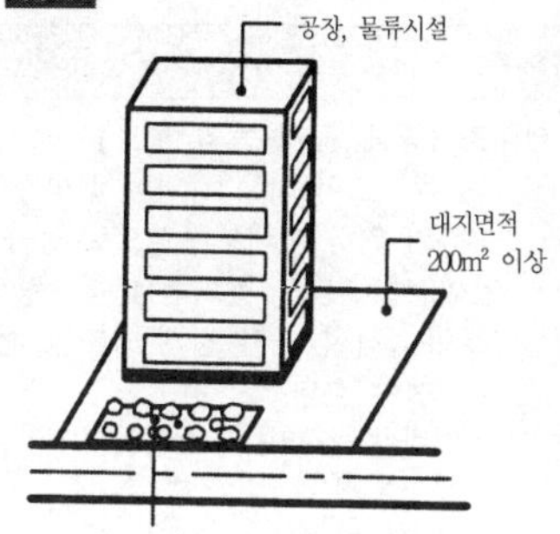

조경≥대지면적×조경률(연면적에 따라)

(대지안의 조경기준)

【개정취지】

◆ 대지의 조경대상 축소

물류비 절감 등 규제완화 차원에서 물류시설에 대한 조경기준을 완화 옥상조경의 경우에는 옥상조경의 활성화를 위하여 종전에 조례로 정하던 것을 대통령령에서 직접 정하는 것이며 자연환경보전지역 등의 지역은 관계법령에서 건축이 극히 제한되어 있고, 주위에 수목이 조성되어 있는 등을 감안하여 의무대상에서 제외하는 것임.

해설

◆ 조경면적

대지의 조경면적으로 산정하는 옥상 조경면적은 전체 조경면적의 50/100를 초과할 수 없다.

정답 ㉰

4 공개공지 등의 확보

건축법	건축법 시행령
제43조【공개 공지 등의 확보】 ① 다음 각 호의 어느 하나에 해당하는 지역의 환경을 쾌적하게 조성하기 위하여 대통령령으로 정하는 용도와 규모의 건축물은 일반이 사용할 수 있도록 대통령령으로 정하는 기준에 따라 소규모 휴식시설 등의 공개 공지(空地 : 공터) 또는 공개 공간을 설치하여야 한다. 1. 일반주거지역, 준주거지역 2. 상업지역 3. 준공업지역 4. 특별자치도지사 또는 시장·군수·구청장이 도시화의 가능성이 크거나 노후 산업단지의 정비가 필요하다고 인정하여 지정·공고하는 지역<개정 2018.8.14> ② 제1항에 따라 공개 공지나 공개 공간을 설치하는 경우에는 제55조, 제56조와 제60조를 대통령령으로 정하는 바에 따라 완화하여 적용할 수 있다.	**제27조의2【공개공지 등의 확보】** ① 법 제43조제1항에 따라 다음 각 호의 어느 하나에 해당하는 건축물의 대지에는 공개 공지 또는 공개 공간(이하 이 조에서 "공개공지등"이라 한다)을 설치해야 한다. 이 경우 공개 공지는 필로티의 구조로 설치할 수 있다.<개정 2019. 10. 22.> 1. 문화 및 집회시설, 종교시설, 판매시설(「농수산물유통 및 가격안정에 관한 법률」 제2조에 따른 농수산물유통시설은 제외한다), 운수 시설(여객용 시설만 해당한다), 업무시설 및 숙박시설로서 해당 용도로 쓰는 바닥면적의 합계가 5,000m² 이상인 건축물 2. 그 밖에 다중이 이용하는 시설로서 건축조례로 정하는 건축물 ② 공개공지등의 면적은 대지면적의 100분의 10 이하의 범위에서 건축조례로 정한다. 이 경우 법 제42조에 따른 조경면적과 「매장 문화재보호 및 조사에 관한 법률」 제14조제1항제1호에 따른 매장 문화재의 원형 보존 조치면적을 공개공지등의 면적으로 할 수 있다. ③ 제1항에 따라 공개공지등을 설치할 때에는 모든 사람들이 환경친화적으로 편리하게 이용할 수 있도록 긴 의자 또는 조경시설 등 건축조례로 정하는 시설을 설치해야 한다. 1. 삭제<2014.10.14> 2. 공개공지 등에는 물건을 쌓아 놓거나 출입을 차단하는 시설을 설치하지 아니할 것 3. 환경친화적으로 편리하게 이용할 수 있도록 긴 의자 또는 파고라 등 건축조례로 정하는 시설을 설치할 것 ④ 제1항에 따른 건축물(제1항에 따른 건축물과 제1항에 해당되지 아니하는 건축물이 하나의 건축물로 복합된 경우를 포함한다)에 공개공지등을 설치하는 경우에는 법 제43조제2항에 따라 다음 각 호의 범위에서 대지면적에 대한 공개공지등 면적비율에 따라 법 제56조 및 법 제60조를 완화하여 적용한다. 다만, 다음 각 호의 범위에서 건축조례로 정한 기준이 완화 비율보다 큰 경우에는 해당 건축조례로 정하는 바에 따른다. 1. 법 제56조에 따른 용적률은 해당 지역에 적용하는 용적률의 1.2배 이하 2. 법 제60조에 따른 높이 제한은 해당 건축물에 적용하는 높이기준의 1.2배 이하 ⑤ 제1항에 따른 공개공지등의 설치대상이 아닌 건축물(「주택법」 제16조제1항에 따른 사업계획승인 대상인 공동주택 중 주택 외의 시설과 주택을 동일 건축물로 건축하는 것 외의 공동주택은 제외한다)의 대지에 법 제43조제4항 이 조 제2항 및 제3항에 적합한 공개 공지를 설치하는 경우에는 제4항을 준용한다. ⑥ 공개공지 등에는 연간 60일 이내의 기간 동안 건축조례로 정하는 바에 따라 주민들을 위한 문화행사를 열거나 판촉활동을 할 수 있다. 다만, 울타리를 설치하는 등 공중이 해당 공개공지 등을 이용하는 데 지장을 주는 행위를 해서는 아니 된다.<신설 2009.6.30> [전문개정 2008.10.29]

법해설 Explanation

공개공지 등의 확보대상

다음에 해당하는 대상지역의 환경을 쾌적하게 조성하기 위하여 다음의 용도 및 규모의 건축물은 일반이 사용할 수 있도록 소규모 휴식시설 등의 공개공지 또는 공개공간을 설치해야 한다.

대상지역	용도	규모
• 일반주거지역 • 준주거지역 • 상업지역 • 준공업지역 • 특별자치도지사 또는 시장·군수·구청장이 도시화의 가능성이 크거나 노후 산업단지의 정비가 필요하다고 인정하여 지정·공고하는 지역	• 문화 및 집회시설 • 종교시설 • 판매시설(농·수산물 유통시설은 제외) • 운수시설(여객용시설만 해당) • 업무시설 • 숙박시설	해당 용도로 쓰는 바닥면적의 합계가 5,000m² 이상
	• 다중이 이용하는 시설로서 건축조례가 정하는 건축물	

공개공지 등의 설치기준

(1) 확보면적

① 공개공지 또는 공개공간의 면적은 대지면적의 10% 이하의 범위안에서 건축조례로 정한다.

② 대지의 조경에 따른 조경면적과 「매장 문화재보호 및 조사에 관한 법률」에 따른 매장 문화재의 원형 보존 조치면적을 공개공지 또는 공개공간의 면적으로 제공할 수 있다.

(2) 준수사항

공개공지 등을 설치할 때에는 모든 사람들이 환경친화적으로 편리하게 이용할 수 있도록 긴 의자 또는 조경시설 등 건축조례로 정하는 시설을 설치해야 한다.

① 공개공지 등은 누구나 이용할 수 있는 곳임을 알기 쉽게 국토교통부령으로 정하는 표지판을 1개소 이상 설치할 것

② 공개공지 등에는 물건을 쌓아 놓거나 출입을 차단하는 시설을 설치하지 아니할 것

③ 환경친화적으로 편리하게 이용할 수 있도록 긴 의자 또는 파고라 등 건축조례로 정하는 시설을 설치할 것

(3) 공개공지 등에는 연간 60일 이내의 기간 동안 건축조례로 정하는 바에 따라 주민들을 위한 문화행사를 열거나 판촉활동을 할 수 있다. 다만, 울타리를 설치하는 등 공중이 해당 공개공지 등을 이용하는 데 지장을 주는 행위를 해서는 아니 된다.

공개공지 등의 설치시 건축규제완화

① 공개공지 또는 공개공간을 설치하는 경우(위의 용도와 다른 용도의 건축물이 하나의 건축물로 복합된 경우 포함) 다음의 규정에 대한 완화적용범위 안에서 대지면적에 대한 공개공지 등 면적 비율에 따라 용적률과 건축물의 높이제한규정을 완화하여 적용한다. 다만, 다음의

짚어보기

전용주거지역, 전용공업지역, 일반공업지역, 녹지지역은 공개공지 대상지역이 아니다.

◆ 공개공지의 확보
(1998. 2. 12 건축 58070-417)

질의 국토이용관리법상 준도시지역(운동, 휴양지구는 시설용지지구로 통합)에 바닥면적 5,000m² 이상인 관광숙박시설(휴양콘도미니엄)을 신축하는 경우 공개공지를 확보하여야 하는지 여부는?

회신 건축법 제77조에서 대통령령으로 정하는 규모 및 용도의 건축물을 건축할 때에 공용목적의 공지를 설치토록 한 것은 도심지등의 환경을 쾌적하게 조성하고 이용시민에게 불편이 없도록 휴게공간을 제공하기 위한 것입니다. 따라서 이와 같은 공개공지의 설치를 의무화한 취지를 감안할 때 비록 도심지가 아니더라도 같은 수준으로 개발되었었거나 토지이용계획상 장차 개발될 수 있는 지역에서는 공개공지를 설치함이 타당하다고 보며, 그 판단은 건축허가권자인 관할시장 또는 군수가 하여야 할 사항입니다.

범위에서 건축조례로 정한 기준이 완화 비율보다 큰 경우에는 해당 건축조례로 정하는 바에 따른다.

법규정	완화범위
용적률	해당 지역의 1.2배 이하
건축물의 높이제한	해당 건축물에 적용되는 높이의 1.2배 이하

② 공개공지 또는 공개공간의 설치대상 건축물(「주택법」에 따른 사업계획승인대상 공동주택을 제외)이 아닌 대지에 설치기준에 맞게 공개공지 등을 설치한 경우 위 ①의 완화규정을 준용한다.

5 대지와 도로의 관계

건축법	건축법 시행령
제44조【대지와 도로의 관계】 ① 건축물의 대지는 2미터 이상이 도로(자동차만의 통행에 사용되는 도로는 제외한다)에 접하여야 한다. 다만, 다음 각 호의 어느 하나에 해당하면 그러하지 아니하다. 1. 해당 건축물의 출입에 지장이 없다고 인정되는 경우 2. 건축물의 주변에 대통령령으로 정하는 공지가 있는 경우 3. 「농지법」 제2조제1호나목에 따른 농막을 건축하는 경우 ② 건축물의 대지가 접하는 도로의 너비, 대지가 도로에 접하는 부분의 길이, 그 밖에 대지와 도로의 관계에 관하여 필요한 사항은 대통령령으로 정하는 바에 따른다.	**제28조【대지와 도로의 관계】** ① 법 제44조제1항제2호에서 "대통령령으로 정하는 공지"란 광장, 공원, 유원지, 그 밖에 관계 법령에 따라 건축이 금지되고 공중의 통행에 지장이 없는 공지로서 허가권자가 인정한 것을 말한다. ② 법 제44조제2항에 따라 연면적의 합계가 2천 제곱미터(공장인 경우에는 3천 제곱미터) 이상인 건축물(축사, 작물재배사, 그 밖에 이와 비슷한 건축물로서 건축조례로 정하는 규모의 건축물은 제외한다)의 대지는 너비 6미터 이상의 도로에 4미터 이상 접하여야 한다.<개정 2009.6.30, 2009.7.16> [전문개정 2008.10.29] **제29조 제30조 삭제(1999.4.30)**

법해설 Explanation

대지와 도로의 관계

(1) 건축물의 대지가 도로에 접하는 길이

건축물의 대지는 도로(자동차만의 통행에 사용되는 것 제외)에 2m 이상 접해야 한다.

예외 대지가 도로에 접하지 않아도 되는 경우

- 해당 건축물의 출입에 지장이 없다고 인정되는 경우
- 건축물 주변에 광장 · 공원 · 유원지, 그 밖에 관계법령에 따라 건축이 금지되고 공중의 통행에 지장이 없는 공지로서 허가권자가 인정한 경우
- 농막을 건축하는 경우

(2) 건축물의 대지가 도로에 접하는 길이 강화규정

연면적의 합계가 $2,000m^2$(공장인 경우에는 $3,000m^2$) 이상인 건축물(축사, 작물재배사, 그 밖에 이와 비슷한 건축물로서 건축조례로 정하는 규모의 건축물은 제외)의 대지는 너비 6m 이상의 도로에 4m 이상 접하여야 한다.

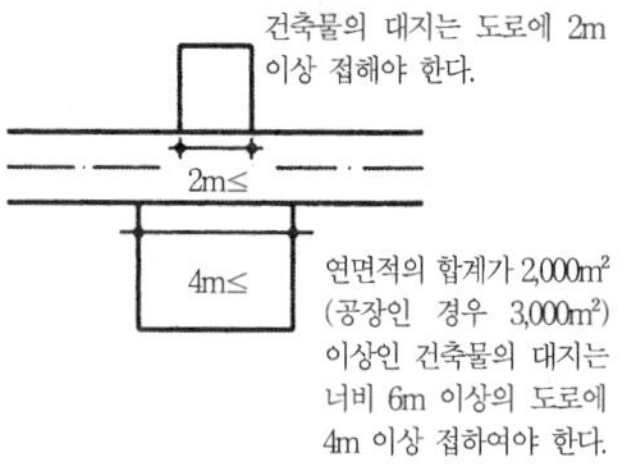

6 도로의 폐지 또는 변경

건축법	건축법 시행규칙
제45조【도로의 지정 · 폐지 또는 변경】 ① 허가권자는 제2조 제1항 제11호 나목에 따라 도로의 위치를 지정 · 공고하려면 국토교통부령으로 정하는 바에 따라 그 도로에 대한 이해관계인의 동의를 받아야 한다. 다만, 다음 각 호의 어느 하나에 해당하면 이해관계인의 동의를 받지 아니하고 건축위원회의 심의를 거쳐 도로를 지정할 수 있다. 1. 허가권자가 이해관계인이 해외에 거주하는 등의 사유로 이해관계인의 동의를 받기가 곤란하다고 인정하는 경우 2. 주민이 오랫동안 통행로로 이용하고 있는 사실상의 통로로서 해당 지방자치단체의 조례로 정하는 것인 경우 ② 허가권자는 제1항에 따라 지정한 도로를 폐지하거나 변경하려면 그 도로에 대한 이해관계인의 동의를 받아야 한다. 그 도로에 편입된 토지의 소유자, 건축주 등이 허가권자에게 제1항에 따라 지정된 도로의 폐지나 변경을 신청하는 경우에도 또한 같다. ③ 허가권자는 제1항과 제2항에 따라 도로를 지정하거나 변경하면 국토교통부령으로 정하는 바에 따라 도로관리대장에 이를 적어서 관리하여야 한다.	**제26조의3【도로대장 등】** 법 제45조제2항 및 제3항에 따른 도로의 폐지 · 변경신청서 및 도로대장은 각각 별지 제26호서식 및 별지 제27호서식과 같다. <개정 2008.12.11>

법해설 Explanation

허가권자의 도로의 지정·폐지 또는 변경

구분	내용
이해관계인의 동의사항	• 허가권자가 도로의 위치를 지정 · 공고하고자 할 때 • 해당 도로에 편입된 토지의 소유자 · 건축주 등이 허가권자에게 지정된 도로의 폐지 또는 변경을 신청하는 경우
건축위원회의 심의 (이해관계인의 동의없이)	• 이해관계인이 해외에 거주하는 등 이해관계인의 동의를 얻기가 곤란하다고 허가권자가 인정하는 경우 • 주민이 장기간 통행로로 이용하고 있는 사실상 도로로서 해당 지방자치단체의 조례로 정하는 것인 경우
도로관리대장의 기재	허가권자는 도로를 지정 또는 변경한 경우에는 도로관리대장에 기재하고 관리하여야 한다.

◆ 도로의 지정

질의 도시지역안의 대지가 진입도로나 통로가 없는 상태에서 너비 6m의 통로를 설치할 계획으로 건축허가를 신청한 경우 허가권자가 신설되는 통로를 건축법상 도로로 지정하여 건축허가가 가능한지?

회신 시장 · 군수 · 구청장은 신설되는 통로를 건축법 제2조 제11호 나목에 따른 도로로 지정하고자 하는 경우에는 같은 법 제45조에 따른 필요한 절차를 거쳐 지정 · 공고할 수 있는 것임

7 건축선의 지정

건축법	건축법 시행령
제46조【건축선의 지정】 ① 도로와 접한 부분에 건축물을 건축할 수 있는 선[이하 "건축선(建築線)"이라 한다]은 대지와 도로의 경계선으로 한다. 다만, 제2조 제1항 제11호에 따른 소요 너비에 못 미치는 너비의 도로인 경우에는 그 중심선으로부터 그 소요 너비의 2분의 1의 수평거리만큼 물러난 선을 건축선으로 하되, 그 도로의 반대쪽에 경사지, 하천, 철도, 선로부지, 그 밖에 이와 유사한 것이 있는 경우에는 그 경사지 등이 있는 쪽의 도로경계선에서 소요 너비에 해당하는 수평거리의 선을 건축선으로 하며, 도로의 모퉁이에서는 대통령령으로 정하는 선을 건축선으로 한다. ② 특별자치시장·특별자치도지사 또는 시장·군수·구청장은 시가지 안에서 건축물의 위치나 환경을 정비하기 위하여 필요하다고 인정하면 제1항에도 불구하고 대통령령으로 정하는 범위에서 건축선을 따로 지정할 수 있다. ③ 특별자치시장·특별자치도지사 또는 시장·군수·구청장은 제2항에 따라 건축선을 지정하면 지체 없이 이를 고시하여야 한다.	**제31조【건축선】** ① 법 제46조제1항에 따라 너비 8미터 미만인 도로의 모퉁이에 위치한 대지의 도로모퉁이 부분의 건축선은 그 대지에 접한 도로경계선의 교차점으로부터 도로경계선에 따라 다음의 표에 따른 거리를 각각 후퇴한 두 점을 연결한 선으로 한다. (단위 : m) (표는 아래 참조) ② 특별자치시장·특별자치도지사 또는 시장·군수·구청장은 법 제46조제2항에 따라 「국토의 계획 및 이용에 관한 법률」 제36조제1항제1호에 따른 도시지역에는 4미터 이하의 범위에서 건축선을 따로 지정할 수 있다. ③ 특별자치시장·특별자치도지사 또는 시장·군수·구청장은 제2항에 따라 건축선을 지정하려면 미리 그 내용을 해당 지방자치단체의 공보(公報), 일간신문 또는 인터넷 홈페이지 등에 30일 이상 공고하여야 하며, 공고한 내용에 대하여 의견이 있는 자는 공고기간에 특별자치시장·특별자치도지사 또는 시장·군수·구청장에게 의견을 제출(전자문서에 따른 제출을 포함한다)할 수 있다. [전문개정 2008.10.29]

(단위 : m)

도로의 교차각	해당 도로의 너비		교차되는 도로의 너비
	6이상 8미만	4이상 6미만	
90° 미만	4	3	6 이상 8 미만
	3	2	4 이상 6 미만
90° 이상 120° 미만	3	2	6 이상 8 미만
	2	2	4 이상 6 미만

법해설 Explanation

건축선의 지정

(1) 원칙

건축선(도로에 접한 부분에 있어서 건축물을 건축할 수 있는 선)은 원칙적으로 대지와 도로의 경계선으로 한다.

(2) 예외

① 소요너비에 미달되는 도로의 건축선

조건	건축선
도로 양쪽에 대지가 있을 때	미달되는 도로의 중심선에서 소요너비의 1/2 수평거리를 후퇴한 선
도로의 반대쪽에 경사지·하천·철도·선로부지 등이 있을 때	경사지 등이 있는 쪽의 도로경계선에서 소요너비에 필요한 수평거리를 후퇴한 선

참고

◆ 건축선의 의의
① 대지에 건축물이나 공작물을 설치할 수 있는 한계선
② 일반적으로 도로의 경계선과 일치하나 따로 건축선을 설정하는 이유는 건축물 등에 따른 도로의 침식방지와 도로교통의 원활을 기하기 위한 것

◆ 근린공원과 대지사이의 소요너비 미달도로시 후퇴기준
(건교건축 58070 2005, 1995. 5. 18)
질의 근린공원과 대지사이에 소요너비에 미달되는 도로가 있는 경우 도로폭을 확보하기 위하여 후퇴하여야 하는 기준은?

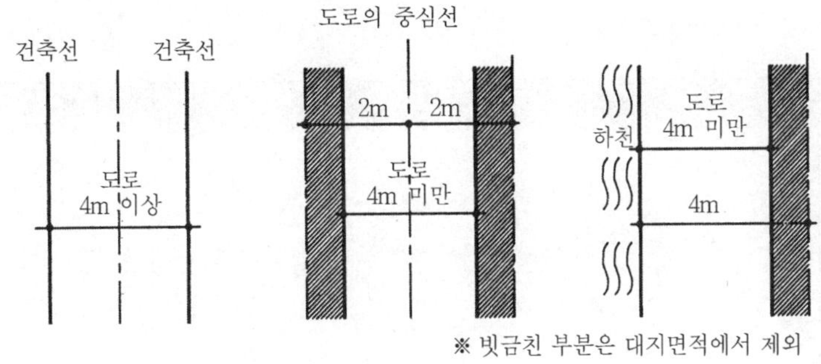

※ 빗금친 부분은 대지면적에서 제외

(건축선)

회신 건축법 제46조 제1항의 단서 규정에 의하면 같은 법 제2조 제11호에 따른 소요너비에 미달되는 너비의 도로인 경우에는 그 중심선으로부터 해당 소요너비의 2분의 1에 상당하는 수평거리를 후퇴한 선을 건축선으로 하되 해당 도로의 반대쪽에 경사지·하천·철도·선로부지 기타 이와 유사한 것이 있을 경우에는 해당 경사지등이 있는 쪽 도로경계선에서 소요너비에 상당하는 수평거리의 선을 건축선으로 하는 바, 질의의 도로가 공원과 대지사이에 위치하고 소요너비에 미달된 경우라면 이는 도로중심선으로부터 공원과 대지 각각을 후퇴한 선을 건축선으로 하여야 할 것임

② 교차도로에서의 건축선

교차되는 너비 8m 미만인 도로의 모퉁이에 위치한 대지의 도로모퉁이부분의 건축선은 도로경계선의 교차점으로부터 도로경계선에 따라 다음에 따른 거리를 각각 후퇴한 2점을 연결한 선으로 한다.

도로의 교차각	해당 도로의 너비		교차되는 도로의 너비
	6m 이상 8m 미만	4m 이상 6m 미만	
90° 미만	4m	3m	6m 이상 8m 미만
	3m	2m	4m 이상 6m 미만
90° 이상~ 120° 미만	3m	2m	6m 이상 8m 미만
	2m	2m	4m 이상 6m 미만

※ 빗금친 부분은 대지면적에서 제외

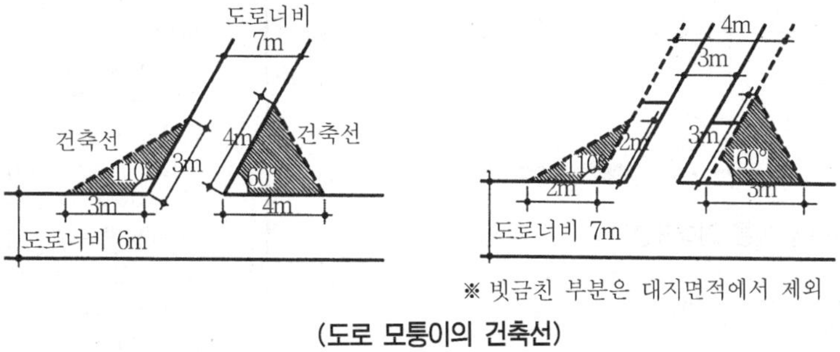

(도로 모퉁이의 건축선)

(3) 건축선 별도지정

① 특별자치시장·특별자치도지사 또는 시장·군수·구청장은 「국토의 계획 및 이용에 관한 법률」에 따른 도시지역 안에서는 4m 이하의 범위에서 건축선을 따로 지정할 수 있다.

② 특별자치시장·특별자치도지사 또는 시장·군수·구청장은 위 ①에 따라 건축선을 지정하고자 하는 때에는 미리 그 내용을 해당 지방자치단체의 공보·일간신문 또는 인터넷 홈페이지 등에 30일 이상 공고하여야 하며 공고한 내용에 대하여 의견이 있는 자는 공고기간 내에 특별자치도지사 또는 시장·군수 또는 구청장에게 의견을 제출(전자문서에 따른 제출 포함)할 수 있다.

8 건축선에 따른 건축제한

건축법	건축법 시행령	건축법 시행규칙
제47조 【건축선에 따른 건축제한】 ① 건축물과 담장은 건축선의 수직면(垂直面)을 넘어서는 아니 된다. 다만, 지표(地表) 아래 부분은 그러하지 아니하다. ② 도로면으로부터 높이 4.5미터 이하에 있는 출입구, 창문, 그 밖에 이와 유사한 구조물은 열고 닫을 때 건축선의 수직면을 넘지 아니하는 구조로 하여야 한다.		

법해설 Explanation

건축선에 따른 건축제한

① 건축물 및 담장은 건축선의 수직면을 넘어서는 안된다.

예외 지표하의 부분

② 도로면으로부터 높이 4.5m 이하에 있는 출입구·창문 등의 구조물은 개폐시 건축선의 수직면을 넘는 구조로 해서는 안된다.

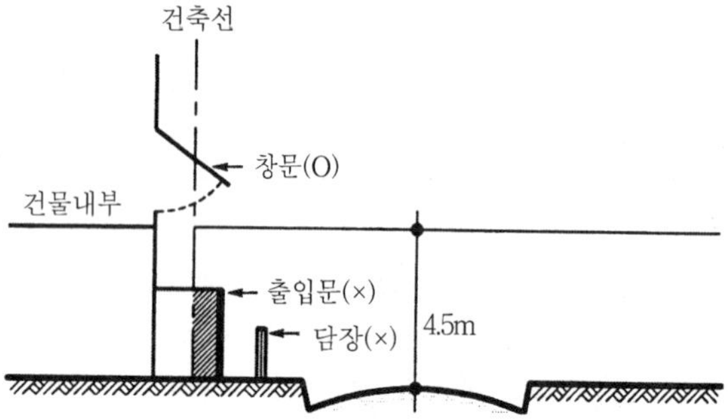

(건축선에 따른 건축제한)

■ 익힘문제 ■

다음 그림과 같은 대지의 건축법상 대지 면적은? (산업 기출)

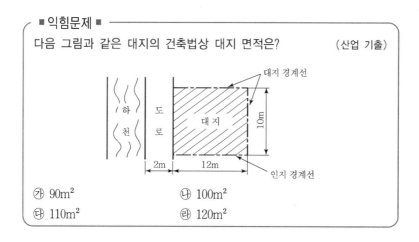

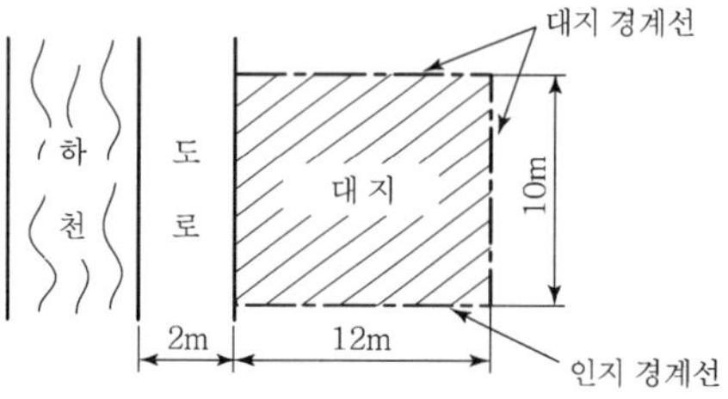

㉮ $90m^2$ ㉯ $100m^2$

㉰ $110m^2$ ㉱ $120m^2$

질의 건축선 후퇴부분에 담장 설치 가능여부

(건교건축 58507 303, 97. 2. 19)

도로폭에 미달되는 도로에 대하여 건축허가시 보상도 받지 않고 도로공제를 하여야 하는지 여부와 도로 공제된 부분에 조경 또는 담장을 설치하여야 재산권 범위를 표시할 수 있는지 여부?

회신

① 건축허가시 신청대지가 건축법 제2조 제11호 "도로"에 따른 소요너비에 미달되는 도로인 경우에는 건축법 제46조 규정에 의거 그 중심선으로부터 해당 소요너비의 2분의 1에 상당하는 수평거리를 후퇴하여 건축물을 건축하여야 하며,

② 도로로 공제된 부분에 조경 또는 담장 설치여부는 건축법 제47조 규정에 의거 건축물 및 담장과 도로면으로부터 높이 4.5m 이하에 있는 출입구 창문 기타 이와 유사한 구조물은 개폐시에도 건축선의 수직면을 넘어서는 아니된다고 규정되어 있음

해설

도로 중심선으로부터 당해 소요너비의 1/2에 상당하는 수평거리를 후퇴한 선을 건축선으로 한다.

(예외) 해당 도로의 반대쪽에 경사지·하천·철도·선로부지 기타 이와 유사한 것이 있는 경우에는 해당 경사지등이 있는 쪽 도로경계선에서 소요너비에 상당하는 수평거리의 선을 건축선으로 한다.

∴ 대지면적 $=(12m-2m)\times 10m$

$=100(m^2)$

정답 ㉯

■ 익힘문제 ■

그림과 같은 대지의 도로 모퉁이 부분의 건축선으로서 도로 경계선의 교차점에서의 거리 a는? (기사 기출)

㉮ 1m

㉯ 2m

㉰ 3m

㉱ 4m

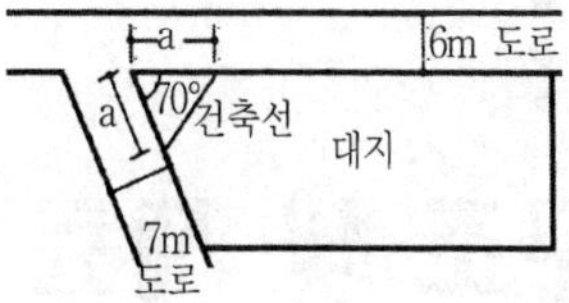

해설

◆건축선의 지정

6m 도로와 7m 도로가 교차하면서 교차각도가 70° 이므로 도로경계선 교차점으로부터 4m 후퇴한다.

정답 ㉱

제5장

건축물의 구조 및 재료

1 구조내력 등

건축법	건축법 시행령	건축법 시행규칙(구조기준 등에 관한 규칙)
제48조【구조내력 등】 ① 건축물은 고정하중, 적재하중(積載荷重), 적설하중(積雪荷重), 풍압(風壓), 지진, 그 밖의 진동 및 충격 등에 대하여 안전한 구조를 가져야 한다. ② 제11조제1항에 따른 건축물을 건축하거나 대수선하는 경우에는 대통령령으로 정하는 바에 따라 구조의 안전을 확인하여야 한다. ③ 지방자치단체의 장은 제2항에 따른 구조 안전확인 대상 건축물에 대하여 허가 등을 하는 경우 내진(耐震) 성능 확보 여부를 확인하여야 한다.	**제32조【구조 안전의 확인】** ① 법 제48조제2항에 따라 법 제11조 제1항에 따른 건축물을 건축하거나 대수선하는 경우 해당 건축물의 설계자는 국토교통부령으로 정하는 구조기준 및 구조계산에 따라 그 구조의 안전을 확인하여야 한다. ② 제1항에 따라 구조 안전을 확인한 건축물 중 다음 각 호의 어느 하나에 해당하는 건축물의 건축주는 해당 건축물의 설계자로부터 구조 안전의 확인 서류를 받아 법 제21조에 따른 착공신고를 하는 때에 그 확인 서류를 허가권자에게 제출하여야 한다.<개정 2017.10.24.> 1. 층수가 2층[주요구조부인 기둥과 보를 설치하는 건축물로서 그 기둥과 보가 목재인 목구조 건축물(이하 "목구조 건축물"이라 한다)의 경우에는 3층] 이상인 건축물 2. 연면적이 200제곱미터(목구조 건축물의 경우에는 500제곱미터) 이상인 건축물. 다만, 창고, 축사, 작물재배사 및 표준설계도서에 따라 건축하는 건축물은 제외한다. 3. 높이가 13미터 이상인 건축물 4. 처마높이가 9미터 이상인 건축물 5. 기둥과 기둥 사이의 거리가 10미터 이상인 건축물 6. 건축물의 용도 및 규모를 고려한 중요도가 높은 건축물로서 국토교통부령으로 정하는 건축물 7. 국가적 문화유산으로 보존할 가치가 있는 건축물로서 국토교통부령으로 정하는 것 8. 제2조제18호가목 및 다목의 건축물 9. 별표 1 제1호의 단독주택 및 같은 표 제2호의 공동주택	**제7조【구조안전의 확인】** ①「건축법 시행령」제32조제2항제3호에서 "국토교통부령이 정하는 지진구역안의 건축물"이라 함은 【별표 1】에 따른 지진구역 Ⅰ의 지역에 건축하는 건축물로서 【별표 2】에 따른 중요도 특 또는 중요도 1에 해당하는 건축물을 말한다.<개정 2008.3.14> ②「건축법 시행령」제32조제2항제4호에서 "국가적 문화유산으로 보존할 가치가 있는 건축물로서 국토교통부령이 정하는 것"이라 함은 국가적 문화유산으로 보존할 가치가 있는 박물관·기념관 그 밖에 이와 유사한 것으로서 연면적의 합계가 5천m^2 이상인 건축물을 말한다.<개정 2008.3.14>

건축법	건축법 시행령	건축법 시행규칙
제48조의3 **【건축물의 내진능력 공개】** ① 다음 각 호의 어느 하나에 해당하는 건축물을 건축하고자 하는 자는 제22조에 따른 사용승인을 받는 즉시 건축물이 지진 발생 시에 견딜 수 있는 능력(이하 "내진능력"이라 한다)을 공개하여야 한다. 다만, 제48조제2항에 따른 구조안전 확인 대상 건축물이 아니거나 내진능력 산정이 곤란한 건축물로서 대통령령으로 정하는 건축물은 공개하지 아니한다. <개정 2017.12.26.> 1. 층수가 2층[주요구조부인 기둥과 보를 설치하는 건축물로서 그 기둥과 보가 목재인 목구조 건축물(이하 "목구조 건축물"이라 한다)의 경우에는 3층] 이상인 건축물 2. 연면적이 200제곱미터(목구조 건축물의 경우에는 500제곱미터) 이상인 건축물 3. 그 밖에 건축물의 규모와 중요도를 고려하여 대통령령으로 정하는 건축물 ② 제1항의 내진능력의 산정 기준과 공개 방법 등 세부사항은 국토교통부령으로 정한다. [시행 2018.6.27.]	③ 제6조제1항제6호다목에 따라 기존 건축물을 건축 또는 대수선하려는 건축주는 법 제5조제1항에 따라 적용의 완화를 요청할 때 구조 안전의 확인 서류를 허가권자에게 제출하여야 한다.	**제56조【건축물의 구조 기준 등에 관한 규칙】** **[적용 범위]** ① 영 제32조제1항에 따른 각 단계별 구조안전(지진에 대한 구조안전을 포함한다)확인의 절차, 내용 및 방법은 제57조에서 제59조까지에 따른다. ② 영 제32조제2항제6호에서 "국토교통부령으로 정하는 건축물"이란 별표 11에 따른 중요도 특 또는 중요도 1에 해당하는 건축물을 말한다. <개정 2017.10.24.> ③ 영 제32조제2항제7호에서 "국가적 문화유산으로 보존할 가치가 있는 건축물로서 국토교통부령이 정하는 것"이란 국가적 문화유산으로 보존할 가치가 있는 박물관·기념관 그 밖에 이와 유사한 것으로서 연면적의 합계가 5천제곱미터 이상인 건축물을 말한다.

법해설 Explanation

구조내력 등

(1) 구조내력

건축물은 고정하중·적재하중·적설하중·풍압·지진, 그 밖의 진동 및 충격 등에 안전한 구조를 가져야 한다.

(2) 구조안전 확인 건축물 중 착공신고시 구조안전의 확인서류제출대상

구조 안전을 확인한 건축물 중 다음의 어느 하나에 해당하는 건축물의 건축주는 해당 건축물의 설계자로부터 구조 안전의 확인 서류를 받아 착공신고를 하는 때에 그 확인 서류를 허가권자에게 제출하여야 한다.

[개정취지]
◆ 관계전문기술자의 협력
① 대규모 건축물에 대한 구조안전의 확인을 과거에는 건축구조 기술사에게만 국한하였던 것을 구조기술사와 동등이상의 기술능력이나 자격을 갖추었다고 국토교통부령이 정하는 자에게도 할 수 있도록 인정하여 기술사제도를 확대함
② 다중이용건축물에 대하여도 구조안전의 확인을 하도록 의무화함
③ 10m 이상의 대규모 토지굴착 및 5m 이상 옹벽공사의 경우, 설계·감리

구분	대상규모
층수	2층 이상(주요 구조부인 기둥과 보를 설치하는 건축물로서 그 기둥과 보가 목재인 목구조 건축물의 경우에는 3층)
연면적	$200m^2$(목구조 건축물의 경우에는 $500m^2$) 이상(창고, 축사, 작물재배사 및 표준설계도서에 따라 건축하는 건축물은 제외)인 건축물
높이	높이 13m 이상, 처마높이 9m 이상
경간	10m 이상
기타	• 건축물의 용도 및 규모를 고려한 중요도가 높은 건축물로서 국토교통부령으로 정하는 건축물 • 국가적 문화유산으로 보존할 가치가 있는 건축물로서 국토교통부령으로 정하는 것 • 제2조제18호(특수구조건축물)의 가목 및 다목의 건축물 • 별표 1 제1호의 단독주택 및 같은 표 제2호의 공동주택

※ 경간 : 기둥과 기둥 사이의 거리(Span). (기둥의 중심선 사이의 거리)단, 기둥이 없는 경우에는 내력벽과 내력벽 사이의 거리

건축물의 내진능력 공개[시행일 : 2018.6.27.]

다음의 어느 하나에 해당하는 건축물을 건축하고자 하는 자는 사용승인을 받는 즉시 건축물이 지진 발생 시에 견딜 수 있는 능력(이하 "내진능력"이라 한다)을 공개하여야 한다. 다만, 구조안전 확인 대상 건축물이 아니거나 내진능력 산정이 곤란한 건축물로서 대통령령으로 정하는 건축물은 공개하지 아니한다.

1. 층수가 2층[주요구조부인 기둥과 보를 설치하는 건축물로서 그 기둥과 보가 목재인 목구조 건축물(이하 "목구조 건축물"이라 한다)의 경우에는 3층] 이상인 건축물
2. 연면적이 200제곱미터(목구조 건축물의 경우에는 500제곱미터) 이상인 건축물
3. 그 밖에 건축물의 규모와 중요도를 고려하여 대통령령으로 정하는 건축

참고

◆ 중요도 및 중요도계수(제56조제2항 관련)

중요도	중요도 계수	건축물의 용도 및 규모
특	1.5	• 연면적이 $1,000m^2$ 이상인 위험물 저장 및 처리 시설, 국가 또는 지방 자치단체의 청사, 외국공관, 소방서, 발전소, 방송국, 전신전화국 • 종합병원, 수술시설이나 응급시설이 있는 병원
1	1.2	• 연면적이 $1,000m^2$ 미만인 위험물 저장 및 처리시설, 국가 또는 지방자치단체의 청사, 외국공관, 소방서, 발전소, 방송국, 전신전화국 • 연면적이 $5,000m^2$ 이상인 공연장, 집회장, 관람장, 전시장, 운동시설, 판매시설, 운수시설(화물터미널과 집배송시설은 제외함) • 아동관련시설, 노인복지시설, 사회복지시설, 근로복지시설 • 5층 이상인 숙박시설, 오피스텔, 기숙사, 아파트 • 학교 • 수술시설과 응급시설 모두 없는 병원 기타 연면적 $1,000m^2$ 이상인 의료시설로서 중요도 특에 해당하지 않는 건축물
2	1.0	• 중요도 특 및 1, 3에 해당하지 않는 건축물
3	1.0	• 농업시설물, 소규모창고 • 가설구조물

사 토목기술자의 협력을 받아 설계감리를 하도록 함

④ 설계·감리에 참여한 관계전문분야 기술자는 설계도서·감리보고서 등에 서명·날인하도록 하여 업무에 따른 책임한계를 분명히 하도록 함

짚어보기 구조안전의 확인대상 건축물

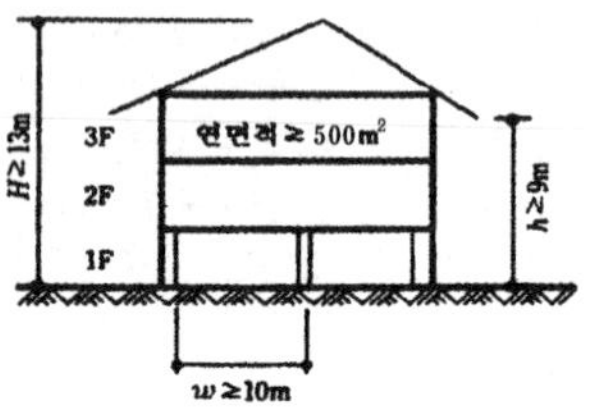

2 직통계단의 설치

건축법	건축법 시행령	피난·방화구조 등의 기준에 관한 규칙
제49조【건축물의 피난시설 및 용도제한 등】 ① 대통령령으로 정하는 용도 및 규모의 건축물과 그 대지에는 국토교통부령으로 정하는 바에 따라 복도, 계단, 출입구, 그 밖의 피난시설과 저수조(貯水槽), 대지 안의 피난과 소화에 필요한 통로를 설치하여야 한다.<개정 2018.4.17>	**제34조【직통계단의 설치】** ① 건축물의 피난층(직접 지상으로 통하는 출입구가 있는 층 및 제3항과 제4항에 따른 피난안전구역을 말한다. 이하 같다) 외의 층에서는 피난층 또는 지상으로 통하는 직통계단(경사로를 포함한다. 이하 같다)을 거실의 각 부분으로부터 계단(거실로부터 가장 가까운 거리에 있는 1개소의 계단을 말한다)에 이르는 보행거리가 30미터 이하가 되도록 설치해야 한다. 다만, 건축물(지하층에 설치하는 것으로서 바닥면적의 합계가 $300m^2$ 이상인 공연장·집회장·관람장 및 전시장은 제외한다)의 주요구조부가 내화구조 또는 불연재료로 된 건축물은 그 보행거리가 50미터(층수가 16층 이상인 공동주택은 40미터) 이하가 되도록 설치할 수 있으며, 자동화 생산시설에 스프링클러 등 자동식 소화설비를 설치한 공장으로서 국토교통부령으로 정하는 공장인 경우에는 그 보행거리가 75미터(무인화 공장인 경우에는 100미터) 이하가 되도록 설치할 수 있다.<개정 2019.8.9> ② 법 제49조제1항에 따라 피난층 외의 층이 다음 각 호의 어느 하나에 해당하는 용도 및 규모의 건축물에는 국토교통부령으로 정하는 기준에 따라 피난층 또는 지상으로 통하는 직통계단을 2개소 이상 설치하여야 한다. 1. 문화 및 집회시설(전시장 및 동·식물원은 제외한다), 종교시설, 위락시설 중 주점영업 또는 장례시설의 용도로 쓰는 층으로서 그 층에서 해당 용도로 쓰는 바닥면적의 합계가 $200m^2$ 이상인 것 2. 단독주택 중 다중주택·다가구주택, 제2종 근린생활시설 중 학원·독서실, 판매시설, 운수시설(여객용 시설만 해당한다), 의료시설(입원실이 없는 치과병원은 제외한다), 교육연구시설 중 학원, 노유자시설 중 아동 관련 시설·노인복지시설, 수련시설 중 유스호스텔, 숙박시설 또는 장례식장의 용도로 쓰는 3층 이상의 층으로서 그 층의 해당 용도로 쓰는 거실의 바닥면적의 합계가 $200m^2$ 이상인 것 3. 공동주택(층 당 4세대 이하인 것은 제외한다) 또는 업무시설 중 오피스텔의 용도로 쓰는 층으로서 그 층의 해당 용도로 쓰는 거실의 바닥면적의 합계가 $300m^2$ 이상인 것 4. 제1호부터 제3호까지의 용도로 쓰지 아니하는 3층 이상의 층으로서 그 층 거실의 바닥면적의 합계가 $400m^2$ 이상인 것 5. 지하층으로서 그 층 거실의 바닥면적의 합계가 $200m^2$ 이상인 것 ③ 초고층 건축물에는 피난층 또는 지상으로 통하는 직통계단과 직접 연결되는 피난안전구역(건축물의 피난·안전을 위하여 건축물 중간층에 설치하는 대피공간을 말한다. 이하 같다)을 지상층으로부터 최대 30개 층마다 1개소 이상 설치하여야 한다.<개정 2011.12.30> ④ 준초고층 건축물에는 피난층 또는 지상으로 통하는 직통계단과 직접 연결되는 피난안전구역을 해당 건축물 전체 층수의 2분의 1에 해당하는 층으로부터 상하 5개층 이내에 1개소 이상 설치하여야 한다. 다만, 국토교통부령으로 정하는 기준에 따라 피난층 또는 지상으로 통하는 직통계단을 설치하는 경우에는 그러하지 아니하다. <신설 2011.12.30> ⑤ 제3항 및 제4항에 따른 피난안전구역의 규모와 설치기준은 국토교통부령으로 정한다. **제50조의2【고층건축물의 피난 및 안전관리】** ① 고층건축물에는 대통령령으로 정하는 바에 따라 피난안전구역을 설치하거나 대피공간을 확보한 계단을 설치하여야 한다. 이 경우 피난안전구역의 설치 기준, 계단의 설치 기준과 구조 등에 관하여 필요한 사항은 국토교통부령으로 정한다.	**제8조【직통계단의 설치기준】** ① 영 제34조제1항 단서에서 "국토교통부령으로 정하는 공장"이란 반도체 및 디스플레이 패널을 제조하는 공장을 말한다.<신설 2010.4.7., 2013.3.23., 2019.8.6.> ② 영 제34조제2항에 따라 2개소 이상의 직통계단을 설치하는 경우 다음 각 호의 기준에 적합해야 한다.<개정 2019.8.6.> 1. 가장 멀리 위치한 직통계단 2개소의 출입구 간의 가장 가까운 직선거리(직통계단 간을 연결하는 복도가 건축물의 다른 부분과 방화구획으로 구획된 경우 출입구 간의 가장 가까운 보행거리를 말한다)는 건축물 평면의 최대 대각선 거리의 2분의 1 이상으로 할 것. 다만, 스프링클러 또는 그 밖에 이와 비슷한 자동식 소화설비를 설치한 경우에는 3분의 1이상으로 한다. 2. 각 직통계단 간에는 각각 거실과 연결된 복도 등 통로를 설치할 것 **제8조의2【피난안전구역의 설치기준】** ① 영 제34조 제3항 및 제4항에 따라 설치하는 피난안전구역(이하 "피난안전구역"이라 한다)은 해당 건축물의 1개층을 대피공간으로 하며, 대피에 장애가 되지 아니하는 범위에서 기계실, 보일러실, 전기실 등 건축설비를 설치하기 위한 공간과 같은 층에 설치할 수 있다. 이 경우 피난안전구역은 건축설비가 설치되는 공간과 내화구조로 구획하여야 한다.<개정 2012.1.6>

건축법	건축법 시행령	피난 · 방화구조 등의 기준에 관한 규칙
	② 고층건축물의 화재예방 및 피해경감을 위하여 국토교통부령으로 정하는 바에 따라 제48조부터 제50조까지 및 제64조의 기준을 강화하여 적용할 수 있다.	② 피난안전구역에 연결되는 특별피난계단은 피난안전구역을 거쳐서 상 · 하층으로 갈 수 있는 구조로 설치하여야 한다. ③ 피난안전구역의 구조 및 설비는 다음 각 호의 기준에 적합하여야 한다.<개정 2012.1.6> 1. 피난안전구역의 바로 아래층 및 위층은 「녹색건축물 조성 지원법」 제15조제1항에 따라 국토교통부장관이 정하여 고시한 기준에 적합한 단열재를 설치할 것. 이 경우 아래층은 최상층에 있는 거실의 반자 또는 지붕 기준을 준용하고, 위층은 최하층에 있는 거실의 바닥 기준을 준용할 것 2. 피난안전구역의 내부마감재료는 불연재료로 설치할 것 3. 건축물의 내부에서 피난안전구역으로 통하는 계단은 특별피난계단의 구조로 설치할 것 4. 비상용 승강기는 피난안전구역에서 승하차 할 수 있는 구조로 설치할 것 5. 피난안전구역에는 식수공급을 위한 급수전을 1개소 이상 설치하고 예비전원에 의한 조명설비를 설치할 것 6. 관리사무소 또는 방재센터 등과 긴급연락이 가능한 경보 및 통신시설을 설치할 것 7. 별표 1의2에서 정하는 기준에 따라 산정한 면적 이상일 것 8. 피난안전구역의 높이는 2.1m 이상일 것 9. 「건축물의 설비 기준 등에 관한 규칙」 제14조에 따른 배연설비를 설치할 것 10. 그 밖에 소방청장이 정하는 소방등 재난관리를 위한 설비를 갖출 것<본조신설 2010.4.7>

법해설 Explanation

피난관련 용어의 정의

(1) 피난층

"직접 지상으로 통하는 출입구가 있는 층 및 초고층 건축물의 피난안전구역"으로 지형 등에 따라 하나의 건축물에도 1개 이상의 피난층이 될 수 있다.

(2) 직통계단

건축물의 어떤 층에서도 피난층까지 이르는 경로가 계단과 계단참만을 통해서 오르내릴 수 있는 수직선상에 있는 계단을 말한다.

예 우측 참고란의 그림에서 4, 5, 6층을 연결하는 A계단과 1, 2, 3층을 연결하는 B계단은 직통계단이 아니다. 왜냐하면 화재 등 비상시에 5, 6층에서 4층까지 피난한 사람이 4층에서 B계단을 찾지 못하거나 4층 거실에 연기가 충만한 경우가 발생하기 쉬우며 특히 야간인 경우 정전 등으로 인해 피난이 곤란하여 인명피해의 우려가 있다. 그러나 지하에 설치된 C계단은 B계단과 수직선상에 직통되어 있지 않았어도 피난층까지는 직통되어있으므로 「건축법」에 따른 직통계단에 해당된다.

(3) 보행거리

보행거리란 거실의 각 부분으로부터 피난층에 이르는 직통계단 중 거실로부터 가장 가까운 거리에 있는 1개소의 계단까지의 최단거리를 말한다.

참고

◆ 피난층

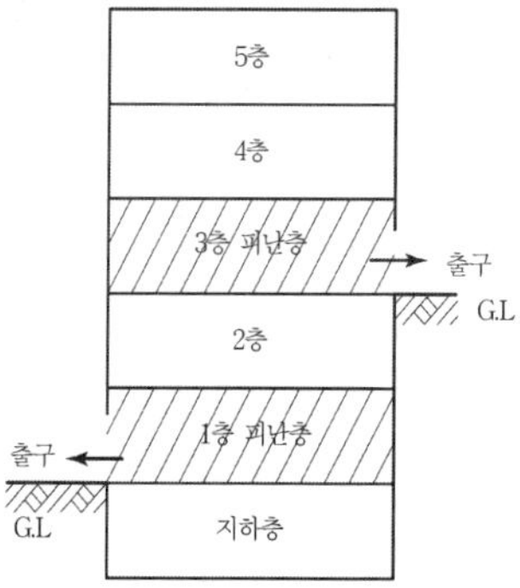

참고

◆ 피난층 및 직통계단

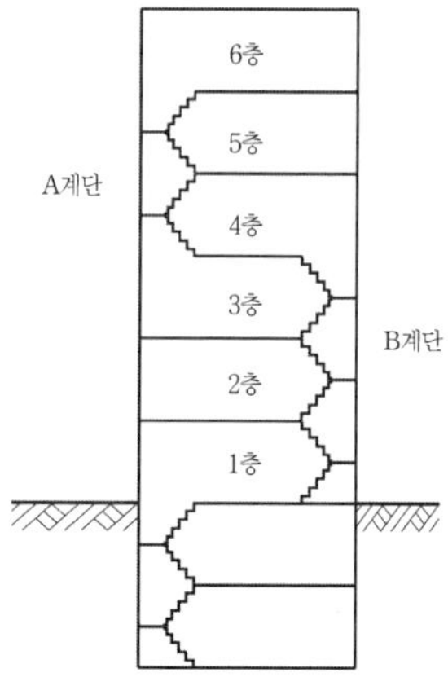

직통계단의 설치기준

(1) 직통계단까지의 보행거리

건축물의 피난층 이외의 층에서 거실 각 부분으로부터 피난층 또는 지상으로 통하는 직통계단(경사로 포함)에 이르는 보행거리

구분	보행거리
일반건축물	30m 이하
주요구조부가 내화구조 또는 불연재료로 된 건축물	50m 이하 (16층 이상 공동주택 : 40m 이하)
공장	자동화 생산시설에 스프링클러 등 자동식 소화설비를 설치한 공장으로서 국토교통부령으로 정하는 공장인 경우에는 그 보행거리가 75m(무인화 공장인 경우에는 100m) 이하

(2) 2개소 이상의 직통계단 설치대상 건축물

① 건축물의 피난층 이외의 층이 다음에 해당하는 경우 그 층으로부터 피난층 또는 지상으로 통하는 직통계단을 2개소 이상 설치하여야 한다.

피난층외의 층의 용도	해당부분	바닥면적 합계
• 문화 및 집회시설(전시장, 동·식물원 제외) • 종교시설 • 위락시설 중 주점영업 • 장례시설	해당 층의 관람석 또는 집회실	200m² 이상
• 단독주택 중 다중주택·다가구주택 • 제2종근린생활시설 중 학원·독서실 • 판매시설 • 운수시설(여객용시설만 사용) • 의료시설 • 교육연구시설 중 학원 • 노유자시설 중 아동 관련시설·노인복지시설 • 수련시설 중 유스호스텔 • 숙박시설 • 장례시설	3층 이상으로 해당용도로 쓰이는 거실	
• 공동주택(층당 4세대 이하 제외) • 오피스텔	해당 층의 거실	300m² 이상
위에 해당하지 않는 용도	3층 이상의 층으로 해당 층의 거실	400m² 이상
지하층	해당 층의 거실	200m² 이상

참고

◆ 피난층 및 직통계단

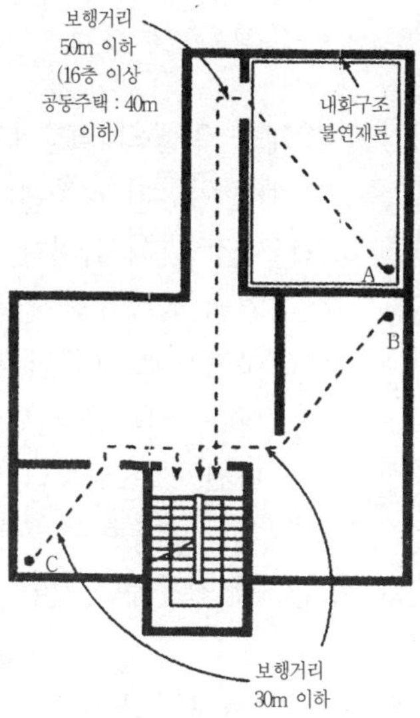

참고 지하층 계단설치 기준

- 200m² 이상 : 직통계단 2개 설치
- 200m² 미만~50m² 이상 직통계단 외에 비상탈출구 및 환기통 설치
- 50m² 미만 : 직통계단 1개 설치

참고 지하층 계단설치 기준

직통계단이 근접해서 설치될 경우 화재 등 위급한 상황에서 피난에 장애가 될 수 있으며, 특히 계단이 근접 설치 될 경우 화재로 인해 두개의 계단 모두가 연기로 충만될 경우 근본적으로 피난이 어려워질 수 있다.

② 설치기준

2개소 이상의 직통계단 출입구는 피난에 지장이 없도록 일정한 간격을 두어 설치하고, 각 직통계단 상호간에는 각각 거실과 연결된 복도 등 통로를 설치하여야 한다.

(3) 2개소 이상의 직통계단을 설치하는 경우

2개소 이상의 직통계단을 설치하는 경우 다음의 기준에 적합해야 한다.

① 가장 멀리 위치한 직통계단 2개소의 출입구 간의 가장 가까운 직선거리(직통계단 간을 연결하는 복도가 건축물의 다른 부분과 방화구획으로 구획된 경우 출입구 간의 가장 가까운 보행거리를 말한다)는 건축물 평면의 최대 대각선 거리의 2분의 1 이상으로 할 것. 다만, 스프링클러 또는 그 밖에 이와 비슷한 자동식 소화설비를 설치한 경우에는 3분의 1이상으로 한다.

② 각 직통계단 간에는 각각 거실과 연결된 복도 등 통로를 설치할 것

피난안전구역의 설치

(1) 설치대상

① **초고층 건축물**에는 피난층 또는 지상으로 통하는 직통계단과 직접 연결되는 피난안전구역을 지상층으로부터 최대 30개층마다 1개소 이상 설치하여야 한다.

② **준초고층 건축물**에는 피난층 또는 지상으로 통하는 직통계단과 직접 연결되는 피난안전구역을 해당 건축물 전체 층수의 2분의 1에 해당하는 층으로부터 상하 5개층 이내에 1개소 이상 설치하여야 한다. 다만, 국토교통부령으로 정하는 기준에 따라 피난층 또는 지상으로 통하는 직통계단을 설치하는 경우에는 그러하지 아니하다.

(2) 설치기준

① 피난안전구역은 해당 건축물의 1개층을 대피공간으로 하며, 대피에 장애가 되지 아니하는 범위에서 기계실, 보일러실, 전기실 등 건축설비를 설치하기 위한 공간과 같은 층에 설치할 수 있다. 이 경우 피난안전구역은 건축설비가 설치되는 공간과 내화구조로 구획하여야 한다.

② 피난안전구역에 연결되는 특별피난계단은 피난안전구역을 거쳐서 상·하층으로 갈 수 있는 구조로 설치하여야 한다.

③ 피난안전구역의 구조 및 설비는 다음의 기준에 적합하여야 한다.

1. 피난안전구역의 바로 아래층 및 윗층은 「건축물의 설비기준 등에 관한 규칙」 제21조제1항제1호에 적합한 단열재를 설치할 것. 이 경우 아래층은 최상층에 있는 거실의 반자 또는 지붕 기준을 준용하고, 윗층은 최하층에 있는 거실의 바닥 기준을 준용할 것

참고 건축물의 계단 설치 관련 기준 개선(시행령 제34조)

계단이 건축물 중심부에 설치되는 문제를 방지하기 위하여 계단의 설치와 관련된 기준이 개선된다.

- 먼저, 2개의 계단은 건축물 평면 전체의 최대 대각선 거리의 1/2 이상의 거리를 두고 설치하도록 하였다.
- 또한, 건축물에 설치되는 계단은 가장 가까운 거리에 있는 거실로부터 30m 이내에 설치하면 되도록 하였다.

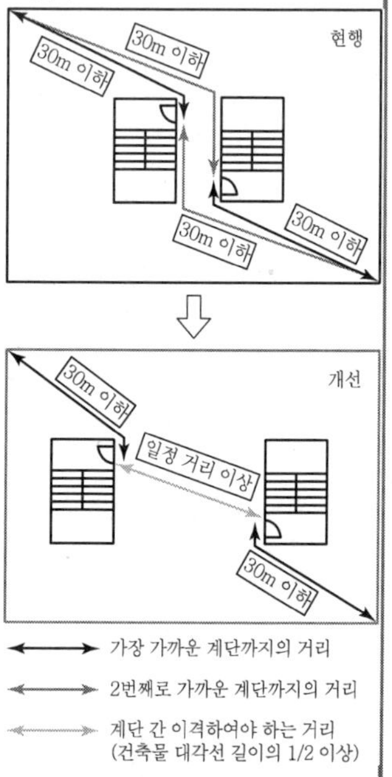

참고 피난안전구역

건축물의 피난·안전을 위하여 건축물 중간층에 설치하는 대피공간을 말한다.

2. 피난안전구역의 내부마감재료는 불연재료로 설치할 것
3. 건축물의 내부에서 피난안전구역으로 통하는 계단은 특별피난계단의 구조로 설치할 것
4. 비상용 승강기는 피난안전구역에서 승하차 할 수 있는 구조로 설치할 것
5. 피난안전구역에는 식수공급을 위한 급수전을 1개소 이상 설치하고 예비전원에 의한 조명설비를 설치할 것
6. 관리사무소 또는 방재센터 등과 긴급연락이 가능한 경보 및 통신시설을 설치할 것
7. 피난안전구역의 높이는 2.1m 이상일 것

3 피난계단의 설치

건축법 시행령	건축물의 피난·방화구조 등의 기준에 관한 규칙
제35조【피난계단의 설치】 ① 법 제49조제1항에 따라 5층 이상 또는 지하 2층 이하인 층에 설치하는 직통계단은 국토 해양부령으로 정하는 기준에 따라 피난계단 또는 특별피난계단으로 설치하여야 한다. 다만, 건축물의 주요구조부가 내화구조 또는 불연재료로 되어 있는 경우로서 다음 각 호의 어느 하나에 해당하는 경우에는 그러하지 아니하다.<개정 2008.10.29> 1. 5층 이상인 층의 바닥면적의 합계가 200m^2 이하인 경우 2. 5층 이상인 층의 바닥면적 200m^2 이내마다 방화구획이 되어 있는 경우	**제9조【피난계단 및 특별피난계단의 구조】** ① 영 제35조제1항에 따라 건축물의 5층 이상 또는 지하 2층 이하의 층으로부터 피난층 또는 지상으로 통하는 직통계단(지하 1층인 건축물의 경우에는 5층 이상의 층으로부터 피난층 또는 지상으로 통하는 직통계단과 직접 연결된 지하 1층의 계단을 포함한다)은 피난계단 또는 특별피난계단으로 설치하여야 한다.
② 건축물(갓복도식 공동주택은 제외한다)의 11층(공동주택의 경우에는 16층) 이상인 층(바닥면적이 400m^2 미만인 층은 제외한다) 또는 지하 3층 이하인 층(바닥면적이 400m^2미만인 층은 제외한다)으로부터 피난층 또는 지상으로 통하는 직통계단은 제1항에도 불구하고 특별피난계단으로 설치하여야 한다.<개정 2008.10.29>	④ 영 제35조제2항에서 "갓복도식 공동주택"이라 함은 각 층의 계단실 및 승강기에서 각 세대로 통하는 복도의 한쪽 면이 외기(외기)에 개방된 구조의 공동주택을 말한다.<신설 2006.6.29>
③ 제1항에서 판매시설의 용도로 쓰는 층으로부터의 직통계단은 그 중 1개소 이상을 특별 피난계단으로 설치하여야 한다.<개정 2008.10.29> ④ 삭제 <1995.12.30> ⑤ 건축물의 5층 이상인 층으로서 문화 및 집회시설 중 전시장 또는 동·식물원, 판매시설, 운수시설(여객용 시설만 해당한다), 운동시설, 위락시설, 관광휴게시설(다중이 이용하는 시설만 해당한다) 또는 수련시설 중 생활권 수련시설의 용도로 쓰는 층에는 제34조에 따른 직통계단 외에 그 층의 해당 용도로 쓰는 바닥면적의 합계가 2천m^2를 넘는 경우에는 그 넘는 2천m^2 이내마다 1개소의 피난계단 또는 특별피난계단(4층 이하의 층에는 쓰지 아니하는 피난계단 또는 특별피난계단만 해당한다)을 설치하여야 한다.<개정 2009.7.16> ⑥ 삭제<1999.4.30>	
제36조【옥외 피난계단의 설치】 건축물의 3층 이상인 층(피난층은 제외한다)으로서 다음 각 호의 어느 하나에 해당하는 용도로 쓰는 층에는 제34조에 따른 직통계단 외에 그 층으로부터 지상으로 통하는 옥외피난계단을 따로 설치하여야 한다. 1. 제2종근린생활시설(해당 용도로 쓰는 바닥면적의 합계가 300m^2 이상인 경우만 해당). 문화 및 집회시설 중 공연장이나 위락시설 중 주점영업의 용도로 쓰는 층으로서 그 층 거실의 바닥면적의 합계가 300m^2 이상인 것	

건축법 시행령	건축물의 피난·방화구조 등의 기준에 관한 규칙
2. 문화 및 집회시설 중 집회장의 용도로 쓰는 층으로서 그 층 거실의 바닥면적의 합계가 1천 m^2 이상인 것 [전문개정 2008.10.29] **제37조【지하층과 피난층 사이의 개방공간 설치】** 바닥면적의 합계가 3천 m^2 이상인 공연장·집회장·관람장 또는 전시장을 지하층에 설치하는 경우에는 각 실에 있는 자가 지하층 각 층에서 건축물 밖으로 피난하여 옥외 계단 또는 경사로 등을 이용하여 피난층으로 대피할 수 있도록 천장이 개방된 외부 공간을 설치하여야 한다. [전문개정 2008.10.29]	

법해설

Explanation

피난계단의 설치

(1) 피난계단·특별피난계단 설치 대상

층의 위치	직통계단의 구조	예외
• 5층 이상 • 지하2층 이하	피난계단 또는 특별피난계단 판매시설의 용도로 쓰이는 층으로부터의 직통계단은 1개소 이상 특별피난계단으로 설치해야 한다.	• 주요구조부가 내화구조, 불연재료로된 건축물로서 5층 이상의 층의 바닥 면적합계가 $200m^2$ 이하이거나 매 $200m^2$ 이내마다 방화구획이 된 경우
• 11층 이상(공동주택은 16층 이상) • 지하 3층 이하	특별피난계단	• 갓복도식 공동주택 • 바닥면적 $400m^2$ 미만인 층

(2) 피난계단·특별피난계단 추가설치 대상

다음에 해당하는 경우에는 직통계단 외에 별도의 피난 또는 특별피난계단(4층 이하의 층에 쓰이지 아니하는 피난계단 또는 특별피난계단에 한함)을 추가로 설치하여야 한다.

층의 위치	용도	설치규모
5층 이상의 층	• 문화 및 집회시설 (전시장, 동·식물원) • 관광휴게시설(다중이 이용하는 시설만 해당) • 수련시설 중 생활권 수련시설 • 판매시설 • 운수시설 (여객용시설만 해당) • 운동시설 • 위락시설	$\dfrac{\left(\text{5층 이상의 층으로서 당해층에 당해 용도로 쓰이는 바닥면적의 합계}\right) - 2,000m^2}{2,000m^2}$

참고 피난 및 특별피난계단의 설치 기준

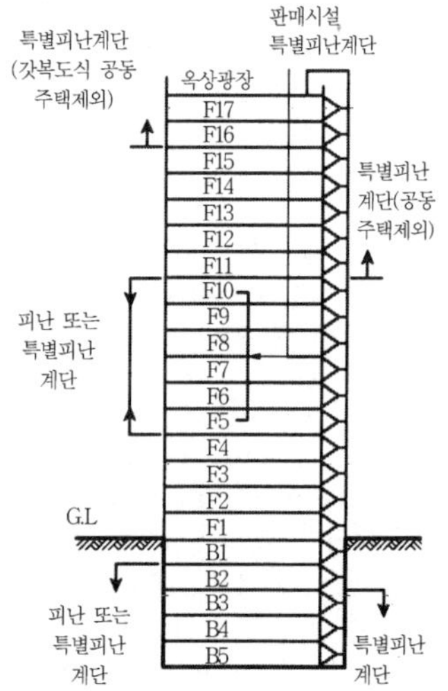

단, 판매시설의 용도에 쓰이는 층의 경우 그 중 1개소 이상은 특별피난계단 설치

참고 피난 및 특별피난계단의 추가설치

판매시설 등은 피난계단 또는 특별피난계단 외에 그 층의 해당 용도의 바닥면적 $2,000m^2$를 넘는 $2,000m^2$ 이내마다 1개소의 비율로 4층 이하의 층에 쓰이지 아니하도록 설치

(3) 옥외피난계단의 추가 설치대상 건축물

다음에 해당하는 경우에는 직통계단 외에 그 층으로부터 지상으로 통하는 별도의 옥외계단을 설치하여야 한다.

층의 위치	해당 용도 층의 거실 바닥면적 합계	용도
제2종근린생활시설(해당 용도로 쓰이는 바닥면적의 합계가 300m^2 이상인 경우) • 공연장(문화 및 집회시설) • 주점영업(위락시설)	300m^2 이상	피난층을 제외한 3층 이상의 층
• 집회장(문화 및 집회시설)	1,000m^2 이상	

4 옥내피난계단의 구조기준

건축법 시행령	건축물의 피난·방화구조 등의 기준에 관한 규칙
	제9조【피난계단 및 특별피난계단의 구조】 ② 제1항에 따른 피난계단 및 특별피난계단의 구조는 다음 각호의 기준에 적합하여야 한다.<개정 2000.6.3, 2003.1.6, 2005.7.22> 1. 건축물의 내부에 설치하는 피난계단의 구조 가. 계단실은 창문·출입구 기타 개구부(이하 "창문등"이라 한다)를 제외한 해당 건축물의 다른 부분과 내화구조의 벽으로 구획할 것 나. 계단실의 실내에 접하는 부분(바닥 및 반자 등 실내에 면한 모든 부분을 말한다)의 마감(마감을 위한 바탕을 포함한다)은 불연재료로 할 것 다. 계단실에는 예비전원에 따른 조명설비를 할 것 라. 계단실의 바깥쪽과 접하는 창문등(망이 들어 있는 유리의 붙박이창으로서 그 면적이 각각 1m^2 이하인 것을 제외한다)은 해당 건축물의 다른 부분에 설치하는 창문등으로부터 2미터 이상의 거리를 두고 설치할 것 마. 건축물의 내부와 접하는 계단실의 창문등(출입구를 제외한다)은 망이 들어 있는 유리의 붙박이창으로서 그 면적을 각각 1m^2 이하로 할 것 바. 건축물의 내부에서 계단실로 통하는 출입구의 유효너비는 0.9미터 이상으로 하고, 그 출입구에는 피난의 방향으로 열 수 있는 것으로서 언제나 닫힌 상태를 유지하거나 화재로 인한 연기 또는 불꽃을 감지하여 자동적으로 닫히는 구조로 된 제26조에 따른 갑종방화문을 설치할 것. 다만, 연기 또는 불꽃을 감지하여 자동적으로 닫히는 구조로 할 수 없는 경우에는 온도를 감지하여 자동적으로 닫히는 구조로 할 수 있다. 사. 계단은 내화구조로 하고 피난층 또는 지상까지 직접 연결되도록 할 것

법해설 Explanation

옥내피난계단의 구조기준

구분	설치 규정
계단실	창문 등을 제외하고는 해당 건축물의 다른 부분과 내화구조의 벽으로 구획할 것
계단실의 실내에 접하는 부분(바닥 및 반자 등 실내에 면한 모든 부분)의 마감(마감을 위한 바탕을 포함)	불연재료로 할 것
계단실 조명	채광이 될 수 있는 창문 출입구 등을 설치하거나 예비 전원에 따른 조명설비를 할 것
계단실의 바깥쪽에 접하는 창문(망이 들어 있는 붙박이창으로서 그 면적이 각각 1m² 이하인 것을 제외)	해당 건축물의 다른 부분에 설치하는 창문 등으로부터 2m 이상의 거리에 설치할 것
계단실의 옥내에 접하는 창문 등(출입구를 제외)	망이 들어 있는 유리의 붙박이창으로서, 그 면적을 각각 1m² 이하로 할 것
옥내로부터 계단실로 통하는 출입구	• 출입구의 유효너비는 0.9m 이상일 것 • 피난방향으로 열 수 있도록 설치할 것 • 갑종방화문을 설치
계단의 구조	내화구조로 하고, 피난층 또는 지상까지 직접 연결되도록 할 것 주의 돌음계단 금지

참고 옥내 및 옥외 피난계단의 구조

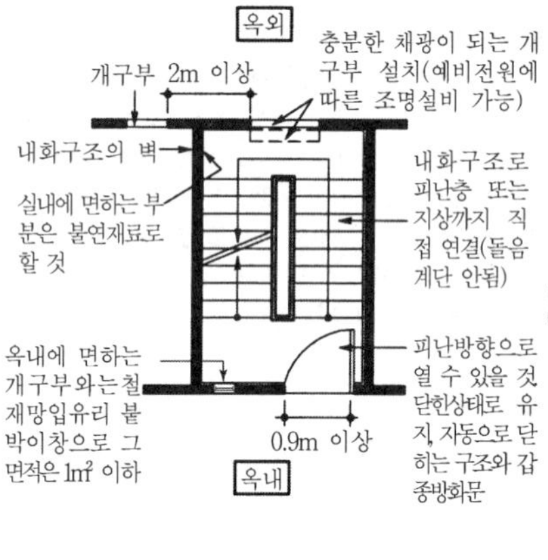

(옥내피난계단)

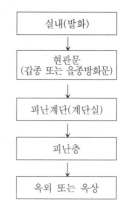

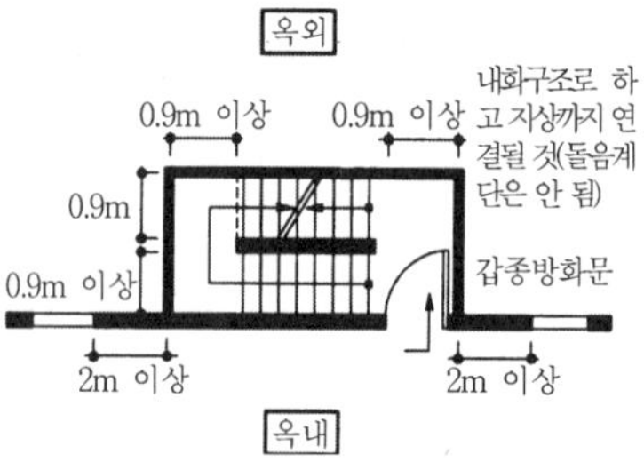

(옥외피난계단)

참고 옥내피난계단의 피난경로

실내(발화)
↓
현관문 (갑종 또는 을종방화문)
↓
피난계단(계단실)
↓
피난층
↓
옥외 또는 옥상

참고 옥내피난계단의 붙박이창

이 창을 피난자가 계단실내에 화염이 있는지 없는지를 실내에서 살피는 창으로 파손방지를 위해 망입유리로 해야 하며 그 면적은 필요 이상으로 큰 것은 오히려 위험할 수 있다.

5 옥외피난계단의 설치

건축법 시행	건축물의 피난·방화구조 등의 기준에 관한 규칙
	2. 건축물의 바깥쪽에 설치하는 피난계단의 구조 가. 계단은 그 계단으로 통하는 출입구외의 창문등(망이 들어 있는 유리의 붙박이창으로서 그 면적이 각각 $1m^2$ 이하인 것을 제외한다)으로부터 2미터 이상의 거리를 두고 설치할 것 나. 건축물의 내부에서 계단으로 통하는 출입구에는 제26조에 따른 갑종방화문을 설치할 것 다. 계단의 유효너비는 0.9미터 이상으로 할 것 라. 계단은 내화구조로 하고 지상까지 직접 연결되도록 할 것

법해설 Explanation

옥외피난계단의 구조기준

구분	설치규정
계단과 출입구 외의 창문 등과의 거리	계단은 그 계단으로 통하는 출입구 외의 창문 등(망이 들어있는 유리의 붙박이 창으로서 그 면적이 각각 $1m^2$ 이하인 것을 제외)으로부터 2m 이상 거리에 설치할 것
옥내로부터 계단으로 통하는 출입구	갑종방화문을 설치할 것
계단의 유효너비	0.9m 이상으로 할 것
계단의 구조	내화구조로 하고, 지상까지 직접 연결되도록 할 것 주의 돌음계단 금지

지하층과 피난층 사이의 개방공간 설치

바닥면적의 합계가 $3,000m^2$ 이상인 공연장·집회장·관람장 또는 전시장을 지하층에 설치하는 경우에는 각 실에 있는 자가 지하층 각 층에서 건축물 밖으로 피난하여 옥외 계단 또는 경사로 등을 이용하여 피난층으로 대피할 수 있도록 천장이 개방된 외부 공간을 설치하여야 한다.

참고 옥외피난계단의 피난경로

실내(발화)
↓
현관문
(갑종 또는 을종방화문)
↓
옥외피난계단
↓
피난층
↓
옥외 또는 옥상

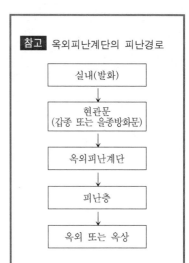

6 특별피난계단의 구조기준

건축법 시행령	건축물의 피난·방화구조 등의 기준에 관한 규칙
	3. 특별피난계단의 구조 가. 건축물의 내부와 계단실은 노대를 통하여 연결하거나 외부를 향하여 열 수 있는 면적 1m² 이상인 창문(바닥으로부터 1미터 이상의 높이에 설치한 것에 한한다) 또는 「건축물의 설비기준 등에 관한 규칙」 제14조의 규정에 적합한 구조의 배연설비가 있는 부속실을 통하여 연결할 것 나. 계단실·노대 및 부속실(「건축물의 설비기준 등에 관한 규칙」 제10조제2호 가목에 따라 비상용승강기의 승강장을 겸용하는 부속실을 포함한다)은 창문등을 제외하고는 내화구조의 벽으로 각각 구획할 것 다. 계단실 및 부속실의 실내에 접하는 부분(바닥 및 반자 등 실내에 면한 모든 부분을 말한다)의 마감(마감을 위한 바탕을 포함한다)은 불연재료로 할 것 라. 계단실에는 예비전원에 따른 조명설비를 할 것 마. 계단실·노대 또는 부속실에 설치하는 건축물의 바깥쪽에 접하는 창문등(망이 들어 있는 유리의 붙박이창으로서 그 면적이 각각 1m²이하인 것을 제외한다)은 계단실·노대 또는 부속실외의 해당 건축물의 다른 부분에 설치하는 창문등으로부터 2미터 이상의 거리를 두고 설치할 것 바. 계단실에는 노대 또는 부속실에 접하는 부분외에는 건축물의 내부와 접하는 창문등을 설치하지 아니할 것 사. 계단실의 노대 또는 부속실에 접하는 창문등(출입구를 제외한다)은 망이 들어 있는 유리의 붙박이창으로서 그 면적을 각각 1m² 이하로 할 것 아. 노대 및 부속실에는 계단실외의 건축물의 내부와 접하는 창문등(출입구를 제외한다)을 설치하지 아니할 것 자. 건축물의 내부에서 노대 또는 부속실로 통하는 출입구에는 제26조에 따른 갑종방화문을 설치하고, 노대 또는 부속실로부터 계단실로 통하는 출입구에는 제26조에 따른 갑종방화문 또는 을종방화문을 설치할 것. 이 경우 갑종방화문 또는 을종방화문은 언제나 닫힌 상태를 유지하거나 화재로 인한 연기 또는 불꽃을 감지하여 자동적으로 닫히는 구조로 해야 하고, 연기 또는 불꽃으로 감지하여 자동적으로 닫히는 구조로 할 수 없는 경우에는 온도를 감지하여 자동적으로 닫히는 구조로 할 수 있다. 차. 계단은 내화구조로 하되, 피난층 또는 지상까지 직접 연결되도록 할 것 카. 출입구의 유효너비는 0.9미터 이상으로 하고 피난의 방향으로 열 수 있을 것 ③ 영 제35조제1항에 따른 피난계단 또는 특별피난계단은 돌음계단으로 하여서는 아니되며, 영 제40조에 따라 옥상광장을 설치하여야 하는 건축물의 피난계단 또는 특별피난계단은 해당 건축물의 옥상으로 통하도록 설치하여야 한다. 이 경우 옥상으로 통하는 출입문은 피난방향으로 열리는 구조로서 피난시 이용에 장애가 없어야 한다.<개정 2010.4.7> ④ 영 제35조제2항에서 "갓복도식 공동주택"이라 함은 각 층의 계단실 및 승강기에서 각 세대로 통하는 복도의 한쪽 면이 외기(外氣)에 개방된 구조의 공동주택을 말한다.<신설 2006.6.29>

법해설 Explanation

특별피난계단의 구조기준

구분	설치 규정
건축물의 내부와 계단실과의 연결방법	• 노대를 통하여 연결하는 경우 • 외부를 향하여 열 수 있는 창문(1m² 이상, 바닥에서 높이 1m 이상에 설치) 또는 배연설비가 있는 부속실(전실)을 통하여 연결하는 경우

구분		설치 규정
계단실 · 노대 · 부속실(비상용 승강장을 겸용하는 부속실을 포함)		창문 등을 제외하고는 내화구조의 벽으로 각각 구획할 것
계단실 및 부속실의 벽 및 반자가 실내에 접하는 부분의 마감(마감을 위한 바탕을 포함)		불연재료로 할 것
계단실 · 부속실의 조명		채광이 될 수 있는 창문 등이 있거나, 예비 전원에 따른 조명설비를 할 것
계단실 · 노대 · 부속실에 설치하는 건축물의 바깥쪽에 접하는 창문 등(망이 들어 있는 유리의 붙박이창으로서 그 면적이 각각 1m² 이하인 것을 제외)		계단실 · 노대 · 부속실 이외의 해당 건축물의 다른 부분에 설치하는 창문 등으로부터 2m 이상의 거리에 설치할 것
계단실의 옥내에 접하는 창문 등		계단실 · 노대 · 부속실에 접하는 부분외에 건축물의 안쪽에 접하는 창문 등을 설치하지 아니할 것
계단실의 노대 또는 부속실에 접하는 창문 등 (출입구를 제외)		망이 들어 있는 유리의 붙박이창으로서, 그 면적을 각각 1m² 이하로 할 것
노대 · 부속실의 창문용		계단실외의 건축물의 내부와 접하는 창문 등(출입구를 제외)을 설치하지 아니할 것
출입구	건축물의 안쪽으로부터 노대 또는 부속실로 통하는 출입구	갑종방화문을 설치
	노대 또는 부속실로부터 계단실로 통하는 출입구	갑종방화문 또는 을종방화문을 설치
계단의 구조		내화구조로 하고, 피난층 또는 지상까지 직접 연결되도록 할 것 **주의** 돌음계단 금지
출입구의 유효너비		0.9m 이상으로 하고 피난의 방향으로 열 수 있는 것

참고 특별피난계단의 피난경로

실내(발화)
↓
현관문(갑종방화문)
↓
① 노대를 경유하는 유형
② 개방창이 있는 부속실을 경유하는 유형
③ 배연설비가 있는 부속실을 경유하는 유형
↓
계단실로 통하는 방화문 (갑종 또는 을종)
↓
피난층
↓
옥외 또는 옥상

참고

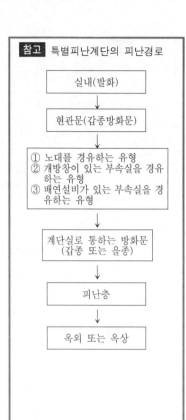

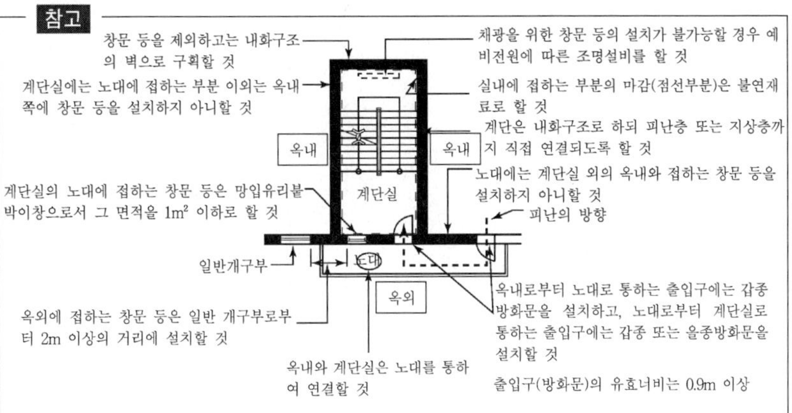

(노대가 있는 특별피난계단의 구조)

참고

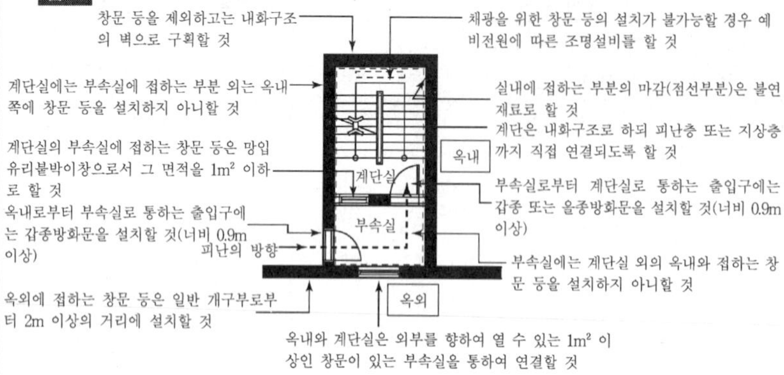

(부속실이 있는 특별피난계단의 구조)

참고

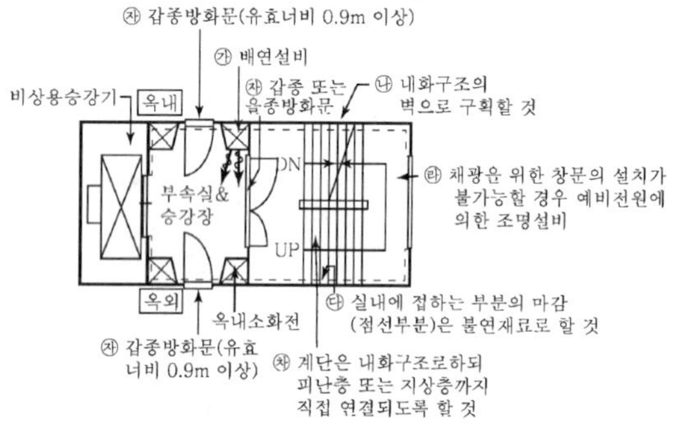

(배연설비가 있는 특별피난계단의 구조)

위의 그림은 특별피난계단 부속실(전실)에 배연설비(제연설비)가 있는 유형으로 급기가압방식을 적용한 경우이다.

7 관람석 등으로부터의 출구의 설치

건축법 시행령	건축물의 피난·방화구조 등의 기준에 관한 규칙
제38조【관람석 등으로부터의 출구 설치】 법 제49조제1항에 따라 다음 각 호의 어느 하나에 해당하는 건축물에는 국토교통부령으로 정하는 기준에 따라 관람실 또는 집회실로부터의 출구를 설치해야 한다. 1. 문화 및 집회시설(전시장 및 동·식물원은 제외한다) 2. 종교시설 3. 위락시설 4. 장례시설 [전문개정 2008.10.29]	**제10조【관람석 등으로부터의 출구의 설치기준】** ① 영 제38조 각호의 1에 해당하는 건축물의 관람석 또는 집회실로부터 바깥쪽으로의 출구로 쓰이는 문은 안여닫이로 하여서는 아니된다. ② 영 제38조에 따라 문화 및 집회시설중 공연장의 개별관람석(바닥면적이 $300m^2$ 이상인 것에 한한다)의 출구는 다음 각호의 기준에 적합하게 설치하여야 한다. 1. 관람석별로 2개소 이상 설치할 것 2. 각 출구의 유효너비는 1.5미터 이상일 것 3. 개별 관람석 출구의 유효너비의 합계는 개별 관람석의 바닥면적 $100m^2$마다 0.6미터의 비율로 산정한 너비 이상으로 할 것

법해설 Explanation

출구설치의 기준

(1) 관람석 등으로부터의 출구설치

대상 건축물	해당 층의 용도	출구 방향
• 문화 및 집회시설(전시장 및 동·식물원 제외)	관람실·집회실	바깥쪽으로 나가는 출구로 쓰이는 문은 안여닫이로 할 수 없다.
• 종교시설		
• 위락시설		
• 장례시설		

(2) 출구의 설치기준

문화 및 집회시설 중 관람실의 바닥면적이 $300m^2$ 이상인 공연장의 개별 관람석에 설치하는 출구는 다음의 기준에 적합하도록 설치한다.

구분	설치 규정
관람석별 출구수	2개소 이상
각 출구의 유효너비	1.5m 이상
개별 관람석 출구의 유효너비의 합계	$\frac{\text{그 층의 관람석의 바닥면적}(m^2)}{100m^2} \times 0.6m$ 이상

■ 익힘문제 ■

공연장의 개별 관람실 바닥 면적이 $600m^2$일 때 출구의 유효너비의 합계는 최소 얼마 이상이어야 하는가? (산업 기출)

㉮ 3.6m ㉯ 3.0m
㉰ 2.6m ㉱ 2.0m

질의 공연장 관람실 면적산정방법
(건축 58070-89, 1996. 1. 12)
공연장의 각종 관람석 면적을 산정함에 있어 무대·영사실·복도 등의 면적도 포함되는지 여부?

회신 피난 및 방화구조 등의 기준에 관한 규칙 10조 2항(구법 령33조 3항)에서 규정하고 있는 관람석의 바닥면적을 산정함에 있어 무대·영사실·복도는 관람석의 면적에 산입하지 않는 것임

참고 출구폭
관람실의 바닥면적이 $400m^2$인 경우 계산상 출구의 유효너비합계가 2.4m이나 각 출구의 유효너비가 1.5m 이상 되어야 하고, 출구가 2개소 이상 되어야 하기 때문에 유효너비의 합계는 3m 이상 되어야 한다.

해설
① 관람실별로 2개소 이상 설치할 것
② 각 출구의 유효너비는 1.5m 이상일 것
③ 개별 관람석 출구의 유효너비의 합계는 개별 관람석의 바닥면적 $100m^2$ 마다 0.6m의 비율로 산정한 너비 이상으로 할 것

∴ 출구의 유효 폭

$$\geq \frac{\text{당해 용도의 바닥면적의 합계}(m^2)}{100(m^2)} \times 0.6m \geq \frac{600(m^2)}{100(m^2)} \times 0.6m = 3.6(m)$$

정답 ㉮

8 건축물의 바깥쪽으로의 출구의 설치

건축법 시행령	피난·방화구조 등의 기준에 관한 규칙
제39조 【건축물 바깥쪽으로의 출구 설치】 ① 법 제49조제1항에 따라 다음 각 호의 어느 하나에 해당하는 건축물에는 국토교통부령으로 정하는 기준에 따라 그 건축물로부터 바깥쪽으로 나가는 출구를 설치하여야 한다. 1. 문화 및 집회시설(전시장 및 동·식물원은 제외한다) 2. 종교시설 3. 판매시설 4. 업무시설 중 국가 또는 지방자치단체의 청사 5. 위락시설 6. 연면적이 5천 m^2 이상인 창고시설 7. 교육연구시설 중학교 8. 장례시설 9. 승강기를 설치하여야 하는 건축물	**제11조 【건축물의 바깥쪽으로의 출구의 설치기준】** ① 영 제39조제1항의 규정에 의하여 건축물의 바깥쪽으로 나가는 출구를 설치하는 경우 피난층의 계단으로부터 건축물의 바깥쪽으로의 출구에 이르는 보행거리(가장 가까운 출구와의 보행거리를 말한다. 이하 같다)는 영 제34조제1항의 규정에 의한 거리이하로 하여야 하며, 거실(피난에 지장이 없는 출입구가 있는 것을 제외한다)의 각 부분으로부터 건축물의 바깥쪽으로의 출구에 이르는 보행거리는 영 제34조제1항의 규정에 의한 거리의 2배 이하로 하여야 한다. ② 영 제39조제1항에 따라 건축물의 바깥쪽으로 나가는 출구를 설치하는 건축물중 문화 및 집회시설(전시장 및 동·식물원을 제외한다), 종교시설, 장례식장 또는 위락시설의 용도에 쓰이는 건축물의 바깥쪽으로의 출구로 쓰이는 문은 안여닫이로 하여서는 아니된다. ③ 영 제39조제1항의 규정에 의하여 건축물의 바깥쪽으로 나가는 출구를 설치하는 경우 관람석의 바닥면적의 합계가 300m^2 이상인 집회장 또는 공연장에 있어서는 주된 출구 외에 보조출구 또는 비상구를 2개소 이상 설치하여야 한다. ④ 판매시설의 용도에 쓰이는 피난층에 설치하는 건축물의 바깥쪽으로의 출구의 유효너비의 합계는 해당 용도에 쓰이는 바닥면적이 최대인 층에 있어서의 해당 용도의 바닥면적 100m^{2}마다 0.6미터의 비율로 산정한 너비 이상으로 하여야 한다. <2010.4.7 개정> ⑤ 다음 각 호의 어느 하나에 해당하는 건축물의 피난층 또는 피난층의 승강장으로부터 건축물의 바깥쪽에 이르는 통로에는 제15조제5항에 따른 경사로를 설치하여야 한다. 1. 제1종 근린생활시설중 지역자치센터·파출소·지구대·소방서·우체국·방송국·보건소·공공도서관·지역건강보험조합 기타 이와 유사한 것으로서 동일한 건축물안에서 해당 용도에 쓰이는 바닥면적의 합계가 1천m^2 미만인 것 2. 제1종 근린생활시설중 마을회관·마을공동작업소·마을공동구판장·변전소·양수장·정수장·대피소·공중화장실 기타 이와 유사한 것 3. 연면적이 5천m^2 이상인 판매시설, 운수시설 4. 교육연구시설 중 학교 5. 업무시설중 국가 또는 지방자치단체의 청사와 외국공관의 건축물로서 제1종 근린생활시설에 해당하지 아니하는 것 6. 승강기를 설치하여야 하는 건축물 ⑥ 법 제39조제1항에 따라 영 제39조제1항 각 호의 어느 하나에 해당하는 건축물의 바깥쪽으로 나가는 출입문에 유리를 사용하는 경우에는 안전유리를 사용하여야 한다.<신설 2006.6.29>
② 법 제49조제1항에 따라 건축물의 출입구에 설치하는 회전문은 국토교통부령으로 정하는 기준에 적합하여야 한다. [전문개정 2008.10.29]	**제12조 【회전문의 설치기준】** 영 제39조제2항에 따라 건축물의 출입구에 설치하는 회전문은 다음 각 호의 기준에 적합하여야 한다.<개정 2005.7.22> 1. 계단이나 에스컬레이터로부터 2미터 이상의 거리를 둘 것 2. 회전문과 문틀사이 및 바닥사이는 다음 각 목에서 정하는 간격을 확보하고 틈 사이를 고무와 고무펠트의 조합체 등을 사용하여 신체나 물건 등에 손상이 없도록 할 것 가. 회전문과 문틀 사이는 5센티미터 이상 나. 회전문과 바닥 사이는 3센티미터 이하 3. 출입에 지장이 없도록 일정한 방향으로 회전하는 구조로 할 것 4. 회전문의 중심축에서 회전문과 문틀 사이의 간격을 포함한 회전문날개 끝부분까지의 길이는 140센티미터 이상이 되도록 할 것 5. 회전문의 회전속도는 분당회전수가 8회를 넘지 아니하도록 할 것 6. 자동회전문은 충격이 가하여지거나 사용자가 위험한 위치에 있는 경우에는 전자감지장치 등을 사용하여 정지하는 구조로 할 것

법해설 Explanation

피난층 출구기준

(1) 건축물 바깥쪽으로의 출구의 보행거리 설치기준

① 다음의 대상건축물에는 그 건축물로부터 바깥쪽으로 나가는 출구를 설치하여야 하며, 피난층의 출구에 이르는 보행거리 기준을 준수하여야 한다.

대상 건축물	보행거리	예외
• 문화 및 집회시설(전시장, 동·식물원 제외) • 종교시설 • 판매시설 • 업무시설(국가 또는 지방 자치단체의 청사) • 위락시설 • 연면적 5,000m² 이상인 창고시설 • 교육연구시설 중 학교 • 장례시설 • 승강기를 설치해야 하는 건축물	계단으로부터 옥외로의 출구에 이르는 보행거리 30m 이하	• 주요구조부가 내화구조·불연재료일 경우 50m 이하 • 16층 이상의 공동 주택의 경우 40m 이하
	거실로부터 옥외로의 출구에 이르는 보행거리(피난에 지장이 없는 출입구가 있는 것을 제외) 60m 이하	• 주요구조부가 내화구조·불연재료일 경우 100m 이하 • 16층 이상의 공동주택의 경우 80m 이하

② 건축물 바깥쪽으로 나가는 출입문에 유리를 사용하는 경우에는 안전유리를 사용하여야 한다.

(2) 출구의 기준

구분	설치 대상	설치 규정
출구수	• 바닥면적합계 300 m² 이상인 집회장·공연장	건축물 바깥쪽으로의 주된 출구외에 보조 출구 또는 비상구를 2개 이상 설치
출구방향	• 문화 및 집회시설 • 종교시설 • 위락시설 • 장례시설	건축물의 바깥쪽으로의 출구로 쓰이는 문은 안여닫이로 할 수 없다.
건축물 바깥쪽으로의 출구 유효너비 합계	• 판매시설	$\dfrac{\left(\text{당해 용도로 쓰이는 바닥면적이 최대인 층의 바닥면적}(m^2)\right)}{100m^2} \times 0.6m$ 이상

참고 집회장 등의 출구수

다수의 사람이 밀집된 공연장은 화재 등 위급시 피난자의 안전한 피난을 위해 "2방향피난"이 가능하도록 2개 이상의 출구를 설치하도록 규정하고 있다.

(3) 경사로의 설치

다음에 해당하는 건축물의 피난층 또는 피난층의 승강장으로부터 건축물의 바깥쪽에 이르는 통로에는 경사로를 설치하여야 한다.

① 바닥면적 합계가 1,000m² 미만인 제1종 근린생활시설 중 지역자치센터 · 파출소 · 지구대 · 소방서 · 우체국 · 방송국 · 보건소 · 공공도서관 · 지역건강보험조합
② 제1종 근린생활시설 중 마을회관 · 마을공동작업소 · 마을공동구판장 · 변전소 · 양수장 · 정수장 · 대피소 · 공중화장실 등
③ 연면적 5,000m² 이상인 판매시설, 운수시설
④ 교육연구시설 중 학교
⑤ 업무시설 중 국가 또는 지방자치단체의 청사와 외국공관의 건축물로서 제1종 근린생활시설에 해당하지 않는 것
⑥ 승강기를 설치하여야 하는 건축물

회전문의 설치기준

① 계단이나 에스컬레이터로부터 2m 이상의 거리에 설치할 것
② 회전문과 문틀사이 및 바닥사이는 다음 아래에서 정하는 간격을 확보하고 틈사이를 고무와 고무펠트의 조합체 등을 사용하여 신체나 물건 등에 손상이 없도록 할 것

회전문과 문틀사이	5cm 이상
회전문과 바닥사이	3cm 이상

③ 출입에 지장이 없도록 일정한 방향으로 회전하는 구조로 할 것
④ 회전문의 중심축에서 회전문과 문틀 사이의 간격을 포함한 회전문 날개 끝부분까지의 길이는 140cm 이상이 되도록 할 것
⑤ 회전문의 회전속도는 분당 회전수가 8회를 넘지 아니하도록 할 것
⑥ 자동회전문은 충격이 가하여지거나 사용자가 위험한 위치에 있는 경우에는 전자감지장치 등을 사용하여 정지하는 구조로 할 것

참고 회전문의 설치

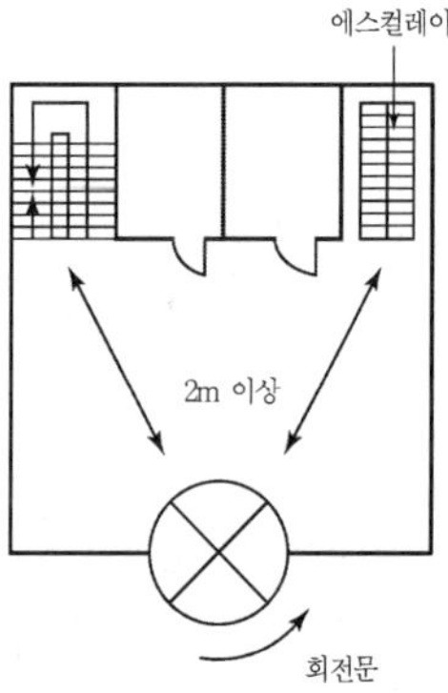

9 옥상광장 등의 설치, 피난규정의 예

건축법 시행령	건축물의 피난·방화구조 등의 기준에 관한 규칙
제40조【옥상광장 등의 설치】 ① 옥상광장 또는 2층 이상인 층에 있는 노대등[노대(露臺)나 그 밖에 이와 비슷한 것을 말한다. 이하 같다]의 주위에는 높이 1.2미터 이상의 난간을 설치하여야 한다. 다만, 그 노대등에 출입할 수 없는 구조인 경우에는 그러하지 아니하다.<개정 2018.9.4> ② 5층 이상인 층이 제2종 근린생활시설 중 공연장·종교집회장·인터넷 컴퓨터게임 시설 제공업소(해당 용도로 쓰는 바닥면적의 합계가 각각 300m² 이상인 경우만 해당), 문화 및 집회시설(전시장 및 동·식물원은 제외한다), 종교시설, 판매시설, 위락시설 중 주점영업 또는 장례시설의 용도로 쓰는 경우에는 피난 용도로 쓸 수 있는 광장을 옥상에 설치하여야 한다. ③ 다음 각 호의 어느 하나에 해당하는 건축물은 옥상으로 통하는 출입문에 「화재예방, 소방시설 설치·유지 및 안전관리에 관한 법률」 제39조제1항에 따른 성능인증 및 같은 조 제2항에 따른 제품검사를 받은 비상문자동개폐장치(화재 등 비상시에 소방시스템과 연동되어 잠김 상태가 자동으로 풀리는 장치를 말한다)를 설치해야 한다. <신설 2021.1.8.> 1. 제2항에 따라 피난 용도로 쓸 수 있는 광장을 옥상에 설치해야 하는 건축물 2. 피난 용도로 쓸 수 있는 광장을 옥상에 설치하는 다음 각 목의 건축물 가. 다중이용 건축물 나. 연면적 1천제곱미터 이상인 공동주택 ④ 층수가 11층 이상인 건축물로서 11층 이상인 층의 바닥면적의 합계가 1만 제곱미터 이상인 건축물의 옥상에는 다음 각 호의 구분에 따른 공간을 확보하여야 한다. <개정 2021.1.8.> 1. 건축물의 지붕을 평지붕으로 하는 경우 : 헬리포트를 설치하거나 헬리콥터를 통하여 인명 등을 구조할 수 있는 공간 2. 건축물의 지붕을 경사지붕으로 하는 경우: 경사지붕 아래에 설치하는 대피공간 ⑤ 제4항에 따른 헬리포트를 설치하거나 헬리콥터를 통하여 인명 등을 구조할 수 있는 공간 및 경사지붕 아래에 설치하는 대피공간의 설치기준은 국토교통부령으로 정한다. <개정. 2021.1.8.> **제41조【대지 안의 피난 및 소화에 필요한 통로 설치】** ① 건축물의 대지 안에는 그 건축물 바깥쪽으로 통하는 주된 출구와 지상으로 통하는 피난계단 및 특별피난계단으로부터 도로 또는 공지(공원, 광장, 그 밖에 이와 비슷한 것으로서 피난 및 소화를 위하여 해당 대지의 출입에 지장이 없는 것을 말한다. 이하 이 조에서 같다)로 통하는 통로를 다음 각 호의 기준에 따라 설치하여야 한다. <개정 2010.12.13., 2015.9.22., 2016.5.17.> 1. 통로의 너비는 다음 각 목의 구분에 따른 기준에 따라 확보할 것 가. 단독주택 : 유효 너비 0.9미터 이상 나. 바닥면적의 합계가 500제곱미터 이상인 문화 및 집회시설, 종교시설, 의료시설, 위락시설 또는 장례시설 : 유효 너비 3미터 이상 다. 그 밖의 용도로 쓰는 건축물 : 유효 너비 1.5미터 이상 2. 필로티 내 통로의 길이가 2미터 이상인 경우에는 피난 및 소화활동에 장애가 발생하지 아니하도록 자동차 진입억제용 말뚝 등 통로 보호시설을 설치하거나 통로에 단차(段差)를 둘 것 ② 제1항에도 불구하고 다중이용 건축물, 준다중이용 건축물 또는 층수가 11층 이상인 건축물이 건축되는 대지에는 그 안의 모든 다중이용 건축물, 준다중이용 건축물 또는 층수가 11층 이상인 건축물에 「소방기본법」 제21조에 따른 소방자동차(이하 "소방자동차"라 한다)의 접근이 가능한 통로를 설치하여야 한다. 다만, 모든 다중이용 건축물, 준다중이용 건축물 또는 층수가 11층 이상인 건축물이 소방자동차의 접근이 가능한 도로 또는 공지에 직접 접하여 건축되는 경우로서 소방자동차가 도로 또는 공지에서 직접 소방활동이 가능한 경우에는 그러하지 아니하다. <신설 2010.12.13., 2011.12.30., 2015.9.22.> **제44조【피난 규정의 적용례】** 건축물이 창문, 출입구, 그 밖의 개구부(開口部)(이하 "창문등"이라 한다)가 없는 내화구조의 바닥 또는 벽으로 구획되어 있는 경우에는 그 구획된 각 부분을 각각 별개의 건축물로 보아 제34조부터 제41조까지 및 제48조를 적용한다.<개정 2018.9.4> [전문개정 2008.10.29] **제45조 삭제(1999. 4. 30)**	**제13조【헬리포트 및 구조공간 설치기준】** ① 영 제40조제3항의 규정에 의하여 건축물에 설치하는 헬리포트는 다음 각호의 기준에 적합하여야 한다.<개정 2003.1.6> 1. 헬리포트의 길이와 너비는 각각 22미터이상으로 할 것. 다만, 건축물의 옥상바닥의 길이와 너비가 각각 22미터 이하인 경우에는 헬리포트의 길이와 너비를 각각 15미터까지 감축할 수 있다. 2. 헬리포트의 중심으로부터 반경 12미터 이내에는 헬리콥터의 이·착륙에 장애가 되는 건축물·공작물 또는 난간 등을 설치하지 아니할 것 3. 헬리포트의 주위한계선은 백색으로 하되, 그 선의 너비는 38센티미터로 할 것 4. 헬리포트의 중앙부분에는 지름 8미터의 "ⓗ"표지를 백색으로 하되, "H"표지의 선의 너비는 38센티미터로, "○"표지의 선의 너비는 60센티미터로 할 것 ② 영 제40조제3항에 따라 옥상에 헬리콥터를 통하여 인명 등을 구조할 수 있는 공간을 설치하는 경우에는 직경 10미터 이상의 구조공간을 확보하여야 하며, 구조공간에는 구조활동에 장애가 되는 건축물, 공작물 또는 난간 등을 설치해서는 안 된다. 이 경우 구조공간의 표시기준 등에 관하여는 제1항 제3호 및 제4호를 준용한다.<신설 2010.4.7>

법해설 Explanation

옥상광장 등의 설치

(1) 난간설치

옥상광장 또는 2층 이상인 층에 있는 노대등의 주위에는 높이 1.2m 이상의 난간을 설치해야 한다.

예외 해당 노대 등에 출입할 수 없는 구조인 경우

(2) 옥상광장의 설치

① 옥상광장설치 대상

5층 이상의 층이

㉠ 제2종근린생활시설 중 공연장·종교집회장·인터넷컴퓨터게임시설제공업소(바닥면적의 합계가 각각 300m² 이상인 경우)

㉡ 문화 및 집회시설(전시장, 동·식물원 제외)

㉢ 종교시설

㉣ 판매시설

㉤ 위락시설 중 주점영업

㉥ 장례시설

② 옥상광장의 설치기준

피난계단 또는 특별피난계단을 설치하는 경우 해당 건축물의 옥상광장으로 통하도록 설치하여야 한다.

(3) 옥상으로 통하는 출입문에 비상문자동개폐장치 설치

다음 각 호의 어느 하나에 해당하는 건축물은 옥상으로 통하는 출입문에 「화재예방, 소방시설 설치·유지 및 안전관리에 관한 법률」 제39조 제1항에 따른 성능인증 및 같은 조 제2항에 따른 제품검사를 받은 비상문자동개폐장치(화재 등 비상시에 소방시스템과 연동되어 잠김 상태가 자동으로 풀리는 장치를 말한다)를 설치해야 한다. <신설 2021.1.8.>

① 피난 용도로 쓸 수 있는 광장을 옥상에 설치해야 하는 건축물

② 피난 용도로 쓸 수 있는 광장을 옥상에 설치하는 다음 각 목의 건축물

㉠ 다중이용 건축물

㉡ 연면적 1천제곱미터 이상인 공동주택

(4) 헬리포트의 설치

① 헬리포트(인명 등을 구조할 수 있는 공간 포함)의 설치대상

층수가 11층 이상인 건축물로서 11층 이상인 층의 바닥면적의 합계가 1만 제곱미터 이상인 건축물의 옥상에는 다음의 구분에 따른 공간을 확보하여야 한다.

㉠ 건축물의 지붕을 평지붕으로 하는 경우 : 헬리포트를 설치하거나 헬리콥터를 통하여 인명 등을 구조할 수 있는 공간

참고 옥상광장 및 난간설치

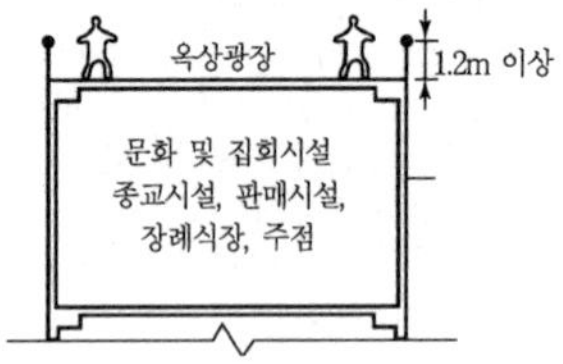

참고 ◆헬리포트의 설치기준

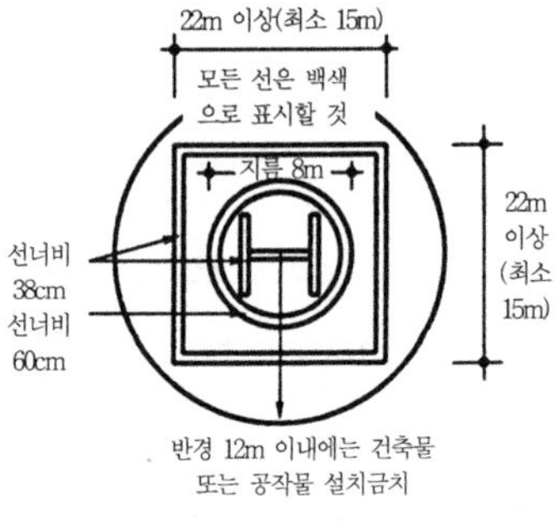

㉡ 건축물의 지붕을 경사지붕으로 하는 경우 : 경사지붕 아래에 설치하는 대피공간

② 헬리포트 및 구조공간

㉠ 헬리포트의 길이와 너비는 각각 22m 이상으로 할 것

예외 옥상의 길이와 너비가 22m 이하인 경우에는 15m까지 감축가능

㉡ 헬리포트의 중심에서 반경 12m 이내에는 헬리콥터 이착륙에 장애가 되는 건축물 또는 공작물 등을 설치하지 않을 것

㉢ 헬리포트의 주위한계선 : 백색으로 너비 38cm로 할 것

㉣ 헬리포트의 중앙부분에는 지름 8m의 Ⓗ표지를 백색으로 하되 "H"표지의 선너비는 38cm, "○" 표지의 선너비는 60cm로 할 것

③ 구조공간

옥상에 헬리콥터를 통하여 인명 등을 구조할 수 있는 공간을 설치하는 경우에는 직경 10미터 이상의 구조공간을 확보하여야 하며, 구조공간에는 구조활동에 장애가 되는 건축물, 공작물 또는 난간 등을 설치해서는 안 된다.

대지안의 피난 및 소화에 필요한 통로의 설치

건축물의 대지안에는 그 건축물의 바깥쪽으로의 주된 출구와 지상으로 통하는 피난계단 및 특별피난계단으로부터 도로 또는 공지(공원·광장 그 밖에 이와 유사한 것으로서 피난 및 소화를 위하여 해당 대지에의 출입에 지장이 없는 것)로 통하는 통로를 다음의 기준에 따라 설치하여야 한다.

대상	설치기준
단독주택	유효너비 0.9m 이상
바닥면적의 합계가 500m² 이상인 문화 및 집회시설, 종교시설, 의료시설, 위락시설, 장례시설	유효너비 3m 이상
그 밖의 용도의 건축물	유효너비 1.5m 이상

피난규정의 적용 예

피난에 관한 규정을 적용함에 있어서 건축물이 창문·출입구, 그 밖의 개구부가 없는 내화구조의 바닥 또는 벽으로 구획되어 있는 경우에는 구획된 각 부분을 각각 별개의 건축물로 본다.

참고 ◆피난규정의 적용 예

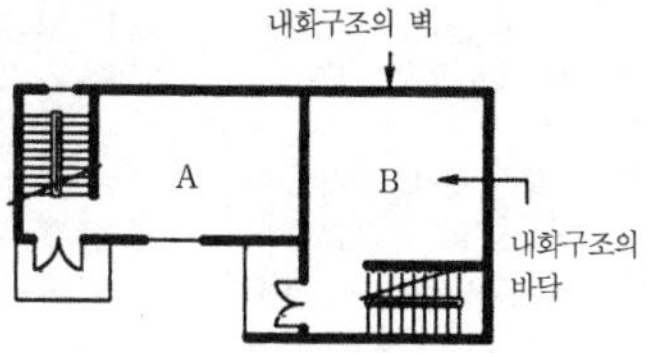

A와 B는 별개의 건축물로 본다.

10 방화구획

건축법	건축법 시행령	건축물의 피난·방화구조 등의 기준에 관한 규칙
제49조【건축물의 피난시설 및 용도제한 등】 ② 대통령령으로 정하는 용도 및 규모의 건축물의 안전·위생 및 방화(放火) 등을 위하여 필요한 용도 및 구조의 제한, 방화구획(防火區劃), 화장실의 구조, 계단·출입구, 거실의 반자 높이, 거실의 채광·환기와 바닥의 방습 등에 관하여 필요한 사항은 국토교통부령으로 정한다. ③ 대통령령으로 정하는 건축물은 국토교통부령으로 정하는 기준에 따라 소방관이 진입할 수 있는 창을 설치하고, 외부에서 주야간에 식별할 수 있는 표시를 하여야 한다.<신설 2019. 4. 23.> ④ 대통령령으로 정하는 용도 및 규모의 건축물에 대하여 가구·세대 등 간 소음 방지를 위하여 국토교통부령으로 정하는 바에 따라 경계벽 및 바닥을 설치하여야 한다. <신설 2014.5.28.> ⑤ 「자연재해대책법」 제12조제1항에 따른 자연재해위험개선지구 중 침수위험지구에 국가·지방자치단체 또는 「공공기관의 운영에 관한 법률」 제4조제1항에 따른 공공기관이 건축하는 건축물은 침수 방지 및 방수를 위하여 다음 각 호의 기준에 따라야 한다. <신설 2015.1.6.> 1. 건축물의 1층 전체를 필로티(건축물을 사용하기 위한 경비실, 계단실, 승강기실, 그 밖에 이와 비슷한 것을 포함한다) 구조로 할 것	**제46조【방화구획의 설치】** ① 법 제49조제2항에 따라 주요구조부가 내화구조 또는 불연재료로 된 건축물로서 연면적이 1천 m^2를 넘는 것은 국토교통부령으로 정하는 기준에 따라 내화구조로 된 바닥·벽·자동방화셔터(국토교통부령으로 정하는 기준에 적합한 것을 말한다. 이하 "자동방화셔터"라 한다) 및 제64조에 따른 갑종 방화문(국토교통부장관이 정하는 기준에 적합한 자동방화셔터를 포함한다. 이하 이 조에서 같다)으로 구획(이하 "방화구획"이라 한다)하여야 한다. 다만, 「원자력안전법」 제2조에 따른 원자로 및 관계시설은 「원자력안전법」에서 정하는 바에 따른다.<개정 2011.10.25> ② 다음 각 호의 어느 하나에 해당하는 건축물의 부분에는 제1항을 적용하지 아니하거나 그 사용에 지장이 없는 범위에서 제1항을 완화하여 적용할 수 있다. 1. 문화 및 집회시설(동·식물원은 제외한다), 종교시설, 운동시설 또는 장례시설의 용도로 쓰는 거실로서 시선 및 활동공간의 확보를 위하여 불가피한 부분 2. 물품의 제조·가공·보관 및 운반 등에 필요한 대형기기 설비의 설치 및 이동식 물류설비의 작업활동을 위하여 불가피한 부분 3. 계단실부분·복도 또는 승강기의 승강로 부분(해당 승강기의 승강을 위한 승강로비 부 분을 포함한다)으로서 그 건축물의 다른 부분과 방화구획으로 구획된 부분 4. 건축물의 최상층 또는 피난층으로서 대규모 회의장·강당·스카이라운지·로비 또는 피난안전구역 등의 용도로 쓰는 부분으로서 그 용도로 사용하기 위하여 불가피한 부분 5. 복층형 공동주택의 세대별 층간 바닥 부분 6. 주요구조부가 내화구조 또는 불연재료로 된 주차장 7. 단독주택, 동물 및 식물 관련 시설 또는 교정 및 군사시설 중 군사시설(집회, 체육, 창고 등의 용도로 사용되는 시설만 해당한다)로 쓰는 건축물 8. 건축물의 1층과 2층의 일부를 동일한 용도로 사용하며 그 건축물의 다른 부분과 방화구획으로 구획된 부분(바닥면적의 합계가 500제곱미터 이하인 경우로 한정한다) ③ 건축물 일부의 주요구조부를 내화구조로 하거나 제2항에 따라 건축물의 일부에 제1항을 완화하여 적용한 경우에는 내화구조로 한 부분 또는 제1항을 완화하여 적용한 부분과 그 밖의 부분을 방화구획으로 구획하여야 한다.<개정 2018.9.4> ④ 공동주택 중 아파트로서 4층 이상인 층의 각 세대가 2개 이상의 직통계단을 사용할 수 없는 경우에는 발코니에 인접 세대와 공동으로 또는 각 세대별로 다음 각 호의 요건을 모 두 갖춘 대피공간을 하나 이상 설치하여야 한다. 이 경우 인접 세대와 공동으로 설치하는 대피공간은 인접 세대를 통하여 2개 이상의 직통계단을 쓸 수 있는 위치에 우선 설치되어야 한다. 1. 대피공간은 바깥의 공기와 접할 것 2. 대피공간은 실내의 다른 부분과 방화구획으로 구획될 것 3. 대피공간의 바닥면적은 인접 세대와 공동으로 설치하는 경우에는 $3m^2$ 이상, 각 세대별로 설치하는 경우에는 $2m^2$ 이상일 것 4. 국토교통부장관이 정하는 기준에 적합할 것 ⑤ 제4항에도 불구하고 아파트의 4층 이상인 층에서 발코니에 다음 각 호와 같은 구조를 설치한 경우에는 대피공간을 설치하지 아니할 수 있다.<개정 2010.2.18> 1. 인접 세대와의 경계벽이 파괴하기 쉬운 경량구조 등인 경우 2. 경계벽에 피난구를 설치한 경우 3. 발코니의 바닥에 국토교통부령으로 정하는 하향식 피난구를 설치한 경우	**제14조【방화구획의 설치기준】** ① 영 제46조에 따라 건축물에 설치하는 방화구획은 다음 각호의 기준에 적합하여야 한다. 1. 10층 이하의 층은 바닥면적 1천 m^2(스프링클러 기타 이와 유사한 자동식 소화설비를 설치한 경우에는 바닥면적 3천 m^2)이내마다 구획할 것 2. 매 층마다 구획할 것. 다만, 지하 1층에서 지상으로 직접 연결하는 경사로 부위는 제외한다. 3. 11층 이상의 층은 바닥면적 $200m^2$(스프링클러 기타 이와 유사한 자동식 소화설비를 설치한 경우에는 $600m^2$)이내마다 구획할 것. 다만, 벽 및 반자의 실내에 접하는 부분의 마감을 불연재료로 한 경우에는 바닥면적 $500m^2$(스프링클러 기타 이와 유사한 자동식 소화설비를 설치한 경우에는 1천$500m^2$) 이내마다 구획하여야 한다. 4. 필로티나 그 밖에 이와 비슷한 구조(벽면적의 2분의 1 이상이 그 층의 바닥면에서 위층 바닥 아래면까지 공간으로 된 것만 해당한다)의 부분을 주차장으로 사용하는 경우 그 부분은 건축물의 다른 부분과 구획할 것 ② 제1항에 따른 방화구획은 다음 각 호의 기준에 적합하게 설치하여야 한다.<개정 2019.8.6> 1. 영 제46조의 규정에 의한 방화구획으로 사용하는 제26조에 따른 갑종방화문은 언제나 닫힌 상태를 유지하거나 화재로 인한 연기, 온도, 불꽃 등을 가장 신속하게 감지하여 자동적으로 닫히는 구조로 할 것 2. 외벽과 바닥 사이에 틈이 생긴 때나 급수관·배전관 그 밖의 관이 방화구획으로 되어 있는 부분을 관통하는 경우 그로 인하여 방화구획에 틈이 생긴 때에는 그 틈을 다음 각 목의 어느 하나에 해당하는 것으로 메울 것 가. 「산업표준화법」에 따른 한국산업표준에서 내화충전성능을 인정한 구조로 된 것 나. 한국건설기술연구원장이 국토교통부장관이 정하여 고시하는 기준에 따라 내화충전성능을 인정한 구조로 된 것 3. 환기·난방 또는 냉방시설의 풍도가 방화구획을 관통하는 경우에는 그 관통부분 또는 이에 근접한 부분에 다음 각 목의 기준에 적합한 댐퍼를 설치할 것. 다만, 반도체공장건축물로서 방화구획을 관통하는 풍도의 주위에 스프링클러헤드를 설치하는 경우에는 그렇지 않다. 가. 화재로 인한 연기 또는 불꽃을 감지하여 자동적으로 닫히는 구조로 할 것. 다만, 주방 등 연기가 항상 발생하는 부분에는 온도를 감지하여 자동적으로 닫히는 구조로 할 수 있다. 나. 국토교통부장관이 정하여 고시하는 비차열(非遮熱) 성능 및 방연성능 등의 기준에 적합할 것 다. 삭제<2019. 8. 6.> 라. 삭제<2019. 8. 6.>

건축법	건축법 시행령	건축물의 피난·방화구조 등의 기준에 관한 규칙
2. 국토교통부령으로 정하는 침수 방지 시설을 설치할 것		③ 영 제46조제1항에서 "국토교통부령으로 정하는 기준에 적합한 것"이란 한국건설기술연구원장이 국토교통부장관이 정하여 고시하는 바에 따라 다음 각 호의 사항을 모두 인정한 것을 말한다.<신설 2019. 8. 6.> 1. 생산공장의 품질 관리 상태를 확인한 결과 국토교통부장관이 정하여 고시하는 기준에 적합할 것 2. 해당 제품의 품질시험을 실시한 결과 비차열 1시간 이상의 내화성능을 확보하였을 것 ④ 영 제46조제5항제3호에 따른 하향식 피난구(덮개, 사다리, 경보시스템을 포함한다)의 구조는 다음 각 호의 기준에 적합하게 설치하여야 한다.<신설 2010.4.7> 1. 피난구의 덮개는 제26조에 따른 비차열 1시간 이상의 내화성능을 가져야 하며, 피난구의 유효 개구부 규격은 직경 60센티미터 이상일 것 2. 상층·하층간 피난구의 설치위치는 수직방향 간격을 15센티미터 이상 띄어서 설치할 것 3. 아래층에서는 바로 위층의 피난구를 열 수 없는 구조일 것 4. 사다리는 바로 아래층의 바닥면으로부터 50센티미터 이하까지 내려오는 길이로 할 것 5. 덮개가 개방될 경우에는 건축물관리시스템 등을 통하여 경보음이 울리는 구조일 것 6. 피난구가 있는 곳에는 예비전원에 의한 조명설비를 설치할 것 ⑤ 제2항 제2호에 따른 건축물의 외벽과 바닥 사이의 내화충전방법에 필요한 사항은 국토교통부장관이 정하여 고시한다.<신설 2012.1.6>

법해설 Explanation

방화구획

(1) 방화구획의 기준

건축물의 주요구조부가 내화구조 또는 불연재료로 된 건축물로서 연면적이 1,000m²를 넘는 것은 다음 기준에 의하여 내화구조로 된 바닥·벽·자동방화셔터(국토교통부령으로 정하는 기준에 적합한 것을 말한다. 이하 "자동방화셔터"라 한다) 및 갑종방화문(기준에 적합한 자동방화셔터 포함)으로 구획하여야 한다.

단위 구획의 종류		구획의 기준		구획의 구조
층단위	매 층마다	바닥면적의 규모가 비록 작다 하더라도 각 층마다 구획. 다만, 지하 1층에서 지상으로 직접 연결하는 경사로 부위는 제외		• 내화구조의 벽·바닥 • 갑종방화문(국토교통부장관이 정하는 기준에 적합한 자동방화셔터 포함)
면적단위	10층 이하의 층	바닥면적 1,000m² (*3,000m²) 이내마다 구획		
	11층 이상의 층	실내마감재가 불연재료가 아닌 경우	200m² (*600m²) 이내마다 구획	
		실내마감재가 불연재료인 경우	500m² (*1,500m²) 이내마다 구획	

※( ) 내의 숫자는 스프링클러 그 밖에 이와 유사한 자동식 소화설비를 설치한 경우의 기준면적임.

예외 「원자력법」에 따른 원자력 및 관계시설은 「원자력법」이 정하는 바에 따른다.

◆ 방화구획 부위
① 바닥
② 벽
③ 갑종방화문(자동방화셔터 포함)

◆ 공동주택의 복도 계단실의 방화 구획설치
(건축 58070-4835, 1995. 11.27)

질의 공동주택의 복도와 계단실에도 방화구획을 설치하여야 하는지 여부?

회신 건축법시행령 46조 1항의 규정에 의하면 주요구조부가 내화구조 또는 불연재료로 된 건축물로서 연면적이 1,000m²를 넘는 것은 동항 각 호의 기준에 적합하게 이를 방화구획하여야 하는 것이며 질의의 계단이 피난계단 또는 특별피난계단에 해당하는 경우라면 이는 같은 법 시행령 37조의 규정에도 적합하여야 하는 것임

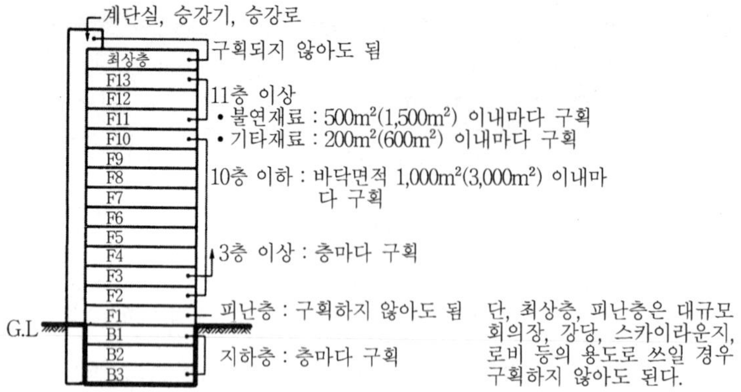

(2) 방화구획 완화대상

다음에 해당하는 건축물의 부분에는 방화구획의 규정을 적용하지 아니하거나 완화하여 적용할 수 있다.

1. 문화 및 집회시설(동·식물원을 제외 한다), 종교시설, 운동시설 또는 장례시설의 용도에 쓰이는 거실로서	시선 및 활동공간의 확보를 위하여 불가피한 경우
2. 물품의 제조·가공·보관 및 운반 등에 필요한	대형기계·설비의 설치 및 이동식물류설비의 작업활동을 위하여 불가피한 경우
3. 계단실부분·복도 또는 승강기의 승강로 부분	해당 건축물의 다른 부분과 방화구획으로 구획된 부분
4. 건축물의 최상층 또는 피난층	대규모회의장, 강당, 스카이라운지, 로비 또는 피난안전구역 등 해당 용도로의 사용상 불가피한 경우
5. 복층형인 공동주택	세대별 층간 바닥부분
6. 주요구조부가 내화구조·불연재료로 된	주차장 부분
7. 단독주택, 동물 및 식물관련시설 또는 교정 및 군사시설 중 군사시설(집회·체육·창고 등의 용도로 사용되는 시설에 한함)	해당 용도에 쓰이는 건축물
8. 건축물의 1층과 2층의 일부를 동일한 용도로 사용하며 그 건축물의 다른 부분과 방화구획으로 구획된 부분(바닥면적의 합계가 500제곱미터 이하인 경우로 한정한다)	

(3) 적용의 특례

건축물의 일부가 건축물의 내화구조와 방화벽(법 제50조 ①) 규정에 따른 건축물에 해당하는 경우에는 그 부분과 다른 부분을 방화구획으로 구획하여야 한다.

참조 방화·방연댐퍼의 구조

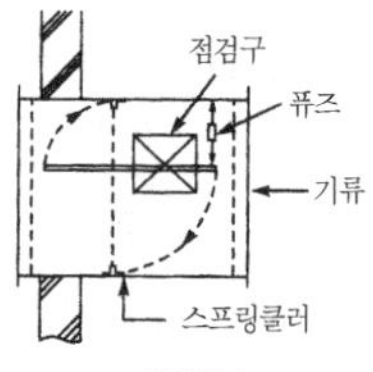

방화댐퍼

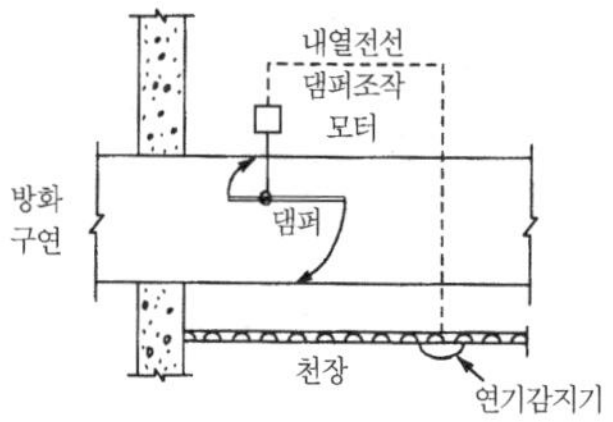

방연댐퍼

- 방화댐퍼(Fire damper) : 방화댐퍼는 화재발생시 덕트를 통화여 다른 실로 연소되는 것을 방지하기 위해 쓰이는 것이며 덕트 내의 공기온도가 72℃ 정도 이상이면 댐퍼날개를 지지하고 있던 가용편이 녹아서 자동적으로 댐퍼가 닫히도록 되어 있다.
- 방연댐퍼(Smoke damper) : 연기감지기로 연기를 탐지하여 방연댐퍼로 덕트를 폐쇄하여 다른 구역으로 연기침투를 방지한다.

(4) 방화구획의 구조

① 방화구획으로 사용하는 갑종 방화문은 언제나 닫힌 상태를 유지하거나, 화재로 인한 연기, 온도, 불꽃 등을 가장 신속하게 감지하여 자동적으로 닫히는 구조로 할 것

② 외벽과 바닥사이에 틈이 생긴 때나 급수관·배기관·기타의 관이 방화구획으로 되어있는 부분을 관통하는 경우 그로 인하여 방화구획에 틈이 생긴 때에는 그 틈을 다음의 어느 하나에 해당하는 것으로 메울 것

㉠ 「산업표준화법」에 따른 한국산업표준에서 내화충전성능을 인정한 구조로 된 것

㉡ 한국건설기술연구원장이 국토교통부장관이 정하여 고시하는 기준에 따라 내화충전성능을 인정한 구조로 된 것

아파트 발코니의 대피공간 설치

(1) 발코니 대피공간의 설치

아파트로서 4층 이상의 층의 각 세대가 2개 이상의 직통계단을 사용할 수 없는 경우에는 발코니에 인접세대와 공동으로 또는 각 세대별로 다음 요건(인접세대와 공동으로 설치하는 대피공간은 인접세대를 통하여 2개 이상의 직통계단을 사용할 수 있는 위치)을 갖춘 대피공간을 하나 이상 설치하여야 한다.

① 대피공간은 바깥의 공기와 접할 것

② 대피공간은 실내의 다른 부분과 방화구획으로 구획될 것

③ 대피공간의 바닥면적 기준

㉠ 인접세대와 공동으로 설치하는 경우 : $3m^2$ 이상

㉡ 각 세대별로 설치하는 경우 : $2m^2$ 이상

④ 국토교통부장관이 정하는 기준에 적합할 것

예외 아파트의 4층 이상의 층에서 발코니에 설치하는 인접세대와의 경계벽이 파괴하기 쉬운 경량구조 등이거나 경계벽에 피난구를 설치한 경우, 발코니의 바닥에 국토교통부령으로 정하는 하향식 피난구를 설치한 경우

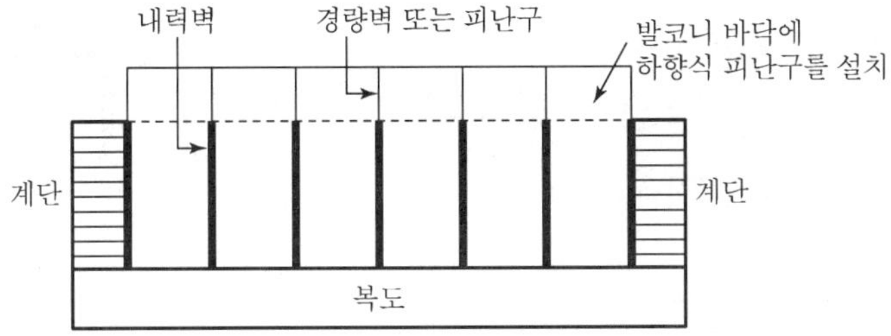

(대피공간을 별도로 설치하지 않는 경우 : 복도식 아파트)

참조 아파트 발코니의 대피공간

◆ 대피공간을 별도로 설치하는 경우

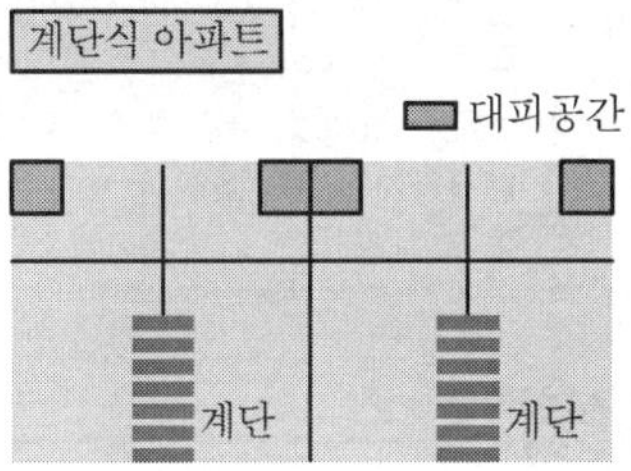

◆ 인접세대와 공동으로 설치하는 경우

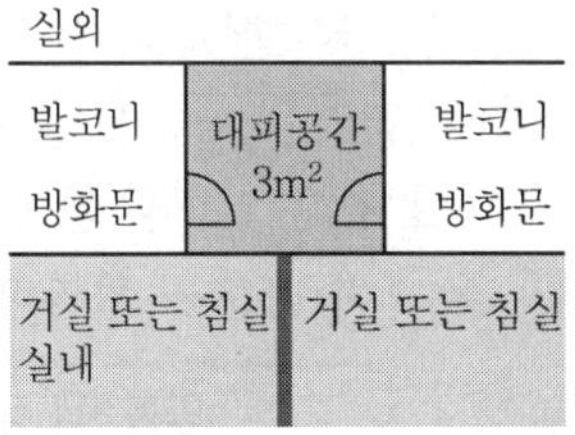

◆ 각 세대별로 설치하는 경우

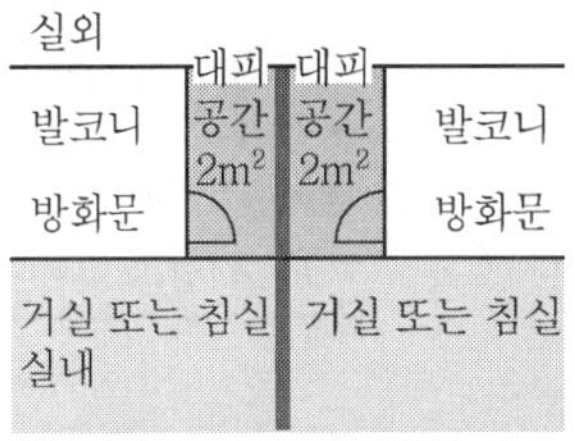

11 방화에 장애가 되는 용도의 제한

건축법 시행령	건축물의 피난·방화구조 등의 기준에 따른 규칙
제47조【방화에 장애가 되는 용도의 제한】 ① 법 제49조제2항에 따라 의료시설, 노유자시설(아동 관련 시설 및 노인복지시설만 해당한다), 공동주택, 장례시설 또는 제1종 근린생활시설(산후조리원만 해당한다)과 위락시설, 위험물저장 및 처리시설, 공장 또는 자동차관련시설(정비공장만 해당한다)은 같은 건축물에 함께 설치할 수 없다. 다만, 다음 각 호의 어느 하나에 해당하는 경우로서 국토교통부령으로 정하는 경우에는 그러하지 아니하다. 1. 공동주택(기숙사만 해당한다)과 공장이 같은 건축물에 있는 경우 2. 중심상업지역·일반상업지역 또는 근린상업지역에서 「도시 및 주거환경정비법」에 따른 재개발사업을 시행하는 경우 3. 공동주택과 위락시설이 같은 초고층 건축물에 있는 경우. 다만, 사생활을 보호하고 방범·방화 등 주거 안전을 보장하며 소음·악취 등으로부터 주거환경을 보호할 수 있도록 주택의 출입구·계단 및 승강기 등을 주택 외의 시설과 분리된 구조로 하여야 한다. 4. 「산업집적활성화 및 공장설립에 관한 법률」 제2조 제13호에 따른 지식산업센터와 「영유아보육법」 제10조 제4호에 따른 직장어린이집이 같은 건축물에 있는 경우 ② 법 제49조제2항에 따라 다음 각 호의 어느 하나에 해당하는 용도의 시설은 같은 건축물에 함께 설치할 수 없다.<개정 2009.7.16> 1. 노유자시설 중 아동 관련 시설 또는 노인복지시설과 판매시설 중 도매시장 또는 소매시장 2. 단독주택(다중주택, 다가구주택에 한정한다), 공동주택, 제1종 근린생활시설 중 조산원 또는 산후조리원과 제2종 근린생활시설 중 고시원	**제14조의2【복합건축물의 피난시설 등】** 영 제47조제1항 단서에 따라 같은 건축물안에 공동주택·의료시설·아동관련시설 또는 노인복지시설(이하 이 조에서 "공동주택등"이라 한다) 중 하나 이상과 위락시설·위험물저장 및 처리시설·공장 또는 자동차정비공장(이하 이 조에서 "위락시설등"이라 한다)중 하나 이상을 함께 설치하고자 하는 경우에는 다음 각 호의 기준에 적합하여야 한다.<개정 2005.7.22> 1. 공동주택등의 출입구와 위락시설등의 출입구는 서로 그 보행거리가 30미터 이상이 되도록 설치할 것 2. 공동주택등(해당 공동주택등에 출입하는 통로를 포함한다)과 위락시설등(해당 위락시설등에 출입하는 통로를 포함한다)은 내화구조로 된 바닥 및 벽으로 구획하여 서로 차단할 것 3. 공동주택등과 위락시설등은 서로 이웃하지 아니하도록 배치할 것 4. 건축물의 주요 구조부를 내화구조로 할 것 5. 거실의 벽 및 반자가 실내에 면하는 부분(반자돌림대·창대 그 밖에 이와 유사한 것을 제외한다. 이하 이 조에서 같다)의 마감은 불연재료·준불연재료 또는 난연재료로 하고, 그 거실로부터 지상으로 통하는 주된 복도·계단, 그 밖의 통로의 벽 및 반자가 실내에 면하는 부분의 마감은 불연재료 또는 준불연재료로 할 것 [본조신설 2003.1.6]

법해설 Explanation

방화에 장애가 되는 용도의 제한

(1) 복합용도의 제한

① 같은 건축물 안에는 노유자시설(아동관련시설, 노인복지시설)과 판매시설 중 도매시장·소매시장을 함께 설치할 수 없다.

② 같은 건축물 안에는 다음의 "공동주택 등"의 용도와 "위락시설 등"의 용도는 원칙적으로 함께 설치할 수 없다.

공동주택 등(A용도)	위락시설 등(B용도)
• 공동주택 • 의료시설 • 아동관련시설 • 노인복지시설 • 장례시설 • 제1종 근린생활시설(산후조리원만 해당)	• 위락시설 • 위험물 저장 및 처리시설 • 공장 • 자동차정비공장

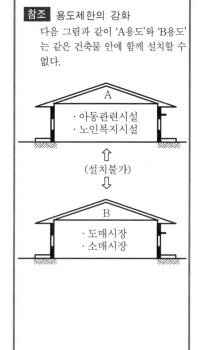

참조 용도제한의 강화

다음 그림과 같이 'A용도'와 'B용도'는 같은 건축물 안에 함께 설치할 수 없다.

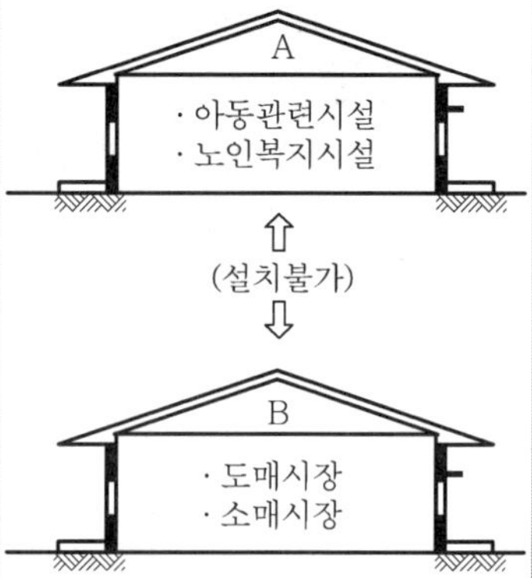

(2) 복합용도 제한의 완화대상 및 기준

① 완화 대상

㉠ 공동주택 중 기숙사와 공장이 같은 건축물 안에 있는 경우

㉡ 상업지역(중심상업지역, 일반상업지역, 근린상업지역)안에서 「도시 및 주거환경 정비법」에 따른 도시재개발을 시행하는 경우

㉢ 공동주택과 위락시설이 같은 초고층 건축물에 있는 경우. 다만, 사생활을 보호하고 방범·방화 등 주거 안전을 보장하며 소음·악취 등으로부터 주거환경을 보호할 수 있도록 주택의 출입구·계단 및 승강기 등을 주택 외의 시설과 분리된 구조로 하여야 한다.

㉣ 지식산업센터와 직장어린이집이 같은 건축물에 있는 경우

② 기준

"공동주택 등"의 용도와 "위락시설 등"의 용도를 같은 건축물에 함께 설치하고자 하는 경우에는 다음의 기준에 적합하여야 한다.

㉠ 공동주택 등의 출입구와 위락시설 등의 출입구는 서로 그 보행거리가 30m 이상이 되도록 설치할 것

㉡ "공동주택 등"(해당 공동주택 등에 출입하는 통로를 포함)과 "위락시설 등"(해당 위락시설 등에 출입하는 통로를 포함)은 내화구조로 된 바닥 및 벽으로 구획하여 서로 차단할 것

㉢ "공동주택 등"과 "위락시설 등"은 서로 이웃하지 아니하도록 배치할 것

㉣ 건축물의 주요 구조부를 내화구조로 할 것

㉤ 거실의 벽 및 반자가 실내에 면하는 부분(반자돌림대·창대 그 밖에 이와 유사한 것을 제외)의 마감은 불연재료·준불연재료 또는 난연재료로 할 것

㉥ 거실로부터 지상으로 통하는 주된 복도·계단·통로의 벽 및 반자가 실내에 면하는 부분의 마감은 불연재료 또는 준불연재료로 할 것

(3) 그 밖의 복합용도 제한

다음의 어느 하나에 해당하는 용도의 시설은 같은 건축물에 함께 설치할 수 없다.

① 노유자시설 중 아동 관련 시설 또는 노인복지시설과 판매시설 중 도매시장 또는 소매시장

② 단독주택(다중주택, 다가구주택에 한정한다), 공동주택, 제1종 근린생활시설 중 조산원 또는 산후조리원과 제2종 근린생활시설 중 고시원

참조 용도제한의 완화

다음 그림과 같이 'A용도'와 'B용도'를 같은 건축물 안에 함께 설치하고자 하는 경우에는 일정한 조건과 기준에 적합하여야 한다.

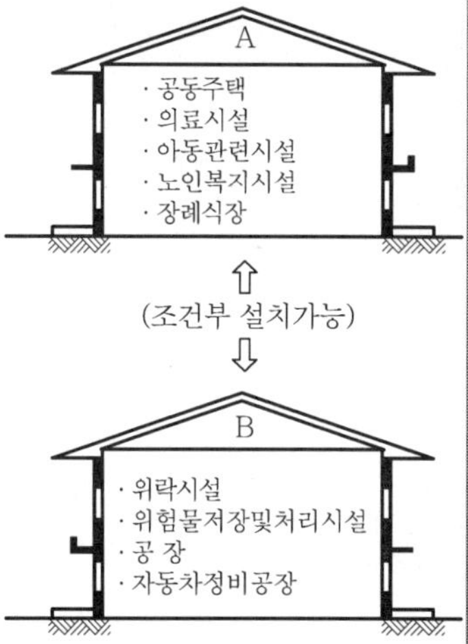

12 계단 및 복도의 설치

건축법 시행령	피난·방화구조 등의 기준에 관한 규칙
제48조【계단·복도 및 출입구의 설치】 ① 법 제49조제2항에 따라 연면적 200m²를 초과하는 건축물에 설치하는 계단 및 복도는 국토교통부령으로 정하는 기준에 적합하여야 한다. ② 법 제49조제2항에 따라 제39조제1항 각 호의 어느 하나에 해당하는 건축물의 출입구는 국토교통부령으로 정하는 기준에 적합하여야 한다. [전문개정 2008.10.29]	**제15조【계단 설치기준】** ① 영 제48조의 규정에 의하여 건축물에 설치하는 계단은 다음 각호의 기준에 적합하여야 한다. 1. 높이가 3미터를 넘는 계단에는 높이 3미터이내마다 너비 1.2미터 이상의 계단참을 설치할 것 2. 높이가 1미터를 넘는 계단 및 계단참의 양옆에는 난간(벽 또는 이에 대치되는 것을 포함한다)을 설치할 것 3. 너비가 3미터를 넘는 계단에는 계단의 중간에 너비 3미터 이내마다 난간을 설치할 것. 다만, 계단의 단높이가 15센티미터 이하이고, 계단의 단너비가 30센티미터 이상인 경우에는 그러하지 아니하다. ② 제1항 규정에 의하여 계단을 설치하는 경우 계단 및 계단참의 너비(옥내계단에 한한다), 계단의 단높이 및 단너비의 칫수는 다음 각호의 기준에 적합하여야 한다. 이 경우 돌음계단의 단너비는 그 좁은 너비의 끝부분으로부터 30센티미터의 위치에서 측정한다. 1. 초등학교의 계단인 경우에는 계단 및 계단참의 너비는 150센티미터 이상, 단높이는 16센티미터 이하, 단너비는 26센티미터 이상으로 할 것 2. 중·고등학교의 계단인 경우에는 계단 및 계단참의 너비는 150센티미터 이상, 단높이는 18센티미터 이하, 단너비는 26센티미터 이상으로 할 것 3. 문화 및 집회시설(공연장·집회장 및 관람장에 한한다)·판매 및 영업시설(도매시장·소매시장 및 상점에 한한다) 기타 이와 유사한 용도에 쓰이는 건축물의 계단인 경우에는 계단 및 계단참의 너비를 120센티미터 이상으로 할 것 4. 바로 윗층의 거실의 바닥면적의 합계가 200m² 이상이거나 거실의 바닥면적의 합계가 100m² 이상인 지하층의 계단인 경우에는 계단 및 계단참의 너비를 120센티미터 이상으로 할 것 5. 기타의 계단인 경우에는 계단 및 계단참의 너비를 60센티미터 이상으로 할 것 6. 「산업안전보건법」에 의한 작업장에 설치하는 계단인 경우에는 「산업안전 기준에 관한 규칙」에서 정한 구조로 할 것 ③ 공동주택(기숙사를 제외한다)·제1종 근린생활시설·제2종 근린생활시설·문화 및 집회시설·종교시설·판매시설·운수시설·의료시설·노유자시설·업무시설·숙박시설·위락시설 또는 관광휴게시설의 용도에 쓰이는 건축물의 주계단·피난계단 또는 특별피난계단에 설치하는 난간 및 바닥은 아동의 이용에 안전하고 노약자 및 신체장애인의 이용에 편리한 구조로 하여야 하며, 양쪽에 벽등이 있어 난간이 없는 경우에는 손잡이를 설치하여야 한다. ④ 제3항에 따른 난간·벽 등의 손잡이와 바닥마감은 다음 각호의 기준에 적합하게 설치하여야 한다. 1. 손잡이는 최대지름이 3.2센티미터 이상 3.8센티미터 이하인 원형 또는 타원형의 단면으로 할 것 2. 손잡이는 벽등으로부터 5센티미터 이상 떨어지도록 하고, 계단으로부터의 높이는 85센티미터가 되도록 할 것 3. 계단이 끝나는 수평부분에서의 손잡이는 바깥쪽으로 30센티미터 이상 나오도록 설치할 것 ⑤ 계단을 대체하여 설치하는 경사로는 다음 각호의 기준에 적합하게 설치하여야 한다. 1. 경사도는 1 : 8을 넘지 아니할 것 2. 표면을 거친 면으로 하거나 미끄러지지 아니하는 재료로 마감할 것 ⑥ 제1항 각호의 규정은 제5항에 따른 경사로의 설치기준에 관하여 이를 준용한다. ⑦ 제1항 및 제2항에도 불구하고 영 제34조 제4항 후단에 따라 피난층 또는 지상으로 통하는 직통계단을 설치하는 경우 계단 및 계단참의 너비는 다음 각 호의 구분에 따른 기준에 적합하여야 한다. 1. 공동주택 : 120센티미터 이상 2. 공동주택이 아닌 건축물 : 150센티미터 이상 ⑧ 승강기기계실용 계단, 망루용 계단 등 특수한 용도에만 쓰이는 계단에 대해서는 제1항부터 제7항까지의 규정을 적용하지 아니한다.

건축법 시행령	건축물의 피난 · 방화구조 등의 기준에 관한 규칙
제49조 삭제(1995. 12. 30)	**제15조의2【복도의 너비 및 설치기준】** ① 영 제48조에 따라 건축물에 설치하는 복도의 유효너비는 다음 표와 같이 하여야 한다.

구 분	양옆에 거실이 있는 복도	기타의 복도
유치원 · 초등학교 · 중학교 · 고등학교	2.4m 이상	1.8m 이상
공동주택 · 오피스텔	1.8m 이상	1.2m 이상
해당 층 거실의 바닥면적 합계가 200m² 이상인 경우	1.5m 이상(의료시설의 복도는 1.8m 이상)	1.2m 이상

② 문화 및 집회시설(공연장 · 집회장 · 관람장 · 전시장에 한한다), 종교시설 중 종교집회장, 노유자시설 중 아동관련시설 · 노인복지시설, 수련시설 중 생활권 수련시설, 위락시설 중 유흥주점 및 장례식장의 관람실 또는 집회실과 접하는 복도의 유효너비는 제1항의 규정에 불구하고 다음 각 호에서 정하는 너비로 하여야 한다.
1. 해당 층의 바닥면적의 합계가 500m² 미만인 경우 1.5미터 이상
2. 해당 층의 바닥면적의 합계가 500m² 이상 1천m² 미만인 경우 1.8미터 이상
3. 해당 층의 바닥면적의 합계가 1천m² 이상인 경우 2.4미터 이상

③ 문화 및 집회시설중 공연장에 설치하는 복도는 다음 각 호의 기준에 적합하여야 한다.
1. 공연장의 개별 관람석(바닥면적이 300m² 이상인 경우에 한정한다)의 바깥쪽에는 그 양쪽 및 뒤쪽에 각각 복도를 설치할 것
2. 하나의 층에 개별 관람석(바닥면적이 300m² 미만인 경우에 한정한다)을 2개소 이상 연속하여 설치하는 경우에는 그 관람석의 바깥쪽의 앞쪽과 뒤쪽에 각각 복도를 설치할 것

[본조신설 2005.7.22]

법해설 Explanation

계단의 설치기준

연면적 200m²를 초과하는 건축물에 설치하는 계단은 다음 기준에 적합하게 설치하여야 한다.

설치	대상	설치기준
계단참	높이 3m를 넘는 계단	높이 3m 이내마다 너비 1.2m 이상
난간	높이 1m를 넘는 계단 및 계단참	양옆에 난간(벽 또는 이에 대치되는 것)을 설치
중앙난간	너비 3m를 넘는 계단	계단의 중간에 너비 3m 이내마다 설치 예외 계단의 단높이 15cm 이하이고 단너비 30cm 이상인 것을 제외
계단의 유효높이(계단의 바닥 마감면으로부터 상부구조체의 하부 마감면까지의 연직방향의 높이)		2.1m 이상

예외 승강기 기계실용 계단 · 망루용 계단 등 특수용도의 계단

참고 계단의 설치기준 및 구조

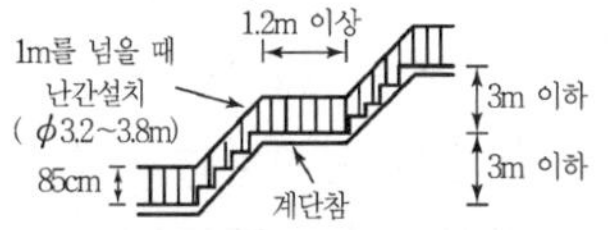

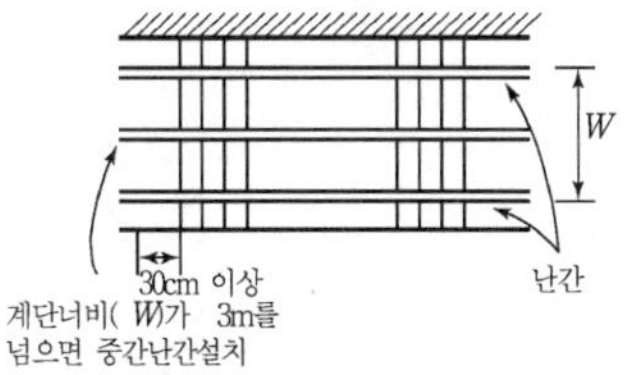

예외

높이 15cm 이하이고 너비 30cm 이상

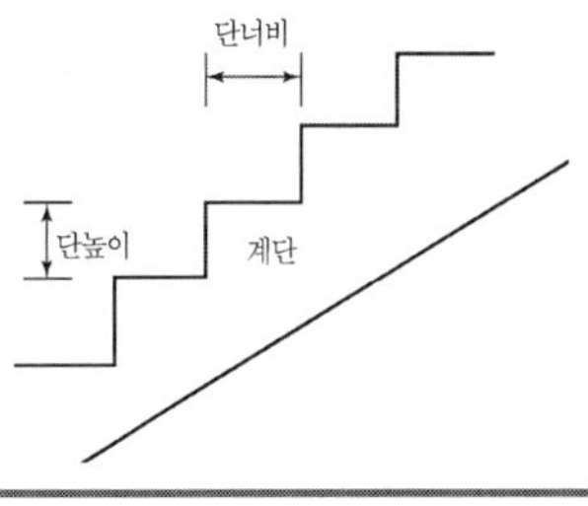

계단의 구조

(1) 계단 및 계단참의 치수 등 (단위 : cm)

계단의 용도		계단 및 계단참 너비	단높이	단너비
초등학교 학생용 계단		150 이상	16 이하	26 이상
중·고등학교의 학생용 계단		150 이상	18 이하	26 이상
문화 및 집회시설(공연장·집회장·관람장)		120이상	-	-
판매시설				
바로 위층 거실의 바닥면적 합계가 200m² 이상인 계단				
거실의 바닥면적 합계가 100m² 이상인 지하층의 계단				
그 밖의 계단		60 이상	-	-
준초고층건축물 직통계단	공동주택	120 이상	-	-
	공동주택이 아닌 건축물	150 이상		

예외 승강기 기계실용 계단 · 망루용 계단 등 특수용도의 계단

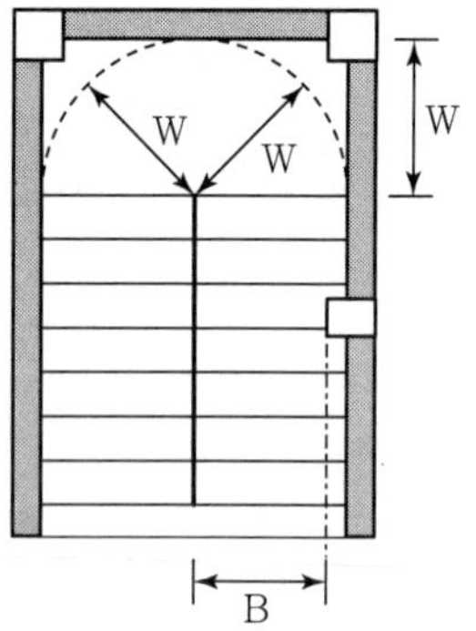

B : 계단의 유효너비
W : 계단참너비

(2) 돌음계단

돌음계단의 단너비는 좁은 폭의 끝부분으로부터 30cm의 위치에서 측정한다.

참고 돌음계단의 너비

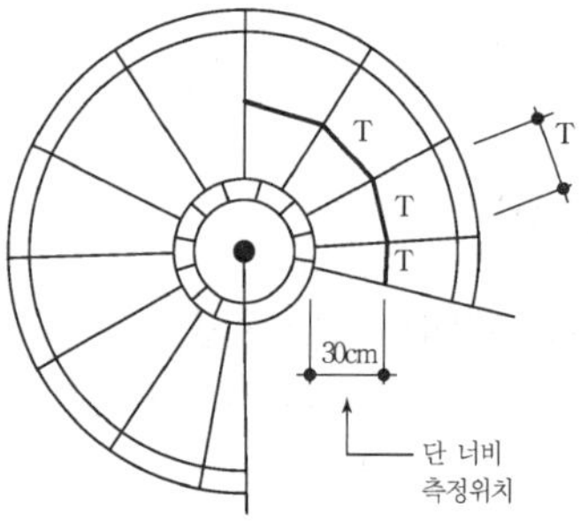

계단 난간 등에 대한 구조제한

기숙사를 제외한 공동주택·근린생활시설 등의 용도에 쓰이는 건축물의 계단에 설치하는 난간 등은 다음의 구조에 적합하여야 한다.

구분	내용
① 설치대상용도	• 공동주택(기숙사 제외) • 제1종 근린생활시설 • 제2종 근린생활시설 • 문화 및 집회시설 • 판매시설 • 의료시설 • 노유자시설 • 업무시설 • 숙박시설 • 위락시설 • 관광휴게시설
② 설치위치	건축물의 주계단·피난계단·특별피난계단
③ 설치대상	난간·벽 등의 손잡이

참고 난간등의 설치

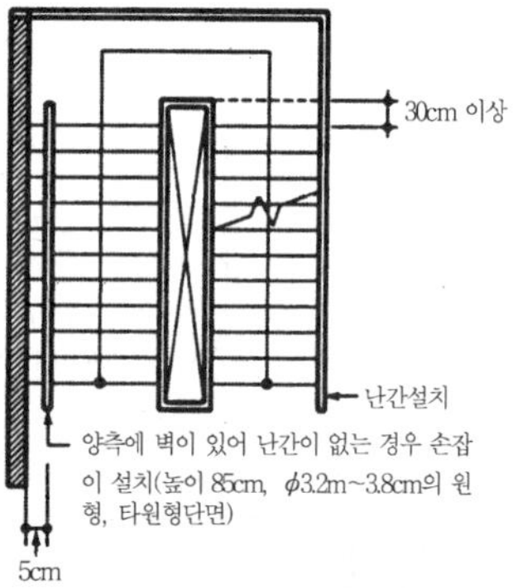

구분	내용
④ 구조	아동의 이용에 안전하고, 노약자 및 신체장애인의 이용에 편리한 구조로 할 것 **주의** 양측에 벽 등이 있어 난간이 없는 경우에는 손잡이를 설치하여야 한다.
⑤ 손잡이의 설치기준	• 손잡이는 최대지름이 3.2cm~3.8cm의 원형 또는 타원형의 단면으로 할 것 • 손잡이는 벽 등으로부터 5cm 이상, 계단으로부터 85cm의 위치에 설치할 것 • 계단이 끝나는 수평부분에서의 손잡이는 30cm 이상 밖으로 나오도록 설치할 것

계단에 대체되는 경사로

① 경사도는 1 : 8 이하로 할 것

② 표면은 거친면으로 하거나 미끄러지지 않는 재료로 마감할 것

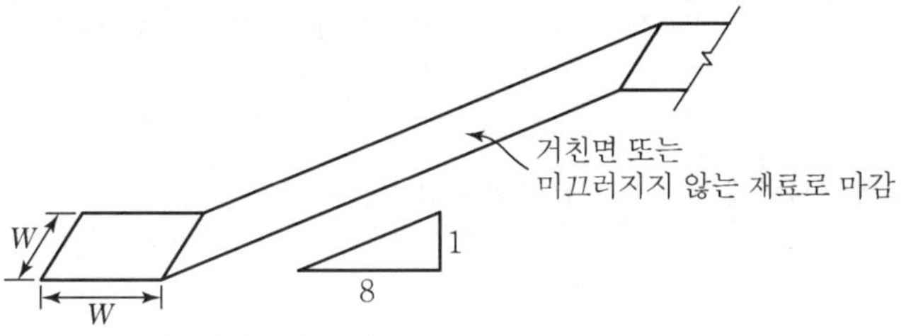

W:계단 및 계간참의 폭을 준용

복도의 너비 및 설치기준

(1) 건축물에 설치하는 복도의 유효너비

구분	양 옆에 거실이 있는 복도	기타의 복도
1. 유치원 · 초등학교 · 중학교 · 고등학교	2.4m 이상	1.8m 이상
2. 공동주택 · 오피스텔	1.8m 이상	1.2m 이상
3. 해당 층 거실의 바닥면적 합계가 200m² 이상인 경우	1.5m 이상	1.2m 이상
	의료시설 1.8m 이상	

(2) 관람실 또는 집회실과 접하는 복도의 유효너비

대상	위치	바닥면적의 합계	복도의 유효너비
• 문화 및 집회시설(공연장 · 집회장 · 관람장 · 전시장) • 종교시설(종교집회장) • 노유자시설(아동관련시설 · 노인복지시설 • 수련시설 중 생활권수련시설 • 위락시설 중 유흥주점 • 장례시설	관람실 또는 집회실과 접하는 복도	500m² 미만	1.5m 이상
		500m² 이상 1,000m² 미만	1.8m 이상
		1,000m² 이상	2.4m 이상

참고 장애인 등을 위한 경사로

「장애인 · 노인 · 임산부 등의 편의증진 보장에 관한 법률」 시행규칙 [별표1]

① 유효폭 및 활동공간

㉠ 경사로의 유효폭은 1.2m 이상으로 하여야 한다. 다만, 건축물을 증축 · 개축 · 재축 · 이 전 · 대수선 또는 용도변경하는 경우로서 1.2m 이상의 유효 폭을 확보하기 곤란한 때에는 0.9m까지 완화할 수 있다.

㉡ 바닥면으로부터 높이 0.75m 이내마다 휴식을 할 수 있도록 수평면으로 된 참을 설치하여야 한다.

㉢ 경사로의 시작과 끝, 굴절부분 및 참에는 1.5m×1.5m 이상의 활동공간을 확보하여야 한다.

② 기울기

경사로의 기울기는 1/12 이하로 하여야 한다.

참고 관람석에 설치하는 복도 · 출구의 기준

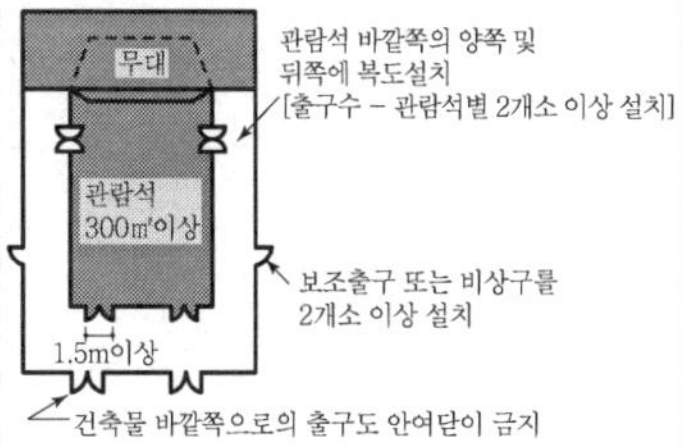

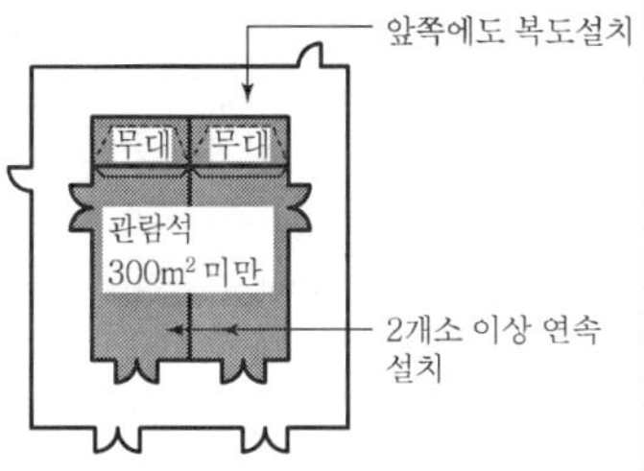

(3) 공연장에 설치하는 복도

① 공연장의 개별관람석(바닥면적 $300m^2$ 이상인 경우)의 바깥쪽에는 그 양쪽 및 뒤쪽에 각각 복도를 설치할 것

② 하나의 층에 개별관람석(바닥면적이 $300m^2$ 미만인 경우)을 2개소 이상 연속하여 설치하는 경우에는 그 관람석의 바깥쪽의 앞쪽과 뒤쪽에 각각 복도를 설치할 것

13 거실에 관련된 기준

건축법 시행령	건축물의 피난·방화구조 등의 기준에 관한 규칙
제50조【거실반자의 설치】 법 제49조제2항에 따라 공장, 창고시설, 위험물저장 및 처리시설, 동물 및 식물관련시설, 자원순환 관련 시설 또는 묘지 관련시설 외의 용도로 쓰는 건축물 거실의 반자(반자가 없는 경우에는 보 또는 바로 위층의 바닥판의 밑면, 그 밖에 이와 비슷한 것을 말한다)는 국토교통부령으로 정하는 기준에 적합하여야 한다. [전문개정 2008.10.29] **제51조【거실의 채광 등】** ① 법 제49조제2항에 따라 단독주택 및 공동주택의 거실, 교육연구시설 중 학교의 교실, 의료시설의 병실 및 숙박시설의 객실에는 국토교통부령으로 정하는 기준에 따라 채광 및 환기를 위한 창문 등이나 설비를 설치하여야 한다. <개정 2013.3.23.> ② 법 제49조제2항에 따라 다음 각 호의 건축물의 거실(피난층의 거실은 제외한다)에는 국토교통부령으로 정하는 기준에 따라 배연설비(排煙設備)를 하여야 한다. <개정 2015.9.22.> 1. 6층 이상인 건축물로서 다음 각 목의 어느 하나에 해당하는 용도로 쓰는 건축물 가. 제2종 근린생활시설 중 공연장, 종교집회장, 인터넷컴퓨터게임시설제공업소 및 다중생활시설(공연장, 종교집회장 및 인터넷컴퓨터게임시설제공업소는 해당 용도로 쓰는 바닥면적의 합계가 각각 300제곱미터 이상인 경우만 해당한다) 나. 문화 및 집회시설 다. 종교시설 라. 판매시설 마. 운수시설 바. 의료시설(요양병원 및 정신병원은 제외한다) 사. 교육연구시설 중 연구소 아. 노유자시설 중 아동 관련 시설, 노인복지시설(노인요양시설은 제외한다) 자. 수련시설 중 유스호스텔 차. 운동시설 카. 업무시설 타. 숙박시설 파. 위락시설 하. 관광휴게시설 거. 장례시설 2. 다음 각 목의 어느 하나에 해당하는 용도로 쓰는 건축물 가. 의료시설 중 요양병원 및 정신병원 나. 노유자시설 중 노인요양시설·장애인 거주시설 및 장애인 의료재활시설	**제16조【거실의 반자높이】** ① 영 제50조에 따라 설치하는 거실의 반자(반자가 없는 경우에는 보 또는 바로 윗층의 바닥판의 밑면 기타 이와 유사한 것을 말한다. 이하같다)는 그 높이를 2.1미터 이상으로 하여야 한다. ② 문화 및 집회시설(전시장 및 동·식물원을 제외한다), 종교시설, 장례식장 또는 위락시설 중 유흥주점의 용도에 쓰이는 건축물의 관람실 또는 집회실로서 그 바닥면적이 $200m^2$ 이상인 것의 반자의 높이는 제1항의 규정에 불구하고 4미터(노대의 아랫부분의 높이는 2.7미터) 이상이어야 한다. 다만, 기계환기장치를 설치하는 경우에는 그러하지 아니하다. **제17조【채광 및 환기를 위한 창문 등】** ① 영 제51조에 따라 채광을 위하여 거실에 설치하는 창문등의 면적은 그 거실의 바닥면적의 10분의 1 이상이어야 한다. 다만, 거실의 용도에 따라 【별표 1의3】에 따라 조도 이상의 조명장치를 설치하는 경우에는 그러하지 아니하다.<개정 2000.6.3, 2012.1.6> ② 영 제51조의 규정에 의하여 환기를 위하여 거실에 설치하는 창문 등의 면적은 그 거실의 바닥면적의 20분의 1 이상이어야 한다. 다만, 기계환기장치 및 중앙관리방식의 공기조화설비를 설치하는 경우에는 그러하지 아니하다. ③ 제1항 및 제2항의 규정을 적용함에 있어서 수시로 개방할 수 있는 미닫이로 구획된 2개의 거실은 이를 1개의 거실로 본다. ④ 영 제51조제3항에서 "국토교통부령으로 정하는 기준"이란 높이 1.2미터 이상의 난간이나 그 밖에 이와 유사한 추락방지를 위한 안전시설을 말한다.<신설 2010.4.7>

【별표 1의3】 거실의 용도에 따른 조도기준(제17조 제1항 관련)

거실의 용도구분 \ 조도구분		바닥에서 85cm 높이에 있는 수평면의 조도 (룩스)
1. 거주	독서·식사·조리	150
	기타	70
2. 집무	설계·제도·계산	700
	일반사무	300
	기타	150
3. 작업	검사·시험·정밀검사·수술	700
	일반작업·제조·판매	300
	포장·세척	150
	기타	70

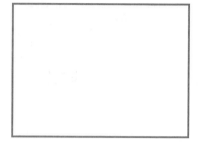

건축법 시행령

③ 법 제49조제2항에 따라 오피스텔에 거실 바닥으로부터 높이 1.2미터 이하 부분에 여닫을 수 있는 창문을 설치하는 경우에는 국토교통부령으로 정하는 기준에 따라 추락방지를 위한 안전시설을 설치하여야 한다. <신설 2009.7.16., 2013.3.23.>

④ 법 제49조제2항에 따라 11층 이하의 건축물에는 국토교통부령으로 정하는 기준에 따라 소방관이 진입할 수 있는 곳을 정하여 외부에서 주·야간 식별할 수 있는 표시를 하여야 한다. <신설 2011.12.30., 2013.3.23.>

[전문개정 2008.10.29.]

제52조【거실 등의 방습】

법 제49조제2항에 따라 다음 각 호의 어느 하나에 해당하는 거실·욕실 또는 조리장의 바닥 부분에는 국토교통부령으로 정하는 기준에 따라 방습을 위한 조치를 하여야 한다.

1. 건축물의 최하층에 있는 거실(바닥이 목조인 경우만 해당한다)
2. 제1종 근린생활시설 중 목욕장의 욕실과 휴게음식점 및 제과점의 조리장
3. 제2종 근린생활시설 중 일반음식점, 휴게음식점 및 제과점의 조리장과 숙박시설의 욕실

[전문개정 2008.10.29]

건축물의 피난·방화구조 등의 기준에 관한 규칙

거실의 용도구분 \ 조도구분		바닥에서 85cm 높이에 있는 수평면의 조도 (룩스)
4. 집회	회의	300
	집회	150
	공연·관람	70
5. 오락	오락일반	150
	기타	30
6. 기타		1란 내지 5란 중 가장 유사한 용도에 관한 기준을 적용한다.

제18조【거실 등의 방습】

① 영 제52조의 규정에 의하여 건축물의 최하층에 있는 거실바닥의 높이는 지표면으로부터 45센티미터 이상으로 하여야 한다. 다만, 지표면을 콘크리트바닥으로 설치하는 등 방습을 위한 조치를 하는 경우에는 그러하지 아니하다.

② 영 제52조에 따라 다음 각호의 어느 하나에 해당하는 욕실 또는 조리장의 바닥과 그 바닥으로부터 높이 1미터까지의 안벽의 마감은 이를 내수재료로 하여야 한다.

1. 제1종 근린생활시설 중 일반목욕장의 욕실과 휴게음식점의 조리장
2. 제2종 근린생활시설 중 일반음식점 및 휴게음식점의 조리장과 숙박시설의 욕실

제18조의2【소방관 진입창의 기준】

법 제49조제3항에서 "국토교통부령으로 정하는 기준"이란 다음 각 호의 요건을 모두 충족하는 것을 말한다.

1. 2층 이상 11층 이하인 층에 각각 1개소 이상 설치할 것. 이 경우 소방관이 진입할 수 있는 창의 가운데에서 벽면 끝까지의 수평거리가 40미터 이상인 경우에는 40미터 이내마다 소방관이 진입할 수 있는 창을 추가로 설치해야 한다.
2. 소방차 진입로 또는 소방차 진입이 가능한 공터에 면할 것
3. 창문의 가운데에 지름 20센티미터 이상의 역삼각형을 야간에도 알아볼 수 있도록 빛 반사 등으로 붉은색으로 표시할 것
4. 창문의 한쪽 모서리에 타격지점을 지름 3센티미터 이상의 원형으로 표시할 것
5. 창문의 크기는 폭 90센티미터 이상, 높이 1.2미터 이상으로 하고, 실내 바닥면으로부터 창의 아랫부분까지의 높이는 80센티미터 이내로 할 것
6. 다음 각 목의 어느 하나에 해당하는 유리를 사용할 것
   가. 플로트판유리로서 그 두께가 6밀리미터 이하인 것
   나. 강화유리 또는 배강도유리로서 그 두께가 5밀리미터 이하인 것
   다. 가목 또는 나목에 해당하는 유리로 구성된 이중 유리로서 그 두께가 24밀리미터 이하인 것

[본조신설 2019. 8. 6.]

법해설 Explanation

거실의 기준

(1) 거실의 반자높이

거실의 반자높이는 다음의 기준에 적합하도록 설치해야 한다.(단, 반자가 없는 경우에는 보 또는 바로 윗층 바닥판의 밑면까지로 한다)

거실의 용도		반자높이	예외규정
모든 건축물		2.1m 이상	공장, 창고시설, 위험물저장 및 처리시설, 동물 및 식물 관련시설, 자원순환 관련 시설, 묘지관련시설
• 문화 및 집회시설(전시장, 동·식물원 제외) • 종교시설 • 장례시설 • 위락시설 중 유흥주점	바닥면적 200m² 이상인 • 관람실 • 집회실	4.0m 이상 예외 노대 밑부분은 2.7m 이상	기계환기장치를 설치한 경우

(2) 거실의 채광 및 환기

구분	건축물의 용도	창문 등의 면적	예외
채광	• 단독주택의 거실 • 공동주택의 거실 • 학교의 교실 • 의료시설의 병실 • 숙박시설의 객실	거실바닥면적의 1/10 이상	기준조도 이상의 조명장치를 설치한 경우 【별표 1의3】
환기		거실바닥면적의 1/20 이상	기계환기장치 및 중앙관리방식의 공기조화 설비를 설치하는 경우

단서 수시로 개방할 수 있는 미닫이로 구획된 2개의 거실은 이를 1개로 본다.

거실의 채광 및 환기창의 면적 산정기준은 다음과 같다.

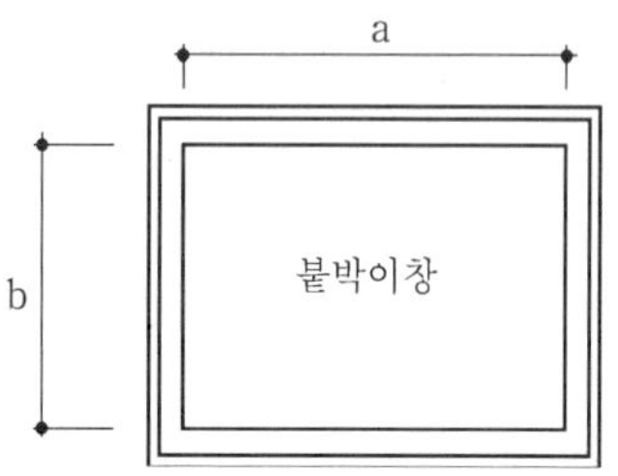

채광면적 : a×b
환기면적 : 없음

그림 (a) 붙박이창

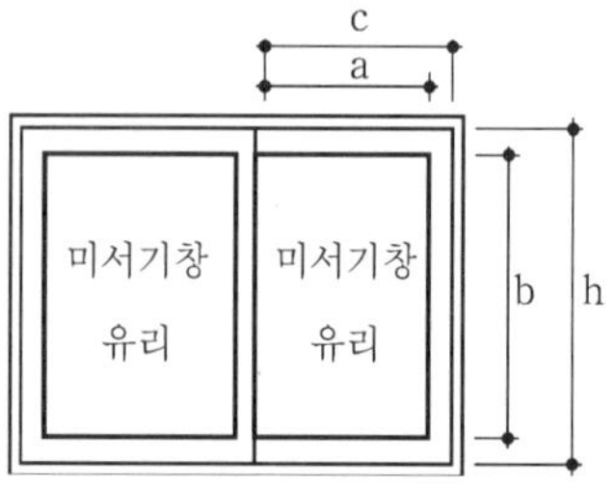

채광면적 : a×b×2(양쪽)
환기면적 : c×h

그림 (b) 미서기창

◆거실의 용도에 따른 조도기준 【별표 1】

거실의 용도구분 \ 조도구분		바닥에서 85cm 높이에 있는 수평면의 조도(룩스)
1. 거주	독서·식사·조리	150
	기타	70
2. 집무	설계·제도·계산	700
	일반사무	300
	기타	150
3. 작업	검사시험·정밀검사·수술	700
	일반작업·제조·판매	300
	포장·세척	150
	기타	70
4. 집회	회의	300
	집회	150
	공연·관람	70
5. 오락	오락일반	150
	기타	30

참고 반자높이 산정기준

① 원칙 : 방의 바닥면에서부터 반자까지의 높이(H)

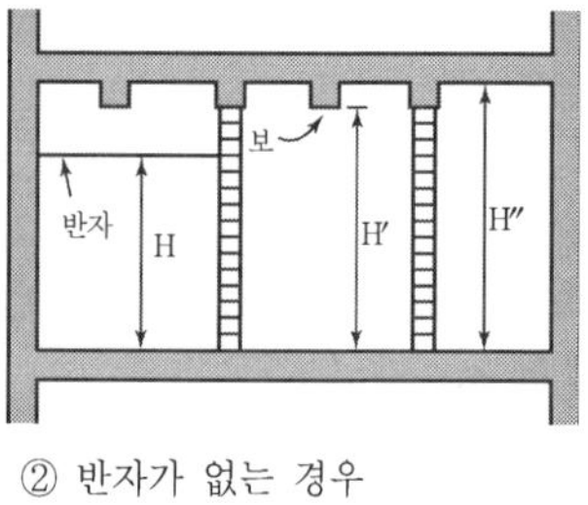

② 반자가 없는 경우

- 보가 있으면 : 바닥면에서 보밑까지(H′)
- 보가 없으면 : 바닥면에서 윗층의 바닥판 밑면까지의 높이(H″)

즉, 그림 (a)는 붙박이창으로 채광면적(a×b)은 있으나 환기가 불가능하여 환기면적은 없으며, 그림 (b)는 미서기창으로 창문면적의 1/2만 개방됨으로 채광면적(a×b×2면)로 창문전체면적과 동일하나 환기면적(c×h)은 창문전체면적의 1/2이 된다.

(3) 거실의 배연설비 설치 대상

설치대상	건축물의 규모	설치위치
가. 제2종 근린생활시설 중 공연장, 종교집회장, 인터넷컴퓨터게임시설제공업소 및 다중생활시설(공연장, 종교집회장 및 인터넷컴퓨터게임시설제공업소는 해당 용도로 쓰는 바닥면적의 합계가 각각 300제곱미터 이상인 경우만 해당한다) 나. 문화 및 집회시설 다. 종교시설 라. 판매시설 마. 운수시설 바. 의료시설(요양병원 및 정신병원은 제외한다) 사. 교육연구시설 중 연구소 아. 노유자시설 중 아동 관련 시설, 노인복지시설(노인요양시설은 제외한다) 자. 수련시설 중 유스호스텔 차. 운동시설 카. 업무시설 타. 숙박시설 파. 위락시설 하. 관광휴게시설 거. 장례시설	6층 이상	거실
다음 각 목의 어느 하나에 해당하는 용도로 쓰는 건축물 가. 의료시설 중 요양병원 및 정신병원 나. 노유자시설 중 노인요양시설 · 장애인 거주시설 및 장애인 의료재활시설	–	거실

예외 피난층인 경우는 제외

(4) 추락방지 시설의 설치

오피스텔에 거실 바닥으로부터 높이 1.2m 이하 부분에 여닫을 수 있는 창문을 설치하는 경우에는 국토교통부령으로 정하는 기준에 따라 추락방지를 위한 안전시설을 설치하여야 한다.

참고 배연설비(제연설비)

배연설비는 자연배연(건축법에서 규정)과 기계배연(소방법에서 규정)으로 나뉘어지며, 화재시 발생한 연기가 거실, 복도, 계단실, 부속실 등에 침입하는 것을 방지하여 거주자를 유해한 연기로부터 보호하여 안전하게 피난시킴과 동시에 소화활동을 원활하게 하기위한 설비이다.

◆ 거실의 방습기준

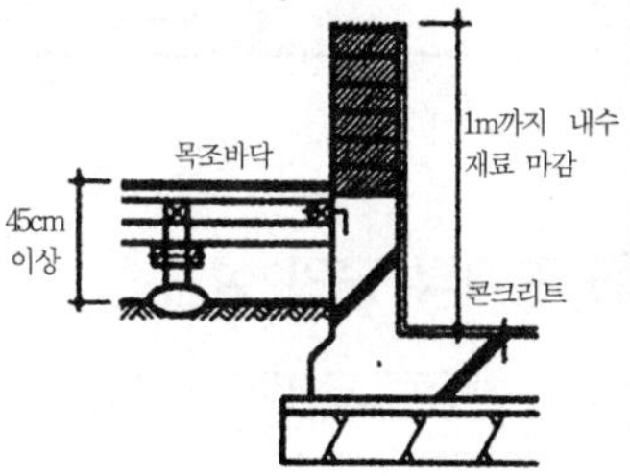

(5) 거실의 방습기준

구분	대상건축물	기준
방습조치	건축물의 최하층에 있는 거실의 바닥이 목조인 경우	건축물의 최하층에 있는 거실 바닥의 높이는 지표면으로부터 45cm 이상 **예외** 지표면을 콘크리트바닥으로 설치하는 등의 방습조치를 한 경우
내수재료의 마감	• 제1종 근린생활시설(일반목욕장의 욕실과 휴게음식점 및 제과점의 조리장)	바닥으로부터 높이 1m까지는 내수재료로 안벽마감
	• 제2종 근린생활시설(일반음식점 및 휴게음식점 및 제과점의 조리장) • 숙박시설의 욕실	

14 경계벽 등의 설치

건축법 시행령	건축물의 피난·방화구조 등의 기준에 관한 규칙
제53조【경계벽 등의 설치】 ① 법 제49조제3항에 따라 다음 각 호의 어느 하나에 해당하는 건축물의 경계벽은 국토교통부령으로 정하는 기준에 따라 설치하여야 한다. 1 단독주택 중 다가구주택의 각 가구 간 또는 공동주택(기숙사는 제외한다)의 각 세대 간 경계벽(제2조제14호 후단에 따라 거실·침실 등의 용도로 쓰지 아니하는 발코니 부분은 제외한다) 2. 공동주택 중 기숙사의 침실, 의료시설의 병실, 교육연구시설 중 학교의 교실 또는 숙박시설의 객실 간 경계벽 3. 제2종 근린생활시설 중 다중생활시설의 호실 간 경계벽 4. 노유자시설 중 「노인복지법」 제32조제1항제3호에 따른 노인복지주택(이하 "노인복지주택"이라 한다)의 각 세대 간 경계벽 5. 노유자시설 중 노인요양시설의 호실 간 경계벽 ② 법 제49조제3항에 따라 다음 각 호의 어느 하나에 해당하는 건축물의 층간바닥(화장실의 바닥은 제외한다)은 국토교통부령으로 정하는 기준에 따라 설치하여야 한다. <신설 2014.11.28.> 1. 단독주택 중 다가구주택 2. 공동주택(「주택법」 제16조에 따른 주택건설사업계획승인 대상은 제외한다) 3. 업무시설 중 오피스텔 4. 제2종 근린생활시설 중 다중생활시설 5. 숙박시설 중 다중생활시설	**제19조【경계벽 등의 설치】** ① 법 제49조제3항에 따라 건축물에 설치하는 경계벽은 내화구조로 하고, 지붕밑 또는 바로 윗층의 바닥판까지 닿게 하여야 한다. <개정 2014.11.28.> ② 제1항에 따른 경계벽은 소리를 차단하는데 장애가 되는 부분이 없도록 다음 각 호의 어느 하나에 해당하는 구조로 하여야 한다. 다만, 다가구주택 및 공동주택의 세대간의 경계벽인 경우에는 「주택건설기준 등에 관한 규정」 제14조에 따른다. 1. 철근콘크리트조·철골철근콘크리트조로서 두께가 10센티미터 이상인 것 2. 무근콘크리트조 또는 석조로서 두께가 10센티미터(시멘트모르타르·회반죽 또는 석고플라스터의 바름두께를 포함한다)이상인 것 3. 콘크리트블록조 또는 벽돌조로서 두께가 19센티미터 이상인 것 4. 제1호 내지 제3호의 것외에 국토교통부장관이 정하여 고시하는 기준에 따라 국토교통부장관이 지정하는 자 또는 한국건설기술연구원장이 실시하는 품질시험에서 그 성능이 확인된 것 5. 한국건설기술연구원장이 제27조제1항에 따라 정한 인정기준에 따라 인정하는 것 ③ 법 제49조제3항에 따른 가구·세대 등 간 소음방지를 위한 바닥은 경량충격음(비교적 가볍고 딱딱한 충격에 의한 바닥충격음을 말한다)과 중량충격음(무겁고 부드러운 충격에 의한 바닥충격음을 말한다)을 차단할 수 있는 구조로 하여야 한다. <신설 2014.11.28.> ④ 제3항에 따른 가구·세대 등 간 소음방지를 위한 바닥의 세부 기준은 국토교통부장관이 정하여 고시한다. <신설 2014.11.28.>

법해설 Explanation

경계벽 등의 설치 차음구조

(1) 경계벽 등의 설치

경계벽 등의 설치	용도
① 각 가구 간 경계벽	• 단독주택 중 다가구주택 또는 공동주택(기숙사는 제외) 예외 거실·침실 등의 용도로 사용되지 아니하는 발코니 부분
② 객실 간 경계벽	• 기숙사의 침실 • 의료시설의 병실 • 학교의 교실 • 숙박시설의 객실
③ 호실 간 경계벽	제2종 근린생활시설 중 다중생활시설
④ 각 세대 간 경계벽	노인복지주택
⑤ 호실 간 경계벽	노인요양시설

(2) 경계벽 등의 구조

① 경계벽은 내화구조로 한다.

② 지붕 및 또는 바로 윗 층의 바닥판까지 닿게 해야 한다.

(3) 경계벽 등의 차음구조기준

구조	기준
• 철근콘크리트조 • 철골철근콘크리트조	두께 10cm 이상인 것
• 무근콘크리트조 • 석조	두께 10cm 이상인 것(시멘트 모르타르·회반죽·석고 플라스터의 바름 두께를 포함)
• 콘크리트블록조 • 벽돌조	두께가 19cm 이상인 것

(4) 건축물의 층간바닥 소음방지설치기준

① 다음의 어느 하나에 해당하는 건축물의 층간바닥(화장실의 바닥은 제외한다).

1. 단독주택 중 다가구주택
2. 공동주택(「주택법」 제16조에 따른 주택건설사업계획승인 대상은 제외한다)
3. 업무시설 중 오피스텔
4. 제2종 근린생활시설 중 다중생활시설
5. 숙박시설 중 다중생활시설

② 가구·세대 등 간 소음방지를 위한 바닥의 세부 기준은 국토교통부장관이 정하여 고시한다.

◆ 오피스텔 칸막이벽의 내화구조 적용여부

질의 오피스텔 각 분양구획별 칸막이벽을 내화구조로 해야 하는지 여부?

회신 건축법 시행령 53조의 규정에는 오피스텔이 포함되지 않음.

15 건축물에 설치하는 굴뚝

건축법 시행령	건축물의 피난·방화구조 등의 기준에 관한 규칙
제54조【건축물에 설치하는 굴뚝】 건축물에 설치하는 굴뚝은 국토교통부령으로 정하는 기준에 따라 설치하여야 한다. [전문개정 2008.10.29] **제55조【창문 등의 차면시설】** 인접 대지경계선으로부터 직선거리 2미터 이내에 이웃 주택의 내부가 보이는 창문 등을 설치하는 경우에는 차면시설(遮面施設)을 설치하여야 한다. [전문개정 2008.10.29]	**제20조【건축물에 설치하는 굴뚝】** 영 제54조에 따라 건축물에 설치하는 굴뚝은 다음 각호의 기준에 적합하여야 한다. 1. 굴뚝의 옥상 돌출부는 지붕면으로부터의 수직거리를 1미터 이상으로 할 것. 다만, 용마루·계단탑·옥탑등이 있는 건축물에 있어서 굴뚝의 주위에 연기의 배출을 방해하는 장애물이 있는 경우에는 그 굴뚝의 상단을 용마루·계단탑·옥탑등보다 높게 하여야 한다. 2. 굴뚝의 상단으로부터 수평거리 1미터 이내에 다른 건축물이 있는 경우에는 그 건축물의 처마보다 1미터 이상 높게 할 것 3. 금속제 또는 석면제 굴뚝으로서 건축물의 지붕속·반자위 및 가장 아랫바닥밑에 있는 굴뚝의 부분은 금속외의 불연재료로 덮을 것 4. 금속제 또는 석면제 굴뚝은 목재 기타 가연재료로부터 15센티미터 이상 떨어져서 설치할 것. 다만, 두께 10센티미터 이상인 금속외의 불연재료로 덮은 경우에는 그러하지 아니하다.

법해설 Explanation

굴뚝의 구조

굴뚝의 분류	굴뚝의 부분	방화제한	예외
일반굴뚝	굴뚝의 옥상 돌출부	지붕면으로부터의 수직거리를 1m 이상으로 할 것	용마루·계단탑·옥탑 등 있는 건축물에 있어서 굴뚝의 주위에 연기의 배출을 방해하는 장애물이 있는 경우에는 그 굴뚝의 상단이 용마루·계단탑·옥탑 등보다 높게 할 것
	굴뚝상단으로부터의 수평거리 1m 이내에 다른 건축물이 있는 경우	굴뚝의 높이는 그 건축물의 처마로부터 1m 이상 높게 할 것	–
금속제 또는 석면제 굴뚝	지붕속, 반자위 및 가장 아래 바닥밑에 있는 부분	금속외의 불연재료로 덮을 것	–
	목재, 기타 가연 재료로부터	15cm 이상 떨어져서 설치할 것	두께 10cm 이상인 금속외의 불연 재료로 덮은 경우

창문 등의 차면시설

인접대지 경계선으로부터 직선거리 2m 이내에 이웃주택의 내부가 보이는 창문 등을 설치하는 경우에는 차면시설을 설치하여야 한다.

참고 굴뚝의 구조

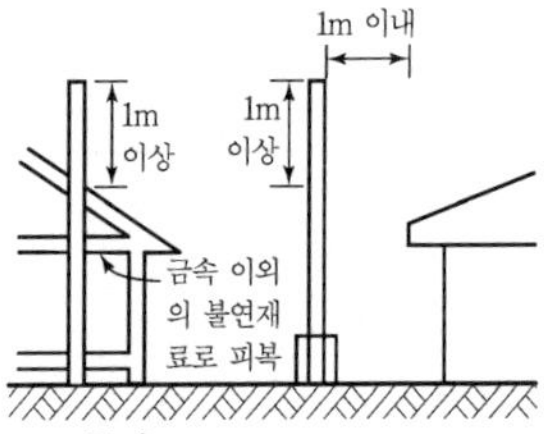

※ 주의
금속제 또는 석면제 굴뚝과 목재 등 가연재료와의 거리 : 15cm 이상

◆ 「민법」 제243조 (차면시설의무)
경계로부터 2m 이내의 거리에서 이웃 주택의 내부를 관망할 수 있는 창이나 마루를 설치하는 경우에는 적당한 차면시설을 하여야 한다.

16 건축물의 내화구조와 방화벽

건축법

제50조【건축물의 내화구조와 방화벽】

① 문화 및 집회시설, 의료시설, 공동주택 등 대통령령이 정하는 건축물에는 국토교통부령이 정하는 기준에 따라 주요구조부와 지붕을 내화구조로 하여야 한다. 다만, 막구조 등 대통령령으로 정하는 구조는 주요구조부에만 내화구조로 할 수 있다.<개정 2018.8.14>

제50조의2【고층건축물의 피난 및 안전관리】

① 고층건축물에는 대통령령으로 정하는 바에 따라 피난안전구역을 설치하거나 대피공간을 확보한 계단을 설치하여야 한다. 이 경우 피난안전구역의 설치 기준, 계단의 설치 기준과 구조 등에 관하여 필요한 사항은 국토교통부령으로 정한다.

② 고층건축물의 화재예방 및 피해경감을 위하여 국토교통부령으로 정하는 바에 따라 제48조부터 제50조까지 및 제64조의 기준을 강화하여 적용할 수 있다.

[본조신설 2011.9.16]

건축법 시행령

제56조【건축물의 내화구조】

① 법 제50조제1항 본문에 따라 다음 각 호의 어느 하나에 해당하는 건축물(제5호에 해당하는 건축물로서 2층 이하인 건축물은 지하층 부분만 해당한다)의 주요구조부와 지붕은 내화구조로 해야 한다. 다만, 연면적이 50m² 이하인 단층의 부속건축물로서 외벽 및 처마 밑면을 방화구조로 한 것과 무대의 바닥은 그렇지 않다.<개정 2019.10.22, 2021.1.5>

1. 제2종 근린생활시설 중 공연장·종교집회장(해당 용도로 쓰는 바닥면적의 합계가 각각 300제곱미터 이상인 경우만 해당한다), 문화 및 집회시설(전시장 및 동·식물원은 제외한다), 종교시설, 위락시설 중 주점영업 및 장례시설의 용도로 쓰는 건축물로서 관람실 또는 집회실의 바닥면적의 합계가 200m²(옥외관람석의 경우에는 1천 m²) 이상인 건축물
2. 문화 및 집회시설 중 전시장 또는 동·식물원, 판매시설, 운수시설, 수련시설, 운동시설 중 체육관·운동장, 위락시설(주점영업의 용도로 쓰는 것은 제외한다), 창고시설, 위험물저장 및 처리시설, 자동차 관련 시설, 방송통신시설 중 방송국·전신전화국·촬영소, 묘지관련시설 중 화장시설·동물화장시설 또는 관광휴게시설의 용도로 쓰는 건축물로서 그 용도로 쓰는 바닥면적의 합계가 500m² 이상인 건축물
3. 공장의 용도로 쓰는 건축물로서 그 용도로 쓰는 바닥면적의 합계가 2천 m² 이상인 건축물. 다만, 화재의 위험이 적은 공장으로서 국토교통부령으로 정하는 공장은 제외한다.
4. 건축물의 2층이 단독주택 중 다중주택 및 다가구주택, 공동주택, 제1종 근린생활시설(의료의 용도로 쓰는 시설만 해당한다), 제2종 근린생활시설 중 고시원, 의료시설, 노유자시설 중 아동관련시설 및 노인복지시설, 수련시설 중 유스호스텔, 업무시설 중 오피스텔, 숙박시설 또는 장례시설의 용도로 쓰는 건축물로서 그 용도로 쓰는 바닥면적의 합계가 400m² 이상인 건축물
5. 3층 이상인 건축물 및 지하층이 있는 건축물. 다만, 단독주택(다중주택 및 다가구주택은 제외한다), 동물 및 식물관련시설, 발전시설(발전소의 부속용도로 쓰는 시설은 제외한다), 교도소·소년원 또는 묘지 관련 시설(화장시설 및 동물화장시설은 제외한다)의 용도로 쓰는 건축물은 제외한다.

② 법 제50조제1항 단서에 따라 막구조의 건축물은 주요구조부에만 내화구조로 할 수 있다. <개정 2019.10.22.>

[전문개정 2008.10.29]

피난·방화구조 등의 구조에 관한 규칙

제20조의2【내화구조의 적용이 제외되는 공장건축물】

영 제56조제1항제3호 단서에서 "국토교통부령으로 정하는 공장"이란【별표 2】의 업종에 해당하는 공장으로서 주요구조부가 불연재료로 되어 있는 2층 이하의 공장을 말한다. <개정 2013.3.23>

[본조신설 2000.6.3]

【별표 2】<개정 2010.12.30>

내화구조의 적용이 제외되는 공장의 업종 (제20조의2 관련)

분류번호	업종
10301	과일 및 채소 절임식품 제조업
10309	기타 과실·채소 가공 및 저장 처리업
11201	얼음 제조업
11202	생수 제조업
11209	기타 비알코올음료 제조업
23110	판유리 제조업
23122	판유리 가공품 제조업
23221	구조용 정형내화제품 제조업
23229	기타 내화요업제품 제조업
23231	점토벽돌, 블록 및 유사 비내화 요업제품 제조업
23232	타일 및 유사 비내화 요업제품 제조업
23239	기타 구조용 비내화 요업제품 제조업
23911	건설용 석제품 제조업
23919	기타 석제품 제조업
24111	제철업
24112	제강업
24113	합금철 제조업
24119	기타 제철 및 제강업
24211	동 제련, 정련 및 합금 제조업
24212	알루미늄 제련, 정련 및 합금 제조업
24213	연 및 아연 제련, 정련 및 합금 제조업
24219	기타 비철금속 제련, 정련 및 합금 제조업
24311	선천주물 주조업

건축법	건축법 시행령	피난·방화구조 등의 구조에 관한 규칙

분류번호	업종
24312	강주물 주조업
24321	알루미늄주물 주조업
24322	동주물 주조업
24329	기타 비철금속 주조업
28421	운송장비용 조명장치 제조업
29172	공기조화장치 제조업
30310	자동차 엔진용 부품 제조업
30320	자동차 차체용 부품 제조업
30391	자동차용 동력전달 장치 제조업
30392	자동차용 전기장치 제조업

주 : 분류번호는 「통계법」 제17조에 따라 통계청장이 고시하는 한국표준산업분류에 의한 분류번호를 말한다.

법해설 Explanation

건축물의 내화구조

(1) 내화구조 대상 건축물

건축물의 용도	바닥면적합계
① • 제2종 근린생활시설 중 공연장·종교집회장(바닥면적의 합계가 각각 300m² 이상인 경우) • 문화 및 집회시설(전시장, 동·식물원 제외) • 장례시설 • 위락시설 중 주점영업으로 사용되는 건축물의 관람실·집회실	200m²(옥외 관람석 : 1,000m²) 이상
② • 문화 및 집회시설(전시장, 동·식물원) • 판매시설 • 운수시설 • 수련시설 • 운동시설(체육관, 운동장) • 위락시설(주점영업 제외) • 창고시설 • 위험물저장 및 처리시설 • 자동차관련시설 • 방송통신시설(방송국·전신전화국·촬영소) • 묘지관련시설(화장시설·동물화장시설) • 관광휴게시설	500m² 이상

참고

◆ 건축물의 내화구조 규정취지

다수인을 동시에 수용하는 건축물·사람이 장시간 체류하는 건축물 또는 위험물을 취급하는 건축물 등은 화재로 인한 인명 및 재산 피해 등을 미연에 방지하거나 억제키 위해 건축물의 주요구조부를 내화구조로 하도록 하고 있다.

◆ 공장건축물의 기둥의 내화구조적용여부

(건축 58070-885, 1997. 3. 13)

질의 공장 건축물을 건축시 주요구조부인 기둥은 높이에 관계없이 내화구조이어야 하는지 여부?

회신 건축법시행령 56조 4호에 따라 바닥면적의 합계가 2,000m² 이상으로서 공장의 용도에 쓰이는 건축물은 그 주요 구조부를 내화구조로 하여야 하나, 공장 건축물 내화구조 의무화 운용규정에 의하면 공장건축물의 주요부인 기둥은 높이에 관계없이 내화구조이어야 하는 것임

③ 공장 예외 【별표 2】의 업종에 해당하는 공장으로서 주요구조부가 불연재료로 되어 있는 2층 이하의 공장	2,000m^2 이상
④ 건축물의 2층 • 단독주택 중 다중주택 · 다가구주택 • 공동주택 • 제1종 근린생활시설(의료용도에 쓰이는 시설) • 제2종 근린생활시설 중 고시원 • 의료시설 • 노유자시설(아동관련시설 · 노인복지시설) • 수련시설 중 유스호스텔 • 업무시설(오피스텔) • 숙박시설의 용도	400m^2 이상
⑤ • 3층 이상인 건축물 • 지하층이 있는 건축물(2층 이하인 경우는 지하층부분)	모든 건축물

예외
- 위의 ①, ②에 해당하는 용도에 쓰이지 아니하는 건축물로서 그 지붕틀을 불연재료로 한 경우
- 위 ⑤의 건축물 중 단독주택(다중주택 및 다가구주택을 제외), 동물 및 식물관련시설, 발전시설(발전소의 부속용도로 사용되는 시설을 제외), 교도소 및 감화원, 묘지관련시설(화장시설 및 동물화장시설을 제외)의 용도에 쓰이는 건축물

(2) 제외대상

① 연면적이 50m^2 이하인 단층의 부속건축물로서 외벽 및 처마 밑면을 방화구조로 한 것

② 무대의 바닥

17 대규모 건축물의 방화벽 등

건축법	건축법 시행령	건축물의 피난·방화구조 등의 기준에 관한 규칙
제50조【건축물의 내화구조와 방화벽】 ② 대통령령으로 정하는 용도 및 규모의 건축물은 국토교통부령으로 정하는 기준에 따라 방화벽으로 구획하여야 한다.	**제57조【대규모 건축물의 방화벽 등】** ① 법 제50조제2항에 따라 연면적 1,000m² 이상인 건축물은 방화벽으로 구획하되, 각 구획된 바닥면적의 합계는 1,000m² 미만이어야 한다. 다만, 주요구조부가 내화구조이거나 불연재료인 건축물과 제56조제1항제5호 단서에 따른 건축물 또는 내부설비의 구조상 방화벽으로 구획할 수 없는 창고시설의 경우에는 그러하지 아니하다. ② 제1항에 따른 방화벽의 구조에 관하여 필요한 사항은 국토교통부령으로 정한다. ③ 연면적 1,000m² 이상인 목조 건축물의 구조는 국토교통부령으로 정하는 바에 따라 방화구조로 하거나 불연재료로 하여야 한다. [전문개정 2008.10.29]	**제21조【방화벽의 구조】** ① 영 제57조 제2항에 따라 건축물에 설치하는 방화벽은 다음 각 호의 기준에 적합하여야 한다. 1. 내화구조로서 홀로 설 수 있는 구조일 것 2. 방화벽의 양쪽 끝과 위쪽 끝을 건축물의 외벽면 및 지붕면으로부터 0.5m 이상 튀어 나오게 할 것 3. 방화벽에 설치하는 출입문의 너비 및 높이는 각각 2.5m 이하로 하고, 해당 출입문에는 제26조 제1항에 따른 갑종 방화문을 설치할 것 ② 제14조 제2항의 규정은 제1항에 따른 방화벽의 구조에 관하여 이를 준용한다. **제22조【대규모 목조건축물의 외벽 등】** ① 영 제57조 제3항에 따라 연면적이 1,000m² 이상인 목조의 건축물은 그 외벽 및 처마밑의 연소할 우려가 있는 부분을 방화구조로 하되, 그 지붕은 불연재료로 하여야 한다. ② 제1항에서 "연소할 우려가 있는 부분"이라 함은 인접대지경계선·도로중심선 또는 동일한 대지안에 있는 2동 이상의 건축물(연면적의 합계가 500m² 이하인 건축물은 이를 하나의 건축물로 본다) 상호의 외벽간의 중심선으로부터 1층에 있어서는 3m 이내, 2층 이상에 있어서는 5m 이내의 거리에 있는 건축물의 각 부분을 말한다. 다만, 공원·광장·하천의 공지나 수면 또는 내화구조의 벽 기타 이와 유사한 것에 접하는 부분을 제외한다.

법해설 Explanation

방화벽

(1) 설치대상 및 구획기준

① 대상 : 연면적이 1,000m² 이상인 건축물

예외
- 주요구조부가 내화구조이거나 불연재료인 건축물
- 단독주택, 동물 및 식물관련시설, 공공용시설 중 교도소·감화원, 묘지관련시설(화장시설 및 동물화장시설을 제외)로 사용되는 건축물
- 창고(내부설비 구조상 방화벽으로 구획할 수 없는 경우)

② 구획단위 : 바닥면적의 합계 1,000m² 미만마다 방화벽으로 구획

(2) 방화벽의 구조기준

① 내화구조로서 홀로 설 수 있는 구조일 것

② 방화벽의 양쪽끝과 위쪽끝을 건축물의 외벽면 및 지붕면으로부터 0.5m 이상 튀어나오게 할 것

참고 ◆ 방화벽 및 방화구획

비내화구조물	바닥면적 1,000m² 마다 방화벽으로 구획
연면적 1,000m²를 넘는 내화구조 또는 불연재료로 된 건축물	방화구획의 규정을 적용

③ 방화벽에 설치하는 출입문의 너비 및 높이는 2.5m 이하로 하고 갑종방화문을 설치할 것

④ 방화벽에 설치하는 갑종방화문은 언제나 닫힌 상태를 유지하거나 화재시 연기의 발생, 온도의 상승에 의하여 자동적으로 닫히는 구조로 할 것

⑤ 급수관, 배전관 등의 관이 방화벽을 관통하는 경우 관과 방화벽과의 틈을 시멘트 모르타르 등의 불연재료로 메워야 한다.

⑥ 환기・난방・냉방시설의 풍도가 방화구획을 관통하는 경우에는 그 관통부분 또는 이에 근접하는 부분에 다음 아래에 열거한 기준에 적합한 댐퍼를 설치하여야 한다.

㉠ 철재로서 철판의 두께가 1.5mm 이상일 것

㉡ 화재시 연기의 발생 또는 온도의 상승에 의하여 자동적으로 닫힐 것

㉢ 닫힌 경우에는 방화에 지장이 있는 틈이 생기지 아니할 것

㉣ 「산업표준화법」에 따른 한국산업표준에 따른 방화댐퍼의 방연시험에 적합할 경우

참고 ◆방화벽의 구조

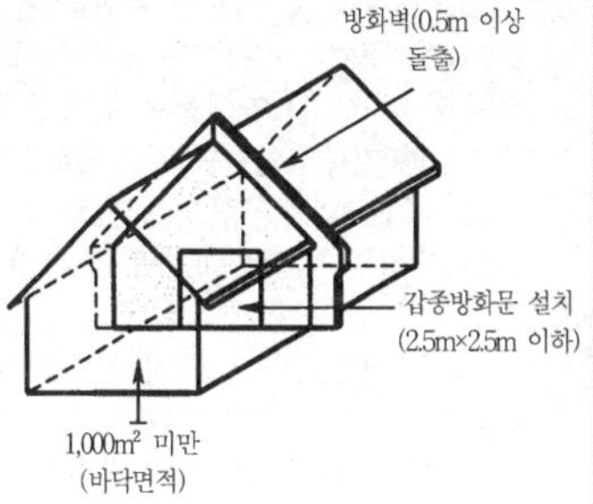

(3) 연면적 1,000m² 이상인 목조건축물의 구조

① 외벽 및 처마밑의 연소 우려가 있는 부분은 방화구조로 할 것

② 지붕은 불연재료로 할 것

※ 연소할 우려가 있는 부분

기준	1층	2층 이상
• 인접대지 경계선 • 도로중심선 • 동일대지 내에 2동 이상 건축물의 상호 외벽간의 중심선(연면적의 합계가 500m² 이하인 건축물은 하나의 건축물로 본다)	3m 이내부분	5m 이내부분

예외 공원, 광장, 하천의 공지나 수면 또는 내화구조의 벽 등에 접하는 부분

참고 ◆연소할 우려가 있는 부분
연소우려가 있는 부분은 다음 그림에서 규정하는 거리 이내부분이다.

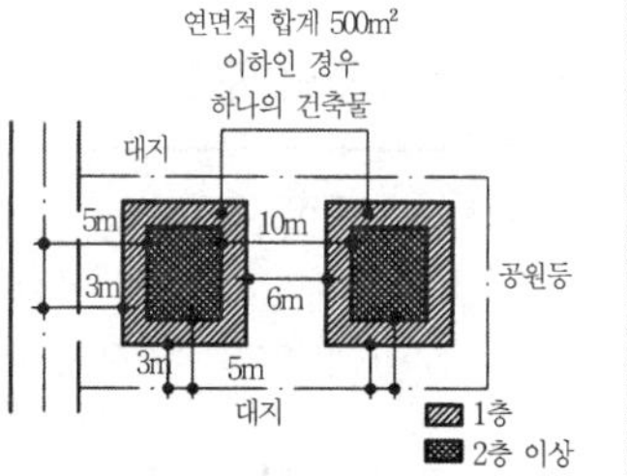

※ 연소할 우려가 있는 부분이란?
"연소할 우려가 있는 부분"의 개념은 주로 목조 건축물의 연소방지를 위하여 만들어진 것이다. 그런데 1층과 2층에 있어 연소할 우려가 있는 부분의 거리에 차(1층은 3m, 2층은 5m)를 둔 것은 본래 건축물이 연소할 때에 연소되지 않는 한계는 그림과 같은 포물선의 외측부분이라고 알려져 있기 때문이다.

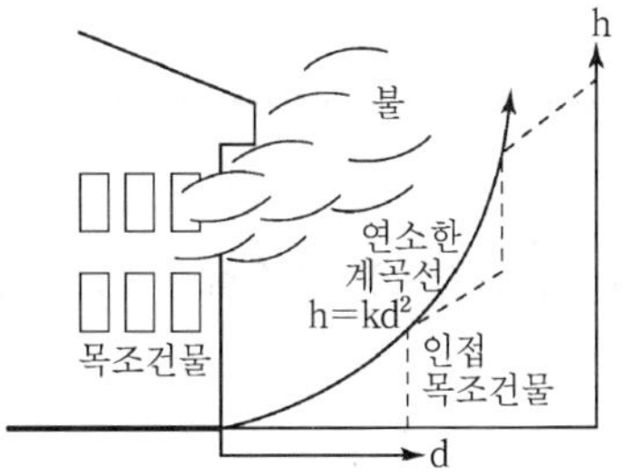

18 방화지구 안의 건축물

건축법	건축법 시행령	피난 · 방화구조 등의 기준에 관한 규칙
제51조【방화지구 안의 건축물】 ①「국토의 계획 및 이용에 관한 법률」제37조제1항제3호에 따른 방화지구(이하 "방화지구"라 한다) 안에서는 건축물의 주요구조부와 지붕 · 외벽을 내화구조로 하여야 한다. 다만, 대통령령으로 정하는 경우에는 그러하지 아니하다.<개정 2018.8.14> ② 방화지구 안의 공작물로서 간판, 광고탑, 그 밖에 대통령령으로 정하는 공작물 중 건축물의 지붕 위에 설치하는 공작물이나 높이 3미터 이상의 공작물은 주요부를 불연(不燃)재료로 하여야 한다. ③ 방화지구 안의 지붕 · 방화문 및 인접 대지 경계선에 접하는 외벽은 국토교통부령으로 정하는 구조 및 재료로 하여야 한다.	**제58조【방화지구의 건축물】** 법 제51조제1항에 따라 그 주요구조부 및 외벽을 내화구조로 하지 아니할 수 있는 건축물은 다음 각 호와 같다. 1. 연면적 30m² 미만인 단층 부속건축물로서 외벽 및 처마면이 내화구조 또는 불연재료로 된 것 2. 도매시장의 용도로 쓰는 건축물로서 그 주요구조부가 불연재료로 된 것 [전문개정 2008.10.29] **제59조 삭제(1999. 4. 30)** **제60조 삭제(1999. 4. 30)**	**제23조【방화지구안의 지붕 · 방화문 및 외벽 등】** ① 건축법 제51조 제3항에 따라 방화지구안의 건축물의 지붕으로서 내화구조가 아닌 것은 불연재료로 하여야 한다. ② 법 제51조 제3항에 따라 방화지구 내 건축물의 인접대지경계선에 접하는 외벽에 설치하는 창문 등으로서 제22조 제2항에 따른 연소할 우려가 있는 부분에는 다음 각 호의 방화문 기타 방화설비를 하여야 한다. 1. 제26조에 따른 갑종방화문 또는 을종방화문 2. 소방법령이 정하는 기준에 적합하게 창문 등에 설치하는 드렌처 3. 해당 창문등과 연소할 우려가 있는 다른 건축물의 부분을 차단하는 내화구조나 불연재료로 된 벽 · 담장 기타 이와 유사한 방화설비 4. 환기구멍에 설치하는 불연재료로 된 방화커버 또는 그물눈이 2mm 이하인 금속망

법해설 Explanation

방화지구 안의 건축물

방화지구는 건물이 밀집한 도심지에서 화재가 발생할 경우 그 피해가 다른 건물에 미칠 것을 고려하여 건물의 구조를 화재에 안전하도록 주요구조부 및 지붕 · 외벽을 내화구조로 하고 공작물의 주요부는 불연재료로 하는 등 화재안전에 대한 규제를 강화하고 있다.

(1) 건축물의 구조제한

구분	내용
원칙	「국토의 계획 및 이용에 관한 법률」에 따른 방화지구 안에서는 건축물의 주요구조부와 지붕 · 외벽은 내화구조로 해야 한다.
예외	• 연면적이 30m² 미만인 단층 부속건축물로서 외벽 및 처마면이 내화구조 또는 불연재료로 된 것 • 주요구조부가 불연재료로 된 도매시장의 용도로 쓰는 건축물

(2) 공작물의 구조제한

방화지구안의 공작물로서 다음에 해당하는 경우에는 그 주요구조부를 불연재료로 해야 한다.

① 간판 · 광고탑

② 지붕위에 설치하는 공작물

③ 높이 3m 이상의 공작물

◆ 방화벽에 망입유리 개구부 설치가능여부

(국토교통부 건축 58070-894, 1993. 3. 24)

질의 상업지역내 건축물을 건축시 인접대지경계에 방화벽을 축조하는 경우 그 경우에 망입유리로 된 개구부를 설치하여도 되는지 여부와 가능시 개구부 개수 제한 여부?

회신 건축법 제9조 제1항은 상업지역등에서의 토지이용도를 높이기 위하여 관련민법 규정의 적용을 배제할 수 있도록 하되, 이 경우 인접건축물간의 화재연소의 우려를 줄이기 위하여 인접대지와의 경계에 방화벽을 축조토록 한 것임. 그러나 방화벽을 축조하는 경우 그 구조에 대하여는 명문의 규정이 없으므로 규정취지상 화재연소를 차단할 수 있도록 규칙23조2항(구법 규정에 시행령 제59조 제2항)각 호의 규정에 적합한 구조로 하여야 할 것임. 따라서 동 방화벽에 설치하는 개구부는 규칙26조(구법 시행령 제64조)에 따른 갑종방화문 또는 을종방화문등으로 화재연소를 차단할 수 있는 조치를 하도록 하고 이 경우 개구부의 개수는 별도 제한할 필요가 없음

(3) 방화지구안의 지붕·방화문·인접대지 경계선에 접하는 외벽

① 방화지구안 건축물의 지붕으로서 내화구조가 아닌 것은 불연재료로 해야 한다.

② 방화지구 내 건축물의 인접대지경계선에 접하는 외벽에 설치하는 창문등으로서 연소할 우려가 있는 부분에는 다음의 기준에 적합한 방화문 등의 방화설비를 설치해야 한다.

㉠ 갑종방화문 또는 을종방화문

㉡ 소방법령이 정하는 기준에 적합하게 창문 등에 설치하는 드렌처

㉢ 해당 창문 등과 연소할 우려가 있는 다른 건축물의 부분을 차단하는 즉, 관계내화구조나 불연재료로 된 벽·담장 등의 방화설비

㉣ 환기구멍에 설치하는 불연재료로 된 방화카바 또는 그물눈 2mm 이하인 금속망

참고

◆ 방화지구안의 건축물 구조제한

대상	구조제한
건축물	주요구조부 및 외벽을 내화구조로 할 것
간판·광고탑등의 공작물로서 • 지붕위에 설치하는 것 • 높이 3m 이상인 것	주요구조부를 불연재료로 할 것
건축물의 지붕	내화구조가 아닌 것은 불연재료로 할 것
건축물의 외벽 창문 등	연소할 우려가 있는 부분에 • 갑종방화문, 을종 방화문 • 드렌처설비 • 내화구조나 불연재료로 된 벽·담장등 방화설비 • 불연재료로 된 방화 카바 • 그물눈 2mm 이하인 금속망

⑲ 건축물의 마감재료

건축법	건축법 시행령	피난 · 방화구조 등의 기준에 관한 규칙
제52조【건축물의 마감재료】 ① 대통령령으로 정하는 용도 및 규모의 건축물의 벽, 반자, 지붕(반자가 없는 경우에 한정한다) 등 내부의 마감재료는 방화에 지장이 없는 재료로 하되, 「다중이용시설 등의 실내공기질관리법」 제5조 및 제6조에 따른 실내공기질 유지기준 및 권고기준을 고려하고 관계 중앙행정기관의 장과 협의하여 국토교통부령으로 정하는 기준에 따른 것이어야 한다. <개정 2015.1.6.> ② 대통령령으로 정하는 건축물의 외벽에 사용하는 마감재료는 방화에 지장이 없는 재료로 하여야 한다. 이 경우 마감재료의 기준은 국토교통부령으로 정한다. ③ 욕실, 화장실, 목욕장 등의 바닥 마감재료는 미끄럼을 방지할 수 있도록 국토교통부령으로 정하는 기준에 적합하여야 한다. <신설 2013.7.16.> **제52조의2【실내건축】** ① 대통령령으로 정하는 용도 및 규모에 해당하는 건축물의 실내건축은 방화에 지장이 없고 사용자의 안전에 문제가 없는 구조 및 재료로 시공하여야 한다. ② 실내건축의 구조 · 시공방법 등에 관한 기준은 국토교통부령으로 정한다. ③ 특별자치시장 · 특별자치도지사 또는 시장 · 군수 · 구청장은 제1항 및 제2항에 따라 실내건축이 적정하게 설치 및 시공되었는지를 검사하여야 한다. 이 경우 검사하는 대상 건축물과 주기(週期)는 건축조례로 정한다. [본조신설 2014.5.28.]	**제61조【건축물의 마감재료】** ① 법 제52조제1항에서 "대통령령으로 정하는 용도 및 규모의 건축물"이란 다음 각 호의 어느 하나에 해당하는 건축물을 말한다. 다만, 제1호, 제1호의2, 제2호부터 제7호까지의 어느 하나에 해당하는 건축물(제8호에 해당하는 건축물은 제외한다)의 주요구조부가 내화구조 또는 불연재료로 되어 있고 그 거실의 바닥면적(스프링클러나 그 밖에 이와 비슷한 자동식 소화설비를 설치한 바닥면적을 뺀 면적으로 한다. 이하 이 조에서 같다) 200제곱미터 이내마다 방화구획이 되어 있는 건축물은 제외한다. <개정 2020.10.8.> 1. 단독주택 중 다중주택·다가구주택 1의2. 공동주택 2. 제2종 근린생활시설 중 공연장·종교집회장·인터넷컴퓨터게임시설제공업소·학원·독서실·당구장·다중생활시설의 용도로 쓰는 건축물 3. 위험물저장 및 처리시설(자가난방과 자가발전 등의 용도로 쓰는 시설을 포함한다), 자동차 관련 시설, 발전시설, 방송통신시설 중 방송국·촬영소의 용도로 쓰는 건축물 4. 공장의 용도로 쓰는 건축물. 다만, 건축물이 1층 이하이고, 연면적 1천 m^2 미만으로서 다음 각 목의 요건을 모두 갖춘 경우는 제외한다. 가. 국토교통부령으로 정하는 화재위험이 적은 공장용도로 쓸 것 나. 화재 시 대피가 가능한 국토교통부령으로 정하는 출구를 갖출 것 다. 복합자재[불연성인 재료와 불연성이 아닌 재료가 복합된 자재로서 외부의 양면(철판, 알루미늄, 콘크리트박판, 그 밖에 이와 유사한 재료로 이루어진 것을 말한다)과 심재(心材)로 구성된 것을 말한다]를 내부 마감재료로 사용하는 경우에는 국토교통부령으로 정하는 품질기준에 적합할 것 5. 5층 이상인 층 거실의 바닥면적의 합계가 500m^2 이상인 건축물	**제24조【건축물의 마감재료】** ① 법 제52조 제1항에 따라 영 제61조 제1항 각 호의 건축물에 대하여는 그 거실의 벽 및 반자의 실내에 접하는 부분(반자 돌림대 · 창대 기타 이와 유사한 것을 제외한다. 이하 이조에서 같다)의 마감은 불연재료 · 준불연재료 또는 난연재료로 하여야 하며, 그 거실에서 지상으로 통하는 주된 복도 · 계단 기타 통로의 벽 및 반자의 실내에 접하는 부분의 마감은 불연재료 또는 준불연재료로 하여야 한다. ② 영 제61조 제1항 각 호의 건축물 중 다음 각 호의 어느 하나에 해당하는 거실의 벽 및 반자의 실내에 접하는 부분의 마감은 제1항에 불구하고 불연재료 또는 준불연재료로 하여야 한다. 1. 영 제61조 제1호 내지 제4호에 따른 용도에 쓰이는 거실 등을 지하층 또는 지하의 공작물에 설치한 경우의 그 거실(출입문 및 문틀을 포함한다.) 2. 영 제61조 제6호에 따른 용도에 쓰이는 건축물의 거실 ③ 법제 52조 1항에서 "내부마감재료"라 함은 건축물 내부의 천장 반자 벽(간막이벽 포함) 기둥 등에 부착되는 마감재료를 말한다. 다만, 「다중이용업소의 안전관리에 관한 특별법 시행령」 제3조에 따른 실내 장식물을 제외한다. ④ 영 제61조 제1항 제2호에 따른 공동주택에는 「다중이용시설 등의 실내공기질관리법」 제11조 제1항 및 같은 법 시행규칙 제10조에 따라 환경부장관이 고시한 오염물질방출 건축자재를 사용하여서는 아니 된다. ⑤ 영 제61조제2항에 해당하는 건축물의 외벽[필로티구조의 외기(外氣)에 면하는 천장 및 벽체를 포함한다]에는 법 제52조제2항 후단에 따라 불연재료 또는 준불연재료를 마감재료(단열재, 도장 등 코팅재료 및 그 밖에 마감재료를 구성하는 모든 재료를 포함한다. 이하 이 항 및 제6항에서 같다)로 사용하여야 한다. 다만, 외벽 마감재료를 구성하는 재료 전체를 하나로 보아 불연재료 또는 준불연재료에 해당하는 경우 마감재료 중 단열재는 난연재료로 사용할 수 있다. <개정 2015.10.7.> ⑥ 제5항에도 불구하고 영 제61조제2항제2호에 해당하는 건축물의 외벽을 국토교통부장관이 정하여 고시하는 화재 확산 방지구조 기준에 적합하게 설치하는 경우에는 난연재료를 마감재료로 사용할 수 있다. <개정 2015.10.7.> [제목개정 2010.12.30.] [시행일 : 2016.4.8.] **제24조의2【소규모 공장용도 건축물의 마감재료】** ① 영 제61조 제1항 제4호 가목 및 제2항 제1호 나목에서 "국토교통부령으로 정하는 화재위험이 적은 공장"이란 각각 별표 3의 업종에 해당하는 공장을 말한다. 다만, 공장의 일부 또는 전체를 기숙사 및 구내식당의 용도로 사용하는 건축물을 제외한다.<개정 2012.1.6>

건축법	건축법 시행령	피난 · 방화구조 등의 기준에 관한 규칙
제52조의3 【복합자재의 품질관리 등】 ① 건축물에 제52조에 따른 마감재료 중 복합자재[불연성 재료인 양면 철판 또는 이와 유사한 재료와 불연성이 아닌 재료인 심재(心材)로 구성된 것을 말한다]를 공급하는 자(이하 "공급업자"라 한다), 공사시공자 및 공사감리자는 국토교통부령으로 정하는 사항을 기재한 복합자재품질관리서(이하 "복합자재품질관리서"라 한다)를 대통령령으로 정하는 바에 따라 허가권자에게 제출하여야 한다. ② 허가권자는 대통령령으로 정하는 건축물에 사용하는 복합자재에 대하여 공사시공자로 하여금 「과학기술분야 정부출연연구기관 등의 설립·운영 및 육성에 관한 법률」에 따른 한국건설기술연구원에 난연(難燃)성분 분석시험을 의뢰하여 난연성능을 확인하도록 할 수 있다. ③ 복합자재에 대한 난연성분 분석시험, 난연성능기준, 시험수수료 등 필요한 사항은 국토교통부령으로 정한다.[본조신설 2015.1.6.] **제53조의2 【건축물의 범죄예방】** ① 국토교통부장관은 범죄를 예방하고 안전한 생활환경을 조성하기 위하여 건축물, 건축설비 및 대지에 관한 범죄예방 기준을 정하여 고시할 수 있다. ② 대통령령으로 정하는 건축물은 제1항의 범죄예방 기준에 따라 건축하여야 한다.	6. 문화 및 집회시설, 종교시설, 판매시설, 운수시설, 의료시설, 교육연구시설 중 학교·학원, 노유자시설, 수련시설, 업무시설 중 오피스텔, 숙박시설, 위락시설, 장례시설 7. 창고로 쓰이는 바닥면적 600제곱미터(스프링클러나 그 밖에 이와 비슷한 자동식 소화설비를 설치한 경우에는 1천 200제곱미터) 이상인 건축물. 다만, 벽 및 지붕을 국토교통부장관이 정하여 고시하는 화재 확산 방지구조기준에 적합하게 설치한 건축물은 제외한다. 8. 「다중이용업소의 안전관리에 관한 특별법 시행령」 제2조에 따른 다중이용업의 용도로 쓰는 건축물 ② 법 제52조제2항에서 "대통령령으로 정하는 건축물"이란 다음 각 호의 어느 하나에 해당하는 것을 말한다. <개정 2019.8.6> 1. 상업지역(근린상업지역은 제외한다)의 건축물로서 다음 각 목의 어느 하나에 해당하는 것 가. 제1종 근린생활시설, 제2종 근린생활시설, 문화 및 집회시설, 종교시설, 판매시설, 운동시설 및 위락시설의 용도로 쓰는 건축물로서 그 용도로 쓰는 바닥면적의 합계가 2천 m^2 이상인 건축물 나. 공장(국토교통부령으로 정하는 화재 위험이 적은 공장은 제외한다)의 용도로 쓰는 건축물로부터 6미터 이내에 위치한 건축물 2. 의료시설, 교육연구시설, 노유자시설 및 수련시설의 용도로 쓰는 건축물 3. 3층 이상 또는 높이 9미터 이상인 건축물 4. 1층의 전부 또는 일부를 필로티 구조로 설치하여 주차장으로 쓰는 건축물 **제61조의2 【실내건축】** 법 제52조의2제1항에서 "대통령령으로 정하는 용도 및 규모에 해당하는 건축물"이란 다음 각 호의 어느 하나에 해당하는 건축물을 말한다. 1. 다중이용 건축물 2. 「건축물의 분양에 관한 법률」 제3조에 따른 건축물 **제61조의3 【건축물의 범죄예방】** 법 제53조의2제2항에서 "대통령령으로 정하는 건축물"이란 다음 각 호의 어느 하나에 해당하는 건축물을 말한다.<개정 2018.12.31> 1. 다가구주택, 아파트, 연립주택 및 다세대주택 2. 제1종 근린생활시설 중 일용품을 판매하는 소매점 3. 제2종 근린생활시설 중 다중생활시설 4. 문화 및 집회시설(동·식물원은 제외한다) 5. 교육연구시설(연구소 및 도서관은 제외한다) 6. 노유자시설 7. 수련시설 8. 업무시설 중 오피스텔 9. 숙박시설 중 다중생활시설	② 영 제61조 제1항 제4호 나목에서 "국토교통부령으로 정하는 출구"란 건축물의 내부의 각 부분으로부터 출구(가장 가까운 거리에 있는 출구를 말한다)에 이르는 보행거리가 30m 이하가 되도록 설치된 유효너비 1.5m 이상의 출구를 말한다.<개정 2010.12.30> ③ 영 제61조 제1항 제4호 다목에서 "국토교통부령이 정하는 성능을 구비한 복합자재"라 함은 자재의 철판과 심재(心材)가 「산업표준화법」에 따른 한국산업표준이 정하는 바에 따라 다음 각 호의 품질기준을 갖춘 경우를 말한다. **제24조의3 【복합자재의 품질관리】** ① 법 제52조의3제1항에 따른 복합자재품질관리서는 별지 제1호 서식과 같다. ② 제1항에 따른 복합자재품질관리서에는 다음 각 호의 서류를 첨부하여야 한다. 1. 난연등급이 표시된 복합자재 시험성적서 사본 2. 강판의 두께 및 아연도금량이 표시된 강판 시험성적서 사본 [본조신설 2015.10.7.]

피난 · 방화구조 등의 기준에 관한 규칙

1. 철판 : 도장용용아연도금강판 중 일반용으로서 전면도장의 횟수는 2회 이상이고 두께는 0.5mm 이상인 것<개정 2006.6.29>
2. 심재
   가. 발포폴리스티렌단열재로서 비드보온판 4호 이상인 것
   나. 경질우레탄폼단열재로서 보온판 2종 2호 이상인 것
   다. 그 밖의 심재는 「산업표준화법」에 따른 한국산업표준이 정하는 바에 따라 시험한 결과 난연3급 이상인 것

【별표 3】 복합자재 사용이 가능한 공장용도(제24조의2 제1항 관련)

분류번호	업종	분류번호	업종
15111	도축업	26221	구조용 정형내화제품 제조업
15119	기타 육지동물고기 가공 및 저장처리업	26229	기타 내화요업제품 제조업
15121	어육 및 유사제품 제조업	26231	점토벽돌, 블록 및 유사 비내화 요업제품 제조업
15122	수산동물 훈제, 조리 및 유사 조제식품 제조업	26232	타일 및 유사 비내화 요업제품 제조업
15123	수산동물 냉동품 제조업	26239	기타 구조용 비내화 요업제품 제조업
15124	수산동물 건조 및 염장품 제조업	26311	시멘트 제조업
15125	식용 해조류 가공 및 저장처리업	26312	석회 제조업
15129	기타 수산동물 가공 및 저장처리업	26313	플라스터 제조업
15131	과실 및 채소 주스 제조업	26321	비내화 모르타르 제조업
15132	과실 가공 및 저장 처리업	26322	레미콘 제조업
15133	김치 및 유사 채소절임식품 제조업	26323	플라스터제품 제조업
15139	기타 채소 가공 및 저장 처리업	26324	섬유시멘트 제품 제조업
15201	액상 시유 및 기타 낙농제품 제조업	26325	콘크리트 타일, 기와, 벽돌 및 블록 제조업
15202	아이스크림 및 기타 식용 빙과류 제조업	26326	콘크리트 관 및 조립구조재 제조업
15451	천연 및 혼합조제 조미료 제조업	26329	그외 기타 콘크리트 제품 제조업
15452	장류 제조업	26911	석재 성형 가공품 제조업
15453	식초 및 합성조미료 제조업	26912	착색골재 생산업
15454	식품첨가물 제조업	27111	제철 및 제강업
15541	얼음 제조업	27112	합금철 제조업
15542	생수 생산업	27119	기타 제철 및 제강업
15549	기타 비알콜성 음료 제조업	27211	동 제련, 정련 및 합금 제조업
26111	판유리 제조업	27212	알루미늄 제련, 정련 및 합금 제조업
26112	기타 1차 유리 제조업	27213	연 및 아연 제련, 정련 및 합금 제조업
26121	유리섬유 및 광학용 유리 제조업	27219	기타 비철금속 제련, 정련 및 합금 제조업
26122	판유리가공품 제조업	27311	선철주물 주조업
26129	기타 산업용 유리제품 제조업	27312	강주물 주조업
26191	가정용 유리제품 제조업	27321	알루미늄주물 주조업
26192	포장용 유리용기 제조업	27322	동주물 주조업
26199	그 외 기타 유리제품 제조업	27329	기타 비철금속 주조업
26211	가정용 및 장식용 도자기 제조업	28112	구조용 금속판제품 및 금속공작물 제조업
26212	위생용 도자기 제조업	28113	금속 조립구조재 제조업
26213	산업용 도자기 제조업	28119	기타 구조용 금속제품 제조업
26219	기타 일반 도자기 제조업		

주 : 분류번호는 「통계법」 제17조에 따라 통계청장이 고시하는 한국표준산업분류에 따른 분류번호를 말한다.

법해설 Explanation

건축물의 마감재료

(1) 설치대상

다음에 해당하는 건축물의 용도 및 건축물의 마감재료는 방화상 지장이 없는 재료로서 다음의 기준에 적합하여야 하며, 실내공기질유지기준 및 권고기준(「다중이용시설 등의 실내공기질관리법」)을 고려하여야 한다.

<table>
<tr><th rowspan="2">건축물의 용도</th><th rowspan="2">해당 용도에 쓰이는 거실바닥면적 합계(자동식 소화설비를 설치한 부분의 바닥면적을 뺀 면적)</th><th colspan="2">마감재료</th></tr>
<tr><th>거실부분(반자돌림대·창대등 제외) 벽 및 반자</th><th>복도·계단·통로의 벽 및 반자</th></tr>
<tr><td>① • 단독주택중 다중주택·다가구주택
• 공동주택</td><td rowspan="4">바닥면적과 관계없이 적용</td><td rowspan="3">불연재료
준불연재료
난연재료</td><td rowspan="3">불연재료
준불연재료</td></tr>
<tr><td>② 제2종 근린생활시설 중 공연장·종교집회장·인터넷 컴퓨터 게임시설 제공업소·학원·독서실·당구장·다중생활시설의 용도로 쓰이는 건축물</td></tr>
<tr><td>③ • 위험물 저장 및 처리시설(자가난방·자가발전시설물포함)
• 자동차 관련시설
• 방송국·촬영소
• 발전시설</td></tr>
<tr><td>④ 공장의 용도에 사용되는 건축물 다만, 건축물이 1층 이하이고, 연면적이 1,000m² 미만으로서 다음 요건을 모두 갖춘 경우를 제외한다.
• 국토교통부령이 정하는 화재위험이 적은 공장용도로 사용할 것
• 화재시 대피가 가능한 국토교통부령이 정하는 출구를 갖출 것
• 복합자재[불연성인 재료와 불연성이 아닌 재료가 복합된 자재로서 외부의 양면(철판, 알루미늄, 콘크리트박판, 그 밖에 이와</td><td>불연재료
준불연재료
난연재료</td><td>불연재료
준불연재료</td></tr>
</table>

참고 내장재료와 화재

화재시 건축물의 내부를 마감한 내장재의 연소를 통하여 건축물의 다른 부분으로 화염이 확산되므로 연소를 지연시켜 화재의 규모를 최소화하며 연기 및 유독가스의 발생을 억제하여 질식으로 인한 인명피해 등을 줄이기 위해 대상 건축물의 거실의 실내마감부분에는 불연·준불연·난연재료 중 어느 것이나 사용이 가능하도록 규정하고 있으나, 피난의 통로가 되는 복도·계단의 경우와 지하층에 설치하는 거실에 대하여는 난연재료를 제외한 불연·준불연재료를 사용하도록 그 규정을 강화하고 있다. 한편, 최근 노래연습장·단란주점 등에서 화재사고가 자주 발생하는 것에 대비하여 95. 12. 30 개정에서 거실의 마감재에 대하여 강화하였다.

건축물의 용도	해당 용도에 쓰이는 거실바닥면적 합계(자동식 소화설비를 설치한 부분의 바닥면적을 뺀 면적)	마감재료	
		거실부분(반자돌림대·창대등 제외) 벽 및 반자	복도·계단·통로의 벽 및 반자
유사한 재료로 이루어진 것을 말한다)과 심재(心材)로 구성된 것을 말한다]를 내부마감재료로 사용하는 경우에는 국토교통부령으로 정하는 품질기준에 적합할 것		불연재료 준불연재료 난연재료	불연재료 준불연재료
⑤ 5층 이상 건축물	5층 이상의 층으로서 500m² 이상		
⑥ • 문화 및 집회시설 • 종교시설 • 판매시설 • 운수시설 • 교육연구시설 중 학교·학원 • 노유자시설, 수련시설 • 업무시설 중 오피스텔 • 장례시설 • 숙박시설 • 위락시설 • 다중이용업의 용도로 쓰는 건축물	바닥면적과 관계없이 적용	불연재료 준불연재료	불연재료 준불연재료
⑦ 창고	바닥면적 600m² 이상(자동식 소화설비 설치 시 1,200m² 이상)	불연재료 준불연재료 난연재료	불연재료 준불연재료

예외 주요구조부가 내화구조 또는 불연재료로 된 건축물로서 그 거실의 바닥면적(스프링클러 등 자동식 소화설비를 설치한 면적을 뺀 면적) 200m² 이내마다 방화구획이 되어 있는 건축물

(2) 오염물질 방출 건축자재의 사용금지

공동주택에는 환경부장관이 고시한 오염물질 방출 건축자재를 사용하여서는 아니된다.

◆ 샌드위치패널의 내장재 적합여부
(건교부건축 58070-629, 1996. 2. 17)

질의 건축법시행령 제61조의 규정에 의하면 공장건축물의 거실의 마감재료로서 불연재료, 준불연재료 또는 난연재료를 사용토록 하고 있는 바, 공장건축물의 벽체로서 샌드위치패널(철판+발포폴리스틸렌+철판)을 사용할 경우 건축물의 내장규정에 적합한지 여부?

회신 화재시 건축물의 연소방지 및 화재진행을 억제하기 위하여 건축법 시행령 제61조에서는 각 호의 어느 하나에 해당하는 건축물의 벽 및 반자의 실내에 접하는 부분 등의 마감을 불연재료 등 방화재료를 사용토록 하고 있는 바, 귀하가 사용하려는 자재의 외부마감이 철판과 같은 같은 법 시행령 제2조 제10호 규정의 불연재료로 되어 있다면 건축물의 내부마감재료로서 사용할 수 있는 것임.

참고 샌드위치패널은 화재시 발포폴리스틸렌의 유독가스방출로 인해 인명안전에 치명적인 결과를 초래하고 있어 이에 대한 사용이 제한될 필요가 있다.

20 지하층

건축법	건축물의 피난 · 방화구조 등의 기준에 관한 규칙
제53조 【지하층】 건축물에 설치하는 지하층의 구조 및 설비는 국토교통부령으로 정하는 기준에 맞게 하여야 한다.	**제25조 【지하층의 구조】** ① 법 제53조에 따라 건축물에 설치하는 지하층의 구조 및 설비는 다음 각 호의 기준에 적합하여야 한다. 1. 거실의 바닥면적이 50m² 이상인 층에는 직통계단 외에 피난층 또는 지상으로 통하는 비상탈출구 및 환기통을 설치할 것 다만, 직통계단이 2개소 이상 설치되어 있는 경우에는 그러하지 아니하다. 1의2. 제2종 근린생활시설 중 공연장 · 단란주점 · 당구장 · 노래연습장, 문화 및 집회시설 중 예식장 · 공연장, 수련시설, 숙박시설 중 여관 · 여인숙, 위락시설 중 단란주점 · 주점영업 또는 「소방시설 설치유지 및 안전관리에 관한 법률 시행령」에 따른 다중이용업의 용도에 쓰이는 층으로서 그 층의 거실의 바닥면적의 합계가 50m² 이상인 건축물에는 직통계단을 2개소 이상 설치할 것(2003. 1. 6 신설) 2. 바닥면적 1,000m² 이상인 층에는 피난층 또는 지상으로 통하는 직통계단을 영 제46조에 따른 방화구획으로 구획되는 각 부분마다 1개소 이상 설치하되, 이를 피난계단 또는 특별피난계단의 구조로 할 것 3. 거실의 바닥면적의 합계가 1,000m² 이상인 층에는 환기설비를 설치할 것 4. 지하층의 바닥면적이 300m² 이상인 층에는 식수공급을 위한 급수전을 1개소 이상 설치할 것 ② 제1항 제1호에 따른 지하층의 비상탈출구는 다음 각 호의 기준에 적합하여야 한다. 다만, 주택의 경우에는 그러하지 아니하다. 1. 비상탈출구의 유효너비는 0.75m 이상으로 하고, 유효높이는 1.5m 이상으로 할 것 2. 비상탈출구의 문은 피난방향으로 열리도록 하고, 실내에서 항상 열 수 있는 구조로 하며, 내부 및 외부에는 비상탈출구의 표시를 할 것 3. 비상탈출구는 출입구로부터 3m 이상 떨어진 곳에 설치할 것 4. 지하층의 바닥으로부터 비상탈출구의 아랫부분까지의 높이가 1.2m 이상이 되는 경우에는 벽체에 발판의 너비가 20cm 이상인 사다리를 설치할 것 5. 비상탈출구에서 피난층 또는 지상으로 통하는 복도나 직통계단까지 이르는 피난통로의 유효너비는 0.75m 이상으로 하고, 피난통로의 실내에 접하는 부분의 마감과 그 바탕은 불연재료로 할 것 6. 비상탈출구의 진입부분 및 피난통로에는 통행에 지장이 있는 물건을 방치하거나 시설물을 설치하지 아니할 것 7. 비상탈출구의 유도등과 피난통로의 비상조명등의 설치는 소방관계법령이 정하는 바에 의할 것

법해설 Explanation

지하층의 구조기준

바닥면적 규모	구조기준
거실의 바닥면적이 50m² 이상인 층	직통계단 외에 피난층 또는 지상으로 통하는 비상탈출구 및 환기통 설치 **예외** 직통계단이 2개소 이상 설치되어 있는 경우
그 층의 거실의 바닥면적의 합계가 50m² 이상 • 제2종 근린생활시설 중 공연장 · 단란주점 · 당구장 · 노래 연습장 • 문화 및 집회시설 중 예식장 · 공연장 • 수련시설 • 숙박시설 중 여관 · 여인숙 • 위락시설 중 단란주점 · 주점영업 • 다중이용업의 용도	직통계단 2개소 이상 설치

[개정취지]

◆ 지하층의 설치의무규정 삭제

건축물을 건축하는 경우 의무적으로 설치해 왔던 지하층이 건축주가 임의로 설치할 수 있도록 규제를 완화 함.

◆ 지하층에 출입구 설치가능여부

(건교건축 58070-962, 1999. 3. 18)

질의 경사가 심한 지반에 3면이 지표 하에 있고 1면이 완전 노출된 경우로서 건축법 시행령 제63조의 규정에 적합한 경우 노출된 면에 채광 · 환기 · 전망 등을 위한 창문 및 주출입구를 설치할 수 있는 지?

바닥면적 규모	구조기준
바닥면적 1,000m² 이상인 층	피난층 또는 지상으로 통하는 직통계단을 방화구획으로 구획하는 각 부분마다 1 이상의 피난계단 또는 특별피난계단 설치
거실의 바닥면적의 합계가 1,000m² 이상인 층	환기설비설치
지하층의 바닥면적이 300m² 이상인 층	식수공급을 위한 급수전을 1개소 이상 설치

비상탈출구의 구조기준

비상탈출구	구조기준
비상탈출구의 크기	유효너비 0.75m 이상×유효높이 1.5m 이상
비상탈출구의 방향	• 피난방향으로 열리도록 하고, 실내에서 항상 열 수 있는 구조 • 내부 및 외부에는 비상탈출구표시를 할 것
비상탈출구의 설치위치	출입구로부터 3m 이상 떨어진 곳에 설치할 것
지하층의 바닥으로부터 비상탈출구의 하단까지의 높이가 1.2m 이상이 되는 경우	벽체에 발판의 너비가 20cm 이상인 사다리를 설치할 것
비상탈출구에서 피난층 또는 지상으로 통하는 복도 또는 직통계단까지 이르는 피난통로의 유효 너비	• 피난 통로의 유효너비는 0.75m 이상 • 피난통로의 실내에 접하는 부분의 마감과 그 바탕은 불연재료로 할 것
비상탈출구의 진입부분 및 피난통로	통행에 지장이 있는 물건을 방치하거나 시설물을 설치하지 아니할 것
비상탈출구의 유도등과 피난통로의 비상조명등	소방관계법령에서 정하는 바에 따라 설치할 것

예외 주택의 경우

참고 '다중이용업의 범위(「소방시설설치유지 및 안전관리에 관한 법률 시행령」 제13조)

1. 휴게음식점영업 또는 일반음식점영업으로서 영업장 바닥면적 합계가 100m²(영업장이 지하층에 설치된 경우 66m²) 이상인 것
2. 단란주점영업 및 유흥주점영업
3. 비디오물감상실업·비디오물소극장업·게임제공업·노래연습장업 및 복합유통·제공업
4. 학원으로서 수용인원 100인 이상인 것
5. 목욕장업 중 맥반석 또는 대리석 등을 가열발생되는 열기 또는 원적외선 이용시설을 갖춘 것으로서 수용인원 100인 이상인 것
6. 영화상영관
7. 위 1~6의 영업외에 화재발생시 인명피해가 발생할 우려가 높은 불특정다수인이 출입하는 행정안전부령이 정하는 영업
   - 행정안전부령이 정하는 영업
     ㄱ. 찜질방업 : 맥반석·대리석 등 돌을 가열하여 발생되는 열기·원적외선 등을 이용하여 땀을 배출할 수 있는 시설을 갖춘 형태의 영업
     ㄴ. 산후조리원업 : 임산부의 산후조리를 위하여 비의료적인 서비스를 제공하는 형태의 영업
     ㄷ. 고시원업 : 구획된 실(室) 안에 학습자가 공부할 수 있는 시설을 갖추고 숙박·숙식을 제공하는 형태의 영업
     ㄹ. 전화방업·화상대화방업 : 구획된 실안에 전화기·텔레비전·모니터·카메라 등 상대방과 대화할 수 있는 시설을 갖춘 형태의 영업
     ㅁ. 「음반·비디오물및게임에관한법률」에 따른 멀티미디어문화컨텐츠설비제공업(영업장이 지상 1층 또는 지상과 직접 접하는 층에 설치되고 그 영업장의 주된 출구가 건축물 외부지면과 곧바로 연결된 곳에서 하는 영업을 제외한다.
     ㅂ. 수면방업 : 구획된 실안에 침대·간이침대 그 밖에 휴식을 취할 수 있는 시설을 갖춘 형태의 영업
     ㅅ. 콜라텍업 : 손님이 춤을 추는 시설 등을 갖춘 형태의 영업으로서 주류판매가 허용되지 아니하는 영업

참고

<지하층의 구조>

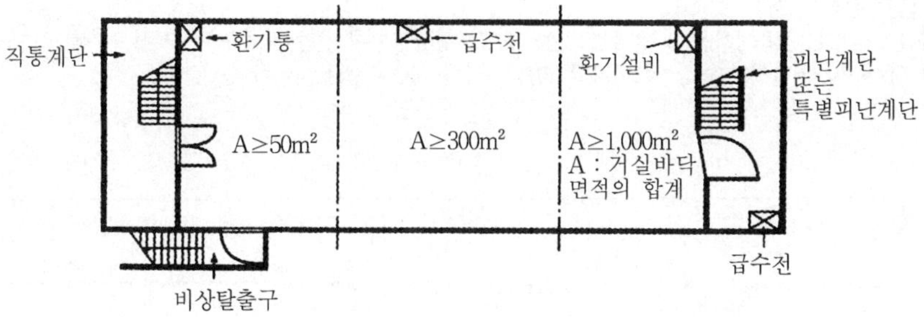

<비상탈출구의 구조>

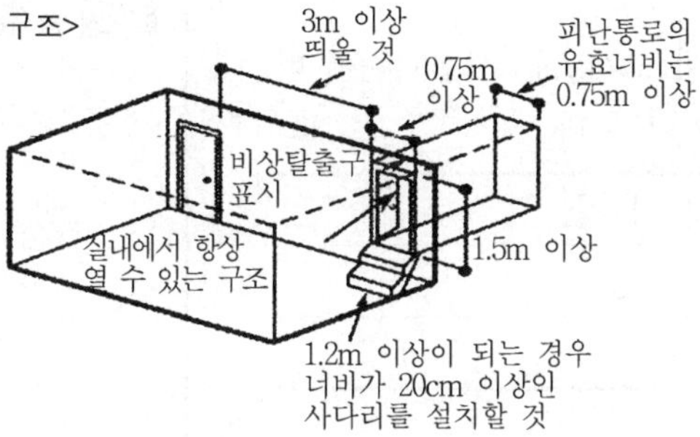

21 방화문의 구조

건축법 시행령	피난 · 방화구조 등의 기준에 관한 규칙
제64조 【방화문의 구조】 방화문은 갑종 방화문 및 을종 방화문으로 구분하되, 그 기준은 국토교통부령으로 정한다. [전문개정 2008.10.29]	**제26조 【방화문의 구조】** 영 제64조에 따른 갑종방화문 및 을종방화문은 국토교통부장관이 정하여 고시하는 시험기준에 따라 시험한 결과 각각 비차열 1시간 이상 및 비차열 30분 이상의 성능이 확보되어야 한다.

법해설 Explanation

방화문의 구조

갑종방화문 및 을종방화문은 국토교통부장관이 고시하는 시험기준에 따라 시험한 결과 다음과 같은 성능이 확보되어야 한다.

구 분	내 화 시 험
① 갑종방화문	• 비차열 1시간 이상의 성능
② 을종방화문	• 비차열 30분 이상의 성능

참고 방화문 관련 용어

- 차열성
  건축구조부재가 한쪽 면에서 가열될 때 그 구조부재의 이면 온도가 제한 값 이상 상승되지 않도록 하는 성능
- 차염성
  건축구조부재가 한쪽 면에서 가열될 때 화염이나 고온가스의 통과 또는 이면에서의 화염발생을 방지하는 성능
- 비차열
  열을 차단하는 차열성능은 없으나 화염을 차단하는 차염성능을 가진 것

제 6 장

지역 및 지구안의 건축물

1 건축물의 대지가 지역·지구 또는 구역에 걸치는 경우의 조치

건축법	건축법 시행령
제54조【건축물의 대지가 지역·지구 또는 구역에 걸치는 경우의 조치】 ① 대지가 이 법이나 다른 법률에 따른 지역·지구(녹지지역과 방화지구는 제외한다. 이하 이 조에서 같다) 또는 구역에 걸치는 경우에는 대통령령으로 정하는 바에 따라 그 건축물과 대지의 전부에 대하여 대지의 과반(過半)이 속하는 지역·지구 또는 구역 안의 건축물 및 대지 등에 관한 이 법의 규정을 적용한다. 다만, 건축물이 미관지구(美觀地區)에 걸치는 경우에는 그 건축물과 대지의 전부에 대하여 미관지구 안의 건축물과 대지 등에 관한 이 법의 규정을 적용한다. ② 하나의 건축물이 방화지구와 그 밖의 구역에 걸치는 경우에는 그 전부에 대하여 방화지구 안의 건축물에 관한 이 법의 규정을 적용한다. 다만, 건축물의 방화지구에 속한 부분과 그 밖의 구역에 속한 부분의 경계가 방화벽으로 구획되는 경우 그 밖의 구역에 있는 부분에 대하여는 그러하지 아니하다. ③ 대지가 녹지지역과 그 밖의 지역·지구 또는 구역에 걸치는 경우에는 각 지역·지구 또는 구역 안의 건축물과 대지에 관한 이 법의 규정을 적용한다. 다만, 녹지지역 안의 건축물이 미관지구나 방화지구에 걸치는 경우에는 제1항 단서나 제2항에 따른다. ④ 제1항에도 불구하고 해당 대지의 규모와 그 대지가 속한 용도지역·지구 또는 구역의 성 격 등 그 대지에 관한 주변여건상 필요하다고 인정하여 해당 지방자치단체의 조례로 적용방법을 따로 정하는 경우에는 그에 따른다.	**제77조【건축물의 대지가 지역·지구 또는 구역에 걸치는 경우】** 법 제54조 제1항에 따라 대지가 지역·지구 또는 구역에 걸치는 경우 그 대지의 과반이 속하는 지역·지구 또는 구역의 건축물 및 대지 등에 관한 규정을 그 대지의 전부에 대하여 적용 받으려는 자는 해당 대지의 지역·지구 또는 구역별 면적과 적용 받으려는 지역·지구 또는 구역에 관한 사항을 허가권자에게 제출(전자문서에 따른 제출을 포함한다)하여야 한다. [전문개정 2008.10.29]

법해설 Explanation

지역·지구·구역에 걸치는 경우의 조치

(1) 대지가 지역·지구 또는 구역에 걸치는 경우

① 그 건축물 및 대지 전부에 대하여 그 대지의 과반이 속하는 지역·지구 또는 구역안의 건축물 및 대지 등에 관한 규정을 적용한다.

예외
- 녹지지역 및 방화지구
- 해당 대지의 규모와 대지가 속하는 용도지역·지구 또는 구역의 성격 등 해당 대지에 관한 주변여건상 필요하다고 인정하여 지방자치단체의 조례에서 적용방법을 따로 정하는 경우에는 그에 따른다.

② 대지의 규모와 대지가 속하는 용도지역·지구 또는 구역에 걸치는 경우 관련규정을 그 대지의 전부에 대하여 적용을 받고자 하는 자는 해당 대지의 지역·지구·구역별 면적과 적용받고자 하는 지역·지구·구역에 관한 사항을 허가권자에게 제출(전자문서에 따른 제출을 포함)하여야 한다.

(2) 건축물이 미관지구에 걸치는 경우

건축물 및 대지의 전부에 대하여 미관지구 안의 건축물 및 대지 등에 관한 규정을 적용한다.

(3) 하나의 건축물이 방화지구와 그 밖의 구역에 걸치는 경우

건축물 전부에 대하여 방화지구 안의 건축물에 관한 규정을 적용한다.

예외 건축물이 방화지구 밖의 경계에서 방화벽으로 구획되는 경우에는 그 밖의 구역에 있는 부분

참고 대지가 지역·지구·구역에 걸치는 경우의 조치의 예

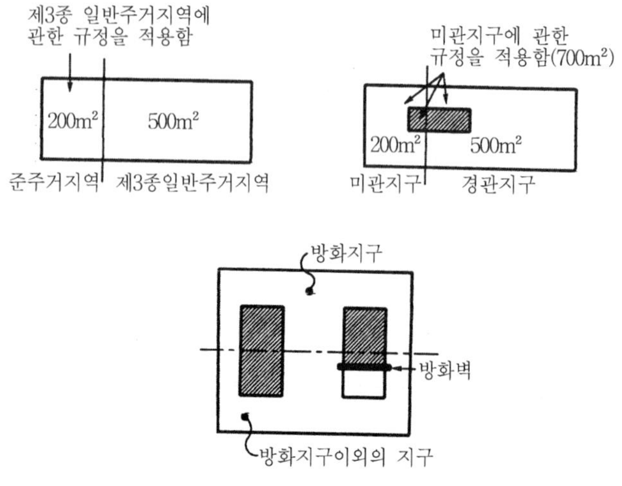

▨ 방화지구의 규정을 적용

◆ 대지의 일부가 공원에 걸친 경우의 건축

(건교건축 01254-3550, 1992. 10. 7)

질의 하나의 대지가 자연녹지지역에 70%, 공원에 30%가 걸치는 경우 전체 대지를 자연녹지지역으로 보되 대지의 전체면적을 건폐율 및 용적률의 산정시 기준으로할 수 있는지 여부

회신 공원은 「국토의 계획 및 이용에 관한 법률」에 따른 도시·군계획시설로서 질의의 경우 「건축법」 제46조의 적용대상에 해당되지 아니하므로 대지면적은 도시·군계획시설인 공원의 면적을 제외하여야 하는 것임

◆ 한필지의 대지가 지역 지구에 걸치는 경우의 건축

(건교건축 58070-1611, 1995. 4. 21)

질의 한필지의 대지가 주거지역과 자연녹지지역(유원지)에 걸쳐 있는 경우 건축법 제46조의 적용대상 여부와 이 경우 대지면적 산정은?

회신 한 필지의 대지가 주거지역과 자연녹지지역(공원, 도시·군계획시설로 결정된 유원지)에 걸쳐 있는 경우라 하더라도 공원 및 도시·군계획시설로 결정된 유원지는 건축이 금지된 공지로 볼 수 있는 것이므로 「건축법」 제46조의 적용대상이 아닌 것이며, 이 경우 대지면적 산정에 있어서는 주거지역에 한해서만 적용하여야 할 것임

◆ 지역·지구·구역에 걸치는 경우

(건축 58550-1597, 1998. 5. 12)

질의 대지의 과반이상이 미관지구안에 있으나 건축물은 미관지구에 걸치지 아니하는 경우 미관지구의 적용을 받아야 하는지?

회신 「건축법」 제46조 제1항 후단의 규정은 건축물이 미관지구 또는 고도지구에 걸치는 경우에는 그 대지 과반이 속하지 않더라도 그 건축물 및 대지 전부에 대하여 미관지구 또는 고도지구안의 건축물 및 대지 등에 관한 규정을 적용하라는 것이므로 건축물은 걸치지 않고 건축물의 대지만 지역·지구안에서 건축물 및 대지의 규정을 적용하는 것입니다.

(4) 대지가 녹지지역과 그 밖의 지역·지구·구역에 걸치는 경우

각 지역·지구·구역안의 건축물 및 대지에 관한 규정을 적용한다.

예외 녹지지역 안의 건축물이 미관지구, 방화지구에 걸치는 경우에는 위 (2) 또는 (3)의 규정에 따른다.

■ 익힘문제 ■

건축물의 대지가 다음 그림과 같이 지역, 지구에 걸쳐 있을 때 이 대지에 대하여 적용하게 되는 지역, 지구는 어느 것인가?

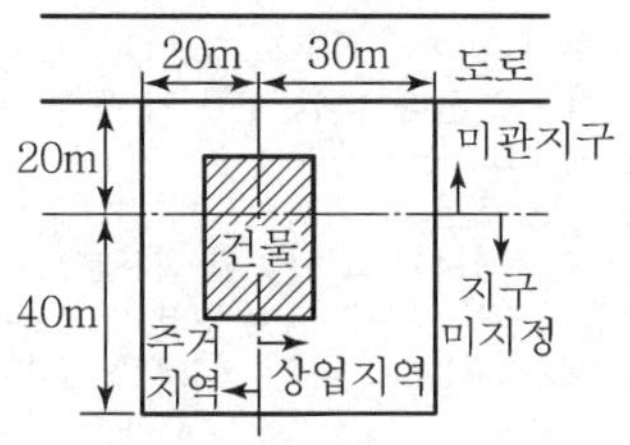

㉮ 대지의 각 부위에 따라 정해진 지역, 지구

㉯ 상업지역, 지구 미지정

㉰ 주거지역, 도로변은 미관지구

㉱ 상업지역, 미관지구

해설 대지의 과반이 상업지역에 속하고 건축물이 미관지구에 걸쳐있으므로 상업지역과 미관지구에 대한 건축 법령을 적용하게 된다.

정답 ㉱

2 면적의 산정

건축법	건축법 시행령	건축법 시행규칙
제84조【면적·높이 및 층수의 산정】 건축물의 대지면적, 연면적, 바닥면적, 높이, 처마, 천장, 바닥 및 층수의 산정방법은 대통령령으로 정한다.	**제119조【면적 등의 산정방법】** ① 법 제84조에 따라 건축물의 면적·높이 및 층수 등은 다음 각 호의 방법에 따라 산정한다. <개정 2021.1.8> 1. 대지면적 : 대지의 수평투영면적으로 한다. 다만, 다음 각 목의 어느 하나에 해당하는 면적은 제외한다. 가. 법 제46조제1항 단서에 따라 대지에 건축선이 정하여진 경우 : 그 건축선과 도로 사이의 대지면적 나. 대지에 도시·군계획시설인 도로·공원 등이 있는 경우 : 그 도시·군계획시설에 포함되는 대지(국토의 계획 및 이용에 관한 법률 제47조 제7항에 따라 건축물 또는 공작물을 설치하는 도시·군계획시설의 부지는 제외)면적 2. 건축면적 : 건축물의 외벽(외벽이 없는 경우에는 외곽 부분의 기둥을 말한다. 이하 이 호에서 같다)의 중심선으로 둘러싸인 부분의 수평투영면적으로 한다. 다만, 다음 각 목의 어느 하나에 해당하는 경우에는 해당 각 목에서 정하는 기준에 따라 산정한다. 가. 처마, 차양, 부연(附椽), 그 밖에 이와 비슷한 것으로서 그 외벽의 중심선으로부터 수평거리 1미터 이상 돌출된 부분이 있는 건축물의 건축면적은 그 돌출된 끝부분으로부터 다음의 구분에 따른 수평거리를 후퇴한 선으로 둘러싸인 부분의 수평투영 면적으로 한다. 1) 「전통사찰의 보존 및 지원에 관한 법률」 제2조제1호에 따른 전통사찰 : 4미터 이하의 범위에서 외벽의 중심선까지의 거리 2) 가축에게 사료 등을 투여하는 부위의 상부에 한쪽 끝은 고정되고 다른 쪽 끝은 지지되지 아니한 구조로 된 돌출차양이 설치된 축사 : 3미터 이하의 범위에서 외벽의 중심선까지의 거리 3) 한옥 : 2미터 이하의 범위에서 외벽의 중심선까지의 거리 4) 「환경친화적자동차의 개발 및 보급 촉진에 관한 법률 시행령」 제18조의5에 따른 충전시설(그에 딸린 충전 전용 주차구획을 포함한다)의 설치를 목적으로 처마, 차양, 부연, 그 밖에 이와 비슷한 것이 설치된 공동주택(「주택법」 제15조에 따른 사업계획승인 대상으로 한정한다) : 2미터 이하의 범위에서 외벽의 중심선까지의 거리 5) 그 밖의 건축물 : 1미터 나. 다음의 건축물의 건축면적은 국토교통부령으로 정하는 바에 따라 산정한다. 1) 태양열을 주된 에너지원으로 이용하는 주택 2) 창고 중 물품을 입출고하는 부위의 상부에 한쪽 끝은 고정되고 다른 쪽 끝은 지지되지 아니한 구조로 설치된 돌출차양 3) 단열재를 구조체의 외기 측에 설치하는 단열공법으로 건축된 건축물 다. 다음의 경우에는 건축면적에 산입하지 않는다. 1) 지표면으로부터 1미터 이하에 있는 부분(창고 중 물품을 입출고하기 위하여 차량을 접안시키는 부분의 경우에는 지표면으로부터 1.5미터 이하에 있는 부분) 2) 「다중이용업소의 안전관리에 관한 특별법 시행령」 제9조에 따라 기존의 다중이용업소(2004년 5월 29일 이전의 것만 해당한다)의 비상구에 연결하여 설치하는 폭 2미터 이하의 옥외 피난계단(기존 건축물에 옥외 피난계단을 설치함으로써 법 제55조에 따른 건폐율의 기준에 적합하지 아니하게 된 경우만 해당한다) 3) 건축물 지상층에 일반인이나 차량이 통행할 수 있도록 설치한 보행통로나 차량통로 4) 지하주차장의 경사로 5) 건축물 지하층의 출입구 상부(출입구 너비에 상당하는 규모의 부분을 말한다) 6) 생활폐기물 보관시설(음식물쓰레기, 의류 등의 수거시설을 말한다. 이하 같다) 7) 「영유아보육법」 제15조에 따른 어린이집(2005년 1월 29일 이전에 설치된 것만 해당한다)의 비상구에 연결하여 설치하는 폭 2미터 이하의 영유아용 대피용 미끄럼대 또는 비상계단(기존 건축물에 영유아용 대피용 미끄럼대 또는 비상계단을 설치함으로써 법 제55조에 따른 건폐율 기준에 적합하지 아니하게 된 경우만 해당한다) 8) 「장애인·노인·임산부 등의 편의증진 보장에 관한 법률 시행령」 별표2의 기준에 따라 설치하는 장애인용 승강기, 장애인용 에스컬레이터, 휠체어리프트, 경사로 9) 「가축전염병 예방법」 제17조 제1항 제1호에 따른 소독설비를 갖추기 위하여 같은 호에 따른 가축사육시설(2015년 4월 27일 전에 건축되거나 설치된 가축사육시설로 한정한다)에서 설치하는 시설 10) 「매장문화재 보호 및 조사에 관한 법률 시행령」 제14조 제1항 제1호 및 제2호에 따른 현지보존 및 이전보존을 위하여 매장문화재 보호 및 전시에 전용되는 부분 11) 「가축분뇨의 관리 및 이용에 관한 법률」 제12조제1항에 따른 처리시설(법률 제12516호 가축분뇨의 관리 및 이용에 관한 법률 일부개정법률 부칙 제9조에 해당하는 배출시설의 처리시설로 한정한다)	**제43조【태양열을 이용하는 주택 등의 건축면적 산정방법 등】** ① 영 제119조제1항제2호나목1) 및 3)에 따라 태양열을 주된 에너지원으로 이용하는 주택의 건축면적과 단열재를 구조체의 외기측에 설치하는 단열공법으로 건축된 건축물의 건축면적은 건축물의 외벽 중 내측 내력벽의 중심선을 기준으로 한다. 이 경우 태양열을 주된 에너지원으로 이용하는 주택의 범위는 국토교통부장관이 정하여 고시하는 바에 따른다. <개정 2020.10.28.> ② 영 제119조제1항제2호나목2)에 따라 창고 또는 공장 중 물품을 입출고하는 부위의 상부에 설치하는 한쪽 끝은 고정되고 다른 끝은 지지되지 않은 구조로 된 돌출차양의 면적 중 건축면적에 산입하는 면적은 다음 각 호에 따라 산정한 면적 중 작은 값으로 한다. <개정 2020.10.28.> 1. 해당 돌출차양을 제외한 창고의 건축면적의 10퍼센트를 초과하는 면적 2. 해당 돌출차양의 끝부분으로부터 수평거리 6미터를 후퇴한 선으로 둘러싸인 부분의 수평투영면적

건축법	건축법 시행령	건축법 시행규칙
	12) 「영유아보육법」 제15조에 따른 설치기준에 따라 직통계단 1개소를 갈음하여 건축물의 외부에 설치하는 비상계단(같은 조에 따른 어린이집이 2011년 4월 6일 이전에 설치된 경우로서 기존 건축물에 비상계단을 설치함으로써 법 제55조에 따른 건폐율 기준에 적합하지 않게 된 경우만 해당한다) 3. 바닥면적 : 건축물의 각 층 또는 그 일부로서 벽, 기둥, 그 밖에 이와 비슷한 구획의 중심선으로 둘러싸인 부분의 수평투영면적으로 한다. 다만, 다음 각 목의 어느 하나에 해당하는 경우에는 각 목에서 정하는 바에 따른다. 가. 벽·기둥의 구획이 없는 건축물은 그 지붕 끝부분으로부터 수평거리 1미터를 후퇴한 선으로 둘러싸인 수평투영면적으로 한다. 나. 주택의 발코니 등 건축물의 노대나 그 밖에 이와 비슷한 것(이하 "노대등"이라 한다)의 바닥은 난간 등의 설치 여부에 관계없이 노대등의 면적(외벽의 중심선으로부터 노대등의 끝부분까지의 면적을 말한다)에서 노대등이 접한 가장 긴 외벽에 접한 길이에 1.5미터를 곱한 값을 뺀 면적을 바닥면적에 산입한다. 다. 필로티나 그 밖에 이와 비슷한 구조(벽면적의 2분의 1 이상이 그 층의 바닥면에서 위층 바닥 아래면까지 공간으로 된 것만 해당한다)의 부분은 그 부분이 공중의 통행이나 차량의 통행 또는 주차에 전용되는 경우와 공동주택의 경우에는 바닥면적에 산입하지 아니한다. 라. 승강기탑(옥상 출입용 승강장을 포함한다), 계단탑, 장식탑, 다락[층고(層高)가 1.5미터(경사진 형태의 지붕인 경우에는 1.8미터) 이하인 것만 해당한다], 건축물의 내부에 설치하는 냉방설비 배기장치 전용 설치공간(각 세대나 실별로 외부 공기에 직접 닿는 곳에 설치하는 경우로서 1제곱미터 이하로 한정한다), 건축물의 외부 또는 내부에 설치하는 굴뚝, 더스트슈트, 설비덕트, 그 밖에 이와 비슷한 것과 옥상·옥외 또는 지하에 설치하는 물탱크, 기름탱크, 냉각탑, 정화조, 도시가스 정압기, 그 밖에 이와 비슷한 것을 설치하기 위한 구조물과 건축물 간에 화물의 이동에 이용되는 컨베이어벨트만을 설치하기 위한 구조물은 바닥면적에 산입하지 않는다. 마. 공동주택으로서 지상층에 설치한 기계실, 전기실, 어린이놀이터, 조경시설 및 생활폐기물 보관시설의 면적은 바닥면적에 산입하지 않는다. 바. 「다중이용업소의 안전관리에 관한 특별법 시행령」 제9조에 따라 기존의 다중이용 업소(2004년 5월 29일 이전의 것만 해당한다)의 비상구에 연결하여 설치하는 폭 1.5 미터 이하의 옥외 피난계단(기존 건축물에 옥외 피난계단을 설치함으로써 법 제56조에 따른 용적률에 적합하지 아니하게 된 경우만 해당한다)은 바닥면적에 산입하지 아니한다. 사. 제6조제1항제6호에 따른 건축물을 리모델링하는 경우로서 미관 향상, 열의 손실 방지 등을 위하여 외벽에 부가하여 마감재 등을 설치하는 부분은 바닥면적에 산입하지 아니한다. 아. 제1항제2호나목3)의 건축물의 경우에는 단열재가 설치된 외벽 중 내측 내력벽의 중심선을 기준으로 산정한 면적을 바닥면적으로 한다. 자. 「영유아보육법」 제15조에 따른 어린이집(2005년 1월 29일 이전에 설치된 것만 해당한다)의 비상구에 연결하여 설치하는 폭 2미터 이하의 영유아용 대피용 미끄럼대 또는 비상계단의 면적은 바닥면적(기존 건축물에 영유아용 대피용 미끄럼대 또는 비상계단을 설치함으로써 법 제56조에 따른 용적률 기준에 적합하지 아니하게 된 경우만 해당한다)에 산입하지 아니한다. 차. 「장애인·노인·임산부 등의 편의증진 보장에 관한 법률 시행령」 별표 2의 기준에 따라 설치하는 장애인용 승강기, 장애인용 에스컬레이터, 휠체어리프트, 경사로는 바닥면적에 산입하지 아니한다. 카. 「가축전염병 예방법」 제17조 제1항 제1호에 따른 소독설비를 갖추기 위하여 같은 호에 따른 가축사육시설(2015년 4월 27일 전에 건축되거나 설치된 가축사육시설로 한정한다)에서 설치하는 시설은 바닥면적에 산입하지 아니한다. 타. 「매장문화재 보호 및 조사에 관한 법률」 제14조 제1항 제1호 및 제2호에 따른 현지보존 및 이전보존을 위하여 매장문화재 보호 및 전시에 전용되는 부분은 바닥면적에 산입하지 아니한다. 파. 「영유아보육법」 제15조에 따른 설치기준에 따라 직통계단 1개소를 갈음하여 건축물의 외부에 설치하는 비상계단의 면적은 바닥면적(같은 조에 따른 어린이집이 2011년 4월 6일 이전에 설치된 경우로서 기존 건축물에 비상계단을 설치함으로써 법 제56조에 따른 용적률 기준에 적합하지 않게 된 경우만 해당한다)에 산입하지 않는다. 하. 지하주차장의 경사로는 바닥면적에 산입하지 않는다. 4. 연면적 : 하나의 건축물 각 층의 바닥면적의 합계로 하되, 용적률을 산정할 때에는 다음 각 목에 해당하는 면적은 제외한다. 가. 지하층의 면적 나. 지상층의 주차용(해당 건축물의 부속용도인 경우만 해당한다)으로 쓰는 면적 다. 삭제<2012.12.12 시행> 라. 삭제<2012.12.12 시행> 마. 초고층 건축물과 준초고층 건축물에 설치하는 피난안전구역의 면적 바. 제40조제4항제2호에 따라 건축물의 경사지붕 아래에 설치하는 대피공간의 면적	

법해설 Explanation

대지면적

(1) 면적산정

대지면적이란 대지의 수평투영면적으로 한다.

(2) 대지면적에 포함되지 않는 경우

① 예정도로의 부분

② 소요너비에 미달되는 도로에서의 건축선과 도로경계선사이 부분

소요너비에 미달되는 도로	건축선
도로 양쪽이 대지인 경우	도로의 중심선으로부터 소요너비의 1/2만큼 후퇴한 선
도로의 반대쪽에서 경사지·하천·철도·부지 등이 있는 경우	경사지 등이 있는 쪽의 도로경계선에서 소요너비에 상당하는 수평거리에 상당하는 선

③ 도로모퉁이에서의 건축선이 정해지는 부분

교차되는 너비 8m 미만인 도로의 모퉁이에 위치한 대지의 도로모퉁이 부분의 건축선은 그 대지에 접한 도로경계선의 교차점으로부터 도로경계선에 따라 다음의 표에 따른 거리를 각각 후퇴한 점을 연결한 선으로 정한다.

도로의 교차각	해당 도로의 너비		교차되는 도로의 너비
	6m 이상 8m 미만	4m 이상 6m 미만	
90° 미만	4m	3m	6m 이상 8m 미만
	3m	2m	4m 이상 6m 미만
90° 이상~ 120° 미만	3m	2m	6m 이상 8m 미만
	2m	2m	4m 이상 6m 미만

단서 • 도로의 교차각이 120° 미만에서만 적용된다.
• 교차되는 도로폭이 각각 4m 이상 8m 미만 도로에서만 적용된다.

④ 대지안에 도시·군계획시설인 도로·공원 등이 있는 경우 그 도시·군계획시설에 포함되는 대지(국토의계획및이용에 관한 법률에 따라 건축물 또는 공작물을 설치하는 도시·군계획시설의 부지는 제외)면적

참고

◆ 대지면적

① 원칙

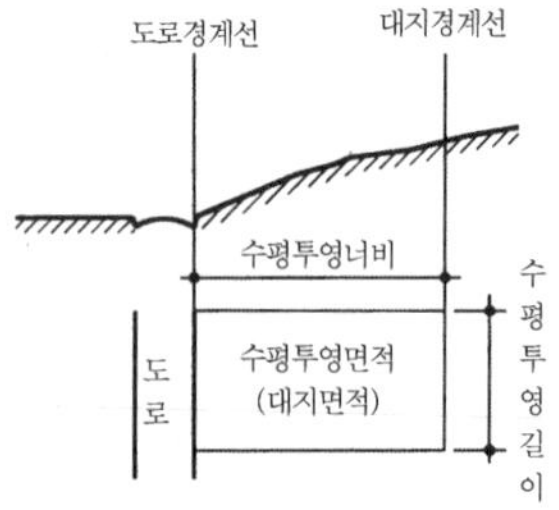

② 예외

㉠ 대지면적에 포함되지 않는 경우

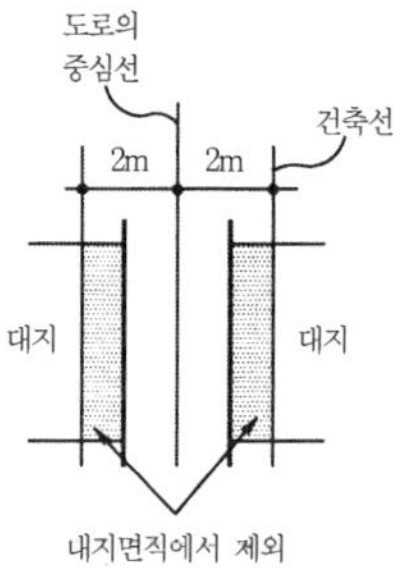

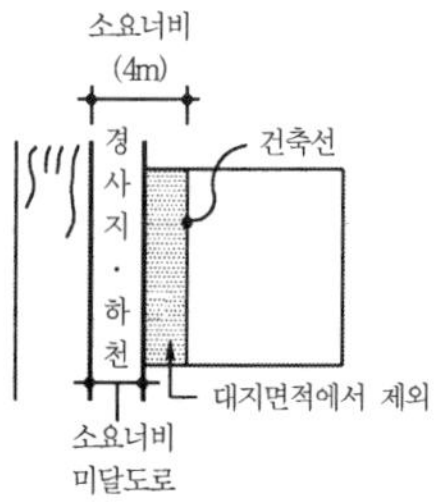

㉡ 대지면적에 포함되는 경우

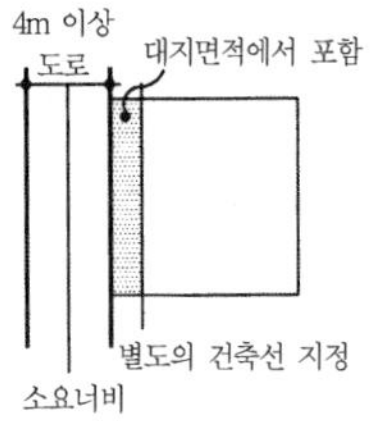

③ 도로모퉁이에서의 건축선

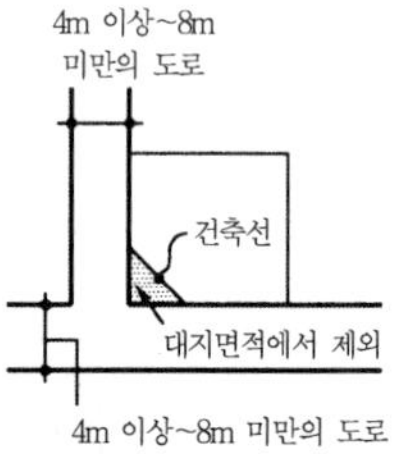

건축면적

(1) 면적산정

① 건축물의 외벽(외벽이 없는 경우에는 외곽부분의 기둥)의 중심선으로 둘러싸인 부분의 수평투영면적으로 산정한다.

② 다음의 어느 하나에 해당하는 경우에는 해당 각 기준에 따라 산정한다.

㉠ 처마, 차양, 부연(附椽), 그 밖에 이와 비슷한 것으로서 그 외벽의 중심선으로부터 수평거리 1m 이상 돌출된 부분이 있는 건축물의 건축면적은 그 돌출된 끝부분으로부터 다음의 구분에 따른 수평거리를 후퇴한 선으로 둘러싸인 부분의 수평투영면적으로 한다.

ⓐ 「전통사찰보존법」에 따른 전통사찰 : 4m 이하의 범위에서 외벽의 중심선까지의 거리

ⓑ 사료 투여, 가축 이동 및 가축 분뇨 유출 방지 등을 위하여 처마, 차양, 부연, 그 밖에 이와 비슷한 것이 설치된 축사 : 3미터 이하의 범위에서 외벽의 중심선까지의 거리(두 동의 축사가 하나의 차양으로 연결된 경우에는 6미터 이하의 범위에서 축사 양 외벽의 중심선까지의 거리를 말한다)

ⓒ 한옥 : 2m 이하의 범위에서 외벽의 중심선까지의 거리

ⓓ 충전시설(그에 딸린 충전 전용 주차구획을 포함한다)의 설치를 목적으로 처마, 차양, 부연, 그 밖에 이와 비슷한 것이 설치된 공동주택(사업계획승인 대상으로 한정한다) : 2m 이하의 범위에서 외벽의 중심선까지의 거리

ⓔ 「신에너지 및 재생에너지 개발·이용·보급 촉진법」 제2조제3호에 따른 신·재생에너지 설비(신·재생에너지를 생산하거나 이용하기 위한 것만 해당한다)를 설치하기 위하여 처마, 차양, 부연, 그 밖에 이와 비슷한 것이 설치된 건축물로서 「녹색건축물 조성 지원법」 제17조에 따른 제로에너지건축물 인증을 받은 건축물 : 2미터 이하의 범위에서 외벽의 중심선까지의 거리

ⓕ 그 밖의 건축물 : 1m

㉡ 다음에 해당하는 건축물의 건축면적은 각 기준에 따라 산정한다.

ⓐ 태양열을 주된 에너지원으로 이용하는 주택

• 건축물의 외벽 중 내측 내력벽의 중심선을 기준으로 한다.

ⓑ 창고 중 물품을 입출고하는 부위의 상부에 한쪽 끝은 고정되고 다른 쪽 끝은 지지되지 아니한 구조로 설치된 돌출차양

• 다음에 따라 산정한 면적 중 작은 값으로 한다.

1. 해당 돌출차양을 제외한 창고의 건축면적의 10%를 초과하는 면적
2. 해당 돌출차양의 끝부분으로부터 수평거리 3m를 후퇴한 선으로 둘러싸인 부분의 수평투영면적

ⓒ 단열재를 구조체의 외기 측에 설치하는 단열공법으로 건축된 건축물

◆ 골프연습장 철탑에 대한 건축면적 산정

(건설건축 58070－2345, 1999. 6. 22)

질의 골프연습장 시설은 건축물(타석부분)과 철탑을 세워 그물망으로 구성된 공작물을 설치하는 바, 이 경우 건폐율 산정시 건축면적은 건축물·철탑·그물망 중 어느 부분까지 포함되어야 하는지?

회신 골프연습장은 건축법 시행령 제118조 제1항 제6호에 따른 철탑부분(철탑이 없는 그물망 부분은 제외)과 건축물(타석)부분의 중심선으로 이루어진 수평투영면적을 합하여 건축면적에 산입하고 그에 따라 대지면적에 대한 건폐율을 산정하는 것임

(2) 제외되는 부분

다음의 경우에는 건축면적에 산입하지 아니한다.

① 지표면으로부터 1m 이하에 있는 부분(창고 중 물품을 입출고하기 위하여 차량을 접안시키는 부분의 경우에는 지표면으로부터 1.5m 이하에 있는 부분)

②「다중이용업소의 안전관리에 관한 특별법 시행령」에 따라 기존의 다중이용업소(2004년 5월 29일 이전의 것만 해당)의 비상구에 연결하여 설치하는 폭 2m 이하의 옥외 피난계단(기존 건축물에 옥외 피난계단을 설치함으로써 건폐율의 기준에 적합하지 아니하게 된 경우만 해당)

③ 건축물 지상층에 일반인이나 차량이 통행할 수 있도록 설치한 보행통로나 차량 통로

④ 지하주차장의 경사로

⑤ 건축물 지하층의 출입구 상부(출입구 너비에 상당하는 규모의 부분을 말함)

⑥ 생활폐기물 보관함(음식물쓰레기, 의류 등의 수거함을 말함)

⑦「영유아보육법」 제15조에 따른 어린이집(2005년 1월 29일 이전에 설치된 것만 해당한다)의 비상구에 연결하여 설치하는 폭 2미터 이하의 영유아용 대피용 미끄럼대 또는 비상계단(기존 건축물에 영유아용 대피용 미끄럼대 또는 비상계단을 설치함으로써 법 제55조에 따른 건폐율 기준에 적합하지 아니하게 된 경우만 해당한다)

⑧ 장애인·노인·임산부 등의 편의증진 보장에 관한 법률 시행령에 따른 장애인용 승강기, 장애인용 에스컬레이터, 휠체어리프트, 경사로

바닥면적

(1) 바닥면적 산정의 원칙

건축물의 각 층 또는 그 일부로서 벽, 기둥, 그 밖에 이와 유사한 구획의 중심선으로 둘러싸인 수평투영면적으로 산정한다.

(2) 바닥면적 산정의 특례

① 벽·기둥의 구획이 없는 건축물의 바닥면적

벽·기둥의 구획이 없는 건축물에 있어서는 그 지붕 끝부분으로부터 수평거리 1m를 후퇴한 선으로 둘러싸인 수평투영면적으로 한다.

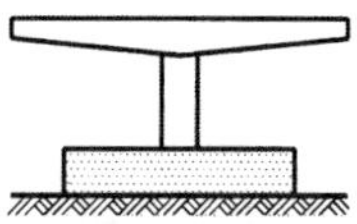

입면도

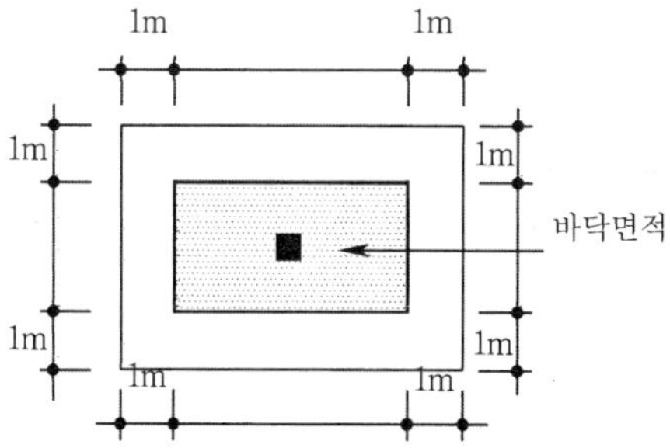

평면도

◆ 외부계단의 건축면적·바닥면적 산정 (건교건축 58550-871, 1993. 3. 22)

질의 건축물의 외벽에 외부계단을 설치시 건축면적 및 바닥면적의 산정방법은?

회신 건축물 외부계단의 경우 건축면적에는 건축법시행령 제119조 제1항 제2호에 따라 모두 산입하는 것이며, 바닥면적에는 동항 제3호 가목에 따라 외부계단 끝부분으로부터 1m를 후퇴한 나머지부분만을 산입하는 것임

② 주택의 발코니 등 건축물 노대 등의 바닥면적

건축물의 노대 그 밖에 이와 유사한 것의 바닥은 난간 등의 설치여부에 관계없이 노대 등의 면적(외벽의 중심선으로부터 노대 등의 끝부분까지의 면적)에서 노대 등에 접한 가장 긴 외벽에 접한 길이에 1.5m를 곱한 값을 공제한 면적을 바닥면적에 산입한다.

참고 노대 등의 바닥면적 산정

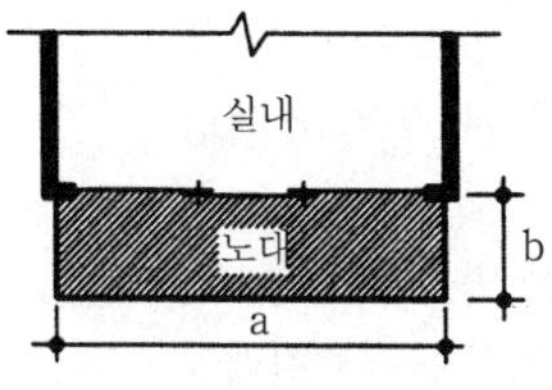

노대 등의 바닥면적=(a×b)−(a ×1.5)

③ 필로티 등의 바닥면적

필로티, 그 밖에 이와 유사한 구조(벽면적의 1/2 이상이 해당 층의 바닥면에서 위층 바닥 아래면까지 공간으로 된 것)의 부분은 해당 부분이 다음과 같은 용도에 전용되는 경우에는 이를 바닥면적에 산입하지 않는다.

㉠ 공중의 통행에 전용되는 경우

㉡ 차량의 통행·주차에 전용되는 경우

㉢ 공동주택의 경우

④ 바닥면적에 산입되지 않는 부분

㉠ 승강기탑·계단탑·망루·장식탑·층고 1.5m 이하(경사진 형태의 지붕인 경우 1.8m 이하)인 다락·건축물의 내부에 설치하는 냉방설비 배기장치 전용 설치공간(각 세대나 실별로 외부 공기에 직접 닿는 곳에 설치하는 경우로서 1제곱미터 이하로 한정한다), 건축물의 외부 또는 내부에 설치하는 굴뚝·더스트 슈트·설비덕트 등의 바닥면적

㉡ 옥상, 옥외 또는 지하에 설치하는 물탱크·기름탱크·냉각탑·정화조·도시가스 정압기, 그 밖에 이와 비슷한 것을 설치하기 위한 구조물과 건축물 간에 화물의 이동에 이용되는 컨베이어벨트만을 설치하기 위한 구조물은 바닥면적에 산입하지 않는다.

㉢ 공동주택으로서 지상층에 설치한 기계실·전기실·어린이놀이터·조경시설 및 생활폐기물 보관함의 바닥면적

㉣ 기존의 다중이용업소(2004년 5월 29일 이전의 것에 한함)의 비상구에 연결하여 설치하는 폭 1.5m 이하의 옥외피난계단(기존 건축물에 옥외피난계단을 설치함에 따라 용적률기준에 적합하지 아니하게 된 경우에 한함)

참고 건축면적산정

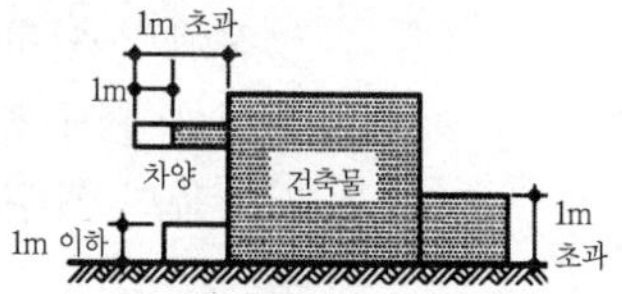

▩건축면적에 포함되는 부분

◆처마부분의 건축면적 산입여부
(건축 58070−1637, 1999. 5. 4)

질의 1층에서 일정거리를 후퇴하여 2층이 있는 경우 1층 외벽에서 돌출한 처마부분의 건축면적 산입여부?

회신 ① 질의의 경우가 처마·차양·부연 등으로 사용되는 부분이라면 건축법 시행령 제119조 제1항 제2호에 따라 그 끝으로부터 1m를 후퇴한 부분을 건축면적에 산입하는 것이며,
② 주택의 발코니 부분의 경우에도 그 끝으로부터 1m를 후퇴한 부분을 건축면적에 산입하도록 하고 있음.

◆건축물 최상부 다락의 바닥면적 산입 및 층수산입 여부
(건교건축 58070−1359, 1997. 4. 17)

회신 "다락"이라 함은 건축법상 정의된 바 없으나 일반적으로 건축물의 지붕과 천장 사이의 공간을 가로막아 물건의 저장 등 부수적으로 사용하기 위한 곳으로, 건축법시행령 제119조 제1항 제3호 마목의 규정에 의하면 층고가 1.5m이하인 다락은 바닥면적에 산입하지 아니하는 것인바, 이에 해당하는 경우라면 층의 일부로 보아 층수에 산입되지 아니함이 타당한 것임

짚어보기

물탱크·기름 탱크·냉각탑·저수조 등이 옥내에 설치되면 바닥면적에 산입된다.

ⓜ 건축물을 리모델링하는 경우로서 미관 향상, 열의 손실 방지 등을 위하여 외벽에 부가하여 마감재 등을 설치하는 부분은 바닥면적에 산입하지 아니한다.
ⓗ 단열재를 구조체의 외기 측에 설치하는 단열공법으로 건축된 건축물의 경우에는 단열재가 설치된 외벽 중 내측 내력벽의 중심선을 기준으로 산정한 면적을 바닥면적으로 한다.
ⓢ 어린이집(2005년 1월 29일 이전에 설치된 것만 해당한다)의 비상구에 연결하여 설치하는 폭 2미터 이하의 영유아용 대피용 미끄럼대 또는 비상계단의 면적은 바닥면적(기존 건축물에 영유아용 대피용 미끄럼대 또는 비상계단을 설치함으로써 법 제56조에 따른 용적률 기준에 적합하지 아니하게 된 경우만 해당한다)에 산입하지 아니한다.
ⓞ 「장애인·노인·임산부 등의 편의증진 보장에 관한 법률 시행령」 별표 2의 기준에 따라 설치하는 장애인용 승강기, 장애인용 에스컬레이터, 휠체어리프트 또는 경사로는 바닥면적에 산입하지 아니한다.
ⓙ 「가축전염병 예방법」 제17조제1항제1호에 따른 소독설비를 갖추기 위하여 같은 호에 따른 가축사육시설(2015년 4월 27일 전에 건축되거나 설치된 가축사육시설로 한정한다)에서 설치하는 시설은 바닥면적에 산입하지 아니한다.
ⓒ 「매장문화재 보호 및 조사에 관한 법률」 제14조제1항제1호 및 제2호에 따른 현지보존 및 이전보존을 위하여 매장문화재 보호 및 전시에 전용되는 부분은 바닥면적에 산입하지 아니한다.
ⓚ 「영유아보육법」 제15조에 따른 설치기준에 따라 직통계단 1개소를 갈음하여 건축물의 외부에 설치하는 비상계단의 면적은 바닥면적(같은 조에 따른 어린이집이 2011년 4월 6일 이전에 설치된 경우로서 기존 건축물에 비상계단을 설치함으로써 법 제56조에 따른 용적률 기준에 적합하지 않게 된 경우만 해당한다)에 산입하지 않는다.
ⓣ 지하주차장의 경사로는 바닥면적에 산입하지 않는다.

연면적

(1) 연면적 산정

하나의 건축물 각 층의 바닥면적 합계로 한다.

(2) 용적률 산정시 제외되는 부분

① 지하층 면적
② 지상층의 주차용(해당 건축물의 부속용도에 한함)으로 사용되는 면적
③ 초고층 건축물과 준초고층 건축물에 설치하는 피난안전구역의 면적
④ 건축물의 경사지붕 아래에 설치하는 대피공간의 면적

◆ 대지의 고저차를 이용한 주차장의 연면적 산정
(건축 58070-1495, 1999. 4. 26)
질의 대지의 고저차를 이용하여 주차장을 설치하고 그 위를 성토하는 경우 동 주차장 부분이 연면적과 건축면적에 포함되는지?

회신 질의의 주차장 부분은 건축법 시행령 제119조 제1항 제3호 라목에 따라 바닥면적 산정시 제외되는 "피로티 이와 유사한 구조"로 볼 수는 없을 것으로 판단되며, 또 성토가 건축허가시 지하층으로 인정되는 경우에는 지하부분은 건축면적·용적률 산정을 위한 연면적에 산입되지 아니하는 것임

■ 익힘문제 ■

다음 그림과 같은 '갑'과 '을'의 대지의 경우 대지면적의 차이는? (기사 기출)

㉮ $0m^2$
㉯ $2.5m^2$
㉰ $3.5m^2$
㉱ $5m^2$

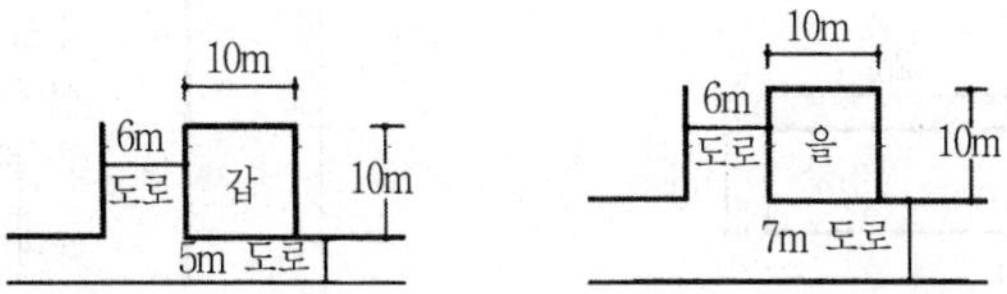

해설

① 갑의 대지면적
$100m^2-(2m\times2m\times1/2)$
$=100m^2-2m^2=98m^2$

② 을의 대지면적
$100m^2-(3m\times3m\times1/2)$
$=100m^2-4.5m^2=95.5m^2$

∴ 갑, 을의 대지면적 차이
$=98m^2-95.5m^2=2.5m^2$

정답 ㉯

■ 익힘문제 ■

다음 그림과 같은 건축물의 건축면적은? (산업 기출)

㉮ $145m^2$
㉯ $204m^2$
㉰ $225m^2$
㉱ $266m^2$

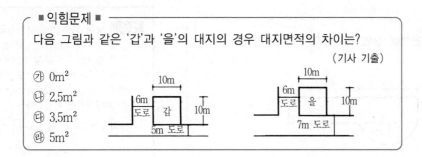

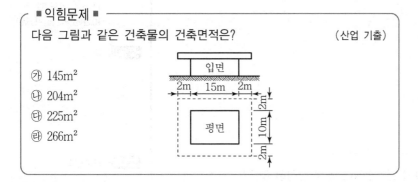

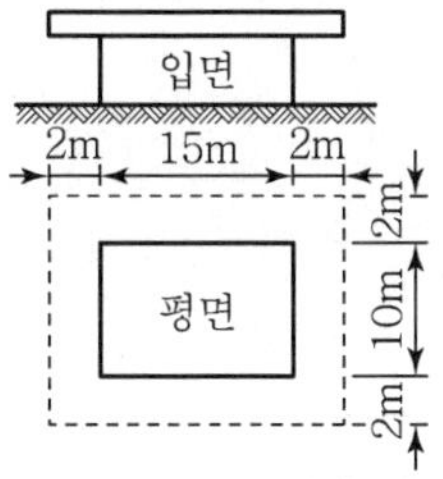

해설

① 건축면적의 산정
건축물의 외벽의 중심선(외벽이 없는 경우에는 외곽부분의 기둥)으로 둘러싸인 부분의 수평투영면적으로 한다.

② 건축면적 산정에서 제외되는 부분
㉠ 지표면으로부터 1m 이하에 있는 부분
㉡ 처마, 차양, 부연, 단독주택 및 공동주택의 발코니 기타 이와 유사한 것으로서 해당 외벽의 중심선으로부터 수평거리 1m (한옥의 경우에는 2m) 이상 돌출된 부분이 있는 경우에는 그 끝부분으로부터 수평거리 1m를 후퇴한 선의 바깥쪽 부분

∴ 건축면적
$=\{(2-1)m+15m+(2-1)m\}$
$\times(1m+10m+1m)=204(m^2)$

정답 ㉯

■ 익힘문제 ■

공동주택의 노대로서 바닥면적에 산입되는 면적은 몇 m^2인가? (기사 기출)

㉮ $10.28m^2$
㉯ $6.28m^2$
㉰ $6m^2$
㉱ $4.28m^2$

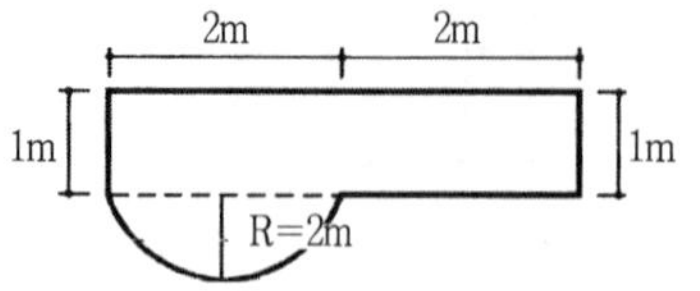

해설 노대 등의 바닥면적산정

노대 등의 바닥은 난간 등의 설치여부에 관계없이 노대 등의 면적에서 노대가 접한 가장 긴 외벽에 접한 길이에 1.5m를 곱한 값을 공제한 면적을 바닥면적에 산입한다.

노대의 면적 $= (4\,m \times 1m) + \left(\frac{\pi r^2}{2}\right)$

$= 4\,m^2 + \frac{\pi \times 2^2}{2}$

$= 10.28m^2$

$\left(※ 반원의 면적 : \frac{\pi r^2}{2}\right)$

∴ 바닥면적에 산입되는 면적
=노대면적-노대가 접하는 가장 긴 외벽에 접한 길이에 1.5m를 곱한 값
$=10.28m^2-(4m \times 1.5m)$
$=4.28m^2$

정답 ㉱

■ 익힘문제 ■

다음과 같은 경우의 건축물의 건축면적이 옳게 산정된 것은?

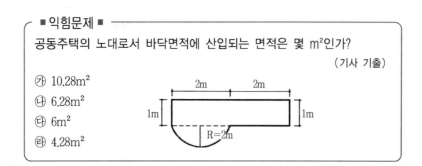

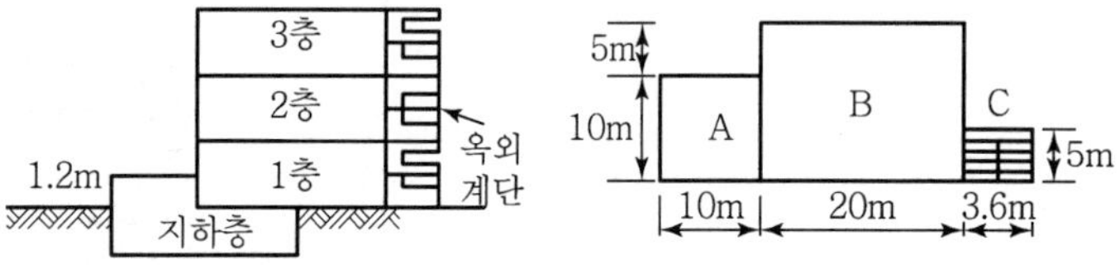

㉮ $300m^2$
㉯ $313m^2$
㉰ $400m^2$
㉱ $418m^2$

해설 건축면적

① A(지하층)부분(지표면상 1m를 초과하므로)의 건축면적에 산입된다.
$10 \times 10 = 100m^2$
② B부분의 건축면적
$15 \times 20 = 300m^2$
③ C부분의 건축면적
$3.6m \times 5m = 18m^2$(옥외계단은 전부산입)

∴ 건축면적은 ①+②+③=100+300+18=$418m^2$

정답 ㉱

3 건축물의 건폐율

건축법	건축법 시행령
제55조 【건축물의 건폐율】 대지면적에 대한 건축면적(대지에 건축물이 둘 이상 있는 경우에는 이들 건축면적의 합계로 한다)의 비율(이하 "건폐율"이라 한다)의 최대한도는 「국토의 계획 및 이용에 관한 법률」 제77조에 따른 건폐율의 기준에 따른다. 다만, 이 법에서 기준을 완화하거나 강화하여 적용하도록 규정한 경우에는 그에 따른다.	제78조 삭제(2003. 1. 1)

법해설 Explanation

건축물의 건폐율

(1) 정의

건폐율은 대지면적에 대한 건축면적(대지에 2이상의 건축물이 있는 경우에는 이들 건축면적의 합계)의 비율을 말한다.

$$\text{건폐율} = \frac{\text{건축면적}\left(\begin{array}{c}\text{2이상 건축물의 경우는}\\ \text{이들 건축면적의 합계}\end{array}\right)}{\text{대지면적}} \times 100(\%)$$

(2) 목적

① 대지안에 최소한의 공지 확보

② 건축물의 과밀방지

③ 일조·채광·통풍 등 위생적인 환경조성

④ 화재 그 밖의 재해시에 연소의 차단이나 소화·피난 등에 필요한 공간 확보

(3) 건폐율의 최대한도

건폐율의 최대한도는 「국토의 계획 및 이용에 관한 법률」에 따른 건폐율의 기준(법 제77조)에 따른다. 다만, 「건축법」에서 그 기준을 완화 또는 강화하여 적용하도록 규정한 경우에는 그에 따른다.

개요

지역안의 모든 시설이 원만하게 운영되고 또한 각 지역의 특성에 적합한 환경을 조성하려면 지역 및 지구에 따른 건축물의 용도제한만으로는 어려우므로 건축물의 밀도와 형태를 지역적으로 규제할 필요가 있다.

참고 건축면적 산정 시 제외되는 부분

① 처마, 차양, 부연, 그 밖에 이와 유사한 것으로서 당해 외벽의 중심선으로부터 수평거리 1m(한옥의 경우 2m) 이상 돌출된 부분이 있는 경우에는 그 끝부분으로부터 1m(한옥의 경우 2m)를 후퇴한 선의 옥외쪽 부분

② 지표면으로부터 1m 이하에 있는 부분(창고 중 물품을 입출고하기 위하여 차량을 접안시키는 부분의 경우에는 지표면으로부터 1.5m 이하에 있는 부분)

③ 건축물 지상층에 일반인이나 차량이 통행할 수 있도록 설치한 보행통로나 차량 통로

④ 지하주차장의 경사로

⑤ 건축물 지하층의 출입구 상부(출입구 너비에 상당하는 규모의 부분을 말함)

<일부는 생략>

참고 「국토의 계획 및 이용에 관한 법률」에 따른 지역안에서의 건폐율

1. 건폐율의 한도

지역안에서의 건폐율은 다음의 범위안에서 도시·군계획조례가 정하는 비율을 초과하여서는 아니된다.

용도지역	최대한도	지역의 세분	건폐율 한도	비 고
주거지역	70% 이하	제1종 전용주거지역	50% 이하	–
		제2종 전용주거지역		
		제1종 일반주거지역	60% 이하	
		제2종 일반주거지역		
		제3종 일반주거지역	50% 이하	
		준주거지역	70% 이하	건폐율 완화조건에 해당하는 경우 80~90%의 범위안에서 건축조례가 정하는 비율을 초과해서는 안된다. (단, 준주거지역은 방화지구에 한함)
상업지역	90% 이하	근린상업지역	70% 이하	
		일반상업지역	80% 이하	
		유통상업지역	80% 이하	–
		중심상업지역	90% 이하	
공업지역	70% 이하	전용공업지역	70% 이하	산업단지에 건축하는 공장은 80% 이하
		일반공업지역		
		준공업지역		
녹지지역	20% 이하	보전녹지지역	20% 이하	자연취락지구는 40% 이하
		생산녹지지역		
		자연녹지지역		

4 건축물의 용적률

건축법	건축법 시행령
제56조【건축물의 용적률】 대지면적에 대한 연면적(대지에 건축물이 둘 이상 있는 경우에는 이들 연면적의 합계로 한다)의 비율(이하 "용적률"이라 한다)의 최대한도는 「국토의 계획 및 이용에 관한 법률」 제78조에 따른 용적률의 기준에 따른다. 다만, 이 법에서 기준을 완화하거나 강화하여 적용하도록 규정한 경우에는 그에 따른다.	**제79조【용적률 삭제(2003 .1. 1】**

법해설 Explanation

건축물의 용적률

(1) 정의

용적률은 대지면적에 대한 건축물의 연면적(대지에 2이상의 건축물이 있는 경우에는 이들 연면적의 합계)의 비율을 말한다.

$$\text{용적률} = \frac{\text{연면적}\left(\begin{array}{c}\text{대지에 2이상의 건축물이 있는}\\ \text{경우에는 이들 연면적의 합계}\end{array}\right)}{\text{대지면적}} \times 100(\%)$$

(2) 목적

건축물의 높이 및 층 규모를 규제함으로서 주거・상업・공업・녹지지역의 면적배분이나 도로・상하수도・광장・공원・주차장 등 공동시설의 설치 등 효율적인 도시・군계획이 되도록 하는데 있다.

(3) 용적률의 최대한도

용적률의 최대한도는 「국토의 계획 및 이용에 관한 법률」에 따른 용적률의 기준(법 제78조)에 따른다. 다만, 「건축법」에서 그 기준을 완화 또는 강화하여 적용하도록 규정한 경우에는 그에 따른다.

◆ 용적률의 제한

건축물의 연면적 한도를 제한함으로써 시가지의 과밀화방지 및 균형된 도시발전을 가능케 하고 일조・채광・통풍・연소방지에 유효한 공간 확보를 위한 건축물의 규모를 제한하는 행위제한 규정이다.

참고 용적률 산정시 제외되는 부분

① 지하층 면적
② 지상층의 주차용(당해 건축물의 부속용도에 한함)으로 사용되는 면적
③ 초고층 건축물의 피난안전구역의 면적
④ 경사지붕 아래 대피공간

참고 「국토의 계획 및 이용에 관한 법률」에 따른 용도지역안에서의 용적률 한도

지역안에서의 용적률은 다음의 범위안에서 도시·군계획조례가 정하는 비율을 초과하여서는 아니 된다.

용도지역	최대한도	지역의 세분	용적률 한도
1. 주거지역	500% 이하	• 제1종 전용주거지역 • 제2종 전용주거지역	50% 이상, 100% 이하 100% 이상, 150% 이하
		• 제1종 일반주거지역 • 제2종 일반주거지역 • 제3종 일반주거지역	100% 이상, 200% 이하 150% 이상, 250% 이하 200% 이상, 300% 이하
		• 준주거지역	200% 이상, 500% 이하
2. 상업지역	1,500% 이하	• 중심상업지역 • 일반상업지역 • 근린상업지역 • 유통상업지역	400% 이상, 1,500% 이하 300% 이상, 1,300% 이하 200% 이상, 900% 이하 200% 이상, 1,100% 이하
3. 공업지역	400% 이하	• 전용공업지역 • 일반공업지역 • 준공업지역	150% 이상, 300% 이하 200% 이상, 350% 이하 200% 이상, 400% 이하
4. 녹지지역	100% 이하	• 보전녹지지역 • 생산녹지지역 • 자연녹지지역	50% 이상, 80% 이하 50% 이상, 100% 이하 50% 이상, 100% 이하
5. 관리지역	[보전] 80% 이하 [생산] 80% 이하 [계획] 100% 이하 다만, 성장관리방안을 수립한 지역의 경우 해당 지방자치단체의 조례로 125% 이내에서 완화하여 적용할 수 있다.	• 보전관리지역 • 생산관리지역 • 계획관리지역	50% 이상, 80% 이하 50% 이상, 80% 이하 50% 이상, 100% 이하
6. 농림지역	80% 이하	–	50% 이상, 80% 이하
7. 자연환경보전지역	80% 이하	–	50% 이상, 80% 이하

단서 도시·군계획조례로 지역별 용적률을 정하는 경우에는 해당 지역의 구역별로 용적률을 세분하여 정할 수 있다.

■ 익힘문제 ■

다음과 같이 대지면적 1,000m²인 토지에 지하 1층, 지상 2층의 건물이 있다. 이 토지 에 적용되는 최대용적률이 200%라고 하면 현 상태에서 지상으로 증축 가능한 최대 연 면적은 얼마인가? (단, 높이제한이 건축구조 등의 제약이 없는 것으로 한다.)

① $500m^2$
② $700m^2$
③ $1,000m^2$
④ $1,200m^2$
⑤ $1,800m^2$

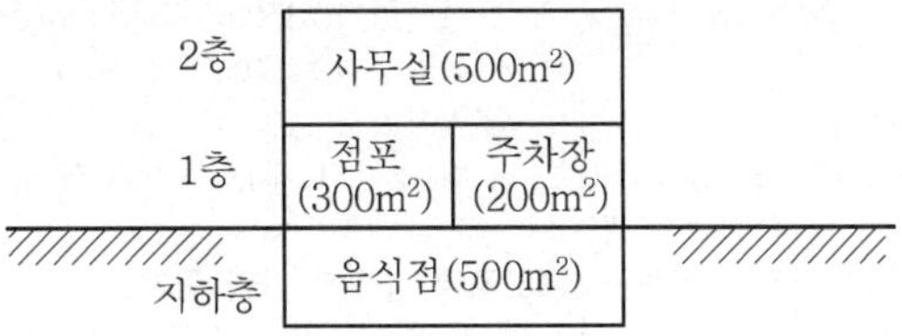

해설

용적률 산정시 지상층의 주차부분의 면적(200m²)과 지하층의 면적(500m²)은 연면적에 포함되지 않는다. 따라서 현재의 연면적은 사무실부분과 점포부분의 바닥면적을 합한 800m² 이고, 건축물의 최대 연면적은 대지면적에 용적률 상한을 곱한 2,000m²이므로 앞으로 증축 가능한 연면적은 1,200m²이다.

정답 ④

■ 익힘문제 ■

다음 그림과 같은 대지에 최대한의 연면적을 가진 건축물을 건축하고자 한다. 층수는 지하 1층(200m²), 지상은 5층으로 하고자 할 경우에 최대한 건축할 수 있는 연면적은 얼마인가?(단, 건폐율은 50%, 용적률은 200%이다.) (기사 기출)

㉮ $1,195m^2$
㉯ $1,200m^2$
㉰ $1,396m^2$
㉱ $1,695m^2$

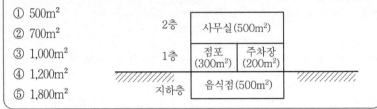

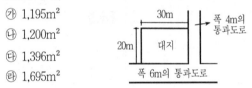

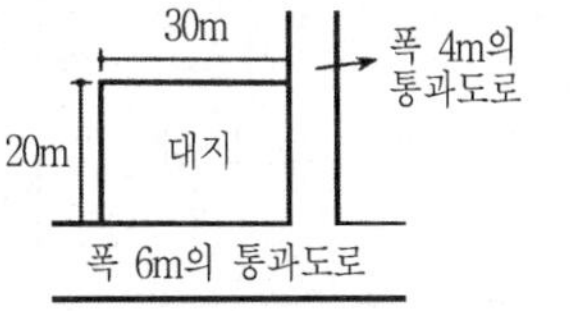

해설

용적률

① 대지면적
$=(30m \times 20m)-2m^2=598m^2$

② 용적률 200%는 대지면적의 2배에 해당하는 지상층 바닥면적의 건축이 가능하다.
그러므로 $1,196m^2$

∴ 연면적=지하층면적+지상층면적
$=200m^2+1,196m^2$
$=1,396m^2$

정답 ㉰

5 대지의 분할규모

건축법	건축법 시행령
제57조【대지의 분할 제한】 ① 건축물이 있는 대지는 대통령령으로 정하는 범위에서 해당 지방자치단체의 조례로 정하는 면적에 못 미치게 분할할 수 없다. ② 건축물이 있는 대지는 제44조, 제55조, 제56조, 제58조, 제60조 및 제61조에 따른 기준에 못 미치게 분할할 수 없다. **제58조【대지 안의 공지】** 건축물을 건축하는 경우에는 「국토의 계획 및 이용에 관한 법률」에 따른 용도지역·용도지구, 건축물의 용도 및 규모 등에 따라 건축선 및 인접 대지경계선으로부터 6미터 이내의 범위에서 대통령령으로 정하는 바에 따라 해당 지방자치단체의 조례로 정하는 거리 이상을 띄워야 한다.	**제80조【건축물이 있는 대지의 분할제한】** 법 제57조제1항에서 "대통령령으로 정하는 범위"란 다음 각 호의 어느 하나에 해당하는 규모 이상을 말한다. 1. 주거지역 : $60m^2$ 2. 상업지역 : $150m^2$ 3. 공업지역 : $150m^2$ 4. 녹지지역 : $200m^2$ 5. 제1호부터 제4호까지의 규정에 해당하지 아니하는 지역 : $60m^2$ **제80조의2【대지 안의 공지】** 법 제58조에 따라 건축선(법 제46조제1항에 따른 건축선을 말한다) 및 인접 대지경계선(대지와 대지 사이에 공원, 철도, 하천, 광장, 공공공지, 녹지, 그 밖에 건축이 허용되지 아니하는 공지가 있는 경우에는 그 반대편의 경계선을 말한다)으로부터 건축물의 각 부분까지 띄어야 하는 거리의 기준은 별표 2와 같다.

법해설 Explanation

대지의 분할제한

(1) 대지의 분할제한 규모

건축물이 있는 대지는 다음의 범위 안에서 지방자치단체의 조례가 정하는 면적에 미달되게 분할할 수 없다.

용도지역	분할규모
주거지역	$60m^2$ 이상
상업지역	$150m^2$ 이상
공업지역	
녹지지역	$200m^2$ 이상
기타지역	$60m^2$ 이상

(2) 대지의 분할제한 관련 규정

건축물이 있는 대지는 다음의 기준에 미달되게 분할할 수 없다.

규정	조항
대지와 도로의 관계	법 제44조
건축물의 건폐율	법 제55조
건축물의 용적률	법 제56조
대지 안의 공지	법 제58조

참고

◆ 대지의 분할제한 의의

대지면적을 너무 적게 세분하면 토지 이용상 불리하며, 과소건축물의 밀집으로 일조·채광·통풍·소방 등에 지장을 주게 되므로 대지의 분할규모를 설정하여 일정 규모이상의 대지만이 건축이 가능하도록 한 것이다.

규정	조항
건축물의 높이제한	법 제60조
일조 등의 확보를 위한 건축물의 높이제한	법 제61조

대지 안의 공지

① 건축선 · 인접대지경계선으로부터의 거리
  ㉠ 건축물의 건축, 용도변경의 경우 용도지역 · 지구, 용도 및 규모에 따라 구분한다.
  ㉡ 6m 이내의 범위에서 건축조례가 정하는 거리 이상을 띄워야 한다. (【별표2】 참조)

② 거리기준
  ㉠ 건축선 : 대지와 도로의 경계선을 말한다.
  - 소요폭 미달 도로의 경우－수평거리 후퇴선
  - 도로 모퉁이 부분의 경우－도로 모퉁이에서 건축선이 지정되는 부분
  - 허가권자가 건축선을 따로 지정하는 경우

  ㉡ 인접대지경계선 : 대지와 대지 사이에 공원, 철도, 하천, 광장, 공공공지, 녹지 등 공지가 있는 경우는 그 반대편 경계선을 말한다.

【별표 2】 대지 안의 공지 기준(제80조의 2 관련)

1. 건축선으로부터 건축물까지 띄어야 하는 거리

대상 건축물	건축조례에서 정하는 건축기준
가. 해당 용도로 사용되는 바닥면적의 합계가 500m^2 이상인 공장(전용공업지역 및 일반공업지역 또는「산업입지 및 개발에 관한 법률」에 따른 산업단지에서 건축하는 공장을 제외)으로서 건축조례가 정하는 건축물	• 준공업지역 : 1.5m 이상 6m 이하 • 준공업지역 외의 지역 : 3m 이상 6m 이하
나. 해당 용도로 사용되는 바닥면적의 합계가 500m^2 이상인 창고(전용공업지역 및 일반공업지역 또는「산업입지 및 개발에 관한 법률」에 따른 산업단지에서 건축하는 창고를 제외)로서 건축조례가 정하는 건축물	• 준공업지역 : 1.5m 이상 6m 이하 • 준공업지역 외의 지역 : 3m 이상 6m 이하
다. 해당 용도로 사용되는 바닥면적의 합계가 1,000m^2 이상인 판매시설, 숙박시설(여관 및 여인숙을 제외), 문화 및 집회시설(전시장 및 동 · 식물원을 제외) 및 종교시설	• 3m 이상 6m 이하

라. 다중이 이용하는 건축물로서 건축조례가 정하는 건축물	• 3m 이상 6m 이하
마. 공동주택	• 아파트 : 2m 이상 6m 이하 • 연립주택 : 2m 이상 5m 이하 • 다세대주택 : 1m 이상 4m 이하
바. 그 밖에 건축조례가 정하는 건축물	• 1m 이상 6m 이하(한옥의 경우에는 처마선 2m 이하, 외벽선 1m 이상 2m 이하)

2. 인접대지경계선으로부터 건축물까지 띄어야 하는 거리

대상 건축물	건축조례에서 정하는 건축기준
가. 전용주거지역에 건축하는 건축물(공동주택은 제외)	• 1m 이상 6m 이하(한옥의 경우에는 처마선 2m 이하, 외벽선 1m 이상 2m 이하)
나. 해당 용도로 사용되는 바닥면적의 합계가 $500m^2$ 이상인 공장(전용공업지역 및 일반공업지역 또는 「산업입지 및 개발에 관한 법률」에 따른 산업단지에서 건축하는 공장은 제외)으로서 건축조례가 정하는 건축물	• 준공업지역 : 1m 이상 6m 이하 • 준공업지역 외의 지역 : 1.5m 이상 6m 이하
다. 해당 용도로 사용되는 바닥면적의 합계가 $1,000m^2$ 이상인 판매시설, 숙박시설(여관 및 여인숙은 제외), 문화 및 집회시설(전시장 및 동·식물원은 제외) 및 종교시설. 다만, 상업지역에서 건축하는 건축물을 제외한다.	• 1.5m 이상 6m 이하
라. 다중이 이용하는 건축물(상업지역에서 건축하는 건축물은 제외)로서 건축조례가 정하는 건축물	• 1.5m 이상 6m 이하
마. 공동주택(상업지역에서 건축하는 공동주택으로서 스프링클러나 그 밖에 이와 비슷한 자동식 소화설비를 설치한 공동주택은 제외)	• 아파트 : 2m 이상 6m 이하 • 연립주택 : 1.5m 이상 5m 이하 • 다세대주택 : 0.5m 이상 4m 이하
바. 그 밖에 건축조례가 정하는 건축물	• 0.5m 이상 6m 이하(한옥의 경우에는 처마선 2m 이하, 외벽선 1m 이상 2m 이하)

6 맞벽건축과 연결복도

건축법	건축법 시행령
제59조【맞벽 건축과 연결복도】 ① 다음 각 호의 어느 하나에 해당하는 경우에는 제58조, 제61조 및 「민법」 제242조를 적용하지 아니한다. 1. 대통령령으로 정하는 지역에서 도시미관 등을 위하여 둘 이상의 건축물 벽을 맞벽(대지경계선으로부터 50센티미터 이내인 경우를 말한다. 이하 같다)으로 하여 건축하는 경우 2. 대통령령으로 정하는 기준에 따라 인근 건축물과 이어지는 연결복도나 연결통로를 설치하는 경우 ② 제1항 각 호에 따른 맞벽, 연결복도, 연결통로의 구조·크기 등에 관하여 필요한 사항은 대통령령으로 정한다.	**제81조【맞벽건축 및 연결복도】** ① 법 제59조제1항제1호에서 "대통령령으로 정하는 지역"이란 다음 각 호의 어느 하나에 해당하는 지역을 말한다.<개정 2008.10.29, 2012.12.12> 1. 상업지역 2. 주거지역(건축물 및 토지의 소유자 간 맞벽건축을 합의한 경우에 한정한다.) 3. 허가권자가 도시미관 또는 한옥 보전·진흥을 위하여 건축조례로 정하는 구역 4. 건축협정구역 ② 삭제<2006.5.8> ③ 법 제59조제1항제1호에 따른 맞벽은 다음 각 호의 기준에 적합하여야 한다.<개정 2014.10.14.> 1. 주요구조부가 내화구조일 것 2. 마감재료가 불연재료일 것 ④ 제1항에 따른 지역(건축협정구역은 제외)에서 맞벽건축을 할 때 맞벽 대상 건축물의 용도, 맞벽 건축물의 수 및 층수 등 맞벽에 필요한 사항은 건축조례로 정한다.<개정 2008.10.29> ⑤ 법 제59조제1항제2호에서 "대통령령으로 정하는 기준"이란 다음 각 호의 기준을 말한다.<개정 2019.8.6> 1. 주요구조부가 내화구조일 것 2. 마감재료가 불연재료일 것 3. 밀폐된 구조인 경우 벽면적의 10분의 1 이상에 해당하는 면적의 창문을 설치할 것. 다만, 지하층으로서 환기설비를 설치하는 경우에는 그러하지 아니하다. 4. 너비 및 높이가 각각 5미터 이하일 것. 다만, 허가권자가 건축물의 용도나 규모 등을 고려할 때 원활한 통행을 위하여 필요하다고 인정하면 지방건축위원회의 심의를 거쳐 그 기준을 완화하여 적용할 수 있다. 5. 건축물과 복도 또는 통로의 연결부분에 자동방화셔터 또는 방화문을 설치할 것 6. 연결복도가 설치된 대지 면적의 합계가 「국토의 계획 및 이용에 관한 법률 시행령」 제55조에 따른 개발행위의 최대 규모 이하일 것. 다만, 지구단위계획구역에서는 그러하지 아니하다. ⑥ 법 제59조제1항제2호에 따른 연결복도나 연결통로는 건축사 또는 건축구조기술사로부터 안전에 관한 확인을 받아야 한다.<개정 2008.10.29><개정 2009.7.16>

법해설 Explanation

맞벽건축과 연결복도

(1) 적용배제

다음 아래에 해당하는 경우 대지 안의 공지(법 제58조)·일조 등의 확보를 위한 건축물의 높이제한(법 제61조) 및 경계선부근의 건축(「민법」 제242조)에 따른 규정을 적용하지 않는다.

적용배제대상	대상지역 및 기준
도시미관 등을 위하여 2이상의 건축물의 벽을 맞벽(대지경계선으로부터 50cm 이내인 경우)으로 하여 건축하는 경우	• 상업지역 • 주거지역(건축물 및 토지의 소유자 간 맞벽건축을 합의한 경우에 한정한다.) • 허가권자가 도시미관 또는 한옥 보전·진흥을 위하여 건축조례로 정하는 구역 • 건축협정구역
인근건축물과 연결복도 또는 연결통로를 설치하는 경우	• 주요구조부가 내화구조일 것 • 마감재료는 불연재료일 것 • 밀폐된 구조인 경우 벽면적 1/10 이상 면적의 창을 설치할 것 **예외** 지하층으로서 환기설비를 설치하는 경우 • 너비 및 높이가 각각 5m 이하일 것

◆ 「민법」 제242조 (경계선 부근의 건축)

① 건물을 축조함에는 특별한 관습이 없으면 경계로부터 0.5m 이상의 거리를 두어야 한다.

② 인접지소유자는 전항의 규정에 위반한 자에 대하여 건물의 변경이나 철거를 청구할 수 있다. 그러나 건축에 착수한 후 1년을 경과하거나 건물이 완성된 후에는 손해배상만을 청구할 수 있다.

◆ 맞벽 건축시 건축물의 적용범위

질의 맞벽건축으로 건축할 경우 소방법에 따른 소방시설의 설치대상 건축물을 판단할 때, 두 건축물에 대한 연면적의 합계로 산정하여야 하는지?

회신 맞벽건축으로 하더라도 하나의 건축물이 되지 않음

적용배제대상	대상지역 및 기준
인근건축물과 연결복도 또는 연결통로를 설치하는 경우	**예외** 허가권자가 건축물의 용도나 규모 등을 고려할 때 원활한 통행을 위하여 필요하다고 인정하면 지방건축위원회의 심의를 거쳐 그 기준을 완화하여 적용할 수 있다. • 건축물과 복도 또는 통로의 연결부분에 자동방화 셔터 또는 방화문을 설치할 것 • 연결복도가 설치된 대지의 면적의 합계가 「국토의 계획 및 이용에 관한 시행령」 규정에 따른 개발행위의 최대 규모 이하일 것 **예외** 지구단위계획구역 안

(2) 맞벽건축의 구조 및 연결복도의 안전확인

① 맞벽은 방화벽으로 축조하여야 한다.

② 연결복도 및 연결통로는 건축사 또는 건축구조기술사부터 안전확인을 받아야 한다.

참고 맞벽건축 및 연결복도에 대한 도해

• 맞벽건축

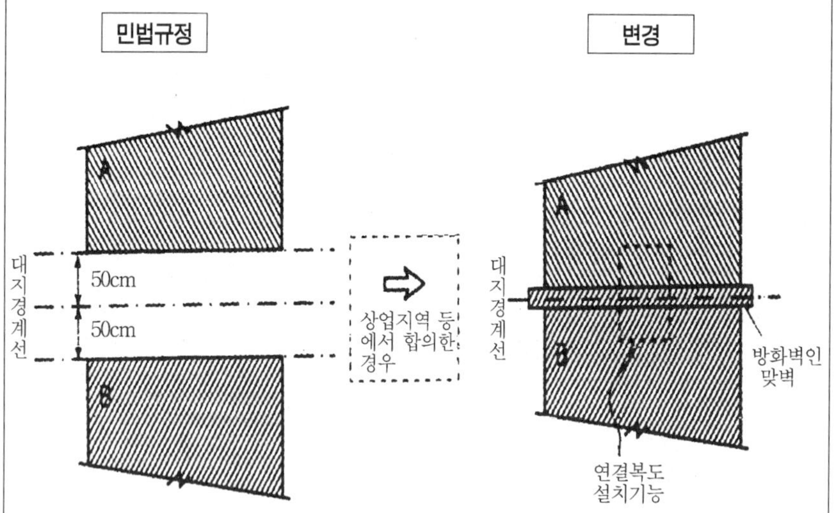

• 연결복도

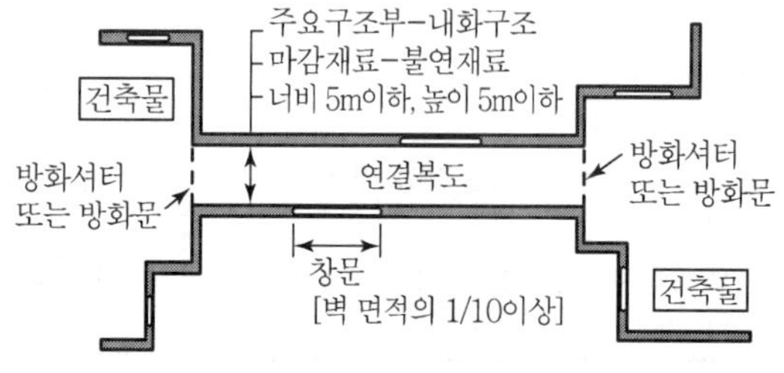

[개정취지] <2008.10.29>
연결복도 및 연결통로의 설치기준 완화(영 제81조제5항제4호 단서 신설)
(1) 건축물과 인근 건축물을 연결하는 연결복도 또는 연결통로의 너비 및 높이를 각각 5미터 이하로 제한하고 있어, 대형복합유통단지나 쇼핑몰 등의 경우 차량이나 보행자가 원활 하게 통행하는데 불편을 초래하고 있음.
(2) 허가권자가 건축물의 용도나 규모 등을 고려할 때 원활한 통행을 위하여 필요하다고 인정하면 지방건축위원회의 심의를 거쳐 연결복도 또는 연결통로의 너비 및 높이에 대한 기준을 완화하여 적용할 수 있도록 함.

◆ 연결복도의 설치가능 여부

질의 판매시설과 근린생활시설 등 유사한 용도간에도 연결복도의 설치하는 경우 이를 악용하는 사례가 발생할 수 있다고 보는 데 가능한 지 및 소유자가 동일인일 경우에도 설치가 가능한 지 여부

회신 건축물간의 기능을 향상시키고자 하는 것이므로 건축물의 용도나 소유자에 대한 제한을 두고 있지 아니함

회신 지하철 정거장과 건축물간의 지하연결통로

지하철의 정차장과 인접 대형 건축물간의 지하 연결통로는 두 시설물의 이용객 편의뿐 아니라 공공보도의 역할도 겸한다 할 것이므로 동대지 경계선까지의 연결통로는 「지하도로시설기준에 관한 규칙」 제2조에 따른 지하도로에 해당하니 도로부지의 지하에 설치하는 연결통로는 도시·군계획으로 결정하여 설치하여야 할 것임.(건설부 건축 01254-27999(1990. 10. 25)

7 면적·높이 등의 산정

건축법	건축법 시행령
제84조【면적·높이 및 층수의 산정】 건축물의 대지면적, 연면적, 바닥면적, 높이, 처마, 천장, 바닥 및 층수의 산정방법은 대통령령으로 정한다.	**제119조【면적 등의 산정방법】** 5. 건축물의 높이 : 지표면으로부터 그 건축물의 상단까지의 높이[건축물의 1층 전체에 필로티(건축물을 사용하기 위한 경비실, 계단실, 승강기실, 그 밖에 이와 비슷한 것을 포함한다)가 설치되어 있는 경우에는 법 제60조 및 법 제61조제2항을 적용할 때 필로티의 층고를 제외한 높이]로 한다. 다만, 다음 각 목의 어느 하나에 해당하는 경우에는 각 목에서 정하는 바에 따른다. 가. 법 제60조에 따른 건축물의 높이는 전면도로의 중심선으로부터의 높이로 산정한다. 다만, 전면도로가 다음의 어느 하나에 해당하는 경우에는 그에 따라 산정한다. 1) 건축물의 대지에 접하는 전면도로의 노면에 고저차가 있는 경우에는 그 건축물이 접하는 범위의 전면도로부분의 수평거리에 따라 가중평균한 높이의 수평면을 전면 도로면으로 본다. 2) 건축물의 대지의 지표면이 전면도로보다 높은 경우에는 그 고저차의 2분의 1의 높이만큼 올라온 위치에 그 전면도로의 면이 있는 것으로 본다. 나. 법 제61조에 따른 건축물 높이를 산정할 때 건축물 대지의 지표면과 인접 대지의 지표면 간에 고저차가 있는 경우에는 그 지표면의 평균 수평면을 지표면(법 제61조 제2항에 따른 높이를 산정할 때 해당 대지가 인접 대지의 높이보다 낮은 경우에는 그 대지의 지표면을 말한다)으로 본다. 다만, 전용주거지역 및 일반주거지역을 제외한 지역에서 공동주택을 다른 용도와 복합하여 건축하는 경우에는 공동주택의 가장 낮은 부분을 그 건축물의 지표면으로 본다. 다. 건축물의 옥상에 설치되는 승강기탑·계단탑·망루·장식탑·옥탑 등으로서 그 수평투영면적의 합계가 해당 건축물 건축면적의 8분의 1(「주택법」 제16조제1항에 따른 사업계획승인 대상인 공동주택 중 세대별 전용면적이 85m² 이하인 경우에는 6분의 1) 이하인 경우로서 그 부분의 높이가 12미터를 넘는 경우에는 그 넘는 부분만 해당 건축물의 높이에 산입한다. 라. 지붕마루장식·굴뚝·방화벽의 옥상돌출부나 그 밖에 이와 비슷한 옥상돌출물과 난간 벽(그 벽면적의 2분의 1 이상이 공간으로 되어 있는 것만 해당한다)은 그 건축물의 높이에 산입하지 아니한다. 6. 처마높이 : 지표면으로부터 건축물의 지붕틀 또는 이와 비슷한 수평재를 지지하는 벽·깔도리 또는 기둥의 상단까지의 높이로 한다. 7. 반자높이 : 방의 바닥면으로부터 반자까지의 높이로 한다. 다만, 한 방에서 반자높이가 다른 부분이 있는 경우에는 그 각 부분의 반자면적에 따라 가중평균한 높이로 한다. 8. 층고 : 방의 바닥구조체 윗면으로부터 위층 바닥구조체의 윗면까지의 높이로 한다. 다만, 한 방에서 층의 높이가 다른 부분이 있는 경우에는 그 각 부분 높이에 따른 면적에 따라 가중평균한 높이로 한다. 9. 층수 : 승강기탑, 계단탑, 망루, 장식탑, 옥탑, 그 밖에 이와 비슷한 건축물의 옥상 부분으로서 그 수평투영면적의 합계가 해당 건축물 건축면적의 8분의 1(「주택법」 제16조 제1항에 따른 사업계획승인 대상인 공동주택 중 세대별 전용면적이 85m² 이하인 경우에는 6분의 1) 이하인 것과 지하층은 건축물의 층수에 산입하지 아니하고, 층의 구분이 명확하지 아니한 건축물은 그 건축물의 높이 4미터마다 하나의 층으로 보고 그 층수를 산정하며, 건축물이 부분에 따라 그 층수가 다른 경우에는 그 중 가장 많은 층수를 그 건축물의 층수로 본다. 10. 지하층의 지표면 : 법 제2조제1항제5호에 따른 지하층의 지표면은 각 층의 주위가 접하는 각 지표면 부분의 높이를 그 지표면 부분의 수평거리에 따라 가중평균한 높이의 수평면을 지표면으로 산정한다. ② 제1항 각 호(제10호는 제외한다)에 따른 기준에 따라 건축물의 면적·높이 및 층수 등을 산정할 때 지표면에 고저차가 있는 경우에는 건축물의 주위가 접하는 각 지표면 부분의 높이를 그 지표면 부분의 수평거리에 따라 가중평균한 높이의 수평면을 지표면으로 본다. 이 경우 그 고저차가 3미터를 넘는 경우에는 그 고저차 3미터 이내의 부분마다 그 지표면을 정한다. ③ 제1항제5호다목 또는 제1항제9호에 따른 수평투영면적의 산정은 제1항제2호에 따른 건축면적의 산정방법에 따른다. [전문개정 2008.10.29]

법해설 Explanation

건축물의 높이

(1) 일반적인 높이 산정의 기준

건축물의 높이는 지표면으로부터 해당 건축물의 상단까지의 높이로 한다.

단서 건축물의 1층 전체에 필로티(건축물의 사용을 위한 경비실·계단실·승강기실 등 포함)가 설치되어 있는 경우에는 건축물의 높이제한(영 제82조)과 일조 등의 확보를 위한 공동주택의 높이제한(영 제86조 제2항)의 규정을 적용함에 있어 필로티의 층고를 제외한 높이를 건축물 높이로 한다.

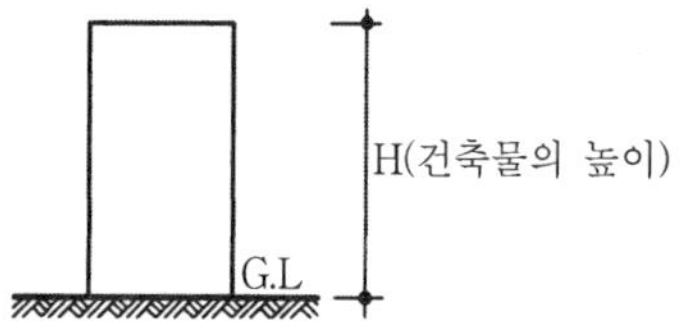

(건축물 높이 산정의 원칙)

(2) 건축물의 최고 높이제한에 따른 높이산정의 기준

① 원칙

건축물의 최고 높이제한에 따른 건축물 높이 산정시 전면도로의 중심선으로부터의 높이로 한다.

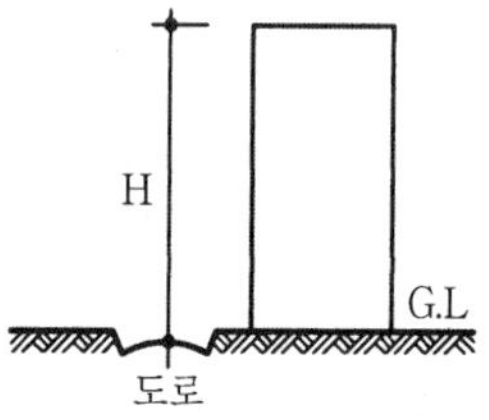

(전면도로면의 중심선에서 높이 산정)

② 적용기준

㉠ 건축물이 대지에 접하는 전면도로의 노면에 고저차가 있는 경우 : 접하는 범위의 전면도로 부분의 수평거리에 따라 가중평균한 높이의 수평면을 전면도로면으로 한다.

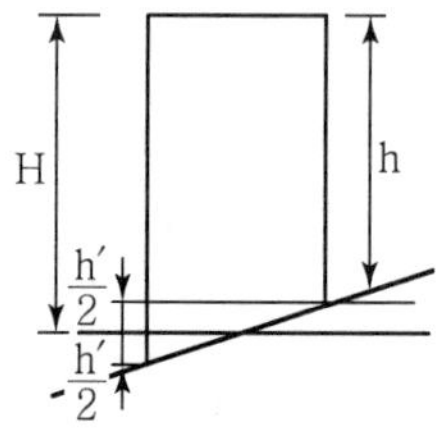

(경사도로면의 높이 산정)

㉡ 건축물의 대지에 지표면이 전면도로보다 높은 경우 : 그 고저차의 1/2의 높이만큼 올라온 위치에 해당 전면도로의 면이 있는 것으로 본다.

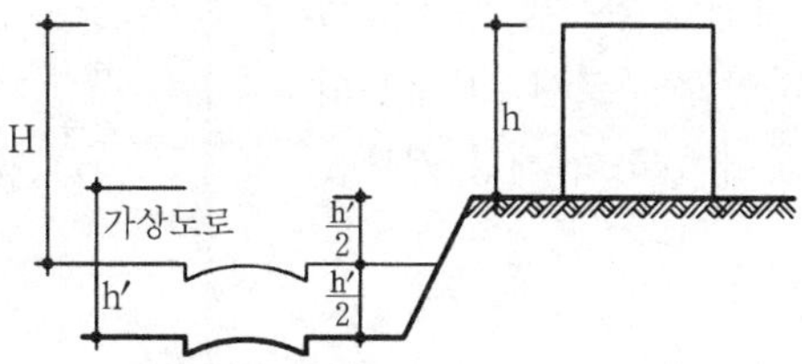

(전면도로가 낮은 경우의 높이 산정)

(3) 일조 등의 확보를 위한 건축물의 높이제한에 따른 높이 산정의 기준

① 인접대지간 고저차가 있는 경우

건축물의 대지의 지표면과 인접대지의 지표면간에 고저차가 있는 경우에는 그 지표면의 평균수평면을 지표면(공동주택의 높이는 높이의 산정에 있어서 해당 대지가 인접대지의 높이보다 낮은 경우에는 해당 대지의 지표면을 말함)으로 본다.

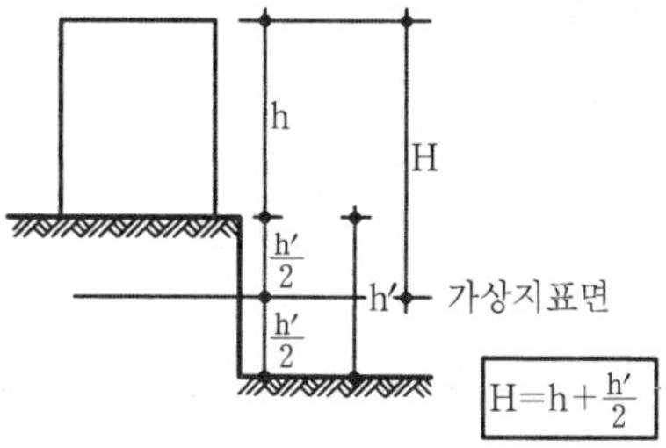

(인접대지의 지표면이 낮은 경우)

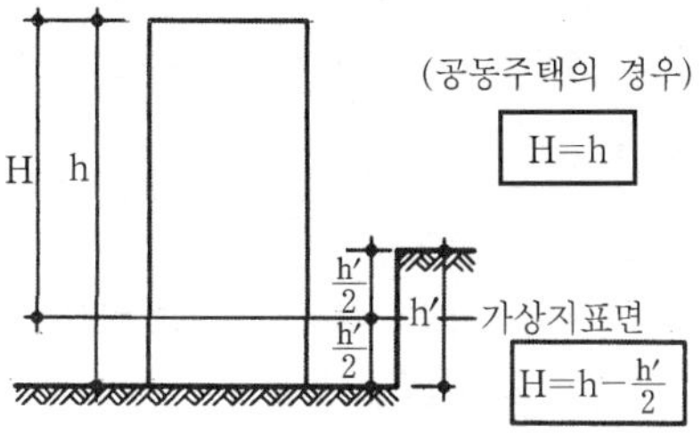

(인접대지의 지표면이 높은 경우)

② 복합건축물의 경우

전용주거지역 및 일반주거지역을 제외한 지역에서 공동주택을 다른 용도와 복합하여 건축하는 경우 공동주택의 가장 낮은 부분을 지표면으로 본다.

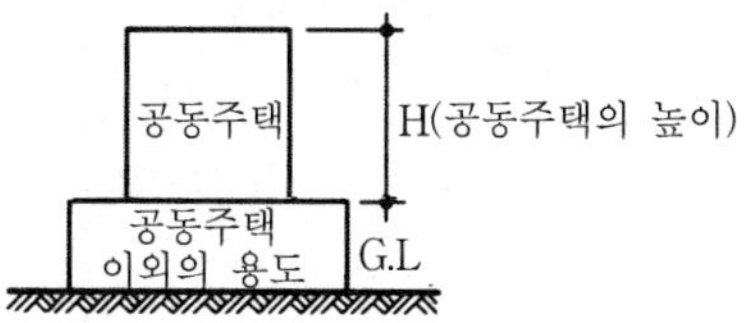

(복합용도인 공동주택의 높이 산정〔전용, 일반주거지역이 아닌 지역〕)

◆ 지표면에 고저차이가 있을시 일조권 확보를 위한 높이제한

(건교건축 58070－1764, 1997. 5. 27)

질의 대지 고저차가 5.6m이고 건축물의 두 부분이 방화벽으로 완전 구획된 경우 가상지표면을 적용하여 건축법(도로 및 일조 등에 따른 높이제한, 지하층, 층수와 높이) 적용을 할 수 있는지 여부

회신 도로에 따른 높이제한 및 일조 등의 확보를 위한 높이제한시 건축물의 높이산정은 건축법시행령 제119조 제1항 제5호 가목 및 나목의 규정에 의하는 것이며, 층수 및 지하층의 지표면은 동조동항 제9호 및 제10호에 따라 산정하는 것인 바, 이 경우에 지표면은 고저차가 있는 경우에는 건축물의 주위가 접하는 각 지표면 부분의 높이를 해당 지표면 부분이 수평거리에 따라 가중평균한 높이의 수평면을 지표면으로 보고, 그 고저차가 3m를 넘는 경우에는 해당 고저차 3m 이내의 부분마다 지표면을 정하도록 규정하고 있음.

◆ 공동주택이 인접대지 고저차가 있는 경우 높이의 산정

(건교건축 58070－1730, 1997. 5. 20)

회신 건축법시행령 제119조 제1항 제5호 나목에 따라 법 제61조에 따른 건축물의 높이의 산정에 있어 건축물의 대지의 지표면과 인접대지의 지표면간에 고저차가 있는 경우에는 그 지표면의 평균수평면을 지표면으로 보는 것이나, 같은법 시행령 제86조 제2호에 따른 건축물의 높이 산정시는 해당 대지의 지표면으로부터 산정하도록 하고 있음.

⑷ 건축물 옥상부분의 높이 산정의 기준

① 거실 외의 용도로 쓰이는 옥상부분(승강기탑, 계단탑, 망루, 장식탑, 옥탑 등)으로서 그 수평 투영면적의 합계가 해당 건축물의 건축면적의 1/8(「주택법」에 따른 사업계획 승인대상 공동주택 중 세대별 전용면적이 85m² 이하인 경우는 1/6) 이하인 경우로서 그 부분의 높이가 12m를 넘는 경우에는 그 넘는 부분에 한하여 해당 건축물의 높이에 산입한다.

◆ 승강기탑, 계단탑 등 건축면적 1/8 이하일 때 일조권 제한여부

(건교건축 58070-2345, 1997. 7. 3)

회신 건축법시행령 제119조 제1항 제5호 다목에 따라 건축물의 높이에서 제외되는 부분은 일조권에 따른 건축물 높이제한시 건축물의 높이에서 제외되는 것임

(A+a₁)의 H=h₁+a₁의 높이(12m+h₂)
(A+a₂)의 H=h₁
(A+a₃)의 H=h₁+a₃의 높이에서 12m를 넘는 부분

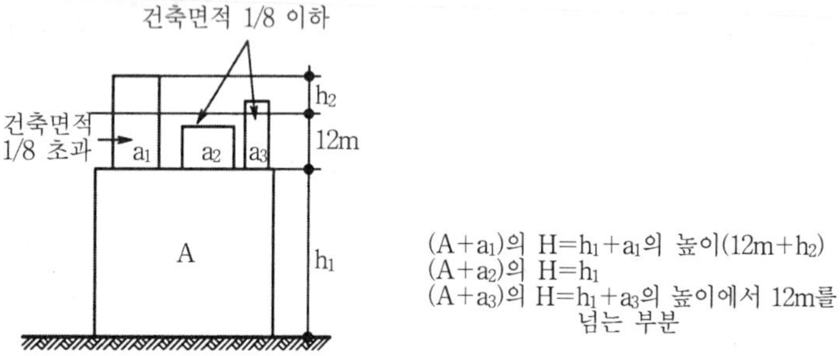

(건축물 옥상부분 높이 산정)

② 지붕마루장식, 굴뚝, 방화벽의 옥상돌출부, 그 밖에 이와 유사한 옥상돌출물과 난간벽(그 벽면적의 1/2 이상의 공간으로 되어 있는 것)은 높이산정시 제외한다.

처마높이

지표면으로부터 건축물의 지붕틀 또는 이와 유사한 수평재를 지지하는 벽, 깔도리 또는 기둥의 상단까지의 높이(H)

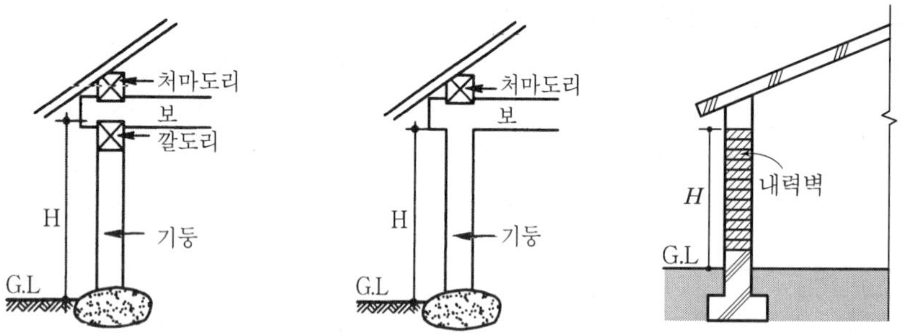

처마높이 : H=깔도리 상단까지 처마높이 : H=기둥 상단까지 처마높이 : H=내력벽 상단까지
(테두리보 하단까지)

반자높이

⑴ 원칙

방의 바닥면으로부터 반자까지의 높이

(2) 적용기준

동일한 방에서 반자높이가 다른 부분이 있는 경우에는 그 각부분의 반자의 면적에 따라 가중평균한 높이

$$h = \frac{\text{방의 부피}\ (m^3)}{\text{방의 면적}\ (m^2)}$$

층고

(1) 원칙

방의 바닥구조체 윗면으로부터 위층바닥구조체의 윗면까지의 높이로 한다.

(2) 적용기준

동일한 방에서 층의 높이가 다른 부분이 있는 경우에는 그 각 부분의 높이에 따른 면적에 따라 가중평균한 높이

층수

① 승강기탑・계단탑・망루・장식탑・옥탑 등 건축물의 옥상부분으로서 그 수평투영면적의 합계가 해당 건축물의 건축면적의 1/8 이하(「주택법」에 따른 사업계획 승인대상 공동주택 중 세대별 전용면적이 $85m^2$ 이하인 경우는 1/6)인 것은 층수에 산입하지 않는다.

② 지하층은 건축물의 층수에 산입하지 않는다.

③ 층의 구분이 명확하지 않은 건축물에 있어서는 해당 건축물의 높이 4m마다 하나의 층으로 산정한다.

④ 건축물의 부분에 따라 그 층수를 달리한 경우에는 그 중 가장 많은 층수를 그 건축물의 층수로 본다.

지표면에 고저차가 있는 경우의 지표면의 높이 산정

지표면에 고저차가 있는 때에는 건축물의 주위가 접하는 각 지표면 부분의 높이를 해당 지표면 부분의 수평거리에 따라 가중평균한 높이의 수평면을 지표면으로 본다. 이 경우 그 고저차가 3m를 넘을 때에는 해당 고저차 3m 이내의 부분마다 그 지표면을 산정한다.

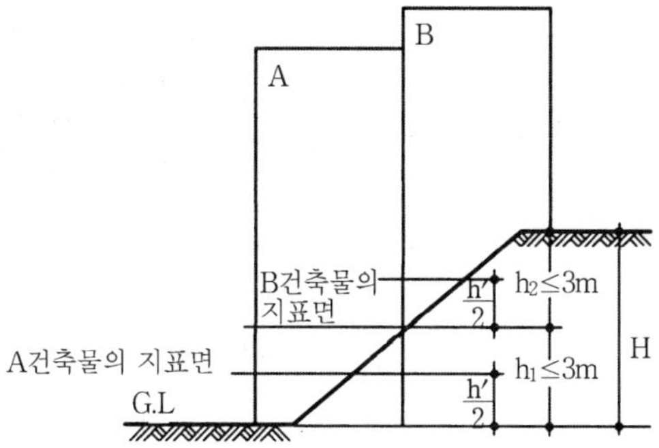

(고저차가 있는 지표면 산정)

◆ 다락의 층고산정

(건축 01254-39410, 1992. 10. 31)

질의 경사지붕안에 설치하는 다락의 층고 1.5m라 함은 가중평균한 높이인지 여부 및 건축물 최상층 지붕에 다락을 설치하지 않는 경사지붕으로서 그 높이가 1.5m를 초과하는 부분의 적법여부?

회신 질의와 같은 다락의 층고는 건축법시행령 제119조 제1항 제8호의 규정에 따라 가중평균한 높이로 산정하는 것이며 다락을 설치하지 아니하는 경사지붕의 높이가 1.5m를 초과하더라도 높이제한 등 제 규정에 적합한 경우 이를 제한하는 규정은 없는 것임.

참고 건축물의 층수

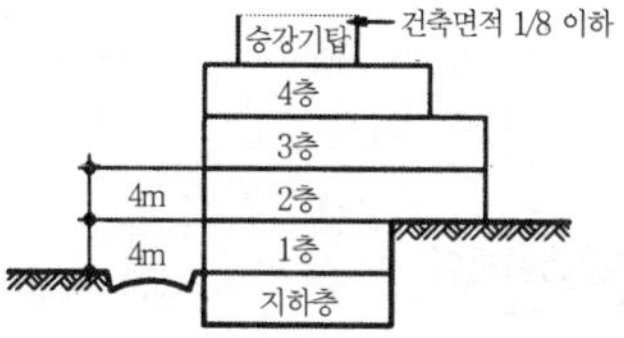

◆ 경사지에 건축하는 경우 층수산정 기준

(건축 58070-1516, 1999. 4. 27)

질의 6m의 고저차가 있는 지표면을 가중 평균하여 동일한 구조로 1동의 건축물을 건축할 경우의 하나의 층을 구획하면 아파트 지하층과 상가의 지상 1층으로 구분할 수 있는지?

회신 건축물의 층수는 건축법 시행령 제119조 제2항의 규정에 따라 산정한 지표면으로부터 지하층을 제외한 그 위 첫 번째 층을 1층으로 하여 순차적으로 정하여야 할 것으로, 하나의 대지 안에서 3m 이상의 고저차가 있어 각각의 지표면을 기준으로 별도의 건축물로 건축하는 경우(별동의 건축물, 테라스하우스 등)의 에는 건축법상 하나의 건축물의 동일한 층을 구획하여 층수를 달리할 수 없는 것임.

8 건축물의 높이제한

건축법	건축법 시행령
제60조【건축물의 높이 제한】 ① 허가권자는 가로구역[(街路區域) : 도로로 둘러싸인 일단(一團)의 지역을 말한다. 이하 같다]을 단위로 하여 대통령령으로 정하는 기준과 절차에 따라 건축물의 높이를 지정·공고할 수 있다. 다만, 특별자치도지사 또는 시장·군수·구청장은 가로구역의 높이를 완화하여 적용할 필요가 있다고 판단되는 대지에 대하여는 대통령령으로 정하는 바에 따라 건축위원회의 심의를 거쳐 최고 높이를 완화하여 적용할 수 있다. ② 특별시장이나 광역시장은 도시의 관리를 위하여 필요하면 제1항에 따른 가로구역별 건축물의 최고 높이를 특별시나 광역시의 조례로 정할 수 있다. ③ 삭제 <2015.5.18>	**제82조【건축물의 높이 제한】** ① 허가권자는 법 제60조제1항에 따라 가로구역별로 건축물의 높이를 지정·공고할 때에는 다음 각 호의 사항을 고려하여야 한다. 1. 도시·군관리계획 등의 토지이용계획 2. 해당 가로구역이 접하는 도로의 너비 3. 해당 가로구역의 상·하수도 등 간선시설의 수용능력 4. 도시미관 및 경관계획 5. 해당 도시의 장래 발전계획 ② 허가권자는 제1항에 따라 가로구역별 건축물의 높이를 지정하려면 지방건축위원회의 심의를 거쳐야 한다. 이 경우 주민의 의견청취 절차 등은 「토지이용규제기본법」 제8조에 따른다. ③ 허가권자는 같은 가로구역에서 건축물의 용도 및 형태에 따라 건축물의 높이를 다르게 정할 수 있다. ④ 법 제60조제1항 단서에 따라 가로구역의 높이를 완화하여 적용하는 경우에 대한 구체적인 완화기준은 제1항 각 호의 사항을 고려하여 건축조례로 정한다.

법해설 Explanation

건축물의 높이제한

① 높이의 지정절차

㉠ 허가권자(특별자치도지사 또는 시장·군수·구청장)는 가로구역(도로로 둘러싸인 일단의 지역)을 단위로 하여 높이 지정기준에 따라 건축물의 높이를 지정할 수 있다.

㉡ 허가권자는 가로구역의 높이를 완화하여 적용할 필요가 있다고 판단되는 대지에 대하여는 건축위원회의 심의를 거쳐 최고높이를 완화하여 적용할 수 있다.

② 높이의 지정기준

허가권자는 다음의 사항을 고려하여 가로구역별로 건축물의 높이를 지정·공고하여야 한다.

㉠ 도시·군관리계획 등의 토지이용계획

㉡ 해당 가로구역이 접하는 도로의 너비

㉢ 해당 가로구역의 상·하수도 등 간선시설의 수용능력

㉣ 도시미관 및 경관계획

㉤ 해당 도시의 장래발전계획

③ 높이의 완화적용 등

㉠ 허가권자는 위의 ②에 따라 가로구역별 건축물의 높이를 지정하려면 지방건축위원회의 심의를 거쳐야 한다.

◆법 제60조 개정취지
① 건축물의 높이는 전면도로 너비의 1.5배 이내로 제한하고 있으나, 높이산정과정이 지나치게 복잡하여 많은 민원 발생
② 도로의 너비에 따라 건축물의 규모와 형태가 결정되는 사례의 개선 필요
- 특별자치도지사 또는 시장·군수·구청장이 구역별 건축물의 최고높이를 지정하여 건축물의 높이 기준에 대한 투명성 확보
  - 사회간접시설의 확충여부 등 주변환경을 감안하여 최고높이를 결정
  - 최고높이 미지정시 건축물의 높이제한은 구법(영 제82조·제85조) 규정 적용
- 구역(Block)별로 최고높이를 정하도록 하여 계획적 개발을 유도하고 건축주도 건축가능한 높이를 미리 예측할 수 있어 투명성 확보

㉡ 허가권자는 건축물의 용도 및 형태에 따라 동일한 가로구역 안에서의 건축물의 높이를 달리 정할 수 있다.

㉢ 특별시장·광역시장은 도시관리를 위하여 필요한 경우에는 가로구역별 건축물의 최고높이를 특별시·광역시의 조례로 정할 수 있다.

■ 익힘문제 ■

주거지역 내에서 인접대지와 고저차가 있는 그림과 같은 건축물이 지표면에서 A점까지의 높이로서 맞는 것은? (기사 기출)

㉮ 5m
㉯ 6.5m
㉰ 7m
㉱ 8m

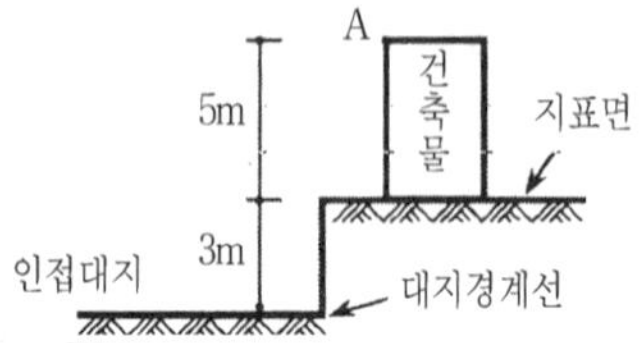

해설

◆ 높이 산정

① 건축물 높이 : 5m
② 고저차 수평면(평균수평면이 지표면이다.) : 3m×1/2=1.5m
∴ ①, ②에 의해서
5m+1.5m=6.5m

정답 ㉯

■ 익힘문제 ■

건축면적이 500m²인 건축물의 옥상 각 부분의 높이가 그림과 같은 경우 건축물의 높이로서 맞는 것은?(단, (A) 피뢰침의 높이 5m, (B) 광고탑의 수평투영면적 20m², 높이 10m, (C) 계단답 수평투영 면적 30m², 높이 15m) (기사 기출)

㉮ 23m
㉯ 25m
㉰ 30m
㉱ 35m

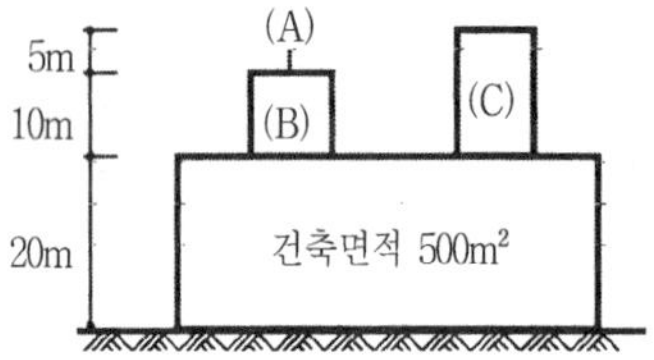

해설

◆ 높이 산정

망루의 면적이 건축면적의 1/8 이하이므로 12m를 넘는 부분만 높이에 산정
∴ 20m+(15m−12m)=23m

정답 ㉮

■ 익힘문제 ■

그림과 같은 단면을 갖는 거실의 평균 반자 높이는? (산업 기출)

㉮ 2.5m
㉯ 3.0m
㉰ 2.85m
㉱ 2.75m

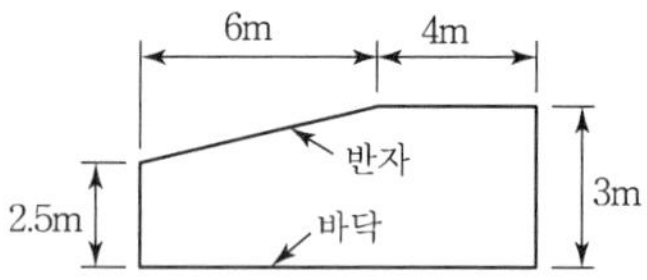

해설

① 방의 바닥면으로부터 반자까지의 높이로 한다.
② 동일한 방에서 반자높이가 다른 부분이 있는 경우에는 그 각 부분의 반자의 면적에 따라 가중평균한 높이로 한다.

∴ $\text{반자높이} = \dfrac{\text{실의 단면적}}{\text{실의 너비}}$

$= \dfrac{\left[(6+4)\times 3 - 6\times 0.5\times \frac{1}{2}\right]}{(6+4)}$

$=2.85(\text{m})$

정답 ㉰

9 일조 등의 확보를 위한 건축물의 높이제한

건축법	건축법시행령	건축법 시행규칙
제61조【일조 등의 확보를 위한 건축물의 높이 제한】 ① 전용주거지역과 일반주거지역 안에서 건축하는 건축물의 높이는 일조(日照) 등의 확보를 위하여 정북방향(正北方向)의 인접 대지경계선으로부터의 거리에 따라 대통령령으로 정하는 높이 이하로 하여야 한다. ② 다음 각 호의 어느 하나에 해당하는 공동주택(일반상업지역과 중심상업지역에 건축하는 것은 제외한다)은 채광(採光) 등의 확보를 위하여 대통령령으로 정하는 높이 이하로 하여야 한다.<개정 2013.5.10> 1. 인접 대지경계선 등의 방향으로 채광을 위한 창문 등을 두는 경우 2. 하나의 대지에 두 동(棟) 이상을 건축하는 경우 ③ 다음 각 호의 어느 하나에 해당하면 제1항에도 불구하고 건축물의 높이를 정남(正南)방향의 인접 대지경계선으로부터의 거리에 따라 대통령령으로 정하는 높이 이하로 할 수 있다. 1. 「택지개발촉진법」 제3조에 따른 택지개발지구인 경우 2. 「주택법」 제16조에 따른 대지조성사업지구인 경우 3. 「지역균형개발 및 지방중소기업 육성에 관한 법률」 제4조와 제9조에 따른 광역개발 권역 및 개발촉진지구인 경우 4. 「산업입지 및 개발에 관한 법률」 제6조부터 제8조까지의 규정에 따른 국가산업단지, 일반산업단지, 도시첨단산업단지 및 농공단지인 경우 5. 「도시개발법」 제2조제1항제1호에 따른 도시개발구역인 경우 6. 「도시 및 주거환경정비법」 제8조에 따른 정비구역인 경우	**제86조【일조 등의 확보를 위한 건축물의 높이제한】** ① 전용주거지역이나 일반주거지역에서 건축물을 건축하는 경우에는 법 제61조 제1항에 따라 건축물의 각 부분을 정북(正北) 방향으로의 인접 대지경계선으로부터 다음 각 호의 범위에서 건축조례로 정하는 거리 이상을 띄어 건축하여야 한다. <개정 2015.7.6.> 1. 높이 9미터 이하인 부분 : 인접 대지경계선으로부터 1.5미터 이상 2. 높이 9미터를 초과하는 부분 : 인접 대지경계선으로부터 해당 건축물 각 부분 높이의 2분의 1 이상 ② 다음 각 호의 어느 하나에 해당하는 경우에는 제1항을 적용하지 아니한다. <시행 2018.4.19.> 1. 다음 각 목의 어느 하나에 해당하는 구역 안의 대지 상호간에 건축하는 건축물로서 해당 대지가 너비 20미터 이상의 도로(자동차·보행자·자전거 전용도로를 포함하며, 도로에 공공공지, 녹지, 광장, 그 밖에 건축미관에 지장이 없는 도시·군계획시설이 접한 경우 해당 시설을 포함한다)에 접한 경우 가. 「국토의 계획 및 이용에 관한 법률」 제51조에 따른 지구단위계획구역, 같은 법 제37조 제1항 제1호에 따른 경관지구 나. 「경관법」 제9조 제1항 제4호에 따른 중점경관관리구역 다. 법 제77조의2 제1항에 따른 특별가로구역 라. 도시미관 향상을 위하여 허가권자가 지정·공고하는 구역 2. 건축협정구역 안에서 대지 상호간에 건축하는 건축물(법 제77조의4 제1항에 따른 건축협정에 일정 거리 이상을 띄어 건축하는 내용이 포함된 경우만 해당한다)의 경우 3. 건축물의 정북 방향의 인접 대지가 전용주거지역이나 일반주거지역이 아닌 용도지역에 해당하는 경우 ③ 법 제61조제2항에 따라 공동주택은 다음 각 호의 기준에 적합하여야 한다. 다만, 채광을 위한 창문 등이 있는 벽면에서 직각 방향으로 인접 대지경계선까지의 수평거리가 1미터 이상으로서 건축조례로 정하는 거리 이상인 다세대주택은 제1호를 적용하지 아니한다. 1. 건축물(기숙사는 제외한다)의 각 부분의 높이는 그 부분으로부터 채광을 위한 창문 등이 있는 벽면에서 직각 방향으로 인접 대지경계선까지의 수평거리의 2배(근린상업지역 또는 준주거지역의 건축물은 4배) 이하로 할 것 2. 같은 대지에서 두 동(棟) 이상의 건축물이 서로 마주보고 있는 경우(한 동의 건축물 각 부분이 서로 마주보고 있는 경우를 포함한다)에 건축물 각 부분 사이의 거리는 다음 각 목의 거리 이상을 띄어 건축할 것. 다만, 그 대지의 모든 세대가 동지(冬至)를 기준으로 9시에서 15시 사이에 2시간 이상을 계속하여 일조(日照)를 확보할 수 있는 거리 이상으로 할 수 있다. 가. 채광을 위한 창문 등이 있는 벽면으로부터 직각방향으로 건축물 각 부분 높이의 0.5배(도시형 생활주택의 경우에는 0.25배) 이상의 범위에서 건축조례로 정하는 거리 이상 나. 가목에도 불구하고 서로 마주보는 건축물 중 남쪽방향(마주보는 두 동의 축이 남동에서 남서 방향인 경우만 해당한다)의 건축물 높이가 낮고, 주된 개구부(거실과 주된 침실이 있는 부분의 개구부를 말한다)의 방향이 남쪽을 향하는 경우에는 높은 건축물 각 부분의 높이의 0.4배(도시형 생활주택의 경우에는 0.2배) 이상의 범위에서 건축조례로 정하는 거리 이상이고 낮은 건축물 각 부분의 높이의 0.5배(도시형 생활주택의 경우에는 0.25배) 이상의 범위에서 건축조례로 정하는 거리 이상 다. 가목에도 불구하고 건축물과 부대시설 또는 복리시설이 서로 마주보고 있는 경우에는 부대시설 또는 복리시설 각 부분 높이의 1배 이상 라. 채광창(창 넓이가 0.5m^2 이상인 창을 말한다)이 없는 벽면과 측벽이 마주보는 경우에는 8미터 이상	**제36조【일조 등의 확보를 위한 건축물의 높이제한】** 시장·군수·구청장은 영 제86조 제4항에 따라 건축물의 높이를 고시하기 위하여 주민의 의견을 듣고자 할 때에는 그 내용을 30일간 주민에게 공람시켜야 한다.

<table>
<tr><th>건축법</th><th>건축법시행령</th><th>건축법 시행규칙</th></tr>
<tr><td>7. 정북방향으로 도로, 공원, 하천 등 건축이 금지된 공지에 접하는 대지인 경우
8. 정북방향으로 접하고 있는 대지의 소유자와 합의한 경우나 그 밖에 대통령령으로 정하는 경우
④ 2층 이하로서 높이가 8미터 이하인 건축물에는 해당 지방자치단체의 조례로 정하는 바에 따라 제1항부터 제3항까지의 규정을 적용하지 아니할 수 있다.</td><td>마. 측벽과 측벽이 마주보는 경우[마주보는 측벽 중 하나의 측벽에 채광을 위한 창문 등이 설치되어 있지 아니한 바닥면적 3㎡ 이하의 발코니(출입을 위한 개구부를 포함한다)를 설치하는 경우를 포함한다]에는 4미터 이상
3. 제3조제1항제4호에 따른 주택단지에 두 동 이상의 건축물이 법 제2조제1항제11호에 따른 도로를 사이에 두고 서로 마주보고 있는 경우에는 제2호 가목 및 나목을 적용하지 아니하되, 해당 도로의 중심선을 인접 대지경계선으로 보아 제1호를 적용한다.
④ 법 제61조제3항 각 호 외의 부분에서 "대통령령으로 정하는 높이"란 제1항에 따른 높이의 범위에서 특별자치시장·특별자치도지사 또는 시장·군수·구청장이 정하여 고시하는 높이를 말한다.
⑤ 특별자치시장·특별자치도지사 또는 시장·군수·구청장은 제3항에 따라 건축물의 높이를 고시하려면 국토교통부령으로 정하는 바에 따라 미리 해당 지역주민의 의견을 들어야 한다. 다만, 법 제61조제3항제1호부터 제6호까지의 어느 하나에 해당하는 지역인 경우로서 건축위원회의 심의를 거친 경우에는 그러하지 아니하다.
⑥ 제1항부터 제5항까지를 적용할 때 건축물을 건축하려는 대지와 다른 대지 사이에 다음의 각 호의 시설 또는 부지가 있는 경우에는 그 반대편의 대지경계선(공동주택은 인접 대지경계선과 그 반대편 대지경계선의 중심선)을 인접 대지경계선으로 한다.
1. 공원(「도시공원 및 녹지 등에 관한 법률」 제2조제3호에 따른 도시공원 중 지방건축위원회의 심의를 거쳐 허가권자가 공원의 일조 등을 확보할 필요가 있다고 인정하는 공원은 제외한다), 도로, 철도, 하천, 광장, 공공공지, 녹지, 유수지, 자동차 전용도로, 유원지
2. 다음 각 목에 해당하는 대지
가. 너비(대지경계선에서 가장 가까운 거리를 말한다)가 2미터 이하인 대지
나. 면적이 제80조 각 호에 따른 분할제한 기준 이하인 대지
3. 제1호 및 제2호 외에 건축이 허용되지 아니하는 공지</td><td></td></tr>
</table>

법해설 Explanation

일조 등의 확보를 위한 건축물의 높이제한

(1) 일조 등의 확보를 위한 대상지역

<table>
<tr><th>방위</th><th>위치</th><th colspan="2">대상지역</th></tr>
<tr><td>정북방향
(원칙)</td><td>인접대지
경계선</td><td colspan="2">• 전용주거지역
• 일반주거지역</td></tr>
<tr><td rowspan="7">정남방향
(가능)</td><td rowspan="7">인접대지
경계선</td><td>택지개발지구</td><td>「택지개발촉진법」</td></tr>
<tr><td>대지조성사업시행지구</td><td>「주택법」</td></tr>
<tr><td>• 광역개발권역
• 개발촉진지구</td><td>「지역균형개발 및 지방중소기업육성에 관한 법률」</td></tr>
<tr><td>• 국가산업단지
• 일반산업단지
• 도시첨단산업단지
• 농공단지</td><td>「산업입지 및 개발에 관한 법률」</td></tr>
<tr><td>도시개발구역</td><td>「도시개발법」</td></tr>
<tr><td>정비구역</td><td>「도시 및 주거환경정비법」</td></tr>
<tr><td colspan="2">• 정북방향으로 도로·공원·하천 등 건축이 금지된 공지에 접하는 대지
• 정북방향으로 접하고 있는 대지의 소유자와 합의한 경우의 대지</td></tr>
</table>

◆ 일조 등의 확보를 위한 대지 소유자 등의 동의

질의 건축법 제61조 제3항 제10호에서 "정북방향으로 접하고 있는 대지의 소유지와 합의한 경우 정남방향으로 띄워 건축" 할 수 있도록 하고 있는 바, 건물과 토지소유자가 다른 경우 건물소유자의 동의를 받지 않아도 되는지 및 정북방향의 대지소유자가 변경된 경우 계속 유효한지?

회신 동 규정은 정북방향에 위치한 대지 및 건물의 일조 권리를 의미하는 것으로 건물과 토지소유자가 다른 경우에는 건물소유자의 동의도 얻어야 하는 것이며, 정북방향의 대지소유자가 변경된 경우라도 전소유자가 동의하였다면 권리관계가 승계된 것으로 보아야 하는 것임

질의 건축물 각 부분의 높이에 대한 인접대지경계선으로부터의 거리 산정기준(건축 58070-643, 1995. 2. 17) 건축법상의 일조권의 규정을 적용함에 있어서 정북방향이란 진북, 도북, 자북 중 어느 것을 말하는지?

(2) 일조 등의 확보를 위한 건축물의 높이제한

① 정북방향의 인접대지 경계선으로부터 띄우는 거리

높이	인접대지 경계선으로부터 띄우는 거리
9m 이하인 부분	1.5m 이상
9m를 초과하는 부분	해당 건축물 각 부분의 높이 1/2 이상

예외 1. 다음 어느 하나에 해당하는 구역 안의 대지 상호간에 건축하는 건축물로서 해당 대지가 너비 20미터 이상의 도로(자동차・보행자・자전거 전용도로를 포함하며, 도로에 공공공지, 녹지, 광장, 그 밖에 건축미관에 지장이 없는 도시・군계획시설이 접한 경우 해당 시설을 포함한다)에 접한 경우
가. 지구단위계획구역, 경관지구
나. 「경관법」에 따른 중점경관관리구역
다. 특별가로구역
라. 도시미관 향상을 위하여 허가권자가 지정・공고하는 구역
2. 건축협정구역 안에서 대지 상호간에 건축하는 건축물(법 제77조의4제1항에 따른 건축협정에 일정 거리 이상을 띄어 건축하는 내용이 포함된 경우만 해당한다)
3. 건축물의 정북방향의 인접 대지가 전용주거지역이나 일반주거지역이 아닌 용도지역에 해당하는 경우

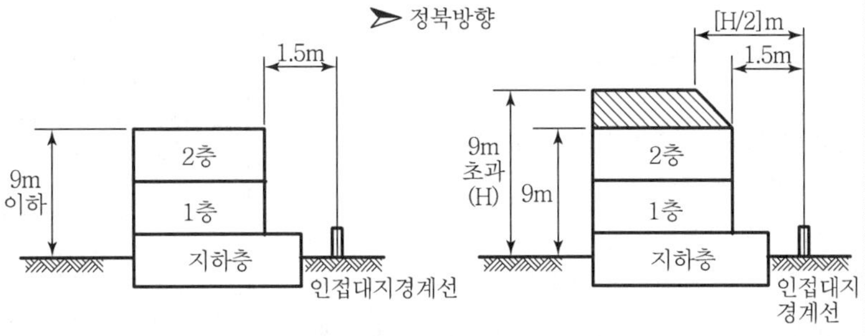

② 정남방향의 인접대지 경계선으로부터 띄우는 거리

㉠ 위 ①에 따른 높이의 범위 안에서 특별자치도지사 또는 시장・군수・구청장이 고시하는 높이를 말한다.

㉡ 특별자치시・지사 또는 시장・군수・구청장은 건축물의 높이를 고시하고자 할 때에는 미리 그 내용을 30일간 공람시켜야 하며, 해당 지역주민의 의견을 들어야 한다.

예외 해당 지역인 경우로서 건축위원회의 심의를 거친 경우

(3) 공지가 있는 경우 인접대지 경계선의 적용

① 건축물을 건축하려는 대지와 다른 대지 사이에 다음의 시설 또는 부지가 있는 경우에는 그 반대편의 대지경계선을 인접 대지경계선으로 한다.

1. 공원(도시공원 중 지방건축위원회의 심의를 거쳐 허가권자가 공원의 일조 등을 확보할 필요가 있다고 인정하는 공원은 제외

회신 건축법시행령 제86조에 따른 정북방향이라 함은 도북 방향을 말하는 것임

질의 상업지역(대)+일반주거지역(소)에 걸친 대지의 일조기준 적용
(건축 58070-1711, 1999. 5. 12)
대지가 넓은 도로에서 12m까지는 상업지역에 있고, 일반주거지역에 일부 걸쳐 있는 경우 그 대지 정북방향으로 있는 일반주거지역의 인접지역에 대하여 일조권 규정을 적용해야 하는지?

회신 하나의 대지가 지역에 걸치는 경우 과반이 속하는 지역 안의 건축물 및 대지에 관한 규정을 적용하는 것은 건축물의 건축금지 및 제한규정에 있어 이를 적용하는 것이나, 건축법 제61조 및 같은 법시행령 제86조 제1항에 따른 정북방향의 일조 등의 확보를 위한 높이제한은 일반주거지역의 부분에서는 적용되어야 하는 것임.

◆ 승강기탑의 일조권 적용
(건교건축 58070-4126, 1996. 10. 26)
질의 일조권에 따른 건축물의 높이를 산정함에 있어 가상지표면의 산정 및 공동주택의 승강기탑등으로 건축면적의 1/8 이하이거나 높이가 12m 이하인 경우 일조권적용 여부

회신 일조권에 따른 건축물의 높이를 산정함에 있어 가상 지표면의 산정은 건축법시행령 제119조 제1항 및 제2항의 규정에 의하는 것이며, 건축물의 높이에 산입되지 아니하는 부분은 일조권에 따른 높이제한 규정을 적용받지 않아도 되는 것임

◆ 철골보 등에 따른 건축물 높이산입
(건교건축 58070-2932, 1995. 7. 18)
질의 건축법시행령 제119조 제1항 제5호 다, 라목의 규정에 따라 높이에 산입되지 아니한 부분에 대하여 도로사선제한 및 일조권 확보를 위한 높이제한 적용시 그림과 같이 철골기둥과 철골보로만 구성되어 있는 건축물의 부분도 위의 규정을 적용할 수 있는지?

한다), 도로, 철도, 하천, 광장, 공공공지, 녹지, 유수지, 자동차 전용도로, 유원지

2. 다음 각 목에 해당하는 대지
   가. 너비(대지경계선에서 가장 가까운 거리를 말한다)가 2미터 이하인 대지
   나. 면적이 제80조 각 호에 따른 분할제한 기준 이하인 대지
3. 제1호 및 제2호 외에 건축이 허용되지 아니하는 공지

② 공공주택에 있어서는 위 ①의 경우 인접대지경계선과 그 반대편경계선과의 중심선을 인접대지경계선으로 본다.

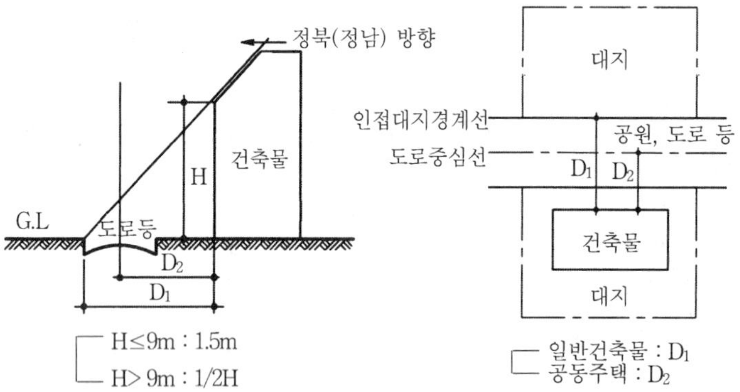

(인접대지 경계선의 적용)

(4) **공동주택(중심상업지역, 일반상업지역 제외)의 높이제한 강화**(인접대지 경계선 등의 방향으로 채광을 위한 창문 등을 두는 경우와 하나의 대지에 두동 이상을 건축하는 경우)

① 건축물(기숙사를 제외)각 부분의 높이 : 건축물의 각 부분의 높이는 그 부분으로부터 채광을 위한 창문 등이 있는 벽면에서 직각방향으로 인접대지경계선까지의 수평거리의 2배(근린상업지역·준주거지역안의 건축물은 4배) 이하의 높이로 할 것

예외 채광을 위한 창문 등이 있는 벽면에서 직각방향으로 인접대지경계선까지의 수평거리가 1m 이상으로서 건축조례가 정하는 거리 이상인 다세대주택인 경우

② 동일 대지내에서 2동 이상의 건축물이 서로 마주보고 있는 경우 : 동일 대지내에서 2동 이상의 건축물이 서로 마주보고 있는 경우(1동의 건축물의 각 부분이 서로 마주보고 있는 경우를 포함)의 두 건축물 각 부분사이의 거리는 다음에 따라 산정하는 거리 이상을 띄어 건축할 것

㉠ 해당 대지안의 모든 세대가 동지일을 기준으로 9시에서 15시 사이에 2시간 이상을 연속하여 일조를 확보할 수 있는 거리 이상

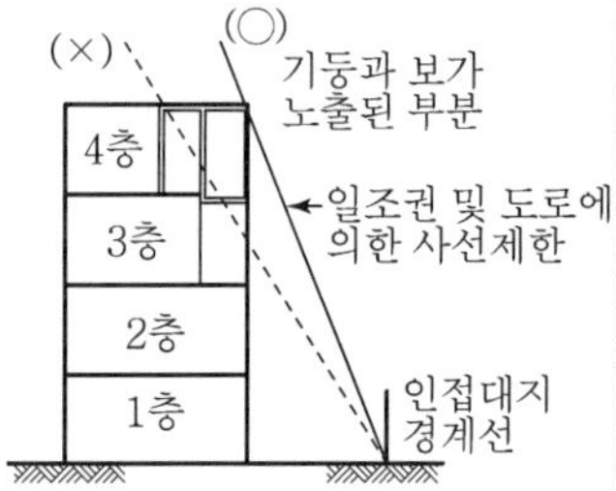

회신 건축법시행령 제119조 제1항 제5호 다, 라목의 규정에 의하면 건축물의 구조물이 아닌 난간벽 등으로서 그 벽 면적의 1/2 이상이 공간으로 되어 있는 경우에는 일조 및 사선제한 등의 규정을 적용받지 않아도 되는 것이나, 질의의 기둥과 보가 노출된 부분은 기존 건축물과 같은 기둥과 보로 형성되어 건축물로서의 형태를 갖추었을 뿐만 아니라 향후 기존 건축물과 용이하게 연계하여 지붕, 바닥 설치시 일체화된 건축물이 되는 것이므로, 질의 도면의 기둥과 보가 노출된 부분에 대하여도 일조권 확보를 위한 사선제한 규정을 적용받아야 하는 것이 타당할 것임

◆ 경사대지내 일조를 위한 높이제한
(건교건축 58070-4221, 1996. 11. 2)

질의
① 경사진 대지를 형질변경하여 공동주택을 건축하는 경우 건축법시행령 제86조를 적용함에 있어 건축물의 높이 산정은?
② 대지에 접한 도로의 폭이 불규칙적인 경우 도로에 따른 높이제한을 적용하기 위한 도로폭은?

㉡ 채광을 위한 창문 등이 있는 벽면으로부터 직각방향으로 건축물 각 부분 높이의 0.5배(도시형 생활주택의 경우에는 0.25배) 이상의 범위에서 건축조례로 정하는 거리 이상

㉢ 서로 마주보는 건축물이 다음에 해당하는 경우 높은 건축물 각 부분 높이의 0.4배(도시형 생활주택의 경우에는 0.2배) 이상의 범위에서 건축조례로 정하는 거리 이상이고, 낮은 건축물 각 부분 높이의 0.5배(도시형 생활주택의 경우에는 0.25배) 이상의 범위에서 건축조례로 정하는 거리 이상

- 남측방향(마주보는 2동의 축이 남동에서 남서방향에 한함)의 건축물이 낮은 경우
- 주된 개구부(거실과 침실부분의 개구부)의 방향이 남측을 향하는 경우

㉣ 위 ㉡에도 불구하고 건축물과 부대시설 또는 복리시설이 서로 마주보고 있는 경우에는 부대시설 또는 복리시설 각 부분 높이의 1배 이상

㉤ 채광창(창넓이 $0.5m^2$ 이상의 창)이 없는 벽면과 측벽이 마주보는 경우 8m 이상

㉥ 측벽과 측벽이 마주보는 경우[마주보는 측벽 중 1개의 측벽에 한하여 채광을 위한 창문 등이 설치되어 있지 않은 바닥면적 $3m^2$ 이하의 발코니(출입을 위한 개구부를 포함)를 설치한 경우를 포함] 4m 이상

㉦ 사업계획승인을 얻은 주택단지 안에 2동 이상의 건축물이 도로(「건축법」에 따른 도로)를 사이에 두고 서로 마주보는 경우의 높이제한은 위 ㉡, ㉢의 높이 규정을 적용하지 아니하고 해당도로의 중심선을 인접대지경계선으로 보아 위 ①의 규정을 적용한다.

회신

① 건축법시행령 제86조를 적용하기 위한 건축물의 높이 산정은 같은법 시행령 제119조 제1항 제5호나목의 규정에 의하는 것이며, 지표면에 고저차가 있는 경우에는 같은법 시행령 제119조 제2항의 규정에 의하되 해당 고저차가 3m를 넘는 경우에는 해당 고저차 3m이내의 부분마다 그 지표면을 정하는 것임

② 건축법 제60조의 규정을 적용함에 있어 도로의 폭이 불규칙적인 경우 건축물 각부분의 높이는 각 도로폭에 의하는 것임

■ 익힘문제 ■

다음 중 일반 업무시설을 건축할 경우 일조 등의 확보를 위한 건축물의 높이 제한 사항에 맞지 않는 것은? (기사 기출)

㉮ 너비 15m 이상의 도로에 접했을 경우는 제한을 받지 않는다.

㉯ 높이 8m를 초과하는 부분은 정북방향으로의 인접대지 경계선으로부터 당해 건축물 각 부분 높이의 2분의 1 이상 띄어야 한다.

㉰ 높이 9m 이하인 부분은 정북방향으로의 인접대지 경계선으로부터 1.5m 이상 띄어야 한다.

㉱ 일반 주거지역 안에서 일조 등의 확보를 위한 건축물의 높이제한이 적용된다.

해설

◆ 일조 등의 확보를 위한 건축물의 높이 제한

너비 20m 이상의 도로에 접했을 경우는 제한을 받지 않는다.

정답 ㉮

■ 익힘문제 ■

일반주거지역 내에서 그림과 같이 공동주택(아파트)을 배치할 때, 도로와 인접대지 경계선에 주개구부가 향한 A, B점의 높이의 한도는?

㉮ 50m, 40m

㉯ 60m, 50m

㉰ 70m, 40m

㉱ 70m, 50m

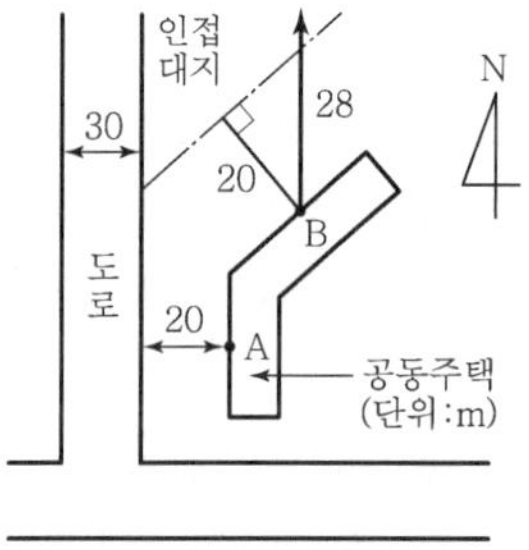

해설

① A점의 높이의 한도

도로 중심까지의 거리는 15m 이므로

$H \le (20m + 15m) \times 2 = 70m$

② B점의 높이의 한도

㉠ 정북방향의 일조권에 의한 높이제한

$H \le 2D = 2 \times 28m = 56m$

㉡ 채광방향에 대한 높이제한

$H \le 2D' = 2 \times 20m = 40m$

∴ ㉠, ㉡에 의해서 40m

정답 ㉰

참고

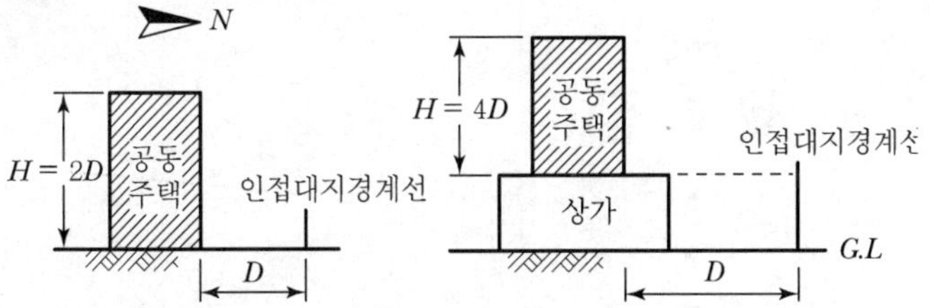

- 일반상업지역 및 중심상업지역은 일조권 배제
- 근린상업지역 · 준주거지역 안의 건축물 : H=4D

채광을 위한 창문방향 높이제한

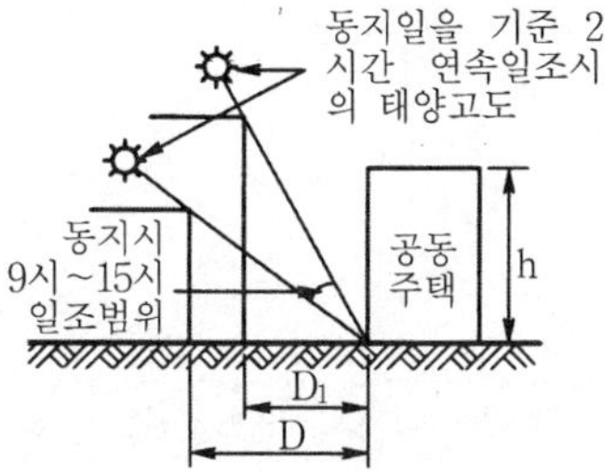

- D≥동지시 2시간 연속일조 확보거리

- 직각방향 건축물의 0.5배 이상
  (도시형 생활주택 : 0.25배 이상)

※ 위 범위에서 건축조례로 정하는 거리 이상

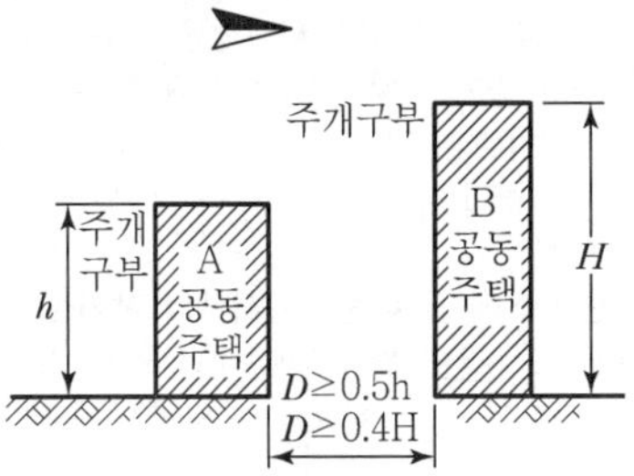

- A와 B의 축이 남동~남서방향
  (도시형 생활주택 : D≥0.5h, D≥0.2H)

※ 위 범위에서 건축조례로 정하는 거리 이상

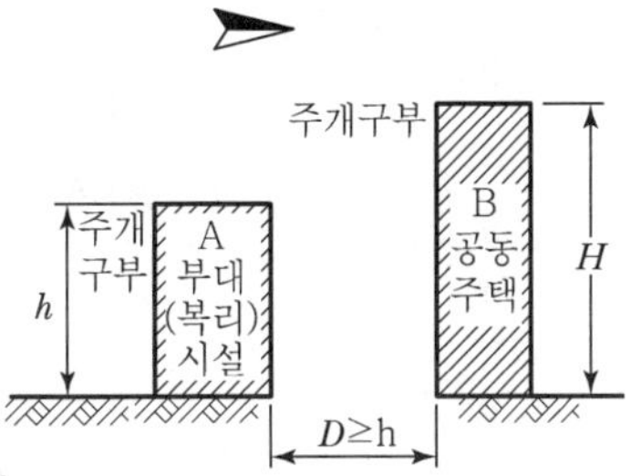

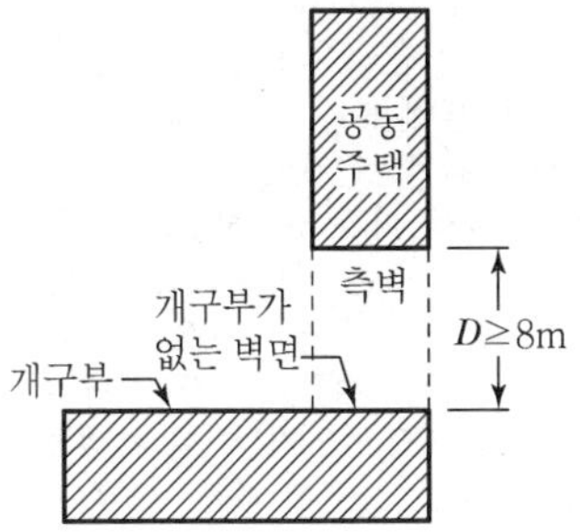

- 채광창 없는 벽면과 측벽간 거리

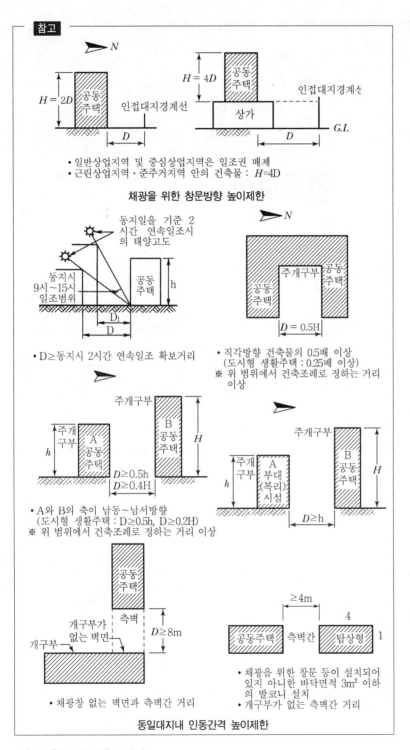

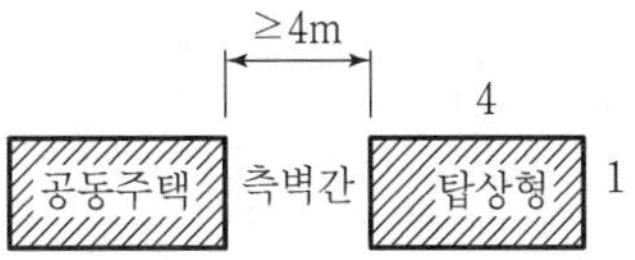

- 채광을 위한 창문 등이 설치되어 있지 아니한 바닥면적 $3m^2$ 이하의 발코니 설치
- 개구부가 없는 측벽간 거리

동일대지내 인동간격 높이제한

(5) 소형건축물에 대한 예외

2층 이하로서 높이가 8m 이하인 건축물에 대하여는 해당 지방자치단체의 조례가 정하는 바에 따라 위 일조 등의 확보를 위한 높이 제한 규정을 적용하지 않을 수 있다.

제 7 장 건축설비

1 건축설비기준 등

건축법	건축법 시행령	건축물의 설비기준 등에 관한 규칙
제62조【건축설비기준 등】 건축설비의 설치 및 구조에 관한 기준과 설계 및 공사감리에 관하여 필요한 사항은 대통령령으로 정한다.	**제87조【건축설비 설치의 원칙】** ① 건축설비는 건축물의 안전·방화, 위생, 에너지 및 정보통신의 합리적 이용에 지장이 없도록 설치하여야 하고, 배관피트 및 닥트의 단면적과 수선구의 크기를 해당설비의 수선에 지장이 없도록 하는 등 설비의 유지·관리가 쉽게 설치하여야 한다. ② 건축물에 설치하는 급수·배수·냉방·난방·환기·피뢰 등 건축설비의 설치에 관한 기술적 기준은 국토교통부령으로 정하되, 에너지 이용 합리화와 관련한 건축설비의 기술적 기준에 관하여는 산업통상부장관과 협의하여 정한다. ③ 건축물에 설치하여야 하는 장애인 관련 시설 및 설비는 「장애인·노인·임산부 등의 편의 증진 보장에 관한 법률」 14조에 따라 작성하여 보급하는 편의시설 상세표준도에 따른다. ④ 건축물에는 방송수신에 지장이 없도록 공동시청 안테나, 유선방송 수신시설, 위성방송 수신설비, 에프엠(FM)라디오방송 수신설비 또는 방송 공동수신설비를 설치할 수 있다. 다만, 다음 각 호의 건축물에는 방송 공동수신설비를 설치하여야 한다. 1. 공동주택 2. 바닥면적의 합계가 5천제곱미터 이상으로서 업무시설이나 숙박시설의 용도로 쓰는 건축물	**제1조【목적】** 이 규칙은 「건축법」 제62조, 제64조까지, 제64조의2, 제66조, 제67조 및 제68조와 같은 법 시행령 제51조 제2항, 제87조, 제89조부터 제91조까지 및 제91조의3에 따른 건축설비의 설치에 관한 기술적 기준과 건축물의 열손실방지 및 에너지의 합리적인 이용 등에 필요한 사항을 규정함을 목적으로 한다. **제11조【공동주택 및 다중이용시설의 환기설비기준 등】** ① 영 제87조 제2항의 규정에 따라 신축 또는 리모델링하는 다음 각 호의 어느 하나에 해당하는 주택 또는 건축물(이하 "신축공동주택등"이라 한다)은 시간당 0.7회 이상의 환기가 이루어질 수 있도록 자연환기설비 또는 기계환기설비를 설치하여야 한다. 1. 100세대 이상의 공동주택 2. 주택을 주택 외의 시설과 동일건축물로 건축하는 경우로서 주택이 100세대 이상인 건축물 ② 신축공동주택등에 자연환기설비를 설치하는 경우에는 자연환기설비가 제1항에 따른 환기횟수를 충족하는지에 대하여 「건축법」 제4조에 따른 지방건축위원회의 심의를 받아야 한다. 다만, 신축공동주택등에 「산업표준화법」에 따른 한국산업규격(이하 "한국산업규격"이라 한다)의 자연환기설비 환기성능 시험방법(KSF 2921)에 따라 성능시험을 거친 자연환기설비를 【별표 1의3】에 따른 자연환기설비 설치 길이 이상으로 설치하는 경우는 제외한다.<개정 2009.12.31> ③ 신축공동주택등에 자연환기설비 또는 기계환기설비를 설치하는 경우에는 【별표 1의4】 또는 【별표 1의5】의 기준에 적합하여야 한다. <개정 2008.7.10, 2009.12.31> ④ 다중이용시설을 신축하는 경우에 기계환기설비를 설치하여야 하는 다중이용시설 및 각 시설의 필요 환기량은 【별표 1의6】와 같으며, 설치하여야 하는 기계환기설비의 구조 및 설치는 다음 각 호의 기준에 적합하여야 한다.<개정 2008. 7.10, 2009.12.31>

건축법	건축법 시행령	건축물의 설비기준 등에 관한 규칙
	⑤ 제4항에 따른 방송 수신설비의 설치기준은 미래창조과학부장관이 정하여 고시하는 바에 따른다. ⑥ 연면적이 500제곱미터 이상인 건축물의 대지에는 국토교통부령으로 정하는 바에 따라 「전기사업법」 제2조제2호에 따른 전기사업자가 전기를 배전(配電)하는 데 필요한 전기설비를 설치할 수 있는 공간을 확보하여야 한다. ⑦ 해풍이나 염분 등으로 인하여 건축물의 재료 및 기계설비 등에 조기 부식과 같은 피해 발생이 우려되는 지역에서는 해당 지방자치단체는 이를 방지하기 위하여 다음 각 호의 사항을 조례로 정할 수 있다. 1. 해풍이나 염분 등에 대한 내구성 설계기준 2. 해풍이나 염분 등에 대한 내구성 허용기준 3. 그 밖에 해풍이나 염분 등에 따른 피해를 막기 위하여 필요한 사항 ⑧ 건축물에 설치하여야 하는 우편수취함은 「우편법」 제37조의2 기준에 따른다. <신설 2014.10.14>	1. 다중이용시설의 기계환기설비 용량기준은 시설이용 인원당 환기량을 원칙으로 산정할 것 2. 기계환기설비는 다중이용시설로 공급되는 공기의 분포를 최대한 균등하게 하여 실내 기류의 편차가 최소화될 수 있도록 할 것 3. 공기공급체계·공기배출체계 또는 공기흡입구·배기구 등에 설치되는 송풍기는 외부의 기류로 인하여 송풍능력이 떨어지는 구조가 아닐 것 4. 바깥공기를 공급하는 공기공급체계 또는 공기흡입구는 입자형·가스형 오염물질의 제거·여과장치 등 외부로부터 오염물질이 유입되는 것을 최대한 차단할 수 있는 설비를 갖추어야 하며, 제거·여과장치 등의 청소 및 교환 등 유지관리가 쉬운 구조일 것 5. 공기배출체계 및 배기구는 배출되는 공기가 공기공급체계 및 공기흡입구로 직접 들어가지 아니하는 위치에 설치할 것 6. 기계환기설비를 구성하는 설비·기기·장치 및 제품 등의 효율과 성능 등을 판정하는데 있어 이 규칙에서 정하지 아니한 사항에 대하여는 해당항목에 대한 한국산업표준에 적합할 것[본조신설 2006.2.13]

법해설 Explanation

건축설비 설치의 원칙

① 건축물의 안전·방화·위생·에너지 및 정보통신의 합리적 이용에 지장이 없도록 하여야 한다.

② 배관피트 및 덕트의 단면적과 수선구의 크기를 해당 설비의 수선에 지장이 없도록 하는 등 설비의 유지·관리가 용이하도록 설치하여야 한다.

③ 건축물에 설치하는 급수·배수·냉방·난방·환기·피뢰 등 건축설비의 설치에 관한 기술적 기준은 국토교통부령으로 정하되, 에너지 이용 합리화와 관련한 건축설비의 기술적 기준에 관하여는 지식경제부장관과 협의하여 정한다.

④ 건축물에 설치하여야 하는 장애인 관련 시설 및 설비는 「장애인·노인·임산부 등의 편의증진보장에 관한 법률」에서 정하는 바에 따른다.

⑤ 건축물에는 방송수신에 지장이 없도록 공동시청 안테나, 유선방송 수신시설, 위성방송 수신설비, 에프엠(FM)라디오방송 수신설비 또는 방송 공동수신설비를 설치할 수 있다. 다만, 다음의 건축물에는 방송 공동수신설비를 설치하여야 한다.

참고

「건축물의 설비기준 등에 관한 규칙의 목적」

① 건축 설비의 설치에 관한 기술적 기준
② 건축물의 열손실 방지
③ 에너지의 합리적인 이용

↓

필요한 사항을 규정함

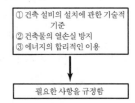

㉠ 공동주택
㉡ 바닥면적의 합계가 5,000m² 이상으로서 업무시설이나 숙박시설의 용도로 쓰는 건축물

공동주택 등의 환기설비 기준

(1) 공동주택 등의 환기설비 기준

공동주택 등을 신축하거나 리모델링 하는 때에는 다음과 같이 자연환기설비 또는 기계환기설비를 설치하여야 한다.

신축 · 리모델링	설비기준	
100세대 이상 공동주택	0.7회/시간	자연환기설비 또는 기계환기설비
주택이 100세대 이상인 복합 건축물		

① 자연환기설비의 경우 –【별표 1의4】의 기준을 적용함
② 기계환기설비의 경우 –【별표 1의5】의 기준을 적용함

(2) 다중이용시설의 기계환기설비기준

다중이용시설을 신축하는 때에는 다음과 같은 기계환기설비기준에 적합하게 하여야 한다.

① 다중이용시설의 기계환기설비의 설치의기준
㉠ 다중이용시설의 기계환기설비 용량기준은 시설이용 인원 당 환기량을 원칙으로 산정할 것
㉡ 기계환기설비는 다중이용시설로 공급되는 공기의 분포를 최대한 균등하게 하여 실내 기류의 편차가 최소화될 수 있도록 할 것
㉢ 공기공급체계 · 공기배출체계 또는 공기흡입구 · 배기구 등에 설치되는 송풍기는 외부의 기류로 인하여 송풍능력이 떨어지는 구조가 아닐 것
㉣ 바깥공기를 공급하는 공기공급체계 또는 공기흡입구는 입자형 · 가스형 오염물질의 제거 · 여과장치 등 외부로부터 오염물질이 유입되는 것을 최대한 차단할 수 있는 설비를 갖추어야 하며, 제거 · 여과장치 등의 청소 및 교환 등 유지관리가 쉬운 구조일 것
㉤ 공기배출체계 및 배기구는 배출되는 공기가 공기공급체계 및 공기흡입구로 직접 들어가지 아니하는 위치에 설치할 것
㉥ 기계환기설비를 구성하는 설비 · 기기 · 장치 및 제품 등의 효율과 성능 등을 판정은 「산업표준화법」에 따른 한국산업표준에 적합할 것

② 기계환기설비를 설치하여야 하는 다중이용시설의 규모 및 필요 환기량: 【별표 1의6】 내용 참조

2 온돌 및 난방설비 등의 시공

건축법	건축법 시행령	건축물의 설비기준 등에 관한 규칙
제63조【온돌 및 난방설비 등의 시공】 건축물에 설치하는 온돌 및 난방설비는 국토교통부령으로 정하는 기준에 따라 안전 및 방화에 지장이 없도록 하여야 한다.	**제87조【건축설비설치의 원칙】** ② 건축물에 설치하는 급수·배수·냉방·난방·환기·피뢰 등 건축설비의 설치에 관한 기술적 기준은 국토교통부령으로 정하되, 에너지 이용 합리화와 관련한 건축설비의 기술적 기준에 관하여는 산업통상부장관과 협의하여 정한다.	**제4조【온돌의 설치기준】** ①「건축법」(이하 "법"이라 한다) 제63조에 따라 건축물에 온돌 및 난방설비를 설치하는 경우에는 그 구조상 열에너지가 효율적으로 관리되고 화재의 위험을 방지하기 위하여 [별표 1]의 기준에 적합하여야 한다. ② 제1항에 따라 건축물에 온돌 및 난방설비를 시공하는 자는 시공을 끝낸 후 별지 제 2호서식의 온돌 및 난방설비 설치확인서를 공사감리자에게 제출하여야 한다. 다만, 제 3조제2항에 따른 건축설비 설치확인서를 제출한 경우에는 그러하지 아니하다. [본조신설 2008.7.10]

법해설 Explanation

온돌 및 난방설비 등의 시공

(1) 건축물에 온돌 및 난방설비를 설치하는 경우에는 그 구조상 열에너지가 효율적으로 관리되고 화재의 위험을 방지하기 위하여 【별표 1】의 기준에 적합하여야 한다.

(2) 위의 (1)에 따라 건축물에 온돌 및 난방설비를 시공하는 자는 시공을 끝낸 후 온돌 및 난방설비 설치확인서를 공사감리자에게 제출하여야 한다.

예외 건축기계설비설치확인서를 제출한 경우

【별표 1】 온돌 및 난방설비의 설치기준(제4조제1항 관련)

1. 온수온돌

가. 온수온돌이란 보일러 또는 그 밖의 열원으로부터 생성된 온수를 바닥에 설치된 배관을 통하여 흐르게 하여 난방을 하는 방식을 말한다.

나. 온수온돌은 바탕층, 단열층, 채움층, 배관층(방열관을 포함한다) 및 마감층 등으로 구성된다.

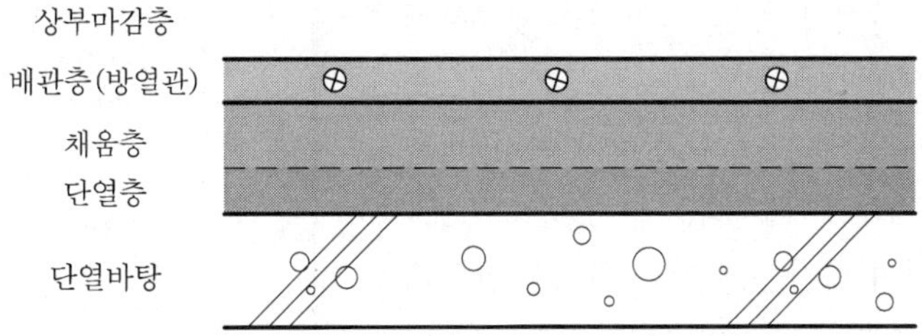

1) 바탕층이란 온돌이 설치되는 건축물의 최하층 또는 중간층의 바닥을 말한다.

2) 단열층이란 온수온돌의 배관층에서 방출되는 열이 바탕층 아래로 손실되는 것을 방지하기 위하여 배관층과 바탕층 사이에 단열재를 설치하는 층을 말한다.

3) 채움층이란 온돌구조의 높이 조정, 차음성능 향상, 보조적인 단열기능 등을 위하여 배관층과 단열층 사이에 완충재 등을 설치하는 층을 말한다.

4) 배관층이란 단열층 또는 채움층 위에 방열관을 설치하는 층을 말한다.

5) 방열관이란 열을 발산하는 온수를 순환시키기 위하여 배관층에 설치하는 온수배관을 말한다.

6) 마감층이란 배관층 위에 시멘트, 모르타르, 미장 등을 설치하거나 마루재, 장판 등 최종 마감재를 설치하는 층을 말한다.

다. 온수온돌의 설치 기준

1) 단열층은 제21조제1항제1호에 따른 기준에 적합하여야 하며, 바닥난방을 위한 열이 바탕층 아래 및 측벽으로 손실되는 것을 막을 수 있도록 단열재를 방열관과 바탕층 사이에 설치하여야 한다. 다만, 바탕층의 축열을 직접 이용하는 심야전기이용 온돌(「한국전력공사법」에 따른 한국전력공사의 심야전력이용기기 승인을 받은 것만 해당하며, 이하 "심야전기이용 온돌"이라 한다)의 경우에는 단열재를 바탕층 아래에 설치할 수 있다.

2) 배관층과 바탕층 사이의 열저항은 층간 바닥인 경우에는 해당 바닥에 요구 되는 열관류저항(【별표 4】에 따른 열관류율의 역수를 말한다. 이하 같다)의 60% 이상이어야 하고, 최하층 바닥인 경우에는 해당 바닥에 요구되는 열관류저항이 70% 이상이어야 한다. 다만, 심야전기이용 온돌의 경우에는 그러 하지 아니하다.

3) 단열재는 내열성 및 내구성이 있어야 하며 단열층 위의 적재하중 및 고정 하중에 버틸 수 있는 강도를 가지거나 그러한 구조로 설치되어야 한다.

4) 바탕층이 지면에 접하는 경우에는 바탕층 아래와 주변 벽면에 높이 10cm 이상의 방수처리를 하여야 하며, 단열재의 윗부분에 방습처리를 하여야 한다.

5) 방열관은 잘 부식되지 아니하고 열에 견딜 수 있어야 하며, 바닥의 표면온도가 균일하도록 설치하여야 한다.

6) 배관층은 방열관에서 방출된 열이 마감층 부위로 최대한 균일하게 전달될 수 있는 높이와 구조를 갖추어야 한다.

7) 마감층은 수평이 되도록 설치하여야 하며, 바닥의 균열을 방지하기 위하여 충분하게 양생하거나 건조시켜 마감재의 뒤틀림이나 변형이 없도록 하여야 한다.

참고 「건축물의 설비기준 등에 관한 규칙」 제21조 (건축물의 열손실방지)

① 건축물을 건축하는 경우에는 영 제91조제3항에 따라 다음 각 호의 기준에 의한 열손실 방지 등의 에너지 이용합리화를 위한 조치를 하여야 한다.<개정 2008.3.14, 2009.12.31>

1. 거실의 외벽, 최상층에 있는 거실의 반자 또는 지붕, 최하층에 있는 거실의 바닥, 공동주택의 측벽 및 층간 바닥, 창 및 문의 열관류율은 【별표 4】에 의한 기준으로 한다. 이 경우 국토교통부장관은 【별표 4】의 기준에 의한 열관류율에 적합한 단열재의 두께기준을 정하여 고시할 수 있다.
2. 삭제 <2001.1.17>
3. 연면적이 5천제곱미터 이상인 건축물(공동주택을 제외한다)로서 중앙집중식 냉·난방설비를 하는 건축물의 바깥쪽과 접하는 거실의 창 및 출입문은 국토교통부장관이 고시하는 기준에 적합한 공기차단성능을 갖출 것
4. 건축물의 배치·구조 및 설비 등이 설계를 하는 경우에는 에너지가 합리적으로 이용될 수 있도록 할 것

②~③ <생략>

※ 【별표 4】는 □ 건축물의 열손실 방지 참조바람

8) 한국산업표준에 따른 조립식 온수온돌판을 사용하여 온수온돌을 시공하는 경우에는 1)부터 7)까지의 규정을 적용하지 아니한다.

9) 국토교통부장관은 1)부터 7)까지에서 규정한 것 외에 온수온돌의 설치에 관하여 필요한 사항을 정하여 고시할 수 있다.

2. 구들온돌

가. 구들온돌이란 연탄 또는 그 밖의 가연물질이 연소할 때 발생하는 연기와 연소열에 의하여 가열된 공기를 바닥 하부로 통과시켜 난방을 하는 방식을 말한다.

나. 구들온돌은 아궁이, 환기구, 공기흡입구, 고래, 굴뚝 및 굴뚝목 등으로 구성 된다.

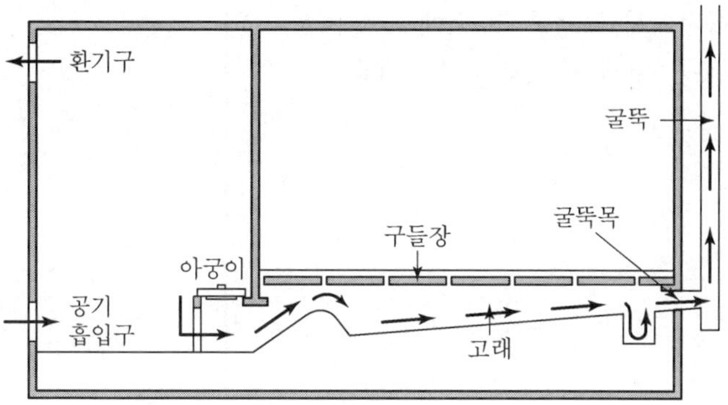

1) 아궁이란 연탄이나 목재 등 가연물질의 연소를 통하여 열을 발생시키는 부위를 말한다.

2) 환기구란 아궁이가 설치되는 공간에서 연탄 등 가연물질의 연소를 통하여 발생하는 가스를 원활하게 배출하기 위한 통로를 말한다.

3) 공기흡입구란 아궁이가 설치되는 공간에서 연탄 등 가연물질의 연소에 필요한 공기를 외부에서 공급받기 위한 통로를 말한다.

4) 고래란 아궁이에서 발생한 연소가스 및 가열된 공기가 굴뚝으로 배출되기 전에 구들 아래에서 최대한 균일하게 흐르도록 하기 위하여 설치된 통로를 말한다.

5) 굴뚝이란 고래를 통하여 구들 아래를 통과한 연소가스 및 가열된 공기를 외부로 원활하게 배출하기 위한 장치를 말한다.

6) 굴뚝목이란 고래에서 굴뚝으로 연결되는 입구 및 그 주변부를 말한다.

다. 구들온돌의 설치 기준

1) 연탄아궁이가 있는 곳은 연탄가스를 원활하게 배출할 수 있도록 그 바닥면적의 1/10 이상에 해당하는 면적의 환기용 구멍 또는 환기설비를 설치하여야 하며, 외기에 접하는 벽체의 아랫부분에

는 연탄의 연소를 촉진하기 위하여 지름 10cm 이상 20cm 이하의 공기흡입구를 설치하여야 한다.

2) 고래바닥은 연탄가스를 원활하게 배출할 수 있도록 높이/수평거리가 1/5 이상이 되도록 하여야 한다.

3) 부뚜막식 연탄아궁이에 고래로 연기를 유도하기 위하여 유도관을 설치하는 경우에는 20° 이상 45° 이하의 경사를 두어야 한다.

4) 굴뚝의 단면적은 150cm² 이상으로 하여야 하며, 굴뚝목의 단면적은 굴뚝의 단면적보다 크게 하여야 한다.

5) 연탄식 구들온돌이 아닌 전통 방법에 의한 구들을 설치할 경우에는 1)부터 4)까지의 규정을 적용하지 아니한다.

6) 국토교통부장관은 1)부터 5)까지에서 규정한 것 외에 구들온돌의 설치에 관하여 필요한 사항을 정하여 고시할 수 있다.

3 개별난방설비

건축법	건축법 시행령	건축물의 설비기준 등에 관한 규칙
제63조【온돌 및 난방설비 등의 시공】 건축물에 설치하는 온돌 및 난방설비는 국토교통부령으로 정하는 기준에 따라 안전 및 방화에 지장이 없도록 하여야 한다.	**제87조【건축설비설치의 원칙】** ② 건축물에 설치하는 급수·배수·냉방·난방·환기·피뢰 등 건축설비의 설치에 관한 기술적 기준은 국토교통부령으로 정하되, 에너지 이용 합리화와 관련한 건축설비의 기술적 기준에 관하여는 산업통상부장관과 협의하여 정한다.	**제13조【개별난방설비】** ① 영 제87조 제2항의 규정에 의하여 공동주택과 오피스텔의 난방설비를 개별난방방식으로 하는 경우에는 다음 각 호의 기준에 적합하여야 한다. 1. 보일러는 거실외의 곳에 설치하되, 보일러를 설치하는 곳과 거실사이의 경계벽은 출입구를 제외하고는 내화구조의 벽으로 구획할 것 2. 보일러실의 윗부분에는 그 면적이 0.5m^2 이상인 환기창을 설치하고, 보일러실의 윗부분과 아랫부분에는 각각 지름 10cm 이상의 공기흡입구 및 배기구를 항상 열려있는 상태로 바깥공기에 접하도록 설치할 것. 다만, 전기보일러의 경우에는 그러하지 아니하다. 3. 삭제(1999. 5. 11) 4. 보일러실과 거실사이의 출입구는 그 출입구가 닫힌 경우에는 보일러가스가 거실에 들어갈 수 없는 구조로 할 것 5. 기름보일러를 설치하는 경우에는 기름저장소를 보일러실외의 다른 곳에 설치할 것 6. 오피스텔의 경우에는 난방구획마다 내화구조로 된 벽·바닥과 갑종방화문으로 된 출입문으로 구획할 것 7. 보일러의 연도는 내화구조로서 공동연도로 설치할 것 ② 가스보일러에 따른 난방설비를 설치하고 가스를 중앙집중공급방식으로 공급하는 경우에는 제1항의 규정에 불구하고 가스관계법령이 정하는 기준에 의하되, 오피스텔의 경우에는 난방구획마다 내화구조로 된 벽·바닥과 갑종방화문으로 된 출입문으로 구획하여야 한다.

법해설 Explanation

개별난방설비

공동주택과 오피스텔의 난방설비를 개별난방방식으로 하는 경우에는 다음의 기준에 적합하여야 한다.

구분	설치기준
보일러의 설치	• 거실 외의 곳에 설치 • 보일러실과 거실사이의 경계벽은 내화구조의 벽으로 구획(출입구를 제외)
보일러실의 환기	• 윗부분에 면적 0.5m^2 이상의 환기창을 설치하고 윗부분과 아랫부분에 지름 10cm 이상의 공기흡입구 및 배기구를 항상 개방된 상태로 외기와 접하도록 설치 예외 전기보일러의 경우
보일러와 거실사이의 출입구	출입구가 닫힌 경우에는 보일러 가스가 거실에 들어갈 수 없는 구조

◆공동주택의 가스보일러 연도설치 방법
(건교건축 58070-798, 1996. 3. 2)

질의 개별난방설비로 된 5층 이하의 저층 아파트에도 0.5m^2 이상의 환기창을 설치하여야 하는지와 공동주택 또는 오피스텔의 가스보일러 연도는 모두 공동연도로 하여야 하는지 여부

회신 구법 건축법 시행령 제93조 제1항 단서에 따라 6층 이상인 공동주택의 난방설비를 개별난방 방식으로 하는 경우에는 건축물 설비기준 등에 관한 규칙 제13조 각 호의 규정에 정하는 사항 외에 가스사업법령이 정하는 바에도 적합하여야 하는 것이며, 5층 이하인 공동주택인 경우에는 공동연도로 하지 않아도 되는 것이나 가스보일러의 설치기준(지식경제부 고시 제1993-98)에는 적합하여야 하는 것임

구분	설치기준
오피스텔의 난방구획	• 난방구획마다 내화구조의 벽, 바닥으로 구획 • 갑종방화문으로 된 출입문으로 구획
보일러실 연도	내화구조로서 공동연도로 설치
중앙집중공급방식의 가스보일러	• 가스관계법령에 정하는 기준에 의함 • 오피스텔은 난방구획마다 내화구조로 된 방 · 바닥 · 갑종방화문으로 된 출입문으로 구획

4 배연설비

건축법 시행령	건축물의 설비기준 등에 관한 규칙
제87조【건축설비설치의 원칙】 ② 건축물에 설치하는 급수·배수·냉방·난방·환기·피뢰 등 건축설비의 설치에 관한 기술적 기준은 국토교통부령으로 정하되, 에너지 이용 합리화와 관련한 건축설비의 기술적 기준에 관하여는 산업통상부장관과 협의하여 정한다.	**제14조【배연설비】** ① 영 제51조제2항에 따라 배연설비를 설치하여야 하는 건축물에는 다음 각 호의 기준에 적합하게 배연설비를 설치하여야 한다. 다만, 피난층인 경우에는 그러하지 아니하다.<개정 2010.11.5> 1. 영 제46조 제1항의 규정에 의하여 건축물에 방화구획이 설치된 경우에는 그 구획마다 1개소 이상의 배연창을 설치하되 배연창의 상변과 천장 또는 반자로부터 수직거리가 0.9m 이내일 것 다만, 반자높이가 바닥으로부터 3m 이상인 경우에는 배연창의 하변이 바닥으로부터 2.1m 이상의 위치에 놓이도록 설치하여야 한다. 2. 배연창의 유효면적은 【별표 2】의 산정기준에 의하여 산정된 면적이 $1m^2$ 이상으로서 그 면적의 합계가 해당 건축물의 바닥면적(영 제46조 제1항 또는 제3항에 따라 방화구획이 설치된 경우에는 그 구획된 부분의 바닥면적을 말한다)의 100분의 1 이상일 것. 이 경우 바닥면적의 산정에 있어서 거실바닥면적의 20분의 1 이상으로 환기창을 설치한 거실의 면적은 이에 산입하지 아니한다. 3. 배연구는 연기감지기 또는 열감지기에 의하여 자동으로 열 수 있는 구조로 하되, 손으로도 열고 닫을 수 있도록 할 것 4. 배연구는 예비전원에 의하여 열 수 있도록 할 것 5. 기계식 배연설비를 하는 경우는 제1호부터 제4호까지의 규정에 불구하고 소방관계 법령의 규정에 적합하도록 할 것 ② 특별피난계단 및 영 제90조 제3항에 따른 비상용 승강기의 승강장에 설치하는 배연설비의 구조는 다음 각 호의 기준에 적합하여야 한다. 1. 배연구 및 배연풍도는 불연재료로 하고, 화재가 발생한 경우 원활하게 배연시킬 수 있는 규모로서 외기 또는 평상시에 사용하지 아니하는 굴뚝에 연결할 것 2. 배연구에 설치하는 수동개방장치 또는 자동개방장치(열감지기 또는 연기감지기에 따른 것을 말한다)는 손으로도 열고 닫을 수 있도록 할 것 3. 배연구는 평상시에는 닫힌 상태를 유지하고, 연 경우에는 배연에 따른 기류로 인하여 닫히지 아니하도록 할 것 4. 배연구가 외기에 접하지 아니하는 경우에는 배연기를 설치할 것 5. 배연기는 배연구의 열림에 따라 자동적으로 작동하고, 충분한 공기배출 또는 가압능력이 있을 것 6. 배연기에는 예비전원을 설치할 것 7. 공기유압방식을 급기가압방식 또는 급·배기방식으로 하는 경우에는 제1호부터 제6호에 불구하고 소방관계법령에 적합하게 할 것 **제15조 삭제(1999. 5. 11)** **제16조 삭제(1999. 5. 11)**

법해설 Explanation

배연설비

(1) 거실에 설치하는 배연설비

① 배연설비 설치대상 건축물

규모	건축물의 용도	설치장소
6층 이상의 건축물	• 문화 및 집회시설 • 종교시설 • 판매시설 • 운수시설, 의료시설, 교육연구시설 중 연구소 • 노유자시설 중 아동관련시설	건축물의 거실

【별표 2】 배연창의 유효면적 산정기준(제14조 제1항 제2호 관련)

1. 미서기창 : H× l

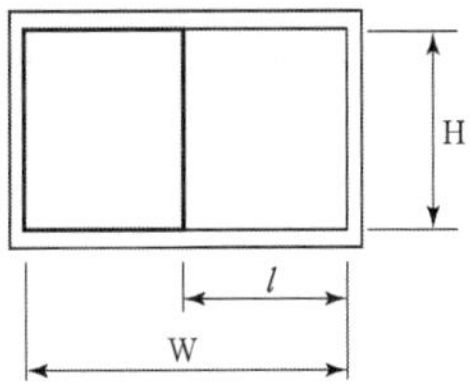

규모	건축물의 용도	설치장소
6층 이상의 건축물	• 노인복지시설 • 수련시설 중 유스호스텔 • 운동시설 • 업무시설, 숙박시설 • 위락시설, 관광휴게시설, 제2종 근린생활시설 중 고시원 및 장례식장	건축물의 거실

예외 피난층인 경우

② 배연설비의 구조기준

구분	구조기준
배연구의 설치개소	방화구획마다 1개소 이상의 배연창의 상변과 천장 또는 반자로부터 수직거리가 0.9m 이내일 것 예외 반자높이가 바닥으로부터 3m 이상인 경우에는 배연창의 하변이 바닥으로부터 2.1m 이상의 위치에 놓이도록 설치하여야 한다.
배연구의 유효면적	배연창의 유효면적은 【별표 2】의 산정기준에 의하여 산정된 면적이 $1m^2$ 이상으로서 바닥면적의 1/100 이상(방화구획이 설치된 경우에는 그 구획된 부분의 바닥면적을 말함) 예외 바닥면적 산정시 거실바닥면적의 1/20 이상으로 환기창을 설치할 거실면적
배연구의 구조	• 연기감지기, 열감지기에 의해 자동으로 열 수 있는 구조로하되 손으로 여닫을 수 있도록 할 것 • 예비전원에 의해 열 수 있도록 할 것
기계식 배연설비	• 소방관계법령의 규정을 따른다.

(2) 특별피난계단 및 비상용 승강장에 설치하는 배연설비의 구조

구분	구조기준
배연구·배연풍도	불연재료로 하고, 화재 발생시 원활하게 배연시킬 수 있는 규모로서 외기 또는 평상시에 사용하지 아니하는 굴뚝에 연결할 것
배연구	• 수동개방장치 또는 자동개방장치(열 또는 연기감지기에 따른 것)는 손으로도 열고 닫을 수 있도록 할 것 • 평상시에는 닫힌 상태를 유지하고, 연 경우에는 배연에 따른 기류로 인하여 닫히지 아니하도록 할 것 • 외기에 접하지 않는 경우에는 배연기를 설치할 것
배연기	• 배연구의 열림에 따라 자동적으로 작동하고, 충분한 공기배출 또는 가압능력이 있을 것 • 예비전원을 설치할 것
공기유압방식	급기가압방식 또는 급·배기방식으로 하는 경우 소방관계법령의 규정에 따를 것

2. Pivot 종축창 : H× l' / 2×2

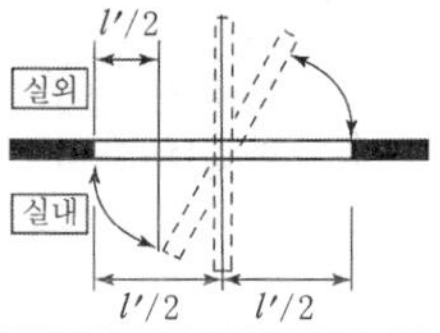

H : 창의 유효높이
l : 90° 회전시 창호와 직각방향으로 개방된 수평
l' : 90° 미만 0° 초과시 창호와 직각방향으로 개방된 수평거리

3. Pivot 횡축창 : (W× l_1)+(W× l_2)

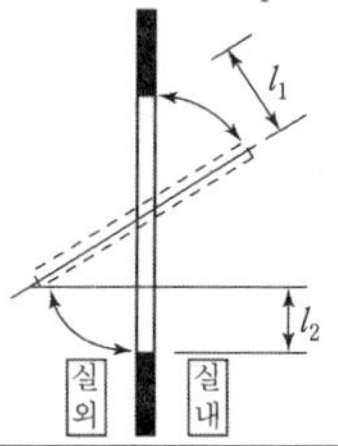

W : 창의 폭
l_1 : 실내측으로 열린상부 창호의 길이방향으로 평행하게 개방된 순거리
l_2 : 실외측으로 열린 하부 창호로서 창틀과 평행하게 개방된 순수 수평투영거리

4. 들창 : W× l_2

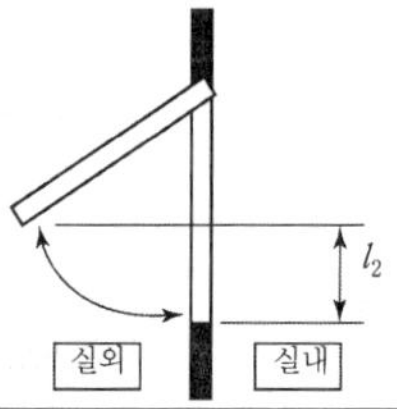

W : 창의 폭
l_2 : 창틀과 평행하게 개방된 순수 수평투영 면적

5. 미들창
• 창이 실외측으로 열리는 경우 : W× l
• 창이 실외측으로 열리는 경우 : W× l_1 (단, 창이 천장(반자)에 근접하는 경우 : W× l_2)

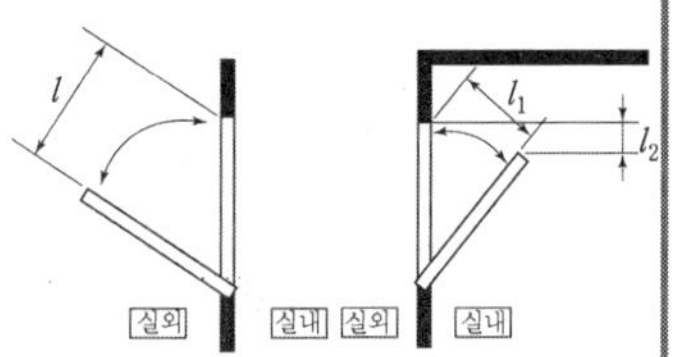

W : 창의 폭
l : 실외측으로 열린 상부창호의 길이방향으로 평행하게 개방된 순거리
l_1 : 실내측으로 열린 상호창호의 길이 방향으로 개방된 순거리
l_2 : 창틀과 평행하게 개방된 순수 수평투영 면적
※ 창이 천장(또는 반자)에 근접된 경우 : 창의 상단에서 천장면까지의 거리≤ l_1

5 배관설비

건축법 시행령	건축물의 설비기준 등에 관한 규칙
제87조【건축설비설치의 원칙】 ② 건축물에 설치하는 급수·배수·냉방·난방·환기·피뢰 등 건축설비의 설치에 관한 기술적 기준은 국토교통부령으로 정하되, 에너지 이용 합리화와 관련한 건축설비의 기술적 기준에 관하여는 산업통상부장관과 협의하여 정한다.	아래 참조

제17조【배관설비】

① 건축물에 설치하는 급수·배수 등의 용도로 쓰는 배관설비의 설치 및 구조는 다음 각 호의 기준에 적합하여야 한다.

1. 배관설비를 콘크리트에 묻는 경우 부식의 우려가 있는 재료는 부식방지조치를 할 것
2. 건축물의 주요부분을 관통하여 배관하는 경우에는 건축물의 구조내력에 지장이 없도록 할 것
3. 승강기의 승강로 안에는 승강기의 운행에 필요한 배관설비외의 배관설비를 설치하지 아니할 것
4. 압력탱크 및 급탕설비에는 폭발 등의 위험을 막을 수 있는 시설을 설치할 것

② 제1항에 따른 배관설비로서 배수용으로 쓰이는 배관설비는 제1항 각 호의 기준외에 다음 각 호의 기준에 적합하여야 한다.

1. 배출시키는 빗물 또는 오수의 양 및 수질에 따라 그에 적당한 용량 및 경사를 지게 하거나 그에 적합한 재질을 사용할 것
2. 배관설비에는 배수트랩·통기관을 설치하는 등 위생에 지장이 없도록 할 것
3. 배관설비의 오수에 접하는 부분은 내수재료를 사용할 것
4. 지하실등 공공하수도로 자연배수를 할 수 없는 곳에는 배수용량에 맞는 강제배수시설을 설치할 것
5. 우수관과 오수관은 분리하여 배관할 것
6. 콘크리트구조체에 배관을 매설하거나 배관이 콘크리트구조체를 관통할 경우에는 구조체에 덧관을 미리 매설하는 등 배관의 부식을 방지하고 그 수선 및 교체가 용이하도록 할 것

제18조【음용수용 배관설비】

영 제87조 제2항에 따라 건축물에 설치하는 음용수용 배관설비의 설치 및 구조는 다음 각 호의 기준에 적합하여야 한다.

1. 제17조 제1항 각 호의 기준에 적합할 것
2. 음용수용 배관설비는 다른 용도의 배관설비와 직접 연결하지 아니할 것
3. 급수관 및 수도계량기는 얼어서 깨지지 아니하도록【별표 3의2】에 따른 기준에 적합하게 설치할 것
4. 제3호에서 정한 기준 외에 급수관 및 수도계량기가 얼어서 깨지지 아니하도록 하기 위하여 지역설정에 따라 해당 지방자치단체의 조례로 기준을 정한 경우에는 동기준에 적합하게 설치할 것
5. 급수 및 저수탱크는「수도시설의 청소 및 위생관리 등에 관한 규칙」별표 1에 따른 저수조 설치 기준에 적합한 구조로 할 것
6. 음용수의 급수관의 지름은 건축물의 용도 및 규모에 적정한 규격 이상으로 할 것
   다만, 주거용 건축물은 해당 배관에 의하여 급수되는 가구수 또는 바닥면적의 합계에 따라【별표 3】의 기준에 적합한 지름의 관으로 배관하여야 한다.

【별표 3】주거용 건축물의 음용수용 배관지름(제18조 관련)

가구 또는 세대수	1	2·3	4·5	6·8	9·16	17 이상
급수관 지름의 최소기준(mm)	15	20	25	32	40	50

비고 1. 가구 또는 세대의 구분이 불분명한 건축물에 있어서는 주거에 쓰이는 바닥면적의 합계에 따라 다음과 같이 가구수를 산정한다.

가. 바닥면적 85m² 이하 : 1가구
나. 바닥면적 85m² 초과 150m² 이하 : 3가구
다. 바닥면적 150m² 초과 300m² 이하 : 5가구
라. 바닥면적 300m² 초과 500m² 이하 : 16가구
마. 바닥면적 500m² 초과 : 17가구

2. 가압설비 등을 설치하여 급수되는 각 기구에서의 압력이 1cm 당 0.7kg 이상인 경우에는 이 표의 기준을 적용하지 아니할 수 있다.

【별표 3의2】급수관 및 수도계량기보호함의 설치기준(제18조 제3호 관련)

1. 급수관의 단열재 두께(단위 : mm)

설치장소	관경(mm, 외경) / 설계용 외기온도(℃)	20 미만	20 이상 ~50 미만	50 이상 ~70 미만	70 이상 ~100 미만	100 이상
• 외기에 노출된 배관 • 옥상 등 그 밖에 동파가 우려되는 건축물의 부위	−10 미만	200(50)	50(25)	25(25)	25(25)	25(25)
	−5 미만~−10	100(50)	40(25)	25(25)	25(25)	25(25)
	0 미만~5	40(25)	25(25)	25(25)	25(25)	25(25)
	0℃ 이상 유지					

건축법 시행령	건축물의 설비기준 등에 관한 규칙
	(table below)

설치장소 \ 관경(mm, 외경)	설계용 외기온도(℃)	20 미만	20 이상 ~50 미만	50 이상 ~70 미만	70 이상 ~100 미만	100 이상
• 외기에 노출된 배관 • 옥상 등 그 밖에 동파가 우려되는 건축물의 부위	−10 미만	200(50)	50(25)	25(25)	25(25)	25(25)
	−5 미만~−10	100(50)	40(25)	25(25)	25(25)	25(25)
	0 미만~5	40(25)	25(25)	25(25)	25(25)	25(25)
	0℃ 이상 유지					

1) ( )은 기온강하에 따라 자동으로 작동하는 전기 발열선이 설치하는 경우 단열재의 두께를 완화할 수 있는 기준
2) 단열재의 열전도율은 0.04kcal/m · h · ℃이하인 것으로 한국산업 규격제품을 사용할 것
3) 설계용 외기온도 법 제59조 제2항에 따른 에너지 절약설계기준에 따를 것

2. 수도계량기보호함(난방공간내에 설치하는 것을 제외한다)
가. 수도계량기와 지수전 및 역지밸브를 지중 혹은 공동주택의 벽면 내부에 설치하는 경우에는 콘크리트 또는 합성수지제 등의 보호하에 넣어 보호할 것
나. 보호함 내 옆면 및 뒷면과 전면판에 가각 단열재를 부착할 것(단열재는 밀도가 높고 열전도율이 낮은 것으로 한국산업표준제품을 사용할 것)
다. 보호함의 배관입출구는 단열재 등으로 밀폐하여 냉기의 침입이 없도록 할 것
라. 보온용 단열재와 계량기 사이 공간을 유리섬유 등 보온재로 채울 것
마. 보호통과 벽체사이틈을 밀봉재 등으로 채워 냉기의 침투를 방지할 것

법해설 Explanation

배관설비

(1) 급수·배수용 배관설비의 설치 및 구조

배관구분	설치 및 구조
① 급수·배수용 배관설비의 설치 및 구조	• 배관설비를 콘크리트에 묻는 경우 부식의 우려가 있는 재료는 부식방지조치를 할 것 • 건축물의 주요부분을 관통하여 배관하는 경우에는 건축물의 구조내력에 지장이 없도록 할 것 • 승강기의 승강로 안에는 승강기의 운행에 필요한 배관설비외의 배관설비를 설치하지 아니할 것 • 압력탱크 및 급탕설비에는 폭발 등의 위험을 막을 수 있는 시설을 설치할 것
② 배수용으로 쓰이는 배관설비의 설치 및 구조	• 배출시키는 빗물 또는 오수의 양 및 수질에 따라 그에 적당한 용량 및 경사를 지게 하거나 그에 적합한 재질을 사용할 것 • 위 ①의 구조기준 포함 • 배관설비에는 배수트랩을 설치할 것 • 통기관을 설치하는 등 위생에 지장이 없도록 할 것 • 배관설비의 오수에 접하는 부분은 내수재료를 사용할 것 • 지하실 등 공공하수도로 자연배수를 할 수 있는 곳에는 배수용량에 맞는 강제배수시설을 설치할 것

배관구분	설치 및 구조
② 배수용으로 쓰이는 배관설비의 설치 및 구조	• 우수관과 오수관은 분리하여 배관할 것 • 콘크리트 구조체에 배관을 매설하거나 배관이 콘크리트 구조체를 관통할 경우에는 구조체에 덧관을 미리 매설하는 등 배관의 부식을 방지하고 그 수선 및 교체가 용이하도록 할 것

(2) 음용수용 배관설비의 설치 및 구조

① 급수·배수 등의 용도로 쓰이는 배관설비의 설치 및 구조의 기준에 적합할 것

② 음용수용 배관설비는 다른 용도의 배관설비와 직접 연결하지 아니할 것

③ 급수관 및 수도계량기는 얼어서 깨지지 아니하도록 【별표 3의2】에 따른 기준에 적합하게 설치할 것

④ 위 ③의 기준 외에 급수관 및 수도계량기가 얼어서 깨지지 아니하도록 하기 위하여 지역설정에 따라 해당 지방자치단체의 조례로 기준을 정한 경우에는 그에 따른 기준에 적합하게 설치할 것

⑤ 급수 및 저수탱크는 수도시설의 청소 및 위생관리 등에 관한 규칙에 따른 저수조 설치기준에 적합한 구조로 할 것

⑥ 음용수의 급수관의 지름은 건축물의 용도 및 규모에 적정한 규격 이상으로 할 것

예외 주거용 건축물은 해당 배관에 의해 급수되는 가구수 또는 바닥면적의 합계에 따라 【별표 3】의 기준에 적합한 지름의 관으로 배관하여야 한다.

참고

【별표 3】 주거용 건축물 급수관의 지름

가구 또는 세대수	급수관 지름의 최소기준(mm)
1	15
2, 3	20
4, 5	25
6~8	32
9~16	40
17 이상	50

비고

1. 가구 또는 세대의 구분이 불분명한 건축물에 있어서는 주거에 쓰이는 바닥면적의 합계에 따라 다음과 같이 가구수를 산정한다.
   가. 바닥면적 85m² 이하 : 1가구
   나. 바닥면적 85m² 초과 150m² 이하 : 3가구
   다. 바닥면적 150m² 초과 300m² 이하 : 5가구
   라. 바닥면적 300m² 초과 500m² 이하 : 16가구
   마. 바닥면적 500m² 초과 : 17가구
2. 가압설비 등을 설치하여 급수되는 각 기구에서의 압력이 1cm 당 0.7kg 이상인 경우에는 위 표의 기준을 적용하지 아니할 수 있다.

◆ 음용수 배관의 지름
(건축 58070-2154, 1996. 5. 31)

질의

① 건축물의 설비기준 등에 관한 규칙 제18조 제6호의 규정에서 "지름의 관"이라 함은?
② 고가수조 급수방식으로 할 경우에도 동규칙 제18조 【별표 3】 비고란 2의 규정을 적용할 수 있는지?

회신

① 건축물의 설비기준 등에 관한 규칙 제18조 제6호의 규정에서 "지름의 관"이라 함은 한국산업표준에서 명시하고 있는 호칭경(또는 공칭지름)을 말하는 것임.
② 동규칙 제18조 【별표 3】 비고란 2에 따라 가압설비 등을 설치하여 급수되는 각 기구에서의 압력이 1cm 당 0.7kg 이상인 경우에는 동 표의 기준을 적용하지 아니할 수 있음.

6 피뢰설비

건축법 시행령	건축물의 설비기준 등에 관한 규칙
제87조【건축설비 설치의 원칙】 ② 건축물에 설치하는 급수·배수·냉방·난방·환기·피뢰 등 건축설비의 설치에 관한 기술적 기준은 국토교통부령으로 정하되, 에너지 이용 합리화와 관련한 건축설비의 기술적 기준에 관하여는 지식경제부장관과 협의하여 정한다. ③ 건축물에 설치하여야 하는 장애인 관련 시설 및 설비는 「장애인·노인·임산부 등의 편의증진보장에 관한 법률」 제14조에 따라 작성하여 보급하는 편의시설 상세표준도에 따른다. ④ 공동주택, 판매시설, 운수시설, 의료시설, 업무시설, 숙박시설 및 장례식장의 용도로 쓰는 건축물에 공동시청 안테나를 설치할 때에는 방송통신위원회가 정하여 고시하는 바에 따른다. [전문개정 2008.10.29]	**제20조【피뢰설비】** 영 제87조제2항에 따라 낙뢰의 우려가 있는 건축물, 높이 20미터 이상의 건축물 또는 영 제118조 제1항에 따른 공작물로서 높이 20미터 이상의 공작물(건축물에 영 제118조 제1항에 따른 공작물을 설치하여 그 전체 높이가 20미터 이상인 것을 포함한다.)에는 다음 각 호의 기준에 적합하게 피뢰설비를 설치하여야 한다.<개정 2012.4.30> 1. 피뢰설비는 한국산업표준이 정하는 피뢰레벨 등급에 적합한 피뢰설비일 것. 다만, 위험물저장 및 처리시설에 설치하는 피뢰설비는 한국산업표준이 정하는 피뢰시스템레벨 Ⅱ 이상이어야 한다. 2. 돌침은 건축물의 맨 윗부분으로부터 25센티미터 이상 돌출시켜 설치하되, 「건축물의 구조기준 등에 관한 규칙」 제9조에 따른 설계하중에 견딜 수 있는 구조일 것 3. 피뢰설비의 재료는 최소 단면적이 피복이 없는 동선을 기준으로 수뢰부, 인하도선 및 접지극은 50제곱밀리미터 이상이거나 이와 동등 이상의 성능을 갖출 것 4. 피뢰설비의 인하도선을 대신하여 철골조의 철골구조물과 철근콘크리트조의 철근구조체 등을 사용하는 경우에는 전기적 연속성이 보장될 것. 이 경우 전기적 연속성이 있다고 판단되기 위하여는 건축물 금속 구조체의 최상단부와 지표레벨 사이의 전기저항이 0.2옴 이하이어야 한다. 5. 측면 낙뢰를 방지하기 위하여 높이가 60미터를 초과하는 건축물 등에는 지면에서 건축물 높이의 5분의 4가 되는 지점부터 최상단 부분까지의 측면에 수뢰부를 설치하여야 하며, 지표레벨에서 최상단부의 높이가 150미터를 초과하는 건축물은 120미터 지점부터 최상단부분까지의 측면에 수뢰부를 설치할 것. 다만, 건축물의 외벽이 금속부재(部材)로 마감되고, 금속부재 상호간에 제4호 후단에 적합한 전기적 연속성이 보장되며 피뢰시스템레벨 등급에 적합하게 설치하여 인하도선에 연결한 경우에는 측면 수뢰부가 설치된 것으로 본다. 6. 접지(接地)는 환경오염을 일으킬 수 있는 시공방법이나 화학 첨가물 등을 사용하지 아니할 것 7. 급수·급탕·난방·가스 등을 공급하기 위하여 건축물에 설치하는 금속배관 및 금속재 설비는 전위(電位)가 균등하게 이루어지도록 전기적으로 접속할 것 8. 전기설비의 접지계통과 건축물의 피뢰설비 및 통신설비 등의 접지극을 공용하는 통합접지공사를 하는 경우에는 낙뢰 등으로 인한 과전압으로부터 전기설비 등을 보호하기 위하여 한국산업표준에 적합한 서지보호장치(SPD)를 설치할 것 9. 그 밖에 피뢰설비와 관련된 사항은 한국산업표준에 적합하게 설치할 것

법해설 Explanation

피뢰설비

(1) 설치대상 건축물

① 낙뢰의 우려가 있는 건축물

② 높이 20m 이상의 건축물

③ 공작물로서 높이 20m 이상의 공작물(공작물을 설치하여 그 전체 높이가 20m 이상인 것을 포함)

(2) 설치기준

설 비	설 치 기 준
① 피뢰설비	한국산업표준이 정하는 보호등급의 설비일 것 (위험물저장 및 처리시설 → 피뢰시스템레벨 Ⅱ 이상일 것)
② 돌 침	• 건축물 맨 윗부분으로부터 25cm 이상 돌출하여 설치할 것 • 풍하중기준에 견딜 수 있는 구조일 것

◆ 피뢰설비 기준의 개정

연평균 185회 이상 벼락이 고층건물에 떨어지므로 2006.2.13부터는 건축물의 높이가 60m 이상인 고층건축물의 측면에 낙뢰방지시설을 설치하도록 하는 등 피뢰설비기준이 강화되어 개정되었다.

◆ 뇌(雷)보호시스템의 보호등급(요약)

1. 보호등급의 선정 목적은 보호건축물·보호공간에 대한 직격뢰의 위험을 최대한 허용할 수 있는 레벨 이하 로 감소시키는데 있다.
2. 모든 대상건축물에 대하여 뇌보호시스템의 설계자는 그 필요여부를 결정하고 적절한 보호등급을 선정하여야 한다.

설 비	설 치 기 준
③ 피뢰설비 재료	최소 단면적 (피복이 없는 동선을 기준으로 함) -수뢰부 인하도선 접지극 : $50mm^2$ 이상
④ 인하도선	철골조, 철골·철근콘크리트조의 철근구조체를 사용하는 경우 -전기적 연속성이 보장될 것 -건축물 금속구조체 상·하단부 사이의 전기 저항값 : 0.2 Ω 이하일 것
⑤ 낙뢰방지 수뢰부의 설치	높이 60m를 초과하는 건축물 -높이의 4/5 지점부터 상단부까지 측면에 수뢰부를 설치 -지표레벨에서 최상단부의 높이가 150미터를 초과하는 건축물은 120미터 지점부터 최상단부분까지의 측면에 수뢰부를 설치할 것
⑥ 접지	환경오염을 일으킬 수 있는 시공방법 또는 화학첨가물을 사용하지 아니할 것
⑦ 전기적 접속	건축물에 설치하는 금속배관 및 금속재 설비는 전위(電位)가 균등하게 이루어지도록 할 것

■ 뇌(雷)보호시스템의 보호등급의 효율

보호등급	시스템 효율(E)
I	0.98
II	0.95
III	0.90
IV	0.80

3. 뇌보호시스템의 설계는 선택한 보호등급이 규정된 요구사항에 적합하여야 한다.

7 승강기

건축법

제64조 【승강기】

① 건축주는 6층 이상으로서 연면적이 2천제곱미터 이상인 건축물(대통령령으로 정하는 건축물은 제외한다)을 건축하려면 승강기를 설치하여야 한다. 이 경우 승강기의 규모 및 구조는 국토교통부령으로 정한다.

건축법 시행령

제89조 【승용 승강기의 설치】

법 제64조제1항 전단에서 "대통령령으로 정하는 건축물"이란 층수가 6층인 건축물로서 각 층 거실의 바닥면적 300제곱미터 이내마다 1개소 이상의 직통계단을 설치한 건축물을 말한다. [전문개정 2008.10.29]

건축물의 설비기준 등에 관한 규칙

제5조 【승용승강기의 설치기준】

「건축법」(이하 "법"이라 한다) 제64조 제1항에 따라 건축물에 설치하는 승용승강기의 설치기준은 【별표 1의2】와 같다. 다만, 승용승강기가 설치되어 있는 건축물에 1개층을 증축하는 경우에는 승용승강기의 승강로를 연장하여 설치하지 아니할 수 있다.<개정 2001.1.17 전문개정 1999.5.11>

【별표 1의 2】 승용승강기의 설치기준

6층 이상의 거실 면적의 합계 / 건축물의 용도	$3,000m^2$ 이하	$3,00m^2$ 초과
• 문화 및 집회시설(공연장·집회장 및 관람장에 한함) • 판매시설 • 의료시설	2대	2대에 $3,000m^2$를 초과하는 경우에는 그 초과하는 매 $2,000m^2$ 이내마다 1대의 비율로 가산한 대수
• 문화 및 집회시설(전시장 및 동·식물원에 한함) • 업무시설 • 숙박시설 • 위락시설	1대	1대에 $3,000m^2$를 초과하는 경우에는 그 초과하는 매 $2,000m^2$ 이내마다 1대의 비율로 가산한 대수
• 공동주택 • 교육연구시설 • 노유자시설 • 기타시설	1대	1대에 $3,000m^2$를 초과하는 경우에는 그 초과하는 매 $3,000m^2$ 이내마다 1대의 비율로 가산한 대수

비고
1. 위 표에 따라 승강기의 대수를 계산할 때 8인승 이상 15인승 이하의 승강기는 1대의 승강기로 보고, 16인승 이상의 승강기는 2대의 승강기로 본다.
2. 건축물의 용도가 복합된 경우 승용승강기의 설치기준은 다음 각 목의 구분에 따른다.
   가. 둘 이상의 건축물의 용도가 위 표에 따른 같은 호에 해당하는 경우: 하나의 용도에 해당하는 건축물로 보아 6층 이상의 거실면적의 총합계를 기준으로 설치하여야 하는 승용승강기 대수를 산정한다.
   나. 둘 이상의 건축물의 용도가 위 표에 따른 둘 이상의 호에 해당하는 경우: 다음의 기준에 따라 산정한 승용승강기 대수 중 적은 대수
      1) 각각의 건축물 용도에 따라 산정한 승용승강기 대수를 합산한 대수. 이 경우 둘 이상의 건축물의 용도가 같은 호에 해당하는 경우에는 가목에 따라 승용승강기 대수를 산정한다.
      2) 각각의 건축물 용도별 6층 이상의 거실 면적을 모두 합산한 면적을 기준으로 각각의 건축물 용도별 승용승강기 설치기준 중 가장 강한 기준을 적용하여 산정한 대수

제6조 【승강기의 구조】

법 64조에 따라 건축물에 설치하는 승강기·에스컬레이터 및 비상용 승강기의 구조는 「승강기시설 안전관리법」이 정하는 바에 따른다.

건축법	건축법 시행령	건축물의 피난·방화구조 등의 기준에 관한규칙
		제29조【피난용승강기의 설치 및 구조】 ① 고층건축물에는 법 제64조제1항에 따라 건축물에 설치하는 승용승강기 중 1대 이상을 제30조에 따른 피난용승강기의 설치기준에 적합하게 설치하여야 한다. 다만, 준초고층 건축물 중 공동주택은 제외한다. ② 제1항에 따라 고층건축물에 설치하는 피난용승강기의 구조는「승강기시설 안전관리법」으로 정하는 바에 따른다.[본조신설 2012.1.6.] **제30조【피난용승강기의 설치기준】** 제29조제1항에 따른 피난용승강기의 구조와 설비는 다음 각 호의 기준에 적합하여야 한다. ① 피난용승강기 승강장의 구조 가. 승강장의 출입구를 제외한 부분은 해당 건축물의 다른 부분과 내화구조의 바닥 및 벽으로 구획할 것 나. 승강장은 각 층의 내부와 연결될 수 있도록 하되, 그 출입구에는 갑종방화문을 설치할 것. 이 경우 방화문은 언제나 닫힌 상태를 유지할 수 있는 구조이어야 한다. 다. 실내에 접하는 부분(바닥 및 반자 등 실내에 면한 모든 부분을 말한다)의 마감(마감을 위한 바탕을 포함한다)은 불연재료로 할 것 라. 예비전원으로 작동하는 조명설비를 설치할 것 마. 승강장의 바닥면적은 피난용승강기 1대에 대하여 6제곱미터 이상으로 할 것 바. 승강장의 출입구 부근에는 피난용승강기임을 알리는 표지를 설치할 것 사. 승강장의 바닥은 100분의 1 이상의 기울기로 설치하고 배수용 트렌처를 설치할 것 아.「건축물의 설비기준 등에 관한 규칙」제14조에 따른 배연설비를 설치할 것 자.「소방시설 설치유지 및 안전관리에 관한 법률 시행령」제15조에 따른 소화활동설비(제연설비만 해당한다)를 설치할 것 ② 피난용승강기 승강로의 구조 가. 승강로는 해당 건축물의 다른 부분과 내화구조로 구획할 것 나. 각 층으로부터 피난층까지 이르는 승강로를 단일구조로 연결하여 설치할 것 다. 승강로 상부에「건축물의 설비기준 등에 관한 규칙」제14조에 따른 배연설비를 설치할 것 ③ 피난용승강기 기계실의 구조 가. 출입구를 제외한 부분은 해당 건축물의 다른 부분과 내화구조의 바닥 및 벽으로 구획할 것 나. 출입구에는 갑종방화문을 설치할 것 ④ 피난용승강기 전용 예비전원 가. 정전시 피난용승강기, 기계실, 승강장 및 폐쇄회로 텔레비전 등의 설비를 작동할 수 있는 별도의 예비전원 설비를 설치할 것 나. 가목에 따른 예비전원은 초고층 건축물의 경우에는 2시간 이상, 준초고층 건축물의 경우에는 1시간 이상 작동이 가능한 용량일 것 다. 상용전원과 예비전원의 공급을 자동 또는 수동으로 전환이 가능한 설비를 갖출 것 라. 전선관 및 배선은 고온에 견딜 수 있는 내열성 자재를 사용하고, 방수조치를 할 것 [본조신설 2012.1.6.] **주의사항** 이 규정은 건축물의 설비기준 등에 관한 규칙이 아니라 건축물의 피난·방화구조 등의 기준에 관한 규칙입니다.

법해설 Explanation

승용승강기

(1) 설치대상

층수가 6층 이상으로서 연면적 2,000m² 이상인 건축물

예외 층수가 6층인 건축물로서 각층 거실바닥면적 300m² 이내마다 1개소 이상 직통계단을 설치한 경우

(2) 설치기준

건축물의 용도 \ 6층 이상의 거실면적의 합계 (Am²)	3,000m² 이하	3,000m² 초과
• 문화 및 집회시설(공연장 · 집회장 · 관람장) • 판매시설 • 의료시설(병원 · 격리병원)	2대	2대에 3,000m²를 초과하는 2,000m² 이내마다 1대의 비율로 가산한 대수 이상 $\left(2\text{대} + \frac{A-3,000m^2}{2,000m^2}\text{대}\right)$
• 문화 및 집회시설(전시장 및 동 · 식물원) • 업무시설 • 숙박시설 • 위락시설	1대	1대에 3,000m²를 초과하는 2,000m² 이내마다 1대의 비율로 가산한 대수 이상 $\left(1\text{대} + \frac{A-3,000m^2}{2,000m^2}\text{대}\right)$
• 공동주택 • 교육연구시설 • 노유자시설 • 기타시설	1대	1대에 3,000m²를 초과하는 3,000m² 이내마다 1대의 비율로 가산한 대수 이상 $\left(1\text{대} + \frac{A-3,000m^2}{3,000m^2}\text{대}\right)$

예외 승용승강기가 설치되어 있는 건축물에 1개층을 증축하는 경우에는 승용승강기의 승강로를 연장하여 설치하지 아니할 수 있다.

참고
승강기의 대수기준을 산정함에 있어서 8인승 이상 15인승 이하 승강기는 위 표에 따른 1대의 승강기로 보고, 16인승 이상의 승강기는 위 표에 따른 2대의 승강기로 본다.

(3) 승강기 대수계산 및 복합용도 설치기준

1) 승강기 대수 계산

승강기의 대수를 계산할 때 8인승 이상 15인승 이하의 승강기는 1대의 승강기로 보고, 16인승 이상의 승강기는 2대의 승강기로 본다.

2) 건축물의 용도가 복합된 경우

승용승강기의 설치기준은 다음의 구분에 따른다.

① 둘 이상의 건축물의 용도가 위 표에 따른 같은 호에 해당하는 경우 : 하나의 용도에 해당하는 건축물로 보아 6층 이상의 거실면적의 총합계를 기준으로 설치하여야 하는 승용승강기 대수를 산정한다.

② 둘 이상의 건축물의 용도가 위 표에 따른 둘 이상의 호에 해당하는 경우 : 다음의 기준에 따라 산정한 승용승강기 대수 중 적은 대수

ㄱ. 각각의 건축물 용도에 따라 산정한 승용승강기 대수를 합산한 대수. 이 경우 둘 이상의 건축물의 용도가 같은 호에 해당하는 경우에는 가목에 따라 승용승강기 대수를 산정한다.

ㄴ. 각각의 건축물 용도별 6층 이상의 거실 면적을 모두 합산한 면적을 기준으로 각각의 건축물 용도별 승용승강기 설치기준 중 가장 강한 기준을 적용하여 산정한 대수

(4) 승용승강기의 구조

건축물에 설치하는 승강기 · 에스컬레이터 및 비상용 승강기의 구조는 「승강기제조 및 관리에 관한 법률」이 정하는 바에 따른다.

■ 익힘문제 ■

6층 이상의 거실면적의 합계가 $9,000m^2$인 공동주택에 설치해야 할 승용승강기의 최소 대수로서 맞는 것은?(단, 8인승을 기준으로 함)

(산업기사 기출)

㉮ 5대 ㉯ 4대 ㉰ 3대 ㉱ 2대

해설

승용승강기의 최소 설치 대수

$$= 1 + \frac{9,000 - 3,000m^2}{3,000m^2} = 3(대)$$

정답 ㉰

고층건축물의 피난용승강기

(1) 피난용승강기의 설치 및 구조

① 고층건축물에는 건축물에 설치하는 승용승강기 중 1대 이상을 피난용승강기의 설치기준에 적합하게 설치하여야 한다. 다만, 준초고층 건축물 중 공동주택은 제외한다.

② 고층건축물에 설치하는 피난용승강기의 구조는 「승강기시설 안전관리법」으로 정하는 바에 따른다.

(2) 피난용승강기의 설치기준

① 피난용승강기 승강장의 구조

㉠ 승강장의 출입구를 제외한 부분은 해당 건축물의 다른 부분과 내화구조의 바닥 및 벽으로 구획할 것

㉡ 승강장은 각 층의 내부와 연결될 수 있도록 하되, 그 출입구에는 갑종방화문을 설치할 것. 이 경우 방화문은 언제나 닫힌 상태를 유지할 수 있는 구조이어야 한다.

참고

고층건축물

① 30층 이상

② 120m 이상

㉢ 실내에 접하는 부분(바닥 및 반자 등 실내에 면한 모든 부분을 말한다)의 마감(마감을 위한 바탕을 포함한다)은 불연재료로 할 것
㉣ 예비전원으로 작동하는 조명설비를 설치할 것
㉤ 승강장의 바닥면적은 피난용승강기 1대에 대하여 6제곱미터 이상으로 할 것
㉥ 승강장의 출입구 부근에는 피난용승강기임을 알리는 표지를 설치할 것
㉦ 배연설비를 설치할 것(제연설비를 설치한 경우에는 예외)

② 피난용승강기 승강로의 구조
㉠ 승강로는 해당 건축물의 다른 부분과 내화구조로 구획할 것
㉡ 각 층으로부터 피난층까지 이르는 승강로를 단일구조로 연결하여 설치할 것
㉢ 승강로 상부에 「건축물의 설비기준 등에 관한 규칙」 제14조에 따른 배연설비를 설치할 것

③ 피난용승강기 기계실의 구조
㉠ 출입구를 제외한 부분은 해당 건축물의 다른 부분과 내화구조의 바닥 및 벽으로 구획할 것
㉡ 출입구에는 갑종방화문을 설치할 것

④ 피난용승강기 전용 예비전원
㉠ 정전시 피난용승강기, 기계실, 승강장 및 폐쇄회로 텔레비전 등의 설비를 작동할 수 있는 별도의 예비전원 설비를 설치할 것
㉡ 가목에 따른 예비전원은 초고층 건축물의 경우에는 2시간 이상, 준초고층 건축물의 경우에는 1시간 이상 작동이 가능한 용량일 것
㉢ 상용전원과 예비전원의 공급을 자동 또는 수동으로 전환이 가능한 설비를 갖출 것
㉣ 전선관 및 배선은 고온에 견딜 수 있는 내열성 자재를 사용하고, 방수조치를 할 것

8 비상용 승강기의 설치

건축법	건축법 시행령	건축물의 설비기준 등에 관한 규칙
제64조【승강기】 ② 높이 31미터를 초과하는 건축물에는 대통령령으로 정하는 바에 따라 제1항에 따른 승강기뿐만 아니라 비상용승강기를 추가로 설치하여야 한다. 다만, 국토교통부령으로 정하는 건축물의 경우에는 그러하지 아니하다. ③ 고층건축물에는 제1항에 따라 건축물에 설치하는 승용승강기 중 1대 이상을 대통령령으로 정하는 바에 따라 피난용 승강기로 설치하여야 한다.<신설 2018.4.17>	**제90조【비상용 승강기의 설치】** ① 법 제64조제2항에 따라 높이 31미터를 넘는 건축물에는 다음 각 호의 기준에 따른 대수 이상의 비상용 승강기(비상용 승강기의 승강장 및 승강로를 포함한다. 이하 이 조에서 같다)를 설치하여야 한다. 다만, 법 제64조제1항에 따라 설치되는 승강기를 비상용 승강기의 구조로 하는 경우에는 그러하지 아니하다. 1. 높이 31미터를 넘는 각 층의 바닥면적 중 최대 바닥면적이 1천500제곱미터 이하인 건축물 : 1대 이상 2. 높이 31미터를 넘는 각 층의 바닥면적 중 최대 바닥면적이 1천500제곱미터를 넘는 건축물 : 1대에 1천500제곱미터를 넘는 3천 제곱미터 이내마다 1대씩 더한 대수 이상 ② 제1항에 따라 2대 이상의 비상용 승강기를 설치하는 경우에는 화재가 났을 때 소화에 지장이 없도록 일정한 간격을 두고 설치하여야 한다. ③ 건축물에 설치하는 비상용 승강기의 구조 등에 관하여 필요한 사항은 국토교통부령으로 정한다. [전문개정 2008.10.29]	**제9조【비상용 승강기를 설치하지 아니할 수 있는 건축물】** 법 제64조 제2항 단서에서 "국토교통부령이 정하는 건축물"이라 함은 다음 각 호의 건축물을 말한다.(2006. 5. 12) 1. 높이 31m를 넘는 각층을 거실외의 용도로 쓰는 건축물 2. 높이 31m를 넘는 각층의 바닥면적의 합계가 $500m^2$ 이하인 건축물 3. 높이 31m를 넘는 층수가 4개층 이하로서 해당 각층의 바닥면적의 합계 $200m^2$(벽 및 반자가 실내에 접하는 부분의 마감을 불연재료로 한 경우에는 $500m^2$) 이내마다 방화구획으로 구획한 건축물 **제10조【비상용 승강기의 승강장 및 승강로의 구조】** 법 제64조 제2항에 따른 비상용 승강기의 승강장 및 승강로의 구조는 다음 각 호의 기준에 적합하여야 한다. 1. 삭제(1996. 2. 8) 2. 비상용 승강기 승강장의 구조 가. 승강장의 창문·출입구, 그 밖의 개구부를 제외한 부분은 해당 건축물의 다른 부분과 내화구조의 바닥 및 벽으로 구획할 것. 다만, 공동주택의 경우에는 승강장과 특별피난계단(「건축물의 피난·방화구조 등의 기준에 관한 규칙」 제9조에 따른 특별피난계단을 말한다. 이하 같다)의 부속실과의 겸용부분을 특별피난계단의 계단실과 별도로 구획하는 때에는 승강장을 특별피난계단의 부속실과 겸용할 수 있다. 나. 승강장은 각 층의 내부와 연결될 수 있도록 하되, 그 출입구(승강로의 출입구를 제외한다)에는 갑종방화문을 설치할 것 다만, 피난층에는 갑종방화물은 설치하지 아니하는 수 있다.<개정 2002.8.31> 다. 노대 또는 외부를 향하여 열 수 있는 창문이나 제14조 제2항에 따른 배연설비를 설치 할 것 라. 벽 및 반자가 실내에 접하는 부분의 마감재료(마감을 위한 바탕을 포함한다)는 불연재료로 할 것 마. 채광이 되는 창문이 있거나 예비전원에 따른 조명설비를 할 것 바. 승강장의 바닥면적은 비상용 승강기 1대에 대하여 $6m^2$ 이상으로 할 것. 다만, 옥외에 승강장을 설치하는 경우에는 그러하지 아니한다. 사. 피난층이 있는 승강장의 출입구(승강장이 없는 경우에는 승강로의 출입구)로부터 도로 또는 공지(공원·광장 기타 이와 유사한 것으로서 피난 및 소화를 위한 해당 대지에의 출입에 지장이 없는 것을 말한다)에 이르는 거리가 30m 이하일 것 아. 승강장 출입구 부근의 잘 보이는 곳에 해당 승강기가 비상용 승강기임을 알 수 있는 표지를 할 것 3. 비상용 승강기의 승강로의 구조 가. 승강로는 해당 건축물의 다른 부분과 내화구조로 구획할 것 나. 각 층으로부터 피난층까지 이르는 승강로를 단일구조로서 연결하여 설치할 것<개정 2002.8.31>

법해설 Explanation

비상용 승강기의 설치

(1) 설치대상건축물

높이 31m를 넘는 건축물

예외 1. 승용승강기를 비상용 승강기의 구조로 한 경우

2. 높이 31m를 넘는 부분이 다음에 해당하는 경우

- 각 층을 거실외의 용도로 쓰이는 건축물
- 각 층 바닥면적합계가 500m² 이하인 건축물
- 4개층 이하로서 해당 각 층의 바닥면적합계 200m²(벽 및 반자가 실내에 접하는 부분의 마감을 불연재료로 한 경우에는 500m²) 이내마다 방화구획으로 구획한 건축물

(2) 설치기준

높이 31m를 넘는 각 층의 바닥면적 중 최대바닥면적(Am²)	설치대수
1,500m² 이하	1대 이상
1,500m² 초과	1대에 1,500m²를 넘는 3,000m² 이내마다 1대씩 가산 $\left(1+\frac{A-1,500m^2}{3,000m^2}\text{대}\right)$

※ 2대 이상의 비상용 승강기를 설치하는 경우에는 화재시 소화에 지장이 없도록 일정한 간격을 유지할 것

(3) 비상용 승강기의 승강장 및 승강로의 구조

① 비상용 승강기의 승강장의 구조

㉠ 승강장의 창문, 출입구, 그 밖의 개구부를 제외한 부분은 해당 건축물의 다른 부분과 내화구조의 바닥·벽으로 구획할 것

예외 공동주택의 경우에는 승강장과 특별피난계단의 부속실과의 겸용부분을 계단실과 별도로 구획하는 때에는 승강장을 특별피난계단의 부속실과 겸용할 수 있다.

㉡ 승강장은 각 층의 내부와 연결될 수 있도록 하되, 그 출입구(승강로의 출입구를 제외한다)에는 갑종방화문을 설치할 것
다만, 피난층에는 갑종방화문을 설치하지 아니할 수 있다.

㉢ 노대 또는 외부를 향하여 열 수 있는 창문이나 배연설비를 설치할 것

㉣ 벽 및 반자가 실내에 접하는 부분의 마감재료(마감을 위한 바탕 포함)는 불연재료로 할 것

참고

◆ 전망용 엘리베이터를 비상용 승강기로 할 수 있는지
(건교건축 58550-1640, 1995. 4. 24)

질의 승강기 및 승강로 벽을 밖을 내다 볼 수 있도록 한 구조(전망용 엘리베이터)인 경우 비상용 승강기로 사용할 수 있는지 여부?

회신 비상용 승강기는 화재시 소화 및 구급활동에 지장이 없어야 할 것이므로 전망용 엘리베이터는 비상용 승강기로 부적합할 것으로 사료됨

◆ 비상용 승강기가 설치된 승강장

질의 비상승강기 승강로를 지상, 지하로 구획할 수 있는지
(건교건축 58550-5290, 1995. 12. 28)
질의 비상용 승강기의 승강로를 피난층을 중심으로 지상층과 지하층으로 구획하여 설치할 수 있는지 여부

회신 건축법 제64조 제2항에 따라 높이 31m(개정 : 41m)를 초과하는 건축물에 설치하는 비상용 승강기는 화재등 유사시 원활한 소방활동 및 피난을 목적으로 설치하는 것이므로 비상용 승강기의 승강로는 전층이 연결되는 구조로 설치하여야 할 것임

ⓜ 채광이 되는 창문이 있거나 예비전원에 따른 조명설비를 할 것
ⓗ 승강장의 바닥면적은 비상용 승강기 1대에 대하여 $6m^2$ 이상으로 할 것

예외 옥외에 승강장을 설치하는 경우

ⓢ 피난층이 있는 승강장의 출입구(승강장이 없는 경우에는 승강로의 출입구)로부터 도로 또는 공지에 이르는 거리가 30m 이하일 것
ⓞ 승강장 출입구 부근의 잘 보이는 곳에 해당 승강기가 비상용 승강기임을 알 수 있는 표시를 할 것

② 비상용 승강기의 승강로 구조
ⓖ 승강로는 해당 건물이 다른 부분과 내화구조로 구획할 것
ⓝ 각 층으로부터 피난층까지 이르는 승강로를 단일구조로서 연결하여 설치할 것

참고 비상용 승강기의 승강로 구조

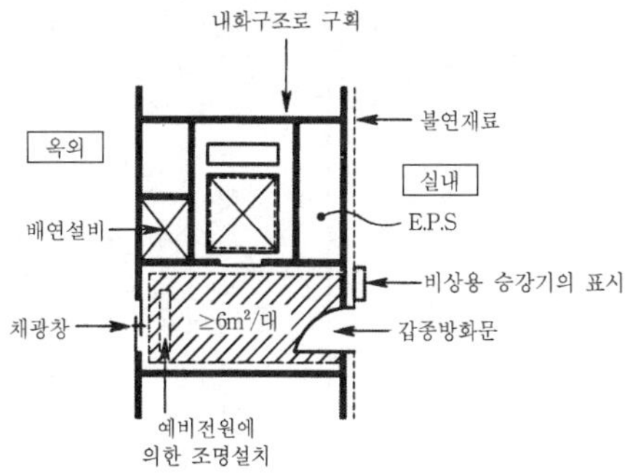

■ 익힘문제 ■

비상용 승강기를 설치하여야 하는 건축물에서 높이 31m를 넘는 각 층의 바닥면 적 중 최대 바닥면적이 $6,000m^2$ 일 때, 비상용 승강기의 최소설치 대수는? (산업기사 기출)

㉮ 2대 ㉯ 3대
㉰ 4대 ㉱ 5대

◆비상용 승강기가 설치된 승강장

질의 비상용 승강기가 설치된 승강장의 벽체 및 갑종방화문을 대신하여 방화문이 달린 자동방화샷다로 설치할 수 있는지?

회신

① 비상용 승강기 승강장의 구조는 건축물의 설비기준 등에 관한 규칙 제10조 제2호의 규정에 적합하여야 하는 것으로, 위 같은 규칙 같은 조 같은 호 가목에 따라 승강장의 창문·출입구 기타 개구부를 제외한 부분을 해당 건축물의 다른 부분과 내화구조의 바닥 및 벽으로 구획하여야 하는 바
② 자동방화샷다가 건축법시행령 제3조 제3항 제8호 및 국토교통부고시 제1992-506호(내화구조의 지정 및 관리기준)의 기준에 의하여 내화구조로 지정을 받은 경우라면 그 지정받은 내용(사용부위, 내화시간 등)에 따라 사용이 가능할 수 있을 것이나, 위 같은 규칙 같은 조 같은 호 나목에 따라 비상용 승강기 승강장의 출입구(승강로의 출입구 제외)에는 갑종방화문을 설치하여야 하는 것임

해설

설치대수

$$= 1 + \frac{6,000m^2 - 1,500m^2}{3,000m^2}$$

$= 1 + 1.5 = 2.5 \rightarrow 3$(대)

정답 ㉯

9 관계전문기술자 등

건축법	건축법 시행령	건축법 시행규칙(건축물의 설비기준 등에 관한 규칙)
제67조【관계전문기술자】 ① 설계자와 공사감리자는 제40조, 제41조, 제48조부터 제50조까지, 제50조의2, 제51조, 제52조, 제62조 및 제64조와 「녹색건축물 조성 지원법」 제15조에 따른 대지의 안전, 건축물의 구조상 안전, 건축설비의 설치 등을 위한 설계 및 공사감리를 할 때 대통령령으로 정하는 바에 따라 관계전문기술자의 협력을 받아야 한다. <개정 2014.1.14.> ② 관계전문기술자는 건축물이 이 법 및 이 법에 따른 명령이나 처분, 그 밖의 관계 법령에 맞고 안전·기능 및 미관에 지장이 없도록 업무를 수행하여야 한다. **제68조【기술적 기준】** ① 제40조, 제41조, 제48조부터 제52조까지, 제62조, 제64조 및 제66조에 따른 대지의 안전, 건축물의 구조상의 안전, 건축설비 등에 관한 기술적 기준은 이 법에서 특별히 규정한 경우 외에는 국토교통부령으로 정하되, 이에 따른 세부기준이 필요하면 국토교통부장 관이 세부기준을 정하거나 국토교통부장관이 지정하는 연구기관(시험기관·검사기관을 포함한다), 학술단체, 그 밖의 관련 전문기관 또는 단체가 국토교통부장관의 승인을 받아 정할 수 있다. ② 국토교통부장관은 제1항에 따라 세부기준을 정하거나 승인을 하려면 미리 건축위원회의 심의를 거쳐야 한다. ③ 국토교통부장관은 제1항에 따라 세부기준을 정하거나 승인을 한 경우 이를 고시하여야 한다.	**제91조의3【관계전문기술자와의 협력】** ① 다음 각 호의 어느 하나에 해당하는 건축물의 설계자는 제32조제1항에 따라 해당 건축물에 대한 구조의 안전을 확인하는 경우에는 건축구조기술사의 협력을 받아야 한다. 1. 6층 이상인 건축물 2. 특수구조 건축물 3. 다중이용 건축물 4. 준다중이용 건축물 5. 제32조제1항제6호에 해당하는 건축물 중 국토교통부령으로 정하는 건축물 ② 연면적 1만 제곱미터 이상인 건축물(창고시설은 제외한다) 또는 에너지를 대량으로 소비하는 건축물로서 국토교통부령으로 정하는 건축물에 건축설비를 설치하는 경우에는 국토교통부령으로 정하는 바에 따라 다음 각 호의 구분에 따른 관계전문기술자의 협력을 받아야 한다. <개정 2009.7.16> 1. 전기, 승강기(전기 분야만 해당한다) 및 피뢰침 : 「국가기술자격법」에 따른 건축전기설비기술사 또는 발송배전기술사 2. 급수·배수(配水)·배수(排水)·환기·난방·소화·배연·오물처리 설비 및 승강기(기계 분야만 해당한다) : 「국가기술자격법」 에 따른 건축기계설비기술사 또는 공조냉동기계기술사 3. 가스설비 : 「기술사법」에 따라 등록한 건축기계설비기술사, 공조냉동기계기술사 또는 가스기술사 ③ 깊이 10미터 이상의 토지 굴착공사 또는 높이 5미터 이상의 옹벽 등의 공사를 수반하는 건축물의 설계자 및 공사감리자는 토지 굴착 등에 관하여 국토교통부령으로 정하는 바에 따라 「국가기술자격법」에 따른 토목 분야 기술사 또는 국토개발분야의 지질 및 기반기술사의 협력을 받아야 한다. ④ 설계자 및 공사감리자는 안전상 필요하다고 인정하는 경우, 관계 법령에서 정하는 경우 및 설계계약 또는 감리계약에 따라 건축주가 요청하는 경우에는 관계전문기술자의 협력을 받아야 한다. ⑤ 특수구조 건축물 및 고층건축물의 공사감리자는 제19조제3항제1호다목에 해당하는 공정에 다다를 때 건축구조기술사의 협력을 받아야 한다.	**법 제36조의2【관계전문기술자】** ① 삭제<2010.8.5> ② 영 제91조의3 제3항에 따라 건축물의 설계자 및 공사감리자는 다음 각 호의 어느 하나에 해당하는 사항에 대하여 토목분야 기술사 또는 국토개발분야의 지질 및 기반기술사의 협력을 받아야 한다. 1. 지질조사 2. 토공사의 설계 및 감리 3. 흙막이벽·옹벽설치 등에 관한 위해방지 및 그 밖에 필요한 사항 **제2조【관계전문기술자의 협력을 받아야 하는 건축물】** 「건축법 시행령」(이하 "영"이라 한다) 제91조의3제2항에서 "국토교통부령이 정하는 건축물"이라 함은 다음 각 호의 건축물을 말한다. <개정 1999.5.11., 2006.2.13., 2008.3.14., 2013.3.23., 2013.9.2.> 1. 냉동냉장시설·항온항습시설(온도와 습도를 일정하게 유지시키는 특수설비가 설치되어 있는 시설을 말한다) 또는 특수청정시설(세균 또는 먼지 등을 제거하는 특수설비가 설치되어 있는 시설을 말한다)로서 당해 용도에 사용되는 바닥면적의 합계가 5백 제곱미터 이상인 건축물 2. 영 별표 1 제2호가목 및 나목에 따른 아파트 및 연립주택 3. 다음 각 목의 어느 하나에 해당하는 건축물로서 해당 용도에 사용되는 바닥면적의 합계가 5백 제곱미터 이상인 건축물 가. 영 별표 1 제3호다목에 따른 목욕장 나. 영 별표 1 제13호가목에 따른 물놀이형 시설(실내에 설치된 경우로 한정한다) 및 같은 호 다목에 따른 수영장(실내에 설치된 경우로 한정한다) 4. 다음 각 목의 어느 하나에 해당하는 건축물로서 해당 용도에 사용되는 바닥면적의 합계가 2천 제곱미터 이상인 건축물 가. 영 별표 1 제2호라목에 따른 기숙사 나. 영 별표 1 제9호에 따른 의료시설 다. 영 별표 1 제12호다목에 따른 유스호스텔 라. 영 별표 1 제15호에 따른 숙박시설 5. 다음 각 목의 어느 하나에 해당하는 건축물로서 해당 용도에 사용되는 바닥면적의 합계가 3천 제곱미터 이상인 건축물 가. 영 별표 1 제7호에 따른 판매시설 나. 영 별표 1 제10호마목에 따른 연구소 다. 영 별표 1 제14호에 따른 업무시설 6. 다음 각 목의 어느 하나에 해당하는 건축물로서 해당 용도에 사용되는 바닥면적의 합계가 1만 제곱미터 이상인 건축물 가. 영 별표 1 제5호가목부터 라목까지에 해당하는 문화 및 집회시설

건축법	건축법 시행령	건축법 시행규칙(건축물의 설비기준 등에 관한 규칙)
	⑥ 제1항부터 제5항까지의 규정에 따라 설계자 또는 공사감리자에게 협력한 관계전문기술자는 공사 현장을 확인하고, 그가 작성한 설계도서 또는 감리중간보고서 및 감리완료보고서에 설계자 또는 공사감리자와 함께 서명날인하여야 한다. ⑦ 제32조제1항에 따른 구조 안전의 확인에 관하여 설계자에게 협력한 건축구조기술사는 구조의 안전을 확인한 건축물의 구조도 등 구조 관련 서류에 설계자와 함께 서명날인하여야 한다.	나. 영 별표 1 제6호에 따른 종교시설 다. 영 별표 1 제10호에 따른 교육연구시설(연구소는 제외한다) 라. 영 별표 1 제28호에 따른 장례식장 [전문개정 1996.2.9.] **제3조 【관계전문기술자의 협력사항】** ① 영 제91조의3제2항에 따른 건축물에 전기, 승강기, 피뢰침, 가스, 급수, 배수(配水), 배수(排水), 환기, 난방, 소화, 배연(排煙) 및 오물처리설비를 설치하는 경우에는 건축사가 해당 건축물의 설계를 총괄하고, 「국가기술자격법」에 따른 건축전기설비기술사, 발송배전(發送配電)기술사, 건축기계설비기술사 또는 공조냉동기계기술사(이하 "기술사"라 한다)가 건축사와 협력하여 해당 건축설비를 설계하여야 한다.<개정 2008.7.10, 2010.11.5> ② 영 제91조의3 제2항에 따라 건축물에 건축설비를 설치한 경우에는 기술사가 그 설치상태를 확인한 후 건축주 및 공사감리자에게 별지 제1호서식의 건축설비설치확인서를 제출하여야 한다.

법해설 Explanation

관계전문기술자와의 협력

(1) 협력사유

설계자 및 공사감리자는 다음에 해당하는 사유를 위한 설계 및 공사감리를 함에 있어 관계전문기술자의 협력을 받아야 한다.

① 대지의 안전
② 건축물의 구조상 안전
③ 건축설비의 설치

(2) 건축구조기술사의 협력

건축물의 설계자는 건축물에 대한 구조의 안전을 확인하는 경우 건축구조기술사의 협력을 받아야 한다.

구분	자격 · 대상건축물
구조계산의 자격	• 건축구조기술사
구조계산 대상건축물	• 층수가 6층 이상인 건축물 • 특수구조 건축물 • 다중이용 건축물 • 준다중이용 건축물 • 지진구역의 건축물 중 국토교통부령으로 정하는 건축물

◆토지굴착시 협력기술자의 자격등급
(건교건축 58070-2930, 1996. 7. 26)

질의 건축법시행령 제19조 제5항에 따른 토목분야 공사감리와 같은 영 제91조3에 따른 토목분야 관계전문기술자 2명을 중복하여 배치해야 하는지 동령 제91조의3 제3항의 규정에 토목분야 기술자격 취득자의 범위

회신 건축물의 공사감리는 건축법 제25조의 규정에 의하는 것이고 관계전문기술자와의 협력은 같은 법 제67조의 규정에 의하는 것인 바, 각각의 규정에 적합한 자로서 감리원과 관계전문기술자의 감리협력 업무를 수행함에 있어서는 같은 법시행령 제91조제6항에서 정한 감리업무와 같은 법시행규칙 제36조의2 제2항에서 정한 협력업무가 모두 적합하게 수행되어야 하는 것이며, 건축법시행령 제91조의3 제3항에 따라 해당토지굴착 등의 공사에 있어서는 국가기술자격법에 따른 토목분야 기술계 국가기술자격취득자의 협력을 받도록 하고 있음

(3) 기술사 및 관계전문기술자의 협력 대상건축물

<table>
<tr><th>관계전문기술자</th><th colspan="2">건축물의규모</th><th>용도 및 대상</th></tr>
<tr><td rowspan="3">• 전기, 승강기(전기 분야만 해당) 및 피뢰침 : 건축전기설비기술사 또는 발송배전기술사
• 급수·배수(配水)·배수(排水)·환기·난방·소화·배연·오물처리 설비 및 승강기(기계 분야만 해당) : 건축기계설비기술사 또는 공조냉동기계기술사
• 가스설비 : 「기술사법」에 따라 등록한 건축기계설비기술사, 공조냉동기계기술사 또는 가스기술사</td><td colspan="2">연면적 10,000m² 이상</td><td>창고시설을 제외한 모든 건축물</td></tr>
<tr><td rowspan="2">에너지를 대량으로 소비하는 건축물로서 급수·배수·난방·환기설비를 설치하는 경우</td><td>바닥면적합계 500m² 이상</td><td>• 냉동냉장시설
• 항온항습시설
• 특수청정시설</td></tr>
<tr><td colspan="2">에너지절약계획서를 제출해야 하는 건축물</td></tr>
<tr><td>토목분야 기술사 또는 국토개발 분야의 지질 및 기반기술사</td><td colspan="3">• 깊이 10m 이상의 토지굴착공사
• 높이 5m 이상의 옹벽 등 공사
• 지질조사
• 토공사의 설계 및 감리
• 흙막이벽·옹벽 설치 등에 관한 위해방지, 그 밖의 필요한 사항</td></tr>
</table>

(4) 특수구조 건축물 및 고층건축물의 공사감리자의 협력

특수구조 건축물 및 고층건축물의 공사감리자는 지상 5개 층마다 상부 슬래브배근을 완료한 경우. (다만, 철골조 구조의 건축물의 경우에는 지상 3개 층마다 또는 높이 20미터마다 주요구조부의 조립을 완료한 경우)에 해당하는 공정에 다다를 때 건축구조기술사의 협력을 받아야 한다.

(5) 서명날인

① 설계자 또는 공사감리자에게 협력한 관계전문기술자는 공사 현장을 확인하고, 그가 작성한 설계도서 또는 감리중간보고서 및 감리완료보고서에 설계자 또는 공사감리자와 함께 서명날인하여야 한다.

② 구조 안전의 확인에 관하여 설계자에게 협력한 건축구조기술사는 구조의 안전을 확인한 건축물의 구조도 등 구조 관련 서류에 설계자와 함께 서명날인하여야 한다.

제 8 장

특별건축구역 등

1 특별건축구역의 지정

건축법	건축법 시행령
제69조【특별건축구역의 지정】 ① 국토교통부장관 또는 시·도지사는 다음 각 호의 구분에 따라 도시나 지역의 일부가 특별건축구역으로 특례 적용이 필요하다고 인정하는 경우에는 특별건축구역을 지정할 수 있다. <개정 2014.1.14.> 1. 국토교통부장관이 지정하는 경우 가. 국가가 국제행사 등을 개최하는 도시 또는 지역의 사업구역 나. 관계법령에 따른 국가정책사업으로서 대통령령으로 정하는 사업구역 2. 시·도지사가 지정하는 경우 가. 지방자치단체가 국제행사 등을 개최하는 도시 또는 지역의 사업구역 나. 관계법령에 따른 도시개발·도시재정비 및 건축문화 진흥사업으로서 건축물 또는 공간환경을 조성하기 위하여 대통령령으로 정하는 사업구역 다. 그 밖에 대통령령으로 정하는 도시 또는 지역의 사업구역 ② 다음 각 호의 어느 하나에 해당하는 지역·구역 등에 대하여는 제1항에도 불구하고 특별 건축구역으로 지정할 수 없다. 1. 「개발제한구역의 지정 및 관리에 관한 특별조치법」에 따른 개발제한구역 2. 「자연공원법」에 따른 자연공원 3. 「도로법」에 따른 접도구역	**제105조【특별건축구역의 지정】** ① 법 제69조제1항제1호나목에서 "대통령령으로 정하는 사업구역"이란 다음 각 호의 어느 하나에 해당하는 구역을 말한다.<개정 2012.12.12> 1. 「신행정수도 후속대책을 위한 연기·공주지역 행정중심복합도시 건설을 위한 특별법」에 따른 행정중심복합도시의 사업구역 2. 「공공기관 지방이전에 따른 혁신도시 건설 및 지원에 관한 특별법」에 따른 혁신도시의 사업구역 3. 「경제자유구역의 지정 및 운영에 관한 특별법」 제4조에 따라 지정된 경제자유구역 4. 「택지개발촉진법」에 따른 택지개발사업구역 5. 「공공주택 특별법」 제2조제2호에 따른 공공주택지구 6. 삭제 <2014.10.14> 7. 「도시개발법」에 따른 도시개발구역 8. 삭제 <2014.10.14> 9. 삭제 <2014.10.14> 10. 「아시아문화중심도시 조성에 관한 특별법」에 따른 국립아시아문화전당 건설사업구역 11. 「국토의 계획 및 이용에 관한 법률」 제51조에 따른 지구단위계획구역 중 현상설계 등에 따른 창의적 개발을 위한 특별계획구역 12. 삭제 <2014.10.14> 13. 삭제 <2014.10.14> ② 법 제69조제1항제2호나목에서 "대통령령으로 정하는 사업구역"이란 다음 각 호의 어느 하나에 해당하는 구역을 말한다. <신설 2014.10.14.> 1. 「경제자유구역의 지정 및 운영에 관한 특별법」 제4조에 따라 지정된 경제자유구역 2. 「택지개발촉진법」에 따른 택지개발사업구역 3. 「도시 및 주거환경정비법」에 따른 정비구역 4. 「도시개발법」에 따른 도시개발구역 5. 「도시재정비 촉진을 위한 특별법」에 따른 재정비촉진구역 6. 「제주특별자치도 설치 및 국제자유도시 조성을 위한 특별법」에 따른 국제자유도시의 사업구역 7. 「국토의 계획 및 이용에 관한 법률」 제51조에 따른 지구단위계획구역 중 현상설계(懸賞設計) 등에 따른 창의적 개발을 위한 특별계획구역 8. 「관광진흥법」 제52조 및 제70조에 따른 관광지, 관광단지 또는 관광특구 9. 「지역문화진흥법」 제18조에 따른 문화지구 ③ 법 제69조제1항제2호다목에서 "대통령령으로 정하는 도시 또는 지역"이란 다음 각 호의 어느 하나에 해당하는 도시 또는 지역을 말한다. <개정 2014.10.14.> 1. 삭제 <2014.10.14.> 2. 건축문화 진흥을 위하여 국토교통부령으로 정하는 건축물 또는 공간환경을 조성하는 지역

건축법	건축법 시행령
4. 「산지관리법」에 따른 보전산지 5. 「군사기지 및 군사시설 보호법」에 따른 군사기지 및 군사시설보호구역	2의2. 주거, 상업, 업무 등 다양한 기능을 결합하는 복합적인 토지 이용을 증진시킬 필요가 있는 지역으로서 다음 각 목의 요건을 모두 갖춘 지역 가. 도시지역일 것 나. 「국토의 계획 및 이용에 관한 법률 시행령」 제71조에 따른 용도지역 안에서의 건축제한 적용을 배제할 필요가 있을 것 3. 밖에 도시경관의 창출, 건설기술 수준향상 및 건축 관련 제도개선을 도모하기 위하여 특별건축구역으로 지정할 필요가 있다고 시·도지사가 인정하는 도시 또는 지역

법해설 Explanation

특별건축구역의 지정

국토교통부장관 또는 시·도지사는 다음의 구분에 따라 도시나 지역의 일부가 특별건축구역으로 특례적용이 필요하다고 인정하는 경우에는 특별건축구역을 지정할 수 있다.

(1) 국토교통부장관이 지정하는 경우

① 국가가 국제행사 등을 개최하는 도시 또는 지역의 사업구역

② 관계 법령에 따른 국가정책사업으로서 다음의 어느 하나에 해당하는 사업구역

해당 사업구역	관계 법률
행정중심복합도시 안의 사업구역	「신행정수도 후속대책을 위한 연기·공주 지역 행정중심복합도시 건설을 위한 특별법」
혁신도시 안의 사업구역	「공공기관 지방이전에 따른 혁신도시 건설 및 지원에 관한 특별법」
경제자유구역	「경제자유구역의 지정 및 운영에 관한 특별법」
택지개발사업구역	「택지개발촉진법」
공공주택지구	「공공주택 특별법」
도시개발구역	「도시개발법」
국제자유도시 안의 사업구역	「제주특별자치도 설치 및 국제자유도시 조성을 위한 특별법」
국립아시아문화전당 건설사업구역	「아시아문화중심도시 조성에 관한 특별법」
창의적개발을 위한 특별계획구역	국토의 계획 및 이용에 관한 법률

(2) 시·도지사가 지정하는 경우

① 지방자치단체가 국제행사 등을 개최하는 도시 또는 지역의 사업구역

② 관계법령에 따른 도시개발·도시재정비 및 건축문화 진흥사업으로서 건축물 또는 공간환경을 조성하기 위하여 다음아래에서 으로 정하는 사업구역

1. 경제자유구역

참고

◆ 특별건축구역의 신설(2007. 10. 17)

조화롭고 창의적인 건축물의 건축을 통하여 도시경관의 창출, 건설기술 수준향상 및 건축관련 제도개선을 도모하기 위하여 이 법 또는 관계 법령에 따른 일부 규정을 적용하지 아니하거나 완화 또는 통합하여 적용할 수 있도록 특별히 지정하는 구역을 특별건축구역이라 정의한다.

관계법 「경제자유구역의 지정 및 운영에 관한 특별법」

제4조 (경제자유구역의 지정 등)

① 특별시장·광역시장 또는 도지사는 지식경제부장관에게 경제자유구역의 지정을 요청할 수 있다. 다만, 대상구역이 둘 이상의 특별시·광역시 또는 도(이하 "시·도"라 한다)에 걸쳐 있는 경우에는 해당 시·도지사가 공동으로 지정을 요청하여야 한다.

② 시·도지사는 제1항에 따라 경제자유구역의 지정을 요청하려는 경우에는 경제자유구역개발계획을 작성하여 이를 제출하여야 한다.

2. 택지개발사업구역
3. 정비구역
4. 도시개발구역
5. 재정비촉진구역
6. 국제자유도시의 사업구역
7. 지구단위계획구역 중 현상설계(懸賞設計) 등에 따른 창의적 개발을 위한 특별계획구역
8. 관광지, 관광단지 또는 관광특구
9. 문화지구

③ 그 밖에 다음의 어느 하나에 해당하는 도시 또는 지역의 사업구역

㉠ 건축문화진흥을 위하여 국토교통부령으로 정하는 건축물 또는 공간환경을 조성하는 지역

㉡ 주거, 상업, 업무 등 다양한 기능을 결합하는 복합적인 토지 이용을 증진시킬 필요가 있는 지역으로서 다음의 요건을 모두 갖춘 지역

1. 도시지역일 것
2. 용도지역 안에서의 건축제한 적용을 배제할 필요가 있을 것

㉢ 그 밖에 도시경관의 창출, 건설기술 수준향상 및 건축 관련 제도개선을 도모하기 위하여 특별건축구역의 지정이 필요하다고 시·도지사가 인정하는 도시 또는 지역

예외 다음의 어느 하나에 해당하는 지역·구역 등에 대하여는 특별건축구역으로 지정할 수 없다.

1. 개발제한구역
2. 자연공원
3. 접도구역
4. 보전산지
5. 군사기지 및 군사시설보호구역

---

③ 지식경제부장관은 제25조에 따른 경제자유구역위원회(이하 "경제자유구역위원회"라 한다)의 심의·의결을 거쳐 시·도지사가 제출한 경제자유구역개발계획을 확정하고 경제자유구역을 지정한다. 이 경우 제1항에 따라 경제자유구역의 지정을 요청한 시·도지사의 의견을 들어야 한다.

④ 지식경제부장관은 경제자유구역의 개발이 필요하다고 인정하면 관할 시·도지사의 동의를 받은 후 경제자유구역위원회의 심의·의결을 거쳐 경제자유구역개발계획을 수립하고 경제자유구역을 지정할 수 있다.

⑤~⑦ <생략>

2 특별건축구역의 건축물

건축법	건축법 시행령
제70조 【특별건축구역의 건축물】 특별건축구역에서 제73조에 따라 건축기준 등의 특례사항을 적용하여 건축할 수 있는 건축물은 다음 각 호의 어느 하나에 해당되어야 한다. 1. 국가 또는 지방자치단체가 건축하는 건축물 2. 「공공기관의 운영에 관한 법률」 제4조에 따른 공공기관 중 대통령령으로 정하는 공공기관이 건축하는 건축물 3. 그 밖에 대통령령으로 정하는 용도·규모의 건축물로서 도시경관의 창출, 건설기술수준 향상 및 건축관련제도개선을 위하여 특례 적용이 필요하다고 허가권자가 인정하는 건축물	**제106조 【특별건축구역의 건축물】** ① 법 제70조제2호에서 "대통령령으로 정하는 공공기관"이란 다음 각 호의 공공기관을 말한다. 1. 「한국토지주택공사법」에 따른 한국토지주택공사 2. 「한국수자원공사법」에 따른 한국수자원공사 3. 「한국도로공사법」에 따른 한국도로공사 4. 삭제<2009.9.21> 5. 「한국철도공사법」에 따른 한국철도공사 6. 「한국철도시설공단법」에 따른 한국철도시설공단 7. 「한국관광공사법」에 따른 한국관광공사 8. 「한국농어촌공사 및 농지관리기금법」에 따른 한국농어촌공사 ② 법 제70조제3호에서 "대통령령으로 정하는 용도·규모의 건축물"이란 별표 3과 같다. [전문개정 2008.10.29] **【별표 3】** 특별건축구역의 특례사항 적용 대상 건축물(제106조제2항 관련) <개정 2010.12.13>

용도	규모(연면적, 세대 또는)
문화 및 집회시설, 판매시설, 운수시설, 의료시설, 교육연구시설, 수련시설	2천 제곱미터 이상
운동시설, 업무시설, 숙박시설, 관광휴게시설, 방송통신시설	3천 제곱미터 이상
종교시설	–
노유자시설	5백 제곱미터 이상
공동주택(아파트 및 연립주택만 해당한다)	300세대 이상(주거용 외의 용도와 복합된 경우에는 200세대 이상)
단독주택(한옥이 밀집되어 있는 지역의 건축물로 한정하며, 단독주택 외의 용도로 쓰이는 건축물을 포함할 수 있다)	50동 이상
그 밖의 용도	1천 제곱미터 이상

비고
1. 위의 용도에 해당하는 건축물은 허가권자가 인정하는 유사한 용도의 건축물을 포함한다.
2. 위의 용도가 복합된 건축물의 경우에는 해당 용도의 연면적 합계가 기준 연면적을 합한 값 이상이어야 한다. 다만, 공동주택과 주거용 외의 용도가 복합된 경우에는 각각 해당 용도의 연면적 또는 세대 기준에 적합하여야 한다.

법해설 Explanation

특별건축구역의 건축물

특별건축구역에서 건축기준 등의 특례사항을 적용하여 건축할 수 있는 건축물은 다음의 어느 하나에 해당되어야 한다.

① 국가 또는 지방자치단체가 건축하는 건축물

② 공공기관 중 다음에 해당하는 공공기관이 건축하는 건축물

㉠ 한국토지주택공사
㉡ 한국수자원공사
㉢ 한국도로공사
㉣ 한국철도공사
㉤ 한국철도시설공단
㉥ 한국관광공사
㉦ 한국농어촌공사

③ 그 밖에 【별표 3】에 해당하는 용도·규모의 건축물로서 도시경관의 창출, 건설기술 수준 향상 및 건축 관련 제도개선을 위하여 특례 적용이 필요하다고 허가권자가 인정하는 건축물

【별표 3】

특별건축구역의 특례사항 적용 대상 건축물(제106조제2항 관련)

용도	규모(연면적, 세대 또는)
문화 및 집회시설, 판매시설, 운수시설, 의료시설, 교육연구시설, 수련시설	2천 제곱미터 이상
운동시설, 업무시설, 숙박시설, 관광휴게시설, 방송통신서설	3천 제곱미터 이상
종교시설	–
노유자시설	5백 제곱미터 이상
공동주택(아파트 및 연립주택만 해당한다)	300세대 이상(주거용 외의 용도와 복합된 경우에는 200세대 이상)
단독주택(한옥이 밀집되어 있는 지역의 건축물로 한정하며, 단독주택 외의 용도로 쓰이는 건축물을 포함할 수 있다)	50동 이상
그 밖의 용도	1천 제곱미터 이상

비고 1. 위의 용도에 해당하는 건축물은 허가권자가 인정하는 유사한 용도의 건축물을 포함한다.

2. 위의 용도가 복합된 건축물의 경우에는 해당 용도의 연면적 합계가 기준 연면적을 합한 값 이상이어야 한다. 다만, 공동주택과 주거용 외의 용도가 복합된 경우에는 각각 해당 용도의 연면적 또는 세대 기준에 적합하여야 한다.

3 특별건축구역의 지정절차 등

건축법	건축법 시행령
제71조【특별건축구역의 지정절차 등】 ① 중앙행정기관의 장, 제69조제1항 각 호의 사업구역을 관할하는 시·도지사 또는 시장·군수·구청장(이하 이 장에서 "지정신청기관"이라 한다)은 특별건축구역의 지정이 필요한 경우에는 다음 각 호의 자료를 갖추어 중앙행정기관의 장 또는 시·도지사는 국토교통부장관에게, 시장·군수·구청장은 특별시장·광역시장·도지사에게 각각 특별건축구역의 지정을 신청할 수 있다. <개정 2014.1.14.> 1. 특별건축구역의 위치·범위 및 면적 등에 관한 사항 2. 특별건축구역의 지정 목적 및 필요성 3. 특별건축구역 내 건축물의 규모 및 용도 등에 관한 사항 4. 특별건축구역의 도시·군관리계획에 관한 사항. 이 경우 도시·군관리계획의 세부 내용은 대통령령으로 정한다. 5. 건축물의 설계, 공사감리 및 건축시공 등의 발주방법 등에 관한 사항 6. 제74조에 따라 특별건축구역 전부 또는 일부를 대상으로 통합하여 적용하는 미술작품, 부설주차장, 공원 등의 시설에 대한 운영관리 계획서. 이 경우 운영관리 계획서의 작성방법, 서식, 내용 등에 관한 사항은 국토교통부령으로 정한다. 7. 그 밖에 특별건축구역의 지정에 필요한 대통령령으로 정하는 사항 ② 국토교통부장관 또는 특별시장·광역시장·도지사는 제1항에 따라 지정신청이 접수된 경우에는 특별건축구역 지정의 필요성, 타당성 및 공공성 등과 피난·방재 등의 사항을 검토하고, 지정 여부를 결정하기 위하여 지정신청을 받은 날부터 30일 이내에 국토교통부장관이 지정신청을 받은 경우에는 국토교통부장관이 두는 건축위원회(이하 "중앙건축위원회"라 한다), 특별시장·광역시장·도지사가 지정신청을 받은 경우에는 각각 특별시장·광역시장·도지사가 두는 건축위원회의 심의를 거쳐야 한다. <개정 2014.1.14.> ③ 국토교통부장관 또는 특별시장·광역시장·도지사는 각각 중앙건축위원회 또는 특별시장·광역시장·도지사가 두는 건축위원회의 심의 결과를 고려하여 필요한 경우 특별건축구역의 범위, 도시·군관리계획 등에 관한 사항을 조정할 수 있다. <개정 2014.1.14.> ④ 국토교통부장관 또는 시·도지사는 필요한 경우 직권으로 특별건축구역을 지정할 수 있다. 이 경우 제1항 각 호의 자료에 따라 특별건축구역 지정의 필요성, 타당성 및 공공성 등과 피난·방재 등의 사항을 검토하고 각각 중앙건축위원회 또는 시·도지사가 두는 건축위원회의 심의를 거쳐야 한다. <개정 2014.1.14.> ⑤ 국토교통부장관 또는 시·도지사는 특별건축구역을 지정하거나 변경·해제하는 경우에는 대통령령으로 정하는 바에 따라 주요 내용을 관보(시·도지사는 공보)에 고시하고, 국토교통부장관 또는 특별시장·광역시장·도지사는 지정신청기관에 관계 서류의 사본을 송부하여야 한다. <개정 2014.1.14.> ⑥ 제5항에 따라 관계 서류의 사본을 받은 지정신청기관은 관계 서류에 도시·군관리계획의 결정사항이 포함되어 있는 경우에는 「국토의 계획 및 이용에 관한 법률」 제32조에 따라 지형도면의 승인신청 등 필요한 조치를 취하여야 한다. <개정 2011.4.14.>	**제107조【특별건축구역의 지정 절차 등】** ① 법 제71조제1항제4호에 따른 도시·군관리계획의 세부 내용은 다음 각 호와 같다.<개정 2012.4.10> 1.「국토의 계획 및 이용에 관한 법률」 제36조부터 제38조까지, 제38조의2, 제39조, 제40조 및 같은 법 시행령 제30조부터 제32조까지의 규정에 따른 용도지역, 용도지구 및 용도구역에 관한 사항 2.「국토의 계획 및 이용에 관한 법률」 제43조에 따라 도시·군관리계획으로 결정되었거나 설치된 도시·군계획시설의 현황 및 도시·군계획시설의 신설·변경 등에 관한 사항 3.「국토의 계획 및 이용에 관한 법률」 제50조부터 제52조까지 및 같은 법 시행령 제 43조부터 제47조까지의 규정에 따른 지구단위계획구역의 지정, 지구단위계획의 내용 및 지구단위계획의 수립·변경 등에 관한 사항 ② 법 제71조제1항제7호에서 "대통령령으로 정하는 사항"이란 다음 각 호의 사항을 말한다. 1. 특별건축구역의 주변지역에 「국토의 계획 및 이용에 관한 법률」 제43조에 따라 도시·군관리계획으로 결정되었거나 설치된 도시·군계획시설에 관한 사항 2. 특별건축구역의 주변지역에 대한 지구단위계획구역의 지정 및 지구단위계획의 내용 등에 관한 사항 2의2.「건축기본법」 제21조에 따른 건축디자인 기준의 반영에 관한 사항 3.「건축기본법」 제23조에 따라 민간전문가를 위촉한 경우 그에 관한 사항 4. 제105조제2항제2호의2에 따른 복합적인 토지 이용에 관한 사항(제105조제2항제2호의2에 해당하는 지역을 지정하기 위한 신청의 경우로 한정한다) ③ 국토교통부장관 또는 시·도지사는 법 제71조제7항에 따라 특별건축구역을 지정하거나 변경·해제하는 경우에는 다음 각 호의 사항을 즉시 관보에 고시해야 한다. <개정 2021.1.8.> 1. 지정·변경 또는 해제의 목적 2. 특별건축구역의 위치, 범위 및 면적 3. 특별건축구역 내 건축물의 규모 및 용도 등에 관한 주요 사항 4. 건축물의 설계, 공사감리 및 건축시공 등 발주방법에 관한 사항 5. 도시·군계획시설의 신설·변경 및 지구단위계획의 수립·변경 등에 관한 사항 6. 그 밖에 국토교통부장관이 필요하다고 인정하는 사항 ④ 특별건축구역의 지정신청기관이 다음 각 호의 어느 하나에 해당하여 법 제71조제9항에 따라 특별건축구역의 변경지정을 받으려는 경우에는 국토교통부령으로 정하는 자료를 갖추어 국토교통부장관 또는 특별시장·광역시장·도지사에게 변경지정 신청을 하여야 한다. 이 경우 특별건축구역의 변경지정에 관하여는 법 제71조제4항 및 제5항을 준용한다. <개정 2021.1.8.> 1. 특별건축구역의 범위가 10분의 1(특별건축구역의 면적이 10만 제곱미터 미만인 경우에는 20분의 1) 이상 증가하거나 감소하는 경우 2. 특별건축구역의 도시·군관리계획에 관한 사항이 변경되는 경우 3. 건축물의 설계, 공사감리 및 건축시공 등 발주방법이 변경되는 경우 4. 그 밖에 특별건축구역의 지정 목적이 변경되는 등 국토교통부령으로 정하는 경우 ⑤ 제1항부터 제4항까지에서 규정한 사항 외에 특별건축구역의 지정에 필요한 세부 사항은 국토교통부장관이 정하여 고시한다. [전문개정 2008.10.29]

건축법	건축법 시행령
⑦ 지정신청기관은 특별건축구역 지정 이후 변경이 있는 경우 변경지정을 받아야 한다. 이 경우 변경지정을 받아야 하는 변경의 범위, 변경지정의 절차 등 필요한 사항은 대통령령으로 정한다. ⑧ 국토교통부장관 또는 시·도지사는 다음 각 호의 어느 하나에 해당하는 경우에는 특별건축구역의 전부 또는 일부에 대하여 지정을 해제할 수 있다. 이 경우 국토교통부장관 또는 특별시장·광역시장·도지사는 지정신청기관의 의견을 청취하여야 한다. <개정 2014.1.14.> 1. 지정신청기관의 요청이 있는 경우 2. 거짓이나 그 밖의 부정한 방법으로 지정을 받은 경우 3. 특별건축구역 지정일부터 5년 이내에 특별건축구역 지정목적에 부합하는 건축물의 착공이 이루어지지 아니하는 경우 4. 특별건축구역 지정요건 등을 위반하였으나 시정이 불가능한 경우 ⑨ 특별건축구역을 지정하거나 변경한 경우에는 「국토의 계획 및 이용에 관한 법률」 제 30조에 따른 도시·군관리계획의 결정(용도지역·지구·구역의 지정 및 변경을 제외한다)이 있는 것으로 본다.	

법해설 Explanation

특별건축구역의 지정절차 등

① 중앙행정기관의 장, 제69조제1항 각 호의 사업구역을 관할하는 시·도지사 또는 시장·군수·구청장(이하 이 장에서 "지정신청기관"이라 한다)은 특별건축구역의 지정이 필요한 경우에는 다음의 자료를 갖추어 중앙행정기관의 장 또는 시·도지사는 국토교통부장관에게, 시장·군수·구청장은 특별시장·광역시장·도지사에게 각각 특별건축구역의 지정을 신청할 수 있다.

㉠ 특별건축구역의 위치·범위 및 면적 등에 관한 사항

㉡ 특별건축구역의 지정 목적 및 필요성

㉢ 특별건축구역 내 건축물의 규모 및 용도 등에 관한 사항

㉣ 특별건축구역의 도시·군관리계획에 관한 다음에 해당하는 사항

ⓐ 용도지역, 용도지구 및 용도구역에 관한 사항

ⓑ 도시·군관리계획으로 결정되었거나 설치된 도시·군계획시설의 현황 및 도시·군계획시설의 신설·변경 등에 관한 사항

ⓒ 지구단위계획구역의 지정, 지구단위계획의 내용에 관한 사항 및 지구단위계획의 수립·변경 등에 관한 사항

㉤ 건축물의 설계, 공사감리 및 건축시공 등의 발주방법 등에 관한 사항

㉥ 특별건축구역 전부 또는 일부를 대상으로 통합하여 적용하는 미술장식, 부설주차장, 공원 등의 시설에 대한 운영관리 계획서

㉦ 그 밖에 특별건축구역의 지정에 필요한 다음에 해당하는 사항

참고

◆ 특별건축구역의 신설(2007. 10. 17)

조화롭고 창의적인 건축물의 건축을 통하여 도시경관의 창출, 건설기술 수준향상 및 건축관련 제도개선을 도모하기 위하여 이 법 또는 관계 법령에 따른 일부 규정을 적용하지 아니하거나 완화 또는 통합하여 적용할 수 있도록 특별히 지정하는 구역을 특별건축구역이라 정의한다.

ⓐ 특별건축구역의 주변지역에 도시·군관리계획으로 결정되었거나 설치된 도시·군계획시설에 관한 사항
ⓑ 특별건축구역의 주변지역에 대한 지구단위계획구역의 지정 및 지구단위계획의 내용 등에 관한 사항
ⓒ 민간전문가를 위촉한 경우 그에 관한 사항

② 국토교통부장관 또는 특별시장·광역시장·도지사는 제1항에 따라 지정신청이 접수된 경우에는 특별건축구역 지정의 필요성, 타당성 및 공공성 등과 피난·방재 등의 사항을 검토하고, 지정 여부를 결정하기 위하여 지정신청을 받은 날부터 30일 이내에 국토교통부장관이 지정신청을 받은 경우에는 국토교통부장관이 두는 건축위원회(이하 "중앙건축위원회"라 한다), 특별시장·광역시장·도지사가 지정신청을 받은 경우에는 각각 특별시장·광역시장·도지사가 두는 건축위원회의 심의를 거쳐야 한다.

③ 국토교통부장관 또는 특별시장·광역시장·도지사는 각각 중앙건축위원회 또는 특별시장·광역시장·도지사가 두는 건축위원회의 심의 결과를 고려하여 필요한 경우 특별건축구역의 범위, 도시·군관리계획 등에 관한 사항을 조정할 수 있다.

④ 국토교통부장관 또는 시·도지사는 필요한 경우 직권으로 특별건축구역을 지정할 수 있다. 이 경우 제1항 각 호의 자료에 따라 특별건축구역 지정의 필요성, 타당성 및 공공성 등과 피난·방재 등의 사항을 검토하고 각각 중앙건축위원회 또는 시·도지사가 두는 건축위원회의 심의를 거쳐야 한다.

⑤ 국토교통부장관은 특별건축구역을 지정하거나 변경·해제하는 경우에는 다음에 해당하는 주요 내용을 관보(시·도지사는 공보)에 고시하고, 국토교통부장관 또는 특별시장·광역시장·도지사는 지정신청기관에 관계 서류의 사본을 송부하여야 한다.

㉠ 지정·변경 또는 해제의 목적
㉡ 특별건축구역의 위치, 범위 및 면적
㉢ 특별건축구역 내 건축물의 규모 및 용도 등에 관한 주요사항
㉣ 건축물의 설계, 공사감리 및 건축시공 등 발주방법에 관한 사항
㉤ 도시·군계획시설의 신설·변경 및 지구단위계획의 수립·변경 등에 관한 사항
㉥ 그 밖에 국토교통부장관이 필요하다고 인정하는 사항

⑥ 관계 서류의 사본을 받은 지정신청기관은 관계 서류에 도시·군관리계획의 결정사항이 포함되어 있는 경우에는 지형도면의 승인신청 등 필요한 조치를 취하여야 한다.

⑦ 지정신청기관은 특별건축구역 지정 이후 변경이 있는 경우 변경지정을 받아야 한다. 이 경우 변경지정을 받아야 하는 변경의 범위, 변경지정의 절차 등 필요한 사항은 아래와 같이 정한다.

㉠ 특별건축구역의 범위가 1/10(특별건축구역의 면적이 10만m^2 미만인 경우에는 1/20) 이상 증가 또는 감소하는 경우

㉡ 특별건축구역의 도시·군관리계획에 관한 사항이 변경되는 경우

㉢ 건축물의 설계, 공사감리 및 건축시공 등 발주방법이 변경되는 경우

㉣ 그 밖에 특별건축구역의 지정 목적이 변경되는 등 건설교통부령으로 정하는 경우

⑧ 특별건축구역을 지정하거나 변경한 경우에는 도시·군관리계획의 결정(용도 지역·지구·구역의 지정 및 변경을 제외)이 있는 것으로 본다.

참고 변경지정 신청

변경지정은 국토교통부장관에게 변경지정 신청을 하여야 한다.

4 특별건축구역 내 건축물의 심의 등

건축법	건축법 시행령
제72조【특별건축구역 내 건축물의 심의 등】 ① 특별건축구역에서 제73조에 따라 건축기준 등의 특례사항을 적용하여 건축허가를 신청 하고자 하는 자(이하 이 조에서 "허가신청자"라 한다)는 다음 각 호의 사항이 포함된 특례적용계획서를 첨부하여 제11조에 따라 해당 허가권자에게 건축허가를 신청하여야 한다. 이 경우 특례적용계획서의 작성방법 및 제출서류 등은 국토교통부령으로 정한다. 1. 제5조에 따라 기준을 완화하여 적용할 것을 요청하는 사항 2. 제71조에 따른 특별건축구역의 지정요건에 관한 사항 3. 제73조제1항의 적용배제 특례를 적용한 사유 및 예상효과 등 4. 제73조제2항의 완화적용 특례의 동등 이상의 성능에 대한 증빙내용 5. 건축물의 공사 및 유지·관리 등에 관한 계획 ② 제1항에 따른 건축허가는 해당 건축물이 특별건축구역의 지정 목적에 적합한지의 여부와 특례적용계획서 등 해당 사항에 대하여 제4조제1항에 따라 시·도지사 및 시장·군수·구청장이 설치하는 건축위원회(이하 "지방건축위원회"라 한다)의 심의를 거쳐야 한다. ③ 허가신청자는 제1항에 따른 건축허가 시 「도시교통정비 촉진법」 제16조에 따른 교통영향분석·개선대책의 검토를 동시에 진행하고자 하는 경우에는 같은 법 제16조에 따른 교통영향분석·개선대책에 관한 서류를 첨부하여 허가권자에게 심의를 신청할 수 있다.<개정 2008.3.28> ④ 제3항에 따라 교통영향분석·개선대책에 대하여 지방건축위원회에서 통합 심의한 경우에는 「도시교통정비 촉진법」 제17조에 따른 교통영향분석·개선대책의 심의를 한 것으로 본다.<개정 2008.3.28> ⑤ 제1항 및 제2항에 따라 심의된 내용에 대하여 대통령령으로 정하는 변경사항이 발생한 경우에는 지방건축위원회의 변경심의를 받아야 한다. 이 경우 변경심의는 제1항에서 제3항까지의 규정을 준용한다. ⑥ 국토교통부장관 또는 특별시장·광역시장·도지사는 허가권자의 의견을 청취하여 제1항 및 제2항에 따라 건축허가를 받은 건축물 중에서 건축제도의 개선 및 건설기술의 향상을 위하여 모니터링(특례를 적용한 건축물에 대하여 해당 건축물의 건축시공, 공사감리, 유지·관리 등의 과정을 검토하고 실제로 건축물에 구현된 기능·미관·환경 등을 분석하여 평가하는 것을 말한다. 이하 이 장에서 같다) 대상 건축물을 지정할 수 있다. ⑦ 허가권자는 제1항 및 제2항에 따라 건축허가를 받은 건축물의 특례적용계획서와 그 밖에 제6항에 따라 모니터링 대상 건축물을 지정하는데 필요한 국토교통부령으로 정하는 자료를 특별시장·광역시장·특별자치시장·도지사·특별자치도지사는 국토교통부장관에게, 시장·군수·구청장은 특별시장·광역시장·도지사에게 각각 제출하여야 한다. <개정 2014.1.14.> ⑧ 제1항 및 제2항에 따라 건축허가를 받은 「건설기술관리법」 제2조제5호에 따른 발주청은 설계의도의 구현, 건축시공 및 공사감리의 모니터링, 그 밖에 발주청이 위탁하는 업무의 수행 등을 위하여 필요한 경우 설계자를 건축허가 이후에도 해당 건축물의 건축에 참여하게 할 수 있다. 이 경우 설계자의 업무내용 및 보수 등에 관하여는 대통령령으로 정한다.	**제108조【특별건축구역 내 건축물의 심의 등】** ① 법 제72조제5항에 따라 지방건축위원회의 변경심의를 받아야 하는 경우는 다음 각 호와 같다. 1. 법 제16조에 따라 변경허가를 받아야 하는 경우 2. 법 제19조제2항에 따라 변경허가를 받거나 변경신고를 하여야 하는 경우 3. 건축물 외부의 디자인, 형태 또는 색채를 변경하는 경우 4. 그 밖에 법 제72조제1항 각 호의 사항 중 국토교통부령으로 정하는 사항을 변경하는 경우 ② 법 제72조제8항 전단에 따라 설계자가 해당 건축물의 건축에 참여하는 경우 공사시공자 및 공사감리자는 특별한 사유가 있는 경우를 제외하고는 설계자의 자문 의견을 반영하도록 하여야 한다. ③ 법 제72조제8항 후단에 따른 설계자의 업무내용은 다음 각 호와 같다. 1. 법 제72조제6항에 따른 모니터링 2. 설계변경에 대한 자문 3. 건축디자인 및 도시경관 등에 관한 설계의도의 구현을 위한 자문 4. 그 밖에 발주청이 위탁하는 업무 ④ 제3항에 따른 설계자의 업무내용에 대한 보수는 「엔지니어링기술 진흥법」 제10조에 따른 엔지니어링사업대가의 기준의 범위에서 국토교통부장관이 정하여 고시한다. ⑤ 제1항부터 제4항까지에서 규정한 사항 외에 특별건축구역 내 건축물의 심의 및 건축허가 이후 해당 건축물의 건축에 대한 설계자의 참여에 관한 세부 사항은 국토교통부장관이 정하여 고시한다. [전문개정 2008.10.29]

법해설 Explanation

특별건축구역 내 건축물의 심의 등

① 특별건축구역에서 건축기준 등의 특례사항을 적용하여 건축허가를 신청하고자 하는 자는 다음의 사항이 포함된 특례적용계획서를 첨부하여 해당 허가권자에게 건축허가를 신청하여야 한다.

㉠ 기준을 완화하여 적용할 것을 요청하는 사항
㉡ 특별건축구역의 지정요건에 관한 사항
㉢ 적용배제 특례를 적용한 사유 및 예상효과 등
㉣ 완화적용 특례의 동등 이상의 성능에 대한 증빙내용
㉤ 건축물의 공사 및 유지·관리 등에 관한 계획

② 위의 건축허가는 해당 건축물이 특별건축구역의 지정 목적에 적합한지의 여부와 특례적용계획서 등 해당 사항에 대하여 시·도지사 및 시장·군수·구청장이 설치하는 지방건축위원회의 심의를 거쳐야 한다.

③ 허가신청자는 위 ①에 따른 건축허가 시 「도시교통정비 촉진법」에 따른 교통영향분석·개선대책의 검토를 동시에 진행하고자 하는 경우에는 교통영향분석·개선대책에 관한 서류를 첨부하여 허가권자에게 심의를 신청할 수 있다.

④ 교통영향분석·개선대책에 대하여 지방건축위원회에서 통합심의한 경우에는 교통영향분석·개선대책의 심의를 한 것으로 본다.

⑤ 심의된 내용에 대하여 다음에 해당하는 변경사항이 발생한 경우에는 지방건축위원회의 변경심의를 받아야 한다. 이 경우 변경심의는 위 ①~③의 규정을 준용한다.

㉠ 변경허가를 받아야 하는 경우
㉡ 변경허가를 받거나 변경신고를 하여야 하는 경우
㉢ 건축물 외부의 디자인, 형태 또는 색채를 변경하는 경우
㉣ 그 밖에 위 ①의 ㉠~㉤ 사항 중 국토교통부령으로 정하는 사항을 변경하는 경우

⑥ 국토교통부장관 또는 특별시장·광역시장·도지사는 허가권자의 의견을 청취하여 건축허가를 받은 건축물 중에서 건축제도의 개선 및 건설기술의 향상을 위하여 모니터링(특례를 적용한 건축물에 대하여 해당 건축물의 건축시공, 공사감리, 유지·관리 등의 과정을 검토하고 실제로 건축물에 구현된 기능·미관·환경 등을 분석하여 평가하는 것을 말함) 대상 건축물을 지정할 수 있다.

5 관계 법령의 적용 특례

건축법	건축법 시행령
제73조 【관계 법령의 적용 특례】 ① 특별건축구역에 건축하는 건축물에 대하여는 다음 각 호를 적용하지 아니할 수 있다. 1. 제42조, 제55조, 제58조, 제60조 및 제61조 2. 「주택법」 제21조 중 대통령령으로 정하는 규정 ② 특별건축구역에 건축하는 건축물이 제49조부터 제53조까지, 제62조, 제64조와 「녹색건축물 조성 지원법」 제15조에 해당하는 때에는 해당 규정에서 요구하는 기준 또는 성능 등을 다른 방법으로 대신할 수 있는 것으로 지방건축위원회가 인정하는 경우에 한하여 해당 규정의 전부 또는 일부를 완화하여 적용할 수 있다. ③ 「소방시설설치·유지 및 안전관리에 관한 법률」 제9조와 제11조에서 요구하는 기준 또는 성능 등을 대통령령으로 정하는 절차·심의방법 등에 따라 다른 방법으로 대신할 수 있는 경우 전부 또는 일부를 완화하여 적용할 수 있다.	**제109조 【관계 법령의 적용 특례】** ① 법 제73조제1항제2호에서 "대통령령으로 정하는 규정"이란 「주택건설기준 등에 관한 규정」 제10조, 제13조, 제29조, 제35조, 제37조, 제50조 및 제52조를 말한다. ② 허가권자가 법 제73조제3항에 따라 「소방시설설치유지 및 안전관리에 관한 법률」 제9조 및 제11조에 따른 기준 또는 성능 등을 완화하여 적용하려면 「소방시설공사업법」 제30조제2항에 따른 지방소방기술심의위원회의 심의를 거치거나 소방본부장 또는 소방서 장과 협의를 하여야 한다. [전문개정 2008.10.29]

법해설 Explanation

관계 법령의 적용 특례

① 특별건축구역에 건축하는 건축물에 대하여는 다음의 규정을 적용하지 아니할 수 있다.

규 정	관련 법규	
대지의 조경	「건축법」	제42조
건축물의 건폐율		제55조
대지안의 공지		제58조
건축물의 높이제한		제60조
일조 등의 확보를 위한 건축물의 높이제한		제61조
주택건설기준 등에 관한 다음의 규정 • 공동주택의 배치(제10조) • 기준척도(제13조) • 조경시설 등(제29조) • 비상급수시설(제35조) • 난방설비(제37조) • 근린생활시설 등(제50조) • 유치원(제52조)	「주택법」	제21조

② 특별건축구역에 건축하는 건축물이 다음에 해당하는 때에는 해당 규정에서 요구하는 기준 또는 성능 등을 다른 방법으로 대신할 수 있는 것으로 지방건축위원회가 인정하는 경우에 한하여 해당 규정의 전부 또는 일부를 완화하여 적용할 수 있다.

규 정	「건축법」
건축물의 피난시설·용도제한 등	제49조
건축물의 내화구조 및 방화벽	제50조
방화지구안의 건축물	제51조
건축물의 내부마감재료	제52조
지하층	제53조
건축설비기준 등	제62조
승강기	제64조

③ 다음의 규정에서 요구하는 기준 또는 성능 등을 지방소방기술심의 위원회의 심의를 거치거나 소방본부장 또는 소방서장과 협의하여 다른 방법으로 대신할 수 있는 경우 전부 또는 일부를 완화하여 적용할 수 있다.

규 정	「소방시설설치유지 및 안전관리에 관한 법률」
특정소방대상물에 설치하는 소방시설 등의 유지·관리 등	제9조
소방시설기준 적용의 특례	제11조

6 통합적용계획의 수립 및 시행

건축법	건축법 시행령
제74조【통합적용계획의 수립 및 시행】 ① 특별건축구역에서는 다음 각 호의 관계 법령의 규정에 대하여는 개별 건축물마다 적용하지 아니하고 특별건축구역 전부 또는 일부를 대상으로 통합하여 적용할 수 있다. 1. 「문화예술진흥법」 제9조에 따른 건축물에 대한 미술장식 2. 「주차장법」 제19조에 따른 부설주차장의 설치 3. 「도시공원 및 녹지 등에 관한 법률」에 따른 공원의 설치 ② 지정신청기관은 제1항에 따라 관계 법령의 규정을 통합적용하고자 하는 경우에는 특별 건축구역 전부 또는 일부에 대하여 미술장식, 부설주차장, 공원 등에 대한 수요를 개별법으로 정한 기준 이상으로 산정하여 파악하고 이용자의 편의성, 쾌적성 및 안전 등을 고려한 통합적용계획을 수립하여야 한다. ③ 지정신청기관이 제2항에 따라 통합적용계획을 수립하는 때에는 해당 구역을 관할하는 허가권자와 협의하여야 하며, 협의요청을 받은 허가권자는 요청받은 날부터 20일 이내에 지정신청기관에게 의견을 제출하여야 한다. ④ 지정신청기관은 도시·군관리계획의 변경을 수반하는 통합적용계획이 수립된 때에는 관련서류를 「국토의 계획 및 이용에 관한 법률」 제30조에 따른 도시·군관리계획 결정권자에게 송부하여야 하며, 이 경우 해당 도시·군관리계획 결정권자는 특별한 사유가 없는 한 도시·군관리계획의 변경에 필요한 조치를 취하여야 한다.	

법해설 Explanation

통합적용계획의 수립 및 시행

① 특별건축구역에서는 다음의 규정에 대하여 개별 건축물마다 적용하지 아니하고 특별건축구역 전부 또는 일부를 대상으로 통합하여 적용할 수 있다.

규 정	관련 법규
건축물에 대한 미술장식	「문화예술진흥법」 제9조
부설주차장의 설치	「주차장법」 제19조
공원의 설치	「도시공원 및 녹지 등에 관한 법률」

② 지정신청기관은 관계 법령의 규정을 통합적용하고자 하는 경우에는 특별건축구역 전부 또는 일부에 대하여 미술장식, 부설주차장, 공원 등에 대한 수요를 개별법에서 정한 기준이상으로 산정하여 파악하고 이용자의 편의성, 쾌적성 및 안전 등을 고려한 통합적용계획을 수립하여야 한다.

③ 지정신청기관이 통합적용계획을 수립하는 때에는 해당 구역을 관할하는 허가권자와 협의하여야 하며, 협의요청을 받은 허가권자는 요청받은 날부터 20일 이내에 지정신청기관에게 의견을 제출하여야 한다.

참고 건축물에 대한 미술장식

「문화 예술진흥법」 제9조(건축물에 대한 미술장식)

① 대통령령으로 정하는 종류 또는 규모 이상의 건축물을 건축하려는 자는 건축 비용의 일정 비율에 해당하는 금액을 회화·조각·공예 등 미술장식에 사용하여야 한다.

② 제1항에 따른 미술장식에 사용하는 금액은 건축비용의 100분의 1 이하의 범위에서 대통령령으로 정한다.

③ 제1항에 따른 미술장식의 설치 절차·방법 등에 관하여 필요한 사항은 대통령령으로 정한다.

④ 지정신청기관은 도시 · 군관리계획의 변경을 수반하는 통합적용계획이 수립된 때에는 관련 서류를 도시 · 군관리계획 결정권자에게 송부하여야 하며, 이 경우 해당 도시 · 군관리계획 결정권자는 특별한 사유가 없는 한 도시 · 군관리계획의 변경에 필요한 조치를 취하여야 한다.

【별표 2】

건축물의 미술장식 사용금액 (제12조제1항 관련)

1. 제12조제1항제1호의 공동주택 : 건축비용의 1/1,000 이상 7/1,000 이하의 범위에서 지방자치단체의 조례로 정하는 비율에 해당하는 금액
2. 제12조제1항제2호부터 제9호까지의 건축물

건축물 소재지	미술장식 사용금액
가. 시(자치구가 설치되지 아니한 시를 말한다) · 군지역에 소재하는 건축물	건축비용의 5/1,000 이상 7/1,000 이하의 범위에서 지방자치단체의 조례로 정하는 비율에 해당하는 금액
나. 가목 외의 지역에 소재하는 건축물	1) 연면적 1만 제곱미터 이상 2만 제곱미터 이하인 건축물 : 건축비용의 7/1,000에 해당하는 금액 2) 연면적 2만 제곱미터 초과 건축물 : 연면적 2만 제곱미터에 사용되는 건축비용의 7/1,000에 해당하는 금액+2만 제곱미터를 초과하는 연면적에 대한 건축비용의 5/1,000에 해당하는 금액

참고 영 제12조(건축물에 대한 미술장식)

① 법 제9조제1항에 따라 미술장식을 설치하는 데에 건축비용의 일정 비율에 해당하는 금액을 사용하여야 할 건축물은 「건축법 시행령」 별표 1에 따른 용도별 건축물 중 다음 각 호의 어느 하나에 해당되는 건축물로서 연면적[「건축법 시행령」 제119조제1항제4호에 따른 연면적을 말하며, 주차장 · 기계실 · 전기실 · 변전실 · 발전실 및 공조실(공조실)의 면적은 제외한다. 이하 같다]이 1만 제곱미터(증축하는 경우에는 증축되는 연면적이 1만 제곱 미터) 이상인 것으로 한다. 다만, 제1호에 따른 공동주택의 경우에는 각 동의 연면적의 합계가 1만 제곱미터 이상인 경우만을 말하며, 각 동이 위치한 단지 내의 특정한 장소에 미술장식을 설치하여야 한다.

1. 공동주택(기숙사는 제외한다)
2. 제1종 근린생활시설(「건축법시행령」 별표 1 제3호바목 · 사목 및 아목의 시설은 제 외 한다) 및 제2종 근린생활시설
3. 문화 및 집회시설 중 공연장 · 집회장 및 관람장
4. 판매 및 영업시설
5. 의료시설 중 병원
6. 업무시설
7. 숙박시설
8. 위락시설
9. 공공용시설 중 방송국 · 전신전화국 및 촬영소, 그 밖에 이와 유사한 것과 통신용 시설

②~③ <생략>

④ 법 제9조제1항 및 제2항에서 "미술장식"이란 제13조에 따라 감정 또는 평가를 거친 다 음 각 호의 것을 말한다.

1. 회화 · 조각 · 공예 · 사진 · 서예 등 조형예술물
2. 벽화 · 분수대 · 상징탑 등 환경조형물

⑤ 법 제9조제2항에 따라 미술장식에 사용하여야 하는 금액은 [별표 2]와 같다.

7 건축주 등의 의무

건축법	건축법 시행령
제75조【건축주 등의 의무】 ① 특별건축구역에서 제73조에 따라 건축기준 등의 적용 특례사항을 적용하여 건축허가를 받은 건축물의 공사감리자, 시공자, 건축주, 소유자 및 관리자는 시공 중이거나 건축물의 사용승인 이후에도 당초 허가를 받은 건축물의 형태, 재료, 색채 등이 원형을 유지하도록 필요한 조치를 하여야 한다.<개정 2012.1.17> ② 제72조제6항에 따라 모니터링 대상으로 지정된 건축물의 건축주 또는 소유자는 건축물의 설계, 건축시공, 공사감리 등의 과정 및 평가에 대한 모니터링보고서를 사용승인 시 허가권자에게 제출하여야 하며, 사용승인 이후부터는 대통령령으로 정하는 기간마다 정기적으로 건축물의 유지·관리에 관한 모니터링보고서를 허가권자에게 제출하여야 한다. 이 경우 모니터링보고서의 내용, 양식 및 작성방법 등은 국토교통부령으로 정한다. **제76조【허가권자 등의 의무】** ① 허가권자는 특별건축구역의 건축물에 대하여 설계자의 창의성·심미성 등의 발휘와 제도 개선·기술발전 등이 유도될 수 있도록 노력하여야 한다. ② 허가권자는 제75조제2항에 따른 특별건축구역 건축물의 모니터링보고서를 국토교통부장관에게 제출하여야 하며, 국토교통부장관은 해당 모니터링보고서와 제77조에 따른 검사 및 모니터링 결과 등을 분석하여 필요한 경우 이 법 또는 관계 법령의 제도개선을 위하여 노력하여야 한다.	**제110조【건축물의 유지·관리 및 모니터링】** 법 제75조제2항 전단에서 "대통령령으로 정하는 기간"이란 5년의 범위에서 국토교통부령으로 정하는 기간을 말한다. [전문개정 2008.10.29]

법해설 Explanation

건축주 등의 의무

① 특별건축구역에서 건축기준 등의 적용 특례사항을 적용하여 건축허가를 받은 건축물의 공사감리자, 시공자, 건축주, 소유자 및 관리자는 시공 중이거나 건축물의 사용승인 이후에도 당초 허가를 받은 건축물의 형태, 재료, 색채 등이 원형을 유지하도록 필요한 조치를 하여야 한다.

② 모니터링 대상으로 지정된 건축물의 건축주 또는 소유자는 건축물의 설계, 건축시공, 공사감리 등의 과정 및 평가에 대한 모니터링보고서를 사용승인 시 허가권자에게 제출하여야 하며, 사용승인 이후부터는 5년의 범위에서 국토교통부령이 정하는 기간마다 정기적으로 건축물의 유지·관리에 관한 모니터링보고서를 허가권자에게 제출하여야 한다.

허가권자 등의 의무

① 허가권자는 특별건축구역의 건축물에 대하여 설계자의 창의성·심미성 등의 발휘와 제도개선·기술발전 등이 유도될 수 있도록 노력하여야 한다.

② 허가권자는 특별건축구역 건축물의 모니터링보고서를 국토교통부장관에게 제출하여야 하며, 국토교통부장관은 해당 모니터링보고서와 검사 및 모니터링 결과 등을 분석하여 필요한 경우 이 법 또는 관계 법령의 제도개선을 위하여 노력하여야 한다.

참고 모니터링(Monitering)

특별건축구역에 관한 특례를 적용한 건축물에 대하여 해당 건축물의 건축시공, 공사감리, 유지·관리 등의 과정을 검토하고 실제로 건축물에 구현된 기능·미관·환경 등을 분석하여 평가하는 것을 말함

8 특별건축구역 건축물의 검사 등

건축법	건축법 시행령
제77조【특별건축구역 건축물의 검사 등】 ① 국토교통부장관 및 허가권자는 특별건축구역의 건축물에 대하여 제87조에 따라 검사를 실시할 수 있으며, 필요한 경우 제79조에 따라 시정명령 등 필요한 조치를 취할 수 있다. ② 국토교통부장관 및 허가권자는 제72조제6항에 따라 모니터링 대상으로 지정된 건축물에 대하여 모니터링을 직접 시행하거나 분야별 전문가 또는 전문기관에 용역을 의뢰할 수 있다. 이 경우 해당 건축물의 건축주, 소유자 또는 관리자는 특별한 사유가 없는 한 모니터링에 필요한 사항에 대하여 협조하여야 한다. **제77조의2【특별가로구역의 지정】** ① 국토교통부장관 및 허가권자는 도로에 인접한 건축물의 건축을 통한 조화로운 도시경관의 창출을 위하여 이 법 및 관계 법령에 따라 일부 규정을 적용하지 아니하거나 완화하여 적용할 수 있도록 다음 각 호의 어느 하나에 해당하는 지구 또는 구역에서 대통령령으로 정하는 도로에 접한 대지의 일정 구역을 특별가로구역으로 지정할 수 있다. <개정 2017.1.17.> 1. 미관지구 2. 경관지구 3. 지구단위계획구역 중 미관유지를 위하여 필요하다고 인정하는 구역 ② 국토교통부장관 및 허가권자는 제1항에 따라 특별가로구역을 지정하려는 경우에는 다음 각 호의 자료를 갖추어 국토교통부장관 또는 허가권자가 두는 건축위원회의 심의를 거쳐야 한다. 1. 특별가로구역의 위치·범위 및 면적 등에 관한 사항 2. 특별가로구역의 지정 목적 및 필요성 3. 특별가로구역 내 건축물의 규모 및 용도 등에 관한 사항 4. 그 밖에 특별가로구역의 지정에 필요한 사항으로서 대통령령으로 정하는 사항 ③ 국토교통부장관 및 허가권자는 특별가로구역을 지정하거나 변경·해제하는 경우에는 국토교통부령으로 정하는 바에 따라 이를 지역 주민에게 알려야 한다.[본조신설 2014.1.14.] **제77조의3【특별가로구역의 관리 및 건축물의 건축기준 적용 특례 등】** ① 국토교통부장관 및 허가권자는 특별가로구역을 효율적으로 관리하기 위하여 국토교통부령으로 정하는 바에 따라 제77조의2제2항 각 호의 지정 내용을 작성하여 관리하여야 한다. ② 특별가로구역의 변경절차 및 해제, 특별가로구역 내 건축물에 관한 건축기준의 적용 등에 관하여는 제71조제7항·제8항(각 호 외의 부분 후단은 제외한다), 제72조제1항부터 제5항까지, 제73조제1항(제77조의 2 제1항 제3호에 해당하는 경우에는 제55조 및 제 56조는 제외한다)·제2항, 제75조제1항 및 제77조제1항을 준용한다. 이 경우 "특별건축구역"은 각각 "특별가로구역"으로, "지정신청기관", "국토교통부장관 또는 시·도지사" 및 "국토교통부장관, 시·도지사 및 허가권자"는 각각 "국토교통부장관 및 허가권자"로 본다. ③ 특별가로구역 안의 건축물에 대하여 국토교통부장관 또는 허가권자가 배치기준을 따로 정하는 경우에는 제46조 및 민법 제242조를 적용하지 아니한다. <신설 2016.1.19>	**제110조의2【특별가로구역의 지정】** ① 법 제77조의2제1항에서 "대통령령으로 정하는 도로"란 다음 각 호의 어느 하나에 해당하는 도로를 말한다. 1. 건축선을 후퇴한 대지에 접한 도로로서 허가권자(허가권자가 구청장인 경우에는 특별시장이나 광역시장을 말한다. 이하 이 조에서 같다)가 건축조례로 정하는 도로 2. 허가권자가 리모델링 활성화가 필요하다고 인정하여 지정·공고한 지역 안의 도로 3. 보행자전용도로로서 도시미관 개선을 위하여 허가권자가 건축조례로 정하는 도로 4.「지역문화진흥법」제18조에 따른 문화지구 안의 도로 5. 그 밖에 조화로운 도시경관 창출을 위하여 필요하다고 인정하여 국토교통부장관이 고시하거나 허가권자가 건축조례로 정하는 도로 ② 법 제77조의2제2항제4호에서 "대통령령으로 정하는 사항"이란 다음 각 호의 사항을 말한다. 1. 특별가로구역에서 이 법 또는 관계 법령의 규정을 적용하지 아니하거나 완화하여 적용하는 경우에 해당 규정과 완화 등의 범위에 관한 사항 2. 건축물의 지붕 및 외벽의 형태나 색채 등에 관한 사항 3. 건축물의 배치, 대지의 출입구 및 조경의 위치에 관한 사항 4. 건축선 후퇴 공간 및 공개공지 등의 관리에 관한 사항 5. 그 밖에 특별가로구역의 지정에 필요하다고 인정하여 국토교통부장관이 고시하거나 허가권자가 건축조례로 정하는 사항 [본조신설 2014.10.14.]

법해설 Explanation

특별건축구역 건축물의 검사 등

① 국토교통부장관 및 허가권자는 특별건축구역의 건축물에 대하여 검사를 실시할 수 있으며, 필요한 경우 시정명령 등 필요한 조치를 취할 수 있다.

② 국토교통부장관 및 허가권자는 모니터링 대상으로 지정된 건축물에 대하여 모니터링을 직접 시행하거나 분야별 전문가 또는 전문기관에 용역을 의뢰할 수 있다. 이 경우 해당 건축물의 건축주, 소유자 또는 관리자는 특별한 사유가 없는 한 모니터링에 필요한 사항에 대하여 협조하여야 한다.

■ 익힘문제 ■

건축법령상 특별건축구역에 관한 설명으로 옳은 것은?

① 「도시 및 주거환경정비법」에 따른 정비구역에는 특별건축구역을 지정할 수 없다.

② 「개발제한구역의 지정 및 관리에 관한 특별조치법」에 따른 개발제한구역에는 특별건축구역을 지정할 수 있다.

③ 특별건축구역 지정신청이 접수된 경우 시·도지사는 지정신청을 받은 날부터 15일 이내에 시·도건축위원회의 심의를 거쳐야 한다.

④ 특별건축구역에서는 「문화예술진흥법」에 따른 건축물에 대한 미술장식 관련 규정을 개별건축물마다 적용하지 아니하고 특별건축구역 전부 또는 일부를 대상으로 통 합하여 적용할 수 있다.

⑤ 특별건축구역을 지정하는 경우 「국토의 계획 및 이용에 관한 법률」에 따른 용도 지역의 지정이 있는 것으로 본다.

해설

① ~있다.

② ~없다.

③ 특별건축구역의 지정권자는 국토교통부장관이며, 30일 이내 중앙건축위원회의 심의를 거쳐야 한다.

⑤ ~도시·군관리계획의 결정이 있는 것으로 본다.

정답 ④

9 특별가구구역

(1) 특별가로구역의 지정

① 국토교통부장관 및 허가권자는 도로에 인접한 건축물의 건축을 통한 조화로운 도시경관의 창출을 위하여 이 법 및 관계 법령에 따라 일부 규정을 적용하지 아니하거나 완화하여 적용할 수 있도록 미관지구, 경관지구, 지구단위계획구역 중 미관유지를 위하여 필요하다고 인정하는 구역에서 아래에 정하는 도로에 접한 대지의 일정 구역을 특별가로구역으로 지정할 수 있다.

1. 건축선을 후퇴한 대지에 접한 도로로서 허가권자(허가권자가 구청장인 경우에는 특별시장이나 광역시장을 말한다. 이하 이 조에서 같다)가 건축조례로 정하는 도로
2. 허가권자가 리모델링 활성화가 필요하다고 인정하여 지정·공고한 지역 안의 도로
3. 보행자전용도로로서 도시미관 개선을 위하여 허가권자가 건축조례로 정하는 도로
4. 「지역문화진흥법」 제18조에 따른 문화지구 안의 도로
5. 그 밖에 조화로운 도시경관 창출을 위하여 필요하다고 인정하여 국토교통부장관이 고시하거나 허가권자가 건축조례로 정하는 도로

② 국토교통부장관 및 허가권자는 특별가로구역을 지정하려는 경우에는 다음 각 호의 자료를 갖추어 국토교통부장관 또는 허가권자가 두는 건축위원회의 심의를 거쳐야 한다.

ㄱ. 특별가로구역의 위치·범위 및 면적 등에 관한 사항
ㄴ. 특별가로구역의 지정 목적 및 필요성
ㄷ. 특별가로구역 내 건축물의 규모 및 용도 등에 관한 사항
ㄹ. 그 밖에 특별가로구역의 지정에 필요한 사항으로서 아래에 정하는 사항

1. 특별가로구역에서 이 법 또는 관계 법령의 규정을 적용하지 아니하거나 완화하여 적용하는 경우에 해당 규정과 완화 등의 범위에 관한 사항
2. 건축물의 지붕 및 외벽의 형태나 색채 등에 관한 사항
3. 건축물의 배치, 대지의 출입구 및 조경의 위치에 관한 사항
4. 건축선 후퇴 공간 및 공개공지등의 관리에 관한 사항
5. 그 밖에 특별가로구역의 지정에 필요하다고 인정하여 국토교통부장관이 고시하거나 허가권자가 건축조례로 정하는 사항

③ 국토교통부장관 및 허가권자는 특별가로구역을 지정하거나 변경・해제하는 경우에는 국토교통부령으로 정하는 바에 따라 이를 지역 주민에게 알려야 한다.

(2) 특별가로구역의 관리 및 건축물의 건축기준 적용 특례 등

① 국토교통부장관 및 허가권자는 특별가로구역을 효율적으로 관리하기 위하여 국토교통부령으로 정하는 바에 따라 제77조의2제2항 각 호의 지정 내용을 작성하여 관리하여야 한다.

② 특별가로구역의 변경절차 및 해제, 특별가로구역 내 건축물에 관한 건축기준의 적용 등에 관하여는 제71조제7항・제8항(각 호 외의 부분 후단은 제외한다), 제72조제1항부터 제5항까지, 제73조제1항・제2항, 제75조제1항 및 제77조제1항을 준용한다. 이 경우 "특별건축구역"은 각각 "특별가로구역"으로, "지정신청기관", "국토교통부장관 또는 시・도지사" 및 "국토교통부장관, 시・도지사 및 허가권자"는 각각 "국토교통부장관 및 허가권자"로 본다.

제 9 장

건축협정

건축법	건축법 시행규칙
제77조의4【건축협정의 체결】 ① 토지 또는 건축물의 소유자, 지상권자 등 대통령령으로 정하는 자(이하 "소유자등"이라 한다)는 전원의 합의로 다음 각 호의 어느 하나에 해당하는 지역 또는 구역에서 건축물의 건축·대수선 또는 리모델링에 관한 협정(이하 "건축협정"이라 한다)을 체결할 수 있다. 1. 「국토의 계획 및 이용에 관한 법률」 제51조에 따라 지정된 지구단위계획구역 2. 「도시 및 주거환경정비법」 제2조제2호가목에 따른 주거환경개선사업을 시행하기 위하여 같은 법 제8조에 따라 지정·고시된 정비구역 3. 「도시재정비 촉진을 위한 특별법」 제2조제6호에 따른 존치지역 4. 그 밖에 특별자치시장·특별자치도지사 또는 시장·군수·구청장(이하 "건축협정인가권자"라 한다)이 도시 및 주거환경개선이 필요하다고 인정하여 해당 지방자치단체의 조례로 정하는 구역 ② 제1항 각 호의 지역 또는 구역에서 둘 이상의 토지를 소유한 자가 1인인 경우에도 그 토지 소유자는 해당 토지의 구역을 건축협정 대상 지역으로 하는 건축협정을 정할 수 있다. 이 경우 그 토지 소유자 1인을 건축협정 체결자로 본다. ③ 소유자등은 제1항에 따라 건축협정을 체결(제2항에 따라 토지 소유자 1인이 건축협정을 정하는 경우를 포함한다. 이하 같다)하는 경우에는 다음 각 호의 사항을 준수하여야 한다. 1. 이 법 및 관계 법령을 위반하지 아니할 것 2. 「국토의 계획 및 이용에 관한 법률」 제30조에 따른 도시·군관리계획 및 이	**제110조의3【건축협정의 체결】** ① 법 제77조의4제1항 각 호 외의 부분에서 "토지 또는 건축물의 소유자, 지상권자 등 대통령령으로 정하는 자"란 다음 각 호의 자를 말한다. 1. 토지 또는 건축물의 소유자(공유자를 포함한다. 이하 이 항에서 같다) 2. 토지 또는 건축물의 지상권자 3. 그 밖에 해당 토지 또는 건축물에 이해관계가 있는 자로서 건축조례로 정하는 자 중 그 토지 또는 건축물 소유자의 동의를 받은 자 ② 법 제77조의4제4항제2호에서 "대통령령으로 정하는 사항"이란 다음 각 호의 사항을 말한다. 1. 건축선 2. 건축물 및 건축설비의 위치 3. 건축물의 용도, 높이 및 층수 4. 건축물의 지붕 및 외벽의 형태 5. 건폐율 및 용적률 6. 담장, 대문, 조경, 주차장 등 부대시설의 위치 및 형태 7. 차양시설, 차면시설 등 건축물에 부착하는 시설

건축법	건축법 시행규칙
법 제77조의11제1항에 따른 건축물의 건축·대수선 또는 리모델링에 관한 계획을 위반하지 아니할 것 ④ 건축협정은 다음 각 호의 사항을 포함하여야 한다. 1. 건축물의 건축·대수선 또는 리모델링에 관한 사항 2. 건축물의 위치·용도·형태 및 부대시설에 관하여 대통령령으로 정하는 사항 ⑤ 소유자등이 건축협정을 체결하는 경우에는 건축협정서를 작성하여야 하며, 건축협정서에는 다음 각 호의 사항이 명시되어야 한다. 1. 건축협정의 명칭 2. 건축협정 대상 지역의 위치 및 범위 3. 건축협정의 목적 4. 건축협정의 내용 5. 제1항 및 제2항에 따라 건축협정을 체결하는 자(이하 "협정체결자"라 한다)의 성명, 주소 및 생년월일(법인, 법인 아닌 사단이나 재단 및 외국인의 경우에는 「부동산등기법」 제49조에 따라 부여된 등록번호를 말한다. 이하 제6호에서 같다) 6. 제77조의5제1항에 따른 건축협정운영회가 구성되어 있는 경우에는 그 명칭, 대표자 성명, 주소 및 생년월일 7. 건축협정의 유효기간 8. 건축협정 위반 시 제재에 관한 사항 9. 그 밖에 건축협정에 필요한 사항으로서 해당 지방자치단체의 조례로 정하는 사항 [본조신설 2014.1.14.] **제77조의5【건축협정운영회의 설립】** ① 협정체결자는 건축협정서 작성 및 건축협정 관리 등을 위하여 필요한 경우 협정체결자 간의 자율적 기구로서 운영회(이하 "건축협정운영회"라 한다)를 설립할 수 있다. ② 제1항에 따라 건축협정운영회를 설립하려면 협정체결자 과반수의 동의를 받아 건축협정운영회의 대표자를 선임하고, 국토교통부령으로 정하는 바에 따라 건축협정인가권자에게 신고하여야 한다. 다만, 제77조의6에 따른 건축협정 인가 신청 시 건축협정운영회에 관한 사항을 포함한 경우에는 그러하지 아니하다. [본조신설 2014.1.14.] **제77조의6【건축협정의 인가】** ① 협정체결자 또는 건축협정운영회의 대표자는 건축협정서를 작성하여 국토교통부령으로 정하는 바에 따라 해당 건축협정인가권자의 인가를 받아야 한다. 이 경우 인가신청을 받은 건축협정인가권자는 인가를 하기 전에 건축협정인가권자가 두는 건축위원회의 심의를 거쳐야 한다. ② 제1항에 따른 건축협정 체결 대상 토지가 둘 이상의 특별자치시 또는 시·군·구에 걸치는 경우 건축협정 체결 대상 토지면적의 과반(過半)이 속하는 건축협정인가권자에게 인가를 신청할 수 있다. 이 경우 인가 신청을 받은 건축협정인가권자는 건축협정을 인가하기 전에 다른 특별자치시장 또는 시장·군수·구청장과 협의하여야 한다. ③ 건축협정인가권자는 제1항에 따라 건축협정을 인가하였을 때에는 국토교통부령으로 정하는 바에 따라 그 내용을 공고하여야 한다. [본조신설 2014.1.14.] **제77조의7【건축협정의 변경】** ① 협정체결자 또는 건축협정운영회의 대표자는 제77조의6제1항에 따라 인가받은 사항을 변경하려면 국토교통부령으로 정하는 바에 따라 변경인가를 받아야 한다. 다만, 대통령령으로 정하는 경미한 사항을 변경하는 경우에는 그러하지 아니하다. ② 제1항에 따른 변경인가에 관하여는 제77조의6을 준용한다.	물의 형태 8. 법 제59조제1항제1호에 따른 맞벽 건축의 구조 및 형태 9. 그 밖에 건축물의 위치, 용도, 형태 또는 부대시설에 관하여 건축조례로 정하는 사항 [본조신설 2014.10.14.] **제110조의4【건축협정에 따라야 하는 행위】** 법 제77조의10제1항에서 "대통령령으로 정하는 행위"란 제110조의3제2항 각 호의 사항에 관한 행위를 말한다. [본조신설 2014.10.14.] **제110조의5【건축협정에 관한 지원】** 법 제77조의4제1항제4호에 따른 건축협정인가권자가 법 제77조의11제2항에 따라 건축협정구역 안의 주거환경개선을 위한 사업비용을 지원하려는 경우에는 법 제77조의4제1항 및 제2항에 따라 건축협정을 체결한 자(이하 "협정체결자"라 한다) 또는 법 제77조의5제1항에 따른 건축협정운영회(이하 "건축협정운영회"라 한다)의 대표자에게 다음 각 호의 사항이 포함된 사업계획서를 요구할 수 있다. 1. 주거환경개선사업의 목표 2. 협정체결자 또는 건축협정운영회 대표자의 성명 3. 주거환경개선사업의 내용 및 추진방법 4. 주거환경개선사업의 비용 5. 그 밖에 건축조례로 정하는 사항 [본조신설 2014.10.14.]

건축법	건축법 시행규칙
[본조신설 2014.1.14.] **제77조의8【건축협정의 관리】** 건축협정인가권자는 제77조의6 및 제77조의7에 따라 건축협정을 인가하거나 변경인가하였을 때에는 국토교통부령으로 정하는 바에 따라 건축협정 관리대장을 작성하여 관리하여야 한다. [본조신설 2014.1.14.] **제77조의9【건축협정의 폐지】** ① 협정체결자 또는 건축협정운영회의 대표자는 건축협정을 폐지하려는 경우에는 협정체결자 과반수의 동의를 받아 국토교통부령으로 정하는 바에 따라 건축협정인가권자의 인가를 받아야 한다. 다만, 제77조의 13에 따른 특례를 적용하여 제21조에 따른 착공신고를 한 경우에는 대통령령으로 정하는 기간이 경과한 후에 건축협정의 폐지인가를 신청할 수 있다.<개정 2015.5.18> ② 제1항에 따른 건축협정의 폐지에 관하여는 제77조의6제3항을 준용한다. [본조신설 2014.1.14.] [시행일 : 2016.5.19.] 제77조의9 제1항 단서 **제77조의10【건축협정의 효력 및 승계)】** ① 건축협정이 체결된 지역 또는 구역(이하 "건축협정구역"이라 한다)에서 건축물의 건축·대수선 또는 리모델링을 하거나 그 밖에 대통령령으로 정하는 행위를 하려는 소유자등은 제77조의6 및 제77조의7에 따라 인가·변경인가된 건축협정에 따라야 한다. ② 제77조의6제3항에 따라 건축협정이 공고된 후 건축협정구역에 있는 토지나 건축물 등에 관한 권리를 협정체결자인 소유자등으로부터 이전받거나 설정받은 자는 협정체결자로서의 지위를 승계한다. 다만, 건축협정에서 달리 정한 경우에는 그에 따른다. [본조신설 2014.1.14.] **제77조의11【건축협정에 관한 계획 수립 및 지원】** ① 건축협정인가권자는 소유자등이 건축협정을 효율적으로 체결할 수 있도록 건축협정구역에서 건축물의 건축·대수선 또는 리모델링에 관한 계획을 수립할 수 있다. ② 건축협정인가권자는 대통령령으로 정하는 바에 따라 도로 개설 및 정비 등 건축협정구역 안의 주거환경개선을 위한 사업비용의 일부를 지원할 수 있다. [본조신설 2014.1.14.] **제77조의12【경관협정과의 관계】** ① 소유자등은 제77조의4에 따라 건축협정을 체결할 때 「경관법」 제19조에 따른 경관협정을 함께 체결하려는 경우에는 「경관법」 제19조제3항·제4항 및 제20조에 관한 사항을 반영하여 건축협정인가권자에게 인가를 신청할 수 있다. ② 제1항에 따른 인가 신청을 받은 건축협정인가권자는 건축협정에 대한 인가를 하기 전에 건축위원회의 심의를 하는 때에 「경관법」 제29조제3항에 따라 경관위원회와 공동으로 하는 심의를 거쳐야 한다. ③ 제2항에 따른 절차를 거쳐 건축협정을 인가받은 경우에는 「경관법」 제21조에 따른 경관협정의 인가를 받은 것으로 본다. [본조신설 2014.1.14.] **제77조의13【건축협정에 따른 특례】** ① 제77조의4제1항에 따라 건축협정을 체결하여 제59조제1항제1호에 따라 둘 이상의 건축물 벽을 맞벽으로 하여 건축하려는 경우 맞벽으로 건축하려는 자는 공동으로 제11조에 따른 건축허가를 신청할 수 있다. ② 제1항의 경우에 제17조, 제21조, 제22조 및 제25조에 관하여는 개별 건축물마다 적용하지 아니하고 허가를 신청한 건축물 전부 또는 일부를 대상으로 통합하여	

건축법	건축법 시행규칙
적용할 수 있다. ③ 건축협정의 인가를 받은 건축협정구역에서 연접한 대지에 대하여는 다음 각 호의 관계 법령의 규정을 개별 건축물마다 적용하지 아니하고 건축협정구역의 전부 또는 일부를 대상으로 통합하여 적용할 수 있다. <개정 2015.5.18., 2016.1.19.> 1. 제42조에 따른 대지의 조경 2. 제44조에 따른 대지와 도로와의 관계 3. 삭제 <2016.1.19.> 4. 제53조에 따른 지하층의 설치 5. 제55조에 따른 건폐율 6. 「주차장법」 제19조에 따른 부설주차장의 설치 7. 삭제 <2016.1.19.> 8. 「하수도법」 제34조에 따른 개인하수처리시설의 설치 ④ 제3항에 따라 관계 법령의 규정을 적용하려는 경우에는 건축협정구역 전부 또는 일부에 대하여 조경 및 부설주차장에 대한 기준을 이 법 및 「주차장법」에서 정한 기준 이상으로 산정하여 적용하여야 한다. ⑤ 건축협정을 체결하여 둘 이상 건축물의 경계벽을 전체 또는 일부를 공유하여 건축하는 경우에는 제1항부터 제4항까지의 특례를 적용하며, 해당 대지를 하나의 대지로 보아 이 법의 기준을 개별 건축물마다 적용하지 아니하고 허가를 신청한 건축물의 전부 또는 일부를 대상으로 통합하여 적용할 수 있다. <신설 2016.1.19.> [본조신설 2014.1.14.]	

법해설 Explanation

건축협정의 체결

① 토지 또는 건축물의 소유자(공유자를 포함한다. 이하 이 항에서 같다), 토지 또는 건축물의 지상권자, 그 밖에 해당 토지 또는 건축물에 이해관계가 있는 자로서 건축조례로 정하는 자 중 그 토지 또는 건축물 소유자의 동의를 받은 자 전원의 합의로 다음 각 호의 어느 하나에 해당하는 지역 또는 구역에서 건축물의 건축·대수선 또는 리모델링에 관한 협정(이하 "건축협정"이라 한다)을 체결할 수 있다.

1. 「국토의 계획 및 이용에 관한 법률」 제51조에 따라 지정된 지구단위계획구역
2. 「도시 및 주거환경정비법」 제2조제2호가목에 따른 주거환경개선사업을 시행하기 위하여 지정·고시된 정비구역
3. 「도시재정비 촉진을 위한 특별법」 제2조제6호에 따른 존치지역
4. 그 밖에 특별자치시장·특별자치도지사 또는 시장·군수·구청장(이하 "건축협정인가권자"라 한다)이 도시 및 주거환경개선이 필요하다고 인정하여 해당 지방자치단체의 조례로 정하는 구역

② 제1항 각 호의 지역 또는 구역에서 둘 이상의 토지를 소유한 자가 1인인 경우에도 그 토지 소유자는 해당 토지의 구역을 건축협정 대상 지역으로 하는 건축협정을 정할 수 있다. 이 경우 그 토지 소유자 1인을 건축협정 체결자로 본다.

③ 소유자등은 제1항에 따라 건축협정을 체결(제2항에 따라 토지 소유자 1인이 건축협정을 정하는 경우를 포함한다. 이하 같다)하는 경우에는 다음 각 호의 사항을 준수하여야 한다.
 1. 이 법 및 관계 법령을 위반하지 아니할 것
 2. 「국토의 계획 및 이용에 관한 법률」 제30조에 따른 도시·군관리계획 및 이 법 제77조의11제1항에 따른 건축물의 건축·대수선 또는 리모델링에 관한 계획을 위반하지 아니할 것

④ 건축협정은 다음 각 호의 사항을 포함하여야 한다.
 1. 건축물의 건축·대수선 또는 리모델링에 관한 사항
 2. 건축물의 위치·용도·형태 및 부대시설에 관하여 대통령령으로 정하는 사항

⑤ 소유자등이 건축협정을 체결하는 경우에는 건축협정서를 작성하여야 하며, 건축협정서에는 다음 각 호의 사항이 명시되어야 한다.
 1. 건축협정의 명칭
 2. 건축협정 대상 지역의 위치 및 범위
 3. 건축협정의 목적
 4. 건축협정의 내용
 5. 제1항 및 제2항에 따라 건축협정을 체결하는 자(이하 "협정체결자"라 한다)의 성명, 주소 및 생년월일(법인, 법인 아닌 사단이나 재단 및 외국인의 경우에는 「부동산등기법」 제49조에 따라 부여된 등록번호를 말한다. 이하 제6호에서 같다)
 6. 제77조의5제1항에 따른 건축협정운영회가 구성되어 있는 경우에는 그 명칭, 대표자 성명, 주소 및 생년월일
 7. 건축협정의 유효기간
 8. 건축협정 위반 시 제재에 관한 사항
 9. 그 밖에 건축협정에 필요한 사항으로서 해당 지방자치단체의 조례로 정하는 사항

건축협정운영회의 설립

① 협정체결자는 건축협정서 작성 및 건축협정 관리 등을 위하여 필요한 경우 협정체결자 간의 자율적 기구로서 운영회(이하 "건축협정운영회"라 한다)를 설립할 수 있다.

② 제1항에 따라 건축협정운영회를 설립하려면 협정체결자 과반수의 동의를 받아 건축협정운영회의 대표자를 선임하고, 국토교통부령으로 정하는 바에 따라 건축협정인가권자에게 신고하여야 한다. 다만, 제77조의6에 따른 건축협정 인가 신청 시 건축협정운영회에 관한 사항을 포함한 경우에는 그러하지 아니하다.

건축협정의 인가

① 협정체결자 또는 건축협정운영회의 대표자는 건축협정서를 작성하여 국토교통부령으로 정하는 바에 따라 해당 건축협정인가권자의 인가를 받아야 한다. 이 경우 인가신청을 받은 건축협정인가권자는 인가를 하기 전에 건축협정인가권자가 두는 건축위원회의 심의를 거쳐야 한다.

② 제1항에 따른 건축협정 체결 대상 토지가 둘 이상의 특별자치시 또는 시·군·구에 걸치는 경우 건축협정 체결 대상 토지면적의 과반(過半)이 속하는 건축협정인가권자에게 인가를 신청할 수 있다. 이 경우 인가 신청을 받은 건축협정인가권자는 건축협정을 인가하기 전에 다른 특별자치시장 또는 시장·군수·구청장과 협의하여야 한다.

③ 건축협정인가권자는 제1항에 따라 건축협정을 인가하였을 때에는 국토교통부령으로 정하는 바에 따라 그 내용을 공고하여야 한다.

제 10 장

결합건축

1 결합건축

건축법
제77조의14【결합건축 대상지】 ① 다음 각 호의 어느 하나에 해당하는 지역에서 대지 간의 최단거리가 100미터 이내의 범위에서 대통령령으로 정하는 범위에 있는 2개의 대지의 건축주가 서로 합의한 경우 제56조에 따른 용적률을 개별 대지마다 적용하지 아니하고, 2개의 대지를 대상으로 통합적용하여 건축물을 건축(이하 "결합건축"이라 한다)할 수 있다. 다만, 도시경관의 형성, 기반시설 부족 등의 사유로 해당 지방자치단체의 조례로 정하는 지역 안에서는 결합건축을 할 수 없다. 1. 「국토의 계획 및 이용에 관한 법률」 제36조에 따라 지정된 상업지역 2. 「역세권의 개발 및 이용에 관한 법률」 제4조에 따라 지정된 역세권개발구역 3. 「도시 및 주거환경정비법」 제2조에 따른 정비구역 중 주거환경개선사업의 시행을 위한 구역 4. 그 밖에 도시 및 주거환경 개선과 효율적인 토지이용이 필요하다고 대통령령으로 정하는 지역 ② 제1항 각 호의 지역에서 2개의 대지를 소유한 자가 1명인 경우는 제77조의4제2항을 준용한다. [본조신설 2016.1.19.] **제77조의15【결합건축의 절차】** ① 결합건축을 하고자 하는 건축주는 제11조에 따라 건축허가를 신청하는 때에는 다음 각 호의 사항을 명시한 결합건축협정서를 첨부하여야 하며 국토교통부령으로 정하는 도서를 제출하여야 한다. 1. 결합건축 대상 대지의 위치 및 용도지역 2. 결합건축협정서를 체결하는 자(이하 "결합건축협정체결자"라 한다)의 성명, 주소 및 생년월일(법인, 법인 아닌 사단이나 재단 및 외국인의 경우에는 「부동산등기법」 제49조에 따라 부여된 등록번호를 말한다) 3. 「국토의 계획 및 이용에 관한 법률」 제78조에 따라 조례로 정한 용적률과 결합건축으로 조정되어 적용되는 대지별 용적률

건축법
4. 결합건축 대상 대지별 건축계획서 ② 허가권자는 「국토의 계획 및 이용에 관한 법률」 제2조제11호에 따른 도시·군계획사업에 편입된 대지가 있는 경우에는 결합건축을 포함한 건축허가를 아니할 수 있다. ③ 허가권자는 제1항에 따른 건축허가를 하기 전에 건축위원회의 심의를 거쳐야 한다. 다만, 결합건축으로 조정되어 적용되는 대지별 용적률이 「국토의 계획 및 이용에 관한 법률」 제78조에 따라 해당 대지에 적용되는 도시계획조례의 용적률의 100분의 20을 초과하는 경우에는 대통령령으로 정하는 바에 따라 건축위원회 심의와 도시계획위원회 심의를 공동으로 하여 거쳐야 한다. ④ 제1항에 따른 결합건축 대상 대지가 둘 이상의 특별자치시, 특별자치도 및 시·군·구에 걸치는 경우 제77조의6제2항을 준용한다. [본조신설 2016.1.19.]
제77조의16【결합건축의 관리】 ① 허가권자는 결합건축을 포함하여 건축허가를 한 경우 국토교통부령으로 정하는 바에 따라 그 내용을 공고하고, 결합건축 관리대장을 작성하여 관리하여야 한다. ② 허가권자는 결합건축과 관련된 건축물의 사용승인 신청이 있는 경우 해당 결합건축협정서상의 다른 대지에서 착공신고 또는 대통령령으로 정하는 조치가 이행되었는지를 확인한 후 사용승인을 하여야 한다. ③ 허가권자는 결합건축을 허용한 경우 건축물대장에 국토교통부령으로 정하는 바에 따라 결합건축에 관한 내용을 명시하여야 한다. ④ 결합건축협정서에 따른 협정체결 유지기간은 최소 30년으로 한다. 다만, 결합건축협정서의 용적률 기준을 종전대로 환원하여 신축·개축·재축하는 경우에는 그러하지 아니한다. ⑤ 결합건축협정서를 폐지하려는 경우에는 결합건축협정체결자 전원이 동의하여 허가권자에게 신고하여야 하며, 허가권자는 용적률을 이전받은 건축물이 멸실된 것을 확인한 후 결합건축의 폐지를 수리하여야 한다. 이 경우 결합건축 폐지에 관하여는 제1항 및 제3항을 준용한다. ⑥ 결합건축협정의 준수 여부, 효력 및 승계에 대하여는 제77조의4제3항 및 제77조의10을 준용한다. 이 경우 "건축협정"은 각각 "결합건축협정"으로 본다. [본조신설 2016.1.19.]

법해설 Explanation

결합건축

(1) 결합건축 대상지

① 다음 각 호의 어느 하나에 해당하는 지역에서 대지 간의 최단거리가 100미터 이내의 범위에서 대통령령으로 정하는 범위에 있는 2개의 대지의 건축주가 서로 합의한 경우 제56조에 따른 용적률을 개별 대지마다 적용하지 아니하고, 2개의 대지를 대상으로 통합적용하여 건축물을 건축(이하 "결합건축"이라 한다)할 수 있다. 다만, 도시경관의 형성, 기반시설 부족 등의 사유로 해당 지방자치단체의 조례로 정하는 지역 안에서는 결합건축을 할 수 없다.

1. 상업지역
2. 역세권개발구역
3. 정비구역 중 주거환경개선사업의 시행을 위한 구역
4. 그 밖에 도시 및 주거환경 개선과 효율적인 토지이용이 필요하다고 대통령령으로 정하는 지역

② 제1항 각 호의 지역에서 2개의 대지를 소유한 자가 1명인 경우는 제77조의4제2항을 준용한다.

(2) 결합건축의 절차

① 결합건축을 하고자 하는 건축주는 건축허가를 신청하는 때에는 다음 각 호의 사항을 명시한 결합건축협정서를 첨부하여야 하며 국토교통부령으로 정하는 도서를 제출하여야 한다.

1. 결합건축 대상 대지의 위치 및 용도지역
2. 결합건축협정서를 체결하는 자(이하 "결합건축협정체결자"라 한다)의 성명, 주소 및 생년월일(법인, 법인 아닌 사단이나 재단 및 외국인의 경우에는 「부동산등기법」 제49조에 따라 부여된 등록번호를 말한다)
3. 「국토의 계획 및 이용에 관한 법률」 제78조에 따라 조례로 정한 용적률과 결합건축으로 조정되어 적용되는 대지별 용적률
4. 결합건축 대상 대지별 건축계획서

② 허가권자는 「국토의 계획 및 이용에 관한 법률」 제2조제11호에 따른 도시·군계획사업에 편입된 대지가 있는 경우에는 결합건축을 포함한 건축허가를 아니할 수 있다.

③ 허가권자는 제1항에 따른 건축허가를 하기 전에 건축위원회의 심의를 거쳐야 한다. 다만, 결합건축으로 조정되어 적용되는 대지별 용적률이 해당 대지에 적용되는 도시계획조례의 용적률의 100분의 20을 초과하는 경우에는 대통령령으로 정하는 바에 따라 건축위원회 심의와 도시계획위원회 심의를 공동으로 하여 거쳐야 한다.

④ 제1항에 따른 결합건축 대상 대지가 둘 이상의 특별자치시, 특별자치도 및 시·군·구에 걸치는 경우 제77조의6제2항을 준용한다.

(3) 결합건축의 관리

① 허가권자는 결합건축을 포함하여 건축허가를 한 경우 국토교통부령으로 정하는 바에 따라 그 내용을 공고하고, 결합건축 관리대장을 작성하여 관리하여야 한다.

② 허가권자는 결합건축과 관련된 건축물의 사용승인 신청이 있는 경우 해당 결합건축협정서상의 다른 대지에서 착공신고 또는 대통령령으로 정하는 조치가 이행되었는지를 확인한 후 사용승인을 하여야 한다.

③ 허가권자는 결합건축을 허용한 경우 건축물대장에 국토교통부령으로 정하는 바에 따라 결합건축에 관한 내용을 명시하여야 한다.

④ 결합건축협정서에 따른 협정체결 유지기간은 최소 30년으로 한다. 다만, 결합건축협정서의 용적률 기준을 종전대로 환원하여 신축·개축·재축하는 경우에는 그러하지 아니한다.

⑤ 결합건축협정서를 폐지하려는 경우에는 결합건축협정체결자 전원이 동의하여 허가권자에게 신고하여야 하며, 허가권자는 용적률을 이전받은 건축물이 멸실된 것을 확인한 후 결합건축의 폐지를 수리하여야 한다. 이 경우 결합건축 폐지에 관하여는 제1항 및 제3항을 준용한다.

⑥ 결합건축협정의 준수 여부, 효력 및 승계에 대하여는 제77조의4제3항 및 제77조의10을 준용한다. 이 경우 "건축협정"은 각각 "결합건축협정"으로 본다.

제 11 장

보칙 및 벌칙

1 감독

건축법	건축법 시행규칙
제78조 【감독】 ① 국토교통부장관은 시·도지사 또는 시장·군수·구청장이 한 명령이나 처분이 이 법이나 이 법에 따른 명령이나 처분 또는 조례에 위반되거나 부당하다고 인정하면 그 명령 또는 처분의 취소·변경, 그 밖에 필요한 조치를 명할 수 있다. ② 특별시장·광역시장·도지사는 시장·군수·구청장이 한 명령이나 처분이 이 법 또는 이 법에 따른 명령이나 처분 또는 조례에 위반되거나 부당하다고 인정하면 그 명령이나 처분의 취소·변경, 그 밖에 필요한 조치를 명할 수 있다. ③ 특별시장·광역시장·도지사 또는 시장·군수·구청장이 제1항에 따라 필요한 조치명령을 받으면 그 시정 결과를 국토교통부장관에게 지체 없이 보고하여야 하며, 시장·군수·구청장이 제2항에 따라 필요한 조치명령을 받으면 그 시정 결과를 시·도지사에게 지체 없이 보고하여야 한다. ④ 국토교통부장관 및 시·도지사는 건축허가의 적법한 운영, 위법 건축물의 관리실태 등 건축행정의 건실한 운영을 지도·점검하기 위하여 국토교통부령으로 정하는 바에 따라 매년 지도·점검 계획을 수립·시행하여야 한다.	**제39조 【건축행정의 지도·감독】** 법 제78조 제4항에 따라 국토교통부장관 또는 시·도지사는 연 1회 이상 건축행정의 건실한 운영을 지도·감독하기 위하여 다음 각 호의 내용이 포함된 지도·점검계획을 수립하여야 한다. 1. 건축허가 등 건축민원 처리실태 2. 건축통계의 작성에 관한 사항 3. 건축부조리 근절대책 4. 위반건축물의 정비계획 및 실적 5. 그 밖에 건축행정과 관련하여 필요한 사항

법해설 Explanation

감독

(1) 감독기관장의 하급기관에 대한 감독

감독기관장	하급기관장	감독내용
국토교통부장관	시·도지사, 시장·군수·구청장	감독을 받는 기관장이 행한 명령이나 처분이 건축법령이나 처분 또는 조례에 위반되거나 부당할 때 감독기관장은 명령·처분의 취소·변경 등의 조치를 명할 수 있다.
시·도지사	시장·군수·구청장	

(2) 시정결과 보고

감독기관장의 조치명령을 받은 하급기관장은 그 시정결과를 상급(감독)기관장에게 지체없이 보고해야 한다.

(3) 감독기관장의 지도·점검계획의 수립·시행

국토교통부장관 또는 시·도지사는 연 1회 이상 건축행정의 건실한 운영을 지도·감독하기 위하여 다음의 내용이 포함된 지도·점검계획을 수립하여야 한다.

① 건축허가 등 건축민원처리 실태
② 건축통계의 작성에 관한 사항
③ 건축부조리 근절대책
④ 위반건축물의 정비계획 및 실적
⑤ 그 밖에 건축행정과 관련하여 필요한 사항

2 위반건축물 등에 대한 조치 등

건축법	건축법 시행령	건축법 시행규칙
제79조【위반 건축물 등에 대한 조치 등】 ① 허가권자는 대지나 건축물이 이 법 또는 이 법에 따른 명령이나 처분에 위반되면 이 법에 따른 허가 또는 승인을 취소하거나 그 건축물의 건축주·공사시공자·현장관리인·소유자·관리자 또는 점유자(이하 "건축주등"이라 한다)에게 공사의 중지를 명하거나 상당한 기간을 정하여 그 건축물의 철거·개축·증축·수선·용도변경·사용금지·사용제한, 그 밖에 필요한 조치를 명할 수 있다. ② 허가권자는 제1항에 따라 허가나 승인이 취소된 건축물 또는 제1항에 따른 시정명령을 받고 이행하지 아니한 건축물에 대하여는 다른 법령에 따른 영업이나 그 밖의 행위를 허가·면허·인가·등록·지정 등을 하지 아니하도록 요청할 수 있다. 다만, 허가권자가 기간을 정하여 그 사용 또는 영업, 그 밖의 행위를 허용한 주택과 대통령령으로 정하는 경우에는 그러하지 아니하다. ③ 제2항에 따른 요청을 받은 자는 특별한 이유가 없으면 요청에 따라야 한다. ④ 허가권자는 제1항에 따른 시정명령을 하는 경우 국토교통부령으로 정하는 표지를 그 위반 건축물이나 그 대지에 설치하여야 하며, 국토교통부령으로 정하는 바에 따라 건축물대장에 위반내용을 적어야 한다. ⑤ 삭제<2016.1.19> ⑥ 제5항에 따른 실태조사의 방법 및 절차에 관한 사항은 대통령령으로 정한다.<신설 2019. 4. 23.> [시행일 : 2016.7.20.] 제79조	**제114조【위반 건축물에 대한 사용 및 영업행위의 허용 등】** 법 제79조제2항 단서에서 "대통령령으로 정하는 경우"란 바닥면적의 합계가 200제곱미터 미만인 축사와 바닥면적의 합계가 200제곱미터 미만인 농업용·임업용·축산업용 및 수산업용 창고를 말한다. [전문개정 2008.10.29] **제115조【위반건축물에 대한 조사 및 정비】** ① 특별자치시장·특별자치도지사 또는 시장·군수·구청장은 매년 정기적으로 법령등에 적합하지 아니한 건축물에 대하여 실태조사를 한 후 법 제79조에 따른 시정조치를 위한 정비계획을 수립·시행하여야 하며, 그 결과를 시·도지사(특별자치도지사는 제외한다)에게 보고하여야 한다. ② 특별자치시장·특별자치도지사 또는 시장·군수·구청장은 제1항에 따른 위반 건축물의 체계적인 사후 관리와 정비를 위하여 국토교통부령으로 정하는 바에 따라 위반 건축물 관리대장을 작성하고 비치하여야 한다. ③ 제2항에 따른 위반 건축물 관리대장은 전자적 처리가 불가능한 특별한 사유가 없으면 전자적 처리가 가능한 방법으로 작성·관리하여야 한다.	**제40조【위반건축물의 표지 및 관리대장 작성】** ① 법 제79조 제4항에 따른 위반건축물의 표지는 별지 제28호 서식에 따르며, 일반이 보기 쉬운 건축물의 출입구마다 설치하여야 한다. ② 영 제115조 제2항에 따라 시장·군수·구청장은 별지 제29호 서식의 위반건축물관리대장을 작성·관리하고, 영 제115조 제1항에 따른 실태조사결과와 시정조치 등 필요한 사항을 기록·관리하여야 한다.<개정 2007.12.31> ③ 제2항의 위반건축물관리대장은 전자적 처리가 불가능한 특별한 사유가 없으면 전자적 처리가 가능한 방법으로 작성·관리하여야 한다.<신설 2007.12.13>

법해설 Explanation

위반건축물 등에 대한 조치

(1) 허가취소 및 시정명령

허가권자는 대지 또는 건축물이 「건축법」 또는 「건축법」에 따른 명령이나 처분에 위반한 경우에는 다음과 같은 조치를 하거나 명할 수 있다.

① 건축허가 또는 승인의 취소

② 건축주 등에게 공사중지명령

③ 상당한 기간을 정하여 건축물의 철거·개축·증축·수선·용도변경·사용금지·사용제한, 그 밖에 필요한 조치명령

판례

위법건축물인 경우 다른 법령에 따른 영업허가(신고)및 건축 등의 허가 가능여부

건축허가권자가건축허가를 함에 있어서는 건축법, 국토의 계획 및 이용에 관한 법률 등의 관계법규에서 정하는 제한사유 이외의 사유를 들어 허가신청을 거부할 수는 없으나, 건축법 제79조가 건축법위반의 위법건축물에 대하여 는 시정명령 등 필요한 조치를 명할 수 있을 뿐 아니라 그 건축물을 사용하여 행할 다른 법령에 따른 영업 기타행위를 허가할 수 없다고 규정함으로써 결국 위법건축물에 대하여는 다른 법령에 따른 허가까지 금지하고 있음에 비추어 보면 증축허가 등 건축법 자체에 따른 허가도 당연히 허용될 수 없다.

(2) 영업 및 그 밖의 행위허가의 중지

① 추가조치의 요청

허가권자는 위 (1)의 조치에 따르지 아니한 건축물에 대하여는 해당 건축물을 사용하여 행할 다른 법령에 따른 영업, 그 밖의 행위의 허가·면허·인가·등록·지정 등을 하지 아니하도록 요청할 수 있다.

② 추가조치 요청의 제외대상

㉠ 허가권자가 기간을 정하여 그 사용 또는 영업, 그 밖의 행위를 허용한 주택

㉡ 바닥면적의 합계가 200m² 미만인 축사

㉢ 바닥면적의 합계가 200m² 미만인 농업·임업·축산업 또는 수산업용 창고

③ 추가조치요청을 받은 자는 특별한 이유가 없으면 요청에 따라야 한다.

(3) 위반건축물 등의 표시 설치

① 허가권자는 허가취소 및 시정명령을 하는 경우에는 국토교통부령이 정하는 표지를 일반이 보기 쉽도록 해당 위반건축물의 출입구 또는 그 대지안에 설치하여야 하며 건축물대장에 위반 내용을 기록하여야 한다.

② 누구든지 표지설치를 거부 또는 방해하거나 훼손하여서는 아니된다.

(4) 위반건축물에 대한 조사 및 정비

① 특별자치시장·특별자치도지사 또는 시장·군수·구청장은 매년 정기적으로 법령 등에 위반하게 된 건축물의 실태조사를 실시하여야 한다.

② 위반건축물의 시정조치를 위한 정비계획을 수립·시행하여야 하며 그 결과를 시·도지사에게 보고해야 한다.

③ 특별자치시장·특별자치도지사 또는 시장·군수·구청장은 위반건축물의 체계적인 사후관리와 정비를 위하여 위반건축물 관리대장을 작성·비치해야 한다.

④ 위반건축물관리대장은 전자적 처리가 불가능한 특별한 사유가 없으면 전자적 처리가 가능한 방법으로 작성·관리하여야 한다.

⑤ 특별자치시장·특별자치도지사 또는 시장·군수·구청장은 위반건축물의 실태조사결과와 시정조치 등 필요한 사항을 기록·관리해야 한다.

◆위반건축물 청문중 설계변경 가능여부

(건교건축 58070－4125, 1996. 10. 28)

질의 위법시공된 건축물에 대하여 해당 허가권자가 이해강제금을 부과하고 청문이 진행중에 있는 경우 설계변경이 가능한지 및 동기간 내에 설계변경허가를 득하였다면 이행강제금을 부과하지 않아도 되는지?

회신 건축법령상 이행강제금의 부과를 위한 청문기간 중 설계변경 가능여부에 대한 명문의 규정은 없으며, 건축법 제79조 제1항에 따라 시정명령을 받은 자가 시정명령을 이행하는 경우에는 새로운 이행강제금의 부과를 즉시 중지하되, 이미 부과된 이행강제금은 이를 징수하도록 하고 있음

3 권한의 위임

건축법	건축법 시행령
제82조 【권한의 위임과 위탁】 ① 국토교통부장관은 이 법에 따른 권한의 일부를 대통령령으로 정하는 바에 따라 시·도지사에게 위임할 수 있다. ② 시·도지사는 이 법에 따른 권한의 일부를 대통령령으로 정하는 바에 따라 시장(행정시의 시장을 포함하며, 이하 이 조에서 같다)·군수·구청장에게 위임할 수 있다. ③ 시장·군수·구청장은 이 법에 따른 권한의 일부를 대통령령으로 정하는 바에 따라 구청장(자치구가 아닌 구의 구청장을 말한다)·동장·읍장 또는 면장에게 위임할 수 있다. ④ 국토교통부장관은 제31조제1항과 제32조제1항에 따라 건축허가 업무 등을 효율적으로 처리하기 위하여 구축하는 전자정보처리 시스템의 운영을 대통령령으로 정하는 기관 또는 단체에 위탁할 수 있다.	**제117조 【권한의 위임·위탁】** ① 국토교통부장관은 법 제82조제1항에 따라 법 제69조 및 제71조(제4항은 제외한다)에 따른 특별건축구역의 지정, 변경 및 해제에 관한 권한을 시·도지사에게 위임한다. <신설 2010.12.30> ② 삭제 <1999.4.30> ③ 법 제82조제3항에 따라 구청장(자치구가 아닌 구의 구청장을 말한다)에게 위임할 수 있는 권한은 다음 각 호와 같다. <개정 2009.7.16> 1. 6층 이하로서 연면적 2천제곱미터 이하인 건축물의 건축·대수선 및 용도변경에 관한 권한 2. 기존 건축물 연면적의 10분의 3 미만의 범위에서 하는 증축에 관한 권한 ④ 법 제82조제3항에 따라 동장·읍장 또는 면장에게 위임할 수 있는 권한은 다음 각 호와 같다. <신설 2009.7.16> 1. 법 제14조에 따른 건축신고에 관한 권한 2. 법 제20조제2항에 따른 가설건축물의 축조 신고에 관한 권한 3. 법 제22조에 따른 사용승인에 관한 권한(법 제14조에 따른 신고 대상 건축물인 경우만 해당한다) 4. 법 제83조에 따른 옹벽 등의 공작물 축조 신고에 관한 권한 ⑤ 법 제82조제4항에서 "대통령령으로 정하는 기관 또는 단체"란 다음 각 호의 기관 또는 단체를 말한다.<개정 2008.10.29> 1. 「공공기관의 운영에 관한 법률」 제5조에 따른 공기업 2. 「정부출연연구기관 등의 설립·운영 및 육성에 관한 법률」 및 「과학기술분야 정부출연연구기관 등의 설립·운영 및 육성에 관한 법률」에 따른 연구기관

법해설 Explanation

시장·군수·구청장 권한의 위임·위탁

(1) 자치구가 아닌 구청장에게 위임할 수 있는 권한

① 6층 이하로서 연면적 2,000m² 이하인 건축물의 건축·대수선 및 용도변경에 관한 권한

② 기존 건축물 연면적의 3/10 미만의 범위에서 하는 증축에 관한 권한

(2) 동장 또는 읍·면장에게 위임할 수 있는 권한

위임사항	관련 조항
건축신고에 관한 권한	법 제14조
가설건축물 축조신고에 관한 권한	법 제20조 ②
신고대상 건축물의 사용승인에 관한 권한 (신고대상 건축물만 해당)	법 제22조
옹벽 등 공작물 축조신고에 관한 권한	법 제83조

◆ 위임업무에 따른 부수업무에 대한 위임여부
(건교건축 58550-389, 1996. 1. 31)

질의 건축법시행령 제117조 제4항에 따라 동장에게 위임된 건축신고 업무를 처리함에 있어 동 위임사항을 조례에 따라 정해야 하는지와 동신고업무에 부수된 착공신고·사용승인 및 위반건축물에 대한 조치·벌칙·이행강제금·행정대집행 등에 관한 업무도 함께 위임된 것으로 보아 동장이 처리할 수 있는지 여부?

회신 건축법령에서 기위임된 사항은 따로 위임규정을 둘 필요는 없으며, 동 위임업무에 부수된 사항이 다른 행정기관(상급기관 포함)의 권한에 속하지만 동장이 이를 종합 처리해야 할 필요가 있는 경우에는 지방자치법령과 조례 등에 의하여 따로 위임해야 할 것임

(3) 전자정보처리시스템의 운영위탁

건축 허가업무 등의 효율적 처리를 위하여 구축하는 전자정보처리시스템의 운영을 다음 기관에 위탁할 수 있다.

① 공기업

② 정부출연 연구기관

4 옹벽 등 공작물에의 준용

건축법	건축법 시행령	건축법 시행규칙
제83조【옹벽 등의 공작물에의 준용】 ① 대지를 조성하기 위한 옹벽, 굴뚝, 광고탑, 고가수조(高架水槽), 지하 대피호, 그 밖에 이와 유사한 것으로서 대통령령으로 정하는 공작물을 축조하려는 자는 대통령령으로 정하는 바에 따라 특별자치시장·특별자치도지사 또는 시장·군수·구청장에게 신고하여야 한다.<개정 2014.1.14.> ② 삭제<2019.4.30.> ③ 제14조, 제21조제5항, 제29조, 제40조제4항, 제41조, 제47조, 제48조, 제55조, 제58조, 제60조, 제61조, 제79조, 제84조, 제85조, 제87조와 「국토의 계획 및 이용에 관한 법률」 제76조는 대통령령으로 정하는 바에 따라 제1항의 경우에 준용한다.<개정 2014.5.28., 2017.4.18., 2019.4.30.>	**제118조【옹벽 등의 공작물에의 준용】** ① 법 제83조제1항에 따라 공작물을 축조(건축물과 분리하여 축조하는 것을 말한다. 이하 이 조에서 같다)할 때 특별자치시장·특별자치도지사 또는 시장·군수·구청장에게 신고를 하여야 하는 공작물은 다음 각 호와 같다. 1. 높이 6미터를 넘는 굴뚝 2. 높이 6미터를 넘는 장식탑, 기념탑, 그 밖에 이와 비슷한 것 3. 높이 4미터를 넘는 광고탑, 광고판, 그 밖에 이와 비슷한 것 4. 높이 8미터를 넘는 고가수조나 그 밖에 이와 비슷한 것 5. 높이 2미터를 넘는 옹벽 또는 담장 6. 바닥면적 30제곱미터를 넘는 지하대피호 7. 높이 6미터를 넘는 골프연습장 등의 운동시설을 위한 철탑, 주거지역·상업지역에 설치하는 통신용 철탑, 그 밖에 이와 비슷한 것 8. 높이 8미터(위험을 방지하기 위한 난간의 높이는 제외한다) 이하의 기계식 주차장 및 철골 조립식 주차장(바닥면이 조립식이 아닌 것을 포함한다)으로서 외벽이 없는 것 9. 건축조례로 정하는 제조시설, 저장시설(시멘트사일로를 포함한다), 유희시설, 그 밖에 이와 비슷한 것 10. 건축물의 구조에 심대한 영향을 줄 수 있는 중량물로서 건축조례로 정하는 것 11. 높이 5미터를 넘는 「신에너지 및 재생에너지 개발·이용·보급 촉진법」 제2조 제2호 가목에 따른 태양에너지를 이용하는 발전설비와 그 밖에 이와 비슷한 것 ② 제1항 각 호의 어느 하나에 해당하는 공작물을 축조하려는 자는 공작물 축조신고서와 국토교통부령으로 정하는 설계도서를 특별자치도지사 또는 시장·군수·구청장에게 제출(전자문서에 의한 제출을 포함한다)하여야 한다. ③ 제1항 각 호의 공작물에 대하여는 법 제83조제2항에 따라 법 제14조·법 제21조제3항·법 제29조·법 제35조제1항·법 제40조제4항·법 제41조·법 제47조·법 제48조·법 제55조·법 제60조·법 제61조·법 제79조·법 제81조·법 제84조·법 제85조·법 제87조 및 「국토의 계획 및 이용에 관한 법률」 제76조를 준용한다. 다만, 제1항제3호의 공작물로서 「옥외광고물 등 관리법」에 따라 허가를 받거나 신고를 한 공작물에 대하여는 법 제14조를 준용하지 아니하고, 제1항제8호의 공작물에 대하여는 법 제55조를 준용하지 아니하며, 제1항 제3호·제8호의 공작물에 대하여만 법 제61조를 준용한다. ④ 상인 ⑤ 특별자치시장·특별자치도지사 또는 시장·군수·구청장은 제1항에 따라 공작물 축조신고를 받았으면 국토교통부령으로 정하는 바에 따라 공작물관리대장에 그 내용을 작성하고 관리하여야 한다. ⑥ 제5항에 따른 공작물관리대장은 전자적 처리가 불가능한 특별한 사유가 없으면 전자적 처리가 가능한 방법으로 작성하고 관리하여야 한다.	**제41조【공작물 축조신고】** ① 법 제83조 및 영 제118조에 따라 옹벽 등 공작물(이하 "공작물 등"이라 한다)의 축조신고를 하고자 하는 자는 별지 제30호서식의 공작물축조신고서에 다음 각 호의 서류 및 도서를 첨부하여 시장·군수·구청장에게 제출(전자문서에 따른 제출을 포함한다)하여야 한다.<개정 2007.12.31> 다만, 제6조 제1항에 따라 건축허가를 신청할 때에 건축물의 건축에 관한 사항과 함께 공작물 등의 축조 신고에 관한 사항을 제출한 경우에는 공작물축조신고서의 제출을 생략한다. 1. 공작물 등의 배치도 2. 공작물 등의 구조도 ② 특별자치시장·특별도지사 또는 시장·군수·구청장은 제1항에 따른 공작물축조신고서를 받은 때에는 그 기재내용 및 기재내용과 같게 축조된 것을 확인한 후 별지 제31호서식의 공작물축조신고필증을 신고인에게 발급하여야 한다.<개정 2012.12.12> ③ 영 제118조 제4항에 따른 공작물관리대장은 별지 제32호 서식에 따른다.

법해설 Explanation

옹벽 등 공작물에의 준용

(1) 신고대상 공작물

대지를 조성하기 위한 옹벽·굴뚝·광고탑·고가수조·지하대피호 등으로서 다음에 해당하는 공작물을 축조하고자 하는 자는 특별자치시장·특별자치도지사 또는 시장·군수·구청장에게 신고하여야 한다.

공작물의 종류	규모
• 옹벽·담장 • 장식탑·기념탑·첨탑·광고탑·광고판 등	높이 2m를 넘는 것 높이 4m를 넘는 것
• 굴뚝 등	높이 6m를 넘는 것
• 골프연습장 등의 운동시설을 위한 철탑 • 주거지역·상업지역안에 설치하는 통신용 철탑 등	높이 6m를 넘는 것
고가수조 등	높이 8m를 넘는 것
기계식주차장 및 철골조립식 주차장(바닥면이 조립식이 아닌 것을 포함)으로서 외벽이 없는 것	높이 8m 이하(난간높이를 제외)인 것
지하대피호	바닥면적 $30m^2$를 넘는 것
건축조례로 정하는 제조시설·저장시설(시멘트저장용 사일로 포함)·유희시설 등	
건축물의 구조에 심대한 영향을 줄 수 있는 중량물로서 건축조례로 정하는 것	

(2) 공작물 축조신고

① 옹벽 등 공작물 축조신고를 하고자 하는 자는 공작물축조신고서와 공작물 등의 배치도·구조도를 특별자치도지사 또는 시장·군수·구청장에게 제출(전자문서에 따른 제출 포함)하여야 한다.

> **예외** 건축허가를 신청할 때에 공작물 등의 축조신고에 관한 사항을 제출한 경우에는 공작물 축조신고서의 제출을 생략할 수 있다.

② 특별자치시장·특별자치도지사 또는 시장·군수·구청장은 공작물축조신고를 받은 때에는 기재내용 확인 후 공작물축조신고필증을 신고인에게 내주어야 한다.

(3) 공작물관리대장의 기재

공작물의 축조신고를 수리한 경우에는 공작물관리대장에 이를 기재하고 관리하여야 한다.

(4) 신고대상 공작물에 대한 적용규정

규정	법 조항
건축신고	제14조
착공신고 등	제21조 ③항
공용건축물	제29조
건축물의 유지·관리	제35조 ①항
대지의 안전 등	제40조 ④항
토지 굴착 부분에 대한 조치 등	제41조
건축선에 따른 건축제한	제47조
구조내력 등	제48조
건축물의 건폐율	제55조
건축물 높이제한	제60조
일조 등의 확보를 위한 건축물의 높이 제한	제61조
위반건축물등에 대한 조치 등	제79조
기존 건축물에 대한 안전점검 및 시정명령	제81조
면적·높이 및 층수의 산정	제84조
「행정대집행법」 적용의 특례	제85조
보고와 검사 등	제87조
지역 또는 지구 안에서의 건축제한	「국토의 계획 및 이용에 관한 법률」 제76조

(5) 공작물 축조시 「건축법」의 준용

규정	비고
건축신고 (법 제14조)	높이 4m를 넘는 광고탑·광고판 등이 「옥외 광고물 등 관리법」에 따라 허가 또는 신고를 받은 것은 적용 제외
건축물의 건폐율 (법 제55조)	적용 높이 8m 이하의 기계식 주차장 및 철골조립식주차장으로서 외벽이 없는 것은 적용 제외
일조 등의 확보를 위한 건축물의 높이제한 (법 제61조)	높이 4m를 넘는 광고탑·광고판 등에 한하여 적용

◆공중점프대 건축법 적용여부
(건교건축 58070-445, 1997, 2, 10)

질의 고공점프대에서 신체의 일부에 밧줄을 묶고 뛰어내려 모험과 스릴을 즐기기 위한 구조물(일명 "번지점프시설")을 건축법의 입부를 준용하는 공작물로 볼 수 있는지(공중위생법 또는 체육시설의 설치 및 이용에 관한 법률에 따른 유기시설 또는 체육시설 등이 아님) 여부

회신 시설의 성격이 모호하고 관계법령상 시설의 기준도 규정되지 아니한 상황에서 건축법의 적용여부를 단정하기는 어려우나, 건축물이 아닌 번지점프를 하기 위한 구조물로서 시장·군수·구청장이 그 구조와 기능 및 이용형태 등을 감안하여 건축법의 일부를 준용할 필요가 있다고 판단할 경우에는 건축법시행령 제118조 제1항 제9호에 따라 제조시설·저장시설·유희시설 기타 이와 유사한 시설 로 보아 건축조례로 정함으로써 건축법의 일부를 준용토록 할 수 있을 것임

5 행정대집행법의 적용의 특례

건축법	건축법 시행령	건축법 시행규칙
제85조【「행정대집행법」 적용의 특례】 ① 허가권자는 제11조, 제14조, 제41조와 제79조제1항에 따라 필요한 조치를 할 때 다음 각 호의 어느 하나에 해당하는 경우로서 「행정대집행법」 제3조제1항과 제2항에 따른 절차에 의하면 그 목적을 달성하기 곤란한 때에는 해당 절차를 거치지 아니하고 대집행할 수 있다. 1. 재해가 발생할 위험이 절박한 경우 2. 건축물의 구조 안전상 심각한 문제가 있어 붕괴 등 손괴의 위험이 예상되는 경우 3. 허가권자의 공사중지명령을 받고도 불응하여 공사를 강행하는 경우 4. 도로통행에 현저하게 지장을 주는 불법건축물인 경우 5. 그 밖에 공공의 안전 및 공익에 심히 저해되어 신속하게 실시할 필요가 있다고 인정되는 경우로서 대통령령으로 정하는 경우 ② 제1항에 따른 대집행은 건축물의 관리를 위하여 필요한 최소한도에 그쳐야 한다. [전문개정 2009.4.1] **제86조【청문】** 허가권자는 제79조에 따라 허가나 승인을 취소하려면 청문을 실시하여야 한다. **제87조【보고와 검사 등】** ① 국토교통부장관, 시ㆍ도지사, 시장ㆍ군수ㆍ구청장, 그 소속 공무원, 제27조에 따른 업무대행자 또는 제37조에 따른 건축지도원은 건축물의 건축주등, 공사감리자 또는 공사시공자에게 필요한 자료의 제출이나 보고를 요구할 수 있으며, 건축물ㆍ대지 또는 건축공사장에 출입하여 그 건축물, 건축설비, 그 밖에 건축공사에 관련되는 물건을 검사하거나 필요한 시험을 할 수 있다. ② 제1항에 따라 검사나 시험을 하는 자는 그 권한을 표시하는 증표를 지니고 이를 관계인에게 내보여야 한다.	**제119조의2【「행정대집행법」 적용의 특례】** 법 제85조제1항제5호에서 "대통령령으로 정하는 경우"란 「대기환경보전법」에 따른 대기오염물질 또는 「수질 및 수생태계 보전에 관한 법률」에 따른 수질오염물질을 배출하는 건축물로서 주변 환경을 심각하게 오염시킬 우려가 있는 경우를 말한다. [본조신설 2009.8.5] [종전 제119조의2는 제119조의3으로 이동 <2009.8.5>]	**제42조【출입검사원증】** 법 제87조 제2항에 따른 검사나 시험을 하는 자의 권한을 표시하는 증표는 별지 제33호서식에 따른다.

법해설 Explanation

행정대집행법의 적용의 특례

(1) 허가권자는 건축허가(제11조), 건축신고(제14조), 토지굴착부분에 대한 조치 등(제41조)과 위반건축물에 대한 조치 등(제79조제1항)에 따라 필요한 조치를 할 때 다음의 어느 하나에 해당하는 경우로서 「행정대집행법」에 따른 절차(제3조제1항과 제2항)에 의하면 그 목적을 달성하기 곤란한 때에는 해당 절차를 거치지 아니하고 대집행할 수 있다.

① 재해가 발생할 위험이 절박한 경우
② 건축물의 구조 안전상 심각한 문제가 있어 붕괴 등 손괴의 위험이 예상되는 경우
③ 허가권자의 공사 중지명령을 받고도 불응하여 공사를 강행하는 경우
④ 도로통행에 현저하게 지장을 주는 불법건축물인 경우
⑤ 「대기환경보전법」에 따른 대기오염물질 또는 「수질 및 수생태계 보전에 관한 법률」에 따른 수질오염물질을 배출하는 건축물로서 주변환경을 심각하게 오염시킬 우려가 있는 경우

(2) 위 (1)에 따른 대집행은 건축물의 관리를 위하여 필요한 최소한도에 그쳐야 한다.

청문

허가권자는 위반건축물 등에 대한 조치에 따라 허가 또는 승인을 취소하고자 하는 경우에는 청문을 실시하여야 한다.

참고

◆행정 대집행법 3조 1항 및 2항

① 전조에 따른 처분(대집행)을 하려함에 있어서는 상당한 이행기간을 정하여 그 기한까지 이행되지 아니할 때에는 대집행을 한다는 뜻을 미리 문서로 계고하여야 한다.

② 의무자가 전항의 계고를 받고 그 지정기한까지 의무를 이행하지 아니 할 때에는 해당 행정청을 대집행 영장으로서 대집행을 할 시기, 대집행을 시키기 위하여 파견하는 집행비용의 계산에 따른 견적액을 의무자에게 통지하여야 한다.

◆청문

불이익한 행정처분을 하기에 앞서 상대방에게 의견진술 또는 변명의 기회를 제공하는 것. 즉, 상대방의 권익을 보호하기 위한 행정절차의 일종이다.

6 건축분쟁전문위원회

건축법	건축법 시행령	건축법 시행규칙
제88조【건축분쟁전문위원회】 ① 건축등과 관련된 다음 각 호의 분쟁(「건설산업기본법」 제69조에 따른 조정의 대상이 되는 분쟁은 제외한다. 이하 같다)의 조정(調停) 및 재정(裁定)을 하기 위하여 국토교통부에 건축분쟁전문위원회(이하 "분쟁위원회"라 한다)를 둔다. <개정 2009.4.1., 2014.5.28.> 1. 건축관계자와 해당 건축물의 건축등으로 피해를 입은 인근주민(이하 "인근주민"이라 한다) 간의 분쟁 2. 관계전문기술자와 인근주민 간의 분쟁 3. 건축관계자와 관계전문기술자 간의 분쟁 4. 건축관계자 간의 분쟁 5. 인근주민 간의 분쟁 6. 관계전문기술자 간의 분쟁 7. 그 밖에 대통령령으로 정하는 사항 ② 삭제 <2014.5.28.> ③ 삭제 <2014.5.28.> [제목개정 2009.4.1.]	**제119조의3【분쟁조정】** ① 법 제88조에 따라 분쟁의 조정 또는 재정(이하 "조정등"이라 한다)을 받으려는 자는 국토교통부령으로 정하는 바에 따라 신청 취지와 신청사건의 내용을 분명하게 밝힌 조정등의 신청서를 국토교통부에 설치된 건축분쟁 전문위원회(이하 "분쟁위원회"라 한다)에 제출(전자문서에 의한 제출을 포함한다)하여야 한다. ② 조정위원회는 법 제95조제2항에 따라 당사자나 참고인을 조정위원회에 출석하게 하여 의견을 들으려면 회의 개최 5일 전에 서면(당사자 또는 참고인이 원하는 경우에는 전자문서를 포함한다)으로 출석을 요청하여야 하며, 출석을 요청받은 당사자 또는 참고인은 조정위원회의 회의에 출석할 수 없는 부득이한 사유가 있는 경우에는 미리 서면 또는 전자문서로 의견을 제출할 수 있다. ③ 법 제88조, 제89조 및 제 91조부터 제104조까지의 규정에 따른 분쟁의 조정등을 할 때 서류의 송달에 관하여는 「민사소송법」 제174조부터 제197조까지를 준용한다. ④ 조정위원회 또는 재정위원회는 법 제102조제1항에 따라 당사자가 분쟁의 조정등을 위한 감정·진단·시험 등에 드는 비용을 내지 아니한 경우에는 그 분쟁에 대한 조정 등을 보류 할 수 있다.	**제43조의2【분쟁조정의 신청】** ① 영 제119조의2 제1항에 따라 분쟁의 조정 또는 재정(이하 "조정 등"이라 한다)을 받으려는 자는 다음 각 호의 사항을 기재하고 서명·날인한 분쟁조정등신청서에 참고자료 또는 서류를 첨부하여 건축분쟁전문위원회에 제출(전자문서에 따른 제출을 포함한다)하여야 한다.<개정 2007.12.31> 1. 신청인의 성명(법인의 경우에는 명칭) 및 주소 2. 당사자의 성명(법인의 경우에는 명칭) 및 주소 3. 대리인을 선임한 경우에는 대리인의 성명 및 주소 4. 분쟁의 조정 등을 받고자 하는 사항 5. 분쟁이 발생하게 된 사유와 당사자간의 교섭경과 6. 신청연월일 ② 제1항의 경우에 증거자료 또는 서류가 있는 경우에는 그 원본 또는 사본을 분쟁조정등신청서에 첨부하여 제출할 수 있다.<개정 2006.5.12> **제43조의3【중앙건축분쟁전문위원회의 회의·운영 등】** ① 법 제88조에 따른 중앙건축분쟁전문위원회(이하 "중앙조정위원회"라 한다)의 위원장은 중앙조정위원회를 대표하고 중앙조정위원회의 업무를 통할한다. ② 중앙조정위원회의 위원장은 중앙조정위원회의 회의를 소집하고 그 의장이 된다. ③ 중앙조정위원회의 위원장이 부득이한 사유로 직무를 수행할 수 없는 때에는 부위원장이 그 직무를 대행한다. ④ 중앙조정위원회의 사무를 처리하기 위하여 간사를 두되, 간사는 국토교통부 소속 공무원 중에서 중앙조정위원회의 위원장이 지정한 자가 된다. ⑤ 중앙조정위원회의 회의에 출석한 위원 및 관계전문가에 대하여는 예산의 범위 안에서 수당을 지급할 수 있다. 다만, 공무원인 위원이 그 소관 업무와 직접적으로 관련되어 출석하는 경우에는 그러하지 아니 하다.[본조신설 2006.5.12]

건축법	건축법 시행령	건축법 시행규칙
제89조 【건축분쟁전문위원회의 구성】 ① 분쟁위원회는 위원장과 부위원장 각 1명을 포함한 15명 이내의 위원으로 구성한다. <개정 2009.4.1., 2014.5.28.> ② 분쟁위원회의 위원은 건축이나 법률에 관한 학식과 경험이 풍부한 자로서 다음 각 호의 어느 하나에 해당하는 자 중에서 국토교통부장관이 임명하거나 위촉한다. 이 경우 제4호에 해당하는 자가 2명 이상 포함되어야 한다. <개정 2009.4.1., 2013.3.23., 2014.1.14., 2014.5.28.> 1. 3급 상당 이상의 공무원으로 1년 이상 재직한 자 2. 삭제 <2014.5.28.> 3. 「고등교육법」에 따른 대학에서 건축공학이나 법률학을 가르치는 조교수 이상의 직(職)에 3년 이상 재직한 자 4. 판사, 검사 또는 변호사의 직에 6년 이상 재직한 자 5. 「국가기술자격법」에 따른 건축분야 기술사 또는 「건축사법」 제23조에 따라 건축사사무소개설신고를 하고 건축사로 6년 이상 종사한 자 6. 건설공사나 건설업에 대한 학식과 경험이 풍부한 자로서 그 분야에 15년 이상 종사한 자 ③ 삭제 <2014.5.28.> ④ 분쟁위원회의 위원장과 부위원장은 위원 중에서 국토교통부장관이 위촉한다. <개정 2009.4.1., 2014.5.28.> ⑤ 공무원이 아닌 위원의 임기는 3년으로 하되, 연임할 수 있으며, 보궐위원의 임기는 전임자의 남은 임기로 한다. ⑥ 분쟁위원회의 회의는 재적위원 과반수의 출석으로 열고 출석위원 과반수의 찬성으로 의결한다. <개정 2009.4.1., 2014.5.28.> ⑦ 다음 각 호의 어느 하나에 해당하는 자는 분쟁위원회의 위원이 될 수 없다. <개정 2009.4.1., 2014.5.28.> 1. 피성년 후견인, 피한정 후견인 또는 파산선고를 받고 복권되지 아니한 자 2. 금고 이상의 실형을 선고받고 그 집행이 끝나거나(집행이 끝난 것으로 보는 경우를 포함한다)되거나 집행이 면제된 날부터 2년이 지나지 아니한 자 3. 법원의 판결이나 법률에 따라 자격이 정지된 자 ⑧ 위원의 제척·기피·회피 및 위원회의 운영, 조정 등의 거부와 중지 등 그 밖에 필요한 사항은 대통령령으로 정한다. <신설 2014.5.28.> [제목개정 2014.5.28.]		

7 위원의 제척, 조정의 효력 등

건축법	건축법 시행령	건축법 시행규칙
제90조 【위원의 제척 등】 삭제 <2014.5.28> **제91조 【대리인】** ① 당사자는 다음 각 호에 해당하는 자를 대리인으로 선임할 수 있다. 1. 당사자의 배우자, 직계존 · 비속 또는 형제자매 2. 당사자인 법인의 임직원 3. 변호사 ② 삭제 <2014.5.28> ③ 대리인의 권한은 서면으로 소명하여야 한다. ④ 대리인은 다음 각 호의 행위를 하기 위하여는 당사자의 위임을 받아야 한다. 1. 신청의 철회 2. 조정안의 수락 3. 복대리인의 선임 **제92조 【조정등의 신청】** ① 건축물의 건축등과 관련된 분쟁의 조정 또는 재정(이하 "조정등"이라 한다)을 신청하려는 자는 제88조제2항에 따른 관할 분쟁위원회에 조정등의 신청서를 제출하여야 한다. ② 제1항에 따른 조정신청은 해당 사건의 당사자 중 1명 이상이 하며, 재정신청은 해당 사건 당사자 간의 합의로 한다. 다만, 분쟁위원회는 조정신청을 받으면 해당 사건의 모든 당사자에게 조정신청이 접수된 사실을 알려야 한다. <개정 2009.4.1> ③ 분쟁위원회는 당사자의 조정신청을 받으면 60일 이내에, 재정신청을 받으면 120일 이내에 절차를 마쳐야 한다. 다만, 부득이한 사정이 있으면 건축분쟁전문위원회의 의결로 기간을 연장할 수 있다. <개정 2009.4.1>	**제119조의4 【선정대표자】** ① 여러 사람이 공동으로 조정등의 당사자가 될 때에는 그 중에서 3명 이하의 대표자를 선정할 수 있다. ② 분쟁위원회는 당사자가 제1항에 따라 대표자를 선정하지 아니한 경우 필요하다고 인정하면 당사자에게 대표자를 선정할 것을 권고할 수 있다. ③ 제1항 또는 제2항에 따라 선정된 대표자(이하 "선정대표자"라 한다)는 다른 신청인 또는 피신청인을 위하여 그 사건의 조정등에 관한 모든 행위를 할 수 있다. 다만, 신청을 철회 하거나 조정안을 수락하려는 경우에는 서면으로 다른 신청인 또는 피신청인의 동의를 받아야 한다. ④ 대표자가 선정된 경우에는 다른 신청인 또는 피신청인은 그 선정대표자를 통해서만 그 사건에 관한 행위를 할 수 있다. ⑤ 대표자를 선정한 당사자는 필요하다고 인정하면 선정대표자를 해임하거나 변경할 수 있다. 이 경우 당사자는 그 사실을 지체 없이 분쟁위원회에 통지하여야 한다. [전문개정 2008.10.29] **제119조의5 【절차의 비공개】** **[본조신설 2006.5.8]** 건축분쟁전문위원회가 행하는 조정 등의 절차는 법 또는 이 영에 특별한 규정이 있는 경우를 제외하고는 공개하지 아니한다.	

건축법	건축법 시행령	건축법 시행규칙
제93조 【조정등의 신청에 따른 공사중지】 ① 삭제 <2014.5.28.> ② 삭제 <2014.5.28.> ③ 시·도지사 또는 시장·군수·구청장은 위해 방지를 위하여 긴급한 상황이거나 그 밖에 특별한 사유가 없으면 조정등의 신청이 있다는 이유만으로 해당 공사를 중지하게 하여서는 아니 된다. [제목개정 2014.5.28.] **제94조 【조정위원회와 재정위원회】** ① 조정은 3명의 위원으로 구성되는 조정위원회에서 하고, 재정은 5명의 위원으로 구성되는 재정위원회에서 한다. ② 조정위원회의 위원(이하 "조정위원"이라 한다)과 재정위원회의 위원(이하 "재정위원"이라 한다)은 사건마다 분쟁위원회의 위원 중에서 위원장이 지명한다. 이 경우 재정위원회에는 제89조제2항제4호에 해당하는 위원이 1명 이상 포함되어야 한다. <개정 2009.4.1., 2014.5.28.> ③ 조정위원회와 재정위원회의 회의는 구성원 전원의 출석으로 열고 과반수의 찬성으로 의결한다. **제95조 【조정을 위한 조사 및 의견 청취】** ① 조정위원회는 조정에 필요하다고 인정하면 조정위원 또는 사무국의 소속 직원에게 관계 서류를 열람하게 하거나 관계 사업장에 출입하여 조사하게 할 수 있다. <개정 2014.5.28.> ② 조정위원회는 필요하다고 인정하면 당사자나 참고인을 조정위원회에 출석하게 하여 의견을 들을 수 있다. ③ 분쟁의 조정신청을 받은 조정위원회는 조정기간 내에 심사하여 조정안을 작성하여야 한다. <개정 2014.5.28.> **제96조 【조정의 효력】** ① 조정위원회는 제95조제3항에 따라 조정안을 작성하면 지체 없이 각 당사자에게 조정안을 제시하여야 한다. ② 제1항에 따라 조정안을 제시받은 당사자는 제시를 받은 날부터 15일 이내에 수락 여부를 조정위원회에 알려야 한다. ③ 조정위원회는 당사자가 조정안을 수락하면 즉시 조정서를 작성하여야 하며, 조정위원과 각 당사자는 이에 기명날인하여야 한다. ④ 당사자가 제3항에 따라 조정안을 수락하고 조정서에 기명날인하면 당사자 간에 조정서와 동일한 내용의 합의가 성립된 것으로 본다.		

법해설 Explanation

(1) 건축분쟁전문위원회의 설치

건축물의 건축 등에 관하여 발생되는 분쟁의 조정 및 재정을 위하여 다음과 같이 건축분쟁전문위원회를 설치한다.

구분	설치	조 정 사 항
건축분쟁 전문위원회	국토교통부	• 건축관계자와 해당 건축물의 건축 등으로 인하여 피해를 입은 인근주민간의 분쟁 • 관계전문기술자와 인근주민간의 분쟁 • 건축관계자와 관계전문기술자간의 분쟁 • 건축관계자 간의 분쟁 • 인근주민 간의 분쟁 • 관계전문기술자 간의 분쟁 • 그 밖에 대통령령으로 정하는 사항

(2) 조정 등의 신청 및 선정대표자

① 조정 등의 신청

㉠ 조정신청은 해당 사건의 당사자 중 1인 이상이 하며, 재정신청은 해당 사건의 당사자간에 합의로 한다.

㉡ 조정위원회는 당사자의 조정신청을 받은 때에는 60일 이내에, 재정신청을 받은 때에는 120일 이내에 그 절차를 완료하여야 한다.

예외 부득이한 사정이 있는 경우에는 조정위원회의 의결로 그 기간을 연장할 수 있다.

② 선정대표자

㉠ 다수인이 공동으로 조정 등의 당사자가 되는 때에는 그 중에서 3인 이하의 대표자를 선정할 수 있다.

㉡ 분쟁위원회는 당사자가 대표자를 선정하지 아니한 경우 필요하다고 인정하는 때에는 당사자에게 대표자를 선정할 것을 권고할 수 있다.

㉢ 선정된 대표자는 다른 신청인 또는 피신청인을 위하여 그 사건의 조정 등에 관한 모든 행위를 할 수 있다. 다만, 신청의 철회 및 조정안의 수락은 다른 신청인 또는 피신청인의 서면에 따른 동의를 얻어야 한다.

㉣ 대표자가 선정된 때에는 다른 신청인 또는 피신청인은 그 선정대표자를 통하여서만 그 사건에 관한 행위를 할 수 있다.

㉤ 대표자를 선정한 당사자는 필요하다고 인정하는 경우에는 선정대표자를 해임하거나 변경할 수 있다. 이 경우 당사자는 그 사실을 지체 없이 분쟁위원회에 통지하여야 한다.

참고 조정(재정) 절차

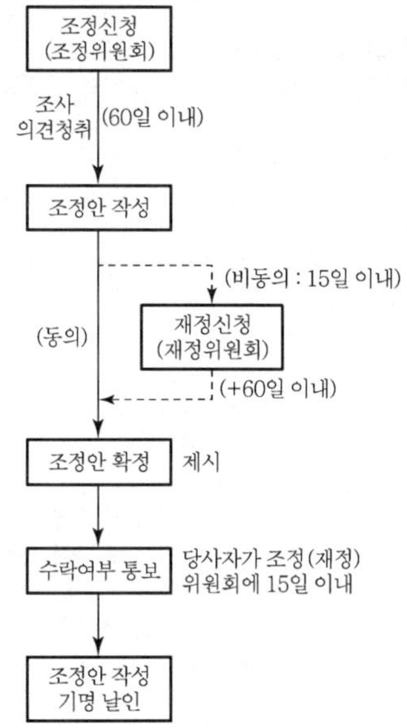

8 벌칙

건축법	건축법 시행령
제106조 【벌칙】 ① 제23조, 제24조제1항 및 제25조 제2항을 위반하여 설계·시공이나 공사감리를 함으로써 공사가 부실하게 되어 착공 후 「건설산업기본법」 제28조에 따른 하자담보책임 기간에 다중이용 건축물의 기초와 주요구조부에 중대한 손괴(損壞)를 일으켜 공중(公衆)에 대하여 위험을 발생하게 한 자는 10년 이하의 징역에 처한다. ② 제1항의 죄를 범하여 사람을 죽거나 다치게 한 자는 무기징역이나 3년 이상의 징역에 처한다. **제107조 【벌칙】** ① 업무상 과실로 제106조제1항의 죄를 범한 자는 5년 이하의 징역이나 금고 또는 5천만원 이하의 벌금에 처한다. ② 업무상 과실로 제106조제2항의 죄를 범한 자는 10년 이하의 징역이나 금고 또는 1억원 이하의 벌금에 처한다. **제108조 【벌칙】** ① 도시지역에서 제11조제1항, 제19조, 제47조, 제55조, 제56조, 제58조, 제60조 또는 제 61조를 위반하여 건축물을 건축하거나 대수선 또는 용도변경을 한 건축주 및 공사시공자는 3년 이하의 징역이나 5천만원 이하의 벌금에 처한다. ② 제1항의 경우 징역과 벌금은 병과(倂科)할 수 있다. **제109조 【벌칙】** 제27조제2항에 따른 보고를 거짓으로 한 자는 2년 이하의 징역이나 2천만원 이하의 벌금에 처한다. **제110조 【벌칙】** 다음 각 호의 어느 하나에 해당하는 자는 2년 이하의 징역 또는 1억원 이하의 벌금에 처한다.<개정 2017.4.18.> 1. 도시지역 밖에서 제11조제1항, 제19조제1항 및 제2항, 제47조, 제55조, 제56조, 제58조, 제60조, 제61조, 제77조의10을 위반하여 건축물을 건축하거나 대수선 또는 용도변경을 한 건축주 및 공사시공자 1의2. 제13조제5항을 위반한 건축주 및 공사시공자 2. 제16조(변경허가 사항만 해당한다), 제21조제5항, 제22조제3항 또는 제25조제7항을 위반한 건축주 및 공사시공자 3. 제20조제1항에 따른 허가를 받지 아니하거나 제83조에 따른 신고를 하지 아니하고 가설건축물을 건축하거나 공작물을 축조한 건축주 및 공사시공자 4. 다음 각 목의 어느 하나에 해당하는 자 가. 제25조제1항을 위반하여 공사감리자를 지정하지 아니하고 공사를 하게 한 자 나. 제25조제1항을 위반하여 공사시공자 본인 및 계열회사를 공사감리자로 지정한 자 5. 제25조제3항을 위반하여 공사감리자로부터 시정 요청이나 재시공 요청을 받고 이에 따르지 아니하거나 공사 중지의 요청을 받고도 공사를 계속한 공사시공자 6. 제25조제6항을 위반하여 정당한 사유 없이 감리중간보고서나 감리완료보고서를 제출하지 아니하거나 거짓으로 작성하여 제출한 자 6의2. 제27조제2항을 위반하여 현장조사·검사 및 확인 대행 업무를 한 자 7. 삭제 <2019.4.30.> 8. 제40조제4항을 위반한 건축주 및 공사시공자 8의2. 제43조제1항, 제49조, 제50조, 제51조, 제53조, 제58조, 제61조제1항·제2항 또는 제64조를 위반한 건축주, 설계자, 공사시공자 또는 공사감리자 9. 제48조를 위반한 설계자, 공사감리자, 공사시공자 및 제67조에 따른 관계전문기술자 9의2. 제50조의2제1항을 위반한 설계자, 공사감리자 및 공사시공자 9의3. 제48조의4를 위반한 건축주, 설계자, 공사감리자, 공사시공자 및 제67조에 따른 관계전문기술자 10. 삭제 <2019.4.23.> 11. 삭제 <2019.4.23.> 12. 제62조를 위반한 설계자, 공사감리자, 공사시공자 및 제67조에 따른 관계전문기술자 [시행일 : 2020.5.1.] 제110조	**제120조 【규제의 재검토】** ① 국토교통부장관은 제18조의 건축사가 아닌 사람이 건축 등을 위한 설계를 할 수 있는 건축물에 관리지역, 농림지역 또는 자연환경보전지역에 건축하는 연면적 100제곱미터 이하의 단독주택을 포함하고 있지 아니한 것이 적절한지를 2011년 12월 31일까지 검토하여 포함 또는 유지 등의 조치를 하여야 한다. ② 국토교통부장관은 제28조제2항의 너비 6미터 이상의 도로에 4미터 이상 접하여야 하는 건축물의 규모를 연면적 합계가 2천제곱미터 이상으로 정한 것이 적절한지를 2011년 12월 31일까지 검토하여 폐지, 완화 또는 유지 등의 조치를 하여야 한다. [본조신설 2009.7.7]

건축법	건축법 시행령
제111조 【벌칙】 다음 각 호의 어느 하나에 해당하는 자는 5천만원 이하의 벌금에 처한다. <개정 2019.4.23.> 1. 제14조, 제16조(변경신고 사항만 해당한다), 제20조제3항, 제21조제1항, 제22조제1항 또는 제83조제1항에 따른 신고 또는 신청을 하지 아니하거나 거짓으로 신고하거나 신청한 자 2. 제24조제3항을 위반하여 설계 변경을 요청받고도 정당한 사유 없이 따르지 아니한 설계자 3. 제24조제4항을 위반하여 공사감리자로부터 상세시공도면을 작성하도록 요청받고도 이를 작성하지 아니하거나 시공도면에 따라 공사하지 아니한 자 3의2. 제24조제6항을 위반하여 현장관리인을 지정하지 아니하거나 착공신고서에 이를 거짓으로 기재한 자 3의3. 삭제 <2019.4.23.> 4. 제28조제1항을 위반한 공사시공자 5. 제41조나 제42조를 위반한 건축주 및 공사시공자 5의2. 제43조제4항을 위반하여 공개공지등의 활용을 저해하는 행위를 한 자 6. 제52조의2를 위반하여 실내건축을 한 건축주 및 공사시공자 6의2. 제52조의4제5항을 위반하여 건축자재에 대한 정보를 표시하지 아니하거나 거짓으로 표시한 자 7. 삭제 <2019. 4. 30.> 8. 삭제 <2009. 2. 6.> [시행일 : 2020. 5. 1.] 제111조	

법해설 Explanation

규제의 재검토

① 국토교통부장관은 건축사가 아닌 사람이 건축 등을 위한 설계를 할 수 있는 건축물에 관리지역, 농림지역 또는 자연환경보전지역에 건축하는 연면적 100m² 이하의 단독주택을 포함하고 있지 아니한 것이 적절한지를 2011년 12월 31일까지 검토하여 포함 또는 유지 등의 조치를 하여야 한다.

② 국토교통부장관은 너비 6m 이상의 도로에 4m 이상 접하여야 하는 건축물의 규모를 연면적 합계가 2,000m² 이상으로 정한 것이 적절한지를 2011년 12월 31일까지 검토하여 폐지, 완화 또는 유지 등의 조치를 하여야 한다.

행정형벌

(1) 구조상 주요부분에 대한 중대한 손괴를 야기한 경우

건축물의 설계·시공·공사감리 등의 규정에 위반함으로써 공사부실로 「건설산업기본법」에 따른 하자담보 책임기간 이내에 다중이용건축물의 기초 및 주요구조부에 중대한 손괴를 야기한 경우 다음과 같은 벌칙이 적용된다.

참고 행정벌의 종류

① 행정형벌(형법상 규제) : 징역, 벌금
② 행정질서벌 : 과태료
③ 행정강제 : 이행강제금, 대집행(강제집행), 강제징수
④ 행정처분 : 허가취소, 등록취소, 지정취소, 자격취소, 자격정지, 업무정지 등

<table>
<tr><th>위반행위</th><th>적용대상자</th><th>위반내용</th><th colspan="2">벌칙내용</th></tr>
<tr><td rowspan="4">건축설계
건축시공
공사감리</td><td rowspan="4">• 건축주
• 공사시공자
• 공사감리자</td><td rowspan="2">공중의 위험을 발생하게 한 자</td><td>원칙</td><td>10년 이하의 징역</td></tr>
<tr><td>업무과실</td><td>5년 이하의 징역·금고 또는 5,000만원 이하의 벌금</td></tr>
<tr><td rowspan="2">사람을 죽거나 다치게 한 자</td><td>원칙</td><td>무기 또는 3년 이상의 징역</td></tr>
<tr><td>업무과실</td><td>10년 이하의 징역·금고 또는 1억원 이하의 벌금</td></tr>
</table>

참고 건축물의 구조상 주요부분 : 다중이용건축물의 기초·내력벽·기둥·바닥·보·지붕틀 및 주계단(사잇기둥·최하층바닥·작은보·차양·옥외계단 등 건축물의 구조상 중요하지 않은 부분은 제외)

(2) 3년 이하의 징역 또는 5,000만원 이하의 벌금

도시지역안에서 다음의 규정을 위반하여 건축물을 건축하거나 대수선·용도변경한 경우 다음과 같은 벌칙이 적용된다.

<table>
<tr><th>위반행위</th><th>적용대상자</th></tr>
<tr><td>건축허가</td><td rowspan="6">• 건축주
• 공사시공자</td></tr>
<tr><td>용도변경</td></tr>
<tr><td>건축선에 따른 건축제한</td></tr>
<tr><td>건폐율</td></tr>
<tr><td>용적률</td></tr>
<tr><td>건축물의 높이제한</td></tr>
</table>

(3) 2년 이하의 징역 또는 1,000만원 이하의 벌금

위반행위	적용대상자
도시지역 밖에서 다음 규정에 위반하여 건축물을 건축·대수선·용도변경하는 경우 • 건축허가 • 용도변경 • 건축선에 따른 건축제한 • 건축물의 건폐율 • 건축물의 용적률 • 맞벽건축 및 연결복도 • 건축물의 높이 제한 • 일조등의 확보를 위한 건축물의 높이 제한	• 건축주 • 공사시공자
• 허가·신고사항의 변경 • 착공신고 등 • 건축물의 사용승인	• 건축주 • 공사시공자

◆ 존치기간이 만료된 가설건축물의 처분
(건교건축 58070-4854, 1996. 12. 19)

질의 신고로서 가설건축물을 축조하여 존치기간이 경과한 경우 건축법 제80조의 규정을 적용할 수 있는지?

회신 가설건축물은 그 존치기간이 경과된 경우 당연 철거되어야 하는 것으로 존치기간이 만료되기전 존치기간을 정하여 가설건축물 축조신고를 다시 하는 경우 사용이 가능하다 할 수 있을 것이나, 존치기간이 만료되었으나 철거하지 아니한 경우 이에 대한 처분 또한 가능하다 할 것임

위반행위	적용대상자
• 건축물의 공사감리 • 허가를 받지 아니한 가설건축물의 건축 • 신고를 하지 아니한 공작물의 축조	• 건축주 • 공사시공자
• 공사감리자를 지정하지 아니하고 공사를 하게 한 경우 • 공사시공자 본인 및 계열회사를 공사감리자로 지정한 경우	해당하는 자
공사감리자로부터 시정 또는 재시공 요청을 받고 이에 따르지 아니하거나 공사중지의 요청을 받고 공사를 계속한 경우	공사시공자
정당한 사유없이 감리중간보고서 또는 감리완료보고서를 제출하지 아니하거나 이를 허위로 작성하여 제출한 경우	공사감리자
건축물의 유지관리	• 건축물 소유자 • 관리자
대지의 안전 등 규정에 위반한 경우	• 건축주 • 공사감리자
구조내력 등 규정에 위반한 경우	• 설계자 • 공사감리자 • 공사시공자 • 관계전문기술자
건축물의 내부마감 재료에 따른 방화(防火)에 지장이 없는 재료를 사용하지 아니한 경우	• 공사시공자 • 설계자 • 공사감리자
건축설비기준 등 규정에 위반한 경우	• 설계자 • 공사감리자 • 관계전문기술자

9 양벌규정·과태료

건축법	건축법 시행령	건축법 시행규칙
제112조【양벌규정】 ① 법인의 대표자, 대리인, 사용인, 그 밖의 종업원이 그 법인의 업무에 관하여 제106조의 위반행위를 하면 행위자를 벌할 뿐만 아니라 그 법인에도 10억원 이하의 벌금에 처한다. 다만, 법인이 그 위반행위를 방지하기 위하여 해당 업무에 관하여 상당한 주의와 감독을 게을리 하지 아니한 때에는 그러하지 아니하다. ② 개인의 대리인, 사용인, 그 밖의 종업원이 그 개인의 업무에 관하여 제106조의 위반행위를 하면 행위자를 벌할 뿐만 아니라 그 개인에게도 10억원 이하의 벌금에 처한다. 다만, 개인이 그 위반행위를 방지하기 위하여 해당 업무에 관하여 상당한 주의와 감독을 게을리 하지 아니한 때에는 그러하지 아니하다. ③ 법인의 대표자, 대리인, 사용인, 그 밖의 종업원이 그 법인의 업무에 관하여 제107조부터 제111조까지의 규정에 따른 위반행위를 하면 행위자를 벌할 뿐만 아니라 그 법인에도 해당 조문의 벌금형을 과		

건축법	건축법 시행령	건축법 시행규칙
(科)한다. 다만, 법인이 그 위반행위를 방지하기 위하여 해당 업무에 관하여 상당한 주의와 감독을 게을리하지 아니한 때에는 그러하지 아니하다. ④ 개인의 대리인, 사용인, 그 밖의 종업원이 그 개인의 업무에 관하여 제107조부터 제111 조까지의 규정에 따른 위반행위를 하면 행위자를 벌할 뿐만 아니라 그 개인에게도 해당 조문의 벌금형을 과한다. 다만, 개인이 그 위반행위를 방지하기 위하여 해당 업무에 관하여 상당한 주의와 감독을 게을리하지 아니한 때에는 그러하지 아니하다. **제113조 【과태료】** ① 다음 각 호의 어느 하나에 해당하는 자에게는 200만원 이하의 과태료를 부과한다. <개정 2019.4.23.> 1. 제19조제3항에 따른 건축물대장 기재내용의 변경을 신청하지 아니한 자 2. 제24조제2항을 위반하여 공사현장에 설계도서를 갖추어 두지 아니한 자 3. 제24조제5항을 위반하여 건축허가 표지판을 설치하지 아니한 자 4. 제52조의3제2항에 따른 점검을 거부·방해 또는 기피한 자 5. 제48조의3제1항 본문에 따른 공개를 하지 아니한 자 ② 다음 각 호의 어느 하나에 해당하는 자에게는 100만원 이하의 과태료를 부과한다.<신설 2009.2.6., 2012.1.17., 2014.5.28., 2016.2.3.> 1. 제25조제4항을 위반하여 보고를 하지 아니한 공사감리자 2. 제27조제2항에 따른 보고를 하지 아니한 자 3. 삭제 <2019.4.30.> 4. 삭제 <2019.4.30.> 5. 삭제 <2016.2.3.> 6. 제77조제2항을 위반하여 모니터링에 필요한 사항에 협조하지 아니한 건축주, 소유자 또는 관리자 7. 삭제 <2016.1.19.> 8. 제83조제2항에 따른 보고를 하지 아니한 자 9. 제87조제1항에 따른 자료의 제출 또는 보고를 하지 아니하거나 거짓 자료를 제출하거나 거짓 보고를 한 자 ③ 제24조제6항을 위반하여 공정 및 안전 관리 업무를 수행하지 아니하거나 공사 현장을 이탈한 현장관리인에게는 50만원 이하의 과태료를 부과한다. <신설 2016.2.3., 2018.8.14.> ④ 제1항부터 제3항까지에 따른 과태료는 대통령령으로 정하는 바에 따라 국토교통부장관, 시·도지사 또는 시장·군수·구청장이 부과·징수한다. <개정 2009.2.6., 2013.3.23., 2016.2.3.> ⑤ 삭제 <2009.2.6.> [시행일 : 2020.5.1.] 제113조		

법해설 Explanation

양벌규정

위반 행위자	관련 조항	벌칙 내용
• 법인의 대표자 • 법인 또는 개인의 대리인 • 사용인, 그 밖의 종업원	법 제106조	행위자를 벌하는 외에 법인 또는 개인을 10억원 이하의 벌금형 부과
	법 제107조 ~법 제111조	행위자를 벌하는 외에 법인 또는 개인에 대하여도 해당조문의 벌금형 부과

예외 법인이나 개인이 그 위반행위를 방지하기 위하여 해당 업무에 관하여 상당한 주의와 감독을 게을리 하지 아니한 때에는 그러하지 아니하다.

과태료

(1) 과태료의 부과대상

① 다음의 어느 하나에 해당하는 자에게는 200만원 이하의 과태료를 부과한다.

위반 행위	적용 대상자
공사현장에 설계도서를 갖추어 놓지 않은 경우	갖추어 두지 아니한 자
건축허가 표지판의 설치	설치하지 아니한 자

② 다음에 해당하는 자에 대하여는 30만원 이하의 과태료에 처한다.

위반 행위	적용 대상자
공사시공자에 시정지시 등 이와 관련된 사항을 허가권자에게 보고하지 아니한 경우	• 공사감리자
현장조사·검사, 확인결과의 보고 불이행	• 보고를 아니한 자
모니터링에 필요한 사항에 협조하지 아니한 경우	• 건축주 • 소유자 • 관리자
자료의 제출 또는 보고를 하지 아니하거나 거짓 자료를 제출하거나 거짓 보고를 한 경우	• 해당하는 자

(2) 과태료의 부과·징수

과태료는 국토교통부장관, 시·도지사, 시장·군수·구청장이 부과·징수한다.

10 이행강제금

건축법	건축법 시행령	건축법 시행규칙
제80조【이행강제금】 ① 허가권자는 제79조제1항에 따라 시정명령을 받은 후 시정기간 내에 시정명령을 이행하지 아니한 건축주등에 대하여는 그 시정명령의 이행에 필요한 상당한 이행기한을 정하여 그 기한까지 시정명령을 이행하지 아니하면 다음 각 호의 이행강제금을 부과한다. 다만, 연면적(공동주택의 경우에는 세대면적을 기준)이 60제곱미터 이하인 주거용 건축물과 제2호 중 주거용 건축물로서 대통령령으로 정하는 경우에는 다음 각 호의 어느 하나에 해당하는 금액의 2분의 1의 범위에서 해당 지방자치단체의 조례로 정하는 금액을 부과한다. 1. 건축물이 제55조와 제56조에 따른 건폐율이나 용적률을 초과하여 건축된 경우 또는 허가를 받지 아니하거나 신고를 하지 아니하고 건축된 경우에는 「지방세법」에 따라 해당 건축물에 적용되는 1제곱미터의 시가표준액의 100분의 50에 해당하는 금액에 위반면적을 곱한 금액 이하	**제115조의2【이행강제금의 부과 및 징수】** ① 법 제80조제1항 각 호 외의 부분 단서에서 "대통령령으로 정하는 경우"란 다음 각 호의 경우를 말한다. 1. 법 제22조에 따른 사용승인을 받지 아니하고 건축물을 사용한 경우 2. 법 제42조에 따른 대지의 조경에 관한 사항을 위반한 경우 3. 법 제60조에 따른 건축물의 높이 제한을 위반한 경우	**제40조의2【이행강제금의 부과 및 징수절차】** 영 제115조의2 제3항에 따른 이행강제금의 부과 및 징수절차는 「국고금관리법 시행규칙」을 준용한다. 이 경우 납입고지서에는 이의신청방법 및 이의신청기간을 함께 기재하여야 한다. [본조신설 2006.5.12]

건축법	건축법 시행령	건축법 시행규칙
2. 건축물이 제1호 외의 위반 건축물에 해당하는 경우에는 「지방세법」에 따라 그 건축물에 적용되는 시가표준액에 해당하는 금액의 100분의 10의 범위에서 위반내용에 따라 대통령령으로 정하는 금액 ② 허가권자는 영리목적을 위한 위반이나 상습적 위반 등 대통령령으로 정하는 경우에 제1항에 따른 금액을 100분의 100의 범위에서 해당 지방자치단체의 조례로 정하는 바에 따라 가중하여야 한다. <개정 2020.12.8.> ③ 허가권자는 제1항 및 제2항에 따른 이행강제금을 부과하기 전에 제1항 및 제2항에 따른 이행강제금을 부과·징수한다는 뜻을 미리 문서로써 계고(戒告)하여야 한다. <개정 2015.8.11.> ④ 허가권자는 제1항 및 제2항에 따른 이행강제금을 부과하는 경우 금액, 부과 사유, 납부기한, 수납기관, 이의제기 방법 및 이의제기 기관 등을 구체적으로 밝힌 문서로 하여야 한다. <개정 2015.8.11.> ⑤ 허가권자는 최초의 시정명령이 있었던 날을 기준으로 하여 1년에 2회 이내의 범위에서 해당 지방자치단체의 조례로 정하는 횟수만큼 그 시정명령이 이행될 때까지 반복하여 제1항 및 제2항에 따른 이행강제금을 부과·징수할 수 있다. <개정 2019.4.23.> ⑥ 허가권자는 제79조제1항에 따라 시정명령을 받은 자가 이를 이행하면 새로운 이행강제금의 부과를 즉시 중지하되, 이미 부과된 이행강제금은 징수하여야 한다. <개정 2015.8.11.> ⑦ 허가권자는 제4항에 따라 이행강제금 부과처분을 받은 자가 이행강제금을 납부기한까지 내지 아니하면 「지방세외수입금의 징수 등에 관한 법률」에 따라 징수한다. <개정 2013.8.6., 2015.8.11.> **제80조의2【이행강제금 부과에 관한 특례】** ① 허가권자는 제80조에 따른 이행강제금을 다음 각 호에서 정하는 바에 따라 감경할 수 있다. 다만, 지방자치단체의 조례로 정하는 기간까지 위반내용을 시정하지 아니한 경우는 제외한다. 1. 축사 등 농업용·어업용 시설로서 500제곱미터(「수도권정비계획법」 제2조제1호에 따른 수도권 외의 지역에서는 1천 제곱미터) 이하인 경우는 5분의 1을 감경 2. 그 밖에 위반 동기, 위반 범위 및 위반 시기 등을 고려하여 대통령령으로 정하는 경우(제80조제2항에 해당하는 경우는 제외한다)에는 2분의 1의 범위에서 대통령령으로 정하는 비율을 감경 ② 허가권자는 법률 제4381호 건축법개정법률의 시행일(1992년 6월 1일을 말한다) 이전에 이 법 또는 이 법에 따른 명령이나 처분을 위반한 주거용 건축물에 관하여는 대통령령으로 정하는 바에 따라 제80조에 따른 이행강제금을 감경할 수 있다. [본조신설 2015.8.11.]	4. 법 제61조에 따른 일조 등의 확보를 위한 건축물의 높이 제한을 위반한 경우 5. 그 밖에 법 또는 법에 따른 명령이나 처분을 위반한 경우(별표 15 위반건축물란의 제1호의2, 제4호부터 제9호까지 및 제13호에 해당하는 경우는 제외한다)로서 건축조례로 정하는 경우 ② 법 제80조제1항제2호에 따른 이행강제금의 산정기준은 별표 15와 같다. ③ 이행강제금의 부과 및 징수 절차는 국토교통부령으로 정한다. [전문개정 2008.10.29] **제121조 삭제(2006. 5. 8)**	

법해설 Explansation

이행강제금

(1) 의의

이행강제금은 건축주가 위반사항에 대한 시정명령을 받은 후 이행하지 않을 경우 반복하여 부과·징수할 수 있도록 함으로서 1회만 부과·징수할 수 있는 벌금·과태료가 지닌 결함을 보완할 수 있도록 마련된 제도이다.

(2) 이행강제금의 부과·징수대상 및 범위

① 원칙

허가권자는 건축주 등에 대하여 시정명령의 이행 기한까지 시정명령을 이행하지 않는 경우는 다음의 이행강제금을 부과한다.

부과·징수대상	부과·징수 범위
㉠ • 건폐율·용적률을 초과하여 건축된 경우 • 허가를 받지 않고 건축된 경우 • 신고를 하지 않고 건축된 경우	$1m^2$당 시가 표준액의 50/100에 상당하는 금액에 위반면적을 곱한 금액 이하
㉡ 위의 규정 외의 위반건축물에 해당하는 경우	시가 표준액의 10/100 범위안에서 그 위반내용에 따라 【별표 15】가 정하는 금액

② 예외

다음의 경우는 상기 표에 해당하는 금액의 1/2 범위 안에서 해당 지방자치단체가 정하는 금액을 부과한다.

㉠ 연면적(공동주택의 경우에는 세대면적을 기준) $60m^2$ 이하의 주거용 건축물

㉡ 상기표의 ㉡ 중 주거용 건축물로서 다음에 해당하는 경우

ⓐ 사용승인을 얻지 않고 건축물을 사용한 경우

ⓑ 건축물의 유지·관리 의무사항 중 대지의 조경에 따른 조경면적을 위반한 경우

ⓒ 건축물의 높이제한에 위반한 경우

ⓓ 일조 등의 확보를 위한 건축물의 높이제한에 위반한 경우

ⓔ 그 밖의 법 또는 법에 따른 명령이나 처분에 위반한 경우로서 건축 조례로 정하는 경우

(3) 이행강제금의 부과·징수 절차

① 계고

허가권자는 이행강제금을 부과하기 전에 이행강제금을 부과·징수한다는 뜻을 미리 문서로써 계고하여야 한다.

판례 이행강제금 부과처분 후에 한 시정명령의 이행이 부과처분 취소 사유가 되는지 여부

건축법 제83조 제5항에 의하면 이행강제금 부과처분 후 그 부과처분을 받은 자가 시정명령을 이행한 경우에도 이행강제금의 징수만이 중지될 뿐이고 그 이행이 부과처분의 취소사유가 되는 것은 아니다.

◆ 과태료와 이행강제금의 부과시점
(건교건축 58550-3001, 1995. 7. 21)

질의 92. 6. 1(법률 제4381호 시행일) 이전에 발생한 위반건축물에 대하여 당시 과태료 처분이 없었다면 건축법 부칙 제6조 규정에 의거 종전 건축법 제56조의2에 따른 과태료 처분을 할 수 있는지 여부?

회신 과태료와 이행강제금을 부과하고자 할 때 그 발생일의 판단은 위반행위일을 기준으로 하는 것이며, 92. 6. 1 이전에 위반 행위가 발생한 건축물에 대하여는 종전에 따른 과태료를 부과하고 92. 6. 1이후(법률 제4381호)에 위반행위 건축물에 대하여는 현행 건축법 제83조의 규정에 따라 이행강제금을 부과하여야 하는 것이나, 질의의 경우와 같이
92. 6. 1이전에 발생한 위반건축물에 대하여는 같은 법부칙 제6조의 규정에 의해 종전의 규정을 적용하여 과태료를 부과하면 되는 것임

② 부과방법

허가권자는 이행강제금을 부과하는 경우에는 이행강제금의 금액, 이행강제금의 부과사유, 이행강제금의 납부기한 및 수납기관, 이의제기방법 및 이의제기 기관 등을 명시한 문서로써 행하여야 한다.

③ 부과 · 징수기한

허가권자는 최초의 시정명령이 있는 날을 기준으로 하여 1년에 2회 이내의 범위 안에서 해당 지방자치단체의 조례로 정하는 횟수만큼 그 해당 시정명령이 이행될 때까지 반복하여 이행강제금을 부과 · 징수할 수 있다.

④ 부과중지

허가권자는 시정명령을 받은 자가 시정명령을 이행한 경우에는 새로운 이행강제금의 부과를 즉시 중단하되 이미 부과된 이행강제금은 징수하여야 한다.

⑤ 허가권자는 이행강제금 부과처분을 받은 자가 이행강제금을 납부기한까지 내지 아니하면 「지방세외수입금의 징수 등에 관한 법률」에 따라 징수한다.

2편 주차장법

- 주차장법, 2021.7.13. 시행기준
- 주차장법 시행령, 2019.3.14. 시행기준
- 주차장법 시행규칙, 2020.6.25. 시행기준

제 1 장

총 칙

1 목적

주차장법	주차장법 시행령	주차장법 시행규칙
제1조 【목적】 이 법은 주차장의 설치·정비 및 관리에 관하여 필요한 사항을 규정함으로써 자동차교통을 원활하게하여 공중의 편의를 도모함을 목적으로 한다.	**제1조 【목적】** 이 영은「주차장법」에서 위임된 사항과 그 시행에 필요한 사항을 규정함을 목적으로 한다. [전문개정 2010. 10. 21]	**제1조 【목적】** 이 규칙은 주차장법 및 같은 법 시행령에서 위임된 사항과 그 시행에 필요한 사항을 규정함을 목적으로 한다.

법해설 Explanation

목적

「주차장법」은 주차장의 설치·정비 및 관리에 관하여 필요한 사항을 정함으로써 자동차교통을 원활하게 하여 공중의 편의를 도모함을 목적으로 한다.

규제수단		목적
주차장의	• 설치 • 정비 • 관리	공중의 편의 도모

2 정의

주차장법	주차장법 시행령(시행규칙)
제2조 【정의】 이 법에서 사용하는 용어의 정의는 다음과 같다.<2012.1.17> 1. "주차장"이라 함은 자동차의 주차를 위한 시설로서 다음 각 목의 어느 하나에 해당하는 종류의 것을 말한다. 가. 노상주차장 : 도로의 노면 또는 교통광장(교차점 광장에 한한다. 이하 같다)의 일정한 구역에 설치된 주차장으로 일반의 이용에 제공되는 것 나. 노외주차장 : 도로의 노면 및 교통광장 외의 장소에 설치된 주차장으로서 일반의 이용에 제공되는 것 다. 부설주차장 : 제19조에 따라 건축물·골프연습장, 기타 주차수요를 유발하는 시설에 부대하여 설치된 주차장으로서 해당 건축물·시설의 이용자 또는 일반의 이용에 제공되는 것<개정 2000.1.28> 2. "기계식 주차장치"라 함은 노외주차장 및 부설주차장에 설치하는 주차설비로서 기계장치에 의하여 자동차를 주차할 장소로 이동시키는 설비를 말한다. 3. "기계식 주차장"이라 함은 기계식 주차장치를 설치한 노외주차장 및 부설주차장을 말한다. 4. "도로"라 함은 「건축법」 제2조제1항제11호에 따른 도로로서 자동차의 통행이 가능한 것을 말한다.<개정 2000.1.28> 5. "자동차"라 함은 「도로교통법」 제2조제18호에 따른 자동차 및 같은 법 제2조 제19호에 따른 원동기장치자전거를 말한다. 6. "주차"라 함은 「도로교통법」 제2조제7호에 따른 주차를 말한다. 7. "주차단위구획"이라 함은 자동차 1대를 주차할 수 있는 구획을 말한다. 8. "주차구획"이라 함은 하나 이상의 주차단위구획으로 이루어진 구획 전체를 말한다. 9. "전용주차구획"이라 함은 제6조 제1항에 따른 경형자동차등 일정한 자동차에 한하여 주차가 허용되는 주차구획을 말한다. 10. "건축물"이라 함은 「건축법」 제2조제1항제2호에 따른 건축물을 말한다. 11. "주차전용건축물"이라 함은 건축물의 연면적 중 대통령령이 정하는 비율 이상이 주차장으로 사용되는 건축물을 말한다. 12. "건축"이라 함은 「건축법」 제2조제1항제8호 및 제9호에 따른 건축 및 대수선(같은 법 제19조에 따른 용도변경을 포함한다)을 말한다. 13. "기계식 주차장치보수업"이라 함은 기계식 주차장치의 고장을 수리하거나 고장을 예방하기 위하여 정비를 하는 사업을 말한다. **제3조(주차장 수급실태의 조사)** ① 특별자치시장·특별자치도지사·시장·군수 또는 구청장(구청장은 자치구의 구청장을 말한다. 이하 "시장·군수 또는 구청장"이라 한다)은 주차장의 설치 및 관리를 위한 기초자료로 활용하기 위하여 행정구역·용도지역·용도지구 등을 종합적으로 고려한 조사구역("조사구역"이라 한다.)을 정하여 정기적으로 조사구역별 주차장 수급실태를 조사(이하 "실태조사"라 한다) 하여야 한다.<개정 2018.12.18> ② 실태조사의 방법·주기 및 조사구역 설정방법 등에 관하여 필요한 사항은 국토교통부령으로 정한다.	**제1조의 2 【주차전용건축물의 주차면적비율】** ① 「주차장법」 이하("법"이라 한다) 제2조제11호에서 "대통령령으로 정하는 비율 이상이 주차장으로 사용되는 건축물"이란 건축물의 연면적 중 주차장으로 사용되는 부분의 비율이 95% 이상인 것을 말한다. 다만, 주차장 외의 용도로 사용되는 부분이 「건축법시행령」 【별표 1】에 따른 단독주택, 공동주택, 제1종 근린생활시설, 제2종 근린생활시설 문화 및 집회시설, 종교시설, 판매시설, 운수시설, 운동시설, 업무시설, 창고시설 또는 자동차관련시설인 경우에는 주차장으로 사용되는 부분의 비율이 70% 이상인 것을 말한다. ② 제1항에 따른 건축물의 연면적의 산정방법은 「건축법」에 따른다. 다만, 기계식 주차장의 연면적은 기계식 주차장치에 의하여 자동차를 주차할 수 있는 면적과 기계실, 관리사무소 등의 면적을 합하여 계산한다. ③ 특별시장·광역시장·특별자치도지사 또는 시장은 법 제12조제6항 또는 제19조제10항에 따라 노외주차장 또는 부설주차장의 설치를 제한하는 지역의 주차전용건축물의 경우에는 제1항 단서에도 불구하고 해당 지방자치단체의 조례로 정하는 바에 따라 주차장외의 용도로 사용되는 부분에 설치할 수 있는 시설의 종류를 해당 지역의 구역별로 제한할 수 있다.[전문개정 2010.10.21] **시행규칙 제1조의2 【실태조사 방법 및 주기 등】** ① 「주차장법」(이하 "법"이라 한다) 제3조제1항 및 제2항에 따른 조사구역 설정방법은 다음 각 호와 같다. 1. 법 제3조제1항에 따른 수급실태조사(이하 "수급실태조사"라 한다) 가. 사각형 또는 삼각형 형태로 조사구역을 설정하되 조사구역 바깥 경계선의 최대거리가 300미터를 넘지 않도록 할 것 나. 각 조사구역은 「건축법」 제2조제1항제11호에 따른 도로를 경계로 구분할 것 다. 아파트단지와 단독주택단지가 섞여 있는 지역 또는 주거기능과 상업·업무기능이 섞여 있는 지역의 경우에는 주차시설 수급의 적정성, 지역적 특성 등을 고려하여 같은 특성을 가진 지역별로 조사구역을 설정할 것 2. 법 제3조제2항에 따른 안전관리실태조사(이하 "안전관리실태조사"라 한다) : 출입도로를 포함하여 주차장 전체를 조사구역으로 할 것 ② 수급실태조사 및 안전관리실태조사의 주기는 3년으로 한다. 다만, 법 제6조제3항 및 이 규칙 제6조제11호 및 제15호의 준수사항은 매년 한 번 이상 점검하고 조사해야 한다. ③ 수급실태조사 및 안전관리실태조사의 방법은 다음 각 호와 같다. 1. 수급실태조사 : 특별자치시·특별자치도·시·군 또는 자치구의 조례에서 정하는 바에 따라 제1항제1호 각 목의 기준에 따라 설정된 조사구역별로 주차수요조사와 주차시설 현황조사로 구분하여 실태조사를 실시할 것 2. 안전관리실태조사 : 조사대상에 다음 각 목의 사항을 포함할 것 가. 법 제6조제1항·제19조 및 제19조의5에 따른 설치기준의 준수 여부 나. 법 제6조제3항에 따른 시설의 설치 여부 다. 법 제19조의9 및 제19조의23에 따른 사용검사, 정기검사 및 정밀안전검사 이행 여부

주차장법

제4조【주차환경개선지구의 지정】

① 시장·군수 또는 구청장은 다음 각 호의 지역에 있는 조사구역으로서 제3조제1항에 따른 실태조사결과 주차장확보율(주차단위구획의 수를 자동차의 등록대수로 나눈 비율을 말한다. 이 경우 다른 법령에서 일정한 자동차에 대하여 별도로 차고를 확보하도록 하고 있는 경우 그 자동차의 등록대수 및 차고의 수는 비율의 계산에 산입하지 아니한다.)이 해당 지방자치단체의 조례가 정하는 비율 이하인 조사구역은 주차난 완화와 교통의 원활한 수통을 위하여 이를 주차환경개선지구로 지정할 수 있다.

1. 「국토의 계획 및 이용에 관한 법률」 제36조 제1항 제1호 가목에 따른 주거지역
2. 제1호에 따른 주거지역과 인접한 지역으로서 해당 지방자치단체의 조례가 정하는 지역

② 제1항에 따른 주차환경개선지구를 지정할 때에는 시장·군수 또는 구청장이 주차환경개선지구지정·관리계획을 수립하여 이를 결정한다.

③ 시장·군수 또는 구청장은 제2항에 따라 주차환경개선지구를 지정하였을 때에는 그 관리에 관한 연차별 목표를 정하고, 매년 주차장 수급실태의 개선효과를 분석하여야 한다.[본조신설 2003.12.31]

제4조의2【주차장환경개선지구지정·관리계획】

① 제4조제2항에 따른 주차환경개선지구지정·관리계획에는 다음 각 호의 사항이 포함되어야 한다.

1. 주차환경개선지구의 지정구역 및 지정의 필요성
2. 주차환경개선지구의 관리목표 및 방법
3. 주차장의 수급실태 및 이용특성
4. 장단기 주차수요에 대한 예측
5. 연차별 주차장 확충 및 재원조달 계획
6. 노외주차장 우선 공급 등 주차환경개선지구의 지정목적을 달성하기 위하여 필요한 조치

② 시장·군수 또는 구청장은 제4조 제2항에 따른 주차환경개선지구지정·관리계획을 수립할 때에는 미리 공청회를 개최하여 지역 주민·관계전문가 등의 의견을 청취하여야 한다. 대통령령이 정하는 중요한 사항을 변경하고자 하는 경우에도 또한 같다.

③ 시장·군수 또는 구청장은 제2항에 따라 주차환경개선지구지정·관리계획을 수립하거나 변경한 때에는 그 사실을 고시하여야 한다.[본조신설 2003.12.31]

제4조의3【주차환경개선지구 지정의 해제】

시장·군수 또는 구청장은 제4의 제1항에 따른 주차환경개선지구의 지정목적을 달성하였다고 인정하는 경우에는 그 지정을 해제하고 그 사실을 고시하여야 한다.

주차장법 시행령

라. 법 제19조의20에 따른 기계식주차장치 관리인의 배치 여부

마. 법 제19조의22제7항에 따른 권고의 이행 여부

바. 그 밖에 주차장의 안전관리를 위하여 특별자치시장·특별자치도지사·시장·군수 또는 구청장(구청장은 자치구의 구청장을 말하며, 이하 "시장·군수 또는 구청장"이라 한다)이 필요하다고 인정하는 사항

④ 시장·군수·구청장은 수급실태조사를 하였을 때에는 각 조사구역별로 주차수요와 주차시설 현황을 대조·확인할 수 있도록 별지 제1호서식의 주차실태 조사결과 입력대장에 기록(전산프로그램을 제작하여 입력하는 경우를 포함한다)하여 관리한다.

[전문개정 2020.6.25]

제2조【중요사항의 변경】

법 제4조의2 제2항 단서에서 "대통령령이 정하는 중요한 사항을 변경하고자 하는 경우"라 함은 다음 각 호에 해당하는 경우를 말한다.<신설 2004.6.29>

1. 주차환경개선지구의 지정구역의 10% 이상을 변경하는 경우
2. 예측된 주차수요를 30% 이상 변경하는 경우

법해설 Explanation

용어의 정의

(1) 주차장

노상주차장	도로의 노면 또는 교통광장(교차점 광장)의 일정한 구역에 설치된 주차장으로 일반의 이용에 제공되는 것
노외주차장	도로의 노면 또는 교통광장중 교차점광장 외의 장소에 설치된 주차장으로 일반의 이용에 제공되는 것

부설주차장	건축물, 골프연습장 기타 주차수요를 유발하는 시설에 부대하여 설치된 주차장으로서 해당 건축물·시설의 이용자 또는 일반의 이용에 제공되는 것

(2) 기계식 주차장치

노외주차장 및 부설주차장에 설치하는 주차설비로서 기계장치에 의하여 자동차를 주차할 장소로 이동시키는 설비

(3) 기계식 주차장

기계식 주차장치를 설치한 노외주차장 및 부설 주차장

(4) 자동차

자동차 및 원동기장치자전거를 말한다.

(5) 주차단위 구획

자동차 1대를 주차할 수 있는 구획을 말한다.

(6) 주차 구획

하나 이상의 주차단위 구획으로 이루어진 구획 전체를 말한다.

(7) 전용주차 구획

경형자동차 등 일정한 자동차에 한하여 주차가 허용되는 주차 구획을 말한다.

(8) 주차전용 건축물의 주차면적비율

① 주차면적비율

주차장 사용비율 (건축물의 연면적)	건축물의 용도	예외규정
95% 이상	아래의 용도가 아닌 경우	시장(특별시·광역시·특별자치도지사 포함)은 노외주차장 또는 부설주차장의 설치를 제한하는 지역의 주차전용 건축물의 경우에는 지방자치단체의 조례가 정하는 바에 따라 주차장 외의 용도로 설치할 수 있는 시설의 종류를 해당 지역 안의 구역별로 제한할 수 있다.
70% 이상	• 단독주택 • 공동주택 • 제1종 및 제2종 근린생활시설 • 문화 및 집회시설 • 종교시설 • 판매시설 • 운수시설 • 운동시설 • 업무시설, 창고시설 • 자동차관련시설	

② 면적의 산정

주차전용건축물의 연면적 산정은 「건축법」에 따른다.

예외 기계식 주차장의 연면적산정은 기계식 주차장치에 의하여 자동차를 주차할 수 있는 면적과 기계실, 관리사무소 등의 면적을 합산하여 계산한다.

참고

◆ 주차면적비율이 70% 이상인 용도
① 제1종 및 제2종 근린생활시설
② 문화 및 집회시설
③ 판매시설
④ 운동시설
⑤ 업무시설
⑥ 자동차관련시설

◆ 주차면적비율이 95% 이상인 용도
① 위락시설
② 숙박시설
③ 의료시설

(9) 주차장수급실태의 조사

특별자치도지사・시장(「제주특별자치도 설치 및 국제자유도시 조성을 위한 특별법」에 따른 시장은 제외)・군수 또는 구청장(자치구의 구청장을 말한다. 이하 "시장・군수 또는 구청장"이라 함)은 주차장의 설치 및 관리를 위한 기초자료로 활용하기 위하여 행정구역・용도지역・용도지구 등을 종합적으로 고려한 조사구역을 정하여 정기적으로 조사구열별로 다음의 주차장 수급실태를 조사하여야 한다.

구분	내용
① 실태조사 구역의 설정기준	• 사각형 또는 삼각형 형태로 조사구역을 설정하되 조사구역 바깥 경계선의 최대거리가 300m를 넘지 아니하도록 한다. • 각 조사구역은 「건축법」에 따른 도로를 경계로 구분한다. • 아파트단지와 단독주택단지가 혼재된 지역 또는 주거기능과 상업・업무기능이 혼재된 지역의 경우에는 주차시설수급의 적정성, 지역적 특성 등을 고려하여 동일한 특성을 가진 지역별로 조사구역을 설정한다.
② 실태조사의 주기	조사 주기는 2년으로 한다.
③ 실태조사의 방법	• 시장・군수 또는 구청장은 특별시・광역시(군을 제외)・시 또는 군의 조례가 정하는 바에 따라 위 ①에 따른 기준에 의하여 설정된 조사구역별로 주차수요조사와 주차시설현황조사로 구분하여 실태조사를 하여야 한다. • 시장・군수 또는 구청장이 실태조사를 한 때에는 각 조사구역별로 주차수요와 주차시설현황을 대조・확인할 수 있도록 별지 제1호서식의 주차실태조사결과 입력대장에 기재(전산프로그램을 제작하여 입력하는 경우를 포함)하여 관리한다.

(10) 주차환경개선지구

① 주차환경개선지구의 지정

㉠ 시장・군수 또는 구청장은 다음의 지역안의 조사구역으로서 주차장 실태조사결과 주차장확보율이 해당 지방자치단계의 조례가 정하는 비율 이하인 조사구역에 대하여는 주차난 완화와 교통의 원활한 소통을 위하여 이를 주차환경개선지구로 지정할 수 있다.

ⓐ 「국토의 계획 및 이용에 관한 법률」에 따른 주거지역

ⓑ 위의 주거지역과 인접한 지역으로서 해당 지방자치단체의 조례가 정하는 지역

$$\text{주차장 확보율} = \frac{\text{주차단위 구획의 수}}{\text{자동차 등록 대수}}$$

(이 경우 다른 법령에서 일정한 자동차에 대하여 별도로 차고를 확보하도록 하고 있는 경우 그 자동차의 등록대수 및 차고의 수

는 비율의 계산에 산입하지 않음)

㉡ 위 ①에 따른 주차환경개선지구의 지정은 시장·군수 또는 구청장이 주차환경개선지구지정·관리계획을 수립하여 이를 결정한다.

㉢ 시장·군수 또는 구청장은 위 ㉡에 따라 주차환경개선지구를 지정한 때에는 그 관리에 관한 연차별 목표를 정하고, 매년 주차장 수급실태의 개선효과를 분석하여야 한다.

② 주차환경개선지구지정·관리계획(법 제4조의2)

㉠ 주차환경개선지구지정·관리계획에는 다음의 사항이 포함되어야 한다.

ⓐ 주차환경개선지구의 지정구역 및 지정의 필요성
ⓑ 주차환경개선지구의 관리목표 및 방법
ⓒ 주차장의 수급실태 및 이용특성
ⓓ 장단기 주차수요에 대한 예측
ⓔ 연차별 주차장 확충 및 재원조달 계획
ⓕ 노외주차장 우선공급 등 주차환경개선지구의 지정목적을 달성하기 이하여 필요한 조치

㉡ 시장·군수 또는 구청장은 주차환경개선지구지정·관리계획을 수립하고자 하는 때에는 관리 공청회를 개최하여 지역 주민·관계전문가 등의 의견을 청취하여야 한다. 다음의 중요사항을 변경하고자 하는 경우에도 또한 같다.

ⓐ 주차환경개선지구의 지정구역의 10% 이상을 변경하는 경우
ⓑ 예측된 주차수요를 30% 이상 변경하는 경우

㉢ 시장·군수 또는 구청장은 위 ②에 따라 주차환경개선지구지정·관리계획을 수립 또는 변경하는 때에는 이를 고시하여야 한다.

③ 주차환경개선지구 지정의 해제(법 제4조의3)

시장·군수 또는 구청장은 주차환경개선지구의 지정목적을 달성하였다고 인정하는 경우에 그 지정을 해제하고, 이를 고시하여야 한다.

3 주차장 설비기준 등

주차장법

제5조【권한의 위임】

이 법에 따른 국토교통부장관의 권한은 그 일부를 대통령령이 정하는 바에 따라 특별시장·광역시장·특별자치시장·도지사 또는 특별자치도지사에게 위임할 수 있다.<개정 2018.12.18>

제6조【주차장설비기준 등】

① 주차장의 구조·설비기준 등에 관하여 필요한 사항은 국토교통부령으로 정한다. 이 경우「자동차관리법」에 따른 배기량 1,000cc 미만의 자동차(이하 "경형자동차"라 한다) 및「환경친화적 자동차의 개발 및 보급촉진에 관한 법률」제2조제2호에 따른 환경친화적 자동차(이하 "환경친화적 자동차"라 한다.)에 대하여는 전용주차구획(환경친화적 자동차의 경우에는 충전시설을 포함)을 일정비율 이상 정할 수 있다.

② 특별시·광역시·특별자치시장·특별자치도·시·군 또는 자치구는 해당 지역의 주차장 실태 등을 고려하여 필요하다고 인정하는 경우에는 제1항 전단에도 불구하고 주차장의 구조·설비기준 등에 관하여 필요한 사항을 해당 지방자치단체의 조례로 달리 정할 수 있다. <개정 2018.12.18>

③ 특별시장·광역시장·시장·군수 또는 구청장은 노상주차장 또는 노외주차장을 설치하는 경우에는 도시·군관리계획 및「도시교통정비 촉진법」에 따른 도시교통정비기본계획에 따라야 하며, 노상주차장을 설치하는 경우에는 미리 관할 경찰서장과 소방서장의 의견을 들어야 한다.

제6조의2【이륜자동차 주차관리대상구역 지정 등】

① 특별시장·광역시장·시장·군수 또는 구청장은 이륜자동차(「도로교통법」제2조 제18호 가목에 따른 이륜자동차 및 같은 법 제2조 제19호에 따른 원동기장치자전거를 말한다. 이하 이 조에서 같다)의 주차 관리가 필요한 지역을 이륜자동차 주차관리대상구역으로 지정할 수 있다.

② 특별시장·광역시장·시장·군수 또는 구청장은 제1항에 따라 이륜자동차 주차관리대상구역을 지정할 때 해당 지역 주차장의 이륜자동차 전용주차구획을 일정 비율 이상 정하여야 한다.

③ 특별시장·광역시장·시장·군수 또는 구청장은 제1항에 따라 주차관리대상구역을 지정한 때에는 그 사실을 고시하여야 한다.[조 신설 2012.1.17.]

주차장법 시행규칙

제2조【주차장의 형태】

법 제6조 제1항에 따른 주차장의 형태는 운전자가 자동차를 직접 운전하여 주차장으로 들어가는 주차장(이하 "자주식 주차장"이라 한다)과 법 제2조 제3호에 따른 기계식 주차장(이하 "기계식 주차장"이라 한다)으로 구분하되, 이를 다시 다음과 같이 세분한다.

1. 자주식 주차장 : 지하식·지평식 또는 건축물식(공작물식을 포함한다. 이하 같다)
2. 기계식 주차장 : 지하식·건축물식

제3조【주차장의 주차구획】

① 법 제6조제1항에 따른 주차장의 주차단위구획은 다음 각 호와 같다. <개정 2012.7.2, 2018.3.21>

1. 평행주차형식의 경우

구분	너비	길이
경형	1.7미터 이상	4.5미터 이상
일반형	2.0미터 이상	6.0미터 이상
보도와 차도의 구분이 없는 주거지역의 도로	2.0미터 이상	5.0미터 이상
이륜자동차전용	1.0미터 이상	2.3미터 이상

2. 평행주차형식 외의 경우

구분	너비	길이
경형	2.0미터 이상	3.6미터 이상
일반형	2.5미터 이상	5.0미터 이상
확장형	2.6미터 이상	5.2미터 이상
장애인전용	3.3미터 이상	5.0미터 이상
이륜자동차전용	1.0미터 이상	2.3미터 이상

② 제1항에 따른 주차단위구획은 흰색실선(경형자동차 전용주차구획의 주차단위구획은 파란색실선)으로 표시하여야 한다.

③ 둘 이상 연속된 주차단위구획의 총너비 또는 총길이는 제1항에 따른 주차단위구획의 너비 또는 길이에 주차단위구획의 개수를 곱한 것 이상이 되어야 한다.

[시행일 : 2019.3.1] 제3조제1항제2호

법해설 Explanation

주차장 설비기준 등

(1) 주차장의 형태

구분	형식	종류
자주식 주차장	운전자가 직접 운전하여 주차장으로 들어가는 형식	• 지하식 • 지평식 • 건축물식(공작물식 포함)
기계식 주차장	기계식 주차장치를 설치한 노외주차장 및 부설주차장	• 지하식 • 건축물식(공작물식 포함)

참고

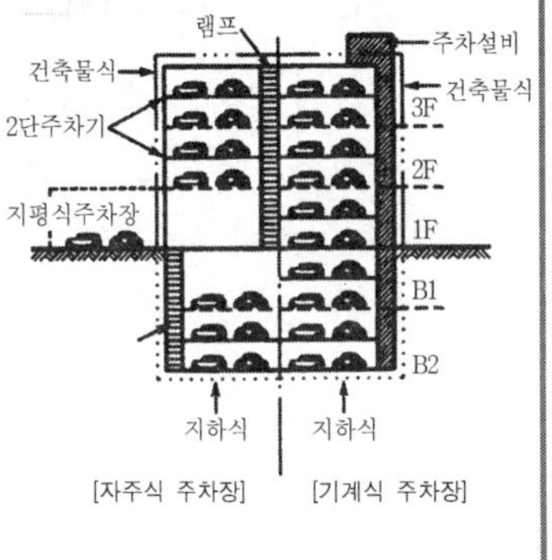

[자주식 주차장] [기계식 주차장]

(2) 주차장의 주차구획 크기 등

◎ **평행주차형식의 경우**

구분	너비	길이
경형	1.7m 이상	4.5m 이상
일반형	2.0m 이상	6.0m 이상
보도와 차도의 구분이 없는 주거지역의 도로	2.0m 이상	5.0m 이상
이륜자동차전용	1.0m 이상	2.3m 이상

◎ **평행주차형식 외의 경우**

구분	너비	길이
경형	2.0m 이상	3.6m 이상
일반형	2.5m 이상	5.0m 이상
확장형	2.6m 이상	5.2m 이상
장애인전용	3.3m 이상	5.0m 이상
이륜자동차전용	1.0m 이상	2.3m 이상

※ 경형자동차는 「사동차관리법」에 따른 1,000cc 미만의 자동차를 말한다.
※ 주차단위구획은 백색실선(경형자동차 전용주차구획의 경우 청색실선)으로 표시하여야 한다.

(3) 「자동차관리법」에 따른 배기량 1,000cc 미만의 자동차("경형자동차"라 함) 및 환경친화적 자동차에 대하여는 전용주차구획을 일정비율 이상 정할 수 있다.

(4) 특별시 · 광역시 · 특별자치도 · 시(「제주특별자치도 설치 및 국제자유도시 조성을 위한 특별법」에 따른 시는 제외) · 군 또는 자치구는 해당 지역의 주차장 실태 등을 고려하여 필요하다고 인정하는 경우에는 「주차장법 시행규칙」에도 불구하고 주차장의 구조 · 설비기준 등에 관하여 필요한 사항을 해당 지방자치단체의 조례로 달리 정할 수 있다.

(5) 특별시장 · 광역시장, 시장 · 군수 또는 구청장은 노상주차장 또는 노외주차장을 설치하는 경우에는 도시 · 군관리계획 및 「도시교통정비 촉진법」에 따른 도시교통정비기본계획에 따라야 하며, 노상주차장을 설치하는 경우에는 미리 관할경찰서장과 소방서장의 의견을 들어야 한다.

참고

시행규칙 개정이유<2008.2.22>
대형 승용차 등의 보급이 확대됨에 따라 주차단위구획의 기준 등을 개선하고, 주차장에서의 사고발생을 방지하기 위하여 자동차 추락방지시설을 설치하도록 하는 등 현행 제도의 운영상 나타난 일부 미비점을 개선 · 보완하려는 것임.

• 주요내용
가. 확장형 주차단위구획 기준의 신설(제3조제1항제1호 및 제6조제1항제13호 신설)
(1) 대형 승용차 등의 보급이 확대됨에 따라 주차단위구획이 협소하게 되어 승 · 하차 및 주차 등의 경우에 많은 불편을 초래하게 됨.
(2) 일반형 주차단위구획보다 너비 20센티미터, 길이 10센티미터가 증가된 확장형 주차단위구획 기준을 신설하고, 노외주차장에는 총주차단위구획수의 30퍼센트 이상을 설치하도록 함.
(3) 대형 승용차 등에 적합한 확장형 주차단위구획을 설치하도록 함으로써 승 · 하차 시의 불편 및 접촉사고 등의 위험을 줄일 수 있을 것으로 기대됨.

■ 익힘문제 ■

주차대수 1대에 대한 주차장의 주차단위 구획이 잘못 기술된 것은?(단, 주차구획은 너비×길이 임) (산업기사 기출)

㉮ 일반주차장 : 2.3m×5.0m 이상

㉯ 지체장애인 전용주차장 : 3.3m×5.0m 이상

㉰ 평행주차형식(일반형) : 2.0m×6.0m 이상

㉱ 주거지역의 보도와 차도의 구분이 없는 도로에서의 평행주차형식 : 2.3m×5.0m 이상

해설

주거지역의 보도와 차도의 구분이 없는 도로에서의 평행주차형식 : 2.0m × 5.0m 이상

정답 ㉱

제2장 노상주차장

1 노상주차장의 설치 및 폐지

주차장법	주차장법 시행령
제7조【노상주차장의 설치 및 폐지】 ① 노상주차장은 특별시장·광역시장·시장·군수 또는 구청장이 설치한다. 이 경우 「국토의 계획 및 이용에 관한 법률」 제43조 제1항 규정은 이를 적용하지 아니한다. ② (1995. 12. 29 본항 삭제) ③ 특별시장·광역시장·시장·군수 또는 구청장은 다음 각 호의 어느 하나에 해당하는 경우에는 지체 없이 해당 노상주차장을 폐지하여야 한다.<개정 2021.1.12> 1. 노상주차장에의 주차로 인하여 대중교통수단의 운행이나 그 밖의 교통소통에 장애를 주는 경우 2. 노상주차장을 대신하는 노외주차장의 설치 등으로 인하여 노상주차장이 필요 없게 된 경우 3. 「도로교통법」 제12조에 따라 어린이 보호구역으로 지정된 경우 ④ 특별시장·광역시장·시장·군수 또는 구청장은 노상주차장 중 해당 지역의 교통여건을 고려하여 화물의 하역을 위한 주차구획(이하 "하역주차구획"이라 한다.)을 지정할 수 있다. 이 경우 특별시장·광역시장·시장·군수 또는 구청장은 해당 지방자치단체의 조례가 정하는 바에 따라 하역주차 구획에 화물자동차 외의 자동차「도로교통법」 제2조 제20호에 따른 긴급자동차를 제외한다)의 주차를 금지할 수 있다. **제8조【노상주차장의 관리】** ① 노상주차장은 제7조 제1항에 따라 해당 주차장을 설치한 특별시장·광역시장·시장·군수 또는 구청장이 관리하거나 특별시장·광역시장·시장·군수 또는 구청장으로부터 그 관리를 위탁받은 자(이하 "노상주차장관리수탁자"라 한다)가 관리한다. ② 노상주차장관리 수탁자의 자격과 그 밖에 노상주차장의 관리에 관하여 필요한 사항은 해당 지방자치단체의 조례로 정한다.	

주차장법	주차장법 시행령
③ 노상주차장관리 수탁자와 그 관리를 직접 담당하는 자는 형법 제129조 내지 제132조까지의 규정을 적용할 때에는 공무원으로 본다.	

법해설 Explanation

노상주차장의 설치 및 폐지 등

(1) 설치

노상주차장은 특별시장・광역시장・시장・군수・구청장이 설치한다. 이 경우 「국토의 계획 및 이용에 관한 법률」의 도시관리계획에 따른 도시・군계획시설의 설치(제43조 제1항) 규정은 적용하지 아니한다.

(2) 폐지

특별시장・광역시장・군수・구청장은 다음의 경우 지체없이 노상주차장을 폐지해야 한다.

① 주차로 인하여 대중교통수단의 운행장애를 유발하는 경우

② 교통소통에 장애를 주는 경우

③ 노상주차장에 대체되는 노외주차장의 설치로 필요없게 된 경우

(3) 관리

① 노상주차장을 관리할 수 있는 자

㉠ 설치한 특별시장・광역시장, 시장・군수・구청장

㉡ 특별시장・광역시장, 시장・군수・구청장으로부터 관리를 위탁받은 자(노상주차장 관리수탁자)

② 노상주차장 관리수탁자의 자격 기타 노상주차장의 관리에 관하여 필요한 사항은 해당 지방자치단체의 조례로 정한다.

③ 노상주차장 관리수탁자와 그 관리를 직접 담당하는 자는 「형법」 제129조부터 제132조까지의 규정을 적용할 때에는 이를 공무원으로 본다.

참고

◆국토의 계획 및 이용에 관한 법률 제43조 [도시・군계획시설의 설치・관리]

① 지상・수상・공중・수중 또는 지하에 기반시설을 설치하고자 하는 때에는 그 시설의 종류・명칭・위치・규모 등을 미리 도시관리계획으로 결정하여야 한다. 다만, 용도지역・기반시설의 특성 등을 감안하여 대통령령이 정하는 경우에는 그러하지 아니하다.

참고

◆형법

제129조 : 수뢰, 사전수뢰

제130조 : 제3자 뇌물제공

제131조 : 수뢰 후 부정처사, 사후수뢰

제132조 : 알선수뢰

2 노상주차장 설치금지 장소

주차장법	주차장법 시행규칙
제6조 【주차장 설비기준 등】 ① 주차장의 구조·설비기준 등에 관하여 필요한 사항은 국토교통부령으로 정한다.	**제4조 【노상주차장의 설비기준】** ① 법 제6조 제1항에 따른 노상주차장의 구조·설비기준은 다음 각 호와 같다. 1. 노상주차장을 설치하려는 지역에서의 주차수요와 노외주차장 또는 그 밖에 자동차의 주차에 사용되는 시설 또는 장소와의 연관성을 고려하여 유기적으로 대응할 수 있도록 적정하게 분포되어야 한다. 2. 주 간선도로에 설치하여서는 아니된다. 다만, 분리대나 그 밖에 도로의 부분으로서 도로교통에 크게 지장을 주지 아니하는 부분에 대해서는 그러하지 아니하다. 3. 너비 6m 미만의 도로에 설치하여서는 아니된다. 다만, 보행자의 통행이나 연도(沿道)의 이용에 지장이 없는 경우로서 해당 지방자치단체의 조례로 따로 정하는 경우에는 그러하지 아니하다. 4. 종단경사도(자동차 진행방향의 기울기를 말한다. 이하 같다)가 4퍼센트를 초과하는 도로에 설치하여서는 아니 된다. 다만, 다음 각 목의 경우에는 그러하지 아니하다. 가. 종단경사도가 6퍼센트 이하인 도로로서 보도와 차도가 구별되어 있고, 그 차도의 너비가 13미터 이상인 도로에 설치하는 경우 나. 종단경사도가 6퍼센트 이하인 도로로서 해당 시장·군수 또는 구청장이 안전에 지장이 없다고 인정하는 도로에 제6조의2제1항제1호에 해당하는 노상주차장을 설치하는 경우 5. 고속도로, 자동차 전용도로 또는 고가도로에 설치하여서는 아니된다. 6. 「도로교통법」 제32조 각 호의 어느 하나에 해당하는 도로의 부분 및 같은 법 제33조 각호의 어느 하나에 해당하는 도로의 부분에 설치하여서는 아니된다. 7. 도로의 너비 또는 교통상황 등을 고려하여 그 도로를 이용하는 자동차의 통행에 지장이 없도록 설치하여야 한다. 8. 노상주차장에는 다음 각 목의 구분에 따라 장애인 전용주차구획을 설치하여야 한다.<2015.2.7시행> 가. 주차대수 규모가 20대 이상 50대 미만인 경우: 한 면 이상 나. 주차대수 규모가 50대 이상인 경우: 주차대수의 2퍼센트부터 4퍼센트까지의 범위에서 장애인의 주차수요를 고려하여 해당 지방자치단체의 조례로 정하는 비율 이상 ② 노상주차장의 주차구획 설치에 필요한 사항은 해당 지방자치단체의 조례로 정할 수 있다.

법해설 Explanation

노상주차장 설치금지 장소

설치금지장소	예외
주 간선도로	분리대 그 밖의 도로의 부분으로서 도로교통에 지장을 초래하지 않는 부분
너비 6m 미만의 도로	보행자의 통행이나 인도의 이용에 지장이 없는 경우로써 지방자치단체의 조례로 따로 정한 경우
종단경사도 4%를 초과하는 도로	• 종단경사도가 6% 이하로서 보도와 차도의 구별이 되어 있고 차도의 너비가 13m 이상인 경우 • 종단경사도가 6% 이하의 도로로서 해당 시장·군수 또는 구청장이 안전에 지장이 없다고 인정하는 도로에 노상주차장을 설치하는 경우
고속도로·자동차전용도로·고가도로	
「도로교통법」에 따른 주정차 금지구역(제28조, 제29조)에 해당하는 도로의 부분	

짚어보기

종단경사도 4% 초과하는 도로에서의 노상주차(노상주차 설치장소의 예외)

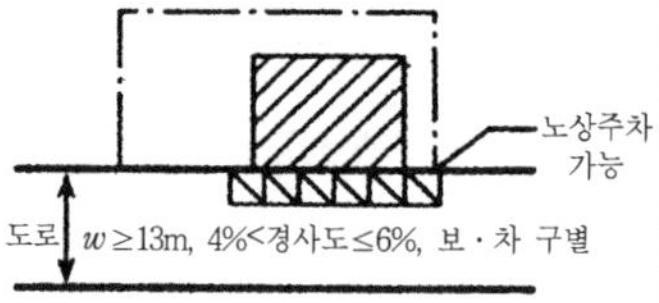

장애인 전용주차구획

① 주차대수 규모가 20대 이상 50대 미만인 경우 : 장애인 전용주차구획을 한면 이상 설치해야 한다.
② 주차규모가 50대 이상인 경우 : 주차대수 2%부터 4%까지의 범위에서 장애인의 주차수요를 고려하여 해당 지방자치단체의 조례로 정하는 비율 이상

제3장 노외주차장

1 노외주차장의 설치 등

주차장법	주차장법 시행규칙
제12조 【노외주차장의 설치 등】 ① 노외주차장을 설치 또는 폐지한 자는 국토교통부령이 정하는 바에 따라 시장·군수 또는 구청장에게 통보하여야 한다. 설치 통보한 사항이 변경된 경우에도 또한 같다.(2003. 12. 31) ② 특별시장·광역시장, 시장·군수 또는 구청장은 노외주차장을 설치한 경우, 해당 노외주차장에 화물자동차의 주차공간이 필요하다고 인정하는 때에 지방자치단체의 조례가 정하는 바에 따라 화물자동차의 주차를 위한 구역을 지정할 수 있다. 이 경우 그 지정구역의 규모, 지정의 방법 및 절차 등은 해당 지방자치단체의 조례로 정한다. ③ (1999. 2. 8 삭제) ④ (1999. 2. 8 삭제) ⑤ (1999. 2. 8 삭제) ⑥ 특별시장·광역시장·특별자치시장·특별자치도지사 또는 시장은 노외주차장을 설치하면 교통 혼잡이 가중될 우려가 있는 지역에 대하여는 노외주차장의 설치를 제한할 수 있다. 이 경우 제한지역의 지정 및 설치 제한의 기준은 국토교통부령으로 정하는 바에 따라 해당 지방자치단체의 조례로 정한다.<개정 2018.12.18>	**제7조 【노외주차장의 설치 통보 등】** ① 법 제12조 제1항에 따라 노외주차장을 설치하거나 폐지한 자는 별지 제1호의 2 서식의 노외주차장설치(폐지)통보서에 주차시설배치도(설치통보의 경우만 해당한다)를 첨부하여 노외주차장을 설치하거나 폐지한 날로부터 30일 이내에 주차장 소재지를 관할하는 시장·군수 또는 구청장에게 통보하여야 한다. ② 노외주차장을 설치한 자(노외주차장을 양수하거나 임차한 자 등을 포함한다)는 법 제12조제1항 후단에 따라 설치통보한 사항이 변경된 경우에는 변경된 날부터 30일 이내에 별지제1호의3서식의 노외주차창변경통보서에 주차시설배치도를 첨부하여 주차장 소재지를 관할하는 시장·군수 또는 구청장에게 통보하여야 한다. **제7조의2 【노외주차장 또는 부설주차장의 설치제한】** ① 법 제12조제6항 또는 법 제19조제10항에 따라 노외주차장 또는 부설주차장(주택 및 오피스텔의 부설주차장은 제외한다)의 설치를 제한할 수 있는 지역은 다음 각 호의 어느 하나에 해당하는 지역으로 한다. 1. 자동차교통이 혼잡한 상업지역 또는 준주거지역 2. 「도시교통정비 촉진법」 제42조에 따른 교통혼잡 특별관리구역으로서 도시철도 등 대중교통수단의 이용이 편리한 지역 ② 법 제12조 제6항에 따른 노외주차장의 설치제한기준은 그 지역의 자동차교통여건을 고려하여 정한다.

주차장법	주차장법 시행규칙
제13조【노외주차장의 관리】 ① 노외주차장은 해당 노외주차장을 설치한 자가 관리한다. ② 특별시장 · 광역시장, 시장 · 군수 또는 구청장은 노외주차장을 설치한 경우 특별시장 · 광역시장 · 시장 · 군수 또는 구청장외의 자에게 위탁할 수 있다. ③ 제2항에 따라 특별시장 · 광역시장 · 시장 · 군수 또는 구청장의위탁을 받아 노외주차장을 관리할 수 있는 자의 자격은 해당 지방자치단체의 조례로 정한다. ④ 제2항에 따라 노외주차장 관리를 위탁받은 자에 대하여는 제8조 제3항의 규정을 준용한다. 이 경우 "노상주차장관리 위탁자"는 "노외주차장관리를 위탁받은 자"로 본다. **제14조【노외주차장의 주차요금징수 등】** ① 제13조에 따라 노외주차장을 관리하는 자(이하 "노외주차장관리자"로 한다)는 주차장에 자동차를 주차하는 사람으로부터 주차요금을 받을 수 있다. ② 특별시장 · 광역시장 · 시장 · 군수 또는 구청장이 설치한 노외주차장의 주차요금의 요율과 징수방법에 관하여 필요한 사항은 해당 지방자치단체의 조례로 정한다. 다만, 경형자동차가 주차하는 경우에는 주차요금의 100분의 50 이상을 감면한다.	③ 법 제19조제10항에 따라 해당 지방자치단체의 조례로 정하는 부설주차장 설치제한의 기준은 최고한도로 정하되, 그 최고한도는 「주차장법 시행령」(이하 "영"이라 한다) 별표 1의 설치기준(조례로 설치기준을 정한 경우에는 조례에서 정한 설치기준을 말한다. 이하 이 항에서 "설치기준"이라 한다) 이내로 하여야 한다. 다만, 제1항제2호에 해당하는 지역의 경우에는 설치기준의 2분의 1 이내로 하여야 한다. ④ 제3항에 따른 부설주차장 설치 제한의 기준은 시설물의 종류별 · 규모별 또는 해당 지역의 구역별로 각각 다르게 정할 수 있다. ⑤ 제3항 및 제4항에 따라 조례로 부설주차장 설치제한의 기준을 정할 때에는 화물의 하역을 위한 주차 또는 장애인 등 교통약자나 긴급자동차 등의 주차를 위한 최소한의 주차구획을 확보하도록 하여야 한다.

법해설 Explanation

노외주차장의 설치 등

(1) 설치

① 노외주차장을 설치 또는 폐지한 자는 노외주차장 설치(폐지) 통보서에 주차시설배치도(설치통보에 한함)를 첨부하여 주차장을 설치(폐지)한 날로부터 7일 이내에 주차장 소재지를 관할하는 시장 · 군수 · 구청장에게 통보하여야 한다.

② 화물자동차의 주차공간 확보

㉠ 특별시장 · 광역시장, 시장 · 군수 또는 구청장은 노외주차장을 설치한 경우 화물자동차의 주차를 위한 구역을 지정할 수 있다.

㉡ 지정규모, 지정방법 및 절차 등은 해당 지방자치단체의 조례로 정한다.

③ 특별시장 · 광역시장 · 특별자치도지사 · 시장은 노외주차장의 설치로 인하여 교통혼잡을 가중시킬 우려가 있는 다음에 해당하는 지역에 대하여는 해당 지방자치단체의 조례에 의하여 설치를 제한할 수 있다.

1. 자동차교통이 혼잡한 상업지역 또는 준주거지역
2. 「도시교통정비 촉진법」에 따른 교통혼잡 특별관리구역(제42조)으로서 도시철도 등 대중교통수단의 이용이 편리한 지역

④ 위 ③의 노외주차장의 설치제한기준은 그 지역의 자동차교통여건을 감안하여 정한다.

(2) 관리

① 노외주차장은 해당 노외주차장을 설치한 자가 관리한다.

② 특별시장 · 광역시장, 시장 · 군수 · 구청장이 노외주차장을 설치한 경우 그 관리를 시장 · 군수 · 구청장 외의 자에게 위탁할 수 있다.

③ 특별시장 · 광역시장, 시장 · 군수 · 구청장의 위탁을 받아 노외주차장을 관리할 수 있는 자의 자격은 해당 지방자치단체의 조례로 정한다.

(3) 주차요금의 징수

① 노외주차장을 관리하는 자는 주차장에 자동차를 주차하는 사람으로부터 주차요금을 받을 수 있다.

② 특별시장 · 광역시장, 시장 · 군수 · 구청장이 설치한 노외주차장의 주차요금 요율과 징수방법에 관하여 필요한 사항은 해당 지방자치단체의 조례로 정한다.

예외 경형자동차가 주차하는 경우에는 주차요금의 50% 이상을 감면한다.

2 다른 법률과의 관계

주차장법	주차장법 시행령
제12조의2【다른 법률과의 관계】 노외주차장인 주차전용건축물의 건폐율, 용적률, 대지면적의 최소한도 및 높이 제한 등 건축제한에 대하여는 「국토의 계획 및 이용에 관한 법률」 제76조부터 제78조까지, 「건축법」 제57조 및 제60조에도 불구하고 다음 각 호의 기준에 따른다. 1. 건폐율 : 100분의 90 이하 2. 용적률 : 1천500퍼센트 이하 3. 대지면적의 최소한도 : 45제곱미터 이상 4. 높이 제한 : 다음 각 목의 배율 이하 가. 대지가 너비 12미터 미만의 도로에 접하는 경우 : 건축물의 각 부분의 높이는 그 부분으로부터 대지에 접한 도로(대지가 둘 이상의 도로에 접하는 경우에는 가장 넓은 도로를 말한다. 이하 이 호에서 같다)의 반대쪽 경계선까지의 수평거리의 3배 나. 대지가 너비 12미터 이상의 도로에 접하는 경우 : 건축물의 각 부분의 높이는 그 부분으로부터 대지에 접한 도로의 반대쪽 경계선까지의 수평거리의 36/도로의 너비(미터를 단위로 한다)배. 다만, 배율이 1.8배 미만인 경우에는 1.8배로 한다.	

법해설 Explanation

노외주차장인 주차전용 건축물에 대한 특례

노외주차장인 주차전용건축물의 건폐율, 용적률, 대지면적의 최소한도 및 높이제한은 다음의 기준에 따른다.

<table>
<tr><td>건폐율</td><td colspan="2">90/100 이하</td></tr>
<tr><td>용적률</td><td colspan="2">1,500% 이하</td></tr>
<tr><td>대지면적의 최소한도</td><td colspan="2">45m² 이상</td></tr>
<tr><td rowspan="2">전면도로에 따른 높이제한
(대지가 2 이상의 도로에 접할 경우에는 가장 넓은 도로를 기준으로 한다.)</td><td>대지가 도로에 접한 폭이 12m 미만인 경우</td><td>건축물의 각 부분의 높이는 그 부분으로부터 대지에 접한 도로의 반대쪽 경계선까지의 수평거리의 3배 이하</td></tr>
<tr><td>대지가 도로에 접한 폭이 12m 이상인 경우</td><td>건축물의 각 부분의 높이는 그 부분으로부터 대지에 접한 도로의 반대쪽 경계선까지의 수평거리의 $\frac{36}{\text{도로의 폭}}$ 배 이하
예외 배율이 1.8배 미만인 경우 1.8배로 한다.</td></tr>
</table>

참고

1. 전면도로의 폭이 12m 미만

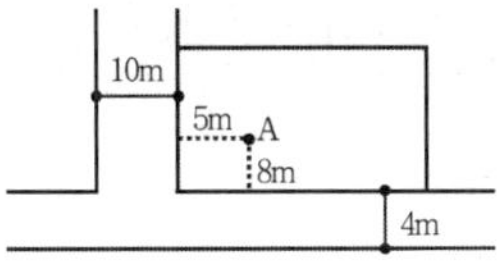

$H_A=(10+5)\times3=45m$

2. 전면도로의 폭이 12m 이상

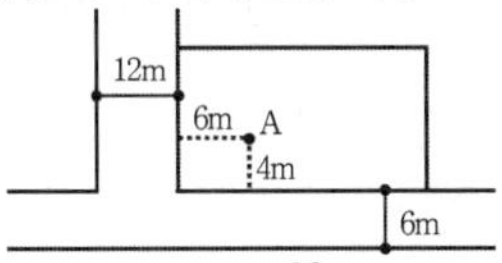

$H_A=(12+6)\times\frac{36}{12}=54m$

3. 전면도로의 폭이 12m 이상
(제한 비율이 1.8 미만인 경우)

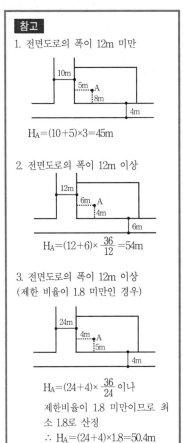

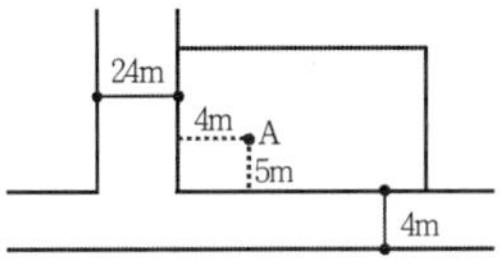

$H_A=(24+4)\times\frac{36}{24}$ 이나
제한비율이 1.8 미만이므로 최소 1.8로 산정
$\therefore H_A=(24+4)\times1.8=50.4m$

3 단지조성 사업 등에 따른 노외주차장

주차장법	주차장법 시행령
제12조의 3【단지조성사업 등에 따른 노외주차장】 ① 택지개발사업, 산업단지개발사업, 도시재개발사업, 도시철도 건설사업, 그 밖에 단지조성 등을 목적으로 하는 사업(이하 "단지조성사업 등"이라 한다)을 시행할 때에는 일정규모 이상의 노외주차장을 설치하여야 한다. ② 단지조성사업 등의 종류와 규모, 노외주차장의 규모와 관리방법은 해당 지방자치단체의 조례로 정한다. ③ 제1항에 따라 단지조성사업 등으로 설치되는 노외주차장에는 경형자동차 및 환경친화적 자동차를 위한 전용주차구획을 대통령령으로 정하는 비율 이상 설치하여야 한다.	**제4조【경형자동차 전용주차구획의 설치 비율】** 법 제12조의3제3항에 따라 노외주차장에는 경형자동차를 위한 전용주차구획과 환경친화적 자동차를 위한 전용주차구획을 합한 주차구획이 노외주차장 총 주차대수의 100분의 10 이상이 되도록 설치하여야 한다.

법해설 Explanation

단지조성 사업 등에 따른 노외주차장 설치규모

(1) 택지개발사업·산업단지개발사업·도시재개발사업·도시철도건설사업, 그 밖에 단지조성 등을 목적으로 하는 사업("단지조성사업 등"이라 함)을 시행할 때에는 일정규모 이상의 노외주차장을 설치하여야 한다.

(2) 단지조성사업 등의 종류와 규모, 노외주차장의 규모와 관리방법은 해당 지방자치단체의 조례로 정한다.

(3) 단지조성사업 등으로 설치되는 노외주차장에는 경형자동차 및 환경친화적 자동차를 위한 전용주차구획을 합한 주차구획이 노외주차장 총 주차대수의 10% 이상이 되도록 설치하여야 한다.

4 노외주차장의 설치에 대한 계획기준

주차장법	주차장법 시행규칙
제12조【노외주차장의 설치 등】 ① 노외주차장을 설치 또는 폐지한 자는 국토교통부령이 정하는 바에 따라 시장·군수·구청장에게 통보하여야 한다. **제12조의 3【단지조성사업 등에 따른 노외주차장】** ① 택지개발사업·산업단지개발사업·도시재개발사업·도시철도건설사업, 그 밖에 단지조성 등을 목적으로 하는 사업(이하 단지조성 사업 등)을 시행할 때에는 일정규모 이상의 노외주차장을 설치하여야 한다.	**제5조【노외주차장의 설치에 대한 계획기준】** 법 제12조 제1항 및 법 제12조의3 제1항에 따른 노외주차장 설치에 대한 계획기준은 다음 각 호와 같다. 1. 노외주차장의 유치권은 노외주차장을 설치하려는 지역에서의 토지이용현황, 노외주차장이용자의 보행거리 및 보행자를 위한 도로상황 등을 고려하여 이용자의 편의를 도모할 수 있도록 정하여야 한다. 2. 노외주차장의 규모는 유치권 안에서의 전반적인 주차수요와 이미 설치되었거나 장래에 설치할 계획인 자동차 주차에 사용하는 시설 또는 장소와의 연관성을 고려하여 적정한 규모로 하여야 한다. 3. 노외주차장을 설치하는 지역은 녹지지역이 아닌 지역이어야 한다. 다만, 자연녹지지역으로서 다음 각목의 어느 하나에 해당하는 지역의 경우에는 그러하지 아니하다. 가. 하천구역 및 공유수면으로서 주차장이 설치되어도 해당 하천 및 공유수면의 관리에 지장을 주지 아니하는 지역 나. 토지의 형질변경 없이 주차장 설치가 가능한 지역 다. 주차장 설치를 목적으로 토지의 형질변경 허가를 받은 지역 라. 특별시장·광역시장·시장·군수 또는 구청장이 특히 주차장의 설치가 필요하다고 인정하는 지역 4. 단지조성사업 등에 따른 노외주차장은 주차수요가 많은 곳에 설치하여야 하며 될 수 있으면 공원·광장·큰길가·도시철도역 및 상가인접지역 등에 접하여 배치하여야 한다. 5. 노외주차장의 출구 및 입구(노외주차장의 차로의 노면이 도로의 노면에 접하는 부분을 말한다. 이하 같다)는 다음 각 목의 어느 하나에 해당하는 장소에 설치하여서는 아니 된다. 가. 「도로교통법」 제32조제1호부터 제4호까지, 제5호(건널목의 가장자리만 해당한다) 및 같은 법 제33조제1호부터 제3호까지의 규정에 해당하는 도로의 부분 나. 횡단보도(육교 및 지하횡단보도를 포함한다)로부터 5m 이내에 있는 도로의 부분 다. 너비 4m 미만의 도로(주차대수 200대 이상인 경우에는 너비 10m 미만의 도로)와 종단기울기가 10%를 초과하는 도로 라. 유아원, 유치원, 초등학교, 특수학교, 노인복지시설, 장애인 복지시설 및 아동 전용시설 등의 출입구로부터 20m 이내에 있는 도로의 부분 6. 노외주차장과 연결되는 도로가 둘 이상인 경우에는 자동차교통에 미치는 지장이 적은 도로에 노외주차장의 출구와 입구를 설치하여야 한다. 다만, 보행자의 교통에 지장을 가져올 우려가 있거나 그 밖에 특별한 이유가 있는 경우에는 그러하지 아니하다. 7. 주차대수 400대를 초과하는 규모의 노외주차장의 경우에는 노외주차장의 출구와 입구를 각각 따로 설치하여야 한다. 다만, 출입구의 너비의 합이 5.5미터 이상으로서 출구와 입구가 차선 등으로 분리되는 경우에는 함께 설치할 수 있다. 8. 특별시장·광역시장, 시장·군수 또는 구청장이 설치하는 노외주차장의 주차대수 규모가 50대 이상인 경우에는 주차대수의 2퍼센트부터 4퍼센트까지의 범위에서 장애인의 주차수요를 고려하여 지방자치단체의 조례로 정하는 비율 이상의 장애인 전용주차구획을 설치하여야 한다.

법해설 Explanation

노외주차장 설치 계획기준

(1) 설치기준

① 노외주차장은 녹지지역이 아닌 지역에 설치한다.

예외 다음에 해당하는 경우에는 자연녹지지역 내에도 설치 가능하다.

㉠ 하천구역 및 공유수면(단, 주차장 설치로 인해 하천 및 공유수면의 관리에 지장이 없는 경우)

㉡ 토지의 형질변경 없이 주차장 설치가 가능한 지역

㉢ 주차장 설치를 목적으로 토지의 형질변경 허가를 받은 지역

㉣ 특별시장·광역시장, 시장·군수 또는 구청장이 특히 주차장의

◆노외주차장의 출·입구 설치금지 장소

1. 횡단보도 등

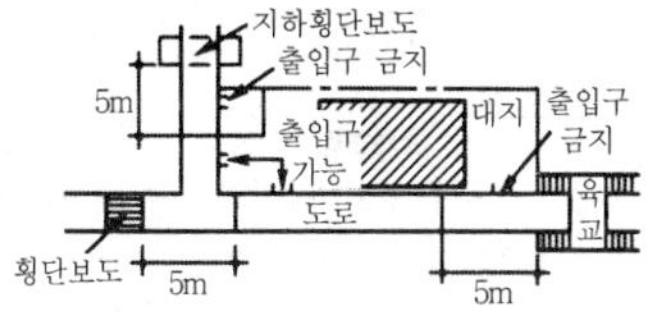

설치가 필요하다고 인정하는 지역

② 단지조성사업 등에 따른 노외주차장은 주차수요가 많은 곳에 설치하여야 하며 가급적 공원·광장·대로변·도시철도역 및 상가인접 지역 등에 인접하여 배치하여야 한다.

(2) 노외주차장의 출·입구 설치기준

① 노외주차장의 입구와 출구를 설치할 수 없는 곳은 다음과 같다.

㉠ 육교 및 지하 횡단보도를 포함한 횡단보도에서 5m 이내의 도로부분

㉡ 종단기울기 10%를 초과하는 도로

㉢ 유아원, 유치원, 초등학교, 특수학교, 노인복지시설, 장애인 복지시설 및 아동전용시설 등의 출입구로부터 20m 이내의 도로부분

㉣ 폭 4m 미만의 도로

예외 주차대수 200대 이상인 경우에는 폭 10m 미만의 도로에는 설치할 수 없다.

㉤ 「도로교통법」에 따른 정차 및 주차의 금지장소에 해당하는 도로의 부분

② 출구 및 입구의 설치위치

노외주차장과 연결되는 도로가 2 이상인 경우에는 자동차 교통에 미치는 지장이 적은 도로에 노외주차장의 출구와 입구를 설치하여야 한다.

예외 보행자의 교통에 지장을 가져올 우려가 있거나 기타 특별한 이유가 있는 경우에는 예외

③ 출구와 입구의 분리설치

주차대수 400대를 초과하는 규모의 노외주차장의 경우에는 노외주차장의 출구와 입구는 각각 따로 설치하여야 한다.

예외 출입구의 너비의 합이 5.5m 이상으로서 출구와 입구가 차선 등으로 분리되는 경우에는 함께 설치할 수 있다.

(3) 장애인 전용주차구획 설치

특별시장·광역시장·시장·군수·구청장이 설치하는 노외주차장에는 주차대수 규모가 50대 이상인 경우에는 주차대수의 2%부터 4%까지의 범위에서 지방자치단체 조례로 장애인 전용주차구획을 설치하여야 한다.

참고 주차금지의 장소(법 제33조)

모든 차의 운전자는 다음에 해당하는 곳에서 차를 주차시켜서는 아니 된다.
1. 터널 안 및 다리 위
2. 화재경보기로부터 3m 이내의 곳
3. 다음의 곳으로부터 5m 이내의 곳
   가. 소방용기계·기구가 설치된 곳
   나. 소방용방화물통
   다. 소화전 또는 소화용방화물통의 흡수구나 흡수관을 넣는 구멍
   라. 도로공사를 하고 있는 경우에는 그 공사구역의 양쪽 가장자리
4. 지방경찰청장이 도로에서의 위험을 방지하고 교통의 안전과 원활한 소통을 확보하기 위하여 필요하다고 인정하여 지정한 곳

2. 종단경사도 10% 초과하는 도로

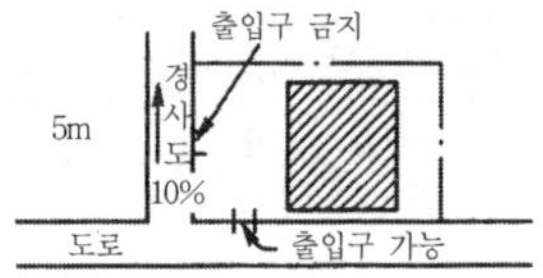

3. 초등학교 등

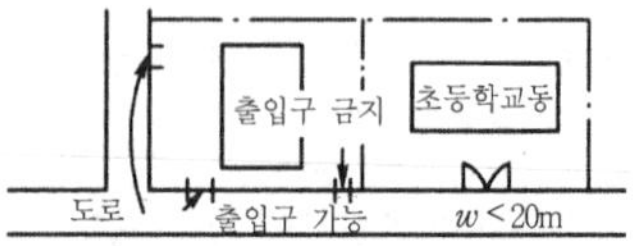

4. 폭 4m 미만 도로 등

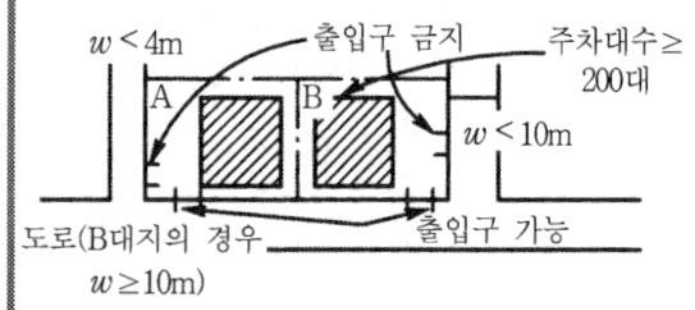

참고 도로교통법 제32조, 제33조

◆ 정차 및 주차의 금지(법 제32조)

모든 차의 운전자는 다음 각 호의 어느 하나에 해당하는 곳에서는 차를 정차 또는 주차시켜서는 아니 된다. 다만, 이 법이나 이 법에 따른 명령 또는 경찰공무원의 지시에 따른 경우와 위험 방지를 위하여 일시정지 하는 경우에는 그러하지 아니하다.
1. 교차로·횡단보도·건널목이나 보도와 차도가 구분된 도로의 보도(「주차장법」에 의하여 차도와 보도에 걸쳐서 설치된 노상주차장을 제외한다)
2. 교차로의 가장자리 또는 도로의 모퉁이로부터 5m 이내의 곳
3. 안전지대가 설치된 도로에서는 그 안전지대의 사방으로부터 각각 10m 이내의 곳
4. 버스여객자동차의 정류를 표시하는 기둥이나 판 또는 선이 설치된 곳으로부터 10m 이내의 곳. 다만, 버스여객자동차의 운전자가 그 버스여객자동차의 운행시간 중에 운행노선에 따르는 정류장에서 승객을 태우거나 내리기 위하여 차를 정차 또는 주차시키는 때에는 그러하지 아니하다.
5. 건널목의 가장자리 또는 횡단보도로부터 10m 이내의 곳
6. 지방경찰청장이 도로에서의 위험을 방지하고 교통의 안전과 원활한 소통을 확보하기 위하여 필요하다고 인정하여 지정한 곳

5 노외주차장의 구조 및 설비기준

주차장법	시행규칙
제6조 【주차장 설비기준 등】 ① 주차장의 구조·설비기준 등에 관하여 필요한 사항은 국토교통부령으로 정한다. **제15조 【관리방법】** ① 특별시장·광역시장, 시장·군수 또는 구청장이 설치한 노외주차장의 관리·운영에 필요한 사항은 해당 지방자치단체의 조례로 정한다. ② 노외주차장 안의 지정된 주차구획외의 곳에 주차하는 경우에는 제8조의2 제2항 및 제3항의 규정을 준용한다. **제16조 삭제 (99. 2. 8)** **제17조 【노외주차장관리자의 책임 등】** ① 노외주차장관리자는 조례가 정하는 바에 따라 주차장을 성실히 관리·운영하여야 하며, 시설의 적정한 유지관리에 노력하여야 한다. ② 노외주차장관리자는 주차장의 공용기간에 정당한 사유없이 그 이용을 거절할 수 없다. ③ 노외주차장관리자는 주차장에 주차하는 자동차의 보관에 관하여 선량한 관리자의 주의의무를 게을리하지 아니하였음을 증명한 경우를 제외하고는 그 자동차의 멸실 또는 훼손으로 인한 손해배상의 책임을 면하지 못한다. **제18조 【노외주차장의 표지】** ① 노외주차장 관리자는 주차장 이용자의 편의를 도모하기 위하여 필요한 표지(전용주차구획의 표지를 포함한다)를 설치하여야 한다.<개정 2016.12.2> ② 제1항에 따른 표지의 종류·서식과 그 밖에 표지의 설치에 필요한 사항은 해당 지방자치단체의 조례로 정한다.	**제6조 【노외주차장의 구조 설비기준】** ① 법 제6조 제1항에 따른 노외주차장의 구조 설비기준은 다음 각 호와 같다.<2014.7.15> 1. 노외주차장의 출구와 입구에서 자동차의 회전을 쉽게 하기 위하여 필요한 경우에는 차로와 도로가 접하는 부분을 곡선형으로 하여야 한다. 2. 노외주차장의 출구부근의 구조는 해당 출구로부터 2m(이륜자동차전용 출구의 경우에는 1.3미터)를 후퇴한 노외주차장의 차로의 중심선상 1.4m의 높이에서 도로의 중심선에 직각으로 향한 왼쪽·오른쪽 각각 60°의 범위에서 해당 도로를 통행하는 자를 확인할 수 있도록 하여야 한다. 3. 노외주차장에는 자동차의 안전하고 원활한 통행을 확보하기 위하여 다음 각 목에서 정하는 바에 따라 차로를 설치하여야 한다. 가. 주차구획선의 긴 변과 짧은 변 중 한 변 이상이 차로에 접하여야 한다. 나. 차로의 너비는 주차형식 및 출입구(지하식 또는 건축물식 주차장의 출입구를 포함한다. 제4호에서 또한 같다)의 개수에 따라 다음 구분에 따른 기준이상으로 하여야 한다. 1) 이륜자동차 전용 노외주차장 (표 1: 아래 참조) 2) 1) 외의 노외주차장 (표 2: 아래 참조) 4. 노외주차장의 출입구 너비는 3.5m 이상으로 하여야 하며, 주차대수 규모가 50대 이상인 경우에는 출구와 입구를 분리하거나 너비 5.5m 이상의 출입구를 설치하여 소통이 원활하도록 하여야 한다. 5. 지하식 또는 건축물식 노외주차장의 차로는 제3호의 기준에 따르는 외에 다음 각 목에서 정하는 바에 따른다. 가. 높이는 주차바닥면으로부터 2.3m 이상으로 하여야 한다. 나. 곡선부분은 자동차가 6미터(같은 경사로를 이용하는 주차장의 총주차대수가 50대 이하인 경우에는 5미터, 이륜자동차 전용 노외주차장의 경우에는 3미터) 이상의 내변반경으로 회전할 수 있도록 하여야 한다. 다. 경사로의 차로너비는 직선형인 경우에는 3.3m 이상(2차선의 경우에는 6m 이상)으로 하고, 곡선형인 경우에는 3.6m 이상(2차로의 경우에는 6.5m 이상)으로 하며, 경사로의 양쪽벽면으로부터 30cm 이상의 지점에 높이 10cm 이상 15cm 미만의 연석을 설치하여야 한다. 이 경우 연석부분은 차로의 너비에 포함되는 것으로 본다. 라. 경사로의 종단경사도는 직선부분에서는 17%를 초과하여서는 아니되며 곡선부분에서는 14%를 초과하여서는 아니된다.

1) 이륜자동차 전용 노외주차장

주차형식	차로의 너비	
	출입구가 2개 이상인 경우	출입구가 1개인 경우
평행주차	2.25m	3.5m
직각주차	4.0m	4.0m
45°대향주차	2.3m	3.5m

2) 1) 외의 노외주차장

주차형식	차로의 너비	
	출입구가 2개 이상인 경우	출입구가 1개인 경우
평행주차	3.3m	5.0m
직각주차	6.0m	6.0m
60°대향주차	4.5m	5.5m
45°대향주차	3.5m	5.0m
교차주차	3.5m	5.0m

주차장법	시행규칙
	마. 경사로의 노면은 거친면으로 하여야 한다. 바. 주차대수규모가 50대 이상인 경우의 경사로는 너비 6m 이상인 2차로를 확보하거나 진입차로와 진출차로를 분리하여야 한다. 6. 자동차용 승강기로 운반된 자동차가 주차구획까지 자주식으로 들어가는 노외주차장의 경우에는 주차 대수 30대마다 1대의 자동차용 승강기를 설치하여야 한다. 이 경우 제16조의 2제1호 및 제3호를 준용하되 자동차용 승강기의 출구와 입구가 따로 설치되어 있거나 주차장의 내부에서 자동차가 방향전환을 할 수 있을 때에는 제16조의2제3호에 따른 진입로를 설치하고 제16조의2제1호에 따른 전면공지 또는 방향전환 장치를 설치하지 아니할 수 있다. 7. 노외주차장에서 주차에 사용되는 부분의 높이는 주차바닥면으로부터 2.1m 이상으로 하여야 한다. 8. 노외주차장의 내부공간의 일산화탄소의 농도는 주차장을 이용하는 차량이 가장 빈번한 시각의 앞뒤 8시간의 평균치가 50ppm 이하「다중이용시설 등의 실내공기질관리법」제3조 제1항 제9호에 따른 실내주차장은 25ppm 이하)로 유지되어야 한다. 9. 자주식주차장으로서 지하식 또는 건축물식 노외주차장에는 벽면에서부터 50센티미터 이내를 제외한 바닥면의 최소 조도(照度)와 최대 조도를 다음 각 목과 같이 한다. ㄱ. 주차구획 및 차로: 최소 조도는 10럭스 이상, 최대 조도는 최소 조도의 10배 이내 ㄴ. 주차장 출구 및 입구: 최소 조도는 300럭스 이상, 최대 조도는 없음 ㄷ. 사람이 출입하는 통로: 최소 조도는 50럭스 이상, 최대 조도는 없음. 10. 노외주차장에는 자동차의 출입 또는 도로교통의 안전을 확보하기 위하여 필요한 경보장치를 설치하여야 한다. 11. 주차대수 30대를 초과하는 규모의 자주식 주차장으로서 지하식 또는 건축물식 노외주차장에는 관리사무소에서 주차장 내부 전체를 볼 수 있는 폐쇄회로 텔레비전 및 녹화장치를 포함하는 방범설비를 설치·관리하여야 하되, 다음 각 목의 사항을 준수하여야 한다. 가. 방범설비는 주차장의 바닥면으로부터 170센티미터의 높이에 있는 사물을 알아볼 수 있도록 설치하여야 한다. 나. 폐쇄회로텔레비전과 녹화장치의 모니터 수가 같아야 한다. 다. 선명한 화질이 유지될 수 있도록 관리하여야 한다. 라. 촬영된 자료는 컴퓨터보안시스템을 설치하여 1개월 이상 보관하여야 한다. 12. 2층 이상의 건축물식 주차장 및 특별시장·광역시장·특별자치도지사·시장·군수가 정하여 고시하는 주차장에는 다음 각목의 어느 하나에 해당하는 추락방지 안전시설을 설치하여야 한다. 가. 2톤 차량이 시속 20킬로미터의 주행속도로 정면충돌하는 경우에 견딜 수 있는 강도의 구조물로서 구조계산에 의하여 안전하다고 확인된 구조물 나. 「도로법」 제2조제1항제4호나목에 따른 방호울타리 다. 2톤 차량이 시속 20킬로미터의 주행속도로 정면충돌하는 경우에 견딜 수 있는 강도의 구조물로서 한국도로공사·교통안전공단, 그 밖에 국토교통부장관이 정하여 고시하는 전문연구기관에서 인정하는 제품 13. 노외주차장의 주차단위구획은 평평한 장소에 설치하여야 한다. 다만, 경사도가 7퍼센트 이하인 경우로서 시장·군수 또는 구청장이 안전에 지장이 없다고 인정하는 경우에는 그러하지 아니하다. 14. 노외주차장에는 제3조제1항제2호에 따른 확장형 주차단위구획을 주차단위구획 총수(평행주차형식의 주차단위구획수는 제외한다)의 30퍼센트 이상 설치하여야 한다. ② 시장·군수 또는 구청장은 제1항 제11호의 준수사항에 대하여 매년 한번 이상 지도점검을 실시하여야 한다. ③ 삭제(1996. 6. 29) ④ 노외주차장에 설치할 수 있는 부대시설은 다음 각 호와 같다. 다만, 그 설치하는 부대시설의 총면적은 주차장 총 시설면적(주차장으로 사용되는 면적과 주차장 외의 용도로 사용되는 면적을 합한 면적을 말한다. 이와 같다)의 20%를 초과하여서는 아니된다.<2012.7.2> 1. 관리사무소, 휴게소 및 공중화장실 2. 간이매점, 자동차 장식품판매점 및 전기자동차 충전시설

주차장법	시행규칙
	2의2. 「석유 및 석유대체연료 사업법 시행령」 제2조 제3호에 따른 주유소(특별시장·광역시장·시장군수 또는 구청장이 설치한 노외주차장만 해당한다.) 3. 노외주차장의 관리·운영상 필요한 편의시설 4. 특별자치도·시·군 또는 자치구(이하 "시·군 또는 구"라 한다.)의 조례로 정하는 이용자 편의시설 ⑤ 법 제 20조 제2항 또는 제3항에 따른 노외주차장에 설치할 수 있는 부대시설의 종류 및 주차장 총시설면적 중 부대시설이 차지하는 비율에 대하여는 제4항에도 불구하고 특별시·광역시·시·군 또는 구의 조례로 정할 수 있다. 이 경우 부대시설이 차지하는 면적의 비율은 주차장 총 시설면적의 40%를 초과할 수 없다. ⑥ 시장·군수 또는 구청장이 노외주차장 안에 「국토의 계획 및 이용에 관한 법률」 제2조 제7호의 도시·군계획시설을 부대시설로서 중복하여 설치하려는 경우에는 노외주차장외의 용도로 사용하려는 도시·군계획시설이 차지하는 면적의 비율은 부대시설을 포함하여 주차장 총 시설면적의 40%를 초과할 수 없다.<2012.4.13>

법해설 Explanation

노외주차장의 구조 및 설비기준

(1) 출입구의 가각전제

노외주차장의 입구와 출구는 자동차의 회전을 쉽게 하기 위해 필요한 때는 차로와 도로가 접하는 부분을 곡선형으로 하여야 한다.

(2) 출구부근의 구조

출구로부터 2m 후퇴한 차로의 중심선상 1.4m의 높이에서 도로의 중심선에 직각으로 향한 왼쪽·오른쪽 각각 60°의 범위에서 해당 도로를 통행하는 자의 존재를 확인할 수 있어야 한다.

(3) 차로의 구조기준

① 주차구획선의 긴 변과 짧은 변 중 한변 이상이 차로에 접하여야 한다.

② 이륜자동차 전용 노외주차장 차로너비

주차형식	차로의 너비	
	출입구가 2개 이상인 경우	출입구가 1개인 경우
평행주차	2.25m	3.5m
직각주차	4.0m	4.0m
45° 대향주차	2.3m	3.5m

③ 위 ② 이외의 노외주차장

주차형식	차로의 너비	
	출입구가 2개 이상인 경우	출입구가 1개인 경우
평행주차	3.3m	5.0m
직각주차	6.0m	6.0m
60° 대향주차	4.5m	5.5m
45° 대향주차	3.5m	5.0m
교차주차	3.5m	5.0m

(4) 노외주차장 출입구의 폭

① 노외주차장의 출입구의 폭은 3.5m 이상으로 하여야 한다.

② 주차대수 규모가 50대 이상인 경우에 출구와 입구를 분리하거나 폭 5.5m 이상의 출입구를 설치하여 소통이 원활하도록 하여야 한다.

짚어보기 노외주차장 출입구 폭

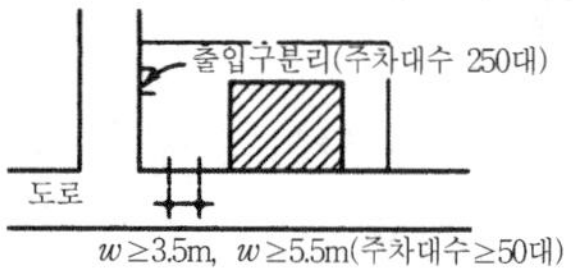

(5) 지하식 또는 건축물식 자주식 주차장의 차로

① 자주식주차장으로서 지하식 또는 건축물식 노외주차장에는 벽면에서부터 50cm 이내를 제외한 바닥면의 최소 조도(照度)와 최대 조도를 다음과 같이 한다.

㉠ 주차구획 및 차로 : 최소 조도는 10럭스 이상, 최대 조도는 최소 조도의 10배 이내

㉡ 주차장 출구 및 입구 : 최소 조도는 300럭스 이상, 최대 조도는 없음

㉢ 사람이 출입하는 통로 : 최소 조도는 50럭스 이상, 최대 조도는 없음

② 차로의 구조

자주식의 주차장으로서 지하식 또는 건축물식에 따른 노외주차장과 기계식 주차장으로서 자동차용 승강기로 주차구획까지 자주식으로 들어가는 노외주차장의 차로는 다음의 기준에 적합하여야 한다.

㉠ 노외주차장의 차로의 구조기준을 적용한다.

㉡ 높이 : 주차 바닥면으로부터 2.3m 이상으로 하여야 한다.

㉢ 굴곡부의 내변반경

원칙	6m 이상
같은 경사로를 이용하는 주차장의 총 주차대수가 50대 이하	5m 이상
이륜자동차전용 노외주차장	3m 이상

㉣ 경사로의 차로 폭

직선인 경우	3.3m 이상(2차로인 경우 6m 이상)
곡선인 경우	3.6m 이상(2차로인 경우 6.5m 이상)

㉤ 경사로의 종단기울기

직선인 경우	17% 이하
곡선인 경우	14% 이하

※ 경사로의 양쪽 벽면으로부터 30cm 이상의 지점에 높이 10cm 이상 15cm 미만의 연석을 설치해야 한다.(이 경우 연석부분은 차로의 너비에 포함되는 것으로 본다.

※ 경사로의 노면은 거친면으로 하여야 한다.

㉥ 주차대수 규모가 50대 이상인 경우의 경사로는 너비 6m 이상인 2차로를 확보하거나 진입차로와 진출차로를 분리하여야 한다.

참고 주차장 차로의 구조

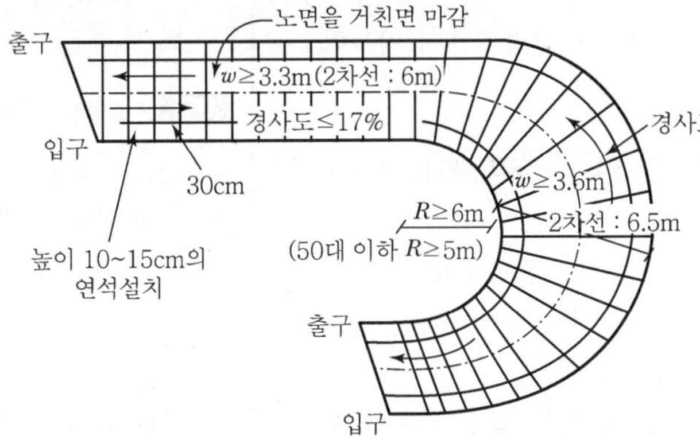

(6) 자동차용 승강기의 설치

자동차용 승강기로 운반된 자동차가 주차구획까지 자주식으로 들어가는 노외주차장의 경우에는 주차대수 30대마다 1대의 자동차용 승강기를 설치하여야 한다.

(7) 감시설비

① 주차대수 30대를 초과하는 규모의 자주식 주차장으로서 지하식 또는 건축물식에 따른 노외주차장에는 주차장 내부전체를 볼 수 있는 폐쇄회로 텔레비전 및 녹화장치를 포함하는 방범설비를 설치·관리하여야 하되, 다음의 사항을 준수하여야 한다.

㉠ 방범설비는 주차장의 바닥면으로부터 170cm의 높이에 있는 사물을 식별할 수 있도록 설치하여야 한다.

㉡ 폐쇄회로 텔레비전과 녹화장치의 모니터 수가 일치하여야 한다.
㉢ 선명한 화질이 유지될 수 있도록 관리하여야 한다.
㉣ 촬영한 자료는 컴퓨터보안시스템을 설치하여 1월 이상 보관하여야 한다.

② 시장·군수 또는 구청장은 위 준수사항에 대하여 연 1회 이상 지도점검으로 실시하여야 한다.

(8) 노외주차장 내 주차부분의 높이

노외주차장의 주차부분의 높이는 주차바닥면으로부터 2.1m 이상으로 하여야 한다.

(9) 노외주차장 내부공간의 일산화탄소 농도

실내 일산화탄소(CO) 농도는 차량이 가장 빈번한 시각의 앞뒤 8시간의 평균치가 50ppm 이하「다중이용시설 등의 실내 공기질 관리법」에 따른 실내주차장은 25ppm)가 되도록 한다.

(10) 경보장치

자동차 출입 또는 도로교통의 안전확보를 위한 경보장치를 설치하여야 한다.

(11) 건축물식 주차장의 주차장 및 특별시장·광역시장·특별자치도지사·시장·군수가 정하여 고시하는 안전시설

2층 이상의 건축물식 주차장 및 특별시장·광역시장·특별자치도지사·시장·군수가 정하여 고시하는 주차장에는 자동차의 추락을 방지하기 위한 안전시설을 다음과 같이 설치하여야 한다.

① 2t 차량이 시속 20km의 주행속도로 정면충돌하는 경우에 견딜 수 있는 강도의 구조물로서 구조계산에 의하여 안전하다고 확인된 구조물
② 방호울타리
③ 2t 차량이 시속 20km의 주행속도로 정면충돌하는 경우에 견딜 수 있는 강도의 구조물로서 한국도로공사·교통안전공단, 그 밖에 국토교통부장관이 정하여 고시하는 전문연구기관에서 인정하는 제품

(12) 주차단위구획의 경사도

노외주차장의 주차단위구획은 평평한 장소에 설치하여야 한다. 다만, 경사도가 7% 이하 인 경우로서 시장·군수 또는 구청장이 안전에 지장이 없다고 인정하는 경우에는 그러하지 아니하다.

참고 시행규칙 개정이유(2008.2.22)

대형 승용차 등의 보급이 확대됨에 따라 주차단위구획의 기준 등을 개선하고, 주차장에서의 사고발생을 방지하기 위하여 자동차 추락방지시설을 설치하도록 하는 등 현행 제도의 운영상 나타난 일부 미비점을 개선·보완하려는 것임

• 주요내용

나. 2층 이상의 건축물식 주차장에 대한 자동차 추락방지시설의 설치(제6조제1항제11호 신설)

(1) 건축물식 주차장의 벽체에 관한 안전기준이 없어 자동차가 벽체를 뚫고 추락하는 사고가 자주 발생함
(2) 2층 이상의 건축물식 주차장의 경우에는 자동차의 진행 방향과 마주치는 벽체에 철근콘크리트 구조물·방호울타리 등의 추락방지시설을 설치하도록 함
(3) 자동차의 추락을 방지할 수 있는 시설을 설치하도록 함으로써 주차장 이용의 안전성이 높아질 것으로 기대됨

(13) 확장형 주차단위구획의 설치

노외주차장에는 확장형 주차단위구획을 총주차단위구획수(평행주차 형식의 주차단위구획 수는 제외)의 30% 이상 설치하여야 한다.

(14) 노외주차장에 설치할 수 있는 부대시설

① 부대시설의 총 면적 주차장 총 시설면적의 20%를 초과하여서는 아니된다.

예외 도로 · 광장 · 공원 · 초, 중, 고등학교 · 공용의 청사 · 주차장 · 운동장의 지하에 설치하는 노외주차장과 공용의 청사 · 하천 · 유수지주차장 및 운동장의 지상에 설치하는 노외주차장은 부대시설의 종류 및 주차장의 총 시설면적 중 부대시설이 차지하는 비율에 대해서 특별시 · 광역시 · 시 · 군 · 구의 조례로 따로 정할 수 있다. 이 경우 부대시설이 차지하는 면적의 비율은 주차장 총 시설면적의 40%를 초과할 수 없다.

② 부대시설의 종류

㉠ 관리사무소, 휴게소, 공중화장실

㉡ 간이매점, 자동차의 장식품판매점 및 전기자동차 충전시설

㉢ 기타 노외주차장의 관리 · 운영상 필요한 편의시설

③ 시장 · 군수 또는 구청장이 노외주차장 안에 도시 · 군계획시설을 부대시설로서 중복하여 설치하려는 경우에는 노외주차장의 용도로 사용하려는 도시 · 군계획시설이 차지하는 면적의 비율은 부대시설을 포함하여 주차장 총 시설면적의 40%를 초과할 수 없다.

제 4 장

부설주차장

1 부설주차장의 설치

주차장법
제19조 【부설주차장의 설치】 ① 「국토의 계획 및 이용에 관한 법률」에 따른 도시지역 · 지구단위계획구역 및 지방자치단체의 조례로 정하는 관리지역에서 건축물, 골프연습장 그 밖에 주차수요를 유발하는 시설(이하 "시설물"이라 한다)을 건축하거나 설치하려는 자는 그 시설물의 내부 또는 그 부지에 부설주차장(화물의 하역, 그 밖의 사업수행을 위한 주차장을 포함한다. 이하 같다)을 설치하여야 한다. ② 부설주차장은 해당 시설물의 이용자 또는 일반의 이용에 제공할 수 있다.

부설주차장의 설치

(1) 부설주차장의 설치대상 및 이용

설치대상지역	설치대상 시설물	설치위치	사용자의 범위
• 「국토의 계획 및 이용에 관한 법률」에 따른 도시지역, 지구단위계획구역 • 지방자치단체의 조례가 정하는 관리지역	• 건축물의 건축 • 골프연습장 등 주차수요를 유발하는 시설의 설치	해당 시설물의 내부 또는 그 부지 안에	• 해당 시설물이용자 • 일반인 이용

2 부설주차장의 설치기준

주차장법	주차장법 시행령
제19조【부설주차장의 설치】 ③ 제1항에 따른 시설물의 종류와 부설주차장의 설치기준은 대통령령으로 정한다.	**제6조【부설주차장의 설치기준】** ① 법 제19조 제3항에 따라 부설주차장을 설치하여야 할 시설물의 종류와 부설주차장의 설치기준은 【별표 1】과 같다. 다만, 다음 각 호의 경우에는 특별시·광역시·특별자치도·시 또는 군(광역시의 군은 제외한다. 이하 이 조에서 같다)의 조례로 시설물의 종류를 세분하거나 부설주차장의 설치기준을 따로 정할 수 있다. 1. 오지·벽지·섬 지역·도심지의 간선도로변이나 그밖에 해당 지역의 특수성으로 인하여 【별표 1】의 기준을 적용하는 것이 현저히 부적합한 경우 2.「국토의 계획 및 이용에 관한 법률」제6조제2호에 따른 관리지역으로서 주차난이 발생할 우려가 없는 경우 3. 단독주택·공동주택의 부설주차장 설치기준을 세대별로 정하거나 숙박시설 또는 업무시설 중 오피스텔의 부설주차장 설치기준을 호실별로 정하려는 경우 4. 기계식주차장을 설치하는 경우로서 해당 지역의 주차장확보율, 주차장 이용실태, 교통여건 등을 고려하여 【별표 1】의 부설주차장 설치기준과 다르게 정하려는 경우 5. 대한민국주재 외국공관 안의 외교관 또는 그 가족이 거주하는 구역 등 일반인의 출입이 통제되는 구역에서 주택 등의 시설물을 건축하는 경우 6. 시설면적이 10,000m^2 이상인 공장을 건축하는 경우 7. 판매시설, 문화 및 집회시설 등「자동차 관리법」제3조 제1항 제2호에 따른 승합자동차(중형 또는 대형 승합자동차만 해당한다)의 출입이 빈번하게 발생하는 시설물을 건축하는 경우

【별표 1】부설주차장의 설치대상시설물 종류 및 설치기준(제6조 1항 관련) 〈개정 2019.3.12〉

시설물	설치기준
1. 위락시설	• 시설면적 100m^2당 1대(시설면적/100m^2)
2. 문화 및 집회시설(관람장은 제외한다), 종교시설, 판매시설, 운수시설, 의료시설(정신병원·요양소 및 격리병원은 제외한다), 운동시설(골프장·골프연습장 및 옥외수영장은 제외한다), 업무시설(외국공관 및 오피스텔은 제외한다), 방송통신시설 중 방송국, 장례식장	• 시설면적 150m^2당 1대(시설면적/150m^2)
3. 제1종 근린생활시설[「건축법 시행령」 별표 1 제3호바목 및 사목(공중화장실, 대피소, 지역아동센터는 제외한다)은 제외한다], 제2종 근린생활시설, 숙박시설	• 시설면적 200m^2당 1대(시설면적/200m^2)
4. 단독주택(다가구주택은 제외한다)	• 시설면적 50m^2 초과 150m^2 이하 : 1대 • 시설면적 150m^2 초과 : 1대에 150m^2를 초과하는 100m^2당 1대를 더한 대수[1+{(시설면적−150m^2)/100m^2}]
5. 다가구주택, 공동주택(기숙사는 제외한다), 업무시설 중 오피스텔	•「주택건설기준 등에 관한 규정」제27조제1항에 따라 산정된 주차대수. 이 경우 다가구주택 및 오피스텔의 전용면적은 공동주택의 전용면적 산정방법을 따른다.
6. 골프장, 골프연습장, 옥외수영장, 관람장	• 골프장 : 1홀당 10대(홀의 수×10) • 골프연습장 : 1타석당 1대(타석의 수×1) • 옥외수영장 : 정원 15명당 1대(정원/15명) • 관람장 : 정원 100명당 1대(정원/100명)
7. 수련시설, 공장(아파트형은 제외한다), 발전시설	• 시설면적 350m^2당 1대(시설면적/350m^2)
8. 창고시설	• 시설면적 400m^2당 1대(시설면적/400m^2)
9. 학생용 기숙사	• 시설면적 400m^2당 1대(시설면적/400m^2)
10. 그 밖의 건축물	• 시설면적 300m^2당 1대(시설면적/300m^2)

비고 1. 시설물의 종류는 다른 법령에 특별한 규정이 없는 한「건축법 시행령」별표 1에 따른 시설물에 의하되, 다음 각 목의 어느 하나에 해당하는 시설물을 건축 또는 설치하려는 경우에는 부설주차장을 설치하지 아니할 수 있다.

가. 제1종 근린생활시설 중 변전소·양수장·정수장·대피소·공중화장실, 그 밖의 이와 유사한 시설
나. 종교시설 중 수도원·수녀원·제실 및 사당
다. 동물 및 식물관련시설(도축장 및 도계장은 제외한다)
라. 방송통신시설(방송국·전신전화국·통신용시설 및 촬영소만을 말한다) 중 송신·수신 및 중계시설

주차장법	주차장법 시행령
	마. 주차전용건축물(노외주차장인 주차전용건축물만을 말한다)에 주차장 외의 용도로 설치하는 시설물(판매시설 중 백화점·쇼핑센터·대형점과 문화 및 집회시설 중 영화관·전시장·예식장은 제외한다) 바. 「철도의 건설 및 철도시설 유지관리에 관한 법률」에 따른 역사(제4조제1항제6호에 따른 철도건설사업으로 건설되는 역사를 포함한다) 사. 「건축법 시행령」 제6조제1항제4호에 따른 전통한옥 밀집지역 안에 있는 전통한옥 2. 시설물의 시설면적은 공용면적을 포함한 바닥면적의 합계를 말하되, 하나의 부지 안에 둘 이상의 시설물이 있는 경우에는 각 시설물의 시설면적을 합한 면적을 시설면적으로 하며, 시설물 안의 주차를 위한 시설의 바닥면적은 해당 시설물의 시설면적에서 제외한다. 3. 시설물의 소유자는 부설주차장(해당 시설물의 부지에 설치하는 부설주차장은 제외한다)의 부지(공간정보의 구축 및 관리 등에 관한 법률 제67조제1항에 따른 주차장 지목만을 말한다)의 소유권을 취득하여 이를 주차장전용으로 제공하여야 한다. 다만, 주차전용건축물에 부설주차장을 설치하는 경우에는 그 건축물의 소유권을 취득하여야 한다. 4. 용도가 다른 시설물이 복합된 시설물에 설치하여야 하는 부설주차장의 주차대수는 용도가 다른 각 시설물별 설치기준에 의하여 산정(위 표 제5호의 시설물은 주차대수의 산정대상에서 제외하되, 비고 제8호에서 정한 기준을 적용하여 산정된 주차대수는 별도로 합산한다)한 소수점 이하 첫째자리까지의 주차대수를 합하여 산정한다. 다만, 단독주택(다가구주택은 제외한다. 이하 이 호에서 같다)의 용도로 사용되는 시설의 면적이 50제곱미터 이하인 경우 단독주택의 용도로 사용되는 시설의 면적에 대한 부설주차장의 주차대수는 단독주택의 용도로 사용되는 시설의 면적을 100제곱미터로 나눈 대수로 한다. 5. 시설물을 용도변경하거나 증축함에 따라 추가로 설치하여야 하는 부설주차장의 주차대수는 용도변경하는 부분 또는 증축으로 인하여 면적이 증가하는 부분(이하 "증축하는 부분"이라 한다)에 대하여만 설치기준을 적용하여 산정한다. 다만, 위 표 제5호에 따른 시설물을 증축하는 경우에는 증축 후 시설물의 전체면적에 대하여 위 표 제5호에 따른 설치기준을 적용하여 산정한 주차대수에서 증축 전 시설물의 면적에 대하여 증축시점의 위 표 제5호에 따른 설치기준을 적용하여 산정한 주차대수를 뺀 대수로 한다. 6. 설치기준(위 표 제5호에 따른 설치기준은 제외한다. 이하 이 호에서 같다)에 의하여 주차대수를 산정함에 있어서 소수점 이하의 수(시설물을 증축하는 경우 먼저 증축하는 부분에 대하여 설치기준을 적용하여 산정한 수가 0.5 미만인 때에는 그 수와 나중에 증축하는 부분들에 대하여 설치기준을 적용하여 산정한 수를 합산한 수의 소수점 이하의 수. 이 경우 합산한 수가 0.5 미만인 때에는 0.5 이상이 될 때까지 합산하여야 한다)가 0.5 이상인 경우에는 이를 1로 본다. 다만, 해당 시설물 전체에 대하여 설치기준(시설물을 설치한 후 법령·조례의 개정 등으로 설치기준 또는 설치제한기준이 변경된 경우에는 변경된 설치기준 또는 설치제한기준을 말한다)을 적용하여 산정한 총 주차대수가 1대 미만인 경우에는 주차대수를 0으로 본다. 7. 용도변경되는 부분에 대하여 설치기준을 적용하여 산정한 주차대수가 1대 미만인 경우에는 주차대수를 0으로 본다. 다만, 용도변경되는 부분에 대하여 설치기준을 적용하여 산정한 주차대수의 합(2회 이상 나누어 용도변경하는 경우를 포함한다)이 1대 이상인 경우에는 그러하지 아니하다. 8. 단독주택 및 공동주택 중 「주택건설기준 등에 관한 규정」이 적용되는 주택에 대하여는 같은 규정에 따른 기준을 적용한다. 9. 승용차와 승용차 외의 자동차가 함께 사용하는 부설주차장의 경우에는 승용차 외의 자동차의 주차가 가능하도록 하여야 하며, 승용차 외의 자동차가 더 많이 이용하는 부설주차장의 경우에는 그 이용빈도에 따라 승용차 외의 자동차의 주차에 적합하도록 승용차 외의 자동차가 이용할 주차장을 승용차용주차장과 구분하여 설치하여야 한다. 이 경우 주차대수의 산정은 승용차를 기준으로 한다. 10. 「장애인·노인·임산부 등의 편의증진보장에 관한 법률 시행령」 제4조에 따라 장애인전용주차구획을 설치하여야 하는 시설물에는 부설주차장의 설치기준상 부설주차장주차대수의 2퍼센트부터 4퍼센트까지의 범위에서 장애인의 주차수요를 감안하여 지방자치단체의 조례로 정하는 비율 이상을 장애인전용주차구획으로 구분·설치하여야 한다. 다만, 부설주차장의 설치기준상 부설주차장의 주차대수가 10대 미만인 경우에는 그러하지 아니하다. 11. 제6조제2항에 따라 지방자치단체의 조례로 부설주차장의 설치기준을 강화 또는 완화하는 때에는 시설물의 시설면적·홀·타석·정원을 기준으로 한다. 12. 경형자동차의 전용주차구획으로 설치된 주차단위구획은 전체 주차단위구획 수의 10퍼센트까지 부설주차장의 설치기준에 따라 설치된 것으로 본다. 13. 2008년 1월 1일 전에 설치된 기계식주차장치로서 다음 각 목에 열거된 형태의 기계식주차장치를 설치한 주차장을 다른 형태의 주차장으로 변경하여 설치하는 경우에는 변경 전의 주차대수보다 1대(총 주차대수가 8대 이하인 주차장에서는 기계식주차장치에 주차하는 대수의 2분의 1을 뺀 대수)를 적게 설치하더라도 변경 전의 주차대수로 인정한다. 가. 2단 단순승강 기계식주차장치 : 주차구획이 2층으로 되어 있고 위층에 주차된 자동차를 출고하기 위해서는 반드시 아래층에 주차되어 있는 자동차를 출고하여야 하는 형태로서, 주차구획 안에 있는 평평한 운반기구를 위·아래로만 이동하여 자동차를 주차하는 기계식주차장치

주차장법	주차장법 시행령
	나. 2단 경사승강 기계식주차장치 : 주차구획이 2층으로 되어 있고 주차구획 안에 있는 경사진 운반기구를 위·아래로만 이동하여 자동차를 주차하는 기계식주차장치 14. **비고** 제13호에 따라 기계식주차장치를 설치한 주차장을 변경하여 변경 전의 주차대수로 인정받은 후 해당 시설물의 용도변경 또는 증축 등으로 인하여 주차장을 추가로 설치하여야 하는 경우에는 제13호 각 목의 기계식주차장치를 설치한 주차장을 변경하면서 경감된 주차대수도 포함하여 설치하여야 한다. 15. "학생용 기숙사"란 기숙사 중 「초·중등교육법」 제2조 및 「고등교육법」 제2조에 따른 학교에 재학 중인 학생을 위한 기숙사를 말한다.

법해설 Explanation

부설주차장의 설치기준

(1) 부설주차장의 설치대상 종류 및 부설주차장 설치기준 【별표 1】

용도	설치기준
1. 위락시설	시설면적 $100m^2$당 1대 (시설면적/$100m^2$)
2. • 문화 및 집회시설(관람장 제외) • 종교시설 • 판매시설 • 운수시설 • 의료시설(정신병원·요양소·격리병원을 제외) • 운동시설(골프장·골프연습장·옥외수영장 제외) • 업무시설(외국공관 및 오피스텔 제외) • 방송통신시설 중 방송국 • 장례식장	시설면적 $150m^2$당 1대 (시설면적/$150m^2$)
3. • 제1종 근린생활시설 **예외** – 지역자치센터, 파출소, 지구대, 소방서, 우체국, 방송국, 보건소, 공공도서관, 건강보험공단 사무소 등 공공업무시설로서 같은 건축물에 해당 용도로 쓰는 바닥면적의 합계가 1천제곱미터 미만인 것 – 마을회관, 마을공동작업소, 마을공동구판장 등 주민이 공동으로 이용하는 시설 • 제2종 근린생활시설 • 숙박시설	시설면적 $200m^2$당 1대 (시설면적/$200m^2$)

용도	설치기준
4. 단독주택(다가구주택 제외)	• 시설면적 $50m^2$ 초과 $150m^2$ 이하의 경우에는 1대 • 시설면적 $150m^2$ 초과의 경우에는 1대에 $150m^2$를 초과하는 $100m^2$당 1대를 더한 대수 $\left[1+\frac{(시설면적-150m^2)}{100m^2}\right]$
5. • 다가구주택 • 공동주택(기숙사를 제외) • 업무시설 중 오피스텔	「주택 건설기준 등에 관한 규정」 제27조 제1항에 따라 산정된 주차대수(이 경우 다가구주택 및 오피스텔의 전용면적은 공동주택의 전용면적 산정방법을 따름)
6. • 골프장	1홀당 10대 (홀의 수×10)
• 골프연습장	1타석당 1대 (타석의 수×1)
• 옥외수영장	정원 15인당 1대 (정원/15명))
• 관람장	정원 100인당 1대 (정원/100명)
7. 수련시설, 공장(아파트형은 제외), 발전시설	시설면적 $350m^2$당 1대 (시설면적/$350m^2$)
8. 창고시설	시설면적 $400m^2$당 1대 (시설면적/$400m^2$)
9. 학생용 기숙사	시설면적 $400m^2$당 1대 (시설면적/$400m^2$)
10. 그 밖의 건축물	시설면적 $300m^2$당 1대 (시설면적/$300m^2$)

판례 주차장법 시행령 일부개정 이유(2007. 12. 20)
공장 및 발전시설 등 일부 시설물의 부설주차장 설치기준을 완화하여 시설주의 경제적 부담과 자원의 낭비를 줄이고, 사용이 불편한 일부 기계식주차장을 다른 형태의 주차장으로 변경하도록 유도하는 한편, 경형자동차의 전용주차구획으로 설치된 주차단위구획도 부설주차장의 설치기준에 포함시켜 경형자동차의 보급 및 이용의 활성화를 도모하며, 개정된 건축법령에 따라 관련 용어를 정비하는 등 현행 제도의 운영상 나타난 일부 미비점을 개선·보완하려는 것임

(2) 산정기준

① 부설주차장 설치제외 대상

㉠ 제1종 근린생활시설 중 변전소·양수장·정수장·대피소·공중화장실 기타 이와 유사한 시설

㉡ 문화 및 집회시설 중 수도원·수녀원·제실 및 사당

㉢ 동물 및 식물관련시설(도축장 및 도계장을 제외)

㉣ 방송통신시설(방송국·전신전화국·통신용시설 및 촬영소에 한함) 중 송신·수신 및 중계시설

㉤ 주차전용건축물(노외주차장인 주차전용건축물에 한함)에 주차장 외의 용도로 설치하는 시설물(판매시설 중 백화점·쇼핑센타·대형점과 문화 및 집회시설 중 영화관·전시장·예식장을 제외)

㉥ 역사(공공철도역사 포함)

② 시설물의 시설면적은 공용면적을 포함한 바닥면적의 합계를 말하되, 하나의 부지 안에 둘 이상의 시설물이 있는 경우에는 각 시설물의 시설면적을 합한 면적을 시설면적으로 하며, 시설물안의 주차를 위한 시설의 바닥면적은 해당 시설물의 시설면적에서 제외한다.

③ 시설물의 소유자는 부설주차장(해당 시설물의 부지에 설치하는 부설주차장을 제외)의 부지(주차장 지목에 한함)의 소유권을 취득하여 이를 주차장전용으로 제공하여야 한다. 다만, 주차전용 건축물에 부설주차장을 설치하는 경우에는 그 건축물의 소유권을 취득하여야 한다.

④ 용도가 다른 시설물이 복합된 시설물에 설치하여야 하는 부설주차장의 주차대수는 용도가 다른 각 시설물별로 설치기준에 의하여 산정한 소수점 이하 첫째자리까지의 주차대수를 합하여 산정한다. 다만, 단독주택(다가구주택은 제외)의 용도로 사용되는 시설의 면적이 50m² 이하인 경우에는 단독주택에 설치하여야 하는 부설주차장의 주차대수는 단독주택의 면적을 100m²로 나눈 대수로 한다.

⑤ 시설물의 용도변경하거나 증축함에 따라 추가로 설치하여야 하는 부설주차장의 주차대수는 용도변경하는 부분 또는 증축으로 인하여 면적이 증가하는 부분에 대하여만 설치기준을 적용하여 산정한다.

⑥ 주차대수를 산정함에 있어서 소수점 이하의 수가 0.5 이상인 경우에는 이를 1로 본다.

예외 해당 시설물 전체에 대하여 산정된 총 주차대수가 1대 미만인 경우에는 주차대수를 0으로 본다.

⑦ 용도변경되는 부분에 대하여 설치기준을 적용하여 산정한 주차대수가 소수점 이하인 경우에는 주차대수를 0으로 본다.

예외 용도변경되는 부분에 대하여 설치기준을 적용하여 산정하는 주차대수의 합(2회 이상 나누어 용도변경하는 경우를 포함)이 1대 이상인 경우

⑧ 단독주택 및 공동주택 중 「주택건설기준 등에 관한 규정」이 적용되는 주택에 대하여는 같은 규정에 따른 기준을 적용한다.

⑨ 승용차와 승용차외의 자동차가 함께 사용하는 부설주차장의 경우에는 승용차외의 자동차의 주차가 가능하도록 하여야 하며, 승용차외의 자동차가 더 많이 이용하는 부설주차장의 경우에는 그 이용빈도에 따라 승용차외의 자동차의 주차에 적합하도록 승용차외의 자동차가 이용할 주차장을 승용차용주차장과 구분하여 설치하여야 한다. 이 경우 주차대수의 산정은 승용차를 기준으로 한다.

⑩ 장애인전용주차구획을 설치하여야 하는 시설물에는 부설주차장 주차대수의 2~4%의 범위에서 장애인의 주차수요를 감안하여 지방자치단체의 조례가 정하는 비율 이상을 장애인전용주차장으로 구분·설치하여야 한다.

예외 부설주차장의 주차대수가 10대 미만인 경우

⑪ 지방자치단체의 조례로 부설주차장의 설치기준을 강화 또는 완화하는 때에는 시설물의 시설면적·홀·타석·정원을 기준으로 한다.

⑫ 경형자동차의 전용주차구획으로 설치된 주차단위구획은 전체 주차단위구획 수의 10% 까지 부설주차장의 설치기준에 따라 설치된 것으로 본다.

⑬ 2008년 1월 1일 전에 설치된 기계식주차장치로서 다음에 열거된 형태의 기계식주차장치를 설치한 주차장을 다른 형태의 주차장으로 변경하여 설치하는 경우에는 변경 전의 주차대수보다 1대(총 주차대수가 8대 이하인 주차장에서는 기계식주차장치에 주차하는 대수의 1/2을 뺀 대수)를 적게 설치하더라도 변경 전의 주차대수로 인정한다.

㉠ 2단 단순승강 기계식주차장치 : 주차구획이 2층으로 되어 있고 위층에 주차된 자동차를 출고하기 위하여는 반드시 아래층에 주차되어 있는 자동차를 출고하여야 하는 형태로서, 주차구획 안에 있는 평평한 운반기구를 위·아래로만 이동하여 자동차를 주차하는 기계식주차장치

㉡ 2단 경사승강 기계식주차장치 : 주차구획이 2층으로 되어 있고 주차구획 안에 있는 경사진 운반기구를 위·아래로만 이동하여 자동차를 주차하는 기계식주차장치

⑭ 위의 ⑬에 따라 기계식주차장치를 설치한 주차장을 변경하여 변경 전의 주차대수로 인정받은 후 해당 시설물의 용도변경 또는 증축 등으로 인하여 주차장을 추가로 설치하여야 하는 경우에는 해당 기계식주차장치를 설치한 주차장을 변경하면서 경감된 주차대수도 포함하여 설치하여야 한다.

⑮ 학생용 기숙사는 기숙사 중 학교에 재학 중인 학생을 위한 기숙사를 말한다.

■ 익힘문제 ■

주차장법 시행령에 따른 부설주차장 설치 대상 시설물 종류 및 설치 기준이 잘못된 것은? (산업기사 기출)

㉮ 제2종 근린생활시설 - 시설면적 300m²당 1대
㉯ 위락시설 - 시설면적 100m²당 1대
㉰ 골프장 - 1홀당 10대
㉱ 옥외수영장 - 정원 15인당 1대

해설

제2종 근린생활시설은 시설면적 200m² 당 1대(시설면적/200m²)

정답 ㉮

■ 익힘문제 ■

상업지역 내에 각 층 바닥면적 1,500m²인 건축물을 신축할 경우 부설주차장의 최소 주차대 수는 얼마인가?(단, 지상 1~2층 : 위락시설, 지상 3~5층 : 숙박시설) (산업기사 기출)

㉮ 45대 ㉯ 50대
㉰ 53대 ㉱ 60대

해설

① 위락시설 : (1,500m² × 2) ÷ 100m² = 30(대)
② 숙박시설 : (1,500m² × 3) ÷ 200m² = 22.5 → 23(대)
∴ ①+② = 53(대)

정답 ㉰

3 부설주차장의 설치의 강화 및 완화

주차장법	주차장법 시행령
	제6조【부설주차장의 설치기준】 ② 특별시·광역시·특별자치도·시 또는 군은 주차수요의 특성 또는 증감에 효율적으로 대처하기 위하여 필요하다고 인정하는 경우에는【별표 1】의 부설주차장 설치기준의 1/2의 범위 안에서 그 설치기준을 해당 지방자치단체의 조례로 강화하거나 완화할 수 있다. 이 경우【별표 1】의 시설물의 종류·규모를 세분하여 각 시설물의 종류·규모별로 강화 또는 완화의 정도를 다르게 정할 수 있다. ③ 제1항 단서 및 제2항에 따라 부설주차장의 설치기준을 조례로 정하는 경우 해당 지방자치단체는 해당 지역의 구역별로 부설주차장 설치기준을 각각 다르게 정할 수 있다. ④ 건축물의 용도를 변경하는 경우에는 용도변경시점의 주차장 설치기준에 따라 변경 후 용도의 주차대수와 변경 전 용도의 주차대수를 산정하여 그 차이에 해당하는 부설주차장을 추가로 확보하여야 한다. 다만, 다음 각 호의 어느 하나에 해당하는 경우에는 부설주차장을 추가로 확보하지 아니하고 건축물의 용도를 변경할 수 있다. 1. 사용승인 후 5년이 지난 연면적 1,000m^2 미만의 건축물의 용도를 변경하는 경우. 다만, 문화 및 집회시설 중 공연장·집회장·관람장·위락시설 및 주택 중 다세대주택·다가구 주택의 용도로 변경하는 경우는 제외한다. 2. 해당 건축물 안에서 용도 상호 간의 변경을 하는 경우. 다만, 부설주차장 설치기준이 높은 용도의 면적이 증가하는 경우에는 제외한다.

법해설 Explanation

부설주차장 설치의 강화 및 완화

① 다음의 경우에는 특별시·광역시·특별자치도·시 또는 군(광역시의 군은 제외)의 조례로 시설물의 종류를 세분하거나 부설주차장의 설치기준을 따로 정할 수 있다.

오지·벽지·도서지역, 도심지의 간선도로변 기타 해당 지역의 특수성으로	【별표 1】의 기준을 적용하는 것이 현저히 부적합한 경우
관리지역	주차난이 발생할 우려가 없는 경우
• 단독주택 • 공동주택 • 업무시설 중 오피스텔	설치해야 하는 부설주차장의 설치기준을 세대별로 정하고자 하는 경우

② 특별시·광역시·특별자치도·시 또는 군은 주차수요의 특성 또는 증감에 효율적으로 대처하기 위하여 부설주차장설치기준의 1/2 범위 안에서 지방자치단체조례로 강화하거나 완화할 수 있다.

판례 용도가 2 이상인 시설물의 전부 또는 일부의 용도를 변경하고자 하는 경우, 새로운 부설주차장 설치의 무·유무의 판단기준

주차장법시행령 부칙 제5조,【별표 1】 비고 제3호 등의 규정에 비추어보면, 시설물의 용도가 2 이상인 경우에 그 시설물의 전부 또는 일부의 용도를 변경하고자 하는 경우에는 용도변경되는 각 부분별로 비교하여 용도변경으로 인하여 새로이 부설주차장의 설치의무가 지워지는지 여부를 판단하여야 한다.(1995. 5. 26 제3부 판결 94누7416)

용도변경에 따른 부설주차장 설치

① 건축물의 용도를 변경하는 경우에는 용도변경 시점의 주차장 설치기준에 따라 변경 후 용도의 주차대수와 변경 전 용도의 주차대수를 산정하여 그 차이에 해당하는 부설주차장을 추가로 확보하여야 한다.

② 부설주차장을 추가로 확보하지 않고 용도변경 할 수 있는 경우

용도변경 행위	예외
사용승인 후 5년이 지난 연면적 1,000m^2 미만의 건축물의 용도를 변경하는 경우	• 문화 및 집회시설 중 －공연장 －집회장 －관람장 • 위락시설 • 주택 중 다세대주택 · 다가구 주택
해당 건축물안에서 용도 상호간의 변경을 하는 경우	부설주차장 설치기준이 높은 용도의 면적이 증가하는 경우

4 부설주차장의 인근설치

주차장법	주차장법 시행령
제19조【부설주차장의 설치】 ④ 제1항의 경우에 부설주차장이 대통령령으로 정하는 규모 이하이면 같은 항에도 불구하고, 시설물의 부지인근에 단독 또는 공동으로 부설주차장을 설치할 수 있다. 이 경우 시설물의 부지인근의 범위는 대통령령으로 정하는 범위에서 지방자치단체의 조례로 정한다.	**제7조【부설주차장의 인근설치】** ① 법 제19조 제4항 전단에서 "대통령령으로 정하는 규모"란 주차대수 300대의 규모를 말한다. 다만, 다음 각 호의 어느 하나에 해당하는 경우에는 【별표 1】의 부설주차장설치기준에 따라 산정한 주차대수에 상당하는 규모를 말한다. 1. 「도로교통법」제6조에 따라 차량의 통행이 금지된 장소의 시설물인 경우 2. 시설물의 부지에 접한 대지나 시설물의 부지와 통로로 연결된 대지에 부설주차장을 설치하는 경우 3. 시설물의 부지가 너비 12m 이하인 도로에 접해 있는 경우 도로의 맞은편 토지(시설물의 부지에 접한 도로의 건너편에 있는 시설물 정면의 필지와 그 좌우에 위치한 필지를 말한다)에 부설주차장을 그 도로에 접하도록 설치하는 경우 4. 「산업입지 및 개발에 관한 법률」제2조제8호에 따른 산업단지 안에 있는 공장인 경우 ② 법 제19조 제4항 후단에 따른 시설물의 부지인근의 범위는 다음 각 호의 어느 하나의 범위에서 특별자치도·시·군 또는 자치구(이하 "시·군 또는 구"라 한다)의 조례로 정한다. 1. 해당 부지의 경계선으로부터 부설주차장의 경계선까지의 직선거리 300m 이내 또는 도보거리 600m 이내 2. 해당 시설물이 있는 동·리(행정 동·리를 말한다. 이하 이 호에서 같다) 및 그 시설물과의 통행여건이 편리하다고 인정되는 인접 동·리 [전문개정 2010. 10. 21]

법해설 Explanation

부설주차장의 인근설치

(1) 인근설치대상

① 부설주차장의 설치기준에 따라 산정된 주차대수가 300대 이하인 경우 시설물의 부지인근에 단독 또는 공동으로 부설주차장을 설치할 수 있다.

② 다음에 해당하는 경우에는 부설주차장 설치기준에 의하여 산정한 주차대수에 상당하는 규모

㉠ 「도로교통법」에 따라 차량의 통행이 금지된 장소의 시설물인 경우

㉡ 시설물의 부지에 접한 대지나 시설물의 부지와 통로로 연결된 대지에 부설주차장을 설치하는 경우

㉢ 시설물의 부지가 너비 12m 이하인 도로에 접해 있는 경우 도로의 맞은편 토지(시설물의 부지에 접한 도로의 건너편에 있는 시설물 정면의 필지와 그 좌우에 위치한 필지)에 부설주차장을 그 도로에 접하도록 설치하는 경우

㉣ 산업단지 안에 있는 공장인 경우

(2) 부지인근의 범위

시설물의 부지인근의 범위는 다음 범위 안에서 특별자치도 · 시 · 군 · 구의 조례로 정한다.

① 해당 부지 경계선으로부터 부설주차장의 경계선까지

직선거리	300m 이내
도보거리	600m 이내

② 해당 시설물이 있는 동 · 리(행정 동 · 리를 말함)

③ 그 시설물과의 통행여건이 편리하다고 인정되는 인접 동 · 리(행정 동 · 리를 말함)

5 주차장 설치의무 면제 등

주차장법	주차방법 시행령	주차장법 시행규칙
제19조 【부설주차장의 설치】 ⑤ 제1항의 경우에 시설물의 위치, 용도, 규모 및 부설주차장의 규모 등이 대통령령으로 정하는 기준에 해당할 때에는 해당 주차장의 설치에 드는 비용을 시장·군수 또는 구청장에게 납부하는 것으로 부설주차장의 설치를 갈음할 수 있다. 이 경우 부설주차장의 설치를 갈음하여 납부된 비용은 노외주차장의 설치 외의 목적으로 사용할 수 없다.	**제8조 【부설주차장 설치의무 면제 등】** ① 법 제19조 제5항에 따라 부설주차장의 설치의무가 면제되는 시설물의 위치, 용도, 규모 및 부설주차장의 규모는 다음 각 호와 같다. 1. 시설물의 위치 가. 「도로교통법」 제6조에 따른 차량통행의 금지 또는 주변의 토지이용상황으로 인하여 제6조 및 제7조에 따른 부설주차장의 설치가 곤란하다고 특별자치도지사·시장·군수 또는 자치구의 구청장(이하 "시장·군수 또는 구청장"이라 한다)이 인정하는 장소 나. 부설주차장의 출입구가 도심지 등의 간선도로변에 위치하게 되어 자동차교통의 혼잡을 가중시킬 우려가 있다고 시장·군수 또는 구청장이 인정하는 장소 2. 시설물의 용도 및 규모 연면적 10,000m^2 이상의 판매시설 및 운수시설에 해당하지 아니하거나 연면적 15,000m^2 이상의 문화 및 집회시설(공연장·집회장 및 관람장만을 말한다), 위락시설, 숙박시설 또는 업무시설에 해당하지 아니하는 시설물(「도로교통법」 제6조에 따라 차량통행이 금지된 장소의 시설물인 경우에는 「건축법」에서 정하는 용도별 건축허용 연면적의 범위에서 설치하는 시설물을 말한다) 3. 부설주차장의 규모 주차대수 300대 이하의 규모(「도로교통법」 제6조에 따라 차량통행이 금지된 장소의 경우에는 【별표 1】의 부설수차장 설치기준에 따라 산정한 주차대수에 상당하는 규모를 말한다) ② 법 제19조의 제5항에 따라 부설주차장의 설치의무를 면제받으려는 자는 다음 각 호의 사항을 적은 주차장 설치의무 면제신청서를 시장·군수·구청장에게 제출하여야 한다. 1. 시설물의 위치·용도 및 규모 2. 설치하여야 할 부설주차장의 규모 3. 부설주차장의 설치에 필요한 비용 및 주차장 설치의무가 면제되는 경우의 해당 비용의 납부에 관한 사항 4. 신청인의 성명(법인인 경우에는 명칭 및 대표자의 성명) 및 주소 ③ 제1항 제1호 나목의 장소에 있는 시설물의 경우에는 화물의 하역과 그 밖에 해당 시설물의 기능유지에 필요한 부설주차장은 설치하고 이를 제외한 규모의 부설주차장에 대해서만 설치의무면제신청을 할 수 있다. 이 경우 시설물의 기능유지에 필요한 부설주차장의 규모는 시·군 또는 구의 조례로 정한다. [전문개정 2010.10.21] **제9조 【주차장설치비용의 납부 등】** 법 제19조 제5항에 따라 부설주차장의 설치의무를 면제받으려는 자는 해당 지방자치단체의 조례로 정하는 바에 따라 부설주차장의 설치에 필요한 비용을 다음 각 호의 구분에 따라 시장·군수 또는 구청장에게 내야 한다. 1. 해당 시설물의 건축 또는 설치에 대한 허가 인가 등을 받기 전까지 그 설치에 필요한 비용의 50퍼센트 2. 해당 시설물의 준공검사(건축물인 경우에는 「건축법」 제2조에 따른 사용승인 또는 임시사용승인을 말한다.) 신청 전까지 그 설치에 필요한 비용의 50퍼센트 [전문개정 2012.10.29]	**제13조 【부설주차장 설치의무면제신청서 등】** ① 영 제8조 제2항에 따른 부설주차장 설치의무면제신청서는 별지 제4호서식에 따른다. ② 시장·군수 또는 구청장은 법 제19조 제5항 전단에 따라 부설주차장 설치의무를 면제하려는 경우에는 제1항에 따른 신청서를 받은 후 지체없이 주차장 설치비용과 납부장소 및 납부기한을 정하여 신청인에게 주차장 설치비용을 납부할 것을 통지하여야 한다. ③ 시장·군수 또는 구청장은 부설주차장 설치의무면제신청인이 주차장 설치비용을 납부한 경우에는 부설주차장이 설치되어야 할 시설물에 관한 설치허가 등을 할 때에 별지 제4호서식의 부설주차장 설치의무면제서를 신청인에게 발급하여야 한다.

법해설 Explanation

부설주차장의 설치의무 면제대상

시설물의 위치	• 차량통행의 금지 또는 주변의 토지이용상황으로 인하여 부설주차장의 설치가 곤란하다고 특별자치도지사 · 시장 · 군수 · 구청장이 인정하는 장소 • 부설주차장의 출입구가 도심지 등의 간선도로변에 위치하여 자동차교통의 혼잡을 가중시킬 우려가 있다고 특별자치도지사 · 시장 · 군수 · 구청장이 인정하는 장소	
시설의 용도 및 규모	연면적 10,000m² 이상의 판매시설 및 운수시설에 해당하지 않는 경우	차량통행이 금지된 장소의 시설물인 경우에는 「건축법」이 정하는 용도별 건축허용 연면적의 범위에서 설치하는 시설물을 말함
	연면적 15,000m² 이상의 문화 및 집회시설(공연장 · 집회장 및 관람장에 한함) · 위락시설 · 숙박시설 · 업무시설에 해당하지 않는 경우	차량통행이 금지된 장소의 시설물인 경우에는 「건축법」이 정하는 용도별 건축허용 연면적의 범위에서 설치하는 시설물을 말함
부설주차장의 규모	주차대수 300대 이하(차량통행이 금지된 장소에서는 부설주차장 설치기준에 따라 산정한 주차대수에 상당하는 규모)	

관계법 「도로교통법」 제6조(통행의 금지 및 제한)

① 지방경찰청장은 도로에서의 위험을 방지하고 교통의 안전과 원활한 소통을 확보하기 위하여 필요하다고 인정하는 때에는 구간을 정하여 보행자나 차마(車馬)의 통행을 금지하거나 제한할 수 있다. 이 경우 지방경찰청장은 보행자나 차마의 통행을 금지하거나 제한한 도로의 관리청에 그 사실을 알려야 한다.

② 경찰서장은 도로에서의 위험을 방지하고 교통의 안전과 원활한 소통을 확보하기 위하여 필요하다고 인정하는 때에는 우선 보행자나 차마의 통행을 금지하거나 제한한 후 그 도로 관리자와 협의하여 금지 또는 제한의 대상과 구간 및 기간을 정하여 도로의 통행을 금지하거나 제한할 수 있다.

③ 지방경찰청장 또는 경찰서장은 제1항 또는 제2항의 규정에 의한 금지 또는 제한을 하고자 하는 때에는 행정안전부령이 정하는 바에 의하여 그 사실을 공고하여야 한다. <개정 2008.2.29>

④ 국가경찰공무원 및 자치경찰공무원(이하 "경찰공무원"이라 한다)은 도로의 파손, 화재의 발생이나 그 밖의 사정으로 인한 도로에서의 위험을 방지하기 위하여 긴급한 필요가 있다고 인정되는 때에는 필요한 한도 안에서 보행자나 차마의 통행을 일시 금지하거나 제한할 수 있다. <개정 2006.7.19>

6 주차장 설치비용 납부자의 주차장 무상사용

주차장법	주차장법 시행령
제19조 【부설주차장의 설치】 ⑥ 시장·군수 또는 구청장은 제5항에 따라 주차장의 설치비용을 납부한 자에게 대통령령으로 정하는 바에 따라 납부한 설치비용에 상응하는 범위에서 노외주차장(특별시장·광역시장·시장·군수 또는 구청장이 설치한 노외주차장만 해당한다)을 무상으로 사용할 수 있는 권리(이하 이조에서 "노외주차장 무상사용권"이라 한다)를 주어야 한다. 다만, 시설물의 부지로부터 제4항 후단에 따른 범위에 노외주차장 무상사용권을 줄 수 있는 노외주차장이 없는 경우에는 그러하지 아니하다. ⑦ 시장·군수 또는 구청장은 제6항 단서에 따라 노외주차장 무상사용권을 줄 수 없는 경우에는 제5항에 따른 주차장 설치비용을 줄여 줄 수 있다. ⑧ 시설물의 소유자가 변경되는 경우에는 노외주차장 무상사용권은 새로운 소유자가 승계한다. ⑨ 제5항과 7항에 따른 설치비용의 산정기준 및 감액기준 등에 관하여 필요한 사항은 해당 지방자치단체의 조례로 정한다.<개정 2000.1.28>	**제10조 【주차장 설치비용 납부자의 주차장 무상사용 등】** ① 시장·군수·구청장은 제9조에 따라 시설물의 소유자로부터 부설주차장의 설치에 필요한 비용을 받은 경우에는 시설물 준공검사확인증(건축물인 경우에는 「건축법」 제22조에 따른 사용 승인서 또는 임시 사용승인서를 말한다. 이하 같다)을 발급할 때에 특별시장·광역시장·시장·군수 또는 구청장이 설치한 노외주차장 중 해당시설물의 소유자가 무상으로 사용할 수 있는 주차장을 지정하여야 한다. 다만, 제7조 제2항에 따른 범위에 해당하는 시설물의 부지인근에 사용할 수 있는 노외주차장이 없는 경우에는 그러하지 아니하다. ② 제1항 본문에 따라 주차장을 무상으로 사용할 수 있는 기간은 납부된 주차장 설치비용을 해당 지방자치단체의 조례로 정하는 방법에 따라 시설물 준공검사확인증을 발급할 때의 해당 주차장의 주차요금 징수기준에 따른 징수요금으로 나누어 산정한다. ③ 시장·군수 또는 구청장은 제1항 본문에 따라 시설물의 소유자가 무상으로 사용할 수 있는 노외주차장을 지정할 때는 해당 시설물로부터 가장 가까운 거리에 있는 주차장을 지정하여야 한다. 다만, 그 주차장이 주차난이 심하거나 그 밖에 그 주차장을 이용하게 하기 곤란한 사정이 있는 경우에는 시설물 소유자의 동의를 받아 그 주차장 외의 다른 주차장을 지정할 수 있다. ④ 구청장은 제1항 본문에 따라 무상사용 주차장으로 지정하려는 노외주차장이 특별시장 또는 광역시장이 설치한 노외주차장인 경우에는 미리 해당 특별시장 또는 광역시장과 협의하여야 한다. [전문개정 2010.10.21]

법해설 Explanation

주차장 설치비용 납부자의 주차장 무상사용

① 무상사용 주차장의 지정

시기	시설물 준공검사필증 또는 가사용승인서를 교부할 때 대상주차장을 지정한다.
대상주차장	시장·군수·구청장이 설치한 노외주차장

② 무상사용 주차장의 위치는 해당 시설물로부터 가장 가까운 거리에 있는 주차장(해당 주차장의 주차난 극심 또는 주차장이용이 곤란한 경우에는 동의를 얻어 다른 주차장 지정)으로 한다.

7 부설주차장의 설치제한 및 권고 등

주차장법	주차장법 시행령	주차장법 시행규칙
제19조 【부설주차장의 설치】 ⑩ 특별시장·광역시장·특별자치시장·특별자치도지사 또는 시장은 부설주차장을 설치하면 교통 혼잡이 가중될 우려가 있는 지역에 대하여는 제1항 및 제3항에도 불구하고 부설주차장의 설치를 제한할 수 있다. 이 경우 제한지역의 지정 및 설치제한의 기준은 국토교통부령으로 정하는 바에 따라 해당 지방자치단체의 조례로 정한다. <개정 2018.12.18> ⑪ 시장·군수 또는 구청장은 설치기준에 적합한 부설주차장이 제3항에 따른 부설주차장 설치기준의 개정으로 인하여 설치기준에 미달하게 된 기존 시설물중 대통령령으로 정하는 시설물에 대하여는 그 소유자에게 개정된 설치기준에 맞게 부설주차장을 설치하도록 권고할 수 있다. ⑫ 시장·군수 또는 구청장은 제11항에 따라 부설주차장의 설치권고를 받은 자가 부설주차장을 설치하려는 경우 제21조의2제6항에 따라 부설주차장의 설치비용을 우선적으로 보조할 수 있다. ⑬ 시장·군수 또는 구청장은 주차난을 해소하기 위하여 필요한 경우 공공기관, 그 밖에 대통령령으로 정하는 시설물의 부설주차장을 일반이 이용할 수 있는 개방주차장(이하 "개방주차장"이라 한다)으로 지정할 수 있다. <신설 2020.2.4> ⑭ 시장·군수 또는 구청장은 개방주차장을 지정하기 위하여 그 시설물을 관리하는 자에게 협조를 요청할 수 있다. 이 경우 요청을 받은 자는 특별한 사정이 없으면 이에 따라야 한다. <신설 2020.2.4> ⑮ 개방주차장의 지정에 필요한 절차, 개방시간, 보조금의 지원, 시설물 관리 및 운영에 대한 손해배상책임 등에 관하여 필요한 사항은 해당 지방자치단체의 조례로 정한다. <신설 2020.2.4> **제19조의 2 【부설주차장 설치계획서】** 부설주차장을 설치하는 자는 시설물의 건축 또는 설치에 관한 허가를 신청하거나 신고를 할 때에는 국토교통부령으로 정하는 바에 따라 부설주차장 설치계획서를 제출하여야 한다. 다만, 시설물의 용도변경으로 인하여 부설주차장을 설치하여야 하는 경우에는 용도변경을 신고하는 때(용도변경신고의 대상이 아닌 경우에는 그 용도변경을 하기 전을 말한다)에 부설주차장 설치계획서를 제출하여야 한다. <개정 2003.12.31> **제19조의 3 【부설주차장의 주차요금징수 등】** ① 부설주차장을 관리하는 자는 주차장에 자동차를 주차하는 사람으로부터 주차요금을 받을 수 있다. ② 제1항에 따른 부설주차장의 관리자에 대하여는 제17조를 준용한다.	**제11조 【기존 시설물】** ① 법 제19조 제11항에서 "대통령령으로 정하는 시설물"이란 령으로 단독주택·공동주택 또는 오피스텔로서 해당 시설물의 내부 또는 그 부지 안에 부설주차장을 추가로 설치할 수 있는 면적이 10㎡ 이상인 시설물을 말한다. ② 제1항에 따른 시설물에 추가로 설치되는 부설주차장의 설치방법 등에 관하여 필요한 세부적인 사항은 지방자치단체의 조례로 정할 수 있다. [전문개정 2010.10.21]	**제7조의 2 【노외주차장 또는 부설주차장의 설치제한】** ① 법 제12조제6항 또는 법 제19조제10항에 따라 노외주차장 또는 부설주차장(주택 및 오피스텔의 부설주차장은 제외한다)의 설치를 제한할 수 있는 지역은 다음 각 호의 어느 하나에 해당하는 지역으로 한다. 1. 자동차교통이 혼잡한 상업지역 또는 준주거지역 2. 「도시교통정비 촉진법」 제42조에 따른 교통혼잡 특별관리구역으로서 도시철도 등 대중교통수단의 이용이 편리한 지역 ② 법 제12조 제6항에 따른 노외주차장 설치제한의 기준은 그 지역의 자동차교통여건을 고려하여 정한다. ③ 법 제19조제10항에 따라 해당 지방자치단체의 조례로 정하는 부설주차장 설치제한의 기준은 최고한도로 정하되, 최고한도는 「주차장법 시행령」(이하 "영"이라 한다) 별표 1의 설치기준(조례로 설치기준을 정한 경우에는 조례에서 정한 설치기준을 말한다. 이하 이 항에서 "설치기준"이라 한다) 이내로 하여야 한다. 다만, 제1항제2호에 해당하는 지역의 경우에는 설치기준의 2분의 1 이내로 하여야 한다. ④ 제3항에 따른 부설주차장 설치제한의 기준은 시설물의 종류별·규모별 또는 해당지역의 구역별로 각각 다르게 정할 수 있다. ⑤ 제3항 및 제4항에 따라 조례로 부설주차장 설치제한의 기준을 정할 때에는 화물의 하역을 위한 주차 또는 장애인 등 교통약자나 긴급자동차 등의 주차를 위한 최소한의 주차구획을 확보하도록 하여야 한다. **제12조 【부설주차장설치계획서의 제출】** ① 법 제19조의2에 따라 부설주차장설치계획서를 제출하는 경우에는 별지 제2호서식의 부설주차장 설치계획서(부설주차장 인근설치계획서)에 다음 각 호의 서류(전자문서를 포함한다) 및 도면을 첨부하여야 한다. 다만, 제2호부터 제4호까지의 서류는 법 제19조제4항에 따라 시설물의 부지인근에 부설주차장을 설치하는 경우만 첨부한다. 1. 부설주차장의 배치도 2. 공사설계도서(공사가 필요한 경우만 해당한다) 3. 시설물의 부지와 주차장의 설치부지를 포함한 지역의 토지이용상황을 판단할 수 있는 축척 1천200분의 1 이상의 지형도 4. 토지의 지번·지목 및 면적이 적힌 토지조서(건축물식 주차장인 경우에는 건축면적·건축연면적·층수 및 높이와 주차형식이 적힌 건물조서를 포함한다)

주차장법	주차장법 시행령	주차장법 시행규칙
③ 시장·군수 또는 구청장은 다음 각 호의 어느 하나에 해당하는 경우에는 제8조의2제2항에 따른 조치를 취할 수 있다. 1. 개방주차장의 지정된 주차구획 외의 곳에 주차하는 경우 2. 개방주차장의 지정된 개방시간을 위반하여 주차하는 경우 ④ 제3항에 따라 자동차를 이동시키는 경우에는 「도로교통법」 제35조제3항부터 제7항까지 및 제36조를 준용한다. <신설 2020.2.4>		② 제1항에 따른 부설주차장설치계획서를 제출받은 시장·군수 또는 구청장은 법 제19조제4항에 따라 시설물의 부지인근에 부설주차장을 설치하는 경우만 「전자정부법」 제36조제1항에 따른 행정정보의 공동이용을 통하여 토지등기부등본(건축물식 주차장인 경우에는 건물등기부등본을 포함한다)을 확인하여야 한다.

법해설 Explanation

부설주차장의 설치제한 및 권고 등

(1) 부설주차장의 설치제한

① 시장(특별시장·광역시장·특별자치도지사 포함)은 부설주차장(주택 및 오피스텔의 부설주차장은 제외한다)을 설치하면 교통의 혼잡을 가중시킬 우려가 있는 다음에 해당하는 지역의 부설주차장의 설치를 제한할 수 있다.

1. 자동차교통이 혼잡한 상업지역 또는 준주거지역
2. 「도시교통정비 촉진법」에 따른 교통혼잡 특별관리구역(제42조)으로서 도시철도 등 대중교통수단의 이용이 편리한 지역

② 이 경우 제한지역의 지정 및 설치제한의 기준은 해당 지방자치단체의 조례로 정한다.

③ 해당 지방자치단체의 조례로 정하는 부설주차장 설치제한의 기준은 최고한도로 정하되, 최고한도는 「주차장법 시행령」 [별표 1]의 설치기준(조례로 설치기준을 정한 경우에는 조례에서 정한 설치기준을 말함) 이내로 하여야 한다. 다만, 위 ①-2.에 해당하는 지역의 경우에는 설치기준의 1/2 이내로 하여야 한다.

(2) 부설주차장의 설치권고

① 시장·군수 또는 구청장은 설치기준에 적합한 부설주차장이 설치기준의 개정으로 인하여 설치기준에 미달하게 된 다음의 기존 시설물에 대하여는 그 소유자에게 그 설치기준에 맞게 부설주차장을 설치하도록 권고할 수 있다.

- 기존 시설물 : 단독주택·공도주택·오피스텔로서 시설물 내부 또는 그 부지 안에 추가설치 면적이 $10m^2$ 이상인 시설물

② 시장·군수 또는 구청장은 부설주차장의 설치권고를 받은 자가 부설주차장을 설치하고자 하는 경우 설치비용을 우선적으로 보조할 수 있다.

부설주차장의 주차요금징수 등

① 부설주차장 관리자는 주차장에 자동차를 주차하는 자로부터 주차요금을 받을 수 있다.

② 부설주차장 관리자는 주차장을 성실히 관리·운영하여야 하며 시설의 적정한 유지관리에 노력하여야 한다.

③ 부설주차장 관리자는 주차장 공용(供用) 기간에 정당한 이유 없이 그 이용을 거절할 수 없다.

8 부설주차장의 용도변경 금지

주차장법	주차장법 시행령	주차장법 시행규칙
제19조의 4【부설주차장의 용도변경금지 등】 ① 부설주차장은 주차장 외의 용도로 사용할 수 없다. 다만, 다음 각호의 어느 하나에 해당하는 경우에는 그러하지 아니하다. 1. 시설물의 내부 또는 그 부지(제19조제4항에 따라 해당 시설물의 부지 인근에 부설주차장을 설치하는 경우에는 그 인근 부지를 말한다) 안에서 주차장의 위치를 변경하는 경우로서 시장·군수 또는 구청장이 주차장의 이용에 지장이 없다고 인정하는 경우 2. 시설물의 내부에 설치된 주차장을 추후 확보된 인근 부지로 위치를 변경하는 경우로서 시장·군수 또는 구청장이 주차장의 이용에 지장이 없다고 인정하는 경우 3. 그 밖에 대통령령으로 정하는 기준에 해당하는 경우 ② 시설물의 소유자 또는 부설 주차자의 관리책임이 있는 자는 해당 시설물의 이용자가 부설주차장을 이용하는데에 지장이 없도록 부설주차장본래의 기능을 유지하여야 한다. 다만, 대통령령으로 정하는 기준에 해당하는 경우에는 그러하지 아니하다. ③ 시장·군수 또는 구청장은 제1항 또는 제2항을 위반하여 부설주차장을 다른 용도로 사용하거나 부설주차장 본래의 기능을 유지하지 아니하는 경우에는 해당 시설물의 소유자 또는 부설주차장의 관리 책임이 있는 자에게 지체없이 원상회복을 명하여야 한다. 이 경우 시설물의 소유자 또는 부설주차장의 관리책임이 있는 자가 그 명령에 따르지 아니할 때에는 「행정대집행법」에 따라 원상회복을 대집행(代執行)할 수 있다. ④ 제1항 및 제2항을 위반하여 부설주차장을 다른 용도로 사용하거나 부설주차장 본래의 기능을 유지하지 아니하는 경우에는 해당 시설물을 「건축법」제79조제1항에 따른 위반건축물로 보아 같은 조 제2항 본문을 적용한다.	**제12조【부설주차장의 용도변경 등】** ① 법 제19조의4 제1항제3호에서 "대통령령으로 정하는 기준에 해당하는 경우"란 다음 각 호의 어느 하나와 같다.<개정 2012.4.10, 2012.10.29> 1. 「도로교통법」제6조에 따른 차량통행의 금지 또는 주변의 토지이용 상황 등으로 인하여 시장·군수 또는 구청장이 해당 주차장의 이용이 사실상 불가능하고 인정한 경우, 이 경우 변경 후의 용도는 주차장으로 이용할 수 없는 사유가 소멸되었을 때에 즉시 주차장으로 환원하는 데에 지장이 없는 경우에 한정하고, 변경된 용도로의 사용기간은 주차장으로 이용이 불가능한 기간에 한정한다. 2. 직거래 장터 개설 등 지역경제 활성화를 위하여 시장·군수 또는 구청장이 정하여 고시하는 바에 따라 주차장을 일시적으로 이용하려는 경우로서 시장·군수 또는 구청장이 해당 주차장의 이용에 지장이 없다고 인정하는 경우 3. 제6조 또는 법 제19조 제10항에 따른 해당 시설물의 부설주차장의 설치기준 또는 설치제한기준(시설물을 설치한 후 법령·조례의 개정 등으로 설치기준 또는 설치제한 기준이 변경된 경우에는 변경된 설치기준 또는 설치제한기준을 말한다)을 초과하는 주차장으로서 그 초과 부분에 대하여 시장·군수 또는 구청장의 확인을 받은 경우 4. 「국토의 계획 및 이용에 관한 법률」제2조 제10호에 따른 도시·군계획시설사업으로 인하여 그 전부 또는 일부를 사용할 수 없게 된 주차장으로서 시장·군수 또는 구청장의 확인을 받은 경우 5. 법 제19조 제4항에 따라 시설물의 부지인근에 설치한 부설주차장을 그 부지인근의 범위에서 이전하여 설치하는 경우 6. 「산업입지 및 개발에 관한 법률」제2조 제8호에 따른 산업단지 안에 있는 공장의 부설주차장을 법 제19조 제4항 후단에 따른 시설물 부지 인근의 범위에서 이전하여 설치하는 경우 7. 「도시교통정비 촉진법 시행령」제13조의2 제1항 각 호에 따른 건축물(「주택건설기준 등에 관한 규정」이 적용되는 공동주택은 제외한다)의 주차장이 「도시교통정비 촉진법」제33조 제1항 제4호에 따른 승용차 공동이용 지원(승용차공동이용을 위한 전용주차구획을 설치하고 공동이용을 위한 승용자동차를 상시 배치하는 것을 말한다. 이하 같다)을 위하여 사용되는 경우로서 다음 각 목의 모든 요건을 충족하는지 여부에 대하여 시장·군수 또는 구청장의 확인을 받은 경우 가. 주차장 외의 용도로 사용하는 주차장의 면적이 승용차공동이용 지원을 위하여 설치한 전용주차구획 면적의 2배를 초과하지 아니할 것 나. 주차장 외의 용도로 사용하는 주차장의 면적이 해당 주차장의 전체 주차구획 면적의 100분의 10을 초과하지 아니할 것 다. 해당 주차장이 승용차공동이용 지원에 사용되지 아니하는 경우에는 주차장 외의 용도로 사용하는 부분을 즉시 주차장으로 환원하는 데에 지장이 없을 것 ② 법 제19조의4 제1항제1호·제2호 및 이 조 제1항 제5호·제6호의 경우에 종전의 부설주차장은 새로운 부설주차장의 사용이 시작된 후에 용도변경하여야 한다. 다만, 기존주차장 부지에 증축되는 건축물안에 주차장을 설치하는 경우에는 그러하지 아니하다.<개정 2012.10.29> ③ 법 제19조의4 제2항 단서에 따라 부설주차장 본래의 기능을 유지하지 아니하여도 되는 경우에는 제1항 제1호 제3호, 제4호에 해당하는 경우와 기존주차장을 보수 또는 증축하는 경우(보수 또는 증축하는 기간으로 한정한다)로 한다. [전문개정 2010.10.21]	**제15조【부설주차장의 인근설치 관리대상】** ① 시장·군수 또는 구청장은 법 제19조의4 제3항에 따른 업무를 수행하기 위하여 필요한 경우에는 별지 제5호서식의 부설주차장인근설치관리대장을 작성하여 관리하여야 한다. ② 제1항의 부설주차장인근설치관리대장은 전자적 처리가 불가능한 특별한 사유가 없으면 전자적 처리가 가능한 방법으로 작성·관리하여야 한다. **제16조【부설주차장의 용도변경 신청 등】** 영 제12조 제1항에 따라 부설주차장의 용도를 변경하려는 자는 별지 제8호 서식의 부설주차장 용도변경신청서에 용도변경을 증명할 수 있는 서류를 첨부하여 해당 부설주차장의 소재지를 관할하는 시장·군수 또는 구청장에게 제출하여야 한다.

법해설 Explanation

부설주차장의 용도변경 금지

① 용도변경 : 부설주차장은 주차장 외의 용도로 사용할 수 없다.

예외 부설주차장의 용도를 변경할 수 있는 사항

- 차량통행의 금지 또는 주변의 토지이용상황 등으로 인하여 시장·군수·구청장이 해당 주차장의 이용이 사실상 불가능하다고 인정한 경우 변경 후의 용도는 주차장으로 이용할 수 없는 사유가 소멸된 때에는 즉시 주차장으로 환원하는데 지장이 없는 경우에 한하고, 변경된 용도로의 사용기간은 주차장으로 이용이 불가능한 기간에 한한다.
- 해당 시설물의 부설주차장 설치기준 또는 설치제한기준을 초과하는 주차장으로서 그 초과부분에 대하여 시장·군수·구청장의 확인을 받은 경우
- 도시·군계획사업으로 인하여 주차장의 전부 또는 일부를 사용할 수 없게 된 주차장으로서 시장·군수·구청장의 확인을 받은 경우
- 시설물의 부지인근에 설치한 부설주차장을 그 부지인근의 범위안에서 이전 설치하는 경우

② 시설물의 소유자 또는 관리책임이 있는 자는 해당 시설물의 이용자가 부설주차장을 이용하는데 지장이 없도록 부설주차장 본래의 기능을 유지하여야 한다.

판례 시설물의 내부에서 그 부지 밖으로 주차장의 위치를 변경하는 경우가 주차장법시행령 제12조 제1항 제2호 소정의 시설물의 내부 또는 그 부지 안에서 주차장의 위치를 변경하는 경우에 해당하는지 여부

시설물의 내부 또는 그 부지 안에서 주차장의 위치를 변경하는 것이 아니라 시설물의 내부에서 그 부지 밖으로 주차장의 위치를 변경하는 경우는 주차장법시행령 제12조 제1항제2호 소정의 시설물의 내부 또는 그 부지 안에서 주차장의 위치를 변경하는 경우에 해당하지 아니한다.(1995. 12. 8 선고 94누15554 판결)

판례 주차장법 제19조의 4 제1항이 헌법 제2조, 제11조 제1항, 제15조, 제37조 제2항, 제75조에 위배되는지 여부

이미 시설물 내부나 부지 안에 부설주차장을 설치한 자가 부지 인근에 주차장을 설치하더라도 시설물의 내부 또는 부지 안에서 주차장의 위치를 변경하는 경우와는 달리 기존 부설주차장의 용도를 변경할 수 없도록 하는 제한은 부설주차장이 가급적 시설물 내부나 부지 안에 설치, 유지됨으로써 주차장으로서의 기능이 최대한으로 발휘되도록 하기 위한 것으로서 공공복리에 적합한 합리적인 제한이고, 그 제한으로 인하여 건물소유자가 입는 불이익은 공공의 복리를 위하여 감수하지 않으면 안될 정도의 것이라고 인정되므로 이를 들어 주차장법 제19조의 4 제1항이 헌법 제23조(재산권의 보장과 제한), 제11조 제1항)평등권의 보장), 제15조(직업선택의 자유)에 위배된 것이라고 볼 수 없으며, 기본권 제한에 있어 요구되는 비례의 원칙 내지는 과잉금지의 원칙에 반하여 위 각 기본권의 본질적 내용을 침해함으로써 헌법 37조 제2항에 위배된 것이라고 볼 수도 없고, 주차장법 제19조의 4 제1항은 부설주차장으로 주차장 외의 용도로 사용할 수 없다고 하면서 예외적으로 용도변경이 허용되는 경우에 한정하여 시행령에 위임하고 있으므로 이를 가리켜 헌법 제75조에 규정된 포괄위임금지원칙에 위반되었다고도 할 수 없다.(1995. 12. 8 선고 94누15554 판결)

9 부설주차장의 구조 및 설비기준

주차장법	주차장법 시행규칙

제11조 【부설주차장의 구조 · 설비기준】

① 법 제6조제1항에 따른 부설주차장의 구조 · 설비기준에 대해서는 제5조제6호 및 제7호와 제6조제1항제1호부터 제8호까지 · 제10호 · 제12호 · 제13호 및 같은 조 제7항을 준용한다.
다만, 단독주택 및 다세대주택으로서 해당 부설주차장을 이용하는 차량의 소통에 지장을 주지 아니한다고 시장 · 군수 또는 구청장이 인정하는 주택의 부설주차장의 경우에는 그러하지 아니하다.

② 다음 각호의 부설주차장에 대해서는 제6조 제11항 제9호 및 제11호를 준용한다.
1. 주차대수 30대를 초과하는 지하식 또는 건축물 형태의 자주식 주차장으로서 판매시설, 숙박시설, 운동시설, 위락시설 · 문화 및 집회시설 · 종교시설 또는 업무시설(이하 이 항에서 "판매시설 등"이라 한다)의 용도로 이용되는 건축물의 부설주차장
2. 제1호에 따른 규모의 주차장을 설치한 판매시설 등과 다른 용도의 시설이 복합적으로 설치된 건축물 의 부설주차장으로서 각각의 시설에 대한 부설주차장을 구분하여 사용 · 관리하는 것이 곤란한 건축물의 부설주차장

③ 제2항에 따른 건축물외의 건축물(단독주택 및 다세대 주택은 제외한다)의 부설주차장으로서 지하식 또는 건축물식 형태의 자주식 주차장에는 바닥으로부터 85cm의 높이에 있는 지점이 평균 70lux 이상의 조도를 유지할 수 있도록 조명장치를 설치하여야 한다.

④ 주차대수 50대 이상의 부설주차장에 설치되는 확장형 주차 단위 구역에 관하여는 제6조 제1항 제14호를 준용한다.<신설 2012.7.2>

⑤ 부설주차장의 총 주차대수 규모가 8대 이하인 자주식 주차장(지평식만 해당한다)의 구조 및 설비기준은 제1항 본문에도 불구하고 다음 각 호에 따른다.
1. 차로의 너비는 2.5m 이상으로 한다.
다만, 주차단위구획과 접하여 있는 차로의 너비는 주차형식에 따라 다음 표에 따른 기준 이상으로 하여야 한다.

주차형식	차로의 너비
평행주차	3.0m
직각주차	6.0m
60°대향주차	4.0m
45°대향주차	3.5m
교차주차	3.5m

2. 보도와 차도의 구분이 없는 너비 12m 미만의 도로에 접하여 있는 부설주차장은 그 도로를 차로로 하여 주차단위구획을 배치할 수 있다. 이 경우 차로의 너비는 도로를 포함하여 6m 이상(평행주차형식인 경우에는 도로를 포함하여 4m 이상)으로 하며, 도로의 포함범위는 중앙선까지로 하되 중앙선이 없는 경우에는 도로 반대쪽 경계선까지로 한다.
3. 보도와 차도의 구분이 있는 12m 이상의 도로에 접하여 있고 주차대수가 5대 이하인 부설주차장은 그 주차장의 이용에 지장이 없는 경우만 그 도로를 차로로 하여 직각주차형식으로 주차단위 구획을 배치할 수 있다.
4. 주차대수 5대 이하의 주차단위구획은 차로를 기준으로 하여 세로로 2대까지 접하여 배치할 수 있다.
5. 출입구의 너비 3m 이상으로 한다.
다만, 막다른 도로에 접하여 있는 부설주차장으로서 시장 · 군수 또는 구청장이 차량의 소통에 지장이 없다고 인정하는 경우에는 2.5m 이상으로 할 수 있다.
6. 보행인의 통행로가 필요한 경우에는 시설물과 주차단위구획 사이에 0.5m 이상의 거리를 두어야 한다.

⑥ 제1항 및 제5항에 따라 도로를 차로로 하여 설치한 부설주차장의 경우 도로와 주차구획선 사이에는 담장 등 주차장의 이용을 곤란하게 하는 장애물을 설치할 수 없다.<2012.7.2>

법해설 Explanation

부설주차장의 구조 및 설비기준

(1) 부설주차장의 구조 및 설비기준

부설주차장의 구조 및 설비기준은 다음과 같다.
(단독주택 및 다세대주택으로서 해당 부설주차장을 이용하는 차량의 소통에 지장이 없다고 시장·군수 또는 구청장이 인정하는 주택의 부설주차장은 제외)

① 부설주차장과 연결되는 도로가 2 이상인 경우에는 자동차 교통이 적은 도로에 출구와 입구를 설치한다.

예외 보행자의 교통에 지장이 있는 경우

② 주차대수 400대를 초과하는 부설주차장은 출구와 입구를 따로 설치할 것

③ 다음에 해당하는 노외주차장의 구조 및 설비기준을 준용한다.

㉠ 입구와 출구는 차로와 도로가 접하는 경우 곡선형으로 할 것
㉡ 출구부근의 구조
㉢ 주차장 내의 차로
㉣ 출입구의 너비
㉤ 자주식 주차장의 기준
㉥ 자동차용승강기 설치기준
㉦ 주차장의 높이
㉧ 일산화탄소 농도
㉨ 경보장치의 설치
㉩ 건축물식 주차장의 안전시설의 설치
㉪ 주차단위 구획의 경사도(평지설치)

예외 기계식 주차장으로 기능 및 성능을 국토교통부장관이 인정하는 경우 그 기준에 따라 설치할 수 있다.

(2) 부설주차장의 조명 및 방범설비

건축물의 용도	조명설비	방범설비
• 30대를 초과하는 지하식, 건축물식의 자주식 주차장으로 판매시설·숙박시설·운동시설·위락시설·문화 및 집회시설·종교시설 또는 업무시설로 이용되는 건축물(판매시설 등) • 판매시설 등의 용도와 다른 용도가 복합된 건축물의 주차장으로 각각 시설에 대한 부설주차장이 구분되지 않은 경우	70lux 이상(바닥으로부터 85cm 높이 지점)	폐쇄회로 텔레비전 및 녹화장치 설치
위의 용도가 아닌 용도(단독 및 다세대주택 제외)		–

(3) 주차대수가 8대 이하인 자주식 주차장(지평식)의 구조 및 설비기준

① 차로의 너비는 2.5m 이상으로 하되 주차단위구획과 접하여 있는 차로의 너비는 다음과 같다.

주차형식	차로의 너비
평행주차	3.0m 이상
45° 대향주차	3.5m 이상
교차주차	3.5m 이상
60° 대향주차	4.0m 이상
직각주차	6.0m 이상

② 너비 12m 미만인 도로(보도와 차로의 구분이 없는 경우)에 접한 부설주차장인 경우에는 그 도로를 차로로 하여 주차단위구획을 배치할 수 있다. 이 경우 차로의 너비는 도로를 포함하여 6m 이상(평행주차인 경우 4m 이상)으로 하며, 도로의 범위는 중앙선까지로 하되 중앙선이 없는 경우에는 도로 반대쪽 경계선까지로 한다.

③ 보도와 차도의 구분이 있는 12m 이상의 도로에 접하여 있고 주차대수가 5대 이하인 부설주차장 : 해당 주차장의 이용에 지장이 없는 경우에 한하여 그 도로를 차도로 하여 직각주차형식으로 주차단위구획을 배치할 수 있다.

④ 5대 이하의 주차단위구획 : 차로를 기준으로 하여 세로로 2대까지 접하여 배치할 수 있다.

⑤ 출입구의 너비는 3m 이상

예외 막다른 도로에 접한 경우로서 시장 · 군수 · 구청장이 차량소통에 지장이 없다고 인정하는 경우에는 2.5m 이상으로 할 수 있다.

⑥ 보행인의 통로가 필요한 경우에는 시설물과 주차구획 사이에 0.5m 이상의 거리를 두어야 한다.

(4) 도로를 차로로 하여 설치한 부설주차장

도로와 주차구획선 사이에는 담장 등 주차장의 이용을 곤란하게 하는 장애물을 설치할 수 없다.

참고 차도에 연접하여 배치할 수 있는 경우

① 도로를 차로로 할수 있는 주차대수 규모 5대 이하는 해당 부지 안에 설치하여야 할 총 주차대수가 5대 이하인 경우에만 적용하도록 한 규정이 아니라 총 주차대수 규모가 8대 이하인 소규모주차장이 보차도 구분이 있는 너비 12m 이상의 도로에 접하여 있는 경우에 그 도로를 차로로 하여 주차단위구획을 배치할 수 있는 것이므로 8대 이하인 소규모 주차장을 설치하여야 하는 건축물이 2개의 보차도 구분이 없는 너비 12m 미만의 도로와 접하는 경우에는 각각 도로를 차로로 하여 주차단위구획을 배치할 수도 있는 것이다.

참고

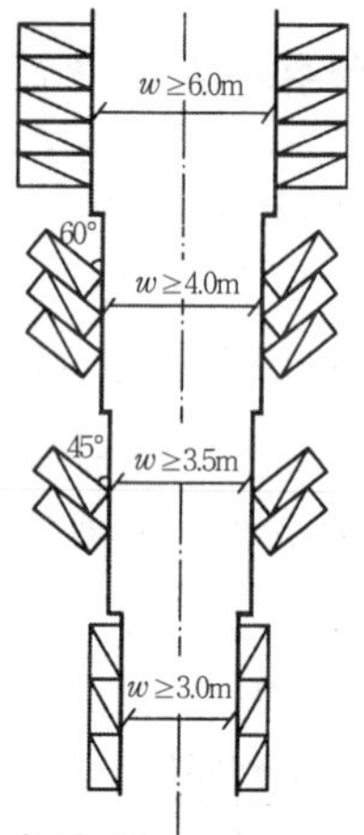

* w : 차로의 너비

질의

총주차대수 5대인 부설주차장을 4대는 너비 6m 도로를 차로로 하여 田자 형태로 세로로 연접배치하고, 나머지 1대는 너비 8m 도로를 차로로하여 배치할 수 있는지 및 이 경우 차로와 출입의 너비는?

회신

주차장법시행규칙 제11조 제4항의 규정에 의거 2개의 도로가 보도와 차도의 구분이 없는 도로이면 질의와 같이 부설주차장을 설치할 수 있으나 1대인 주차구획의 경우에는 제4항 제5호의 규정에 의거 보행인의 통로(05.m)를 확보하는 것이 바람직함, 차로는 도로의 너비가 6m 이상이므로 따로 확보할 필요가 없으며, 출입구도 주차구획을 도로에 접하게 배치하고 1대인 주차구획의 경우에 건축선을 후퇴하면 따로 확보하지 아니하고 주차장을 설치할 수 있도록 운용하고 있다.

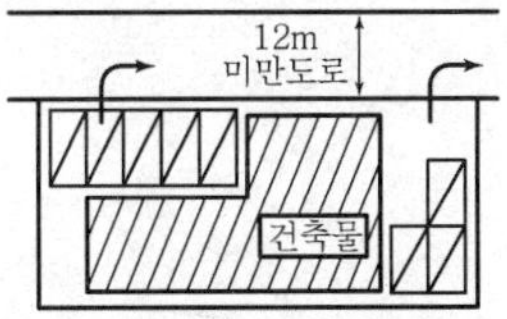

1개의 도로가 접한 경우
(인도가 없는 12m 미만 도로)

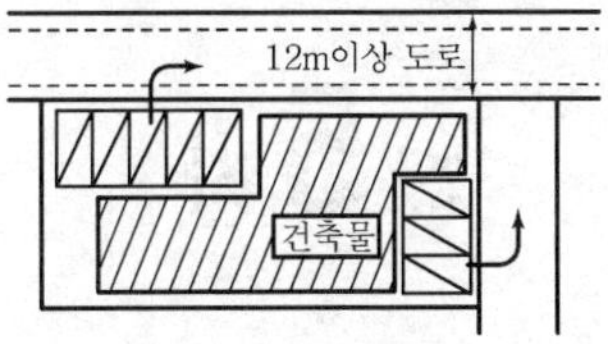

2개의 도로가 접한 경우
(인도가 있는 12m 이상 도로)

• 차로의 너비 : 6m 이상 • 도로 : 중앙선이 없는 경우 반대측 경계선

(주차대수 5대 이하인 경우 직각주차 형식으로 배치)

② 차로를 기준으로 하여 주차단위구획을 세로로 연접하여 주차대수 2대까지 배치할 수 있도록 한 것은 전면의 차량을 이동할 경우 뒷면의 차량이 원활한 소통을 할 수 있는 구조가 되도록 하기 위하여 연접 주차대수를 제한한 것이므로 총 주차대수의 규모가 8대 이하인 소규모 주차장에서는 같은 대지 안에서 도로를 달리하거나 일정한 차로 간격을 띄어 2대씩 연접 배치할 수도 있는 것이다.

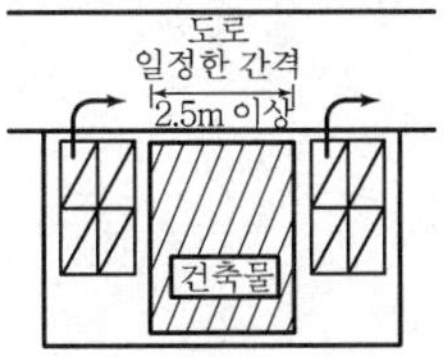

1개의 도로가 접한 경우

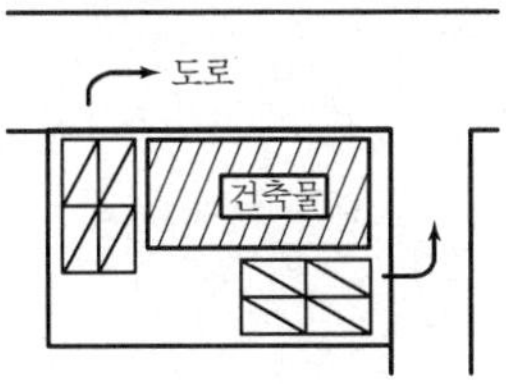

2개의 도로가 접한 경우

제 5 장

기계식 주차장

1 기계식 주차장의 설치기준

주차장법	주차장법 시행규칙
제19조의 5【기계식 주차장의 설치기준】 기계식 주차장의 설치기준은 국토교통부령으로 정한다.	**제16조의 2【기계식 주차장의 설치기준】** 법 제19조의 5에 따른 기계식 주차장의 설치기준은 다음 각 호와 같다. 다만, 이 조에 규정된 사항 외에 기계식 주차장의 설치기준에 관하여는 제6조(같은 조 제1항 제3호·제7호 및 제8호는 제외한다)에 따른다. 제11조 제1항에서 이를 준용하는 경우에도 또한 같다.<개정 2012.7.2> 1. 기계식 주차장치출입구의 앞면에는 다음 각 목에 따라 자동차의 회전을 위한 공지(이하 "전면공지"라 한다) 또는 자동차의 방향을 전환하기 위한 기계장치(이하 "방향전환장치"라 한다)를 설치하여야 한다. 가. 중형기계식 주차장(길이 5.05m 이하, 너비 1.85m 이하, 높이 1.55m 이하, 무게 1,850kg 이하인 자동차를 주차할 수 있는 기계식 주차장을 말한다. 이하 같다) 너비 8.1m 이상, 길이 9.5m 이상의 전면공지 또는 직경 4m 이상의 방향전환장치와 그 방향전환장치에 접한 너비 1m 이상의 여유공지 나. 대형기계식 주차장(길이 5.75m 이하, 너비 2.15m 이하, 높이 1.85m 이하, 무게 2,200kg 이하인 자동차를 주차할 수 있는 기계식 주차장을 말한다. 이하 같다) : 너비 10m 이상, 길이 11m 이상의 전면공지 또는 직경 4.5m 이상의 방향전환장치와 그 방향전환장치에 접한 너비 1m 이상의 여유공지 2. 기계식 주차장치의 내부에 방향전환장치를 설치한 경우와 2층 이상으로 주차구획이 배치되어 있고 출입구가 있는 층의 모든 주차구획을 기계식 주차장치출입구로 사용할 수 있는 기계식 주차장의 경우에는 제1호에도 불구하고 제6조 제1항 제3호 또는 제11조 제5항 제2호를 준용한다. 3. 기계식 주차장에는 도로에서 기계식 주차장치출입구까지의 차로(이하 "진입로"라 한다)또는 전면공지와 접하는 장소에 자동차가 대기할 수 있는 장소(이하 "정류장"이라 한다)를 설치하여야 한다. 이 경우 주차대수 20대를 초과하는 20대마다 한 대분의 정류장을 확보하여야 하며, 정류장의 규모는 다음 각 목과 같다. 다만, 주차장의 출구와 입구가 따로 설치되어 있거나 진입로의 너비가 6m 이상인 경우에는 종단경사도가 6% 이하인 진입로의 길이 6m마다 한 대분의 정류장을 확보한 것으로 본다. 가. 중형기계식 주차장 : 길이 5.05m 이상, 너비 1.85m 이상 나. 대형기계식 주차장 : 길이 5.3m 이상, 너비 2.15m 이상

법해설 Explanation

기계식 주차장의 설치기준

① 노외주차장 설비기준을 준용한다.

예외 주차형식에 따른 차로의 너비, 주차부분의 높이, 내부공간의 일산화탄소 농도기준은 제외한다.

② 출입구의 전면공지 또는 방향전환장치 설치

주차장 종류	전면공지	방향전환장치
중형기계식 주차장 5.05m×1.85m×1.55m (무게 1,850kg 이하)	8.1m×9.5m 이상	직경 4m 이상 및 이에 접한 너비 1m 이상의 여유공지
대형기계식 주차장 5.75m×2.15m×1.85m (무게 2,200kg 이하)	10m×11m 이상	직경 4.5m 이상 및 이에 접한 너비 1m 이상의 여유공지

③ 정류장(자동차 대기장소)의 설치

정류장 확보	주차대수가 20대를 초과하는 매 20대마다 한 대분의 정류장 확보
정류장 규모	중형기계식 주차장 : 5.05m×1.85m
	대형기계식 주차장 : 5.3m×2.15m
완화규정	주차장의 출구와 입구가 따로 설치되어 있거나, 종단경사도가 6% 이하인 진입로의 너비가 6m 이상인 경우 진입로 6m마다 한 대분의 정류장을 확보한 것으로 인정

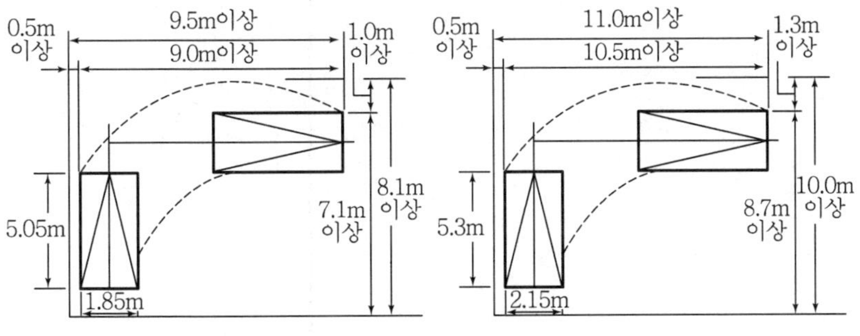

기계식 주차장 출입구 전면공지

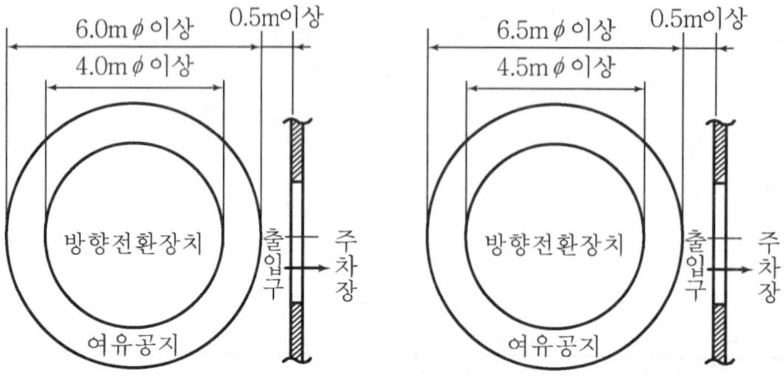

중형기계식 주차장　　　　대형기계식 주차장

기계식주차장 방향전환장치

2 기계식 주차장의 안전도 인증 등

주차장법	주차장법 시행령	주차장법 시행규칙
제19조의 6【기계식 주차장의 안전도인증】 ① 기계식 주차장치를 제작, 조립 또는 수입하여 양도, 대여 또는 설치하려는 자(이하 "제작자등"이라 한다)는 대통령령으로 정하는 바에 따라 그 기계식주차장치의 안전도에 관하여 시장·군수 또는 구청장의 인증(이하 "안전도인증"이라 한다)을 받아야 한다. 이를 변경하려는 경우(대통령령으로 정하는 경미한 사항을 변경하는 경우에는 제외한다)에도 또한 같다. ② 제1항에 따라 안정도인증을 받으려는 자는 미리 해당 기계식 주차장치의 조립도(組立圖), 안전장치의 도면(圖面), 그 밖에 국토교통부령으로 정하는 서류를 국토교통부장관이 지정하는 검사기관에 제출하여 안전도에 대한 심사를 받아야 한다.	**제12조의 2【기계식 주차장치의 안전도인증신청 등】** ① 법 제19조의6 제1항에 따라 기계식 주차장치의 안전도에 관한 인증(이하 "안전도인증"이라 한다)을 받거나 안전도인증을 받은 내용의 변경에 관한 인증을 받으려는 제작자등(기계식 주차장치를 제작·조립 또는 수입하여 양도·대여 또는 설치하려는 자를 말한다. 이하 같다)은 국토교통부령으로 정하는 바에 따라 법 제19조의 6 제2항에 따른 검사기관이 발행한 안전도심사 결과를 첨부하여 시장·군수 또는 구청장에게 안전도인증 또는 그 변경인증을 신청하여야 한다. ② 법 제19조의 6 제1항 단서에서 "대통령령으로 정하는 경미한 사항을 변경하는 경우"란 다음 각 호의 경우를 말한다. 1. 기계식 주차장치가 수용할 수 있는 자동차대수를 안전도 인증을 받은 대수 미만으로 변경하는 경우 2. 기계식 주차장치의 출입구 통로, 주차구획의 크기 및 안전장치를 법 제19조의 7에 따른 안전기준의 범위에서 변경하는 경우 [전문개정 2010. 10.21]	**제16조의 3【기계식 주차장치의 안전도인증신청 등】 <개정 2004.7.1>** 영 제12조의2 제1항에 따라 기계식 주차장치의 안전도인증(이하 "안전도인증"이라 한다) 또는 변경인증을 신청하려는 자는 별지 제8호의2서식의 기계식 주차장치안전도(변경)인증신청서에 다음 각 호의 서류를 첨부하여 사업장소재지를 관할하는 시장·군수 또는 구청장에게 신청하여야 한다. 1. 기계식 주차장치사양서 2. 법 제19조의6 제2항에 따른 검사기관의 안전도심사서(변경인증의 경우에는 변경된 사항에 대한 안전도심사서를 말한다) 3. 기계식 주차장치안전도인증서(변경인증의 경우만 해당한다) **제16조의4【기계식 주차장치의 안전도심사】** ① 법 제19조의6 제2항에 따라 기계식 주차장치의 안전도심사를 받으려는 자는 별지 제8호의3서식의 기계식 주차장치안전도심사신청서에 다음 각 호의 서류를 첨부하여 국토교통부장관이 지정·고시하는 검사기관에 신청하여야 한다. 1. 기계식 주차장치의 전체조립도(축척 100분의 1 이상인 것만 해당한다) 2. 안전장치의 도면 및 설명서(변경신청의 경우에는 변경된 사항만 해당한다) 3. 기계식 주차장치사양서 4. 주요구조부의 강도계산서 및 도면(변경신청의 경우에는 변경된 사항만 해당한다) 5. 기계식 주차장치출입구의 도면 및 설명서(변경신청의 경우에는 변경된 사항만 해당한다) ② 제1항에 따라 안전도심사신청을 받은 검사기관은 그 기계식 주차장치의 안전도를 심사하여 별지 제8호의4서식의 기계식 주차장치안전도심사서를 발급하여야 한다.

법해설 Explanation

기계식 주차장치의 안전도 인증신청 등

① 기계식 주차장치를 제작·조립 또는 수입하여 양도·대여 또는 설치하려는 자는 해당 기계식 주차장치의 안전도에 관하여 시장·군수 또는 구청장의 인정을 받아야 한다. 이를 변경하고자 하는 경우에도 또한 같다.

예외 대통령령이 정하는 경미한 사항의 변경

② 안전도 인증을 받고자 하는 자는 미리 해당 기계식 주차장의 조립도, 안전장치의 도면 기타 국토교통부령이 정하는 서류를 국토교통부장관이 지정하는 검사기관에 제출하여 안전도에 대한 심사를 받아야 한다.

③ 안전도심사신청을 받은 검사기관은 그 기계식 주차장치의 안전도를 심사하여 기계식 주차장치 안전도 심사서를 내주어야 한다.

3 안전도 인증서의 교부

주차장법	주차장법 시행규칙
	제16조의 5【기계식 주차장치의 안전기준】 ① 법 제19조의 7에 따른 기계식 주차장치의 안전기준은 다음 각 호와 같다. 1. 기계식 주차장치에 사용하는 재료는「산업표준화법」제12조에 따른 한국산업표준 또는 그 이상으로 하여야 한다. 2. 기계식 주차장치출입구의 크기는 중형기계식 주차장의 경우에는 너비 2.3m 이상, 높이 1.6m 이상으로 하여야 하고, 대형기계식 주차장의 경우에는 너비 2.4m 이상, 높이 1.9m 이상으로 하여야 한다. 다만, 사람이 통행하는 기계식 주차장치출입구의 높이는 1.8m 이상으로 한다. 3. 주차구획의 크기는 중형기계식 주차장의 경우에는 너비 2.1m 이상, 높이 1.6m 이상, 길이 5.15m 이상으로 하여야 하고, 대형기계식 주차장의 경우에는 너비 2.3m 이상, 높이 1.9m 이상, 길이 5.3m 이상으로 하여야 한다. 다만, 차량의 길이가 5.1m 이상인 경우에는 주차구획의 길이는 차량의 길이보다 최소 0.2m 이상을 확보하여야 한다. 4. 운반기의 크기는 자동차가 들어가는 바닥의 너비를 중형기계식 주차장의 경우에는 1.85m 이상, 대형기계식 주차장의 경우에는 1.95m 이상으로 하여야 한다. 5. 기계식 주차장치안에서 자동차를 입출고하는 사람이 출입하는 통로의 크기는 너비 50cm 이상, 높이는 1.8m 이상으로 하여야 한다. 6. 기계식 주차장치출입구에는 출입문을 설치하거나 기계식 주차장치가 작동하고 있을 때 기계식 주차장치출입구로 사람 또는 자동차가 접근할 경우 즉시 그 작동을 멈추게 할 수 있는 장치를 설치하여야 한다. 7. 자동차가 주차구획 또는 운반기안에서 제자리에 위치하지 아니한 경우에는 기계식 주차장치의 작동을 불가능하게 하는 징치를 설치하여야 힌다. 8. 기계식 주차장치의 작동중 위험한 상황이 발생하는 경우 즉시 그 작동을 멈추게 할 수 있는 안전장치를 설치하여야 한다. 9. 기계식 주차장치의 안전기준에 관하여 이 규칙에 규정된 사항외의 사항은 국토교통부장관이 정하여 고시한다. ② 법 제19조의 6 제1항에 따라 안전도인증을 받아야 하는 자는 누구든지 국토교통부장관에게 제1항에 따른 안전기준의 개정을 신청할 수 있다. ③ 제2항에 따라 안전기준의 개정신청을 받은 국토교통부장관은 신청일부터 30일 이내에 이를 검토하여 안전기준의 개정 여부를 신청인에게 통보하여야 한다.
제19조의 7【안전도인증서의 발급】 시장·군수 또는 구청장은 기계식주차장치가 국토교통부령으로 정하는 안전기준에 적합하다고 인정되는 경우에는 제작자등에게 국토교통부령으로 정하는 바에 따라 기계식 주차장치의 안전도인증서를 발급하여야 한다. **제19조의 8【안전도인증의 취소】** ① 시장·군수 또는 구청장은 제작자등이 다음 각 호의 어느 하나에 해당하는 경우에는 안전도인증을 취소할 수 있다. 1. 거짓이나 그 밖의 부정한 방법으로 안전도인증을 받은 경우 2. 안전도인증을 받은 내용과 다른 기계식 주차장치를 제작·조립 또는 수입하여 양도·대여 또는 설치한 경우 3. 제19조의 7에 따른 안전기준에 적합하지 아니하게 된 경우 ② 제작자 등은 안전도인증이 취소된 경우에는 제19조의 7에 따른 안전도인증서를 반납하여야 한다.	**제16조의 6【안전도인증서의 교부】** ① 제16조의 3에 따라 기계식 주차장치의 안정도인증신청 또는 변경인증신청을 받은 시장·군수 또는 구청장은 그 기계식 주차장치가 제16조의 5에 따른 안전기준에 적합할 때에는 별지 제8호의5 서식의 기계식 주차장치안전도인증서를 발급하여야 한다. ② 제1항에 따라 발급받은 기계식 주차장치안전도인증서의 기재내용중 주소, 법인의 명칭 및 대표자가 변경되었을 때에는 이를 발급한 시장·군수 또는 구청장에게 신청하여 변경사항을 고쳐 적은 인증서를 받아야 한다. 다만, 주소가 다른 시·군 또는 구로 변경된 경우에는 새로운 주소지를 관할하는 시장·군수 또는 구청장에게 신청하여야 한다. ③ 제1항 및 제2항에 따라 발급받은 기계식 주차장치안전도인증서를 못쓰게 되거나 잃어버린 경우에는 별지 제8호의 6 서식의 기계식 주차장치안전도인증서재발급신청서에 다음 각 호의 서류를 첨부하여 이를 발급한 시장·군수·구청장에게 신청하여 재발급을 받을 수 있다. 1. 못쓰게 된 경우에는 해당 기계식 주차장치안전도인증서 2. 잃어버린 경우에는 그 사유서 ④ 제1항에 따라 기계식 주차장치안전도인증서를 발급한 시장·군수 또는 구청장은 그 내용을 관보에 공고하여야 한다. 법 제19조 8에 따라 기계식 주차장치의 안전도인증을 취소하였을 때에도 또한 같다. **제16조의 7 (2004. 7. 1 삭제)**

법해설 Explanation

안전도 인증서의 교부

(1) 기계식 주차장치의 안전기준

① 재료	한국산업표준 또는 그 이상으로 할 것
② 출입구의 크기	중형기계식 주차장 : 2.3m(너비)×1.6m(높이) 이상 대형기계식 주차장 : 2.4m(너비)×1.9m(높이) 이상 **예외** 사람이 통행하는 기계식 주차장출입구의 높이는 1.8m 이상
③ 주차구획크기	중형 기계식 주차장 : 2.1m(너비)×1.6m(높이)×5.15m(길이) 대형 기계식 주차장 : 2.3m(너비)×1.9m(높이)×5.3m(길이) **예외** 차량의 길이가 5.1m 이상인 경우에는 주차구획의 길이는 차량의 길이보다 최소 0.2m 이상을 확보하여야 한다.
④ 운반기의 크기(자동차가 들어가는 바닥의 너비)	• 중형 기계식 주차장 : 1.85m 이상 • 대형 기계식 주차장 : 1.95m 이상
⑤ 자동차를 입출고하는 사람의 출입 통로	0.5m(폭)×1.8m(높이) 이상
⑥ 기계식 주차장치 출입구에는 출입문을 설치하거나 기계식 주차장치가 작동하고 있을 때 기계식 주차장치 출입구 안으로 사람 또는 자동차가 접근할 경우 즉시 그 작동을 멈추게 할 수 있는 장치를 설치하여야 한다.	
⑦ 자동차가 주차구획 또는 운반기안에서 제자리에 위치하지 아니한 경우에는 기계식 주차장치의 작동을 불가능하게 하는 장치를 설치하여야 한다.	
⑧ 기계식 주차장치의 작동 중 위험한 상황이 발생하는 경우 즉시 그 작동을 멈추게 할 수 있는 안전장치를 설치하여야 한다.	
⑨ 기계식 주차장치의 안전기준에 관하여 이 규칙에 규정된 사항외의 사항은 시·도지사가 정하여 고시한다.	

(2) 안전도 인증서의 교부

시장·군수 또는 구청장은 기계식 주차장치가 국토교통부령이 정하는 안전기준에 적합하다고 인정되는 경우에는 제작자등에게 국토교통부령이 정하는 바에 따라 기계식 주차장치의 안전도 인증서를 내주어야 한다.

4 기계식 주차장의 사용검사 등

주차장법	주차장법 시행령	주차장법 시행규칙
제19조의 9【기계식 주차장의 사용검사 등】 ① 기계식 주차장을 설치하려는 경우에는 안전도인증을 받은 기계식 주차장치를 사용하여야 한다. ② 제1항에 따라 기계식 주차장을 설치한자 또는 해당 기계식 주차장의 관리자(이하 "기계식 주차장관리자등"이라 한다)는 그 기계식 주차장에 대하여 국토교통부령으로 정하는 바에 따라 시장·군수 또는 구청장이 실시하는 다음 각 호의 검사를 받아야 한다. 다만, 시장·군수 또는 구청장은 대통령령으로 정하는 부득이한 사유가 있을 때에는 검사를 연기할 수 있다. 1. 사용검사 기계식 주차장의 설치를 마치고 이를 사용하기 전에 실시하는 검사 2. 정기검사 사용검사의 유효기간이 지난 후 계속하여 사용하려는 경우에 주기적으로 실시하는 검사 ③ 사용검사 및 정기검사의 유효기간, 연기절차, 검사시기 등 검사에 필요한 사항은 대통령령으로 정한다.	**제12조의 3【기계식 주차장의 사용검사 등】** ① 법 제19조의 9 제2항에 따른 사용검사의 유효기간은 3년으로 하고 정기검사의 유효기간은 2년으로 한다. ② 제1항에 따른 정기검사의 검사기간은 사용검사 또는 정기검사의 유효기간 만료일 전후 각각 31일 이내로 한다. 이 경우 해당 검사기간 이내에 적합판정을 받은 경우에는 사용검사 또는 정기검사의 유효기간 만료일에 정기검사를 받은 것으로 본다. ③ 법 제19조의 9 제2항 단서에서 "대통령령으로 정하는 부득이한 사유"란 다음 각 호의 경우를 말한다. 1. 기계식 주차장이 설치된 건축물의 흠으로 인하여 그 건축물과 기계식 주차장의 사용이 불가능하게 된 경우 2. 기계식 주차장(법 제19조에 따라 설치가 의무화된 부설주차장의 경우는 제외한다)의 사용을 중지한 경우 3. 천재지변이나 그 밖에 정기검사를 받지 못할 부득이한 사유가 발생한 경우 ④ 제2항 각 호에 따른 사유로 정기검사를 연기받으려는 자는 국토교통부령으로 정하는 바에 따라 사용검사 또는 정기검사의 유효기간이 만료되기 전에 연기신청을 하여야 한다. ⑤ 제3항에 따라 정기검사를 연기받은 자는 해당 사유가 없어졌을 때에는 그때부터 2개월 이내에 정기검사를 받아야 한다. 이 경우 정기검사가 끝날 때까지 사용검사 또는 정기검사의 유효기간이 연장된 것으로 본다.	**제16조의 8【기계식 주차장의 사용검사 등】** ① 법 제19조의 9 제2항에 따라 기계식 주차장의 사용검사 또는 정기검사를 받으려는 자는 별지 제8호의 8서식의 기계식 주차장검사신청서에 다음 각 호의 서류를 첨부하여 법 제19조의 12에 따른 전문검사기관(이하 "검사대행기관"이라 한다)에 신청하여야 한다. 다만, 제1호부터 제5호까지의 서류는 사용검사의 경우만 첨부하되, 제16조의 4 제1항에 따른 안전도심사신청시 제출된 주요 구조부의 강도계산서에 포함된 경우에는 첨부하지 아니할 수 있다. 1. 와이어로프·체인 시험성적서 2. 전동기 시험성적서 3. 감속시 시험성적서 4. 제동기 시험성적서 5. 운반기 계량증명서 6. 설치장소 약도 ② 제1항에 따라 검사신청을 받은 검사대행기관은 검사신청을 받은 날부터 20일 이내에 제8항에 따른 검사기준을 따라 검사를 마치고 항목별 검사결과를 법 제19조의9 제2항 본문에 따른 기계식 주차장관리자 등(이하 기계식 주차장관리자 등이라 한다)에게 통보하여야 한다. ③ 제2항에 따른 검사결과를 통보받은 기계식 주차장관리자 등은 부적합판정을 받은 검사항목에 대해서는 그 통보를 받은 날부터 3개월 이내에 해당 항목을 보완한 후 재검사를 신청하여야 한다. 이 경우 검사대행기관은 검사신청을 받은 날부터 10일 이내에 검사를 마치고 그 결과를 기계식 주차장관리자 등에게 통보하여야 한다.<개정 2012.7.2> ④ 검사대행기관은 제3항에 따른 보완항목에 대한 검사를 함에 있어서 사진·시험성적서·그 밖의 증빙서류 등으로 보완된 사실을 확인할 수 있는 경우에는 사진 등의 확인으로 검사를 할 수 있다. 이 경우 검사대행기관은 제3항에 따른 검사신청을 받은 날부터 5일 이내에 그 결과를 기계식 주차장관리자등에게 통보하여야 한다. ⑤ 검사대행기관은 제2항부터 제4항까지 검사결과를 기계식 주차장관리자 등에게 통보할 때에는 법 제19조의 10에 따라 별지 제8호의 9 서식의 검사확인증 또는 제8회의 10 서식의 사용금지표지를 함께 발급하고, 해당 기계식 주차장의 소재지를 관할하는 시장·군수 또는 구청장에게 그 사실을 통보하여야 한다. ⑥ 제5항에 따라 검사확인증 또는 사용금지표지를 발급받은 기계식 주차장관리자 등은 해당 기계식 주차장의 보기 쉬운 곳에 이를 부착하여야 한다. ⑦ 영 제12조의 3 제3항에 따라 기계식 주차장의 정기검사를 연기하려는 자는 그 연기사유를 확인할 수 있는 서류를 첨부하여 별지 제8호의 11서식에 따라 해당 기계식 주차장의 소재지를 관할하는 시장·군수 또는 구청장에게 연기신청을 하여야 한다. ⑧ 국토교통부장관은 법 제19조의 9 제2항에 따른 기계식 주차장의 사용검사 및 정기검사의 기준을 제16조의 2에 따른 기계식 주차장의 설치기준과 제16조의 5에 따른 기계식 주차장치의 안전기준에 따라 측정오차와 기계장치의 마모율 등을 고려하여 검사항목별로 정하여 고시한다.

법해설 Explanation

기계식 주차장의 사용검사

① 검사의 종류

종류	검사내용	유효기간
사용검사	기계식 주차장의 설치를 완료하고 이를 사용하기 전에 실시하는 검사	3년
정기검사	사용검사의 유효기간이 지난 후 계속하여 사용하고자 하는 경우에 주기적으로 실시하는 검사	2년

② 정기검사를 연기받고자 하는 자는 국토교통부령이 정하는 바에 따라 사용검사 또는 정기검사의 유효기간이 만료되기 전에 연기신청을 하여야 한다.

③ 정기검사를 연기받은 자는 해당 사유가 해소된 때에는 그 때부터 2월 이내에 정기검사를 신청하여야 한다.

참고

◆ 사용 또는 정기검사의 연기

① 기계식 주차장이 설치된 건축물의 흠으로 인하여 그 건축물과 기계식 주차장의 사용이 불가능하게 된 경우

② 기계식 주차장(법 제19조 또는 법 제19조의 2에 따라 설치가 의무화된 부설주차장인 경우를 제외)의 사용을 중지한 경우

③ 천재·지변 기타 정기검사를 받지 못할 부득이한 사유가 발생한 경우

3편 국토의 계획 및 이용에 관한 법률

• 법률, 2021.7.13. 시행기준
• 시행령, 2021.1.5. 시행기준

※ 국토의 계획 및 이용에 관한 법률에 있던 “토지거래허가구역등”
이 부동산거래신고등에 관한 법률로 내용이 변경되었다.

제 1 장 총 칙

1 목적

국토의 이용 · 개발과 보전을 위한 계획의 수립 및 집행 등에 필요한 사항을 정하여 공공복리를 증진시키고 국민의 삶의 질을 향상시키는 것을 목적으로 한다.(법 제1조)

2 용어의 정의

(1) 광역도시계획

광역계획권의 장기발전 방향을 제시하는 계획을 말한다.(법 제2조 제1호)

(2) 도시·군계획

① 정의 : 특별시 · 광역시 · 특별자치시 · 특별자치도 · 시 또는 군(광역시의 관할구역 안에 있는 군을 제외)의 관할구역에 대하여 수립하는 공간구조와 발전방향에 대한 계획으로서 도시 · 군기본계획과 도시 · 군관리계획으로 구분한다.(법 제2조 제2호)

짚어보기 광역계획권

2 이상의 특별시 · 광역시 · 시 또는 군의 공간구조 및 기능을 상호 연계시키고 환경을 보전하며 광역시설을 체계적으로 정비하기 위하여 필요한 경우에 국토교통부장관이 지정하는 권역(圈域)

짚어보기 도시 · 군계획

- 도시 · 군기본계획
- 도시 · 군관리계획

② 종류

도시·군기본계획
특별시·광역시·시 또는 군의 관할구역에 대하여 기본적인 공간구조와 장기발전 방향을 제시하는 종합계획으로서 도시·군관리계획 수립의 지침이 되는 계획을 말한다(법 제2조 제3호).
도시·군관리계획
특별시·광역시·특별자치시·특별자치도·시 또는 군의 개발·정비 및 보전을 위하여 수립하는 토지이용·교통·환경·경관·안전·산업·정보통신·보건·후생·안보·문화 등에 관한 다음의 계획을 말한다(법 제2조 제4호). • 용도지역·용도지구의 지정 또는 변경에 관한 계획 • 개발제한구역·도시자연공원구역·시가화조정구역·수산자원보호구역의 지정 또는 변경에 관한 계획 • 기반시설의 설치·정비 또는 개량에 관한 계획 • 도시개발사업 또는 정비사업에 관한 계획 • 지구단위계획구역의 지정 또는 변경에 관한 계획과 지구단위계획 • 입지규제최소구역의 지정 또는 변경에 관한 계획과 입지규제최소구역계획

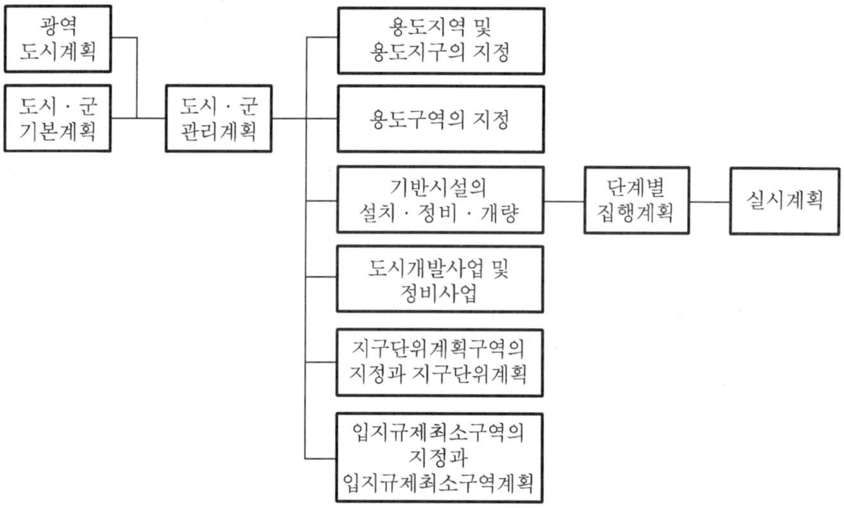

(3) 지구단위계획

도시·군계획 수립대상지역의 일부에 대하여 토지이용을 합리화하고 그 기능을 증진시키며 미관을 개선하고 양호한 환경을 확보하며, 해당 지역을 체계적·계획적으로 관리하기 위하여 수립하는 도시·군관리계획을 말한다(법 제2조 제5호).

(4) 입지규제최소구역계획

입지규제최소구역에서의 토지의 이용 및 건축물의 용도·건폐율·용적률·높이 등의 제한에 관한 사항 등 입지규제최소구역의 관리에 필요한 사항을 정하기 위하여 수립하는 도시·군관리계획을 말한다.

짚어보기 도시개발사업

도시개발구역에서 주거·상업·산업·유통·정보통신·생태·문화·보건 및 복지 등의 기능을 가지는 단지 또는 시가지를 조성하기 위하여 시행하는 사업을 말한다.

짚어보기 정비사업의 구분

- 주거환경개선사업
- 주택재개발사업
- 주택재건축사업
- 도시환경정비사업
- 주거환경관리사업
- 가로주택정비사업

짚어보기 계획관리지역

도시지역으로의 편입이 예상되는 지역 또는 자연환경을 고려하여 제한적인 이용·개발을 하려는 지역으로서 계획적·체계적인 관리가 필요한 지역

짚어보기 개발진흥지구

주거기능·상업기능·공업기능·유통물류기능·관광기능·휴양기능 등을 집중적으로 개발·정비할 필요가 있는 지구

(5) 기반시설

다음의 시설(해당 시설 그 자체의 기능 발휘와 이용을 위하여 필요한 부대시설 및 편익시설을 포함)을 말한다(법 제2조 제6호, 영 제2조).

① 기반시설의 종류

교통시설	• 도로 • 철도 • 항만 • 공항 • 주차장 • 자동차정류장 • 궤도 • 차량검사 및 면허시설
공간시설	• 광장 • 공원 • 녹지 • 유원지 • 공공공지
유통·공급시설	• 유통업무설비 • 수도·전기·가스·열공급설비 • 방송·통신시설 • 공동구 • 시장 • 유류저장 및 송유설비
공공·문화체육시설	• 학교 • 공공청사 • 문화시설 • 공공필요성이 인정되는 체육시설 • 도서관 • 연구시설 • 사회복지시설 • 공공직업훈련시설 • 청소년수련시설
방재시설	• 하천 • 유수지 • 저수지 • 방화설비 • 방풍설비 • 방수설비 • 사방설비 • 방조설비
보건위생시설	• 장사시설 • 도축장 • 종합의료시설
환경기초시설	• 하수도 • 폐기물처리 및 재활용시설 • 빗물저장 및 이용시설 • 수질오염방지시설 • 폐차장

② 기반시설의 세분(영 제2조 제2항)

기반시설	세 분
도 로	• 일반도로 • 자동차전용도로 • 보행자전용도로 • 자전거전용도로 • 고가도로 • 지하도로
자동차정류장	• 여객자동차터미널 • 화물터미널 • 공영차고지 • 공동차고지 • 화물자동차휴게소 • 복합환승센터
광 장	• 교통광장 • 일반광장 • 경관광장 • 지하광장 • 건축물부설광장

③ 기반시설의 추가적인 세분 및 구체적인 범위는 국토교통부령으로 정한다(영 제2조 제3항).

참고 도로의 구분

「도시·군계획시설의 결정·구조 및 설치기준에 관한 규칙」 제9조

(1) 사용 및 형태별 구분
① 일반도로 : 폭 4m 이상의 도로로서 통상의 교통소통을 위하여 설치되는 도로
② 자동차전용도로 : 특별시·광역시·특별자치시·시 또는 군("시·군"이라 함)내 주요지역간이나 시·군 상호간에 발생하는 대량교통량을 처리하기 위한 도로로서 자동차만 통행할 수 있도록 하기 위하여 설치하는 도로
③ 보행자전용도로 : 폭 1.5m 이상의 도로로서 보행자의 안전하고 편리한 통행을 위하여 설치하는 도로
④ 자전거전용도로 : 폭 1.1m(길이가 100m 미만인 터널 및 교량의 경우에는 0.9m) 이상의 도로로서 자전거의 통행을 위하여 설치하는 도로
⑤ 고가도로 : 시·군내 주요지역을 연결하거나 시·군 상호간을 연결하는 도로로서 지상교통의 원활한 소통을 위하여 공중에 설치하는 도로
⑥ 지하도로 : 시·군내 주요지역을 연결하거나 시·군 상호간을 연결하는 도로로서 지상교통의 원활한 소통을 위하여 지하에 설치하는 도로(도로·광장 등의 지하에 설치된 지하공공보도시설을 포함). 다만, 입체교차를 목적으로 지하에 도로를 설치하는 경우를 제외한다.

(2) 규모별 구분
① 광로 : 폭 40m 이상인 도로
② 대로 : 폭 25m 이상 40m 미만인 도로
③ 중로 : 폭 12m 이상 25m 미만인 도로
④ 소로 : 폭 12m 미만인 도로

(3) 기능별 구분
① 주간선도로 : 시·군내 주요지역을 연결하거나 시·군 상호간을 연결하여 대량통과교통 을 처리하는 도로로서 시·군의 골격을 형성하는 도로
② 보조간선도로 : 주간선도로를 집산도로 또는 주요 교통발생원과 연결하여 시·군 교통의 집산기능을 하는 도로로서 근린주거구

(6) 도시·군계획시설

기반시설 중 도시·군관리계획으로 결정된 시설을 말한다(법 제2조 제7호).

(7) 광역시설

기반시설 중 광역적인 정비체계가 필요한 다음의 시설을 말한다(법 제2조 제8호, 영 제3조).

둘 이상의 특별시·광역시·특별자치시·특별자치도·시 또는 군(광역시의 관할구역 안에 있는 군을 제외)의 관할구역에 걸치는 시설	도로·철도·광장·녹지·수도·전기·가스·열공급설비, 방송·통신시설, 공동구, 유류저장 및 송유설비·하천·하수도(하수종말처리시설 제외)
둘 이상의 특별시·광역시·특별자치시·특별자치도·시 또는 군이 공동으로 이용하는 시설	항만·공항·자동차정류장·공원·유원지·유통업무설비·문화시설·공공필요성이 인정되는 체육시설·사회복지시설·공공직업훈련시설·청소년수련시설·유수지·장사시설·도축장·하수도(하수종말 처리시설)·폐기물처리 및 재활용시설·수질오염방지시설·폐차장

(8) 공동구

지하매설물(전기·가스·수도 등의 공급설비, 통신시설, 하수도시설 등)을 공동 수용함으로써 미관의 개선, 도로구조의 보전 및 교통의 원활한 소통을 기하기 위하여 지하에 설치하는 시설물을 말한다(법 제2조 제9호).

(9) 도시·군계획시설사업 및 도시·군계획사업

① 도시·군계획시설사업 : 도시·군계획시설을 설치·정비 또는 개량하는 사업을 말한다(법 제2조 제10호).

② 도시 · 군계획사업

도시·군관리계획을 시행하기 위한 사업으로서 도시·군계획시설사업, 「도시개발법」에 따른 도시개발사업 및 「도시 및 주거환경정비법」에 따른 정비사업을 말한다(법 제2조 제11호).

(10) 도시·군계획사업시행자

이 법 또는 다른 법률에 따라 도시·군계획사업을 시행하는 자를 말한다(법 제2조 제1호).

(11) 공공시설

도로·공원·철도·수도 등 다음의 공공용시설을 말한다(법 제2조 제13호, 영 제4조).

역의 외곽을 형성하는 도로

③ 집산도로(集散道路) : 근린주거구역의 교통을 보조간선도로에 연결하여 근린주거구역내 교통의 집산기능을 하는 도로로서 근린주거구역의 내부를 구획하는 도로

④ 국지도로 : 가구(街區 : 도로로 둘러싸인 일단의 지역을 말한다. 이하 같다)를 구획하는 도로

⑤ 특수도로 : 보행자전용도로·자전거전용도로 등 자동차 외의 교통에 전용되는 도로

짚어보기 도시·군계획사업의 종류

- 도시·군계획시설사업
- 도시개발사업
- 정비사업

관계법 「도시 및 주거환경정비법」 제2조 (용어의 정의)

2. "정비사업"이라 함은 이 법에서 정한 절차에 따라 도시기능을 회복하기 위하여 정비구역안에서 정비기반시설을 정비하고 주택 등 건축물을 개량하거나 건설하는 다음 각목의 사업을 말한다. 다만, 다목의 경우에는 정비구역이 아닌 구역에서 시행하는 주택재건축사업을 포함한다.
   가. 주거환경개선사업 : 도시저소득주민이 집단으로 거주하는 지역으로서 정비기반시설이 극히 열악하고 노후·불량건축물이 과도하게 밀집한 지역에서 주거환경을 개선하기 위하여 시행하는 사업
   나. 주택재개발사업 : 정비기반시설이 열악하고 노후·불량건축물이 밀집한 지역에서 주거환경을 개선하기 위하여 시행하는 사업
   다. 주택재건축사업 : 정비기반시설은 양호하나 노후·불량건축물이 밀집한 지역에서 주거환경을 개선하기 위하여 시행하는 사업
   라. 도시환경정비사업 : 상업지역·공업지역 등으로서 토지의 효율적 이용과 도심 또는 부도심 등 도시기능의 회복이나 상권활성화 등이 필요한 지역에서 도시환경을 개선하기 위하여 시행하는 사업

공공용시설	도로 · 공원 · 철도 · 수도 · 항만 · 공항 · 광장 · 녹지 · 공공공지 · 공동구 · 하천 · 유수지 · 방풍설비 · 방화설비 · 방수설비 · 사방설비 · 방조설비 · 하수도 · 구거(도랑)
행정청이 설치한 시설에 한하여 공공시설로 간주하는 시설	주차장 · 저수지 · 장사시설

⑿ 국가계획

중앙행정기관이 법률에 따라 수립하거나 국가의 정책적인 목적달성을 위하여 수립하는 계획 중 도시관리계획으로 결정하여야 할 사항이 포함된 계획을 말한다(법 제2조 제14호).

⒀ 용도지역

토지의 이용 및 건축물의 용도 · 건폐율(「건축법」 제55조의 건축물의 건폐율을 말함) · 용적률(「건축법」 제56조의 건축물의 용적률을 말함) · 높이 등을 제한함으로써 토지를 경제적 · 효율적으로 이용하고 공공복리의 증진을 도모하기 위하여 서로 중복되지 아니하게 도시 · 군관리계획으로 결정하는 지역을 말한다(법 제2조 제15호).

짚어보기

- 용도지역은 서로 중복지정되지 아니한다.
- 용도지구는 중복지정될 수 있다.

⒁ 용도지구

토지의 이용 및 건축물의 용도 · 건폐율 · 높이 등에 대한 용도지역의 제한을 강화하거나 완화하여 적용함으로써 용도지역의 기능을 증진시키고 경관 · 안전 등을 도모하기 위하여 도시 · 군관리계획으로 결정하는 지역을 말한다(법 제2조 제16호).

⒂ 용도구역

토지의 이용 및 건축물의 용도 · 건폐율 · 높이 등에 대한 용도지역 및 용도지구의 제한을 강화하거나 완화하여 따로 정함으로써 시가지의 무질서한 확산방지, 계획적이고 단계적인 토지이용의 도모, 토지이용의 종합적 조정 · 관리 등을 위하여 도시 · 군관리계획으로 결정하는 지역을 말한다(법 제2조 제17호).

⒃ 개발밀도관리구역

개발로 인하여 기반시설이 부족할 것이 예상되나 기반시설의 설치가 곤란한 지역을 대상으로 건폐율이나 용적률을 강화하여 적용하기 위하여 지정하는 구역을 말한다(법 제2조 제18호).

⒄ 기반시설부담금 구역

개발밀도관리구역 외의 지역으로서 개발로 인하여 다음에 해당하는 기반시설의 설치가 필요한 지역을 대상으로 기반시설을 설치하거나 그에 필요한 용지를 확보하게 하기 위하여 지정·고시하는 구역을 말한다(법 제2조 19호, 영 제4조의2).

① 도로(인근의 간선도로로부터 기반시설부담구역까지의 진입도로를 포함)
② 공원
③ 녹지
④ 학교(대학교는 제외)
⑤ 수도(인근의 수도로부터 기반시설부담구역까지 연결하는 수도를 포함)
⑥ 하수도(인근의 하수도로부터 기반시설부담구역까지 연결하는 하수도를 포함)
⑦ 폐기물처리시설
⑧ 그 밖에 특별시장·광역시장·특별자치시·특별자치도·시장 또는 군수가 기반시설부담계획에서 정하는 시설

⒅ 기반시설 설치비용

단독주택 및 숙박시설 등의 시설(「건축법 시행령」【별표 1】에 따른 용도별 건축물을 말함)의 신·증축 행위로 인하여 유발되는 기반시설을 설치하거나 그에 필요한 용지를 확보하기 위하여 부과·징수하는 금액을 말한다(법 제2조 20호, 영 제4조의3).

예외 「국·계·법 시행령」【별표 1】의 건축물

3 국토이용 및 관리의 기본원칙

국토는 자연환경의 보전과 자원의 효율적 활용을 통하여 환경적으로 건전하고 지속가능한 발전을 이루기 위하여 다음의 목적을 이룰 수 있도록 이용되고 관리되어야 한다(법 제3조).

① 국민생활과 경제활동에 필요한 토지 및 각종 시설물의 효율적 이용과 원활한 공급
② 자연환경 및 경관의 보전과 훼손된 자연환경 및 경관의 개선 및 복원
③ 교통·수자원·에너지 등 국민생활에 필요한 각종 기초서비스의 제공
④ 주거 등 생활환경 개선을 통한 국민의 삶의 질 향상
⑤ 지역이 정체성과 문화유산의 보전
⑥ 지역 간 협력 및 균형발전을 통한 공동번영의 추구
⑦ 지역경제의 발전과 지역 및 지역 내 적절한 기능 배분을 통한 사회적 비용의 최소화

참고 국토의 계획 및 이용의 기본이념

1. 국토의 계획 및 이용의 기본원칙은 개인의 재산권을 공공복리증진에 적합하게 행사하도록 한 헌법 제23조와 국가가 국토의 효율적이고 균형 있는 이용개발 및 보전을 위하여 이에 필요한 제한과 의무를 과할 수 있도록 한 헌법 제122조의 정신을 구체화한 것으로 토지의 공(公)개념을 의미하는 것이다.
2. 국토의 계획 및 이용의 기본원칙은 국토의 계획·이용·관리전반에 관한 기본원칙을 선언한 헌장적 규범이며, 토지공개념의 명시적 선언이라 할 수 있다.

4 도시의 지속가능성 평가(법 제3조의 2)

① 국토교통부장관은 도시의 지속가능하고 균형 있는 발전과 주민의 편리하고 쾌적한 삶을 위하여 도시의 지속가능성 및 생활인프라(교육수준,

문화체육시설, 교통시설 등의 시설로서 국토교통부장관이 정하는 것) 수준을 평가할 수 있다.

② 국가 및 지방자치단체는 평가결과를 도시·군계획의 수립 및 집행에 반영하여야 한다.

5 국가계획, 광역도시계획 및 도시·군계획의 관계 등

① 도시·군계획은 특별시·광역시·특별자치시·특별자치도·시 또는 군의 관할 구역에서 수립되는 다른 법률에 따른 토지의 이용·개발 및 보전에 관한 계획의 기본이 된다.

② 광역도시계획 및 도시·군계획은 국가계획에 부합되어야 하며, 광역도시계획 또는 도시·군계획의 내용이 국가계획의 내용과 다를 때에는 국가계획의 내용이 우선한다. 이 경우 국가계획을 수립하려는 중앙행정기관의 장은 미리 지방자치단체의 장의 의견을 듣고 충분히 협의하여야 한다.

③ 광역도시계획이 수립되어 있는 지역에 대하여 수립하는 도시·군기본계획은 그 광역도시계획에 부합되어야 하며, 도시·군기본계획의 내용이 광역도시계획의 내용과 다를 때에는 광역도시계획의 내용이 우선한다.

④ 특별시장·광역시장·특별자치시장·특별자치도지사·시장 또는 군수(광역시의 관할 구역에 있는 군의 군수는 제외한다. 이하 같다. 다만, 제8조 제2항 및 제3항 제113조, 제117조부터 제124조까지, 제124조의2, 제125조, 제126조, 제133조, 제136조, 제138조제1항, 제139조제1항·제2항에서는 광역시의 관할 구역에 있는 군의 군수를 포함한다)가 관할 구역에 대하여 다른 법률에 따른 환경·교통·수도·하수도·주택 등에 관한 부문별 계획을 수립할 때에는 도시·군기본계획의 내용에 부합되게 하여야 한다.

짚어보기 특별시장·광역시장·특별자치시장·특별자치도지사·시장 또는 군수(광역시의 관할구역 안에 있는 군수를 포함하는 규정)

1. 법 제113조 : 지방도시계획위원회
2. 법 제117조 내지 제126조 : 토지거래의 허가 등
3. 법 제132조 : 토지 이용계획 확인서의 발급 등
4. 법 제133조 : 법률 등의 위반자에 대한 처분
5. 법 제136조 : 청문
6. 법 제138조 제1항 : 도시관리계획의 수립 및 운영에 대한 감독
7. 법 제139조 제1·2항 : 권한의 위임

6 도시·군계획 등의 명칭

① 행정구역의 명칭이 특별시·광역시·특별자치시·특별자치도·시인 경우 도시·군계획, 도시·군기본계획, 도시·군관리계획, 도시·군계획시설, 도시·군계획시설사업, 도시·군계획사업 및 도시·군계획상임기획단의 명칭은 각각 "도시·군계획", "도시기본계획", "도시관리계획", "도시·군계획시설", "도시·군계획시설사업", "도시·군계획사업" 및 "도시계획상임기획단"으로 한다.

② 행정구역의 명칭이 군인 경우 도시·군계획, 도시·군기본계획, 도시·군관리계획, 도시·군계획시설, 도시·군계획시설사업, 도시·군계획사업 및 도시·군계획상임기획단의 명칭은 각각 "군계획", "군기본계획", "군관리계획", "군계획시설", "군계획시설사업", "군계획사업" 및 "군계획상임기획단"으로 한다.

③ 제113조제2항에 따라 군에 설치하는 도시계획위원회의 명칭은 "군계획위원회"로 한다.

7 국토의 용도구분

국토는 토지의 이용실태 및 특성, 장래의 토지이용방향, 지역간 균형발전 등을 고려하여 다음과 같은 용도지역으로 구분한다(법 제6조).

도시 지역	인구와 산업이 밀집되어 있거나 밀집이 예상되어 해당 지역에 대하여 체계적인 개발·정비·관리·보전 등이 필요한 지역
관리 지역	도시지역의 인구와 산업을 수용하기 위하여 도시지역에 준하여 체계적으로 관리하거나 농림업의 진흥, 자연환경 또는 산림의 보전을 위하여 농림지역 또는 자연환경보전지역에 준하여 관리가 필요한 지역
농림 지역	도시지역에 속하지 아니하는 「농지법」에 따른 농업진흥지역 또는 「산지관리법」에 따른 보전산지 등으로서 농림업의 진흥과 산림의 보전을 위하여 필요한 지역
자연환경보전지역	자연환경·수자원·해안·생태계·상수원 및 문화재의 보전과 수산자원의 보호·육성 등을 위하여 필요한 지역

8 용도지역별 관리의무

국가나 지방자치단체는 용도지역의 효율적인 이용 및 관리를 위하여 다음에 따라 해당 용도지역에 관한 개발·정비 및 보전에 필요한 조치를 마련하여야 한다(법 제7조).

도시 지역	해당 지역이 체계적이고 효율적으로 개발·정비·보전될 수 있도록 미리 계획을 수립하고 이를 시행하여야 한다.
관리 지역	필요한 보전조치를 취하고 개발이 필요한 지역에 대하여는 계획적인 이용과 개발을 도모하여야 한다.
농림 지역	농림업의 진흥과 산림의 보전·육성에 필요한 조사와 대책을 마련하여야 한다.
자연환경보전지역	환경오염방지, 자연환경·수질·수자원·해안·생태계 및 문화재의 보전과 수산자원의 보호·육성을 위하여 필요한 조사와 대책을 마련하여야 한다.

■ 익힘문제 ■

다음 시설 중 행정청에서 설치해야만 공공시설로서 인정받을 수 있는 것은? (기사 기출)

㉮ 화장장 ㉯ 방조설비
㉰ 유수지설비 ㉱ 방화설비

짚어보기 국토의 용도구분

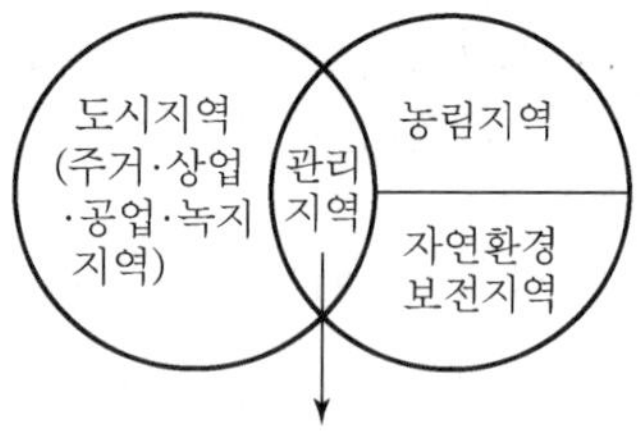

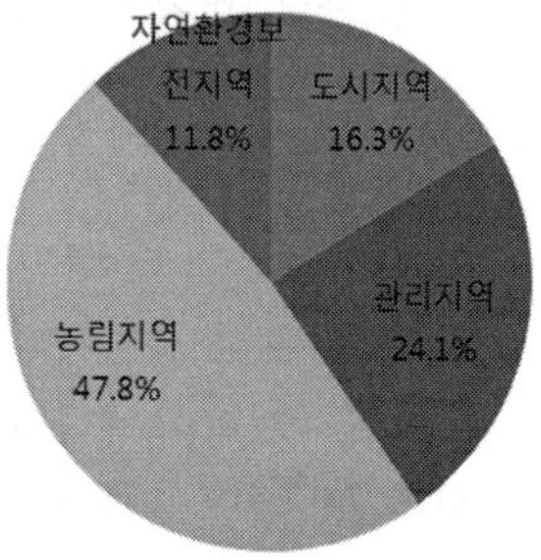

[용도지역별 지정현황, 2008년 기준]

참고 대한민국 국토(남한)의 면적은 2008년 기준으로 약 106,136.6(km^2) 정도이다.

해설

행정청에서 설치해야만 공공시설로서 인정받을 수 있는 것은 주차장, 운동장, 저수지, 화장장, 공동묘지, 봉안시설이다.

정답 ㉮

제 2 장 광역도시계획

1 의의

광역계획권의 장기발전방향을 제시하는 계획을 말한다(법 제2조 제 1항).

2 광역계획권의 지정

(1) 지정권자

국토교통부장관 또는 도지사는 둘 이상의 특별시 · 광역시 · 특별자치시 · 특별자치도 · 시 또는 군의 공간구조 및 기능을 상호 연계시키고 환경을 보전하며 광역시설을 체계적으로 정비하기 위하여 필요한 경우에는 다음의 구분에 따라 인접한 둘 이상의 특별시 · 광역시 · 특별자치시 · 특별자치도 · 시 또는 군의 관할 구역 전부 또는 일부를 대통령령으로 정하는 바에 따라 광역계획권으로 지정할 수 있다.

① 광역계획권이 둘 이상의 특별시 · 광역시 · 특별자치시 · 도 또는 특별자치도(이하 "시 · 도"라 한다)의 관할 구역에 걸쳐 있는 경우 : 국토교통부장관이 지정

② 광역계획권이 도의 관할 구역에 속하여 있는 경우 : 도지사가 지정

(2) 지정 또는 변경 요청

중앙행정기관의 장, 시 · 도지사, 시장 또는 군수는 국토교통부장관이나 도지사에게 광역계획권의 지정 또는 변경을 요청할 수 있다(법 제10조 제2항).

짚어보기 지정권자

• 광역계획권의 지정권자는 국토교통부장관, 도자사이다.

(3) 심의

국토교통부장관은 광역계획권을 지정 또는 이를 변경하려면 관계 시・도지사, 시장 또는 군수의 의견을 들은 후 중앙도시계획위원회의 심의를 거쳐야 한다(법 제10조 제3항).

(4) 도지사의 지정 또는 변경

도지사가 광역계획권을 지정하거나 변경하려면 관계 중항행정기관의 장, 협의와 관계 시・도지사, 시장 또는 군수의 의견을 들은 후 지방도계획위원회의 심의를 거쳐야 한다(법 제10조 제4항).

(5) 지정사실의 통보

국토교통부장관 또는 도지사는 광역계획권을 지정하거나 또는 변경하면 지체 없이 관계 시・도지사, 시장 또는 군수에게 그 사실을 통보하여야 한다(법 제10조 제5항).

3 광역도시계획의 수립권자

(1) 수립권자의 구분

국토교통부장관 또는 시・도지사는 다음의 구분에 따라 광역도시계획을 수립하여야 한다(법 제11조 제1항).

① 관할 시장 또는 군수가 공동으로 수립 : 광역계획권이 같은 도의 관할구역에 속하여 있는 경우

② 관할 시・도지사가 공동으로 수립 : 광역계획권이 2 이상의 특별시・광역시・도의 관할구역에 걸쳐 있는 경우에는 관할 시・도지사가 공동으로 수립

③ 관할 도지사가 수립 : 광역계획권을 지정한 날부터 3년이 지날 때까지 관할 시장 또는 군수로부터 광역도시계획의 승인 신청이 없는 경우

④ 국토교통부장관의 수립 : 국가계획과 관련된 광역도시계획의 수립이 필요한 경우 또는 광역계획권을 지정한 날부터 3년이 경과될 때까지 관할 시・도지사로부터 광역도시계획에 대하여 승인신청이 없는 경우에는 국토교통부장관이 수립

(2) 공동수립

국토교통부장관은 시・도지사의 요청이 있는 경우 그 밖에 필요하다고 인정되는 경우에는 관할 시・도지사와 공동으로 광역도시계획을 수립할 수 있다(법 제11조 제2항).

(3) 도지사는 시장 또는 군수가 요청하는 경우와 그 밖에 필요하다고 인정하는 경우에는 위 (1)에 불구하고 관할 시장 또는 군수와 공동

으로 광역도시계획을 수립할 수 있으며, 시장 또는 군수가 협의를 거쳐 요청하는 경우에는 단독으로 광역도시계획을 수립할 수 있다(법 제11조 제3항).

(4) 공동수립시 협의회 구성 및 운영

① 시·도지사가 광역도시계획을 공동으로 수립하려면 광역도시계획의 수립에 관한 협의·자문 등을 위하여 광역도시계획협의회를 구성·운영할 수 있다(영 제8조 제1항).

② 광역도시계획협의회는 관계 공무원, 광역도시계획에 관하여 학식과 경험이 있는 자 등으로 구성한다(영 제8조 제2항).

③ 광역도시계획협의회의 구성 및 운영에 관하여 필요한 사항은 광역도시계획을 공동으로 수립하는 자가 서로 협의하여 정한다(영 제8조 제3항).

4 광역도시계획의 내용

(1) 내용

광역도시계획에는 다음 아래의 사항 중 해당 광역계획권의 지정목적을 이루는 데 필요한 사항에 대한 정책방향이 포함되어야 한다(법 제12조 제3항).

① 광역계획권의 공간구조와 기능분담에 관한 사항

② 광역계획권의 녹지관리체계와 환경보전에 관한 사항

③ 광역시설의 배치·규모·설치에 관한 사항

④ 경관계획에 관한 사항

⑤ 그 밖에 광역계획권에 속하는 특별시·광역시·특별자치시·특별자치도·시 또는 군 상호간의 기능연계에 관한 다음의 사항(영 제9조)

㉠ 광역계획권의 교통 및 물류유통체계에 관한 사항

㉡ 광역계획권의 문화·여가공간 및 방재에 관한 사항

(2) 수립기준

광역도시계획의 수립기준 등은 다음의 사항을 종합적으로 고려하여 국토교통부장관이 정한다(법 제12조 제2항, 영 제10조).

① 광역계획권의 미래상과 이를 실현할 수 있는 체계화된 전략을 제시하고 국토종합계획 등과 서로 연계되도록 할 것

② 특별시·광역시·시 또는 군 간의 기능분담, 도시의 무질서한 확산방지, 환경보전, 광역시설의 합리적 배치, 그 밖에 광역계획권에서 현안사항이 되고 있는 특정부문 위주로 수립할 수 있도록 할 것

③ 여건변화에 탄력적으로 대응할 수 있도록 포괄적이고 개략적으로 수립하도록 하되, 특정부분 위주로 수립하는 경우에는 도시기본계획이나 도시관리계획에 명확한 지침을 제시할 수 있도록 구체적으

로 수립하도록 할 것

④ 녹지축 · 생태계 · 산림 · 경관 등 양호한 자연환경과 우량농지, 보전목적의 용도 지역 등을 충분히 고려하여 수립하도록 할 것

⑤ 부문별 계획은 서로 연계되도록 할 것

5 광역도시계획의 수립을 위한 기초조사

(1) 기초조사

① 기초조사 : 국토교통부장관, 시 · 도지사, 시장 또는 군수는 광역도시계획을 수립 또는 이를 변경하려면 미리 인구 · 경제 · 사회 · 문화 · 토지이용 · 환경 · 교통 · 주택 그 밖에 다음의 사항 중 해당 광역도시계획의 수립 또는 변경에 관하여 필요한 사항을 조사하거나 측량(이하 "기초조사"라 한다)하여야 한다(법 제13조 제1항, 영 제11조 제1항).

㉠ 기후 · 지형 · 자원 · 생태 등 자연적 여건

㉡ 기반시설 및 주거수준의 현황과 전망

㉢ 풍수해 · 지진 그 밖의 재해의 발생현황 및 추이

㉣ 광역도시계획과 관련된 다른 계획 및 사업의 내용

㉤ 그 밖에 광역도시계획의 수립에 필요한 사항

② 다른 기초조사의 활용 : 기초 조사를 함에 있어서 조사할 사항에 관하여 다른 법령에 따라 조사 · 측량한 자료가 있는 경우에는 이를 활용할 수 있다(영 제11조 제2항).

(2) 자료제출 요청

국토교통부장관, 시 · 도지사, 시장 또는 군수는 관계 행정기관의 장에게 위 (1)에 따라 기초조사에 필요한 자료를 제출하도록 요청할 수 있다. 이 경우 요청을 받은 관계 행정기관의 장은 특별한 사유가 없는 한 이에 응하여야 한다(법 제13조 제2항).

(3) 전문기관 의뢰

국토교통부장관, 시 · 도지사, 시장 또는 군수는 효율적인 기초조사를 위하여 필요한 경우에는 기초조사를 전문기관에 의뢰할 수 있다(법 제13조 제3항).

6 공청회의 개최

(1) 공청회

국토교통부장관, 시 · 도지사, 시장 또는 군수는 광역도시계획을 수립 또는 이를 변경하려면 미리 공청회를 열어 주민 및 전문가 등으로부터 의견을 들어야하며, 공청회에서 제시된 의견이 타당하다고 인정하는

짚어보기 광역도시계획의 수립절차

기초조사	시장 · 군수, 시 · 도지사 국토행부장관
↓ 수 립	시장 · 군수, 시 · 도지사 국토교통부장관
↓ 공 청 회	주민 및 전문가의 의견 수렴
↓ 의견청취	시 · 군, 시 · 도 의회 관계 시장 또는 군수
↓ 협 의	관계 행정기관의 장
↓ 심 의	중앙도시계획위원회
↓ 승 인	국토교통부장관, 도지사
↓ 송 부	국토교통부장관, 도지사
↓ 공고 · 열람	시 · 도지사 (열람기간 30일 이상)

때에는 이를 광역도시계획에 반영하여야 한다(법 제14조 제1항).

(2) 공청회 개최사항

공청회의 개최에 관하여 필요한 사항은 다음과 같다(법 제14조 제2항, 영 제12조).

① 공청회 공고 : 국토교통부장관, 시 · 도지사, 시장 또는 군수는 공청회를 개최하려면 다음의 사항을 해당 광역계획권에 속하는 특별시 · 광역시 · 시 또는 군의 지역을 주된 보급지역으로 하는 일간신문에 공청회 개최예정일 14일 전까지 1회 이상 공고하여야 한다.

㉠ 공청회의 개최목적

㉡ 공청회의 개최예정일시 및 장소

㉢ 수립 또는 변경하고자 하는 광역도시계획의 개요

㉣ 그 밖에 필요한 사항

② 구분 개최 : 공청회는 광역계획권 단위로 개최하되, 필요한 경우에는 광역계획권을 수개의 지역으로 구분하여 개최할 수 있다.

③ 공청회 주재 : 공청회는 국토교통부장관, 시 · 도지사, 시장 또는 군수가 지명하는 사람이 주재한다.

④ 위의 ①~③에 규정된 사항 외에 공청회에 개최에 관하여 필요한 사항은 그 공청회를 개최하는 주체에 따라 국토교통부장관이 정하거나 특별시 · 광역시 또는 도의 도시 · 군계획조례로 정할 수 있다.

7 지방자치단체의 의견청취

① 시 · 도지사, 시장 또는 군수는 광역도시계획을 수립 또는 이를 변경하려면 미리 관계 시 · 도, 시 또는 군의 의회와 관계 시장 또는 군수의 의견을 들어야 한다(법 제15조 제1항).

② 국토교통부장관은 광역도시계획을 수립 또는 이를 변경하려면 관계 시 · 도지사에게 광역도시계획안을 송부하여야 하며, 관계 시 · 도지사는 그 광역도시계획안에 대하여 해당 시 · 도의 의회와 관계 시장 또는 군수의 의견을 들은 후 그 결과를 국토교통부장관에게 제출하여야 한다(법 제15조 제2항).

③ 시 · 도, 시 또는 군의 의회와 관계 시장 또는 군수는 특별한 사유가 없는 한 30일 이내에 시 · 도지사에게 의견을 제시하여야 한다(법 제15조 제3항).

8 광역도시계획의 승인

(1) 승인권자

① 시 · 도지사는 광역도시계획을 수립 또는 변경하는 때에는 국토교통부장관의 승인을 얻어야 한다(법 제16조 제1항).

예외 도지사가 도의 관할구역에 수립하는 광역도시계획은 그러하지 아니하다.

② 시장 또는 군수는 광역도시계획을 수립하거나 변경하려면 도지사의 승인을 받아야 한다(법 제16조 제5항).

(2) 승인 전 협의와 심의

국토교통부장관은 광역도시계획을 승인하거나 직접 광역도시계획을 수립 또는 이를 변경하고자 하는 때(공동으로 수립하는 때를 포함)에는 관계 중앙행정기관의 장과 협의한 후 중앙도시계획위원회의 심의를 거쳐야 한다(법 제16조 제2항).

(3) 의견제시

협의의 요청을 받은 관계중앙행정기관의 장은 특별한 사유가 없으면 그 요청을 받은 날로부터 30일 이내에 국토교통부장관에게 의견을 제시하여야 한다(법 제16조 제2항).

(4) 관계서류의 송부 및 공고·공람

① 국토교통부장관은 직접 광역도시계획을 수립 또는 이를 변경하거나, 광역도시계획을 승인한 때에는 관계 중앙행정기관의 장과 시·도지사에게 관계서류를 송부하여야 하며, 관계서류를 송부 받은 시·도지사는 그 내용을 공고하고 일반이 열람할 수 있도록 하여야 한다(법 제16조 제4항, 영 제13조 제3항).

㉠ 공고 : 해당 시·도의 공보에 게재

㉡ 열람기간 : 30일 이상

② 도지사가 광역도시계획을 승인하거나 직접 광역도시계획을 수립 또는 변경(시장·군수와 공동으로 수립하거나 변경하는 경우를 포함)하려면 관계 행정기관의 장과 시장 또는 군수에게 관계 서류를 송부하여야 하며, 관계 서류를 받은 시장 또는 군수는 그 내용을 공고하고 일반이 열람할 수 있도록 하여야 한다.

㉠ 공고 : 해당 시·군의 공보에 게재

㉡ 열람기간 : 30일 이상

참고 승인(承認) 및 협의(協議)

① 공법(公法)상 승인 및 협의

국가 또는 지방자치단체 등의 기관이 다른 기관이나 개인의 특정한 행위에 대하여 부여하는 동의(同意)의 뜻으로 사용되는 것으로 상·하(上·下)의 구별이 있는 경우에는 '승인(承認)'을 상하의 구분이 없는 경우나 모호한 경우에는 '협의(協議)'를 사용한다.

승인 및 협의는 단순한 행정기관 내부의 관계로서 행하여지는 것과 법령의 규정에 의하여 필요적 행정절차로서 요구되는 것이 있다.

(예) 재건축 조합(組合)에 대한 '정관의 승인' 등

② 사법(司法)상 승인

일반적으로 타인의 행위에 대하여 긍정의 의사를 표시하는 것

(예) 채무의 승인 등

참고 고시와 공고

① 고시와 공고의 공통점

- 행정기관이 공개적으로 일반 국민에게 글(문서)로써 널리 알리는 것이다.
- 형식상 행정기관명, 연도표시와 일련번호를 사용한다.

(예) 행정안전부고시 제2006-20호, 행정안전부공고 제2006-20호

② 고시와 공고의 차이점

- 고시는 법령에 근거가 있어야 하나, 공고는 반드시 법령에 근거를 둘 필요가 없다.
- 고시는 일단 고시된 사항은 개정이나 폐지가 없는 한 효력이 지속되나, 공고는 효력이 단기적이거나 일시적인 경우가 많다.
- 고시는 원칙적으로는 법규성은 없으나 보충적으로 법규성을 가지는 일이 있으며, 일반 처분성을 가지는 경우도 있다. 필요한 공시(公示; 일정한 내용을 공개적으로 게시하여 일반 국민에게 알리는 것)를 하지 않으면 권리의 변동은 완전한 효력을 나타내지 못한다.

9 광역도시계획의 조정

(1) 국토교통부장관의 조정

① 광역도시계획을 공동으로 수립하는 자는 그 내용에 관하여 서로 협의가 이루어지지 아니하는 때에는 공동 또는 단독으로 국토교통부장관에게 조정을 신청할 수 있다(법 제17조 제1항).

② 국토교통부장관은 단독으로 조정신청을 받은 경우에는 기한을 정하여 당사자 간에 다시 협의를 하도록 권고할 수 있으며, 기한 내 협의가 이루어지지 아니하는 경우에는 이를 직접 조정할 수 있다(법 제17조 제3항).

③ 국토교통부장관은 조정의 신청을 받거나 직접 조정하려면 중앙도시계획위원회의 심의를 거쳐 광역도시계획의 내용을 조정하여야 한다. 이 경우 이해관계를 가진 지방자치단체의 장은 중앙도시계획위원회의 회의에 출석하여 의견을 진술할 수 있다(법 제17조 제3항).

④ 광역도시계획을 수립하는 자는 조정결과를 광역도시계획에 방영하여야 한다(법 제17조 제4항).

(2) 도지사의 조정 (법 제17조 제5항, 제6항)

① 시장 또는 군수는 광역도시계획을 수립하거나 변경하려면 도지사의 승인을 받아야 한다.

② 도지사가 광역도시계획을 승인하거나 직접 광역도시계획을 수립 또는 변경(시장·군수와 공동으로 수립하거나 변경하는 경우를 포함한다)하려면 위 (1)의 ②~④의 규정을 준용한다.

• 공고에 따라 법률상 효과가 생기는 것은 법률에 규정이 있는 경우에 한하며, 공고된 사항에 대하여 일정한 절차를 밟지 않으면 권리를 상실하는 등의 불리한 효과가 발생하는 경우가 많다. 공고는 이해관계인으로 하여금 신청의 기회를 갖게 하기 위해서, 또는 소재지가 불명한 사람에 대한 통지의 수단으로 쓰이는 경우도 있다.

10 광역도시계획협의회의 구성 및 운영 (법 제17조의2, 영 제13조의2)

(1) 국토교통부장관, 시·도지사, 시장 또는 군수는 광역도시계획을 공동으로 수립할 때에는 광역도시계획의 수립에 관한 협의 및 조정이나 자문 등을 위하여 광역도시계획협의회를 구성하여 운영할 수 있다.

(2) 위 (1)에 따라 광역도시계획협의회에서 광역도시계획의 수립에 관하여 협의·조정을 한 경우에는 그 조정 내용을 광역도시계획에 반영하여야 하며, 해당 시·도지사, 시장 또는 군수는 이에 따라야 한다.

(3) 광역도시계획협의회의 위원은 관계 공무원, 광역도시계획에 관하여 학식과 경험이 있는 사람으로 구성한다.

(4) 위 (3)에 따른 광역도시계획협의회의 구성 및 운영에 관한 구체적인 사항은 광역도시계획 수립권자가 협의하여 정한다.

제 3 장 도시 · 군기본계획

1 의의

도시의 기본적인 공간구조와 장기발전방향을 제시하는 종합계획으로서 도시 · 군관리계획수립의 지침이 되는 계획이다(법 제2조 제3호).

2 수립권자와 대상지역

(1) 강행적 수립대상

특별시장 · 광역시장 · 특별자치시장 · 특별자치도지사 · 시장 또는 군수는 관할구역에 대하여 도시 · 군기본계획을 수립하여야 한다(법 제18조 제1항, 영 제14조).

예외 시 또는 군의 위치, 인구의 규모, 인구감소율 등을 감안하여 다음에 해당하는 시(경기도 외의 지역에 있는 시로서 인구 10만명 이하인 시) 또는 군은 도시 · 군기본계획을 수립하지 아니할 수 있다.

1. 「수도권정비계획법」에 따른 수도권에 속하지 아니하고, 광역시와 경계를 같이하지 아니한 시 또는 군으로서 인구 10만명 이하인 시 또는 군
2. 관할구역 전부에 대하여 광역도시계획이 수립되어 있는 시 또는 군으로서 해당 광역도시계획에 도시 · 군기본계획의 내용이 모두 포함되어 있는 시 또는 군

(2) 임의적 수립대상

특별시장 · 광역시장 · 특별자치시장 · 특별자치도지사 · 시장 또는 군수는 지역여건상 필요하다고 인정되는 때에는 인접한 특별시 · 광역시 · 시 또는 군의 관할구역의 전부 또는 일부를 포함하여 도시 · 군기본계획을 수립할 수 있다(법 제18조 제2항).

(3) 인접한 구역 포함시 수립

특별시장 · 광역시장 · 특별자치시장 · 특별자치도지사 · 시장 또는 군수는 인접한 특별시 · 광역시 · 특별자치시 · 특별자치도 · 시 또는 군의 관할 구역을 포함하여 도시 · 군기본계획을 수립하려면 미리 해당

짚어보기

국토교통부장관과 도지사는 도시 · 군기본계획의 수립권자가 아니다.

관계법 「수도권정비계획법」 제2조 제1호

"수도권"이란 서울특별시와 인천광역시 및 경기도를 말한다.

특별시장·광역시장·특별자치시장·특별자치도지사·시장 또는 군수와 협의하여야 한다(법 제18조 제 3항).

3 내용

(1) 내용

도시·군기본계획에는 다음의 사항에 대한 정책방향이 포함되어야 한다(법 제19조 제1항, 영 제15조).

① 지역적 특성 및 계획의 방향·목표에 관한 사항
② 공간구조, 생활권의 설정 및 인구의 배분에 관한 사항
③ 토지의 이용 및 개발에 관한 사항
④ 토지의 용도별 수요 및 공급에 관한 사항
⑤ 환경의 보전 및 관리에 관한 사항
⑥ 기반시설에 관한 사항
⑦ 공원·녹지에 관한 사항
⑧ 경관에 관한 사항
⑨ 기후변화 대응 및 에너지절약에 관한 사항
⑩ 위 ②~⑨에 규정된 사항의 단계별 추진에 관한 사항
⑪ 그 밖에 다음에 해당하는 도시·군기본계획의 방향 및 목표달성과 관련된 사항
  ㉠ 도심 및 주거환경의 정비·보전에 관한 사항
  ㉡ 경제·산업·사회·문화의 개발 및 진흥에 관한 사항
  ㉢ 교통·물류체계의 개선과 정보통신의 발전에 관한 사항
  ㉣ 미관의 관리에 관한 사항
  ㉤ 방재·방범 등 안전 및 범죄예방에 관한 사항
  ㉥ 재정확충 및 도시·군기본계획의 시행을 위하여 필요한 재원조달에 관한 사항
  ㉦ 위 ㉠~㉥에 규정된 사항의 단계별 추진에 관한 사항

(2) 작성기준

① 광역도시계획이 수립되어 있는 지역에 대하여 수립하는 도시·군기본계획은 해당 광역도시계획에 부합되어야 하며 도시·군기본계획의 내용이 광역도시계획의 내용과 다른 때에는 광역도시계획의 내용이 우선한다(법 제19조 제2항).
② 도시·군기본계획의 수립기준 등은 다음의 사항을 종합적으로 고려하여 국토교통부장관이 이를 정한다(법 제19조 제3항, 영 제16조).
  ㉠ 특별시·광역시·특별자치시·특별자치도·시 또는 군의 기본적인 공간구조와 장기발전방향을 제시하는 토지이용·교통·

참고

광역도시계획과 도시·군기본계획의 성격

① 장래 발전 방향을 제시하는 행정계획으로 일반 국민에 대해 직접적인 구속력이 없다.
② 행정(내)부의 구속적(拘束的) 계획으로 행정규칙적 성격을 갖는다.
③ 일반 국민에 대하여 직접적 구속력을 갖지 않으므로 행정심판이나 행정소송의 대상이 되지 않는다.
④ 승인시 고시(告示)에 관한 규정은 없으며 공고(公告)에 관한 규정이 있다.

※ 광역도시계획은 5년마다 재검토 규정이 없으나 도시·군기본계획은 재검토 규정이 있다.

환경 등에 관한 종합계획이 되도록 할 것

㉡ 여건변화에 탄력적으로 대응할 수 있도록 포괄적이고 개략적으로 수립하도록 할 것

㉢ 도시·군기본계획을 정비할 때에는 종전의 도시·군기본계획의 내용 중 수정이 필요한 부분만을 발췌하여 보완함으로써 계획의 연속성이 유지되도록 할 것

㉣ 도시와 농어촌 및 산촌지역의 인구밀도, 토지이용의 특성 및 주변 환경 등을 종합적으로 고려하여 지역별로 계획의 상세정도를 다르게 하되, 기반시설의 배치계획, 토지용도 등은 도시와 농어촌 및 산촌지역이 서로 연계되도록 할 것

㉤ 부문별 계획은 도시·군기본계획의 방향에 부합하고 도시·군기본계획의 목표를 달성할 수 있는 방안을 제시함으로써 도시·군기본계획의 통일성과 일관성을 유지하도록 할 것

㉥ 도시지역 등에 위치한 개발가능 토지는 단계별로 시차를 두어 개발되도록 할 것

㉦ 녹지축·생태계·산림·경관 등 양호한 자연환경과 우량농지, 보전목적의 용도지역 등을 충분히 고려하여 수립하도록 할 것

㉧ 경관에 관한 사항에 대하여는 필요한 경우에는 도시·군기본계획도서의 별책으로 작성할 수 있도록 할 것

4 기초조사 및 공청회 (법 제20조)

① 도시·군기본계획을 수립하거나 변경하는 경우에는 제13조(광역도시계획의 수립을 위한 기초조사)와 제14조(공청회의 개최)를 준용한다. 이 경우 "국토교통부장관, 시·도지사, 시장 또는 군수"는 "특별시장·광역시장·특별자치시장·특별자치도지사·시장 또는 군수"로, "광역도시계획"은 "도시·군기본계획"으로 본다.

② 시·도지사, 시장 또는 군수는 기초조사의 내용에 국토교통부장관이 정하는 바에 따라 실시하는 토지적성평가와 재해취약성분석을 포함하여야 한다.

③ 도시·군기본계획 입안일부터 5년 이내에 토지적성평가를 실시한 경우 등 대통령령으로 정하는 경우에는 토지적성평가 또는 재해취약성분석을 하지 아니할 수 있다.

5 지방의회의 의견청취

① 특별시장·광역시장·특별자치시장·특별자치도지사·시장 또는 군수가 도시·군기본계획을 수립 또는 변경하는 때에는 미리 해당 특별시·광역시·특별자치시·특별자치도·시 또는 군의 의회의 의견을 들어야

짚어보기 도시·군기본계획의 수립절차

기초조사	특별시장·광역시장·특별자치시장·특별자치도지사·시장·군수
↓ 수립	특별시장·광역시장·특별자치시장·특별자치도지사·시장·군수
↓ 공청회	주민 및 전문가 의견 수렴
↓ 의견청취	지방의회
↓ 승인신청	시장·군수 → 도지사
↓ 협의	관계 행정기관의 장
↓ 심의	지방 도시계획위원회
↓ 승인	도지사
↓ 공고·열람	특별시장·광역시장특별자치시장·특별자치도지사·시장·군수 (열람기간 30일 이상)

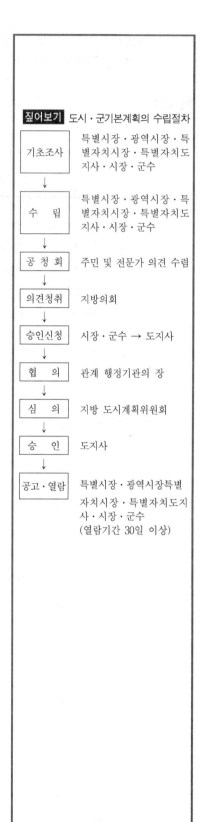

한다(법 제21조 제1항).

② 특별시·광역시·특별자치시·특별자치도·시 또는 군의 의회는 특별한 사유가 없는 한 30일 이내에 특별시장·광역시장·특별자치시장·특별자치도지사·시장 또는 군수에게 의견을 제시하여야 한다(법 제21조 제2항).

6 특별시·광역시·특별자치시·특별자치도의 도시·군기본계획의 확정 (법 제22조)

(1) 특별시장·광역시장·특별자치시장 또는 특별자치도지사는 도시·군기본계획을 수립하거나 변경하려면 관계 행정기관의 장(국토교통부장관을 포함한다)과 협의한 후 지방도시계획위원회의 심의를 거쳐야 한다.

(2) 협의 요청을 받은 관계 행정기관의 장은 특별한 사유가 없으면 그 요청을 받은 날부터 30일 이내에 특별시장·광역시장·특별자치시장 또는 특별자치도지사에게 의견을 제시하여야 한다.

(3) **송부 및 공고·열람**

특별시장·광역시장·특별자치시장 또는 특별자치도지사는 도시·군기본계획을 수립하거나 변경한 경우에는 관계 행정기관의 장에게 관계 서류를 송부하여야 하며, 해당 공보에 그 계획을 공고하고 30일 이상 일반인이 열람할 수 있도록 하여야 한다.

7 도시·군기본계획의 승인 (법 제22조의2)

(1) 시장 또는 군수는 도시·군기본계획을 수립하거나 변경하려면 대통령령으로 정하는 바에 따라 도지사의 승인을 받아야 한다.

(2) 도지사는 도시·군기본계획을 승인하려면 관계 행정기관의 장과 협의한 후 지방도시계획위원회의 심의를 거쳐야 한다.

(3) 위 (2)에 따라 협의 요청을 받은 관계 행정기관의 장은 특별한 사유가 없으면 그 요청을 받은 날부터 30일 이내에 도지사에게 의견을 제시하여야 한다.

(4) 도지사는 도시·군기본계획을 승인하면 관계 행정기관의 장과 시장 또는 군수에게 관계 서류를 송부하여야 하며, 관계 서류를 받은 시장 또는 군수는 해당 시·군의 공보에 그 계획을 공고하고 30일 이상 일반인이 열람할 수 있도록 하여야 한다.

8 도시·군기본계획의 정비

① 특별시장·광역시장·특별자치시장·특별자치도지사·시장 또는 군수는 5년마다 관할구역의 도시·군기본계획에 대하여 타당성을 전반적으로 재검토하여 정비하여야 한다(법 제23조).

② 특별시장·광역시장·특별자치시장·특별자치도지사·시장 또는 군수는 도시·군기본계획의 내용에 우선하는 광역도시계획의 내용 및 국가계획의 내용을 도시·군기본계획에 반영하여야 한다.

■ 익힘문제 ■

도시·군기본계획에 포함되어야 할 정책 방향이 아닌 것은? (기사 기출)

㉮ 공원·녹지에 관한 사항
㉯ 환경의 보전 및 관리에 관한 사항
㉰ 경관에 관한 사항
㉱ 공동구의 설치에 관한 사항

해설

도시·군기본계획에 공동구의 설치에 관한 사항은 해당 사항이 아니다.

정답 ㉱

제 4 장 도시·군관리계획

1 도시·군관리계획의 의의

특별시·광역시·특별자치시·특별자치도·시 또는 군의 개발·정비 및 보전을 위하여 수립하는 토지이용·교통·환경·경관·안전·산업·정보통신·보건·후생·안보·문화 등에 관한 다음의 계획을 말한다(법 제2조 제4호).

① 용도지역·용도지구의 지정 또는 변경에 관한 계획
② 개발제한구역·도시자연공원구역·시가화조정구역·수산자원보호구역의 지정 또는 변경에 관한 계획
③ 기반시설의 설치·정비 또는 개량의 관한 계획
④ 도시개발사업 또는 정비사업에 관한 계획
⑤ 지구단위계획구역의 지정 또는 변경에 관한 계획과 지구단위 계획
⑥ 입지규제최소구역의 지정 또는 변경에 관한 계획과 입지규제최소구역계획

> **참고**
> 도시·군관리계획의 성격
> ① 행정(내)부의 구속력은 물론 일반 국민에 대해서도 함께 구속력을 갖는 계획이다.
> ② 일종의 행정처분행위로 볼 수 있으며 행정심판 및 행정소송의 대상이 된다.

2 도시·군관리계획의 수립절차

(1) 입안권자

① 원칙

㉠ 강행규정 : 특별시장·광역시장·특별자치시장·특별자치도지사·시장 또는 군수는 관할구역에 대하여 도시·군관리계획을 입안하여야 한다(법 제24조 제1항).

㉡ 인접한 구역 포함 시(임의규정) : 특별시장·광역시장·특별자치시장·특별자치도지사·시장 또는 군수는 다음에 해당하는 경우에는 인접한 특별시·광역시·특별자치시·특별자치도·시 또는 군의 관할구역의 전부 또는 일부를 포함하여 도시·군관리계획을 입안할 수 있다(법 제24조 제2항).

ⓐ 지역여건상 필요하다고 인정하여 미리 인접한 특별시장·광역시장·특별자치시장·특별자치도지사·시장 또는 군수와 협의한 경우

ⓑ 인접한 특별시·광역시·특별자치시·특별자치도·시 또는 군의 관할구역을 포함하여 도시·군기본계획을 수립한 경우

ⓒ 인접한 특별시·광역시·특별자치시·특별자치도·시 또는 군의 관할구역에 대한 도시·군관리계획은 관계 특별시장·광역시장·특별자치시장·특별자치도지사·시장 또는 군수가 협의하여 공동으로 입안하거나 입안할 자를 정한다(법 제24조 제3항).

ⓓ 협의가 성립되지 아니하는 경우 다음과 같이 입안할 자를 지정하고 이를 고시하여야 한다(법 제24조 제4항).

ⓐ 도시·군관리계획을 입안하고자 하는 구역이 같은 도의 관할구역에 속하는 때에는 관할도지사

ⓑ 2 이상의 시·도의 관할구역에 걸치는 때에는 국토교통부장관(수산자원보호구역의 경우 해양수산부장관을 말함)

② 예외적 입안권자

㉠ 국토교통부장관 : 국토교통부장관은 다음에 해당하는 경우에는 직접 또는 관계 중앙행정기관의 장의 요청에 따라 도시·군관리계획을 입안할 수 있다. 이 경우 국토교통부장관은 관할 시·도지사 및 시장·군수의 의견을 들어야 한다(법 제24조 제5항).

ⓐ 국가계획과 관련된 경우

ⓑ 둘 이상의 시·도에 걸쳐 지정되는 용도지역·용도지구 또는 용도구역과 둘 이상의 시·도에 걸쳐 이루어지는 사업의 계획 중 도시·군관리계획으로 결정하여야 할 사항이 있는 경우

ⓒ 특별시장·광역시장·특별자치시장·특별자치도지사·시장 또는 군수가 기한까지 국토교통부장관의 도시·군관리계획의 조정요구에 따라 도시·군관리계획을 정비하지 아니하는 경우

㉡ 도지사 : 도지사는 다음의 경우에는 직접 또는 시장이나 군수의 요청에 따라 도시·군관리계획을 입안할 수 있다. 이 경우 도지사는 관계 시장 또는 군수의 의견을 들어야 한다(법 제24조 제6항).

ⓐ 둘 이상의 시·군에 걸쳐 지정되는 용도지역 용도지구 또는 용도구역과 둘 이상의 시·군에 걸쳐 이루어지는 사업의 계획 중 도시·군관리계획으로 결정하여야 할 사항이 포함되어 있는 경우

ⓑ 도지사가 직접 수립하는 사업의 계획으로서 도시·군관리계획으로 결정하여야 할 사항이 포함되어 있는 경우

짚어보기 도시·군관리계획의 수립절차

기초조사	특별시장·광역시장·특별자치시장 특별자치도지사·시장·군수 도지사·국토교통부장관
입안	특별시장·광역시장·특별자치시장 특별자치도지사·시장·군수 도지사·국토교통부장관 ※ 주민의 제안
의견 청취	주민 및 지방의회
협의	관계 (중앙)행정기관의 장
심의	도시계획위원회 (중앙, 지방)
결정	국토교통부장관(시·도지사) 농림수산식품부장관
고시·열람	

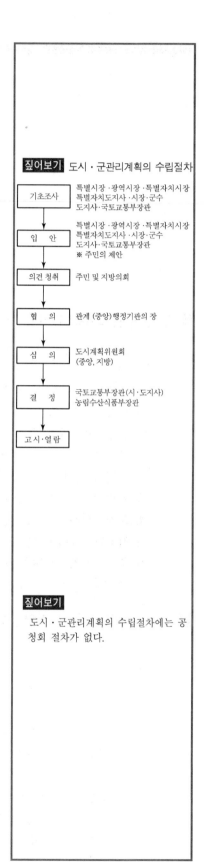

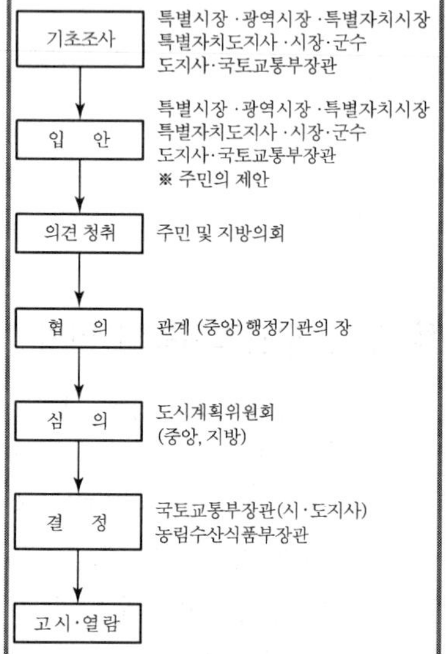

짚어보기

도시·군관리계획의 수립절차에는 공청회 절차가 없다.

(2) 입안의 기준

① 원칙

㉠ 기준 : 도시·군관리계획은 광역도시계획 및 도시·군기본계획에 부합되어야 한다(법 제25조 제1항).

㉡ 작성기준 등 : 국토교통부장관, 시·도지사, 시장 또는 군수는 도시·군관리계획을 입안하는 때에는 도시·군관리계획도서(계획도 및 계획 조서를 말함)와 이를 보조하는 계획설명서(기초조사 결과·재원조달방안 및 경관계획 등을 포함)를 작성하여야 한다(법 제25조 제2항).

㉢ 도시·군관리계획은 계획의 상세정도, 도시·군관리계획으로 결정하여야 하는 기반시설의 종류 등에 대하여 도시 및 농·산·어촌지역의 인구밀도, 토지이용의 특성 및 주변환경 등을 종합적으로 고려하여 차등을 두어 입안하여야 한다(법 제25조 제4항).

㉣ 도시·군관리계획의 수립기준, 도시·군관리계획도서 및 계획설명서의 작성기준·작성방법 등은 국토교통부장관이 정한다(법 제25조 제4항).

② 특례

㉠ 국토교통부장관, 시·도지사, 시장 또는 군수는 도시·군관리계획을 조속히 입안하여야 할 필요가 있다고 인정되면 광역도시계획 또는 도시·군기본계획을 수립하는 때에 도시·군관리계획을 함께 입안할 수 있다(법 제35조 제1항).

㉡ 국토교통부장관, 시·도지사, 시장 또는 군수는 필요하다고 인정되면 도시·군관리계획을 입안하는 때에 협의하여야 할 사항에 관하여 관계 중앙행정기관의 장 또는 관계 행정기관의 장과 협의할 수 있다. 이 경우 시장 또는 군수는 도지사에게 해당 도시·군관리계획의 결정을 신청하는 때에 관계 행정기관의 장관의 협의결과를 첨부하여야 한다(법 35조 제2항).

㉢ 미리 협의한 사항에 대하여는 협의를 생략할 수 있다(법 제35조 제3항).

(3) 입안의 제안

① 의의 : 주민의 도시·군관리계획입안의 제안은 적극적으로 국민의 절차적 참여권을 보장하는 수단으로 사전적 사익구제 수단이다.

② 제안대상 및 방법

㉠ 제안

ⓐ 주민(이해관계자를 포함)은 다음 아래의 사항에 대하여 도시·군관리계획을 입안할 수 있는 자에게 도시·군관리계

획의 입안을 제안할 수 있다. 이 경우 제안서에는 도시·군관리계획 도서와 계획설명서를 첨부하여야 한다(법 제26조 제1항).

- 기반시설의 설치·정비 또는 개량에 관한 사항
- 지구단위계획구역의 지정 및 변경과 지구단위계획의 수립 및 변경에 관한 사항
- 다음 각 목의 어느 하나에 해당하는 용도지구의 지정 및 변경에 관한 사항
  - 가. 개발진흥지구 중 공업기능 또는 유통물류기능 등을 집중적으로 개발·정비하기 위한 개발진흥지구로서 대통령령으로 정하는 개발진흥지구
  - 나. 용도지구 중 해당 용도지구에 따른 건축물이나 그 밖의 시설의 용도·종류 및 규모 등의 제한을 지구단위계획으로 대체하기 위한 용도지구

ⓑ 제안서의 처리절차 : 도시·군관리계획입안의 제안을 받은 국토교통부장관, 시·도지사, 시장 또는 군수는 제안 일부터 60일 이내에 도시·군관리계획입안에서의 반영 여부를 제안자에게 통보하여야 한다. 다만 부득이한 사정이 있는 경우에는 1회에 한하여 30일을 연장 할 수 있다(영 제20조 제1항).

ⓒ 국토교통부장관, 시·도지사, 시장 또는 군수는 제안을 도시·군관리계획입안에 반영할 것인지 여부를 결정함에 있어서 필요한 경우에는 중앙도시계획위원회 또는 해당 지방자치단체에 설치된 지방도시계획위원회의 자문을 거칠 수 있다(영 제20조 제2항).

ⓓ 국토교통부장관, 시·도지사, 시장 또는 군수는 제안을 도시·군관리계획입안에 반영하는 경우에는 제안서에 첨부된 도시·군관리계획 도서와 계획설명서를 도시·군관리계획의 입안에 활용할 수 있다(영 제26조 제1항).

㉡ 도시·군관리계획의 입안을 제안 받은 자는 그 처리결과를 제안자에게 통보하여야 한다(법 제26조 제2항).

㉢ 도시·군관리계획의 입안을 제안 받은 자는 제안자와 협의하여 제안된 도시·군관리계획의 입안 및 결정에 필요한 비용의 전부 또는 일부를 제안자에게 부담시킬 수 있다(법 제26조 제3항).

(4) 기초조사 등

① 기초조사 : 광역도시계획의 수립을 위한 기초조사 규정은 도시·군관리계획을 입안하는 경우에 이를 준용한다(법 제27조 제1항, 영 제21조 제1항).

예외 경미한 사항을 입안하는 경우(아래 (8) 도시·군관리계획의 결정 내용 중 ④의 **예외**에 해당하는 경우)

② 환경성 검토 : 국토교통부장관(수산자원보호구역의 경우 농림수산식품부장관), 시·도지사, 시장 또는 군수는 기초조사의 내용에 도시·군관리계획이 환경에 미치는 영향 등에 대한 환경성 검토를 포함하여야 한다(법 제27조 제2항).

③ 토지의 적성에 대한 평가 : 국토교통부장관, 시·도지사, 시장 또는 군수는 기초 조사의 내용에 토지적성평가와 재해취약성분석을 하여야 한다(법 제27조 제3항).

④ 기초조사 등의 예외 : 도시·군관리계획으로 입안하려는 지역이 도심지에 위치하거나 개발이 끝나 나대지가 없는 등 다음 요건에 해당하면 기초조사, 환경성 검토, 토지적성평가 또는 재해취약성분석을 하지 아니할 수 있다(법 제27조 제4항, 영 제21조 제2항).

예외 아래 ㉤~㉦의 규정은 토지의 적성에 대한 평가에 대하여만 적용한다.

㉠ 해당 지구단위계획구역이 도심지(상업지역과 상업지역에 연접한 지역을 말함)에 위치하는 경우

㉡ 해당 지구단위계획구역 안의 나대지면적이 구역면적의 2%에 미달하는 경우

㉢ 해당 지구단위계획구역 또는 도시·군계획시설 부지가 다른 법률에 따라 지역·지구·구역·단지 등으로 지정되거나 개발계획이 수립된 경우

㉣ 해당 지구단위계획구역의 지정목적이 해당 구역을 정비 또는 관리하고자 하는 경우로서 지구단위계획의 내용에 너비 12m 이상 도로의 설치계획이 없는 경우

㉤ 주거지역·상업지역 또는 공업지역에 도시·군관리계획을 입안하는 경우

㉥ 법 또는 다른 법령에 따라 조성된 지역에 도시·군관리계획을 입안하는 경우

㉦ 도시·군관리계획 입안일 5년 전 이내에 토지적성평가를 실시한 지역에 대하여 도시·군관리계획을 입안하는 경우

예외 기반시설 등의 여건이 크게 변화한 경우

(5) 주민의 의견청취

① 의견청취 : 국토교통부장관, 시·도지사, 시장 또는 군수는 도시·군관리계획을 입안하는 때에는 주민의 의견을 들어야 하며, 그 의견이 타당하다고 인정되는 때에는 이를 도시·군관리계획안에 반영하여야 한다(법 제28조 제1항).

예외 국방상 또는 국가안전보장상 기밀을 요하는 사항(관계 중앙행정기관의 장의 요청이 있는 것에 한함) 이거나 영 제25조 제3항 각 호 및 같은 조 제4항 각 호의 사항인 경우

② 도시 · 군관리계획안의 송부 및 결과 제출

㉠ 국토교통부장관이나 도지사는 도시 · 군관리계획을 입안하려면 주민의 의견청취의 기한을 명시하여 도시 · 군관리계획안을 관계 특별시장 · 광역시장 · 특별자치시장 · 특별자치도지사 · 시장 또는 군수에게 송부하여야 한다(법 제28조 제2항).

㉡ 도시 · 군관리계획안을 송부 받은 특별시장 · 광역시장 · 특별자치시장 · 특별자치도지사 · 시장 또는 군수는 명시된 기한 내에 해당 도시 · 군관리계획안에 대한 주민의 의견을 들어 그 결과를 국토교통부장관이나 도지사에게 제출하여야 한다(법 제28조 제3항).

③ 주민의 의견청취 절차 : 주민의 의견청취에 관하여 필요한 사항은 아래에 정하는 기준에 따라 해당 지방자치단체의 조례로 정한다(법 제28조 제4항, 제22조 제2~5항).

㉠ 특별시장 · 광역시장 · 시장 또는 군수는 도시 · 군관리계획의 입안에 관하여 주민의 의견을 청취하고자 하는 때(도시 · 군관리계획안에 대하여 주민의 의견을 청취하고자 하는 때를 포함)에는 국토교통부장관(수산자원보호구역의 경우 해양수산부 장관을 말함) 또는 도지사로부터 송부 받은 도시 · 군관리계획안의 주요내용을 전국 또는 해당 특별시 · 광역시 · 특별자치시 · 특별자치도 · 시 또는 군의지역을 주된 보급지역으로 하는 2 이상의 일간신문과 해당 특별시 · 광역시 · 시 또는 군의 인터넷 홈페이지 등에 공고하고 도시 · 군관리계획안을 14일 이상 일반이 공람할 수 있도록 하여야 한다.

㉡ 공고된 도시 · 군관리계획안의 내용에 대하여 의견이 있는 자는 열람기간 내에 특별시장 · 광역시장 · 특별자치시장 · 특별자치도지사 · 시장 또는 군수에게 의견서를 제출할 수 있다.

㉢ 국토교통부장관, 시 · 도지사, 시장 또는 군수는 제출된 의견을 도시 · 군관리계획안에 반영할 것인지 여부를 검토하여 그 결과를 열람기간이 종료된 날부터 60일 이내에 해당 의견을 제출한 자에게 통보하여야 한다.

㉣ 국토교통부장관, 시 · 도지사, 시장 또는 군수는 제출된 의견을 도시 · 군관리계획안에 반영하고자 하는 경우 그 내용이 해당 특별시 · 광역시 · 시 또는 군의 도시계획조례가 정하는 중요한 사항인 때에는 그 내용을 다시 공고 · 열람하게 하여 주민의 의견을 들어야 한다.

④ 도시 · 군관리계획안의 송부 및 결과 제출 : 주민의 의견청취에서 도

시·군관리계획안의 송부 및 결과 제출 규정은 국토교통부장관 또는 도지사가 지방의회의 의견을 듣는 경우에 이를 준용한다. 이 경우 '주민'은 '지방의회'로 본다(법 제28조 제6항).

(6) 지방의회의 의견청취

① 의견청취 : 국토교통부장관, 시·도지사, 시장 또는 군수는 도시·군관리계획을 입안하고자 하는 때에는 아래에 정하는 사항에 대하여 해당 지방의회의 의견을 들어야 한다(법 제28조 제5항, 영 제22조 제7항).

예외 아래 (8) 도시·군관리계획의 결정 내용 중 ④의 **예외** 1.에 해당하는 사항 및 지구단위계획으로 결정 또는 변경 결정하는 사항을 제외한다.

㉠ 용도지역·용도지구 또는 용도구역의 지정 및 변경지정

㉡ 광역도시계획에 포함된 광역시설의 설치·정비 또는 개량에 관한 도시·군관리계획의 결정 또는 변경결정

㉢ 다음에 해당하는 기반시설의 설치·정비 또는 개량에 관한 도시·군관리계획의 결정 또는 변경결정

ⓐ 도로 중 주간선도로(시·군 내 주요지역을 연결하거나 시·도 상호간이나 주요지방 상호간을 연결하여 대량통과교통을 처리하는 도로로서 시·군의 골격을 형성하는 도로를 말함)

ⓑ 철도 중 도시철도

ⓒ 자동차정류장 중 여객자동차터미널(시외버스 운송사업용에 한함)

ⓓ 공원(소공원 및 어린이공원은 제외)

ⓔ 유통 업무설비

ⓕ 학교 중 대학

ⓖ 운동장

ⓗ 공공청사 중 지방자치단체의 청사

ⓘ 화장장

ⓙ 공동묘지

ⓚ 봉안시설

ⓛ 하수도(하수종말처리시설에 한함)

ⓜ 폐기물처리시설

ⓝ 수질오염방지시설

(7) 도시·군관리계획의 결정권자

① 원칙 : 도시·군관리계획은 시·도지사가 직접 또는 시장·군수의 신청에 따라 이를 결정한다. 다만, 「지방자치법」 제175조에 따른 서울특별시와 광역시 및 특별자치시를 제외한 인구 50만 이상의 대도시(이하 "대도시"라 한다)의 경우에는 해당 시장(이하 "대도시 시장"이라 한다)이 직접 결정하고, 다음 각호의 도시·군 관리계획

참고 도시공원 및 녹지 등에 관한 법률 제15조(도시공원의 세분 및 규모)

① 도시공원은 그 기능 및 주제에 의하여 다음과 같이 세분한다.

1. 생활권공원 : 도시생활권의 기반 공원 성격으로 설치·관리되는 공원으로서 다음 각목의 공원
   가. 소공원 : 소규모 토지를 이용하여 도시민의 휴식 및 정서 함양을 도모하기 위하여 설치하는 공원
   나. 어린이공원 : 어린이의 보건 및 정서생활의 향상에 기여함을 목적으로 설치된 공원
   다. 근린공원 : 근린거주자 또는 근린생활권으로 구성된 지역 생활권 거주자의 보건·휴양 및 정서생활의 향상에 기여함을 목적으로 설치된 공원
2. 주제공원 : 생활권공원 외에 다양한 목적으로 설치되는 다음 각목의 공원
   가. 역사공원 : 도시의 역사적 장소나 시설물, 유적·유물 등을 활용하여 도시민의 휴식·교육을 목적으로 설치하는 공원
   나. 문화공원 : 도시의 각종 문화적 특징을 활용하여 도시민의 휴식·교육을 목적으로 설치하는 공원
   다. 수변공원 : 도시의 하천변·호수변 등 수변공간을 활용하여 도시민의 여가·휴식을 목적으로 설치하는 공원
   라. 묘지공원 : 묘지이용자에게 휴식 등을 제공하기 위하여 일정한 구역 안에 「장사 등에 관한 법률」 제2조제6호의 규정에 의한 묘지와 공원시설을 혼합하여 설치하는 공원
   마. 체육공원 : 주로 운동경기나 야외활동 등 체육활동을 통하여 건전한 신체와 정신을 배양함을 목적으로 설치하는 공원
   바. 그 밖에 특별시·광역시 또는 도의 조례가 정하는 공원

은 시장 또는 군수가 직접 결정한다.

㉠ 시장 또는 군수가 입안한 지구단위계획구역의 지정 · 변경과 지구단위계획의 수립 · 변경에 관한 도시 · 군관리계획

㉡ 제52조 제1항 제1호의 2에 따라 지구단위계획으로 대체하는 용도지구 폐지에 관한 도시 · 군관리계획[해당 시장(대도시 시장은 제외한다) 또는 군수가 도지사와 미리 협의한 경우에 한정한다]

② 예외적 결정권자

㉠ 다음의 도시 · 군관리계획은 국토교통부장관이 결정한다(법 제29조 제2항).

ⓐ 국토교통부장관이 입안한 도시 · 군관리계획

ⓑ 개발제한구역의 지정 및 변경에 관한 도시 · 군관리계획

ⓒ 시가화조정구역의 지정 및 변경에 관한 도시 · 군관리계획

㉡ 다음의 도시 · 군관리계획은 해양수산부 장관이 결정한다.
수산자원보호구역의 지정 및 변경에 관한 도시 · 군관리계획

③ 도시 · 군관리계획 결정권한의 조정

기존에 국토교통부장관이 결정하는 도시 · 군관리계획 중 다음에 해당하는 것은 시 · 도지사가 결정하도록 한다.

> **참고** 대도시(「지방자치법」 제3조)
> 인구 50만 이상인 자치구가 아닌 구가 설치된 시를 말한다.

㉠ 도시 · 군기본계획의 변경의 범위에 해당하지 아니하는 경우로서 일단의 토지의 총면적이 $5km^2$ 이상에 해당하는 도시지역 · 관리지역 · 농림지역 또는 자연환경보전지역간의 용도지역의 지정 및 변경에 관한 도시 · 군관리계획

㉡ 도시 · 군기본계획이 수립되지 아니한 시 · 군에서 녹지지역을 변경하고자 하는 경우로서 토지의 면적이 50만m^2 이상의 주거지역 · 상업지역 또는 공업지역으로 변경하는 사항에 관한 도시 · 군관리계획

㉢ 토지면적이 $5km^2$ 이상에 해당하는 지구단위계획구역의 지정 및 변경에 관한 도시 · 군관리계획

> **참조** 위의 ㉠, ㉡, ㉢ 면적 규정은 도시 · 군관리계획을 결정 또는 변경한 후 5년 이내에 같은 용도지역 또는 지구단위계획구역을 연접하여 지정 또는 변경할 경우 그 합한 면적이 ㉠, ㉡, ㉢의 면적기준에 해당하는 경우에도 이를 적용한다.

(8) 도시·군관리계획의 결정

① 결정 전 협의

㉠ 시 · 도지사는 도시 · 군관리계획을 결정하려면 관계 행정기관의 장과 미리 협의하여야 하며, 국토교통부장관(수산자원보호구역의 경우 해양수산부장관)이 도시 · 군관리계획을 결정하려면 관계 중앙행정기관의 장과 미리 협의하여야 한다. 이 경우 협의요

청을 받은 기관의 장은 특별한 사유가 없는 한 그 요청을 받은 날부터 30일 이내에 의견을 제시하여야 한다(법 제30조 제1항).

㉡ 시·도지사는 국토교통부장관이 입안하여 결정한 도시·군관리계획을 변경하거나 그 밖에 다음의 사항에 관한 도시·군관리계획을 결정하려면 미리 국토교통부장관(수산자원보호구역의 경우 해양수산부장관)과 협의하여야 한다(법 제30조 제2항, 영 제25조 제1항).

ⓐ 광역도시계획과 관련하여 시·도지사가 입안한 도시·군관리계획

ⓑ 개발제한구역이 해제되는 지역에 대하여 해제 이후 최초로 결정되는 도시·군관리계획

ⓒ 둘 이상의 시·도에 걸치는 기반시설의 설치·정비 또는 개량에 관한 도시·군관리계획 중 면적이 1km^2 이상인 공원의 면적을 5% 이상 축소하는 것에 관한 도시·군관리계획

예외 아래의 ②와 ④의 각 **예외** 사항과 관계 법령에 따라 국토교통부장관과 미리 협의한 사항을 제외한다.

② 결정 전 심의 : 국토교통부장관이 도시·군관리계획을 결정하려면 중앙도시계획위원회의 심의를 거쳐야 하며, 시·도지사가 도시·군관리계획을 결정하려면 시·도 도시계획위원회의 심의를 거쳐야 한다(법 제30조 제3항).

예외 시·도지사가 지구단위계획(지구단위계획과 지구단위계획구역을 동시에 결정할 때에는 지구단위계획구역의 지정 또는 변경에 관한 사항을 포함할 수 있다)이나 제52조 제1항 제1호의 2에 따라 지구단위계획으로 대체하는 용도지구 폐지에 관한사항을 결정하려면 시·도에 두는 건축위원회와 도시계획위원회가 공동으로 하는 심의를 거쳐야 한다.<시행 2018.4.18.>

1. 건축물의 높이의 최고한도 또는 최저한도에 관한 사항(지구단위계획에 한함)
2. 건축물의 배치·형태·색채 또는 건축선에 관한 계획
3. 경관계획에 관한 사항

③ 협의 및 심의절차의 생략 : 국토교통부장관이나 시·도지사는 국방상 또는 국가안전보장상 기밀을 지켜야 할 필요가 있다고 인정되면(관계 중앙행정기관의 장의 요청이 있는 때에 한함) 그 도시·군관리계획의 전부 또는 일부에 대하여 협의 및 심의절차를 생략할 수 있다(법 제30조 제4항).

④ 변경시 협의 및 심의 : 도시·군관리계획의 결정절차 규정은 결정된 도시·군관리계획을 변경하고자 하는 경우에 이를 준용한다(법 제30조 제5항, 영 제25조 제3항).

예외

1. 다음의 경미한 사항을 변경하는 경우에는 관계 행정기관의 장과의 협의, 국토교통부장관과의 협의 및 중앙도시계획위원회 또는 지방도시계획위원회의 심의를 거치지 아니하고 도시·군관리계획(지구단위계획을 제외)을 변경할 수 있다.
   ㉠ 단위 도시·군계획시설부지 면적의 5% 미만의 변경인 경우. 다만, 다음의 어느 하나에 해당하는 시설은 해당 사항의 요건을 충족하는 경우만 해당한다.
      ⓐ 도로 : 시점 및 종점이 변경되지 아니하고 중심선이 종전에 결정된 도로의 범위를 벗어나지 아니하는 경우
      ⓑ 공원 및 녹지 : 다음의 어느 하나에 해당하는 경우
         • 면적이 증가되는 경우
         • 최초 도시·군계획시설 결정 후 변경되는 면적의 합계가 1만m^2 미만이고, 최초 도시·군계획시설 결정 당시 부지 면적의 5% 미만의 범위에서 면적이 감소되는 경우. 다만, 「도시공원 및 녹지 등에 관한 법률」의 완충녹지(제35조제1호)(도시지역 외의 지역에서 같은 법을 준용하여 설치하는 경우를 포함한다)인 경우는 제외한다.
   ㉡ 지형사정으로 인한 도시·군계획시설의 근소한 위치변경 또는 비탈면 등으로 인한 시설부지의 불가피한 변경인 경우
   ㉢ 이미 결정된 도시·군계획시설의 세부시설을 변경하는 경우로서 세부시설 면적, 건축물 연면적 또는 건축물 높이의 변경[50퍼센트 미만으로서 시·도 또는 대도시(「지방자치법」 제175조에 따른 서울특별시·광역시 및 특별자치시를 제외한 인구 50만 이상 대도시를 말한다. 이하 같다)의 도시·군계획조례로 정하는 범위 이내의 변경은 제외하며, 건축물 높이의 변경은 층수변경이 수반되는 경우를 포함한다]이 포함되지 않는 경우
   ㉣ 도시지역 외의 축소에 따른 용도지역·용도구역 또는 지구단위계획구역의 변경인 경우
   ㉤ 도시지역 외의 지역에서 「농지법」에 따른 농업진흥지역 또는 「산지관리법」에 따른 보전산지를 농림지역으로 결정하는 지역
   ㉥ 「자연공원법」에 따른 공원구역, 「수도법」에 따른 상수원보호구역, 「문화재보호법」에 따라 지정된 지정문화재 또는 천연기념물과 그 보호구역을 자연환경보전지역으로 결정하는 경우
   ㉦ 그 밖에 국토교통부령이 정하는 경미한 사항의 변경인 경우
2. 지구단위계획 중 다음에 해당하는 경우에는 관계 행정기관의 장과의 협의, 국토교통부장관과의 협의 및 중앙도시계획위원회·지방도시계획위원회 또는 공동위원회 심의를 거치지 아니하고 지구단위계획을 변경할 수 있다. 이 경우 특별시·광역시·시 또는 군의 도시·군계획조례가 정하는 사항에 대하여는 건축위원회와 도시계획위원회의 공동심의를 거치지 아니하고 변경할 수 있다.
   ㉠ 지구단위계획으로 결정한 용도지역·용도지구 또는 도시·군계획시설에 대한 변경결정으로서 위 1.의 어느 하나의 사항에 해당하는 변경인 경우
   ㉡ 가구면적의 10% 이내의 변경인 경우
   ㉢ 획지면적의 30% 이내의 변경인 경우
   ㉣ 건축물높이의 20% 이내의 변경인 경우
   ㉤ 다음과 같은 사항에 해당하는 획지의 규모 및 조성계획의 변경인 경우
      • 지구단위계획에 2필지 이상의 토지에 하나의 건축물을 건축하도록 되어 있는 경우
      • 지구단위계획에 합벽건축을 하도록 되어 있는 경우
      • 지구단위계획에 주차장·보행자 통로 등을 공동 사용하도록 되어 있어 2

> **관계법** 제35조 (녹지의 세분)
> 녹지는 그 기능에 의하여 다음과 같이 세분한다.
> 1. 완충녹지 : 대기오염·소음·진동·악취 그 밖에 이에 준하는 공해와 각종 사고나 자연재해 그 밖에 이에 준하는 재해 등의 방지를 위하여 설치하는 녹지
> 2. 경관녹지 : 도시의 자연적 환경을 보전하거나 이를 개선하고 이미 자연이 훼손된 지역을 복원·개선함으로써 도시경관을 향상시키기 위하여 설치하는 녹지
> 3. 연결녹지 : 도시 안의 공원·하천·산지 등을 유기적으로 연결하고 도시민에게 산책공간의 역할을 하는 등 여가·휴식을 제공하는 선형(線形)의 녹지

필지 이상의 토지에 건축물을 동시에 건축할 필요가 있는 경우

ⓗ 건축선의 1m 이내의 변경인 경우

ⓢ 건축선 또는 차량입고의 변경으로서 교통영향평가서의 심의를 거쳐 결정된 경우

ⓞ 건축물의 배치·형태 또는 색채의 변경인 경우

ⓙ 지구단위계획에서 경미한 사항으로 결정된 사항의 변경인 경우(용도지역·용도지구·도시·군계획시설·가구면적·획지면적·건축물높이 또는 건축선의 변경에 해당하는 사항을 제외)

ⓒ 지구단위계획으로 보는 개발계획에서 정한 건폐율 또는 용적률을 감소시키거나 10% 이내에서 증가시키는 경우

ⓚ 지구단위계획구역 면적의 10%(용도지역 변경을 포함하는 경우에는 5%를 말한다) 이내의 변경 및 동 변경지역에서의 지구단위계획의 변경

ⓣ 그 밖에 국토교통부령(수산자원보호구역의 경우 해양수산부령)이 정하는 경미한 사항의 변경인 경우

⑤ 고시 및 열람 : 국토교통부장관, 시·도지사 또는 대도시 시장이 도시·군관리계획을 결정한 때 국토교통부장관이 하는 경우에는 관보에, 시·도지사 또는 대도시 시장이 하는 경우에는 해당 시·도 또는 대도시의 공보에 게재하는 방법에 따르고, 국토교통부장관 또는 도지사는 관계 서류를 관계 특별시장·광역시장·시장 또는 군수에게 송부하여 일반이 열람 할 수 있도록 하여야 하며, 특별시장·광역시장은 관계서류를 일반이 열람할 수 있도록 하여야 한다(법 제30조 제6항, 영 제25조 제5항).

⑥ 대도시 시장이 도시·군관리계획을 결정하는 경우에는 위 ①~⑤의 규정을 준용한다.

짚어보기 지구단위계획 중 협의·심의를 생략하고 변경할 수 있는 경우

- 가구면적의 10% 이내의 변경
- 획지면적의 30% 이내의 변경
- 건축물 높이의 20% 이내의 변경
- 건축선의 1m 이내의 변경
- 건축물 배치·형태·색채의 변경 등

3 도시·군관리계획 결정의 효력

(1) 효력발생

① 효력발생 시기 : 지형 도면을 고시한 날부터 발생한다(법 제 31조 제1항).

② 시행중인 사업 또는 공사에 대한 특례(기득권 보호) : 도시·군관리계획 결정 당시 이미 사업 또는 공사에 착수한 자(이 법 또는 다른 법률에 따라 허가·인가·승인 등을 얻어야 하는 경우에는 해당 허가·인가·승인 등을 얻어 사업 또는 공사에 착수한 자를 말함)는 해당 도시·군관리계획 결정과 관계없이 그 사업 또는 공사를 계속할 수 있다(법 제31조 제2항, 영 제26조).

예외 시가화조정구역 또는 수산자원보호구역의 지정에 관한 도시·군관리계획 결정이 있는 다음의 경우에는 특별시장, 광역시장, 시장 또는 군수에게 신고하고 그 사업 또는 공사를 계속할 수 있다.

1. 도시·군관리계획 결정의 고시일로부터 3월 이내에 그 사업 또는 공사의 내용을 관할 특별시장·광역시장·시장 또는 군수에게 신고하여야 한다.

2. 신고한 행위가 건축물의 건축을 목적으로 하는 토지의 형질변경인 경우 해당 건축물을 건축하고자 하는 자는 토지의 형질변경에 관한 공사를 마친 후에 3월 이내에 건축허가를 신청하는 때에는 해당 건축물을 건축할 수 있다.
3. 건축물의 건축을 목적으로 하는 토지의 형질변경에 관한 공사를 완료한 후 1년 이내에 도시·군관리계획 결정의 고시가 있는 경우 해당 건축물을 건축하고자 하는 자는 해당 도시·군관리계획 결정의 고시일부터 6월 이내에 건축허가를 신청하는 때에는 해당 건축물을 건축할 수 있다.

(2) 지형도면의 고시 등

① 특별시장·광역시장·특별자치시장·특별자치도지사·시장 또는 군수는 제30조에 따른 도시·군관리계획 결정(이하 "도시·군관리계획 결정"이라 한다)이 고시되면 지적(地籍)이 표시된 지형도에 도시·군관리계획에 관한 사항을 자세히 밝힌 도면을 작성하여야 한다.

② 시장(대도시 시장은 제외한다)이나 군수는 지형도에 도시·군관리계획(지구단위계획구역의 지정·변경과 지구단위계획의 수립·변경에 관한 도시·군관리계획은 제외한다)에 관한 사항을 자세히 밝힌 도면(이하 "지형도면"이라 한다)을 작성하면 도지사의 승인을 받아야 한다. 이 경우 지형도면의 승인 신청을 받은 도지사는 그 지형도면과 결정·고시된 도시·군관리계획을 대조하여 착오가 없다고 인정되면 30일 이내에 그 지형도면을 승인하여야 한다.

③ 국토교통부장관(수산자원보호구역의 경우 해양수산부장관을 말한다.)이나 도지사는 도시·군관리계획을 직접 입안한 경우에는 위의 내용에도 불구하고 관계 특별시장·광역시장·특별자치시장·특별자치도지사·시장 또는 군수의 의견을 들어 직접 지형도면을 작성할 수 있다.

> **짚어보기** 지형도면 고시의 의의
> 결정된 도시·군관리계획의 내용을 지형도에 표시하여 일반인이 도시·군관리계획의 내용을 보다 쉽게 이해할 수 있도록 하려는데 그 의의가 있다.

(3) 도시·군관리계획의 정비

특별시장·광역시장·특별자치시장·특별자치도지사·시장 또는 군수는 5년마다 관할구역의 도시·군관리계획에 대하여 타당성을 전반적으로 재검토하여 이를 정비하여야 한다(법 제34조, 영 제29조).

① 특별시장·광역시장·특별자치시장·특별자치도지사·시장 또는 군수는 도시·군관리계획을 정비하는 경우에는 다음 각 호의 사항을 검토하여 그 결과를 도시·군관리계획 입안에 반영하여야 한다.
1. 도시·군계획시설에 대한 도시·군관리계획결정(이하 "도시·군계획시설결정"이라 한다)의 고시일부터 10년 이내에 해당 도시·군계획시설의 설치에 관한 도시·군계획시설사업의 일부 또는 전부가 시행되지 아니한 경우 해당 도시·군계획시설결정의 타당성

2. 도시 · 군계획시설결정에 따라 설치된 시설 중 여건 변화 등으로 존치 필요성이 없는 시설에 대한 해제 여부

② 도시 · 군기본계획을 수립하지 아니하는 시 · 군의 시장 · 군수는 도시 · 군관리계획을 정비하는 때에는 계획 설명서에 해당 시 · 군의 장기발전 구상을 포함시켜야 하며, 공청회를 개최하여 이에 관한 주민의 의견을 들어야 한다.

③ 위 ②의 경우 광역도시계획의 공청회 규정에 관하여 이를 준용한다.

■ 익힘문제 ■

다음 보기의 내용 중에서 도시·군관리계획의 수립 절차로 가장 적절한 것은?

〈보기〉
㉠ 주민의 의견청취 ㉡ 결정 신청
㉢ 기초조사 ㉣ 입안 ㉤ 고시 및 공람

㉮ ㉠ - ㉣ - ㉢ - ㉡ - ㉤
㉯ ㉠ - ㉣ - ㉤ - ㉢ - ㉡
㉰ ㉢ - ㉠ - ㉡ - ㉤ - ㉣
㉱ ㉢ - ㉠ - ㉡ - ㉣ - ㉤
㉲ ㉢ - ㉣ - ㉠ - ㉡ - ㉤

해설

도시·군관리계획의 수립 절차는 ① 기초조사 → ② 입안 → ③ 주민 및 지방의회의 의견청취 → ④ 협의(관계 행정기관의 장) → ⑤ 심의(도시계획 위원회) → ⑥ 결정 → ⑦ 고시·공람 순으로 이루어진다.

정답 ㉲

■ 익힘문제 ■

다음 중 도시·군관리계획에 해당하지 않은 것은?
㉮ 용도지역·용도지구의 지정 또는 변경에 관한 계획
㉯ 개발제한구역의 지정 또는 변경에 관한 계획
㉰ 토지거래허가구역의 지정에 관한 계획
㉱ 도시개발사업 또는 정비사업에 관한 계획
㉲ 기반시설의 설치·정비 또는 개량에 관한 계획

해설

토지거래허가구역의 지정에 관한 계획은 도시·군관리계획에 해당하지 않는다.

정답 ㉰

제 5 장

용도지역·지구·구역

1 용도지역

(1) 용도지역의 의의

지역은 도시·군관리계획상 필요로 하는 전국적으로 통일된 최소한의 기본적인 생활권인 도시지역(주거·상업·공업·녹지), 관리지역, 농림지역, 자연환경보전지역으로 구분한다(법 제2조 제15호).

(2) 지정

국토교통부장관, 시·도지사 또는 「지방자치법」 제175조에 따른 서울특별시·광역시 및 특별자치시를 제외한 인구 50만 이상 대도시(이하 "대도시"라 한다)의 시장(이하 "대도시 시장"이라 한다)은 법 제36조 제2항에 따라 도시·군관리계획결정으로 주거지역·상업지역·공업지역 및 녹지지역을 다음 각 호와 같이 세분하여 지정할 수 있다.(법 제36조, 영 제30조).

① 도시지역

주거지역	거주의 안전과 건전한 생활환경의 보호를 위하여 필요한 지역
상업지역	상업 그 밖에 업무의 편익증진을 위하여 필요한 지역
공업지역	공업의 편익증진을 위하여 필요한 지역
녹지지역	자연환경·농지 및 산림의 보호, 보건위생, 보안과 도시의 무질서한 확산을 방지하기 위하여 녹지의 보전이 필요한 지역

㉠ 주거지역

전용주거지역	양호한 주거환경을 보호하기 위하여 필요한 지역
일반주거지역	편리한 주거환경을 조성하기 위하여 필요한 지역
준주거지역	주거기능을 위주로 이를 지원하는 일부 상업·업무기능을 보완하기 위하여 필요한 지역

짚어보기 도시지역
- 주거지역
- 상업지역
- 공업지역
- 녹지지역

ⓐ 전용주거지역의 세분

제1종 전용주거지역	단독주택 중심의 양호한 주거환경을 보호하기 위하여 필요한 지역
제2종 전용주거지역	공동주택 중심의 양호한 주거환경을 보호하기 위하여 필요한 지역

ⓑ 일반주거지역의 세분

제1종 일반주거지역	저층주택을 중심으로 편리한 주거환경을 조성하기 위하여 필요한 지역
제2종 일반주거지역	중층주택을 중심으로 편리한 주거환경을 조성하기 위하여 필요한 지역
제3종 일반주거지역	중·고층주택을 중심으로 편리한 주거환경을 조성하기 위하여 필요한 지역

ⓛ 상업지역

중심상업지역	도심·부도심의 상업 및 업무기능의 확충을 위하여 필요한 지역
일반상업지역	일반적인 상업 및 업무기능을 담당하게 하기 위하여 필요한 지역
근린상업지역	근린지역에서의 일용품 및 서비스의 공급을 위하여 필요한 지역
유통상업지역	도시내 및 지역간의 유통 기능증진을 위하여 필요한 지역

ⓒ 공업지역

전용공업지역	주로 중화학공업, 공해성공업 등을 수용하기 위하여 필요한 지역
일반공업지역	환경을 저해하지 아니하는 공업의 배치를 위하여 필요한 지역
준공업지역	경공업 그 밖의 공업을 수용하되, 주거기능·상업기능 및 업무기능의 보완이 필요한 지역

짚어보기 주거지역의 세분

제1종 전용주거지역 – 단독주택
제2종 전용주거지역 – 공동주택

제1종 일반주거지역
– 저층주택(4층 이하)
제2종 일반주거지역
– 중층주택
제3종 일반주거지역
– 중·고층주택(층수 제한이 없다)

㉣ 녹지지역

보전녹지지역	도시의 자연환경·경관·산림 및 녹지공간을 보전할 필요가 있는 지역
생산녹지지역	주로 농업적 생산을 위하여 개발을 유보할 필요 있는 지역
자연녹지지역	도시의 녹지공간의 확보, 도시 확산의 방지, 장래 도시용지의 공급 등을 위하여 보전할 필요가 있는 지역으로서 불가피한 경우에 한하여 제한적 개발이 허용되는 지역

② 관리지역

보전관리지역	자연환경보호, 산림보호, 수질오염방지, 녹지공간 확보 및 생태계 보전 등을 위하여 보전이 필요하나, 주변의 용도지역과의 관계 등을 고려할 때 자연환경보전지역으로 지정하여 관리하기가 곤란한 지역
생산관리지역	농업·임업·어업생산 등을 위하여 관리가 필요하나, 주변의 용도지역과의 관계 등을 고려할 때 농림지역으로 지정하여 관리하기가 곤란한 지역
계획관리지역	도시지역으로의 편입이 예상되는 지역 또는 자연환경을 고려하여 제한적인 이용·개발을 하려는 지역으로서 계획적·체계적인 관리가 필요한 지역

③ 농림지역

④ 자연환경보전지역

(3) 공유수면 매립지에 관한 용도지역의 지정

① 인접한 용도지역의 내용과 같은 경우 : 공유수면(바다에 한함)의 매립목적이 해당 매립구역과 이웃하고 있는 용도지역의 내용과 같으면 도시·군관리계획의 입안 및 결정절차 없이 해당 매립준공구역은 그 매립의 준공인가일부터 이와 이웃하고 있는 용도지역(도시지역, 관리지역, 농림지역, 자연환경보전지역)으로 지정된 것으로 본다. 이 경우 관계 특별시장·광역시장·시장 또는 군수는 그 사실을 지체 없이 해당 시·도의 공보에 게재하는 방법에 따라 고시하여야 한다(법 제41조 제1항).

② 인접한 용도지역의 내용과 다른 경우 : 공유수면의 매립목적이 해당 매립구역과 이웃하고 있는 용도지역의 내용과 다른 경우 및 그 매립구역이 둘 이상의 용도지역에 걸쳐 있거나 이웃하고 있는 경우 그 매립구역이 속할 용도지역(도시지역, 관리지역, 농림지역, 자연환경보전지역)은 도시·군관리계획 결정으로 지정하여야 한다(법 제41조 제2항).

짚어보기 관리지역

- 보전관리지역
- 생산관리지역
- 계획관리지역

③ 준공검사 : 관계 행정기관의 장이 「공유수면매립법」에 따른 공유수면매립의 준공검사를 한 때에는 국토교통부령이 정하는 바에 따라 지체 없이 이를 관계 특별시장 · 광역시장 · 시장 또는 군수에게 통보하여야 한다(법제 41조 제3항).

(4) 다른 법률에 따라 지정된 지역의 용도지역 등의 의제

① 도시지역으로 결정 · 고시 : 다음의 구역 등으로 지정 · 고시된 지역은 이 법에 따른 도시지역으로 결정 · 고시된 것으로 본다(법 제42조 제1항).

관 계 법	지정된 지역
「항만법」	항만구역으로서 도시지역에 연접된 공유수면
「어촌 · 어항법」	어항구역으로서 도시지역에 연접된 공유수면
「산업입지 및 개발에 관한 법률」	국가산업단지, 일반산업단지 및 도시첨단산업단지
「택지개발촉진법」	택지개발예정지구
「전원개발촉진법」	전원개발사업구역 및 예정구역(수력발전소 또는 송 · 변전설비만을 설치하기 위한 전원개발사업구역 및 예정구역을 제외)

짚어보기 공유수면

국가 소유에 속하는 하천 · 바다 · 호소(湖沼 : 호수와 늪) 등 공공에 사용되는 수류(水流) 또는 수면(水面)을 말한다.

② 농림지역으로 결정 · 고시 : 관리지역에서 「농지법」에 따른 농업진흥지역으로 지정 · 고시된 지역은 이 법에 따른 농림지역으로 결정 고시된 것으로 본다(법 제42조 제2항).

③ 농림지역 또는 자연환경보전지역으로의 결정 · 고시 : 관리지역의 산림 중 「산지관리법」에 따라 보전산지로 지정 · 고시된 지역은 해당 고시에서 구분하는 바에 따라 이 법에 따른 농림지역 또는 자연환경보전지역으로 결정 · 고시된 것으로 본다(법 제42조 제2항).

④ 지정사실 표시 및 통보 : 관계 행정기관의 장은 항만구역 · 어항구역 · 산업단지 · 택지개발예정지구 · 전원개발사업구역 및 예정구역 · 농업진흥지역 또는 보전산지를 지정한 경우에는 국토교통부령이 정하는 바에 따라 지형도면 또는 지형도에 그 지정사실을 표시하여 해당지역을 관할하는 특별시장 · 광역시장 · 시장 또는 군수에게 통보하여야 한다(법 제42조 제3항).

⑤ 구역 · 단지 · 지구 · 지역 등이 해제되는 경우(법 제42조 제4항, 영 제34조)

㉠ 구역 · 단지 · 지구 · 지역 등이 해제되는 경우(개발사업의 완료로 해제되는 경우를 제외) 이 법 또는 다른 법률에서 해당 구역 등이 어떤 용도지역에 해당되는 지를 따로 정하고 있지 아니한 때에는 이를 지정하기 이전의 용도지역으로 환원된 것으로 본다.

㉡ 이 경우 지정권자는 용도지역이 환원된 사실을 환원일자 및 환원사유와 용도 지역이 환원된 도시 · 군관리계획의 내용을 해당 시 · 도의 공보에 게재하는 방법에 따라 고시하고, 해당지역을 관할하는

특별시장·광역시장·시장 또는 군수에게 통보하여야 한다.

㉢ 용도지역의 환원되는 당시 이미 사업 또는 공사에 착수한 자(이 법 또는 다른 법률에 따라 허가·인가·승인 등을 얻어야 하는 경우에는 해당 허가·인가·승인 등을 얻어 사업 또는 공사에 착수한 자를 말함)는 해당 용도지역의 환원에 관계없이 그 사업 또는 공사를 계속 할 수 있다.

2 용도지구

(1) 지구의 지정의의

지구는 지역, 구역의 보완역할을 하는 것으로 각 지역, 구역의 특수한 목적과 기능증진을 위하여 지정한다.

(2) 지정

① 용도지구의 지정 : 국토교통부장관, 시·도지사 또는 대도시 시장은 다음 각 호의 어느 하나에 해당하는 용도지구의 지정 또는 변경을 도시·군관리계획으로 결정한다.(법 제37조 제1항, 영31조 제1항) <개정 2017.4.18.> <시행 2018.4.19.>

경관지구	경관의 보전·관리 및 형성을 위하여 필요한 지구
고도지구	쾌적한 환경 조성 및 토지의 효율적 이용을 위하여 건축물 높이의 최고한도를 규제할 필요가 있는 지구
방화지구	화재의 위험을 예방하기 위하여 필요한 지구
방재지구	풍수해, 산사태, 지반의 붕괴, 그 밖의 재해를 예방하기 위하여 필요한 지구
보호지구	문화재, 중요 시설물[항만, 공항, 공용시설(공공업무시설, 공공필요성이 인정되는 문화시설·집회시설·운동시설 및 그 밖에 이와 유사한 시설로서 도시·군계획조례로 정하는 시설을 말한다), 교정시설·군사시설 정하는 시설물을 말한다] 및 문화적·생태적으로 보존가치가 큰 지역의 보호와 보존을 위하여 필요한 지구
취락지구	녹지지역·관리지역·농림지역·자연환경보전지역·개발제한구역 또는 도시자연공원구역의 취락을 정비하기 위한 지구
개발진흥지구	주거기능·상업기능·공업기능·유통물류기능·관광기능·휴양기능 등을 집중적으로 개발·정비할 필요가 있는 지구
특정용도제한지구	주거 및 교육 환경 보호나 청소년 보호 등의 목적으로 오염물질 배출시설, 청소년 유해시설 등 특정시설의 입지를 제한할 필요가 있는 지구
복합용도지구	지역의 토지이용 상황, 개발 수요 및 주변 여건 등을 고려하여 효율적이고 복합적인 토지이용을 도모하기 위하여 특정시설의 입지를 완화할 필요가 있는 지구
그 밖에 대통령령으로 정하는 지구	

짚어보기 주차환경개선지구

주차환경개선지구는 「주차장법」에 따른 지구이며 「국·계·법」에 따른 용도지구에 해당하지 않는다.

② 세분지정 : 국토교통부장관, 시·도지사 또는 대도시 시장은 법 제37조 제2항에 따라 도시·군관리계획결정으로 경관지구·방재지구·보호지구·취락지구 및 개발진흥지구를 다음 각 호와 같이 세분하여 지정할 수 있다. <개정 2017.12.29.>

종류	목 적	
경관지구	자연경관지구	산지·구릉지 등 자연경관을 보호하거나 유지하기 위하여 필요한 지구
	시가지경관지구	지역 내 주거지, 중심지 등 시가지의 경관을 보호 또는 유지하거나 형성하기 위하여 필요한 지구
	특화경관지구	지역 내 주요 수계의 수변 또는 문화적 보존가치가 큰 건축물 주변의 경관 등 특별한 경관을 보호 또는 유지하거나 형성하기 위하여 필요한 지구
방재지구	시가지방재지구	건축물·인구가 밀집되어 있는 지역으로서 시설 개선 등을 통하여 재해 예방이 필요한 지구
	자연방재지구	토지의 이용도가 낮은 해안변, 하천변, 급경사지 주변 등의 지역으로서 건축 제한 등을 통하여 재해 예방이 필요한 지구
보호지구	역사문화환경 보호지구	문화재·전통사찰 등 역사·문화적으로 보존가치가 큰 시설 및 지역의 보호와 보존을 위하여 필요한 지구
	중요시설물 보호지구	중요시설물의 보호와 기능의 유지 및 증진 등을 위하여 필요한 지구
	생태계보호지구	야생동식물서식처 등 생태적으로 보존가치가 큰 지역의 보호와 보존을 위하여 필요한 지구
취락지구	자연취락지구	녹지지역·관리지역·농림지역 또는 자연환경보전지역안의 취락을 정비하기 위하여 필요한 지구
	집단취락지구	개발제한구역안의 취락을 정비하기 위하여 필요한 지구
개발진흥지구	주거개발진흥지구	주거기능을 중심으로 개발·정비할 필요가 있는 지구
	산업·유통개발진흥지구	공업기능 및 유통·물류기능을 중심으로 개발·정비할 필요가 있는 지구
	관광·휴양개발진흥지구	관광·휴양기능을 중심으로 개발·정비할 필요가 있는 지구
	복합개발진흥지구	주거기능, 공업기능, 유통·물류기능 및 관광·휴양기능 중 2 이상의 기능을 중심으로 개발·정비할 필요가 있는 지구
	특정개발진흥지구	주거기능, 공업기능, 유통·물류기능 및 관광·휴양기능 외의 기능을 중심으로 특정한 목적을 위하여 개발·정비할 필요가 있는 지구

짚어보기 세분지정지구
- 경관지구
- 방재지구
- 보호지구
- 취락지구
- 개발진흥지구

짚어보기 개발진흥지구
- 주거개발진흥지구
- 산업·유통개발진흥지구
- 관광·휴양개발진흥지구
- 복합개발진흥지구
- 특정개발진흥지구

③ 시・도지사 또는 대도시 시장은 지역여건상 필요한 때에는 해당 시・도 또는 대도시의 도시・군계획조례로 정하는 바에 따라 제2항 제1호에 따른 경관지구를 추가적으로 세분(특화경관지구의 세분을 포함한다)하거나 제2항 제5호 나목에 따른 중요시설물보호지구 및 법 제37조 제1항 제8호에 따른 특정용도제한지구를 세분하여 지정할 수 있다. <개정 2017.12.29.>

④ 시・도지사 또는 대도시 시장은 주거지역・공업지역・관리지역(일반주거지역, 일반공업지역, 계획관리지역)에 복합용도지구를 지정할 수 있으며, 복합용도지구를 지정하는 경우에는 다음 각 호의기준을 따라야 한다. <신설 2017.12.29.>

㉠ 용도지역의 변경 시 기반시설이 부족해지는 등의 문제가 우려되어 해당 용도지역의 건축제한만을 완화하는 것이 적합한 경우에 지정할 것

㉡ 간선도로의 교차지(交叉地), 대중교통의 결절지(結節地) 등 토지이용 및 교통 여건의 변화가 큰 지역 또는 용도지역 간의 경계지역, 가로변 등 토지를 효율적으로 활용할 필요가 있는 지역에 지정할 것

㉢ 용도지역의 지정목적이 크게 저해되지 아니하도록 해당 용도지역 전체 면적의 3분의 1 이하의 범위에서 지정할 것

㉣ 그 밖에 해당 지역의 체계적・계획적인 개발 및 관리를 위하여 지정 대상지가 국토교통부장관이 정하여 고시하는 기준에 적합할 것

[시행일 : 2018.4.19.]

3 용도구역

(1) 개발제한구역

① 지정권자 및 지정목적 : 국토교통부장관은 도시의 무질서한 확산을 방지하고 도시주변의 자연환경을 보전하여 도시민의 건전한 생활환경을 확보하기 위하여 도시의 개발을 제한할 필요가 있거나 국방부장관의 요청이 있어 보안상 도시의 개발을 제한할 필요가 있다고 인정되는 경우에는 개발제한구역의 지정 또는 변경을 도시·군관리계획으로 결정할 수 있다(법 제38조 제1항).

② 지정·변경 : 개발제한 구역의 지정 또는 변경에 관하여 필요한 사항은 따로 법률로 정한다(법 제38조 제2항).

(2) 도시자연공원구역

① 지정권자 및 지정목적 : 시·도지사 또는 대도시 시장은 도시의 자연환경 및 경관을 보호하고 도시민에게 건전한 여가·휴식공간을 제공하기 위하여 도시지역 안에서 식생이 양호한 산지(山地)의 개발을 제한할 필요가 있다고 인정하는 경우에는 도시자연공원구역의 지정 또는 변경을 도시·군관리계획으로 결정할 수 있다(법 제38조의2 제1항).

② 지정·변경 : 도시자연공원구역의 지정 또는 변경에 관하여 필요한 사항은 따로 법률로 정한다(법 제38조의2 제2항).

(3) 시가화조정구역

① 지정

㉠ 지정권자 및 지정 목적 : 시·도지사는 직접 또는 관계행정기관의 장의 요청을 받아 도시지역과 그 주변지역의 무질서한 시가화를 방지하고, 계획적·단계적인 개발을 도모하기 위하여 지정한다(법 제39조 제1항).

㉡ 지정기간 : 5년 이상 20년 이내의 기간 내에서 시가화를 유보할 필요가 있다고 인정되는 경우에는 시가화조정구역의 지정 또는 변경을 도시·군관리계획으로 결정할 수 있다(다만, 국가계획과 연계하여 시가화조정구역의 지정 또는 변경이 필요한 경우에는 국토교통부장관이 직접 시가화조정구역의 지정 또는 변경을 도시·군관리계획으로 결정할 수 있다. 법 제39조 제1항, 영 제32조 제1항).

② 효력 상실

㉠ 시가화조정구역의 지정에 관한 도시·군관리계획의 결정은 위 ①의 ㉡에 따라 시가화 유보기간이 만료된 날의 다음날부터 그 효력을 잃는다(법 제39조 제2항).

㉡ 시가화조정구역지정의 실효고시는 국토교통부장관이 하는 경우에는 관보와 국토교통부의 인터넷 홈페이지에, 시·도지사가 하는 경우에는 해당 시·도의 공보와 인터넷 홈페이지에 다음 각 호의 사항을 게재하는 방법으로 한다(영 제32조 제3항).

짚어보기 별도의 법률

「개발제한구역의 지정 및 관리에 관한 특별조치법」

짚어보기 도시자연공원구역

용도구역 중에서 도시자연공원구역 만이 시·도지사 또는 대도시 시장이 지정한다.

짚어보기 별노의 법률「도시공원 및 녹지 등에 관한 법률」

짚어보기 시가화조정구역

- Time Zoning의 설정
  5년 이상 20년 이내
  (유보기간 설정 구역)
- 국토교통부장관이 지정
- 도시·군관리계획으로 결정

⑷ 수산자원보호구역

해양수산부장관은 직접 또는 관계행정기관의 장의 요청을 받아 수산자원의 보호·육성을 위하여 필요한 공유수면이나 그에 인접한 토지에 대한 수산자원보호구역의 지정 또는 변경을 도시·군관리계획으로 결정할 수 있다(법 제40조).

⑸ 입지규제 최소구역

1) 지정

제29조에 따른 도시·군관리계획의 결정권자(이하 "도시·군관리계획 결정권자"라 한다)는 도시지역에서 복합적인 토지이용을 증진시켜 도시 정비를 촉진하고 지역 거점을 육성할 필요가 있다고 인정되면 다음의 어느 하나에 해당하는 지역과 그 주변지역의 전부 또는 일부를 입지규제최소구역으로 지정할 수 있다.(법 40조의 2)

1. 도시·군기본계획에 따른 도심·부도심 또는 생활권의 중심지역
2. 철도역사, 터미널, 항만, 공공청사, 문화시설 등의 기반시설 중 지역의 거점 역할을 수행하는 시설을 중심으로 주변지역을 집중적으로 정비할 필요가 있는 지역
3. 세 개 이상의 노선이 교차하는 대중교통 결절지로부터 1킬로미터 이내에 위치한 지역
4. 노후·불량건축물이 밀집한 주거지역 또는 공업지역으로 정비가 시급한 지역
5. 도시재생활성화지역 중 도시경제기반형 활성화계획을 수립하는 지역

2) 계획시 포함해야할 내용

입지규제최소구역계획에는 입지규제최소구역의 지정 목적을 이루기 위하여 다음에 관한 사항이 포함되어야 한다.

1. 건축물의 용도·종류 및 규모 등에 관한 사항
2. 건축물의 건폐율·용적률·높이에 관한 사항
3. 간선도로 등 주요 기반시설의 확보에 관한 사항
4. 용도지역·용도지구, 도시·군계획시설 및 지구단위계획의 결정에 관한 사항
5. 제83조의2제1항 및 제2항에 따른 다른 법률 규정 적용의 완화 또는 배제에 관한 사항
6. 그 밖에 입지규제최소구역의 체계적 개발과 관리에 필요한 사항

3) 고려대상

입지규제최소구역의 지정 및 변경과 입지규제최소구역계획은 다음의 사항을 종합적으로 고려하여 도시·군관리계획으로 결정한다.

1. 입지규제최소구역의 지정 목적

참고 공유수면

국가 소유에 속하는 하천·바다·호소(湖沼 : 호수와 늪) 등 공공에 사용되는 수류(水流) 또는 수면(水面)을 말한다.

짚어보기 상수원보호구역

상수원보호구역은 「수도법」에 따른 구역이며 「국·계·법」에 따른 용도구역에 해당하지 않는다.

참고 입지규제최소구역 및 입지규제최소구역계획

용도지역 및 용도지구에 따른 행위제한 등에 관한 사항을 강화 또는 완화하여 따로 지정할 수 있는 용도구역의 하나로 입지규제최소구역을 신설하고, 입지규제최소구역에서의 토지의 이용 및 건축물의 용도·건폐율·용적률 등의 제한에 관한 사항을 입지규제최소구역계획으로 정하도록 하며, 도시·군관리계획의 유형에 입지규제최소구역 및 입지규제최소구역계획을 추가함

참고 입지규제최소구역 및 입지규제최소구역계획

최근 도시 외곽 위주의 개발로 인하여 기성 시가지의 공동화와 노후·쇠퇴 현상이 심해지고 있으며, 인구 감소 및 경제 저성장이 지속되면서 도시의 경제기반이 악화되고 도시 경쟁력도 저하되고 있어 도시 정비를 촉진하고 기성 시가지를 활성화하기 위한 노력이 필요한 실정으로, 이를 위해서는 기존의 도시 기능을 전환하여 토지를 보다 압축적·효율적으로 이용하고 지역 특성을 살린 다양하고 창의적인 도시 공간을 조성할 수 있도록 토지이용 규제를 보다 유연하게 적용할 필요가 있어 토지를 주거·상업·공업 등으로 기능을 구분하여 용도지역을 지정하고, 용도지역에 따라 허용용도와 개발밀도 등을 일률적으로 규정하고 있는 현행의 용도지역제를 보완하여 용도지역에 따른 행위제한 등을 적용하지 아니하고 해당 지역의 특성과 수요를 반영하여 토지의 이용 등에 관한 사항을 따로 정할 수 있는 입지규제최소구역을 신설

2. 해당 지역의 용도지역 · 기반시설 등 토지이용 현황
3. 도시 · 군기본계획과의 부합성
4. 주변 지역의 기반시설, 경관, 환경 등에 미치는 영향 및 도시환경 개선 · 정비 효과
5. 도시의 개발 수요 및 지역에 미치는 사회적 · 경제적 파급효과

4) 건축제한완화 등

① 입지규제최소구역계획 수립 시 용도, 건폐율, 용적률 등의 건축제한 완화는 기반시설의 확보 현황 등을 고려하여 적용할 수 있도록 계획하고, 시 · 도지사, 시장, 군수 또는 구청장은 입지규제최소구역에서의 개발사업 또는 개발행위에 대하여 입지규제최소구역계획에 따른 기반시설 확보를 위하여 필요한 부지 또는 설치비용의 전부 또는 일부를 부담시킬 수 있다. 이 경우 기반시설의 부지 또는 설치비용의 부담은 건축제한의 완화에 따른 토지가치상승분(「부동산 가격공시 및 감정평가에 관한 법률」에 따른 감정평가업자가 건축제한 완화 전 · 후에 대하여 각각 감정평가 법인 등이 차이를 말한다)을 초과하지 아니하도록 한다.

② 다른 법률에서 제30조에 따른 도시 · 군관리계획의 결정을 의제하고 있는 경우에도 이 법에 따르지 아니하고 입지규제최소구역의 지정과 입지규제최소구역계획을 결정할 수 없다.

■ 익힘문제 ■

다음 중 보호지구에 포함되지 않는 것은? (산업기사 기출)

㉮ 중요시설물 보호지구 ㉯ 역사문화 보호지구
㉰ 생태계 보호지구 ㉱ 자연취락 보호지구

정답 ㉱

■ 익힘문제 ■

국토의 계획 및 이용에 관한 법령상 용도구역의 지정에 관한 설명으로 틀린 것은?

㉮ 국토교통부장관은 개발제한구역의 지정을 도시 · 군관리계획으로 결정할 수 있다.
㉯ 시장 · 군수는 도시자연공원구역의 지정을 도시 · 군관리계획으로 결정할 수 있다.
㉰ 도시자연공원구역의 지정에 관하여 필요한 사항은 따로 법률로 정한다.
㉱ 시 · 도지사는 직접 또는 관계행정기관의 장의 요청을 받아 시가화조정구역의 지정을 도시 · 군관리계획으로 결정할 수 있다.
㉲ 해양수산부장관은 직접 또는 관계행정기관의 장의 요청을 받아 수산자원보호구역의 지정을 도시 · 군관리계획으로 결정할 수 있다.

해설

도시자연공원구역의 지정권자는 시 · 도지사이다.

정답 ㉯

■ 익힘문제 ■

다음 문제의 해당 내용이 적절한 것인지, 부적절한 것인지 ○, × 표시를 ( ) 안에 하시오.

1. 기반시설이라 함은 도시·군계획시설 중 도시·군관리계획으로 결정된 시설을 말한다.( )
2. 도시·군기본계획의 내용이 광역도시계획과 다른 경우 광역도시계획의 내용이 우선한다.( )
3. 인천광역시의 도시·군기본계획 승인권자는 경기도지사이다. ( )
4. 광역도시계획과 도시·군기본계획은 고시절차를 따라야 한다.( )
5. 개발밀도관리구역의 지정에 관한 계획도 도시·군관리계획의 내용이 된다.( )
6. 일단의 토지 총 면적이 $5km^2$ 이상에 해당하는 관리지역을 도시지역으로 변경 지정하는 경우 국토교통부장관이 결정권자이다.( )
7. 도시·군관리계획의 결정은 고시가 있는 날부터 7일 후에 그 효력이 발생한다.( )
8. 용도지역의 지정은 전국 토지를 대상으로 하되 미지정할 수 있다. ( )
9. 용도지구(취락지구는 제외)는 각기 특정한 관련 용도지역 안에서만 지정할 수 있다.( )
10. 도시자연공원구역의 지정 또는 변경은 국토교통부장관이 도시·군관리계획으로 결정할 수 있다.( )

정답

1. ×(도시·군계획시설) 2. ○ 3. ×
4. ×(공고) 5. ○ 6. ×(시·도지사)
7. ×(지형도면을 고시한 날 효력)
8. ○ 9. × 10. ×

■ 익힘문제 ■

「국토의 계획 및 이용에 관한 법률」에 따른 도심·부도심의 업무 및 상업기능의 확충을 위하여 필요한 지역은? (기사기출)

㉮ 유통상업지역 ㉯ 근린상업지역
㉰ 일반상업지역 ㉱ 중심상업지역

해설

중심상업지역이 도심·부도심의 상업기능 및 업무기능의 확충을 위하여 필요한 지역에 해당한다.

정답 ㉱

■ 익힘문제 ■

「국토의 계획 및 이용에 관한 법률」에 구분된 용도지구에 속하지 않는 것은? (기사기출)

㉮ 주차장정비지구 ㉯ 개발진흥지구
㉰ 경관지구 ㉱ 방재지구

해설

주차장정비지구는 「주차장법」에 따른 지구이다.

정답 ㉮

- 지 역 (area)
  - 도 시 지 역
    - 주 거 지 역
      - 전용
        - 1종 전용주거지역
        - 2종 전용주거지역
      - 일반
        - 1종 일반주거지역
        - 2종 일반주거지역
        - 3종 일반주거지역
      - 준
    - 상 업 지 역
      - 중심
      - 일반
      - 유통
      - 근린
    - 공 업 지 역
      - 전용
      - 일반
      - 준
    - 녹 지 지 역
      - 보전
      - 생산
      - 자연
  - 관 리 지 역
    - 보 전 관 리
    - 생 산 관 리
    - 계 획 관 리
  - 농 림 지 역
  - 자연환경보전지역

- 지 구 (district)
  - 경 관 지 구
    - 자연경관지구
    - 시가지경관지구
    - 특화경관지구
  - 고 도 지 구
  - 방 재 지 구
    - 시가지방재지구
    - 자연방재지구
  - 방 화 지 구
  - 보 호 지 구
    - 역사문화환경보호지구
    - 중요시설물보호지구
    - 생태계보호지구
  - 취 락 지 구
    - 자연취락지구
    - 집단취락지구
  - 개발진흥지구
    - 주거개발진흥지구
    - 산업 · 유통개발진흥지구
    - 관광 · 휴양개발진흥지구
    - 복합개발진흥지구
    - 특정개발진흥지구
  - 특정용도제한지구
  - 복합용도지구

- 구 역 (zone)
  - 개발제한구역
  - 도시자연공원구역
  - 시가화조정구역
  - 수산자원보호구역
  - 입지규제최소구역
  - 지구단위계획구역
  - 개발밀도관리구역
  - 기반시설부담금구역

〔용도지역 · 지구 · 구역제의 체계〕

참고 지역 · 지구제의 장점

① 서로 어울리지 않는 토지이용을 규제함으로써 토지에 대한 최유효이용을 할 수 있도록 한다.
② 계획적이고 단계적인 토지이용을 할 수 있도록 한다.
③ 부의 외부효과(Negative Effect)를 제거하거나 감소시킴으로써 사회의 경제적 자원을 보다 효율적으로 배분하는 효과가 있다.

※ 외부효과(External Effect)

- PIMFY(Please In My Front Yard) 연고가 있는 자기 지역에 수익성이 있는 사업을 유치하고자 하는 지역이기주의로 정의 외부효과(Positive External Effect)를 유발하려는 사회적 현상이다.
- NIMBY(Not In My Back Yard) 공익을 위해서는 필요하지만 자신이 속한 지역에는 이롭지 아니한 일을 반대하는 이기적인 행동으로 부의 외부효과(Negative External Effect)를 제거하려는 사회적 현상이다.

참고 지역 · 지구제의 단점

① 토지 상호간의 보완적 기능을 고려한 적절한 용도구분이 용이하지 않다.
② 토지를 각각 다른 건폐율, 용적률로 용도지정 하므로 토지 상호 간에 형평성을 유지하기 어렵다.
③ 지역지구제가 잘못 지정되거나 사회적 · 경제적 여건 등에 신축성 있게 대응하지 못하는 경우 바람직한 토지이용이 되기 어렵다.
④ 획일적인 규제로 인하여 지역적 특성이 잘 반영되지 않을 수 있다.

※ 최유효이용(highest and best use) 최유효이용이란 객관적으로 보아서 양식과 통상의 사용능력을 가진 사람의 합리적이고 합법적인 최고 · 최선의 사용방법을 말하며 수익성이 최대로 발휘되는 사용방법을 말한다.

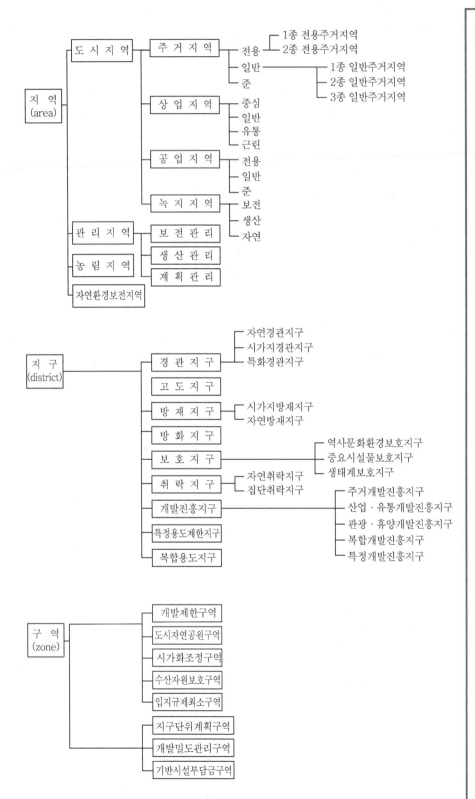

제 6 장

도시·군계획시설의 설치·관리

1 도시·군계획시설의 설치·관리

(1) 도시·군계획시설의 설치

지상·수상·공중·수중 또는 지하에 기반시설을 설치하려면 그 시설의 종류·명칭·위치·규모 등을 미리 도시·군관리계획으로 결정하여야 한다(법 제43조 제1항).

예외 용도지역·기반시설의 특성 등을 고려하여 다음의 경우에는 그러하지 아니하다(법 제43조 제1항 단서).

1. 도시지역 또는 지구단위계획구역에서 다음의 기반시설을 설치하고자 하는 경우(영 제35조 제1항, 규칙 제6조 제1항)
   ① 주차장·자동차 및 건설기계검사실, 공공공지, 열공급설비, 방송통신시설, 시장, 공공청사, 문화시설, 공공필요성이 인정되는 체육시설, 연구시설, 사회복지시설, 공공직업훈련시설, 사방설비, 방화설비, 방풍설비, 방수설비, 방조설비, 저수지, 청소년수련시설, 장사시설·종합의료시설·빗물저장 및 이용시설·폐차장
   ② 「도시공원 및 녹지 등에 관한 법률」에 따라 점용허가대상이 되는 공원 안의 도시기반시설
   ③ 공항 중 도심공항터미널
   ④ 주차장 중 특별시장·광역시장·시장·군수·구청장(자치구의 구청장)이 설치하는 1,000m^2 미만의 주차장 및 특별시장·광역시장·시장·군수 또는 구청장 외의 자가 설치하는 주차장
   ⑤ 여객자동차터미널 중 전세버스운송사업용 여객자동차터미널
   ⑥ 광장 중 건축물부설광장

짚어보기 도시·군계획시설

기반시설 중 도시·군관리계획으로 결정된 시설을 말한다.

짚어보기 도시·군관리계획에 의하지 않고 설치 가능한 기반시설

- 시장, 공공청사, 문화시설, 체육시설, 도서관, 장례식장, 종합의료시설, 폐차장, 건축물 부설광장 등

관계법 도시·군계획시설의 결정·구조 및 설치기준에 관한 규칙 제50조(광장의 결정기준)

광장의 결정기준은 다음 각 호와 같다.

1. 교통광장
  가. 교차점광장
    (1) 혼잡한 주요도로의 교차지점에서 각종 차량과 보행자를 원활히 소통시키기 위하여 필요한 곳에 설치할 것
    (2) 자동차전용도로의 교차지점인 경우에는 입체교차방식으로 할 것
    (3) 주간선도로의 교차지점인 경우에는 접속도로의 기능에 따라 입체교차방식으로 하거나 교통섬·변속차로 등에 의한 평면교차방식으로 할 것. 다만, 도심부나 지형여건상 광장의 설치가 부적합한 경우에는 그러하지 아니하다.

⑦ 전기공급설비(발전소·변전소 및 지상에 설치하는 전압 154,000V 이상의 송전선로는 제외)
⑧ 태양광설비
⑨ 가스공급설비 중 액화석유가스충전시설 및 가스공급시설
⑩ 유류저장 및 송유설비 중 유류저장시설
⑪ 학교 중 유치원·특수학교
⑫ 봉안시설 및 자연장치 중 특별시장·광역시장·특별자치시장·특별자치도지사·시장·군수 또는 구청장 외의 자가 설치하는 시설
⑬ 도축장 중 대지면적 500m² 미만인 도축장
⑭ 폐기물처리시설 중 재활용시설
⑮ 수질오염방지시설 중 「광산피해의 방지 및 복구에 관한 법률」에 따른 한국광해관리공단이 광해방지사업의 일환으로 폐광의 폐수를 처리하기 위하여 설치하는 시설(「건축법」에 따른 건축허가를 받아 건축하여야 하는 시설은 제외)

2. 도시지역 및 지구단위계획구역 외의 지역에서 다음의 기반시설을 설치하고자하는 경우(영 제35조 제1조, 규칙 제6조 제2항)
① 위 1.의 ①, ②의 기반시설
② 궤도 및 전기공급설비
③ 주차장
④ 자동차정류장
⑤ 광장
⑥ 유류저장 및 송유설비
⑦ 위 1.의 ③, ⑧, ⑩~⑭의 시설

(2) 도시·군계획시설의 결정·구조 및 설치의 기준

도시·군계획시설의 결정·구조 및 설치의 기준 등에 관하여 필요한 사항은 국토교통부령으로 정하는 범위에서 시·도의 조례로 정할 수 있다(법 제43조 제2항).

예외 다른 법률에 규정이 있는 경우에는 그 법률에 따른다.

(3) 도시·군계획시설의 관리

도시·군계획시설의 관리에 관하여 이 법 또는 다른 법률에 특별한 규정이 있는 경우 외에는 국가가 관리하는 경우에는 「국유재산법」에 따른 관리청이 관리하고, 지방자치단체가 관리하는 경우에는 해당 지방자치 단체의 조례로 도시·군계획시설의 관리에 관한 사항을 정한다(법 제43조 제3항, 영 제35조 제2항).

나. 역전광장
(1) 역전에서의 교통혼잡을 방지하고 이용자의 편의를 도모하기 위하여 철도역 앞에 설치할 것
(2) 철도교통과 도로교통의 효율적인 변환을 가능하게 하기 위하여 도로와의 연결이 쉽도록 할 것
(3) 대중교통수단 및 주차시설과 원활히 연계되도록 할 것
다. 주요시설광장
(1) 항만·공항 등 일반교통의 혼잡요인이 있는 주요시설에 대한 원활한 교통처리를 위하여 당해 시설과 접하는 부분에 설치할 것
(2) 주요시설의 설치계획에 교통광장의 기능을 갖는 시설계획이 포함된 때에는 그 계획에 의할 것
2. 일반광장
가. 중심대광장
(1) 다수인의 집회·행사·사교 등을 위하여 필요한 경우에 설치할 것
(2) 전체 주민이 쉽게 이용할 수 있도록 교통중심지에 설치할 것
(3) 일시에 다수인이 집산하는 경우의 교통량을 고려할 것
나. 근린광장
(1) 주민의 사교·오락·휴식 등을 위하여 필요한 경우에 생활권별로 설치할 것
(2) 시장·학교 등 다수인이 집산하는 시설과 연계되도록 인근의 토지이용현황을 고려할 것
(3) 시·군 전반에 걸쳐 계통적으로 균형을 이루도록 할 것
3. 경관광장
가. 주민의 휴식·오락 및 경관·환경의 보전을 위하여 필요한 경우에 하천, 호수, 사적지, 보존가치가 있는 산림이나 역사적·문화적·향토적 의의가 있는 장소에 설치할 것
나. 경관물에 대한 경관유지에 지장이 없도록 인근의 토지이용현황을 고려할 것
다. 주민이 쉽게 접근할 수 있도록 하기 위하여 도로와 연결시킬 것

2 공동구의 설치·관리

(1) 의의

지하매설물(전기·가스·수도 등의 공급설비, 통신시설, 하수도 시설 등)을 공동 수용함으로써 미관의 개선, 도로구조의 보전 및 교통의 원활한 소통을 기하기 위하여 지하에 설치하는 시설물을 말한다(법 제2조 제9호).

(2) 수용

공동구가 설치된 경우에는 그 공동구에 수용되어야 할 시설이 빠짐없이 공동구에 수용되도록 하여야 한다(법 제44조 제1항).

(3) 설치비용

① 비용부담 : 도시·군계획시설 사업의 시행자(행정청이 아닌 자를 제외한다)는 공동구를 설치(정비·개량하는 경우를 포함)하는 경우 다른 법률에 따라 그 공동구에 수용되어야 할 시설을 설치할 의무가 있는 자에 대하여 공동구의 설치에 소용되는 비용을 부담시킬 수 있다(법 제44조 제2항).

② 비용의 보조 : 시·도지사, 시장 또는 군수는 도시·군계획시설 사업의 시행자가 공동구를 설치하는 경우 공동구의 원활한 설치를 지원하기 위하여 그 비용을 일부를 보조할 수 있다(법 제44조 제3항).

(4) 비용을 부담하지 아니한 자의 사용절차

① 공동구의 설치비용을 부담하지 아니한 자(부담액을 완납하지 아니한 자를 포함)가 공동구를 점용 또는 사용하려면 그 공동구를 관리하는 특별시장·광역시장·특별자치시장·특별자치도지사·시장 또는 군수의 허가를 받아야 한다(법 제44조 제4항).

② 공동구를 점용하거나 사용하는 자는 해당 지방자치단체의 조례가 정하는 점용료 또는 사용료를 납부하여야 한다(법 제44조 제5항).

(5) 수용에 관한 사항

공동구에 수용되어야 할 시설의 수용에 관하여 필요한 사항은 대통령령으로 정한다(법 제44조 제6항).

(6) 공동구의 관리

비용부담의 비율 및 방법과 공동구의 관리 등에 관하여 필요한 사항은 아래와 같이 정한다(법 제44조 제7항, 영 제39조).

① 공동구는 특별시장·광역시장·특별자치시장·특별자치도지사·시장 또는 군수가 이를 관리한다.

4. 지하광장
   가. 철도의 지하정거장, 지하도 또는 지하상가와 연결하여 교통처리를 원활히 하고 이용자에게 휴식을 제공하기 위하여 필요한 곳에 설치할 것
   나. 광장의 출입구는 쉽게 출입할 수 있도록 도로와 연결시킬 것
5. 건축물부설광장
   가. 건축물의 이용효과를 높이기 위하여 건축물의 내부 또는 그 주위에 설치할 것
   나. 건축물과 광장 상호간의 기능이 저해되지 아니하도록 할 것
   다. 일반인이 접근하기 용이한 접근로를 확보할 것

짚어보기 공동구 설치의 목적
- 미관의 개선
- 도로구조의 보전
- 교통의 원활한 소통

② 공동구의 안전점검 · 시설개선 및 관리비용부담 등 공동구의 관리에 관한 주요사항에 대하여 특별시장 · 광역시장 · 특별자치시장 · 특별자치도지사 · 시장 또는 군수의 자문에 응하기 위하여 특별시 · 광역시 · 특별자치시 · 특별자치도 · 시 또는 군에 공동구관리협의회를 둔다.

③ 공동구관리협의회는 공동구를 관리하는 지방자치단체의 공무원, 관할 소방관서의 공무원, 공동구를 점용하는 자의 소속직원, 공동구의 구조안전 또는 방재업무에 관한 학식과 경험이 풍부한 자 등으로 구성한다.

④ 공동구의 관리에 소요되는 비용은 그 공동구를 점용하는 자가 함께 부담하되, 부담비율은 점용면적을 고려하여 공동구를 관리하는 특별시장 · 광역시장 · 특별자치시장 · 특별자치도지사 · 시장 또는 군수가 정한다. 이 경우 특별시장 · 광역시장 · 시장 또는 군수는 공동구의 관리에 소요되는 비용을 연 2회로 분할하여 납부하게 하여야 한다.

⑤ 공동구를 관리하는 특별시장 · 광역시장 · 특별자치시장 · 특별자치도지사 · 시장 또는 군수는 1년에 1회 이상 공동구의 안전점검을 실시하여야 하며, 안전점검 결과 이상이 있다고 인정되는 때에는 지체 없이 정밀안전진단 · 보수 · 정비 등 필요한 조치를 하여야 한다.

⑥ 국토교통부장관은 공동구의 설치기준 및 관리에 관하여 필요한 사항을 정할 수 있다.

⑦ 위의 ①~⑥에 규정된 사항 외에 공동구의 관리비용 · 관리방법, 공동구관리협의회의 구성 · 운영 등에 관하여 필요한 사항은 특별시 · 광역시 · 시 또는 군의 도시 · 군계획조례로 정한다.

3 광역시설의 설치 · 관리 등

(1) 광역시설의 의의

광역시설은 기반시설 중 광역적인 정비 체계가 필요한 시설을 말한다.

(2) 광역시설의 처리 · 관리

① 광역시설의 설치 및 관리는 도시 · 군계획시설의 설치 · 관리에 따른다(법 제45조 제1항).

② 관계 특별시장 · 광역시장 · 특별자치시장 · 특별자치도지사 · 시장 또는 군수는 협약을 체결하거나 협의회 등을 구성하여 광역시설을 설치 · 관리할 수 있다(법 제45조 제2항).

예외 협약의 체결이나 협의회 등의 구성이 이루어지지 아니하는 경우 해당 시 또는 군이 같은 도에 속하는 때에는 도시자가 광역시설을 설치 · 관리할 수 있다.

③ 국가계획으로 설치하는 광역시설은 해당 광역시설의 설치·관리를 사업목적으로 하거나 사업종목으로 하여 다른 법률에 따라 설립된 법인이 이를 설치·관리할 수 있다(법 제45조 제3항).

(3) 광역시설 설치에 따른 지원

지방자치단체는 환경오염이 심하게 발생하거나 해당 지역의 개발이 현저하게 위축될 우려가 있는 광역시설을 다른 지방자치단체의 관할 구역에 설치하고자 하는 경우에는 아래에 정하는 바에 따라 환경오염 방지를 위한 사업 또는 해당 지역 주민의 편익을 증진시키기 위한 사업을 해당 지방자치단체와 함께 시행하거나 이에 필요한 자금을 해당 지방자치단체에 지원하여야 한다(법 제45조 제4항).

지원 사업

환경오염의 방지를 위한 사업	• 녹지·하수도·폐기물처리시설의 설치사업 • 대기오염·수질오염·악취·소음 및 진동방지사업 등
지역주민의 편익을 위한 사업	도로·공원·수도·문화시설·도서관·사회복지시설·노인정·하수도·종합의료시설 등의 설치사업 등

예외 다른 법률에 특별한 규정이 있는 경우에는 그 법률에 따른다.

4 도시·군계획시설의 공중 및 지하 설치기준과 보상 등

도시·군계획시설을 공중·수중·수상 또는 지하에 설치함에 있어서 그 높이 또는 깊이의 기준과 그 설치로 인하여 토지나 건물에 대한 소유권의 행사에 제한을 받는 자에 대한 보상 등에 관하여는 따로 법률로 정한다(법 제46조).

짚어보기 별도의 법률

「공익사업을 위한 토지 등의 취득 및 보상에 관한 법률」

5 도시·군계획시설 부지의 매수청구

(1) 매수청구사유

도시·군계획시설에 대한 도시·군관리시설결정의 고시일부터 10년 이내에 그 도시·군계획시설의 설치에 관한 도시·군계획시설사업이 시행되지 아니하는 경우(실시계획이 인가나 그에 상당하는 절차가 행하여진 경우를 제외)(법 제47조 제1항).

(2) 매수청구권자

그 도시·군계획시설의 부지로 되어 있는 토지 중 지목이 대(垈)인 토지(그 토지에 있는 건축물 및 정착물을 포함)의 소유자는 특별시장·광역시장·시장 또는 군수에게 해당 토지의 매수를 청구할 수 있다(법 제 47조 제1항).

지목

1. 의의 : 토지의 주된 사용목적 또는 용도에 따라 토지의 종류를 구분·표시하는 명칭
2. 종류 : 전, 답, 과수원, 목장용지, 임야, 광전지, 염전, 대, 공장용지, 주차장, 주유소용지, 창고용지, 도로, 철도용지, 하천, 제방, 구거, 유지, 양어장, 수도용지, 공원, 체육용지, 유원지, 종교용지, 사적지, 묘지, 잡종지

예외 다음의 경우에는 그에 해당하는 자(특별시장 · 광역시장 · 시장 또는 군수를 포함)에게 해당 토지의 매수를 청구할 수 있다.

1. 이 법에 따라 해당 도시 · 군계획시설사업의 시행자가 정하여진 경우에는 그 시행자
2. 이 법 또는 다른 법률에 따라 도시 · 군계획시설을 설치하거나 관리하여야 할 의무가 있는 자가 있는 경우에는 그 의무가 있는 자, 이 경우 도시 · 군계획시설을 설치하거나 관리하여야 할 의무가 있는 자가 서로 다른 경우에는 설치하여야 할 의무가 있는 자에게 매수청구를 하여야 한다.

(3) 매수 여부 통지

매수의무자는 매수청구가 있은 날부터 6월 이내에 매수 여부를 결정하여 토지 소유자와 특별시장 · 광역시장 · 특별자치시장 · 특별자치도지사 · 시장 또는 군수(매수의무자가 특별시장 · 광역시장 · 특별자치시장 · 특별자치도지사 · 시장 또는 군수인 경우를 제외)에게 통지하여야 하며, 매수하기로 결정한 토지는 매수결정을 통지한 날부터 2년 이내에 매수하여야 한다(법 제47조 제6항).

(4) 매수방법

① 매수의무자는 매수청구를 받은 토지를 매수하는 때에는 현금으로 그 대금을 지급한다(법 제47조 제2항, 영 제41조 제2~4항).

예외 다음에 해당하는 경우로서 매수의무자가 지방자치단체인 경우에는 도시 · 군계획시설채권을 발행하여 지급할 수 있다.

1. 토지소유가가 원하는 경우
2. 부재 부동산 소유자의 토지로서 매수대금이 3천만원을 초과하는 경우 그 초과하는 금액에 대하여 지급하는 경우

② 도시 · 군계획시설채권의 상환기간은 10년 이내로 하며, 그 이율은 채권발행 당시 「은행법」에 따른 인가를 받은 은행 중 전국을 영업으로 하는 은행이 적용하는 1년 만기 정기예금금리의 평균 이상이어야 하며, 구체적인 상환기간과 이율은 특별시 · 광역시 · 시 또는 군의 조례로 정한다(법 제47조 제3항).

③ 도시 · 군계획시설채권의 발행절차 그 밖에 필요한 사항에 관하여 이 법에 특별한 규정이 있는 경우를 제외하고는 「지방재정법」이 정하는 바에 따른다(법 제47조 제5항).

④ 매수청구된 토지의 매수가격 · 매수절차 등에 관하여 이 법에 특별한 규정이 있는 경우를 제외하고는 「공익사업을 위한 토지 등의 취득 및 보상에 관한 법률」의 규정을 준용한다.

(5) 매수청구 후 건축물 등의 설치

매수청구를 한 토지의 소유자는 다음에 해당하는 경우 허가를 받아 아래 표에 해당하는 소규모 건축물 등을 설치할 수 있다. 이 경우 개발행위 허가의 기준(법 제58조) 및 도시 · 군계획시설부지에서의 개발행위(법 제64

조)의 규정은 이를 적용하지 아니한다(법 제47조 제7항).

① 매수하지 아니하기로 결정한 경우

② 매수 결정을 알린 날부터 2년이 경과될 때까지 해당 토지를 매수하지 아니하는 경우

1. 3층 이하인 단독주택(다중주택, 다가구주택 및 공관은 제외)
2. 3층 이하인 제1종 근린생활시설
3. 3층 이하인 제2종 근린생활시설 **예외** 다음에 해당하는 시설은 제외한다. • 단란주점으로서 같은 건축물에 해당 용도로 쓰는 바닥면적의 합계가 150m² 미만인 것 • 안마시술소, 안마원 및 노래연습장 • 고시원(「다중이용업소의 안전관리에 관한 특별법」에 따른 다중이용업 중 고시원업의 시설로서 독립된 주거의 형태를 갖추지 아니한 것을 말한다)으로서 같은 건축물에 해당 용도로 쓰는 바닥면적의 합계가 1,000m² 미만인 것
4. 공작물

6 도시·군계획시설 결정의 실효

(1) 효력상실

도시·군계획시설결정이 고시된 도시·군계획시설에 대하여 그 고시일부터 20년이 지날 때까지 그 시설 설치에 관한 도시·군계획시설 사업이 시행되지 아니하는 경우 그 도시·군계획시설 결정은 그 고시일부터 20년이 되는 날의 다음날에 그 효력을 잃는다(법 제48조 제1항, 영 제42조).

(2) 실효고시 및 해제권고

시·도지사 또는 대도시 시장은 도시·군계획시설 결정의 효력을 잃으면 다음과 같이 지체 없이 그 사실을 고시하여야 한다(법 제48조 제2항, 영 제42조).

해당 고시권자	방 법	주요 내용
국토교통부 장관	관보	• 실효 일자 • 실효 사유 • 실효된 도시·군계획의 내용을 게재하는 방법
시(대도시 시장 포함)·도지사	시·도의 공보	

제 7 장 지구단위계획

1 지정목적

도시·군계획 수립대상 지역 안의 일부에 대하여 토지 이용을 합리화하고, 그 기능을 증진시키며 미관을 개선하고, 양호한 환경을 확보하며, 해당 지역을 체계적·계획적으로 관리하기 위하여 수립한다(법 제2조 제5호).

2 지구단위계획의 수립

지구단위계획은 다음의 사항을 고려하여 수립한다.

① 도시의 정비·관리·보전·개발 등 지구단위계획구역의 지정 목적

② 주거·산업·유통·관광휴양·복합 등 지구단위계획구역의 중심기능

③ 해당 용도지역의 특성

④ 그 밖에 대통령령으로 정하는 사항

㉠ 지역공동체의 활성화

㉡ 안전하고 지속가능한 생활권의 조성

㉢ 해당지역 및 인근지역의 토지이용을 고려한 토지이용계획과 건축계획의 조화

【참고】 지구단위계획의 위치

도시·군관리계획	계획의 범위가 특별시·광역시 시 또는 군의 광범위한 영역에 미치고 「국·계·법」에 따른 용도지역, 용도지구 등 토지이용계획과 기반시설의 정비 등에 중점을 둔다.
지구단위계획	일정 행정구역 내의 일부지역을 대상으로 도시·군계획과 건축계획의 중간적 성격의 계획으로 평면적 토지이용계획과 입체적 건축시설계획이 서로 조화를 이루도록 하는 데 중점을 둔다.

건축계획	계획의 범위가 특정 필지(대지)에만 미치고 토지이용보다는 건축물의 입체적 시설계획에 중점을 둔다.

3 지구단위계획의 수립기준

국토교통부장관은 지구단위계획의 수립기준을 정할 때에는 다음의 사항을 고려하여야 한다.

① 개발제한구역에 지구단위계획을 수립하는 때에는 개발제한구역의 지정목적이나 주변환경이 훼손되지 아니하도록 하고,「개발제한구역의 지정 및 관리에 관한 특별조치법령」의 내용을 우선하여 적용할 것
② 지구단위계획구역 안에서 원활한 교통소통을 위하여 필요한 경우에는 지구단위계획으로 건축물부설주차장을 해당 건축물의 대지가 속하여 있는 가구 안에서 해당 건축물의 대지 바깥에 단독 또는 공동으로 설치하게 할 수 있도록 할 것. 이 경우 대지 바깥에 공동으로 설치하는 건축물부설주차장의 위치 및 규모 등은 지구단위계획으로 정한다.
③ 위 ②에 따라 대지 바깥에 설치하는 건축물부설주차장의 출입구는 간선도로변에 두지 아니하도록 할 것. 다만, 특별시장·광역시장·시장 또는 군수가 해당 지구단위계획구역의 교통소통에 관한 계획 등을 참작하여 교통소통에 지장이 없다고 인정하는 경우에는 그러하지 아니하다.
④ 지구단위계획구역 안에서 공공사업의 시행, 대형건축물의 건축 또는 2필지 이상의 토지소유자의 공동개발 등을 위하여 필요한 경우에는 특정부분을 별도의 구역으로 지정하여 계획의 상세정도 등을 따로 정할 수 있도록 할 것
⑤ 지구단위계획구역의 지정목적, 향후 예상되는 여건변화, 지구단위계획구역의 관리방안 등을 고려하여 지구단위계획구역에서 경미한 사항을 정하는 것이 필요한지 여부를 검토하여 이를 지구단위계획에 반영하도록 할 것
⑥ 지구단위계획의 내용 중 기존의 용도지역 또는 용도지구를 용적률이 높은 용도지역 또는 용도지구로 변경하는 사항이 포함되어 있는 경우 변경되는 구역의 용적률은 기존의 용도지역 또는 용도지구의 용적률을 적용하되, 공공시설부지의 제공현황 등을 고려하여 용적률을 완화할 수 있도록 계획할 것
⑦ 이법에 따른 건폐율·용적률 등의 완화범위를 포함하여 지구단위계획을 수립하도록 할 것 등

4 지구단위계획구역 및 지구단위 계획의 결정

지구단위계획구역 및 지구단위계획은 도시·군관리계획으로 결정한다(법 제50조).

5 지구단위계획구역의 지정 등

(1) 임의 지정대상

국토교통부장관, 시·도지사, 시장 또는 군수는 다음의 어느 하나에 해당하는 지역의 전부 또는 일부에 대하여 지구단위계획구역을 지정할 수 있다.

① 용도지구
②「도시개발법」에 따라 지정된 도시개발구역
③「도시 및 주거환경정비법」에 따라 지정된 정비구역
④「택지개발촉진법」에 따라 지정된 택지개발지구
⑤「주택법」에 따른 대지조성사업지구
⑥「산업입지 및 개발에 관한 법률」의 산업단지와 준산업단지
⑦「관광진흥법」에 따라 지정된 관광단지와 같은 관광특구
⑧ 개발제한구역 · 도시자연공원구역 · 시가화조정구역 또는 공원에서 해제되는 구역, 녹지지역에서 주거 · 상업 · 공업지역으로 변경되는 구역과 새로 도시지역으로 편입되는 구역 중 계획적인 개발 또는 관리가 필요한 지역
⑨ 도시지역 내 주거 · 상업 · 업무 등의 기능을 결합하는 등 복합적인 토지 이용을 증진시킬 필요가 있는 지역으로서 준주거지역, 준공업지역 및 상업지역에서 낙후된 도심 기능을 회복하거나 도시균형발전을 위한 중심지 육성이 필요하여 도시 · 군기본계획에 반영된 경우로서 다음의 어느 하나에 해당하는 지역을 말한다.

1. 주요 역세권, 고속버스 및 시외버스 터미널, 간선도로의 교차지 등 양호한 기반시설을 갖추고 있어 대중교통 이용이 용이한 지역
2. 역세권의 체계적 · 계획적 개발이 필요한 지역
3. 세 개 이상의 노선이 교차하는 대중교통 결절지(結節地)로부터 1km 이내에 위치한 지역
4. 「역세권의 개발 및 이용에 관한 법률」에 따른 역세권개발구역, 「도시 재정비 촉진을 위한 특별법」에 따른 고밀복합형 재정비촉진지구로 지정된 지역

⑩ 도시지역 내 유휴토지를 효율적으로 개발하거나 교정시설, 군사시설, 그 밖에 아래 ㉠으로 정하는 시설을 이전 또는 재배치하여 토지 이용을 합리화하고, 그 기능을 증진시키기 위하여 집중적으로 정비가 필요한 지역으로서 아래 ㉡으로 정하는 요건에 해당하는 지역

㉠ 다음에 해당하는 시설

1. 철도, 항만, 공항, 공장, 병원, 학교, 공공청사, 공공기관, 시장, 운동장 및 터미널
2. 그 밖에 위 1.과 유사한 시설로서 특별시 · 광역시 · 특별자치시 · 특별자치도 · 시 또는 군의 도시 · 군 계획조례로 정하는 시설

짚어보기 지구단위계획구역의 지정절차

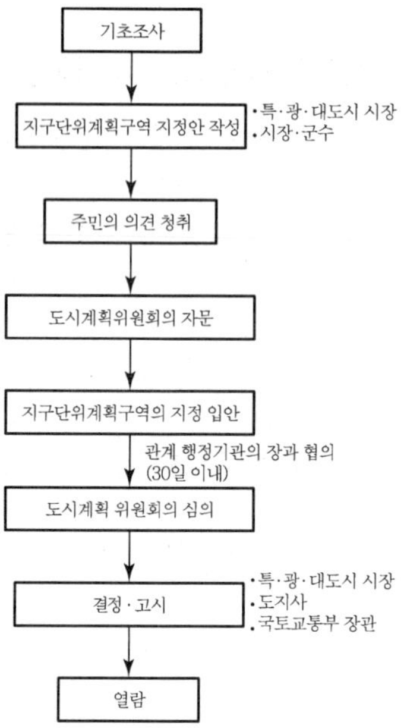

㉡ 1만m^2 이상의 유휴토지 또는 대규모 시설의 이전부지로서 다음의 어느 하나에 해당하는 지역

1. 대규모 시설의 이전에 따라 도시기능의 재배치 및 정비가 필요한 지역
2. 토지의 활용 잠재력이 높고 지역거점 육성이 필요한 지역
3. 지역경제 활성화와 고용창출의 효과가 클 것으로 예상되는 지역

⑪ 도시지역의 체계적 · 계획적인 관리 또는 개발이 필요한 지역

⑫ 그 밖에 양호한 환경의 확보나 기능 및 미관의 증진 등을 위하여 필요한 지역으로서 다음에 해당하는 지역

1. 지정된 시범도시
2. 고시된 개발행위허가 제한지역
3. 지하 및 공중공간을 효율적으로 개발하고자 하는 지역
4. 용도지역의 지정 · 변경에 관한 도시 · 군관리계획을 입안하기 위하여 열람 · 공고된 지역
5. 재건축사업에 의하여 공동주택을 건축하는 지역
6. 지구단위계획구역으로 지정하고자 하는 토지와 접하여 공공시설을 설치하고자 하는 자연녹지지역
7. 그 밖에 양호한 환경의 확보 또는 기능 및 미관의 증진 등을 위하여 필요한 지역으로서 특별시 · 광역시 · 특별자치시 · 특별자치도 · 시 또는 군의 도시 · 군계획조례가 정하는 지역

(2) 의무 지정대상

국토교통부장관, 시 · 도지사, 시장 또는 군수는 다음에 해당하는 지역은 지구단위계획구역으로 지정하여야 한다(법 제51조 제2항).

① 「도시 및 주거환경정비법」에 따라 지정된 정비구역 및 「택지개발촉진법」에 따라 지정된 택지개발지구에서 시행되는 사업이 끝난 후 10년이 지난 지역

② 체계적 · 계획적인 개발 또는 관리가 필요한 지역으로서 다음에 해당되는 그 면적이 30만m^2 이상인 지역

㉠ 시가화조정구역 또는 공원에서 해제되는 지역(녹지지역으로 지정 또는 존치하거나 법 또는 다른 법령에 따라 도시 · 군계획사업 등 개발계획이 수립되지 아니하는 경우를 제외)

㉡ 녹지지역에서 주거지역 · 상업지역 또는 공업지역으로 변경되는 지역

예외 관계 법률에 따라 해당 지역에 토지 이용과 건축에 관한 계획이 수립되어 있는 경우에는 그러하지 아니하다.

참고 국회의사당 부지의 면적

여의도 국회의사당 전체의 부지면적은 약 33만m^2 (약 10만평)이다.

관계법 「택지개발촉진법」제2조【용어의 정의】

3. "택지개발지구"라 함은 「국토의 계획 및 이용에 관한 법률」에 의한 도시지역과 그 주변지역 중 제3조의 규정에 의하여 국토교통부장관 또는 특별시장 · 광역시장 · 도지사 · 특별자치도지사(이하 "지정권자"라 한다)가 지정 · 고시하는 지구를 말한다. <개정 2011.5.30>

(3) 도시지역 외의 지역을 지구단위계획구역으로 지정하려는 경우

1) 지정하려는 구역 면적의 50/100 이상이 계획관리지역으로서 다음에 해당하는 요건에 해당하는 지역

① 계획관리지역 외 지구단위계획구역으로 포함할 수 있는 나머지 용도지역은 생산관리지역일 것. 다만, 지구단위계획구역에 포함되는 보전관리지역의 면적은 다음 각 목의 구분에 따른 면적 요건을 충족하여야 한다.

가. 전체 지구단위계획구역 면적이 10만제곱미터 이하인 경우: 전체 지구단위계획구역 면적의 20퍼센트 이내

나. 전체 지구단위계획구역 면적이 10만제곱미터를 초과하는 경우: 전체 지구단위계획구역 면적의 10퍼센트 이내

② 지구단위계획구역으로 지정하고자 하는 토지의 면적이 다음의 어느 하나에 규정된 면적 요건에 해당할 것

㉠ 지정하고자 하는 지역에 공동주택 중 아파트 또는 연립주택의 건설계획이 포함되는 경우에는 30만m^2 이상일 것. 이 경우 다음 요건에 해당하는 때에는 일단의 토지를 통합하여 하나의 지구단위계획구역으로 지정할 수 있다.

ⓐ 아파트 또는 연립주택의 건설계획이 포함되는 각각의 토지의 면적이 10만m^2 이상이고, 그 총면적이 30만m^2 이상일 것

ⓑ 위 ⓐ의 각 토지는 국토교통부장관이 정하는 범위 안에 위치하고, 국토교통부장관이 정하는 규모 이상의 도로로 서로 연결되어 있거나 연결도로의 설치가 가능할 것

㉡ 지정하고자 하는 지역에 공동주택 중 아파트 또는 연립주택의 건설계획이 포함되는 경우로서 다음의 어느 하나에 해당하는 경우에는 10만m^2 이상일 것

ⓐ 지구단위계획구역이 「수도권정비계획법」의 규정에 의한 자연보전권역인 경우

ⓑ 지구단위계획구역 안에 초등학교 용지를 확보하여 관할 교육청의 동의를 얻거나 지구단위계획구역 안 또는 지구단위계획구역으로부터 통학이 가능한 거리에 초등학교가 위치하고 학생수용이 가능한 경우로서 관할 교육청의 동의를 얻은 경우

㉢ 위 ㉠ 및 ㉡의 경우를 제외하고는 3만m^2 이상일 것

③ 해당 지역에 도로·수도공급설비·하수도 등 기반시설을 공급할 수 있을 것

④ 자연환경·경관·미관 등을 해치지 아니하고 문화재의 훼손우려가 없을 것

2) 개발진흥지구로서 다음에 해당하는 요건에 해당하는 지역

① 위 1)의 ②~④의 요건에 해당할 것

② 해당 개발진흥지구가 다음 의 지역에 위치할 것

㉠ 주거개발진흥지구, 복합개발진흥지구(주거기능이 포함된 경우에 한한다) 및 특정개발진흥지구 : 계획관리지역

㉡ 산업·유통개발진흥지구·유통개발진흥지구 및 복합개발진흥지구

(주거기능이 포함되지 아니한 경우에 한한다) : 계획관리지역 · 생산관리지역 또는 농림지역
㉢ 관광 · 휴양개발진흥지구 : 도시지역외의 지역

3) 용도지구를 폐지하고 그 용도지구에서의 행위 제한 등을 지구단위계획으로 대체하려는 지역

6 지구단위계획의 내용

(1) 내용

① 지구단위계획구역의 지정목적을 이루기 위하여 지구단위계획에는 다음의 사항 중 ㉢와 ㉤의 사항을 포함한 둘 이상의 사항이 포함되어야 한다. 다만, ㉡의 내용으로 하는 지구단위계획의 경우에는 그러하지 아니하다.(법 제52조 제1항)

※ 지구단위계획의 내용

㉠ 용도지역 · 용도지구(고도지구 제외)를 그 지역 · 지구의 범위 안에서 세분 또는 변경하는 사항
ⓐ 용도지역 : 주거 · 상업 · 공업 · 녹지
ⓑ 용도지구 : 경관 · 미관 · 보존 · 시설보호 · 취락 · 개발진흥(도시 · 군계획조례로 세분되는 지구 포함)

㉡ 기존의 용도지구를 폐지하고 그 용도지구에서의 건축물이나 그 밖의 시설의 용도 · 종류 및 규모 등의 제한을 대체하는 사항

㉢ 기반시설의 배치와 규모(영 제45조 제2항)
ⓐ 도시개발구역 · 정비구역 · 택지개발지구 · 대지조성사업지구 · 산업단지 · 관광특구의 경우 해당 법률에 따른 개발사업으로 설치하는 기반시설
ⓑ 도로 · 자동차정류장·주차장·자동차 및 건설기계검사시설 · 자동차 및 건설기계운전학원 · 광장 · 공원(「도시공원 및 녹지 등에 관한 법률」에 따른 묘지공원은 제외한다) · 녹지 · 공공공지 · 유통업무설비 · 수도공급설비 · 전기공급설비 · 가스공급설비 · 열공급설비 · 공동구 · 시장 · 학교(「고등교육법」 제2조에 따른 학교는 제외한다) · 공공청사 · 문화시설 · 공공필요성이 인정되는 체육시설 · 도서관 · 연구시설 · 사회복지시설 · 공공직업훈련시설 · 청소년수련시설 · 하천 · 유수지 · 방화설비 · 방풍설비 · 방수설비 · 사방설비 · 방조설비 · 장례식장 · 종합의료시설 · 하수도 · 폐기물처리시설 · 수질오염방지시설 · 폐차장

㉣ 도로로 둘러싸인 일단의 지역 또는 계획적인 개발·정비를 위하여 구획된 일단의 토지의 규모와 조성계획
㉤ 건축물의 용도제한·건축물의 건폐율 또는 용적률·건축물의 높이의 최고한도 또는 최저한도
㉥ 건축물의 배치·형태·색채 또는 건축선에 관한 계획
㉦ 환경관리계획 또는 경관계획
㉧ 교통처리계획
㉨ 그 밖에 토지 이용의 합리화, 도시나 농·산·어촌의 기능증진 등에 필요한 다음에 해당하는 사항(영 제45조 제3항)
ⓐ 지하 또는 공중공간에 설치할 시설물이 높이·깊이·배치 또는 규모
ⓑ 대문·담 또는 울타리의 형태 또는 색채
ⓒ 간판의 크기·형태·색채 또는 재질
ⓓ 장애인·노약자 등을 위한 편의시설계획
ⓔ 에너지 및 자원의 절약과 재활용에 관한 계획
ⓕ 생물서식 공간의 보호·조성·연결 및 물과 공기의 순환 등에 관한 계획

(2) 지구단위계획의 조화

지구단위계획은 도로, 상·하수도, 주차장·공원·녹지·공공공지, 수도, 전기·가스·열공급설비, 학교(초등학교 및 중학교에 한함)·하수도 및 폐기물처리시설의 처리·공급 및 수용능력이 지구단위계획구역 안에 있어 건축물의 연면적, 수용인구 등 개발밀도와 적정한 조화를 이룰 수 있도록 하여야 한다(법 제52조 제2항, 영 제45조 제4항).

(3) 적용의 완화

지구단위계획구역에서는 다음의 범위 안에서 지구단위계획이 정하는 바에 따라 완화하여 적용할 수 있다(법 제52조 제3항).

관련법 규정	내 용
「국토의 계획 및 이용에 관한 법률」	• 용도 지역·지구 안에서의 건축물의 건축제한 등 • 용도지역 안에서의 건폐율 • 용도지역 안에서의 용적률
「건축법」	• 대지의 조경 • 대지와 도로의 관계 • 건축물의 높이 제한 • 일조 등의 확보를 위한 건축물의 높이 제한 • 공개공지 등의 확보
「주차장법」	• 부설 주차장의 설치 및 계획서

보기 공공시설 등에 제공하는 경우의 완화 예제

지구단위계획구역 안에 갑(甲)의 대지 2,000m²가 있다. 갑(甲)은 그 대지 면적 중 500m²를 공공시설 부지로 제공하고 나머지 1,500m² 대지에 사무실(지상층의 연면적은 8,000m²)을 건축하고자 하는 경우 건폐율, 용적률, 건축물의 높이를 완화 받고자 한다. 이 경우 최고 어느 정도까지 완화 받을 수 있는지 검토해 보자.
(단, 해당 지역은 준주거지역으로서 업무시설이 가능하며 건폐율은 60% 이하, 용적률은 400% 이하, 가로구역별 최고 높이는 40m이며 그 밖의 다른 조건은 고려하지 않는 것으로 한다.)

(완화검토)

① 건폐율 완화

$$= 60\% \times \left(1 + \frac{500\text{m}^2}{2,000\text{m}^2}\right) = 75(\%)$$

② 용적률 완화

$$= 400\% + [1.5 \times (500\text{m}^2 \times 400\%) \div 1,500\text{m}^2] = 600(\%)$$

③ 높이 완화

$$= 40\text{m} \times \left(1 + \frac{500\text{m}^2}{2,000\text{m}^2}\right) = 50(\text{m})$$

(4) 도시지역 내 지구단위계획 구역에서의 완화적용

① 건축물을 건축하고자 하는 자가 그 대지의 일부를 공공시설 또는 기반시설 중 학교와 해당 시·도의 도시·군계획조례가 정하는 기반시설의 부지로 제공하는 경우에는 해당 건축물에 대하여 다음의 비율까지 건폐율·용적률 및 높이 제한을 완화하여 적용할 수 있다. 다만, 지구단위계획구역 안의 일부 토지를 공공시설 등의 부지로 제공하는 자가 해당 지구단위계획구역 안의 다른 대지에서 건축물을 건축하는 경우에는 ㉡의 비율까지 그 용적률을 완화하여 적용할 수 있다(영 제46조 제1항).

㉠ 완화할 수 있는 건폐율 = 해당 용도지역에 적용되는 건폐율×(1+공공시설 등의 부지로 제공하는 면적÷당초의 대지면적)이내

㉡ 완화할 수 있는 용적률 = 해당 용도지역에 적용되는 용적률+[1.5×(공공시설 등의 부지로 제공하는 면적*×공공시설 등의 제공 부지 용적률)÷공공시설부지제공 후의 대지면적]이내

단서 위의 경우 해당 지역·지구의 적용 건폐율의 150% 및 용적률의 200%를 초과할 수 없다.

㉢ 완화할 수 있는 높이 = 「건축법」에 따라 제한된 높이×(1+공공시설 등의 부지로 제공하는 면적*÷당초의 대지면적)이내

※ 공공시설 등의 부지로 제공하는 면적*
공공시설 등의 부지를 제공하는 자가 용도가 폐지되는 공공시설을 무상으로 양수받은 경우(법 제65조 ②)에는 그 양수받은 부지면적을 빼고 산정한다.

② 건축물을 건축하고자 하는 자가 「건축법」에 따른 공개공지 의무면적을 초과하여 설치한 경우에는 해당 건축물에 대하여 다음의 비율까지 용적률 및 높이제한을 완화하여 적용할 수 있다(영 제46조 제3항).

㉠ 완화할 수 있는 용적률 = 「건축법」에 따라 완화된 용적률+(해당 용도지역에 적용되는 용적률×의무면적을 초과하는 공개공지 또는 공개공간의 면적의 절반÷대지면적) 이내

단서 위의 경우 해당 지역·지구의 용적률의 200%를 초과할 수 없다.

㉡ 완화할 수 있는 높이 = 「건축법」에 따라 완화된 높이+(「건축법」에 따른 높이×의무면적을 초과하는 공개공지 또는 공개공간의 면적의 절반÷대지면적)이내

③ 지구단위계획으로 다음에 해당하는 경우 「주차장법」에 따른 주차장 설치기준을 100%까지 완화하여 적용할 수 있다.

㉠ 한옥마을을 보존하고자 하는 경우

㉡ 차 없는 거리를 조성하고자 하는 경우(지구단위계획으로 보행자전용도로를 지정하거나 차량의 출입을 금지한 경우를 포함)

짚어보기 공개공지 면적을 초과하는 경우의 완화 예제

지구단위계획구역 안에 갑(甲)의 대지 $2,000m^2$가 있다. 갑(甲)은 그 대지 면적 중 $400m^2$을 공개공지 면적으로 제공하고 나머지 $1,600m^2$ 대지에 사무실(지상층의 연면적은 $8,000m^2$)을 건축하고자 하는 경우 건폐율, 용적률, 건축물의 높이를 완화 받고자 한다. 이 경우 최고 어느 정도까지 완화 받을 수 있는지 검토해 보자.

(단, 해당 지역은 준주거지역으로서 업무시설이 가능하며 건폐율은 60% 이하, 용적률은 400% 이하, 가로구역별 최고 높이는 40m이며 의무적 공개공지 면적은 대지면적의 10%, 공개공지 확보시 용적률 및 건축물의 높이 완화는 1.2배로 하며, 그 밖의 다른 조건은 고려하지 않는 것으로 한다.)

(완화검토)

의무 면적을 초과하는 공개공지의 면적

$= 400m^2 - 200m^2 = 200m^2$

① 용적률 완화

$= 400\% \times 1.2 + \left[400\% \times \left(200m^2 \times \frac{1}{2}\right) \div 2,000m^2\right] = 500(\%)$

② 높이 완화

$= 40m \times 1.2 + \left[40m \times \left(200m^2 \times \frac{1}{2}\right) \div 2,000m^2\right] = 50(m)$

㉢ 원활한 교통수단 또는 보행환경 조성을 위하여 도로에서 대지로의 차량통행이 제한되는 차량진입 금지구간을 지정한 경우

④ 다음에 해당하는 경우에는 해당 용도지역에 적용되는 용적률의 120% 이내에서 용적률을 완화하여 적용할 수 있다(영 제46조 제7항).

㉠ 도시지역에 개발진흥지구를 지정하고 해당 지구를 지구단위계획구역으로 지정하는 경우

㉡ 다음에 해당하는 경우로서 특별시장・광역시장・특별자치시장・특별자치도지사・시장 또는 군수의 권고에 따라 공동개발을 하는 경우

ⓐ 지구단위계획에 2필지 이상의 토지에 하나의 건축물을 건축하도록 되어 있는 경우

ⓑ 지구단위계획에 합벽건축을 하도록 되어 있는 경우

ⓒ 지구단위계획에 주차장・보행자통로 등을 공동으로 사용하도록 되어 있어 2필지 이상의 토지에 건축물을 동시에 건축할 필요가 있는 경우

⑤ 도시지역에 개발진흥지구를 지정하고 해당 지구를 지구단위계획구역으로 지정한 경우에는 지구단위계획으로 「건축법」에 따라 제한된 건축물 높이의 120% 이내에서 높이제한을 완화하여 적용할 수 있다.

(5) 도시지역 외 지구단위계획 구역에서의 건폐율 등의 완화적용

① 지구단위계획구역(도시지역 외에 지정하는 경우로 한정한다. 이하 이조에서 같다)에서는 법 제52조제3항에 따라 지구단위계획으로 당해 용도지역 또는 개발진흥지구에 적용되는 건폐율의 150퍼센트 및 용적률의 200퍼센트 이내에서 건폐율 및 용적률을 완화하여 적용할 수 있다.

② 지구단위계획구역안에서는 법 제52조제3항의 규정에 의하여 지구단위계획으로 법 제76조의 규정에 의한 건축물의 용도・종류 및 규모 등을 완화하여 적용할 수 있다. 다만, 개발진흥지구(계획관리지역에 지정된 개발진흥지구를 제외한다)에 지정된 지구단위계획구역에 대하여는 「건축법 시행령」 별표 1 제2호의 공동주택중 아파트 및 연립주택은 허용되지 아니한다.

(6) 지구단위계획안에 대한 주민 등의 의견 반영(영 제49조)

다음에 해당하는 자는 지구단위계획안에 포함시키고자 하는 사항을 특별시장・광역시장・특별자치시장・특별자치도지사・시장 또는 군수에게 제출할 수 있으며, 특별시장・광역시장・특별자치시장・특별자치도지사・시장 또는 군수는 제출된 사항이 타당하다고 인정되는 때에는 이를 지구단위계획안에 반영하여야 한다.

① 지구단위계획구역이 주민의 제안에 따라 지정된 경우에는 그 제안자

② 지구단위계획구역이 도시개발구역, 재개발구역, 택지개발지구, 주거환경개선지구, 대지조성사업지구, 산업단지, 관광특구에 대하여 지정된 경우에는 그 지정근거가 되는 개별 법률에 따른 개발사업의 시행자

7 지구단위계획구역의 지정에 관한 도시·군관리계획 결정의 실효 등

(1) 실효사유

지구단위계획구역의 지정에 관한 도시·군관리계획 결정의 고시일부터 3년 이내에 해당 지구단위계획구역에 관한 지구단위계획이 결정·고시되지 아니하는 경우에는 그 3년이 되는 날의 다음날에 해당 지구단위계획구역의 지정에 관한 도시·군관리계획 결정은 그 효력을 잃는다(법 제53조 제1항).

예외 다른 법률에서 지구단위계획의 결정(결정된 것으로 보는 경우를 포함)에 관하여 따로 정한 경우에는 그 법률에 따라 지구단위계획을 결정할 때까지 지구단위계획의 지정은 그 효력을 유지한다.

(2) 실효고시

국토교통부장관, 시·도지사, 시장 또는 군수는 지구단위계획구역 지정의 효력이 상실된 때에는 실효일자 및 실효사유와 실효된 지구단위계획구역의 내용을 국토교통부장관이 하는 경우에는 관보에, 시·도지사 또는 시장·군수가 하는 경우에는 해당 시·도 또는 시·군의 공보에 게재하는 방법에 따라 지체 없이 그 사실을 고시하여야 한다(법 제53조 제2항, 영 제50조).

8 지구단위 계획구역에서의 건축 등

지구단위계획구역 안에서 건축물을 건축하거나 건축물의 용도를 변경하고자 하는 경우에는 그 지구단위 계획에 적합하게 건축하거나 용도를 변경하여야 한다(법 제54조).

예외 지구단위계획이 수립되어 있지 아니한 경우와 지구단위계획의 범위에서 시차를 두어 단계적으로 건축물을 건축하는 경우는 그러하지 아니하다.

■ 익힘문제 ■

지구단위계획구역 안에서 건축할 경우 대지의 일부를 공공시설 부지로 제공했을 경우라 하더라도 완화하여 적용 받을 수 없는 항목은? (기사기출)

㉮ 건폐율　　㉯ 조경면적
㉰ 용적율　　㉱ 높이제한

해설

지구단위계획구역 안에서 대지의 일부를 공공시설 부지로 제공하고 건축할 경우 완화 받을 수 있는 것은 건폐율, 용적률, 건축물의 높이제한이다.

정답 ㉯

■ 익힘문제 ■

국토의 계획 및 이용에 관한 법령상 지구단위계획에 포함되어야 할 사항으로 규정되어 있지 않은 것은?

㉮ 도시의 공간구조
㉯ 기반시설의 배치와 규모
㉰ 교통처리계획
㉱ 건축물의 용도제한
㉲ 건축물의 건폐율 또는 용적률

해설

도시의 공간구조는 도시기본계획에 포함되어야 할 사항이다.

정답 ㉮

제 8 장

개발행위의 허가

1 개발행위의 허가

(1) 개발행위 대상

① 다음에 해당하는 행위를 하고자 하는 자는 특별시장·광역시장·특별자치시장·특별자치도지사·시장 또는 군수의 개발행위허가를 받아야 한다(법 제56조 제1항, 영 제51조).

지정 대상	개발 행위허가 대상
건축물의 건축	「건축법」에 따른 건축물의 건축
공작물의 설치	인공을 가하여 제작한 시설물(「건축법」에 따른 건축물을 제외)의 설치
토지의 형질변경	절토(땅깎기)·성토(흙쌓기)·정지(땅고르기)·포장 등의 방법으로 토지의 형상을 변경하는 행위와 공유수면의 매립(경작을 위한 토지의 형질변경은 제외)
토석의 채취	흙·모래·자갈·바위 등의 토석을 채취하는 행위(토지의 형질변경을 목적으로 하는 것을 제외)
토지의 분할(건축물이 있는 대지 제외)	• 녹지지역·관리지역·농림지역 및 자연환경보전지역 안에서 관계법령에 따른 허가·인가 등을 받지 아니하고 행하는 토지의 분할 • 「건축법」에 따른 분할제한 면적미만으로 분할하는 토지의 분할 • 관계 토지의 법령에 따른 허가·인가 등을 받지 아니하고 행하는 너비 5m 이하로의 토지의 분할
물건을 쌓아놓는 행위	녹지지역·관리지역 또는 자연환경보전지역에서 건축물의 울타리 안에 위치하지 아니한 토지에 물건을 1월 이상 쌓아놓는 행위

예외 도시·군계획사업에 의한 행위에는 그러하지 아니하다.

② 개발행위허가를 받은 사항을 변경하는 경우에 이를 준용한다(법 제56조 제2항).

예외 다음의 경미한 사항을 변경하는 경우에는 그러하지 아니하다(영 제52조 제1항).

1. 사업기간을 단축하는 경우
2. 사업면적을 5% 범위 안에서 축소하는 경우
3. 관계 법령의 개정 또는 도시·군관리계획의 변경에 따라 허가받은 사항을 불가피하게 변경하는 경우

(2) 별도적용

① 토지의 형질변경(경작을 위한 토지의 형질변경을 제외) 및 토석의 채취에 관한 개발행위 중 도시지역 및 계획관리지역 안의 산림에서의 임도의 설치와 사방사업에 관하여는 각각 「산림자원의 조성 및 관리에 관한 법률」 및 「사방사업법」에 따른다(법 제56조 제3항).

② 보전관리지역·생산관리지역·농림지역 및 자연환경보전지역의 산림에서의 토지의 형질변경(경작을 위한 토지의 형질변경을 제외)·토석의 채취의 개발행위의 관하여는 「산지관리법」에 따른다(법 제56조 제3항).

(3) 개발행위허가 없이 할 수 있는 행위

다음에 해당하는 행위는 개발행위 허가를 받지 아니하고 이를 할 수 있다(법 제56조 제4항).

① 재해복구 또는 재난수습을 위한 응급조치(1월 이내에 특별시장·광역시장·시장 또는 군수에게 이를 신고하여야 함)

② 「건축법」에 따라 신고하고 설치할 수 있는 건축물의 개축·증축 또는 재축과 이에 필요한 범위에서의 토지의 형질변경(도시·군계획시설사업이 시행되지 아니하고 있는 도시·군계획시설의 부지인 경우에 한함)

③ 그 밖에 다음의 경미한 행위(영 제53조)

㉠ 건축물의 건축 : 건축허가 또는 건축신고 대상에 해당하지 아니하는 건축물의 건축

㉡ 공작물의 설치

ⓐ 도시지역 또는 지구단위계획구역에서 무게가 50t 이하, 부피가 50m³ 이하, 수평투영 면적이 50m² 이하인 공작물의 설치

예외 「건축법시행령」에 해당하는 공작물(통신용철탑은 용도지역에 관계없이 이를 포함)의 설치를 제외한다.

ⓑ 도시지역 · 자연환경보전지역 및 지구단위계획구역 외의 지역에서 무게가 150t 이하, 부피가 150m^3 이하, 수평투영 면적이 150m^2 이하인 공작물의 설치

예외 「건축법시행령」에 해당하는 공작물(통신용철탑은 용도지역에 관계없이 이를 포함)의 설치를 제외한다.

ⓒ 녹지지역 · 관리지역 또는 농림지역 안에서의 농림어업용 비닐하우스(비닐하우스 안에 설치하는 육상어류양식장을 제외)의 설치

㉢ 토지의 형질변경

ⓐ 높이 50cm 이내 또는 깊이 50cm 이내의 절토 · 성토 · 정지 등(포장을 제외하며, 주거지역 · 상업지역 및 공업지역 외의 지역에서는 지목변경을 수반하지 않는 경우에 한함)

ⓑ 도시지역 · 자연환경보전지역 · 지구단위계획구역 외의 지역에서 면적이 660m^2 이하인 토지에 대한 지목변경을 수반하지 아니하는 절토 · 성토 · 정지 · 포장 등(토지의 형질변경 면적은 형질변경이 이루어지는 해당 필지의 총면적을 말함)

ⓒ 조성이 완료된 기존 대지에서의 건축물 기타 공작물의 설치를 위한 토지의 굴착

ⓓ 국가 또는 지방자치단체가 공익상의 필요에 따라 직접 시행하는 사업을 위한 토지의 형질변경

㉣ 토석채취

ⓐ 도시지역 또는 지구단위계획구역에서 채취면적이 25m^2 이하인 토지에서의 부피 50m^3 이하의 토석채취

ⓑ 도시지역 · 자연환경보전지역 및 지구단위계획구역 외의 지역에서 채취면적이 250m^2 이하인 토지에서의 부피 500m^3 이하의 토석채취

㉤ 토지분할

ⓐ 「사도법」에 따른 사도개설 허가를 받은 토지의 분할

ⓑ 토지의 일부를 공공용지 또는 공용지로 하기 위한 토지의 분할

ⓒ 행정재산 중 용도폐지 되는 부분의 분할 또는 일반재산을 매각 · 교환 또는 양여하기 위한 분할

ⓓ 토지의 일부가 도시 · 군계획시설로 지형도면 고시가 된 해당 토지의 분할

ⓔ 너비 5m 이하로 이미 분할된 토지의 건축법에 따른 분할 제한면적 이상으로의 분할

짚어보기

자연환경보전지역에서 농림어업용 비닐하우스의 설치는 개발행위 허가를 받아야 한다.

ⓗ 물건을 쌓아 놓는 행위

ⓐ 녹지지역 또는 지구단위계획구역에서 물건을 쌓아 놓는 면적이 $25m^2$ 이하인 토지에 전체무게가 50t 이하, 전체부피 $50m^3$ 이하로 물건을 쌓는 행위

ⓑ 관리지역(지구단위계획구역으로 지정된 지역을 제외)에서 물건을 쌓아 놓는 면적이 $250m^2$ 이하인 토지에 전체 무게 500t 이하, 전체 부피 $500m^3$ 이하로 물건을 쌓아 놓는 행위

2 개발행위 허가의 절차

(1) 신청서 제출

① 개발행위를 하고자 하는 자는 해당 개발행위에 따른 기반시설의 설치 또는 그에 필요한 용지의 확보 · 위해방지 · 환경오염방지 · 경관 · 조경 등에 관한 계획서를 첨부한 신청서를 개발행위 허가권자에게 제출하여야 한다(법 제57조 제1항).

② 이 경우 개발밀도관리구역에서는 기반시설의 설치 또는 그에 필요한 용지의 확보에 관한 계획서를 제출하지 아니하며, 기반시설부담구역 안에서는 기반시설 부담계획에 따라 작성한 기반시설의 설치 또는 그에 필요한 용지의 확보에 관한 계획서를 제출하여야 한다(법 제57조 제1항).

(2) 허가권자의 허가

① 특별시장 · 광역시장 · 특별자치시장 · 특별자치도지사 · 시장 또는 군수는 개발행위 허가의 신청에 대하여 특별한 사유가 없는 한 15일(도시계획위원회의 심의를 거쳐야 하거나 행정기관의 장과 협의를 하여야 하는 경우에는 심의 또는 협의기간을 제외) 이내에 허가 또는 불허가의 처분을 하여야 한다(법 제57조 제2항, 제54조 제1항).

② 특별시장 · 광역시장 · 특별자치시장 · 특별자치도지사 · 시장 또는 군수는 위의 ①에 따라 허가 또는 불허가의 처분을 하는 때에는 지체 없이 그 신청인에게 허가증을 교부하거나 불허가처분 사유를 서면으로 통지하여야 한다(법 제57조 제3항).

③ 특별시장 · 광역시장 · 특별자치시장 · 특별자치도지사 · 시장 또는 군수는 개발행위허가를 하는 경우에는 해당 개발행위에 따른 기반시설의 설치 또는 그에 필요한 용지의 확보 · 위해방지 · 환경오염방지 · 경관 · 조경 등에 관한 조치를 할 것을 조건으로 개발행위허가를 할 수 있다(법 제57조 제4항).

[별지 제5호의 서식] <개정 2012.4.13> [시행일:2012.7.1] 특별자치시와 특별자치시장에 관한 개정규정

(앞 쪽)

개발행위허가신청서	처리기간
□공작물설치 □토지형질변경 □토석채취 □토지분할 □물건적치	15일

신청인	성명(법인인 경우는 그 명칭 및 대표자 성명)		주민등록번호 (법인등록번호)	-
	주소	우 (전화 :)		

허 가 신 청 사 항

위치(지번)					지목	
용도지역					용도지구	
신청내용	공작물설치	신청면적			중량	
		공작물구조			부피	
	토지의 형질변경	토지현황	경사도		토질	
			토석매장량			
		입목식재현황	주요수종			
			입목지		무입목지	
		신청면적				
		입목벌채	수종		나무수	그루
	토석채취	신청면적			부피	
	토지분할	종전면적			분할면적	
	물건적치	중량			부피	
		품명			평균적치량	
		적치기간	년 월 일부터 년 월 일까지(개월간)			
개발행위목적						
사업기간	착공		년 월 일		준공	년 월 일

「국토의 계획 및 이용에 관한 법률」 제57조제1항의 규정에 의하여 위와 같이 허가를 신청합니다.

년 월 일

신청인 (서명 또는 인)

특별시장·광역시장·특별자치시장·특별자치도지사·시장·군수 귀하

구비서류 : 뒤 쪽 참조	수수료
	없음

(뒤 쪽)

구비서류

1. 토지의 소유권 또는 사용권 등 신청인이 해당 토지에 개발행위를 할 수 있음을 증명하는 서류. 다만, 다른 법령에서 개발행위허가가 의제되어 개발행위허가에 관한 신청서류를 제출하는 경우에 다른 법령에 따른 인가·허가 등의 과정에서 본문의 제출 서류의 내용을 확인할 수 있는 경우에는 그 확인으로 제출서류에 갈음할 수 있습니다.

2. 배치도 등 공사 또는 사업관련 도서(토지의 형질변경 및 토석채취인 경우에 한함)

3. 설계도서(공작물의 설치인 경우에 한함)

4. 해당 건축물의 용도 및 규모를 기재한 서류(건축물의 건축을 목적으로 하는 토지의 형질변경인 경우에 한함)

5. 개발행위의 시행으로 폐지되거나 대체 또는 새로이 설치할 공공시설의 종류·세목·소유자 등의 조서 및 도면과 예산내역서(토지의 형질변경 및 토석채취인 경우에 한함)

6. 「국토의 계획 및 이용에 관한 법률」 제57조제1항의 규정에 의한 위해방지·환경오염방지·경관·조경 등을 위한 설계도서 및 그 예산내역서(토지분할인 경우를 제외한다). 다만, 「건설산업기본법 시행령」 제8조제1항의 규정에 의한 경미한 건설공사를 시행하거나 옹벽 등 구조물의 설치 등을 수반하지 아니하는 단순한 토지형질변경의 경우에는 개략설계서로 설계도서에, 견적서 등 개략적인 내역서로 예산내역서에 갈음할 수 있습니다.

7. 「국토의 계획 및 이용에 관한 법률」 제61조제3항의 규정에 의한 관계행정기관의 장과의 협의에 필요한 서류

이 신청서는 다음과 같이 처리됩니다.

신청인	처리기관(담당부서)
	특별시·광역시·특별자치시·특별자치도·시·군(개발행위 허가 담당부서)

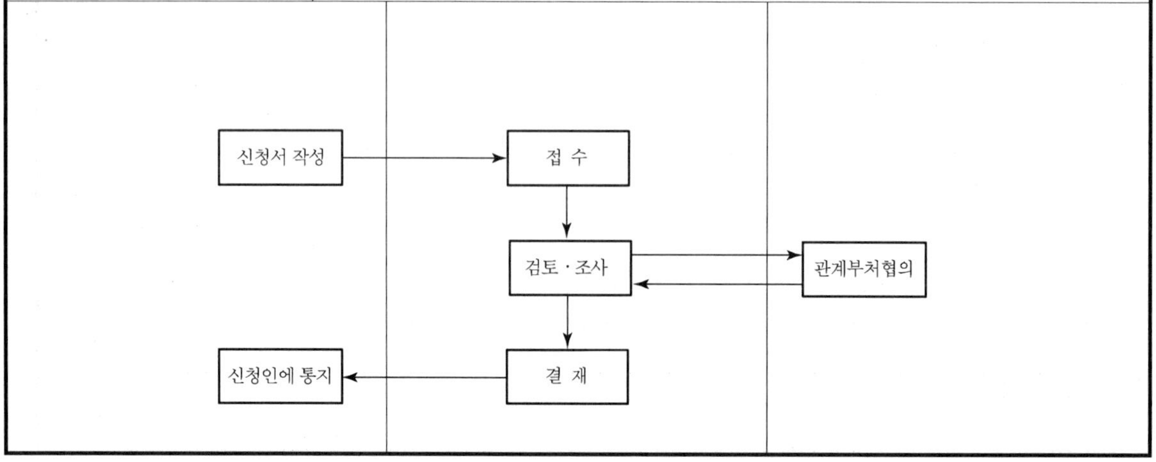

3 개발행위 허가의 기준

(1) 개발행위 허가

① 허가권자 : 특별시장 · 광역시장 · 특별자치시장 · 특별자치도지사 · 시장 또는 군수는 개발행위허가의 신청내용이 다음의 기준에 적합한 경우에 한하여 개발행위 허가 또는 변경허가를 하여야 한다(법 제58조 제1항, 영 제55조 제1항).

㉠ 용도지역별 특성을 고려하여 다음에 해당하는 토지형질변경면적에 적합할 것. 다만, 개발행위가 농어촌정비법에 따른 농어촌정비사업으로 이루어지는 경우 등 대통령령으로 정하는 경우에는 개발행위 규모의 제한을 받지 아니한다.

<table>
<tr><td>도 시 지 역</td><td colspan="2">1. 주거지역 · 상업지역 · 자연녹지지역 · 생산녹지지역 : 1만m² 미만
2. 공업지역 : 3만m² 미만
3. 보전녹지지역 : 5천m² 미만</td></tr>
<tr><td>관 리 지 역</td><td>3만m² 미만</td><td rowspan="2">면적의 범위 안에서 해당 특별시 · 광역시 · 시 또는 군의 도시 · 군계획조례로 따로 정할 수 있음</td></tr>
<tr><td>농 림 지 역</td><td>3만m² 미만</td></tr>
<tr><td>자연환경보전지역</td><td colspan="2">5천m² 미만</td></tr>
</table>

㉡ 도시 · 군관리계획 및 성장관리방안의 내용에 배치되지 아니할 것

㉢ 도시 · 군계획사업의 시행에 지장이 없을 것

㉣ 주변지역의 토지이용실태 또는 토지이용계획, 건축물의 높이, 토지의 경사도, 수목의 상태, 물의 배수, 하천 · 호소 · 습지의 배수 등 주변 환경 또는 경관과 조화를 이룰 것

㉤ 해당 개발행위에 따른 기반시설의 설치 또는 그에 필요한 용지의 확보계획이 적정할 것

② 둘 이상의 용도지역에 걸치는 경우 : 위 ①의 규정을 적용함에 있어서 개발행위 허가의 대상인 토지가 둘 이상의 용도지역에 걸치는 경우에는 각각의 용도지역에 위치하는 토지부분에 대하여 각각의 용도지역의 개발행위의 규모에 관한 규정을 적용한다(영 제55조 제2항).

예외 개발행위 허가의 대상인 토지의 총면적이 해당 토지가 걸쳐 있는 용도지역 중 개발행위의 규모가 가장 큰 용도지역의 개발행위의 규모를 초과하여서는 아니 된다.

(2) 허가 전 시행자의 의견청취

특별시장 · 광역시장 · 특별자치시장 · 특별자치도지사 · 시장 또는 군수는 개발행위 허가 또는 변경허가를 하려면 그 개발행위가 도시 · 군계획사업에 지장을 주는지에 관하여 해당 지역에서 시행되는 도시 · 군

계획사업의 시행자의 의견을 들어야 한다(법 제58조 제2항).

(3) 개발행위 허가의 기준 등의 세부사항
개발행위허가의 기준 등에 관하여 필요한 세부기준은 시행령 [별표 1의2]와 같다(법 제58조 제3항).

4 개발행위에 대한 도시계획위원회의 심의

(1) 원칙

① 심의 대상 행위 : 관계 행정기관의 장은 건축물의 건축·공작물의 설치·경작을 위한 토지의 형질변경을 제외한 토지의 형질변경·토석의 채취 행위를 이 법에 따라 허가하거나 다른 법률에 따라 인가·허가·승인 또는 협의를 하고자 하는 경우에는 중앙도시계획위원회 또는 지방도시계획위원회의 심의를 거쳐야 한다(법 제59조 제1항, 영 제57조 제1항).

㉠ 건축물의 건축 또는 공작물의 설치를 목적으로 하는 토지의 형질변경으로서 다음의 규모 이상인 경우

지역구분	규모
주거·상업·자연녹지·생산녹지지역	1만m^2
공업지역·관리지역·농림지역	3만m^2
보존녹지지역·자연환경보전지역	5천m^2

㉡ 부피 3만m^3 이상의 토석채취

㉢ 공장건축을 위한 토지의 형질변경 부지면적이 1만m^2 미만인 경우

예외 도시·군계획사업(「택지개발 촉진법」 등 다른 법률에서 도시·군계획사업을 의제하는 사업을 제외)에 의하는 경우를 제외한다.

② 심의 : 다음의 구분에 따라 중앙도시계획위원회 또는 지방도시계획위원회의 심의를 거쳐야 한다(영 제57조 제2항).

㉠ 중앙도시계획위원회의 심의를 거쳐야 하는 사항
ⓐ 면적이 1km^2 이상인 토지의 형질변경
ⓑ 부피 1백만m^3 이상의 토석채취

㉡ 시(대도시 포함)·도 도시계획위원회의 심의를 거쳐야 하는 사항
ⓐ 면적이 30만m^2 이상 1km^2 미만인 토지의 형질변경
ⓑ 부피 50만m^3 이상 1백만m^3 미만의 토석채취

㉢ 시·군·구 도시계획위원회의 심의를 거쳐야 하는 사항
ⓐ 용도지역별 5천m^2 이상 30만m^2 미만인 토지의 형질변경
ⓑ 부피 3만m^3 이상, 50만m^3 미만의 토석의 채취

(2) 예외

다음에 해당하는 개발행위의 경우에는 중앙도시계획위원회 및 지방도시계획위원회의 심의를 거치지 아니한다(법 제59조 제2항, 영 제57조 제5항).

① 도시계획위원회의 심의를 받는 구역에서 하는 개발행위
② 지구단위계획을 수립한 지역에서 하는 개발행위
③ 주거·상업·공업지역에서 시행하는 개발행위 중 특별시장·광역시장·시장 또는 군의 조례로 정하는 규모·위치 등에 해당하지 아니하는 개발행위
④「환경영향평가법」에 따라 환경 영향평가를 받은 개발행위
⑤「도시교통정비 촉진법」에 따라 교통영향분석·개선대책에 대한 검토를 받은 개발행위
⑥「농어촌정비법」에 따른 농어촌정비사업 중 농어촌 정비를 위한 개발행위
⑦「산림자원의 조성 및 관리에 관한 법률」에 따른 산림사업 및「사방사업법」에 따른 사방사업을 위한 개발행위

(3) 심의요청

국토교통부장관 또는 지방자치단체의 장은「환경영향평가법」에 따라 환경영향평가를 받은 개발행위가 도시·군계획에 포함되지 아니한 경우에는 관계 행정기관의 장에게 대통령령이 정하는 바에 따라 중앙도시계획위원회 또는 지방도시계획위원회의 심의를 받도록 요청할 수 있다. 이 경우 관계 행정기관의 장은 특별한 사유가 없으면 요청에 따라야 한다(법 제59조 제3항).

5 개발행위허가의 이행 보증 등

(1) 이행보증금 예치사유

특별시장·광역시장·특별자치시장·특별자치도지사·시장 또는 군수는 기반시설의 설치나 그에 필요한 용지의 확보·위해방지·환경오염방지·경관·조경 등을 위하여 필요하다고 인정되는 경우에는 이의 이행을 담보하기 위하여 개발행위 허가 또는 변경허가를 받는 자로 하여금 이행보증금을 예치하게 할 수 있다(법 제60조 제1항, 영 제59조 제1항).

① 건축물의 건축·공작물의 설치·토지의 형질변경·토석의 채취로 인하여 도로·수도공급설비·하수도 등 기반시설의 설치가 필요한 경우
② 토지의 굴착으로 인하여 인근의 토지가 붕괴될 우려가 있거나 인근의 건축물 또는 공작물이 손괴될 우려가 있는 경우
③ 토석의 발파로 인한 낙석·먼지 등에 의하여 인근지역에 피해가 발생할 우려가 있는 경우

참고 환경영향평가(환경영향평가법 제4조관련)

「도시개발법」에 따른 도시개발사업 중 사업면적이 25만m² 이상인 사업,「도시 및 주거환경정비법」에 따른 정비사업(주거환경개선사업은 제외) 중 사업면적이 30만m² 이상인 사업,「국토의 계획 및 이용에 관한 법률」에 따른 도시·군계획시설사업 중 대통령으로 정하는 시설에 관한 <u>사업 등</u>*은 해당 사업의 실시계획 또는 사업 시행인가의 고시 전에 환경영향평가를 실시하여야 한다.

※ 다른 사업 등에 관한 것은 환경영향평가법 시행령 [별표1] 참조 바람

④ 토석을 운반하는 차량의 통행으로 인하여 통행로 주변의 환경이 오염될 우려가 있는 경우

⑤ 토지의 형질변경이나 토석의 채취가 완료된 후 비탈면에 조경을 할 필요가 있는 경우

예외 다음의 경우에는 그러하지 아니하다.

1. 국가나 지방자치단체가 시행하는 개발행위
2. 공공기관 중 대통령으로 정하는 기관이 시행하는 개발행위
3. 그 밖에 해당 지방자치단체의 조례가 정하는 공공단체가 시행하는 개발행위

(2) 예치금액의 산정 및 예치방법

예치금액의 산정 및 예치방법 등에 관하여 필요한 사항은 대통령령으로 정한다(법 제60조 제2항).

(3) 원상회복

① 특별시장·광역시장·특별자치시장·특별자치도지사·시장 또는 군수는 개발행위 허가를 받지 아니하고 개발행위를 하거나 허가 내용과 다르게 개발행위를 하는 자에 대하여는 그 토지의 원상회복을 명할 수 있다(법 제60조 제3항).

② 특별시장·광역시장·특별자치시장·특별자치도지사·시장 또는 군수는 원상회복의 명령을 받은 자가 원상회복을 하지 아니하는 때에는 「행정대집행법」에 따른 행정대집행에 따라 원상회복을 할 수 있다. 이 경우 행정대집행에 필요한 비용은 개발행위허가를 받은 자가 예치한 이행보증금을 사용할 수 있다(법 제60조 제4항).

6 관련 인·허가 등

(1) 인·허가 등의 의제

개발행위 허가를 함에 있어서 특별시장·광역시장·특별자치시장·특별자치도지사·시장 또는 군수가 해당 개발행위에 대한 다음의 인가·허가·승인·면허·협의·해제·신고 또는 심사 등에 관하여 미리 관계 행정기관의 장과 협의한 사항에 대하여는 해당 인·허가 등을 받은 것으로 본다(법 제61조 제1항).

해당사항	관련법률
공유수면 매립의 면허, 실시계획의 승인	「공유수면매립법」
점용 또는 사용의 허가, 실시계획의 승인 또는 신고	「공유수면관리법」
채광계획의 인가	「광업법」
농업생산기반시설의 목적 외 사용의 승인	「농어촌정비법」

관계법 환경영향평가 대상사업(환경영향평가법 제4조)

① 환경영향평가를 실시하여야 하는 사업(이하 "환경영향평가대상사업"이라 한다)은 다음 각 호와 같다.
1. 도시의 개발사업
2. 산업입지 및 산업단지의 조성사업
3. 에너지개발사업
4. 항만의 건설사업
5. 도로의 건설사업
6. 수자원의 개발사업
7. 철도(도시철도를 포함한다)의 건설사업
8. 공항의 건설사업
9. 하천의 이용 및 개발사업
10. 개간 및 공유수면의 매립사업
11. 관광단지의 개발사업
12. 산지의 개발사업
13. 특정 지역의 개발사업
14. 체육시설의 설치사업
15. 폐기물처리시설의 설치사업
16. 국방·군사시설의 설치사업
17. 토석·모래·자갈·광물 등의 채취사업
18. 환경에 영향을 미치는 시설로서 대통령령으로 정하는 시설의 설치사업

② 제1항에도 불구하고 다음 각 호의 어느 하나에 해당하는 사업에 대하여는 환경영향평가를 실시하지 아니한다.
1. 「재난 및 안전관리기본법」 제37조에 따른 응급조치를 위한 사업
2. 국방부장관이 군사상의 기밀을 보호하거나 군사작전을 긴급히 수행하기 위하여 필요하다고 인정하여 환경부장관과 협의한 사업
3. 국가정보원장이 국가안보를 위하여 필요하다고 인정하여 환경부장관과 협의한 사업

③ 환경영향평가대상사업의 구체적인 범위는 대통령령으로 정한다.

농지전용의 허가 또는 협의, 농지전용의 신고 및 농지의 타용도일시사용의 허가 또는 협의	「농지법」
도로관리청이 아닌 자에 대한 도로공사시행의 허가 및 도로의 점용허가	「도로법」
무연분묘의 개장허가	「장사 등에 관한 법률」
사도개설의 허가	「사도법」
토지의 형질변경 등의 허가, 사방지지정의 해제	「사방사업법」
산지전용허가 및 산지전용신고, 토석채취허가, 토사 채취신고	「산지관리법」
입목벌채 등의 허가・신고	「산림자원의 조성 및 관리에 관한 법률」
소하천공사시행의 허가, 소하천의 점용허가	「소하천정비법」
전용상수도설치 및 전용공업용수도설치의 인가	「수도법」
연안정비사업실시계획의 승인	「연안관리법」
사업계획의 승인	「체육시설의 설치・이용에 관한 법률」
초지전용의 허가, 신고 또는 협의	「초지법」
지도등의 간행 심사	「공간정보의 구축 및 관리 등에 관한 법률」
공공하수도에 관한 공사시행의 허가	「하수도법」
하천공사시행의 허가, 하천점용의 허가	「하천법」

(2) 절차・협의

① 인・허가 등의 의제를 받으려는 자는 개발행위 허가의 신청을 하는 때에 해당 법률이 정하는 관련서류를 함께 제출하여야 한다(법 제61조 제2항).

② 특별시장・광역시장・특별자치시장・특별자치도지사・시장 또는 군수는 개발행위 허가를 할 때에 그 내용에 위 표에 해당하는 사항이 있으면 미리 관계 행정기관의 장과 협의하여야 한다(법 제61조 제3항).

③ 국토교통부장관은 위 (1)에 따라 의제되는 인・허가 등의 처리기준을 관계 중앙행정기관으로부터 제출받아 이를 통합하여 고시하여야 한다.

7 준공검사

(1) 대상

다음의 행위에 대한 개발행위 허가를 받은 자는 그 개발행위를 마치면 국토교통부령이 정하는 바에 따라 특별시장·광역시장·특별자치시장·특별자치도지사·시장 또는 군수의 준공검사를 받아야 한다(법 제62조 제1항).

① 건축물의 건축 또는 공작물의 설치
② 토지의 형질변경(경작을 위한 토지의 형질변경을 제외)
③ 토석채취

예외 건축물의 건축 또는 공작물의 설치의 행위에 대하여 「건축법」에 따른 건축물의 사용승인을 얻은 경우에는 그러하지 아니하다.

(2) 준공검사 등의 의제

① 특별시장·광역시장·특별자치시장·특별자치도지사·시장 또는 군수는 준공검사를 함에 있어서 그 내용에 의제되는 인·허가 등에 따른 준공검사·인가 등에 해당하는 사항이 있는 때에는 미리 관계 행정기관의 장과 협의하여야 한다(법 제62조 제4항).
② 준공검사·인가 등의 의제를 받으려는 자는 준공검사를 신청하는 때에 해당 법률이 정하는 관련서류를 함께 제출하여야 한다(법 제62조 제3항).
③ 준공검사를 받은 때에는 특별시장·광역시장·특별자치시장·특별자치도지사·시장 또는 군수가 의제되는 인·허가 등에 따른 준공검사·인가 등에 관하여 관계 행정기관의 장과 협의한 사항에 대하여는 해당 준공검사·인가 등을 받은 것으로 본다(법 제62조 제2항).
④ 국토교통부장관은 위 ③의 규정에 따라 의제되는 준공검사·준공인가 등의 처리기준을 관계 중앙행정기관으로부터 제출받아 이를 통합하여 고시하여야 한다.

8 개발행위 허가의 제한

(1) 허가제한 사유

국토교통부장관, 시·도지사, 시장 또는 군수는 다음에 해당되는 지역으로서 도시·군관리계획상 특히 필요하다고 인정되는 지역에 대해서 대통령령이 정하는 바에 따라 중앙도시계획위원회 또는 지방도시계획위원회의 심의를 거쳐 한 차례만 3년 이내의 기간 동안 개발행위허가를 제한할 수 있다(법 제63조 제1항). 단, ③~④에 해당하는 지역에 대해서는 중앙도시계획위원회나 지방도시계획위원회의 심의를 거치지 아니하고 한 차례만 2년 이내의 기간 동안 개발행위허가의 제한을 연장할 수 있다.

① 녹지지역 또는 계획관리 지역으로서 수목이 집단적으로 생육되고 있거나 조수류 등이 집단적으로 서식하고 있는 지역 또는 우량농지 등으로 보전할 필요가 있는 지역
② 개발행위로 인하여 주변의 환경·경관·미관·문화재 등이 크게 오염되거나 손상될 우려가 있는 지역
③ 도시·군기본계획 또는 도시·군관리계획을 수립하고 있는 지역으로서 해당 도시·군기본계획 또는 도시·군관리계획이 결정될 경우 용도지역·지구·구역의 변경이 예상되고 그에 따라 개발행위허가의 기준이 크게 달라질 것으로 예상되는 지역
④ 지구단위계획구역으로 지정된 지역
⑤ 기반시설부담구역으로 지정된 지역

(2) 개발행위 허가의 제한(영 제63조)
① 개발행위 허가를 제한하고자 하는 자가 국토교통부장관인 경우에는 중앙도시계획위원회의 심의를 거쳐야 하며, 시·도지사 또는 시장·군수인 경우에는 해당 지방자치단체에 설치된 지방도시계획위원회의 심의를 거쳐야 한다.
② 개발행위 허가를 제한하고자 하는 자가 국토교통부장관 또는 시·도지사인 경우에는 위 ①에 따라 중앙도시계획위원회 또는 시·도 도시계획위원회의 심의 전에 미리 제한하고자 하는 지역을 관할하는 시장 또는 군수의 의견을 들어야 한다.
③ 개발행위허가의 제한에 관한 고시는 국토교통부장관이 하는 경우에는 관보에 시·도지사가 하는 경우에는 해당 시·도의 공보에 게재하는 방법에 따른다.
④ 국토교통부장관, 시·도지사, 시장 또는 군수가 개발행위허가를 제한하거나 개발행위허가 제한을 연장 또는 해제하는 경우 그 지역의 지형도면 고시, 지정의 효력, 주민 의견 청취 등에 관하여는 「토지이용규제 기본법」 제8조에 따른다.<신설 2019. 8. 20.>

(3) 제한 전 고시
국토교통부장관, 시·도지사, 시장 또는 군수는 개발행위 허가를 제한하고자 하는 때에는 대통령령이 정하는 바에 따라 제한지역·사유·제한대상행위 및 제한기간을 미리 고시하여야 한다(법 제63조 제2항).

9 도시·군계획시설 부지에서의 개발행위

(1) 개발행위 불허가
특별시장·광역시장·특별자치시장·특별자치도지사·시장 또는 군수는 도시·군계획시설의 설치장소로 결정된 지상·수상·공중·수중 또는 지하에 대하여는 해당 도시·군계획시설이 아닌 건축물의 건축이나 공작물의 설치를 허가하여서는 아니 된다(법 제64조 제1항, 영 제61조).

예외 다만, 다음의 어느 하나에 해당하는 경우에는 그러하지 아니하다.

1. 지상・수상・공중・수중 또는 지하에 일정한 공간적 범위를 정하여 도시・군계획시설이 결정되어 있고, 그 도시・군계획시설의 설치・이용 및 장래의 확장 가능성에 지장이 없는 범위 안에서 도시・군계획시설이 아닌 건축물 또는 공작물을 해당 도시・군계획시설인 건축물 또는 공작물의 부지에 설치하는 경우
2. 도시・군계획시설과 도시・군계획시설이 아닌 시설을 같은 건축물 안에 설치한 경우(법률 제6243호 「도시・군계획법」 개정 법률에 따라 개정되기 전에 설치한 경우를 말함)로서 실시계획인가를 받아 다음의 어느 하나에 해당하는 경우
   ㉠ 건폐율이 증가하지 아니하는 범위에서 해당 건축물을 증축 또는 대수선하여 도시・군계획시설이 아닌 시설을 설치하는 경우
   ㉡ 도시・군계획시설의 설치・이용 및 장래의 확장 가능성에 지장이 없는 범위 안에서 도시・군계획시설을 도시・군계획시설이 아닌 시설로 변경하는 경우
3. 「도로법」 등 도시・군계획시설의 설치 및 관리에 관하여 규정하고 있는 다른 법률에 따라 점용허가를 받아 건축물 또는 공작물을 설치하는 경우

(2) 예외적 허가대상

특별시장・광역시장・특별자치시장・특별자치도지사・시장 또는 군수는 도시・군계획시설 결정의 고시일로부터 2년이 경과할 때까지 해당 시설의 설치에 관한 사업이 시행되지 아니한 도시・군계획시설 중 단계별 집행계획이 수립되지 아니하거나 단계별 집행계획에 포함되지 아니한 도시・군계획시설의 부지에 대하여는 위 (1)의 규정에 불구하고 다음의 개발행위를 허가할 수 있다(법 제64조 제2항).

① 가설건축물의 건축과 이에 필요한 범위에서의 토지의 형질변경
② 도시・군계획시설의 설치에 지장이 없는 공작물의 설치와 이에 필요한 범위에서의 토지의 형질변경
③ 건축물의 개축 또는 재축과 이에 필요한 범위에서의 토지의 형질변경(「건축법」에 따라 신고하고 설치할 수 있는 경우는 제외)

(3) 원상회복

① 특별시장・광역시장・특별자치시장・특별자치도지사・시장 또는 군수는 위 (2)의 ① 또는 ②에 따라 가설 건축물이나 공작물의 설치를 허가한 토지에서 도시・군계획시설 사업이 시행되는 때에는 그 시행예정일 3월 전까지 가설건축물 또는 공작물의 소유자의 부담하는 해당 가설건축물 또는 공작물의 소유자의 부담으로 해당 가설건축물 또는 공작물의 철거 등 원상회복에 필요한 조치를 명하여야 한다(법 제64조 제3항).

예외 원상회복이 필요가 없다고 인정되는 경우에는 그러하지 아니하다.

② 특별시장・광역시장・특별자치시장・특별자치도지사・시장 또는 군수는 위 ①에 따른 원상회복의 명령을 받은 자가 원상회복을 하지 아니하는 때에는 「행정대집행법」에 따른 행정대집행에 따라 원상회복을 할 수 있다(법 64조 제4항).

10 개발행위에 따른 공공시설 등의 귀속

(1) 행정청인 경우

① 개발행위허가를 받은 자가 행정청인 경우 개발행위 허가를 받은 자가 새로이 공공시설을 설치하거나 기존의 공공시설에 대체되는 공공시설을 설치한 때에는 「국유재산법」 및 「공유재산 및 물품관리법」의 규정에 불구하고 새로이 설치된 공공시설은 그 시설을 관리할 관리청에 무상으로 귀속되고, 종래의 공공시설은 개발행위 허가를 받은 자에게 무상으로 귀속된다(법 제65조 제1항).

② 개발행위 허가를 받은 자가 행정청인 경우 개발행위 허가를 받은 자는 개발행위가 완료되어 준공검사를 마칠 때에는 해당 시설의 관리청에 공공시설의 종류 및 토지의 세목을 통지하여야 한다. 이 경우 공공시설은 그 통지한 날에 해당 시설은 관리할 관리청과 개발행위 허가를 받은 자에게 각각 귀속된 것으로 본다(법 제65조 제5항).

(2) 비행정청인 경우

① 개발행위 허가를 받은 자가 행정청이 아닌 경우 개발행위 허가를 받은 자가 새로이 설치한 공공시설은 그 시설을 관리할 관리청에 무상으로 귀속되고, 개발행위로 인하여 용도가 폐지되는 공공시설의 설치비용에 상당하는 범위에서 개발행위 허가를 받은 자에게 무상으로 이를 양도할 수 있다(법 제65조 제2항).

② 개발행위 허가를 받은 자가 행정청이 아닌 경우 개발행위 허가를 받은 자는 위의 ①에 따라 관리청에 귀속되거나 그에게 양도될 공공시설에 관하여 개발행위가 완료되기 전에 해당 시설이 관리청에 그 종류 및 토지의 세목을 통지하여야 하고, 준공검사를 한 특별시장・광역시장・특별자치시장・특별자치도지사・시장 또는 군수는 그 내용을 해당 시설의 관리청에 통보하여야 한다. 이 경우 공공시설은 준공검사를 받음으로써 해당시설을 관리할 관리청과 개발행위 허가를 받은 자에게 각각 귀속되거나 양도된 것으로 본다(법 제65조 제6항).

(3) 공공시설의 귀속에 관한 개발허가

특별시장・광역시장・특별자치시장・특별자치도지사・시장 또는 군수는 공공시설의 귀속에 관한 사항이 포함된 개발행위 허가를 하고자 하는 때에는 미리 해당 공공시설의 관리청의 의견을 들어야 한다(법 제65조 제3항).

예외 관리청이 지정되지 아니한 경우에는 관리청이 지정된 후 준공되기 전에 관리청의 의견을 들어야 하며, 관리청이 불분명한 경우에는 도로·하천 등에 대하여는 국토교통부장관을 그 외의 재산에 대하여는 기획재정부장관을 관리청으로 본다.

(4) 공공시설의 점용 및 사용

특별시장·광역시장·특별자치시장·특별자치도지사·시장 또는 군수가 위 (3)에 따라 관리청의 의견을 듣고, 개발행위 허가를 한 경우 개발행위 허가를 받은 자는 그 허가에 포함된 공공시설의 점용 및 사용에 관하여 관계 법률에 따른 승인·허가 등을 받은 것으로 보아 개발행위를 할 수 있다. 이 경우 해당 공공시설의 점용 또는 사용에 따른 점용료 또는 사용료는 면제된 것으로 본다(법 제65조 제4항).

(5) 등기절차 특례

공공시설을 등기함에 있어서 「부동산등기법」에 따른 등기원인을 증명하는 서면은 준공검사를 받았음을 증명하는 서면으로 이를 갈음한다(법 제65조 제7항).

(6) 수익금의 유용금지

개발행위허가를 받은 자가 행정청인 경우 개발행위 허가를 받은 자는 그에게 귀속된 공공시설의 처분으로 인한 수익금을 도시·군계획사업 외의 목적에 사용하여서는 아니 된다(법 제65조 제8항).

■ 익힘문제 ■

「국토의 계획 및 이용에 관한 법률」에 따른 토지의 형질변경에 관해 개발행위허가를 할 수 있는 기준면적이다. 적절하지 않은 것은?

㉮ 주거지역 : 10,000m^2 미만
㉯ 공업지역 : 30,000m^2 미만
㉰ 보전녹지지역 : 5,000m^2 미만
㉱ 농림지역 : 10,000m^2 미만
㉲ 자연환경보전지역 : 5,000m^2 미만

해설

농림지역 안에서 토지의 형질변경에 관해 개발행위허가를 할 수 있는 기준면적은 30,000m^2 미만이다.

정답 ㉱

제 9 장

개발행위에 따른 기반시설의 설치

1 개발밀도관리구역

(1) 의의

개발로 인하여 기반시설이 부족할 것이 예상되나 기반시설의 설치가 곤란한 지역을 대상으로 건폐율 또는 용적률을 강화하여 적용하기 위하여 지정하는 구역을 말한다(법 제2조 제18호).

(2) 지정권자 및 지정대상

특별시장・광역시장・특별자치시장・특별자치도지사・시장 또는 군수는 주거・상업 또는 공업지역에서의 개발행위로 인하여 기반시설(도시・군계획 시설을 포함)의 처리・공급 또는 수용능력이 부족할 것으로 예상되는 지역 중 기반시설의 설치가 곤란한 지역을 개발밀도관리구역으로 지정할 수 있다(법 제66조 제1항).

짚어보기

녹지지역과 비도시지역에는 개발밀도관리구역을 지정할 수 없다. 즉 개발밀도관리구역은 주거지역, 상업지역 또는 공업지역에 지정한다.

(3) 용적률의 강화

특별시장・광역시장・특별자치시장・특별자치도지사・시장 또는 군수는 개발밀도관리구역에서 해당 용도지역에 적용되는 용적률의 최대한도의 50% 범위에서 용적률을 강화하여 적용한다(법 제66조 제2항, 영 제62조 제1항).

짚어보기

용적률의 강화는 용적률을 낮춘다는 것이다.

(4) 지정 또는 변경시 심의

특별시장・광역시장・특별자치시장・특별자치도지사・시장 또는 군수는 개발밀도관리구역을 지정 또는 이를 변경하고자 하는 경우에는 다음의 사항을 포함하여 해당 지방자치단체에 설치된 지방도시계획위원회의 심의를 거쳐야 한다(법 제66조 제3항).

① 개발밀도관리구역의 명칭

② 개발밀도관리구역의 범위

③ 건폐율 또는 용적률의 강화범위

(5) 고시

특별시장 · 광역시장 · 특별자치시장 · 특별자치도지사 · 시장 또는 군수는 개발밀도관리구역을 지정 또는 변경한 경우에는 이를 대통령령이 정하는 바에 따라 고시하여야 한다(법 제66조 제4항).

(6) 지정기준 · 개발밀도관리구역의 관리 등

개발밀도관리구역의 지정기준, 개발밀도관리구역의 관리 등에 관하여 필요한 사항은 다음의 사항을 종합적으로 고려하여 국토교통부장관이 정한다(법 제66조 제5항, 영 제63조).

① 개발밀도관리구역은 도로 · 수도공급설비 · 하수도 · 학교 등 기반시설의 용량이 부족할 것으로 예상되는 지역 중 기반시설의 설치가 곤란한 지역으로서 다음에 해당하는 지역에 지정할 수 있도록 할 것

㉠ 해당 지역의 도로서비스 수준이 매우 낮아 차량통행이 현저하게 지체되는 지역, 이 경우 도로서비스 수준의 측정에 관하여는 「도시교통정비 촉진법」에 따른 교통영향분석 · 개선대책의 예에 따른다.

㉡ 해당 지역의 도로율이 국토교통부령이 정하는 용도지역별 도로율이 20% 이상 미달하는 지역

㉢ 향후 2년 이내에 해당 지역의 수도에 대한 수용량이 수도시설의 시설용량을 초과할 것으로 예상되는 지역

㉣ 향후 2년 이내에 해당 지역의 하수발생량이 하수시설의 시설용량을 초과할 것으로 예상되는 지역

㉤ 향후 2년 이내에 해당 지역의 학생수가 학교수용능력을 20% 이상 초과할 것으로 예상되는 지역

② 개발밀도관리구역의 경계는 도로 · 하천 그 밖에 특색 있는 지형지물을 이용하거나 용도지역의 경계선을 따라 설정하는 등 경계선이 분명하게 구분되도록 할 것

③ 용적률이 강화 범위는 위 ①에 규정된 기반시설의 부족정도를 고려하여 결정할 것

④ 개발밀도관리구역 안의 기반시설의 변화를 주기적으로 검토하여 용적률을 강화 또는 완화하거나 개발밀도관리구역을 해제하는 등 필요한 조치를 취하도록 할 것

2 기반시설부담구역의 지정 (법 제67조, 영 제64조~66조)

(1) 기반시설부담구역의 지정

특별시장 · 광역시장 · 특별자치시장 · 특별자치도지사 · 시장 또는 군수는 다음의 어느 하나에 해당하는 지역에 대하여는 기반시설부담구

역으로 지정하여야 한다.

① 이 법 또는 다른 법령의 제정·개정으로 인하여 행위제한이 완화되거나 해제되는 지역

② 이 법 또는 다른 법령에 따라 지정된 용도지역 등이 변경되거나 해제되어 행위제한이 완화되는 지역

③ 개발행위허가 현황 및 인구증가율 등을 고려하여 기반시설의 설치가 필요하다고 인정 하는 다음의 지역

㉠ 해당 지역의 전년도 개발행위허가 건수가 전전년도 개발행위허가 건수보다 20% 이상 증가한 지역

㉡ 해당 지역의 전년도 인구증가율이 그 지역이 속하는 특별시·광역시·시 또는 군(광역시의 관할 구역에 있는 군은 제외)의 전년도 인구증가율보다 20% 이상 높은 지역

예외 개발행위가 집중되어 특별시장·광역시장·시장 또는 군수가 해당 지역의 계획적 관리를 위하여 필요하다고 인정하는 경우에는 위에 해당하지 아니하는 경우라도 기반시설부담구역으로 지정할 수 있다.

⑵ 기반시설부담구역의 지정 또는 변경의 고시

① 특별시장·광역시장·특별자치시장·특별자치도지사·시장 또는 군수는 기반시설부담구역을 지정 또는 변경하고자 하는 때에는 주민의 의견을 들어야 하며, 해당 지방자치단체에 설치된 지방도시계획위원 회의 심의를 거쳐 기반시설부담구역의 명칭·위치·면적 및 지정일자와 관계 도서의 열람방법을 해당 지방자치단체의 공보와 인터넷 홈페이지에 고시하여야 한다.

② 지구단위계획구역의 지정에 대한 결정·고시가 있는 경우 해당 구역은 기반시설부담구역으로 지정·고시된 것으로 본다.

⑶ 기반시설 설치계획

특별시장·광역시장·특별자치시장·특별자치도지사·시장 또는 군수는 위의 ⑵에 따라 기반시설부담구역이 지정된 경우에는 다음에 따른 기반시설설치계획을 수립하여야 하며, 이를 도시관리계획에 반영하여야 한 다.

① 다음의 내용을 포함하여 수립하여야 한다.

㉠ 설치가 필요한 기반시설의 종류, 위치 및 규모

㉡ 기반시설의 설치 우선순위 및 단계별 설치계획

㉢ 그 밖에 기반시설의 설치에 필요한 사항

② 다음의 사항을 종합적으로 고려해야 한다.

㉠ 기반시설의 배치는 해당 기반시설부담구역의 토지이용계획 또는 앞으로 예상되는 개발수요를 고려하여 적절하게 정할 것

㉡ 기반시설의 설치시기는 재원조달계획, 시설별 우선순위, 사용자의 편의와 예상되는 개발행위의 완료시기 등을 고려하여 합리적으로 정할 것

③ 위의 ① 및 ②에 불구하고 지구단위계획을 수립한 경우에는 기반시설설치계획 을 수립한 것으로 본다.

④ 기반시설부담구역의 지정고시일로부터 1년이 되는 날까지 기반시설설치계획을 수립하지 아니하면 그 1년이 되는 날의 다음날에 기반시설부담구역의 지정은 해제된 것으로 본다.

(4) 기반시설부담구역의 지정기준

기반시설부담구역의 지정기준 등에 관하여 필요한 사항은 다음에 정하는 바에 따라 국토교통부장관이 정한다.

① 기반시설부담구역은 기반시설이 적절하게 배치될 수 있는 규모로서 최소 100,000m^2 이상의 규모가 되도록 지정할 것

② 소규모 개발행위가 연접하여 시행될 것으로 예상되는 지역의 경우에는 하나의 단위구역으로 묶어서 기반시설부담구역을 지정할 것

③ 기반시설부담구역의 경계는 도로, 하천, 그 밖의 특색 있는 지형지물을 이용하는 등 경계선이 분명하게 구분되도록 할 것

3 기반시설 설치비용의 부과대상 및 산정기준(법 제68조, 영 제67조)

(1) 기반시설 설치비용의 부과대상

① 기반시설부담구역에서 기반시설설치비용의 부과대상인 건축행위는 단독주택 및 숙박시설 등의 시설(「건축법 시행령」 별표 1에 따른 용도별 건축물을 말함)로서 200m^2(기존 건축물의 연면적을 포함)를 초과하는 건축물의 신·증축 행위로 한다.

예외 시행령 별표 1의 건축물

② 기존 건축물을 철거하고 신축하는 경우에는 기존 건축물의 건축연면적을 초과하는 건축행위에 대하여만 부과대상으로 한다.

(2) 기반시설 설치비용의 산정 방법

기반시설설치비용은 기반시설을 설치하는데 필요한 기반시설 표준시설비용과 용지비용을 합산한 금액에 위의 (1)에 따른 부과대상 건축연면적과 기반시설 설치를 위하여 사용되는 총비용 중 국가·지방자치단체의 부담분을 제외하고 민간 개발사업자가 부담하는 부담률을 곱한 금액으로 한다.

(3) 기반시설의 표준시설비용

위의 (2)에 따른 기반시설 표준시설비용은 기반시설 조성을 위하여 사용되는 단위당 시설비로서 해당 연도의 생산자물가상승률 등을 고려

하여 매년 1월 1일을 기준으로 한 기반시설 표준시설비용을 매년 6월 10일까지 국토교통부장관이 고시한다.

(4) 기반시설의 용지비용

위의 (2)에 따른 용지비용은 부과대상이 되는 건축행위가 이루어지는 토지를 대상으로 다음의 기준을 곱하여 산정한 가액으로 한다.

① 지역별 기반시설의 설치정도를 고려하여 0.4 범위 내에서 지방자치단체의 조례로 정하는 용지환산계수

② 기반시설부담구역 내 개별공시지가 평균 및 건축물별 기반시설유발계수(시행령 별표 1의3)

(5) 민간 개발사업자가 부담하는 부담률

위 (2)에 따른 민간 개발사업자가 부담하는 부담률은 20%로 하며, 특별시장·광역시장·시장 또는 군수가 건물의 규모, 지역 특성 등을 감안하여 25%의 범위 내에서 부담률을 가감할 수 있다.

(6) 기반시설 설치비용의 감면 등

다음에 해당하는 경우에는 이 법에 따른 기반시설 설치비용에서 감면한다.

① 납부의무자가 직접 기반시설을 설치하거나 그에 필요한 용지를 확보한 경우에는 기반 시설 설치비용에서 직접 기반시설을 설치하거나 용지를 확보하는 데 든 비용을 공제한다.

② 위의 ①에 따른 공제금액 중 납부의무자가 직접 기반시설을 설치하는 데 든 비용은 다음의 금액을 합산하여 산정한다.

㉠ 건축허가(다른 법률에 따른 사업승인 등 건축허가가 의제되는 경우에는 그 사업승인)를 받은 날(부과기준시점)을 기준으로 국토교통부장관이 정하는 요건을 갖춘 「부동산가격공시 및 감정평가에 관한 법률」에 따른 감정평가업자 두 명 이상이 감정평가한 금액을 산술평균한 토지의 가액

㉡ 부과기준시점을 기준으로 국토교통부장관이 매년 고시하는 기반시설별 단위당 표준 조성비에 납부의무자가 설치하는 기반시설량을 곱하여 산정한 기반시설별 조성비용

예외 납부의무자가 실제 투입된 조성비용 명세서를 제출하면 국토교통부령으로 정하는 바에 따라 그 조성비용을 기반시설별 조성비용으로 인정할 수 있다.

③ 위의 ②에도 불구하고 부과기준시점에 다음의 어느 하나에 해당하는 금액에 따른 토지의 가액과 위 ②의 ㉡에 따른 기반시설별 조성비용을 적용하여 산정된 공제 금액이 기반시설 설치비용을 초과하는 경우에는 그 금액을 납부의무자가 직접 기반시설을 설치하는 데 든 비용으로 본다.

짚어보기 용지환산계수

기반시설부담구역별로 기반시설이 설치된 정도를 고려하여 산정된 기반시설 필요 면적률(기반시설부담구역의 전체 토지면적 중 기반시설이 필요한 토지면적의 비율을 말함)을 건축 연면적당 기반시설 필요 면적으로 환산하는데 사용되는 계수를 말한다.

- 부과기준시점으로부터 가장 최근에 결정 · 공시된 개별공시지가
- 국가 · 지방자치단체 · 공공기관 또는 지방공기업으로부터 매입한 토지의 가액
- 공공기관 또는 지방공기업이 매입한 토지의 가액
- 「공익사업을 위한 토지 등의 취득 및 보상에 관한 법률」에 따른 협의 또는 수용에 따라 취득한 토지의 가액
- 해당 토지의 무상 귀속을 목적으로 한 토지의 감정평가금액

④ 위의 ①에 따른 공제금액 중 기반시설에 필요한 용지를 확보하는 데 든 비용은 위 ②의 ㉠에 따라 산정한다.

⑤ 위 ①의 경우 외에 기반시설 설치비용에서 감면하는 비용 및 감면액은 시행령 별표 1의 4와 같다.

4 기반시설 설치비용의 납부 및 체납처분 등(법 제69조, 영 제70조의2)

(1) 납부의무자의 기반시설 설치비용의 납부

다음에 해당하는 납부의무자는 기반시설 설치비용을 납부하여야 한다.

① 건축행위를 하는 자

② 건축행위를 위탁 또는 도급한 경우에는 그 위탁이나 도급을 한 자

③ 타인 소유의 토지를 임차하여 건축행위를 하는 경우에는 그 행위자

④ 건축행위를 완료하기 전에 건축주의 지위나 위의 ② 또는 ③에 해당하는 자의 지위를 승계하는 경우에는 그 지위를 승계한 자

(2) 부과와 납부시기

① 부과시기 : 특별시장 · 광역시장 · 특별자치시장 · 특별자치도지사 · 시장 또는 군수는 납부의무자가 국가 또는 지방자치단체로부터 건축허가(다른 법률에 따른 사업승인 등 건축허가가 의제되는 경우에는 그 사업 승인)를 받은 날부터 2개월 이내에 기반시설 설치비용을 부과하여야 한다.

② 납부시기 : 납부의무자는 사용승인(다른 법률에 따라 준공검사 등 사용승인이 의제되는 경우에는 그 준공검사) 신청 시까지 이를 납부하여야 한다.

(3) 징수

특별시장 · 광역시장 · 특별자치시장 · 특별자치도지사 · 시장 또는 군수는 납부의무자가 위 (2)의 ②에서 정한 때까지 기반시설 설치비용을 납부하지 아니하는 때에는 지방세체납처분의 예에 따라 징수할 수 있다.

(4) 환급

특별시장·광역시장·특별자치시장·특별자치도지사·시장 또는 군수는 기반시설설치비용을 납부한 자가 사용승인 신청 후 해당 건축행위와 관련된 기반시설의 추가 설치 등 기반시설 설치비용을 환급하여야 하는 사유가 발생하는 경우에는 그 사유에 상당하는 기반시설 설치비용을 환급하여야 한다.

5 기반시설 설치비용의 관리 및 사용 등(법 제70조, 영 제70조의11)

(1) 기반시설 설치비용의 관리 및 운용

특별시장·광역시장·특별자치시장·특별자치도지사·시장 또는 군수는 기반시설 설치비용의 관리 및 운용을 위하여 기반시설부담구역별로 특별회계를 설치하여야 하며, 그에 필요한 사항은 지방자치단체의 조례로 정한다.

(2) 기반시설 설치비용의 사용

납부한 기반시설 설치비용은 다음의 용도로 사용하여야 한다.

① 기반시설부담구역별 기반시설설치계획 및 기반시설부담계획 수립

② 기반시설부담구역에서 건축물의 신·증축행위로 유발되는 기반시설의 신규 설치, 그에 필요한 용지 확보 또는 기존 기반시설의 개량

③ 기반시설부담구역별로 설치하는 특별회계의 관리 및 운영

예외 해당 기반시설부담구역 안에 사용하기가 곤란한 경우로서 해당 기반시설부담구역에 필요한 기반시설을 모두 설치하거나 그에 필요한 용지를 모두 확보한 후에도 잔액이 생기는 경우에는 해당 기반시설부담구역의 기반시설과 연계된 기반시설의 설치 또는 그에 필요한 용지의 확보 등에 사용할 수 있다.

(3) 그 밖에 필요한 사항

기반시설 설치비용의 관리, 운영 등에 관하여 필요한 사항은 대통령령으로 정하는 바에 따라 국토교통부장관이 정한다.

제 10 장

용도지역·지구 및 용도구역에서의 행위 제한

1 용도지역·지구·구역제의 의의

용도지역	토지에 관한 용도중심의 수평적인 이용규제이며 중복되지 않도록 평면적으로 구분·지정된다.
용도지구	용도지역의 지정목적으로 달성할 수 없는 도시기능의 발휘를 위한 국지적·부가적인 규제이며, 토지일부에 대하여 지역(취락지구 제외)에 관계없이 특정목적에 따라 추가적으로 지정한다. 필요에 따라 둘 이상의 지구가 중복하여 지정될 수 있다.
용도구역	무계획한 도시의 과대화·과밀화 방지 및 무질서한 시가화를 방지하기 위하여 지정한다.

2 용도지역에서 건축물의 건축제한 등

용도지역에서의 건축물 그 밖의 시설의 용도·종류 및 규모 등의 건축제한에 관한 사항은 다음과 같으며, 부속건축물에 대하여는 주된 건축물에 대한 건축제한에 따른다(법 제76조 제1항, 영 제71조).

(* 표시는 해당 용도에 쓰이는 바닥면적의 합계를 말함)

(1) 전용주거지역

① 제1종 전용주거지역에서의 건축물 [별표 2]

건축제한 구분	건축물의 용도
건축할 수 있는 건축물	1. 단독주택(다가구 주택을 제외) 2. 제1종 근린생활시설로서 해당 용도에 쓰이는 바닥면적의 합계가 1000제곱미터 미만인 것 가. 식품·잡화·의류·완구·서적·건축자재·의약품·의료기기 등 일용품을 판매하는 소매점으로서 같은 건축물(하나의 대지에 두 동 이상의 건축물이 있는 경우에는 이를 같은 건축물로 본다. 이하 같다)에 해당 용도로 쓰는 바닥면적의 합계가 1천 제곱미터 미만인 것 나. 휴게음식점, 제과점 등 음료·차(茶)·음식·빵·떡·과자 등을 조리하거나 제조하여 판매하는 시설(제4호 너목 또는 제17호에 해당하는 것은 제외한다)로서 같은 건축물에 해당 용도로 쓰는 바닥면적의 합계가 300제곱미터 미만인 것 ㉠ 제4호너목. 제조업소, 수리점 등 물품의 제조·가공·수리 등을 위한 시설로서 같은 건축물에 해당 용도로 쓰는 바닥면적의 합계가 500제곱미터 미만이고, 다음 요건 중 어느 하나에 해당하는 것 1) 배출시설의 설치 허가 또는 신고의 대상이 아닌 것 2) 배출시설의 설치 허가 또는 신고의 대상 시설이나 귀금속·장신구 및 관련 제품 제조시설로서 발생되는 폐수를 전량 위탁처리하는 것 ㉡ 4호17. 공장 물품의 제조·가공[염색·도장(塗裝)·표백·재봉·건조·인쇄 등을 포함한다] 또는 수리에 계속적으로 이용되는 건축물로서 제1종 근린생활시설, 제2종 근린생활시설, 위험물 저장 및 처리시설, 자동차 관련 시설, 자원순환 관련 시설 등으로 따로 분류되지 아니한 것 다. 이용원, 미용원, 목욕장, 세탁소 등 사람의 위생관리나 의류 등을 세탁·수선하는 시설(세탁소의 경우 공장에 부설되는 것과 배출시설의 설치 허가 또는 신고의 대상인 것은 제외한다) 라. 의원, 치과의원, 한의원, 침술원, 접골원(接骨院), 조산원, 안마원, 산후조리원 등 주민의 진료·치료 등을 위한 시설 마. 탁구장, 체육도장으로서 같은 건축물에 해당 용도로 쓰는 바닥면적의 합계가 500제곱미터 미만인 것 바. 지역자치센터, 파출소, 지구대, 소방서, 우체국, 방송국, 보건소, 공공도서관, 건강보험공단 사무소 등 공공업무시설로서 같은 건축물에 해당 용도로 쓰는 바닥면적의 합계가 1천 제곱미터 미만인 것 사. 마을회관, 마을공동작업소, 마을공동구판장 등 주민이 공동으로 이용하는 시설의 제1종 근린생활시설로서 해당 용도에 쓰이는 바닥면적의 합계가 1천제곱미터 미만인 것

짚어보기 전용주거지역

- 위락시설과 공장은 전용주거지역 안에 건축할 수 없다.

건축제한 구분	건축물의 용도
도시·군계획 조례의 위임대상	1. 단독주택 중 다가구주택 2. 공동주택 중 연립주택 및 다세대주택 3. 공중화장실·대피소, 그 밖에 이와 비슷한 것 및 지역아동센터 및 변전소, 도시가스배관시설, 통신용 시설(해당 용도로 쓰는 바닥면적의 합계가 1천제곱미터 미만인 것에 한정한다), 정수장, 양수장 등 주민의 생활에 필요한 에너지공급·통신서비스제공이나 급수·배수와 관련된 시설의 제1종 근린생활시설로서 해당 용도에 쓰이는 바닥면적의 합계가 1천제곱미터 미만인 것 4. 제2종 근린생활시설 중 종교집회장 5. 문화 및 집회시설 중 전시장(박물관·미술관. 체험관(한옥으로 건축한 것만 해당) 및 기념관에 한함)에 해당하는 것으로서 *1,000m² 미만인 것 6. 종교시설에 해당하는 것으로 *1,000m² 미만인 것 7. 교육연구 및 복지시설 중 아동관련 시설(아동복지시설·영/유아보육시설·유치원 그 밖에 이와 유사한 것) 및 노인복지시설과 다른 용도로 분류되지 아니한 사회복지시설 및 근로복지시설에 해당하는 것과 초등학교·중학교 및 고등학교 8. 노유자시설 9. 자동차관련시설 중 주차장

② 제2종 전용주거지역에서의 건축물 [별표 3]

건축제한 구분	건축물의 용도
건축할 수 있는 건축물	1. 단독주택 2. 공동주택 3. 제1종 근린생활시설로서 *1,000m² 미만인 것
도시·군계획 조례의 위임대상	1. 제2종 근린생활시설 중 종교집회장 2. 문화 및 집회시설 중 전시장(박물관·미술관 및 기념관에 한함)에 해당하는 것으로서 *1,000m² 미만인 것 3. 종교시설에 해당하는 것으로서 *1,000m² 미만인 것 4. 교육연구시설 중 유치원·초등학교·중학교 및 고등학교 5. 노유자시설 6. 자동차관련시설 중 주차장

(2) 일반주거지역

① 제1종 일반주거지역에서의 건축물 [별표 4]

건축제한 구분	건축물의 용도
건축할 수 있는 건축물 [4층 이하(「주택법 시행령」 제3조제1항제1호에 따른 단지형 연립주택	1. 단독주택 2. 공동주택(아파트 제외) 3. 제1종 근린생활시설 4. 교육연구시설 중 유치원·초등학교·중학교 및 고등학교

및 같은 항 제1호의2에 따른 단지형 다세대주택인 경우에는 5층 이하를 말하며, 단지형 연립주택의 1층 전부를 필로티 구조로 하여 주차장으로 사용하는 경우에는 필로티 부분을 층수에서 제외하고, 단지형 다세대주택의 1층 바닥면적의 2분의 1 이상을 필로티 구조로 하여 주차장으로 사용하고 나머지 부분을 주택 외의 용도로 쓰는 경우에는 해당 층을 층수에서 제외한다. 이하 이 호에서 같다)의 건축물만 해당한다. 다만, 4층 이하의 범위에서 도시·군계획조례로 따로 층수를 정하는 경우에는 그 층수 이하의 건축물만 해당한다]	5. 노유자시설
도시·군계획조례의 위임대상(4층 이하의 건축물에 한한다. 단, 4층 이하의 범위 에서 도시·군계획조례로 따로 층수를 정하는 경우에는 그 층수 이하의 건축물에 한한다)	1. 제2종 근린생활시설(단란주점 및 안마시술소를 제외) 2. 문화 및 집회시설(공연장 및 관람장을 제외) 3. 종교시설 4. 판매시설 중 소매시장(「유통산업발전법」에 따른 시장·대형점·대규모 소매점 기타 이와 유사한 것) 및 상점에 해당하는 것으로 *2,000m^2 미만인 것(너비 15m 이상의 도로로서 도시·군계획조례가 정하는 너비 이상의 도로에 접한 대지에 건축한 것에 한함)과 기존의 도매시장 또는 소매시장을 재건축하는 경우로서 인근의 주거환경에 미치는 영향, 시장의 기능회복 등을 감안하여 도시·군계획조례가 정하는 경우에는 해당 용도에 쓰이는 바닥면적의 합계의 4배 이하 또는 대지면적의 2배 이하인 것 5. 의료시설(격리병원을 제외) 6. 교육연구시설 중 초등학교·중학교 및 고등학교에 해당하지 않는 것 7. 수련시설(유스호스텔의 경우 특별시 및 광역시 지역에서는 너비 15m 이상의 도로에 20m 이상 접한 대지에 건축하는 것에 한하며, 그 밖의 지역에서는 너비 12m 이상의 도로에 접한 대지에 건축하는 것에 한함) 8. 운동시설(옥외 철탑이 설치된 골프 연습장을 제외) 9. 업무시설 중 오피스텔로서 해당용도에 쓰이는 *3,000m^2 미만인 것

	10. 공장 중 인쇄업 · 기록매체복제업 · 봉제업(의류편조업을 포함) · 컴퓨터 및 주변기기제조업 · 컴퓨터 관련 전자제품 조립업 · 두부제조업의 공장 및 아파트형으로서 다음에 해당하지 아니하는 것 ㉠ 「대기환경보전법」 규정에 따른 특정대기유해물질을 배출하는 것 ㉡ 「대기환경보전법」 규정에 따른 대기오염물질 배출시설에 해당하는 시설로서 같은 법 시행령 별표 8에 따른 1종 사업장 내지 4종 사업장에 해당하는 것 ㉢ 「수질 및 생태계 보전에 관한 법률」 규정에 따른 특정수질 유해물질을 배출하는 것 ㉣ 「수질 및 생태계 보전에 관한 법률」에 따른 폐수배출시설에 해당하는 시설로서 같은 법 시행령 별표 1에 따른 1종사업장 내지 4종 사업장에 해당하는 것 ㉤ 「폐기물관리법」 규정에 따른 지정폐기물을 배출하는 것 ㉥ 「소음 · 진동관리법」 규정에 따른 배출 허용기준의 2배 이상인 것 11. 창고시설 12. 위험물저장 및 처리시설 중 주유소 · 석유판매소, 액화가스취급소 · 판매소, 도료류판매소, 저공해 자동차의 연료공급시설, 시내버스 차고지에 설치하는 액화 석유가스충전소 및 고압가스충전 · 저장소 13. 자동차관련시설 중 주차장 및 세차장 14. 동물 및 식물관련시설 중 화초 및 분재 등의 온실 15. 교정 및 국방 · 군사시설 16. 방송통신시설 17. 발전시설

② 제2종 일반주거지역에서의 건축물 [별표 5]

건축제한 구분	건축물의 용도
건축할 수 있는 건축물(경관 관리 등을 위하여 도시 · 군계획조례로 건축물의 층수를 제한하는 경우에는 그 층수 이하의 건축물로 한정한다)	1. 단독주택 2. 공동주택 3. 제1종 근린생활시설 4. 종교시설 5. 교육연구시설 중 유치원 · 초등학교 · 중학교 및 고등학교 6. 노유자시설
도시 · 군계획조례의 위임대상(경관 관리 등을 위하여 도시 · 군계획조례로 건축물의 층수를 제한하는 경우에는 그 층수 이하의 건축물로 한정한다)	1. 제2종 근린생활시설(단란주점 및 안마시술소를 제외) 2. 문화 및 집회시설(관람장을 제외) 3. 판매시설 중 소매시장(유통산업 발전 법에 따른 시장 · 대형점 · 대규모 소매점 기타 이와 유사한 것) 및 상점에 해당하는 것으로 *2,000m² 미만(너비 15m 이상의 도로로서 도시 · 군계획조례가 정하는 너비이상의 도로에 접한 대지에 건축한 것에 한함)인 것과 기존의 도매시장 또는 소매시

	장을 재건축하는 경우로서 인근의 주거환경에 미치는 영향, 시장의 기능회복 등을 감안하여 도시·군계획조례가 정하는 경우에는 해당 용도에 쓰이는 바닥면적의 합계의 4배 이하 또는 대지면적의 2배 이하인 것 4. 의료시설(격리병원을 제외) 5. 교육연구시설 중 초등학교·중학교 및 고등학교에 해당하지 않는 것 6. 수련시설(유스호스텔의 경우 특별시 및 광역시 지역에서는 너비 15m 이상의 도로에 20m 이상 접한 대지에 건축하는 것에 한하며, 그 밖의 지역에서는 너비 12m 이상의 도로에 접한 대지에 건축하는 것에 한함) 7. 운동시설 8. 업무시설 중 오피스텔·금융업소·사무소 및 공공업무시설에 해당하는 것으로 *3,000m² 미만인 것에 한함. 9. 공장 중 인쇄업·기록매체복제업·봉제업(의류편조업을 포함)·두부제조업의 공장 및 아파트형으로서 다음에 해당하지 아니하는 것 ㉠ 특정 대기오염물질을 배출하는 것 ㉡ 대기오염물질 배출시설에 해당하는 시설로서 같은 법시행령 별표 8에 따른 1종 사업장 내지 4종 사업장에 해당하는 것 ㉢ 특정수질유해물질을 배출하는 것 ㉣ 폐수배출시설에 해당하는 시설로서 같은 법시행령 별표 1에 따른 1종사업장 내지 4종사업장에 해당하는 것 ㉤ 지정폐기물을 배출하는 것 ㉥ 배출 허용기준의 2배 이상인 것 10. 창고시설 11. 위험물저장 및 처리시설 중 주유소, 석유판매소, 액화가스 취급소·판매소, 도료류 판매소, 저공해자동차의 연료공급시설, 시내버스차고지에 설치하는 액화석유가스충전소 및 고압가스 충전·저장소 12. 자동차관련시설 중「여객자동차운수사업·화물자동차 운수사업법」및「건설기계 관리법」에 따른 차고 및 주기장과 주차장·세차장 13. 동물 및 식물관련시설 중 버섯재배사·종묘배양시설·화초 및 분재 등의 온실·식물과 관련된 시설과 유사한 것(동·식물원을 제외)에 해당하는 것 14. 교정 및 국방·군사시설 15. 방송통신시설 16. 발전시설

(* 표시는 해당 용도에 쓰이는 바닥면적의 합계를 말함)

③ 제3종 일반주거지역에서의 건축물 [별표 6]

건축제한 구분	건축물의 용도
건축할 수 있는 건축물	1. 단독주택 2. 공동주택 3. 제1종 근린생활시설 4. 종교시설 5. 교육연구시설 중 유치원 · 초등학교 · 중학교 및 고등학교 6. 노유자시설
도시 · 군계획조례의 위임 대상	1. 제2종 근린생활시설(단란주점 및 안마시술소를 제외) 2. 문화 및 집회시설(관람장을 제외) 3. 판매시설 중 소매시장(「유통산업 발전법」에 따른 시장 · 대형점 · 대규모 소매점 기타 이와 유사한 것) 및 상점에 해당하는 것으로 *2,000m² 미만(너비 15m 이상의 도로로서 도시 · 군계획조례가 정하는 너비 이상의 도로에 접한 대지에 건축한 것에 한함)인 것과 기존의 도매시장 또는 소매시장을 재건축하는 경우로서 인근의 주거환경에 미치는 영향, 시장의 기능회복 등을 감안하여 도시 · 군계획조례가 정하는 경우에는 해당 용도에 쓰이는 바닥면적의 합계의 4배 이하 또는 대지면적의 2배 이하인 것 4. 의료시설(격리병원을 제외) 5. 교육연구시설 중 초등학교 · 중학교 및 고등학교에 해당하지 않는 것 6. 수련시설(유스호스텔의 경우 특별시 및 광역시 지역에서는 너비 15m 이상의 도로에 20m 이상 접한 대지에 건축하는 것에 한하며, 그 밖의 지역에서는 너비 12m 이상의 도로에 접한 대지에 건축하는 것에 한함) 7. 운동시설 8. 업무시설로서 *3,000m² 이하인 것 9. 공장 중 인쇄업 · 기록매체복제업 · 봉제업(의류편조업을 포함) · 컴퓨터 및 주변기기 제조업 · 컴퓨터 관련 전자제품 조립업 · 두부제조업의 공장 및 아파트형으로서 다음에 해당하지 아니하는 것 ㉠ 「대기환경보전법」에 따른 특정대기유해 물질을 배출하는 것 ㉡ 「대기환경보전법」에 따른 대기오염물질배출시설에 해당하는 시설로서 같은 법 시행령 별표 1에 따른 1종 사업장 내지 4종 사업장에 해당하는 것 ㉢ 「수질 및 생태계 보전에 관한 법률」에 따른 특정 수질오염 유해물질을 배출하는 것 ㉣ 「대기환경보전법」에 따른 폐수 배출하는 시설로서 같은 법 시행령 별표 1에 따른 1종 사업장 내지 4종 사업장에 해당하는 것 ㉤ 「폐기물관리법」에 따른 지정폐기물을 배출하는 것 ㉥ 「소음 · 진동관리법」에 따른 배출허용기준에 2배 이상인 것

도시·군계획조례의 위임 대상	10. 창고시설 11. 위험물저장 및 처리시설 중 주유소·석유판매소 및 액화가스 판매소, 「대기환경보전법」에 따른 무공해·저공해 자동차의 연료 공급시설과 시내버스차고지에 설치하는 액화석유가스 충전소 및 고압가스충전·저장소 12. 자동차관련시설 중 「여객자동차운수 사업법」·「화물자동차 운수 사업법」 및 「건설기계관리법」에 따른 차고 및 주기장과 주차장·세차장 13. 동물 및 식물관련시설(버섯재배사·종묘배양시설·화초 및 분재 등의 온실·식물과 관련된 시설과 유사한 것(동·식물원을 제외) 14. 교정 및 국방·군사시설 15. 방송통신시설 16. 발전시설

(3) 준주거지역에서 건축할 수 없는 건축물 [별표 7]

건축제한 구분	건축물의 용도
건축할 수 없는 건축물	1. 제2종 근린생활시설 중 단란주점 2. 의료시설 중 격리병원 3. 숙박시설(생활숙박시설로서 공원·녹지 또는 지형지물에 의하여 주택 밀집지역과 차단되거나 주택 밀집지역으로부터 도시·군계획조례로 정하는 거리 밖에 있는 대지에 건축하는 것은 제외한다) 4. 위락시설 5. 공장 중 다음에 해당하는 것 ㉠ 특정대기유해물질을 배출하는 것 ㉡ 대기오염물질배출시설에 해당하는 시설로서 같은 법 시행령 별표 1에 따른 1종사업장 내지 4종사업장에 해당하는 것 ㉢ 특정수질유해물질이 같은 법 시행령 제31조제1항제1호에 따른 기준 이상으로 배출되는 것. 다만, 동법 제34조에 따라 폐수무방류배출시설의 설치허가를 받아 운영하는 경우를 제외한다. ㉣ 폐수배출시설에 해당하는 시설로서 같은 법 시행령 별표 13에 따른 제1종사업장부터 제4종사업장까지에 해당하는 것 ㉤ 지정폐기물을 배출하는 것 ㉥ 배출허용기준의 2배 이상인 것 6. 위험물 저장 및 처리 시설 중 시내버스차고지 외의 지역에 설치하는 액화석유가스 충전소 및 고압가스 충전소·저장소 7. 자동차 관련 시설 중 폐차장 8. 동물 및 식물 관련 시설 중 축사·도축장·도계장 9. 자원순환 관련시설 10. 묘지 관련 시설

건축제한 구분	건축물의 용도
지역여건 등을 고려하여 도시·군계획조례로 정하는 바에 따라 건축할 수 없는 건축물	1. 제2종 근린생활시설 중 안마시술소 2. 문화 및 집회시설(공연장 및 전시장은 제외한다) 3. 판매시설 4. 운수시설 5. 숙박시설 중 생활숙박시설로서 공원·녹지 또는 지형지물에 의하여 주택 밀집지역과 차단되거나 주택 밀집지역으로부터 도시·군계획조례로 정하는 거리 밖에 있는 대지에 건축하는 것 6. 공장 중 다음에 해당되지 않는 것 ㉠ 특정대기유해물질을 배출하는 것 ㉡ 대기오염물질배출시설에 해당하는 시설로서 같은 법 시행령 별표 1에 따른 1종사업장 내지 4종사업장에 해당하는 것 ㉢ 특정수질유해물질이 같은 법 시행령 제31조제1항제1호에 따른 기준 이상으로 배출되는 것. 다만, 동법 제34조에 따라 폐수무방류배출시설의 설치허가를 받아 운영하는 경우를 제외한다. ㉣ 폐수배출시설에 해당하는 시설로서 같은 법 시행령 별표 13에 따른 제1종사업장부터 제4종사업장까지에 해당하는 것 ㉤ 지정폐기물을 배출하는 것 ㉥ 배출허용기준의 2배 이상인 것 7. 창고시설 8. 위험물 저장 및 처리 시설(제1호바목에 해당하는 것은 제외한다) 9. 자동차 관련 시설(폐차장은 제외한다) 10. 동물 및 식물 관련 시설(축사·도축장·도계장은 제외한다) 11. 교정 및 군사 시설 12. 발전시설 13. 관광 휴게시설 14. 장례식장

⑷ 중심상업지역에서 건축할 수 없는 건축물 [별표 8]

건축제한 구분	건축물의 용도
건축할 수 없는 건축물	1. 단독주택(다른 용도와 복합된 것은 제외한다) 2. 공동주택[공동주택과 주거용 외의 용도가 복합된 건축물(다수의 건축물이 일체적으로 연결된 하나의 건축물을 포함한다)로서 공동주택 부분의 면적이 연면적의 합계의 90퍼센트(도시·군계획조례로 90퍼센트 미만의 범위에서 별도로 비율을 정한 경우에는 그 비율) 미만인 것은 제외한다] 3. 숙박시설 중 일반숙박시설 및 생활숙박시설 다만, 다음의 일반숙박시설 또는 생활숙박시설은 제외한다. (1) 공원·녹지 또는 지형지물에 따라 주거지역과 차단되거나 주거지역으로부터 도시·군계획조례로 정하는 거리 밖에 있는 대지에 건축하는 일반숙박시설 (2) 공원·녹지 또는 지형지물에 따라 준주거지역 내 주택 밀집지역, 전용주거지역 또는 일반주거지역과 차단되거나 준주거지역 내 주택 밀집지역, 전용주거지역 또는 일반주거지역으로부터 도시·군계획조례로 정하는 거리 밖에 있는 대지에 건축하는 생활숙박시설 4. 위락시설(공원·녹지 또는 지형지물에 따라 주거지역과 차단되거나 주거지역으로부터 도시·군계획조례로 정하는 거리 밖에 있는 대지에 건축하는 것은 제외한다) 5. 공장(제2호바목에 해당하는 것은 제외한다) 6. 위험물 저장 및 처리 시설 중 시내버스차고지 외의 지역에 설치하는 액화석유가스 충전소 및 고압가스충전소·저장소 7. 자동차 관련 시설 중 폐차장 8. 동물 및 식물 관련 시설 9. 자원순환 관련시설 10. 묘지 관련 시설
지역여건을 고려하여 도시·군계획 조례로 정하는 바에 따라 건축할 수 없는 건축물	1. 단독주택 중 다른 용도와 복합된 것 2. 공동주택(제1호나목에 해당하는 것은 제외한다) 3. 의료시설 중 격리병원 4. 교육연구시설 중 학교 5. 수련시설(야영장시설을 포함한다) 6. 공장 중 출판업·인쇄업·금은세공업 및 기록매체복제업의 공장으로서 별표 4 제2호차목(1)부터 (6)까지의 어느 하나에 해당하지 않는 것 7. 창고시설 8. 위험물 저장 및 처리시설(제1호바목에 해당하는 것은 제외한다) 9. 자동차 관련 시설 중 같은 호 나목 및 라목부터 아목까지에 해당하는 것 10. 교정 및 군사 시설(국방·군사시설은 제외한다) 11. 관광 휴게시설 12. 장례식장

(5) 일반상업지역에서 건축할 수 없는 건축물 [별표 9]

건축제한 구분	건축물의 용도
건축할 수 없는 건축물	1. 숙박시설 중 일반숙박시설 및 생활숙박시설 다만, 다음의 일반숙박시설 또는 생활숙박시설은 제외한다. (1) 공원·녹지 또는 지형지물에 따라 주거지역과 차단되거나 주거지역으로부터 도시·군계획조례로 정하는 거리 밖에 있는 대지에 건축하는 일반숙박시설 (2) 공원·녹지 또는 지형지물에 따라 준주거지역 내 주택 밀집지역, 전용주거지역 또는 일반주거지역과 차단되거나 준주거지역 내 주택 밀집지역, 전용주거지역 또는 일반주거지역으로부터 도시·군계획조례로 정하는 거리 밖에 있는 대지에 건축하는 생활숙박시설 2. 위락시설(공원·녹지 또는 지형지물에 따라 주거지역과 차단되거나 주거지역으로부터 도시·군계획조례로 정하는 거리 밖에 있는 대지에 건축하는 것은 제외한다) 3. 공장으로서 별표 4 제2호차목(1)부터 (6)까지의 어느 하나에 해당하는 것 4. 위험물 저장 및 처리 시설 중 시내버스차고지 외의 지역에 설치하는 액화석유가스 충전소 및 고압가스 충전소·저장소 5. 자동차 관련 시설 중 폐차장 6. 동물 및 식물 관련 시설 중 같은 호 가목부터 라목까지에 해당하는 것
지역여건을 고려하여 도시·군계획조례로 정하는 바에 따라 건축할 수 없는 건축물	1. 단독주택 2. 공동주택[공동주택과 주거용 외의 용도가 복합된 건축물(다수의 건축물이 일체적으로 연결된 하나의 건축물을 포함한다)로서 공동주택 부분의 면적이 연면적의 합계의 90퍼센트(도시·군계획조례로 90퍼센트 미만의 비율을 정한 경우에는 그 비율) 미만인 것은 제외한다] 3. 수련시설(야영장시설을 포함한다) 4. 공장(제1호다목에 해당하는 것은 제외한다) 5. 위험물 저장 및 처리 시설(제1호라목에 해당하는 것은 제외한다) 6. 자동차 관련 시설 중 같은 호 라목부터 아목까지에 해당하는 것 7. 동물 및 식물 관련 시설(제1호바목에 해당하는 것은 제외한다) 8. 교정 및 군사 시설(국방·군사시설은 제외한다)

(6) 근린상업지역에서 건축할 수 없는 건축물 [별표 10]

건축제한 구분	건축물의 용도
건축할 수 없는 건축물	1. 의료시설 중 격리병원 2. 숙박시설 중 일반숙박시설 및 생활숙박시설 다만, 다음의 일반숙박시설 또는 생활숙박시설은 제외한다. (1) 공원·녹지 또는 지형지물에 따라 주거지역과 차단되거나 주거지역으로부터 도시·군계획조례로 정하는 거리 밖에 있는 대지에 건축하는 일반숙박시설 (2) 공원·녹지 또는 지형지물에 따라 준주거지역 내 주택 밀집지역, 전용주거지역 또는 일반주거지역과 차단되거나 준주거지역 내 주택 밀집지역, 전용주거지역 또는 일반주거지역으로부터 도시·군계획조례로 정하는 거리 밖에 있는 대지에 건축하는 생활숙박시설 3. 위락시설(공원·녹지 또는 지형지물에 따라 주거지역과 차단되거나 주거지역으로부터 도시·군계획조례로 정하는 거리 밖에 있는 대지에 건축하는 것은 제외한다) 4. 공장으로서 별표 4 제2호차목(1)부터 (6)까지의 어느 하나에 해당하는 것 5. 위험물 저장 및 처리 시설 중 시내버스차고지 외의 지역에 설치하는 액화석유가스 충전소 및 고압가스 충전소·저장소 6. 자동차 관련 시설 중 같은 호 다목부터 사목까지에 해당하는 것 7. 동물 및 식물 관련 시설 중 같은 호 가목부터 라목까지에 해당하는 것 8. 자원순환 관련시설 9. 묘지 관련 시설
지역여건을 고려하여 도시·군계획조례로 정하는 바에 따라 건축할 수 없는 건축물	1. 공동주택[공동주택과 주거용 외의 용도가 복합된 건축물(다수의 건축물이 일체적으로 연결된 하나의 건축물을 포함한다)로서 공동주택 부분의 면적이 연면적의 합계의 90퍼센트(도시·군계획조례로 90퍼센트 미만의 범위에서 별도로 비율을 정한 경우에는 그 비율) 미만인 것은 제외한다] 2. 문화 및 집회시설(공연장 및 전시장은 제외한다) 3. 판매시설로서 그 용도에 쓰이는 바닥면적의 합계가 3천제곱미터 이상인 것 4. 운수시설로서 그 용도에 쓰이는 바닥면적의 합계가 3천제곱미터 이상인 것 5. 위락시설(제1호 다목에 해당하는 것은 제외한다) 6. 공장(제1호 라목에 해당하는 것은 제외한다) 7. 창고시설 8. 위험물 저장 및 처리 시설(제1호마목에 해당하는 것은 제외한다) 9. 자동차 관련 시설 중 같은 호 아목에 해당하는 것 10. 동물 및 식물 관련 시설(제1호사목에 해당하는 것은 제외한다) 11. 교정 및 군사 시설 12. 발전시설 13. 관광 휴게시설

(7) 유통상업지역에서 건축할 수 없는 건축물 [별표 11]

건축제한 구분	건축물의 용도
건축할 수 없는 건축물	1. 단독주택 2. 공동주택 3. 의료시설 4. 숙박시설 중 일반숙박시설 및 생활숙박시설 다만, 다음의 일반숙박시설 또는 생활숙박시설은 제외한다. (1) 공원·녹지 또는 지형지물에 따라 주거지역과 차단되거나 주거지역으로부터 도시·군계획조례로 정하는 거리 밖에 있는 대지에 건축하는 일반숙박시설 (2) 공원·녹지 또는 지형지물에 따라 준주거지역 내 주택 밀집지역, 전용주거지역 또는 일반주거지역과 차단되거나 준주거지역 내 주택 밀집지역, 전용주거지역 또는 일반주거지역으로부터 도시·군계획조례로 정하는 거리 밖에 있는 대지에 건축하는 생활숙박시설) 5. 위락시설(공원·녹지 또는 지형지물에 따라 주거지역과 차단되거나 주거지역으로부터 도시·군계획조례로 정하는 거리 밖에 있는 대지에 건축하는 것은 제외한다) 6. 공장 7. 위험물 저장 및 처리 시설 중 시내버스차고지 외의 지역에 설치하는 액화석유가스 충전소 및 고압가스 충전소·저장소 8. 동물 및 식물 관련 시설 9. 자원순환 관련시설 10. 묘지 관련 시설
지역여건을 고려하여 도시·군계획조례로 정하는 바에 따라 건축할 수 없는 건축물	1. 근린생활시설 2. 문화 및 집회시설(공연장 및 전시장은 제외한다) 3. 종교시설 4. 교육연구시설 5. 노유자시설 6. 수련시설 7. 운동시설 8. 숙박시설(제1호라목에 해당하는 것은 제외한다) 9. 위락시설(제1호마목에 해당하는 것은 제외한다) 10. 위험물 저장 및 처리시설(제1호사목에 해당하는 것은 제외한다) 11. 자동차 관련 시설(주차장 및 세차장은 제외한다) 12. 교정 및 군사 시설 13. 방송통신시설 14. 발전시설 15. 관광 휴게시설 16. 장례식장

[illegible] 유통상업지역

유통상업지역에서는 주택을 건축할 수 없다.

(8) 전용공업지역에서의 건축물 [별표 12]

건축제한 구분	건축물의 용도
건축할 수 있는 건축물	1. 제1종 근린생활시설 2. 제2종 근린생활시설 단, 다음의 경우는 제외한다. ㉠ 일반음식점 · 기원 ㉡ 휴게음식점으로서 제1종 근린생활시설에 해당하지 아니하는 것 ㉢ 단란주점으로서 같은 건축물 안에서 *150m² 미만인 것 ㉣ 안마시술소 및 노래연습장 3. 공장 4. 창고시설 5. 위험물저장 및 처리시설 6. 자동차관련시설 7. 자원순환 관련시설 8. 발전시설
도시 · 군계획 조례의 위임대상	1. 공동주택 중 기숙사 2. 제2종 근린생활시설 중 다음에 해당하지 않는 것 ㉠ 휴게음식점, 제과점 등 음료 · 차(茶) · 음식 · 빵 · 떡 · 과자 등을 조리하거나 제조하여 판매하는 시설(너목 또는 제17호에 해당하는 것은 제외한다)로서 같은 건축물에 해당 용도로 쓰는 바닥면적의 합계가 300제곱미터 이상인 것 ㉡ 일반음식점 ㉢ 기원 ㉣ 단란주점으로서 같은 건축물에 해당 용도로 쓰는 바닥면적의 합계가 150제곱미터 미만인 것 ㉤ 안마시술소, 노래연습장 3. 문화 및 집회시설 중 산업전시장 및 박람회장 4. 판매시설(해당 전용공업지역에 소재하는 공장에서 생산되는 제품을 판매하는 경우에 한함) 5. 운수시설 6. 의료시설 7. 교육연구시설 중 직업훈련소(「근로자 직업훈련촉진법」에 따른 직업훈련 시설에 한함), 학원(기술계학원에 한함) 및 연구소(공업에 관련된 연구소, 「고등교육법」에 따른 기술 대학에 부설되는 것과 공장대지 안에 부설되는 것에 한함) 8. 노유자시설 9. 교정 및 국방 · 군사시설 10. 방송통신시설

짚어보기 전용공업지역

전용공업지역에서는 주택, 종교시설을 건축할 수 없다.

(9) 일반공업지역에서의 건축물 [별표 13]

건축제한 구분	건축물의 용도
건축할 수 있는 건축물	1. 제1종 근린생활시설 2. 제2종 근린생활시설(단란주점 및 안마시술소를 제외) 3. 판매시설(해당 일반 공업지역에 소재하는 공장에서 생산되는 제품을 판매하는 시설에 한함) 4. 운수시설 5. 공장 6. 창고시설 7. 위험물저장 및 처리시설 8. 자동차관련시설 9. 자원순환 관련시설 10. 발전시설
도시·군계획 조례의 위임대상	1. 단독주택 2. 공동주택 중 기숙사 3. 제2종 근린생활시설 중 안마시술소 4. 문화 및 집회시설 중 전시장(박물관·미술관·과학관·기념관·산업전시장·박람회장, 그 밖의 이와 유사한 것)에 해당하는 것 5. 종교시설 6. 의료시설 7. 교육연구시설 8. 노유자시설 9. 수련시설 10. 동물 및 식물관련시설 11. 교정 및 국방·군사시설 12. 방송통신시설 13. 장례식장

(10) 준공업지역에서 건축할 수 없는 건축물 [별표 14]

건축제한 구분	건축물의 용도
건축할 수 없는 건축물	1. 위락시설 2. 묘지 관련 시설
도시·군계획 조례의 위임대상	1. 단독주택 2. 공동주택(기숙사는 제외한다) 3. 제2종 근린생활시설 중 단란주점 및 안마시술소 4. 문화 및 집회시설(공연장 및 전시장은 제외한다) 5. 종교시설 6. 판매시설(해당 준공업지역에 소재하는 공장에서 생산되는 제품을 판매하는 시설은 제외한다) 7. 운동시설 8. 숙박시설 9. 공장으로서 해당 용도에 쓰이는 바닥면적의 합계가 5천제곱미터 이상인 것 10. 동물 및 식물 관련 시설 11. 교정 및 군사 시설 12. 관광 휴게시설

짚어보기 제1종 근린생활시설

제1종 근린생활시설(면적 500m² 미만)은 거의 모든 지역에서 건축할 수 있다.

(11) 보전녹지지역에서의 건축물 [별표 15]

건축제한 구분	건축물의 용도
건축할 수 있는 건축물(4층 이하의 건축물에 한한다. 단, 4층 이하의 범위에서 도시·군계획 조례로 따로 층수를 정하는 경우에는 그 층수 이하의 건축물에 한한다)	1. 교육연구시설 중 초등학교 2. 창고시설(농업·축산업·수산업용에 한함) 3. 교정 및 군사시설
도시·군계획조례의 위임대상(4층 이하의 건축물에 한한다. 단, 4층 이하의 범위 에서 도시·군계획 조례로 따로 층수를 정하는 경우에는 그 층수 이하의 건축물에 한한다)	1. 단독주택(다가구 주택을 제외) 2. 제1종 근린생활시설로서 *500m^2 미만인 것 3. 제2종 근린생활시설 중 종교집회장 4. 문화 및 집회시설 중 전시장(박물관·미술관·과학관·기념관·산업전시장·박람회장 기타 이와 유사한 것)에 해당하는 것 5. 종교시설 6. 의료시설 7. 교육연구시설 중 중학교·고등학교 8. 노유자시설 9. 위험물저장 및 처리시설 중 액화석유가스충전소 및 고압가스충전·저장소 10. 동물 및 식물관련시설(도축장 및 도계장 제외) 11. 묘지관련시설 12. 장례식장 13. 야영장시설

(* 표시는 해당 용도에 쓰이는 바닥면적의 합계를 말함)

(12) 생산녹지지역에서의 건축물 [별표 16]

건축제한 구분	건축물의 용도
건축할 수 있는 건축물(4층 이하의 건축물에 한한다. 단, 4층 이하의 범위에서 도시·군계획조례로 따로 층수를 정하는 경우에는 그 층수 이하의 건축물에 한한다)	1. 단독주택 2. 제1종 근린생활시설 3. 의료시설 4. 교육연구시설 중 초등학교 5. 노유자시설 6. 운동시설 중 운동장 7. 창고시설(농업·임업·축산업·수산업용에 한함) 8. 위험물저장 및 처리시설 중 액화석유가스충전소 및 고압가스충전·저장소 9. 동물 및 식물관련시설(도축장 및 도계장 제외) 10. 교정 및 국방·군사시설 11. 방송통신시설 12. 발전시설

도시 · 군계획조례의 위임대상(4층 이하의 건축물에 한한다. 단, 4층 이하의 범위 에서 도시 · 군계획조례로 따로 층수를 정하는 경우에는 그 층수 이하의 건축물에 한한다)	1. 공동주택(아파트 제외) 2. 제2종 근린생활시설로서 *1,000m^2 미만인 것(단란주점을 제외) 3. 문화 및 집회시설 중 집회장(예식장 · 공회당 · 회의장 · 마권장외 발매소 · 마권전화투표소 기타 이와 유사한 것) 및 전시장(박물관 · 미술관 · 과학관 · 기념관 · 산업전시장 · 박람회장 기타 이와 유사한 것) 4. 판매시설(농업 · 임업 · 축산업 · 수산업용 판매 시설에 한함) 5. 의료시설 6. 교육연구시설 중 중학교 · 고등학교 · 교육원(농업 · 임업 · 축산업 · 수산업과 관련된 교육 시설에 한함) · 직업훈련소 및 연구소(농업 · 임업 · 축산업 · 수산업과 관련된 연구소로 한정) 7. 운동시설(운동장을 제외) 8. 공장 중 도정공장 · 식품공장 및 제1차 산업 생산품가공 공장과 읍 · 면지역에 건축하는 첨단산업의 공장으로서 다음에 해당하지 아니하는 것 ㉠「대기환경보전법」에 따른 특정대기유해물질을 배출하는 것 ㉡「대기환경보전법」에 따른 대기오염물질배출시설에 해당하는 시설로서 같은 법 시행령 별표 8에 따른 1종 사업장 내지 3종 사업장에 해당하는 것 ㉢「수질 및 생태계 보전에 관한 법률」에 따른 특정수질유해 물질을 배출하는 것 ㉣「수질 및 생태계 보전에 관한 법률」에 따른 폐수배출 시설에 해당하는 시설로서 같은 법 시행령 별표 1에 따른 1종 사업장 내지 4종 사업장에 해당하는 것 ㉤「폐기물관리법」에 따른 지정 폐기물을 배출하는 것 9. 창고시설(농업 · 임업 · 축산업 · 수산업용 제외) 10. 위험물저장 및 처리시설(액화석유가스충전소 및 고압가스충전 · 저장소를 제외) 11. 자동차관련시설 중 운전학원 · 정비학원, 「여객자동차운수사업법」 · 「화물자동차운수사업법」 및 「건설기계관리법」에 따른 차고 및 주기장 12. 동물 및 식물관련시설(도축장 및 도계장) 13. 자원순환 관련시설 14. 묘지관련시설 15. 장례식장

⒀ 자연녹지지역에서의 건축물 [별표 17]

건축제한 구분	건축물의 용도
건축할 수 있는 건축물(4층 이하의 건축물에 한한다. 단, 4층 이하의 범위에서 도시 · 군계획조례로 따로 층수를 정하는 경우에는 그	1. 단독주택 2. 제1종 근린생활시설 3. 제2종 근린생활시설(휴게음식점으로서 제1종 근린생활 시설에 해당하지 아니하는 것과 일반음식점 · 단란주점 및 안마시술소를 제외) 4. 의료시설(종합병원 · 병원 · 치과병원 및 한방병원을 제외) 5. 교육연구시설(직업훈련소 및 학원을 제외) 6. 노유자시설

층수 이하의 건축물에 한한다)	7. 수련시설 8. 운동시설 9. 창고시설(농업 · 임업 · 축산업 · 수산업용에 한함) 10. 동물 및 식물관련시설 11. 자원순환 관련시설 12. 교정 및 국방 · 군사시설 13. 방송통신시설 14. 발전시설 15. 묘지관련시설 16. 관광휴게시설 17. 장례식장
도시 · 군계획조례의 위임대상(4층 이하의 건축물에 한한다. 단, 4층 이하의 범위에서 도시 · 군계획조례로 따로 층수를 정하는 경우에는 그 층수 이하의 건축물에 한한다)	1. 공동주택(아파트 제외) 2. 제2종 근린생활시설 중 휴게음식점으로서 제1종 근린생활 시설에 해당하지 아니하는 것과 일반음식점 및 안마시술소 3. 문화 및 집회시설 4. 종교시설 5. 판매시설 중 다음에 해당하는 것 ㉠ 「농수산물유통 및 가격 안정에 관한 법률」에 따른 농수산물공판장 ㉡ 「농수산물유통 및 가격안정에 관한 법률」에 따른 농수산물직판장으로서 *1,000m² 미만인 것(「농어촌 발전 특별조치법」 제2조 제2 · 3호 또는 같은 법 제4조에 해당하는 자나 지방자치단체가 설치 · 운영하는 것에 한함) ㉢ 지식경제부장관이 관계 중앙행정 기관의 장과 협의하여 고시하는 대형할인점 및 중소기업 공동판매시설 ㉣ 여객자동차 터미널 및 화물터미널 ㉤ 철도역사 ㉥ 공항시설 ㉦ 항만시설 및 종합여객시설 6. 운수시설 7. 의료시설 중 종합병원 · 병원 · 치과병원 및 한방병원 8. 교육연구시설 중 직업훈련소 및 학원 9. 숙박시설로서 「관광진흥법」에 따라 지정된 관광지 및 관광단지에 건축하는 것 10. 공장 중 다음의 어느 하나에 해당하는 것 ㉠ 첨단업종의 공장 · 아파트형 공장 · 도정공장 및 식품공장과 읍 · 면지역에 건축하는 재재업의 공장 및 첨단산업의 공장으로서 다음에 해당하지 아니하는 것 • 「대기환경보전법」에 따른 특정대기유해물질을 배출하는 것 • 「대기환경보전법」에 따른 대기오염물질배출시설에 해당하는 시설로서 같은 법시행령 별표 8에 따른 1종사업장 내지 3종 사업장에 해당하는 것 • 「수질 및 생태계 보전에 관한 법률」에 따른 특정수질유해물질을 배출하는 것 • 「수질 및 생태계 보전에 관한 법률」에 따른 폐수배출시설에 해당하는 시설로서 같은 법시행령 별표 1에 따른 1

	종 사업장 내지 4종 사업장에 해당하는 것 • 「폐기물관리법」 규정에 따른 지정폐기물을 배출하는 것 ⓛ 「공익사업을 위한 토지 등의 취득 및 보상에 관한 법률」에 따른 공익사업 및 「도시개발법」에 따른 도시개발사업으로 인하여 해당 특별시·광역시·시 및 군 지역으로 이전하는 레미콘 또는 아스콘 공장 11. 창고시설(농업·임업·축산업·수산업용 제외) 12. 위험물저장 및 처리시설 13. 자동차관련시설

⒁ 보전관리지역에서의 건축물 [별표 18]

건축제한 부분	건축물의 용도
건축할 수 있는 건축물(4층 이하의 건축물에 한한다. 단, 4층 이하의 범위에서 도시·군계획조례로 따로 층수를 정하는 경우에는 그 층수 이하의 건축물에 한한다)	1. 단독주택 2. 교육연구시설 중 초등학교 3. 교정 및 국방·군사시설
도시·군계획조례의 위임대상(4층 이하의 건축물에 한한다. 단, 4층 이하의 범위에서 도시·군계획 조례로 따로 층수를 정하는 경우에는 그 층수 이하의 건축물에 한한다.)	1. 제1종 근린생활시설(휴게음식점·제과점 제외) 2. 제2종 근린생활시설 중 다음에 해당되지 않는 것 ㉠ 휴게음식점, 제과점 등 음료·차(茶)·음식·빵·떡·과자 등을 조리하거나 제조하여 판매하는 시설(너목 또는 제17호에 해당하는 것은 제외한다)로서 같은 건축물에 해당 용도로 쓰는 바닥면적의 합계가 300제곱미터 이상인 것 ㉡ 일반음식점 ㉢ 제조업소, 수리점 등 물품의 제조·가공·수리 등을 위한 시설로서 같은 건축물에 해당 용도로 쓰는 바닥면적의 합계가 500제곱미터 미만이고, 다음 요건 중 어느 하나에 해당하는 것 1) 배출시설의 설치 허가 또는 신고의 대상이 아닌 것 2) 배출시설의 설치 허가 또는 신고의 대상 시설이나 귀금속·장신구 및 관련 제품 제조시설로서 발생되는 폐수를 전량 위탁 처리하는 것 ㉣ 단란주점으로서 같은 건축물에 해당 용도로 쓰는 바닥면적의 합계가 150제곱미터 미만인 것 3. 종교시설 중 종교집회장 4. 의료시설 5. 교육연구시설 중 중학교·고등학교 6. 노유자시설 7. 창고시설(농업·임업·축산업·수산업용에 한함) 8. 위험물저장 및 처리시설 9. 동물 및 식물관련시설 중 축사(양잠·양봉·양어시설 및 부화장 등 포함) 및 식물과 관련된 버섯재배사, 종묘배양시설, 화초 및 분재 등의 온실과 유사한 것(동·식

짚어보기 관리지역

- 관리지역은 구(舊) 「국토계획이용법」에 따른 준도시지역과 준농림지지역이 통합되면서 「국토의 계획 및 이용에 관한 법률」에 신설된 용도지역에 해당한다.
- 준도시지역과 준농림지(주로 준농림지)에 대한 무계획적인 개발과 난립을 방지하기 위해서 개발할 곳과 보전할 곳을 구분해 보전관리·생산관리·계획관리지역으로 세분화된 지역이다.

※ 구법(舊法, 2003년 이전)에서는 도시지역에는 「도시·군계획법」, 비도시지역에서는 「국토계획이용법」이 따로 적용되었었던 것을 2003년 이후부터 「국토의 계획 및 이용에 관한 법률」로 일원화 되었다.

	물원 제외)에 해당하는 것 10. 방송통신시설 11. 발전시설 12. 묘지관련시설 13. 장례식장

⒂ 생산관리지역에서의 건축물 [별표 19]

건축제한 구분	건축물의 용도
건축할 수 있는 건축물(4층 이하의 건축물에 한한다. 단, 4층 이하의 범위에서 도시·군계획조례로 따로 층수를 정하는 경우에는 그 층수 이하의 건축물에 한한다)	1. 단독주택 2. 제1종 근린생활시설 중 다음의 것 ㉠ 식품·잡화·의류·완구·서적·건축자재·의약품·의료기기 등 일용품을 판매하는 소매점으로서 같은 건축물(하나의 대지에 두 동 이상의 건축물이 있는 경우에는 이를 같은 건축물로 본다. 이하 같다)에 해당 용도로 쓰는 바닥면적의 합계가 1천 제곱미터 미만인 것 ㉡ 공중화장실, 대피소, 그 밖에 이와 비슷한 것만 해당한다. ㉢ 변전소, 도시가스배관시설, 통신용 시설(해당 용도로 쓰는 바닥면적의 합계가 1천제곱미터 미만인 것에 한정한다), 정수장, 양수장 등 주민의 생활에 필요한 에너지공급·통신서비스제공이나 급수·배수와 관련된 시설 3. 교육연구시설 중 초등학교 4. 창고시설(농업·임업·축산업·수산업용에 한함) 5. 동물 및 식물관련시설 중 버섯재배사, 종묘배양시설, 화초 및 분재 등의 온실, 식물과 관련된 버섯재배사, 종묘배양시설, 화초 및 분재 등의 온실과 유사한 것(동·식물원을 제외에 해당하는 것) 6. 교정 및 국방·군사시설 7. 발전시설
도시·군계획조례의 위임대상(4층 이하의 건축물에 한한다. 단, 4층 이하의 범위에서 도시·군계획 조례로 따로 층수를 정하는 경우에는 그 층수 이하의 건축물에 한한다)	1. 공동주택(아파트를 제외) 2. 제1종 근린생활시설 중 다음에 해당하지 않는 것 ㉠ 식품·잡화·의류·완구·서적·건축자재·의약품·의료기기 등 일용품을 판매하는 소매점으로서 같은 건축물(하나의 대지에 두 동 이상의 건축물이 있는 경우에는 이를 같은 건축물로 본다. 이하 같다)에 해당 용도로 쓰는 바닥면적의 합계가 1천 제곱미터 미만인 것 ㉡ 공중화장실, 대피소, 그 밖에 이와 비슷한 것만 해당한다. ㉢ 변전소, 도시가스배관시설, 통신용 시설(해당 용도로 쓰는 바닥면적의 합계가 1천제곱미터 미만인 것에 한정한다), 정수장, 양수장 등 주민의 생활에 필요한 에너지공급·통신서비스제공이나 급수·배수와 관련된 시설 3. 제2종 근린생활시설 중 다음에 해당하지 않는 것 ㉠ 휴게음식점, 제과점 등 음료·차(茶)·음식·빵·떡·과자 등을 조리하거나 제조하여 판매하는 시설(너목 또는 제17호에 해당하는 것은 제외한다)로서 같은 건축물에 해당 용도로 쓰는 바닥면적의 합계가 300제곱미터 이상인 것

㉡ 일반음식점
㉢ 제조업소, 수리점 등 물품의 제조·가공·수리 등을 위한 시설로서 같은 건축물에 해당 용도로 쓰는 바닥면적의 합계가 500제곱미터 미만이고, 다음 요건 중 어느 하나에 해당하는 것
1) 배출시설의 설치 허가 또는 신고의 대상이 아닌 것
2) 배출시설의 설치 허가 또는 신고의 대상 시설이나 귀금속·장신구 및 관련 제품 제조시설로서 발생되는 폐수를 전량 위탁 처리하는 것
㉣ 단란주점으로서 같은 건축물에 해당 용도로 쓰는 바닥면적의 합계가 150제곱미터 미만인 것
4. 판매시설(농업·임업·축산업·수산업용에 한함)
5. 의료시설
6. 교육연구시설 중 중학교·고등학교 및 교육원(농업·임업·축산업·수산업과 관련된 교육시설에 한함)
7. 노유자시설
8. 수련시설
9. 공장(제2종 근린생활시설 중 제조업소를 포함) 중 도정공장 및 식품공장과 읍·면지역에 건축하는 제재업의 공장으로서 다음의 1에 해당하지 아니하는 것
㉠「대기환경보전법」 규정에 따른 특정대기유해물질을 배출하는 것
㉡「대기환경보전법」 규정에 따른 대기오염물질배출시설에 해당하는 시설로서 같은 법시행령 별표 8에 따른 1종사업장 내지 3종사업장에 해당하는 것
㉢「수질 및 생태계 보전에 관한 법률」 규정에 따른 특수수질유해물질을 배출하는 것
㉣「수질 및 생태계 보전에 관한 법률」 규정에 따른 폐수배출시설에 해당하는 시설로서 같은 법시행령 별표 1에 따른 1종사업장 내지 4종사업장에 해당하는 것
10. 위험물저장 및 처리시설
11. 자동차관련시설 중 운전학원·정비학원,「여객자동차운수사업법」·「화물자동차운수사업법」 및「건설기계관리법」에따른 차고 및 주기장에 해당하는 것
12. 동물 및 식물관련시설 중 축사(양잠·양봉·양어시설 및 부화장 등을 포함), 가축시설(가축용 운동시설, 인공수정센터, 관리사, 가축용 창고, 가축시장, 동물검역소, 실험동물사육시설 기타 이와 유사한 것), 도축장, 도계장에 해당하는 것
13. 자원순환 관련시설
14. 방송통신시설
15. 묘지관련시설
16. 장례식장

⒃ 계획관리지역에서 건축할 수 없는 건축물 [별표 20] 〈개정 2017.1.17〉

건축제한 구분	건축물의 용도
건축할 수 없는 건축물	1. 4층을 초과하는 모든 건축물 2.「건축법 시행령」 별표 1 제2호의 공동주택 중 아파트 3.「건축법 시행령」 별표 1 제3호의 제1종 근린생활시설 중 휴게음식점 및 제과점으로서 국토교통부령으로 정하는 기준에 해당하는 지역에 설치하는 것 4.「건축법 시행령」 별표 1 제4호의 제2종 근린생활시설 중 일반음식점·휴게음식점·제과점으로서 국토교통부령으로 정하는 기준에 해당하는 지역에 설치하는 것과 단란주점 5.「건축법 시행령」 별표 1 제7호의 판매시설(성장관리방안이 수립된 지역에 설치하는 판매시설로서 그 용도에 쓰이는 바닥면적의 합계가 3천제곱미터 미만인 경우는 제외한다) 6.「건축법 시행령」 별표 1 제14호의 업무시설 7.「건축법 시행령」 별표 1 제15호의 숙박시설로서 국토교통부령으로 정하는 기준에 해당하는 지역에 설치하는 것 8.「건축법 시행령」 별표 1 제16호의 위락시설 9.「건축법 시행령」 별표 1 제17호의 공장 중 다음의 어느 하나에 해당하는 것(「공익사업을 위한 토지 등의 취득 및 보상에 관한 법률」에 따른 공익사업 및 「도시개발법」에 따른 도시개발사업으로 해당 특별시·광역시·특별자치시·특별자치도·시 또는 군의 관할구역으로 이전하는 레미콘 또는 아스콘 공장은 제외한다) (1) 별표 19 제2호자목(1)부터 (4)까지에 해당하는 것. 다만, 인쇄·출판시설이나 사진처리시설로서 「수질 및 수생태계 보전에 관한 법률」 제2조제8호에 따라 배출되는 특정수질유해물질을 모두 위탁처리하는 경우는 제외한다. (2) 화학제품제조시설(석유정제시설을 포함한다). 다만, 물·용제류 등 액체성 물질을 사용하지 않고 제품의 성분이 용해·용출되지 않는 고체성 화학제품제조시설은 제외한다. (3) 제1차금속·가공금속제품 및 기계장비제조시설 중 「폐기물관리법 시행령」 별표 1 제4호에 따른 폐유기용제류를 발생시키는 것 (4) 가죽 및 모피를 물 또는 화학약품을 사용하여 저장하거나 가공하는 것 (5) 섬유제조시설 중 감량·정련·표백 및 염색시설 (6)「수도권정비계획법」 제6조제1항제3호에 따른 자연보전권역 외의 지역 및 「환경정책기본법」 제38조에 따른 특별대책지역 외의 지역의 사업장 중 「폐기물관리법」 제25조에 따른 폐기물처리업 허가를 받은 사업장. 다만, 「폐기물관리법」 제25조제5항제5호부터 제7호까지의 규정에 따른 폐기물 중간·최종·종합재활용업으로서 특정수질유해물질이 배출되지 않는 경우는 제외한다.

	(7) 「수도권정비계획법」 제6조제1항제3호에 따른 자연보전권역 및 「환경정책기본법」 제38조에 따른 특별대책지역에 설치되는 부지면적(둘 이상의 공장을 함께 건축하거나 기존 공장부지에 접하여 건축하는 경우와 둘 이상의 부지가 너비 8미터 미만의 도로에 서로 접하는 경우에는 그 면적의 합계를 말한다) 1만제곱미터 미만의 것. 다만, 특별시장·광역시장·특별자치시장·특별자치도지사·시장 또는 군수가 1만5천제곱미터 이상의 면적을 정하여 공장의 건축이 가능한 지역으로 고시한 지역 안에 입지하는 경우는 제외한다.
지역여건을 고려하여 도시·군계획조례로 정하는 바에 따라 건축할 수 없는 건축물	1. 4층 이하의 범위에서 도시·군계획조례로 따로 정한 층수를 초과하는 모든 건축물 2. 「건축법 시행령」 별표 1 제2호의 공동주택(제1호나목에 해당하는 것은 제외한다) 3. 제2종 근린생활시설 중 다음의 것 ㉠ 휴게음식점, 제과점 등 음료·차(茶)·음식·빵·떡·과자 등을 조리하거나 제조하여 판매하는 시설(너목 또는 제17호에 해당하는 것은 제외한다)로서 같은 건축물에 해당 용도로 쓰는 바닥면적의 합계가 300제곱미터 이상인 것 ㉡ 일반음식점 ㉢ 제조업소, 수리점 등 물품의 제조·가공·수리 등을 위한 시설로서 같은 건축물에 해당 용도로 쓰는 바닥면적의 합계가 500제곱미터 미만이고, 다음 요건 중 어느 하나에 해당하는 것 1) 배출시설의 설치 허가 또는 신고의 대상이 아닌 것 2) 배출시설의 설치 허가 또는 신고의 대상 시설이나 귀금속·장신구 및 관련 제품 제조시설로서 발생되는 폐수를 전량 위탁 처리하는 것 ㉣ 안마시술소만 해당한다)에 따른 제2종 근린생활시설 4. 제2종 근린생활시설 중 다음에 해당하는 것 ㉠ 일반음식점·휴게음식점·제과점으로서 도시·군계획조례로 정하는 지역에 설치하는 것과 안마시술소 ㉡ 제조업소, 수리점 등 물품의 제조·가공·수리 등을 위한 시설로서 같은 건축물에 해당 용도로 쓰는 바닥면적의 합계가 500제곱미터 미만이고, 다음 요건 중 어느 하나에 해당하는 것 1) 배출시설의 설치 허가 또는 신고의 대상이 아닌 것 2) 배출시설의 설치 허가 또는 신고의 대상 시설이나 귀금속·장신구 및 관련 제품 제조시설로서 발생되는 폐수를 전량 위탁 처리하는 것 5. 「건축법 시행령」 별표 1 제5호의 문화 및 집회시설 6. 「건축법 시행령」 별표 1 제6호의 종교시설 7. 「건축법 시행령」 별표 1 제8호의 운수시설 8. 「건축법 시행령」 별표 1 제9호의 의료시설 중 종합병원·병

	원·치과병원 및 한방병원 9. 「건축법 시행령」 별표 1 제10호의 교육연구시설 중 같은 호 다목부터 마목까지에 해당하는 것 10. 「건축법 시행령」 별표 1 제13호의 운동시설(운동장은 제외한다) 11. 「건축법 시행령」 별표 1 제15호의 숙박시설로서 도시·군계획조례로 정하는 지역에 설치하는 것 12. 「건축법 시행령」 별표 1 제17호의 공장 중 다음의 어느 하나에 해당하는 것 (1) 「수도권정비계획법」 제6조제1항제3호에 따른 자연보전권역 외의 지역 및 「환경정책기본법」 제38조에 따른 특별대책지역 외의 지역에 설치되는 경우(제1호자목에 해당하는 것은 제외한다) (2) 「수도권정비계획법」 제6조제1항제3호에 따른 자연보전권역 및 「환경정책기본법」 제38조에 따른 특별대책지역에 설치되는 것으로서 부지면적(둘 이상의 공장을 함께 건축하거나 기존 공장부지에 접하여 건축하는 경우와 둘 이상의 부지가 너비 8미터 미만의 도로에 서로 접하는 경우에는 그 면적의 합계를 말한다)이 1만제곱미터 이상인 경우 (3) 「공익사업을 위한 토지 등의 취득 및 보상에 관한 법률」에 따른 공익사업 및 「도시개발법」에 따른 도시개발사업으로 해당 특별시·광역시·특별자치시·특별자치도·시 또는 군의 관할구역으로 이전하는 레미콘 또는 아스콘 공장 13. 「건축법 시행령」 별표 1 제18호의 창고시설(창고 중 농업·임업·축산업·수산업용으로 쓰는 것은 제외한다) 14. 「건축법 시행령」 별표 1 제19호의 위험물 저장 및 처리 시설 15. 「건축법 시행령」 별표 1 제20호의 자동차 관련 시설 16. 「건축법 시행령」 별표 1 제27호의 관광 휴게시설

⒄ 농림지역에서의 건축물 [별표 21]

건축제한 구분	건축물의 용도
건축할 수 있는 건축물	1. 단독주택으로서 현저한 자연훼손을 가져오지 아니하는 범위에서 건축하는 농어가 주택 2. 제1종 근린생활시설 중 변전소·양수장·정수장·대피소·공중화장실 기타 이와 유사한 것에 해당하는 것 3. 교육연구시설 중 초등학교 4. 창고시설(농업·임업·축산업·수산업용에 한함) 5. 동물 및 식물관련시설 중 버섯재배사, 종묘배양시설, 화초 및 분재 등의 온실, 식물과 관련된 버섯재배사, 종묘배양시설, 화초 및 분재 등의 온실과 유사한 것(동·식물원 제외)에 해당하는 것 6. 발전시설

도시·군계획조례의 위임대상	1. 제1종 근린생활시설(휴게음식점으로서 같은 건축물 안에서 *300m² 미만인 것, 변전소·양수장·정수장·대피소·공중화장실 기타 이와 유사한 것에 해당하는 것을 제외) 2. 제2종 근린생활시설(휴게음식점으로서 제1종 근린생활시설에 해당하지 아니하는 것, 제조업소·수리점·세탁소 기타 이와 유사한 것으로서 같은 건축물 안에서 *500m² 미만이고, 「대기환경보전법」, 「수질 및 생태계 보전에 관한 법률」 또는 「소음·진동관리법」에 따른 배출시설의 설치허가 또는 신고를 요하지 아니하는 것에 해당하는 것과 일반음식점·단란주점 및 안마시술소를 제외) 3. 문화 및 집회시설 중 동·식물원(동·식물원·수족관 기타 이와 유사한 것)에 해당하는 것 4. 종교시설 5. 의료시설 6. 수련시설 7. 위험물저장 및 처리시설 중 액화석유가스충전소 및 고압가스 충전·저장소 8. 동물 및 식물관련시설[버섯재배사, 종묘배양시설, 화초 및 분재 등의 온실, 식물과 관련된 버섯재배사, 종묘배양시설, 화초 및 분재 등의 온실과 유사한 것(동·식물원 제외)에 해당하는 것을 제외] 9. 자원순환 관련시설 10. 교정 및 국방·군사시설 11. 방송통신시설 12. 묘지관련시설 13. 장례식장

⒅ 자연환경보전지역에서의 건축물 [별표 22]

건축제한 구분	건축물의 용도
건축할 수 있는 건축물	1. 단독주택으로서 현저한 자연훼손을 가져오지 아니하는 범위에서 건축하는 농어가 주택 2. 교육연구시설 중 초등학교
도시·군계획조례가 정하는 바에 의하여 건축할 수 있는 건축물(수질오염 및 경관훼손의 우려가 없다고 인정하여 도시·군계획조례가 정하는 지역내에서 건축하는 것에 한한다)	1. 제1종 근린생활시설 중 다음 것 ㉠ 식품·잡화·의류·완구·서적·건축자재·의약품·의료기기 등 일용품을 판매하는 소매점으로서 같은 건축물(하나의 대지에 두 동 이상의 건축물이 있는 경우에는 이를 같은 건축물로 본다. 이하 같다)에 해당 용도 ㉡ 지역자치센터, 파출소, 지구대, 소방서, 우체국, 방송국, 보건소, 공공도서관, 건강보험공단 사무소 등 공공업무시설로서 같은 건축물에 해당 용도로 쓰는 바닥면적의 합계가 1천 제곱미터 미만인 것 ㉢ 마을회관, 마을공동작업소, 마을공동구판장, 공중화장실,

	대피소 등 주민이 공동으로 이용하는 시설 ㉣ 변전소, 도시가스배관시설, 통신용 시설(해당 용도로 쓰는 바닥면적의 합계가 1천제곱미터 미만인 것에 한정한다), 정수장, 양수장 등 주민의 생활에 필요한 에너지공급·통신서비스제공이나 급수·배수와 관련된 시설 2. 제2종 근린생활시설 중 종교집회장으로서 지목이 종교용지인 토지에 건축하는 것 3. 종교시설로서 지목이 종교용지인 토지에 건축하는 것 4. 동물 및 식물관련시설 중 버섯재배사, 종묘배양시설, 화초 및 분재 등의 온실, 식물과 관련된 버섯재배사, 종묘배양시설, 화초 및 분재 등의 온실과 유사한 것(동·식물원을 제외)에 해당하는 것과 양어시설(양식장을 포함) 5. 발전시설 6. 묘지관련시설

3 용도지구에서 건축물의 건축제한 등

용도지구에서의 건축물 그 밖의 시설의 용도·종류 및 규모 등의 제한에 관한 사항은 이 법 또는 다른 법률에 특별한 규정이 있는 경우를 제외하고는 특별시·광역시·특별자치시·특별자치도·시 또는 군의 조례로 정할 수 있다(법 제76조 제2항).

(1) 경관지구에서의 건축제한

① 경관지구에서는 그 지구의 경관의 보전·관리·형성에 장애가 된다고 인정하여 도시·군계획조례가 정하는 건축물을 건축할 수 없다(영 제72조 제1항).

예외 특별시장·광역시장·시장·군수가 지구의 지정목적에 위배되지 아니하는 범위에서 도시·군계획조례가 정하는 기준에 적합하다고 인정하여 해당 지방자치단체에 설치된 도시계획위원회의 심의를 거친 경우는 제외한다.

② 경관지구에서의 건축물의 다음 사항에 관하여는 그 지구의 경관의 보전·관리·형성에 필요한 범위에서 도시·군계획조례로 정한다(영 제72조 제2항).

㉠ 건폐율
㉡ 용적률
㉢ 높이
㉣ 최대너비
㉤ 색채
㉥ 대지 안의 조경

짚어보기 용도지구 안에서 건축규제

1. 경관지구-도시·군계획조례
2. 고도지구-도시·군관리계획
3. 방재지구-도시·군계획조례
4. 보존지구-도시·군계획조례
5. 보호지구-도시·군계획조례
6. 취락지구
   - 자연취락지구-국토의 계획 및 이용에 관한 법률 시행령
   - 집단취락지구-개발제한구역의 지정 및 관리에 관한 특별조치법
7. 개발진흥지구-도시·군계획조례
8. 특정용도제한지구-도시·군계획조례

(2) 고도지구에서의 건축제한

고도지구에서는 도시·군관리계획으로 정하는 높이를 초과하는 건축물은 건축할 수 없다(영 제74조).

(3) 방재지구에서의 건축제한

① 원칙 : 방재지구에서는 풍수해, 산사태, 지반의 붕괴, 지진 기타 재해예방에 장애가 된다고 인정하여 도시·군계획조례가 정하는 건축물을 건축할 수 없다(영 제75조 본문).

② 예외 : 특별시장·광역시장·특별자치시장·특별자치도지사·시장·군수가 지구의 지정목적에 위배되지 아니하는 범위에서 도시·군계획조례가 정하는 기준에 적합하다고 인정하여 해당 지방자치단체에 설치된 도시계획위원회의 심의를 거친 경우를 제외한다(영 제75조 단서).

(4) 보호지구에서의 건축제한(영 제76조)

① 건축 가능한 건축물의 범위

역사문화 환경 보호지구	•「문화재보호법」의 적용을 받는 문화재를 직접 관리·보호하기 위한 것 •문화적으로 보전가치가 큰 지역의 보호 및 보존을 저해하지 아니하는 건축물로서 도시·군계획조례가 정하는 것
중요시설물 보호지구	중요시설물의 보호와 기능 수행에 장애가 되지 아니하는 건축물로서 도시·군계획조례가 정하는 것. 이 경우 제31조 제3항에 따라 공항시설에 관한 보호지구를 세분하여 지정하려는 경우에는 공항시설을 보호하고 항공기의 이·착륙에 장애가 되지 아니하는 범위에서 건축물의 용도 및 형태 등에 관한 건축제한을 포함하여 정할 수 있다.
생태계 보호지구	생태적으로 보존가치가 큰 지역의 보호 및 보존을 저해하지 아니하는 건축물로서 도시·군계획조례가 정하는 것

② 예외 : 특별시장·광역시장·특별자치시장·특별자치도지사·시장·군수가 지구의 지정목적에 위배되지 아니하는 범위에서 도시·군계획조례가 정하는 기준에 적합하다고 인정하여 관계 행정기관의 장과의 협의와 해당 지방자치단체에 설치된 도시계획위원회의 심의를 거친 경우에는 건축 가능하다.

(5) 취락지구에서의 건축제한(영 제78조)

① 자연취락지구에서의 건축물[별표 23]

건축제한구분	건축물의 용도
건축할 수 있는 건축물(4층 이하의 건축물에 한한다. 단, 4층 이하의 범위에서 도시·군계획조례로 따로 층수를 정하는 경우에는	1. 단독주택 2. 제1종 근린생활시설 3. 제2종 근린생활시설 중 다음에 해당하지 않는 것 ㉠ 휴게음식점, 제과점 등 음료·차(茶)·음식·빵·떡·과자 등을 조리하거나 제조하여 판매하는 시설(너목 또는 제17호에 해당하는 것은 제외한다)로서

그 층수 이하의 건축물에 한한다)	같은 건축물에 해당 용도로 쓰는 바닥면적의 합계가 300제곱미터 이상인 것 ㉡ 일반음식점 ㉢ 단란주점으로서 같은 건축물에 해당 용도로 쓰는 바닥면적의 합계가 150제곱미터 미만인 것 ㉣ 안마시술소 4. 운동시설 5. 창고시설(농업·임업·축산업·수산업용에 한함) 6. 동물 및 식물관련시설 7. 교정 및 군사시설 8. 방송통신시설 9. 발전시설
도시·군계획조례가 정하는 바에 의하여 건축할 수 있는 건축물(4층 이하의 건축물에 한한다. 단, 4층 이하의 범위에서 도시·군계획조례로 따로 층수를 정하는 경우에는 그 층수 이하의 건축물에 한한다)	1. 공동주택(아파트를 제외) 2. 제2종 근린생활시설 중 다음 것 ㉠ 휴게음식점, 제과점 등 음료·차(茶)·음식·빵·떡·과자 등을 조리하거나 제조하여 판매하는 시설(너목 또는 제17호에 해당하는 것은 제외한다)로서 같은 건축물에 해당 용도로 쓰는 바닥면적의 합계가 300제곱미터 이상인 것 ㉡ 일반음식점 ㉢ 안마시술소 3. 문화 및 집회시설 4. 종교시설 5. 판매시설 중 다음의 어느 하나에 해당하는 것 ㉠ 「농수산물 유통 및 가격 안정에 관한 법률」에 따른 농수산물공판장 ㉡ 「농수산물 유통 및 가격 안정에 관한 법률」에 따른 농수산물직판장으로서 해당 용도에 쓰이는 바닥면적의 합계가 10,000m² 미만인 것(「농어촌발전특별조치법」 제2조 제2 · 3호 또는 같은 법 제4조에 해당하는 자나 지방자치단체가 설치·운영하는 것에 한함) 6. 의료시설 중 종합병원·병원·치과병원 및 한방병원 7. 교육연구시설 8. 노유자시설 9. 수련시설(야영장시설을 포함한다) 10. 숙박시설로서 「관광진흥법」에 따라 지정된 관광지 및 관광단지에 건축하는 것 11. 공장 중 도정공장 및 식품공장과 읍·면지역에 건축하는 제재업의 공장 및 첨단업종의 공장으로서 다음에 해당하지 아니하는 것 ㉠ 「대기환경보전법」에 따른 특정대기유해물질을 배출하는 것 ㉡ 「대기환경보전법」에 따른 대기오염물질배출시설에 해당하는 시설로서 같은 법시행령 별표 8에 따른 1종사업장 내지 3종사업장에 해당하는 것 ㉢ 「수질 및 생태계 보전에 관한 법률」에 따른 특정수질유해물질을 배출하는 것

	㉣「수질 및 생태계 보전에 관한 법률」에 따른 폐수배출시설에 해당하는 시설로서 같은 법시행령 별표 1에 따른 1종사업장부터 4종사업장에 해당하는 것
	12. 위험물저장 및 처리시설
	13. 자원순환 관련시설

② 집단취락지구 :「개발제한 구역의 지정 및 관리에 관한 특별조치법령」이 정하는 바에 따른다.

(6) 개발진흥지구에서의 건축제한(영 제79조)

① 지구단위계획 또는 관계 법률에 따른 개발계획을 수립하는 개발진흥지구에서는 지구단위계획 또는 관계 법률에 따른 개발계획에 위반하여 건축물을 건축할 수 없으며, 지구단위계획 또는 개발계획이 수립되기 전에는 개발진흥지구의 계획적 개발에 위배되지 아니하는 범위에서 도시·군계획조례로 정하는 건축물을 건축할 수 있다.

② 지구단위계획 또는 관계 법률에 따른 개발계획을 수립하지 아니하는 개발진흥지구에서는 해당 용도지역에서 허용되는 건축물을 건축할 수 있다.

(7) 특정용도제한지구에서의 건축제한(영 제80조)

특정용도제한지구에서는 주거기능 및 교육환경을 훼손하거나 청소년정서에 유해하다고 인정하여 도시·군계획조례가 정하는 건축물을 건축할 수 없다.

(8) 복합용도지구에서의 건축제한

복합용도지구에서는 해당 용도지역에서 허용되는 건축물 외에 다음 각 호에 따른 건축물 중 도시·군계획조례가 정하는 건축물을 건축할 수 있다.

1. 일반주거지역 : 준주거지역에서 허용되는 건축물. 다만, 다음 각 목의 건축물은 제외한다.
   가.「건축법 시행령」별표 1 제4호의 제2종 근린생활시설 중 안마시술소
   나.「건축법 시행령」별표 1 제5호 다목의 관람장
   다.「건축법 시행령」별표 1 제17호의 공장
   라.「건축법 시행령」별표 1 제19호의 위험물 저장 및 처리 시설
   마.「건축법 시행령」별표 1 제21호의 동물 및 식물 관련 시설
   바.「건축법 시행령」별표 1 제28호의 장례시설
2. 일반공업지역 : 준공업지역에서 허용되는 건축물. 다만 다음 각 목의 건축물은 제외한다.
   가.「건축법 시행령」 별표 1 제2호 가목의 아파트

나.「건축법 시행령」 별표 1 제4호의 제2종 근린생활시설 중 단란주점 및 안마시술소

다.「건축법 시행령」 별표 1 제11호의 노유자시설

3. 계획관리지역 : 다음 각 목의 어느 하나에 해당하는 건축물

가. 「건축법 시행령」 별표 1 제4호의 제2종 근린생활시설 중 일반음식점 · 휴게음식점 · 제과점(별표 20 제1호라목에 따라 건축할 수 없는 일반음식점 · 휴게음식점 · 제과점은 제외한다)

나. 「건축법 시행령」 별표 1 제7호의 판매시설

다. 「건축법 시행령」 별표 1 제15호의 숙박시설(별표 20 제1호사목에 따라 건축할 수 없는 숙박시설은 제외한다)

라. 「건축법 시행령」 별표 1 제16호다목의 유원시설업의 시설, 그 밖에 이와 비슷한 시설

[본조신설 2017.12.29.]

(9) 그 밖의 용도지구 안에서의 건축제한(영 제 82조)

위 (1)~(9)의 용도지구 외의 용도지구에서의 건축제한에 관하여는 그 용도지구지정의 목적달성에 필요한 범위에서 특별시 · 광역시 · 특별자치시 · 특별자치도 · 시 또는 군의 도시 · 군계획조례로 정한다.

(10) 용도지역·용도지구 및 용도구역에서의 건축제한의 예외 등(영 제83조)

① 용도지역 · 용도지구 안에서의 도시 · 군계획시설에 대하여는 위 용도지역 및 용도지구에서의 건축제한 규정을 적용하지 아니한다.

② 경관지구 또는 고도지구에서 리모델링이 필요한 건축물은「건축법시행령」에 따른 높이 · 규모 등의 제한을 완화하여 제한할 수 있다.

③ 위 ② 에도 불구하고 산업 · 유통개발진흥지구에서는 해당 용도지역에서 허용되는 건축물 외에 해당 지구계획(해당 지구의 토지이용, 기반시설 설치 및 환경오염 방지 등에 관한 계획을 말한다)에 따라 다음 각 호의 구분에 따른 요건을 갖춘 건축물 중 도시 · 군계획조례로 정하는 건축물을 건축할 수 있다. <개정 2018.1.16.>

1. 계획관리지역 : 계획관리지역에서 건축이 허용되지 아니하는 공장 중 다음 각 목의 요건을 모두 갖춘 것

가.「대기환경보전법」, 「물환경보전법」 또는 「소음 · 진동관리법」 에 따른 배출시설의 설치 허가 · 신고 대상이 아닐 것

나.「악취방지법」에 따른 배출시설이 없을 것

다.「산업집적활성화 및 공장설립에 관한 법률」 제9조제1항 또는 제13조제1항에 따른 공장설립 가능 여부의 확인 또는 공장설립 등의 승인에 필요한 서류를 갖추어 법 제30조제1항에 따라 관계 행정기관의 장과 미리 협의하였을 것

2. 자연녹지지역 · 생산관리지역 또는 보전관리지역: 해당 용도지

역에서 건축이 허용되지 아니하는 공장 중 다음 각 목의 요건을 모두 갖춘 것

가. 산업·유통개발진흥지구 지정 전에 계획관리지역에 설치된 기존 공장이 인접한 용도지역의 토지로 확장하여 설치하는 공장일 것

나. 해당 용도지역에 확장하여 설치되는 공장부지의 규모가 3천제곱미터 이하일 것. 다만, 해당 용도지역 내에 기반시설이 설치되어 있거나 기반시설의 설치에 필요한 용지의 확보가 충분하고 주변지역의 환경오염·환경훼손 우려가 없는 경우로서 도시계획위원회의 심의를 거친 경우에는 5천제곱미터까지로 할 수 있다.

4 건축제한의 적용

① 건축물 그 밖의 시설의 용도·종류 및 규모 등의 제한은 해당 용도지역 및 용도지구의 지정목적에 적합하여야 한다(법 제76조 제3항).

② 건축물 그 밖의 시설의 용도·종류 및 규모 등을 변경할 시 변경 후의 건축물 그 밖의 시설의 용도·종류 및 규모 등은 용도지역·지구의 행위제한 규정에 적합하여야 한다(법 제76조 제4항).

5 행위제한의 특례

(1) 다른 법령의 적용

다음 경우의 건축물 그 밖의 시설의 용도·종류 및 규모 등의 제한에 관하여는 해당 적용 법률에서 정하는 바에 따른다(법 제76조 제5항).

대상지역	적용법률
자연취락지구	「국토의 계획 및 이용에 관한 법률 시행령」
농공단지	「산업입지 및 개발에 관한 법률」
–농림지역 중 • 농업진흥지역 • 보전산지 • 초지	 • 「농지법」 • 「산지관리법」 • 「초지법」
–자연환경보전지역 중 • 공원구역 • 상수원보호구역 • 지정문화재 또는 천연기념물과 그 보호구역 • 해양보호구역 • 수산자원보호구역	 • 「자연공원법」 • 「수도법」 • 「문화재보호법」 • 「해양생태계의 보존 및 관리에 관한 법률」 • 「수산자원관리법」

(2) 보전관리지역 또는 생산관리지역의 별도제한

보전관리지역 또는 생산관리지역에 대하여 농림수산식품부장관·환경부장관 또는 산림청장이 농지보전·자연환경보전·해양보전 또는 산림보존에 필요하다고 인정하는 경우 「농지법」·「자연환경보전법」·「야생 동·식물보호법」·「해양생태계의 보존 및 관리에 관한 법률」 또는 「산림자원의 조성 및 관리에 관한 법률」에 따라 건축물 그 밖의 시설의 용도·종류 및 규모 등의 제한을 할 수 있다. 이 경우 이 법에 따른 제한의 취지와 형평을 이루도록 하여야 한다(법 제76조 제6항).

6 용도지역에서의 건폐율

(1) 건폐율의 정의 및 목적

① 건폐율의 정의 : 건폐율은 대지면적에 대한 건축면적(대지에 2 이상의 건축물이 있는 경우에는 이들 건축면적의 합계)의 비율

$$건폐율 = \frac{건축면적^*}{대지면적} \times 100(\%)$$

② 건폐율의 목적

㉠ 대지 안에 최소한의 공지확보

㉡ 건축물의 과밀화 방지

㉢ 일조·채광·통풍 등 위생적인 환경조성

㉣ 화재 기타의 재해시에 연소의 차단이나 소화·피난 등에 필요한 공간 확보

(2) 용도지역에서의 건폐율의 한도

용도지역에서 건폐율의 최대한도는 관할구역의 면적 및 인구규모, 용도지역의 특성 등을 감안하여 다음의 범위에서 대통령령이 정하는 기준에 따라 특별시·광역시·특별자치시·특별자치도·시 또는 군의 조례로 정한다(법 제77조 제1·3항).

용도지역	한 도
도시지역	• 주거지역 : 70% 이하 • 상업지역 : 90% 이하 • 공업지역 : 70% 이하 • 녹지지역 : 20% 이하
관리지역	• 보전관리지역 : 20% 이하 • 생산관리지역 : 20% 이하 • 계획관리지역 : 40% 이하
농림지역	20% 이하
자연환경보전지역	20% 이하

짚어보기

건축면적* : 대지에 2 이상의 건축물이 있는 경우에는 이들 건축면적의 합계

참고 건축면적 산정 시 제외되는 부분

① 처마·차양·부연 그 밖에 이와 유사한 것으로서 당해 외벽의 중심선으로부터 수평거리 1m(한옥의 경우 2m) 이상 돌출된 부분이 있는 경우에는 그 끝부분으로부터 1m(한옥의 경우 2m)를 후퇴한 선의 옥외 쪽 부분

② 지표면으로부터 1m 이하에 있는 부분(창고 중 물품을 입출고하기 위하여 차량을 접안시키는 부분의 경우에는 지표면으로부터 1.5m 이하에 있는 부분)

③ 건축물 지상층에 일반인이나 차량이 통행할 수 있도록 설치한 보행통로나 차량 통로

④ 지하주차장의 경사로

⑤ 건축물 지하층의 출입구 상부(출입구 너비에 상당하는 규모의 부분을 말함)

<일부는 생략>

관계법 「산업입지 및 개발에 관한 법률」 제2조제5호, 제7호

5. "산업단지"라 함은 공장·지식산업관련시설·문화산업관련시설·정보통신산업관련시설·재활 용산업관련시설·자원비축시설·물류시설 등과 이와 관련된 교육·연구·업무·지원·정보처리·유통 시설 및

취락지구, 도시지역 외의 개발진흥지구 수산자원보호구역	80% 이하
자연공원, 농공단지, 국가산업단지 일반산업단지 · 도시첨단산업단지 · 준산업단지	80% 이하

(3) 세분된 용도지역에서의 건폐율의 한도

① 세분된 용도지역에서의 건폐율은 다음의 범위에서 특별시 · 광역시 · 특별자치시 · 특별자치도 · 시 또는 군의 도시 · 군계획 조례가 정하는 비율 이하로 한다(법 제77조 제2항, 영 제84조 제1항).

용도지역		건폐율의 최대한도	지역의 세분	시행령에서 정한 건폐율 기준	비 고
도시지역	주거지역	70% 이하	제1종 전용주거지역	50% 이하	-
			제2종 전용주거지역		
			제1종 일반주거지역	60% 이하	
			제2종 일반주거지역		
			제3종 일반주거지역	50% 이하	
			준주거지역	70% 이하	건폐율 완화조건에 해당하는 경우 건폐율은 80~90%의 범위에서 도시 · 군계획조례가 정하는 비율을 초과해서는 안된다(단, 방화지구에 한함).
	상업지역	90% 이하	근린상업지역	70% 이하	
			일반상업지역	80% 이하	
			유통상업지역	80% 이하	-
			중심상업지역	90% 이하	-
	공업지역	70% 이하	전용공업지역	70% 이하	-
			일반공업지역	70% 이하	
			준공업지역	70% 이하	
	녹지지역	20% 이하	보전녹지지역	20% 이하	-
			생산녹지지역		
			자연녹지지역		
관리지역	보전관리	20% 이하		20% 이하	-
	생산관리	20% 이하		20% 이하	-
	계획관리	40% 이하		40% 이하	
농림지역		20% 이하		20% 이하	-
자연환경보전지역		20% 이하		20% 이하	-

이들 시설의 기능제고를 위하여 주거 · 문화 · 환경 · 공원녹지 · 의료 · 관광 · 체육 · 복지시설 등을 집단적으로 설치하기 위하여 포괄적 계획에 따라 지정 · 개발되는 일단의 토지로서 다음 각목의 것을 말한다.

가. 국가산업단지 : 국가기간산업 · 첨단과학기술산업등을 육성하거나 개발촉진이 필요한 낙후지역이나 2 이상의 특별시 · 광역시 또는 도(이하 "시 · 도"라 한다)에 걸치는 지역을 산업단지로 개발하기 위하여 제6조의 규정에 의하여 지정된 산업단지

나. 일반산업단지 : 산업의 적정한 지방분산을 촉진하고 지역경제의 활성화를 위하여 제7조에 따라 지정된 산업단지

다. 도시첨단산업단지 : 지식산업 · 문화산업 · 정보통신산업, 그 밖의 첨단산업의 육성과 개발촉진을 위하여 「국토의 계획 및 이용에 관한 법률」에 따른 도시지역 안에 제7조의2에 따라 지정된 산업단지

라. 농공단지 : 대통령령이 정하는 농어촌지역에 농어민의 소득증대를 위한 산업을 유치 · 육성하기 위하여 제8조의 규정에 의하여 지정된 산업단지

7. "준산업단지"라 함은 도시 또는 도시주변의 특정지역에 입지하는 개별공장들의 밀집도가 다른 지역에 비하여 높아 포괄적 계획에 따라 계획적 관리가 필요하여 제8조의3에 따라 지정된 일단의 토지 및 시설물을 말한다.

② 위의 ①에 따라 도시·군계획조례로 용도지역별 건폐율을 정함에 있어서 필요한 경우에는 해당 지방자치단체의 관할구역을 세분하여 건폐율을 달리 정할 수 있다(영 제84조 제2항).

(4) 지역과 관계된 별도규정

다음에 해당하는 지역에서의 건폐율에 관한 기준은 80% 이하의 범위에서 대통령령이 정하는 기준에 따라 특별시·광역시·특별자치시·특별자치도·시 또는 군의 도시·군계획 조례로 정하는 비율을 초과하여서는 아니 된다(법 제77조 제3항, 영 제84조 3항).

대상지역	시행령에서 정한 건폐율 기준
취락지구(집단취락지구에 대하여는「개발제한구역의 지정 및 관리에 관한 특별조치법령」이 정하는 바에 의함)	60% 이하
개발진흥지구(도시지역 외의 지역에 지정된 경우)	40% 이하
수산자원보호구역	40% 이하
「자연공원법」에 따른 자연공원	60% 이하
「산업입지 및 개발에 관한 법률」에 따른 농공단지	70% 이하
공업지역 안에 있는「산업입지 및 개발에 관한 법률」에 따른 국가산업단지·일반산업단지·도시첨단 산업단지 및 준산업단지	80% 이하

(5) 특정사유에 따른 별도규정

다음의 경우에는 특별시·광역시·특별자치시·특별자치도·시 또는 군의 조례로 건폐율을 따로 정할 수 있다(법 제77조 제4항, 영 제84조 제4 ~6항).

1. 토지이용의 과밀화를 방지하기 위하여 건폐율을 강화할 필요가 있는 경우
2. 주변여건을 고려하여 토지의 이용도를 높이기 위하여 건폐율을 완화할 필요가 있는 경우
3. 보전관리지역·생산관리지역·농림지역 또는 자연환경보전지역에서 농업·임업·어업용 또는 주민생활의 편익증진을 위한 건축물을 건축하고자 하는 경우

① 건폐율의 강화

특별시장·광역시장·특별자치시장·특별자치도지사·시장 또는 군수가 도시지역에서 토지이용의 과밀화를 방지하기 위하여 건폐율을 낮춰야 할 필요가 있다고 인정하여 해당 지방자치단체에 설치된 도시계획위원회의 심의를 거쳐 정한 구역에서의 건축물의 경우에는 그 건폐율은 그 구역에 적용할 건폐율의 최대한도의 40% 이상의 범위에서 특별시·광역시·시 또는 군의 도시·군계획조례가 정하는 비율 이하로 한다.

② 건폐율의 완화

㉠ 준주거지역·일반상업지역·근린상업지역 중 방화지구의 건축물로서 주요 구조부와 외벽이 내화구조인 건축물 중 도시·군계획조례로 정하는 건축물 : 80% 이상 90% 이하의 범위에서 특별시·광역시·특별자치시·특별자치도·시 또는 군의 도시·군계획 조례로 정하는 비율

㉡ 녹지지역·관리지역·농림지역 및 자연환경보전지역의 건축물로서 방재지구의 재해저감대책에 부합하게 재해예방시설을 설치한 건축물 : 제1항 각 호에 따른 해당 용도지역별 건폐율의 150퍼센트 이하의 범위에서 도시·군계획조례로 정하는 비율

㉢ 자연녹지지역의 창고시설 또는 연구소(자연녹지지역으로 지정될 당시 이미 준공된 것으로서 기존 부지에서 증축하는 경우에만 해당함) : 40%의 범위에서 최초 건축허가 시 그 건축물에 허용된 건폐율

㉣ 계획관리지역의 기존 공장·창고시설 또는 연구소(2003년 1월 1일 전에 준공되고 기존 부지에 증축하는 경우로서 해당 지방도시계획위원회의 심의를 거쳐 도로·상수도·하수도 등 특별시·광역시·시 또는 군의 도시·군계획조례로 정하는 기반시설이 충분히 확보되었다고 인정되는 경우만 해당한다) : 50%의 범위에서 도시·군계획조례로 정하는 비율

㉤ 녹지지역·보전관리지역·생산관리지역·농림지역 또는 자연환경보전지역의 기존 건축물로서 다음의 어느 하나에 해당하는 건축물 : 30퍼센트의 범위에서 특별시·광역시·특별자치시·특별자치도·시 또는 군의 도시·군계획조례로 정하는 비율

ⓐ 「전통사찰의 보존 및 지원에 관한 법률」 제2조제1호에 따른 전통사찰

ⓑ 「문화재보호법」 제2조제2항에 따른 지정문화재 또는 같은 조 제3항에 따른 등록문화재

ⓒ 「건축법 시행령」 제2조제16호에 따른 한옥

(6) 별도기준

① 보전관리지역·생산관리지역·농림지역 또는 자연환경보전지역에서 별도기준 : 보전관리지역·생산관리지역·농림지역 또는 자연환경보전지역 안에서 「농지법」에 따라 건축할 수 있는 건축물의 경우에는 그 건폐율은 60% 이하의 범위에서 특별시·광역시·특별자치시·특별자치도·시 또는 군의 도시·군계획조례가 정하는 비율 이하로 한다.

② 생산녹지지역에 건축할 수 있는 다음의 건축물의 경우에 그 건폐

율은 해당 생산녹지지역이 위치한 특별시·광역시·시 또는 군의 농어업 인구 현황, 농수산물 가공·처리시설의 수급실태 등을 종합적으로 고려하여 60% 이하의 범위에서 해당 특별시·광역시·시 또는 군의 도시·군계획조례로 정하는 비율 이하로 한다.

㉠ 농수산물의 가공·처리시설[해당 특별시·광역시·특별자치시·특별자치도·시 또는 군 또는 해당 도시·군 계획조례가 정하는 연접한 시·군·구(자치구를 말함)에서 생산된 농수산물의 가공·처리시설만 해당] 및 농수산업 관련 시험·연구시설

㉡ 농산물 건조·보관시설

(7) 적용 제외

자연녹지지역에 설치되는 도시·군계획시설 중 유원지의 건폐율은 30%의 범위에서 도시·군계획조례로 정하는 비율 이하로 하며, 공원의 건폐율은 20%의 범위에서 도시·군계획조례로 정하는 비율 이하로 한다.(영 제84조 제7항)

(8) 생산녹지지역 등에서 기존 공장의 건폐율

① 생산녹지지역, 자연녹지지역 또는 생산관리지역에 있는 기존 공장(해당 용도지역으로 지정될 당시 이미 준공된 것으로서 준공 당시의 부지에서 증축하는 경우만 해당한다)의 건폐율은 40퍼센트의 범위에서 최초 건축허가 시 그 건축물에 허용된 비율을 초과해서는 아니 된다. 다만, 2016년 12월 31까지 증축 허가를 신청한 경우로 한정한다.

② 생산녹지지역, 자연녹지지역, 생산관리지역 또는 계획관리지역에 있는 기존 공장(해당 용도지역으로 지정될 당시 이미 준공된 것에 한정한다)이 부지를 확장하여 추가로 편입되는 부지(해당 용도지역으로 지정된 이후에 확장하여 추가로 편입된 부지를 포함하며, 이하 "추가편입부지"라 한다)에 건축물을 증축(2016년 12월 31까지 증축 허가를 신청한 경우로 한정한다)하는 경우로서 다음 각 호의 요건을 모두 갖춘 경우에 그 건폐율은 40퍼센트의 범위에서 해당 특별시·광역시·특별자치시·특별자치도·시 또는 군의 도시·군계획조례로 정하는 비율을 초과해서는 아니 된다. 이 경우 추가편입부지에서 증축하려는 건축물에 대한 건폐율 기준은 추가편입부지에 대해서만 적용한다.

1. 추가편입부지의 규모가 3천제곱미터 이하로서 준공 당시의 부지면적의 50퍼센트 이내일 것
2. 관할 특별시장·광역시장·특별자치시장·특별자치도지사·시장 또는 군수가 해당 지방도시계획위원회의 심의를 거쳐 기반시설의 설치 및 그에 필요한 용지의 확보가 충분하고 주변지역의 환경오염 우려가 없다고 인정할 것

7 용적률

(1) 용적률의 정의 및 목적

① 용적률의 정의 : 용적률은 대지면적에 대한 건축물의 연면적(대지에 2 이상의 건축물이 있는 경우에는 이들 연면적의 합계)의 비율을 말한다.

$$용적률 = \frac{연면적^*}{대지면적} \times 100(\%)$$

② 용적률의 목적 : 용적률을 규제하는 목적은 건축물의 높이 및 총규모를 규제함으로써 주거·상업·공업·녹지지역의 면적배분이나 도로·상하수도·광장·공원·주차장 등 공동시설의 설치 등 효율적인 도시·군계획이 되도록 하는데 있다.

(2) 용도지역에서의 용적률

용도지역에서 용적률의 최대한도는 관할구역의 면적 및 인구규모, 용도지역의 특성 등을 감안하여 나음의 범위에서 특별시·광역시·특별자치시·특별자치도·시 또는 군의 조례로 정한다(법 제78조 제 1 · 3항).

용도지역	한 도
도시지역	• 주거지역 : 500% 이하 • 상업지역 : 1,500% 이하 • 공업지역 : 400% 이하 • 녹지지역 : 100% 이하
관리지역	• 보전관리지역 : 80% 이하 • 생산관리지역 : 80% 이하 • 계획관리지역 : 100% 이하
농림지역	80% 이하
자연환경보전지역	80% 이하
도시지역 외의 개발진흥지구 수산자원보호구역 자연공원 농공단지	200% 이하

(3) 세분된 용도지역에서의 용적률

① 용적률의 한도 : 세분된 용도지역에서의 용적률은 다음의 범위에서 관할구역의 면적, 인구규모 및 지역의 특성 등을 고려하여 특별시·광역시·특별자치시·특별자치도·시 또는 군의 도시·군계획조례가 정하는 비율을 초과하여서는 안 된다(법 제78조 제1·2항, 영 제85조 제1 · 3항).

짚어보기

연면적* : 대지에 2 이상의 건축물이 있는 경우에는 이들 면적의 합계

참고 용적률 산정시 제외되는 부분
① 지하층 면적
② 지상층의 주차용(당해 건축물의 부속용도에 한함)으로 사용되는 면적
③ 초고층 건축물의 피난안전구역의 면적
④ 경사지붕 아래 대피공간

용도지역		용적률의 최대한도	지역의 세분	시행령에서 정한 용적률 기준	비 고
도시지역	주거지역	500% 이하	제1종 전용주거지역	50% 이상 100% 이하	
			제2종 전용주거지역	100% 이상 150% 이하	
			제1종 일반주거지역	100% 이상 200% 이하	
			제2종 일반주거지역	150% 이상 250% 이하	
			제3종 일반주거지역	200% 이상 300% 이하	
			준주거지역	200% 이상 500% 이하	
	상업지역	1,500% 이하	중심상업지역	400% 이상 1,500% 이하	유통상업 지역을 제외한 용도지역에서의 건축물의 용적률은 교통·방화 및 위생상 지장이 없다고 인정되는 경우 도시·군계획조례가 정하는 바에 의하면 완화할 수 있다.
			일반상업지역	300% 이상 1,300% 이하	
			근린상업지역	200% 이상 900% 이하	
			유통상업지역	200% 이상 1,100% 이하	
	공업지역	400% 이하	전용공업지역	150% 이상 300% 이하	
			일반공업지역	200% 이상 350% 이하	
			준공업지역	200% 이상 400% 이하	
	녹지지역	100% 이하	보전녹지지역	50% 이상 80% 이하	
			생산녹지지역	50% 이상 100% 이하	-
			자연녹지지역	50% 이상 100% 이하	
관리지역	보전관리지역	80% 이하	보전관리지역	50% 이상 80% 이하	-
	생산관리지역	80% 이하	생산관리지역	50% 이상 80% 이하	-
	계획관리지역	100% 이하	계획관리지역	50% 이상 100% 이하	
농림지역		80% 이하	농림지역	50% 이상 80% 이하	-
자연환경보전지역		80% 이하	자연환경보전지역	50% 이상 80% 이하	
도시지역 외의 지역에 지정된 개발진흥지구		200% 이하	도시지역 외의 지역에 지정된 개발진흥지구	100% 이하	
수산자원보호구역		200% 이하	수산자원보호구역	80% 이하	-
자연공원		200% 이하	자연공원	100% 이하	
농공단지		200% 이하	농공단지(도시지역 외의 지역에 지정된 농공단지에 한한다)	150% 이하	-

② 세분하여 용적률 지정 : 도시·군계획조례로 용도지역별 용적률을 정함에 있어서 필요한 경우에는 해당 지방자치단체의 관할구역을 세분하여 용적률을 달리 정할 수 있다(영 제85조 제2항).

(4) 용적률의 완화

① 지역에 따른 완화(영 제 85조 제6항)

구 분	내 용
완화대상 지역	다음의 용도지역에서 건축하는 건축물의 용적률은 경관·교통·방화 및 위생상 지장이 없다고 인정되는 경우 해당 용적률의 120% 이하의 범위에서 특별시·광역시·특별자치시·특별자치도·시 또는 군의 도시·군계획조례가 정하는 비율로 정할 수 있다. • 준주거지역 • 상업지역(중심·일반·근린상업지역) • 공업지역(전용·일반·준공업지역)
완화조건	• 건축물 주위에 공원·광장·도로·하천 등의 공지가 있는 곳 • 공원·광장(교통광장 제외)·하천 그 밖에 건축이 금지된 공지에 20m 이상 접한 대지 안의 건축물 • 너비 25m 이상인 도로에 20m 이상 접한 대지 안의 건축면적이 1,000m² 이상인 건축물

짚어보기 지역에 따른 완화

일반주거지역은 완화대상 지역이 아니다.

② 공공시설 부지로 제공시 완화(영 제85조 제7항)

구 분	내 용
완화대상 지역	• 상업지역 • 「도시 및 주거환경 정비법」에 따른 재개발사업, 재건축사업을 시행하기 위한 정비구역
완화조건 및 내용	건축주가 대지의 일부를 공공시설부지로 제공하는 경우 해당 건축물에 대한 용적률은 해당 용적률의 200% 이하의 범위에서 대지면적의 제공비율에 따라 특별시·광역시·특별자치시·특별자치도·시 또는 군의 도시·군계획조례가 정하는 비율로 할 수 있다.

짚어보기

공공시설 부지로 제공시 완화

주거환경개선 사업구역은 완화대상 지역이 아니다.

(5) 적용의 제외

도시·군계획시설 중 유원지 및 공원의 해당 용적률에 관하여는 따로 국토교통부령으로 정할 수 있다(영 제 85조 제8항).

8 용도지역 미지정 또는 미세분 지역에서의 행위제한 등

(1) 용도지역 미지정시

도시지역 · 관리지역 · 농림지역 또는 자연환경보전지역으로 용도가 지정되지 아니한 지역에 대한 건축물의 건축제한, 건폐율, 용적률 적용은 자연환경보전지역에 관한 규정을 적용한다(법 제79조 제1항).

(2) 미세분지역

도시지역 또는 관리지역이 세부용도지역으로 지정되지 아니한 경우에는 건축물의 건축제한, 건폐율, 용적률을 적용함에 있어서 해당 용도지역이 도시지역인 경우에는 녹지지역 중 보전녹지지역에 관한 규정을 적용하고, 관리지역인 경우에는 보전관리지역에 관한 규정을 적용한다(법 제79조 제2항, 영 제86조).

9 개발제한구역에서의 행위제한 등

개발제한구역에서의 행위제한 그 밖의 개발제한구역의 관리에 관하여 필요한 사항은 따로 법률로 정한다(법 제80조).

짚어보기 개발제한구역 안의 행위 제한

「개발제한 구역의 지정 및 관리에 관한 특별 조치법」

10 도시자연공원구역에서의 행위제한 등

도시자연공원구역에서의 행위제한 등 도시자연공원구역의 관리에 관하여 필요한 사항은 따로 법률로 정한다.

짚어보기 도시자연공원구역 안의 행위 제한

「도시공원 및 녹지 등에 관한 법률」

11 시가화조정구역에서의 행위제한 등

(1) 도시·군계획사업

시가화조정구역에서의 도시 · 군계획사업은 국방상 또는 공익상 시가화조정구역에서의 사업시행이 불가피한 것으로서 관계중앙행정기관의 장의 요청에 따라 국토교통부장관이 시가화조정구역의 지정목적 달성에 지장이 없다고 인정하는 도시 · 군계획사업에 한하여 이를 시행할 수 있다(법 제81조 제1항, 영 제87조).

(2) 시가화조정구역에서의 행위제한

특별시장 · 광역시장 · 특별자치시 · 특별자치도 · 시장 · 군수의 허가 : 시가화조정구역에서는 위 (1)에 따라 도시 · 군계획사업에 의하는 경우를 제외하고는 다음에 해당하는 행위에 한하여 특별시장 · 광역시장 · 특별자치시장 · 특별자치도지사 · 시장 · 군수의 허가를 받아 이를 할 수 있다(법 제81조 제2항).

① 시가화조정구역에서 할 수 있는 허가대상행위

㉠ 농업 · 임업 또는 어업용의 건축물 및 시설을 건축하는 행위 : 농업 · 임업 또는 어업을 영위하는 자가 행하는 다음에 해당하는 건축물 및 시설의 건축(영 제88조, 별표 24)

짚어보기 시가화조정구역에서의 행위 제한

시가화조정구역 안에서의 행위제한은 신고가 아니라 모두 허가를 받아야 한다.

ⓐ 축사
ⓑ 퇴비사
ⓒ 잠실
ⓓ 창고(저장 및 보관시설을 포함)
ⓔ 생산시설(단순가공시설을 포함)
ⓕ 관리용 건축물로서 기존 관리용 건축물의 면적을 포함하여 $33m^2$ 이하인 것
ⓖ 양어장

㉡ 마을공동시설, 공익시설 · 공공시설 · 광공업 등 주민의 생활을 영위하는데 필요한 다음에 해당하는 행위

ⓐ 주택 및 그 부속건축물의 건축으로서 다음에 해당하는 행위
- 주택의 증축(기존주택의 면적을 포함하여 $100m^2$ 이하에 해당하는 면적의 증축을 말함)
- 부속건축물의 건축(주택 또는 이에 준하는 건축물에 부속되는 것에 한하되, 기존 건축물의 면적을 포함하여 $33m^2$ 이하에 해당하는 면적의 신축 · 증축 · 재축 또는 대수선을 말함)

ⓑ 마을공동시설의 설치로서 다음에 해당하는 행위
- 농로 · 제방 및 사방시설의 설치
- 새마을회관의 설치
- 기존 정미소(개인소유의 것을 포함)의 증축 및 이축(시가화조정구역의 인접지에서 시행하는 공공사업으로 인하여 시가화조정구역 안으로 이전하는 경우를 포함)
- 정자 등 간이휴게소의 설치
- 농기계수리소 및 농기계용 유류판매소(개인소유의 것을 포함)의 설치
- 선착장 및 물양장의 설치

ⓒ 공익시설 · 공용시설 및 공공시설 등의 설치로서 다음에 해당하는 행위
- 「공익사업을 위한 토지 등의 취득 및 보상에 관한 법률」에 따른 해당하는 공익사업을 위한 시설의 설치
- 문화재의 복원과 문화재관리용 건축물의 설치
- 보건소 · 경찰파출소 · 119 안전센터 · 우체국 및 읍 · 면 · 동사무소의 설치
- 공공도서관 · 전신전화국 · 직업훈련소 · 연구소 · 양수장 · 초소 · 대피소 및 공중화장실과 예비군 운영에 필요한 시설의 설치
- 농업협동조합법에 따른 조합, 산림조합 및 수산업협동조합(어촌계를 포함)의 공동구판장 · 하치장 및 창고의 설치
- 사회복지시설의 설치
- 환경오염방지시설의 설치

짚어보기 시가화조정구역

주택의 신축은 허가되지 않는다.

관계법 「공익사업을 위한 토지 등의 취득 및 보상에 관한 법률」 제4조(공익사업)

이 법에 의하여 토지등을 취득 또는 사용할 수 있는 사업은 다음 각 호의 어느 하나에 해당하는 사업이어야 한다. <개정 2005.3.31, 2007.10.17>

1. 국방 · 군사에 관한 사업
2. 관계법률에 의하여 허가 · 인가 · 승인 · 지정 등을 받아 공익을 목적으로 시행하는 철도 · 도로 · 공항 · 항만 · 주차장 · 공영차고지 · 화물터미널 · 삭도 · 궤도 · 하천 · 제방 · 댐 · 운하 · 수도 · 하수도 · 하수종말처리 · 폐수처리 · 사방 · 방풍 · 방화 · 방조(防潮) · 방수 · 저수지 · 용배수로 · 석유비축 및 송유 · 폐기물처리 · 전기 · 전기통신 · 방송 · 가스 및 기상관측에 관한 사업
3. 국가 또는 지방자치단체가 설치하는 청사 · 공장 · 연구소 · 시험소 · 보건 또는 문화시설 · 공원 · 수목원 · 광장 · 운동장 · 시장 · 묘지 · 화장장 · 도축장 그 밖의 공공용 시설에 관한 사업
4. 관계법률에 의하여 허가 · 인가 · 승인 · 지정 등을 받아 공익을 목적으로 시행하는 학교 · 도서관 · 박물관 및 미술관의 건립에 관한 사업
5. 국가 · 지방자치단체 · 정부투자기관 · 지방공기업 또는 국가나 지방자치단체가 지정한 자가 임대나 양도의 목적으로 시행하는 주택의 건설 또는 택지의 조성에 관한 사업
6. 제1호 내지 제5호의 사업을 시행하기 위하여 필요한 통로 · 교량 · 전선로 · 재료적치장 그 밖의 부속시설에 관한 사업
7. 제1호부터 제5호까지의 사업을 시행하기 위하여 필요한 주택, 공장 등의 이주단지 조성에 관한 사업
8. 그 밖에 다른 법률에 의하여 토지등을 수용 또는 사용할 수 있는 사업

- 교정시설의 설치
- 환경오염방지시설의 설치
- 교정시설의 설치
- 야외음악당 및 야외극장의 설치

ⓓ 광공업 등을 위한 건축물 및 공작물의 설치로서 다음에 해당하는 행위

- 시가화조정구역 지정 당시 이미 외국인 투자기업이 경영하는 공장, 수출품의 생산 및 가공공장, 「중소기업진흥 및 제품구매 촉진에 관한 법률」에 따른 중소기업협동화실천 계획의 승인을 얻어 설립된 공장 그 밖에 수출진흥과 경제발전에 현저히 기여할 수 있는 공장의 증축(증축면적은 기존시설 연면적의 100%에 해당하는 면적 이하로 하되, 증축을 위한 토지의 형질변경은 증축할 건축물의 바닥면적의 200%를 초과할 수 없음)과 부대시설의 설치
- 시가화조정구역 지정 당시 이미 관계 법령에 따라 설치된 공장의 부대시설의 설치(새로운 대지조성은 허용되지 아니하며, 기존공장 부지 안에서의 건축에 한함)
- 시가화조정구역 지정 당시 이미 「광업법」에 따라 설정된 광업권의 대상이 되는 광물의 개발에 필요한 가설건축물 또는 공작물의 설치
- 토석의 채취에 필요한 가설건축물 또는 공작물의 설치

ⓔ 기존 건축물과 같은 용도 및 규모 안에서의 개축·재축 및 대수선

ⓕ 시가화조정구역에서 허용되는 건축물의 건축 또는 공작물의 설치를 위한 공사용 가설건축물과 그 공사에 소요되는 블록·시멘트벽돌·쇄석·레미콘 및 아스콘 등을 생산하는 가설공작물의 설치

ⓖ 다음에 해당하는 용도변경행위

- 관계 법령에 따라 적법하게 건축된 건축물의 용도를 시가화조정구역에서의 신축이 허용되는 건축물로 변경하는 행위
- 공장의 업종변경(오염물질 등의 배출이나 공해의 정도가 변경 전의 수준을 초과하지 아니하는 경우에 한함)
- 공장·주택 등 시가화조정구역에서의 신축이 금지된 시설의 용도를 근린생활시설(수퍼마켓·일용품소매점·취사용 가스판매점·일반음식점·다과점·다방·이용원·미용원·세탁소·목욕탕·사진관·목공소·의원·약국·접골시술소·안마시술소·침구시술소·조산소·동물병원·기원·당구장·장의사·탁구장 등 간이운동시설 및

간이수리점에 한함) 또는 종교시설로 변경하는 행위

ⓗ 종교시설의 증축(새로운 대지조성은 허용되지 아니하며, 증축면적은 시가화조정구역 지정 당시의 종교시설 연면적의 200%를 초과할 수 없음)

㉢ 그 밖의 경미한 행위

ⓐ 입목의 벌채, 조림, 육림, 토석의 채취

ⓑ 다음에 해당하는 토지의 형질변경

- 건축물의 건축 또는 공작물의 설치를 위한 토지의 형질변경
- 「공익사업을 위한 토지 등의 취득 및 보상에 관한 법률」에 따른 공익사업을 수행하기 위한 토지의 형질변경
- 농업·임업 및 어업을 위한 개간과 축산을 위한 초지조성을 목적으로 하는 토지의 형질변경
- 시가화조정구역 지정 당시 이미 「광업법」에 따라 설정된 광업권의 대상이 되는 광물의 개발을 위한 토지의 형질변경

ⓒ 토지의 합병 및 분할

② 시가화조정구역에서 허가를 거부할 수 없는 행위

특별시장·광역시장·특별자치시장·특별자치도지사·시장 또는 군수는 다음의 행위에 대하여는 특별한 사유가 없는 한 허가를 거부하여서는 아니 된다(영 제 89조 제3항, 별표 25)

㉠ 개발행위 허가 없이 할 수 있는 건축물의 건축·공작물의 설치·토지의 형질변경·토석의 채취·토지분할·물건을 쌓아놓는 행위 등 경미한 행위

㉡ 다음에 해당하는 행위

ⓐ 축사의 설치 : 1가구(시가화조정구역에서 주택을 소유하면서 거주하는 경우로서 농업 또는 어업에 종사하는 1세대를 말함)당 기존 축사의 면적을 포함하여 300m² 이하(나환자촌의 경우에는 500m² 이하). 단, 과수원·초지 등의 관리사 인근에는 100m² 이하의 축사를 별도로 설치할 수 있다.

ⓑ 퇴비사의 설치 : 1가구당 기존 퇴비사의 면적을 포함하여 100m² 이하

ⓒ 잠실의 설치 : 뽕나무밭 조성면적 2,000m²당 또는 뽕나무 1,800주당 50m² 이하

ⓓ 창고의 설치 : 시가화조정구역 안의 토지 또는 그 토지와 일체가 되는 토지에서 생산되는 생산물의 저장에 필요한 것으로서 기존 창고 면적을 포함하여 그 토지 면적의 0.5% 이하.(단, 감귤을 저장하기 위한 경우에는 1% 이하로 함)

ⓔ 관리용 건축물의 설치 : 과수원·초지·유실수단지 또는 원예단지 안에 설치하되, 생산에 직접 공여되는 토지 면적의 0.5% 이하로서 기존 관리용 건축물의 면적을 포함하여 33m² 이하

㉢「건축법」에 따른 건축신고로서 건축허가를 갈음하는 행위

(3) 행위허가의 기준 등(법 제81조 제6항, 영 제89조)

① 특별시장·광역시장·특별자치시장·특별자치도지사·시장 또는 군수는 시가화조정구역의 지정목적 달성에 지장이 있거나 해당 토지 또는 주변 토지의 합리적인 이용에 지장이 있다고 인정되는 경우에는 허가를 하여서는 아니 된다.

② 시가화조정구역에 있는 산림 안에서의 입목의 벌채, 조림 및 육림의 허가기준에 관하여는「산림자원의 조성 및 관리에 관한 법률」에 따른다.

③ 특별시장·광역시장·특별자치시장·특별자치도지사·시장 또는 군수는 허가를 함에 있어서 시가화조정구역의 지정목적상 필요하다고 인정되는 경우에는 조경 등 필요한 조치를 할 것을 조건으로 허가할 수 있다.

④ 특별시장·광역시장·특별자치시장·특별자치도지사·시장 또는 군수는 허가를 하고자 하는 때에는 해당 행위가 도시·군계획사업의 시행에 지장을 주는지의 여부에 관하여 해당 시가화조정구역에서 시행되는 도시·군계획사업의 시행자의 의견을 들어야 한다.

(4) 허가 전 협의

특별시장·광역시장·특별자치시장·특별자치도지사·시장·군수는 허가를 하고자 하는 때에는 미리 허가에 관한 권한이 있는 자, 그 허가 대상 행위와 관련이 있는 공공시설의 관리자 또는 그 행위에 따라 설치되는 공공시설을 관리하게 될 자와 협의하여야 한다(법 제81조 제3항).

(5) 원상회복

시가화조정구역에서 허가를 받지 아니하고 건축물의 건축, 토지의 형질변경 등의 행위를 하는 자에 관하여는 원상회복에 관한 규정을 준용한다(법 제81조 제4항).

(6) 행위허가의 의제

허가가 있는 경우에는 다음의 허가 또는 신고가 있는 것으로 본다(법 제81조 제5항).

①「산지관리법」에 따른 산지전용 허가 및 산지전용신고

②「산림자원의 조성 및 관리에 관한 법률」에 따른 입목벌채 등의 허가·신고

참고

- 「도로법」 제49조 (접도구역의 지정 등)

① 관리청은 도로의 구조에 대한 손궤, 미관의 보존 또는 교통에 대한 위험을 방지하기 위하여 도로경계선으로부터 20미터를 초과하지 아니하는 범위에서 대통령령이 정하는 바에 따라 접도구역으로 지정할 수 있다.

②~③ 생략

④ 접도구역안에서는 다음 각 호의 어느 하나에 해당하는 행위를 하지 못한다. 다만, 대통령령으로 정하는 행위는 그러하지 아니하다.

1. 토지의 형질을 변경하는 행위
2. 건축물 기타의 공작물을 신축·개축 또는 증축하는 행위

- 「농지법」 제8조 (농지취득자격증명의 발급)

① 농지를 취득하려는 자는 농지 소재지를 관할하는 시장(구를 두지 아니한 시의 시장을 말하며, 도농 복합 형태의 시는 농지 소재지가 동지역인 경우만을 말한다), 구청장(도농 복합 형태의 시의 구에서는 농지 소재지가 동지역인 경우만을 말한다), 읍장 또는 면장(이하 "시·구·읍·면의 장"이라 한다)에게서 농지취득자격증명을 발급받아야 한다.<이하 생략>

12 입지규제최소구역에서의 행위 제한 등

(1) 입지규제최소구역에서의 행위 제한

입지규제최소구역에서의 행위 제한은 용도지역 및 용도지구에서의 토지의 이용 및 건축물의 용도·건폐율·용적률·높이 등에 대한 제한을 강화하거나 완화하여 따로 입지규제최소구역계획으로 정한다.

(2) 입지규제최소구역에서의 다른 법률의 적용 특례

① 입지규제최소구역에 대하여는 다음의 법률 규정을 적용하지 아니할 수 있다.

1. 「주택법」 제21조에 따른 주택의 배치, 부대시설·복리시설의 설치기준 및 대지조성기준
2. 「주차장법」 제19조에 따른 부설주차장의 설치
3. 「문화예술진흥법」 제9조에 따른 건축물에 대한 미술작품의 설치

② 입지규제최소구역계획에 대한 도시계획위원회 심의 시 학교환경위생정화위원회 또는 문화재위원회(시·도지정문화재에 관한 사항의 경우 시·도문화재위원회를 말한다)와 공동으로 심의를 개최하고, 그 결과에 따라 다음의 법률 규정을 완화하여 적용할 수 있다. 이 경우 다음의 완화 여부는 각각 학교환경위생정화위원회와 문화재위원회의 의결에 따른다.

1. 학교환경위생 정화구역에서의 행위제한
2. 역사문화환경 보존지역에서의 행위제한

③ 입지규제최소구역으로 지정된 지역은 특별건축구역으로 지정된 것으로 본다.

④ 시·도지사 또는 시장·군수·구청장은 입지규제최소구역에서 건축하는 건축물을 건축기준 등의 특례사항을 적용하여 건축할 수 있는 건축물에 포함시킬 수 있다.

13 도시지역에서의 다른 법률의 적용 배제

도시지역에 대하여는 다음의 법률의 규정을 적용하지 아니한다(법 제83조).

①「도로법」 제49조 : 접도구역의 지정

②「고속국도법」 제8조 : 접도구역의 지정

③「농지법」 제8조 : 농지취득자격증명의 발급

예외 녹지지역 안의 농지로서 도시·군계획사업에 필요하지 아니한 농지에 대하여는 그러하지 아니한다.

14 둘 이상의 용도지역·지구·구역에 걸치는 대지에 대한 적용기준

(1) 원칙

① 하나의 대지가 둘 이상의 용도지역·용도지구 또는 용도구역(이하 이 항에서 "용도지역등"이라 한다)에 걸치는 경우로서 각 용도지역등에 걸치는 부분 중 가장 작은 부분의 규모가 330제곱미터이하(다만, 도로변에 띠 모양으로 지정된 상업지역에 걸쳐 있는 토지의 경우에는 660제곱미터)인 경우에는 전체 대지의 건폐율 및 용적률은 각 부분이 전체 대지 면적에서 차지하는 비율을 고려하여 다음 각 호의 구분에 따라 각 용도지역 등별 건폐율 및 용적률을 가중평균한 값을 적용하고, 그 밖의 건축 제한 등에 관한 사항은 그 대지 중 가장 넓은 면적이 속하는 용도지역등에 관한 규정을 적용한다.

예외 건축물이 미관지구나 고도지구에 걸쳐 있는 경우에는 그 건축물 및 대지의 전부에 대하여 미관지구나 고도지구의 건축물 및 대지에 관한 규정을 적용한다.

㉠ 가중평균한 건폐율 = (f1x1 + f2x2 + … + fnxn) / 전체 대지 면적. 이 경우 f1부터 fn까지는 각 용도지역등에 속하는 토지 부분의 면적을 말하고, x1부터 xn까지는 해당 토지 부분이 속하는 각 용도지역등의 건폐율을 말하며, n은 용도지역등에 걸치는 각 토지 부분의 총 개수를 말한다.

㉡ 가중평균한 용적률 = (f1x1 + f2x2 + … + fnxn) / 전체 대지 면적. 이 경우 f1부터 fn까지는 각 용도지역등에 속하는 토지 부분의 면적을 말하고, x1부터 xn까지는 해당 토지 부분이 속하는 각 용도지역등의 용적률을 말하며, n은 용도지역등에 걸치는 각 토지 부분의 총 개수를 말한다.

(2) 방화지구에 걸치는 경우

하나의 건축물이 방화지구와 그 밖의 용도지역·지구 또는 용도구역에 걸쳐 있는 경우에는 그 전부에 대하여 방화지구 안의 건축물에 관한 규정을 적용한다(법 제84조 제2항).

참고

• 도로변에 띠 모양으로 지정된 상업지역에 걸쳐있는 대지의 경우

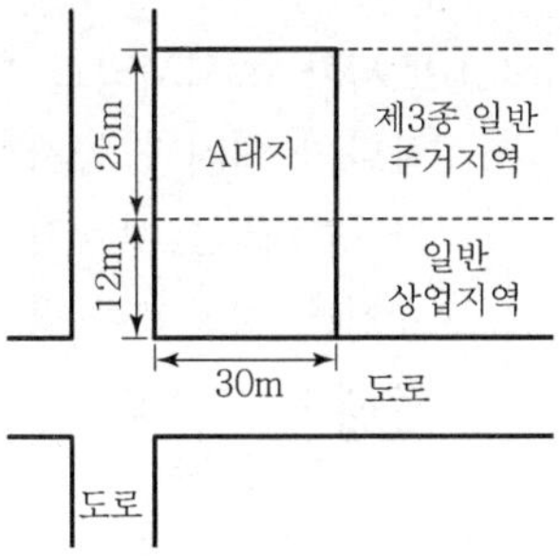

◆ 둘 이상의 용도지역 등에 걸치는 대지에서의 건축제한

(국토교통부 민원마당－2008.4.21)

질의 국토의 계획 및 이용에 관한 법률 제84조 관련 둘 이상의 용도지역 용도지구 용도구역에 걸치는 대지에서의 건축제한

회신 국토의 계획 및 이용에 관한 법률 제84조제1항의 규정에 의하면 하나의 대지가 2이상의 용도지역에 걸치는 경우 그 대지 중 용도지역에 있는 부분의 규모가 330m^{2}이하(노선상업지역의 경우 660m^2)인 토지에 대하여는 그 대지 중 가장 넓은 면적이 속하는 용도지역에 관한 건폐율 등의 규정을 적용하도록 하고 있으며, 걸쳐 있는 부분이 각각 일정규모를 초과하는 경우에는 각각의 용도지역에 관한 건폐율 등의 규정이 적용됨.

예외 그 건축물이 있는 방화지구와 그 밖의 용도지역 · 지구 · 구역의 경계가 방화벽으로 구획되는 경우 그 밖의 용도지역 · 지구 · 구역에 있는 부분에 대하여는 그러하지 아니하다.

(3) 토지가 녹지지역과 그 밖의 용도지역·지구·구역에 걸쳐있는 경우

하나의 대지가 녹지지역과 그 밖의 용도지역 · 지구 · 구역에 걸쳐 있는 경우에는 각각의 용도지역 · 지구 · 구역의 건축물 및 토지에 관한 규정을 적용한다(법 제84조 제3항).

예외 녹지지역의 건축물이 미관지구 · 고도지구 또는 방화지구에 걸쳐 있는 경우에는 그 전부에 대하여 미관지구 · 고도지구 · 방화지구에 관한 규정을 적용한다.

짚어보기

2 이상의 용도지역 등에 걸치는 토지부분에 대한 적용기준

구 분		용도지역 등의 적용기준
하나의 대지가 2 이상의 용도지역 등에 걸치는 경우	해당 면적이 330m²를 초과하는 경우	해당 용도지역의 기준을 각각 적용
	가장 작은 부분의 면적이 330m²(다만, 도로변에 띠모양으로 지정된 상업지역에 걸쳐 있는 대지의 경우에는 660m²) 이하인 경우	• 가중평균한 건폐율 = (f1x1 + f2x2 + … + fnxn) / 전체 대지 면적 • 가중평균한 용적률 = (f1x1 + f2x2 + … + fnxn) / 전체 대지 면적
하나의 건축물이 방화지구에 거치는 대지인 경우		방화지구에 걸친 건축물 전부에 대하여 방화지구 제한 규정(단, 용도지역 등의 경계에 방화벽을 축조한 경우 제외)을 적용
하나의 대지가 녹지지역과 그 밖의 용도지역에 걸치는 대지인 경우(단, 녹지지역의 건축물이 미관지구, 고도지구 또는 방화지구에 걸치는 경우 제외)		해당 용도지역의 기준을 각각 적용

다만, 국토계획법 제84조 제1항 단서의 규정에 의하여 건축물이 미관지구에 걸쳐있는 경우에는 그 건축물 및 대지의 전부에 대하여 미관지구안의 건축물 및 대지에 관한 규정을 적용토록 되어 있으며, 국토계획법 제76조 및 동 법률 시행령 제73조의 규정에 의하여 미관지구안의 건축물에 관해서는 그 지구의 위치 · 환경 그 밖의 특성에 따른 미관의 유지에 필요한 범위 안에서 도시 · 군계획조례로 정하도록 하고 있음. 마지막으로, 일조권 등 건축법령에 규정된 사항은 건축법의 관련규정을 적용하는 것임을 참고하시기 바라며, 이에 관한 구체적인 사항은 건축허가권자인 당해 시장 군수에게 직접 문의바람

■ 익힘문제 ■

다음 중 준주거지역에서 건축할 수 있는 건축물은? (기사 기출)

㉮ 발전시설 ㉯ 안마시술소

㉰ 장례식장 ㉱ 교육연구시설

해설

문제 지문의 건축물 중 준주거지역에서 건축할 수 있는 것은 교육연구시설이다.

정답 ㉱

■ 익힘문제 ■

국토의 계획 및 이용에 관한 법령상 자연환경보전지역에서 건축할 수 있는 건축물은? (단, 도시·군계획조례로 규정한 사항은 제외한다.)

㉮ 교정 및 군사 시설 ㉯ 의료시설

㉰ 종교시설 ㉱ 묘지관련시설

㉲ 교육연구시설 중 초등학교

해설

문제의 지문 중 자연환경보전지역에서 건축할 수 있는 건축물은 교육연구시설 중 초등학교이다.

정답 ㉲

■ 익힘문제 ■

다음의 용도지역에서의 건폐율 기준이 옳지 않은 것은? (산업기사 기출)

㉮ 제3종 일반주거지역 : 50퍼센트 이하

㉯ 중심상업지역 : 90퍼센트 이하

㉰ 제1종 전용주거지역 : 50퍼센트 이하

㉱ 준주거지역 : 60퍼센트 이하

해설

준주거지역의 건폐율은 70% 이하로 규정되어 있다.

정답 ㉱

제 11 장

도시·군계획시설 사업의 시행 및 비용

1 도시·군계획시설 사업의 시행의 의미

① 도시·군계획시설은 기반시설 중 도시·군관리계획으로 결정된 시설을 말하며, 도시·군계획시설사업은 도시·군계획을 설치·정비 또는 개량하는 사업을 말한다.

② 도시·군관리계획시설 사업은 도시·군관리계획을 시행하기 위한 사업으로서 「도시개발법」에 따른 도시개발사업 및 「도시 및 주거환경 정비법」에 따른 정비사업과 함께 도시·군계획사업에 해당된다.

2 단계별 집행계획의 수립

(1) 의의

단계별 집행계획으로 도시·군계획시설 집행비용에 관한 재원이 확보되면 도시·군계획시설 설치시기가 미리 정해진 계획대로 집행되어 도시·군계획 시설부지 등에 대한 사유재산권이 보호된다.

(2) 수립권자 및 수립시기

① 원칙 : 특별시장·광역시장·특별자치시장·특별자치도지사·시장 또는 군수는 도시·군계획시설에 대하여 도시·군계획시설 결정의 고시일로부터 2년 이내에 단계별 집행계획을 수립하고자 하는 때에는 미리 관계 행정기관의 장과 협의하여 재원조달계획·보상계획 등을 포함하는 단계별 집행계획을 수립하여야 한다(법 제85조 제1항, 영 제95조 제1항).

② 예외 : 국토교통부장관 또는 도지사가 직접 입안한 도시·군관리계획인 경우 국토교통부장관 또는 도지사는 단계별 집행계획을 수립하여 해당 특별시장·광역시장·특별자치시장·특별자치도지사·시장 또는 군수에게 이를 송부할 수 있다(법 제85조 제2항).

(3) 수립방법

① 단계별 집행계획은 제1단계 집행계획과 제2단계 집행계획으로 구분하여 수립하되, 3년 이내에 시행하는 도시·군계획시설사업은 제1단계 집행계획에, 3년 후에 시행하는 도시·군계획시설사업은 제2단계집행계획에 포함되도록 하여야 한다(법 제85조 제3항).

② 특별시장·광역시장·특별자치시장·특별자치도지사·시장 또는 군수는 매년 제2단계 집행계획을 검토하여 3년 이내에 도시·군계획시설사업을 시행할 도시·군계획시설은 이를 제1단계 집행계획에 포함시킬 수 있다(영 제95조 제3항).

(4) 공 고

① 특별시장·광역시장·특별자치시장·특별자치도지사·시장 또는 군수는 위 (2)의 ① 또는 ②에 따라 단계별 집행계획을 수립하거나 송부받은 때에는 해당 지방자치단체의 공보에 게재하는 방법에 따라 지체 없이 이를 공고하여야 한다(법 제85조 제4항, 영 제95조 제3항).

② 위의 수립절차 규정은 공고된 단계별 집행계획을 변경하는 경우에 이를 준용한다(법 제85조 제5항).

예외 도시·군관리계획의 변경에 따라 단계별 집행계획을 변경하는 경우에는 그러하지 아니한다.

3 도시·군계획시설 사업의 시행자

(1) 행정청인 시행자

① 원칙

㉠ 관할구역 안인 경우 : 특별시장·광역시장·특별자치시장·특별자치도지사·시장 또는 군수는 이 법 또는 다른 법률에 특별한 규정이 있는 경우를 제외하고는 관할구역의 도시·군계획시설사업을 시행한다(법 제86조 제1항).

㉡ 둘 이상의 관할구역이 걸치는 경우 : 도시·군계획시설 사업이 둘 이상의 특별시·광역시·특별자치시장·특별자치도지사·시 또는 군의 관할구역에 걸쳐 시행되게 되는 때에는 관계 특별시장·광역시장·시장 또는 군수가 서로 협의하여 시행자를 정한다(법 제86조 제2항).

㉢ 협의가 성립되지 않는 경우 : 위 ㉡에 따라 협의가 성립되지 아니하는 경우 도시계획시설 사업을 시행하고자 하는 구역이 같은 도의 관할구역에 속하는 때에는 관할 도지사가 둘 이상의 시·도의 관할구역에 걸치는 때에는 국토교통부장관이 시행자를 지정한다(법 제86조 제3항).

참고 도시·군계획시설사업의 시행절차

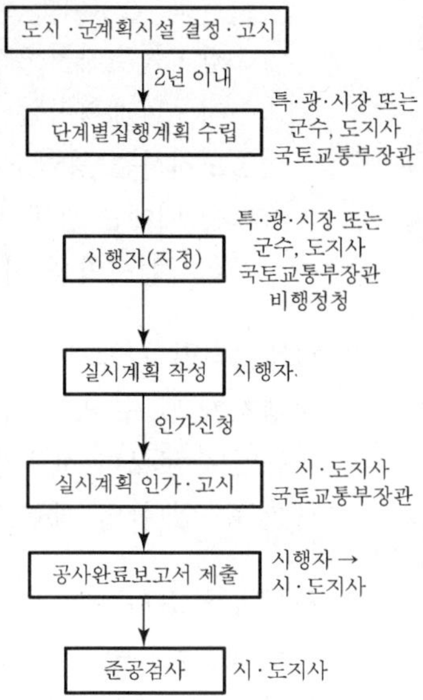

② 예외

㉠ 국토교통부장관은 국가계획과 관련되거나 그 밖에 특히 필요하다고 인정되는 때에는 관계 특별시장・광역시장・특별자치시장・특별자치도지사・시장 또는 군수의 의견을 들어 직접 도시・군계획시설사업을 시행할 수 있다(법 제86조 제4항).

㉡ 도지사는 광역도시계획과 관련되거나 특히 필요하다고 인정되는 때에는 관계 시장 또는 군수의 의견을 들어 직접 도시・군계획시설사업을 시행할 수 있다(법 제86조 제4항).

(2) 비행정청인 시행자

시행자가 될 수 있는 자 외의 자는 국토교통부장관, 시・도지사, 시장 또는 군수로부터 시행자로 지정을 받아 도시・군계획시설 사업을 시행할 수 있다(법 제86조 제5항).

(3) 지정내용 고시

국토교통부장관, 시・도지사, 시장 또는 군수는 위 (1), ①의 ㉡, ㉢ 또는 위 (2)에 따라 도시・군계획시설사업의 시행자를 지정한 때에는 국토교통부장관이 하는 경우에는 관보에, 특별시장・광역시장・도지사(이하 시・도지사) 또는 시장・군수가 하는 경우에는 해당 지방자치단체의 공보에 게재하는 방법에 따라 그 지정 내용을 고시하여야 한다(법 제86조 제6항, 규칙 제14조).

(4) 지정요건

다음에 해당하지 아니하는 자가 도시・군계획시설사업의 시행자로 지정을 받으려면 도시・군계획시설 사업의 대상인 토지(국・공유지 제외 함)면적의 2/3 이상에 해당하는 토지를 소유하고, 토지소유자 총수의 1/2 이상에 해당하는 자의 동의를 갖추어야 한다(법 제86조 제7항, 영 제96조 제2・3항).

① 국가・지방자치단체
② 공공기관
③ 「지방공기업법」에 따른 지방공사 및 지방공단
④ 다른 법률에 따라 도시・군계획시설사업이 포함된 사업의 시행자로 지정된 자
⑤ 공공시설을 관리할 관리청에 무상으로 귀속되는 공공시설을 설치하고자 하는 자
⑥ 「국유재산법」 또는 「지방재정법」에 따라 기부를 조건으로 시설물을 설치하고자 하는 자

참고 "대통령령으로 정하는 공공기관"

1. 「농수산물유통공사법」에 따른 농수산물유통공사
2. 「대한석탄공사법」에 따른 대한석탄공사
3. 「한국토지주택공사법」에 따른 한국토지주택공사
4. 「한국관광공사법」에 따른 한국관광공사
5. 「한국농어촌공사 및 농지관리기금법」에 따른 한국농어촌공사
6. 「한국도로공사법」에 따른 한국도로공사
7. 「한국석유공사법」에 따른 한국석유공사
8. 「한국수자원공사법」에 따른 한국수자원공사
9. 「한국전력공사법」에 따른 한국전력공사
10. 「한국철도공사법」에 따른 한국철도공사

4 도시·군계획시설 사업의 분할시행

도시·군계획시설사업의 시행자는 도시·군계획시설사업의 효율적인 추진을 위하여 필요하다고 인정되면 사업시행대상 지역을 둘 이상으로 분할하여 도시·군계획시설 사업을 시행할 수 있다(법 제87조).

5 실시계획의 작성 및 인가 등

(1) 실시계획의 작성권자

도시·군계획시설 사업의 시행자는 대통령령이 정하는 바에 따라 해당 도시·군계획시설 사업에 관한 실시계획을 작성하여야 한다(법 제88조 제1항).

(2) 실시계획인가

① 도시·군계획시설사업의 시행자(국토교통부장관, 시·도지사와 대도시 시장은 제외)는 실시계획을 작성하면 다음과 같이 국토교통부장관, 시·도지사 또는 대도시 시장의 인가를 받아야 한다. 다만, 준공검사를 받은 후에 해당 도시·군계획시설사업에 대하여 국토교통부령으로 정하는 경미한 사항을 변경하기 위하여 실시계획을 작성하는 경우에는 국토교통부장관, 시·도지사 또는 대도시 시장의 인가를 받지 아니한다.(법 제88조 제2항 전문, 영 제97조 제2항).

㉠ 국토교통부장관이 지정한 시행자는 국토교통부장관의 인가

㉡ 그 밖의 시행자는 시·도지사 또는 대도시 시장의 인가

② 국토교통부장관, 시·도지사 또는 대도시 시장은 도시·군계획시설사업의 시행자가 작성한 실시계획이 「도시·군계획시설의 결정·구조 및 설치의 기준」 등에 적합하다고 인정하는 경우에는 실시계획을 인가하여야 한다. 이 경우 국토교통부장관, 시·도지사 또는 대도시 시장은 기반시설의 설치 또는 그에 필요한 용지의 확보·위해방지·환경오염방지·경관·조경 등의 조치를 할 것을 조건으로 실시계획을 인가할 수 있다(법 제88조 제3항).

③ 인가를 받은 실시계획을 변경 또는 폐지하는 경우에 이를 준용한다(법 제88조 제4항, 규칙 제16조).

예외 다음의 경미한 사항을 변경하는 경우에는 그러하지 아니하다.

1. 사업명칭을 변경하는 경우
2. 구역경계의 변경이 없는 범위에서 행하는 건축물 또는 공작물의 연면적 10% 미만의 변경과 「학교시설사업 촉진법」에 따른 학교시설의 변경인 경우
3. 기존 시설의 용도변경을 수반하지 아니하는 대수선·재축 및 개축인 경우
4. 도로의 포장 등 기존 도로의 면적·위치 및 규모의 변경을 수반하지 아니하는 도로의 개량인 경우

(3) 첨부서류

실시계획에는 사업 시행에 필요한 설계도서 · 자금계획 및 시행기간 그 밖에 대통령령이 정하는 사항을 자세히 밝히거나 첨부하여야 한다(법 제88조 제5항).

(4) 도시·군계획시설 사업의 이행 담보

① 특별시장 · 광역시장 · 특별자치시장 · 특별자치도지사 · 시장 또는 군수는 기반시설의 설치나 그에 필요한 용지의 확보 · 위해방지 · 환경오염방지 · 경관 · 조경 등을 위하여 필요하다고 인정되는 경우로서 다음에 해당하는 경우에는 그 이행을 담보하기 위하여 도시 · 군계획시설사업의 시행자로 하여금 이행보증금을 예치하게 할 수 있다(법 제87조 제1항, 영 제98조 제2항).

㉠ 도시 · 군계획시설 사업으로 인하여 도로 · 수도공급설비 · 하수도 등 기반시설의 설치가 필요한 경우

㉡ 도시 · 군계획시설 사업으로 인하여 다음에 해당하는 경우

- 토지의 굴착으로 인하여 인근의 토지가 붕괴될 우려가 있거나 인근의 건축물 또는 공작물이 손괴될 우려가 있는 경우
- 토석의 발파로 인한 낙석 · 먼지 등에 의하여 인근지역에 피해가 발생할 우려가 있는 경우
- 토석을 운반하는 차량의 통행으로 인하여 통행로 주변의 환경이 오염될 우려가 있는 경우
- 토지의 형질변경이나 토석의 채취가 완료된 후 비탈면에 조경을 할 필요가 있는 경우

예외 다음에 해당하는 자에 대하여는 그러하지 아니하다.

1. 국가 또는 지방자치단체
2. 공공기관
3. 지방공기업법에 따른 지방공사 및 지방공단

② 예치금액의 산정 및 예치방법(법 제89조 제2항, 영제59조 제2항)

이행보증금의 예치금액은 기반시설의 설치, 위해의 방지, 환경오염의 방지, 경관 및 조정에 필요한 비용의 범위에서 산정하되 총 공사비의 20% 이내가 되도록 하고, 그 산정에 관한 구체적인 사항 및 예치방법은 특별시 · 광역시 · 시 또는 군의 도시 · 군계획조례로 정한다. 이 경우 도시지역 또는 계획관리지역의 산지 안에서의 개발행위에 대한 이행보증금의 예치금액은 「산지관리법」에 따른 복구비를 포함하여 정하되, 복구비가 이행보증금에 중복하여 계상되지 아니하도록 하여야 한다.

③ 특별시장 · 광역시장 · 특별자치시장 · 특별자치도지사 · 시장 또는 군수는 실시계획의 인가를 받지 아니하고 도시 · 군계획시설사업을 하거나 그 인가내용과 다르게 도시 · 군계획시설사업을 하는 자

에 대하여 그 토지의 원상회복을 명할 수 있다.

④ 특별시장·광역시장·특별자치시장·특별자치도지사·시장 또는 군수는 위 ③의 규정에 따른 원상회복의 명령을 받은 자가 원상회복을 하지 아니하는 때에는 「행정대집행법」에 따른 행정대집행에 따라 원상회복을 할 수 있다. 이 경우 행정대집행에 필요한 비용은 위 ①의 규정에 따라 도시·군계획시설사업의 시행자가 예치한 이행보증금으로 충당할 수 있다.

(5) 서류의 열람 등

① 국토교통부장관, 시·도지사 또는 대도시 시장은 실시계획을 인가하려면 미리 국토교통부장관이 하는 경우에는 관보나 전국을 보급지역으로 하는 일간신문에 시·도지사 또는 대도시 시장이 하는 경우에는 해당 시·도 또는 대도시의 공보나 해당 시·도 또는 대도시를 주된 보급지역으로 하는 일간신문에 이를 공고하고, 관계서류의 사본을 20일 이상 일반이 열람할 수 있도록 하여야 한다(법 제90조 제1항, 영 제 99조 제1항).

② 도시·군계획시설사업의 시행지구 안의 토지·건축물 등의 소유자 및 이해관계인은 열람기간 내에 국토교통부장관, 시·도지사, 대도시 시장 또는 도시·군계획시설 사업의 시행자에게 의견서를 제출할 수 있으며, 국토교통부장관, 시·도지사 또는 도시·군계획시설 사업의 시행자는 제출된 의견이 타당하다고 인정되는 때에는 이를 실시계획에 반영하여야 한다(법 제90조 제2항).

③ 국토교통부장관 또는 시·도지사가 실시계획을 작성하는 경우에 관하여 이를 준용한다(법 제90조 제3항).

(6) 실시계획의 고시

국토교통부장관, 시·도지사 또는 대도시 시장은 제88조에 따라 실시계획을 작성(변경작성을 포함한다), 인가(변경인가를 포함한다), 폐지하거나 실시계획이 효력을 잃은 경우에는 대통령령으로 정하는 바에 따라 그 내용을 고시하여야 한다.<개정 2013. 3. 23., 2013. 7. 16., 2019. 8. 20.>

6 관련 인·허가 등의 의제

(1) 관련 인·허가 등의 의제사항

국토교통부장관, 시·도지사 또는 대도시 시장이 실시계획의 작성 또는 인가를 함에 있어서 해당 실시계획에 대한 다음의 인·허가 등에 관하여 관계 행정기관의 장과 협의한 사항에 대하여는 해당 인·허가 등을 받은 것으로 보며, 실시계획을 고시한 경우에는 관계 법률에 따른 인·허가 등의 고시·공고 등이 있은 것으로 본다(법 제92조 제1항).

해당사항	관련 법률
건축허가, 건축신고, 가설건축물건축의 허가 또는 신고	「건축법」
공장설립 등의 승인	「산업집적활성화 및 공장설립에 관한 법률」
공유수면매립의 면허, 실시계획의 승인, 협의 또는 승인	「공유수면매립법」
점용 또는 사용의 허가, 실시계획의 승인 또는 신고	「공유수면관리법」
채광계획의 인가	「광업법」
사용·수익의 허가	「국유재산법」
농업기반시설의 목적 외 사용의 승인	「농어촌정비법」
농지전용의 허가 또는 협의, 농지전용의 신고 및 농지의 타용도일시사용의 허가 또는 협의	「농지법」
도도로 관리처잉 아닌 자에 대한 도로공사시행의 허가, 도로점용의 허가	「도로법」
무연분묘의 개장허가	「장사 등에 관한 법률」
사도개설의 허가	「사도법」
토지의 형질변경 등의 허가, 사방지지정의 해제	「사방사업법」
산지전용허가 및 산지전용신고, 토석채취허가, 토사채취 신고	「산지관리법」
입목벌채 등의 허가·신고	「산림자원의 조성 및 관리에 관한 법률」
소하천공사시행의 허가, 소하천의 점용허가	「소하천정비법」
일반수도사업 및 공업용수도사업의 인가, 전용상수도설 치 및 전용공업용수도설치의 인가	「수도법」
연안정비사업실시계획의 승인	「연안관리법」
에너지사용계획의 협의	「에너지이용 합리화법」
대규모점포의 개설등록	「유통산업발전법」
사용·수익의 허가	「공유재산 및 물품관리법」
사업의 착수·변경 또는 완료의 신고	「공간정보의 구축 및 관리 등에 관한 법률」
집단에너지의 공급타당성에 관한 협의	「집단에너지사업법」
사업계획의 승인	「체육시설의 설치·이용에 관한 법률」
초지전용의 허가, 신고 또는 협의	「초지법」

지도 등의 간행 심사	「공간정보의 구축 및 관리 등에 관한 법률」
공공하수도에 관한 공사시행의 허가	「하수도법」
하천공사시행의 허가, 하천점용의 허가	「하천법」
항만공사시행의 허가, 실시계획의 승인	「항만법」

(2) 관련 인·허가 등의 의제신청 등

① 인·허가 등의 의제를 받으려는 자는 실시계획 인가의 신청을 하는 때에 해당 법률이 정하는 관련 서류를 함께 제출하여야 한다(법 제92조 제2항).

② 국토교통부장관, 또는 대도시 시장은 시·도지사 실시계획을 작성하거나 이를 인가함에 있어서 그 내용에 해당하는 사항이 있는 때에는 미리 관계 행정기관의 장과 협의하여야 한다(법 제92조 제3항).

③ 국토교통부장관은 위 (1)의 규정에 따라 의제되는 인·허가 등의 처리기준을 관계 중앙행정기관으로부터 제출받아 이를 통합하여 고시하여야 한다.

7 관계 서류의 열람 등 및 서류의 송달

① 도시·군계획시설사업의 시행자는 이해관계인에게 서류를 송달할 필요가 있으나 이해관계인의 주소 또는 거소의 불명 그 밖의 사유로 인하여 서류의 송달을 할 수 없는 때에는 국토교통부장관, 관할 시·도지사 또는 대도시 시장의 승인을 얻어 그 서류의 송달에 갈음하여 이를 공시할 수 있다(법 제94조 제1항, 영 101조)

② 서류의 공시 송달에 관하여는 「민사소송법」의 공시송달에 예에 따른다(법 제94조 제2항).

8 토지 등의 수용 및 사용

(1) 토지 등의 수용 및 사용대상

도시·군계획시설사업의 시행자는 도시·군계획시설사업에 필요한 다음의 물건 또는 권리를 수용 또는 사용할 수 있다(법 제95조 제1항).

① 토지·건축물 또는 그 토지에 정착된 물건

② 토지·건축물 또는 그 토지에 정착된 물건에 관한 소유권 외의 권리

(2) 확장 사용

도시·군계획시설사업의 시행자는 사업 시행을 위하여 특히 필요하다고 인정되는 때에는 도시·군계획 시설에 인접한 토지·건축물 또는 그 토지에 정착된 물건이나 그 토지·건축물 또는 물건에 관한 소유권

외의 권리를 일시 사용할 수 있다(법 제95조 제2항).

(3) 「공익사업을 위한 토지 등의 취득 및 보상에 관한 법률」의 준용

① 수용 및 사용에 관하여는 이 법에 특별한 규정이 있는 경우를 제외하고는 「공익사업을 위한 토지 등의 취득 및 보상에 관한 법률」을 준용한다(법 제96조 제1항).

② 위 ①의 법률을 준용함에 있어서 실시계획의 고시가 있은 때에는 「공익사업을 위한 토지 등의 취득 및 보상에 관한 법률」에 따른 사업인정 및 그 고시가 있은 것으로 본다(법 제96조 제2항).

예외 재결신청은 「공익사업을 위한 토지 등의 취득 및 보상에 관한 법률」에서 정한 규정에 불구하고 실시계획에서 정한 도시·군계획시설사업의 시행기간 내에 하여야 한다.

9 국·공유지의 처분제한

① 도시·군관리계획 결정의 고시가 있는 때에는 국·공유지의 도시·군계획시설사업에 필요한 토지는 해당 도시·군관리계획으로 정하여진 목적 외의 목적으로 이를 매각하거나 양도할 수 없다(법 제97조 제1항).

② 위 ①의 규정에 위반한 행위는 무효로 한다(법 제97조 제2항).

10 공사완료 공고 등

(1) 준공검사

① 도시·군계획시설사업의 시행자(국토교통부장관, 시·도지사와 대도시 시장을 제외함)는 도시·군계획시설사업의 공사를 마친 때에는 국토교통부령이 정하는 바에 따라 공사완료보고서를 작성하여 시·도지사 또는 대도시 시장의 준공검사를 받아야 한다(법 제98조 제1항).

② 시·도지사 또는 대도시 시장은 공사완료 보고서를 받으면 지체 없이 준공검사를 하여야 한다(법 제98조 제2항).

(2) 공사완료의 공고

① 시·도지사 또는 대도시 시장은 준공검사를 한 결과 실시계획대로 완료되었다고 인정되는 때에는 도시·군계획시설사업의 시행자에게 준공검사필증을 교부하고 공사완료 공고를 하여야 한다(법 제98조 제3항).

② 국토교통부장관, 시·도지사 또는 대도시 시장인 도시·군계획시설사업의 시행자는 도시·군계획시설사업의 공사를 마친 때에는 공사완료 공고를 하여야 한다(법 제98조 제4항).

③ 도시·군계획시설사업에 대하여 다른 법령에 따른 준공검사·준공인가 등을 받은 경우 그 부분에 대하여는 준공검사를 하지 아니할 수

참고 공사완료의 공고절차

1. 공사완료
↓
2. 공사완료 보고서제출
↓
3. 준공검사
↓
4. 준공검사 필증교부
↓
5. 공사완료 공고

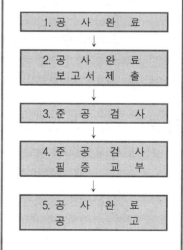

있다. 이 경우 시·도지사 또는 대도시 시장은 다른 법령에 따른 준공검사·준공인가 등을 한 기관의 장에 대하여 그 준공검사·준공인가 등의 내용을 통보하여 줄 것을 요청할 수 있다(영 제102조 제1항).

④ 공사완료 공고는 국토교통부장관이 하는 경우에는 관보에 시·도지사 또는 대도시 시장이 하는 경우에는 해당 시·도 또는 대도시의 공보에 게재하는 방법에 따른다(영 제 102조 제2항).

(3) 준공검사·준공인가 등의 의제

① 준공검사를 하거나 공사완료 공고를 함에 있어서 국토교통부장관, 시·도지사 또는 대도시 시장이 의제되는 인·허가 등에 따른 준공검사·준공인가 등에 관하여 관계 행정기관의 장과 협의한 사항에 대하여는 해당 준공검사·준공인가 등을 받은 것으로 본다(법 제98조 제5항).

② 도시·군계획시설사업의 시행자(국토교통부장관, 시·도지사 또는 대도시 시장을 제외함)는 준공검사·준공인가 등의 의제를 받으려면 준공검사를 신청하는 때에 해당 법률이 정하는 관련 서류를 함께 제출하여야 한다(법 제98조 제6항).

③ 국토교통부장관, 시·도지사 또는 대도시 시장은 준공검사를 하거나 공사완료 공고를 함에 있어서 그 내용에 의제되는 인·허가 등에 따른 준공검사·준공인가 등에 해당하는 사항이 있는 때에는 미리 관계 행정기관의 장과 협의하여야 한다(법 제98조 제7항).

④ 국토교통부장관은 위 ①의 규정에 따라 의제되는 준공검사·준공인가 등의 처리기준을 관계 중앙행정기관으로부터 제출받아 이를 통합하여 고시하여야 한다.

11 공공시설 등의 귀속

① 개발행위에 따른 공공시설 등의 귀속 규정은 도시·군계획시설사업에 따라 새로이 공공시설을 설치하거나 기존의 공공시설에 대체되는 공공시설을 설치한 경우에 이를 준용한다(법 제99조 제1항).

② 이 경우 '준공검사를 마친 때'는 시행자가 국토교통부장관, 시·도지사 또는 대도시 시장인 경우에는 '공사완료 공고를 한 때'로 보고, '준공검사를 받았음을 증명하는 서면'은 '준공검사필증(시행자가 국토교통부장관, 시·도지사 또는 대도시 시장인 경우에는 공사완료 공고를 하였음을 증명하는 서면)'으로 본다(법 제99조 후문).

12 다른 법률과의 관계

도시·군계획시설사업으로 인하여 조성된 대지 및 건축물 중 국가 또는 지방자치단체의 소유에 속하는 재산을 처분하려면 「국유재산법」 및 「공유재산 및 물품관리법」의 규정에 불구하고 다음의 순위에 따라 처분할 수 있다(법 제100조).

① 해당 도시 · 군계획시설사업의 시행으로 인하여 수용된 토지 또는 건축물 소유자에의 양도

② 다른 도시 · 군계획시설사업에 필요한 토지와의 교환

13 비 용

(1) 비용 부담의 원칙

광역도시계획 또는 도시 · 군계획의 수립, 도시 · 군계획시설사업에 관한 비용은 이 법 또는 다른 법률에 특별한 규정이 있는 경우를 제외하고는 다음과 같이 부담함을 원칙으로 한다(법 제101조).

① 국가가 행하는 경우에는 국가예산에서 부담

② 지방자치단체가 행하는 경우에는 해당 지방자치단체가 부담

③ 행정청이 아닌 자가 행하는 경우에는 그 자가 부담

(2) 지방자치단체의 비용부담

① 국토교통부장관 또는 시 · 도지사는 그가 시행한 도시 · 군계획시설사업으로 인하여 현저히 이익을 받는 시 · 도, 시 또는 군이 있는 때에는 해당 도시 · 군계획시설사업에 소요된 비용의 일부를 그 이익을 받는 시 · 도, 시 또는 군에 부담시킬 수 있다. 이 경우 국토교통부장관은 시 · 도, 시 또는 군에 비용을 부담시키기 전에 행정자치부장관과 협의하여야 한다(법 제102조 제1항).

② 부담하는 비용의 총액은 해당 도시 · 군계획시설사업에 소요된 비용의 50%를 넘지 못한다. 이 경우 도시 · 군계획시설사업에 소요된 비용에는 해당 도시 · 군계획시설사업의 조사 · 측량비, 설계비 및 관리비를 포함하지 아니한다(영 104조 제1항).

③ 시 · 도지사는 위 ①에 따라 해당 시 · 도에 속하지 아니하는 특별시 · 광역시 · 시 또는 군에 비용을 부담시키고자 하는 때에는 해당 지방자치단체의 장과 협의하되, 협의가 성립되지 아니하는 때에는 행정자치부장관이 결정하는 바에 따른다(법 제102조 제2항).

④ 시장 또는 군수는 그가 시행한 도시 · 군계획시설사업으로 인하여 현저히 이익을 받는 다른 지방자치단체가 있는 때에는 대통령령이 정하는 바에 따라 해당 도시 · 군계획시설사업에 소요된 비용의 일부를 그 이익을 받는 다른 지방자치단체와 협의하여 그 지방자치단체에 이를 부담시킬 수 있다(법 제102조 제3항).

⑤ 위 ④에 따른 협의가 성립되지 아니하는 경우 다른 지방자치단체가 같은 도에 속하는 때에는 관할 도지사가 결정하는 바에 따르며, 다른 시 · 도에 속하는 때에는 행정자치부장관이 결정하는 바에 따른다(법 제102조 제4항).

(3) 공공시설 관리자의 이용부담

① 도시・군계획시설사업의 시행자(행정청인 경우에 한함)는 공공시설(해당 시행자 외의 자가 설치・관리하는 공공시설에 한함)의 관리자가 도시・군계획시설사업으로 인하여 현저한 이익을 받은 때에는 대통령령이 정하는 바에 따라 그 공공시설의 관리자와 협의하여 해당 도시・군계획시설사업에 소요된 비용의 일부를 그에게 부담시킬 수 있다. 이 경우 협의가 성립되지 아니하는 때에는 국토교통부장관이 해당 공공시설에 관한 중앙행정기관의 장의 의견을 들어 이를 결정한다(법 제103조).

② 부담하는 비용의 총액은 해당 도시・군계획시설사업에 소요된 비용의 1/3을 넘지 못한다. 단, 다른 공공시설의 정비가 그 도시・군계획시설사업의 주된 내용인 경우에는 그 부담비용의 총액을 해당 도시・군계획 시설사업에 소요된 비용의 전부 또는 1/2까지로 할 수 있다(영 제105조 제1항).

③ 도시・군계획시설사업에 소요된 비용에는 해당 도시・군계획시설사업의 조사・측량비, 설계비 및 관리비를 포함하지 아니한다(영 제 105조 제2항).

(4) 보조 또는 융자

① 시・도지사, 시장 또는 군수가 수립하는 광역도시계획 또는 도시・군계획에 관한 기초조사 또는 지형도면의 작성에 소요되는 비용은 그 비용의 전부 또는 일부를 국가 예산에서 보조할 수 있다(법 제104조 제1항).

② 기초조사 또는 지형도면의 작성에 소요되는 비용은 그 비용의 80% 이하의 범위에서 국가예산으로 보조할 수 있다(영 제106조 제1항).

③ 행정청이 시행하는 도시・군계획시설사업에 소요되는 비용은 그 비용이 전부 또는 일부를 국가 예산에서 보조하거나 융자할 수 있으며, 행정청이 아닌 자가 시행하는 도시・군계획시설사업에 소요되는 비용의 일부는 국가 또는 지방자치단체가 이를 보조 또는 융자할 수 있다. 이 경우 국가 또는 지방자치단체는 도로, 상하수도 등 기반시설이 인근지역에 비해 부족한 지역 또는 개발제한구역(집단취락지구에 한한다)에서 해제된 지역에 대하여는 우선 지원할 수 있다(법 제104조 제2항).

④ 행정청이 시행하는 도시・군계획시설사업에 대하여는 해당 도시・군계획시설사업에 소요되는 비용(조사・측량비, 설계비 및 관리비를 제외한 공사비와 감정비를 포함한 보상비를 말함)의 50% 이하의 범위 에서 국가 예산으로 보조 또는 융자할 수 있으며, 행정청이 아닌 자가 시행하는 도시・군계획시설사업에 대하여는 해당 도시・군계획시설사업에 소요되는 비용의 1/3 이하의 범위에서 국가

또는 지방자치단체가 보조 또는 융자할 수 있다(영 제106조 제2항).

(5) 취락지구에 대한 지원

국가 또는 지방자치단체는 취락지구 안의 주민의 생활 편익과 복지증진 등을 위한 사업을 시행하거나 그 사업을 지원할 수 있다(법 제105조, 영 제107조).

집단취락지구	「개발제한구역의 지정 및 관리에 관한 특별조치법령」에서 정하는 바에 따른다.
자연취락지구	1. 자연취락지구 안에 있거나 자연취락지구에 연결되는 도로·수도공급설비·하수도 등의 정비 2. 어린이놀이터·공원·녹지·주차장·학교·마을회관 등의 설치·정비 3. 쓰레기처리장·하수처리시설 등의 설치·개량 4. 하천정비 등 재해방지를 위한 시설의 설치·개량 5. 주택의 신축·개량

제 12 장

도시계획위원회

1 중앙도시계획위원회

(1) 중앙도시계획위원회 심의내용과 설치

다음의 업무를 수행하기 위하여 국토교통부에 중앙도시계획위원회를 둔다(법 제106조).

① 광역도시계획 · 도시 · 군계획 · 토지거래계약허가구역 등 국토교통부장관의 권한에 속하는 사항의 심의
② 다른 법률에서 중앙도시계획위원회의 심의를 거치도록 한 사항의 심의
③ 도시 · 군계획에 관한 조사 · 연구

(2) 조 직

① 중앙도시계획위원회는 위원장 · 부위원장 각 1인을 포함한 위원 25인 이상 30인 이하의 위원으로 구성한다(법 제107조 제1항).
② 중앙도시계획위원회의 위원장 및 부위원장은 위원 중에서 국토교통부장관이 임명 또는 위촉한다(법 제107조 제2항).
③ 위원은 관계 중앙행정기관의 공무원과 토지 이용 · 건축 · 주택 · 교통 · 환경 · 방재 · 문화 · 농림 등 도시 · 군계획에 관한 학식과 경험이 풍부한 자 중에서 국토교통부장관이 임명하거나 위촉한다(법 제107조 제3항).

(3) 임 기

① 공무원이 아닌 위원의 수는 10명 이상으로 하고, 그 임기는 2년으로 한다(법 제107조 제4항).
② 보궐위원의 임기는 전임자의 임기 중 남은 기간으로 한다(법 제107조 제5항).

(4) 직 무

① 위원장은 중앙도시계획위원회의 업무를 총괄하며, 중앙도시계획위원회의 의장이 된다(법 제108조 제1항).

② 부위원장은 위원장을 보좌하며, 위원장이 부득이한 사유로 그 직무를 수행하지 못할 때에는 그 직무를 대행한다(법 제108조 제2항).

③ 위원장 및 부위원장이 모두 부득이한 사유로 그 직무를 수행하지 못할 때에는 위원장이 미리 지명한 위원이 그 직무를 대행한다(법 제108조 제3항).

(5) 회의의 소집 및 의결정족수

① 중앙도시계획위원회의 회의는 국토교통부장관이나 위원장이 필요하다고 인정하는 경우에 국토교통부장관이나 위원장이 소집한다(법 제109조 제1항).

② 중앙도시계획위원회의 회의는 재적위원 과반수의 출석으로 개의하고, 출석위원 과반수의 찬성으로 의결한다(법 제109조 제2항).

(6) 분과위원회

① 분과위원회와 소관업무

다음의 사항을 효율적으로 심의하기 위하여 중앙도시계획위원회에 분과위원회를 둘 수 있다(법 제110조, 영 제109조).

제1 분과위원회	• 토지이용계획에 관한 구역 등의 지정 • 용도지역 등의 변경계획에 관한 사항의 심의 • 개발 행위에 관한 사항의 심의
제2 분과위원회	중앙도시계획위원회에서 위임하는 사항의 심의

② 심의의 의제 : 분과위원회의 심의는 중앙도시계획위원회의 심의로 본다(법 제110조 제2항).

③ 조직

㉠ 각 분과위원회는 위원장 1인을 포함한 5인 이상 14인 이하의 위원으로 구성한다(영 109조 제2항).

㉡ 각 분과위원회의 위원은 중앙도시계획위원회가 그 위원 중에서 선출하며, 중앙도시계획위원회의 위원은 2 이상의 분과위원회의 위원이 될 수 있다(영 제109조 제3항).

㉢ 각 분과위원회의 위원장은 분과위원회의 위원 중에서 호선한다(영 제109조 제4항).

㉣ 중앙도시계획위원회의 위원장은 효율적인 심사를 위하여 필요한 경우에는 각 분과위원회가 분장하는 업무의 일부를 조정할 수 있다.

(7) 전문위원

① 도시 · 군계획 등에 관한 중요 사항을 조사 · 연구하기 위하여 중앙도시계획위원회에 전문위원을 둘 수 있다(법 제111조 제1항).

② 전문위원은 토지이용 · 교통 · 환경 등 도시 · 군계획에 관한 학식과 경험이 풍부한 자 중에서 국토교통부장관이 임명한다(법 제111조 제3항).

③ 전문위원은 위원장 및 중앙도시계획위원회나 분과위원회의 요구가 있는 때에는 회의에 출석하여 발언할 수 있다(법 제111조 제2항).

(8) 간사 및 서기

① 중앙도시계획위원회에 간사와 서기를 둔다(법 제112조 제1항)

② 간사 및 서기는 국토교통부 소속공무원 중에서 국토교통부장관이 임명한다(법 제112조 제2항).

③ 간사는 위원장의 명을 받아 중앙도시계획위원회의 서무를 담당하고, 서기는 간사를 보좌한다(법 제112조 제3항).

2 지방도시계획위원회

(1) 시·도 도시계획위원회의 심의 또는 자문

다음의 심의를 하게하거나 자문에 응하게 하기 위하여 시 · 도에 시 · 도 도시계획위원회를 둔다(법 제113조 제1항, 영 제110조 제1항).

① 시 · 도지사가 결정하는 도시 · 군관리계획의 심의 등 시 · 도지사의 권한에 속하는 사항과 다른 법률에서 시 · 도 도시계획위원회의 심의를 거치도록 한 사항의 심의

② 국토교통부장관의 권한에 속하는 사항 중 중앙도시계획위원회의 심의 대상에 해당하는 사항이 시 · 도지사에게 위임된 경우 그 위임된 사항의 심의

③ 도시 · 군관리계획과 관련하여 시 · 도지사가 자문하는 사항에 대한 조언

④ 해당 시 · 도의 도시 · 군계획조례의 제정 · 개정과 관련하여 시 · 도지사에 대한 자문

(2) 시·도 도시계획위원회의 구성 및 운영

① 시 · 도 도시계획위원회는 위원장 및 부위원장 각 1인을 포함한 25인 이상 30인 이하의 위원으로 구성한다(영 제111조 제1항)

② 시 · 도 도시계획위원회의 위원장은 위원 중에서 해당 시 · 도지사가 임명 또는 위촉하며 부위원장은 위원 중에서 호선한다(영 제111조 제2항).

③ 시 · 도 도시계획위원회의 위원은 다음에 해당하는 자 중에서 시 · 도지사가 임명 또는 위촉한다. 이 경우 ㉢에 해당하는 위원의 수는 전체 위원의 2/3 이상이어야 한다(영 제111조 제3항).

㉠ 해당 시 · 도 지방의회의 의원

㉡ 해당 시 · 도 및 도시 · 군계획과 관련 있는 행정기관의 공무원

㉢ 토지이용 · 건축 · 주택 · 교통 · 환경 · 방재 · 문화 · 농림 · 정보통신 등 도시 · 군계획 관련분야에 관하여 학식과 경험이 있는 자

④ 위 ③의 ㉢에 해당하는 위원의 임기는 2년으로 하되, 연임할 수 있다(영 제111조 제4항).

예외 보궐위원의 임기는 전임자의 임기 중 남은 기간으로 한다.

⑤ 시 · 도도시계획위원회의 위원장은 위원회의 업무를 총괄하며, 위원회를 소집하고 그 의장이 된다.

⑥ 시 · 도도시계획위원회의 회의는 재적위원 과반수의 출석(출석위원의 과반수는 위 ③－㉢에 해당하는 위원이어야 함)으로 개의하고, 출석위원 과반수의 찬성으로 의결한다.

⑦ 시 · 도도시계획위원회에 간사 1인과 서기 약간인을 둘 수 있으며, 간사와 서기는 위원장이 임명한다.

⑧ 시 · 도도시계획위원회의 간사는 위원장의 명을 받아 서무를 담당하고, 서기는 간사를 보좌한다.

(3) 시·군·구 도시계획위원회

도시 · 군관리계획과 관련된 다음의 심의를 하게 하거나 자문에 응하게 하기 위하여 시 · 군(광역시의 관할구역 안에 있는 군을 포함) 또는 구(자치구를 말함)에 각각 시 · 군 · 구 도시계획위원회를 둔다(법 제113조 제2항, 영 제110조 제2항)

① 시장 또는 군수가 결정하는 도시 · 군관리계획의 심의와 국토교통부장관이나 시 · 도지사의 권한에 속하는 사항 중 시 · 도도시계획위원회의 심의대상에 해당하는 사항이 시장 · 군수 또는 구청장에게 위임되거나 재위임된 경우 그 위임되거나 재위임된 사항의 심의

② 도시 · 군관리계획과 관련하여 시장 · 군수 또는 구청장이 자문하는 사항에 대한 조언

③ 개발행위의 허가 등에 관한 심의

④ 해당 시 · 군(광역시의 관할구역 안에 있는 군을 포함) · 구(자치구를 말함)의 도시 · 군계획 조례의 제정 · 개정 및 시범도시의 도시 · 군계획사업의 수립과 관련하여 시장 · 군수 · 구청장(자치구의 구청장을 말함)에 대하여 자문을 할 수 있다.

(4) 시·군·구 도시계획위원회의 구성 및 운영

① 시 · 군 · 구 도시계획위원회는 위원장 및 부위원장 각 1인을 포함한 15인 이상 25인 이하의 위원으로 구성한다(영 제112조 제1항).

예외 둘 이상의 시 · 군 또는 구에 공동으로 시 · 군 · 구 도시계획위원회를 설치하는 경우에는 그 위원의 수를 30인까지로 할 수 있다.

② 시 · 군 · 구 도시계획위원회의 위원장은 위원 중에서 해당 시장 ·

군수 또는 구청장이 임명 또는 위촉하며, 부위원장은 위원 중에서 호선한다(영 제 112조 제2항).

예외 둘 이상의 시·군 또는 구에 공동으로 설치하는 시·군·구 도시계획위원회의 위원장은 해당 시장·군수 또는 구청장이 협의하여 정한다.

③ 시·군·구 도시계획위원회의 위원은 다음의 자중에서 시장·군수 또는 구청장이 임명 또는 위촉한다. 이 경우 ㉢에 해당하는 위원의 수는 위원 총수의 50% 이상이어야 한다.
 ㉠ 해당 시·군·구 지방의회의 의원
 ㉡ 해당 시·군·구 및 도시·군계획과 관련 있는 행정기관의 공무원
 ㉢ 토지이용·건축·주택·교통·환경·방재·문화·농림·정보통신 등 도시·군계획관련분야에 관하여 학식과 경험이 있는 자

④ 위 (2)-④~⑧의 규정은 시·군·구도시계획위원회에 관하여 이를 준용한다.

⑤ 위 ① 및 ③에도 불구하고 시·군·구도시계획위원회 중 대도시에 두는 도시계획위원회는 위원장 및 부위원장 각 1명을 포함한 20명 이상 25명 이하의 위원으로 구성하며, 위 ③-㉢에 해당하는 위원의 수는 전체 위원의 2/3 이상이어야 한다.

(5) 분과위원회

① 시·도 도시계획위원회 또는 시·군·구 도시계획위원회의 심의사항 중 다음의 사항을 효율적으로 심의하기 위하여 시·도 도시계획위원회 또는 시·군·구 도시계획위원회에 분과위원회를 둘 수 있다(법 제113조 제3항, 영 제113조).
 ㉠ 용도지역 등의 변경계획에 관한 사항
 ㉡ 지구단위계획구역 및 지구단위계획의 결정 또는 변경 결정에 관한 사항
 ㉢ 개발행위에 대한 심의에 관한 사항
 ㉣ 토지거래 계약에 관한 처분에 대한 이의 신청에 관한 사항
 ㉤ 지방도시계획위원회에서 위임하는 사항

② 분과위원회에서 심의하는 사항 중 시·도 도시계획위원회 또는 시·군·구 도시계획위원회가 지정하는 사항은 분과위원회의 심의를 시·도 도시계획위원회 또는 시·군·구 도시계획위원회의 심의로 본다(법 제113조 제4항).

(6) 지방도시계획위원의 제척

지방도시계획위원회의 위원은 다음의 어느 하나에 해당하는 경우에 심의·자문에서 제척된다.(법 제113조 제5항, 영 제113조의2 제1항)

① 자기나 배우자 또는 배우자였던 자가 당사자이거나 공동권리자 또는 공동의무자인 경우

② 자기가 당사자와 친족관계에 있거나 자기 또는 자기가 속한 법인이 당사자의 법률 · 경영 등에 대한 자문 · 고문 등으로 있는 경우
③ 자기 또는 자기가 속한 법인이 당사자 등의 대리인으로 관여하거나 관여하였던 경우
④ 자기가 심의하거나 자문에 응한 안건에 관하여 용역을 받거나 그 밖의 방법으로 직접 관여한 경우
⑤ 자기가 심의하거나 자문에 응한 안건의 직접적인 이해관계인이 되는 경우

(7) 회의록의 공개

중앙도시계획위원회 및 지방도시계획위원회의 심의 일시 · 장소 · 안건 · 내용 · 결과 등이 기록된 회의록은 중앙도시계획위원회의 경우에는 심의 종결 후 6개월, 지방도시계획위원회의 경우에는 6개월 이하의 범위에서 해당 지방자치단체의 도시 · 군계획조례로 정하는 기간이 지난 후에는 공개 요청이 있는 경우 대통령령으로 정하는 바에 따라 공개하여야 한다(법 제113조의2, 영 제113조의2 제2항 · 제3항).

예외 공개에 의하여 부동산 투기 유발 등 공익을 현저히 해할 우려가 있다고 인정하는 경우나 심의 · 의결의 공정성을 침해할 우려가 있다고 인정되는 이름 · 주민등록번호 · 직위 및 주소 등 특정인임을 식별할 수 있는 정보에 관한 부분의 경우에는 그러하지 아니하다.

3 운영세칙

① 중앙도시계획위원회 및 분과위원회의 설치 및 운영에 관하여 필요한 사항은 대통령령으로 정한다(법 제114조 제1항).
② 지방도시계획위원회 및 분과위원회의 설치 및 운영에 관하여 필요한 사항은 대통령령이 정하는 범위에서 해당 지방자치단체의 조례로 정한다(법 제114조 제2항).

4 위원 등의 수당 및 여비

중앙도시계획위원회의 위원이나 전문위원, 지방도시계획위원회의 위원에게는 대통령령 또는 조례가 정하는 바에 따라 수당 및 여비를 지급할 수 있다(법 제115조).

5 도시계획상임기획단

지방자치단체의 장이 입안한 광역도시계획, 도시 · 군기본계획 또는 도시 · 군관리계획을 검토하거나 지방자치단체의 장이 의뢰하는 광역도시계획, 도시 · 군기본계획 또는 도시 · 군관리계획에 관한 기획 · 지도 및 조사 · 연구를 위하여 해당 지방자치단체의 조례가 정하는 바에 따라 지방도시계획위원회에 도시계획상임기획단을 둘 수 있다(법 제116조).

제 13 장

보칙 및 벌칙

1 시범도시

(1) 시범도시의 지정

① 지정권자와 지정목적

국토교통부장관은 도시의 경제·사회·문화적인 특성을 살려 개성 있고 지속 가능한 발전을 촉진하기 위하여 필요한 때에는 직접 또는 관계 중앙행정 기관의 장이나 시·도지사의 요청에 따라 시범도시(시범지구 또는 시범단지를 포함)를 지정할 수 있다(법 제127조 제1항, 영 제126조 제1항).

② 시범도시의 지정분야 (영 제126조)

경관·생태·정보통신·과학·문화·관광·교육·안전·교통·경제활력·도시재생 및 기후변화 분야별로 지정할 수 있다.

③ 시범도시의 지정 기준 (영 제126조 제2항)

시범도시는 다음의 기준에 적합하여야 한다.

㉠ 시범도시의 지정이 경쟁력 향상, 특화발전 및 지역균형발전에 기여할 수 있을 것

㉡ 시범도시의 지정에 대한 주민의 호응도가 높을 것

㉢ 시범도시의 지정목적 달성에 필요한 시범도시사업에 주민이 참여할 수 있을 것

㉣ 시범도시사업의 재원조달계획이 적정하고 실현가능할 것

④ 시범도시의 지정시 제출 서류 (영 제126조 제6항)

관계 중앙행정기관의 장 또는 시·도지사는 시범도시의 지정을 요청하려면 다음의 서류를 국토교통부장관에게 제출하여야 한다.

㉠ 지정기준에 적합함을 설명하는 서류

짚어보기 시범도시

시범도시의 결정권자는 국토교통부장관이다.

■ 시범도시의 지정절차

지정요청
- 관계중앙행정기관의 장
- 시·도지사

↓

지 정
국토교통부장관

↓

통 보
국토교통부장관

ⓛ 지정을 요청하는 관계 중앙행정기관의 장 또는 시·도지사가 직접 시범도시에 대하여 지원할 수 있는 예산·인력 등의 내역
ⓒ 주민의 의견청취의 결과와 관계 지방자치단체의 장의 의견
ⓔ 시·도 도시계획위원회의 자문 결과

⑤ 시범도시의 공모 (영 제127)
㉠ 국토교통부장관은 직접 시범도시를 지정함에 있어서 필요한 경우에는 그 대상이 되는 도시를 공모할 수 있다.
ⓛ 시범도시의 응모자는 특별시장·광역시장·시장·군수 또는 구청장으로 한다.
ⓒ 국토교통부장관은 시범도시의 공모 및 평가 등에 관한 업무를 원활하게 수행하기 위하여 필요한 때에는 전문기관에 자문하거나 조사·연구를 의뢰할 수 있다.

⑥ 시범도시 사업계획의 수립·시행 (영 제128조 제1항)
㉠ 시범도시를 관할하는 특별시장·광역시장·시장·군수 또는 구청장은 다음의 구분에 따라 시범도시사업의 시행에 관한 시범도시 사업계획을 수립·시행하여야 한다.
ⓐ 시범도시가 시·군 또는 구의 관할구역에 한정되어 있는 경우 : 관할 시장·군수 또는 구청장이 수립·시행
ⓑ 그 밖의 경우 : 특별시장 또는 광역시장이 수립·시행
ⓛ 시범도시 사업계획에는 다음의 사항이 포함되어야 한다.
ⓐ 시범도시사업의 목표·전략·특화발전계획 및 추진체제에 관한 사항
ⓑ 시범도시사업의 시행에 필요한 도시·군계획 등 관련계획의 조정·정비에 관한 사항
ⓒ 시범도시사업의 시행에 필요한 도시·군계획사업에 관한 사항
ⓓ 시범도시사업의 시행에 필요한 재원조달에 관한 사항
ⓔ 주민참여 등 지역사회와의 협력체계에 관한 사항
ⓕ 그 밖에 시범도시사업의 원활한 시행을 위하여 필요한 사항
ⓒ 특별시장·광역시장·시장·군수 또는 구청장은 위 ㉠에 따라 시범도시 사업계획을 수립하려면 미리 설문조사·열람 등을 통하여 주민의 의견을 들어야 한다.
ⓔ 특별시장·광역시장·시장·군수 또는 구청장은 시범도시 사업계획을 수립하려면 미리 국토교통부장관(관계 중앙행정기관의 장 또는 시·도지사의 요청에 따라 지정된 시범도시의 경우에는 지정을 요청한 기관을 말함)과 협의하여야 한다.
ⓜ 특별시장·광역시장·시장·군수 또는 구청장은 위 ㉠에 따라 시범도시 사업계획을 수립한 때에는 그 주요내용을 해당 지방

참고
지속가능한 도시대상 평가항목

평가부문	평가 항목
친환경	녹지·생태
	경관·친수
	난개발 방지
	자원절약 및 공해방지
	친환경 관련 정책운영
도시관리	경쟁력 제고
	도시안전 확보
	주민복지 제고
녹색교통	자전거 이용
	보행환경
	대중교통
	교통안전
주민참여	주민요구에 따른 참여
	지자체에 따른 참여 유도
정보화	정보화 비전과 의지
	정보 인프라의 구축
	정보 서비스의 제공
문화	지자체의 비전과 의지 및 정책
	지역문화의 육성 프로그램
	지역문화시설의 확충과 이용실적
	지역문화관련 투자
사례	위 사항들에 대한 관련사례

※ 2000년부터 국토교통부에서 실시하고 있는 도시대상 시상제도의 7개 평가항목이다.

자치단체의 공보에 고시한 후 그 사본 1부를 국토교통부장관에게 송부하여야 한다.

ⓗ 위 ⓒ~ⓜ의 규정은 시범도시 사업계획의 변경에 관하여 이를 준용한다.

⑦ 국토교통부장관은 시범도시를 지정하려면 중앙도시계획위원회의 심의를 거쳐야 한다.

⑧ 국토교통부장관은 시범도시를 지정한 때에는 지정목적 · 지정분야 · 지정대상 도시 등을 관보에 공고하고 관계 행정기관의 장에게 통보하여야 한다.

(2) 시범도시의 지원 및 사업의 평가·조정

① 국토교통부장관, 관계 중앙행정 기관의 장 또는 시 · 도지사는 지정된 시범도시에 대하여 예산 · 인력 등 필요한 지원을 할 수 있다(법 제127조 제2항).

㉠ 시범도시의 지원기준 (영 제129조 제1항)

ⓐ 시범도시사업계획의 수립에 소요되는 비용의 80% 이하

ⓑ 시범도시사업의 시행에 소요되는 비용(보상비를 제외)의 50% 이하

㉡ 관계 중앙행정기관의 장 또는 시 · 도지사는 시범도시에 대하여 예산 · 인력 등을 지원한 때에는 그 지원 내역을 국토교통부장관에게 통보하여야 한다.

㉢ 시장 · 군수 또는 구청장은 시범도시사업의 시행을 위하여 필요한 경우에는 다음의 사항을 도시 · 군계획조례로 정할 수 있다.

ⓐ 시범도시사업의 예산집행에 관한 사항

ⓑ 주민의 참여에 관한 사항

② 국토교통부장관은 관계 중앙행정기관의 장 또는 시 · 도지사에게 시범도시의 지정 및 지원에 관하여 필요한 자료의 제출을 요청할 수 있다(법 제127조 제3항).

③ 시범도시사업의 평가 · 조정(영 제129조 제2항)

㉠ 시범도시를 관할하는 특별시장 · 광역시장 · 시장 · 군수 또는 구청장은 매년말까지 해당연도 시범도시 사업계획의 추진실적을 국토교통부장관과 해당 시범도시의 지정을 요청한 관계 중앙행정기관의 장 또는 시 · 도 지사에게 제출하여야 한다.

㉡ 국토교통부장관, 관계 중앙행정기관의 장 또는 시 · 도지사는 위 ㉠에 따라 제출된 추진실적을 분석한 결과 필요하다고 인정하는 때에는 시범도시 사업계획의 조정요청, 지원내용의 축소 또는 확대 등의 조치를 할 수 있다.

2 전문기관에 자문 등

① 국토교통부장관은 필요하다고 인정하는 경우에는 광역도시계획이나 도시기본계획의 승인 그 밖에 도시·군계획에 관한 중요사항에 대하여 도시·군계획에 관한 전문기관에 자문을 구하거나 조사·연구를 의뢰할 수 있다(법 제129조 제1항).

② 국토교통부장관은 자문을 구하거나 조사·연구를 의뢰하는 경우에는 그에 필요한 비용을 예산의 범위에서 해당 전문기관에 지급할 수 있다(법 제129조 제2항).

3 토지에의 출입 등

(1) 타인 토지의 출입

국토교통부장관, 시·도지사, 시장 또는 군수나 도시·군계획시설 사업의 시행자는 다음의 행위를 하기 위하여 필요한 때에는 타인의 토지에 출입하거나 타인의 토지를 재료적치장 또는 임시통로로 일시 사용할 수 있으며, 특히 필요한 때에는 나무·흙·돌 그 밖의 장애물을 변경하거나 제거할 수 있다(법 제130조 제1항).

① 도시·군계획·광역도시계획에 관한 기초조사
② 개발밀도관리구역, 기반시설부담구역, 기반시설설치계획에 관한 기초조사
③ 지가의 동향 및 토지 거래의 상황에 관한 조사
④ 도시·군계획시설사업에 관한 조사·측량 또는 시행

(2) 출입절차

① 타인의 토지에 출입하는 경우(통지) : 타인의 토지에 출입하고자 하는 자는 특별시장·광역시장·특별자치시장·특별자치도지사·시장 또는 군수의 허가를 받아야 하며, 출입하고자 하는 날의 3일 전까지 해당 토지의 소유자·점유자 또는 관리인에게 그 일시와 장소를 통지하여야 한다(법 제130조 제2항).

예외 행정청인 도시·군계획 시설사업의 시행자는 허가를 받지 아니하고 타인의 토지에 출입할 수 있다.

② 일시사용·장애물을 변경 또는 제거(동의) : 타인의 토지를 재료적치장 또는 임시 통로로 일시사용하거나 나무·흙·돌 그 밖의 장애물을 변경 또는 제거하고자 하는 자는 토지의 소유자·점유자 또는 관리인의 동의를 얻어야 한다(법 제130조 제3항).

③ 동의를 얻을 수 없는 경우 : 토지나 장애물의 소유자·점유자 또는 관리인이 현장에 없거나 주소 또는 거소의 불명으로 그 동의를 얻을 수 없는 때에는 행정청인 도시·군계획 시설사업의 시행자는 관할 특별시장·광역시장·특별자치시장·특별자치도지사·시장 또는 군수

에게 그 사실을 통지하여야 하며, 행정청이 아닌 도시·군계획 시설사업의 시행자는 미리 관할 특별시장·광역시장·시장 또는 군수의 허가를 받아야 한다(법 제130조 제4항).

④ 통지 : 위 ②, ③에 따라 토지를 일시 사용하거나 장애물을 변경 또는 제거하고자 하는 자는 토지를 사용하고자 하는 날이나 장애물을 변경 또는 제거하고자 하는 날의 3일 전까지 그 토지 또는 장애물의 소유자·점유자 또는 관리인에게 통지하여야 한다(법 제130조 제5항).

(3) 출입권의 제한

일출 전이나 일몰 후에는 그 토지의 점유자의 승낙 없이 택지나 담장 또는 울타리로 둘러싸인 타인의 토지에 출입할 수 없다(법 제130조 제6항).

(4) 토지점유자의 수인의무

토지의 점유자는 정당한 사유 없이 토지에의 출입 등에 따른 행위를 방해하거나 거부하지 못한다(법 제140조 제7항).

(5) 증표와 허가증

① 토지에의 출입 등에 따른 행위를 하고자 하는 자는 그 권한을 표시하는 증표와 허가증을 지니고 이를 관계인에게 내보여야 한다(법 제130조 제8항).

② 증표와 허가증에 관하여 필요한 사항은 국토교통부령으로 정한다(법 제130조 제9항).

(6) 손실보상

① 손실보상의 의무자 : 손실을 받은 자가 있으면 그 행위자가 속한 행정청 또는 도시·군계획 시설사업의 시행자가 그 손실을 보상하여야 한다(법 제131조 제1항).

② 절차

㉠ 손실보상에 관하여는 그 손실을 보상할 자와 손실을 받은 자가 협의하여야 한다(법 제131조 제2항).

㉡ 손실을 보상할 자 또는 손실을 받은 자는 협의가 성립되지 아니하거나 협의를 할 수 없는 경우에는 관할 토지수용위원회에 재결을 신청할 수 있다(법 제131조 제3항).

4 법률 등의 위반자에 대한 처분

① 국토교통부장관, 시·도지사, 시장·군수 또는 구청장은 다음에 해당하는 자에 대하여 이 법에 따른 허가·인가 등의 취소, 공사의 중지, 공작물 등의 개축 또는 이전 그 밖에 필요한 처분을 하거나 조치를 명할 수 있다(법 제133조 제1항).

1. 신고를 하지 아니하고 사업 또는 공사를 한 자
2. 도시·군계획시설을 도시·군관리계획의 결정 없이 설치한 자
3. 공동구의 점용 또는 사용에 관한 허가를 받지 아니하고 공동구를 점용 또는 사용하거나 점용료 또는 사용료를 내지 아니한 자
4. 지구단위계획구역에서 해당 지구단위계획에 맞지 아니하게 건축물을 건축하거나 용도변경을 한 자
5. 개발행위허가 또는 변경허가를 받지 아니하고 개발행위를 한 자
6. 이행보증금을 예치하지 아니하거나 토지의 원상회복명령에 따르지 아니한 자
7. 개발행위를 끝낸 후 준공검사를 받지 아니한 자
8. 용도지역 또는 용도지구에서의 건축 제한 등을 위반한 자
9. 건폐율을 위반하여 건축한 자
10. 용적률을 위반하여 건축한 자
11. 용도지역 미지정 또는 미세분 지역에서의 행위 제한 등을 위반한 자
12. 시가화조정구역에서의 행위 제한을 위반한 자
13. 둘 이상의 용도지역 등에 걸치는 대지의 적용 기준을 위반한 자
14. 도시·군계획시설사업시행자 지정을 받지 아니하고 도시·군계획시설사업을 시행한 자
15. 도시·군계획시설사업의 실시계획인가 또는 변경인가를 받지 아니하고 사업을 시행한 자
16. 이행보증금을 예치하지 아니하거나 토지의 원상회복명령에 따르지 아니한 자
17. 도시·군계획시설사업의 공사를 끝낸 후 준공검사를 받지 아니한 자
18. 토지거래계약에 관한 허가 또는 변경허가를 받지 아니하고 토지거래계약 또는 그 변경계약을 체결한 자
19. 토지거래계약에 관한 허가를 받은 자가 그 토지를 허가받은 목적대로 이용하지 아니한 자
20. 토지에의 출입 규정을 위반하여 타인의 토지에 출입하거나 그 토지를 일시사용한 자
21. 부정한 방법으로 다음의 어느 하나에 해당하는 허가·인가·지정 등을 받은 자
   ㉠ 개발행위허가 또는 변경허가
   ㉡ 개발행위의 준공검사
   ㉢ 시가화조정구역에서의 행위허가
   ㉣ 도시·군계획시설사업의 시행자 지정
   ㉤ 실시계획의 인가 또는 변경인가
   ㉥ 도시·군계획시설사업의 준공검사
   ㉦ 토지거래계약에 관한 허가

22. 사정이 변경되어 개발행위 또는 도시·군계획시설사업을 계속적으로 시행하면 현저히 공익을 해칠 우려가 있다고 인정되는 경우의 그 개발행위허가를 받은 자 또는 도시·군계획시설사업의 시행자

5 행정심판

① 이 법에 따른 도시·군계획 시설사업의 시행자의 처분에 대하여는 「행정심판법」에 따라 행정심판을 제기할 수 있다(법 제134조).

② 이 경우 행정청이 아닌 시행자의 처분에 대하여는 해당 시행자를 지정한 자에게 행정심판을 제기하여야 한다(법 제134조).

6 권리·의무의 승계 등

① 토지 또는 건축물에 관하여 소유권 그 밖의 권리를 가진 자의 도시·군관리계획에 관한 권리·의무와 토지의 소유권자, 지상권자 등에게 발생 또는 부과된 권리·의무는 그 토지 또는 건축물에 관한 소유권 그 밖의 권리의 변동과 동시에 그 승계인에게 이전한다(법 제135조 제1항).

② 이 법 또는 이 법에 따른 명령에 따른 처분, 그 절차 그 밖의 행위는 그 행위와 관련된 토지 또는 건축물에 대하여 소유권 그 밖의 권리를 가진 자의 승계인에 대하여 효력을 가진다(법 제135조 제2항).

7 청문

국토교통부장관, 시·도지사, 시장·군수 또는 구청장은 법률 등의 위반자에 대한 처분 규정에 따라 다음에 해당하는 처분을 하고자하는 때에는 청문을 실시하여야 한다(법 제136조).

① 개발행위 허가의 취소

② 도시·군계획 시설사업의 시행자 지정의 취소

③ 실시계획 인가의 취소

④ 토지거래 계약 허가의 취소

8 보고 및 검사 등

① 국토교통부장관(수산자원보호구역의 경우 해양수산부장관을 말함), 시·도지사, 시장 또는 군수는 필요하다고 인정되는 때에는 개발행위허가를 받은 자 또는 도시·군계획 시설사업의 시행자에 대하여 감독상 필요한 보고를 하게 하거나 자료를 제출하도록 명할 수 있으며, 소속공무원으로 하여금 개발행위에 관한 업무의 상황을 검사하게 할 수 있다(법 제137조 제1항).

② 업무를 검사하는 공무원은 그 권한을 표시하는 증표를 지니고, 이를 관계인에게 내보여야 한다(법 제137조 제2항).

③ 증표에 관하여 필요한 사항은 국토교통부령으로 정한다(법 제137조 제3항).

9 도시·군계획의 수립 및 운영에 대한 감독 및 조정 (법 제138조)

① 국토교통부장관(수산자원보호구역의 경우 해양수산부장관을 말함)은 필요한 때에는 시·도지사 또는 시장·군수에게, 시·도지사는 시장·군수에게 도시·군기본계획 및 도시·군관리계획의 수립 및 운영실태에 대하여 감독상 필요한 보고를 하게 하거나 자료의 제출을 명할 수 있으며, 소속공무원으로 하여금 도시·군기본계획 및 도시·군관리계획에 관한 업무의 상황을 검사하게 할 수 있다.

② 국토교통부장관은 도시·군기본계획 및 도시·군관리계획이 국가계획 및 광역도시계획에 부합하지 아니하거나 도시·군관리계획이 도시·군기본계획에 부합하지 아니하다고 판단하는 경우에는 특별시장·광역시장·시장 또는 군수에게 기한을 정하여 도시·군기본계획 및 도시·군관리계획의 조정을 요구할 수 있다. 이 경우 특별시장·광역시장·시장 또는 군수는 도시·군기본계획 및 도시·군관리계획을 재검토하여 이를 정비하여야 한다.

③ 도지사는 도시·군관리계획이 광역도시계획이나 도시·군기본계획에 부합하지 아니하다고 판단하는 경우에는 시장 또는 군수에게 기한을 정하여 그 도시·군관리계획의 조정을 요구할 수 있다. 이 경우 시장 또는 군수는 그 도시·군관리계획을 재검토하여 이를 정비하여야 한다.

10 권한의 위임 및 위탁 (법 제139조)

① 이 법에 따른 국토교통부장관(수산자원보호구역의 경우 해양수산부장관을 말함)의 권한은 그 일부를 대통령령이 정하는 바에 따라 시·도지사에게 위임할 수 있으며, 시·도지사는 국토교통부장관의 승인을 얻어 그 위임받은 권한을 시장·군수 또는 구청장에게 재위임할 수 있다.

② 이 법에 따른 시·도지사의 권한은 시·도의 조례가 정하는 바에 따라 시장·군수 또는 구청장에게 위임할 수 있다. 이 경우 시·도지사는 권한의 위임사실을 국토교통부장관에게 보고하여야 한다.

③ 위 ① 또는 ②에 따라 권한이 위임 또는 재위임 된 경우 그 위임 또는 재위임된 사항 중 중앙도시계획위원회·지방도시계획위원회의 심의 또는「건축법」의 규정에 따라 시·도에 두는 건축위원회와 지방도시계획위원회가 공동으로 하는 심의를 거쳐야 하는 사항에 대하여는 그 위임 또는 재위임 받은 기관이 속하는 지방자치단체에 설치된 지방도시계획위원회의 심의 또는 시·도의 조례가 정하는 바에 따라「건축법」의 규정에 따라 시·군·구에 두는 건축위원회와 도시계획위원회가 공동으로 하는 심의를 거쳐야 하며, 해당 지방의회의 의견을 들어야 하는 사항에 대하여는 그 위임 또는 재위임 받은 기관이 속하는 지방자치단체의 의회의 의견을 들어야 한다.

④ 이 법에 따른 국토교통부장관, 시·도지사, 시장 또는 군수의 사무는 그 일부를 대통령령 또는 해당 지방자치단체의 조례가 정하는 바에 따라 다른 행정청이나 행정청이 아닌 자에게 위탁할 수 있다.

⑤ 위 ④에 따라 위탁받은 사무를 수행하는 자(행정청이 아닌 자에 한함)나 그에 소속된 직원은 「형법」 그 밖의 법률에 따른 벌칙의 적용에 있어서는 이를 공무원으로 본다.

11 행정형벌

> **참고** 행정벌의 종류
>
> ① 행정 형벌(형법상 규제) : 징역, 벌금
>
> ② 행정 질서벌 : 과태료
>
> ③ 행정 강제 : 이행강제금, 대집행(강제집행), 강제징수
>
> ④ 행정 처분 : 허가취소, 등록취소, 지정취소, 자격취소, 자격정지, 업무정지 등

(1) 3년 이하의 징역 또는 3천만원 이하의 벌금

다음에 해당하는 자는 3년 이하의 징역 또는 3천만원 이하의 벌금에 처한다(법 제140조).

① 개발행위의 허가에 관한 규정에 위반하여 허가 또는 변경 허가를 받지 아니하거나, 속임수 그 밖의 부정한 방법으로 허가 또는 변경 허가를 받아 개발행위를 한 자

② 시가화조정구역에서 허가를 받지 아니하고 시가화조정구역에서 다음에 해당하는 행위를 한 자

㉠ 농업·임업 또는 어업용의 건축물 중 대통령령이 정하는 종류와 규모의 건축물 그 밖의 시설을 건축하는 행위

㉡ 마을공동시설, 공익시설·공공시설, 광공업 등 주민의 생활을 영위하는데 필요한 행위로서 대통령령이 정하는 행위

㉢ 입목의 벌채, 조림, 육림, 토석의 채취 그 밖에 대통령령이 정하는 경미한 행위

(2) 3년 이하의 징역 또는 기반시설설치비용의 3배 이하에 상당하는 벌금

기반시설설치비용을 면탈·경감할 목적 또는 면탈·경감하게 할 목적으로 거짓 계약을 체결하거나 거짓 자료를 제출한 자는 3년 이하의 징역 또는 면탈·경감하였거나 면탈·경감하고자 한 기반시설설치비용의 3배 이하에 상당하는 벌금에 처한다.

(3) 2년 이하의 징역 또는 2천만원 이하의 벌금

다음에 해당하는 자는 2년 이하의 징역 또는 2천만원(아래 ⑥에 해당하는 자의 경우에는 계약체결 당시의 개별공시지가에 따른 해당 토지가격의 30/100에 상당하는 금액) 이하의 벌금에 처한다(법 제141조)

① 도시·군관리계획의 결정이 없이 기반시설을 설치한 자

② 공동구에 수용하여야 하는 시설을 공동구에 수용하지 아니한 자

③ 지구단위계획에 맞지 아니하게 건축물을 건축하거나 용도를 변경한 자

④ 용도지역 또는 용도지구에서의 건축물이나 그 밖의 시설의 용도·종류 및 규모 등의 제한을 위반하여 건축물을 건축하거나 건축물

의 용도를 변경한 자

⑤ 허가 또는 변경 허가를 받지 아니하고 토지거래 계약을 체결하거나, 속임수나 그 밖에 부정한 방법으로 토지거래 계약 허가를 받은 자

(4) 1년 이하의 징역 또는 1천만원 이하의 벌금

허가・인가 등의 취소, 공사의 중지, 공작물 등의 개축 또는 이전 등의 처분 또는 조치명령에 위반한 자는 1년 이하의 징역 또는 1천만원 이하의 벌금에 처한다(법 제142조).

(5) 양벌규정

법인의 대표자나 법인 또는 개인의 대리인, 사용인, 그 밖의 종업원이 위 (1) 내지 (3)의 위반행위를 한 때에는 그 행위자를 벌하는 외에 그 법인 또는 개인에 대하여도 각각 해당의 조문의 벌금형을 과한다. 다만, 법인 또는 개인이 그 위반행위를 방지하기 위하여 해당 업무에 관하여 상당한 주의와 감독을 게을리 하지 아니한 경우는 그러하지 아니하다(법 제143조).

12 과태료

(1) 1천만원 이하의 과태료

다음에 해당하는 자는 1천만원 이하의 과태료에 처한다(법 제144조 제1항).

① 허가를 받지 아니하고 공동구를 점용하거나 사용한 자

② 정당한 사유 없이 토지에의 출입에 따른 행위를 방해하거나 거부한 자

③ 토지에의 출입에 따른 허가 또는 동의를 받지 아니하고 출입행위를 한 자

④ 검사를 거부・방해하거나 기피한 자

(2) 500만원 이하의 과태료

다음에 해당하는 자는 500만원 이하의 과태료에 처한다(법 제144조 제2항).

① 재해복구 또는 재난수습을 위한 응급조치를 행한 경우 1월 이내에 신고를 하지 아니한 자

② 보고 또는 자료 제출을 하지 아니하거나, 거짓된 보고 또는 자료 제출을 한 자

(3) 부과권자

과태료는 대통령령이 정하는 바에 따라 위 (1)의 ②, ④ 및 (2)의 ②의 경우에는 국토교통부장관, 시・도지사, 시장 또는 군수가, 위 (1)의 ①, ③ 및 (2)의 ①의 경우에는 특별시장・광역시장・특별자치시장・특별자치도지사・시장 또는 군수가, 위 (2)의 ①의 경우에는 특별시장・광역시장・특별자치시장・특별자치도지사・시장 또는 군수가 각각 이를 부과・징수한다(법 제144조 제3항).

■ 익힘문제 ■

국토의 계획 및 이용에 관한 법령상 도시·군계획수립시 기초조사를 위하여 행하는 타인의 토지에의 출입 등에 관한 설명 중 옳은 것은?

㉮ 측량을 위하여 필요한 때에는 소유자 등의 동의 없이 나무, 흙 등의 장애물을 제거할 수 있다.
㉯ 도시·군계획시설사업의 시행자가 행정청인 경우에는 그 출입을 위하여 시장·군수 등 허가권자의 허가를 요하지 아니한다.
㉰ 일출 전이라도 소유자 등의 승낙 없이 담장으로 둘러싸인 타인의 토지에 출입할 수 있다.
㉱ 타인의 토지에 출입하고자 하는 자는 출입하고자 하는 날의 하루 전까지 토지의 소유자 등에게 통지하여야 한다.
㉲ 적법한 절차에 의한 출입으로 손실이 발생하였을 경우 그 보상책임은 타인의 토지에 출입한자가 진다.

해설

㉮ 소유자 등의 동의 동의를 받아야 한다.
㉰ 일출 전, 일몰 후에는 그 토지 점유자의 승낙 없이 담장으로 둘러싸인 타인의 토지에 출입할 수 없다.
㉱ 3일전 까지 토지의 소유자 등에게 통지하여야 한다.
㉲ 적법한 절차에 의한 출입으로 손실이 발생하였을 경우 그 보상책임은 출입하는 자가 속하는 행정청 또는 도시·군계획사업 시행자가 그 손실을 보상해야 한다.

정답 ㉯

4편 주택법

- 주택법, 2021.2.19. 시행기준
- 주택법 시행령, 2021.1.24. 시행기준
- 주택공급에 관한 규칙, 2021.2.19. 시행기준

제 1 장 총 칙

1 목적 (법 제1조)

이 법은 쾌적하고 살기 좋은 주거환경 조성에 필요한 주택의 건설·공급 및 주택시장의 관리 등에 관한 사항을 정함으로써 국민의 주거안정과 주거수준의 향상에 이바지함을 목적으로 한다.

2 용어의 정의

(1) **주택** (법 제2조 1호)

주택이란 세대의 세대원이 장기간 독립된 주거생활을 영위할 수 있는 구조로 된 건축물의 전부 또는 일부 및 그 부속 토지를 말하며, 단독주택과 공동주택으로 구분한다.

(2) **주택의 종류** (법 제2조 2호)

① 단독주택

② 공동주택

공동주택이란 건축물의 벽·복도·계단 그 밖의 설비 등의 전부 또는 일부를 공동으로 사용하는 각 세대가 하나의 건축물 안에서 각각 독립된 주거생활을 영위할 수 있는 구조로 된 주택을 말하며, 그 종류와 범위는 다음과 같다.

종류	구분
아파트	주택으로 쓰이는 층수가 5개층 이상인 주택
연립주택	주택으로 쓰이는 1개동의 바닥면적(지하주차장 면적을 제외)의 합계가 660m^{2}를 초과하고, 층수가 4개층 이하인 주택
다세대주택	주택으로 쓰이는 1개동의 바닥면적(지하주차장 면적을 제외)의 합계가 660m^2 이하이고, 층수가 4개층 이하인 주택

(3) **준주택**

주택 외의 건축물과 그 부속토지로서 주거시설로 이용 가능한 시설 등을 말한다.
① 기숙사
② 고시원
③ 노인복지시설 중 「노인복지법」의 노인복지주택
④ 오피스텔

(4) 세대구분형 공동주택

공동주택의 주택 내부 공간의 일부를 세대별로 구분하여 생활이 가능한 구조로 하되, 그 구분된 공간 일부에 대하여 구분소유를 할 수 없는 주택으로서 대통령령으로 정하는 건설기준, 면적기준 등에 적합하게 건설된 주택을 말한다.

(5) 국민주택과 민영주택 등

① "국민주택"이란 다음 각 목의 어느 하나에 해당하는 주택으로서 국민주택규모 이하인 주택을 말한다.
㉠ 국가·지방자치단체, 한국토지주택공사 또는 지방공사가 건설하는 주택
㉠ 국가·지방자치단체의 재정 또는 주택도시기금으로부터 자금을 지원받아 건설되거나 개량되는 주택
② "국민주택규모"란 "주거전용면적"이 1호(戶) 또는 1세대당 85제곱미터 이하인 주택(수도권을 제외한 도시지역이 아닌 읍 또는 면 지역은 1호 또는 1세대당 주거전용면적이 100제곱미터 이하인 주택을 말한다)을 말한다. 이 경우 주거전용면적의 산정방법은 국토교통부령으로 정한다.
③ "민영주택"이란 국민주택을 제외한 주택을 말한다.
④ "임대주택"이란 임대를 목적으로 하는 주택으로서, 「공공주택 특별법」에 따른 공공임대주택과 「민간임대주택에 관한 특별법」에 따른 민간임대주택으로 구분한다.
⑤ "토지임대부 분양주택"이란 토지의 소유권은 사업계획의 승인을 받아 토지임대부 분양주택 건설사업을 시행하는 자가 가지고, 건축물 및 복리시설(福利施設) 등에 대한 소유권[건축물의 전유부분(專有部分)에 대한 구분소유권은 이를 분양받은 자가 가지고, 건축물의 공용부분·부속건물 및 복리시설은 분양받은 자들이 공유한다]은 주택을 분양받은 자가 가지는 주택을 말한다.

참고 공급면적(분양면적), 계약면적, 전용률

■ 공급면적(분양면적)=주거전용면적+주거공용면적

① 주거전용면적 : 현관 입구에서부터 방, 거실, 부엌 등 소위 주택의 내부 면적
② 주거공용면적 : 계단실, 복도, 1층 현관 등의 면적

■ 계약면적 = 주거전용면적 + 주거공용면적 + 기타 공용면적 + 지하주차장면적
= 공급면적(분양면적) + 기타 공용면적 + 지하주차장면적

③ 기타 공용면적 : 노인정, 관리사무소, 경비실 등의 면적
④ 지하주차장면적 : 지하주차장의 면적
⑤ 서비스 면적 : 발코니의 면적

■ 전용률 = $\frac{\text{주거전용면적}}{\text{공급면적}} \times 100(\%)$

∴ 전용률 : 공급면적에서 주거전용면적이 차지하는 비율(%)을 말한다.

(6) **도시형 생활주택** (법 제2조, 영 제3조)

① "도시형 생활주택"이란 300세대 미만의 국민주택규모에 해당하는 주택으로서 사업계획 승인을 받아 도시지역에 건설하는 다음의 주택을 말한다.

구분	적용형태	구비조건
단지형 주택	• 연립주택 • 다세대주택	건축위원회 심의를 받은 경우 주택으로 쓰는 층수를 5층까지 할 수 있다.
원룸형 주택	–	다음의 요건을 모두 갖춘 주택 • 세대별로 독립된 주거가 가능하도록 욕실, 부엌을 설치할 것 • 욕실 및 보일러실을 제외한 부분을 하나의 공간으로 구성할 것. 다만, 주거전용면적이 30m² 이상인 경우 두 개의 공간으로 구성할 수 있다. • 세대별 주거전용면적은 50m² 이하일 것 • 각 세대는 지하층에 설치하지 아니할 것

② 도시형생활주택과 혼용금지
하나의 건축물에는 도시형 생활주택과 그 밖의 주택을 함께 건축할 수 없으며, 단지형 연립주택 또는 단지형 다세대주택과 원룸형 주택을 함께 건축할 수 없다.
다만, 다음의 경우는 예외로 한다.
㉠ 원룸형 주택과 그 밖의 주택 1세대를 함께 건축하는 경우
㉡ 준주거지역 또는 상업지역에서 원룸형 주택과 도시형 생활주택 외의 주택을 함께 건축하는 경우

(7) **공공택지** (법 제2조 5호)
다음의 어느 하나에 해당하는 공공사업에 따라 개발·조성되는 공동주택이 건설되는 용지를 말한다.

참고
도시형 생활주택을 장려하기 위해 「주택법」에 따른 감리제도와 분양가 상한제, 분양에 있어서 청약제도의 예외, 주택건설기준 및 주차장 설치기준 등에 대한 혜택(완화)을 주고 있다.

참고 준주택의 범위
1. 고시원
2. 노인복지주택
3. 오피스텔

① 국가 · 지방자치단체 · 한국토지주택공사 · 지방공사가 시행하는 국민주택건설 또는 이를 위한 대지조성사업
②「택지개발촉진법」에 따른 택지개발사업(주택건설 등 사업자가 공동으로 사업을 시행하는 경우로서 공공시행자가 토지 등을 수용한 경우에 일정비율 이상의 토지를 택지로 활용해야 하는 택지는 제외)
③「산업입지 및 개발에 관한 법률」에 따른 산업단지개발사업
④「공공주택 특별법」에 따른 공공주택지구조성사업
⑤「민간임대주택에 관한 특별법」에 따른 기업형임대주택 공급촉진지구 조성사업(같은 법 제23조Z제1항 제2호에 해당하는 시행자가 같은 법 제34조에 따른 수용 또는 사용의 방식으로 시행하는 사업만 해당한다)
⑥「도시개발법」에 따른 도시개발사업(국가 · 지방자치단체 · 한국토지주택공사 · 지방공사인 시행자가 수용 또는 사용의 방식으로 시행하는 사업과 혼용방식 중 수용 또는 사용방식이 적용되는 구역에서 시행하는 사업에 한함)
⑦「경제자유구역의 지정 및 운영에 관한 특별법」에 따른 경제자유구역 개발사업(수용 또는 사용의 방식으로 시행하는 사업과 혼용방식 중 수용 또는 사용방식이 적용되는 구역에서 시행하는 사업에 한함)
⑧「혁신도시조성 및 발전에 관한 특별법」에 따른 혁신도시 개발사업
⑨「신행정수도 후속대책을 위한 연기 · 공주지역 행정중심복합도시 건설을 위한 특별법」에 따른 행정중심복합도시건설사업
⑩「공익사업을 위한 토지 등의 취득 및 보상에 관한 법률」에 따른 공익사업(제4조)으로서 대통령령으로 정하는 사업

(8) **주택단지** (법 제2조 6호)

주택건설사업계획 또는 대지조성사업계획의 승인을 얻어 주택과 그 부대시설 및 복리시설을 건설하거나 대지를 조성하는데 사용되는 일단의 토지를 말한다. 다만, 다음의 시설로 분리된 토지는 이를 각각 별개의 주택단지로 본다.

① 철도 · 고속도로 · 자동차전용도로
② 폭 20m 이상인 일반도로
③ 폭 8m 이상인 도시 · 군계획예정도로
④ 위 ①~③의 시설에 준하는 다음의 시설
㉠「국토의 계획 및 이용에 관한 법률」에 따른 도시 · 군계획시설인 도로로서 주간선도로 · 보조간선도로 · 집산도로 및 폭 8m 이상인 국지도로
㉡「도로법」에 따른 일반국도 · 특별시도 · 광역시도 또는 지방도
㉢ 그 밖에 관계 법령에 따라 설치된 도로로서 위 ㉠ 및 ㉡에 준하는 도로

관계법「보금자리주택건설 등에 관한 특별법」

(1) 목적 (법 제1조)
이 법은 보금자리주택의 원활한 건설 등을 위하여 필요한 사항을 규정함으로써 저소득층의 주거안정 및 주거수준 향상을 도모하고 무주택자의 주택마련을 촉진하여 국민의 쾌적한 주거생활에 이바지함을 목적으로 한다.

(2) 용어의 정의
보금자리주택 (법 제2조 1호, 영 제2조)
"보금자리주택"이란 국토교통부장관이 국가 또는 지방자치단체, 한국토지주택공사, 지방공사를 보금자리주택사업의 시행자로 지정하여 국가 또는 지방자치단체의 재정이나 「주택법」에 따른 국민주택기금을 지원받아 건설 또는 매입하여 공급하는 다음의 어느 하나에 해당하는 주택을 말한다.
① 임대를 목적으로 공급하는 주택으로서 「임대주택법」에 따른 임대조건과 같은 조건으로 임대하는 주택을 말한다.
② 분양을 목적으로 공급하는 주택으로서 국민주택규모 이하의 주택

(9) **사업주체** (법 제2조 7호)

주택건설사업계획 또는 대지조성사업계획의 승인을 얻어 그 사업을 시행하는 다음에 해당 하는 자를 말한다.

① 국가 · 지방자치단체
② 한국토지주택공사
③ 등록한 주택건설사업자 또는 대지조성사업자
④ 그 밖에 이 법에 따라 주택건설사업 또는 대지조성사업을 시행하는 자

(10) **부대시설** (법 제2조 8호, 규정 제4조)

주택에 부대되는 다음에 해당하는 시설 또는 설비를 말한다.

① 주차장 · 관리사무소 · 담장 및 주택단지 안의 도로
② 「건축법」에 따른 건축설비
③ 그 밖에 다음의 시설 또는 설비
㉠ 보안등 · 대문 · 경비실 · 자전거보관소
㉡ 조경시설 · 옹벽 · 축대 · 주택단지안의 도로
㉢ 안내표지판 · 공중화장실
㉣ 저수시설 · 지하양수시설 · 대피시설
㉤ 쓰레기수거 및 처리시설 · 오수처리시설 · 정화조
㉥ 소방시설 · 냉난방공급시설(지역난방공급시설을 제외) 및 방범설비
㉦ 전기자동차에 전기를 충전하여 공급하는 시설

(11) **복리시설** (법 제2조 9호, 규정 제5조)

주택단지안의 입주자 등의 생활복리를 위한 다음에 해당하는 공동시설을 말한다.

① 어린이놀이터 · 근린생활시설 · 유치원 · 주민운동시설 및 경로당
② 그 밖에 입주자 등의 생활복리를 위하여 필요한 다음의 공동시설
㉠ 제1종 근린생활시설 및 제2종 근린생활시설(장의사 · 총포판매소 · 단란주점 · 안마시술소 및 고시원을 제외)
㉡ 종교시설
㉢ 판매시설 중 소매시장 · 상점
㉣ 교육연구시설, 노유자시설 및 수련시설
㉤ 업무시설 중 금융업소
㉥ 공동작업장 · 지식산업센터 · 사회복지관(종합사회복지관을 포함)
㉦ 주민공동시설
㉧ 도시 · 군계획시설인 시장
㉨ 위의 ㉠~㉧에 준하는 것으로서 국토교통부령이 정하는 공동시설 또는 사업계획승인 권자가 거주자의 생활복리 또는 편익을 위하여 필요하다고 인정하는 시설

(12) **간선시설** (법 제2조 10호)

도로 · 상하수도 · 전기시설 · 가스시설 · 통신시설 및 지역난방시설 등 주택단지(둘 이상의 주택단지를 동시에 개발하는 경우에는 각각의 주택단지를 말함) 안의 기간시설을 해당 주택단지 밖에 있는 동종의 기간시설에 연결시키는 시설을 말한다. 다만, 가스시설 · 통신시설 및 지역난방시설의 경우에는 주택단지 안의 기간시설을 포함한다.

(13) **주택조합의 종류** (법 제2조 11호)

다수의 구성원이 주택을 마련하거나 리모델링하기 위하여 결성하는 다음의 조합을 말한다.

종류	성격
① 지역 주택조합	다음 구분에 따른 지역에 거주하는 주민이 주택을 마련하기 위하여 설립한 조합 1. 서울특별시 · 인천광역시 및 경기도 2. 대전광역시 · 충청남도 및 세종특별자치시 3. 충청북도 4. 광주광역시 및 전라남도 5. 전라북도 6. 대구광역시 및 경상북도 7. 부산광역시 · 울산광역시 및 경상남도 8. 강원도 9. 제주특별자치도
② 직장 주택조합	같은 직장의 근로자가 주택을 마련하기 위하여 설립한 조합
③ 리모델링 주택조합	공동주택의 소유자가 해당 주택을 리모델링하기 위하여 설립한 조합

(14) **입주자** (법 제2조 27호)

다음에 해당하는 자를 말한다.

① 제8조(주택건설사업의 등록말소 등) · 제54조(주택의 공급) · 제57조의2(분양가상한제 적용주택의 입주자의 거주의무 등) · 제64조(주택의 전매행위 제한 등) · 제88조(주택정책 관련 자료 등의 종합관리) · 제91조(체납된 분양대금 등의 강제징수) 및 제104조(벌칙)의 경우 : 주택을 공급받는 자

② 제66조(리모델링의 허가 등)의 경우 : 주택의 소유자 또는 그 소유자를 대리하는 배우자 및 직계존비속

(15) **사용자** (법 제2조 13호)

주택을 임차하여 사용하는 자 등을 말한다.

관계법 주택건설기준 등에 관한 규정 제2조 (정의)

3. "주민공동시설"이란 해당 공동주택의 거주자가 공동으로 관리하는 시설로서 주민운동시설, 주민교육시설(영리를 목적으로 하지 아니하고 공동주택의 거주자를 위한 교육장소로 이용되는 시설을 말한다), 청소년수련시설, 주민휴게시설, 도서실(「도서관법」 제2조제4호가목에 따른 작은도서관과 정보통신망을 갖추고 인터넷 등을 할 수 있는 정보문화시설을 포함한다), 독서실, 입주자집회소, 경로당, 보육시설, 「주택법 시행령」 제3조제1항에 따른 원룸형 주택 또는 기숙사형 주택에 설치하는 공용취사장, 공용세탁실, 그 밖에 거주자의 취미활동이나 가정의례 또는 주민봉사활동 등에 사용할 수 있는 시설을 말한다.

참고 용적률 산정시 제외되는 부분

① 지하층 면적
② 지상층의 주차용(해당 건축물의 부속용도에 한함)으로 사용되는 면적
③ 「주택건설기준 등에 관한 규정」에 따른 주민공동시설의 면적
④ 초고층 건축물의 피난안전구역의 면적

⒃ 관리주체 (법 제2조 14호)

공동주택을 관리하는 다음에 해당하는 자를 말한다.

① 자치관리기구의 대표자인 공동주택의 관리사무소장

② 관리업무를 인계하기 전의 사업주체

③ 주택관리업자

④ 임대사업자

⒄ 리모델링 (법 제2조 15호)

"리모델링"이란 제42조제2항 및 제3항에 따라 건축물의 노후화 억제 또는 기능 향상 등을 위한 다음 각 목의 어느 하나에 해당하는 행위를 말한다.

① 대수선(大修繕)

② 사용검사일(주택단지 안의 공동주택 전부에 대하여 임시사용승인을 받은 경우에는 그 임시사용승인일을 말한다) 또는 「건축법」 제22조에 따른 사용승인일부터 15년[15년 이상 20년 미만의 연수 중 특별시·광역시·특별자치시·도 또는 특별자치도(이하 "시·도"라 한다)의 조례로 정하는 경우에는 그 연수로 한다]이 경과된 공동주택을 각 세대의 주거전용면적(「건축법」 제38조에 따른 건축물대장 중 집합건축물대장의 전유부분의 면적을 말한다)의 30퍼센트 이내(세대의 주거전용면적이 85제곱미터 미만인 경우에는 40퍼센트 이내)에서 증축하는 행위. 이 경우 공동주택의 기능 향상 등을 위하여 공용부분에 대하여도 별도로 증축할 수 있다.

③ ②에 따른 각 세대의 증축 가능 면적을 합산한 면적의 범위에서 기존 세대수의 15퍼센트 이내에서 세대수를 증가하는 증축 행위(이하 "세대수 증가형 리모델링"이라 한다). 다만, 수직으로 증축하는 행위(이하 "수직증축형 리모델링"이라 한다)는 다음 요건을 모두 충족하는 경우로 한정한다.

㉠ 최대 3개층 이하로서

1. 수직으로 증축하는 행위(이하 "수직증축형 리모델링")의 대상이 되는 기존 건축물의 층수가 15층 이상인 경우 : 3개층
2. 수직증축형 리모델링의 대상이 되는 기존 건축물의 층수가 14층 이하인 경우 : 2개층

㉡ 리모델링 대상 건축물의 구조도 보유 등 대통령령으로 정하는 요건을 갖출 것

⒅ 에너지절약형 친환경주택

저에너지 건물 조성기술 등 대통령령으로 정하는 기술을 이용하여 에너지 사용량을 절감하거나 이산화탄소 배출량을 저감할 수 있도록 건설된 주택을 말하며, 그 종류와 범위는 대통령령으로 정한다.

제2장 주택의 건설 등

제1절 주택건설사업자 등

1 주택건설사업자 (법 제4조, 영 제10조)

(1) 주택건설사업 등의 등록 범위

① 연간 단독주택의 경우에는 20호, 공동주택의 경우에는 20세대(도시형 생활주택 30세대) 이상의 주택건설사업을 시행하고자 하는 자 또는 연간 10,000m² 면적 이상의 대지조성사업을 시행하고자 하는 자는 국토교통부장관에게 등록하여야 한다.

② 주택건설사업 또는 대지조성사업의 등록을 하고자 하는 자는 다음의 요건을 갖추어야 한다.

㉠ 자본금 3억원(개인인 경우에는 자산평가액 6억원) 이상

㉡ 주택건설사업의 경우에는 건축분야기술자 1인 이상, 대지조성사업의 경우에는 토목분야기술자 1인 이상

㉢ 사무실 면적 33m² 이상

단서 2009년 7월 1일부터 2011년 6월 30일까지 사무실 면적은 22m² 이상으로 한다.

③ 주택건설사업을 등록한 자가 대지조성사업을 함께 영위하기 위하여 등록하는 때에는 위 ②-㉡에 따른 대지조성사업의 등록기준에 적합한 기술자를, 대지조성사업을 등록한 자가 주택건설사업을 함께 영위하기 위하여 등록하는 때에는 주택건설사업의 등록기준에 적합한 기술자를 각각 확보하여야 한다.

(2) 등록 제외되는 사업주체

① 국가・지방자치단체

② 한국토지주택공사

③ 지방공사

④ 주택건설사업을 목적으로 설립된 공익법인

⑤ 주택조합(등록사업자와 공동으로 주택건설 사업을 하는 경우에 한함)

⑥ 근로자를 고용하는 자(등록사업자와 공동으로 주택건설사업을 시행하는 경우에 한함)

2 공동사업주체 (법 제5조)

(1) 토지소유자가 주택을 건설하는 경우에는 등록사업자와 공동으로 사업을 시행할 수 있다. 이 경우 토지소유자와 등록사업자를 공동사업주체로 본다.

(2) 주택조합(리모델링주택조합을 제외)이 그 구성원의 주택을 건설하는 경우에는 등록사업자(지방자치단체 · 한국토지주택공사 및 지방공사를 포함)와 공동으로 사업을 시행할 수 있다. 이 경우 주택조합과 등록사업자를 공동사업주체로 본다.

(3) 고용자가 그 근로자의 주택을 건설하는 경우에는 등록사업자와 공동으로 사업을 시행하여야 한다. 이 경우 고용자와 등록사업자를 공동사업주체로 본다.

(4) 위 (1)~(3)에 따른 공동사업주체간의 구체적인 업무 · 비용 및 책임의 분담 등에 관하여는 대통령령이 정하는 범위 안에서 당사자 간의 협약에 따른다.

3 등록사업자의 시공 (법 제7조, 영 제13조)

(1) 등록사업자가 사업계획승인(「건축법」에 의한 공동주택건축허가를 포함)을 얻어 분양 또는 임대를 목적으로 주택을 건설하는 경우로서 기술능력 · 주택건설실적 및 주택규모 등에 관하여 다음의 기준에 해당하는 경우에는 「건설산업기본법」에 따른 건설업자로 보아 주택건설공사를 시공할 수 있다.

① 자본금 5억원(개인인 경우에는 자산평가액 10억원) 이상

② 「건설기술관리법 시행령」 별표 1에 따른 건축분야 및 토목분야기술자 3인 이상. 이 경우 건축기사 및 토목분야기술자 각 1인이 포함되어야 한다.

③ 최근 5년간의 주택건설실적 100호 또는 100세대 이상

(2) 등록사업자가 건설할 수 있는 주택의 규모는 5층(각층 거실의 바닥면적 300m² 이내마다 1개소 이상의 직통계단을 설치한 경우에는 6층) 이하로 한다. 다만, 6층 이상의 아파트를 건설한 실적이 있거나 최근 3년간 300세대 이상의 공동주택을 건설한 실적이 있는 등록사업자는 6층 이상의 주택을 건설할 수 있다.

(3) 등록사업자가 주택건설공사를 시공함에 있어서는 해당 건설공사비(총공사비에서 대지구입비를 제외한 금액을 말함)가 자본금과 자본준비금 · 이익준비금을 합한 금액의 10배(개인인 경우에는 자산평가액의 5배)를 초과할 수 없다.

제2절 주택조합

1 주택조합의 설립 등 (법 제11조)

① 많은 수의 구성원이 주택을 마련하거나 리모델링하기 위하여 주택조합을 설립하려는 경우(제5항에 따른 직장주택조합의 경우는 제외한다)에는 관할 특별자치시장, 특별자치도지사, 시장, 군수 또는 구청장(구청장은 자치구의 구청장을 말하며, 이하 "시장 · 군수 · 구청장"이라 한다)의 인가를 받아야 한다. 인가받은 내용을 변경하거나 주택조합을 해산하려는 경우에도 또한 같다.

② 주택조합설립인가를 받으려는 자는 다음 각 호의 요건을 모두 갖추어야 한다. 다만, 제1항 후단의 경우에는 그러하지 아니하다.<개정 2020. 1. 23.>

1. 해당 주택건설대지의 80퍼센트 이상에 해당하는 토지의 사용권원을 확보할 것
2. 해당 주택건설대지의 15퍼센트 이상에 해당하는 토지의 소유권을 확보할 것

③ 주택을 리모델링하기 위하여 주택조합을 설립하려는 경우에는 다음 각 호의 구분에 따른 구분소유자와 의결권의 결의를 증명하는 서류를 첨부하여 관할 시장 · 군수 · 구청장의 인가를 받아야 한다.

1. 주택단지 전체를 리모델링하고자 하는 경우에는 주택단지 전체의 구분소유자와 의결권의 각 3분의 2 이상의 결의 및 각 동의 구분소유자와 의결권의 각 과반수의 결의
2. 동을 리모델링하고자 하는 경우에는 그 동의 구분소유자 및 의결권의 각 3분의 2 이상의 결의

④ 주택조합과 등록사업자가 공동으로 사업을 시행하면서 시공할 경우 등록사업자는 시공자로서의 책임뿐만 아니라 자신의 귀책사유로 사업 추진이 불가능하게 되거나 지연됨으로 인하여 조합원에게 입힌 손해를 배상할 책임이 있다.

⑤ 국민주택을 공급받기 위하여 직장주택조합을 설립하려는 자는 관할 시장 · 군수 · 구청장에게 신고하여야 한다. 신고한 내용을 변경하거나 직장주택조합을 해산하려는 경우에도 또한 같다.

⑥ 주택조합(리모델링주택조합은 제외한다)은 그 구성원을 위하여 건설하는 주택을 그 조합원에게 우선 공급할 수 있으며, 제5항에 따른 직장주택조합에 대하여는 사업주체가 국민주택을 그 직장주택조합원에게 우선 공급할 수 있다.

2 조합원 모집 신고 및 공개모집 (법 제11조의3)

① 지역주택조합 또는 직장주택조합의 설립인가를 받기 위하여 조합원을

참고 주택법 주택조합 규제강화 개정이유

주택조합설립인가 요건 강화, 조합원 모집 시 설명 의무 부여, 과장 광고 제한, 장시간 사업 지연 시 해산절차 마련 등을 통해 조합원의 재산권을 보호하고, 사업 추진의 투명성과 안정성을 제고하며, 현행법은 리모델링 시 해당 주택건설대지의 소유권 확보 규정이 명확하지 않는 등 관련 규정의 미비로 인하여 리모델링를 추진하는 데 어려운 부분이 있는바, 이를 보완함으로써 공동주택 리모델링이 원활하게 추진될 수 있도록 하고, 현행 제도의 운영상 나타난 일부 미비점을 개선 · 보완하려는 것임.

◆주요내용

가. 주택조합설립인가의 요건에 해당 주택건설대지의 15퍼센트 이상에 해당하는 토지의 소유권을 확보할 것을 추가함(제11조제2항제2호 신설).
나. 지역주택조합 또는 직장주택조합의 설립인가를 받기 위하여 조합원을 모집하려는 자는 해당 주택건설대지의 50퍼센트 이상에 해당하는 토지의 사용권원을 확보하도록 함(제11조의3제1항).
다. 조합원을 모집하는 모집주체는 해당 주택조합의 사업개요, 조합원의 자격기준 등을 주택조합 가입 신청자가 이해할 수 있도록 설명하도록 하고, 모집 광고 등을 하는 경우 조합원 보호를 위하여 포함하여야 할 내용과 금지되는 사항을 정함(제11조의4 및 제11조의5 신설).
라. 주택조합은 주택조합의 설립인가를 받은 날부터 3년이 되는 날까지 사업계획승인을 받지 못하는 경우 총회의 의결을 거쳐 해산 여부를 결정하도록 하고, 주택조합의 발기인은 조합원 모집 신고가 수리된 날부터 2년이 되는 날까지 주택조합 설립인가를 받지 못하는 경우 주택조합 가입 신청자 전원으로 구성되는 총회 의결을 거쳐 주택조합 사업의 종결 여부를 결정하도록 함(제14조의2 신설).

모집하려는 자는 해당 주택건설대지의 50퍼센트 이상에 해당하는 토지의 사용권원을 확보하여 관할 시장·군수·구청장에게 신고하고, 공개모집의 방법으로 조합원을 모집하여야 한다. 조합 설립인가를 받기 전에 신고한 내용을 변경하는 경우에도 또한 같다.<개정 2020. 1. 23.>

② 공개모집 이후 조합원의 사망·자격상실·탈퇴 등으로 인한 결원을 충원하거나 미달된 조합원을 재모집하는 경우에는 신고하지 아니하고 선착순의 방법으로 조합원을 모집할 수 있다.

③ 모집 시기, 모집 방법 및 모집 절차 등 조합원 모집의 신고, 공개모집 및 조합 가입 신청자에 대한 정보 공개 등에 필요한 사항은 국토교통부령으로 정한다.

④ 신고를 받은 시장·군수·구청장은 신고내용이 이 법에 적합한 경우에는 신고를 수리하고 그 사실을 신고인에게 통보하여야 한다.

⑤ 시장·군수·구청장은 다음 각 호의 어느 하나에 해당하는 경우에는 조합원 모집 신고를 수리할 수 없다.

1. 이미 신고된 사업대지와 전부 또는 일부가 중복되는 경우
2. 이미 수립되었거나 수립 예정인 도시·군계획, 이미 수립된 토지이용계획 또는 이 법이나 관계 법령에 따른 건축기준 및 건축제한 등에 따라 해당 주택건설대지에 조합주택을 건설할 수 없는 경우
3. 조합업무를 대행할 수 있는 자가 아닌 자와 업무대행계약을 체결한 경우 등 신고내용이 법령에 위반되는 경우
4. 신고한 내용이 사실과 다른 경우

⑥ 조합원을 모집하려는 주택조합의 발기인은 대통령령으로 정하는 자격기준을 갖추어야 한다.<신설 2020. 1. 23.>

⑦ 주택조합의 발기인은 조합원 모집 신고를 하는 날 주택조합에 가입한 것으로 본다. 이 경우 주택조합의 발기인은 그 주택조합의 가입 신청자와 동일한 권리와 의무가 있다.<신설 2020. 1. 23.>

⑧ 조합원을 모집하는 자(제11조의2제1항에 따라 조합원 모집 업무를 대행하는 자를 포함한다. 이하 "모집주체"라 한다)와 주택조합 가입 신청자는 다음 각 호의 사항이 포함된 주택조합 가입에 관한 계약서를 작성하여야 한다.<신설 2020. 1. 23.>

1. 주택조합의 사업개요
2. 조합원의 자격기준
3. 분담금 등 각종 비용의 납부예정금액, 납부시기 및 납부방법
4. 주택건설대지의 사용권원 및 소유권을 확보한 면적 및 비율
5. 조합원 탈퇴 및 환급의 방법, 시기 및 절차
6. 그 밖에 주택조합의 설립 및 운영에 관한 중요 사항으로서 대통령령으로 정하는 사항

마. 리모델링의 허가를 신청하기 위한 동의율을 확보하여 리모델링 결의를 한 리모델링주택조합이 그 리모델링 결의에 찬성하지 아니하는 자의 주택 및 토지에 대하여 매도청구를 하는 경우에는 주택건설사업계획 승인 시 해당 주택건설대지의 소유권을 확보하지 않아도 되도록 명확히 규정함(제21조제1항제4호 신설, 제22조제2항 및 제66조제2항).

3 조합 가입 철회 및 가입비 등의 반환 (법 제11조의6)

① 모집주체는 주택조합의 가입을 신청한 자가 주택조합 가입을 신청하는 때에 납부하여야 하는 일체의 금전(이하 "가입비등"이라 한다)을 대통령령으로 정하는 기관(이하 "예치기관"이라 한다)에 예치하도록 하여야 한다.<개정 2020. 1. 23.>

② 주택조합의 가입을 신청한 자는 가입비등을 예치한 날부터 30일 이내에 주택조합 가입에 관한 청약을 철회할 수 있다.

③ 청약 철회를 서면으로 하는 경우에는 청약 철회의 의사를 표시한 서면을 발송한 날에 그 효력이 발생한다.

④ 모집주체는 주택조합의 가입을 신청한 자가 청약 철회를 한 경우 청약 철회 의사가 도달한 날부터 7일 이내에 예치기관의 장에게 가입비등의 반환을 요청하여야 한다.

⑤ 예치기관의 장은 제4항에 따른 가입비등의 반환 요청을 받은 경우 요청일부터 10일 이내에 그 가입비등을 예치한 자에게 반환하여야 한다.

⑥ 모집주체는 주택조합의 가입을 신청한 자에게 청약 철회를 이유로 위약금 또는 손해배상을 청구할 수 없다.

4 주택조합의 해산 등 (법 제14조의2)

① 주택조합은 주택조합의 설립인가를 받은 날부터 3년이 되는 날까지 사업계획승인을 받지 못하는 경우 대통령령으로 정하는 바에 따라 총회의 의결을 거쳐 해산 여부를 결정하여야 한다.

② 주택조합의 발기인은 조합원 모집 신고가 수리된 날부터 2년이 되는 날까지 주택조합 설립인가를 받지 못하는 경우 대통령령으로 정하는 바에 따라 주택조합 가입 신청자 전원으로 구성되는 총회 의결을 거쳐 주택조합 사업의 종결 여부를 결정하도록 하여야 한다.

③ 총회를 소집하려는 주택조합의 임원 또는 발기인은 총회가 개최되기 7일 전까지 회의 목적, 안건, 일시 및 장소를 정하여 조합원 또는 주택조합 가입 신청자에게 통지하여야 한다.

④ 해산을 결의하거나 제2항에 따라 사업의 종결을 결의하는 경우 대통령령으로 정하는 바에 따라 청산인을 선임하여야 한다.

⑤ 주택조합의 발기인은 총회의 결과(사업의 종결을 결의한 경우에는 청산계획을 포함한다)를 관할 시장·군수·구청장에게 국토교통부령으로 정하는 바에 따라 통지하여야 한다.

5 주택조합의 설립인가 등 (시행령 제20조)

① 주택조합(리모델링주택조합은 제외한다)은 법 제11조에 따른 주택조합 설립인가를 받는 날부터 법 제49조에 따른 사용검사를 받는 날까지 계

속하여 다음 각 호의 요건을 모두 충족해야 한다.<개정 2019. 10. 22.>

1. 주택건설 예정 세대수(설립인가 당시의 사업계획서상 주택건설 예정 세대수를 말하되, 법 제20조에 따라 임대주택으로 건설·공급하는 세대수는 제외한다. 이하 같다)의 50퍼센트 이상의 조합원으로 구성할 것. 다만, 법 제15조에 따른 사업계획승인 등의 과정에서 세대수가 변경된 경우에는 변경된 세대수를 기준으로 한다.
2. 조합원은 20명 이상일 것

② 리모델링주택조합 설립에 동의한 자로부터 건축물을 취득한 자는 리모델링주택조합 설립에 동의한 것으로 본다.<개정 2017. 6. 2.>

6 조합원의 자격 (시행령 제20조)

① 주택조합의 조합원이 될 수 있는 사람은 다음 각 호의 구분에 따른 사람으로 한다. 다만, 조합원의 사망으로 그 지위를 상속받는 자는 다음 각 호의 요건에도 불구하고 조합원이 될 수 있다.<개정 2019. 10. 22.>

1. 지역주택조합 조합원 : 다음 각 목의 요건을 모두 갖춘 사람
   가. 조합설립인가 신청일(해당 주택건설대지가 법 제63조에 따른 투기과열지구 안에 있는 경우에는 조합설립인가 신청일 1년 전의 날을 말한다. 이하 같다)부터 해당 조합주택의 입주 가능일까지 주택을 소유(주택의 유형, 입주자 선정방법 등을 고려하여 국토교통부령으로 정하는 지위에 있는 경우를 포함한다. 이하 이 호에서 같다)하는지에 대하여 다음의 어느 하나에 해당할 것
      1) 국토교통부령으로 정하는 기준에 따라 세대주를 포함한 세대원[세대주와 동일한 세대별 주민등록표에 등재되어 있지 아니한 세대주의 배우자 및 그 배우자와 동일한 세대를 이루고 있는 사람을 포함한다. 이하 2)에서 같다] 전원이 주택을 소유하고 있지 아니한 세대의 세대주일 것
      2) 국토교통부령으로 정하는 기준에 따라 세대주를 포함한 세대원 중 1명에 한정하여 주거전용면적 $85m^2$ 이하의 주택 1채를 소유한 세대의 세대주일 것
   나. 조합설립인가 신청일 현재 법 제2조제11호가목의 구분에 따른 지역에 6개월 이상 계속하여 거주하여 온 사람일 것
   다. 본인 또는 본인과 같은 세대별 주민등록표에 등재되어 있지 않은 배우자가 같은 또는 다른 지역주택조합의 조합원이거나 직장주택조합의 조합원이 아닐 것
2. 직장주택조합 조합원 : 다음 각 목의 요건을 모두 갖춘 사람
   가. 제1호가목에 해당하는 사람일 것. 다만, 국민주택을 공급받기 위한 직장주택조합의 경우에는 제1호가목1)에 해당하는 세대

주로 한정한다.

나. 조합설립인가 신청일 현재 동일한 특별시·광역시·특별자치시·특별자치도·시 또는 군(광역시의 관할구역에 있는 군은 제외한다) 안에 소재하는 동일한 국가기관·지방자치단체·법인에 근무하는 사람일 것

다. 본인 또는 본인과 같은 세대별 주민등록표에 등재되어 있지 않은 배우자가 같은 또는 다른 직장주택조합의 조합원이거나 지역주택조합의 조합원이 아닐 것

3. 리모델링주택조합 조합원: 다음 각 목의 어느 하나에 해당하는 사람. 이 경우 해당 공동주택, 복리시설 또는 다목에 따른 공동주택 외의 시설의 소유권이 여러 명의 공유(共有)에 속할 때에는 그 여러 명을 대표하는 1명을 조합원으로 본다.

가. 법 제15조에 따른 사업계획승인을 받아 건설한 공동주택의 소유자

나. 복리시설을 함께 리모델링하는 경우에는 해당 복리시설의 소유자

다. 「건축법」 제11조에 따른 건축허가를 받아 분양을 목적으로 건설한 공동주택의 소유자(해당 건축물에 공동주택 외의 시설이 있는 경우에는 해당 시설의 소유자를 포함한다)

② 주택조합의 조합원이 근무·질병치료·유학·결혼 등 부득이한 사유로 세대주 자격을 일시적으로 상실한 경우로서 시장·군수·구청장이 인정하는 경우에는 제1항에 따른 조합원 자격이 있는 것으로 본다.

제3절 사업계획의 승인 등

1 사업계획의 승인 (법 제15조, 영 제15조, 시행규칙 제11조)

(1) 사업계획승인의 대상

일정 호수 이상의 주택건설사업을 시행하려는 자 또는 일정 면적 이상의 대지조성사업을 시행하려는 자는 사업계획승인신청서에 주택과 그 부대시설 및 복리시설의 배치도, 대지조성공사 설계도서 등을 첨부하여 사업계획승인권자(이하 "사업계획승인권자"라 한다. 국가 및 한국토지주택공사가 시행하는 경우와 대통령령으로 정하는 경우에는 국토교통부장관)에게 제출하고 사업계획승인을 받아야 한다.

1) 주택건설사업

① 단독주택 : 30호

다만, 다음 각 목의 어느 하나에 해당하는 주택인 경우에는 50

호로 한다.

가. 공공사업에 따라 조성된 용지를 개별 필지로 구분하지 아니하고 일단(一團)의 토지로 공급받아 해당 토지에 건설하는 단독주택

나. 한옥

② 공동주택 : 30세대(리모델링의 경우에는 증가하는 세대수가 30세대인 경우를 말한다).

다만, 다음 각 목의 어느 하나에 해당하는 주택인 경우에는 50세대로 한다.

가. 다음의 요건을 모두 갖춘 단지형 연립주택 또는 단지형 다세대주택

㉠ 세대별 주거전용 면적이 30제곱미터 이상일 것

㉡ 해당 주택단지 진입도로의 폭이 6미터 이상일 것

나. 주거환경개선사업(같은 법 제6조제1항제1호에 해당하는 방법으로 시행하는 경우로 한정한다) 또는 주거환경관리사업을 시행하기 위한 정비구역[같은 법 시행령 제13조제1항제4호에 따른 정비기반시설의 설치계획대로 정비기반시설 설치가 이루어지지 아니한 지역으로서 시장·군수 또는 구청장(자치구의 구청장을 말한다. 이하 같다)이 지정·고시하는 지역은 제외한다]에서 건설하는 공동주택

예외 주택 외의 시설과 주택을 동일 건축물로 건축하는 경우

다음의 어느 하나에 해당하는 경우에 대해서는 이를 사업계획 승인대상에서 제외한다.

1. 도시지역 중 상업지역(유통상업지역은 제외) 또는 준주거지역에서 300세대 미만의 주택과 주택 외의 시설을 동일 건축물로 건축하는 경우로서 해당 건축물의 연면적에 대한 주택 연면적 합계의 비율이 90% 미만인 경우
2. 농어촌주거환경개선사업 중 농업협동조합중앙회가 조달하는 자금으로 시행하는 사업인 경우

2) 대지조성사업

1만m^2 이상의 대지를 조성하는 경우

(2) 주택건설사업의 분할시행

- 주택건설사업을 시행하려는 자는 해당 주택단지를 공구별로 분할하여 주택을 건설·공급할 수 있다.
- 전체 세대수가 600세대 이상인 주택단지는 공구별로 분할하여 주택을 건설·공급할 수 있다.

위에서 공구는 하나의 주택단지에서 다음의 기준에 따라 둘 이상으로 구분되는 일단의 구역으로, 착공신고 및 사용검사를 별도로 수행할 수 있는 구역을 말한다.

1. 다음의 어느 하나에 해당하는 시설을 설치하거나 공간을 조성하여 6미터 이상의 폭으로 공구 간 경계를 설정할 것
   가. 주택단지 안의 도로
   나. 주택단지 안의 지상에 설치되는 부설주차장
   다. 주택단지 안의 옹벽 또는 축대
   라. 식재, 조경이 된 녹지
   마. 그 밖에 어린이놀이터 등 부대시설이나 복리시설로서 사업계획승인권자가 적합하다고 인정하는 시설
2. 공구별 세대수는 300세대 이상으로 할 것

(3) 사업계획승인권자

사업계획승인권자는 다음의 구분에 따른다.

1. 주택건설사업 또는 대지조성사업으로서 해당 대지면적이 10만㎡이상인 경우 : 시·도지사 또는 서울특별시·광역시 및 특별자치시를 제외한 인구 50만 이상의 대도시(이하 "대도시"라 한다)의 시장
2. 주택건설사업 또는 대지조성사업으로서 해당 대지면적이 10만㎡ 미만인 경우 : 특별시장·광역시장·특별자치시장·특별자치도지사 또는 시장·군수

예외 다음의 경우는 국토교통부장관의 승인을 받아야 한다.

① 국가 및 한국토지주택공사가 시행하는 경우
② 330만㎡ 이상의 규모로 택지개발사업 또는 도시개발사업을 추진하는 지역중 국토교통부장관이 지정·고시하는 지역안에서 주택건설사업을 시행하는 경우
③ 수도권·광역시 지역의 긴급한 주택난 해소가 필요하거나 지역균형개발 또는 광역적 차원의 조정이 필요하여 국토교통부장관이 지정·고시하는 지역 안에서 주택건설사업을 시행하는 경우

4. 다음 각 목에 해당하는 자가 단독 또는 공동으로 총지분의 100분의 50을 초과하여 출자한 부동산투자회사(해당 부동산투자회사의 자산관리회사가 한국토지주택공사인 경우만 해당한다)가 주택건설사업을 시행하는 경우
   가. 국가
   나. 지방자치단체
   다. 한국토지주택공사

라. 지방공사

(4) 대지소유권의 확보

주택건설사업계획의 승인을 받으려는 자는 해당 주택건설대지의 소유권을 확보하여야 한다.

다만, 다음 각 호의 어느 하나에 해당하는 경우에는 그러하지 아니하다.

1. 지구단위계획(이하 "지구단위계획"이라 한다)의 결정[사업계획에 의해 의제(擬制)되는 경우를 포함한다]이 필요한 주택건설사업의 해당 대지면적의 100분의 80 이상을 사용할 수 있는 권원(權原)[등록사업자와 공동으로 사업을 시행하는 주택조합(리모델링주택조합은 제외한다)의 경우에는 100분의 95 이상의 소유권을 확보하고(국공유지가 포함된 경우에는 해당 토지의 관리청이 해당 토지를 사업주체에게 매각하거나 양여할 것을 확인한 서류를 사업계획승인권자에게 제출하는 경우에는 확보한 것으로 본다), 확보하지 못한 대지가 매도청구 대상이 되는 대지에 해당하는 경우
2. 사업주체가 주택건설대지의 소유권을 확보하지 못하였으나 그 대지를 사용할 수 있는 권원을 확보한 경우
3. 국가·지방자치단체·한국토지주택공사 또는 지방공사가 주택건설사업을 하는 경우

(5) 사업계획 승인의 절차

① 사업주체가 사업계획승인을 신청하는 때에는 신청서에 주택과 그 부대시설 및 복리시설의 배치도, 대지조성공사 설계도서 등 대통령령으로 정하는 서류를 첨부해 사업계획승인권자에게 제출하여야 한다.

② 주택건설사업을 분할하여 시행하려는 자는 사업계획승인신청서에 서류와 함께 다음의 서류를 첨부하여 사업계획승인권자에게 제출하고 사업계획승인을 받아야 한다.

1. 공구별 공사계획서
2. 입주자모집계획서
3. 사용검사계획서

(6) 사업계획 승인

① 국토교통부장관 또는 시·도지사는 사업계획승인의 신청을 받은 때에는 정당한 사유가 없는 한 그 신청을 받은 날부터 60일 이내에 사업주체에게 승인여부를 통보하여야 한다.

② 국토교통부장관은 주택건설사업계획의 승인을 한 때에는 지체없이 관할 시·도지사에게 그 내용을 통보하여야 한다.

2 매도청구 등 (법 제22조의2)

(1) 사업계획승인을 받은 사업주체는 다음에 따라 해당 주택건설대지 중 사용할 수 있는 권원을 확보하지 못한 대지(건축물을 포함)의 소유자에게 그 대지를 시가에 따라 매도할 것을 청구할 수 있다. 이 경우 매도청구 대상이 되는 대지의 소유자와 매도청구를 하기 전에 3개월 이상 협의하여야 한다.

① 주택건설대지면적 중 95/100 이상에 대하여 사용권원을 확보한 경우 : 사용권원을 확보하지 못한 대지의 모든 소유자에게 매도청구 가능

② 위 ① 외의 경우 : 사용권원을 확보하지 못한 대지의 소유자 중 지구단위계획구역 결정고시일 10년 이전에 해당 대지의 소유권을 취득하여 계속 보유하고 있는 자(대지의 소유기간 산정 시 대지소유자가 직계비속·직계존속 및 배우자로부터 상속으로 소유권을 취득한 경우에는 피상속인의 소유기간을 합산한다)를 제외한 소유자에게 매도청구 가능

(2) 인가를 받아 설립된 리모델링주택조합은 그 리모델링 결의에 찬성하지 아니하는 자의 주택 및 토지에 대하여 매도청구를 할 수 있다.

(3) 위의 (1), (2)에 따른 매도청구는 「집합건물의 소유 및 관리에 관한 법률」의 규정을 준용한다. 이 경우 구분소유권 및 대지사용권은 주택건설사업 또는 리모델링사업의 매도 청구의 대상이 되는 건축물 또는 토지의 소유권과 그 밖의 권리로 본다.

3 소유자를 확인하기 곤란한 대지 등에 대한 처분 (법 제23조)

(1) 사업계획승인을 받은 사업주체는 해당 주택건설대지 중 사용할 수 있는 권원을 확보하지 못한 대지의 소유자의 소재확인이 현저히 곤란한 경우에는 전국적으로 배포되는 둘 이상의 일간신문에 두차례 이상 공고하고, 공고한 날부터 30일 이상이 지난 때에는 매도청구대상의 대지로 본다.

(2) 사업주체는 위 (1)에 따른 매도청구대상 대지의 감정평가액에 해당하는 금액을 법원에 공탁하고 주택건설사업을 시행할 수 있다.

(3) 위 (2)의 규정에 따른 대지의 감정평가에 관하여는 사업계획승인권자가 추천하는 「부동산가격공시 및 감정평가에 관한 법률」에 따른 감정평가업자 2명 이상이 평가한 금액을 산술평균하여 산정한다.

4 주택건설공사의 시공제한 등 (법 제34조)

(1) 사업계획승인을 얻은 주택의 건설공사는 「건설산업기본법」에 따른 건설업자로서 토목 건축공사업 또는 건축공사업의 등록을 한 자 또는 건설업자로 간주하는 등록사업자가 아니면 이를 시공할 수 없다.

(2) 공동주택의 방수・위생 및 냉난방설비공사는「건설산업기본법」에 따른 건설업자로서 다음의 어느 하나에 해당하는 건설업의 등록을 한 자(특정열사용기자재의 설치・시공의 경우는「에너지이용 합리화법」에 따른 시공업자를 말함)가 아니면 이를 시공할 수 없다.

① 방수설비공사 : 미장・방수・조적공사업

② 위생설비공사 : 기계설비공사업

③ 냉・난방설비공사 : 기계설비공사업・난방시공업

(3) 국가 또는 지방자치단체인 사업주체는 사업계획승인을 얻은 주택건설공사의 설계와 시공을 분리하여 발주 하여야 한다. 다만, 주택건설공사 중 총공사비(대지구입비를 제외)가 500억원 이상인 공사로서 기술관리상 설계와 시공을 분리하여 발주할 수 없는 공사에 대하여는「국가를 당사자로 하는 계약에 관한 법률 시행령」에 따른 일괄입찰방법으로 시행할 수 있다.

5 주택건설기준 등 (법 제35조)

(1) 사업주체가 건설・공급하는 주택의 건설 등에 관한 다음의 기준은 대통령령으로 정한다.

① 주택의 배치・세대간 경계벽・구조내력 등에 관한 주택건설기준

② 부대시설의 설치기준

③ 복리시설의 설치기준

④ 주택의 규모 및 규모별 건설비율

㉠ 사업주체가 건설・공급할 수 있는 주택의 규모는 단독주택은 1호당 330m² 이하로 하고, 공동주택은 1세대당 297m² 이하로 한다.
㉡ 국토교통부장관은 도시의 건전한 발전과 산업 및 관광의 진흥을 위하여 필요하거 나 그 밖에 특별한 사유가 있는 경우에는 위 ㉠의 기준에 의하지 아니하고 사업 주체가 건설・공급할 수 있는 주택의 규모를 따로 정할 수 있다.
㉢ 위 ㉠ 및 ㉡에 따른 주택규모는 주거전용면적을 기준으로 산정한다.
㉣ 국토교통부장관은 주택수급의 적정을 기하기 위하여 필요하다고 인정하는 때에는 사업주체가 건설하는 주택의 75%(주택조합이나 고용자가 건설하는 주택은 100%) 이하의 범위 안에서 일정 비율 이상을 국민주택규모로 건설하게 할 수 있다.
㉤ 위 ㉣에 따른 국민주택규모 주택의 건설비율은 단위사업계획별로 적용한다.

⑤ 대지조성 기준

(2) 지방자치단체는 해당 지역의 특성, 주택의 규모 등을 감안하여 주택건설기준 등의 범위 안에서 조례로 구체적인 기준을 정할 수 있다.

(3) 사업주체는 위 (1)의 주택건설기준 등 및 (2)의 기준에 따라 주택건설사업 또는 대지조성사업을 시행하여야 한다.

참고

(1)의 ①~③ 및 ⑤의 주택건설기준 등에 관하여는「주택건설기준등에 관한 규정」으로 정한다.

6 주택성능등급의 표시 등 (법 제39조)

(1) 사업주체가 1,000 세대 이상의 주택(다만, 에너지성능 등급의 경우에는 300세대 이상의 주택을 말함)을 공급하고자 하는 때에는 국토교통부장관이 지정하는 주택성능등급 인정기관으로부터 다음의 어느 하나에 해당하는 주택의 성능에 대한 등급을 인정받아 이를 입주자 모집공고 안에 표시하여야 한다.

① 경량충격음 · 중량충격음 · 화장실소음 · 경계소음 등 소음관련 등급
② 리모델링 등을 대비한 가변성 · 수리 용이성 등 구조관련 등급
③ 조경 · 조망권 · 일조시간 · 외부소음 · 실내공기질 등 환경관련 등급
④ 사회복지시설 · 놀이터 · 휴게실 등 주민공동시설에 대한 생활환경 등급
⑤ 화재 · 소방성능 등급, 홈네트워크성능 등급, 에너지성능 등급, 고령자 등 사회적 약자배려 성능 등급, 피난안전 등급 및 방범안전 등급

(2) 위 (1)에 따라 주택성능등급의 인정기준 및 평가방법과 주택성능등급 인정기관의 지정에 필요한 인력과 절차 그밖에 필요한 사항은 대통령령으로 정한다.

(3) 국토교통부장관은 위 (1)에 따라 심사 · 평가한 결과 성능등급이 우수한 주택을 건설한 사업주체 등에 대하여는 「정부표창규정」이 정하는 바에 따라 이를 포상할 수 있다.

(4) 국토교통부장관은 주택성능등급 인정기관이 다음의 어느 하나에 해당하는 경우에는 그 지정을 취소할 수 있다. (다만, ①에 해당하는 경우에는 그 지정을 취소하여야 한다.)

① 거짓이나 그 밖의 부정한 방법으로 인정기관으로 지정을 받은 경우
② 성능등급 인정기준을 위반하여 업무를 수행한 경우
③ 인정기관의 지정기준에 적합하지 아니한 경우
④ 정당한 사유 없이 2년 이상 계속하여 인정업무를 수행하지 아니한 경우

(5) 국토교통부장관은 주택성능등급 인정기관으로부터 인정현황 등 해당 업무에 관한 사항을 제출하게 하거나 소속 공무원으로 하여금 관련 서류 등을 검사하게 할 수 있다.

(6) 위 (5)에 따른 자료의 제출을 요구하거나 검사를 하는 공무원은 그 권한을 나타내는 증표를 지니고 이를 관계인에게 내보여야 한다.

7 환기시설의 설치 등 (법 제40조)

사업주체는 공동주택의 실내 공기의 원활한 환기를 위하여 대통령령이 정하는 기준에 따라 환기시설을 설치하여야 한다.

참고
세부적인 기준은 「주택건설기준 등에 관한 규정」에 따른다.

8 바닥충격음 성능등급 인정 등 (법 제41조)

(1) 국토교통부장관은 주택건설기준 중 공동주택 바닥충격음 차단구조의

성능등급 및 기준에 따라 인정하는 기관("바닥충격음 성능등급 인정기관"이라 함)을 지정할 수 있다.

(2) 위 (1)에 따라 지정된 바닥충격음 성능등급 인정기관은 성능등급을 인정받은 제품("인정 제품"이라 함)이 다음의 어느 하나에 해당하는 경우에는 그 인정을 취소할 수 있다. (다만, ①에 해당하는 경우에는 이를 취소하여야 한다.)

① 거짓이나 그 밖의 부정한 방법으로 인정받은 경우

② 인정받은 내용과 다르게 판매・시공한 경우

③ 인정제품이 국토교통부령으로 정한 품질관리기준을 준수하지 아니한 경우

④ 인정 유효기간의 연장을 위한 시험결과를 제출하지 아니한 경우

(3) 바닥충격음 성능등급 인정기관의 지정요건 및 절차 등에 대하여는 대통령령으로 정한다.

(4) 바닥충격음 성능등급 인정기관의 지정취소 및 감독에 관하여는 위 **7**-(4),(5)의 규정을 준용한다. 이 경우 주택성능등급 인정기관은 바닥충격음 성능등급 인정기관으로 본다.

9 주택의 설계 및 시공 (법 제22조, 영 제23조)

(1) 사업계획승인을 받아 건설되는 주택(부대시설 및 복리시설을 포함)을 설계하는 자는 다음에 따른 설계도서작성기준에 적합하게 설계하여야 한다.

① 설계도서는 설계도・시방서(示方書)・구조계산서・수량산출서・품질관리계획서 등으로 구분하여 작성할 것

② 설계도 및 시방서에는 건축물의 규모와 설비・재료・공사방법 등을 기재할 것

③ 설계도・시방서・구조계산서는 상호 보완관계를 유지할 수 있도록 작성할 것

④ 품질관리계획서에는 설계도 및 시방서에 의한 품질확보를 위하여 필요한 사항을 정할 것

(2) 위 (1)에 따른 주택을 시공하는 시공자와 사업주체는 설계도서에 적합하게 시공하여야 한다.

10 간선시설의 설치 및 비용의 상환 (법 제23조, 영 제24조)

(1) 사업주체가 100호 이상의 주택건설사업을 시행하는 경우 또는 16,500m^2 이상의 대지 조성사업을 시행하는 경우에는 다음에 정하는 자는 그 해당 간선시설을 설치하여야 한다.

① 지방자치단체 : 도로 및 상하수도시설

② 해당 지역에 전기・통신・가스 또는 난방을 공급하는 자 : 전기시설・통신시설・가스시설 또는 지역난방시설

③ 국가 : 우체통

예외 위 ①에 해당하는 시설로서 사업주체가 주택건설사업계획 또는 대지조성사업계획에 포함하여 설치하고자 하는 경우에는 그러하지 아니하다.

(2) 위 (1)에 따른 간선시설의 설치는 특별한 사유가 없는 한 사용검사일까지 완료하여야 한다.

(3) 간선시설의 설치비용은 그 설치의무자가 이를 부담한다. 이 경우 위 (1)-①에 따른 간 선시설의 설치비용은 그 1/2의 범위에서 국가가 이를 보조할 수 있다.

(4) 위 (3)의 규정에 불구하고 전기간선시설을 지중선로로 설치하는 경우에는 전기를 공급 하는 자와 지중에 설치할 것을 요청하는 자가 각각 50/100의 비율로 그 설치비용을 부담 한다. 다만, 사업지구 밖의 기간이 되는 시설로부터 그 사업지구 안의 가장 가까운 주택 단지(사업지구 안에 1개의 주택단지가 있는 경우에는 그 주택단지를 말함)의 경계선까지의 전기간선시설은 전기를 공급하는 자가 부담한다.

(5) 지방자치단체는 사업주체가 자신의 부담으로 위 (1)-①에 해당되지 아니하는 도로 또는 상하수도시설(해당 주택건설사업 또는 대지조성사업과 직접적으로 관련이 있는 경우에 한 함)의 설치를 요청할 경우에는 이에 따를 수 있다.

(6) 위 (1)에 따른 간선시설의 종류별 설치범위는 대통령령으로 정한다.

(7) 간선시설설치의무자가 사용검사일까지 간선시설의 설치를 완료하지 못할 특별한 사유가 있는 때에는 사업주체는 해당 간선시설을 자기부담으로 설치하고 그 비용의 상환을 간선시설설치의무자에게 요구할 수 있다.

(8) 위 (7)에 따른 간선시설설치비용의 상환방법과 절차 등에 관하여 필요한 사항은 대통령령으로 정한다.

참고
세부적인 기준은 「주택건설기준 등에 관한 규정」에 따른다.

11 주택의 감리자 지정 등 (법 제43조)

(1) 사업계획승인권자는 주택건설사업계획을 승인한 때와 시장·군수·구청장이 리모델링의 허가를 한 때에는 「건축사법」 또는 「건설기술진흥법」에 따른 감리자격이 있는 자를 다음에 따라 해당 주택건설공사를 감리할 자로 지정 하여야 한다.

예외 사업주체가 국가·지방자치단체·한국토지주택공사·지방공사 또는 대통령령이 정하는 자인 경우와 「건축법」에 따라 공사감리를 하는 도시형 생활주택의 경우에는 그러하지 아니하다.

① 시·도지사는 다음의 구분에 따라 주택건설공사를 감리할 자를 지정 하여야 한다. 이 경우 해당 주택건설공사를 시공하는 자의 계열회사(「독점규제 및 공정거래에 관한 법률」에 따른 계열회사를 말함)인 자를 지정하여서는 아니되며, 인접한 2 이상의 주택 단지에

대하여는 감리자를 공동으로 지정할 수 있다.

㉠ 300세대 미만의 주택건설공사 : 「건축사법」에 따라 건축사업무신고를 한 자 및 「건설기술진흥법」에 따른 건설기술용역업자
㉡ 300세대 이상의 주택건설공사 : 「건설기술진흥법」에 따른 건설기술용역업자

② 국토교통부장관은 위 ①에 따른 지정에 필요한 제출서류 그 밖에 지정에 관한 세부적인 기준을 정하여 고시할 수 있다.

③ 위 ①에 따라 지정된 감리자는 다음의 기준에 따라 감리원을 배치하여 감리를 하여야 한다.

㉠ 국토교통부령이 정하는 감리자격이 있는 자를 공사현장에 상주시켜 감리할 것
㉡ 공사에 대한 감리업무를 총괄하는 총괄감리원 1인과 공사분야별 감리원을 각각 배치할 것
㉢ 총괄감리원은 주택건설공사 전 기간에 걸쳐 배치하고, 공사분야별 감리원은 해당 공사의 기간 동안 배치할 것
㉣ 감리원을 다른 주택건설공사에 중복하여 배치하지 아니할 것

④ 감리자는 착공신고를 하거나 감리업무의 범위에 속하는 각종 시험 및 자재확인 등을 하는 경우에는 서명 또는 날인을 하여야 한다.

⑤ 주택건설공사에 대한 감리는 법 또는 이 영에서 정하는 사항 외에는 「건축사법」 또는 「건설기술진흥법」에서 정하는 바에 따른다.

(2) 감리자는 그에게 소속된 자를 위 (1)-③에 따라 감리원으로 배치하고, 다음의 업무를 수행 하여야 한다.

① 시공자가 설계도서에 적합하게 시공하는지 여부의 확인

② 시공자가 사용하는 건축자재가 관계법령에 의한 기준에 적합한 건축자재인지 여부의 확인

③ 주택건설공사에 대한 「건설기술진흥법」에 따른 품질시험의 실시 여부의 확인

④ 시공자가 사용하는 마감자재 및 제품이 사업주체가 시장・군수・구청장에게 제출한 마감자재 목록표, 영상물 등과 동일한지 여부의 확인

⑤ 그 밖에 주택건설공사의 시공감리에 관한 사항으로서 다음에 해당하는 사항

1. 설계도서가 해당 지형 등에 적합한지 여부의 확인
2. 설계변경에 관한 적정성의 확인
3. 시공계획・예정공정표 및 시공도면 등의 검토・확인

4. 방수·방음·단열시공의 적정성 확보, 재해의 예방, 시공상의 안전관리 그 밖에 건축 공사의 질적 향상을 위하여 국토교통부장관이 정하여 고시하는 사항에 대한 검토·확인

(3) 감리자는 위 (2)에 따른 업무의 수행상황을 국토교통부령이 정하는 바에 의하여 사업계획승인권자 및 사업주체에게 보고하여야 한다.

(4) 감리자는 위 (2)의 업무를 수행함에 있어서 위반사항을 발견한 때에는 지체 없이 시공자 및 사업주체에게 위반사항을 시정할 것을 통지하고 7일 이내에 사업계획승인권자에게 그 내용을 보고하여야 한다.

(5) 시공자 및 사업주체는 위 (4)에 따른 시정통지를 받은 때에는 즉시 해당 공사를 중지하고 위반사항을 시정한 후 감리자의 확인을 받아야 한다. 이 경우 감리자의 시정통지에 이의가 있는 때에는 즉시 해당 공사를 중지하고 사업계획승인권자에게 서면으로 이의신청을 할 수 있다.

(6) 사업주체는 감리자에게 국토교통부령이 정하는 절차 등에 의하여 공사감리비를 지급하여야 한다.

(7) 사업계획승인권자는 감리자가 감리자의 지정에 관한 서류를 부정 또는 거짓으로 제출하거나 업무수행 중 위반사항을 묵인하는 등 대통령령이 정하는 사유에 해당하는 경우에는 감리자를 교체하고, 해당 감리자에 대하여는 1년의 범위 안에서 감리업무의 지정을 제한할 수 있다.

(8) 사업주체와 감리자간의 책임내용 및 범위는 이 법에서 규정한 것을 제외하고는 당사자 간의 계약으로 정한다.

(9) 국토교통부장관은 위 (8)에 따른 계약을 체결함에 있어 사업주체와 감리자간에 공정하게 계약이 체결되도록 하기 위하여 감리용역표준계약서를 정하여 보급할 수 있다.

(10) 위 (1)에 따른 감리자의 감리방법과 절차 및 (5)에 따른 이의신청의 처리 등에 관하여 필요한 사항은 대통령령으로 정한다.

12 사용검사 등 (법 제49조)

(1) 사업주체는 사업계획승인을 얻어 시행하는 주택건설사업 또는 대지조성사업을 완료한 경우에는 주택 또는 대지에 대하여 다음에 따라 시장·군수·구청장(국가·한국토지주택공사가 사업주체인 경우와 국토교통부장관으로부터 사업계획의 승인을 얻은 경우에는 국토교통부장관을 말함)의 사용검사를 받아야 한다. 다만, 사업계획승인조건의 미이행 등 특별한 사유가 있어 사업을 완료하지 못하고 있는 경우에는 완공된 주택에 대하여 동별로 사용검사를 받을 수 있다.

① 사용검사를 받거나 임시사용승인을 얻고자 하는 자는 사용검사(임시사용승인)신청서에 다음의 서류를 첨부하여 사용검사권자에게 제출(전자문서에 의한 제출을 포함)하여야 한다.

1. 감리자의 감리의견서(주택건설사업의 경우에 한함)
2. 시공자의 공사확인서(입주예정자대표회의가 사용검사 또는 임시사용승인을 신청하는 경우에 한함)

② 사용검사권자는 사용검사의 대상인 주택 또는 대지가 사업계획의 내용에 적합한지 여부를 확인하여야 한다.

③ 사용검사권자는 확인을 한 결과 적합한 경우에는 사용검사 또는 임시사용승인을 신청한 자에게 사용검사필증 또는 임시사용승인서를 발급하여야 한다.

④ 사용검사는 그 신청일로부터 15일 이내에 하여야 한다.

(2) 사업주체가 위 (1)에 따른 사용검사를 받은 때에는 의제되는 인・허가 등에 따른 해당 사업의 사용승인・준공검사 또는 준공인가 등을 받은 것으로 본다. 이 경우 사용검사를 행하는 시장・군수・구청장("사용검사권자"라 함)은 미리 관계행정기관의 장과 협의 하여야 하 며, 협의요청을 받은 관계 행정기관의 장은 정당한 사유가 없는 한 그 요청을 받은 날부터 10일 이내에 그 의견을 제시하여야 한다.

(3) 사업주체가 파산 등으로 사용검사를 받을 수 없는 경우에는 해당 주택의 시공을 보증한 자 또는 입주예정자 등이 대통령령이 정하는 바에 의하여 사용검사를 받을 수 있다.

(4) 사업주체 또는 입주예정자는 위 (1)에 따른 사용검사를 받은 후가 아니면 주택 또는 대지를 사용하게 하거나 이를 사용할 수 없다.

예외 주택건설사업의 경우에는 건축물의 동별로 공사가 완료된 때, 대지조성사업의 경우에는 구획별로 공사가 완료된 경우로서 사용검사권자의 임시사용승인을 받은 경우에는 그러하지 아니하다.

제3장 주택의 공급

1 주택의 공급 (법 제54조)

(1) 사업주체(「건축법」에 따른 건축허가를 받아 주택외의 시설과 주택을 동일건축물로 20 호 이상 건설·공급하는 건축주를 포함)는 다음에서 정하는 바에 따라 주택을 건설·공급 하여야 한다. 이 경우 국가유공자, 보훈대상자, 장애인, 철거주택의 소유자, 그 밖에 국토교통부령으로 정하는 대상자에 대하여는 국토교통부령으로 정하는 바에 따라 입주자 모집조건 등을 달리 정하여 별도로 공급할 수 있다.

① 사업주체(국가·지방자치단체·한국토지주택공사 및 지방공사를 제외)가 입주자를 모집하고자 하는 경우 : 국토교통부령이 정하는 바에 따라 시장·군수·구청장의 승인(복리시설의 경우에는 신고를 말함)을 얻을 것

② 사업주체가 건설하는 주택을 공급하고자 하는 경우 : 국토교통부령이 정하는 입주자 모집조건·방법·절차, 입주금(입주예정자가 사업주체에게 납입하는 주택가격을 말함)의 납부방법·시기·절차, 주택공급계약의 방법·절차 등에 적합할 것

③ 사업주체가 주택을 공급하고자 하는 경우 : 국토교통부령이 정하는 바에 따라 벽지·바닥재·주방용구·조명기구 등을 제외한 부분의 가격을 따로 제시하고, 이를 입주자가 선택할 수 있도록 할 것

(2) 주택을 공급받고자 하는 자는 「주택공급에 관한 규칙」에 따라 입주자 자격·재당첨제한 및 공급순위 등에 적합하게 주택을 공급받아야 한다. 이 경우 제63조제1항에 따른 투기과열지구 및 제63조의2제1항에 따른 조정대상지역에서 건설·공급되는 주택을 공급받으려는 자의 입주자 자격, 재당첨 제한 및 공급 순위 등은 주택의 수급 상황 및 투기 우려 등을 고려하여 국토교통부령으로 지역별로 달리 정할 수 있다.<개정 2017. 8. 9.>

(3) 사업주체가 시장·군수·구청장의 승인을 받으려는 경우(사업주체가 국가·지방자치단체·한국토지주택공사 및 지방공사인 경우에는 견본

관계법 주택공급에 관한 규칙 제6조 (세대주인정기간의 산정 및 주택소유 여부 판정기준)

① 세대주인정기간은 세대별 주민등록표상에 세대주로 등재되어 있는 기간에 의하여 산정한다. 다만, 세대별 주민등록표상에 주민등록말소 등으로 세대주로 등재되어 있지 아니한 기간이 있는 경우에는 그 말소등으로 등재되어 있지 아니한 기간을 전후하여 세대주로 등재되어 있는 기간을 합산하여 이를 세대주 인정기간으로 한다.

주택을 건설하는 경우를 말함)에는 견본주택에 사용되는 마감자재의 규격·성능 및 재질을 기재한 마감자재 목록표와 견본주택의 각 실의 내부를 촬영한 영상물 등을 제작하여 승인권자에게 제출 하여야 한다.

(4) 사업주체는 주택공급계약 체결 시 입주예정자에게 위 (3)에 따른 견본주택에 사용된 마감자재 목록표를 제공하여야 한다.

예외 입주자모집공고 안에 이를 표시(인터넷을 통하여 게재하는 경우를 포함)한 경우에는 그러하지 아니하다.

(5) 시장·군수·구청장은 위 (3)에 따라 제출받은 마감자재 목록표와 영상물 등을 사용검사가 있은 날부터 2년 이상 보관 하여야 하며, 입주자가 열람을 요구하는 때에는 이를 공개하여야 한다.

(6) 사업주체가 마감자재 생산업체의 부도 등으로 인한 제품의 품귀 등 부득이한 사유로 인하여 사업계획승인 또는 위 (3)에 따른 마감자재 목록표의 마감자재와 다르게 마감자재를 시공·설치하고자 하는 경우에는 당초의 마감자재와 같은 질 이상으로 설치하여야 한다.

(7) 사업주체가 마감자재 목록표의 자재와 다른 마감자재를 시공·설치 하고자 하는 경우에는 그 사실을 입주예정자에게 통지하여야 한다.

2 주택의 분양가격 제한 등 (법 제38조의2, 영 제42조의2)

(1) 사업주체가 일반인에게 공급하는 공동주택 중 다음 각 호의 어느 하나에 해당하는 지역에서 공급하는 주택의 경우에는 이 조에서 정하는 기준에 따라 산정되는 분양가격 이하로 공급(이에 따라 공급되는 주택을 "분양가상한제 적용주택"이라 함)하여야 한다.

1. 공공택지
2. 공공택지 외의 택지에서 주택가격 상승 우려가 있어 제38조의3에 따라 국토교통부장관이 주택정책심의위원회 심의를 거쳐 지정하는 지역

(2) 위 (1)의 분양가격의 구성항목 중 택지비는 다음에 따라 산정한 금액으로 한다.

① 공공택지에서 주택을 공급하는 경우에는 해당 택지의 공급가격에 국토교통부령으로 정하는 택지와 관련된 비용을 가산한 금액

② 공공택지 외의 택지에서 주택을 공급하는 경우에는 「부동산 가격공시 및 감정평가에 관한 법률」에 따라 감정평가한 가액에 국토교통부령으로 정하는 택지와 관련된 비용을 가산한 금액

예외 택지 매입가격이 다음의 어느 하나에 해당하는 경우에는 해당 매입가격(「부동산 가격공시 및 감정평가에 관한 법률」에 따라 감정평가한 가액의 120/100에 상당하는 금액 이내에 한함)에 국토교통부령으로 정하는 택지와 관련된 비용을 가

---

② 다음 각 호의 사유로 인하여 세대주가 변경된 경우에는 변경전 세대주의 세대주인정기간(같은 세대별 주민등록표상에 등재된 이후의 기간에 한정한다)을 변경후 세대주의 세대주 인정기간에 합산하여 이를 변경된 세대주의 세대주인정기간으로 한다.
<개정 2009.9.17>
1. 세대주가 사망한 경우
2. 세대주가 결혼 또는 이혼한 경우
3. 세대주의 배우자 또는 세대원인 직계존·비속으로 세대주가 변경된 경우
4. 삭제 <1999.5.8>

③ 주택소유 여부를 판단함에 있어서는 주택의 공유지분을 소유하고 있는 것을 주택을 소유하고 있는 것으로 보되, 다음 각 호의 어느 하나에 해당하는 경우에는 주택을 소유하지 아니한 것으로 본다. 다만, 제19조의2제1항 및 제32조제5항제1호에 따른 우선공급의 경우 무주택세대주에 해당하는지 여부를 판단함에 있어서 제6호의 규정은 이를 적용하지 아니한다. <개정 2009.9.17, 2009.9.28>
1. 상속으로 인하여 주택의 공유지분을 취득한 사실이 판명되어 사업주체로부터 제21조의2제3항의 규정에 의하여 부적격자로 통보받은 날부터 3월이내에 그 지분을 처분한 경우
2. 도시지역이 아닌 지역 또는 면의 행정구역(수도권은 제외한다)에 건축되어 있는 주택으로서 다음 각목의 1에 해당하는 주택의 소유자가 당해주택건설지역에 거주(상속으로 주택을 취득한 경우에는 피상속인이 거주한 것을 상속인이 거주한 것으로 본다)하다가 다른 주택건설지역으로 이주한 경우
   가. 사용승인후 20년 이상 경과된 단독주택
   나. 85제곱미터이하의 단독주택
   다. 소유자의 「가족관계의 등록 등에 관한 법률」에 따른 최초 등록기준지에 건축되어 있는 주택으로서 직계존속 또는 배우자로부터 상속등에 의하여 이전받은 단독주택

산한 금액을 택지비로 볼 수 있다. 이 경우 택지비는 주택단지 전체에 동일하게 적용하여야 한다.

1. 「민사집행법」, 「국세징수법」 또는 「지방세법」에 따른 경 · 공매 낙찰가격
2. 국가 · 지방자치단체 등 공공기관으로부터 매입한 가격
3. 그 밖에 실제 매매가격을 확인할 수 있는 경우로서 「부동산등기법」에 따른 부동산등기부에 해당 택지의 거래가액이 기록되어 있는 경우

(3) 위 (1)의 분양가격 구성항목 중 건축비는 국토교통부장관이 정하여 고시하는 건축비(이하 "기본형건축비"라 함)에 국토교통부령으로 정하는 금액을 더한 금액으로 한다. 이 경우 기본형건축비는 시장 · 군수 · 구청장이 해당 지역의 특성을 고려하여 국토교통부령으로 정하는 범위에서 따로 정하여 고시할 수 있다.

(4) 사업주체는 분양가상한제 적용주택으로서 공공택지에서 공급하는 주택에 대하여 입주자 모집 승인을 받았을 때에는 입주자 모집공고에 다음 각각 [국토교통부령으로 정하는 세분류를 포함]에 대하여 분양가격을 공시하여야 한다.

① 택지비
② 공사비
③ 간접비
④ 그 밖에 국토교통부령으로 정하는 비용

(5) 시장 · 군수 · 구청장이 공공택지 외의 택지에서 공급되는 분양가상한제 적용주택(「수도권정비계획법」에 따른 수도권 등 분양가 상승 우려가 큰 지역으로서 아래 **참고**에 해당되는 지역에서 공급되는 주택만 해당함)에 대하여 입주자모집 승인을 하는 경우에는 다음 각각의 구분에 따라 분양가격을 공시하여야 한다. 이 경우 아래 ②~⑥까지의 금액은 기본형건축비[시(특별자치도의 경우에는 특별자치도를 말함) · 군 · 구(자치구를 말함)별 기본형건축비가 따로 있는 경우에는 시 · 군 · 구별 기본형건축비]의 항목별 가액으로 한다.

① 택지비
② 직접공사비
③ 간접공사비
④ 설계비
⑤ 감리비
⑥ 부대비
⑦ 그 밖에 국토교통부령으로 정하는 비용

3. 개인주택사업자가 분양을 목적으로 주택을 건설하여 이를 분양 완료하였거나 사업주체로부터 제21조의2제3항의 규정에 의한 부적격자로 통보받은 날부터 3월 이내에 이를 처분한 경우
4. 세무서에 사업자로 등록한 개인사업자가 그 소속근로자의 숙소로 사용하기 위하여 법 제10조제3항의 규정에 의하여 주택을 건설하여 소유하고 있거나 사업주체가 정부시책의 일환으로 근로자에게 공급할 목적으로 사업계획승인을 얻어 건설한 주택을 공급받아 소유하고 있는 경우
5. 20제곱미터 이하의 주택(아파트는 제외한다)을 소유하고 있는 경우. 다만, 2호 또는 2세대 이상의 주택을 소유한 자는 제외한다.
6. 60세 이상의 직계존속(제11조의2 또는 제12조에 따라 입주자를 선정하는 경우에는 배우자의 직계존속을 포함한다)이 주택을 소유하고 있는 경우
7. 건물등기부 또는 건축물대장등의 공부상 주택으로 등재되어 있으나 주택이 낡아 사람이 살지 아니하는 폐가이거나 주택이 멸실되었거나 주택이 아닌 다른 용도로 사용되고 있는 경우로서 사업주체로부터 제21조의2제3항의 규정에 의한 부적격자로 통보받은 날부터 3월 이내에 이를 멸실시키거나 실제 사용하고 있는 용도로 공부를 정리한 경우
8. 무허가건물을 소유하고 있는 경우

참고 분양가 상승 우려가 큰 지역

1. 「수도권정비계획법」에 따른 수도권 안의 투기과열지구

2. 다음의 어느 하나에 해당하는 지역으로서 주택정책심의위원회의 심의를 거쳐 국토교통부장관이 지정하는 지역
   - 「수도권정비계획법」에 따른 수도권 밖의 투기과열지구 중 그 지역의 주택가격의 상승률, 주택의 청약경쟁률 등을 고려하여 국토교통부장관이 정하여 고시하는 기준에 해당되는 지역
   - 해당 지역을 관할하는 시장·군수 또는 구청장이 주택가격의 상승률, 주택의 청약경쟁률이 지나치게 상승할 우려가 크다고 판단하여 국토교통부장관에게 지정을 요청하는 지역

(6) 위 (4) 및 (5)에 따른 공시를 할 때 국토교통부령으로 정하는 택지비 및 건축비에 가산되는 비용의 공시에는 분양가심사위원회 심사를 받은 내용과 산출근거를 포함하여야 한다.

3 견본주택의 건축기준 (법 제38조의3)

(1) 사업주체가 주택의 판매·촉진을 위하여 견본주택을 건설하고자 하는 경우 견본주택의 내부에 사용하는 마감자재 및 가구는 사업계획승인 내용과 동일한 마감자재로 시공·설치하여야 한다.

(2) 사업주체는 견본주택의 내부에 사용하는 마감자재를 사업계획승인 또는 마감자재 목록표와 다른 마감자재로 설치하는 경우로서 다음의 어느 하나에 해당하는 경우에는 일반인이 그 해당 사항을 알 수 있도록 국토교통부령이 정하는 바에 따라 그 공급가격을 표시하여야 한다.
   ① 분양가격에 포함되지 않는 품목을 견본주택에 전시하는 경우
   ② 마감자재 생산업체의 부도 등으로 인한 제품의 품귀 등 부득이한 경우

(3) 견본주택에는 마감자재 목록표와 사업계획승인을 받은 서류 중 평면도 및 시방서를 비치하여야 하며, 견본주택의 배치·구조 및 유지관리 등은 국토교통부령으로 정하는 기준에 적합하여야 한다.

4 주택건설사업 등에 의한 임대주택의 건설 등

(법 제38조의6, 영 제42조의16)

(1) 사업주체가 다음의 사항을 포함한 사업계획승인신청서(「건축법」의 허가신청서를 포함)를 제출하는 경우 사업계획승인권자(건축허가권자를 포함)는 「국토의 계획 및 이용에 관한 법률」의 용도지역별 용적률 범위 안에서 특별시·광역시·특별자치도·시 또는 군의 조례로 정하는 기준에 따라 용적률을 완화하여 적용할 수 있다.
   ① 20세대 이상의 주택과 주택 외의 시설을 같은 건축물로 건축하는 계획

참고 「토지임대부 분양주택 공급 촉진을 위한 특별조치법」 제정이유
[시행 2009.10.23] [법률 제9633호, 2009.4.22, 제정]

토지와 건물 모두를 분양하는 아파트 등 공동주택은 주거환경이 쾌적하나 분양가가 높고, 저소득층을 위한 임대주택은 임대비용은 낮으나 주거환경이 상대적으로 열악하고 자기 집이라는 소유 의식이 없어 유지·관리 등에 많은 문제점이 노정됨에 따라, 분양과 임대라는 공동주택의 두 가지 공급 방식을 절충하여 토지의 소유권은 국가·지방자치단체·한국토지주택공사·지방공사 등이 가지도록 하면서, 그 토지를 임대하여 건물만 주택 수요자에게 분양하여 분양받은 자가 건물을 소유하도록 하는 방식을 도입함으로써 무주택 서민의 주거비 부담을 경감하고 주거안정을 도모함과 동시에 주택 투기를 근절하여 국민경제에 기여하려는 것임

※ 「주택법」 제38조의5(토지임대부 및 환매조건부 주택 등의 공급)를 삭제(2009.4.22)한다.

② 임대주택의 건설・공급에 관한 사항

(2) 위 (1)에 따라 용적률을 완화하여 적용하는 경우 사업주체는 완화된 용적률의 30/100분 이상 60/100 이하의 범위에서 시・도의 조례로 정하는 비율 이상에 해당하는 면적을 임대주택으로 공급 하여야 한다. 이 경우 사업주체는 임대주택을 국토교통부장관, 시・도지사, 한국토지주택공사 또는 지방공사(이하 "인수자"라 함)에 공급하여야 하며 시・도지사가 우선 인수할 수 있다. 다만, 시・도지사가 임대주택을 인수하지 아니하는 경우 시장・군수・구청장이 위 (1)의 사업계획승인(「건축법」의 건축허가를 포함)신청 사실을 시・도지사에게 통보한 후 국토 해양부장관에게 인수자 지정을 요청하여야 한다.

① 국토교통부장관은 시장・군수・구청장으로부터 인수자 지정의 요청을 받은 경우 30일 이내에 인수자를 지정하여 시・도지사에게 통보하여야 하다.

② 국토교통부장관으로부터 통보를 받은 시・도지사는 지체 없이 국토교통부장관이 지정한 인수자와 임대주택의 인수에 관하여 협의하여야 한다.

(3) 위 (2)에 따라 공급되는 임대주택의 공급가격은「임대주택법」에 따라 임대주택의 매각 시 적용하는 공공건설임대주택의 분양전환가격에 산정기준에서 정하는 건축비로 하고, 그 부속 토지는 인수자에게 기부채납한 것으로 본다.

(4) 사업주체는 사업계획승인을 신청하기 전에 미리 용적률의 완화로 건설되는 임대주택의 규모 등에 관하여 인수자와 협의하여 사업계획승인신청서에 반영하여야 한다.

(5) 사업주체는 공급되는 주택의 전부(주택조합이 설립된 경우에는 조합원에게 공급하고 남은 주택을 말함)를 대상으로 공개추첨의 방법에 의하여 인수자에게 공급하는 임대주택을 선정 하여야 하며, 그 선정 결과를 지체 없이 인수자에게 통보하여야 한다.

(6) 사업주체는 임대주택의 준공인가(「건축법」의 사용승인을 포함)를 받은 후 지체 없이 인수자에게 등기를 촉탁 또는 신청 하여야 한다. 이 경우 사업주체가 거부 또는 지체하는 경우에는 인수자가 등기를 촉탁 또는 신청할 수 있다.

5 공급질서교란 금지 (법 제39조, 영 제43조)

(1) 누구든지 이 법에 따라 건설・공급되는 주택을 공급받거나 공급받게 하기 위하여 다음 의 어느 하나에 해당하는 증서 또는 지위를 양도 또는 양수(매매・증여 그 밖에 권리변동을 수반하는 모든 행위를 포함하되, 상속・저당의 경우를 제외 함)하거나 이를 알선하여서는 아니 되며, 누구든지 거짓 그 밖의 부정한 방법으로 이 법에 의하여 건설・공급되는

증서나 지위 또는 주택을 공급받거나 공급받게 하여서는 아니 된다.

① 주택을 공급받을 수 있는 지위 (법 제32조)

② 주택상환사채 (법 제69조)

③ 입주자저축의 증서 (법 제75조)

④ 그 밖에 주택을 공급받을 수 있는 증서 또는 지위로서 다음에 해당하는 것

㉠ 시장·군수 또는 구청장이 발행한 무허가건물확인서·건물철거예정증명서 또는 건물 철거확인서

㉡ 공공사업의 시행으로 인한 이주대책에 의하여 주택을 공급받을 수 있는 지위 또는 이주대책대상자확인서

(2) 국토교통부장관 또는 사업주체는 위 (1)의 규정에 위반하여 증서 또는 지위를 양도하거 나 양수한 자 또는 거짓 그 밖의 부정한 방법으로 증서나 지위 또는 주택을 공급받은 자에 대하여는 그 주택공급을 신청할 수 있는 지위를 무효로 하거나 이미 체결된 주택의 공급계약을 취소할 수 있다.

(3) 사업주체는 위 (1)의 규정을 위반한 자에 대하여 다음의 금액을 합산한 금액에서 감가상각비를 공제한 금액을 지급한 때에는 그 지급한 날에 사업주체가 해당 주택을 취득한 것으로 본다.

① 입주금

② 융자금의 상환원금

③ 위 ① 및 ②의 금액을 합산한 금액에 생산자물가상승률을 곱한 금액

(4) 위 (3)의 경우에 사업주체가 매수인에게 주택가격을 지급하거나 다음의 사유에 해당하는 경우로서 주택가격을 해당 주택이 소재한 지역을 관할하는 법원에 공탁한 경우에는 해당 주택에 입주한 자에 대하여 기간을 정하여 퇴거를 명할 수 있다.

① 매수인을 알 수 없어 주택가액 수령의 통지를 할 수 없는 경우

② 매수인에게 주택가액의 수령을 3회 이상 통지(통지일로부터 다음 통지일까지의 기간이 1월 이상이어야 함)하였으나 매수인이 수령을 거부한 경우

③ 매수인이 주소지에 3월 이상 살지 아니하여 주택가액의 수령이 불가능한 경우

④ 주택의 압류 또는 가압류로 인하여 매수인에게 주택가액을 지급할 수 없는 경우

6 저당권설정 등의 제한 (법 제40조)

(1) 사업주체는 사업계획승인을 얻어 시행하는 주택건설사업에 의하여 건설된 주택 및 대지에 대하여는 입주자모집공고승인 신청일(주택조합의 경우에는 사업계획승인 신청일을 말함) 이후부터 입주예정자가 해당 주택 및 대지의 소유권이전등기를 신청할 수 있는 날 이 후 60일까지의 기간 동안 입주예정자의 동의 없이 다음의 어느 하나에 해당하는 행위를 하여서는 아니 된다.

① 해당 주택 및 대지에 저당권 또는 가등기담보권 등 담보물권을 설정하는 행위

② 해당 주택 및 대지에 전세권·지상권 또는 등기되는 부동산임차권을 설정하는 행위

③ 해당 주택 및 대지를 매매 또는 증여 등의 방법으로 처분하는 행위

예외 해당 주택의 건설을 촉진하기 위하여 다음에 해당하는 경우에는 그러하지 아니하다.

1. 해당 주택의 입주자에게 주택구입자금의 일부를 융자하여 줄 목적으로 국민주택기금이나 다음의 금융기관으로부터 주택건설자금의 융자를 받는 경우 ㉠ 「은행법」에 따른 금융기관 ㉡ 「중소기업은행법」에 따른 중소기업은행 ㉢ 「상호저축은행법」에 따른 상호저축은행 ㉣ 「보험업법」에 따른 보험회사 ㉤ 그 밖의 법률에 따라 금융업무를 행하는 기관으로서 국토교통부령으로 정하는 것
2. 해당 주택의 입주자에게 주택구입자금의 일부를 융자하여 줄 목적으로 위 1.의 금융기관으로부터 주택구입자금의 융자를 받는 경우
3. 사업주체가 파산(「채무자 회생 및 파산에 관한 법률」 등에 의한 법원의 결정·인가를 포함)·합병·분할·등록말소·영업정지 등의 사유로 사업을 시행할 수 없게 되어 사업주체가 변경되는 경우

(2) 위 (1)에서 "소유권이전등기를 신청할 수 있는 날"이란 사업주체가 입주예정자에게 통보한 입주가능일을 말한다.

(3) 위 (1)에 따른 저당권설정 등의 제한을 함에 있어서 사업주체는 입주예정자의 동의 없이는 양도하거나 제한물권을 설정하거나 압류·가압류·가처분 등의 목적물이 될 수 없는 재산임을 소유권등기에 부기등기 하여야 한다.

예외 사업주체가 국가·지방자치단체 및 한국토지주택공사 등 공공기관이거나 해당 대지가 사업주체의 소유가 아닌 경우 등 대통령령이 정하는 경우에는 그러하지 아니하다.

(4) 위 (3)에 따른 부기등기는 주택건설대지에 대하여는 입주자모집공고승

인 신청과 동시에 하여야 하고 건설된 주택에 대하여는 소유권보존등기와 동시에 하여야 한다. 이 경우 부기등기의 내용 및 말소에 관한 사항은 대통령령으로 정한다.

(5) 위 (4)에 따른 부기등기일 이후에 해당 대지 또는 주택을 양수하거나 제한물권을 설정 받은 경우 또는 압류·가압류·가처분 등의 목적물로 한 경우에는 그 효력을 무효로 한다.

예외 사업주체의 경영부실로 입주예정자가 해당 대지를 양수받는 경우 등 대통령령이 정하는 경우에는 그러하지 아니하다.

(6) 사업주체의 재무상황 및 금융거래상황이 극히 불량한 경우 등 대통령령이 정하는 사유에 해당되어 주택도시보증공사가 분양보증을 행하면서 주택건설대지를 주택도시보증공사에 신탁하게 할 경우에는 위 (1) 및 (3)의 규정에 불구하고 사업주체는 해당 주택건설대지를 신탁할 수 있다.

(7) 위 (6)에 따른 주택도시보증공사의 신탁의 인수에 관하여는 「자본시장과 금융투자업에 관한 법률」을 적용하지 아니한다.

7 투기과열지구의 지정 및 해제 (법 제63조, 시행규칙 제19조의3)

(1) 국토교통부장관 또는 시·도지사는 주택가격의 안정을 위하여 필요한 경우에 일정한 지역을 주택정책심의위원회(시·도지사의 경우에는 시·도 주택정책심의위원회를 말함)의 심의를 거쳐 투기과열지구로 지정하거나 이를 해제할 수 있다. 이 경우 투기과열지구의 지정은 그 지정목적을 달성할 수 있는 최소한의 범위로 한다.

(2) 위 (1)에 따른 투기과열지구는 해당 지역의 주택가격상승률이 물가상승률보다 현저히 높은 지역으로서 그 지역의 청약경쟁률·주택가격·주택보급률 및 주택공급계획 등과 지역 주택시장 여건 등을 고려하였을 때 주택에 대한 투기가 성행하고 있거나 우려되는 지역 중 다음의 기준을 충족하는 곳이어야 한다.

① 주택공급이 있었던 직전 2개월간 해당 지역에서 공급되는 주택의 청약경쟁률이 5대 1을 초과하였거나 국민주택규모 이하 주택의 청약경쟁률이 10대 1을 초과한 곳

② 다음의 어느 하나에 해당하여 주택공급이 위축될 우려가 있는 곳

㉠ 주택의 분양계획이 지난달보다 30% 이상 감소한 곳

㉡ 주택건설사업계획의 승인이나 건축허가 실적이 지난해보다 급격하게 감소한 곳

③ 신도시 개발이나 주택의 전매행위 성행 등으로 투기 및 주거불안의 우려가 있는 곳으로서 다음의 어느 하나에 해당하는 곳

㉠ 시·도별 주택보급률이 전국 평균 이하인 경우

㉡ 시·도별 자가주택비율이 전국 평균 이하인 경우

㉢ 해당 지역의 주택공급물량이 입주자저축 가입자 중 주택청약 제1순위 자에 비하여 현저하게 적은 경우

(3) 국토교통부장관 또는 시·도지사는 투기과열지구를 지정하는 때에는 지체 없이 이를 공고하고, 그 투기과열지구를 관할하는 시장·군수·구청장에게 공고내용을 통보 하여야 한다. 이 경우 시장·군수·구청장은 사업주체로 하여금 입주자모집공고 시 해당 주택건설 지역이 투기과열지구에 포함된 사실을 공고하게 하여야 한다. 투기과열지구의 지정을 해제하는 경우에도 또한 같다.

(4) 국토교통부장관 또는 시·도지사는 투기과열지구에서 위 (2)에 따른 지정사유가 없어졌다고 인정하는 경우에는 지체 없이 투기과열지구의 지정을 해제 하여야 한다.

(5) 위 (1)에 따라 국토교통부장관이 투기과열지구를 지정하거나 이를 해제할 경우에는 시·도지사의 의견을 들어야 하며, 시·도지사가 투기과열지구를 지정하거나 이를 해제할 경우에는 국토교통부장관과 협의 하여야 한다.

(6) 국토교통부장관은 1년마다 주택정책심의위원회의 회의를 소집하여 투기과열지구로 지정 된 지역별로 해당 지역의 주택가격 안정여건 변화 등을 고려하여 투기과열지구 지정의 계 속 여부를 재검토 하여야 한다. 재검토 결과 투기과열지구의 지정해제가 필요하다고 인정 되는 경우에는 지체 없이 투기과열지구의 지정을 해제하고 이를 공고 하여야 한다.

(7) 투기과열지구로 지정받은 지역의 시·도지사 또는 시장·군수·구청장은 투기과열지구 지정 후 해당 지역의 주택가격이 안정되는 등 지정사유가 해소된 것으로 인정되는 경우에는 국 토해양부장관 또는 시·도지사에게 투기과열지구 지정해제를 요청할 수 있다.

(8) 위 (7)의 규정에 따라 투기과열지구 지정해제를 요청받은 국토교통부장관 또는 시·도지사는 40일 내에 주택정책심의위원회의 심의를 거쳐 투기과열지구 지정해제 여부를 결정하여 그 투기과열지구를 관할하는 지방자치단체장에게 심의결과를 통보하여야 한다.

(9) 국토교통부장관 또는 시·도지사는 위 (8)의 규정에 따른 심의결과 투기과열지구에서 그 지정사유가 없어졌다고 인정되는 때에는 지체 없이 투기과열지구의 지정을 해제하고 이를 공고하여야 한다.

8 조정대상지역의 지정 및 해제

(1) 국토교통부장관은 다음 각 호의 어느 하나에 해당하는 지역으로서 국토교통부령으로 정하는 기준을 충족하는 지역을 주거정책심의위원회의 심의를 거쳐 조정대상지역(이하 "조정대상지역"이라 한다)으로 지정할 수 있다. 이 경우 제1호에 해당하는 조정대상지역의 지정은 그 지정 목적을 달성할 수 있는 최소한의 범위로 한다.

① 주택가격, 청약경쟁률, 분양권 전매량 및 주택보급률 등을 고려하였을 때 주택 분양 등이 과열되어 있거나 과열될 우려가 있는 지역
② 주택가격, 주택거래량, 미분양주택의 수 및 주택보급률 등을 고려하여 주택의 분양·매매 등 거래가 위축되어 있거나 위축될 우려가 있는 지역

(2) 국토교통부장관은 제1항에 따라 조정대상지역을 지정하는 경우 다음 각 호의 사항을 미리 관계 기관과 협의할 수 있다.
① 「주택도시기금법」에 따른 주택도시보증공사의 보증업무 및 주택도시기금의 지원 등에 관한 사항
② 주택 분양 및 거래 등과 관련된 금융·세제 조치 등에 관한 사항
③ 그 밖에 주택시장의 안정 또는 실수요자의 주택거래 활성화를 위하여 대통령령으로 정하는 사항

(3) 국토교통부장관은 제1항에 따라 조정대상지역을 지정하는 경우에는 미리 시·도지사의 의견을 들어야 한다.

(4) 국토교통부장관은 조정대상지역을 지정하였을 때에는 지체 없이 이를 공고하고, 그 조정대상지역을 관할하는 시장·군수·구청장에게 공고내용을 통보하여야 한다. 이 경우 시장·군수·구청장은 사업주체로 하여금 입주자 모집공고 시 해당 주택건설 지역이 조정대상지역에 포함된 사실을 공고하게 하여야 한다.

(5) 국토교통부장관은 조정대상지역으로 유지할 필요가 없다고 판단되는 경우에는 주거정책심의위원회의 심의를 거쳐 조정대상지역의 지정을 해제하여야 한다.

(6) 제5항에 따라 조정대상지역의 지정을 해제하는 경우에는 제3항 및 제4항 전단을 준용한다. 이 경우 "지정"은 "해제"로 본다.

(7) 조정대상지역으로 지정된 지역의 시·도지사 또는 시장·군수·구청장은 조정대상지역 지정 후 해당 지역의 주택가격이 안정되는 등 조정대상지역으로 유지할 필요가 없다고 판단되는 경우에는 국토교통부장관에게 그 지정의 해제를 요청할 수 있다.

9 주택의 전매행위 제한 등 (법 제64조, 영 제45조의2)

사업주체가 건설·공급하는 주택 또는 주택의 입주자로 선정된 지위(입주자로 선정되어 그 주택에 입주할 수 있는 권리·자격·지위 등을 말한다. 이하 같다)로서 다음 각 호의 어느 하나에 해당하는 경우에는 10년 이내의 범위에서 대통령령으로 정하는 기간이 지나기 전에는 그 주택 또는 지위를 전매(매매·증여나 그 밖에 권리의 변동을 수반하는 모든 행위를 포함하되, 상속의 경우는 제외한다. 이하 같다)하거나 이의 전매를 알선할 수 없다. 이 경우 전매제한기간은 주택의 수급 상황 및 투기 우려 등을 고려하여 대통령령으로 지역별로 달리 정할 수 있다. <개정 2017.8.9.>

① 투기과열지구에서 건설·공급되는 주택의 입주자로 선정된 지위
② 조정대상지역에서 건설·공급되는 주택의 입주자로 선정된 지위. 다만, 제63조의2 제1항 제2호에 해당하는 조정대상지역 중 주택의 수급 상황 등을 고려하여 대통령령으로 정하는 지역에서 건설·공급되는 주택의 입주자로 선정된 지위는 제외한다.
③ 분양가상한제 적용주택 및 그 주택의 입주자로 선정된 지위. 다만, 「수도권정비계획법」 제2조 제1호에 따른 수도권(이하 이 조에서 "수도권"이라 한다) 외의 지역 중 주택의 수급 상황 및 투기 우려 등을 고려하여 대통령령으로 정하는 지역으로서 투기과열지구가 지정되지 아니하거나 제63조에 따라 지정 해제된 지역 중 공공택지 외의 택지에서 건설·공급되는 분양가상한제 적용주택 및 그 주택의 입주자로 선정된 지위는 제외한다.
④ 공공택지 외의 택지에서 건설·공급되는 주택 또는 그 주택의 입주자로 선정된 지위. 다만, 제57조 제2항 각 호의 주택 또는 그 주택의 입주자로 선정된 지위 및 수도권 외의 지역 중 주택의 수급 상황 및 투기 우려 등을 고려하여 대통령령으로 정하는 지역으로서 공공택지 외의 택지에서 건설·공급되는 주택 및 그 주택의 입주자로 선정된 지위는 제외한다.

(2) 전매제한기간

① 전매제한기간 공통 사항
㉠ 전매행위 제한기간은 입주자 모집을 하여 최초로 주택공급계약 체결이 가능한 날부터 기산한다.
㉡ 주택에 대한 소유권이전등기에는 대지를 제외한 건축물에 대해서만 소유권이전등기를 하는 경우를 포함한다.
㉢ 주택에 대한 제2호부터 제5호까지의 규정에 따른 전매행위 제한기간이 2 이상일 경우에는 그 중 가장 긴 전매행위 제한기간을 적용한다. 다만, 주택가격, 주택거래량, 미분양주택의 수 및 주택보급률 등을 고려하여 주택의 분양·매매 등 거래가 위축되어 있거나 위축될 우려가 있는 지역에서 건설·공급되는 주택의 경우에는 가장 짧은 전매행위 제한기간을 적용한다.
② 투기과열지구에서 건설·공급되는 주택의 입주자로 선정된 지위 : 해당 주택(법 제64조제1항제3호에 해당하는 주택은 제외한다)에 대한 소유권이전등기일까지의 기간. 이 경우 그 기간이 5년을 초과하는 경우 전매행위 제한기간은 5년으로 한다.
* 법 제64조제1항 제3호에 해당되는 주택
분양가상한제 적용주택 및 그 주택의 입주자로 선정된 지위. 다만, 「수도권정비계획법」 제2조제1호에 따른 수도권(이하 이

조에서 "수도권"이라 한다) 외의 지역 중 주택의 수급 상황 및 투기 우려 등을 고려하여 대통령령으로 정하는 지역으로서 투기과열지구가 지정되지 아니하거나 제63조에 따라 지정 해제된 지역 중 공공택지 외의 택지에서 건설·공급되는 분양가상한제 적용주택 및 그 주택의 입주자로 선정된 지위는 제외한다.

③ 조정대상지역에서 건설·공급되는 주택의 입주자로 선정된 지위 : 다음 구분에 따른 기간

㉠ 과열지역(주택가격, 청약경쟁률, 분양권 전매량 및 주택보급률 등을 고려하였을 때 주택 분양 등이 과열되어 있거나 과열될 우려가 있는 지역에 해당하는 조정대상지역을 말하며, 이하 같다)

제1지역	제2지역	제3지역	
		공공택지	공공택지 외의 택지
소유권이전등기일. 이 경우 그 기간이 3년을 초과하는 경우 전매행위 제한기간은 3년으로 한다.	1년 6개월	1년	6개월

[비고] 제1지역, 제2지역 및 제3지역은 국토교통부장관이 지정·공고하는 조정대상지역의 구분에 따른다.

㉡ 위축지역(주택가격, 주택거래량, 미분양주택의 수 및 주택보급률 등을 고려하여 주택의 분양·매매 등 거래가 위축되어 있거나 위축될 우려가 있는 지역 해당하는 조정대상지역을 말한다)

공공택지에서 건설·공급되는 주택	공공택지 외의 택지에서 건설·공급되는 주택
6개월	-

참고 조정대상지역 중 과열지역 및 위축지역

조정대상지역 중 과열지역의 정량요건은 주택가격을 전제조건으로 하고, 주택공급, 분양권 전매량, 주택보급률 등을 선택적으로 활용하도록 하였고, 조정대상지역 중 위축지역의 정량요건도 주택가격을 전제조건으로 하고, 주택거래량, 미분양 주택 수, 주택보급률 등을 선택요건으로 고려하도록 하였다.

과열지역 요건		세부내용
전제조건	주택가격	직전 3개월간 주택가격상승률 > 동기간 물가상승률×1.3
선택요건 (택 1)	주택공급	주택공급이 있었던 직전 2개월간 청약경쟁률이 5 : 1을 초과(또는 국민주택규모 이하 10 : 1 초과)
	분양권 전매량	직전 3개월간 분양권 전매량이 전년 동기 대비 30% 이상 상승
	주택보급률	시도별 주택보급률 또는 자가주택비율이 전국 평균 이하

위축지역 요건		세부내용
전제조건	주택가격	직전 6개월간 월평균 주택가격상승률이 1.0% 이상 하락
선택요건 (택 1)	주택거래량	3개월 연속 전년동기 대비 20% 이상 감소
	미분양	직전 3개월 평균 미분양주택 수가 전년 동기 대비 2배 이상 증가
	주택보급률	시도별 주택보급률 또는 자가주택비율이 전국 평균 이상

④ 분양가상한제 적용주택 및 그 주택의 입주자로 선정된 지위 : 다음의 구분에 따른 기간. 다만, 전매행위 제한기간이 3년 이내인 경우로서 그 기간이 지나기 전에 해당 주택에 대한 소유권이전등기를 완료한 경우 소유권이전등기를 완료한 때 그 기간에 도달한 것으로 본다.

㉠ 수도권

구분		투기과열지구	투기과열지구 외의 지역
1) 공공택지에서 건설·공급되는 주택	가) 분양가격이 인근지역 주택매매가격의 100퍼센트 이상인 경우	5년	3년
	나) 분양가격이 인근지역 주택매매가격의 80퍼센트 이상 100퍼센트 미만인 경우	8년	6년
	다) 분양가격이 인근지역 주택매매가격의 80퍼센트 미만인 경우	10년	8년
2) 공공택지 외의 택지에서 건설·공급되는 주택	가) 분양가격이 인근지역 주택매매가격의 100퍼센트 이상인 경우	5년	–
	나) 분양가격이 인근지역 주택매매가격의 80퍼센트 이상 100퍼센트 미만인 경우	8년	–
	다) 분양가격이 인근지역 주택매매가격의 80퍼센트 미만인 경우	10년	–

[비고] 인근지역 주택매매가격 결정방법 등 세부사항은 국토교통부장관이 정하여 고시한다.

㉡ 수도권 외의 지역

1) 투기과열지구에서 건설 · 공급되는 주택으로서 장애인, 신혼부부 등 국토교통부령으로 정하는 사람에게 특별공급하는 주택 : 5년

2) 그 밖의 경우

구분	투기과열지구	투기과열지구 외의 지역
가) 공공택지에서 건설 · 공급되는 주택	4년	3년
나) 공공택지 외의 택지에서 건설·공급되는 주택	3년	–

⑤ 공공택지 외의 택지에서 건설·공급되는 주택 또는 그 주택의 입주자로 선정된 지위 : 다음 각 목의 구분에 따른 기간

가. 투기과열지구(수도권과 수도권 외의 지역 중 광역시로 한정한다)에서 건설·공급되는 주택으로서 장애인, 신혼부부 등 국토교통부령으로 정하는 사람에게 특별공급하는 주택 : 5년

나. 가목에 해당하는 주택 외의 주택

구분			전매행위 제한기간
1) 수도권	가) 「수도권정비계획법」 제6조제1항제1호 및 제2호에 따른 과밀억제권역 및 성장관리권역		소유권이전등기일까지. 다만, 그 기간이 3년을 초과하는 경우에는 3년으로 한다.
	나) 「수도권정비계획법」 제6조제1항제3호에 따른 자연보전권역		6개월
2) 수도권 외의 지역	가) 광역시	(1) 「국토의 계획 및 이용에 관한 법률」 제36조제1항제1호에 따른 도시지역	소유권이전등기일까지. 다만, 그 기간이 3년을 초과하는 경우에는 3년으로 한다.
		(2) 도시지역 외의 지역	6개월
	나) 그 밖의 지역		-

참고 규제지역 지정현황(2020.12.18. 기준)

구분	투기과열지구(49개)	조정대상지역(111개)
서울	전 지역('17.8.3)	전 지역('16.11.3)
경기	• 과천('17.8.3) • 성남분당('17.9.6) • 광명, 하남('18.8.28) • 수원, 성남수정, 안양, 안산단원, 구리, 군포, 의왕, 용인수지·기흥, 동탄2('20.6.19)	• 과천, 성남, 하남, 동탄2('16.11.3) • 광명('17.6.19) • 구리, 안양동안, 광교지구('18.8.28) • 수원팔달, 용인수지·기흥('18.12.31) • 수원영통·권선·장안, 안양만안, 의왕('20.2.21) • 고양, 남양주, 화성, 군포, 부천, 안산, 시흥, 용인처인, 오산, 안성, 평택, 광주, 양주, 의정부('20.6.19) • 김포('20.11.20) • 파주('20.12.18)
인천	연수, 남동, 서('20.6.19)	중, 동, 미추홀, 연수, 남동, 부평, 계양, 서('20.6.19)
부산		• 해운대, 수영, 동래, 남, 연제('20.11.20) • 서구, 동구, 영도구, 부산진구, 금정구, 북구, 강서구, 사상구, 사하구('20.12.18)

(3) 전매제한의 예외

입주자로 선정된 자 또는 주택을 공급받은 자의 생업상의 사정 등으로 전매가 불가피하다고 인정되는 경우로서 다음에 해당하는 경우에는 전매제한을 적용하지 아니한다.

단서 위 (1)의 ② 또는 ③에 해당하는 주택을 공급받은 자에 대하여는 한국토지주택공사(사업 주체가 지방공사인 경우에는 지방공사를 말함)가 해당 주택을 우선 매입할 수 있다.

① 세대원(세대주가 포함된 세대의 구성원을 말함)이 근무 또는 생업상의 사정이나 질병 치료·취학·결혼으로 인하여 세대원 전원이 다른 광역시, 시 또는 군(광역시의 관할구역에 있는 군을 제외)으로 이전하는 경우. 다만, 수도권으로 이전하는 경우를 제외한다.
② 상속에 의하여 취득한 주택으로 세대원 전원이 이전하는 경우
③ 세대원 전원이 해외로 이주하거나 2년 이상의 기간 해외에 체류하고자 하는 경우
④ 이혼으로 인하여 입주자로 선정된 지위 또는 주택을 그 배우자에게 이전하는 경우
⑤ 「공익사업을 위한 토지 등의 취득 및 보상에 관한 법률」에 따라 공익사업의 시행으로 주거용 건축물을 제공한 자가 사업시행자로부터 이주대책용 주택을 공급받은 경우 (사업시행자의 알선으로 공급받은 경우를 포함)로서 시장·군수 또는 구청장이 확인하는 경우
⑥ 분양가상한제 적용주택 또는 주택공영개발지구에서 공급된 주택의 소유자가 국가·지방자치 단체 및 금융기관에 대한 채무를 이행하지 못하여 경매 또는 공매가 시행되는 경우
⑦ 입주자로 선정된 지위 또는 주택의 일부를 그 배우자에게 증여하는 경우

제 4 장 주택의 관리

1 공동주택의 관리 등 (법 제42조 ①, 영 제46조)

(1) 공동주택의 관리 원칙

관리주체는 공동주택(부대시설 및 복리시설을 포함)을 「주택법」 또는 「주택법」에 따른 명령에 따라 관리하여야 한다.

(2) 공동주택 관리의 적용범위

① 전면적용 대상

공동주택의 관리에 관한 사항은 사업계획승인을 받아 건설한 공동주택(부대시설 및 복리시설을 포함한다)에 대하여 적용한다.

② 적용 제외 대상

「도시 및 주거환경정비법」에 따른 도시환경정비사업으로 건설된 공동주택에는 적용하지 아니한다.

③ 일부적용 대상

다음에 해당하는 공동주택 등에 대해서는 공동주택의 관리에 관한 규정 중 일부는 적용하지 않는다.

㉠ 임대를 목적으로 하여 건설한 공동주택

㉡ 「건축법」에 따른 건축허가를 받아 분양을 목적으로 건설한 공동주택

㉢ 「건축법」에 따른 건축허가를 받아 주택 외의 시설과 주택을 동일건축물로 건축한 건축물

2 공동주택에 대한 행위제한 (법 제42조 ②~⑥, 영 제47조)

(1) 공동주택의 행위허가 또는 신고

공동주택(부대시설 및 복리시설을 포함)의 입주자·사용자 또는 관리주체가 다음의 행위를 하고자 하는 경우에는 시장·군수·구청장의 허가를 받거나 신고를 하여야 한다.

① 공동주택을 사업계획에 따른 용도외의 용도에 사용하는 행위

② 공동주택을 신축·증축·개축·대수선 또는 리모델링하는 행위
③ 공동주택을 파손 또는 훼손하거나 해당 시설의 전부 또는 일부를 철거하는 행위

예외 다음의 경미한 행위를 제외한다.

㉠ 창틀·문틀의 교체
㉡ 세대내 천장·벽·바닥의 마감재 교체
㉢ 급·배수관 등 배관설비의 교체
㉣ 난방방식의 변경(시설물의 파손·철거를 제외)

④ 공동주택의 용도폐지
⑤ 공동주택의 재축 및 비내력벽의 철거

(2) 리모델링의 허가 및 제한

① 리모델링의 허가

다음에 해당하는 자는 시장·군수 또는 구청장의 허가를 받아 리모델링을 할 수 있다.

㉠ 동별 또는 주택단지별로 설립된 리모델링주택조합

• **주택단지 전체를 리모델링하고자 하는 경우** : 주택단지 전체 구분소유자 및 의결권의 각 4/5 이상의 동의와 각 동별 구분소유자 및 의결권의 각 2/3 이상의 동의를 얻어야 한다.	다음의 사항이 기재된 결의서에 동의를 얻어야 한다. 1. 리모델링 설계의 개요 2. 공사비 3. 조합원의 비용분담 내역
• **동을 리모델링하고자 하는 경우** : 그 동의 구분소유자 및 의결권의 각 4/5 이상의 동의를 얻어야 한다.	

㉡ 주택단지의 주택소유자 전원의 동의를 얻은 입주자대표회의

② 리모델링 허가의 제한

리모델링의 경우에는 「도시 및 주거환경정비법」의 규정을 준용하여 안전진단을 실시하여야 하며, 안전진단의 결과 건축물의 구조의 안전에 위험이 있다고 평가되어 주택재건 축사업의 시행이 필요하다고 결정된 공동주택의 경우에는 리모델링(증축을 위한 리모델링에 한함)을 허가할 수 없다.

(3) 사용검사

공동주택(부대시설 및 복리시설을 포함)의 입주자·사용자·관리주체·입주자대표회의 또는 리모델링주택조합이 행위 또는 리모델링에 관하여 시장·군수·구청장의 허가를 받거나 신고한 후 그 공사를 완료하였을 경우에는 시장·군수·구청장의 사용검사를 받아야 한다.

(4) 행위허가의 취소

시장 · 군수 · 구청장은 행위 또는 리모델링에 관하여 허가를 받은 자가 「주택법」 또는 「주택법」에 따른 명령 또는 처분을 위반한 경우에는 행위허가를 취소할 수 있다.

(5) 관리주체의 동의를 얻어야 하는 행위

입주자 등은 다음의 행위를 하려는 때에는 관리주체의 동의를 얻어야 한다.

① 행위허가 또는 신고대상인 경우에 해당되지 아니하는 범위 안에서 주택내부의 구조물과 설비를 증설하거나 제거하는 행위
② 공용부분에 물건을 적재하여 통행 · 피난 및 소방을 방해하는 행위
③ 공동주택에 광고물 · 표지물 또는 표지를 부착하는 행위
④ 가축(장애인보조견을 제외)을 사육하거나 방송시설 등을 사용함으로써 공동주거 생활에 피해를 미치는 행위
⑤ 공동주택의 발코니 난간 또는 외벽에 돌출물을 설치하는 행위
⑥ 전기실 · 기계실 · 정화조시설 등에 출입하는 행위

(6) 지하층의 활용

공동주택의 지하층은 「주택건설기준 등에 관한 규정」에 따른 주민공동시설로 활용할 수 있다. 이 경우 관리주체는 대피시설로 사용하는 데 지장이 없도록 이를 유지 · 관리하여야 한다.

3 하자담보 책임 및 하자보수 (법 제46조, 영 제59조)

(1) 하자담보 책임자

① 사업주체
② 「건축법」에 따라 건축허가를 받아 분양을 목적으로 하는 공동주택을 건축한 건축주
③ 공동주택을 신축 · 증축 · 개축 · 대수선 또는 리모델링하는 행위를 한 시공자

(2) 하자보수 청구권자

① 입주자
② 입주자 대표회의
③ 관리주체(하자보수청구 등에 관하여 입주자 또는 입주자 대표회의를 대행하는 관리주체)
④ 「집합건물의 소유 및 관리에 관한 법률」에 따른 관리단의 청구에 따라 그 하자를 보수하여야 한다.

(3) 내력구조부에 대한 하자담보 책임

① 하자의 범위

㉠ 내력구조부에 발생한 결함으로 인하여 공동주택이 무너진 경우

㉡ 안전진단 결과 공동주택이 무너질 우려가 있다고 판정된 경우

② 하자담보 책임기간

㉠ 기둥, 내력벽 : 10년

㉡ 보, 바닥, 지붕 : 5년

참고 하자보수대상 하자의 범위 및 시설공사별 하자담보 책임기간 [별표 6]

【별표 6】

하자보수대상 하자의 범위 및 시설공사별 하자보수 책임기간 (제59조 제1항 관련)

1. 하자의 범위
   공사상의 잘못으로 인한 균열·처짐·비틀림·침하·파손·붕괴·누수·누출, 작동 또는 기능불량, 부착·접지 또는 결선 불량, 고사 및 입상불량 등이 발생하여 건축물 또는 시설물의 기능·미관 또는 안전상의 지장을 초래할 정도의 하자
2. 시설공사별 하자보수책임기간

(4) 하자보수의 요구

① 요구

입주자대표회의 등은 하자담보책임기간 내에 공동주택의 하자가 발생한 경우에는 사업 주체에 대하여 그 하자의 보수를 요구할 수 있다.

② 하자의 보수 또는 통보

사업주체는 하자보수요구를 받은 날(하자판정을 하는 경우에는 그 판정결과를 통보받은 날을 말함)부터 3일 이내에 그 하자를 보수하거나 보수일정을 명시한 하자보수계획을 입주자대표회의 등에 통보하여야 한다.

(5) 하자보수보증금의 예치와 배상의무

① 사업주체(「건설산업기본법」에 따라 하자담보책임이 있는 자로서 사업주체로 부터 건설공사를 일괄 도급받아 건설공사를 수행한 자가 따로 있는 경우에는 그 자를 말함)는 사업비의 3%에 해당하는 하자보수보증금을 예치하여야 한다.

예외 국가·지방자치단체·한국토지주택공사 및 지방공사인 사업주체의 경우에는 그러하지 아니하다.

② 사업주체는 담보책임기간 안에 공동주택의 내력구조부에 중대한 하자가 발생한 때에는 하자발생으로 인한 손해를 배상할 책임이 있다.

(6) 하자보수보증금의 반환

입주자대표회의는 사업주체가 예치한 하자보수보증금을 다음의 구분에 따라 순차적으로 사업주체에게 반환 하여야 한다. 이 경우 하자보수보증금을 사용한 경우에는 이를 포함하여 계산하되, 이미 사용한 하자보수보증금은 이를 반환하지 아니한다.

경과된 기간	반환 금액(비율)
사용검사일부터 1년	하자보수보증금의 10%
사용검사일부터 2년	하자보수보증금의 25%
사용검사일부터 3년	하자보수보증금의 20%
사용검사일부터 4년	하자보수보증금의 15%
사용검사일부터 5년	하자보수보증금의 15%
사용검사일부터 10년	하자보수보증금의 15%

(7) 건축위원회에 조정신청

사업주체・설계자 또는 감리자는 담보책임기간 안에 발생한 하자의 책임범위에 대하여 분쟁이 발생한 때에는 「건축법」에 따른 건축위원회에 조정을 신청할 수 있다.

(8) 하자심사·분쟁조정위원회에 조정신청

입주자・입주자대표회의・관리주체 또는 「집합건물의 소유 및 관리에 관한 법률」에 따라 구성된 관리단 등(“입주자 등”이라 함)과 사업주체(하자보수보증금의 보증서 발급기관을 포함)는 위 (3)에 따른 담보책임기간 안에 발생한 하자의 책임범위에 대하여 분쟁이 발생한 때에는 하자심사・분쟁조정위원회에 조정을 신청할 수 있다.

4 하자심사·분쟁조정위원회 설치 (법 제46조의2)

(1) 담보책임 및 하자보수 등과 관련한 심사・조정(“조정 등”이라 함)을 위하여 국토교통부에 하자심사・분쟁조정위원회(“위원회”라 함)를 둔다.

(2) 위원회는 다음의 사항을 심사・조정한다.

① 하자 여부 판정

② 하자담보책임 및 하자보수 등에 대한 공동주택의 입주자등과 사업주체 간의 분쟁

③ 그 밖에 대통령령으로 정하는 사항

5 장기수선계획 (법 제47조)

(1) 다음에 해당하는 공동주택을 건설·공급하는 사업주체 또는 리모델링을 하는 자는 해당 공동주택의 공용부분에 대한 장기수선계획을 수립하여 사용검사를 신청하는 때에 사용검사권자에게 제출하고, 사용검사권자는 이를 해당 공동주택의 관리주체에게 인계하여야 한다.

① 300세대 이상의 공동주택

② 승강기가 설치된 공동주택

③ 중앙집중식 난방방식의 공동주택

④ 건축허가를 받아 주택외의 시설과 주택을 동일 건축물로 건축한 건축물

(2) 입주자대표회의 및 관리주체는 장기수선계획을 국토교통부령이 정하는 바에 따라 조정 할 수 있으며, 수립 또는 조정된 장기수선계획에 의하여 주요시설을 교체하거나 보수하여야 한다.

(3) 관리주체는 장기수선계획을 조정하기 전에 해당 공동주택의 관리사무소장으로 하여금 국토교통부령이 정하는 바에 따라 시·도지사가 실시하는 장기수선계획의 비용 산출 및 공 사방법 등에 관한 교육을 받게 할 수 있다.

6 장기수선충당금의 적립 (법 제51조, 영 제66조)

관리주체는 장기수선계획에 따라 공동주택의 주요시설의 교체 및 보수에 필요한 장기수선충당금을 해당 주택의 소유자로부터 징수하여 적립 하여야 한다.

주택건설기준 등에 관한 규정 및 규칙 해설

제1장 총칙

1 용어의 정의 (규정 제2조)

(1) 주민공동시설

해당 공동주택의 거주자가 공동으로 관리하는 시설로서 주민운동시설, 주민교육시설(영리를 목적으로 하지 아니하고 공동주택의 거주자를 위한 교육장소로 이용되는 시설을 말 함), 청소년수련시설, 주민휴게시설, 도서실(「도서관법」에 따른 작은도서관과 정보통신망을 갖추고 인터넷 등을 할 수 있는 정보문화시설을 포함한다), 독서실, 입주자집회소, 경로당, 보육시설, 원룸형 주택 또는 기숙사형 주택에 설치하는 공용취사장, 공용세탁실, 그 밖에 거주자의 취미활동이나 가정의례 또는 주민봉사활동 등에 사용할 수 있는 시설을 말한다.

(2) 의료시설

의원 · 치과의원 · 한의원 · 조산소 · 보건소지소 · 병원(전염병원등 격리병원을 제외) · 한방 병원 및 약국을 말한다.

(3) 주민운동시설

거주자의 체육활동을 위하여 설치하는 옥외 · 옥내운동시설(「체육시설의 설치 · 이용에 관한 법률」에 따른 신고체육시설업에 해당하는 시설을 포함) · 생활체육시설 그 밖에 이와 유사한 시설을 말한다.

(4) 독신자용 주택

다음의 어느 하나에 해당하는 주택을 말한다.

① 근로자를 고용하는 자가 그 고용한 근로자 중 독신생활(근로여건상 가족과 임시별거하거나 기숙하는 생활을 포함)을 영위하는 자의 거주를 위하여 건설하는 주택

② 국가 · 지방자치단체 또는 공공법인이 독신생활을 영위하는 근로자의 거주를 위하여 건설하는 주택

(5) 기간도로

다음에 해당하는 도로를 말한다.

① 「국토의 계획 및 이용에 관한 법률」에 따른 도시·군계획시설인 도로로서 주간선도로·보조간선도로·집산도로 및 폭 8m 이상인 국지도로

② 「도로법」에 따른 일반국도·특별시도·광역시도 또는 지방도

③ 그 밖에 관계 법령에 따라 설치된 도로로서 위 ①, ②에 준하는 도로

(6) 진입도로

보행자 및 자동차의 통행이 가능한 도로로서 기간도로로부터 주택단지의 출입구에 이르는 도로를 말한다.

(7) 시·군지역

「수도권정비계획법」에 따른 수도권 외의 지역 중 인구 20만 미만의 시지역과 군지역을 말한다.

2 단지안의 시설 (규정 제6조)

(1) 주택단지에는 관계법령에 따른 지역 또는 지구에 불구하고 다음의 시설에 한하여 이를 건설하거나 설치할 수 있다. 다만, 공동작업장·지식산업센터·사회복지관(종합사회복지관 을 포함)에 따른 시설은 해당 주택단지에 세대당 전용면적이 50m² 이하인 공동주택을 300세대 이상 건설하거나 해당 주택단지 총 세대수의 1/2 이상을 건설하는 경우에 한한다.

① 부대시설

② 복리시설

③ 간선시설

④ 도시·군관리계획으로 결정된 도시·군계획시설

(2) 상업지역에 주택을 건설하는 경우와 폭 12m 이상인 일반도로(주택단지 안의 도로를 제외)에 연접하여 주택을 주택외의 시설과 복합건축물로 건설하는 경우에는 위 (1)에 의한 시설 외에 관계 법령에 따라 해당 건축물이 속하는 지역 또는 지구에서 제한되지 아니하는 시설은 이를 건설하거나 설치할 수 있다.

제2장 시설의 배치 등

1 소음방지대책의 수립 (규정 9조)

(1) 사업주체는 공동주택을 건설하는 지점의 소음도(이하 "실외소음도"라 한다)가 65데시벨 미만이 되도록 하되, 65데시벨 이상인 경우에는 방음벽·수림대 등의 방음시설을 설치하여 해당 공동주택의 건설지점의 소음도가 65데시벨 미만이 되도록 법 제42조제1항에 따른 소음방지대책을 수립하여야 한다. 다만, 공동주택이 「국토의 계획 및 이용에 관한 법률」 제36조에 따른 도시지역(주택단지 면적이 30만제곱미터 미만인 경우로 한정한다) 또는 「소음·진동관리법」 제27조에 따라 지정된 지역에 건축되는 경우로서 다음 각 호의 기준을 모두 충족하는 경우에는 그 공동주택의 6층 이상인 부분에 대하여 본문을 적용하지 아니한다.

① 세대 안에 설치된 모든 창호(窓戶)를 닫은 상태에서 거실에서 측정한 소음도(이하 "실내소음도"라 한다)가 45데시벨 이하일 것

② 공동주택의 세대 안에 「건축법 시행령」 제87조제2항에 따라 정하는 기준에 적합한 환기설비를 갖출 것

(2) 실외소음도와 실내소음도의 소음측정기준은 국토교통부장관이 환경부장관과 협의하여 고시한다.

2 소음 등으로부터의 보호 (규정 9조의2)

(1) 공동주택·어린이놀이터·의료시설(약국은 제외한다)·유치원·어린이집 및 경로당(이하 이 조에서 "공동주택등"이라 한다)은 다음 각 호의 시설로부터 수평거리 50미터 이상 떨어진 곳에 배치하여야 한다. 다만, 위험물 저장 및 처리 시설 중 주유소(석유판매취급소를 포함한다) 또는 시내버스 차고지에 설치된 자동차용 천연가스 충전소(가스저장 압력용기 내용적의 총합이 20세제곱미터 이하인 경우만 해당한다)의 경우에는 해당 주유소 또는 충전소로부터 수평거리 25미터 이상 떨어진 곳에 공동주택 등(유치원 및 어린이집은 제외한다)을 배치할 수 있다. <개정 2018.2.9.>

① 다음 각 목의 어느 하나에 해당하는 공장[「산업집적활성화 및 공장설립에 관한 법률」에 따라 이전이 확정되어 인근에 공동주택등을 건설하여도 지장이 없다고 사업계획승인권자가 인정하여 고시한

공장은 제외하며, 「국토의 계획 및 이용에 관한 법률」 제36조제1항 제1호가목에 따른 주거지역 또는 같은 법 제51조제3항에 따른 지구단위계획구역(주거형만 해당한다) 안의 경우에는 사업계획승인권자가 주거환경에 위해하다고 인정하여 고시한 공장만 해당한다]

㉠ 「대기환경보전법」 제2조제9호에 따른 특정대기유해물질을 배출하는 공장

㉡ 「대기환경보전법」 제2조제11호에 따른 대기오염물질배출시설이 설치되어 있는 공장으로서 같은 법 시행령 별표 1에 따른 제1종사업장부터 제3종사업장까지의 규모에 해당하는 공장

㉢ 「대기환경보전법 시행령」 별표 1의3에 따른 제4종사업장 및 제5종사업장 규모에 해당하는 공장으로서 국토교통부장관이 산업통상자원부장관 및 환경부장관과 협의하여 고시한 업종의 공장. 다만, 「도시 및 주거환경정비법」 제2조제2호다목에 따른 재건축사업(1982년 6월 5월 전에 법률 제6916호 주택법중개정법률로 개정되기 전의 「주택건설촉진법」에 따라 사업계획승인을 신청하여 건설된 주택에 대한 재건축사업으로 한정한다)에 따라 공동주택등을 건설하는 경우로서 제5종사업장 규모에 해당하는 공장 중에서 해당 공동주택등의 주거환경에 위험하거나 해롭지 아니하다고 사업계획승인권자가 인정하여 고시한 공장은 제외한다.

㉣ 「소음·진동관리법」 제2조제3호에 따른 소음배출시설이 설치되어 있는 공장. 다만, 공동주택등을 배치하려는 지점에서 소음·진동관리 법령으로 정하는 바에 따라 측정한 해당 공장의 소음도가 50데시벨 이하로서 공동주택등에 영향을 미치지 아니하거나 방음벽·수림대 등의 방음시설을 설치하여 50데시벨 이하가 될 수 있는 경우는 제외한다.

② 「건축법 시행령」 별표 1에 따른 위험물저장 및 처리시설

③ 그 밖에 사업계획승인권자가 주거환경에 특히 위해하다고 인정하는 시설(설치계획이 확정된 시설을 포함)

(4) 위의 (3)에 따라 공동주택 등을 배치하는 경우 공동주택 등과 (3)의 각 시설사이의 주택단지부분에는 수림대를 설치하여야 한다.

예외 다른 시설물이 있는 경우에는 그러하지 아니하다.

3 공동주택의 배치 (규정 제10조)

(1) 도로(주택단지의 도로를 포함) 및 주차장(지하, 필로티, 그 밖에 이와 비슷한 구조에 설치하는 주차장 및 차로는 제외한다)의 경계선으로부터 공동주택의 외벽(발코니나 그 밖에 이와 비슷한 것을 포함)까지의 거리는 2m 이상 띄워야 하며, 그 띄운 부분에는 식재 등 조경에 필요

한 조치를 하여야 한다.

예외 필로티에 설치된 보행용 도로에 사업계획승인권자가 인정하는 보행자 안전시설이 설치된 경우에는 그러하지 아니하다.

(2) 주택단지에는 화재 등 재난발생 시 공동주택의 각 세대로 소방자동차의 접근이 가능하도록 통로를 설치하여 소방 활동에 지장이 없도록 하여야 한다.

4 지하층의 활용 (규정 제11조)

공동주택을 건설하는 주택단지에 설치하는 지하층은 근린생활시설(변전소·정수장 및 양수장을 제외한다. 다만, 변전소의 경우 「전기사업법」에 따른 전기사업자가 자신의 소유 토지에 「전원개발촉진법 시행령」에 따른 시설의 설치·운영에 종사하는 자를 위하여 건설하는 공동주택 및 주택과 주택 외의 건축물을 동일건축물에 복합하여 건설하는 경우로서 사업계획승인권자가 주거안정에 지장이 없다고 인정하는 건축물의 변전소는 포함한다)·주차장 및 주민공동시설 그 밖에 관계법령에 따라 허용되는 용도로 사용할 수 있으며, 그 구조 및 설비는 「건축법」 제53조(지하층)에 따른 기준에 적합하여야 한다.

5 주택과의 복합건축 (규정 제12조)

(1) 숙박시설(상업지역, 준주거지역 또는 준공업지역에 건설하는 호텔시설은 제외한다)·위락시설·공연장·공장이나 위험물저장 및 처리시설 그 밖에 사업계획승인권자가 주거환경에 지장이 있다고 인정하는 시설은 주택과 복합건축물로 건설하여서는 아니된다. 다만, 다음 각 호의 어느 하나에 해당하는 경우는 예외로 한다. <개정 2018.2.9.>

① 「도시 및 주거환경정비법」 재개발사업에 따라 복합건축물을 건설하는 경우

② 위락시설·숙박시설 또는 공연장을 주택과 복합건축물로 건설하는 경우로서 다음 각 목의 요건을 모두 갖춘 경우

㉠ 해당 복합건축물은 층수가 50층 이상이거나 높이가 150미터 이상일 것

㉡ 위락시설을 주택과 복합건축물로 건설하는 경우에는 다음의 요건을 모두 갖출 것

ⓐ 위락시설과 주택은 구조가 분리될 것

ⓑ 사업계획승인권자가 주거환경 보호에 지장이 없다고 인정할 것

③ 「물류시설의 개발 및 운영에 관한 법률」에 따른 도시첨단물류단지 내에 공장을 주택과 복합건축물로 건설하는 경우로서 다음 각 목의 요건을 모두 갖춘 경우

㉠ 해당 공장은 제9조의2제1항제1호 각 목의 어느 하나에 해당하

는 공장이 아닐 것

㉡ 해당 복합건축물이 건설되는 주택단지 내의 물류시설은 지하층에 설치될 것

㉢ 사업계획승인권자가 주거환경 보호에 지장이 없다고 인정할 것

예외 「도시 및 주거환경정비법」에 따른 재개발에 따라 복합건축물을 건설하는 경우와 다음의 어느 하나에 해당하는 구역 등에 층수가 50층 이상이거나 높이가 150m 이상인 복합건축물[위락시설(주택과 구조가 분리되어 주거환경 보호에 지장이 없다고 사업계획승인권자가 인정하는 경우만 해당)·숙박시설 또는 공연장을 주택과 복합건축물로 건축하는 경우만 해당한다]을 건설하는 경우에는 그러하지 아니하다.

1. 「건축법」에 따라 지정된 특별건축구역
2. 「경제자유구역의 지정 및 운영에 관한 특별법」에 따라 지정·고시된 경제자유구역
3. 「공공기관 지방이전에 따른 혁신도시건설 및 지원에 관한 특별법」에 따라 지정·고시된 혁신도시개발예정지구
4. 「관광진흥법」에 따라 지정된 관광특구
5. 「기업도시개발 특별법」에 따라 지정·고시된 기업도시개발구역
6. 「도시재정비 촉진을 위한 특별법」에 따라 지정·고시된재정비촉진지구
7. 「신행정수도 후속대책을 위한 연기·공주지역 행정중심복합도시 건설을 위한 특별법」에 따른 예정지역
8. 「택지개발촉진법」에 따라 지정·고시된 택지개발예정지구(국토교통부장관이 지정·고시하는 경우만 해당)

(2) 주택과 주택외의 시설(주민공동시설을 제외)을 동일건축물에 복합하여 건설하는 경우에 는 주택의 출입구·계단 및 승강기 등을 주택 외의 시설과 분리된 구조로 하여 사생활보호·방범 및 방화 등 주거의 안전과 소음·악취 등으로부터 주거환경이 보호될 수 있도록 하여야 한다.

예외 위 (1)의 어느 하나에 해당하는 구역 등에 층수가 50층 이상이거나 높이가 150m 이상인 복합건축물을 건축하는 경우로서 사업계획승인권자가 사생활보호·방범 및 방화 등 주거의 안전과 소음·악취 등으로부터 주거환경이 보호될 수 있다고 인정하는 숙박 시설과 공연장의 경우에는 그러하지 아니하다.

제3장 주택의 구조·설비 등

1 기준척도 (규정 제13조, 규칙 제3조)

주택의 평면 및 각 부위의 치수는 다음의 치수 및 기준척도에 적합하여야 한다.

예외 국토교통부장관이 인정하는 특수한 설계·구조 또는 자재로 건설하는 주택의 경우에는 그러하지 아니하다.

1. 치수 및 기준척도는 안목치수를 원칙으로 할 것. 다만, 한국산업규격이 정하는 모듈 정합의 원칙에 의한 모듈격자 및 기준면의 설정방법 등에 따라 필요한 경우에는 중심선치수로 할 수 있다.
2. 거실 및 침실의 평면 각 변의 길이는 5cm를 단위로 한 것을 기준척도로 할 것
3. 부엌·식당·욕실·화장실·복도·계단 및 계단참 등의 평면 각 변의 길이 또는 너비는 5cm를 단위로 한 것을 기준척도로 할 것. 다만, 한국산업규격에서 정하는 주택용 조립식 욕실을 사용하는 경우에는 한국산업규격에서 정하는 표준모듈 호칭치수에 따른다.
4. 거실 및 침실의 반자높이(반자를 설치하는 경우만 해당)는 2.2m 이상으로 하고 층 높이는 2.4m 이상으로 하되, 각각 5cm를 단위로 한 것을 기준척도로 할 것
5. 창호설치용 개구부의 치수는 한국산업규격이 정하는 창호개구부 및 창호부품의 표준 모듈호칭치수에 의할 것. 다만, 한국산업규격이 정하지 아니한 사항에 대하여는 국토 교통부장관이 정하여 공고하는 건축표준상세도에 따른다.
6. 위 1.~5.에서 규정한 사항 외의 구체적인 사항은 국토교통부장관이 정하여 고시하는 기준에 적합할 것

2 세대간의 경계벽 등 (규정 제14조)

(1) 공동주택 각 세대 간의 경계벽 및 공동주택과 주택외의 시설간의 경계벽은 내화구조로서 다음의 어느 하나에 해당하는 구조로 하여야 한다.

① 철근콘크리트조 또는 철골·철근콘크리트조로서 그 두께(시멘트 모르터·회반죽·석고 프라스터, 그 밖에 이와 유사한 재료를 바른 후의 두께를 포함한다)가 15cm 이상인 것

② 무근콘크리트조·콘크리트블록조·벽돌조 또는 석조로서 그 두께(시멘트모르터·회반죽·석고프라스터, 그 밖에 이와 유사한 재료를 바른 후의 두께를 포함)가 20cm 이상인 것
③ 조립식주택부재인 콘크리트판으로서 그 두께가 12cm 이상인 것
④ 위 ①~③의 것 외에 국토교통부장관이 정하여 고시하는 기준에 따라 한국건설기술연구원장이 차음성능을 인정하여 지정하는 구조인 것

(2) 위의 (1)에 따른 경계벽은 이를 지붕 밑 또는 바로 윗층 바닥판까지 닿게 하여야 하며, 소리를 차단하는데 장애가 되는 부분이 없도록 설치하여야 한다.

(3) 공동주택의 바닥은 다음의 어느 하나의 구조로 하여야 한다.
① 각 층간 바닥충격음이 경량충격음(비교적 가볍고 딱딱한 충격에 따른 바닥충격음을 말 함)은 58dB 이하, 중량충격음(무겁고 부드러운 충격에 따른 바닥충격음을 말함)은 50dB 이하의 구조가 되도록 할 것. 이 경우 바닥충격음의 측정은 국토교통부장관이 정하여 고시하는 방법에 의하며, 그 구조에 관하여 국토교통부장관이 지정하는 기관으로부터 성능확인을 받아야 한다.
② 국토교통부장관이 정하여 고시하는 표준바닥구조가 되도록 할 것

(4) 국토교통부장관은 공동주택의 바닥충격음 차단구조의 성능등급 및 기준을 정하여 고시한다.

(5) 공동주택의 3층 이상인 층의 발코니에 세대 간 경계벽을 설치하는 경우에는 위의 (1) 및 (2)의 규정에 불구하고 화재 등의 경우에 피난용도로 사용할 수 있는 피난구를 경계벽에 설치하거나 경계벽의 구조를 파괴하기 쉬운 경량구조 등으로 할 수 있다.

예외 경계벽에 창고 그 밖에 이와 유사한 시설을 설치하는 경우에는 그러하지 아니하다.

3 승강기 등 (규정 제15조, 규칙 제4조)

(1) 6층 이상인 공동주택에는 다음의 기준에 따라 대당 6인승 이상인 승용승강기를 설치하여야 한다.

예외 「건축법 시행령」 제89조(승용승강기의 설치)의 규정에 해당하는 공동주택의 경우 에는 그러하지 아니하다.

1. 계단실형인 공동주택에는 계단실마다 1대 이상을 설치하되, 그 탑승인원수는 동일 한 계단실을 사용하는 4층 이상인 층의 매세대당 0.3인(독신자용주택의 경우에는 0.15인)의 비율로 산정한 인원수(1인 이하의 단수는 이를 1인으로 본다) 이상일 것

2. 복도형인 공동주택에는 1대에 100세대를 넘는 100세대마다 1대를 더한 대수 이상 을 설치하되, 그 탑승인원수는 4층 이상인 층의 매세대당 0.2인(독신자용주택의 경우에는 0.1인)의 비율로 산정한 인원수 이상일 것

(2) 10층 이상인 공동주택의 경우에는 위 (1)의 승용승강기를 비상용승강기의 구조로 하여야 한다.

(3) 7층 이상인 공동주택에는 이사짐 등을 운반할 수 있는 다음의 기준에 적합한 화물용승강기를 설치하여야 한다.

① 적재하중이 0.9톤 이상일 것

② 승강기의 폭 또는 너비 중 한 변은 1.35m 이상, 다른 한 변은 1.6m 이상일 것

③ 계단실형인 공동주택의 경우에는 계단실마다 설치할 것

④ 복도형인 공동주택의 경우에는 100세대까지 1대를 설치하되, 100세대를 넘는 경우에 는 100세대마다 1대를 추가로 설치할 것

(4) 위 (1) 또는 (2)에 따른 승용승강기 또는 비상용승강기로서 (3) ①~④의 기준에 적합한 것은 화물용승강기로 겸용할 수 있다.

(5) 「건축법」 제64조(승강기)의 규정은 위 (1)~(3)에 따른 승용승강기 · 비상용승강기 및 화물용승강기의 구조 및 그 승강장의 구조에 관하여 이를 준용한다.

4 계단 등 (규정 제16조)

(1) 주택단지안의 건축물 또는 옥외에 설치하는 계단의 각 부위의 치수는 다음 표의 기준에 적합하여야 한다.

계단의 종류	유효 폭	단 높이	단 너비
공동으로 사용하는 계단	120cm 이상	18cm 이하	26cm 이상
세대내 계단 또는 건축물의 옥외계단	90cm 이상 (세대내 계단의 경우는 75cm 이상)	20cm 이하	24cm 이상

(2) 위 (1)에 따른 계단은 다음에 정하는 바에 따라 적합하게 설치하여야 한다.

① 높이 2m를 넘는 계단(세대내 계단을 제외)에는 2m(기계실 또는 물탱크실의 계단의 경우에는 3m) 이내마다 해당 계단의 유효폭 이상의 폭으로 너비 120cm 이상인 계단참을 설치할 것. 다만, 각 동 출입구에 설치하는 계단은 1층에 한정하여 높이 2.5m 이내마다 계단참을 설치할 수 있다.

② 높이 1m를 넘는 계단으로서 그 양측에 벽 기타 이와 유사한 것이 없는 경우에는 난간 을 설치하여야 하며, 그 계단의 폭이 3m를 넘

는 경우에는 계단의 중간에도 폭 3m 이내마다 난간을 설치할 것. 다만, 계단의 단 높이가 15cm 이하이고, 단 너비가 30cm 이상인 것은 그러하지 아니하다.

③ 공동으로 사용하는 계단의 층고(계단의 바닥 마감면으로부터 상부 구조체의 하부 마감면까지의 높이를 말함)는 2.1m 이상으로 하고 계단의 바닥은 미끄럼을 방지할 수 있는 구조로 할 것

(3) 계단실형인 공동주택의 계단실은 다음의 기준에 적합하여야 한다.

① 계단실에 면하는 각 세대의 현관문은 계단의 통행에 지장이 되지 아니하도록 할 것

② 계단실 최상부에는 배연 등에 유효한 개구부를 설치할 것

③ 계단실의 각 층별로 층수를 표시할 것

④ 계단실의 벽 및 반자의 마감(마감을 위한 바탕을 포함)은 불연재료 또는 준불연재료로 할 것

(4) 위 (1)~(3)에 따른 사항 외에 계단의 설치 및 구조에 관한 기준에 관하여는 「건축법 시행령」 제34조(직통계단의 설치) 및 제35조(피난계단의 설치)의 규정을 준용한다.

(5) 공동주택의 동별 출입문에 유리를 설치하는 경우에는 안전유리를 사용하여야 한다.

5 복도 (규정 제17조)

(1) 공동주택의 2세대 이상이 공동으로 사용하는 복도의 유효폭은 다음의 기준에 적합하여야 한다.

① 갓복도 : 120cm 이상

② 중복도 : 180cm 이상. 다만, 해당 복도를 이용(주택에서 건축물 밖으로 나가거나 계단·승강기 등이 있는 곳으로 이동함에 있어서 해당 복도를 이용하는 것이 최단거리인 경우를 말한다)하는 세대수가 5세대 이하인 경우에는 150cm 이상으로 할 수 있다.

(2) 복도형인 공동주택의 복도는 다음의 기준에 적합하여야 한다.

① 외기에 개방된 복도에는 배수구를 설치하고, 바닥의 배수에 지장이 없도록 할 것

② 중복도에는 채광 및 통풍이 원활하도록 40m 이내마다 1개소 이상 외기에 면하는 개구부를 설치할 것

③ 복도의 벽 및 반자의 마감(마감을 위한 바탕을 포함)은 불연재료 또는 준불연재료로 할 것

6 난간 (규정 제18조)

(1) 주택단지안의 건축물 또는 옥외에 설치하는 난간의 재료는 철근콘크리트, 파손되는 경우에도 비산되지 아니하는 안전유리 또는 강도 및 내구

성이 있는 재료(금속제인 경우에는 부식되지 아니하거나 도금 또는 녹막이 등으로 부식방지처리를 한 것만 해당함)를 사용하여 난간이 안전한 구조로 설치될 수 있게 하여야 한다.

예외 실내에 설치하는 난간의 재료는 목재로 할 수 있다.

(2) 난간의 각 부위의 치수는 다음의 기준에 적합하여야 한다.

① 난간의 높이 : 바닥의 마감면으로부터 120cm 이상. 다만, 건축물내부계단에 설치하는 난간, 계단중간에 설치하는 난간 그 밖에 이와 유사한 것으로 위험이 적은 장소에 설치하는 난간의 경우에는 90cm 이상으로 할 수 있다.

② 난간의 간살의 간격 : 안목치수 10cm 이하

(3) 3층 이상인 주택의 창(바닥의 마감면으로부터 창대 윗면까지의 높이가 110cm 이상이거나 창의 바로 아래에 발코니 그 밖에 이와 유사한 것이 있는 경우를 제외)에는 위의 (1) 및 (2)의 규정에 적합한 난간을 설치하여야 한다.

(4) 외기에 면하는 난간을 설치하는 주택에는 각 세대마다 1개소 이상의 국기봉을 꽂을 수 있는 장치를 해당 난간에 설치하여야 한다.

7 화장실 등 (규정 제21조)

(1) 주택에 설치하는 화장실은 수세식으로 하고, 수세장치는 「수도법」에 따른 절수설비의 기준에 적합하여야 한다.

(2) 주택단지에는 「하수도법」에 따른 오수처리시설 또는 정화조를 설치하여야 한다.

8 장애인등의 편의시설 (규정 제22조)

주택단지안의 부대시설 및 복리시설에 설치하여야 하는 장애인관련 편의시설은 「장애인·노인·임산부 등의 편의증진보장에 관한 법률」이 정하는 바에 따른다.

9 장애인전용주택의 시설기준 (규정 제23조)

장애인전용의 주택을 건설하는 경우 경사로 등의 시설기준은 「장애인·노인·임산부 등의 편의증진보장에 관한 법률」이 정하는 바에 따른다.

제4장 부대시설

1 진입도로 (규정 제25조)

(1) 공동주택을 건설하는 주택단지는 기간도로와 접하거나 기간도로로부터 해당 단지에 이르는 진입도로가 있어야 한다. 이 경우 기간도로와 접하는 폭 및 진입도로의 폭은 다음 표와 같다.

주택단지의 총세대수	기간도로와 접하는 폭 또는 진입도로의 폭
300세대 미만	6m 이상
300세대 이상 500세대 미만	8m 이상
500세대 이상 1천세대 미만	12m 이상
1천세대 이상 2천세대 미만	15m 이상
2천세대 이상	20m 이상

(2) 주택단지가 2 이상이면서 해당 주택단지의 진입도로가 하나인 경우 그 진입도로의 폭은 해당 진입도로를 이용하는 모든 주택단지의 세대수를 합한 총 세대수를 기준으로 하여 산정한다.

(3) 공동주택을 건설하는 주택단지의 진입도로가 2 이상으로서 다음 표의 기준에 적합한 경우에는 위 (1)의 규정을 적용하지 아니할 수 있다. 이 경우 폭 4m 이상 6m 미만인 도로는 기간도로와 통행거리 200m 이내인 때에 한하여 이를 진입도로로 본다.

주택단지의 총세대수	폭 4m 이상의 진입도로 중 2개의 진입도로 폭의 합계
300세대 미만	10m 이상
300세대 이상 500세대 미만	12m 이상
500세대 이상 1천세대 미만	16m 이상
1천세대 이상 2천세대 미만	20m 이상
2천세대 이상	25m 이상

(4) 도시지역 외에서 공동주택을 건설하는 경우 그 주택단지와 접하는 기간도로의 폭 또는 그 주택단지의 진입도로와 연결되는 기간도로의 폭은 위 (1)에 따른 기간도로와 접하는 폭 또는 진입도로의 폭의 기준 이상이어야 하며, 주택단지의 진입도로가 2이상이 있는 경우에는 그 기간도로의 폭은 위 (3)의 기준에 따른 각각의 진입도로의 폭의 기준 이상이어야 한다.

(5) 위 (1)에도 불구하고 「주택법 시행령」에 따른 원룸형 주택 또는 기숙사형 주택이 바닥면적의 합계가 660m² 이하인 경우에는 기간도로와 접하는 폭 또는 진입도로의 폭을 4m 이상으로 한다.

2 주택단지 안의 도로 (규정 제26조, 규칙 제6조)

공동주택을 건설하는 주택단지에는 폭 1.5m 이상의 보도를 포함한 폭 7m 이상의 도로(보행자 전용도로, 자전거 도로는 제외한다)를 설치하여야 한다.

3 주차장 (규정 제27조, 규칙 제6조의2)

(1) 주택단지에는 주택의 전용면적의 합계를 기준으로 하여 다음 표에서 정하는 면적당 대수의 비율로 산정한 주차대수(소숫점 이하의 끝수는 이를 1대로 본다) 이상의 주차장을 설치하되, 세대당 주차대수가 1대(세대당 전용면적이 60m² 이하인 경우에는 0.7대) 이상이 되도록 하여야 한다.

주택의 규모별 (전용면적)	주차장설치기준 (대 / m²)			
	특별시	광역시 수도권 내의 시지역	시지역 및 수도권 내의 군지역	기타 지역
85m² 이하	1/75	1/85	1/95	1/110
85m² 초과	1/65	1/70	1/75	1/85

(2) 주택법시행령에 따른 원룸형 주택은 세대당 주차대수가 0.6대(세대당 전용면적이 30m² 미만인 경우에는 0.5대) 이상이 되도록 주차장을 설치하여야 한다. 다만, 지역별 차량 보유율 등을 고려하여 설치기준의 1/2 범위에서 특별시·광역시·특별자치시·시 또는 군의 조례로 강화하거나 완화하여 정할 수 있다.

(3) 주택단지에 건설하는 주택(부대시설 및 주민공동시설을 포함) 외의 시설에 대하여는 「주차장법」이 정하는 바에 따라 산정한 부설주차장을 설치하여야 한다.

(4) 「노인복지법」에 따라 노인복지주택을 건설하는 경우 해당 주택단지에는 위 (1)의 규정에 불구하고 세대당 주차대수가 0.3대(세대당 전용면적이 60m² 이하인 경우에는 0.2대) 이상이 되도록 하여야 한다.

(5) 「철도산업발전기본법」의 철도시설 중 역시설로부터 반경 500m 이내에서 건설하는 「보금자리주택건설 등에 관한 특별법」에 따른 보금자리주택(이하 "철도부지 활용 보금자리주택"이라 함)의 경우 해당 주택단지에는 위 (1)에 따른 주차장 설치기준의 1/2의 범위에서 완화하여 적용할 수 있다.

4 관리사무소 (규정 제28조)

(1) 50세대 이상의 공동주택을 건설하는 주택단지에는 $10m^2$에 50세대를 넘는 매 세대마다 $500cm^2$를 더한 면적 이상의 관리사무소를 설치하여야 한다. 다만, 그 면적의 합계가 $100m^2$를 초과하는 경우에는 설치면적을 $100m^2$로 할 수 있다.

(2) 위 (1)의 관리사무소는 관리업무의 효율성과 입주민의 접근성 등을 고려하여 배치하여야 한다.

5 조경시설 등 (규정 제29조)

(1) 공동주택을 건설하는 주택단지에는 그 단지면적의 30/100에 해당하는 면적(공동주택의 1층에 주민의 공동시설로 사용하는 피로티를 설치하는 경우에는 그 단지면적의 30/100에 해당하는 면적에서 그 단지면적의 5/100를 초과하지 아니하는 범위 안에서 피로티 면적의 1/2에 해당하는 면적을 공제한 면적)의 녹지를 확보하여 공해방지 또는 조경을 위한 식재 그 밖의 필요한 조치를 하여야 한다.

예외 시장과 주택을 복합건축물로 건설하거나 「국토의 계획 및 이용에 관한 법률」에 따른 상업지역 안에 주택을 건설하는 경우 또는 세대당 전용면적이 $85m^2$ 이하인 주택을 전체세대수의 2/3 이상 건설하는 경우에는 「건축법」 제42조(대지의 조경)를 준용한다.

(2) 조경을 하고자 하는 부분의 지하에 주차장 등 지하구조물을 설치하는 경우에는 식재에 지장이 없도록 두께 0.9m 이상의 토층을 조성하여야 한다.

6 수해방지 등 (규정 제30조, 규칙 제7조)

(1) 주택단지(단지경계선의 주변 외곽부분을 포함)에 높이 2m 이상의 옹벽 또는 축대("옹벽 등"이라 함)가 있거나 이를 설치하는 경우에는 그 옹벽 등으로부터 건축물의 외곽부분까지를 해당 옹벽 등의 높이만큼 띄워야 한다.

예외 다음의 어느 하나에 해당하는 경우에는 그러하지 아니하다.

① 옹벽 등의 기초보다 그 기초가 낮은 건축물. 이 경우 옹벽 등으로부터 건축물 외곽부분까지를 5m(3층 이하인 건축물은 3m) 이상 띄워야 한다.

② 옹벽 등보다 낮은 쪽에 위치한 건축물의 지하부분 및 땅으로부터 높이 1m 이하인 건축물 부분

(2) 주택단지에는 배수구·집수구 및 집수정 등 우수의 배수에 필요한 시설을 설치하여야 한다.

(3) 주택단지가 저지대 등 침수의 우려가 있는 지역인 경우에는 주택단지 안

에 설치하는 수전실 · 전화국선용단자함, 그 밖에 이와 유사한 전기 및 통신설비는 가능한 한 침수가 되지 아니하는 곳에 이를 설치하여야 한다.

(4) 위의 (1)~(3)에 따른 사항 외에 수해방지 등에 관하여 필요한 사항은 다음과 같다.

① 주택단지(단지경계선 주변외곽부분을 포함)에 비탈면이 있는 경우에는 다음에서 정하는 바에 따라 수해방지 등을 위한 조치를 하여야 한다.

1. 석재 · 합성수지재 또는 콘크리트를 사용한 배수로를 설치하여 토양의 유실을 막을 수 있게 할 것
2. 비탈면의 높이가 3m를 넘는 경우에는 높이 3m 이내마다 그 비탈면의 면적의 1/5 이상에 해당하는 면적의 단을 만들 것. 다만, 「주택법」에 따른 사업계획의 승인 권자("사업계획승인권자"라 함)가 그 비탈면의 토질 · 경사도 등으로 보아 건축물의 안전상 지장이 없다고 인정하는 경우에는 그러하지 아니하다.
3. 비탈면에는 나무심기와 잔디붙이기를 할 것. 다만, 비탈면의 안전을 위하여 필요한 경우에는 돌 붙이기를 하거나 콘크리트격자블록 그 밖에 비탈면보호용구조물을 설치하여야 한다.

② 비탈면과 건축물 등과의 위치관계는 다음에 적합하여야 한다.

1. 건축물은 그 외곽부분을 비탈면의 윗가장자리 또는 아랫가장자리로부터 해당 비탈면의 높이만큼 띄울 것. 다만, 사업계획승인권자가 그 비탈면의 토질 · 경사도 등으로 보아 건축물의 안전상 지장이 없다고 인정하는 경우에는 그러하지 아니하다.
2. 비탈면 아랫부분에 옹벽 또는 축대("옹벽 등"이라 함)가 있는 경우에는 그 옹벽 등과 비탈면 사이에 너비 1m 이상의 단을 만들 것
3. 비탈면 윗부분에 옹벽 등이 있는 경우에는 그 옹벽등과 비탈면 사이에 너비 1.5m 이상으로서 해당 옹벽 등의 높이의 1/2 이상에 해당하는 너비 이상의 단을 만들 것

7 안내표지판 등 (규정 제31조)

(1) 300세대 이상의 주택을 건설하는 주택단지와 그 주변에는 다음의 기준에 따라 [별표 4]에 해당하는 규격의 안내표지판을 설치하여야 한다.

① 기간도로와 진입도로가 연결되는 지점부근 또는 단지의 출입구로부터 200m 이상 400m 이내의 거리에 있는 도로변에 단지의 명칭과 진입방향을 표시한 단지유도표지판을 설치할 것

② 단지의 출입구 부근의 진입도로변에 단지의 명칭을 표시한 단지입구표지판을 설치할 것

③ 단지의 주요출입구마다 단지안의 건축물 · 도로, 그 밖에 주요시설의 배치를 표시한 단지종합안내판을 설치할 것

④ 주택단지안의 도로 기타 식별이 용이한 곳에 단지 내 주요시설의 명칭 및 방향을 표시한 단지내시설표지판을 설치할 것

예외 위 ① 또는 ②에 따른 표지판은 해당 사항이 표시된 도로표지판 등이 있는 경우에는 설치하지 아니할 수 있다.

■ 안내표지판의 규격 [규칙 별표 4]

종류	표지판 규격	설치 높이
1. 단지유도표지판	가로 : 120cm 이하 세로 : 80cm 이하	바닥면에서 표지판 아래 끝까지 2.5m 이상
2. 단지입구표지판	긴 변 : 50cm 이상 짧은 변 : 25cm 이상	바닥면에서 표지판 중심까지 1.2m 이상
3. 단지종합안내판	가로 : 90cm 이상 세로 : 60cm 이상	바닥면에서 표지판 중심까지 1.2m 이상 1.6m 이하
4. 단지내시설표지판	가로 : 40cm 이상 세로 : 20cm 이상	바닥면에서 표지판 중심까지 0.6m 이상

(2) 주택단지에 2동 이상의 공동주택이 있는 경우에는 각동 외벽의 보기 쉬운 곳에 동 번호를 표시하여야 한다.

(3) 관리사무소 또는 그 부근에는 거주자에게 공지사항을 알리기 위한 게시판을 설치하여야 한다.

(4) 주택단지의 입구에는 해당 주택건설공사의 사업주체・설계자・시공회사・감리회사・사업승인일・사용검사일・공사기간, 그 밖에 필요한 사항을 기록한 머릿돌 또는 기록탑을 설치하여야 한다.

8 통신시설 (규정 제32조)

(1) 주택에는 세대마다 전화설치장소(거실 또는 침실을 말함)까지 구내통신선로설비를 설치하여야 하되, 구내통신선로설비의 설치에 필요한 사항은 따로 대통령령으로 정한다.

(2) 경비실을 설치하는 공동주택의 각 세대에는 경비실과 통화가 가능한 구내전화를 설치하여야 한다.

(3) 주택에는 세대마다 초고속 정보통신을 할 수 있는 구내통신선로설비를 설치하여야 한다.

9 지능형 홈네트워크 설비 (규정 제32조의2)

주택에 지능형 홈네트워크 설비(주택의 성능과 주거의 질 향상을 위하여 세대 또는 주택단지 내 지능형 정보통신 및 가전기기 등의 상호 연계를 통하여 통합된 주거서비스를 제공하는 설비를 말함)를 설치하는 경우에는 국토교통

부장관, 산업통상자원부장관 및 미래창조과학부장관이 협의하여 공동으로 고시하는 지능형 홈네트워크 설비 설치 및 기술기준에 적합하여야 한다.

10 보안등 (규정 제33조)

(1) 주택단지안의 어린이놀이터 및 도로(폭 15m 이상인 도로의 경우에는 도로의 양측)에는 보안등을 설치하여야 한다. 이 경우 해당 도로에 설치하는 보안등의 간격은 50m 이내로 하여야 한다.

(2) 위의 (1)에 따른 보안등에는 외부의 밝기에 따라 자동으로 켜지고 꺼지는 장치 또는 시간을 조절하는 장치를 부착하여야 한다.

11 가스공급시설 (규정 제34조)

(1) 도시가스의 공급이 가능한 지역에 주택을 건설하거나 액화석유가스를 배관에 따라 공급 하는 주택을 건설하는 경우에는 각 세대까지 가스공급설비를 하여야 하며, 그 밖의 지역에서는 안전이 확보될 수 있도록 외기에 면한 곳에 액화석유가스용기를 보관할 수 있는 시설을 하여야 한다.

(2) 특별시장·광역시장·특별자치도지사 또는 도지사("시·도지사"라 함)는 500세대 이상의 주택을 건설하는 주택단지에 대하여는 해당 지역의 가스공급계획에 따라 가스저장시설을 설치하게 할 수 있다.

12 비상급수시설 (규정 제35조)

(1) 공동주택을 건설하는 주택단지에는 「먹는 물 관리법」에 따른 먹는 물의 수질기준에 적합한 비상용수를 공급할 수 있는 지하양수시설 또는 지하저수조시설을 설치하여야 한다.

(2) 위의 (1)에 따른 지하양수시설 및 지하저수조는 다음의 구분에 따른 설치기준을 갖추어야 한다.

① 지하양수시설

1. 1일에 해당 주택단지의 매 세대당 0.2톤(시·군지역은 0.1톤)이상의 수량을 양수할 수 있을 것
2. 양수에 필요한 비상전원과 이에 따라 가동될 수 있는 펌프를 설치할 것
3. 해당 양수시설에는 매 세대당 0.3톤 이상을 저수할 수 있는 지하저수조(아래 18-6에 따른 기준에 적합하여야 한다)를 함께 설치할 것

② 지하저수조

1. 고가수조저수량(매 세대당 0.5톤까지 산입한다)을 포함하여 매 세대당 1.5톤(시·군지역은 1톤, 독신자용 주택은 0.5톤) 이상의 수량을 저수할 수 있을 것

2. 50세대(독신자용 주택은 100세대)당 1대 이상의 수동식펌프를 설치하거나 양수 에 필요한 비상전원과 이에 따라 가동될 수 있는 펌프를 설치할 것
3. 18-6에 따른 기준에 적합하게 설치할 것
4. 먹는 물을 해당 저수조를 거쳐 각 세대에 공급할 수 있도록 설치할 것

13 난방설비 등 (규정 제37조)

(1) 6층 이상인 공동주택의 난방설비는 중앙 집중난방방식(「집단에너지사업법」에 따른 지역난방공급방식을 포함)으로 하여야 한다.

예외 「건축물의 설비기준 등에 관한 규칙」에 따른 개별난방설비(제13조)를 하는 경우에는 그러하지 아니하다.

(2) 공동주택의 난방설비를 중앙 집중난방방식으로 하는 경우에는 난방열이 각 세대에 균등하게 공급될 수 있도록 4층 이상 10층 이하의 건축물인 경우에는 2개소 이상, 10층을 넘는 건축물인 경우에는 10층을 넘는 5개 층마다 1개소를 더한 수 이상의 난방구획으로 구분하여 각 난방구획마다 따로 난방용 배관을 하여야 한다.

예외 다음의 어느 하나에 해당하는 경우에는 그러하지 아니하다.

① 연구기관 또는 학술단체의 조사 또는 시험에 따라 난방열을 각 세대에 균등하게 공급할 수 있다고 인정되는 시설 또는 설비를 설치한 경우

② 난방설비를 「집단에너지사업법」에 따른 지역난방공급방식으로 하는 경우로서 지식경제부장관이 정하는 바에 따라 각 세대별로 유량조절장치를 설치한 경우

(3) 난방설비를 중앙 집중난방방식으로 하는 공동주택의 각 세대에는 지식경제부장관이 정하는 바에 따라 난방열량을 계량하는 계량기와 난방온도를 조절하는 장치를 각각 설치하여야 한다.

(4) 공동주택의 각 세대에는 발코니 등 세대 안에 냉방설비의 배기장치를 설치할 수 있는 공간을 마련하여야 한다. 다만, 중앙 집중냉방방식의 경우에는 그러하지 아니하다.

14 폐기물보관시설 (규정 제38조)

주택단지에는 생활폐기물보관시설 또는 용기를 설치하여야 하며, 그 설치장소는 차량의 출입이 가능하고 주민의 이용에 편리한 곳이어야 한다.

15 전기시설 (규정 제40조)

(1) 주택에 설치하는 전기시설의 용량은 각 세대별로 3kW(세대당 전용면적이 60m^{2}이상인 경우에는 3kW에 60m^{2}를 초과하는 10m^{2}마다 0.5kW

를 더한 값) 이상이어야 한다.

(2) 주택에는 세대별 전기사용량을 측정하는 전력량계를 각 세대 전용부분 밖의 검침이 용이한 곳에 설치하여야 한다.

예외 전기사용량을 자동으로 검침하는 원격검침방식을 적용하는 경우에는 전력량계를 각 세대 전용부분 안에 설치할 수 있다.

(3) 주택단지안의 옥외에 설치하는 전선은 지하에 매설하여야 한다.

예외 세대당 전용면적이 60m^2 이하인 주택을 전체세대수의 1/2 이상 건설하는 단지에서 폭 8m 이상의 도로에 가설하는 전선은 가공선으로 할 수 있다.

(4) 위의 (1)~(3)에 따른 사항 외에 전기설비의 설치 및 기술기준에 관하여는 「전기사업법」 제67조(기술기준)를 준용한다.

16 소방시설 (규정 제41조)

주택에는 소방관계법령이 정하는 바에 따라 소방시설을 설치하여야 한다.

17 방송수신을 위한 공동수신설비의 설치 등 (규정 제42조)

(1) 공동주택에는 방송통신위원회가 정하여 고시하는 바에 따라 텔레비전방송·에프엠(FM) 라디오방송 공동수신안테나 및 그 부속설비와 종합유선방송의 구내전송선로설비를 설치하여야 한다.

(2) 공동주택의 각 세대에는 위 (1)에 따른 텔레비전방송 및 에프엠(FM)라디오 방송 공동 수신안테나와 연결된 단자를 2개소 이상 설치하여야 한다. 다만, 세대당 전용면적이 60m^2 이하인 주택의 경우에는 1개소로 할 수 있다.

18 급·배수시설 (규정 제43조, 규칙 제10조)

(1) 주택에는 「수도법」이 정하는 바에 따라 수도를 설치하여야 한다.

(2) 주택에 설치하는 급수·배수용 배관은 콘크리트 구조체 안에 매설하여서는 아니 된다.

예외 그 배관이 주택의 바닥면 또는 벽면 등을 직각으로 관통하는 경우와 주택의 구조 안전에 지장이 없는 범위 안에서 구조체 안에 덧 관을 미리 매설하는 등 배관의 부식을 방지하고 그 수선 및 교체가 쉽도록 하여 배관을 설치하는 경우에는 그러하지 아니하다.

(3) 공동주택에는 세대별 수도계량기 및 세대마다 2개소 이상의 급수전을 설치하여야 한다.

(4) 주택의 부엌, 욕실, 화장실 및 다용도실 등 물을 사용하는 곳과 발코니의 바닥에는 배수 설비를 하여야 한다.

예외 물을 사용하지 아니하는 발코니인 경우에는 그러하지 아니 하다.

(5) 위 (4)에 따른 배수설비에는 악취 및 배수의 역류를 막을 수 있는 시설을 하여야 한다.

(6) s주택에 설치하는 음용수의 급수조 및 저수조는 다음의 기준에 접합하여야 한다.

① 급수조 및 저수조의 재료는 수질을 오염시키지 아니하는 재료나 위생에 지장이 없는 것으로서 내구성이 있는 도금·녹막이 처리 또는 피막처리를 한 재료를 사용할 것

② 급수조 및 저수조의 구조는 청소 등 관리가 쉬워야 하고, 음용수외의 다른 물질이 들 어 갈 수 없도록 할 것

(7) 위의 (1)~(6)에 따른 사항 외에 급수·배수·가스공급, 그 밖의 배관설비의 설치와 구조에 관한 기준은 다음과 같다.

① 배수설비는 오수관로에 연결하여야 한다.

② 배관설비의 설치 및 구조의 기준에 관하여는「건축물의 설비기준 등에 관한 규칙」제17조(배관설비) 및 같은 규칙 제18조(음용수용 배관설비)의 규정을 준용한다.

⑲ 배기설비 등 (규정 제44조, 규칙 제11조)

(1) 주택의 부엌·욕실 및 화장실에는 바깥의 공기에 면하는 창을 설치하거나 다음에 해당하는 배기설비를 하여야 한다.

1. 배기구는 반자 또는 반자아래 80cm 이내의 높이에 설치하고, 항상 개방될 수 있는 구조로 할 것
2. 배기통 및 배기구는 외기의 기류에 의하여 배기에 지장이 생기지 아니하는 구조로 할 것
3. 배기통에는 그 최상부 및 배기구를 제외하고는 개구부를 두지 아니할 것
4. 배기통의 최상부는 직접 외기에 개방되게 하되, 빗물 등을 막을 수 있는 설비를 할 것
5. 부엌에 설치하는 배기구에는 전동환기설비를 설치할 것

(2) 공동주택의 각 세대에 설치하는 환기시설의 설치기준 등은 건축법령이 정하는 바에 따른다.

제5장 복리시설

1 근린생활시설 등 (규정 제50조)

(1) 주택단지에 설치하는 근린생활시설 및 소매시장 · 상점("근린생활시설 등"이라 함)을 합한 면적(부대시설의 면적을 제외하며, 같은 용도의 시설이 2개소 이상 있는 경우에는 각 시설의 바닥면적을 합한 면적으로 한다)은 매세대당 6m^{2}의 비율로 산정한 면적을 초과하여서는 아니 된다. 다만, 그 비율로 산정한 근린생활시설 등의 면적이 500m^2 미만인 경우에는 해당 근린생활시설 등의 면적을 500m^{2}로 할 수 있다.

(2) 하나의 건축물에 설치하는 근린생활시설 등의 면적이 1,000m^{2}를 넘는 경우에는 주차 또는 물품의 하역 등에 필요한 공터를 설치하여야 하고, 그 주변에는 소음 · 악취의 차단과 조경을 위한 식재 그 밖에 필요한 조치를 취하여야 한다.

2 유치원 (규정 제52조)

(1) 2천 세대 이상의 주택을 건설하는 주택단지에는 유치원을 설치할 수 있는 대지를 확보하여 그 시설의 설치희망자에게 분양하여 건축하게 하거나 유치원을 건축하여 이를 운영하고자 하는 자에게 공급하여야 한다.

예외 다음의 어느 하나에 해당하는 경우에는 그러하지 아니하다.

① 해당 주택단지로부터 통행거리 300m 이내에 유치원이 있는 경우

② 해당 주택단지로부터 통행거리 200m 이내에 「학교보건법」에 따른 학교환경위생 정화구역에서의 금지행위에 해당하는 시설(제6조제1항 각 호)이 있는 경우

③ 해당 주택단지가 노인주택단지 · 외국인주택단지 등으로서 유치원의 설치가 불필요하다고 사업계획 승인권자가 인정하는 경우

(2) 유치원을 유치원 외의 용도의 시설과 복합으로 건축하는 경우에는 의료시설 · 주민운동시설 · 보육시설 · 종교집회장 및 근린생활시설(「학교보건법」에 따른 학교환경위생정화구역에 설치할 수 있는 시설에 한함)에 한하여 이를 함께 설치할 수 있다. 이 경우 유치원 용도의 바닥면적의 합계는 해당 건축물 연면적의 1/2 이상이어야 한다.

제6장 대지의 조성

1 대지의 안전 (규정 제56조)

(1) 대지를 조성할 때에는 지반의 붕괴·토사의 유실 등의 방지를 위하여 필요한 조치를 하여야 한다.

(2) 위 (1)에 따른 대지의 조성에 관하여 이 영에서 정하는 사항을 제외하고는 「건축법」 제40조(대지의 안전 등), 제41조(토지 굴착 부분에 대한 조치 등) 제1항을 준용한다.

2 간선시설 (규정 제57조, 규칙 제12조)

사업계획의 승인(법 제16조)을 얻어 조성하는 일단의 대지에는 다음에 해당하는 기준 이상인 진입도로(해당 대지에 접하는 기간도로를 포함)·상하수도시설 및 전기시설이 설치되어야 한다.

(1) 간선시설인 진입도로(해당 대지에 접하는 기간도로를 포함), 상하수도시설 및 전기시설의 설치기준은 다음과 같다.

① 진입도로

㉠ 진입도로는 다음 표에서 정하는 기준 이상의 도로 너비가 확보되어야 한다.

대지면적	기간도로와 접하는 너비 또는 진입도로의 너비
2만제곱미터 미만	8m 이상
2만제곱미터 이상 4만제곱미터 미만	12m 이상
4만제곱미터 이상 8만제곱미터 미만	15m 이상
8만제곱미터 이상	20m 이상

㉡ 진입도로가 2이상으로서 다음 표에서 정하는 기준에 적합한 경우에는 위 ㉠의 규정을 적용하지 아니할 수 있다. 이 경우 너비 6m 미만인 도로는 기간도로와 통행거리 200m 이내인 때에 한하여 이를 진입도로로 본다.

대지면적	너비 4m 이상의 진입도로 중 2개의 진입도로 너비의 합계
2만제곱미터 미만	12m 이상
2만제곱미터 이상 4만제곱미터 미만	16m 이상
4만제곱미터 이상 8만제곱미터 미만	20m 이상
8만제곱미터 이상	25m 이상

② 상수도시설

상수도시설은 대지면적 $1m^2$ 당 1일 급수량 0.1톤 이상을 해당 대지에 공급할 수 있는 시설이어야 한다.

③ 하수도시설

하수도시설은 대지면적 $1m^2$ 당 1일 0.1톤 이상의 오수를 처리할 수 있는 시설이어야 한다.

④ 전기시설

전기시설은 대지면적 $1m^2$ 당 35W 이상의 전력을 해당 대지에 공급할 수 있는 송전시설이어야 한다.

(2) 대지조성사업계획(법 제16조)에 주택의 예정세대수 등에 관한 계획이 포함된 경우에는 위 (1)의 규정에 불구하고 진입도로 등의 기준은 다음의 규정에 따를 수 있다.

1. 진입도로 : 제4장－❶의 규정에 따른다.
2. 상수도시설 및 하수도시설 : 공급·처리 용량이 각각 매세대당 1일 1톤 이상인 시설이어야 한다.
3. 전기시설 : 매 세대당 3kW(세대당 전용면적이 $60m^2$ 이상인 경우에는 3kW에 $60m^2$를 초과하는 $10m^2$마다 0.5kW를 더한 값) 이상의 전력을 해당 대지에 공급 할 수 있는 송전시설이어야 한다.

제7장 에너지절약형 친환경 주택

1 에너지절약형 친환경 주택의 건설기준 등 (규정 제64조)

(1) 20세대 이상의 공동주택을 건설하는 경우에는 다음의 어느 하나 이상의 기술을 이용하여 주택의 총 에너지사용량 또는 총 이산화탄소배출량을 절감할 수 있는 에너지절약형 친환경 주택으로 건설하여야 한다.

① 고단열·고기능 외피구조, 기밀설계, 일조확보 및 친환경자재 사용 등 저에너지 건물 조성기술

② 고효율 열원설비, 제어설비 및 고효율 환기설비 등 에너지 고효율 설비기술

③ 태양열, 태양광, 지열 및 풍력 등 신·재생에너지 이용기술

④ 자연지반의 보존, 생태면적율의 확보 및 빗물의 순환 등 생태적 순환기능 확보를 위한 외부환경 조성기술

⑤ 건물에너지 정보화 기술 및 자동제어장치 등 에너지절감 정보기술

(2) 위 (1)에 해당하는 주택을 건설하려는 자가 사업계획승인(법 제16조)을 신청하는 경우에는 친환경 주택 성능평가서를 첨부하여야 한다.

(3) 친환경 주택의 건설기준 및 성능에 관하여 필요한 세부적인 사항은 국토교통부장관이 정하여 고시한다.

부 록

- 건축물의 구조기준 등에 관한 규칙
- 서울특별시 건축조례
- 서울특별시 도시계획 조례

건축물의 구조기준 등에 관한 규칙

[시행 2020.11.9.] [국토교통부령 제777호, 2020.11.9., 일부개정]

제1장 총칙

제1조【목적】

이 규칙은 「건축법」 제48조, 제48조의2, 제48조의3 및 같은 법 시행령 제32조에 따라 건축물의 구조내력(構造耐力)의 기준 및 구조계산의 방법과 그에 사용되는 하중(荷重) 등 구조안전에 관하여 필요한 사항을 규정함을 목적으로 한다. <개정 2009. 12. 31., 2017. 1. 20.>

제2조【정의】

이 규칙에서 사용하는 용어의 정의는 다음과 같다. <개정 2009. 12. 31., 2018. 11. 9.>

1. "구조부재(構造部材)"란 건축물의 기초·벽·기둥·바닥판·지붕틀·토대(土臺)·사재(斜材 : 가새·버팀대·귀잡이 그 밖에 이와 유사한 것을 말한다)·가로재(보·도리 그 밖에 이와 유사한 것을 말한다) 등으로 건축물에 작용하는 제9조에 따른 설계하중에 대하여 그 건축물을 안전하게 지지하는 기능을 가지는 건축물의 구조내력상 주요한 부분을 말한다.
2. "부재력(部材力)"이란 하중 및 외력에 의하여 구조부재에 생기는 축방향력(軸方向力)·휨모멘트·전단력(剪斷力)·비틀림 등을 말한다.
3. 삭제 <2009. 12. 31.>
4. "구조내력"이란 구조부재 및 이와 접하는 부분 등이 견딜 수 있는 부재력을 말한다.
5. "벽"이라 함은 두께에 직각으로 측정한 수평치수가 그 두께의 3배를 넘는 수직부재를 말한다.
6. "기둥"이라 함은 높이가 최소단면치수의 3배 혹은 그 이상이고 주로 축방향의 압축하중을 지지하는 데에 쓰이는 부재를 말한다.
7. "비구조요소"란 다음 각 목의 것으로서 국토교통부장관이 정하여 고시하는 것을 말한다.
   가. 건축비구조요소: 구조내력을 부담하지 아니하는 건축물의 구성요소로서 배기구, 부착물 및 비구조벽체 등의 부재
   나. 기계·전기비구조요소: 건축물에 설치하는 기계 및 전기 시스템과 이를 지지하는 부착물 및 장비
8. 삭제 <2009. 12. 31.>
9. 삭제 <2009. 12. 31.>
10. 삭제 <2009. 12. 31.>
11. 삭제 <2009. 12. 31.>
12. 삭제 <2009. 12. 31.>
13. "구조계획서"란 건축물의 사용목적과 하중조건 및 지반특성 등을 고려하여 구조부재의 재료와 형상, 개략적인 크기 등을 결정하고, 구조적으로 안전한 공간을 만드는 구조설계 초기과정의 도서를 말한다.
14. "구조설계도"란 구조설계의 최종결과물로서 구조부재의 구성, 형상, 접합상세 등을 표현하는 도면을 말한다.
15. "구조설계도서"란 구조계획서, 구조설계도, 구조계산서, 구조분야의 공사시방서를 말한다.

제3조【적용범위 등】

① 이 규칙은 「건축법」(이하 "법"이라 한다) 제48조에 따라 건축물이 안전한 구조를 갖기 위한 최소기준으로 법 제23조부터 제25조까지 및 제35조에 따른 건축물의 설계, 시공, 공사감리 및 유지·관리에 적용하여야 한다.

② 이 규칙에 규정된 사항 외의 세부적인 기준은 법 제68조 및 이 규칙의 위임에 의하여 국토교통부장관이 고시하는 다음 각 호의 구분에 따른 기준에 따른다. <개정 2013. 3. 23., 2017. 2. 3., 2018. 6. 1.>

1. 소규모건축물[2층 이하이면서 연면적 500제곱미터 미만인 건축물로서 「건축법 시행령」(이하 "영"이라 한다) 제32조제2항제3호부터 제8호까지의 어느 하나에도 해당하지 아니하는 건축물을 말한다. 이하 같다] 외 건축물의 경우: 건축구조기준
2. 소규모건축물의 경우: 건축구조기준 또는 소규모건축구조기준

③ 제21조부터 제55조까지의 규정에 따른 구조안전에 관한 기준은 소규모건축물에 대하여만 적용된다. <개정 2014. 11. 28., 2017. 2. 3.>

④ 연구기관·학술단체 또는 전문용역기관의 구조계산 또는 시험에 의하여 설계되고 「건축법」 제4조의 규정에 의한 건축위원회 또는 「건설기술진흥법」 제5조에 따른 건설기술심의위원회의 심의를 거쳐 이 규칙에 의한 기술적 기준과 동등 이상의 안전성이 있다고 확인된 것으로서 특별시장·광역시장 또는 시장·군수·구청장(자치구의 구청장을 말한다. 이하 같다)이 인정하는 경우에는 그에 의할 수 있다. <개정 2014. 5. 22.>
[전문개정 2009. 12. 31.]

제2장 구조설계 <개정 2009. 12. 31.>

제1절 구조설계의 원칙 <개정 2009. 12. 31.>

제4조【안전성】
① 건축물의 구조에 관한 설계는 건축물의 용도·규모·구조의 종별과 지반의 상황 등을 고려하여 기초·기둥·보·바닥·벽·비구조요소 등을 유효하게 배치하여 건축물 전체가 이에 작용하는 제9조에 따른 설계하중에 대하여 구조내력상 안전하도록 하여야 한다. <개정 2009. 12. 31., 2018. 11. 9.>
② 구조부재인 벽은 건축물에 작용하는 횡력(橫力)에 대하여 유효하게 견딜 수 있도록 균형있게 배치하여야 한다. <개정 2009. 12. 31.>
③ 건축물의 구조는 그 지반의 부동침하(不同沈下), 떠오름, 미끄러짐, 전도(顚倒) 또는 동해(凍害)에 대하여 구조내력에 지장이 없어야 한다.
[제목개정 2009. 12. 31.]

제5조【구조부재의 사용성 및 내구성】
① 건축물의 구조부재는 사용에 지장이 되는 변형이나 진동이 생기지 아니하도록 필요한 강성(剛性)을 확보하여야 하며, 순간적인 파괴현상이 생기지 아니하도록 인성(靭性)의 확보를 고려하여야 한다. <개정 2009. 12. 31.>
② 구조부재로서 특히 부식이나 닳아 없어질 우려가 있는 것에 대하여는 이를 방지할 수 있는 재료를 사용하는 등 필요한 조치를 하여야 한다. <개정 2009. 12. 31.>
③ 구조부재로 사용되는 목재로서 벽돌·콘크리트·흙 그 밖에 이와 유사한 함수성(含水性)의 물체에 접하는 부분에는 방부제를 바르거나 이와 동등 이상의 효과를 가진 방부조치를 하여야 한다.
④ 건축물의 벽으로서 직접 흙과 접하는 부분은 대문·담장 그 밖에 이와 유사한 공작물 또는 건축물을 제외하고는 내수재료를 사용하여야 한다.
[제목개정 2009. 12. 31.]

제6조 삭제 <2009. 12. 31.>

제7조 삭제 <2009. 12. 31.>

제2절 설계하중 <개정 2009. 12. 31.>

제8조【적용범위】
① 건축물에 작용하는 각종 설계하중의 산정은 이 절의 규정에 의한다. <개정 2009. 12. 31.>
② 건축물이 건축되는 지역, 건축물의 용도 그 밖의 환경 등의 실제의 하중조건에 대한 조사분석에 의하여 설계하중을 산정할 때에는 이 절의 규정을 적용하지 아니할 수 있다. 이 경우 그 산정근거를 명시하여야 한다. <개정 2009. 12. 31.>

제9조【설계하중】
① 건축물의 구조설계에 적용되는 설계하중은 다음 각 호와 같다. <개정 2009. 12. 31., 2020. 11. 9.>
1. 고정하중
2. 활하중(活荷重)
2의2. 지붕적재하중(지붕활하중)
3. 적설하중
4. 풍하중
5. 지진하중
6. 토압 및 지하수압
7. 온도하중
8. 유체압 및 용기내용물하중
9. 운반설비 및 부속장치 하중
10. 그 밖의 하중
② 제1항에 따른 설계하중의 산정기준 및 방법은 「건축구조기준」에서 정하는 바에 의한다. <개정 2009. 12. 31.>
③ 건축물의 구조설계를 할 때에는 제1항 각 호의 하중과 이들의 조합에 따른 영향을 건축물의 실제상태에 따라 고려하여야 한다. <개정 2009. 12. 31.>
[제목개정 2009. 12. 31.]

제3절 구조계산 등 <신설 2009. 12. 31.>

제9조의2 【구조계산】
법 제48조제2항에 따라 구조의 안전을 확인하여야 하는 건축물의 구조계산은 「건축구조기준」에서 정하는 바에 따른다.
[본조신설 2009. 12. 31.]

제9조의3 【건축물의 규모제한】
주요구조부가 비보강조적조인 건축물은 지붕높이 15미터 이하, 처마높이 11미터 이하 및 3층 이하로 해야 한다.
[전문개정 2020. 11. 9.]

제10조 삭제 <2009. 12. 31.>

제11조 삭제 <2009. 12. 31.>

제12조 삭제 <2009. 12. 31.>

제13조 삭제 <2009. 12. 31.>

제14조 삭제 <2009. 12. 31.>

제15조 삭제 <2009. 12. 31.>

제16조 삭제 <2009. 12. 31.>

제17조 삭제 <2009. 12. 31.>

제4절 기초의 구조기준 <신설 2009. 12. 31.>

제18조 【허용지내력】
지반의 허용지내력(許容地耐力)은 「건축구조기준」에 따른 지반조사 및 하중시험에 의하여 정하여야 한다. 다만, 지반조사 및 하중시험에 의하지 아니하는 경우에는 별표 8에 따른 값으로 할 수 있다. <개정 2009. 12. 31.>
[제목개정 2009. 12. 31.]

제19조 【기초】
① 직접기초는 상부구조의 하중을 기초지반에서 직접 부담하되, 기초밑면의 지반에 작용하는 압력이 허용지내력을 초과하지 아니하도록 하여야 한다. <개정 2009. 12. 31.>
② 말뚝기초는 말뚝의 부재력이 말뚝의 허용지지력을 초과하지 않도록 하여야 하며, 침하 등에 의하여 상부구조에 유해한 영향을 미치지 아니하도록 하여야 한다. <개정 2009. 12. 31.>

제20조 삭제 <2009. 12. 31.>

제3장 소규모건축물의 구조기준

제1절 통칙

제21조 【목적】
이 장은 소규모건축물의 구조안전을 확보하기 위하여 필요한 사항 및 이와 관련한 구조기준 등을 정함을 목적으로 한다.

제22조 【적용범위】
소규모건축물에 해당하는 목구조·조적식구조(組積式構造)·보강블록구조·콘크리트구조 건축물의 기술적 기준은 이 장이 정하는 바에 따른다. 다만, 「건축구조기준」에 따라 설계하는 경우에는 이 장의 규정을 적용하지 않을 수 있다. <개정 2009. 12. 31.>

제2절 목구조

제23조 【적용범위】

이 절의 규정은 목구조의 건축물이나 목구조와 조적식구조 그 밖의 구조를 병용하는 건축물에서 목구조로 된 부분에 이를 적용한다. 다만, 정자(亭子) 그 밖에 이와 유사한 건축물 또는 연면적 10제곱미터 이하인 광・창고 그 밖에 이와 유사한 건축물에 대하여는 그러하지 아니한다.

제24조 【압축재의 최소단면 및 모서리에 설치하는 기둥】

① 목재로 된 구조부재인 압축재의 단면적은 4,500제곱밀리미터 이상으로 하여야 한다. <개정 2009. 12. 31.>

② 2층 이상인 건축물에 있어서는 모서리에 설치하는 기둥 또는 이에 준하는 기둥은 통재(通材)기둥으로 하여야 한다. 다만, 이은기둥의 경우 그 이은 부분을 통재기둥과 동등 이상의 내력을 가지도록 보강한 경우에는 그러하지 아니하다.

제25조 【가새】

① 인장력을 받는 가새는 두께 15밀리미터 이상이고 폭 90밀리미터 이상인 목재 또는 이와 동등 이상의 강도를 가지는 강재를 사용하여야 한다.

② 압축력을 받는 가새는 두께 35밀리미터 이상이고 골조기둥의 3분의 1쪽에 해당하는 두께인 목재를 사용하여야 한다.

③ 가새는 그 두 끝부분을 기둥・보 그 밖의 구조부재인 가로재와 잇도록 하여야 한다. <개정 2009. 12. 31.>

④ 가새에는 파내기 그 밖에 이와 유사한 손상을 주어 그 내력에 지장을 가져오게 하여서는 아니 된다.

제26조 【바닥틀 및 지붕틀】

바닥틀 및 지붕틀의 모서리에는 귀잡이를 사용하고, 지붕틀에는 가새를 설치하여야 한다.

제27조 【방부조치】

① 구조부재에 사용하는 목재로서 벽돌・콘크리트・흙 그 밖에 이와 유사한 함수성 물체에 접하는 부분에는 방부제를 바르거나 이와 동등 이상의 효과를 가지는 방부조치를 하여야 한다. <개정 2009. 12. 31.>

② 지표면상 1미터 이하의 높이에 있는 기둥・가새 및 토대 등 부식의 우려가 있는 부분은 방부제를 바르거나 이와 동등 이상의 방부효과를 가지는 구조로 하여야 한다.

제3절 조적식구조

제28조 【적용범위】

① 이 절의 규정은 벽돌구조・돌구조・콘크리트블록구조 그 밖의 조적식구조(보강블록구조를 제외한다. 이하 이 절에서 같다)의 건축물이나 조적식구조와 목구조 그 밖의 구조를 병용하는 건축물의 조적식구조로 된 부분에 이를 적용한다.

② 높이 4미터 이하이고 연면적 20제곱미터 이하인 건축물에 대하여는 제29조・제30조・제35조・제36조・제38조 및 제40조의 규정에 한하여 이를 적용한다.

③ 구조부재가 아닌 조적식구조의 경계벽으로서 그 높이가 2미터 이하인 것에 대하여는 제29조・제30조・제33조 및 제35조제3항만 적용한다. <개정 2009. 12. 31., 2014. 11. 28.>

제29조 【조적식구조의 설계】

① 조적재는 통줄눈이 되지 아니하도록 설계하여야 한다.

② 조적식구조인 각층의 벽은 편심하중이 작용하지 아니하도록 설계하여야 한다.

제30조 【기초】

① 조적식구조인 내력벽의 기초(최하층의 바닥면 이하에 해당하는 부분을 말한다)는 연속기초로 하여야 한다.

② 제1항의 규정에 의한 기초중 기초판은 철근콘크리트구조 또는 무근콘크리트구조로 하고, 기초벽의 두께는 250밀리미터 이상으로 하여야 한다.

제31조 【내력벽의 높이 및 길이】

① 조적식구조인 건축물중 2층 건축물에 있어서 2층 내력벽의 높이는 4미터를 넘을 수 없다.

② 조적식구조인 내력벽의 길이[대린벽(對隣壁)의 경우에는 그 접합된 부분의 각 중심을 이은 선의 길이를 말한다. 이하 이 절에서 같다]는 10미터를 넘을 수 없다.

③ 조적식구조인 내력벽으로 둘러쌓인 부분의 바닥면적은 80제곱미터를 넘을 수 없다.

제32조 【내력벽의 두께】

① 조적식구조인 내력벽의 두께(마감재료의 두께는 포함하지 아니한다. 이하 이 절에서 같다)는 바로 윗층의 내력벽의 두께 이상이어야 한다.

② 조적식구조인 내력벽의 두께는 그 건축물의 층수・높이 및 벽의 길이에 따라 각각 다음 표의 두께 이상으로 하되, 조적재가 벽돌인 경우에는 당해 벽높이의 20분의 1이상, 블록인 경우에는 당해 벽높이의 16분의 1이상으로 하여야 한다.

건축물의 높이		5미터 미만		5미터 이상 11미터 미만		11미터 이상	
벽의 길이		8미터 미만	8미터 이상	8미터 미만	8미터 이상	8미터 미만	8미터 이상
층별 두께	1층	150밀리미터	190밀리미터	190밀리미터	190밀리미터	190밀리미터	290밀리미터
	2층	–	–	190밀리미터	190밀리미터	190밀리미터	190밀리미터

③ 제2항의 규정을 적용함에 있어서 그 조적재가 돌이거나, 돌과 벽돌 또는 블록 등을 병용하는 경우에는 내력벽의 두께는 제2항의 두께에 10분의 2를 가산한 두께 이상으로 하되, 당해 벽높이의 15분의 1이상으로 하여야 한다.

④ 조적식구조인 내력벽으로 둘러싸인 부분의 바닥면적이 60제곱미터를 넘는 경우에는 그 내력벽의 두께는 각각 다음 표의 두께 이상으로 하되, 조적식구조의 재료별 내력벽 두께에 관하여는 제2항 및 제3항의 규정을 준용한다.

건축물의 층수		1층	2층
층별 두께	1층	190밀리미터	290밀리미터
	2층	–	190밀리미터

⑤ 토압을 받는 내력벽은 조적식구조로 하여서는 아니된다. 다만, 토압을 받는 부분의 높이가 2.5미터를 넘지 아니하는 경우에는 조적식구조인 벽돌구조로 할 수 있다.

⑥ 제5항 단서의 경우 토압을 받는 부분의 높이가 1.2미터 이상인 때에는 그 내력벽의 두께는 그 바로 윗층의 벽의 두께에 100밀리미터를 가산한 두께 이상으로 하여야 한다.

⑦ 조적식구조인 내력벽을 이중벽으로 하는 경우에는 제1항 내지 제6항의 규정은 당해 이중벽중 하나의 내력벽에 대하여 적용한다. 다만, 건축물의 최상층(1층인 건축물의 경우에는 1층을 말한다)에 위치하고 그 높이가 3미터를 넘지 아니하는 이중벽인 내력벽으로서 그 각벽 상호간에 가로·세로 각각 400밀리미터 이내의 간격으로 보강한 내력벽에 있어서는 그 각벽의 두께의 합계를 당해 내력벽의 두께로 본다.

제33조【경계벽 등의 두께】

① 조적식구조인 경계벽(내력벽이 아닌 그 밖의 벽을 포함한다. 이하 이 절에서 같다)의 두께는 90밀리미터 이상으로 하여야 한다. <개정 2014. 11. 28.>

② 조적식구조인 경계벽의 바로 윗층에 조적식구조인 경계벽이나 주요 구조물을 설치하는 경우에는 해당 경계벽의 두께는 190밀리미터 이상으로 하여야 한다. 다만, 제34조의 규정에 의한 테두리보를 설치하는 경우에는 그러하지 아니하다. <개정 2014. 11. 28.>

③ 제32조의 규정은 조적식구조인 경계벽의 두께에 관하여 이를 준용한다. <개정 2014. 11. 28.>

[제목개정 2014. 11. 28.]

제34조【테두리보】

건축물의 각층의 조적식구조인 내력벽 위에는 그 춤이 벽두께의 1.5배 이상인 철골구조 또는 철근콘크리트구조의 테두리보를 설치하여야 한다. 다만, 1층인 건축물로서 벽두께가 벽의 높이의 16분의 1이상이거나 벽길이가 5미터 이하인 경우에는 목조의 테두리보를 설치할 수 있다.

제35조【개구부】

① 조적식구조인 벽에 있는 창·출입구 그 밖의 개구부(開口部)의 구조는 다음 각호의 기준에 의한다.

1. 각층의 대린벽으로 구획된 각 벽에 있어서 개구부의 폭의 합계는 그 벽의 길이의 2분의 1이하로 하여야 한다.
2. 하나의 층에 있어서의 개구부와 그 바로 윗층에 있는 개구부와의 수직거리는 600밀리미터 이상으로 하여야 한다. 같은 층의 벽에 상하의 개구부가 분리되어 있는 경우 그 개구부 사이의 거리도 또한 같다.

② 조적식구조인 벽에 설치하는 개구부에 있어서는 각층마다 그 개구부 상호간 또는 개구부와 대린벽의 중심과의 수평거리는 그 벽의 두께의 2배 이상으로 하여야 한다. 다만, 개구부의 상부가 아치구조인 경우에는 그러하지 아니하다.

③ 폭이 1.8미터를 넘는 개구부의 상부에는 철근콘크리트구조의 윗 인방(引枋)을 설치하여야 한다.

④ 조적식구조인 내어민창 또는 내어쌓기창은 철골 또는 철근콘크리트로 보강하여야 한다.

제36조【벽의 홈】

조적식구조인 벽에 그 층의 높이의 4분의 3이상인 연속한 세로홈을 설치하는 경우에는 그 홈의 깊이는 벽의 두께의 3분의 1이하로 하고, 가로홈을 설치하는 경우에는 그 홈의 깊이는 벽의 두께의 3분의 1이하로 하되, 길이는 3미터 이하로 하여야 한다.

제37조【목골조적식구조 또는 철골조적식구조인 벽】

목골조적식구조 또는 철골조적식구조인 벽의 조적식구조의 부분은 목골 또는 철골의 골조에 볼트·꺾쇠 그 밖의 철물로 고정시켜야 한다.

제38조【난간 및 난간벽】

난간 또는 난간벽을 설치하는 경우에는 철근 등으로 보강하되, 그 밑부분을 테두리보 또는 바닥판(최상층에 있어서는 옥상 바닥판을 포함한다. 이하 같다)에 정착시켜야 한다.

제39조【조적식구조인 담】
조적식구조인 담의 구조는 다음 각호의 기준에 의한다.
1. 높이는 3미터 이하로 할 것
2. 담의 두께는 190밀리미터 이상으로 할 것. 다만, 높이가 2미터 이하인 담에 있어서는 90밀리미터 이상으로 할 수 있다.
3. 담의 길이 2미터 이내마다 담의 벽면으로부터 그 부분의 담의 두께 이상 튀어나온 버팀벽을 설치하거나, 담의 길이 4미터 이내마다 담의 벽면으로부터 그 부분의 담의 두께의 1.5배 이상 튀어나온 버팀벽을 설치할 것. 다만, 각 부분의 담의 두께가 제2호의 규정에 의한 담의 두께의 1.5배 이상인 경우에는 그러하지 아니하다.

제40조【구조부재의 받침방법】
조적식구조인 구조부재는 목구조인 구조부분으로 받쳐서는 아니된다. <개정 2009. 12. 31.>
[제목개정 2009. 12. 31.]

제4절 보강블록구조

제41조【적용범위】
① 이 절의 규정은 보강블록구조의 건축물이나 보강블록구조와 철근콘크리트구조 그 밖의 구조를 병용하는 건축물의 보강블록구조인 부분에 이를 적용한다.
② 높이 4미터 이하이고, 연면적 20제곱미터 이하인 건축물에 대하여는 제42조 및 제45조의 규정에 한하여 이를 적용한다.

제42조【기초】
보강블록구조인 내력벽의 기초(최하층 바닥면 이하의 부분을 말한다)는 연속기초로 하되 그 중 기초판 부분은 철근콘크리트구조로 하여야 한다.

제43조【내력벽】
① 건축물의 각층에 있어서 건축물의 길이방향 또는 너비방향의 보강블록구조인 내력벽의 길이(대린벽의 경우에는 그 접합된 부분의 각 중심을 이은 선의 길이를 말한다. 이하 이 절에서 같다)는 각각 그 방향의 내력벽의 길이의 합계가 그 층의 바닥면적 1제곱미터에 대하여 0.15미터 이상이 되도록 하되, 그 내력벽으로 둘러쌓인 부분의 바닥면적은 80제곱미터를 넘을 수 없다.
② 보강블록구조인 내력벽의 두께(마감재료의 두께를 포함하지 아니한다. 이하 이절에서 같다)는 150밀리미터 이상으로 하되, 그 내력벽의 구조내력에 주요한 지점간의 수평거리의 50분의 1이상으로 하여야 한다.
③ 보강블록구조의 내력벽은 그 끝부분과 벽의 모서리부분에 12밀리미터 이상의 철근을 세로로 배치하고, 9밀리미터 이상의 철근을 가로 또는 세로 각각 800밀리미터 이내의 간격으로 배치하여야 한다.
④ 제3항의 규정에 의한 세로철근의 양단은 각각 그 철근지름의 40배 이상을 기초판 부분이나 테두리보 또는 바닥판에 정착시켜야 한다.

제44조【테두리보】
보강블록구조인 내력벽의 각층의 벽 위에는 춤이 벽두께의 1.5배 이상인 철근콘크리트구조의 테두리보를 설치하여야 한다. 다만, 최상층의 벽으로서 그 벽위에 철근콘크리트구조의 옥상바닥판이 있는 경우에는 그러하지 아니하다.

제45조【보강블록구조의 담】
보강블록구조인 담의 구조는 다음 각호의 기준에 의한다.
1. 담의 높이는 3미터 이하로 할 것
2. 담의 두께는 150밀리미터 이상으로 할 것. 다만, 높이가 2미터 이하인 담에 있어서는 90밀리미터 이상으로 할 수 있다.
3. 담의 내부에는 가로 또는 세로 각각 800밀리미터 이내의 간격으로 철근을 배치하고, 담의 끝 및 모서리부분에는 세로로 직경 9밀리미터 이상의 철근을 배치할 것

제46조【준용규정】
제35조제2항 내지 제4항, 제36조, 제38조 및 제40조의 규정은 보강블록구조의 건축물이나 보강블록구조와 그 밖의 구조를 병용하는 건축물의 경우 그 보강블록구조인 부분에 대하여 이를 준용한다.

제5절 콘크리트구조

제47조【적용범위】
① 이 절의 규정은 철근콘크리트구조의 건축물이나 철근콘크리트구조와 조적식구조 그 밖의 구조를 병용하는 건축물의 경우 그 철근콘크리트구조인 부분에 이를 적용한다.
② 높이가 4미터 이하이고 연면적이 30제곱미터 이하인 건축물이나 높이가 3미터 이하인 담에 대하여는 제49조 및 제51조의 규정에 한하여 이를 적용한다.

제48조【콘크리트의 배합】

① 철근콘크리트구조에 사용하는 콘크리트의 4주(週) 압축강도는 15메가파스칼(경량골재를 사용하는 경우에는 11메가파스칼) 이상이어야 한다.

② 콘크리트는 설계기준강도에 맞도록 골재 및 시멘트의 배합비와 물 및 시멘트의 배합비를 정하여 배합하여야 한다.

제49조【콘크리트의 양생】

콘크리트는 시공중 및 시공후 콘크리트의 압축강도가 5메가파스칼 이상일 때까지(콘크리트의 압축강도 시험을 실시하여 압축강도를 확인하지 아니할 경우 5일간) 콘크리트의 온도가 섭씨 2도 이상이 유지되도록 하고, 콘크리트의 응고 및 경화가 건조나 진동 등으로 인하여 영향을 받지 아니하도록 양생하여야 한다.

제50조【거푸집 및 받침기둥의 제거】

① 구조부재의 거푸집 및 받침기둥은 콘크리트의 자중 및 시공중에 받는 하중으로 인한 변형·균열 그 밖에 구조내력에 영향을 주지 아니할 정도로 응고 또는 경화될 때까지는 이를 제거하여서는 아니된다. <개정 2009. 12. 31.>

② 제1항의 규정에 의한 거푸집 및 받침기둥을 존치시켜야 할 기간은 당해 건축물의 부분 또는 위치, 시멘트의 종류, 콘크리트 양생의 방법 및 환경 그 밖의 조건 등을 고려하여 정한다.

제51조【철근을 덮는 두께】

철근을 덮는 콘크리트의 두께는 다음 각호의 기준에 의한다.

1. 흙에 접하거나 옥외의 공기에 직접 노출되는 콘크리트의 경우
   가. 직경 29밀리미터 이상의 철근 : 60밀리미터 이상
   나. 직경 16밀리미터 초과 29밀리미터 미만의 철근 : 50밀리미터 이상
   다. 직경 16밀리미터 이하의 철근 : 40밀리미터 이상
2. 옥외의 공기나 흙에 직접 접하지 않는 콘크리트의 경우
   가. 슬래브, 벽체, 장선 : 20밀리미터 이상
   나. 보, 기둥 : 40밀리미터 이상

제52조【보의 구조】

구조부재인 보는 복근(複筋)으로 배근하되, 주근(主筋)은 직경 12밀리미터 이상의 것을 사용하여야 한다. 다만, 늑근(肋筋)은 직경 6밀리미터 이상의 것을 사용하여야 하며, 그 배치간격은 보춤의 4분의 3 이하 또는 450밀리미터 이하이어야 한다. <개정 2009. 12. 31.>

제53조【콘크리트슬래브의 구조】

구조부재인 콘크리트슬래브(기성콘크리트제품인 것을 제외한다)의 구조는 다음 각호의 기준에 의한다. <개정 2009. 12. 31.>

1. 콘크리트슬래브의 두께는 80밀리미터 이상으로서 별표 9에 의하여 산정한 두께 이상이어야 한다.
2. 최대휨모멘트를 받는 부분에 있어서의 인장철근의 간격은 단변방향은 200밀리미터 이하로 하고 장변방향은 300밀리미터 이하로 하되, 슬래브의 두께의 3배 이하로 하여야 한다.

제54조【내력벽의 구조】

구조부재인 콘크리트벽체는 다음 각호의 기준에 적합하여야 한다. <개정 2009. 12. 31.>

1. 내력벽의 최소두께는 벽의 최상단에서 4.5미터까지는 150밀리미터 이상이어야 하며, 각 3미터 내려감에 따라 10밀리미터씩의 비율로 증가시켜야 한다. 다만, 두께가 120밀리미터 이상의 경우로서 구조계산에 의하여 안전하다고 확인된 경우에는 그러하지 아니하다.
2. 내력벽의 배근은 9밀리미터 이상의 것을 450밀리미터 이하의 간격으로 하고, 벽두께의 3배 이하이어야 한다. 이 경우 벽의 두께가 200밀리미터 이상일 때에는 벽 양면에 복근으로 하여야 한다.

제55조【무근콘크리트 구조】

무근(無根)콘크리트로 된 구조의 건축물이나 무근(無根)콘크리트로 된 구조와 조적식구조 그 밖의 구조를 병용하는 건축물의 무근(無根)콘크리트로 된 구조부분에 대하여는 제3절(제29조제1항 및 제30조제2항을 제외한다)의 규정과 제49조의 규정을 준용한다. <개정 2009. 12. 31.>

제4장 구조안전의 확인 <신설 2009. 12. 31.>

제56조【적용범위】

① 영 제32조제1항에 따른 각 단계별 구조안전(지진에 대한 구조안전을 포함한다)확인의 절차, 내용 및 방법은 제57조에서 제59조까지에 따른다. <개정 2014. 11. 28.>

② 영 제32조제2항제6호에서 "국토교통부령으로 정하는 건축물"이란 별표 11에 따른 중요도 특 또는 중요도 1에 해당하는 건축물을 말한다. <개정 2013. 3. 23., 2014. 11. 28., 2017. 10. 24.>

③ 영 제32조제2항제7호에서 "국가적 문화유산으로 보존할 가치가 있는 건축물로서 국토교통부령이 정하는 것"이란 국가적 문화유산으로 보존할 가치가 있는 박물관·기념관 그 밖에 이와 유사한 것으로서 연면적의 합계가 5천 제곱미터 이상인 건축물을 말한다. <개정 2013. 3. 23., 2014. 11. 28.>
[본조신설 2009. 12. 31.]

제57조【구조설계도서의 작성】
구조설계도서는 이 규칙에 적합하도록 작성하여야 하며 구조설계도서에 포함할 내용과 구조안전 확인의 기술적 기준은 「건축구조기준」 또는 「소규모건축구조기준」에서 정하는 바에 따른다. <개정 2017. 2. 3.>
[본조신설 2009. 12. 31.]

제58조【구조안전확인서 제출】
영 제32조제2항 각 호의 어느 하나에 해당하는 건축물로서 같은 조 제1항에 따라 구조안전의 확인(지진에 대한 구조안전을 포함한다)을 한 건축물에 대해서는 법 제21조에 따른 착공신고를 하는 경우에 다음 각 호의 구분에 따른 구조안전 및 내진설계 확인서를 작성하여 제출하여야 한다. <개정 2014. 11. 28., 2017. 2. 3.>
1. 6층 이상 건축물: 별지 제1호서식에 따른 구조안전 및 내진설계 확인서
2. 소규모건축물: 별지 제2호서식에 따른 구조안전 및 내진설계 확인서 또는 별지 제3호서식에 따른 구조안전 및 내진설계 확인서
3. 제1호 및 제2호 외의 건축물: 별지 제2호서식에 따른 구조안전 및 내진설계 확인서
[본조신설 2009. 12. 31.]

제59조【공사단계의 구조안전확인】
공사감리자는 건축물의 착공신고 또는 실제 착공일 전까지 구조부재와 관련된 상세시공도면이 적정하게 작성되었는지와 구조계산서 및 구조설계도서에 적합하게 작성되었는지에 대하여 검토하여 확인하여야 한다.
[본조신설 2009. 12. 31.]

제60조【건축물의 내진등급기준】
법 제48조의2제2항에 따른 건축물의 내진등급기준은 별표 12와 같다.
[본조신설 2014. 2. 7.]

제60조의2【건축물의 내진능력 산정 기준 및 공개 방법】
① 법 제48조의3제1항에 따른 내진능력(이하 "내진능력"이라 한다)의 산정 기준은 별표 13과 같다.
② 법 제48조의3제1항에 따른 건축물에 대하여 법 제22조에 따라 사용승인을 신청하는 자는 제1항에 따라 산정한 내진능력을 신청서에 적어 제출하여야 한다. 이 경우 별표 13 제2호나목의 방식으로 내진능력을 산정한 경우에는 건축구조기술사가 날인한 근거자료를 함께 제출하여야 한다.
③ 법 제48조의3제1항에 따른 내진능력의 공개는 내진능력을 건축물대장에 기재하는 방법으로 한다.
[본조신설 2017. 1. 20.]

제61조【건축구조기술사와의 협력】
영 제91조의3제1항제5호에 따라 건축물의 설계자가 해당 건축물에 대한 구조의 안전을 확인하는 경우 건축구조기술사의 협력을 받아야 하는 건축물은 별표 10에 따른 지진구역 I의 지역에 건축하는 건축물로서 별표 11에 따른 중요도가 특에 해당하는 건축물로 한다.
[전문개정 2015. 12. 21.]

부칙<제777호, 2020. 11. 9.>

제1조【시행일】
이 규칙은 공포한 날부터 시행한다.

서울특별시 건축조례

[시행 2021.1.7.] [서울특별시조례 제7859호, 2021.1.7., 일부개정]

제1장 총칙

제1조 【목적】
이 조례는 「건축법」, 같은 법 시행령, 같은 법 시행규칙 및 관계법령에서 조례로 정하도록 위임한 사항과 그 시행에 관하여 필요한 사항을 규정함을 목적으로 한다.
[전문개정 2009.11.11.]

제2조 【적용범위】
이 조례는 서울특별시(이하 "시"라 한다) 행정구역 안의 건축물 및 그 대지에 대하여 적용한다.
[전문개정 2009.11.11.]

제3조 【적용의 완화】
① 「건축법 시행령」(이하 "영"이라 한다) 제6조제1항제4호에서 "건축조례로 정하는 지역"이란 다음 각 호의 지역 중에서 서울특별시장(이하 "시장"이라 한다)이 지정·공고한 구역을 말한다. <개정 2010.7.15, 2015.10.8., 2016.5.19., 2017.9.21., 2018.1.4, 2018.7.19, 2018.10.4, 2019.3.28, 2020.12.31>
  1. 「서울특별시 한양도성 역사도심 특별 지원에 관한 조례」 제2조제1호에 따른 한양도성 역사도심 내 지구단위계획구역으로서 한옥 등 건축자산, 옛길, 옛 물길 등 역사·문화자원의 보전을 목적으로 지정한 지역
  2. 「서울특별시 한옥 등 건축자산의 진흥에 관한 조례」 제15조제1항에 따른 한옥밀집지역
  3. 「서울특별시 도시계획 조례」 제8조의2제1호에 따른 역사문화특화경관지구
  4. 「도시 및 주거환경정비법」 제16조에 따라 지정·고시된 재개발사업을 위한 정비구역 중 「서울특별시 도시 및 주거환경정비 조례」 제8조제1항 제8호에 따라 옛길, 옛 물길 등 역사·문화자원의 보전을 위해 수복형(소단위 맞춤형) 사업이 적용되는 지역
② 「건축법」(이하 "법"이라 한다) 제5조제1항 및 영 제6조제1항에 따라 대지 또는 건축물(이하 "대지 등"이라 한다)에 대하여 법·영·「건축법 시행규칙」(이하 "규칙"이라 한다) 또는 이 조례의 기준을 완화하여 적용할 것을 요청하고자 하는 자는 별지 제1호서식의 적용의 완화요청서에 설계도면 등 관계도서를 첨부하여 허가권자[해당 건축물에 대한 허가권을 가지는 시장 또는 자치구청장(이하 "구청장"이라 한다)을 말한다. 이하 같다]에게 제출하여야 한다. <개정 2016.5.19, 2018.7.19>
③ 제2항에 따른 요청을 받은 허가권자는 법 제5조제2항에 따라 해당 건축위원회의 심의를 거쳐 완화여부 및 적용범위를 결정하고, 그 결과를 요청일부터 30일 이내에 신청인에게 통지하여야 한다. 다만, 해당 건축위원회의 심의결과 서류보완이나, 재검토 등이 필요한 것으로 심의된 경우에는 서류 보완접수일 또는 재검토 요청일부터 30일 이내에 최종 결과를 통지하여야 한다. <개정 2016.5.19, 2018.7.19>
④ 제3항에 따라 허가권자가 해당 건축위원회의 심의를 거쳐 완화여부 및 적용범위를 결정하는 경우 다음 각 호의 사항을 고려하고 완화가 필요하다고 인정하는 최소한의 범위에서 하여야 한다. <개정 2016.5.19, 2018.7.19>
  1. 해당 대지 등에 법·영·규칙 또는 이 조례(이하 "법령등"이라 한다)의 적용이 적용하기가 불합리하게 된 사유가 대지 등의 소유자나 관계인의 자의에 따른 경우가 아니어야 함
  2. 관계법령·제도 등의 변경이나 대지 등의 특수한 물리적 조건 등으로 인하여 법령등의 관계규정을 적용하기가 불합리하게 된 경우이어야 함
⑤ 규칙 제2조의5제1호에 따른 증축 규모는 다음 각 호의 사항을 고려하여야 하며, 증축하고자 하는 부분에 불법 건축물이 포함되어 있어 이를 추인하는 경우에도 적용한다. <신설 2011.10.27, 2016.5.19>
  1. 건축물 외관 계획 : 기존건축물 보전, 옥상환경 개선, 간판 정비 등에 관한 사항
  2. 구조 보강 계획
  3. 에너지 절약 계획
  4. 골목길 조성 등 시와 자치구 정책에 관한 계획
⑥ 영 제6조제2항제3호나목에 따라 완화하는 비율은 100분의 120 이하로 한다. <신설 2013.5.16, 2018.7.19>
⑦ 영 제6조제2항제5호나목에 따라 적용되는 용적률은 해당지역에 적용되는 용적률의 100분의 120 이하의 범위에서 주민공동시설 면적에 해당하는 용적률을 가산한 용적률로 한다. 다만, 허가권자가 필요하다고 인정하는 주민공동시설을 설치하는 경우로 한정한다. <신설 2013.5.16, 2016.5.19, 2018.7.19>
⑧ 제7항에 따라 허가권자가 필요하다고 인정하는 주민공동시설은 다음 각 호의 어느 하나에 해당하는 것을 말한다. <신설 2016.5.19>
  1. 보육시설, 경로당 등 노약자 등을 위한 시설
  2. 도서실, 교육시설 등 청소년과 인근지역 커뮤니티 활성화를 위한 시설
[전문개정 2009.11.11.]

제4조【기존의 건축물 등에 대한 특례】
허가권자는 법 제6조, 영 제6조의2 및 제14조제6항에 따라 법령등의 제정·개정이나 영 제6조의2제1항 각 호의 사유로 인하여 법령등에 적합하지 아니하게 된 기존의 건축물 및 대지에 대하여 다음 각 호의 기준에 따라 건축(재축·증축·개축으로 한정한다) 또는 용도변경을 허가하거나 신고수리 할 수 있다 <개정 2012.11.1, 2013.5.16, 2016.5.19, 2018.1.4, 2018.7.19>

1. 기존 건축물을 재축하는 경우
2. 증축하거나 개축하려는 부분이 법령등에 적합한 경우
3. 기존 건축물의 대지가 도시계획시설의 설치 또는 「도로법」에 따른 도로의 설치로 법 제57조에 따라 이 조례 제29조 각 호에서 정하는 면적에 미달되는 경우로서 그 기존 건축물을 연면적 합계의 범위에서 증축하거나 개축하는 경우
4. 기존 건축물이 도시계획시설 또는 「도로법」에 따른 도로의 설치로 법 제55조 또는 제56조에 부적합하게 된 경우로서 화장실·계단·승강기의 설치 등 그 건축물의 기능을 유지하기 위하여 그 기존 건축물의 연면적 합계의 범위에서 증축하는 경우
5. 2007년 5월 29일 전에 건축된 기존 건축물의 건축선 및 인접 대지경계선으로부터의 거리가 법 제58조에 따라 이 조례 제30조 관련 별표 4 대지안의 공지(空地: 공터)기준에서 정하는 거리에 미달되는 경우로서 그 기존 건축물을 건축 당시의 법령에 위반하지 아니하는 범위에서 증축하는 경우
6. 용도변경 하고자 하는 용도 및 시설기준 등이 관련 법령 등의 규정에 적합할 것. 다만, 2007년 5월 29일 전에 건축된 기존 건축물의 건축선 및 인접 대지경계선으로부터의 거리가 제30조에서 정한 거리의 기준에 미달하는 경우에는 제30조를 적용하지 않을 수 있다.
7. 기존 한옥을 한옥으로 개축하는 경우

[전문개정 2009.11.11.]

제2장 건축위원회

제5조【구성】
① 영 제5조의5제1항에 따라 시에 두는 건축위원회(이하 "시 위원회"라 한다)는 다음 각 호와 같이 구성한다. <개정 2011.7.28, 2011.12.29, 2012.11.1, 2013.5.16, 2014.12.11, 2015.10.8, 2016.5.19, 2018.7.19>
1. 위원장 및 부위원장 각 1명을 포함하여 25명 이상 150명 이내의 위원으로 성별을 고려하여 구성한다. 다만, 영 제5조의5제1항제7호에 따라 심의를 하는 경우에는 해당 분야의 전문가가 그 심의에 위원으로 참석하는 심의위원 수의 4분의 1 이상이 되게 하여야 한다. 이 경우 필요하면 해당 심의에만 위원으로 참석하는 관계 전문가를 임명하거나 위촉할 수 있다.
2. 시 위원회의 위원은 영 제5조의5제4항에 따라 시장이 임명하거나 위촉한다.
3. 시 위원회의 위원장 및 부위원장은 제2호에 따라 임명 또는 위촉된 위원 중에서 시장이 임명하거나 위촉한다.
4. 공무원이 아닌 위원의 임기는 2년으로 하되, 한 차례만 연임할 수 있다.
5. 공무원을 위원으로 임명하는 경우에는 그 수를 전체 위원 수의 4분의 1 이하로 한다.
6. 공무원이 아닌 위원은 건축 관련학회 및 협회 등 관련단체나 기관의 추천 또는 공모절차를 거쳐 위촉한다.

② 영 제5조의5제1항에 따라 서울특별시 자치구에 두는 건축위원회(이하 "구 위원회"라 한다)는 다음 각 호와 같이 구성한다. <개정 2012.11.1, 2013.5.16, 2015.10.8, 2016.5.19, 2018.7.19>
1. 위원장 및 부위원장 각 1명을 포함하여 25명 이상 60명 이내의 위원으로 성별을 고려하여 구성한다. 다만, 영 제5조의5제1항제7호에 따라 심의를 하는 경우에는 해당 분야의 전문가가 그 심의에 위원으로 참석하는 심의위원 수의 4분의 1 이상이 되게 하여야 한다. 이 경우 필요하면 해당 심의에만 위원으로 참석하는 관계 전문가를 임명하거나 위촉할 수 있다.
2. 구 위원회의 위원은 영 제5조의5제4항에 따라 구청장이 임명하거나 위촉한다.
3. 구 위원회의 위원장 및 부위원장은 제2호에 따라 임명 또는 위촉된 위원 중에서 구청장이 임명하거나 위촉한다.
4. 공무원이 아닌 위원의 임기는 2년으로 하되, 한 차례만 연임할 수 있다.
5. 공무원을 위원으로 임명하는 경우에는 그 수를 전체 위원 수의 4분의 1 이하로 한다.
6. 공무원이 아닌 위원은 건축 관련학회 및 협회 등 관련단체나 기관의 추천 또는 공모절차를 거쳐 위촉한다.

[전문개정 2009.11.11.]

제5조의2【위원의 제척·기피·회피】
① 제5조에 따른 시 위원회와 구 위원회(이하 "위원회"라 한다) 위원이 다음 각 호의 어느 하나에 해당하는 경우에는 위원회의 심의·의결에서 제척된다. <개정 2015.10.8, 2016.5.19>
1. 위원 또는 그 배우자나 배우자이었던 사람이 해당 안건의 당사자(당사자가 법인·단체 등인 경우에는 그 임원을 포함한다. 이하 이 호 및 제2호에서 같다)가 되거나 그 안건의 당사자와 공동권리자 또는 공동의무자인 경우
2. 위원이 해당 안건의 당사자와 친족이거나 친족이었던 경우
3. 위원이 해당 안건에 대하여 자문, 연구, 용역(하도급을 포함한다), 감정 또는 조사를 한 경우
4. 위원이나 위원이 속한 법인·단체 등이 해당 안건의 당사자의 대리인이거나 대리인이었던 경우
5. 위원이 임원 또는 직원으로 재직하고 있거나 최근 3년 내에 재직하였던 기업 등이 해당 안건에 관하여 자문, 연구, 용역(하도급을 포함한다),

감정 또는 조사를 한 경우
② 해당 안건의 당사자는 위원에게 공정한 심의·의결을 기대하기 어려운 사정이 있는 경우에는 위원회에 기피 신청을 할 수 있고, 위원회는 의결로 이를 결정한다. 이 경우 기피 신청의 대상인 위원은 그 의결에 참여하지 못한다. <신설 2015.10.8>
③ 위원이 제1항 각 호에 따른 제척 사유에 해당하는 경우에는 스스로 해당 안건의 심의·의결에서 회피(回避)하여야 한다. <신설 2015.10.8>
[본조신설 2013.5.16]
[제목개정 2015.10.8.]

제5조의3【위원의 해임·해촉】
시장 또는 구청장은 해당 건축위원회의 위원이 다음 각 호의 어느 하나에 해당하는 경우에는 해당 위원을 해임하거나 해촉할 수 있다. <개정 2016.5.19, 2018.7.19, 2019.7.18>
1. 장기간의 심신쇠약으로 직무를 수행하기가 극히 곤란하거나 불가능하게 된 경우
2. 직무태만, 품위손상이나 그 밖의 사유로 인하여 위원으로 적합하지 아니하다고 인정되는 경우
3. 제5조의2제1항 각 호의 어느 하나에 해당하는 데에도 불구하고 회피하지 아니한 경우
[본조신설 2015.10.8]
[제목개정 2016.5.19, 2019.7.18]

제6조【소위원회】
① 위원회는 위원회의 심의를 효율적으로 수행하기 위하여 필요한 경우에는 소위원회를 설치·운영하여 자문할 수 있다.
② 소위원회는 5명 이상의 위원으로 구성하며, 위원장은 위원 중에서 호선한다.
③ 삭제 <2015.10.8>
④ 제7조부터 제14조까지의 규정은 소위원회의 회의 및 운영에 관하여 이를 준용한다.
[전문개정 2009.11.11.]

제6조의2【전문위원회】
① 위원회는 위원회의 심의를 효율적으로 수행하기 위하여 필요한 경우에는 법 제4조제2항 및 영 제5조의6에 따라 건축민원전문위원회와 건축계획·건축구조·건축설비 등 분야별 전문위원회(이하 "전문위원회"라 한다)를 둘 수 있다. <개정 2018.7.19>
② 전문위원회는 시 위원회의 경우 시 위원회의 위원, 구 위원회의 경우 구 위원회의 위원 중에서 5명 이상으로 구성하고, 전문위원회의 위원장은 전문위원회 위원 중에서 호선한다. <개정 2018.7.19>
③ 위원회의 심의로 갈음하기로 하여 전문위원회의 심의를 거친 경우에는 위원회의 심의를 거친 것으로 본다.
[본조신설 2015.10.8.]

제6조의3【건축민원전문위원회 구성 등】
① 법 제4조의4에 따른 건축민원전문위원회는 위원장 1명을 포함하여 10명 이내로 구성한다. <개정 2016.5.19>
② 건축민원전문위원회의 위원은 건축이나 법률에 관한 학식과 경험이 풍부한 사람으로서 다음 각 호의 어느 하나에 해당하는 사람 중에서 시장(시 건축민원전문위원회) 및 구청장(자치구 건축민원전문위원회)이 성별을 고려하여 임명 또는 위촉한다. 다만, 공무원을 위원으로 임명하는 경우에는 그 수를 전체 위원 수의 4분의 1 이하로 한다. <개정 2106.5.19., 2017.1.5, 2018.7.19>
1. 5급 이상 공무원으로 재직 중인 사람
2. 「고등교육법」에 따른 대학에서 건축이나 법률을 가르치는 조교수 이상의 직에 있는 사람
3. 판사, 검사 또는 변호사의 직에 재직 중인 사람
4. 「건축사법」에 따라 건축사사무소 개설신고를 하고 건축사로 종사 중인 사람
5. 「국가기술자격법」에 따른 건축분야 기술사로 종사 중인 사람
6. 건설공사나 건설업에 대한 학식과 경험이 풍부한 사람으로서 그 분야에 7년 이상 종사한 사람
③ 위원장은 건축민원전문위원회를 대표하며 사무를 총괄한다. <개정 2018.7.19>
④ 공무원이 아닌 위원의 임기는 2년으로 하되, 한 차례만 연임할 수 있다.
⑤ 삭제 <2018.7.19>
[본조신설 2015.10.8.]

제6조의4【건축민원전문위원회 회의운영】
① 건축민원전문위원회의 회의는 법 제4조의5제1항에 따른 신청이 있는 경우 건축민원전문위원회 위원장이 회의를 소집하고 그 의장이 된다. <개정 2018.7.19>
② 건축민원전문위원회 위원장이 회의를 소집하고자 하는 때에는 회의개최 5일 전까지 회의의 일시, 장소 및 안건을 각 위원에게 서면으로 통지하여야 한다. 다만, 긴급한 때에는 그러하지 아니하다. <개정 2016.5.19, 2018.7.19>
③ 회의는 재적 위원 과반수의 출석으로 개의하고 출석 위원 과반수의 찬성으로 의결한다. <개정 2016.5.19>
④ 신청인이 공동의 이해관계가 있는 다수인인 경우에 건축민원전문위원회 위원장은 당사자 중에서 대표자 선정을 권고할 수 있다. <개정

2018.7.19>
⑤ 그 밖에 건축민원전문위원회의 운영에 관하여 필요한 사항은 위원회의 관련 규정을 준용한다. <개정 2018.7.19>
[본조신설 2015.10.8.]

제7조【기능 및 절차 등】
① 영 제5조의5제1항에 따른 위원회의 심의사항은 다음 각 호와 같이 구분한다. <개정 2010.1.7., 2010.7.15., 2011.10.27., 2012.11.1., 2013.5.16., 2015.7.30., 2015.10.8., 2016.5.19., 2016.9.29., 2017.9.21, 2018.7.19, 2018.10.4, 2019.7.18, 2020.3.26.>
1. 시 위원회 심의사항
가. 「서울특별시 건축 조례」의 제정·개정에 관한 사항
나. 법 제5조에 따른 건축법령의 적용 완화 여부 및 적용 범위에 관한 사항(허가권자가 시장인 경우를 말한다)
다. 영 제5조의5제1항제8호에 따른 심의대상건축물은 다중이용건축물, 시가지·특화경관지구 내의 건축물, 분양을 목적으로 하는 건축물로 다음과 같다.
1) 연면적의 합계가 10만제곱미터 이상이거나 21층 이상 건축물의 건축에 관한 사항
2) 시 또는 시가 설립한 공사가 시행하는 건축물의 건축에 관한 사항
3) 다중이용건축물 및 특수구조건축물의 구조안전에 관한 사항으로 1), 2) 중 어느 하나에 해당하는 경우
라. 「도시 및 주거환경정비법」 제54조제3항제7호에 따라 법적상한용적률을 확정하기 위한 건축물의 건축에 관한 사항
마. 삭제 <2015. 10. 8.>
바. 법 제72조제1항 및 제2항에 따라 건축위원회 심의를 신청하는 건축물의 특별건축구역의 지정 목적에 적합한지 여부와 특례적용계획서 등에 대한 사항(한옥을 건축하는 경우를 제외한다)
사. 다목에 따른 건축물 중 다음의 어느 하나에 해당하는 사항
1) 깊이 10미터 이상 또는 지하 2층 이상 굴착공사, 높이 5미터 이상 옹벽을 설치하는 공사의 설계에 관한 사항
2) 굴착영향 범위 내 석축·옹벽 등이 위치하는 지하 2층 미만 굴착공사로서 석축·옹벽 등의 높이와 굴착 깊이의 합이 10미터 이상인 공사의 설계에 관한 사항
3) 굴착 깊이의 2배 범위 내(경사지의 경우 수평투영거리) 노후건축물(RC조 등의 경우 30년경과, 조적조 등의 경우 20년 경과된 건축물)이 있거나 높이 2미터 이상 옹벽·석축이 있는 공사의 설계에 관한 사항
4) 그 밖에 토질상태, 지하수위, 굴착계획 등 해당 대지의 현장여건에 따라 허가권자가 굴토 심의가 필요하다고 판단하는 공사의 설계에 관한 사항
아. 영 제6조제1항제6호에 따른 리모델링 활성화 구역 지정에 관한 자문
자. 그 밖의 법령에 따른 심의대상 및 시장이 위원회의 자문이 필요하다고 인정하여 회의에 부치는 사항
2. 구 위원회 심의사항
가. 법 제46조제2항에 따른 건축선의 지정에 관한 사항
나. 법 제5조에 따른 건축법령의 적용 완화 여부 및 적용 범위에 관한 사항(허가권자가 구청장인 경우를 말한다)
다. 영 제5조의5제1항제4호, 제6호 및 시가지·특화경관지구 내의 건축물(다만, 시가지·특화경관지구 내의 이면도로에 접하는 건축물로서 허가권자가 미관에 영향이 없다고 판단되는 건축물은 제외한다)로서 제1호다목 및 라목에 해당되지 아니하는 건축에 관한 사항. 다만, 분양대상건축물의 경우에는 다음과 같은 건축물의 건축을 대상으로 한다.
1) 건축물의 연면적 합계 3천제곱미터 이상
2) 공동주택 20세대[도시형생활주택(원룸형) 30세대] 이상
3) 오피스텔 20실 이상
라. 제1항제1호다목이 아닌 건축물 중 제1항제1호사목 1)부터 4)까지에 관한 사항
마. 지상 5층 또는 높이 13미터 이상이거나 지하 2층 또는 깊이 5미터 이상인 기존 건축물의 철거에 관한 사항(다만, 제1항제1호다목 및 사목에 따른 심의 시 기존 건축물의 철거에 관한 심의를 포함하여 받은 경우와 「도시 및 주거환경정비법」에 따른 정비사업을 위한 구역 내 기존 건축물의 철거에 관한 사항은 제외)
바. 영 제6조제1항제6호에 따른 리모델링 활성화 구역 지정에 관한 자문
사. 그 밖의 법령에 따른 심의대상 및 구청장이 위원회의 자문이 필요하다고 인정하여 회의에 부치는 사항
② 제1항에 따라 위원회의 심의를 거친 건축물(기존 건축물을 포함한다)로서 다음 각 호의 어느 하나에 해당하는 경우에는 건축위원회 심의를 생략할 수 있다. 다만, 당초 위원회가 심의한 지적사항 또는 심의조건의 변경을 수반하는 경우에는 그러하지 아니하다. <개정 2011.10.27, 2012.11.1, 2013.5.16, 2016.5.19, 2018.1.4, 2018.7.19>
1. 영 제5조제2항에 해당하는 경우
2. 건축물의 창호 또는 난간 등의 변경
3. 공개 공지(空地: 공터) · 조경 등 법령에서 확보하도록 한 시설물의 10분의 1 이내로 면적이 증감하는 경우 또는 1미터 미만으로 위치를 변경하는 경우
4. 건축물의 코어 위치를 2미터 미만 변경하거나 주요동선 위치를 10미터 미만으로 변경하는 경우
5. 삭제 <2012.11.1>
6. 삭제 <2011.10.27>
7. 삭제 <2011.10.27>

8. 삭제 <2011.10.27>

③ 제1항에 따른 건축물을 건축하고자 하는 자는 법 제11조에 따른 건축허가를 신청하기 전에 별지 제2호서식에 따라 위원회에 심의를 신청할 수 있다. 다만, 토지소유자가 아닌 자(「도시 및 주거환경정비법」에 따른 정비사업의 시행자와 토지등소유자 방식으로서 사업시행계획인가 신청 동의요건을 갖춘 경우를 제외하며, 동의방법은 같은 법 제36조의 규정을 준용한다)가 신청하는 경우에는 토지면적 3분의 2 이상에 해당하는 토지소유자의 동의서를 제출하여야 한다. <개정 2018.7.19., 2021.1.7.>

④ 구청장은 제1항제1호다목 및 라목에 따른 시 위원회 심의대상 건축물에 대하여 심의를 요청하는 경우에는 의견을 첨부하여 제출할 수 있다. <개정 2018.7.19>

⑤ 제1항부터 제4항까지에서 규정하지 아니한 사항에 대한 위원회의 건축계획 심의에 대하여 필요한 사항은 규칙으로 정한다.

[전문개정 2009.11.11.]

제8조【위원장의 직무】

① 위원장은 위원회의 직무를 총괄하며, 위원회를 대표한다. <개정 2018.7.19>

② 부위원장은 위원장을 보좌하며, 위원장이 그 직무를 수행할 수 없을 때에는 이를 대행한다.

[전문개정 2009.11.11.]

제9조【회의 등】

① 위원회의 위원장은 위원회의 회의를 소집하고 그 의장이 된다.

② 위원회 회의는 위원장과 위원장이 부위원장과 협의하여 매 회의마다 지정하는 9명 이상 21명 이하의 위원으로 구성하되, 그 구성원 과반수의 출석으로 개의하고, 출석위원 과반수의 찬성으로 의결한다. <개정 2010.7.15, 2011.5.26, 2012.3.15>

③ 삭제 <2015.10.8>

④ 삭제 <2015.10.8>

⑤ 삭제 <2015.10.8>

⑥ 위원장은 회의 개최 10일 전까지 회의 안건과 심의에 참여할 위원을 확정하고, 회의 개최 7일 전까지 회의에 부치는 안건을 각 위원에게 알려야 한다. 다만, 대외적으로 기밀 유지가 필요한 사항이나 그 밖에 부득이한 사유가 있는 경우는 그러하지 아니하다. <신설 2013.5.16>

⑦ 위원장은 제6항에 따라 심의에 참여할 위원을 확정하면 심의 등을 신청한 자에게 위원 명단을 알려야 한다. <신설 2013.5.16>

⑧ 제7조제1항 각 호의 심의사항 중 법 제11조에 따른 건축물의 건축 등에 관한 사항은 심의 접수일로부터 30일 이내에 위원회를 개최하여야 한다. <신설 2013.5.16>

[전문개정 2009.11.11.]

제10조【회의록 등의 비치】

① 위원회는 회의록 또는 심의의결서를 작성·비치하여야 한다.

② 위원회는 속기사로 하여금 회의록을 작성하게 할 수 있다.

③ 위원회의 사무를 처리하기 위하여 간사를 두되, 간사는 소속 직원 중에서 위원장이 지명하는 사람이 된다. <개정 2018.7.19>

[전문개정 2009.11.11.]

제11조【비밀준수】

위원회의 위원, 그 밖에 위원회의 업무에 관여한 자는 그 업무수행상 알게 된 비밀을 누설하여서는 아니 된다.

[전문개정 2009.11.11.]

제12조【자료제출의 요구 등】

① 위원회는 필요하다고 인정하는 때에는 현지방문 또는 관계공무원, 관계전문가, 설계자, 시공자 등을 위원회에 출석시켜 발언하게 하거나 관계기관, 단체 등에 대하여 자료의 제출을 요구할 수 있다.

② 건축주·설계자 및 심의 등을 신청한 자가 희망하는 경우에는 회의에 참여하여 해당 안건 등에 대하여 설명할 수 있도록 한다. <신설 2013.5.16>

[전문개정 2009.11.11.]

제13조【수당】

위원회에 출석하는 위원에 대하여는 예산의 범위에서 수당 또는 여비 등의 실비를 지급할 수 있다. 다만, 공무원인 위원이 그 직무와 직접 관련하여 출석하는 경우에는 그러하지 아니하다. <개정 2018.7.19>

[전문개정 2009.11.11.]

제14조【운영규정】

위원회의 회의 및 운영에 관하여 이 조례에서 규정하지 아니한 사항은 위원회의 의결을 거쳐 위원장이 정할 수 있다.

[전문개정 2009.11.11.]

제3장 건축물의 건축

제15조 【건축허가 등의 수수료】
법 제17조제2항 및 규칙 제10조제1항에 따른 수수료는 별표 2와 같다. 다만, 재해복구를 위하여 건축물을 건축 또는 대수선하고자 하는 경우에는 수수료를 징수하지 아니한다. <개정 2012.11.1, 2016.5.19>
[전문개정 2009.11.11.]

제16조 【건축 공사현장 안전관리 예치금 등】
① 법 제13조제2항에서 "지방자치단체의 조례로 정하는 건축물"이란 연면적이 1천제곱미터 이상인 건축물(국가 또는 지방자치단체가 건축하는 건축물 제외)을 말한다. 단, 증축의 경우에는 증축되는 부분의 연면적이 1천제곱미터 이상인 경우로 한정한다. <개정 2015.10.8, 2018.7.19>
② 제1항에 따른 건축물은 법 제13조제2항에 따른 예치금(이하 "예치금"이라 한다)을 예치하여야 하며, 예치금의 산정은 다음 각 호의 어느 하나에 해당하는 금액으로 한다. 이 경우 "건축공사비"라 함은「수도권정비계획법」제14조제2항에 따라 국토교통부장관이 고시하는 표준건축비에 연면적을 곱하여 산정한 금액을 말한다. <개정 2015.10.8, 2018.7.19>
1. 연면적 1만제곱미터 이하 : 건축공사비의 1퍼센트에 해당하는 금액
2. 연면적 1만제곱미터 초과 3만제곱미터 이하 : 제1호에 따라 산정한 금액(연면적 1만제곱미터 이하 부분으로 한정한다) + 건축공사비(연면적 1만제곱미터 초과 부분으로 한정한다)의 0.5퍼센트에 해당하는 금액
3. 연면적 3만제곱미터 초과 : 제2호에 따라 산정한 금액(연면적 3만제곱미터 이하 부분으로 한정한다) + 건축공사비(연면적 3만제곱미터 초과 부분으로 한정한다)의 0.3퍼센트에 해당하는 금액
③ 예치금은 현금으로 예치하거나 영 제10조의2제1항 각 호에 해당하는 보증서로 갈음할 수 있다. <개정 2015.10.8>
④ 제3항에 따라 보증서로 예치금을 예치하는 경우 그 보증서의 보증기간은 건축공사기간에 다음 각 호의 어느 하나에 해당하는 기간을 가산한 기간으로 한다. <개정 2018.7.19>
1. 연면적 1만제곱미터 이하: 6개월 이상 8개월 미만
2. 연면적 1만제곱미터 초과 3만제곱미터 이하: 8개월 이상 10개월 미만
3. 연면적 3만제곱미터 초과: 10개월 이상 12개월 이하
⑤ 규칙 제11조에 따라 건축주의 명의변경을 통해 지위를 승계받은 자(이하 이 항에서 "승계인"이라 한다)가 예치금에 관한 권리를 승계한 경우에는 승계인이 예치한 것으로 보며, 예치한 예치금의 양도·양수가 불가능하거나 예치금에 관한 권리를 승계하지 아니한 경우에는 승계인이 예치금을 예치하여야 한다.
⑥ 예치금은 착공신고 시 예치토록 한다. 다만, 착공신고 후 허가사항의 변경 등으로 연면적의 증감(연면적의 합계가 10분의 1 이하인 경우 제외)이 있는 경우에는 예치금을 재산정하여 제3항에 따라 예치한 예치금과의 차액을 추가로 예치 또는 반환토록 한다. 이 경우 건축공사비는 착공신고일을 기준으로 산정한다. <개정 2016.5.19, 2018.7.19>
⑦ 예치금은 법 제11조에 따른 건축허가를 하는 때에 그 개산액을 통보하여야 하며, 법 제22조에 따른 사용승인서를 교부하는 때에 법 제13조제3항에 따라 예치금(보증서를 포함한다)은 반환토록 한다. <개정 2015.10.8>
[전문개정 2009.11.11.]
[제목개정 2018.7.19]

제17조 【가설건축물】
① 법 제20조제1항에 따라 도시계획시설 또는 도시계획시설 예정지에 건축을 허가할 수 있는 가설건축물은 다음 각 호의 기준에 따른다. <개정 2018.7.19>
1. 철근콘크리트조 또는 철골철근콘크리트조가 아닐 것
2. 존치기간은 3년 이내일 것. 다만, 도시계획사업이 시행될 때까지 그 기간을 연장할 수 있다.
3. 3층 이하일 것
4. 전기·수도·가스 등 새로운 간선공급설비의 설치를 요하지 아니할 것
5. 공동주택·판매 및 영업시설 등으로서 분양을 목적으로 하는 건축물이 아닐 것
6.「국토의 계획 및 이용에 관한 법률」제64조에 적합할 것. 다만, 단계별 집행계획을 수립하여야 할 기간 안에 단계별 집행계획이 수립되지 아니한 경우에는 그러하지 아니하다.
② 제1항에 따른 가설건축물을 허가할 경우에는 도시계획사업의 지장유무에 대하여 사업 관련부서와 협의하여야 한다.
③ 영 제15조제5항제16호에서 "그 밖에 건축조례로 정하는 건축물"이란 다음 표에서 정하는 건축물로 한다. <개정 2010.4.22, 2012.11.1, 2015.10.8, 2016.5.19, 2016.7.14>

용도	구조	면적	기타
관리사무실 (주차장, 화원, 체육시설)	컬러알루미늄섀시	30제곱미터 이하	• 1층으로 한정 • 옥상설치 불가 • 독립적으로 설치한 것으로서 도시미관상 지장이 없는 것 • 공연장 매표소는 문화지구에 해당하고 공연장이 위치한 부지 경계선 내에 설치하는 것 • 생활폐기물 보관함을 설치하고자 하는 집합건물(공동주택 제외)은 '구분소유 300호' 이상, 「집합건물의 소유 및 관리에 관한 법률」에 따른 관리인이 선임된 경우로 한정
제품야적장	철골조립조	500제곱미터 이하	
기계보호시설	철골조립조	300제곱미터 이하	
공연장 매표소	목재 또는 알루미늄섀시	5제곱미터 이하	
생활폐기물 보관함	경량철골조	100제곱미터 이하	
차양시설 · 비가리개시설	제한 없음	제한 없음	• 시장 또는 구청장이 시장환경을 위하여 지정 · 공고한 기존 재래시장 및 「농수산물 유통 및 가격안정에 관한 법률」 제2조제2호에 따른 농수산물도매시장의 공지 또는 도로(점용허가를 받은 도로로 한정한다)에 설치하는 것

④ 영 제18조제2호에 따라 영 제15조제5항 각 호(제2호 및 제4호는 제외한다)의 어느 하나에 해당하는 가설건축물은 건축사가 아니라도 설계도서를 작성할 수 있다. <신설 2010.7.15, 2018.7.19>

[전문개정 2009.11.11.]

제18조【건축물의 사용승인】

법 제22조제2항 단서에 따라 사용승인을 위한 검사를 실시하지 아니하고 사용승인서를 교부할 수 있는 건축물은 연면적의 합계가 2천제곱미터를 초과하는 건축물로 한다. 다만, 허가권자가 사용승인을 위한 검사가 필요하다고 인정하는 경우에는 사용검사를 실시하고 사용승인서를 교부하여야 한다. <개정 2016.5.19>

[전문개정 2009.11.11.]

제18조의2【공사감리자의 모집 및 지정】

① 법 제25조제2항 및 영 제19조의2제2항에 따라 시장은 공사감리자 명부를 작성하기 위하여 구청장과 협의하여 다음 각 호에 따라 공사감리자를 공개모집하여야 한다. <개정 2017. 9. 21., 2020. 10. 5.>
1. 공사감리자 명부를 작성하기 위하여 연 1회 이상 정기적으로 공사감리자를 공개모집하여야 한다.
2. 공사감리자를 모집하고자 할 때에는 시 및 자치구의 인터넷 홈페이지, 세움터, 관련협회 등 해당 관할 공사감리자들이 널리 볼 수 있는 곳에 20일 이상 공고하여야 한다.
3. 공사감리자는 시에 소재지를 둔 영 제19조의2제2항 각 호의 구분에 따른 자로 한다.

② 제1항에 따라 시장은 공사감리자 신청 건축사 또는 건설기술용역사업자로부터 별지 제5호서식의 등록신청을 받으면 그 해당 공사감리자가 다음 각 호에 해당하고, 제6항의 등록취소 사유가 없는 경우에 한정하여 해당 건축사 또는 건설기술용역사업자를 별지 제6호서식의 공사감리자 등록명부에 직접 작성·관리하여야 하며, 이를 시 및 자치구의 인터넷 홈페이지 등을 통해 일반에 공개하여야 한다. 다만, 시장은 구청장과 협의하여 공사감리 업무량 및 건축사 분포 등을 고려하여 공사감리자 등록 명부를 작성·활용·관리·공개할 수 있으며, 권역의 설정 및 공사감리자 등록신청에 관한 기준은 시장이 제9항에 따른 대행기관의 의견을 들은 후 따로 정하여 고시한다. <개정 2018.7.19., 2020.10.5.>
1. 공사감리자 모집공고일 현재 업무정지나 휴업 중이 아닌 자
2. 공사감리자 모집공고일로부터 1년 이내 「건축사법」 제30조의3에 의한 업무정지 처분 이상의 행정처분 및 「건설기술 진흥법」 제31조에 의한 영업정지 처분 이상의 행정처분을 받지 않은 자
3. 제5항제4호부터 제6호의 경우로 공사감리자 모집공고일 현재 공사감리자 등록 취소 처분을 받은 날로 부터 2년 이상 경과한 자
4. 공사감리자 등록신청일을 기준으로 다른 건축공사장의 상주 공사감리자로 선임되지 아니한 자

③ 제2항에 따라 공사감리자 등록명부에 등재된 공사감리자는 다음 각 호의 사유로 감리업무를 수행할 수 없게 된 경우 별지 제8호서식의 공사감리자 지정 연기요청서를, 건축사사무소 개설사항 또는 건설기술용역사업자 등록에 변경이 생겼을 경우 변경사항을, 법 및 「건축사법」과 「건설기술 진흥법」 등 관계법령에 따른 업무정지 또는 영업정지 처분 이상의 행정처분을 받은 경우 처분결과를 변경·처분 등이 있는 날부터 7일 이내에 허가권자에게 제출하여야 한다. <개정 2018.7.19., 2020.10.5.>
1. 16일 이상 지병으로 인한 치료 또는 입원 시
2. 16일 이상 국내외 장기 출장 시
3. 등록명부에 등록된 건축사 또는 건설기술용역사업자가 상주 감리원으로 감리업무를 수행하게 된 경우
4. 그 밖에 부득이한 사유(증빙서류 제출)로 감리업무 수행이 불가능하게 되는 경우

④ 허가권자는 공사감리자로 등록한 건축사 또는 건설기술용역사업자가 다음 각 호에 해당할 경우 공사감리자 등록명부를 관리하는 시장에게 변경사항을 즉시 통보하여야 한다. <개정 2018.7.19., 2020.10.5.>
1. 제3항에 따라 공사감리자 지정 연기요청서를 제출받은 경우
2. 제3항에 따라 공사감리자 변경신고를 받은 경우
3. 제3항에 따라 업무정지 또는 영업정지 처분 이상의 행정처분을 받은 경우
4. 그 밖에 부득이한 사유로 감리 업무 수행이 불가능하게 된 경우

⑤ 영 제19조의2제4항에 따라 허가권자가 공사감리자를 지정하는 경우에는 제2항에 따라 작성된 공사감리자 등록명부에 등록된 자 중에서 무작위 선정하는 것을 원칙으로 한다. 다만, 다음 각 호에 해당하는 자는 공사감리자로 지정할 수 없다. <개정 2018.7.19., 2020.10.5.>
  1. 업무정지나 휴업 기간 중에 있는 자
  2. 건축사사무소 및 건설기술용역사업자를 폐업하거나 건축사자격을 반납한 자
  3. 제3항 각 호의 사유로 감리업무 진행이 어려워 지정 제외를 요청한 자
  4. 제3항 각 호의 사유 외에 연 2회 이상 공사감리자 지정을 거부한 자
  5. 공사감리와 관련하여 건축주 등에게 계약한 대가 이외의 금품을 요구 또는 수수한 자
  6. 공사감리자의 직무태만·품위손상 및 그 밖의 사유로 공사감리자로 적합하지 아니하다고 공사감리조정위원회에서 인정하는 경우
⑥ 구청장은 제5항의 각 호에 따라 공사감리자를 지정할 수 없는 경우가 발생한 경우 즉시 시장에게 통보하여야 하며, 시장은 사유 및 기간 등을 고려하여 감리 수행이 어렵다고 판단할 경우 공사감리자 등록을 취소하여야 한다.
⑦ 허가권자는 규칙 제19조의3제1항 및 제2항에 따라 지정신청을 받은 후 7일 이내에 제5항에 따라 지정한 공사감리자를 해당 건축주, 공사감리자, 설계자 및 시장에게 통보하고, 지정내역을 별지 제7호서식의 공사감리자 지정대장에 기록하여 관리하여야 한다.
⑧ 공사감리자 지정을 통보받은 건축주는 원활한 감리업무 수행을 위하여 지정을 통보 받은 후 7일 이내에 규칙 제14조제1항 착공신고에 필요한 설계도서를 지정된 공사감리자에게 제공하여야 하고, 공사감리자 지정을 통보받은 건축주와 공사감리자는 지정을 통보받은 후 14일 이내에 계약을 체결하여야 한다.
⑨ 시장과 구청장은 공사감리자 등록명부 관리 업무와 공사감리자 지정대장 관리 업무에 대해 관련 협회 등에 대행하게 할 수 있다.
⑩ 허가권자는 필요한 경우, 공사감리자를 지정받아 사용승인 된 건축물의 건축주에게 해당 공사감리자에 대한 설문, 의견청취 등을 통해 공사감리자의 실태를 확인할 수 있으며, 시장에게 그 내용을 통보하여야 한다.
[본조신설 2017.1.5.]

제18조의3【공사감리조정위원회 설치 등】
① 허가권자는 공사감리자 지정 등 다음 각 호의 조정을 위하여 공사감리조정위원회를 둘 수 있다.
  1. 건축주, 설계자, 공사감리자 등 건축관계자 간의 협의가 이루어지지 않아 허가권자에게 감리 지정을 위하여 민원 조정을 요청하는 경우
  2. 2회 이상 감리 지정을 기피하는 건축물에 대한 공사감리자 지정에 관한 사항
  3. 공사중지, 소음 등으로 장기간 감리 업무 수행이 어려워 조정이 필요한 경우
  4. 공사감리 업무 진행 중 제18조의2제5항 각 호의 사유에 따른 감리 수행 여부에 관한 사항
② 공사감리조정위원회의 구성 및 회의운영은 제6조의3과 제6조의4를 준용한다.
③ 제1항 각 호에 따른 조정 신청은 별지 제9호서식의 공사감리 조정 신청서에 따른다.
[본조신설 2017.1.5.]

제18조의4【감리비용에 관한 기준】
① 법 제25조제14항에 따라 허가권자가 공사감리자를 지정하는 비상주감리의 경우 감리비용에 관한 기준은 「건축사법」 제19조의3에 따른 「공공발주사업에 대한 건축사의 업무범위와 대가기준」(이하 "대가기준"이라 한다) 별표 5의 건축공사감리 대가요율을 준용하고, 상주감리는 대가기준 제14조제2항에 따른 실비정액가산식을 준용하며, 건축주는 공사감리자와의 계약 시 이를 준수하여야 한다. <개정 2018.7.19., 2020.12.31.>
② 제1항에 따른 감리비용 산출 시 공사비는 해당 건축공사의 공사내역서 또는 건물신축단가표(한국감정원)의 용도별 평균값을 적용한다.
③ 제1항에 따른 감리비용 산출 시 건축물의 종별 구분은 대가기준의 별표 3을 따른다.
④ 제2항에 따라 산출한 공사비가 대가기준의 별표 5에 따른 공사비의 중간에 해당하는 경우에는 직선보간법에 따라 산정한다.
⑤ 건축주와 공사감리자는 제1항부터 제4항에 따라 산정된 건축공사감리비의 10분의 1의 범위에서 그 금액을 가중하거나 감경할 수 있다.
⑥ 허가권자는 법 제25조제2항에 따라 허가권자가 공사감리자를 지정하는 건축물의 건축주가 사용승인을 신청할 때에는 감리비용을 지불한 입금내역서, 세금계산서, 통장사본 등을 공사감리완료보고서와 함께 제출받아 감리비용이 지불되었는지를 확인하여야 한다.
⑦ 설계변경 등으로 감리비의 변경사항이 생길 경우는 변경된 감리계약서를 제출하여야 한다.
⑧ 다른 법령에 따라 공사감리자를 지정하는 경우 감리비용은 별도로 한다.
[본조신설 2017.1.5.]

제19조【현장조사 · 검사 및 확인업무의 대행】
① 법 제27조제1항 및 영 제20조제1항 에 따라 허가권자가 허가대상 건축물의 현장조사 · 검사 및 확인업무를 해당 건축물의 설계자로 하여금 대행하게 할 수 있는 대상은 다음 각 호와 같다. <개정 2016.5.19, 2018.7.19>
  1. 법 제11조에 따라 건축허가(연면적의 합계가 2천제곱미터 이하인 건축물로 한정한다) 전 현장조사 · 검사 및 확인업무
  2. 법 제19조에 따른 용도변경(건축사가 설계도서를 작성한 경우로 한정한다) 허가신청 또는 신고 전 현장조사 · 검사 및 확인업무
  3. 그 밖에 허가권자가 업무대행이 필요하다고 인정하여 지정 · 공고한 현장조사 · 검사 및 확인업무
② 허가권자가 법 제27조제1항 및 영 제20조제1항에 따라 허가 대상건축물 중 사용승인 및 임시사용승인과 관련된 현장조사 · 검사 및 확인업무를 영 제20조제1항 각 호의 기준에 따라 선정된 건축사에게 대행하게 할 수 있는 건축물은 연면적의 합계가 2천제곱미터 이하인 건축물로 한다. 다만, 연면적의 합계가 2천제곱미터를 초과하는 건축물 중 제18조 단서에 해당하는 경우로서 사용승인 및 임시사용승인과 관련하여 현장조사 · 검사 등의 대행이 필요하다고 인정하는 경우에도 대행하게 할 수 있다. <개정 2016.5.19, 2018.7.19>

③ 허가권자는 제1항에 따른 업무대행자가 규칙 제21조제1항에 따른 건축허가조사 및 검사조서를 첨부하여 건축허가 등을 신청한 경우에는 허가권자의 업무를 대행한 것으로 본다.
④ 시장은 구청장과 협의하여 제2항에 따른 업무를 대행하는 건축사 명부를 작성한다.
⑤ 허가권자는 제2항에 따른 업무대행을 하게 하는 경우 제4항에 따라 작성된 명부를 활용하여 업무대행 건축사를 선정하여야 한다.
⑥ 허가권자는 제2항에 따른 업무대행을 하게 하는 경우에는 「건축사법」에 따라 설치된 건축사협회와 협의하여 제5항에 따른 명부 활용 및 그 밖에 업무대행 절차를 따로 정할 수 있다.
[전문개정 2009.11.11.]

제20조【업무대행 수수료】
규칙 제21조제3항에 따라 허가권자가 법 제27조제3항에 따른 현장조사·검사 및 확인업무를 대행하는 자에게 지급할 수수료는 「엔지니어링산업진흥법」 제31조 및 산업통상자원부장관이 고시하는 「엔지니어링사업대가의 기준」에 따라 한국엔지니어링협회가 조사·공표한 해당 연도의 기술사의 노임단가를 준용(제19조제1항에 따른 업무대행을 하는 경우는 상기 대행수수료의 10분의 5를 준용)한다. 다만, 제19조제2항에 따른 현장조사·검사 및 확인업무 대행 수수료는 「건축사법」에 따라 설치된 건축사협회와 협의하여 별도로 정하는 경우에는 그 기준에 따른다. <개정 2015.10.8, 2016.5.19, 2018.7.19>
[전문개정 2009.11.11.]

제21조【건축지도원의 자격 등】
구청장은 법 제37조에 따라 건축지도원을 지정하는 때에는 자치구에 근무하는 건축직렬의 공무원으로 지정하거나 다음 각 호의 어느 하나에 해당하는 자격을 갖춘 자를 선임하여 지정한다. 다만, 구청장이 필요하다고 인정하는 경우에는 명예 건축지도원을 위촉할 수 있다. <개정 2016.5.19, 2018.7.19>

1. 건축직렬 공무원으로 2년 이상 근무한 경력이 있는 자
2. 건축사
3. 건축분야 기술사
4. 건축기사1급 자격소지자로서 2년 이상 건축분야에 종사한 자
5. 건축기사2급 자격소지자로서 4년 이상 건축분야에 종사한 자
6. 건축사보로서 3년 이상 근무한 경력이 있는 자
7. 5년제 대학의 건축관련학과 졸업자로서 2년 이상 건축분야에 종사한 자
8. 4년제 대학의 건축관련학과 졸업자로서 3년 이상 건축분야에 종사한 자
9. 3년제 대학의 건축관련학과 졸업자로서 4년 이상 건축분야에 종사한 자
10. 2년제 대학의 건축관련학과 졸업자로서 5년 이상 건축분야에 종사한 자
11. 공업고등학교 건축관련학과 졸업자로서 7년 이상 건축분야에 종사한 자

[전문개정 2009.11.11.]

제22조【건축지도원의 보수 등】
① 구청장은 제21조에 따른 건축지도원 중 공무원이 아닌 건축지도원에 대하여는 보수·수당·여비 및 활동비를, 공무원인 건축지도원과 명예 건축지도원에 대하여는 수당·여비 및 활동비를 예산의 범위 내에서 지급할 수 있다.
② 그 밖에 건축지도원의 지정절차·보수기준 등에 관하여 필요한 사항은 구청장이 정한다.
[전문개정 2009.11.11.]

제23조【건축물의 유지·관리】
① 영 제23조의2제1항제3호에서 "건축조례로 정하는 건축물"이란 다음 각 호의 어느 하나에 해당하는 경우로 한다. <개정 2015.10.8>

1. 「다중이용업소의 안전관리에 관한 특별법 시행령」 제2조제1호, 제3호부터 제7호까지, 제7의3호부터 제7의5호까지의 업소 중 해당업소의 영업장의 면적의 합계가 1천제곱미터 이상인 건축물
2. 「다중이용업소의 안전관리에 관한 특별법 시행령」 제2조제2호, 제7의2호, 제8호의 업소 중 해당업소의 영업장의 면적의 합계가 500제곱미터 이상인 건축물
3. 그 밖에 구청장이 필요하다고 인정하는 건축물

② 영 제23조의2제5항에 따라 시장은 화재, 침수 등 재해나 재난으로부터 건축물의 안전을 확보하기 위하여 영 제23조의2제1항 각 호의 어느 하나에 해당하는 건축물을 수시점검 대상으로 지정할 수 있다. <신설 2015.10.8>
③ 제2항에 따라 수시점검 대상으로 지정한 경우에는 그 사실을 건축물의 소유자나 관리자에게 서면으로 통지하여야 한다. <신설 2015.10.8>
④ 제3항에 따라 수시점검 대상으로 지정·통보받은 건축물의 소유자나 관리자는 30일 이내에 수시점검을 실시하여야 한다. <신설 2015.10.8>
[전문개정 2009.11.11.]

제4장 대지안의 조경 등

제24조 【대지안의 조경】

① 면적 200제곱미터 이상인 대지에 건축물을 건축하고자 하는 자는 법 제42조제1항에 따라 다음 각 호의 기준에 따른 식수 등 조경에 필요한 면적(이하 "조경면적"이라 한다)을 확보하여야 한다. <개정 2018.7.19>

1. 연면적의 합계가 2천제곱미터 이상인 건축물 : 대지면적의 15퍼센트 이상
2. 연면적의 합계가 1천제곱미터 이상 2천제곱미터 미만인 건축물 : 대지면적의 10퍼센트 이상
3. 연면적의 합계가 1천제곱미터 미만인 건축물 : 대지면적의 5퍼센트 이상
4. 삭제 <2015.10.8>
5. 「서울특별시 도시계획 조례」제54조제3항에 따른 학교이적지 안의 건축물 : 대지면적의 30퍼센트 이상

② 제1항에 따른 조경면적은 다음 각 호의 기준에 따라 산정한다. <개정 2016.9.29, 2018.1.4>

1. 공지(空地: 공터) 또는 지표면으로부터 높이 2미터 미만인 옥외부분의 조경면적을 모두 산입한다.
2. 온실로 전용되는 부분의 조경면적(채광을 하는 수평투영 면적으로 한다) 및 필로티 그 밖에 이와 유사한 구조의 부분으로서 공중의 통행에 전용되는 부분의 조경면적은 2분의 1을 조경면적으로 산정하되, 해당 대지의 조경면적 기준의 3분의 1에 해당하는 면적까지 산입한다.

③ 제1항 및 영 제27조제2항제4호에도 불구하고 면적 200제곱미터 이상 300제곱미터 미만인 대지에 건축하는 건축물의 조경면적은 대지면적의 5퍼센트 이상으로 한다. <개정 2016.9.29, 2019.7.18>

④ 영 제27조제1항제5호 에 따라 조경 등의 조치를 하지 아니할 수 있는 건축물은 다음 각 호의 어느 하나와 같다. <개정 2011.10.27, 2012.11.1, 2018.7.19>

1. 구청장이 시장환경을 위하여 지정·공고한 기존재래시장
2. 구청장이 녹지보존에 지장이 없다고 인정하여 지정·공고한 지역에서 농·어업을 영위하기 위한 주택·축사 또는 창고
3. 교정시설·군사시설
4. 「주차장법」 제2조제11호에 따른 주차전용건축물
5. 지방자치단체가 설치하는 시내버스 공영차고 및 관련시설
6. 학교(조경면적 기준의 2분의 1 이하로 한정한다)
7. 여객자동차터미널 및 화물터미널
8. 「농수산물 유통 및 가격안정에 관한 법률」 제2조제2호에 따른 농수산물도매시장

[전문개정 2009.11.11.]

제25조 【식재 등 조경기준】

① 대지 안에 설치하는 조경의 식재기준, 조경시설물의 종류 및 설치방법 등 조경기준은 법 제42조제2항에 따라 국토교통부장관이 고시한「조경기준」에 따른다. <개정 2018.7.19>

② 제1항에도 불구하고, 공동주택 등 대지면적 1천 제곱미터 이상인 건축물로서 공동으로 이용하는 텃밭은 그 면적의 2분의 1을 조경시설 면적에 산입할 수 있다. <신설 2012.11.1, 2016.9.29>

[전문개정 2009.11.11.]

제26조 【공개 공지 등의 확보】

① 영 제27조의2제1항 및 제2항에 따라 공개 공지(空地: 공터) 또는 공개 공간(이하 "공개 공지 등"이라 한다)을 확보하여야 하는 대상건축물 및 면적은 다음 각 호와 같다. <개정 2010.4.22, 2016.5.19, 2018.1.4, 2018.7.19, 2020.12.31.>

1. 대상건축물 : 다음 각 목의 어느 하나에 해당하는 시설로서 해당 용도로 쓰는 바닥면적의 합계가 5천제곱미터 이상인 건축물
   가. 문화 및 집회시설
   나. 판매시설(「농수산물 유통 및 가격안정에 관한 법률」 제2조에 따른 농수산물유통시설은 제외)
   다. 업무시설
   라. 숙박시설
   마. 의료시설
   바. 운동시설
   사. 위락시설
   아. 종교시설
   자. 운수시설
   차. 장례식장
2. 면적 : 제1호 각 목의 어느 하나에 해당하는 건축물이 확보하여야 하는 공개공지 등의 면적은 대지면적(일반인 출입이 부분적으로 제한되는 공항시설 등에 대하여는 그 출입이 제한되는 부분의 면적 제외)에 대한 다음 각 목의 비율이상으로 한다. 다만, 영 제31조제2항에 따라 지정한 건축선 후퇴부분의 면적은 공개공지 등의 면적에 포함하지 아니하며, 필로티구조로 구획되거나 제2항제6호에 따라 지하에 설치된 부분의 면적은 2분의 1로 한정하여 공개공지 등의 면적으로 산입한다.
   가. 제1호에 따른 바닥면적의 합계가 5천제곱미터 이상 1만제곱미터 미만 : 대지면적의 5퍼센트

나. 제1호에 따른 바닥면적의 합계가 1만제곱미터 이상 3만제곱미터 미만 : 대지면적의 7퍼센트
다. 제1호에 따른 바닥면적의 합계가 3만제곱미터 이상 : 대지면적의 10퍼센트
3. 대지 또는 건물 내에 설치하는 지하철의 출입구나 환기구는 제2항에도 불구하고 공개공지 등의 면적으로 산입한다.

② 영 제27조의2제3항에 따라 공개공지 등은 다음 각 호의 기준에 적합하게 설치하여야 한다. <개정 2016.1.7, 2016.5.19, 2018.7.19, 2019.7.18>
1. 대지에 접한 도로 중 가장 넓은 도로변(한 면이 4분의 1 이상 접할 것)으로서 일반인의 접근(계단 이용 제외) 및 이용이 편리한 장소에 가로환경과 조화를 이루는 소공원(쌈지공원)형태로 설치한다. 다만, 가장 넓은 도로변에 설치가 불합리한 경우에는 위원회의 심의를 거쳐 그 위치를 따로 정할 수 있다.
2. 2개소 이내로 설치하되, 1개소의 면적이 최소 45제곱미터 이상
3. 최소폭은 5미터 이상
4. 필로티구조로 할 경우에는 유효높이가 6미터 이상
5. 조경・벤치・파고라・시계탑・분수・야외무대(지붕 등 그 밖에 시설물의 설치를 수반하지 아니한 것으로 한정한다)・소규모 공중화장실(33제곱미터 미만으로서 허가권자와 건축주가 협의된 경우로 한정한다) 등 다중의 이용에 편리한 시설을 설치
6. 공개공지 등은 지상에 설치하도록 하되, 상부가 개방된 구조로 지하철 연결통로에 접하거나 다수 공중이 이용 가능한 공간으로서 위원회의 심의를 거쳐 지하부분(제1호에 불구하고 계단 이용 가능)에도 설치할 수 있다.

③ 영 제27조의2제4항에 따른 건축기준의 완화는 다음 각 호와 같다. <개정 2015.10.8, 2016.5.19, 2018.7.19, 2020.3.26.>
1. 용적률의 완화 : 다음 산식에 따라 산출된 용적률 이하
[1+(공개공지 등 면적/대지면적)]×「서울특별시 도시계획 조례」 제55조에 따른 용적률
2. 건축물 높이의 제한 완화 : 다음 산식에 따라 산출된 높이 이하
[1+(공개공지 등 면적/대지면적)]×법 제60조에 따른 높이제한 기준
3. 제1호 및 제2호의 건축기준 완화적용 시 공개공지 등의 면적은 법 제42조에 따른 조경면적을 제외한 면적으로 산정하며, 필로티구조로 구획되거나 제2항제6호에 따라 지하에 설치된 공개공지 등의 면적은 2분의 1로 한정하여 산입한다.

④ 시장은 다음 각 호의 경우에 소요 비용의 일부를 지원할 수 있으며, 지원대상과 절차, 지원금액의 한도 및 시·구간 부담비율 등은 시장이 따로 정한다. <신설 2016.1.7., 2018.7.19., 2020.3.26.>
1. 설치 후 5년이 경과된 공개공지 등을 리모델링하는 경우
2. 제6항제3호에 따라 전문가가 공개공지 등을 점검하는 경우

⑤ 영 제27조의2제6항에 따라 공개공지 등에서는 연간 60일 이내의 기간 동안 주민들을 위한 문화행사를 열거나 판촉활동을 할 수 있다. 다만, 울타리를 설치하는 등 공중이 해당 공개공지 등을 이용하는데 지장을 주는 행위를 해서는 아니되며, 공개공지 등에서 개최되는 행사의 범위 및 관련 절차, 이용시간 및 행위 제한 등 실행에 필요한 사항은 시장이 따로 정한다. <신설 2016.1.7, 2016.5.19>

⑥ 공개공지 등은 다음 각 호의 기준에 적합하게 관리하여야 한다. <신설 2019.7.18>
1. 공개공지 등이 설치된 장소마다 출입 부분에 별표 3의 설치기준에 따라 안내판(안내도 포함)을 1개소 이상 설치하여야 한다.
2. 공개공지 등을 설치한 건축물의 건축주는 사용승인 신청 시 별지 제4호서식에 따른 관리대장을 제출하여야 한다.
3. 구청장은 위법이 발생하지 않도록 연 1회 이상 확인・관리하여야 하며, 2년에 1회 이상 공개공지 등의 관리실태 및 활용방안에 관한 전문가 점검을 실시할 수 있다.

[전문개정 2009.11.11.]
[제목개정 2018.7.19.]

제27조 【도로의 지정】
법 제45조제1항에 따라 주민이 장기간 통행로로 이용하고 있는 사실상의 도로로서 허가권자가 이해관계인의 동의를 얻지 아니하고 위원회의 심의를 거쳐 도로로 지정할 수 있는 경우는 다음 각 호의 어느 하나와 같다. <개정 2018.1.4., 2018.5.3, 2018.7.19>
1. 복개된 하천・구거(도랑)부지
2. 제방도로
3. 공원 내 도로
4. 도로의 기능을 목적으로 분할된 사실상 도로
5. 사실상 주민이 이용하고 있는 통행로를 도로로 인정하여 건축허가 또는 신고하였으나, 도로로 지정한 근거가 없는 통행로

[전문개정 2009.11.11.]

제5장 지역 및 지구 안의 건축물 <개정 2018.7.19>

제28조 【건축물의 대지가 지역・지구에 걸치는 경우의 조치】
법 제54조제4항에 따라 건축물의 대지가 3 이상의 지역・지구에 걸치고 각 지역의 면적이 대지면적의 2분의 1에 미달하는 경우에는 각 해당 지역에 관한 규정을 적용한다. <개정 2018.7.19>
[전문개정 2009.11.11.]

제29조【건축물이 있는 대지의 분할제한】
법 제57조제1항 및 영 제80조에 따라 건축물이 있는 대지의 분할은 다음 각 호의 어느 하나에 해당하는 규모 이상으로 한다. <개정 2018.7.19>
1. 주거지역 : 90제곱미터
2. 상업지역 : 150제곱미터
3. 공업지역 : 200제곱미터
4. 녹지지역 : 200제곱미터
5. 제1호부터 제4호까지에 해당하지 아니한 지역 : 90제곱미터
[전문개정 2009.11.11.]

제30조【대지 안의 공지】
법 제58조 및 영 제80조의2에 따라 건축선 및 인접 대지경계선으로부터 건축물의 각 부분까지 띄어야 하는 거리의 기준은 별표 4와 같다. <개정 2018.7.19>
[전문개정 2009.11.11.]
[제목개정 2018.7.19]

제31조【맞벽건축을 할 수 있는 지역】
영 제81조제1항에 따라 맞벽건축을 할 수 있는 지역은 다음 각 호와 같다. <개정 2017.9.21, 2018.7.19>
1. 상업지역(다중이용건축물 및 공동주택은 스프링클러나 그 밖에 이와 비슷한 자동식 소화설비를 설치한 경우로 한정한다)
2. 주거지역(건축물 및 토지의 소유자 간 맞벽건축을 합의한 경우에 한정한다)
3. 영 제81조제1항제3호에 따른 다음 각 목 중 어느 하나의 지역
가. 녹지지역 외의 지역으로서 너비 20미터 이상 도로에 접한 대지
나. 시장이 지정・공고한 한옥밀집지역.
[전문개정 2013.8.1.]

제32조【맞벽건축 기준】
영 제81조제4항에 따른 맞벽건축 기준은 다음 각 호와 같다. 다만, 지구단위계획구역의 경우에는 해당 계획구역에서 정한 건축기준에 따른다. <개정 2018.7.19., 2020.5.19.>
1. 건축물의 용도 : 영 별표 1 제2호가목에 따른 아파트가 아닐 것
2. 대지 상호 간에 맞벽건축하는 건축물의 총 수는 2동 이하로 할 것. 다만, 도시미관 및 한옥 보전을 위하여 허가권자가 해당 건축위원회의 심의를 거쳐 건축물을 피난·방화 등에 안전에 이상이 없다고 인정하는 경우 완화하여 적용할 수 있다.
3. 건축물의 층수 : 맞벽되는 부분의 층수가 5층 이하로 할 것. 다만, 상업지역의 경우에는 그러하지 아니하다.
[전문개정 2009.11.11.]

제33조【가로구역별 건축물 높이 제한】
시장이 도시관리를 위하여 법 제60조제2항에 따라 정하는 건축물의 최고높이는 다음 각 호와 같다. <개정 2017.9.21, 2018.7.19, 2018.10.4, 2019.7.18>
1. 제1종전용주거지역 안에서의 주거용건축물의 층수는 2층 이하로서 높이 8미터 이하(다음 각 목의 어느 하나에 해당하는 경우 제외)로 하며, 주거용 이외의 용도에 쓰이는 건축물(주거용과 다른 용도가 복합된 건축물을 제외한다)의 높이는 2층 이하로서 11미터 이하로 한다.
가. 1층의 바닥이 지표면으로부터 0.5미터를 넘는 높이에 있는 건축물로서 그 0.5미터를 넘는 높이에 8미터를 가산한 높이가 12미터 이하인 건축물
나. 지붕의 경사가 3:10이상인 건축물로서 높이 12미터 이하인 건축물
2. 상업지역・준주거지역・준공업지역・시가지・특화경관지구 및 시장이 도시경관 조성을 위하여 필요하다고 인정하는 구역 안에서의 가로구역(해당 지역・지구가 속해 있는 가로구역을 포함한다)별 건축물의 최고높이와 높이 기준은 시장이 지정・공고한다. 이 경우 사전에 지정하고자 하는 내용을 15일 이상 주민에게 공람한 후 시 위원회의 심의를 거쳐야 한다.
3. 제2호에도 불구하고 지구단위계획구역・정비구역・재정비촉진지구 및 한양도성 역사도심 안에서의 건축물의 최고높이는 다음 각 목의 기준에 따른다.
가. 지구단위계획구역 안에서의 건축물의 최고높이는 해당 구역 안의 건축계획에서 정하는 기준에 따른다.
나. 정비구역 안에서의 건축물의 최고높이는 「도시 및 주거환경정비법」 제9조에 따른 정비계획에서 정하는 기준에 따른다.
다. 재정비촉진지구 안에서의 건축물의 최고높이는「도시재정비 촉진을 위한 특별법」 제12조에 따른 재정비촉진계획에서 정하는 기준에 따른다.
라. 한양도성 역사도심 안에서의 건축물의 최고높이는 「서울특별시 한양도성 역사도심 특별지원에 관한 조례」에 근거한 '역사도심기본계획'에서 정하는 기준에 따른다.
4. 삭제 <2019.7.18>
5. 가로구역별 건축물의 최고높이를 완화하여 적용할 필요가 있다고 판단되는 대지에 대하여는 법 제60조제1항 단서 및 영 제82조에서 정하는 바에 따라 위원회의 심의를 거쳐 최고높이를 완화하여 적용할 수 있다.

[전문개정 2009.11.11.]
[제목개정 2018.7.19]

제34조 삭제 <2015.7.30.>

제35조 【일조 등의 확보를 위한 건축물의 높이제한】
① 영 제86조제1항에 따라 전용주거지역이나 일반주거지역에서 일조 등의 확보를 위하여 건축물의 각 부분을 정북방향의 인접대지경계선으로부터 띄어야 하는 거리는 다음 각 호와 같다. <개정 2013.3.28, 2015.10.8, 2018.7.19>
1. 삭제 <2013.3.28>
2. 높이 9미터 이하인 부분 : 인접대지 경계선으로부터 1.5미터 이상
3. 높이 9미터를 초과하는 부분 : 인접대지경계선으로부터 해당 건축물의 각 부분의 높이의 2분의 1 이상
②「전통시장 및 상점가 육성을 위한 특별법 시행령」 제31조제1항에 따라 건축되는 복합형 상가건축물의 높이 제한의 산정을 위한 배수기준은 다음 각 호와 같다. <개정 2015.10.8, 2018.7.19>
1. 일반주거지역 : 3배
2. 준주거지역 : 4배
3. 준공업지역 : 4배
③ 영 제86조제3항 각 호 외의 부분 단서에 따른 다세대주택의 경우 영 제86조제3항제1호에도 불구하고 채광을 위한 창문 등이 있는 벽면에서 직각방향으로 인접 대지경계선까지의 수평거리는 1미터 이상으로 한다. <개정 2015.10.8, 2018.7.19>
④ 영 제86조제3항제2호가목 및 나목에 따라 같은 대지에서 두 동(棟) 이상의 건축물이 서로 마주보고 있는 경우에 건축물 각 부분 사이의 거리는 다음 각 호의 거리 이상으로 한다. <개정 2018.7.19., 2020.3.26., 2020.7.16., 2020.12.31.>
1. 채광을 위한 창문 등이 있는 벽면으로부터 직각방향으로 건축물 각 부분의 높이의 0.8배 이상. 단,「빈집 및 소규모주택 정비에 관한 특례법」에 의한 가로주택정비사업과 소규모재건축사업에 한하여 같은 대지에서 한 동의 건축물 각 부분이 서로 마주보는 형태로 건축하는 경우에는 해당 건축위원회의 심의를 거쳐 0.5배 이상
2. 제1호에도 불구하고 서로 마주보는 건축물 중 남쪽방향의 건축물 높이가 낮고, 주된 개구부의 방향이 남쪽을 향하는 경우에는 높은 건축물 각 부분 높이의 0.6배 이상, 낮은 건축물 각 부분의 높이의 0.8배 이상
3. 제1호 및 제2호에도 불구하고 조화롭고 창의적인 건축디자인을 계획하여 위원회에서 인정하는 경우 벽면의 직각방향으로 건축물 각 부분의 높이의 0.5배 이상(다만, 시 위원회 심의대상으로 한정한다)
4. 제1호부터 제3호까지에도 불구하고「주택법 시행령」 제10조에 따른 도시형 생활주택 중 단지형다세대주택은 4미터 이상으로서 0.25배 이상
5. 그 밖에 법령이나 이 조례에서 따로 정하지 아니한 경우 0.5배 이상
[전문개정 2009.11.11.]

제5장의2 특별건축구역 등 <개정 2017.7.13>

제35조의2 【특별가로구역의 지정을 위한 도로】
① 영 제110조의2제1항제1호, 제3호 및 제5호에서 "건축조례로 정하는 도로"는 다음 각 호 중 어느 하나에 해당하는 도로를 말한다. <개정 2018.7.19>
1. 건축선을 후퇴한 대지에 접한 도로
2. 보행자전용도로로서 도시미관 개선이 필요한 도로
3.「옥외광고물 등의 관리와 옥외광고산업 진흥에 관한 법률」제4조의4제1항의 광고물등 자유표시구역으로 지정된 구역 내 도로 또는 구역에 접한 도로
② 영 제110조의2제2항제5호에서 "건축조례로 정하는 사항"은 다음 각 호의 사항을 말한다. <개정 2018.7.19>
1. 경관계획
2. 옥외광고물의 설치계획
[본조신설 2017.7.13]
[종전 제35조의2는 제35조의3으로 이동 <2017.7.13.>]

제5장의3 건축협정 <신설 2017.7.13.>

제35조의3 【건축협정의 체결】

법 제77조의4제1항제5호에 따른 도시 및 주거환경개선이 필요하다고 인정하는 구역은 다음 각 호 중 어느 하나에 해당하는 지역 또는 구역을 말한다. <개정 2018.7.19>
1. 「도시 및 주거환경정비법」에 따른 재개발사업 및 재건축사업을 위한 정비구역(정비예정구역을 포함한다)이 해제된 구역
2. 「도시재생 활성화 및 지원에 관한 특별법」에 따른 도시재생활성화지역
3. 다음 각 목의 어느 하나에 해당하는 경우로 제5조제2항에 따른 구 위원회의 심의를 받아 구청장이 인정하는 토지
가. 법 제57조에 따른 면적보다 작은 토지인 경우
나. 법 제2조제1항제11호에서 정한 도로에 접하지 않은 토지인 경우
다. 세장형 또는 부정형 토지로 단독개발이 어려운 경우
라. 하나의 토지가 각 목에 부적합하나 인접한 토지가 각 목 중 어느 하나에 해당하는 경우
[본조신설 2016.9.29]
[제35조의2에서 이동 <2017.7.13.>]

제6장 삭제 <2015.10.8>

제36조 삭제 <2015.10.8>

제37조 삭제 <2015.10.8>

제38조 삭제 <2015.10.8>

제39조 삭제 <2015.10.8>

제40조 삭제 <2015.10.8>

제41조 삭제 <2015.10.8>

제42조 삭제 <2015.10.8>

제43조 삭제 <2015.10.8>

제7장 보칙

제44조 【공작물 등에의 준용】
① 영 제118조제1항제9호 에 따라 구청장에게 신고하여야 하는 공작물은 지붕과 벽 또는 기둥을 식별하기 곤란한 것으로서 다음 각 호의 어느 하나에 해당하는 것을 말한다. <개정 2016.5.19, 2018.7.19>
1. 제조시설 : 레미콘믹서·석유화학제품 제조시설 또는 높이 6미터를 넘는 호이스트(공사용 호이스트는 제외한다) 그 밖에 이와 유사한 것
2. 저장시설 : 시멘트저장용 사일로·건조시설 또는 유류저장시설, 그 밖에 이와 유사한 것
3. 유희시설 : 「관광진흥법」에 따라 유원시설업의 허가를 받거나 신고를 하여야 하는 시설로서 영 별표 1에 규정되지 아니한 것
② 영 제118조제1항제10호에 따라 구청장에게 신고하여야 하는 공작물 중 건축물의 구조에 심대한 영향을 줄 수 있는 공작물은 옥상에 설치하는 중량물로서 무게가 30톤 이상의 물탱크 또는 냉각탑, 그 밖에 이와 유사한 것을 말한다. <개정 2016.5.19, 2018.7.19>
[전문개정 2009.11.11.]

제45조 【이행강제금의 부과】
① 연면적 60제곱미터 이하인 주거용 건축물이 법 제80조제1항제1호에 해당하는 위반행위를 하는 경우와 주거용 건축물이 다음 각 호의 어느 하나에 해당하는 위반행위를 하는 경우에는 법 제80조제1항 단서에 따라 법 제80조제1항제1호 및 제2호에 따라 산정된 이행강제금의 2분의 1을 부과한다. <개정 2012.11.1, 2018.7.19, 2019.7.18>
1. 영 제115조의2제1항제1호부터 제4호까지에 해당하는 위반행위를 하는 경우
2. 법 제19조제3항에 따른 건축물대장 기재사항의 변경을 신청하지 않은 경우
3. 법 제20조제3항에 따른 가설건축물 신고를 하지 않은 경우
4. 법 제21조에 따른 착공신고를 하지 않은 경우
5. 법 제59조에 따른 맞벽 건축기준에 위반한 경우

② 구청장은 법 제83조에 따른 옹벽 등 공작물 축조 신고를 하지 아니한 경우에는 영 제115조의2제2항 관련 별표 15의 제13호에 따라 시가표준액의 100분의 1 이하의 이행강제금을 부과한다. <개정 2018.7.19>

③ 법 제80조제5항에 따라 구청장은 최초의 시정명령이 있었던 날을 기준으로 하여 1년에 2회 이내의 범위에서 그 시정명령이 이행될 때까지 반복하여 이행강제금을 부과할 수 있으며, 제1항에 따른 이행강제금을 부과할 수 있다. <개정 2017.9.21, 2019.7.18>

④ 영 제115조의4제1항제7호에서 건축조례로 정하는 경우는 재난·재해 등으로 긴급조치를 위하여 건축된 건축물을 말한다. 이 경우 영 제115조의4제2항제2호의 비율은 100분의 50으로 한다. <신설 2016.9.29., 2017.9.21.>

⑤ 법 제80조의2제1항 각 호 외의 부분 단서에 따른 지방자치단체의 조례로 정하는 기간은 다음 각 호의 어느 하나에 해당하는 기간을 말한다. <신설 2016.9.29., 2017.9.21, 2018.7.19>

1. 영 제115조의4제1항제1호의 경우: 소유권이 변경된 후 법 제79조제1항에 따라 최초로 시정명령을 받은 날부터 1년
2. 영 제115조의4제1항제2호부터 제3호까지와 제5호부터 제7호까지의 경우: 법 제79조제1항에 따라 최초로 시정명령을 받은 날부터 1년
3. 영 제115조의4제1항제4호의 경우: 법 제79조제1항에 따라 최초로 시정명령을 받은 날부터 2년

⑥ 영 제115조의3제2항제5호에 따라 건축조례로 정하는 경우는 다음 각 호의 어느 하나에 해당하는 경우를 말한다. <신설 2016.9.29>

1. 위법공사 진행 중에 공사 중지 등 법 제79조제1항에 따른 시정명령에도 불구하고 30일 이상 원상복구 등 조치 없이 위반을 한 경우
2. 위반사항을 시정(구「특정건축물 정리에 관한 특별조치법」에 따라 양성화 된 경우 포함)한 후 같은 건물에 시정된 사항과 같은 형태의 내용으로 위반사항이 재발된 경우
3. 분양을 목적으로 하는 건축물이 사용승인을 받은 후에 법 제80조제1항제1호에 따른 위반사항이 발생된 경우

⑦ 법 제43조에 따라 설치된 공개공지를 다른 용도로 사용하거나 훼손한 경우에는 영 제115조의2제2항 관련 별표 15의 제13호에 따라 시가표준액의 100분의 3에 해당하는 이행강제금을 부과한다. <신설 2019.7.18>

[전문개정 2009.11.11.]

제46조【위반건축물조사 및 정비계획】

① 구청장이 영 제115조제1항에 따라 위반건축물에 대한 조사 및 정비계획을 수립하는 경우에는 법 제27조에 따라 현장조사·검사 및 확인업무를 대행하게 하는 건축물에 대하여 분기별로 조사 및 정비계획을 수립하고 매 분기 계획에 따라 점검하여야 한다. <개정 2011.5.26>

② 구청장은 제1항에 따른 조사 및 정비계획을 수립하는 경우 다음 각 호의 어느 하나에 해당하는 기존무허가건축물에 대하여는 시장이 따로 정하는 바에 따른다. <신설 2011.5.26>

1. 1981년 12월 31일 현재 무허가건축물대장에 등재된 무허가건축물
2. 1981년 제2차 촬영한 항공사진에 나타나 있는 무허가건축물
3. 재산세 납부대장 등 공부상 1981년 12월 31일 이전에 건축하였다는 확증이 있는 무허가건축물
4. 1982년 4월 8일 이전에 사실상 건축된 연면적 85제곱미터 이하의 주거용건축물로서 1982년 제1차 촬영한 항공사진에 나타나 있거나 재산세 납부대장 등 공부상 1982년 4월 8일 이전에 건축하였다는 확증이 있는 무허가건축물

[전문개정 2009.11.11.]

제47조【서울특별시시민상수상자 특전】

「서울특별시시민상 운영 조례」 제2조에 따른 서울특별시건축상을 수상한 건축물설계자는「건축사법」에 따른 처벌규정을 적용할 경우「건축사법 시행령」 제29조의2에 따라 경감할 수 있다. <개정 2018.7.19, 2019.3.28>

[전문개정 2009.11.11.]

제48조【부설주차장 및 미술작품의 설치 등】

① 건축물의 부설주차장에 관하여는「주차장법」·같은 법 시행령·같은 법 시행규칙 및「서울특별시 주차장 설치 및 관리 조례」가 정하는 바에 따른다. <개정 2018.7.19, 2019.3.28>

② 건축물에 대한 미술작품의 설치 등에 관하여 이 조례에서 규정하지 아니한 사항에 대하여는「문화예술진흥법」·같은 법 시행령 및「서울특별시 공공미술의 설치 및 관리에 관한 조례」가 정하는 바에 따른다. <개정 2015.10.8., 2017.9.21, 2019.7.18>

[전문개정 2009.11.11.]

[제목개정 2019.7.18]

제49조【지역건축안전센터의 설치·운영】

① 시장·구청장은 법 제87조의2에 따라「시설물의 안전 및 유지관리에 관한 특별법」 등 관련법에 따른 안전점검 의무관리대상이 아닌 건축물(이하 "임의관리대상 건축물"이라 한다)의 안전관리 및 지진·화재·공사장 안전관리 등 지역 내 민간건축물의 안전관리를 위하여 지역건축안전센터(이하 "건축안전센터"라 한다)를 설치하여 운영할 수 있다. <개정 2019.1.3>

② 영 제119조의3에 따라 시 및 구에 두는 건축안전센터의 업무는 다음 각 호과 같이 구분한다. <신설 2019.1.3>

1. 시 건축안전센터의 업무
   가. 건축물 안전관리에 대한 예산확보 및 집행
   나. 건축물의 안전에 관한 조사 연구와 분석 및 건축물 부문의 안전관리에 대한 정책개발
   다. 임의관리대상 건축물의 안전관리계획 수립

라. 지진·화재 등 건축물 부문 재난대비 안전대책 수립
마. 시민의 안전문화 정착과 의식제고를 위한 교육·홍보 및 프로그램 개발
바. 주택·건축분야의 안전업무 및 건축공사장 안전관리 종합계획 수립
사. 구 건축안전센터 기술 및 제도 지원
아. 그 밖에 시장이 건축물의 안전을 위하여 필요하다고 인정하는 경우
2. 구 건축안전센터의 업무
가. 건축안전특별회계 설치 및 운영·관리
나. 임의관리대상 건축물의 안전관리 및 안전점검 지원에 관한 사항
다. 건축공사장 공사감리에 대한 관리·감독
라. 건축물의 점검 및 개량·보수에 대한 기술지원, 정보제공
마. 건축물 부문 안전관리대책에 대한 세부실행
바. 그 밖에 구청장이 건축물의 안전을 위하여 필요하다고 인정하는 경우
③ 제2항제2호나목에 따라 구 건축안전센터는 임의관리대상 건축물의 소유자·관리자 또는 점유자가 해당 건축물이 위험하다고 판단하여 현장 안전점검을 신청할 경우 이를 접수하고 특별한 사유가 없는 한 현장 안전점검을 지원한다. <개정 2019.1.3>
④ 제3항에 따른 건축물 현장 안전점검은 육안점검을 원칙으로 하며 안전점검이 완료된 때는 별표 6의 등급기준에 따라 그 결과를 즉시 통보하고 관련정보는 전산으로 관리한다. <개정 2019.1.3>
[전문개정 2018.10.4]

제50조【건축안전특별회계의 설치·운영】
① 구청장은 법 제87조의3에 따라 건축안전센터의 설치·운영 등을 지원하기 위하여 건축안전특별회계(이하 "특별회계"라 한다)를 설치할 수 있다.
② 법 제87조의3제3항제5호에 따라 건축물 안전에 관한 기술지원 및 정보제공을 위하여 특별회계를 사용할 수 있는 사업은 다음 각 호와 같다. <개정 2019.1.3., 2020.10.5.>
1. 「건축물관리법」 제15조제3항에 따른 소규모 노후 건축물등의 보수·보강 등에 필요한 비용 보조 및 융자
2. 법 제52조의2에 따른 실내건축 적정 시공여부 검사비
3. 법 제78조에 따른 건축허가의 적법한 운영, 위반 건축물의 관리실태 등 건축행정의 건실한 운영을 위한 조사·점검비
4. 법 제79조에 따른 위반건축물 정비와 관련한 조사·점검비
5. 「건축물관리법」 제42조에 따른 빈 건축물 정비의 철거 및 철거보상비
6. 공사중단 장기방치 건축물 등 위험시설물의 안전조치에 관한 비용
7. 건축물의 마감재료를 방화에 지장이 없는 재료로 교체하는 공사 지원비
8. 제49조제2항제2호 각 목의 업무 수행을 위한 조사·점검비 등
9. 그 밖의 구청장이 건축위원회를 통하여 임의관리대상 건축물의 안전관리와 피난·화재 및 공사장 안전관리를 위하여 필요하다고 인정하는 사업의 조사·검사·업무대행 비용
③ 삭제 <2020. 10. 5.>
④ 이 조에서 정하지 아니한 사항 중 법 제87조의3제2항제2호부터 제4호까지에 따른 특별회계로 조성하는 건축허가 등의 수수료, 이행강제금, 과태료의 비율 등 법령등에서 특별회계의 설치·운영에 관하여 위임한 사항 및 그 밖의 구청장이 소관 특별회계의 효율적인 운영·관리를 위하여 필요하다고 인정하는 사항은 해당 자치구의 조례로 정할 수 있다. <개정 2020. 10. 5.>
[본조신설 2018.7.19]

부칙 <제7859호,2021.1.7>

이 조례는 공포한 날부터 시행한다.

서울특별시 도시계획 조례

[시행 2021.1.7.] [서울특별시조례 제7856호, 2021.1.7., 일부개정]

제1장 총칙

제1조【목적】
이 조례는 「국토의 계획 및 이용에 관한 법률」, 같은 법 시행령, 같은 법 시행규칙 및 관계 법령에서 조례로 정하도록 한 사항과 그 시행에 필요한 사항을 규정함을 목적으로 한다. <개정 2014.10.20>
[전문개정 2008.7.30]

제2조【도시계획 및 관리의 기본방향】
① 서울특별시(이하 "시"라 한다)의 도시계획 및 관리는 「국토의 계획 및 이용에 관한 법률」(이하 "법"이라 한다) 제3조의 기본원칙을 바탕으로 환경친화적이며 지속가능한 도시성장·관리 및 지역균형발전을 지향하는 것을 기본방향으로 한다. <개정 2008.7.30, 2019.3.28>
② 시의 도시계획 및 관리는 계획을 입안하고 결정하는 전 과정에 주민참여 기회를 제공하고 주민의견을 수렴할 수 있는 계획 체계 구축을 기본방향으로 한다. <신설 2019.3.28>

제2장 광역도시계획 및 도시기본계획

제3조【공청회의 개최 및 방법 등】
① 서울특별시장(이하 "시장"이라 한다)은 「국토의 계획 및 이용에 관한 법률 시행령」(이하 "영"이라 한다) 제12조제4항에 따라 광역도시계획의 수립 또는 변경을 위한 공청회를 개최하는 때에는 공청회를 주관하는 자에게 주민 및 관계전문가 등으로부터 청취된 의견을 검토하여 의견을 제출하게 할 수 있다. <개정 2008.7.30, 2017.9.21>
② 시장은 공청회를 주관하는 자 및 공청회에 참여한 관계전문가 등에게 예산의 범위안에서 수당을 지급할 수 있다. <개정 2008.7.30, 2017.9.21>
③ 제1항 및 제2항은 법 제18조에 따른 서울특별시도시기본계획(이하 "시도시기본계획"이라 한다)의 수립 또는 변경을 위한 공청회를 개최하는 경우에 준용한다. <개정 2008.7.30>

제4조【도시기본계획의 수립】
① 시장은 법 제18조제1항에 따라 관할구역에 대하여 시도시기본계획을 수립하여야 한다. <개정 2008.7.30>
② 시장은 자치구청장(이하 "구청장"이라 한다)에게 시도시기본계획의 수립 또는 변경과 관련하여 관할구역에 관한 계획안을 제출하게 할 수 있다. <개정 2017.9.21>
③ 시장이 수립하는 도시관리계획, 그 밖의 도시의 개발 및 관리에 관한 계획은 시도시기본계획에 적합하여야 한다. <개정 2008.7.30>
④ 시장은 지속가능한 시도시기본계획의 수립에 필요한 기초조사 내용에 도시생태현황 등을 포함시킬 수 있다.
⑤ 시장은 도시기본계획 수립 시 성·계층·인종·지역 간 평등의 원칙 아래 다양한 집단의 입장을 고려한 계획이 되도록 노력하여야 한다. <신설 2014.10.20>
⑥ 시장은 시도시기본계획의 실현정도 및 집행상황을 점검하고 서울의 전반적 도시변화를 상시적으로 진단할 수 있도록 도시기본계획 모니터링을 매년 실시하여야 한다. <신설 2015.10.8>

제4조의2【생활권계획의 수립·관리】
① 시장은 도시기본계획의 내용에 대해 생활권 단위로 상세화한 계획을 수립하여야 한다.
② 생활권은 일상적인 생활활동이 이루어지는 1개 이상 동 규모의 지역생활권과 1개 이상의 자치구 규모인 권역생활권으로 구분한다.
③ 시장은 구청장에게 지역생활권계획의 수립 또는 변경과 관련하여 관할구역에 관한 계획안을 제출하게 할 수 있다.
④ 제3항에 따른 지역생활권계획안은 도시기본계획 및 권역생활권계획에 부합하여야 한다.
⑤ 시장은 생활권계획의 구체적 실현을 위하여 중심지 육성방안, 생활서비스시설(생활SOC) 확충방안, 연차별 집행계획 등을 포함한 실행계획을 수립할 수 있다. 다만, 시장은자치구와 협의하여 구청장에게 실행계획안을 제출하게 할 수 있다.
⑥ 시장은 생활권계획 수립, 운영 및 실행에 관한 세부적인 사항을 별도로 정할 수 있다.
[본조신설 2019.7.18]

제5조【도시기본계획의 자문 등】
시장은 시도시기본계획의 합리적인 수립을 위하여 관계전문가에게 자문할 수 있다.

제3장 도시관리계획의 입안

제6조【제안서의 처리절차 등】
① 법 제26조제1항에 따라 도시관리계획의 입안을 제안하려는 자는 제안서에 법 제25조제2항 및 영 제18조에 따라 작성한 다음 각 호의 서류를 첨부하여 시장에게 제출하여야 한다. <개정 2008.7.30, 2017.9.21, 2018.3.22>
1. 도시관리계획도서(계획도 및 계획조서)
2. 계획설명서(법 제13조에 따른 기초조사결과, 재원조달방안, 경관계획, 환경성 검토결과, 교통성 검토결과 및 토지적성평가 등을 포함한다.
3. 그 밖의 도시관리계획 입안의 타당성을 입증하는 서류

② 제1항에 따른 도시관리계획 입안의 제안서를 받은 시장은 다음 각 호의 사항에 대하여 검토하여야 한다. <개정 2008.7.30>
1. 기초조사 내용의 적정성 여부
2. 자연 및 생활환경의 훼손가능성 여부
3. 인구 · 교통유발의 심화 여부
4. 도시계획시설의 설치 · 정비 및 개량에 관한 적정성 여부
5. 용도지역 · 용도지구 및 용도구역 지정의 적합성 여부
6. 지구단위계획구역 지정 및 지구단위계획의 적정성 여부
7. 도시생태의 훼손가능성 여부
8. 그 밖의 도시관리계획과 관련하여 필요한 사항

③ 시장은 제1항 각 호의 서류가 첨부되지 아니하였거나 미비된 주민제안에 대하여는 제안한 주민에게 보완하도록 요청할 수 있다. <개정 2008.7.30>

제7조【도시관리계획 입안시 주민의견의 청취】
① 시장은 법 제28조제3항·제4항에 따라 도시관리계획의 입안에 관하여 주민의 의견을 청취하려는 때에는 도시관리계획안의 주요내용을 시 지역을 주된 보급지역으로 하는 2 이상의 일간신문과 시를 포함한 입안하는 기관의 인터넷 홈페이지에 공고하고 게시판 또는 공보에 게재하여 도시관리계획안을 14일 이상 일반이 열람할 수 있도록 하여야 한다.다만, 기반시설의 설치·정비 또는 개량에 관한 계획, 도시개발사업이나 정비사업에 관한 계획 입안시 다음 각 호에 해당하는 자에 대해서는 의견청취 관련 사항을 우편 발송 등을 통해 알릴 수 있다. <개정 2006.10.4., 2008.7.30., 2011.5.26., 2012.7.30., 2017.9.21., 2020.7.16.>
1. 등기부에 표기된 토지 및 건물 소유자(세입자 포함)
2. 도시관리계획 입안·변경 대상지에 접한 대지 및 건물 소유자(세입자 포함)
3. 20m 이하 도로에 접한 경우 도로 반대편에 접한 대지 및 건물 소유자(세입자 포함)

② 시장은 제1항에 따라 인터넷 홈페이지에 공고하는 경우 도면 등이 포함된 도시관리계획안의 세부사항을 첨부파일 등의 방법으로 공개하여야 한다. <신설 2017.3.23>
③ 제1항에 따라 공고된 도시관리계획안의 내용에 대하여 의견이 있는 자는 열람기간내에 시장에게 의견서를 제출할 수 있다. <개정 2008.7.30, 2017.3.23>
④ 시장은 열람기간이 종료된 날부터 60일 이내에 제3항에 따라 제출된 의견을 도시관리계획의 입안에 반영할 것인지 여부를 검토하여 그 결과를 해당 의견을 제출한 자에게 통보하여야 한다. <개정 2008.7.30., 2017.3.23., 2019.12.31>
⑤ 시장은 제3항에 따라 제출된 의견을 도시관리계획안에 반영하려는 경우 그 내용이 영 제25조제3항 각 호 및 제4항 각 호에 해당되지 아니하는 사항의 변경인 경우에는 그 내용을 다시 공고 · 열람하게 하여 주민의 의견을 들어야 한다. <개정 2008.7.30, 2017.3.23, 2017.9.21>
⑥ 제1항부터 제4항까지의 규정은 제5항에 따른 재공고 · 열람에 관하여 준용한다. <개정 2008.7.30, 2017.3.23>

제4장 용도지구의 지정

제8조 삭제 <2020.1.9>

제8조의2【특화경관지구의 세분】
영 제31조제3항에 따라 도시관리계획 결정으로 세분하여 지정할 수 있는 특화경관지구는 다음 각 호와 같다. <개정 2008.7.30, 2018.10.4, 2020.1.9>
1. 역사문화특화경관지구 : 문화재 또는 문화적 보존가치가 큰 건축물 주변의 역사문화적 경관을 보호 또는 유지하거나 형성하기 위하여 필요한 지구

2. 조망가로특화경관지구 : 주요 자연경관의 조망 확보 또는 가로공간의 개방감 등 조망축을 보호 또는 유지하거나 형성하기 위하여 필요한 지구
3. 수변특화경관지구 : 지역 내 주요 수계의 수변 경관을 보호 또는 유지하거나 형성하기 위하여 필요한 지구
4. 삭제 <2018.10.4>

[본조신설 2006.10.4]
[제목개정 2018.10.4]

제8조의3【중요시설물보호지구의 세분】
① 영 제31조제3항에 따라 도시관리계획 결정으로 세분하여 지정할 수 있는 중요시설물보호지구는 다음 각 호와 같다.
1. 공용시설보호지구 : 공용시설을 보호하고 공공업무기능을 효율화하기 위하여 필요한 지구
2. 공항시설보호지구 : 공항시설의 보호와 항공기의 안전운항을 위하여 필요한 지구
3. 중요시설보호지구 : 국방상 또는 안보상 중요한 시설물의 보호와 보존을 위하여 필요한 지구

[본조신설 2018.7.19]

제9조【용도지구의 지정】
법 제37조제3항에 따라 다음 각 호의 용도지구의 지정 또는 변경을 도시관리계획으로 결정할 수 있다. <개정 2008.7.30, 2015.7.30>
1. 문화지구 : 「지역문화진흥법」 제18조에 따른 역사문화자원의 관리·보호와 문화환경 조성을 위하여 필요한 지구
2. 삭제 <2009.3.18>
3. 삭제 <2009.3.18>

제5장 도시계획시설의 관리

제10조【도시계획시설의 관리】
법 제43조제3항에 따라 시가 관리하는 도시계획시설은 「서울특별시 공유재산 및 물품관리 조례」, 「서울특별시 행정기구 설치 조례」, 「서울특별시 사무위임 조례」, 「서울특별시 도로 등 주요시설물 관리에 관한 조례」, 「서울특별시 도시공원 조례」 그 밖의 도시계획시설의 관리에 관한 조례에 따라 관리한다. <개정 2008.7.30, 2011.7.28, 2014.5.14, 2015.1.2, 2019.3.28>

제11조【공동구의 점용료 또는 사용료】
법 제44조의3제3항에 따른 공동구의 점용료 또는 사용료에 관한 사항은 「서울특별시 공동구 설치 및 점용료 등 징수 조례」에 따른다. <개정 2008.7.30, 2011.7.28, 2019.3.28>

제12조【공동구협의회의 구성 및 운영 등】
영 제39조의2제6항에 따른 공동구협의회의 구성·운영 등에 관하여 필요한 사항은 「서울특별시 도로 등 주요시설물 관리에 관한 조례」에 따른다.
[전문개정 2011.7.28]

제13조【도시계획시설채권의 상환기간 및 이율】
도시계획시설채권의 상환기간 및 이율에 관한 구체적인 사항은 법 제47조제3항의 범위안에서 「서울특별시 도시철도공채 조례」 제4조를 준용한다. <개정 2007.10.1, 2008.7.30, 2015.1.2, 2019.3.28>

제14조【도시계획시설부지의 매수 결정 등】
① 법 제47조에 따라 매수청구된 토지에 대한 매수여부 결정 및 통지와 매수 등의 절차 이행은 제10조 및 제68조에 따라 해당 도시계획시설을 설치·관리할 자가 행한다. <개정 2008.7.30>
② 도시계획시설을 설치·관리할 자가 불분명하거나 시가 관리하지 아니하는 시설로서 해당 도시계획시설사업의 시행자가 정하여지지 아니한 시설의 매수청구에 대한 절차 등의 이행은 제10조 및 제68조에 따라 해당 도시계획시설에 대한 인가·허가·승인 또는 신고 등의 사무(주된 용도의 사무처리를 말한다)를 처리하는 자가 행한다. <개정 2008.7.30>

제15조【매수불가 토지 안에서의 설치 가능한 건축물 등의 허용범위】
① 영 제41조제5항 단서에 따라 법 제47조제7항 각 호의 어느 하나에 해당하는 토지에 설치할 수 있는 건축물은 해당 용도지역·용도지구 또는 용도구역별 건축기준 범위안에서 다음 각 호의 어느 하나에 해당하는 것을 말한다. <개정 2008.7.30, 2010.1.7, 2014.10.20>
1. 「건축법 시행령」 별표1 제1호가목의 단독주택으로서 3층 이하인 것(연면적의 합계가 300제곱미터 이하인 것에 한한다)
2. 「건축법 시행령」 별표1 제3호의 제1종근린생활시설로서 3층 이하인 것(분양을 목적으로 하지 아니하고 연면적의 합계가 1천 제곱미터 이하인 것에 한한다)

3. 「건축법시행령」 별표 1 제4호의 제2종근린생활시설(같은 호 거목·더목 및 러목은 제외한다)로서 3층 이하인 것(분양을 목적으로 하지 아니하고, 연면적의 합계가 1천 제곱미터 이하인 것에 한한다)

② 영 제41조제5항단서에 따라 법 제47조제7항 각 호의 어느 하나에 해당하는 토지에 설치할 수 있는 공작물은 높이가 10미터 이하인 것에 한한다. <개정 2008.7.30, 2018.3.22>

제6장 지구단위계획

제16조【지구단위계획구역의 지정대상】

① 시장은 영 제43조제4항제8호에 따라 다음 각 호의 어느 하나에 해당하는 지역에 대하여 지구단위계획구역으로 지정할 수 있다. <개정 2007.10.1, 2008.7.30, 2011.7.28, 2012.11.1, 2017.9.21>

1. 공공시설의 정비 및 시가지 환경정비가 필요한 지역
2. 도시미관의 증진과 양호한 환경을 조성하기 위하여 건축물의 용도·건폐율·용적률 및 높이 등의 계획적 관리가 필요한 지역
3. 문화기능 및 벤처산업 등의 유치로 지역 특성화 및 활성화를 도모할 필요가 있는 지역
4. 준공업지역안의 주거·공장 등이 혼재한 지역으로서 계획적인 환경정비가 필요한 지역
5. 단독주택 등 저층주택이 밀집된 지역으로서 계획적 정비가 필요한 지역
6. 지역균형발전 등의 목적을 달성하기 위하여 계획적 개발 및 공공의 재정적 지원이 필요한 지역
7. 민자역사를 개발하려는 지역
8. 공공성 있는 전략개발을 실현할 필요가 있는 지역

② 시장은 토지소유자 등이 공동주택(아파트에 한한다)을 건축하려는 경우, 그 규모 등이 규칙으로 정하는 범위 또는 지역에 해당하는 때에는 해당 공동주택 건축예정부지를 지구단위계획구역으로 지정하여야 한다.다만, 다른 법률에 의하여 해당 지역에 토지이용 및 건축에 관한 계획이 수립되어 있는 경우에는 그러하지 아니하다. <개정 2008.7.30., 2012.11.1., 2017.9.21., 2020.7.16.>

③ 영 제43조제2항제2호에 따른 유사시설은 주차장, 자동차정류장, 자동차·건설기계운전학원, 유통업무설비, 전기·가스·열공급설비, 방송통신시설, 문화시설, 체육시설, 연구시설, 사회복지시설, 종합의료시설, 폐기물처리시설을 말한다. <신설 2012.11.1>

④ 영 제43조제3항에서 조례로 정하는 면적이란 5천제곱미터를 말한다. <신설 2019.3.28>

제17조【도시계획위원회의 자문】

① 시장은 지구단위계획구역을 지정하려는 때에는 법 제28조에 따른 주민의견을 청취하기 전에 지정의 타당성 여부 등에 대하여 시도시계획위원회 또는 시공동위원회에 자문을 할 수 있다. <개정 2008.7.30., 2017.9.21., 2020.7.16.>

② 제1항에 따라 시도시계획위원회 또는 시공동위원회에 자문하려는 때에는 구역지정을 위한 기초조사결과 및 개략적인 구역의 지정구상계획을 제출하여야 한다. <개정 2008.7.30., 2017.9.21., 2020.7.16.>

제18조【지구단위계획의 경미한 사항의 처리 등】

① 시장은 영 제25조제4항 각 호의 어느 하나에 해당하는 지구단위계획을 변경하는 경우에는 영 제25조제4항 각 호 외의 부분 후단에 따라 해당 공동위원회의 심의를 거치지 아니하고 변경할 수 있다. <개정 2005.1.5., 2008.7.30., 2015.1.2., 2020.7.16.>

② 영 제25조제4항 각 호의 어느 하나에 해당하는 경미한 사항의 변경함에 있어 해당 도시계획위원회 또는 공동위원회의 심의를 거쳐 처리하는 경우 동 위원회는 해당 지구단위계획의 수립취지에 반하지 아니하는 범위안에서 조건을 붙여 의결할 수 있다 <개정 2008.7.30., 2020.7.16.>

제19조【지구단위계획의 수립기준 등】

① 법 제51조 및 영 제43조 또는 이 조례 제16조에 따라 지정된 지구단위계획구역에 대한 지구단위계획 수립 및 운용 등에 관한 사항은 규칙으로 정한다. <개정 2006.10.4, 2008.7.30>

② 영 제42조의3제2항제12호다목에서 도시계획 조례로 정하는 시설이라 함은 다음 각 호의 시설을 말한다. 다만, 해당 지구단위계획구역에 공공시설 및 기반시설이 충분히 설치되어 있는 경우로 한정한다. <개정 2019.7.18, 2020.10.5., 2020.12.31.>

1. 「공공주택특별법」 제2조제1호가목에 따른 공공임대주택
2. 「건축법 시행령」 별표1제2호라목에 따른 기숙사(이하 "기숙사"라 한다)
3. 공공임대산업시설(「산업발전법 시행령」 제2조에 따른 산업 관련시설 또는 「서울특별시 전략산업육성 및 기업지원에 관한 조례」 제11조제3항에 따른 권장업종과 관련된 시설로서, 시장 또는 구청장이 산업 지원 또는 창업 지원, 영세상인 지원을 위해 임대로 공급하거나 직접 운영하는 시설물 및 이를 위한 부지를 말한다)
4. 공공임대상가(「서울특별시 상가임차인 보호를 위한 조례」 제3조제2호에 의한 상가로서, 시장 또는 구청장이 영세상인 지원을 위해 임대로 공급하거나 직접 운영하는 시설물 및 이를 위한 부지를 말한다)

제19조의2【공공시설 설치비용 및 부지가액 산정방법】

① 영 제46조제1항제2호에 따른 공공시설등 설치비용과 부지가액 산정방법은 다음 각 호와 같다. <개정 2018.3.22>

1. 공공시설등 설치비용은 시설설치에 소요되는 노무비, 재료비, 경비 등을 고려하여 산정한다.
2. 부지가액은 개별공시지가를 기준으로 인근 지역의 실거래가 등을 참고하여 산정한다.다만, 감정평가를 시행하는 경우 이를 기준으로 할 수 있다.

② 제1항의 산정방법 등 시행에 필요한 사항은 규칙으로 따로 정한다.
[본조신설 2011.7.28]

제19조의3【대규모 시설이전지 등에 대한 지구단위계획 수립】
① 영 제42조의3제2항제13호, 제14호에 따른 관할 시·군·구 내 공공시설등이 취약한 지역은 다음 각 호의 지역을 말한다. <개정 2018.3.22., 2018.10.4., 2020.7.16.>
1. 용도지구 중 경관지구, 보호지구, 취락지구, 개발진흥지구 또는 용도구역 중 개발제한구역 및 도시자연공원구역
2. 지구단위계획구역, 도시 및 주거환경정비법에 따른 정비구역 및 도시재정비 촉진을 위한 특별법에 따른 재정비촉진지구
3. 제1호 및 제2호의 어느 하나에 해당하지 않는 지역중 공공시설등이 부족하여 지원이 필요하다고 시도시계획위원회 또는 시공동위원회에서 인정하는 지역

② 영 제42조의3제2항제14호에 따른 공공시설등의 설치비용의 효율적 관리를 위하여 시장은 별도의 기금을 설치할 수 있으며, 그 기금의 사용용도는 다음 각 호와 같다. <개정 2018.10.4., 2019.12.31., 2020.7.16.>
1. 기반시설이 취약한 지역의 기반시설 설치를 위한 사업비
2. 기반시설 사업을 위한 사무관리비와 그 밖의 부대경비
3. 자금관리 운용에 필요한 경비 지출
4. 그 밖에 기금 조례에서 정하는 용도

③ 영 제42조의3제2항제15호에 따른 공공시설등 설치내용, 공공시설등 설치비용에 대한 산정방법 및 구체적인 운영기준은 다음 각 호와 같다. <개정 2018.10.4., 2020.7.16.>
1. 도시관리계획의 변경에 따른 구체적 개발계획과 그에 따른 공공시설등의 설치 제공 또는 공공시설등 설치를 위한 비용 제공 등(이하 "공공기여"라 한다.)을 도시관리계획 결정권자와 사전에 협의하여 인정된 경우에 한하여 협의된 내용을 바탕으로 수립할 것.
2. 공공기여의 내용은 감정평가를 통한 도시관리계획의 변경 전후 토지가치 상승분의 범위이내에서 결정한다.
3. 공공기여 내용 중 공공시설등 설치비용의 산정은 제19조의2(공공시설 설치비용 및 부지가액 산정방법)를 적용한다.
4. 제1호에 따른 사전협의 및 제2호에 따른 공공기여 내용 등 시행에 필요한 사항은 시장이 별도로 정할 수 있다.

[본조신설 2012.11.1]

제19조의4【반환금의 관리 등】
① 영 제46조제2항에 따른 반환금에 관한 사항은「서울특별시 지역균형발전 지원 조례」에 따른 뉴타운지구 및 균형발전촉진지구(이하 "균형발전사업지구"라 한다)와 지구단위계획구역에서 지구단위계획을 수립한 지역에 한한다. <개정 2007.10.1., 2008.7.30., 2012.11.1, 2020.12.31.>
② 반환금의 반환기간은 보상금 수령일로부터 10년이 되는 날까지이며, 건축허가(다른 법률에서 건축허가를 의제하는 경우를 포함한다)를 얻기 전까지 납부하여야 한다.이 경우 반환금의 일부 반환은 허용되지 아니한다.
③ 반환된 반환금은 기반시설의 확보에 사용하여야 하며 별도로 관리하여야 한다.
[본조신설 2005.1.5]
[제19조의2에서 이동 2011.7.28]

제19조의5【지구단위계획구역의 지정 및 행위제한 내용의 제공】
시장은 지구단위계획구역을 지정 또는 변경하는 경우 다음 각 호의 내용을「토지이용규제 기본법」제12조에 따른 국토이용정보체계를 통하여 시민들에게 제공할 수 있다.
1. 건축물의 용도제한
2. 건축물의 건폐율 및 용적률
3. 건축물 높이의 최고한도 또는 최저한도
4. 그 밖에 시장이 지구단위계획 중 시민에게 제공이 필요하다고 인정하는 사항

[본조신설 2016.5.19]

제7장 개발행위의 허가

제20조【허가를 받지 아니하여도 되는 경미한 행위】
영 제53조의 단서에 따라 개발행위의 허가를 받지 아니하여도 되는 경미한 행위는 다음 각 호와 같다. <개정 2008.7.30, 2016.1.7>
1. 무게가 30톤 이하, 부피가 30세제곱미터 이하 및 수평투영면적이 30제곱미터 이하인 공작물을 설치하는 행위
2. 채취면적이 15제곱미터 이하인 토지에서의 부피 30세제곱미터 이하의 토석을 채취하는 행위

3. 면적이 15제곱미터 이하인 토지에 전체무게 30톤 이하 및 전체부피 30세제곱미터 이하로 물건을 쌓는 행위

제21조【개발행위허가의 절차 등】
① 시장은 법 제57조제4항에 따라 개발행위허가를 함에 있어서 다음 각 호의 사항을 검토하여 필요한 경우 조건을 부여할 수 있다. <개정 2008.7.30>
1. 공익상 적정 여부
2. 이해관계인의 보호 여부
3. 주변의 환경·경관·교통 및 미관 등의 훼손 여부
4. 역사적·문화적·향토적 가치 및 보존 여부
5. 조경 및 재해예방 등의 조치 필요 여부
6. 관계 법령에서 규정하고 있는 공공시설의 확보 여부 등
② 시장은 토지형질변경, 토석채취 및 대상토지면적 1천제곱미터 이상 물건을 쌓아 놓는 행위허가에 대하여는 시도시계획위원회의 심의를 거쳐야 한다. <개정 2018.1.4>
③ 영 제55조제1항제1호에 따라 용도지역별 개발행위의 규모를 초과하는 개발행위허가에 대하여는 해당 개발행위가 영 제55조제3항제3의2 각 목의 어느 하나에 해당하는 경우 시도시계획위원회의 심의를 거쳐야 하고, 자치구의 구청장은 시도시계획위원회의 심의를 요청하기 전에 해당 자치구에 설치된 구도시계획위원회에 자문할 수 있다. <신설 2014.1.9>

제22조【이행보증금 등】
① 법 제60조제1항제3호에 따라 이행보증금의 예치가 제외되는 공공단체는 「지방공기업법」에 따라 시 또는 자치구에서 설립한 공사 및 공단 등으로 한다 <개정 2008.7.30, 2019.5.16>
② 영 제59조제2항에 따라 이행보증금은 개발행위에 필요한 총공사비의 20퍼센트(산지에서의 개발행위의 경우 「산지관리법」 제38조에 따른 복구비를 합하여 총공사비의 20퍼센트 이내)에 해당하는 금액으로 한다. <개정 2006.10.4, 2008.7.30, 2016.1.7>
③ 제2항에 따른 이행보증금은 「서울특별시 예산 및 기금의 회계관리에 관한 규칙」에 따라 현금으로 예치하거나 「국가를 당사자로 하는 계약에 관한 법률 시행령」 제37조제2항 각 호의 보증서 등으로 갈음할 수 있다. <개정 2008.7.30, 2020.12.31.>
④ 시장은 개발행위허가를 받은 자(이하 "허가를 받은 자"라 한다)가 착공 후 허가기간내에 공사를 이행하지 아니하거나 재해방지를 위한 조치 등을 이행하지 아니하는 때에는 허가를 받은 자에게 공사이행 등의 조치를 하도록 촉구하여야 한다.
⑤ 시장은 허가를 받은 자가 제4항에 따른 조치를 하지 아니한 때에는 예치된 이행보증금으로 공사중단 등에 따른 재해방지를 위하여 「행정대집행법」에 따라 대집행을 할 수 있다. <개정 2008.7.30, 2010.1.7>

제23조 삭제 <2006.10.4>

제24조【개발행위허가의 기준 등】
영 별표 1의2에 따른 개발행위허가의 기준 등은 별표 1과 같다. <개정 2008.7.30, 2011.7.28>

제24조의2【기반시설의 부담 등】
기반시설 용량의 범위안에서 개발행위허가를 허용하는 기반시설연동제의 적용에 관하여는 법·영이 정하는 범위안에서 규칙으로 정한다.

제24조의3【개발행위허가 제한시 주민의견의 청취】
① 시장은 법 제63조에 따라 개발행위허가를 제한하려면 「토지이용규제 기본법」 제8조에 따라 주민의 의견을 청취하여야 한다.
② 시장은 주민의 의견 청취를 위하여 개발행위허가 제한 열람공고와 동시에 등기부에 표기된 토지 및 건물소유자(세입자 포함)에게 의견 청취 관련 사항에 관하여 우편(전자우편 포함)을 발송하거나 현수막 설치 등을 통해 알릴 수 있다.
[본조신설 2015.5.14]

제8장 용도지역·용지지구 및 용도구역안에서의 행위제한 <개정 2011.7.28>

제1절 용도지역안에서의 행위제한

제25조【제1종전용주거지역안에서 건축할 수 있는 건축물】
제1종전용주거지역안에서는 영 별표 2 제1호의 각 목의 건축물과 영 별표 2 제2호에 따라 다음 각 호의 건축물을 건축할 수 있다. <개정 2006.11.20., 2008.7.30., 2010.1.7., 2017.3.23., 2019.12.31 2020.12.31.>
1. 「건축법시행령」 별표 1 제1호의 단독주택중 다가구주택
2. 「건축법 시행령」 별표 1 제2호의 공동주택중 다세대주택으로서 19세대 이하인 것(허가권자가 해당 도시계획위원회의 심의를 거치는 것에 한정한다)

3. 「건축법 시행령」 별표 1 제3호의 제1종근린생활시설중 변전소·양수장·정수장·대피소·공중화장실 그 밖에 이와 유사한 것으로서 해당 용도에 쓰이는 바닥면적의 합계가 1천제곱미터 미만인 것
4. 「건축법 시행령」 별표 1 제4호의 제2종근린생활시설중 종교집회장(타종시설 및 옥외확성장치가 없는 것에 한한다)
5. 「건축법 시행령」 별표 1 제5호의 문화 및 집회시설중 전시장(박물관·미술관·기념관)으로서 해당 용도에 쓰이는 바닥면적의 합계가 1천제곱미터 미만인 것에 한한다.
6. 「건축법 시행령」 별표 1 제6호의 종교시설중 종교집회장<제2종 근린생활시설에 해당하지 아니하는 것으로서 타종시설 및 옥외확성장치가 없는 것에 한한다)으로서 해당 용도에 쓰이는 바닥면적의 합계가 1천제곱미터 미만인 것에 한한다.
7. 「건축법 시행령」 별표 1 제10호의 교육연구시설 중 유치원초등학교
8. 「건축법 시행령」 별표 1 제11호의 노유자시설중 다음 각 목의 건축물
   가. 아동관련시설
   나. 노인복지시설(「주택법 시행령」 제4조제3호에 따른 노인복지주택은 제외한다)
9. 「건축법 시행령」 별표 1 제20호의 자동차관련시설중 주차장(너비 12미터 이상인 도로에 접한 대지에 건축하는 것에 한한다)

제26조【제2종전용주거지역안에서 건축할 수 있는 건축물】
제2종전용주거지역안에서는 영 별표 3 제1호의 각 목의 건축물과 영 별표 3 제2호에 따라 다음 각 호의 건축물을 건축할 수 있다. <개정 2006.11.20, 2008.7.30, 2017.3.23>
1. 「건축법 시행령」 별표 1 제4호의 제2종근린생활시설중 종교집회장(타종시설 및 옥외확성장치가 없는 것에 한한다)
2. 「건축법 시행령」 별표 1 제5호의 문화 및 집회시설중 전시장(박물관 · 미술관 · 기념관)으로서 해당 용도에 쓰이는 바닥면적의 합계가 1천제곱미터 미만인 것에 한한다.
3. 「건축법 시행령」 별표 1 제6호의 종교시설중 종교집회장<제2종 근린생활시설에 해당하지 아니하는 것으로서 타종시설 및 옥외확성장치가 없는 것에 한한다)으로서 해당 용도에 쓰이는 바닥면적의 합계가 1천제곱미터 미만인 것에 한한다.
4. 「건축법 시행령」 별표 1 제10호의 교육연구시설중 유치원 · 초등학교 · 중학교 및 고등학교
5. 「건축법 시행령」 별표 1 제11호의 노유자시설중 다음 각 목의 건축물
   가. 아동관련시설
   나. 노인복지시설
6. 「건축법 시행령」 별표 1 제20호의 자동차관련시설중 주차장(너비 12미터 이상인 도로에 접한 대지에 건축하는 것에 한한다)

제27조【제1종일반주거지역안에서 건축할 수 있는 건축물】
제1종일반주거지역안에서는 영 별표 4 제1호의 각 목의 건축물과 영 별표 4 제2호에 따라 다음 각 호의 건축물을 건축할 수 있다. <개정 2006.11.20, 2008.7.30, 2010.1.7, 2011.7.28, 2012.7.30, 2017.3.23, 2018.10.4>
1.「건축법 시행령」 별표 1 제4호의 제2종근린생활시설 중 다음 각 목의 건축물
   가. 종교집회장(교회, 성당, 사찰, 기도원, 수도원, 수녀원, 제실(祭室), 사당, 그 밖에 이와 비슷한 것을 말한다)으로서 같은 건축물에 해당 용도로 쓰는 바닥면적의 합계가 5백제곱미터 미만인 것
   나. 서점(「건축법 시행령」 별표 1 제3호의 제1종근린생활시설에 해당하지 않는 것)으로서 같은 건축물에 해당 용도로 쓰는 바닥면적의 합계가 1천제곱미터 미만인 것
   다. 사진관, 표구점으로서 같은 건축물에 해당 용도로 쓰는 바닥면적의 합계가 1천제곱미터 미만인 것
   라. 휴게음식점, 제과점 등 음료 · 차 · 음식 · 빵 · 떡 · 과자 등을 조리하거나 제조하여 판매하는 시설(「건축법 시행령」 별표 1 제4호의 너목 또는 제17호에 해당하는 것은 제외한다)로서 같은 건축물에 해당 용도로 쓰는 바닥면적의 합계가 1천제곱미터 미만인 것
   마. 일반음식점으로서 같은 건축물에 해당 용도로 쓰는 바닥면적의 합계가 1천제곱미터 미만인 것
   바. 장의사, 동물병원, 동물미용실, 그 밖에 이와 유사한 것으로서 같은 건축물에 해당 용도로 쓰는 바닥면적의 합계가 1천제곱미터 미만인 것
   사. 학원(자동차학원 · 무도학원 및 정보통신기술을 활용하여 원격으로 교습하는 것은 제외한다), 교습소(자동차교습 · 무도교습 및 정보통신기술을 활용하여 원격으로 교습하는 것은 제외한다), 직업훈련소(운전 · 정비 관련 직업훈련소는 제외한다)로서 같은 건축물에 해당 용도로 쓰는 바닥면적의 합계가 5백제곱미터 미만인 것
   아. 독서실, 기원으로서 같은 건축물에 해당 용도로 쓰는 바닥면적의 합계가 1천제곱미터 미만인 것
   자. 테니스장, 체력단련장, 에어로빅장, 볼링장, 당구장, 실내낚시터, 골프연습장, 놀이형시설(「관광진흥법」에 따른 기타유원시설업의 시설을 말한다) 등 주민의 체육 활동을 위한 시설(「건축법 시행령」 별표 1 제3호 마목의 시설은 제외한다)로서 같은 건축물에 해당 용도로 쓰는 바닥면적의 합계가 5백제곱미터 미만인 것
   차. 금융업소, 사무소, 부동산중개사무소, 결혼상담소 등 소개업소, 출판사 등 일반업무시설로서 같은 건축물에 해당 용도로 쓰는 바닥면적의 합계가 5백제곱미터 미만인 것(「건축법 시행령」 별표 1 제3호의 제1종근린생활시설에 해당하는 것은 제외한다)
2. 「건축법 시행령」 별표 1 제5호의 문화 및 집회시설중 전시장 및 동 · 식물원(너비 12미터 이상인 도로에 12미터 이상 접한 대지에 건축하는 것에 한한다.다만, 해당 용도에 사용하는 바닥면적의 합계가 1천제곱미터 미만인 박물관 · 미술관 · 기념관은 그러하지 아니하다)
3. 「건축법 시행령」 별표 1 제6호의 종교시설중 종교집회장으로서 제2종 근린생활시설에 해당하지 아니하는 것
4. 「건축법 시행령」 별표 1 제6호의 종교시설중 종교집회장안에 설치하는 봉안당(유골 750구 이하에 한한다).
5. 「건축법 시행령」 별표 1 제10호의 교육연구시설(학원은 제외한다)

6. 「건축법 시행령」 별표 1 제12호의 수련시설 중 유스호스텔(너비 15미터 이상인 도로에 20미터 이상 접한 대지에 건축하는 것에 한한다)
7. 「건축법 시행령」 별표 1 제13호의 운동시설(옥외 철탑이 설치된 골프연습장을 제외하며, 너비 12미터 이상인 도로에 12미터 이상 접한 대지에 건축하는 것에 한한다)
8. 「건축법 시행령」 별표 1 제20호의 자동차관련시설중 주차장
9.「건축법 시행령」 별표 1 제23호의 교정 및 군사 시설의 국방·군사시설 중 다음 각 목의 요건을 모두 갖춘 경우
  가. 군부대시설(2016년 12월 31일 현재 제1종일반주거지역에 입지한 시설에 한정한다)인 대지 안에 건축하는 경우
  나. 「국방·군사시설 사업에 관한 법률」에 따른 군부대에 부속된 시설로서 군인의 주거·복지·체육 또는 휴양 등을 위하여 필요한 시설을 건축하는 경우
10. 「건축법 시행령」 별표 1 제25호의 발전시설 중 발전소(「신에너지 및 재생에너지 개발·이용·보급 촉진법」 제2조2호에 따른 태양에너지·연료전지·지열에너지·수소에너지를 이용한 발전소에 한정한다)

제28조 【제2종일반주거지역안에서 건축할 수 있는 건축물】

① 영 별표 5 제1호 및 제2호에 따라 제2종일반주거지역안에서 건축할 수 있는 건축물의 층수는 다음 각 호와 같다. <개정 2006.3.16., 2006.10.4., 2007.10.1., 2008.7.30., 2011.7.23., 2012.5.22., 2015.1.2, 2020.10.5.>
  1. 5층 이하의 건축물이 밀집한 지역으로서 스카이라인의 급격한 변화로 인한 도시경관의 훼손을 방지하기 위하여 시 도시계획위원회의 심의를 거쳐 시장이 지정·고시한 구역안에서의 건축물의 층수는 7층 이하로 한다. 다만, 다음 각 목의 어느 하나에 해당하는 경우에는 시도시계획위원회, 시공동위원회, 시도시재정비위원회, 시도시재생위원회 또는 시시장정비사업 심의위원회 등 시도시계획 관련 위원회의 심의를 거쳐 그 층수를 완화할 수 있다.
    가. 「전통시장 및 상점가 육성을 위한 특별법」 제37조에 따른 시장정비사업 추진계획 승인대상 전통시장 : 15층 이하
    나. 균형발전사업지구·산업개발진흥지구 또는 「재난 및 안전관리기본법」 제27조에 따른 특정관리대상시설중 「건축법 시행령」 별표 1 제2호가목에 따른 아파트(이하 "특정관리대상 아파트"라 한다) : 10층 이하
    다. 「건축법 시행령」 별표 1 제2호가목에 따른 아파트를 건축하는 경우 : 평균층수 7층 이하. 다만, 사업계획부지의 일부를 공공시설부지로 기부채납하는 경우 평균층수 13층 이하
  2. 제1호 이외의 지역에서 「건축법 시행령」 별표 1 제2호가목에 따른 아파트를 건축하는 경우 경관관리 또는 주거환경 보호를 위해 시도시계획위원회, 시공동위원회, 시도시재정비위원회, 시도시재생위원회 또는 시시장정비사업 심의위원회 등 시도시계획 관련 위원회 심의를 거쳐 층수를 따로 정할 수 있다.
  3. 삭제 <2012.5.22>
  4. 삭제 <2012.5.22>
    가. 삭제 <2010.1.7>
    나. 삭제 <2010.1.7>

② 제1항제1호에 따른 "평균층수"는 아파트의 지상 연면적을 규칙으로 정하는 기준면적으로 나누어 환산한 층수를 말한다. <개정 2006.3.16, 2008.7.30, 2012.11.1>

③ 제2종일반주거지역안에서는 영 별표 5 제1호의 각목의 건축물과 영 별표 5 제2호에 따라 다음 각 호의 건축물을 건축할 수 있다. <개정 2006.11.20, 2007.10.1, 2008.7.30, 2009.07.30, 2010.1.7, 2011.7.28, 2012.7.30, 2017.3.23., 2019.1.3., 2019.12.31>
  1. 「건축법 시행령」 별표 1 제4호의 제2종근린생활시설 중 다음 각 목의 건축물
    가. 공연장(극장, 영화관, 연예장, 음악당, 서커스장, 비디오물감상실, 비디오물소극장, 그 밖에 이와 비슷한 것으로서 같은 건축물에 해당 용도로 쓰는 바닥면적의 합계가 5백제곱미터 미만이고 너비 12미터 이상인 도로에 접한 대지에 건축하는 것에 한정한다)
    나. 종교집회장(교회, 성당, 사찰, 기도원, 수도원, 수녀원, 제실(祭室), 사당, 그 밖에 이와 비슷한 것)으로서 같은 건축물에 해당 용도로 쓰는 바닥면적의 합계가 5백제곱미터 미만인 것
    다. 자동차영업소(같은 건축물에 해당 용도로 쓰는 바닥면적의 합계가 1천제곱미터 미만인 것으로서 너비 20미터 이상인 도로에 접한 대지에 건축하는 것에 한정한다)
    라. 서점(「건축법 시행령」 별표 1 제3호의 제1종근린생활시설에 해당하지 않는 것)
    마. 총포판매소(너비 20미터 이상인 도로에 접한 대지에 건축하는 것에 한한다)
    바. 사진관, 표구점
    사. 청소년게임제공업소, 복합유통게임제공업소, 인터넷컴퓨터게임시설제공업소, 그 밖에 이와 비슷한 게임 관련 시설(같은 건축물에 해당 용도로 쓰는 바닥면적의 합계가 5백제곱미터 미만인 것으로서 너비 12미터 이상인 도로에 접한 대지에 건축하는 것에 한정한다)
    아. 휴게음식점, 제과점 등 음료·차(茶)·음식·빵·떡·과자 등을 조리하거나 제조하여 판매하는 시설(「건축법 시행령」 별표 1 제4호의 너목 또는 제17호에 해당하는 것은 제외한다)
    자. 일반음식점
    차. 장의사, 동물병원, 동물미용실, 그 밖에 이와 유사한 것
    카. 학원(자동차학원·무도학원 및 정보통신기술을 활용하여 원격으로 교습하는 것은 제외한다), 교습소(자동차교습·무도교습 및 정보통신기술을 활용하여 원격으로 교습하는 것은 제외한다), 직업훈련소(운전·정비 관련 직업훈련소는 제외한다)로서 같은 건축물에 해당 용도로 쓰는 바닥면적의 합계가 5백제곱미터 미만인 것
    타. 독서실, 기원

파. 테니스장, 체력단련장, 에어로빅장, 볼링장, 당구장, 실내낚시터, 골프연습장, 놀이형시설(「관광진흥법」에 따른 기타유원시설업의 시설을 말한다) 등 주민의 체육 활동을 위한 시설(「건축법 시행령」 별표 1 제3호 마목의 시설은 제외한다)로서 같은 건축물에 해당 용도로 쓰는 바닥면적의 합계가 5백제곱미터 미만인 것

하. 금융업소, 사무소, 부동산중개사무소, 결혼상담소 등 소개업소, 출판사 등 일반업무시설로서 같은 건축물에 해당 용도로 쓰는 바닥면적의 합계가 5백제곱미터 미만인 것(「건축법 시행령」 별표 1 제3호의 제1종근린생활시설에 해당하는 것은 제외한다)

거. 다중생활시설(같은 건축물에 해당 용도로 쓰는 바닥면적의 합계가 5백제곱미터 미만인 것으로서 너비 12미터 이상인 도로에 접한 대지에 건축하는 것에 한정한다)

너. 제조업소, 수리점 등 물품의 제조·가공·수리 등을 위한 시설(너비 12미터 이상인 도로에 접한 대지에 건축하는 것에 한한다)로서 같은 건축물에 해당 용도로 쓰는 바닥면적의 합계가 5백제곱미터 미만이고, 다음 요건 중 어느 하나에 해당 하는 것

1) 「대기환경보전법」, 「물환경보전법」 또는 「소음·진동관리법」에 따른 배출시설의 설치 허가 또는 신고의 대상이 아닌 것

2) 「대기환경보전법」, 「물환경보전법」 또는 「소음·진동관리법」에 따른 배출시설의 설치 허가 또는 신고의 대상 시설이나 귀금속·장신구 및 관련 제품 제조시설로서 발생되는 폐수를 전량 위탁처리하는 것

더. 노래연습장(너비 12미터 이상인 도로에 접한 대지에 건축하는 것에 한정한다)

2. 「건축법 시행령」 별표 1 제5호의 문화 및 집회시설중 다음 각 목의 건축물

가. 공연장·집회장(마권장외발매소, 마권전화투표소는 제외하며, 해당 용도에 쓰이는 바닥면적의 합계가 2천제곱미터 미만인 것에 한한다. 다만, 지구단위계획을 수립할 경우 지구단위계획으로 완화할 수 있다)

나. 전시장 및 동·식물원(너비 12미터 미만인 도로에 접한 대지에 건축하는 경우에는 해당 용도에 쓰이는 바닥면적의 합계가 2천제곱미터 미만인 것에 한한다)

3. 「건축법 시행령」 별표 1 제7호의 판매시설중 다음 각 목의 건축물

가. 소매시장 및 상점으로서 해당 용도에 쓰이는 바닥면적의 합계가 2천제곱미터 미만인 것(너비 20미터 이상인 도로에 접한 대지에 건축하는 것에 한한다)

나. 기존의 도매시장 또는 소매시장을 재건축하는 경우로서 종전의 해당 용도에 쓰이는 바닥면적의 합계의 3배 이하 또는 대지면적의 2배 이하인 것

4. 「건축법 시행령」 별표 1 제9호의 의료시설중 병원

5. 「건축법 시행령」 별표 1 제10호의 교육연구시설

6. 「건축법 시행령」 별표 1 제12호의 수련시설(야영장시설은 제외하며, 유스호스텔의 경우에는 너비 15미터 이상인 도로에 20미터 이상 접한 대지에 건축하는 것에 한정한다)

7. 「건축법 시행령」 별표 1 제13호의 운동시설(너비 12미터 미만인 도로에 접한 대지의 경우에는 해당 용도에 쓰이는 바닥면적의 합계가 2천제곱미터 미만인 것에 한한다)

8. 「건축법 시행령」 별표 1 제14호의 업무시설중 공공업무시설·금융업소 및 사무소로서 해당 용도에 쓰이는 바닥면적의 합계가 3천제곱미터 미만인 것

9. 「건축법 시행령」 별표 1 제18호의 창고시설(물류터미널 및 집배송시설 제외)로서 해당 용도에 쓰이는 바닥면적의 합계가 1천제곱미터 미만인 것

10. 「건축법 시행령」 별표 1 제19호의 위험물저장 및 처리시설중 다음 각 목의 건축물

가. 주유소·석유판매소 및 액화가스판매소

나. 「대기환경보전법」에 따른 저공해자동차 연료공급시설

다. 시내버스차고지에 설치하는 액화석유가스충전소 및 고압가스충전·저장소

라. 도료류 판매소

11. 「건축법 시행령」 별표 1 제20호의 자동차관련시설중 다음 각 목의 건축물

가. 주차장

나. 세차장

다. 「여객자동차 운수사업법」 또는 「화물자동차 운수사업법」에 따른 차고 중 다음의 요건을 갖춘 대지에 건축하는 건축물

(1) 너비 12미터(일반택시운송사업용 및 자동차대여사업용 차고는 6미터, 마을버스운송사업용의 차고는 8미터) 이상 도로에 접한 대지

(2) 입지, 출입구, 주변교통량, 지역여건 등을 고려하여 구청장이 주민 열람 후 구도시계획위원회의 심의를 거쳐 주거환경을 침해할 우려가 없다고 인정하여 지정·공고한 구역안에 위치한 대지

12. 「건축법 시행령」 별표 1 제21호에 따른 동물 및 식물 관련 시설 중 다음 각 목의 건축물

가. 작물재배사

나. 종묘배양시설

다. 화초 및 분재 등의 온실

라. 식물과 관련된 가목부터 다목까지 시설과 유사한 것(동·식물원은 제외한다)

13. 「건축법 시행령」 별표 1 제23호의 교정 및 군사시설 중 국방·군사시설

14. 「건축법 시행령」 별표 1 제24호의 방송통신시설

15. 「건축법 시행령」 별표 1 제25호의 발전시설 중 발전소(「신에너지 및 재생에너지 개발·이용·보급 촉진법」 제2조2호에 따른 태양에너지·연료전지·지열에너지·수소에너지를 이용한 발전소와 지역난방을 위한 열병합발전소에 한한다)

④ 제3항제1호에도 불구하고 구청장은 시장과의 협의 및 구도시계획위원회의 심의를 거쳐 주거환경을 침해할 우려가 없다고 인정하여 지정 · 공고한 구역안에 위치한 대지에 한해 제3항제1호의 가목, 사목, 너목, 더목 각각의 건축물 접도조건을 완화하여 건축하게 할 수 있다. <신설 2019.1.3>

제29조 【제3종일반주거지역안에서 건축할 수 있는 건축물】
제3종일반주거지역안에서는 영 별표 6 제1호의 각 목의 건축물과 영 별표 6 제2호에 따라 다음 각 호의 건축물을 건축할 수 있다. <개정 2006.11.20, 2007.10.1, 2008.7.30, 2009.7.30, 2010.1.7, 2011.7.28, 2012.7.30, 2014.10.20, 2017.3.23, 2018.10.4., 2019.1.3., 2019.12.31, 2020.12.31>

1. 「건축법 시행령」 별표 1 제4호의 제2종근린생활시설(단란주점 및 안마시술소는 제외하며, 자동차영업소는 1천제곱미터 미만, 총포판매소는 2천제곱미터 미만으로서 너비 20미터 이상인 도로에 접한 대지에 건축하는 것에 한정한다)
2. 「건축법 시행령」 별표 1 제5호의 문화 및 집회시설중 다음 각 목의 건축물
   가. 공연장·집회장(마권장외발매소, 마권전화투표소는 제외하며, 해당용도에 쓰이는 바닥면적의 합계가 3천제곱미터 미만인 것에 한한다. 다만, 예식장을 제외한 용도의 건축물은 너비 20미터 이상인 도로에 접한 대지에 건축하는 경우에는 그러하지 아니하다)
   나. 전시장 및 동·식물원(너비 12미터 미만인 도로에 접한 대지에 건축하는 경우에는 해당 용도에 쓰이는 바닥면적의 합계가 3천제곱미터 미만인 것에 한한다)
3. 「건축법 시행령」 별표 1 제7호의 판매시설중 다음 각 목의 건축물
   가. 소매시장 및 상점으로서 해당 용도에 쓰이는 바닥면적의 합계가 2천제곱미터 미만인 것(너비 20미터 이상인 도로에 접한 대지에 건축하는 것에 한한다)
   나. 기존의 도매시장 또는 소매시장을 재건축하는 경우로서 해당 용도에 쓰이는 바닥면적의 합계의 4배 이하 또는 대지면적의 2배 이하인 것
4. 「건축법 시행령」 별표 1 제9호의 의료시설 중 병원
5. 「건축법 시행령」 별표 1 제10호의 교육연구시설
6. 「건축법 시행령」 별표 1 제12호의 수련시설(야영장 시설은 제외하며, 유스호스텔의 경우 너비 15미터 이상인 도로에 20미터 이상 접한 대지에 건축하는 것에 한정한다)
7. 「건축법 시행령」 별표 1 제13호의 운동시설(너비 12미터 미만인 도로에 접한 대지에 건축하는 경우에는 해당 용도에 쓰이는 바닥면적의 합계가 3천제곱미터 미만인 것에 한한다)
8. 「건축법 시행령」 별표 1 제14호의 업무시설(오피스텔의 경우 너비 20미터 이상 도로에 접한 대지에 건축하는 것에 한한다)로서 해당 용도에 쓰이는 바닥면적의 합계가 3천제곱미터 미만인 것
9. 「건축법 시행령」 별표 1 제17호 의 공장(너비 8미터 이상인 도로에 접한 대지에 건축하는 것에 한한다.다만, 지식산업센터(시장이 필요하다고 인정하여 지정·공고한 구역안의 것에 한한다), 인쇄업, 기록매체복제업, 봉제업(의류편조업을 포함한다), 컴퓨터 및 주변기기제조업, 컴퓨터관련 전자제품조립업 및 두부제조업의 공장으로서 다음의 각 목의 어느 하나에 해당하지 아니하는 것
   가. 「대기환경 보전법」 제2조제9호에 따른 특정대기유해물질을 배출하는 것
   나. 「대기환경 보전법」 제2조제11호에 따른 대기오염물질배출시설에 해당하는 시설로서 같은 법 시행령 별표 1의3에 따른 1종사업장부터 4종사업장까지에 해당하는 것
   다. 「물환경보전법」 제2조제8호에 따른 특정수질유해물질을 배출하는 것. 다만, 같은 법 제34조에 따라 폐수무방류배출시설의 설치허가를 받아 운영하는 경우는 제외한다.
   라. 「물환경보전법」 제2조제10호에 따른 폐수배출시설에 해당하는 시설로서 같은 법 시행령 별표 13에 따른 1종사업장부터 4종사업장까지에 해당하는 것
   마. 「폐기물관리법」 제2조제4호에 따른 지정폐기물을 배출하는 것
   바. 「소음·진동관리법」 제7조 에 따른 배출허용기준의 2배 이상인 것
10. 「건축법 시행령」 별표 1 제18호의 창고시설(물류터미널 및 집배송시설 제외)로서 해당 용도에 쓰이는 바닥면적의 합계가 2천제곱미터 미만인 것
11. 「건축법 시행령」 별표 1 제19호의 위험물저장 및 처리시설중 다음 각 목의 건축물
   가. 주유소·석유판매소 및 액화가스판매소
   나. 「대기환경 보전법」에 따른 저공해자동차의 연료공급시설
   다. 시내버스차고지에 설치하는 액화석유가스충전소 및 고압가스충전·저장소
   라. 도료류 판매소
12. 「건축법 시행령」 별표 1 제20호의 자동차관련시설 중 다음 각 목의 건축물
   가. 주차장
   나. 세차장
   다. 「여객자동차 운수사업법」 또는 「화물자동차 운수사업법」에 따른 차고 중 다음의 요건을 갖춘 대지에 건축하는 건축물
   (1) 너비 12미터(일반택시운송사업용 및 자동차대여사업용 차고는 6미터, 마을버스운송사업용의 차고는 8미터) 이상 도로에 접한 대지
   (2) 입지, 출입구, 주변교통량, 지역여건 등을 고려하여 구청장이 주민 열람 후 구도시계획위원회의 심의를 거쳐 주거환경을 침해할 우려가 없다고 인정하여 지정·공고한 구역안에 위치한 대지
13. 「건축법 시행령」 별표 1의 제21호에 따른 동물 및 식물관련시설중 다음 각 목의 건축물
   가. 작물재배사

나. 종묘배양시설
다. 화초 및 분재 등의 온실
라. 식물과 관련된 가목부터 다목까지 시설과 유사한 것(동·식물원은 제외한다)
14.「건축법 시행령」 별표 1 제23호의 교정 및 군사시설중 다음 각 목의 건축물
가. 교정시설, 보호관찰소 및 갱생보호소 그 밖의 범죄자의 갱생·보육·교육·보건 등의 용도에 쓰이는 시설(구청장이 구도시계획위원회의 심의를 거쳐 주거환경을 침해할 우려가 없다고 인정하여 지정·공고한 구역에 한한다)
나. 국방·군사시설
15.「건축법 시행령」 별표 1 제24호의 방송통신시설
16.「건축법 시행령」 별표 1 제25호의 발전시설 중 발전소(「신에너지 및 재생에너지 개발·이용·보급 촉진법」 제2조2호에 따른 태양에너지·연료전지·지열에너지·수소에너지를 이용한 발전소와 지역난방을 위한 열병합발전소에 한한다)

제30조【준주거지역안에서 건축할 수 없는 건축물】
준주거지역안에서는 영 별표 7 제1호의 각 목의 건축물과 영 별표 7 제2호에 따라 다음 각 호의 건축물을 건축할 수 없다. <개정 2017.3.23>
1.「건축법 시행령」 별표 1 제5호의 문화 및 집회시설 중 마권 장외 발매소, 마권 전화투표소, 경마장, 경륜장, 경정장
2.「건축법 시행령」 별표 1 제8호의 운수시설(철도시설은 제외한다)
3.「건축법 시행령」 별표1 제15호의 숙박시설 중 생활숙박시설
4.「건축법 시행령」 별표 1 제18호의 창고시설(창고 및 하역장은 제외한다)
5.「건축법 시행령」 별표 1 제19호의 위험물저장 및 처리시설중 다음 각 목을 제외한 건축물
가. 주유소 및 석유판매소
나. 액화가스취급소
다. 액화가스판매소
라. 시내버스차고지에 설치하는 액화석유가스충전소 및 고압가스충전 · 저장소
마.「대기환경 보전법」에 따른 저공해자동차의 연료공급시설
바. 도료류 판매소
6.「건축법 시행령」 별표 1 제20호의 자동차관련시설 중 다음 각 목의 건축물
가. 정비공장(자동차종합정비공장에 한한다)
나. 차고(「여객자동차 운수사업법」 및「화물자동차 운수사업법」에 따른 차고는 제외한다) 및 주기장
7.「건축법 시행령」 별표 1 제21호의 동물 및 식물관련시설 중 가축시설
8.「건축법 시행령」 별표 1제23호의 교정 및 군사시설 중 다음 각 목의 건축물
가. 교정시설, 갱생보호시설, 그 밖에 범죄자의 갱생 · 보육 · 교육 · 보건 등의 용도에 쓰이는 시설(구청장이 구도시계획위원회의 심의를 거쳐 주거환경을 침해할 우려가 없다고 인정하여 지정 · 공고한 구역은 제외한다)
나. 소년원 및 소년분류심사원
9.「건축법 시행령」 별표 1 제25호의 발전시설(「신에너지 및 재생에너지 개발 · 이용 · 보급 촉진법」 제2조2호에 따른 태양에너지 · 연료전지 · 지열에너지 · 수소에너지를 이용한 발전소와 지역난방을 위한 열병합발전소는 제외한다)
10.「건축법 시행령」 별표 1 제27호의 관광휴게시설
[전문개정 2014.10.20]

제31조【중심상업지역안에서 건축할 수 없는 건축물】
① 중심상업지역안에서는 영 별표 8 제1호의 각 목의 건축물과 영 별표 8 제2호에 따라 다음 각 호의 건축물을 건축할 수 없다. <개정 2014.10.20, 2017.3.23, 2017.7.13>
1.「건축법 시행령」 별표 1 제2호의 공동주택[별표3에 따라 주거외의 용도와 복합된 것은 제외한다]
2.「건축법 시행령」 별표 1 제9호의 의료시설 중 격리병원
3.「건축법 시행령」 별표 1 제19호의 위험물저장 및 처리시설 중 위험물 제조소 · 저장소 · 취급소
4.「건축법 시행령」 별표 1 제23호의 교정 및 군사 시설 중 다음 각 목에 해당하는 것
가. 교정시설
나. 갱생보호시설, 그 밖에 범죄자의 갱생 · 보육 · 교육 · 보건 등의 용도로 쓰는 시설
다. 소년원 및 소년분류심사원
5.「건축법 시행령」 별표 1 제27호의 관광휴게시설 중 휴게소, 공원 · 유원지, 관광지 부수시설
② 영 별표 8 제1호의 다목 및 라목 규정에 따라 주거지역 경계로부터 50미터(주거지역 경계가 너비 6미터 이상 도로에 접한 경우 도로 너비를 거리 산정시 포함하여 계산한다. 이하 같다) 이내의 지역안에서는「건축법 시행령」 별표 1 제15호숙박시설 중 일반숙박시설 및 생활숙박시설과 제16호 위락시설로의 용도로 건축 또는 용도변경을 할 수 없으며, 주거지역 경계로부터 50미터 초과 200미터까지는 건축물의 용도 · 규모 또는 형태가 주거환경 · 교육환경 등 주변환경에 맞지 않다고 허가권자가 인정하는 경우에는 해당 도시계획위원회의 심의를 거쳐 건축 또는 용도변경을 제한할 수 있다. <개정 2008.7.30, 2010.1.7, 2014.10.20>
[제목개정 2014.10.20]

제32조【일반상업지역안에서 건축할 수 없는 건축물】
① 일반상업지역안에서는 영 별표 9 제1호의 각 목의 건축물과 영 별표 9 제2호에 따라 다음 각 호의 건축물을 건축할 수 없다. <개정 2017.3.23, 2017.7.13>
1.「건축법 시행령」 별표 1 제1호의 단독주택(다른 용도와 복합된 것은 제외한다)
2.「건축법 시행령」 별표 1 제2호의 공동주택[별표3에 따라 주거외의 용도와 복합된 것은 제외한다]
3.「건축법 시행령」 별표 1 제12호의 수련시설(생활권 수련시설은 제외한다)
4.「건축법 시행령」 별표 1 제17호의 공장 중 출판업, 인쇄업, 금은세공업, 기록매체복제업의 공장과 지식산업센터를 제외한 것.
5.「건축법 시행령」 별표 1 제19호의 위험물저장 및 처리시설 중 위험물 제조소·저장소·취급소
6.「건축법 시행령」 별표 1 제21호의 동물 및 식물관련시설 중 다음 각 목에 해당하는 것
가. 작물 재배사
나. 종묘배양시설
다. 화초 및 분재 등의 온실
라. 식물과 관련된 가목부터 다목까지의 시설과 비슷한 것(동·식물원은 제외한다)
7.「건축법 시행령」 별표 1 제23호의 교정 및 군사 시설 중 다음 각 목에 해당하는 것
가. 교정시설
나. 갱생보호시설, 그 밖에 범죄자의 갱생·보육·교육·보건 등의 용도로 쓰는 시설
다. 소년원 및 소년분류심사원
② 영 별표 9 제1호의 가목 및 나목 규정에 따른「건축법 시행령」 별표 1 제15호숙박시설 중 일반숙박시설 및 생활숙박시설과 제16호 위락시설의 경우 제31조제2항에 따른다.
[전문개정 2014.10.20]

제33조【근린상업지역안에서 건축할 수 없는 건축물】
① 근린상업지역안에서는 영 별표 10 제1호의 각 목의 건축물과 영 별표 10 제2호에 따라 다음 각 호의 건축물을 건축할 수 없다. <개정 2017.3.23, 2017.7.13>
1.「건축법 시행령」 별표 1 제2호의 공동주택[별표3에 따라 주거외의 용도와 복합된 것은 제외한다]
2.「건축법 시행령」 별표 1 제17호의 공장 중 출판업, 인쇄업, 금은세공업, 기록매체복제업의 공장과 지식산업센터를 제외한 것
3.「건축법 시행령」 별표 1 제19호의 위험물저장 및 처리시설 중 위험물 제조소·저장소·취급소
4.「건축법 시행령」 별표 1 제21호의 동물 및 식물관련시설 중 다음 각 목에 해당하는 것
가. 작물 재배사
나. 종묘배양시설
다. 화초 및 분재 등의 온실
라. 식물과 관련된 가목부터 다목까지의 시설과 비슷한 것(동·식물원은 제외한다)
5.「건축법 시행령」 별표 1 제23호의 교정 및 군사시설(라목 국방·군사시설은 제외한다)
6.「건축법 시행령」 별표 1 제25호의 발전시설(「신에너지 및 재생에너지 개발·이용·보급 촉진법」 제2조2호에 따른 태양에너지·연료전지·지열에너지·수소에너지를 이용한 발전소와 지역난방을 위한 열병합발전소는 제외한다)
7.「건축법 시행령」 별표 1 제27호의 관광휴게시설 중 관망탑, 휴게소, 공원·유원지, 관광지 부수시설
② 영 별표 10 제1호의 나목 및 다목, 제2호마목 규정에 따른「건축법 시행령」 별표 1 제15호숙박시설 중 일반숙박시설 및 생활숙박시설과 제16호 위락시설의 경우 제31조제2항에 따른다.
[전문개정 2014.10.20]

제34조【유통상업지역안에서 건축할 수 없는 건축물】
① 유통상업지역안에서는 영 별표 11 제1호의 각 목의 건축물과 영 별표 11 제2호에 따라 다음 각 호의 건축물을 건축할 수 없다. <개정 2014.10.20>
1.「건축법 시행령」 별표 1 제10호의 교육연구시설
2.「건축법 시행령」 별표 1 제13호의 운동시설
3.「건축법 시행령」 별표 1 제15호의 숙박시설
4.「건축법 시행령」 별표 1 제19호의 위험물저장 및 처리시설 중 위험물 제조소·저장소·취급소
5.「건축법 시행령」 별표 1 제20호의 자동차관련시설 중 폐차장(폐차영업소는 제외한다)
6.「건축법 시행령」 별표 1 제23호의 교정 및 군사시설(라목 국방·군사시설은 제외한다)
7.「건축법 시행령」 별표 1 제25호의 발전시설(「신에너지 및 재생에너지 개발·이용·보급 촉진법」 제2조2호에 따른 태양에너지·연료전지·지열에너지·수소에너지를 이용한 발전소와 지역난방을 위한 열병합발전소는 제외한다)
8.「건축법 시행령」 별표 1 제27호의 관광휴게시설
② 영 별표 11 제1호마목 및 제2호자목 규정에 따른「건축법 시행령」 별표 1 제16호 위락시설의 경우 제31조제2항에 따른다. <신설 2014.10.20>
[제목개정 2014.10.20]

제35조【준공업지역안에서 건축할 수 없는 건축물】
준공업지역안에서는 영 별표 14 제1호의 각 목의 건축물과 영 별표 14 제2호에 따라 다음 각 호의 건축물을 건축할 수 없다. <개정 2016.3.24, 2017.3.23, 2018.7.19, 2019.3.28>

1. 「건축법 시행령」 별표1 제2호의 공동주택 중 공장부지(이적지 포함)에 건축하는 공동주택. 다만, 다음 각 목의 어느 하나에 해당하는 경우는 그러하지 아니하다.
   가. 「건축법 시행령」 별표 1 제2호의 공동주택 중 기숙사
   나. 「공공주택 특별법」 제2조제1호가목의 공공임대주택, 「민간임대주택에 관한 특별법」 제2조제4호의 공공지원민간임대주택 및 제5호의 장기일반민간임대주택(단, 임대주택이 아닌 시설이 포함된 경우는 제외한다)
   다. 지구단위계획, 「도시 및 주거환경정비법」 제2조제2호 각 목의 정비사업 또는 「도시개발법」 제2조제1항의 도시개발사업은 별표 2에서 정하는 비율 이상의 산업시설의 설치 또는 산업부지를 확보하고 산업시설을 설치하는 경우

1의2. 제1호의 본문규정에 불구하고 2008.7.30현재 주택지 등으로 둘러싸여 산업부지의 활용이 어렵고, 주변과 연계하여 개발이 불가능한 3천제곱미터 미만의 공장이적지의 경우 공동주택(아파트는 제외한다)을 건축할 수 있다.(허가권자가 해당 도시계획위원회의 심의를 거치는 경우에 한한다)

2. 「건축법 시행령」 별표 1 제4호의 제2종근린생활시설 중 단란주점 및 제5호의 문화 및 집회시설 중 마권 장외 발매소, 마권 전화투표소, 경마장, 경륜장, 경정장
3. 「건축법 시행령」 별표 1 제15호의 숙박시설
4. 「건축법 시행령」 별표 1 제23호의 교정 및 군사시설(라목 국방・군사시설은 제외한다)
5. 「건축법 시행령」 별표 1 제27호의 관광휴게시설

[전문개정 2014.10.20]

제36조【보전녹지지역안에서 건축할 수 있는 건축물】
보전녹지지역안에서는 영 별표 15 제1호의 각 목의 건축물과 영 별표 15 제2호에 따라 다음 각 호의 건축물을 건축할 수 있다. <개정 2006.11.20, 2008.7.30, 2010.1.7, 2014.10.20, 2017.3.23>

1. 「건축법 시행령」 별표 1 제1호의 단독주택(다가구주택은 제외한다)
2. 「건축법 시행령」 별표 1 제3호의 제1종근린생활시설로서 해당 용도에 쓰이는 바닥면적의 합계가 500제곱미터 미만인 것(같은 호 다목의 목욕장 중 「다중이용업소의 안전관리에 관한 특별법」에 해당하는 것과 같은 호 라목의 산후 조리원은 제외한다)
3. 「건축법 시행령」 별표 1 제4호의 제2종근린생활시설중 종교집회장
4. 삭제 <2017.3.23>
5. 삭제 <2017.3.23>
6. 삭제 <2017.3.23>
7. 삭제 <2017.3.23>
8. 삭제 <2017.3.23>
9. 「건축법 시행령」 별표 1 제19호의 위험물저장 및 처리시설중 액화석유가스충전소 및 고압가스충전・저장소
10. 「건축법 시행령」 별표 1 제21호의 동물 및 식물관련시설중 다음 각 목의 건축물
    가. 삭제 <2017.3.23>
    나. 작물재배사
    다. 종묘배양시설
    라. 화초 및 분재 등의 온실
    마. 식물과 관련된 나목부터 라목까지의 시설과 유사한 것
11. 삭제 <2017.3.23>
12. 삭제 <2017.3.23>

제37조【생산녹지지역안에서의 건축할 수 있는 건축물】
생산녹지지역안에서는 영 별표 16 제1호의 각 목의 건축물과 영 별표 16 제2호에 따라 다음 각 호의 건축물을 건축할 수 있다. <개정 2006.11.20, 2007.07.30, 2007.10.1, 2008.7.30, 2010.1.7, 2011.7.28, 2012.11.1, 2014.10.20, 2017.3.23, 2019.1.3, 2020.12.31.>

1. 「건축법 시행령」 별표 1 제2호의 공동주택(아파트는 제외한다)
2. 「건축법 시행령」 별표 1 제4호의 제2종근린생활시설 중 해당 용도에 쓰이는 바닥면적의 합계가 1천제곱미터 미만인 다음 각 목의 건축물
   가. 종교집회장(교회, 성당, 사찰, 기도원, 수도원, 수녀원, 제실(祭室), 사당, 그 밖에 이와 비슷한 것)
   나. 서점(「건축법 시행령」 별표 1 제3호의 제1종근린생활시설에 해당하는 것은 제외한다)
   다. 사진관, 표구점
   라. 휴게음식점, 제과점 등 음료·차·음식·빵·떡·과자 등을 조리하거나 제조하여 판매하는 시설
   마. 일반음식점
   바. 장의사, 동물병원, 동물미용실, 그 밖에 이와 유사한 것
   사. 학원, 교습소, 직업훈련소

아. 독서실, 기원
자. 테니스장, 체력단련장, 에어로빅장, 볼링장, 당구장, 실내낚시터, 골프연습장, 놀이형시설(「관광진흥법」에 따른 기타유원시설업의 시설을 말한다) 등 주민의 체육 활동을 위한 시설
차. 금융업소, 사무소, 부동산중개사무소, 결혼상담소 등 소개업소, 출판사 등 일반업무시설(「건축법 시행령」 별표 1 제3호의 제1종근린생활시설에 해당하는 것은 제외한다)
3. 삭제 <2017.3.23>
4. 「건축법 시행령」 별표 1 제7호의 판매시설(농업 · 임업 · 축산업 · 수산업용 판매시설에 한한다)
5. 삭제 <2017.3.23>
6. 「건축법 시행령」 별표1 제10호의 교육연구시설중 다음 각 목의 건축물
가. 학교(중학교 · 고등학교에 한한다)
나. 교육원(농업 · 임업 · 축산업 · 수산업과 관련된 교육시설에 한한다)
다. 직업훈련소(운전 및 정비관련 직업훈련소는 제외한다)
7. 「건축법 시행령」 별표 1 제13호의 운동시설
8. 「건축법 시행령」 별표 1 제17호의 공장중 도정공장 · 식품공장(「농업 · 농촌 및 식품산업 기본법」 제3조제6호에 따른 농수산물을 직접 가공하여 음식물을 생산하는 것으로 한정한다) 및 제1차산업생산품 가공공장으로서 다음 각 목의 어느 하나에 해당하지 아니하는 것
가. 「대기환경보전법」 제2조제9호에 따른 특정대기유해물질을 배출하는 것
나. 「대기환경보전법」 제2조제11호에 따른 대기오염물질배출시설에 해당하는 시설로서 같은 법 시행령 별표 1에 따른 1종사업장부터 3종사업장까지에 해당하는 것
다. 「물환경보전법」 제2조제8호에 따른 특정수질유해물질을 배출하는 것. 다만, 같은 법 제34조에 따라 폐수무방류배출시설의 설치허가를 받아 운영하는 경우는 제외한다.
라. 「물환경보전법」 제2조제10호에 따른 폐수배출시설에 해당하는 시설로서 같은 법 시행령 별표 13에 따른 1종사업장부터 4종사업장까지에 해당하는 것
마. 「폐기물관리법」 제2조제4호에 따른 지정폐기물을 배출하는 것
9. 「건축법 시행령」 별표 1 제18호의 창고시설 중 창고
10. 「건축법 시행령」 별표 1 제19호의 위험물 저장 및 처리시설 중 주유소
11. 「건축법 시행령」 별표 1 제20호의 자동차관련시설중 다음 각 목의 건축물
가. 삭제 <2017.3.23>
나. 「여객자동차 운수사업법」 · 「화물자동차 운수사업법」 및「건설기계관리법」에 따른 차고 및 주기장
12. 삭제 <2017.3.23>
13. 삭제 <2017.3.23>
14. 삭제 <2017.3.23>
15. 「건축법 시행령」 별표 1 제28호의 장례식장

제38조 【자연녹지지역안에서 건축할 수 있는 건축물】
자연녹지지역안에서는 영 별표 17 제1호의 각 목의 건축물과 영 별표 17 제2호에 따라 다음 각 호의 건축물을 건축할 수 있다. <개정 2005.07.21, 2006.11.20, 2007.10.1, 2008.5.29, 2008.7.30, 2010.1.7, 2011.7.28, 2012.11.1, 2014.10.20, 2017.3.23, 2019.1.3, 2020.12.31>
1. 「건축법 시행령」 별표 1 제2호의 공동주택(아파트는 제외한다)
2. 「건축법 시행령」 별표 1 제4호의 제2종근린생활시설중 휴게음식점, 제과점, 일반음식점 및 안마시술소
3. 「건축법 시행령」 별표 1 제5호의 문화 및 집회시설(마권 장외 발매소 및 마권 전화투표소는 제외한다)
4. 「건축법 시행령」 별표 1 제6호의 종교시설
5. 「건축법 시행령」 별표 1 제7호의 판매시설중 다음 각 목의 건축물
가. 「농수산물 유통 및 가격안정에 관한 법률」 제2조에 따른 농수산물공판장
나. 「농수산물 유통 및 가격안정에 관한 법률」 제68조제2항에 따른 농수산물직판장으로서 해당 용도에 쓰이는 바닥면적의 합계가 1만제곱미터 미만인 것(「농업·농촌 및 식품산업 기본법」 제3조제2호에 따른 농업인, 같은 법 제25조에 따른 후계농업경영인, 같은 법 제26조에 따른 전업농업인 및 「수산업·어촌 발전 기본법」 제3조제3호에 따른 어업인, 같은 법 제16조에 따른 후계수산업경영인, 같은 법 제17조에 따른 전업수산 또는 지방자치단체가 설치·운영하는 것에 한한다)
다. 산업통상자원부장관이 관계 중앙행정기관의 장과 협의하여 고시하는 대형할인점 및 중소기업공동판매시설
6. 「건축법 시행령」 별표 1 제9호의 의료시설중 종합병원·병원·치과병원 및 한방병원
7. 「건축법 시행령」 별표 1 제10호의 교육연구시설중 다음 각 목의 건축물
가. 직업훈련소(운전 및 정비관련 직업훈련소는 제외한다)
나. 학원(자동차학원 및 무도학원은 제외한다)
8. 「건축법 시행령」 별표 1 제15호의 숙박시설로서 「관광진흥법」에 따라 지정된 관광지 및 관광단지에 건축하는 것
9. 「건축법 시행령」 별표 1 제17호의 공장중 지식산업센터·도정공장 및 식품공장(「농업·농촌 및 식품산업 기본법」 제3조제6호에 따른 농수산물을 직접 가공하여 음식물을 생산하는 것으로 한정한다)으로서 다음 각 목의 어느 하나에 해당하지 아니하는 것

가. 「대기환경보전법」 제2조제9호에 따른 특정대기유해물질을 배출하는 것
나. 「대기환경보전법」 제2조제11호에 따른 대기오염물질배출시설에 해당하는 시설로서 같은 법 시행령 별표 1의3에 따른 1종사업장부터 3종사업장까지에 해당하는 것
다. 「물환경보전법」 제2조제8호에 따른 특정수질유해물질을 배출하는 것. 다만, 같은 법 제34조에 따라 폐수무방류배출시설의 설치허가를 받아 운영하는 경우는 제외한다.
라. 「물환경보전법」 제2조제10호에 따른 폐수배출시설에 해당하는 시설로서 같은 법 시행령 별표 13에 따른 1종사업장부터 4종사업장까지에 해당하는 것
마. 「폐기물관리법」 제2조제4호에 따른 지정폐기물을 배출하는 것
10. 「건축법 시행령」 별표 1 제18호의 창고시설 중 창고
11. 「건축법 시행령」 별표 1 제19호의 위험물저장 및 처리시설(위험물제조소는 제외한다)
12. 「건축법 시행령」 별표 1 제20호의 자동차관련시설
13. 「건축법 시행령」 별표 1 제17호의 공장 중 「공익사업을 위한 토지 등의 취득 및 보상에 관한 법률」에 따른 공익사업 및 「도시개발법」에 따른 도시개발사업으로 인하여 이전하는 레미콘공장 또는 아스콘공장

제2절 경관지구안에서의 건축제한

제39조 【자연경관지구안에서의 건축제한】
① 영 제72조제1항에 따라 자연경관지구안에서는 다음 각 호의 건축물을 건축하여서는 아니 된다. <개정 2006.11.20, 2008.7.30, 2010.1.7, 2011.7.28, 2014.10.20>
1. 「건축법 시행령」 별표 1 제4호의 제2종근린생활시설중 안마시술소와 옥외에 철탑이 있는 골프연습장
2. 「건축법 시행령」 별표 1 제5호의 문화 및 집회시설중 공연장·집회장·관람장으로서 해당 용도에 사용되는 건축물의 연면적의 합계가 1천제곱미터를 초과하는 것
3. 「건축법 시행령」 별표 1 제7호의 판매시설
4. 「건축법 시행령」 별표 1 제8호의 운수시설
5. 「건축법 시행령」 별표 1 제9호의 의료시설중 격리병원
6. 「건축법 시행령」 별표 1 제12호의 수련시설중 「청소년활동진흥법」에 따른 유스호스텔
7. 「건축법 시행령」 별표 1 제13호의 운동시설중 골프장과 옥외에 철탑이 있는 골프연습장
8. 「건축법 시행령」 별표 1 제15호의 숙박시설.다만, 너비 25미터 이상인 도로변에 위치하여 경관지구의 기능을 유지하면서 토지이용의 효율성 제고가 필요한 지역으로 시도시계획위원회의 심의를 득한 「관광진흥법 시행령」 제2조제1항제2호 다목의 한국전통호텔업으로 등록받아 건축하는 한국전통호텔의 경우에는 그러하지 아니하다.
9. 「건축법 시행령」 별표 1 제16호의 위락시설
10. 「건축법 시행령」 별표 1 제17호의 공장
11. 「건축법 시행령」 별표 1 제18호의 창고시설로서 해당 용도에 사용되는 바닥면적의 합계가 500제곱미터를 초과하는 것
12. 「건축법 시행령」 별표 1 제19호의 위험물저장 및 처리시설중 다음 각 목의 건축물
가. 액화석유가스충전소 또는 고압가스충전소·판매소·저장소로서 저장탱크 용량이 10톤을 초과하는 것
나. 위험물제조소저장소취급소
다. 유독물보관저장판매시설
라. 화약류 저장소
마. 삭제 <2010.1.7>
13. 「건축법 시행령」 별표 1 제20호의 자동차관련시설. 다만, 다음 각 목의 건축물인 경우에는 그러하지 아니하다.
가. 주차장
나. 주유소와 함께 설치하는 자동세차장
14. 「건축법 시행령」 별표 1 제21호의 동물 및 식물관련시설(축사·가축시설·도축장·도계장에 한한다)
15. 「건축법 시행령」 별표 1 제22호의 자원순환 관련 시설
16. 「건축법 시행령」 별표 1 제23호의 교정 및 군사시설중 다음 각 목의 건축물
가. 교정시설
나. 보호관찰소, 갱생보호소 그 밖의 범죄자의 갱생·보육·교육·보건 등의 용도에 쓰이는 시설
다. 소년원 및 소년분류심사원
17. 「건축법 시행령」 별표 1 제24호의 방송통신시설 중 촬영소, 그 밖에 이와 유사한 것
18. 「건축법 시행령」 별표 1 제26호의 묘지관련시설
② 영 제72조제2항에 따라 자연경관지구안에서 건축하는 건축물의 건폐율은 30퍼센트를 초과하여서는 아니된다. 다만, 다음 각 호의 어느 하나에 해당하는 지역으로서 구청장이 시도시계획위원회 또는 시도시재생위원회(빈집 및 소규모주택 정비에 관한 특례법(이하, 소규모주택정비법)에 따른 가로주택정비사업(서울주택도시공사 또는 한국토지주택공사가 단독으로 시행하거나, 토지등소유자나 조합과 공동으로 시행하는 경우에 한한다) 또는 소규모재건축사업을 시행하려는 지역에 한한다)의 심의를 거쳐 지정·공고한 구역안에서는 건폐율을 40퍼센트 이하로 할 수 있다.

<개정 2008.7.30., 2020.7.16, 2020.10.5.>
1. 너비 25미터 이상인 도로변에 위치하여 경관지구의 기능을 유지하면서 토지이용의 효율성 제고가 필요한 지역
2. 「도시 및 주거환경정비법」 제2조제3호에 따른 노후·불량건축물이 밀집한 지역으로서 건축규제 완화하여 주거환경 개선을 촉진할 수 있고 주변지역의 경관유지에 지장이 없는 지역
3. 소규모주택정비법에 따른 가로주택정비사업(서울주택도시공사 또는 한국토지주택공사가 단독으로 시행하거나, 토지등소유자나 조합과 공동으로 시행하는 경우에 한한다) 또는 소규모재건축사업을 시행하려는 지역으로서 건축규제를 완화하여 주거환경 개선을 촉진할 수 있고 주변지역의 경관유지에 지장이 없는 지역

③ 제2항 본문의 규정에도 불구하고 자연경관지구안의 토지로서 대지면적 330제곱미터 미만이거나 「건축법 시행령」 별표1제1호의 단독주택(다가구주택은 제외한다)을 건축하는 경우에는 건폐율을 40퍼센트 이하로 할 수 있다. <개정 2020. 7. 16.>

④ 영 제72조제2항에 따라 자연경관지구안에서 건축하는 건축물의 높이는 3층 이하로서 12미터 이하로 하여야 한다. 다만, 다음 각 호의 어느 하나에 해당하는 지역으로서 구청장이 시도시계획위원회 또는 시도시재생위원회(소규모재건축사업을 시행하려는 지역에 한한다)의 심의를 거쳐 지정·공고한 구역안에서는 건축물의 높이를 4층 이하로서 16미터 이하로 할 수 있다. <개정 2005.1.5., 2008.7.30., 2020.7.16.>
1. 인접지역과 높이차이가 현저하여 높이제한의 실효성이 없는 지역으로서 건축규제를 완화하여도 조망축을 차단하지 않고 인접부지와 조화를 이룰 수 있는 지역
2. 너비 25미터 이상 도로변에 위치하여 경관지구의 기능을 유지하면서 토지이용의 효율성 제고가 필요한 지역
3. 「도시 및 주거환경정비법」 제2조제3호에 따른 노후·불량 건축물이 밀집한 지역으로서 건축규제를 완화하여 주거환경 개선을 촉진할 수 있고 주변지역의 경관유지에 지장이 없는 지역
4. 「빈집 및 소규모주택 정비에 관한 특례법」 제2조제1항제3호에 따른 소규모주택정비사업 중 소규모재건축사업을 시행하려는 지역으로서 건축규제를 완화하여 주거환경 개선을 촉진할 수 있고 주변지역의 경관유지에 지장이 없는 지역

⑤ 제4항의 규정에 불구하고 자연경관지구안에서 도시계획시설중 다음 각 호의 건축물로서 시장이 시도시계획위원회의 심의를 거쳐 도시의 경관보호에 지장이 없다고 인정하는 건축물의 경우에는 높이를 7층 이하로서 28미터 이하로 할 수 있다. 다만, 대지의 표고가 해발 70미터 이상인 경우에는 건축물의 높이를 5층 이하로서 20미터 이하로 하여야 한다. <개정 2008.7.30>
1. 「교육기본법」에 따른 학교
2. 특별법에 따라 설립된 정부출연 연구기관
3. 「의료법」 제33조제2항제2호 부터 제5호까지의 규정에 따라 개설된 종합병원
4. 국가 또는 지방자치단체의 청사

⑥ 영 제72조제2항에 따라 자연경관지구안에서 건축물을 건축하는 때에는 대지면적의 30퍼센트 이상에 해당하는 조경면적을 확보하여 그 부분에 식수(식수) 등의 조경을 하여야 한다. 다만, 면적 200제곱미터 미만의 대지에 건축하는 경우와 「서울특별시 건축 조례」(이하 "건축조례"라 한다) 제24조제4항 각 호의 건축물과 학교건축물의 수직 증축에 있어서는 그러하지 아니하다. <개정 2008.7.30, 2011.7.28, 2019.3.28>

⑦ 제4항 본문의 규정에 불구하고, 다음 각 호의 어느 하나에 해당하는 지역에서는 시도시계획위원회 또는 시도시재생위원회(소규모주택정비법에 따른 가로주택정비사업(서울주택도시공사 또는 한국토지주택공사가 단독으로 시행하거나, 토지등소유자나 조합과 공동으로 시행하는 경우에 한한다) 또는 소규모재건축사업을 시행하려는 지역에 한한다)의 심의를 거쳐 건축물의 높이를 5층 이하로서 20미터 이하로 할 수 있다. <신설 2005.1.5., 2020.7.16, 2020.10.5.>
1. 「도시 및 주거환경정비법」 제2조제1호에 따른 정비구역 중 재개발사업 또는 재건축사업을 시행하는 구역
2. 소규모주택정비법에 따른 가로주택정비사업(서울주택도시공사 또는 한국토지주택공사가 단독으로 시행하거나, 토지등소유자나 조합과 공동으로 시행하는 경우에 한한다) 또는 소규모재건축사업 중 소규모재건축사업을 시행하려는 지역으로서 같은 법 제48조제2항 또는 제49조제1항에 따라 용적률을 완화받는 경우

⑧ 제2항부터 제4항까지 각각의 본문 규정에도 불구하고, 다음 각 호에 따라 건폐율 또는 층수·높이를 따로 정할 수 있다. <개정 2020.7.16.>
1. 주거환경개선사업을 위한 정비구역에서 정비계획을 수립 또는 변경하는 경우에는 토지 규모 및 지역 현황 등을 고려하여 제54조제1항에 따른 건폐율의 범위 및 4층 이하로서 16미터 이하의 범위에서 건폐율 및 층수·높이를 따로 정할 수 있다.
2. 저층의 양호한 주거환경을 조성하기 위해 지구단위계획을 수립하는 토지로서 지구단위계획을 통해 2층(8미터) 이하로 높이를 추가로 제한하여 건축하는 경우(다만, 경사지붕으로 조성할 때의 지붕 높이와 층고 1.8미터 이하 다락의 층수는 높이 산정에서 제외한다)에는 토지 규모 및 지역 현황 등을 고려하여 제54조제1항에 따른 건폐율의 범위에서 건폐율을 따로 정할 수 있다.

제40조 삭제 <2020.1.9>

제41조
[제41조는 제44조의3으로 이동 <2018.10.4>]

제42조 삭제 <2009.3.18>

제43조 【시가지경관지구안에서의 건축제한】
① 영 제72조제1항에 따라 시가지경관지구 안에서는 다음 각 호의 건축물을 건축하여서는 아니된다. 다만, 지구단위계획구역으로 지정된 구역으로서, 시도시계획위원회의 심의를 거쳐 시가지경관지구의 지정 목적에 위배되지 아니하다고 인정하는 경우에는 그러하지 아니하다. <개정

2006.11.20, 2008.7.30, 2010.1.7, 2014.10.20, 2018.10.4, 2020.1.9>
1. 「건축법 시행령」 별표 1 제4호의 제2종근린생활시설중 옥외에 철탑이 있는 골프연습장
2. 「건축법 시행령」 별표 1 제13호의 운동시설중 옥외에 철탑이 있는 골프연습장
3. 「건축법 시행령」 별표 1 제17호의 공장
4. 「건축법 시행령」 별표 1 제18호의 창고시설
5. 「건축법 시행령」 별표 1 제20호의 자동차 관련 시설 중 세차장 및 차고
6. 「건축법 시행령」 별표 1 제23호의 교정 및 군사 시설 중 교정시설 및 갱생보호시설, 그 밖에 범죄자의 갱생 · 보육 · 교육 · 보건 등의 용도로 쓰는 시설
7. 삭제 <2020.1.9>
8. 삭제 <2020.1.9>
9. 삭제 <2020.1.9>
10. 삭제 <2020.1.9>

② 영 제72조제2항에 따라 시가지경관지구 안에서 건축하는 건축물의 높이는 6층 이하로 한다. 다만, 구청장이 시도시계획위원회 심의를 거쳐 경관 상 지장이 없다고 인정하여 지정 · 공고한 구역에서는 건축물의 높이를 8층 이하로 할 수 있다. <개정 2020.1.9>
[제목개정 2018.10.4]
[제44조에서 이동, 종전 제43조는 삭제 <2018.10.4>]

제44조 【역사문화특화경관지구안에서 건축제한】
① 영 제72조제1항에 따라 역사문화특화경관지구 안에서는 제43조제1항 각 호 건축물을 건축하여서는 아니된다. 다만, 지구단위계획구역으로 지정된 구역으로서, 시도시계획위원회의 심의를 거쳐 역사문화특화경관지구의 지정 목적에 위배되지 아니하다고 인정하는 경우에는 그러하지 아니하다. <개정 2020.1.9>
② 영 제72조제2항에 따라 역사문화특화경관지구 안에서 건축하는 건축물의 높이는 4층 이하로 한다. 다만, 허가권자가 「서울특별시 건축 조례」에 따른 건축위원회 또는 「서울특별시 경관 조례」에 따른 경관위원회의 심의를 거쳐 경관 상 지장이 없다고 인정하는 때에는 6층 이하로 할 수 있다. <개정 2020.1.9>
③ 삭제 <2020.1.9>
[본조신설 2018.10.4]
[종전 제44조는 제43조로 이동 <2018.10.4>]

제44조의2 【조망가로특화경관지구안에서의 건축제한】
① 영 제72조제1항에 따라 조망가로특화경관지구안에서는 제43조 제1항 각호의 건축물과 「건축법 시행령」 별표 1 제16호의 위락시설을 건축하여서는 아니 된다. 다만, 지구단위계획구역으로 지정된 구역으로서, 시도시계획위원회의 심의를 거쳐 조망가로특화경관지구의 지정 목적에 위배되지 아니하다고 인정하는 경우에는 그러지 아니하다. <개정 2020.1.9>
② 영 제72조제2항에 따라 조망가로특화경관지구 안에서 건축하는 건축물의 높이는 6층 이하로 한다. 다만, 허가권자가 「서울특별시 건축 조례」에 따른 건축위원회 또는 「서울특별시 경관 조례」에 따른 경관위원회의 심의를 거쳐 경관 상 지장이 없다고 인정하는 때에는 8층 이하로 할 수 있다. <개정 2020.1.9>
[본조신설 2018.10.4]

제44조의3 【수변특화경관지구안에서의 건축제한】
① 영 제72조제2항에 따라 수변특화경관지구안에서 건축하는 건축물의 높이 · 형태 · 배치 · 색채 및 조경 등은 수변경관과 조화되도록 계획하여야 한다. <개정 2008.7.30, 2018.10.4>
② 영 제72조제2항에 따라 수변특화경관지구안에서 건축하는 7층 이상인 건축물은 양호한 수변경관의 보호 형성을 위해 건축물의 높이 형태 배치 색채 및 조경 등에 대하여 해당 건축위원회의 심의를 거쳐야 한다. <개정 2008.7.30, 2018.10.4>
③ 수변특화경관지구안에서 6층 이하의 건축물로서 해당 허가권자가 산지, 구릉지 등 지역특성을 고려하여 수변경관의 보호를 위하여 필요하다고 인정하는 경우에는 해당 건축위원회의 심의를 거쳐야 한다. <개정 2008.7.30., 2018.10.4., 2019.12.31>
④ 수변특화경관지구안에서 건축물의 심의에 필요한 사항은 규칙으로 정한다. <개정 2018.10.4>
[제목개정 2018.10.4]
[제41조에서 이동 <2018.10.4>]

제45조 삭제 <2020.1.9>

제46조 【건축선 후퇴부분 등의 관리】
영 제72조제2항에 따라 시가지경관지구·역사문화특화경관지구·조망가로특화경관지구안에서 「건축법」 제46조제2항 및 같은 법 시행령 제31조제2항에 따라 지정된 건축선 후퇴부분에는 공작물·담장·계단·주차장·화단·영업과 관련된 시설물 및 그 밖의 이와 유사한 시설물을 설치하여서는 아니된다.다만, 다음 각 호의 어느 하나에 해당하는 경우에는 그러하지 아니하다. <개정 2008.7.30, 2010.1.7, 2010.4.22, 2018.10.4, 2020.1.9, 2020.7.16>

1. 허가권자가 차량의 진·출입을 금지하기 위하여 볼라드·돌의자 등을 설치하도록 하는 때
2. 조경을 위한 식수를 하는 때
3. 공공보도의 보행환경 개선과 도시미관 향상을 위하여 지하철출입구 또는 환기구 등을 건물 또는 대지 내에 설치하는 때
4. 보행자의 편익 또는 가로미관 향상을 위하여 공간이용계획을 수립하여 지구단위계획으로 고시한 경우 또는 허가권자가 해당 도시계획위원회의 심의를 거친 때

제3절 보호지구안에서의 건축제한 <신설 2018.10.4>

제47조【보호지구안에서의 건축제한】

① 영 제76조제1호에 따라 역사문화환경보호지구안에서는 「문화재보호법」의 적용을 받는 문화재를 직접 관리・보호하기 위한 건축물과 시설 이외에는 이를 건축하거나 설치할 수 없다. 다만, 시장 또는 구청장이 그 문화재의 보존상 지장이 없다고 인정하여 문화재청장과의 협의를 거친 경우에는 그러하지 아니하다.

② 영 제76조제2호에 따라 중요시설물보호지구안에서는 해당 시설물의 보호・관리에 지장을 주는 건축물과 시설은 이를 건축하거나 설치할 수 없다. 다만, 시장 또는 구청장이 그 시설물의 보호・관리에 지장이 없다고 인정하는 경우에는 그러하지 아니하다.

③ 영 제76조제1호 및 제2호에 따라 역사문화환경보호지구 및 중요시설물보호지구안에서의 건축제한에 대하여는 그 지구의 지정 목적 달성에 필요한 범위안에서 별도의 조례로 정할 수 있다.

④ 영 제76조제3호에 따라 생태계보호지구안에서의 건축제한은 그 지구의 지정 목적 달성에 필요한 범위안에서 별도의 조례가 정하는 바에 따른다.
[전문개정 2018.7.19]

제48조【중요시설물보호지구안에서의 건축물】

① 영 제76조제2호에 따라 공용시설보호지구안에서는 다음 각 호의 건축물을 건축하여서는 아니 된다. <개정 2005.1.5, 2006.11.20, 2008.7.30, 2010.1.7, 2014.10.20, 2018.7.19>
1. 「건축법 시행령」 별표 1 제1호의 단독주택(공관은 제외한다)
2. 「건축법 시행령」 별표 1 제2호의 공동주택
3. 「건축법 시행령」 별표 1 제5호의 문화 및 집회시설(전시장 및 동・식물원과 집회장 중 회의장・공회당, 국가 또는 지방자치단체가 외국인투자유치를 목적으로 하는 「외국인투자촉진법」제2조제1항제6호에 따른 외국인투자기업(이하 "외국인투자기업" 이라 한다)과 공동으로 하는 투자사업인 공연장 또는 「건축법 시행령」 별표 1 제10호가목에 해당하는 용도인 경우의 공연장과 공연장 중 바닥면적 2,500제곱미터 이하의 음악당은 제외한다.)
4. 「건축법 시행령」 별표 1 제7호의 판매시설중 다음 각 목의 건축물
   가. 도매시장
   나. 소매시장(대형점・백화점・쇼핑센터는 제외한다)
5. 「건축법 시행령」 별표 1 제8호의 운수시설
6. 「건축법 시행령」 별표 1 제9호의 의료시설중 격리병원
7. 삭제 <2011.7.28>
8. 삭제 <2011.7.28>
9. 삭제 <2011.7.28>
10. 「건축법 시행령」 별표 1 제16호의 위락시설(관광숙박시설중 관광호텔내 위락시설은 제외한다)
11. 「건축법 시행령」 별표 1 제17호의 공장
12. 「건축법 시행령」 별표 1 제18호의 창고시설
13. 「건축법 시행령」 별표 1 제19호의 위험물저장 및 처리시설(주유소는 제외한다)
14. 「건축법 시행령」 별표 1 제20호의 자동차관련시설. 다만, 다음 각 목의 건축물은 그러하지 아니하다
   가. 주차장
   나. 주유소와 함께 설치한 자동세차장
15. 「건축법 시행령」 별표 1 제21호의 동물 및 식물관련시설중 축사・가축시설・도축장・도계장
16. 「건축법 시행령」 별표 1 제22호의 자원순환 관련 시설
17. 「건축법 시행령」 별표 1 제23호의 교정 및 군사시설중 다음 각 목의 건축물
   가. 교정시설
   나. 보호관찰소, 갱생보호소 그 밖의 범죄자의 갱생・보육 ・교육・보건 등의 용도에 쓰이는 시설
   다. 소년원 및 소년분류심사원
18. 「건축법 시행령」 별표 1 제26호의 묘지관련시설

② 영 제76조제2호에 따라 공항시설보호지구안에서는 다음 각 호의 건축물을 건축하여서는 아니 된다. <신설 2018.7.19, 2019.1.3, 2019.7.18>
1. 「공항시설법」에 따라 제한되는 건축물
2. 「건축법 시행령」 별표 1 제17호의 공장중 「대기환경보전법」, 「물환경보전법」, 「폐기물관리법」 또는 「소음・진동관리법」에 따라 배출시설의 설치허가를 받거나 신고를 하여야 하는 공장

3. 「건축법 시행령」 별표 1 제25호의 발전시설(다만, 지역난방을 위한 열병합발전소와 항공안전에 미치는 영향 등에 대해 국토교통부와 협의를 거친 신재생에너지 설비로 태양에너지·연료전지·지열에너지·수소에너지를 이용한 발전시설은 제외한다)

③ 영 제76조제2호에 따라 중요시설보호지구안에서는 해당 시설물의 보호·관리에 지장을 주는 건축물과 시설은 이를 건축하거나 설치할 수 없다. 다만, 시장 또는 구청장이 그 시설물의 보호·관리에 지장이 없다고 인정하여 국방부장관과의 협의를 거친 경우에는 그러하지 아니하다. <신설 2018.7.19>

[제목개정 2018.7.19]

제49조 삭제 <2108.7.19>

제4절 그 밖의 용도지구안에서의 건축제한 <신설 2018.10.4>

제50조 삭제 <2020.1.9>

제51조 삭제 <2020.1.9>

제52조【자연취락지구안에서의 건축할 수 있는 건축물】

자연취락지구안에서는 영 별표 23 제1호의 각목의 건축물과 영 별표 23 제2호에 따라 「건축법 시행령」 별표 1 제2호의 공동주택(아파트는 제외한다)을 건축할 수 있다. <개정 2008.7.30>

제53조【그 밖의 용도지구안에서의 건축제한】

영 제79조·영 제80조 및 영 제82조에 따라 다음 각 호의 용도지구안에서의 건축물 그 밖의 시설의 용도·종류 및 규모 등의 건축제한에 관한 사항은 그 용도지구의 지정 목적 달성에 필요한 범위 안에서 별도의 조례가 정하는 바에 따른다. <개정 2008.7.30>

1. 방화지구
2. 삭제 <2010.1.7>
3. 개발진흥지구
4. 문화지구
5. 삭제 <2009.3.18>
6. 삭제 <2009.3.18>
7. 삭제 <2018.7.19>
8. 삭제 <2010.1.7>

제5절 건폐율 및 용적률 <신설 2018.10.4>

제54조【용도지역안에서의 건폐율】

① 법 제77조 및 영 제84조제1항에 따라 용도지역별 건폐율은 다음 각 호의 비율 이하로 한다. <개정 2008.7.30>

1. 제1종전용주거지역 : 50퍼센트
2. 제2종전용주거지역 : 40퍼센트
3. 제1종일반주거지역 : 60퍼센트
4. 제2종일반주거지역 : 60퍼센트
5. 제3종일반주거지역 : 50퍼센트
6. 준주거지역 : 60퍼센트
7. 중심상업지역 : 60퍼센트
8. 일반상업지역 : 60퍼센트
9. 근린상업지역 : 60퍼센트
10. 유통상업지역 : 60퍼센트
11. 전용공업지역 : 60퍼센트
12. 일반공업지역 : 60퍼센트
13. 준공업지역 : 60퍼센트
14. 보전녹지지역 : 20퍼센트
15. 생산녹지지역 : 20퍼센트
16. 자연녹지지역 : 20퍼센트

② 법 제77조제3항 및 영 제84조제4항에 따라 다음 각 호의 지역 안에서의 건폐율은 제1항에도 불구하고 다음 각 호의 비율 이하로 한다. <개정 2008.7.30, 2011.7.28, 2012.11.1, 2016.9.29, 2019.7.18, 2020.7.16>

1. 취락지구 : 60퍼센트(집단취락지구에 대해서는 「개발제한구역의 지정 및 관리에 관한 특별조치법령」이 정하는 바에 따른다)

2. 「자연공원법」에 따른 자연공원
가. 공원시설 : 20퍼센트
나. 공원시설이 아닌 시설 : 60퍼센트
3. 공업지역안에 있는 「산업입지 및 개발에 관한 법률」 제2조제8호가목 및 나목에 따른 국가산업단지 및 일반산업단지 : 60퍼센트

③ 도시계획시설인 학교(유치원은 제외한다) 또는 도시계획시설이 아닌 학교(유치원은 제외한다)로서 학교 전체가 이전한 부지(이하 "학교이적지"라 한다)는 제1항에도 불구하고 30퍼센트 이하로 한다. 다만, 다음 각 호의 어느 하나에 해당하는 경우에는 제1항을 적용한다. <개정 2008.7.30, 2014.1.9, 2016.9.29>
1. 이전 후 10년이 경과된 학교이적지
2. 국가, 지방자치단체, 교육청, 한국토지주택(LH)공사, 서울주택도시공사가 소유하는 학교이적지가 영 제2조제1항제4호에 따른 공공・문화체육시설로 개발되는 경우
3. 개발이 완료된 학교이적지에 「건축법 시행령」 제34조에 따른 직통계단, 같은 법 시행령 제35조에 따른 피난계단 및 같은 법 시행령 제90조의 비상용승강기를 추가 설치하는 경우(다만, 추가 설치된 부분의 면적에 한한다)

④ 삭제 <2006.10.4>

⑤ 제1항의 규정에 불구하고 한양도성과 그 일부지역을 포함하는 지역으로서 규칙으로 정하는 한양도성 역사도심(이하 "역사도심"이라 한다) 등 도시정비형 재개발구역 중 소단위 및 보전 정비형의 건폐율은 시도시계획위원회의 심의를 거쳐영 제84조제1항의 범위안에서 도시・주거환경정비기본계획으로 정할 수 있다. <개정 2003.12.30, 2008.7.30, 2016.7.14, 2018.7.19, 2019.7.18>

⑥ 시장은 영 제84조제5항에 따라 토지이용의 과밀화를 방지하기 위하여 건폐율을 낮추어야 할 필요가 있는 경우에는 제1항 및 제2항의 규정에 불구하고 시도시계획위원회의 심의를 거쳐 구역을 정하고, 그 구역에 적용할 건폐율의 최대한도의 10분의 5까지 낮출 수 있다. <개정 2008.7.30, 2020.7.16>

⑦ 제1항의 규정에 불구하고 산업·유통개발진흥지구 및 외국인투자기업에 대한 용도지역 안에서의 건폐율은 영 제84조제1항의 건폐율 범위 안에서 시도시계획위원회의 심의를 거쳐 완화할 수 있다.다만, 제55조제12항에 따라 시도시계획위원회의 심의를 거쳐 용적률 완화를 받은 경우는 제외한다. <신설 2005.1.5, 2008.7.30, 2012.11.1, 2020.7.16>

⑧ 제1항의 규정에 불구하고 영 제84조제6항제1호에 따른 건축물 중 지구단위계획을 수립하는 지역의 건축물의 경우에는 건폐율을 80퍼센트 이상 90퍼센트 이하의 범위 안에서 지구단위계획으로 따로 정할 수 있다. <신설 2006.10.4, 2008.7.30, 2010.1.7, 2016.1.7, 2020.7.16>

⑨ 제1항에도 불구하고 시장정비사업 추진계획 승인대상 전통시장의 경우 구청장이 주변의 교통・경관・미관・일조・채광 및 통풍 등에 미칠 영향이 없다고 인정하는 경우 건폐율을 제1종일반주거지역, 제2종일반주거지역, 준주거지역 및 준공업지역은 70퍼센트 이하, 제3종일반주거지역은 60퍼센트 이하, 상업지역은 80퍼센트 이하의 범위안에서 적용할 수 있다.다만, 상업지역의 경우 시장정비사업심의위원회의 심의를 거쳐 90퍼센트 이하의 범위안에서 건폐율을 완화할 수 있다. <신설 2006.10.4, 2007.10.1, 2011.7.28>

⑩ 제1항의 규정에도 불구하고 자연녹지지역에 설치되는 도시계획시설 중 유원지의 건폐율은 30퍼센트를, 공원의 건폐율은 20퍼센트를 초과할 수 없다. <신설 2010.1.7>

⑪ 법 제77조제4항제2호 및 영 제84조제6항제5호에 따라 녹지지역의 건축물로서 다음 각 호의 어느 하나에 해당하는 건축물의 건폐율은 30퍼센트 이하로 한다. <신설 2011.10.27, 2014.10.20, 2018.3.22, 2020.7.16>
1. 「전통사찰의 보존 및 지원에 관한 법률」 제2조제1호에 따른 전통사찰
2. 「문화재보호법」 제2조제3항에 따른 지정문화재 또는 같은 조 제4항에 따른 등록문화재
3. 「건축법 시행령」 제2조제16호에 따른 한옥

⑫ 제1항제15호에도 불구하고 영 제84조제8항에 따라 생산녹지지역에서 다음 각 호의 어느 하나에 해당하는 건축물의 건폐율은 30퍼센트 이하로 한다. <신설 2012.1.5, 2020.7.16>
1. 「농지법」 제32조제1항제1호에 따른 농수산물의 가공·처리시설 및 농수산업 관련 시험·연구시설
2. 「농지법 시행령」 제29조제5항제1호에 따른 농산물 건조·보관시설

⑬ 제1항에도 불구하고 영 제84조제6항제2호에 따라 완화하는 비율은 해당 용도지역별 건폐율의 120퍼센트 이하로 한다. <신설 2014.10.20, 2016.9.29, 2019.1.3>

⑭ 제1항제16호에도 불구하고 영 제84조제6항제7호에 따른 자연녹지지역에서 학교의 건폐율은 30퍼센트 이하로 한다. <신설 2017.3.23>

제55조 【용도지역안에서의 용적률】

① 법 제78조제1항・제2항 및 영 제85조제1항에 따라 용도지역별 용적률은 다음 각 호의 비율 이하로 한다. <개정 2008.7.30, 2016.7.14>
1. 제1종전용주거지역 : 100퍼센트
2. 제2종전용주거지역 : 120퍼센트
3. 제1종일반주거지역 : 150퍼센트
4. 제2종일반주거지역 : 200퍼센트
5. 제3종일반주거지역 : 250퍼센트
6. 준주거지역 : 400퍼센트
7. 중심상업지역 : 1천퍼센트(단, 역사도심 : 800퍼센트]
8. 일반상업지역 : 800퍼센트(단, 역사도심 : 600퍼센트)
9. 근린상업지역 : 600퍼센트(단, 역사도심 : 500퍼센트)

10. 유통상업지역 : 600퍼센트(단, 역사도심 : 500퍼센트)
11. 전용공업지역 : 200퍼센트
12. 일반공업지역 : 200퍼센트
13. 준공업지역 : 400퍼센트
14. 보전녹지지역 : 50퍼센트
15. 생산녹지지역 : 50퍼센트
16. 자연녹지지역 : 50퍼센트

② 제1항에도 불구하고 학교이적지에 대한 용도지역별 용적률은 다음 각 호의 비율 이하로 한다. 다만, 이전 후 10년이 경과된 학교이적지는 제1항을 적용한다 <개정 2014.1.9, 2016.9.29>
1. 상업지역: 500퍼센트
2. 준주거지역: 320퍼센트
3. 전용주거지역: 100퍼센트
4. 제1종일반주거지역: 120퍼센트
5. 제2종일반주거지역: 160퍼센트
6. 제3종일반주거지역: 200퍼센트

③ 제1항제7호부터 제9호까지의 규정에 불구하고 상업지역안에서 제31조제1항제1호, 제32조제1항제2호 및 제33조제1항제1호에 따른 주거복합건물(공동주택과 주거외의 용도가 복합된 건축물)을 건축하는 때에는 별표 3의 용적률을 적용한다. <개정 2017.7.13, 2017.9.21>

④ 제1항제13호에도 불구하고 준공업지역안에서 공동주택 등의 용적률은 다음 각 호 이하로 한다. <개정 2010.1.7, 2011.7.28, 2016.3.24, 2017.5.18, 2019.3.28, 2020.3.26, 2021.1.7>
1. 공동주택·노인복지주택·오피스텔·다중생활시설(그 밖의 용도와 함께 건축하는 경우도 포함한다)의 용적률은 250퍼센트로 한다. 다만, 전략적인 산업재생이 필요하다고 인정되고 임대산업시설(시장이 영세제조시설, 산업시설 등을 지원하기 위하여 임대로 공급하는 시설물 또는 그 시설물을 설치하기 위한 부지를 말한다. 이하 같다)이 포함된 경우에는 400퍼센트로 한다.
1의2. 제1호 본문에도 불구하고 「산업집적활성화 및 공장설립에 관한 법률 시행령」 제36조의4제2항 또는 [별표 2]에 따른 산업지원시설인 기숙사 및 오피스텔의 경우에 용적률은 400%로 한다.
2. 제1호 본문에 불구하고 「공공주택 특별법」 제2조제1호가목의 공공임대주택 및 같은 법 제2조의2의 공공준주택, 「민간임대주택에 관한 특별법」 제2조제4호의 공공지원민간임대주택 및 제5호의 장기일반민간임대주택은 임대분과 임대분의 3분의1에 해당하는 용적률을 추가 허용할 수 있으며, 이 경우 용적률은 300퍼센트로 한다.
3. 제1호 본문에 불구하고 「공공주택 특별법 시행령」 제2조제1항제2호의 국민임대주택, 제3호의 행복주택이나 제4호의 장기전세주택 또는 임대산업시설을 확보하는 「민간임대주택에 관한 특별법」 제2조제4호의 공공지원민간임대주택 및 제5호의 장기일반민간임대주택이 포함된 공동주택노인복지주택오피스텔(그 밖의 용도와 함께 건축하는 경우도 포함한다)의 용적률은 300퍼센트로 한다.
4. 삭제 <2019.7.18>
5. 제1호 본문에도 불구하고 「산업입지 및 개발에 관한 법률」 제2조제8호의 각 목에 해당하는 산업단지인 경우, 「산업입지 및 개발에 관한 법률」 및 「산업집적 활성화 및 공장 설립에 관한 법률」의 각종 계획에 의하여 기숙사를 건축할 경우의 용적률은 400퍼센트로 한다.(공동주택, 노인복지주택, 오피스텔, 다중생활시설 이외의 용도와 함께 건축하는 경우도 포함한다)
6. 제1호 본문에도 불구하고 준공업지역안에서 제35조제1호다목에 따른 산업복합건물(별표 2 제3호에 따른 산업시설과 공동주택 등의 용도가 복합된 건축물)을 건축하는 경우에는 별표 2의2의 용적률을 적용한다.

⑤ 제1항제15호 및 제16호의 규정에 불구하고 생산녹지지역 또는 자연녹지지역안에서 법 제2조제6호의 기반시설중 도시관리계획으로 설치하는 시설의 용적률은 지구단위계획으로 고시하거나 시도시계획위원회의 심의를 거쳐 100퍼센트 이하로 할 수 있다. <개정 2020.7.16.>

⑥ 법 제78조제3항 및영 제85조제6항에 따라 「자연공원법」에 따른 자연공원 안에서의 용적률은 100퍼센트 이하로 한다. <개정 2006.10.4, 2008.7.30, 2011.7.28, 2012.11.1, 2015.1.2>

⑦ 법 제51조 · 영 제43조 및 이 조례 제16조에 따라 지정된 지구단위계획구역안에서의 용적률은 이 조의 규정과 법 제52조 및 영 제46조의 규정의 범위안에서 규칙으로 정한다. <개정 2008.7.30, 2019.3.28>

⑧ 제1항제3호부터 제6호까지와 제4항의 규정에도 불구하고 시장정비사업 추진계획 승인대상 전통시장의 용적률은 일반주거지역안은 400퍼센트 이하로, 준주거지역은 450퍼센트 이하로, 준공업지역은 400퍼센트 이하로 한다. <개정 2006.3.16, 2006.10.4, 2007.10.1, 2008.7.30, 2011.7.28>

⑨ 제8항에도 불구하고 구청장이 「전통시장 및 상점가 육성을 위한 특별법 시행령」제16조에 따른 사업추진계획을 검토하여 주변의 교통 · 경관 · 미관 · 일조 · 채광 및 통풍 등에 미칠 영향이 없다고 인정하여 이를 시장정비사업심의위원회에서 심의 · 가결한 경우에는 준주거지역에 위치한 전통시장의 용적률은 500퍼센트 이하로 할 수 있다. <개정 2006.3.16, 2006.10.4, 2007.10.1, 2008.7.30, 2011.7.28>

⑩ 영 제85조제8항 각 호의 지역 · 지구 또는 구역안에서 건축물을 건축하려는 자가 그 대지의 일부를 공공시설부지로 제공하는 경우에는 해당 건축물에 대한 용적률은 제1항부터 제4항까지의 규정에 따른 해당 용적률의 200퍼센트 이하의 범위안에서 다음의 기준에 따라 산출되는 비율 이하로 한다.$(1+1.3\alpha)\times$제1항부터 제4항까지의 규정에 따른 용적률(다만, 주택재개발사업의 경우 제1항제3호는 180퍼센트 이하, 제1항제4호는 220퍼센트 이하로 한다), 여기서 α란 공공시설부지로 제공한 후의 대지면적 대 공공시설부지로 제공하는 면적의 비율을 말한다. <개정 2005.1.5, 2006.10.4, 2008.7.30, 2010.1.7, 2015.1.2>

⑪ 제1항제2호의 규정에 불구하고 「서울특별시 지역균형발전지원 조례」에 따라 뉴타운사업을 시행하는 지구안의 제2종전용주거지역의 용적률은 시장이 필요하다고 인정하는 경우 시도시계획위원회의 심의를 거쳐 150퍼센트 이하로 할 수 있다. <신설 2004.09.24, 2008.7.30, 2019.3.28>

⑫ 제1항의 규정에 불구하고 산업·유통개발진흥지구, 외국인투자기업 또는 특정관리대상 아파트의 용적률은 해당 용도지역안에서의 용적률을 초과하여 100퍼센트 이하(해당 용도지역의 용적률과 초과 용적률 100퍼센트 이하의 용적률을 합한 전체 용적률이 영 제85조제1항의 용적률 범위를 초과하는 경우에는 영 제85조제1항의 용적률 이하)범위안에서 지구단위계획으로 고시하거나 시도시계획위원회의 심의를 거쳐 완화할 수 있다. <신설 2005.1.5, 2008.7.30, 2012.11.1, 2020.7.16>

⑬ 제1항제8호의 규정에 불구하고 역사도심내 도시정비형 재개발사업으로 시행하는 경우의 용적률은 800퍼센트 범위내에서 도시·주거환경정비기본계획(도시정비형 재개발사업)에서 정하는 용적률을 적용한다. <신설 2005.1.5, 2016.7.14, 2018.7.19>

⑭ 제1항에도 불구하고 영 제85조제3항에 따라 제1항제1호부터 제6호까지의 지역에서는「공공주택 특별법」 제2조제1호가목,「민간임대주택에 관한 특별법」 제2조제4호 및 제5호에 따른 임대주택의 임대기간에 따라 임대주택의 추가 건설을 허용할 수 있는 용적률은 다음 각 호와 같다. 다만, 임대주택건설 사업자가 다음 각 호의 기준 이하로 용적률을 신청하는 경우 그에 따른다. <개정 2015.5.14, 2016.3.24>

1. 임대의무기간이 20년 이상인 경우 : 제1항에 따른 용적률의 20퍼센트
2. 임대의무기간이 8년 이상인 경우 : 제1항에 따른 용적률의 15퍼센트

⑮ 제1항제3호부터 제10호까지의 규정에 불구하고 국·공유지에「문화예술 진흥법 시행령」 제2조에 따른 문화시설 중 박물관, 도서관, 미술관, 공연장을 건축하여 기부채납하는 경우에는 영 제85조제1항의 해당 용도지역의 용적률의 범위 안에서 지구단위계획으로 고시하거나 시도시계획위원회의 심의를 거쳐 완화 할 수 있다. <신설 2007.10.1, 2008.7.30, 2016.7.14, 2020.7.16>

⑯ 제1항제5호와 제6호에도 불구하고 규칙으로 정하는 지역 안에서「공공주택 특별법 시행령」제2조제1항제2호의 국민임대주택, 제3호의 행복주택이나 제4호의 장기전세주택이 포함된 공동주택 또는 주거복합건물을 건립하는 경우 제3종일반주거지역은 300퍼센트 이하로 하고, 준주거지역은 500퍼센트 이하로 한다. <신설 2008.7.30, 2011.7.28, 2016.7.14, 2017.5.18>

⑰ 제1항에도 불구하고 제1항제6호부터 제10호까지의 지역(역사도심 지역을 포함한다)에서「관광진흥법 시행령」 제2조제1항제2호 가목 및 다목의 관광호텔업, 한국전통호텔업을 위한 관광숙박시설을 건축할 경우에는 지구단위계획으로 고시하거나 시도시계획위원회의 심의를 거쳐 제1항에 따른 용적률의 20퍼센트 이하의 범위안에서 완화할 수 있다. <신설 2009.09.29, 2011.7.28, 2016.7.14, 2020.7.16>

⑱ 제1항의 규정에 불구하고 공공보도의 보행환경 개선과 도시미관향상을 위하여 지하철출입구·환기구·배전함 등(이하 "지하철출입구등"이라 한다)을 건물 또는 대지내 설치하여 기부채납하거나 구분지상권을 설정하는 경우에는 영 제85조제1항의 해당 용도지역의 용적률의 범위 안에서 다음 산식에 따라 지구단위계획으로 고시하거나 시도시계획위원회의 심의를 거쳐 완화 할 수 있다. <신설 2010.4.22, 2015.1.2, 2020.7.16>

1. 대지에 설치할 경우 : 용적률 × (지하철출입구등의 건폐면적 / 대지면적) 이내
2. 건물에 설치할 경우 : 용적률 × (지하철출입구등의 연면적 / 건물 연면적) 이내

⑲ 제1항의 규정에도 불구하고 영 제85조제5항에 따라 완화하는 비율은 해당 용도지역별 용적률의 120퍼센트이하로 한다. <신설 2014.10.20>

⑳ 법 제78조제6항 및 영 제85조제11항에 따라 건축물을 건축하려는 자가 그 대지의 일부에 영 제85조제10항에 따른 사회복지시설을 설치하여 기부하는 경우에는 기부하는 시설의 연면적의 2배 이하 범위에서 영 제42조의3제2항 및 제46조제1항에 따라 용적률을 완화하여 추가 건축할 수 있다. 다만, 해당 용적율은 다음 각 호의 기준을 초과할 수 없다. <신설 2016.1.7, 2020.7.16>

1. 제1항에 따른 용적률의 120퍼센트
2. 영 제85조제1항의 해당 용도지역의 용적률의 범위

영 제85조제10항제3호에 따라 도시계획 조례가 정하는 사회복지시설이란「도시·군계획시설의 결정·구조 및 설치기준에 관한 규칙」제107조에 따른 사회복지시설을 말한다. <신설 2016.1.7>

제1항제6호 규정에도 불구하고 준주거지역에서는「공공주택 특별법」 제2조제1호가목에 따른 임대주택 추가 확보시(증가하는 용적률의 2분의1에 해당하는 용적률) 500퍼센트 이하로 한다. <신설 2019.3.28>

제1항제2호부터 제6호까지에 따른 지역에서 「고등교육법」 제2조에 따른 학교의 학생이 이용하는 다음 각 호의 기숙사를 건설하는 경우에는 지구단위계획으로 고시하거나 시도시계획위원회의 심의를 거쳐 제1항에 따른 해당 용도지역 용적률의 20퍼센트 이하의 범위에서 용적률을 완화할 수 있다. <신설 2019.7.18, 2020.7.16>

1. 다음 각 목의 어느 하나에 해당하는 자가 도시계획시설인 학교 부지 외에 건설하는 기숙사
   가. 국가 또는 지방자치단체
   나.「사립학교법」에 따른 학교법인
   다.「한국사학진흥재단법」에 따른 한국사학진흥재단
   라.「한국장학재단 설립 등에 관한 법률」에 따른 한국장학재단
   마. 가목부터 라목까지의 어느 하나에 해당하는 자가 단독 또는 공동으로 출자하여 설립한 법인
2. 도시계획시설인 학교 부지 내의 기숙사

제6절 기존 건축물의 특례 <신설 2018.10.4>

제55조의2【기존의 건축물에 대한 특례】

영 제93조제6항에 따라 "대기오염물질발생량 또는 폐수배출량이 증가하지 아니하는 경우"란 다음 각 호의 어느 하나에 해당되지 아니하는 것을 말한다. <개정 2010.1.7, 2016.1.7, 2019.1.3, 2020.12.31>

1.「대기환경보전법」 제2조제9호에 따른 특정대기유해물질을 배출하는 것
2.「대기환경보전법」 제2조제11호에 따른 대기오염물질배출시설에 해당하는 시설로서 같은 법 시행령 별표 1의3에 따른 1종사업장부터 3종사업장까지에 해당하는 것

3. 「물환경보전법」 제2조제8호에 따른 특정수질유해물질을 배출하는 것. 다만, 같은 법 제34조에 따라 폐수무방류배출시설의 설치허가를 받아 운영하는 경우는 제외한다.
4. 「물환경보전법」 제2조제10호에 따른 폐수배출시설에 해당하는 시설로서 같은 법 시행령 별표 13에 따른 1종사업장부터 4종사업장까지에 해당하는 것

제7절 개발제한구역의 관리 <신설 2018.10.4>

제55조의3【개발제한구역 경계선 관통대지의 해제 기준 면적】
「개발제한구역의 지정 및 관리에 관한 특별조치법 시행령」 제2조제3항제6호나목에 따라 개발제한구역 경계선 관통대지 중 개발제한구역인 부분의 해제 기준 면적은 1천제곱미터 미만으로 한다.
[본조신설 2011.7.28]

제9장 서울특별시 도시계획위원회

제1절 서울특별시 도시계획위원회의 운영 등

제56조【기능】
시도시계획위원회의 기능은 다음 각 호와 같다. <개정 2008.05.29, 2008.7.30, 2015.1.2>
1. 법, 다른 법령 또는 이 조례에서 시도시계획위원회의 심의 또는 자문을 거치도록 한 사항의 심의 또는 자문
2. 시장이 결정하는 도시계획의 심의 또는 자문
3. 국토교통부장관의 권한에 속하는 사항중 중앙도시계획위원회의 심의대상에 해당하는 사항이 시장에게 위임된 경우 그 위임된 사항의 심의
4. 그 밖의 도시계획과 관련된 사항으로서 시장이 요청하는 사항의 심의 또는 자문

제57조【구성 및 운영】
① 시도시계획위원회는 위원장 및 부위원장 각 1명을 포함하여 25명 이상 30명 이하로 구성한다. <개정 2008.7.30, 2010.1.7>
② 시도시계획위원회의 위원장은 위원중에서 시장이 임명 또는 위촉하며, 부위원장은 위원 중에서 호선한다. <개정 2008.7.30>
③ 시도시계획위원회의 위원은 다음 각 호의 어느 하나에 해당하는 자중에서 시장이 임명 또는 위촉한다.이 경우 제3호에 해당하는 위원의 수는 전체 위원수의 3분의 2 이상이 되어야 한다. <개정 2008.7.30, 2010.1.7, 2018.3.22>
1. 서울특별시의회의 의원 4명 이상 5명 이하
2. 시 공무원 4명
3. 토지이용·건축·주택·경관·교통·환경·방재·문화·정보통신 도시설계 조경 등 도시계획관련분야에 관하여 식견과 경험이 있는 자 17명 이상 21명 이하
④ 제3항제3호에 해당하는 위원의 임기는 2년으로 하되, 한 차례만 연임할 수 있다. 다만, 보궐위원의 임기는 전임자의 남은 임기로 한다. <개정 2008.7.30, 2016.3.24>
⑤ 제3항제3호에 해당하는 위원이 위촉 해제된 후 1년 이내에 재위촉되는 경우에는 이를 연임으로 본다. <신설 2018.1.4>
⑥ 위원장은 시도시계획위원회의 업무를 총괄하며, 시도시계획위원회를 소집하고 그 의장이 된다. <개정 2018.1.4>
⑦ 부위원장은 위원장을 보좌하며, 위원장이 부득이한 사정으로 그 직무를 수행하지 못하는 때에는 그 직무를 대행한다. <개정 2018.1.4>
⑧ 위원장 및 부위원장이 모두 부득이한 사정으로 그 직무를 수행하지 못하는 때에는 위원장이 미리 지명한 위원이 그 직무를 대행 한다. <개정 2018.1.4>
⑨ 시도시계획위원회의 회의는 재적위원 과반수의 출석(출석위원의 과반수는 제3항제3호에 해당하는 위원이어야 한다)으로 개의하고 출석위원 과반수의 찬성으로 의결한다.이 경우 위원장도 표결권을 가진다. <개정 2010.1.7, 2018.1.4>
⑩ 시도시계획위원회에 간사 1명과 서기 약간 명을 두되, 간사는 위원회를 주관하는 과의 과장이 되며, 서기는 위원회의 업무를 담당하는 사무관이 된다. <개정 2008.7.30, 2018.1.4>
⑪ 시도시계획위원회의 간사는 위원장의 명을 받아 서무를 담당하며, 서기는 간사를 보좌한다. <개정 2018.1.4>

제58조【분과위원회】
① 시도시계획위원회는 영 제113조 각 호에 해당하는 사항을 심의 또는 자문하기 위하여 다음 각 호와 같이 분과위원회를 둘 수 있다. <개정 2008.7.30, 2018.3.22, 2020.12.31>
1. 제1분과위원회 : 법 제9조에 따른 용도지역 등의 변경계획에 관한 사항의 심의
2. 제2분과위원회 : 법 제59조에 따른 개발행위에 관한 사항 및 「부동산 거래신고 등에 관한 법률」 제13조에 따른 이의신청에 관한 사항 및 「도시 및 주거환경정비법」 제2조에 따른 정비사업에 관한 사항의 심의
3. 제3분과위원회 : 법 제50조에 따른 지구단위계획구역 및 지구단위계획의 결정 또는 변경결정에 관한 사항의 심의

② 시도시계획위원회에서 위임하는 사항을 심의하기 위하여 제1항 각 호외에 별도의 분과위원회를 구성할 수 있다. <개정 2008.7.30>
③ 분과위원회는 시도시계획위원회가 그 위원중에서 선출한 5명 이상 9명 이하의 위원으로 구성하며, 시도시계획위원회의 위원은 2 이상의 분과위원회의 위원이 될 수 있다. <개정 2008.7.30>
④ 분과위원회 위원장은 분과위원회 위원중에서 호선한다.
⑤ 분과위원회의 회의는 재적위원 과반수의 출석으로 개의하고, 출석위원 과반수의 찬성으로 의결한다.
⑥ 분과위원회의 심의사항중에서 시도시계획위원회가 지정하는 사항에 대한 분과위원회의 심의・의결은 시도시계획위원회의 심의・의결로 본다. 이 경우 간사는 분과위원회의 심의・의결 사항을 차기 시도시계획위원회에 보고하여야 한다.

제58조의2【위원의 제척 및 회피】
① 위원이 법 제113조의3제1항 각 호의 어느 하나 및 영 제113조의2 각 호의 어느 하나에 해당하는 경우에는 해당 안건의 심의·의결에서 제척된다. <개정 2015.1.2, 2020.12.31>
② 위원은 제1항에 해당하는 경우에는 해당 안건의 심의 또는 자문에 대하여 회피를 신청하여야 하며, 회의 개최일 3일 전까지 이를 간사에게 통보하여야 한다. <신설 2010.1.7, 2015.1.2>
③ 위원장은 해당 안건에 대하여 위원에게 제1항 및 제2항의 사유가 있다고 인정되는 경우 회의개최 전까지 직권 또는 위원의 회피 신청에 따라 제척결정을 한다. <개정 2015.1.2>

제58조의3【위원의 위촉 해제】
① 시장은 다음 각 호의 사유가 발생하였을 때에는 임기만료 전이라도 위원을 위촉 해제할 수 있다. <개정 2019.12.31.>
1. 위원 스스로 위촉 해제를 원할 때
2. 질병 또는 그 밖의 사유로 3개월 이상 도시계획위원회 회의에 참석할 수 없다고 인정될 때
3. 위원이 해당분야에 대한 자격을 상실한 때
4. 도시계획위원회의 업무와 관련하여 취득한 비밀사항 등을 누설한 때
5. 위원이 제58조의2제1항에 해당됨에도 불구하고 회피신청을 하지 아니하여 공정성에 저해를 가져 온 경우
6. 제57조제3항제3호에 따라 위촉된 위원 중 감사원장 또는 서울특별시장으로부터 징계의결 요구된 경우
② 위원이 각종 범죄 또는 법률위반이나 도시계획위원회의 업무에 중대한 지장을 초래하여 위촉 해제된 경우 재위촉할 수 없다. <개정 2017.9.21>
[본조신설 2015.1.2]
[제목개정 2017.9.21]

제59조【자료제출 및 제안설명】
① 시도시계획위원회는 필요하다고 인정하는 때에는 관계기관 또는 부서의 장에게 필요한 자료의 제출을 요구할 수 있으며, 도시계획에 관하여 식견이 풍부한 자의 설명을 들을 수 있다.
② 구청장은 해당 자치구의 도시계획관련 사항에 관하여 위원장의 사전 승인을 받아 시도시계획위원회에 출석하여 발언할 수 있다. <개정 2019.12.31.>
③ 시도시계획위원회는 공동주택 건설 등을 위하여 민간사업자가 제안한 도시관리계획안을 심의하는 경우 민간사업자가 요청하는 때에는 규칙이 정하는 절차에 따라 그 의견을 청취할 수 있다. <신설 2008.7.30>
④ 시장은 민간사업자가 제안한 도시관리계획의 주요내용을 변경하거나 민간사업자에게 부담을 추가하는 내용으로 심의한 경우에는 해당 심의결과를 구체적인 사유를 명시하여 입안권자에게 통보하고 입안권자는 민간사업자에게 통보하여야 한다. <신설 2008.7.30>

제60조【회의의 비공개】
시도시계획위원회의 회의는 비공개를 원칙으로 한다.다만, 관계 법령에 공개하도록 규정된 사항의 경우에는 그러하지 아니하다.

제61조【회의록】
① 위원장은 시도시계획위원회의 회의록을 2명 이하의 속기사로 하여금 작성하게 할 수 있다. <개정 2006.10.4, 2008.7.30>
② 시장은 법 제113조의2 및 영 제113조의3의 규정에 따라 시도시계획위원회 회의록 및 심의자료의 공개요청이 있을 경우 다음 각 호의 기준에 따라 공개하여야 한다. <개정 2016.3.24, 2020.7.16>
1. 심의 종결된 안건의 경우 심의 후 30일이 경과한 날부터 공개한다.
2. 보류된 안건의 경우 최초 심의한 날부터 3개월이 경과한 날부터 공개한다.
3. 제2호의 기간이 지나 재상정된 보류 안건의 경우 심의 종결 또는 보류에도 불구하고 심의 후 30일이 경과한 날부터 공개한다.
4. 제1호부터 제3호까지의 규정에도 불구하고 심의자료는 심의결과에 상관없이 심의 후 바로 공개한다. 다만, 다음 각 목의 어느 하나에 해당하는 경우는 그러하지 아니하다.
가. 부동산 투기 유발 등 공익을 현저히 해칠 우려가 있다고 인정하는 경우
나. 심의·의결의 공정성을 침해할 우려가 있다고 인정되는 이름·주민등록번호·직위 및 주소 등 특정인임을 식별할 수 있는 정보
다. 의사결정과정 또는 내부검토과정에 있는 사항으로서 공개될 경우 업무의 공정한 수행에 현저한 지장을 초래한다고 인정할 만한 상당한 이유가 있는 경우

③ 제2항에 따른 회의록 및 심의자료의 공개는 열람 또는 사본을 제공하는 방법으로 한다. <신설 2011.10.27., 2020.7.16.>

제62조【수당 등】
시장은 시 공무원이 아닌 위원과 속기사에 대하여는 「서울특별시 위원회 수당 및 여비 지급 조례」에서 정하는 바에 따라 예산의 범위 안에서 수당 및 여비를 지급할 수 있다. <개정 2019.3.28>

제63조【공동위원회의 운영】
① 제56조, 제57조제4항부터 제11항, 제58조제2항부터 제6항까지, 제58조의2, 제58조의3, 제59조부터 제62조까지의 규정은 공동위원회의 운영에 준용한다. <개정 2008.7.30, 2018.1.4, 2020.7.16>
② 구청장은 제68조제1항에 따른 권한위임사무 처리를 위해 자치구 공동위원회를 설치하여 운영하여야 한다. <신설 2015.1.2, 2020.7.16>

제63조의2【도시계획 정책자문단 설치 · 운영 등】
시장은 도시계획의 합리적인 수립 · 운영 등을 위하여 도시계획 정책자문단(이하 "자문단"이라 한다)을 설치 · 운영하여 자문할 수 있다.
① 자문단은 위원장과 부위원장 각 1명을 포함하여 25명 이상 30명 이하로 구성하며, 위원장 및 부위원장은 외부전문가 중 호선에 의하여 위촉한다.
② 자문위원은 도시경관·도시설계·교통 등 도시계획 관련분야 전문가와 문화·미래·역사·관광 등 인문사회 관련분야 전문가 및 시의원으로 구성한다. 이 경우 전체 위원수의 3분의 1 이상은 제57조 제3항의 제1호와 제3호에 해당되는 시도시계획위원회 또는 시공동위원회 위원으로 구성하여야 한다. <개정 2020.7.16>
③ 자문단의 효율적 운영을 위하여 필요할 경우 분과자문단, 실무지원반, 전문위원을 둘 수 있다.
④ 제58조의2, 제62조의 규정은 자문단의 운영에 준용한다. <개정 2018.1.4>
⑤ 이 조례에서 정한 것 외에 자문단의 운영에 관한 사항은 자문단 회의를 거쳐 위원장이 정한다.
[본조신설 2013.10.4]

제2절 도시계획상임기획단

제64조【설치 및 기능】
① 법 제116조에 따라 시도시계획위원회에 도시계획상임기획단(이하 "기획단"이라 한다)을 둔다. <개정 2008.7.30>
② 기획단의 기능은 다음의 각 호와 같다. <개정 2007.10.1, 2008.7.30, 2010.1.7, 2017.9.21, 2020.7.16>
1. 시장이 입안한 도시기본계획 또는 도시관리계획에 대한 검토
2. 시장이 의뢰하는 도시계획에 관한 기획·지도 및 조사·연구
3. 다음 각 목의 위원회에서 요구하는 사항에 대한 조사연구 및 상정안건 검토
가. 「국토의 계획 및 이용에 관한 법률」 제113조제1항에 따른 서울특별시 도시계획위원회
나. 「서울특별시 도시재정비 촉진을 위한 조례」 제21조제1항에 따른 서울특별시 도시재정비위원회
다. 「서울특별시 도시재생 활성화 및 지원에 관한 조례」 제6조제1항에 따른 서울특별시 도시재생위원회
라. 「전통시장 및 상점가 육성을 위한 특별법」 제36조제1항에 따른 서울특별시 시장정비사업 심의위원회
마. 「국토의 계획 및 이용에 관한 법률 시행령」 제25조제2항에 따른 서울특별시도시건축공동위원회
4. 그 밖의 도시계획에 대한 심사 및 자문

제65조【기획단의 구성】
① 기획단에는 단장 및 연구위원을 포함하여 9명 이내의 일반임기제 공무원과 5명 이내의 시간선택제임기제 공무원을 둘 수 있다. <개정 2014.10.20>
② 기획단에는 예산의 범위안에서 사무보조원을 둘 수 있다.

제66조【기획단의 운영 등】
① 기획단의 운영 및 업무총괄은 시도시계획위원회 위원장이 관장한다.
② 시장은 필요하다고 인정하는 경우 연구위원중에서 단장을 임명할 수 있다.
③ 단장은 시도시계획위원회 위원장의 지시를 받아 연구위원에 대한 사무분장 및 복무지도 · 감독을 한다.

제67조【임용 및 복무 등】
① 기획단의 단장 및 연구위원의 임용, 복무 등은 「지방공무원 임용령」에 따른다. <개정 2008.7.30, 2014.10.20, 2015.1.2>
② 기획단의 시간선택제임기제공무원에 대하여는 예산의 범위안에서 연구비 및 여비 등을 지급할 수 있다. <개정 2014.10.20>

제10장 보칙 <개정 2011.7.28>

제68조【권한의 위임】
① 법 제139조제2항에 따라 시장의 권한에 속하는 사무중 별표 4의 사무를 구청장에게 위임한다. <개정 2008.7.30>
② 제1항의 위임사무는 별도의 규정이 없는 한 이에 부수되는 사무를 포함한 것으로 본다.
③ 구청장은 제1항에 따른 위임사무 중 별표4의 제1호부터 제10호까지의 사무를 처리한 때에는 시장에게 그 결과를 보고하여야 한다. <개정 2008.7.30>

제68조의2【토지이용계획확인서 등재 대상】
「토지이용규제 기본법 시행규칙」 제2조제2항제9호에 따른 지방자치단체가 도시계획조례로 정하는 토지이용 관련 정보란 다음 각 호와 같다. <개정 2016.7.14, 2019.3.28>
1. 제54조제3항에 따른 '학교이적지'
2. 별표 1 제1호라목(2)(마)에 따른 '사고지' (고의 또는 불법으로 임목이 훼손되었거나 지형이 변경되어 원상회복이 이루어지지 않은 토지)
3. 별표 1 제1호가목(4)에 따른 '비오톱1등급 토지' <제4조제4항의 도시생태현황 조사결과 비오톱유형평가 1등급이고 개별비오톱평가 1등급인 토지)
4. 제54조제5항에 따른 '역사도심'
5.「건축법 시행령」 제31조제2항에 따라 구청장이 지정·고시한 건축선

[전문개정 2011.7.28]

제69조【과태료의 징수절차 등】
영 제134조에 따른 과태료의 징수 및 이의제기 절차는「질서위반행위규제법」에 따른다. <개정 2008.7.30, 2010.1.7, 2020.10.5>
[제목개정 2020.10.5]

제70조【규칙】
이 조례의 시행에 필요한 사항은 규칙으로 정한다. <개정 2008.7.30>

부칙 <제7856호,2021.1.7>

제1조【시행일】
이 조례는 공포한 날부터 시행한다.

제2조【산업부지 확보비율 완화 규정의 유효기간】
[별표 2]제2호마목의 개정규정은 이 조례 시행일로부터 3년이 되는 날까지 건축허가를 신청(건축허가가 의제되는 경우와 건축허가 또는 사업계획 승인을 신청하기 위한 건축위원회 심의를 받은 경우를 포함한다)한 경우까지 적용한다.

건축관계법규

발행일 | 2004. 3. 5 초판발행
2006. 3. 10 개정 1판1쇄
2007. 2. 27 개정 2판1쇄
2008. 3. 5 개정 3판1쇄
2009. 2. 27 개정 4판1쇄
2010. 2. 20 개정 5판1쇄
2011. 3. 20 개정 6판1쇄
2012. 3. 20 개정 7판1쇄
2013. 3. 5 개정 8판1쇄
2014. 3. 5 개정 9판1쇄
2015. 3. 10 개정10판1쇄
2016. 3. 10 개정11판1쇄
2017. 3. 10 개정12판1쇄
2018. 3. 10 개정13판1쇄
2019. 3. 20 개정14판1쇄
2020. 4. 10 개정15판1쇄
2021. 3. 30 개정16판1쇄

저 자 | 이재국 · 이원근 · 이용재 · 정광호 · 민영기
발행인 | 정용수
발행처 | 예문사

주 소 | 경기도 파주시 직지길 460(출판도시) 도서출판 예문사
TEL | 031) 955－0550
FAX | 031) 955－0660
등록번호 | 11－76호

정가 : 27,000원

ISBN 978-89-274-3974-5 13540